Molekulare Humangenetik

Tom Strachan   Andrew P. Read

Molekulare Humangenetik

3. Auflage

Aus dem Englischen übersetzt von Lothar Seidler

ELSEVIER
SPEKTRUM
AKADEMISCHER
VERLAG

Spektrum
AKADEMISCHER VERLAG

Zuschriften und Kritik an:
Elsevier GmbH, Spektrum Akademischer Verlag, Verlagsbereich Biologie, Chemie und Geowissenschaften, Frank Wigger, Slevogtstr. 3-5, 69126 Heidelberg

Titel der Originalausgabe: Human Molecular Genetics, Third Edition

Aus dem Englischen übersetzt von Lothar Seidler (Vorauflage übersetzt von Kurt Beginnen, Ingrid Haußer-Siller und Lothar Seidler)

Bibliografische Information Der Deutschen Bibliothek
Die Deutsche Bibliothek verzeichnet diese Publikation in der Deutschen Nationalbibliografie; detaillierte bibliografische Daten sind im Internet über http://dnb.ddb.de abrufbar.

3. Auflage 2005

Spektrum Akademischer Verlag ist ein Imprint der Elsevier GmbH.

05 06 07 08 5 4 3 2 1 0

Planung und Lektorat: Frank Wigger, Martina Mechler
Redaktion: Christine Amshoff, Kerstin Mahlke
Herstellung: Ute Kreutzer
Layoutgestaltung: klartext, Heidelberg
Satz: Mitterweger & Partner, Plankstadt
Druck: Appl, Wemding
Umschlaggestaltung: SpieszDesign, Neu-Ulm
Titelfotografie: Touchmedia, Abingdon, UK

Printed in Germany

ISBN 3-8274-1493-8

Aktuelle Informationen finden Sie im Internet unter www.elsevier.de

Kurzinhalt

Teil I
Grundlagen

Teil II
Das menschliche Genom im Vergleich mit anderen Genomen

Teil III
Kartierung und Identifizierung von Krankheitsgenen

Teil IV
Auf zu neuen Horizonten: das 21. Jahrhundert

Inhaltsverzeichnis

ECACC	European Collection of Cell Cultures
ECM	extrazelluläre Matrix
EG-Zellen	embryonale Keimzellen (*embryonic germ cells*)
EGF	epidermaler Wachstumsfaktor (*epidermal growth factor*)
ELSI	*ethical, legal and social implications*
EMS	Ethylmethylsulfonat
ENU	Ethylnitroso-Harnstoff (*ethyl nitrosurea*)
ER	endoplasmatisches Reticulum
ERCC	*excision repair cross-complementation*
ERV	endogene retrovirale Sequenz
ES-Zellen	embryonale Stammzellen
ESE	Exon-Spleiß-Enhancer
ESI	Elektrospray-Ionisierung
ESS	Exon-Spleiß-Silencer
EST	*expressed sequence tags*
EtBr	Ethidiumbromid
ETDT	erweiterter TDT
FAP	familiäre adenomatöse Polyposis coli
FISH	Fluoreszenz-*in situ*-Hybridisierung
FITC	Fluorescein-Isothiocyanat
FLAM	freies linkes *Alu*-Monomer
FRAM	freies rechtes *Alu*-Monomer
FSSP	Fold classification based on Structure-Structure alignment of Proteins (Datenbank)
G	Guanin
gcv	Gancyclovir
GDB	Genome Database
GE	Genomäquivalent
GFP	grün fluoreszierendes Protein
GO	Geneontology
GSS-Syndrom	Gerstmann-Sträussler-Scheinker-Syndrom
GST	Glutathion-S-Transferase
H	schwer (*heavy*)
HAT	Histonacetyltransferase
HD	Huntington-Chorea (*Huntington disease*)
HDAC	Histondeacetylase
HERV	endogene retrovirale Sequenz beim Menschen (*human endogenous retroviral sequence*)
HGDP	Human Genome Diversity Project
HGP	Human Genome Project
HGT	horizontaler Gentransfer
HLA	menschliches (*human*) Leukocytenantigen
HLH	Helix-Schleife-Helix
HNPCC	erblicher Nichtpolyposisdickdarmkrebs (*hereditary nonpolyposis colon cancer*)
HPLC	Hochdruck-/Hochleistungs-flüssigkeitschromatographie
HPRT	Hypoxanthin-Guanin-Phosphoribosyltransferase
HSC	hämatopoetische Stammzelle
HSCR	Hirschsprung-Krankheit
HSV-TK	Thymidinkinase des Herpes-simplex-Virus
HTH	Helix-Turn-Helix
HUGO	Human Genome Organization
HDV	menschliches Deltavirus
IBD	abstammungsidentisch (*identity by descent*) *oder* entzündliche Erkrankungen des Darmes (*inflammatory bowel disease*)
IBS	eigenschaftenidentisch (*identity by state*)
ICAT	isotopencodierter Affinitätsmarker (*isotope coded affinity tag*)
ICLC	Interlab Cell Line Collection
ICM	innere Zellmasse
ICSI	Spermieninjektion in das Cytoplasma (*intracytoplasmic sperm injection*)
Ig	Immunglobulin
IM	intermediäres Mesoderm
IP_3	Inositol-1,4,5-trisphosphat
IPG	immobilisierter pH-Gradient
IPTG	Isopropyl-Thio-β-D-Galactopyranosid
IRE	Eisen-Response-Element (*iron-response element*)
ISCN	International System for Human Cytogenetic Nomenclature
IVF	*in vitro*-Fertilisation
J	*joining*
kb	Kilobasen
KEGG	Kyoto Encyclopedia of Genes and Genomes
L	leicht
LCR	Locuskontrollregion
LD	Kopplungsungleichgewicht (*linkage disequilibrium*)
LINE	*long interspersed nuclear element*
LoH	Verlust der Heterozygotie (*loss of heterozygosity*)
LPM	Lateralplattenmesoderm
LTR	lange terminale Wiederholungssequenz
m^7G	7-Methylguanosin
MAD	*multi-wavelength anomalous dispersion*

mAK	monoklonaler Antikörper
MALDI-TOF-MS	matrixgestützte Laser-Desorptions-/Ionisierungs-Time-of-Flight-Massenspektroskopie
MAPH	Hybridisierung mit vielen amplifizierbaren Sonden (*multiplex amplifiable probe hybridization*)
MAR	matrixassoziierte Region
Mb	Megabasen
M-FISH	Multiplex-FISH
MGSC	Mouse Genome Sequencing Consortium
MIN	Mikrosatelliten-Instabilität
MIR	*mammalian-wide interspersed repeat*
miRNA	MikroRNA
MKS	multiple Klonierungsstelle
MM	Fehlpaarung (*mismatch*)
MODY	*maturity onset diabetes of the young*
mRNA	*messenger*-RNA
MS	Massenspektroskopie
MS/MS	Tandem-Massenspektroskopie
mtDNA	mitochondriale DNA
MTOC	Mikrotubuliorganisationszentrum
MYr	Millionen Jahre
MZ	monozygotisch
NAS	Nonsense-assoziiertes alternatives Spleißen
NBS	Nijmegen-Chromosomenbruch-Syndrom
NCAM	Nervenzellenadhäsionsmolekül
NER	Nucleotidexcisionsreparatur
NF1	Neurofibromatose Typ I
NMR	Kernspinresonanz (*nuclear magnetic resonance*)
NOE	nuclearer Overhauser-Effekt
NPL	nichtparametrischer Lod-Wert
NRSE	*neural restrictive silencer element*
NRSF	*neural restrictive silencer factor*
OD	optische Dichte
OI	Osteogenesis imperfecta
OLA	Oligonucleotid-Ligationstest
PAC	künstliches P1-Chromosom (*P1 artificial chromosome*)
PCNA	*proliferating cell nuclear antigen*
PCR	Polymerasekettenreaktion (*polymerase chain reaction*)
PDB	Protein DataBank
PEG	Polyethylenglykol
PFD	polyostotische fibröse Dysplasie
PFGE	Pulsfeldgelelektrophorese
PGC	primordiale Keimzelle (*primordial germ cell*)
Ph	Philadelphia
PIC	Polymorphismus-Informationsgehalt (*polymorphism information content*)
PIP_2	Phosphatidylinositol-4,5-bisphosphat
PKD1	polyzystische Nierendegeneration bei Erwachsenen (*adult polycystic kidney disease*)
PKU	Phenylketonurie
PM	vollständige Basenpaarung (*perfect match*) *oder* paraxiales Mesoderm
PMF	Peptidmassen-Fingerabdruck
PML	Prämyelocytische Leukämie
PP_i	Pyrophosphatrest
PSI-BLAST	*position-specific iterated BLAST*
PTT	Proteinverkürzungstest (*protein truncation test*)
Pu	Purin
PWS	Prader-Labhart-Willi-Syndrom
Py	Pyrimidin
QTL	Locus für ein quantitatives Merkmal (*quantitative trait locus*)
RACE	schnelle Amplifizierung von cDNA-Enden (*rapid amplification of cDNA-ends*)
REMI	Integration durch Restriktionsenzyme (*restriction enzyme-mediated integration*)
RER	raues endoplasmatisches Reticulum
REST	*RE-1 silencing transcription factor*
RF	replikative Form
RFLP	Restriktionsfragment-Längenpolymorphismus
RISC	RNA-induzierter Silencing-Komplex
RMSD	mittlere quadratische Abweichung (*root mean square deviation*)
RNA	Ribonucleinsäure
RNAi	RNA-Interferenz
RNase	Ribonuclease
RNP	Ribonucleoprotein
rNTP	Ribonucleosidtriphosphat
RP	Retinopathia pigmentosa
rRNA	ribosomale RNA
RSP	Restriktionsschnittstellenpolymorphismus
RT	Reverse Transkriptase
RT-PCR	PCR mit Reverser Transkriptase
SA	Spleißakzeptorstelle
SAGE	serielle Analyse der Genexpression
SAR	gerüstassoziierte Region (*scaffold attachment region*)
SCA	Spinocerebelläre Ataxie

SCA1	Spinocerebelläre Ataxie Typ 1
scFv	variables Einzelkettenfragment (*single chain variable fragment*)
SCID	schwere kombinierte Immunschwäche (*severe combined immunodeficiency*)
SCOP	Structural Classification of Proteins (Datenbank)
SD	Spleißdonorstelle
SDS	Natriumdodecylsulfat (*sodium dodecyl sulfate*)
SF1	steroidogener Faktor I
SINE	*short interspersed nuclear element*
SIRAS	*single isomorphous replacement with anomalous scattering*
siRNA	*short interfering RNA*
snoRNA	*small nucleolar RNA*
SNP	Einzelnucleotidpolymorphismus (*single nucleotide polymorphism*)
snRNA	*small nuclear RNA*
snRNP	*small nuclear ribonucleoprotein*
SRP	Signalerkennungspartikel (*signal recognition particle*)
ss	einzelsträngig (*single-stranded*)
SSR	einfache Wiederholungssequenz (*simple sequence repeat*)
SSRP	Polymorphismus einfacher Wiederholungssequenzen (*simple sequence repeat polymorphism*)
STAT	*signal transducers and activators of transcription*
stRNA	kleine temporäre RNA (*small temporal RNA*)
STRP	Polymorphismus kurzer Tandemwiederholungen (*short tandem repeat polymorphism*)
STS	sequenzmarkierte Stelle (*sequence tagged site*)
SV40	*simian virus 40*
SVAS	supravalvuläre Aortenstenose
T	Thymin
TCR	T-Zell-Rezeptor
TCS	Treacher-Collins-Syndrom
TDT	Transmission-Disequilibrium-Test
TF	Transkriptionsfaktor
TFR	Transferrinrezeptor
TGF	transformierender Wachstumsfaktor
TIGR	The Institute for Genome Research
TK	Thymidinkinase
T_m	Schmelztemperatur
TMP	Thymidinmonophosphate
TNF	Tumornekrosefaktor
TOF	*time of flight*
TPA	Gewebeplasminogenaktivator (*tissue plasminogen activator*)
tRNA	Transfer-RNA
TS	Tumorsuppressor
TTD	Trichothiodystrophie
U	Uracil
UC	Colitis ulcerosa
UEC	ungleiches Crossing-over (*unequal crossover*)
UESCE	ungleicher Austausch zwischen Schwesterchromatiden (*unequal sister chromatid exchange*)
UPD	uniparentale Disomie
UTR	untranslatierte Region
UV-Licht	ultraviolettes Licht
V	variabel
VS	Varkud-Satellit
VCFS	velocardiofaciales Syndrom
VNTR	*variable number tandem repeat*
VPC	vektorproduzierende Zellen
WAGR	Wilms-Tumor, Aniridie, Anomalien der Genitalien, geistige Behinderung
WLS	Williams-Syndrom
WS1	Waardenburg-Syndrom Typ 1
Xgal	5-Bromo, 4-Chloro, 3-Indolyl-β-D-Galactopyranosid
XP	Xeroderma pigmentosum
X-SCID	X-gekoppelte schwere kombinierte Immunschwäche (*X-linked severe combined immunodeficiency disease*)
YAC	künstliches Hefechromosom (*yeast artificial chromosome*)
ZNS	Zentralnervensystem
ZPA	Zone polarisierender Aktivität

Vorwort

Das vorliegende Buch ist vollständig überarbeitet und unter besonderer Berücksichtigung der Entdeckungen, die in der Folge des Human Genome Project gemacht wurden, auf den neuesten Stand gebracht worden. Jetzt, da wir in die postgenomische Ära eintreten, sind wir immer noch der Überzeugung, dass dieses Buch eine Brücke bildet zwischen den grundlegenden Lehrbüchern und der Forschungsliteratur, sodass Interessierte mit relativ wenig Hintergrundwissen zum Thema die neuesten Forschungsergebnisse lesen und beurteilen können.

Die molekulare Humangenetik ist ein umfangreiches Themengebiet. Wir haben versucht, es eingängiger zu machen durch die Einteilung des Textes in farblich unterschiedlich gestaltete Abschnitte, die Verwendung von erklärenden Überschriften und die Hervorhebung von wichtigen neuen Begriffen durch Fettdruck.

Der erste Teil (Kapitel 1 bis 7) beschäftigt sich mit den Grundlagen wie DNA-Struktur und -Funktion, Chromosomen, Zellen und Entwicklung, Stammbaumanalysen und den grundlegenden Methoden im Labor. Teil II (Kapitel 8 bis 12) behandelt die verschiedenen Genomsequenzierungsprojekte und die dadurch ermöglichten Einblicke in Organisation, Expression, Variabilität und Evolution des menschlichen Genoms. In Teil III (Kapitel 13 bis 18) liegt der Schwerpunkt auf der Kartierung, Identifizierung und Diagnose der genetischen Ursachen von mendelnden und komplexen Krankheiten sowie von Krebs. Teil IV (Kapitel 19 bis 21) gibt schließlich Ausblicke auf die funktionelle Genomik, Proteomik und Bioinformatik, außerdem auf Tiermodelle und Therapien.

Enthalten ist auch ein ausführliches Glossar sowie vier weitere spezielle Glossare in den Kapiteln 5, 6, 8 und 12. Es gibt zudem zwei Indices: den Hauptindex und einen Index der Erkrankungen.

Die vier Jahre seit Erscheinen der zweiten (englischen) Auflage waren eine ereignisreiche Zeit. Die Rohsequenzen des menschlichen Genoms wurden im Jahr 2001 veröffentlicht, 2003 folgte die „fertiggestellte" Version. Leser der vorherigen Ausgabe werden viele Veränderungen bemerken. Es finden sich neue Kapitel über Zellen und Entwicklung und über die funktionelle Genomik. Die Abschnitte über komplexe Krankheiten wurden vollständig neu geschrieben und umstrukturiert, genauso wie das Kapitel über die Genomprojekte. Zu den weniger großen Veränderungen gehören ein neuer Abschnitt über die molekulare Phylogenetik (Kapitel 12) sowie die Einführung von Ethik-Exkursen, um einige der Fragestellungen zu besprechen, die sich aus den neuen Erkenntnissen ergeben. Darüber hinaus wurde im Prinzip jede Seite überarbeitet und aktualisiert, um der außerordentlichen Entwicklung der vergangenen Jahre Rechnung zu tragen. Durch den begrüßenswerten Wechsel zum Vierfarbdruck wurde eine vollständige Überarbeitung aller Abbildungen notwendig, und es kamen viele neue hinzu. Diese Abbildungen (mit Ausnahme von einigen, die aus anderen Publikationen übernommen wurden) können von der separat erhältlichen Bild-CD-ROM* oder in ihrer englischen Version von der Internetseite des Originalverlags (www.garlandscience.com; registrierungspflichtiger Zugang für Dozenten: Classwire™) heruntergeladen werden.

Einige Dinge haben sich nicht geändert. Unser Ziel ist es nach wie vor, Grundlagen und Prinzipien zu erläutern und nicht zu viele Fakten aufzuführen. Die Fakten sind vor allem über das Internet leicht zugänglich, und wir geben dafür die notwendigen Hinweise und Links. Die wissenschaftliche Etikette verlangt, dass in Übersichtsartikeln auf Forschungsebene in den Literaturzitaten die Personen gewürdigt werden, die ursprünglich die Entdeckungen gemacht haben. In diesem Buch sollen jedoch die Bibliographien am Ende der jeweiligen Kapitel mehr eine Lernhilfe sein; häufig zitieren wir Übersichtsartikel und nicht die erste Publikation zu einem bestimmten Thema. Außerdem haben wir versucht, Literaturhinweise auf einfach zugängliche Zeitschriften zu geben. Wir hoffen, dass alle, die keinen Hinweis auf ihre eigene bedeutsame Publikation finden, das verstehen. Vor allem versuchen wir aber – wie in den früheren Auflagen – das Gefühl der sich schnell entwickelnden Forschung zu vermitteln, und hoffen, dass die Leser letztendlich auch unsere Begeisterung für die fortwährende Reise in das menschliche Genom teilen werden.

---

* Die CD-ROM mit den Abbildungen des Buches (in exportierbarer Form als JPEG- und PDF-Dateien) ist unter der ISBN 3-8274-1671-X erhältlich.

Wie immer sind wir vielen Menschen dankbar, die zur vorherigen Auflage Kommentare abgegeben haben, selbst wenn wir uns nicht immer in der Lage sahen, ihre Vorschläge zu berücksichtigen. Für die vorliegende Auflage haben wir von vielen Kollegen für die einzelnen Kapitel wertvolle Hinweise und Kommentare bekommen; genannt seien hier Gavin Cuthbert, Ian Hampson, Mike Jackson, Ralf Kist, Chris Mathew, Heiko Peters, Nalin Thakker, Andy Wallace und John Wolstenholme. Richard Twyman verdient einen besonderen Dank für die umfangreiche Hilfe bei den Kapiteln 3, 19 und 20. Es war uns eine Freude, mit Jonathan Ray, Fran Kingston und dem Team von Garland Science/BIOS Scientific Publishers zusammenzuarbeiten, außerdem mit Touchmedia, wo die vierfarbigen Illustrationen entwickelt wurden. Zum Schluss wollen wir uns noch bei unseren duldsamen Familien bedanken, vor allem bei Meryl, Alex, James und Gilly, sowie bei den Sekretärinnen Anne, Kate, Leanne und Margaret für ihre Unterstützung und auch dafür, dass sie diese manchmal für alle Beteiligten recht anstrengende Zeit ertragen haben.

Tom Strachan, Andrew Read

Die intelligente Nutzung des Internets

Heutigen Studenten und Forschern muss man nicht erklären, wie das Internet zu benutzen ist. Es gibt jedoch einige Aspekte, die besonders für Leser dieses Buches von Bedeutung sind und die wir hier am Anfang erläutern wollen.

Wir versuchen in diesem Buch, die Grundlagen und Prinzipien der molekularen Humangenetik darzustellen, aber wir hatten nicht die Absicht, große Mengen an Fakten anzuführen. Wenn wir Fakten nennen, dann vor allem deshalb, um ein Prinzip zu veranschaulichen. Aber ein Prinzip ohne Fakten ist ziemlich leblos, und wir gehen nun davon aus, dass Sie sich die Fakten selbst beschaffen, vor allem aus dem Internet. Die Genomprojekte und die gesamte assoziierte Forschung in der Humangenetik haben eine wirkliche Flutwelle von Daten erzeugt. Die intelligente und selektive Nutzung des Internets ist eine wichtige Voraussetzung wissenschaftlichen Arbeitens, vielleicht besonders für Genetiker und Studierende der Genetik.

Wir haben einfach einmal eine Google-Recherche mit dem Wort *„genetics"* durchgeführt und dabei mehrere Millionen Treffer erhalten. Einige dieser Internetseiten sind wichtige Quellen, viele von sekundärer Bedeutung, aber einige sind regelrecht irreführend und unseriös. Im Rahmen dieses Buches empfehlen wir eine Reihe von Internetseiten für einzelne Themen. Wir schlagen außerdem den folgenden Kernbestand an Internetseiten vor. Wir haben sie ausgewählt, da sie verlässlich und stabil sind (sich also nicht während der Laufzeit dieses Buches verändern) und gut gepflegte Links zu vielen anderen Seiten enthalten. Mit diesen Adressen als Ausgangspunkt sollten Sie in der Lage sein, eine eigene Liste von nützlichen Internetseiten zu erstellen und vom erstaunlich reichen Angebot im Internet zu profitieren.

- Allgemeine Startpunkte für genetische und molekularbiologische Daten:
  http://www.ncbi.nlm.nih.gov
  http://www.ebi. ac.uk/services
- Genomdaten:
  http://www.ensembl.org
  http://genome.cse.ucsc.edu
- Informationen über Proteine:
  http://ca.expasy.org
- Informationen über alle mendelnden Phänotypen:
  http://www.ncbi.nlm.nih.gov/omim
- Zugang zu biomedizinischer Literatur:
  http://www.ncbi.nlm.nih.gov/entrez

Teil I

Grundlagen

1. DNA-Struktur und Genexpression

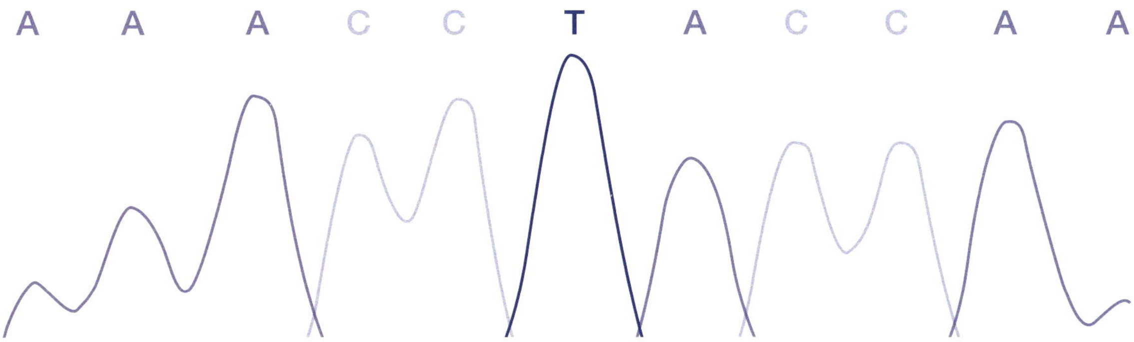

1.1 Molekulare Bausteine und chemische Bindungen bei DNA, RNA und Polypeptiden

Die molekulare Genetik beschäftigt sich vor allem mit der Beziehung zwischen den makromolekularen Informationsträgern wie **DNA** (**Desoxyribonucleinsäure**) und **RNA** (**Ribonucleinsäure**) und der Verwendung dieser Moleküle für die Synthese von **Polypeptiden**, also dem grundlegenden Bestandteil aller Proteine. Bei einigen Viren ist RNA das Erbmaterial, aber in allen Zellen wird die genetische Information in DNA-Molekülen gespeichert. Bestimmte Regionen der zellulären DNA-Moleküle dienen als Matrizen für die Synthese von RNA-Molekülen. Die große Mehrzahl dieser RNA-Moleküle dient wiederum dazu, die spezifische Synthese von Polypeptiden durchzuführen. Das geschieht entweder direkt oder indirekt durch unterstützende Mitwirkung bei den verschiedenen Phasen der Genexpression. Da die Genexpression überwiegend der Synthese von Polypeptiden dient, bilden Proteine das wichtigste funktionelle Ziel der DNA; außerdem machen sie den größten Teil des Trockengewichts einer Zelle aus. Der Begriff **Protein** leitet sich ab aus dem griechischen Wort *proteios*, das soviel bedeutet wie „der Erste" und verdeutlicht damit die große Bedeutung von Proteinen bei den verschiedenen Zellfunktionen. Proteine wirken als Enzyme, Rezeptoren, Speichermoleküle, Transportmoleküle, Transkriptionsfaktoren, Signalmoleküle, Hormone und so weiter.

1.1.1 RNA, DNA und Polypeptide sind große Polymere, die aus einer linearen Sequenz von einfachen, sich wiederholenden Einheiten bestehen

Bei den Eukaryoten findet man DNA-Einzelmoleküle in den Chromosomen des Zellkerns, in den Mitochondrien und auch in den Chloroplasten der Pflanzenzellen. Es handelt sich dabei um große Polymere, die ein lineares Rückgrat aus miteinander abwechselnden Zucker- und Phosphatresten besitzen. Der Zucker in den DNA-Molekülen ist die **Desoxyribose**, ein Zucker mit fünf Kohlenstoffatomen. Dieser ist immer über eine kovalente Phosphodiesterbindung mit dem nächsten Zucker verknüpft. An dem Kohlenstoffatom 1' („eins-Strich") von jedem Zuckerrest hängt eine Stickstoffbase. Man kennt vier solcher Basen: **Adenin** (**A**), **Cytosin** (**C**), **Guanin** (**G**) und **Thymin** (**T**). Sie bestehen aus heterozyklischen Ringen von Kohlenstoff- und Stickstoffatomen und lassen sich in zwei verschiedene Gruppen einteilen:

- **Purine** (**A** und **G**) besitzen zwei aneinander ausschließende heterozyklische Ringe.
- **Pyrimidine** (**C** und **T**) bestehen nur aus einem Ring.

Einen Zucker mit einer angehängten Base bezeichnet man als **Nucleosid**. Durch Anhängen einer Phosphatgruppe an das 5'- oder 3'-Kohlenstoffatom entsteht ein **Nucleotid**, *das die grundlegende Wiederholungseinheit eines DNA-Stranges* darstellt (Abb. 1.1 und 1.2).

Proteine bestehen aus einem oder mehreren Polypeptidmolekülen, die durch Anhängen verschiedener Kohlenhydratseitenketten und anderer chemischer Gruppen modifiziert sein können. Polypeptidmoleküle sind wie DNA und RNA Polymere, die sich aus einer linearen Folge von sich wiederholenden Einheiten zusammensetzen, in diesem Fall aus **Aminosäuren**. Diese wiederum enthalten eine positiv geladene Aminogruppe und eine negativ geladene Carbonsäure- oder Carboxylgruppe, die durch ein zentrales Kohlenstoffatom miteinander verbunden sind. Mit diesem ist eine spezifische Seitenkette verknüpft. Die 20 verschiedenen Aminosäuren lassen sich aufgrund ihrer Seitenketten in verschiedene Gruppen einteilen (Abb. 1.3):

- **Basische** Aminosäuren tragen eine Seitenkette mit einer positiven Nettoladung; eine Aminogruppe (NH_2) oder der Histidinring in der Seitenkette binden bei physiologischem pH-Wert ein H^+-Ion.
- **Saure** Aminosäuren tragen eine Seitenkette mit einer negativen Nettoladung: Eine Carboxylgruppe in der Seitenkette verliert bei physiologischem pH-Wert ein H^+-Ion, sodass COO^- entsteht.
- **Ungeladene polare** Aminosäuren sind elektrisch neutral, besitzen jedoch Seitenketten mit polaren elektrischen Gruppen. Diese zeichnen sich durch elektrische Teilladungen aus, die man mit $\delta+$ oder $\delta-$ bezeichnet. So besitzt beispielsweise das Wasserstoffatom sowohl in der **Hydroxyl-** (–OH) als auch in der **Sulfhydrylgruppe** (–SH) eine positive Teilladung, während das Sauerstoff- beziehungsweise Schwefelatom eine negative Teilladung aufweist ($-O^{\delta-}-H^{\delta+}$ und $-S^{\delta-}-H^{\delta+}$).
- **Unpolare neutrale** Aminosäuren sind **hydrophob** (wasserabstoßend). Sie treten häufig untereinander und mit anderen hydrophoben Gruppen in Wechselwirkung.

Polypeptide werden durch eine Kondensationsreaktion zwischen der Aminogruppe einer Aminosäure und der Carboxylgruppe der nächsten Aminosäure gebildet, sodass ein *sich wiederholendes Rückgrat* (–NH–CHR–CO–) entsteht: Dabei unterscheiden

BASE	NUCLEOSID (= Base + Zucker) RIBOSE / DESOXYRIBOSE	NUCLEOTID (= Nucleotid + Phosphat) MONO-PHOSPHAT	DI-PHOSPHAT	TRI-PHOSPHAT
PURINE				
Adenin	Adenosin	AMP (Adenylat)	ADP	ATP
	Desoxyadenosin	dAMP	dADP	dATP
Guanin	Guanosin	GMP (Guanylat)	GDP	GTP
	Desoxyguanosin	dGMP	dGDP	dGTP
PYRIMIDINE				
Cytosin	Cytidin	CMP (Cytidylat)	CDP	CTP
	Desoxycytidin	dCMP	dCDP	dCTP
Thymin	Thymidin	[TMP] (Thymidylat)	[TDP]	[TTP]
	Desoxythymidin	dTMP	dTDP	dTTP
Uracil	Uridin	UMP (Uridylat)	UDP	UTP
	Desoxyuridin	dUMP	dUDP	dUTP

1.1 In Nucleinsäuren vorkommende Basen mit ihren entsprechenden Nucleosiden und Nucleotiden. Für die Bezeichnung von Nucleotiden mit einer einzigen Phosphatgruppe ersetzt man die Nachsilbe der Base (*-in*) durch *-ylat*, wie etwa bei Adenylat und Guanylat. Klammern um TMP, TDP und TTP deuten an, dass diese Nucleotide normalerweise nicht vorkommen.

sich die Seitenketten R zwischen den einzelnen Aminosäuren (Abb. 1.21)

1.1.2 Kovalente Bindungen verleihen Stabilität; schwächere nichtkovalente Bindungen bewirken intermolekulare Assoziationen und stabilisieren die Struktur

Die Stabilität der Polymere von Nucleinsäuren und Proteinen beruht vor allem auf den starken **kovalenten Bindungen**, die die Atome in ihrem linearen Rückgrat miteinander verknüpfen. Neben den kovalenten Bindungen sind eine Reihe von schwachen **nichtkovalenten Bindungen** (Tab. 1.1) wichtig für die Wechselwirkungen zwischen diesen Molekülen und zwischen Gruppen innerhalb eines einzelnen Nucleinsäure- oder Proteinmoleküls. Solche nichtkovalenten Bindungen sind im Allgemeinen um einen Faktor von mehr als 10 schwächer als die kovalenten Bindungen. Im Gegensatz zu kovalenten Bindungen, deren Stärke allein durch die beteiligten spezifischen Atome bestimmt wird, hängt die Stärke von nichtkovalenten Bindungen auch von der jeweiligen wässrigen Umgebung ab. Die Struktur von Wasser ist besonders komplex: Es handelt sich hier um ein sich schnell veränderndes Netzwerk von nichtkovalenten Bindungen zwischen den einzelnen H_2O-Molekülen. Die vorherrschende Kraft in dieser Struktur ist die **Wasserstoffbrücken**(bindung). Sie ist eine schwache elektrostatische Bindung, die sich zwischen einem teilweise positiv geladenen Wasserstoffatom und einem teilweise negativ geladenen Atom ausbildet – im Fall von Wasser mit einem Sauerstoffatom.

Geladene Moleküle sind in Wasser sehr gut löslich. Aufgrund der Ladungen der Phosphatreste in den Nucleotidbestandteilen sind sowohl RNA als auch DNA negativ geladen (*Polyanionen*). Proteine können abhängig von ihrer Aminosäurezusammensetzung eine positive (**basische Proteine**) oder eine negative Nettoladung (**saure Proteine**) tragen. Das Potenzial von Wassermolekülen, Wasserstoffbrücken zu bilden, bedeutet, dass Moleküle mit polaren Gruppen (also auch DNA, RNA und Proteine) zahlreiche Wechselwirkungen mit den Wassermolekülen ausbilden können, sodass sie in Wasser löslich sind. Deshalb sind selbst elektrisch neutrale Proteine oft leicht löslich, wenn sie genügend geladene oder neutrale polare Aminosäuren enthalten. Im Gegensatz dazu zeichnen sich membrangebundene Proteine häufig durch einen hohen Anteil von hydrophoben Aminosäuren aus, die in der hydrophoben Umgebung einer Membran thermodynamisch stabiler sind.

Im Unterschied zu kovalenten Bindungen, für deren Aufbrechen ein großer Energieaufwand erforderlich ist, werden nichtkovalente Bindungen bei physiologischen Temperaturen ständig neu gebildet und gelöst. Daher ermöglichen diese Bindungen leicht

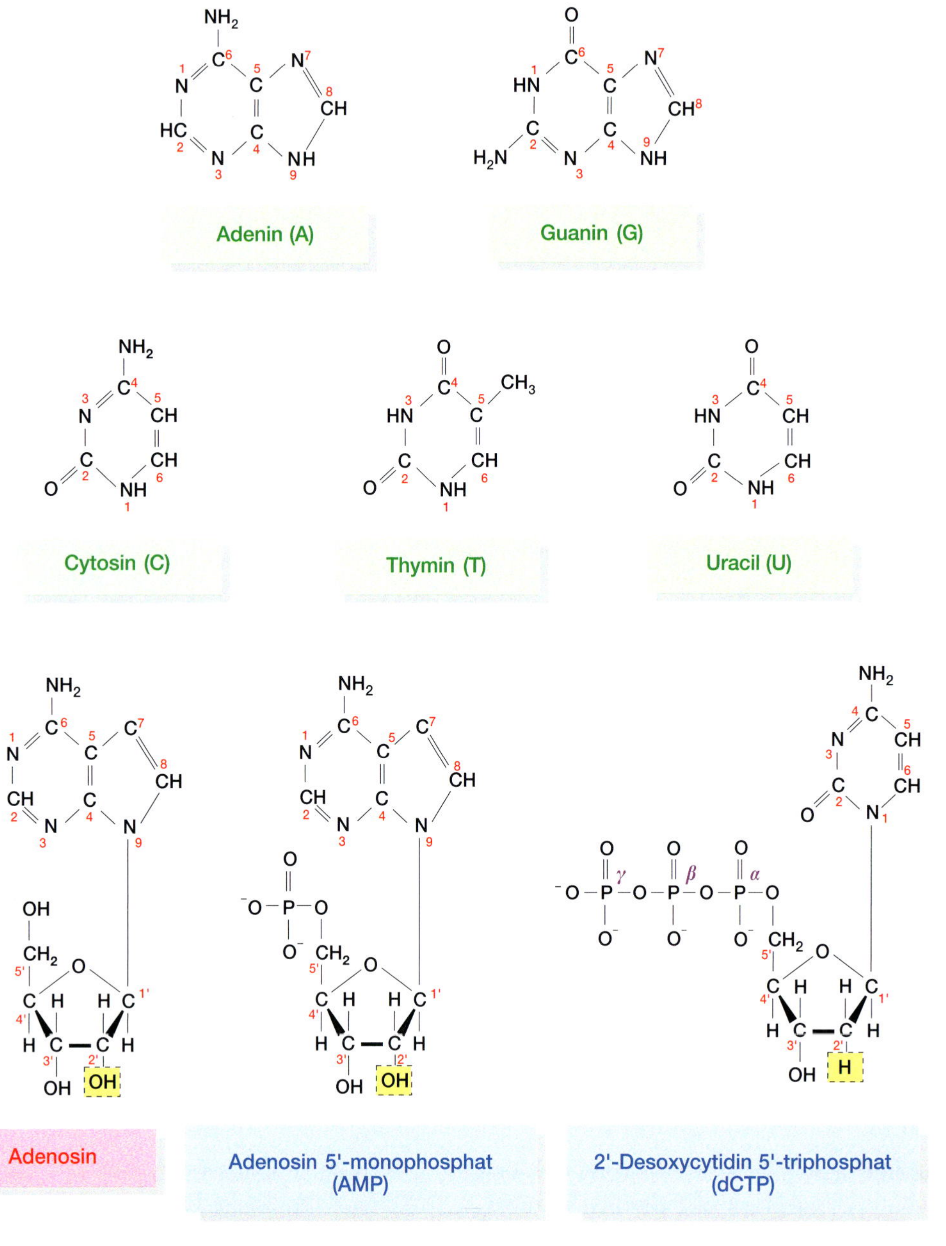

1.2 Strukturen der Basen, Nucleoside und Nucleotide. Die breiten Linien unten am Zuckerring sollen anzeigen, dass sich die Ebene des Rings in einem Winkel von 90° zur entsprechenden Base befindet; das heißt, wenn die Base in derselben Ebene liegt wie die Papieroberfläche, dann ragen die Kohlenstoffatome 2' und 3' des Zuckers aus der Seite heraus und das Sauerstoffatom zeigt in Richtung hinter die Seite. Die Nummerierung der Desoxyribose- und Ribosezucker beschränkt sich auf die fünf Kohlenstoffatome (1'–5'). Die Nummerierung der Basen berücksichtigt jedoch sowohl die Kohlenstoff- als auch die Stickstoffatome in den heterozyklischen Ringen. Die hervorgehobenen Hydroxylgruppen und Wasserstoffatome am 2'-Kohlenstoff weisen auf den wesentlichen Unterschied zwischen Ribose und Desoxyribose hin. Phosphatgruppen werden entsprechend ihrer Entfernung vom Zuckerring als α, β, γ und so weiter bezeichnet (siehe Struktur von dCTP).

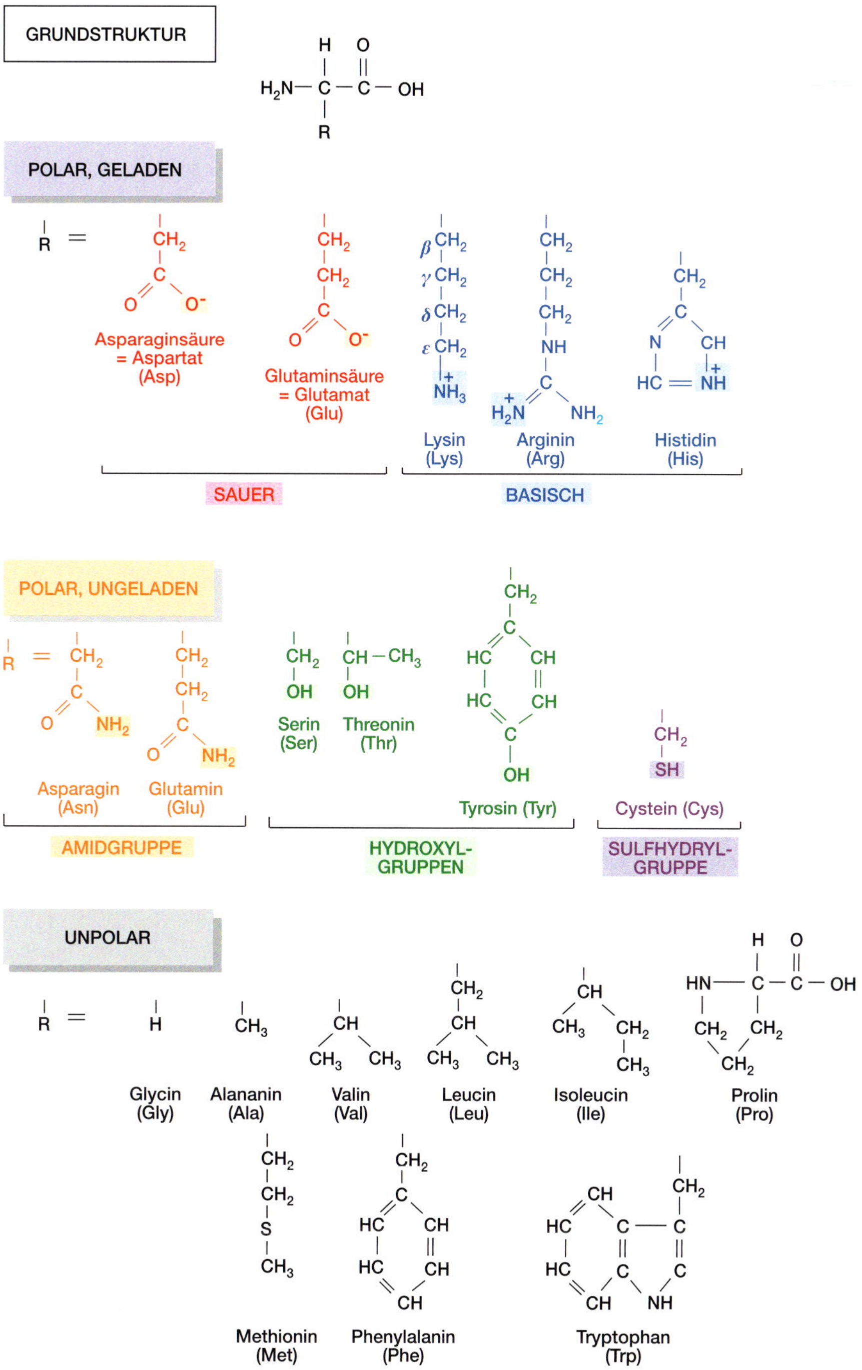

1.3 Stuktur der 20 essenziellen Aminosäuren. Aminosäuren einer Untergruppe (zum Beispiel die sauren Aminosäuren) sind einander chemisch sehr ähnlich. Polare Gruppen sind hervorgehoben. Bei der üblichen Nummerierung der Kohlenstoffatome bezeichnet man das zentrale Kohlenstoffatom mit α und die in der linearen Seitenkette folgenden mit β, γ, δ und so weiter (siehe Lysinseitenkette in der Abbildung). Polare Aminosäuren sind zwar im Allgemeinen hydrophil und unpolare hydrophob, aber Glycin mit seiner ganz kurzen Seitenkette und Cystein, dessen Sulfhydrylgruppe nicht so polar wie eine Hydroxylgruppe ist, nehmen in der Skala der hydrophilen und hydrophoben Aminosäuren eine Zwischenstellung ein. Prolin ist insofern ungewöhnlich, als seine Seitenkette sowohl mit dem Stickstoffatom der NH_2-Gruppe als auch mit dem zentralen Kohlenstoffatom verbunden ist.

Tabelle 1.1 Schwache nichtkovalente Bindungen

Art der Bindung	Charakter der Bindung
Wasserstoffbrücken	Wasserstoffbrücken bilden sich, wenn ein *Wasserstoffatom* zwischen zwei Atomen liegt, die Elektronen anziehen, im Allgemeinen Sauerstoff oder Stickstoff. Beispiele für ihre Bedeutung bei Struktur und Funktion von Nucleinsäuren und Proteinen sind in Exkurs 1.1 aufgeführt.
Ionenbindungen	Ionische Wechselwirkungen treten zwischen geladenen Gruppen auf. Sie können in Kristallen sehr stark ausgebildet sein, während die Ionen in einer wässrigen Umgebung von H_2O-Molekülen und anderen Ionen in der Lösung abgeschirmt werden und deshalb relativ schwach sind. Dennoch können sie für die biologische Funktion sehr wichtig sein, beispielsweise bei der Enzym-Substrat-Erkennung.
Van-der-Waals-Wechselwirkungen	Zwei beliebige Atome, die sehr nahe beieinander liegen, zeigen aufgrund ihrer fluktuierenden elektrischen Ladungen eine gegenseitige schwache Anziehungskraft (die Van-der-Waals-Anziehung), bis sie sich so extrem nahe kommen, dass sie sich sehr stark abstoßen (Van-der-Waals-Abstoßung). Van-der-Waals-Anziehungskräfte sind zwar einzeln sehr schwach, sind aber bei einer guten Passgenauigkeit zwischen den Oberflächen von Makromolekülen von Bedeutung.
hydrophobe Kräfte	Wasser ist ein polares Molekül. Wenn hydrophobe Moleküle oder chemische Gruppen in eine wässrige Umgebung gebracht werden, lagern sie sich zwangsläufig zusammen, um ihren störenden Effekt auf das komplexe Netzwerk von Wasserstoffbrücken zwischen den Wassermolekülen zu minimieren. Die Kräfte, die hydrophobe Gruppen aneinander zwingen, bezeichnet man als *hydrophobe Bindungen*, obwohl die Anziehung dieser Gruppen eigentlich auf die gemeinsame Abstoßung durch Wassermoleküle zurückzuführen ist.

reversible (transiente) molekulare Wechselwirkungen, die für biologische Funktionen unerlässlich sind. Für Nucleinsäuren und Proteine besitzen sie eine Vielzahl von Schlüsselfunktionen, sorgen für eine genaue Replikation der DNA, wirken bei der Transkription der RNA und bei der Codon-Anticodon-Erkennung mit. Eine einzelne nichtkovalente Bindung ist zwar schwach, aber die gemeinsame Wirkung zahlreicher solcher Bindungen kann erheblich zur Stabilität der Struktur (**Konformation**) dieser Moleküle beitragen und so für die Festlegung der Form eines Makromoleküls von entscheidender Bedeutung sein (das Beispiel, wie intramolekulare Wasserstoffbrücken die Form eines Transfer-RNA-Moleküls bestimmen, zeigt Abbildung 1.7 b).

1.2 Die Struktur der DNA und die Replikation

1.2.1 Die Struktur der DNA ist eine antiparallele Doppelhelix

Wie bereits festgestellt, besteht das lineare Rückgrat eines DNA- oder RNA-Moleküls aus abwechselnden Zuckermolekülen und Phosphatgruppen. Bei beiden Makromolekülen sind zwei benachbarte Zuckerreste durch eine **3'-5'-Phosphodiesterbindung** miteinander verknüpft. Das bedeutet, dass *sich eine Phosphatgruppe das 3'-Kohlenstoffatom des einen Zuckers mit dem 5'-Kohlenstoffatom des benachbarten Zuckers verbindet* (Abb. 1.4).

Während RNA-Moleküle innerhalb einer Zelle normalerweise als Einzelmoleküle vorliegen, ist die Struktur der DNA eine **Doppelhelix**, bei der zwei DNA-Moleküle (**DNA-Stränge**) durch schwache Wasserstoffbrücken zusammengehalten werden und so einen **DNA-Doppelstrang** (DNA-Duplex) bilden. Die Wasserstoffbrücken bilden sich zwischen einander seitlich gegenüberliegenden Basen, also den **Basenpaaren** (bp), der beiden Hälften des DNA-Doppelstranges. Dabei gelten die **Watson-Crick-Regeln**: *A bindet spezifisch an T und C spezifisch an G* (Abb. 1.5). Das führt dazu, dass die Basenzusammensetzung von DNA aus verschiedenen Zellen nicht zufällig ist: *Die Menge von Adenin ist gleich der von Thymin, die Menge von Guanin gleich der von Cytosin.* Die Basenzusammensetzung von DNA lässt sich deshalb bereits eindeutig durch Berechnung des GC-Gehalts in Prozent (Anteil G + Anteil C) darstellen. Wenn sich für eine zelluläre DNA beispielsweise ein GC-Gehalt von 42 % angeben lässt, kann man die Basenzusammensetzung wie folgt berechnen: für G und C jeweils 21 %, für A und T jeweils 29 %.

DNA kann verschiedene helikale Strukturformen annehmen: **A-DNA** und **B-DNA** sind beide *rechtsgängige Helices* (die Helix ist im Uhrzeigersinn spiralisiert, wenn man sie so betrachtet, dass sie sich vom

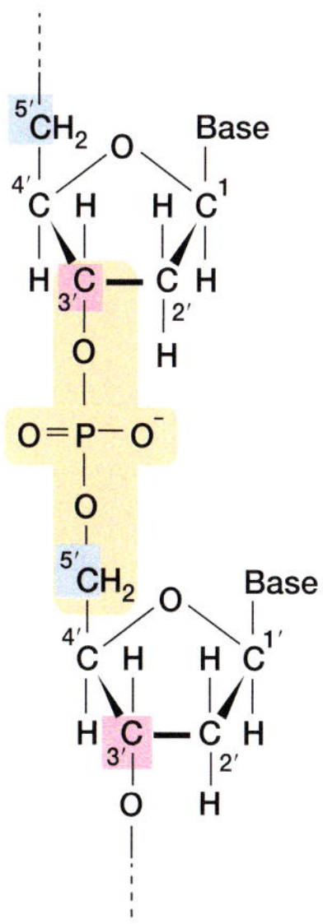

1.4 Eine 3'-5'-Phosphodiesterbindung.

Beobachter „entfernt"). Eine Windung besteht aus elf beziehungsweise zwölf Basenpaaren. **Z-DNA** ist eine linksgängige Helix mit zwölf Basenpaaren pro Windung. Unter physiologischen Bedingungen liegt der größte Teil der DNA in einem bakteriellen oder eukaryotischen Genom als B-DNA vor. Dabei besitzt jeder helikale Strang eine **Steigung** oder „Ganghöhe" (den Abstand zwischen zwei Windungen) von 3,4 nm. Da die Phosphodiesterbindungen die Kohlenstoffatome 3' und 5' von aufeinanderfolgenden Zuckerresten verknüpfen, besitzt ein Ende jedes DNA-Stranges einen endständigen Zuckerrest, bei dem das 5'-Kohlenstoffatom nicht mit einem benachbarten Zuckerrest verbunden ist (Abb. 1.6); dies ist das so genannte **5'-Ende**. Das andere Ende bezeichnet man als **3'-Ende**, da hier in entsprechender Weise am 3'-Kohlenstoffatom des endständigen Zuckerrestes die Phosphodiesterbindung fehlt. Man nennt die beiden Stränge eines DNA-Doppelstranges **antiparallel**, da sie sich immer so zusammenlagern, dass die 5'→3'-Richtung des einen Stranges der des anderen entgegengesetzt verläuft (Abb. 1.6).

Die lineare Sequenz der Basen in den DNA-Strängen codiert die genetische Information (die **Primärstruktur**). Demzufolge bezeichnet man die Sequenzen der beiden Stränge eines DNA-Doppelstranges als **komplementär**; es heißt auch, die beiden Stränge zeigen **Basenkomplementarität**. Die Basensequenz des einen Stranges lässt sich also leicht aus dem komplementären Strang ableiten, wenn dessen Sequenz bekannt ist. Darum ist es üblich, von einer DNA-Sequenz nur die Basensequenz eines Stranges darzustellen, wobei man standardmäßig die 5'→3'-Richtung verwendet. In dieser Richtung erfolgt während der Replikation die Synthese von neuen DNA-Molekülen, auch die Transkription der RNA von der DNA-Matrize verläuft so (siehe unten). Wenn man jedoch für einen Strang die Sequenz einer DNA-Region darstellen will, die nur zwei benachbarte Basen umfasst (also ein Dinucleotid), setzt man üblicherweise ein „p" dazwischen, um die verknüpfende Phosphodiesterbindung anzudeuten. So bedeutet beispielsweise CpG, dass ein Cytidin kovalent mit einem benachbarten Guanosin auf *demselben DNA-Strang* verbunden ist. Dagegen bezeichnet ein CG-Paar (oder C-G-Paar), dass ein Cytosin auf dem einen Strang über Wasserstoffbrücken mit einem Guanin auf dem *komplementären Strang* verbunden ist (Abb. 1.6).

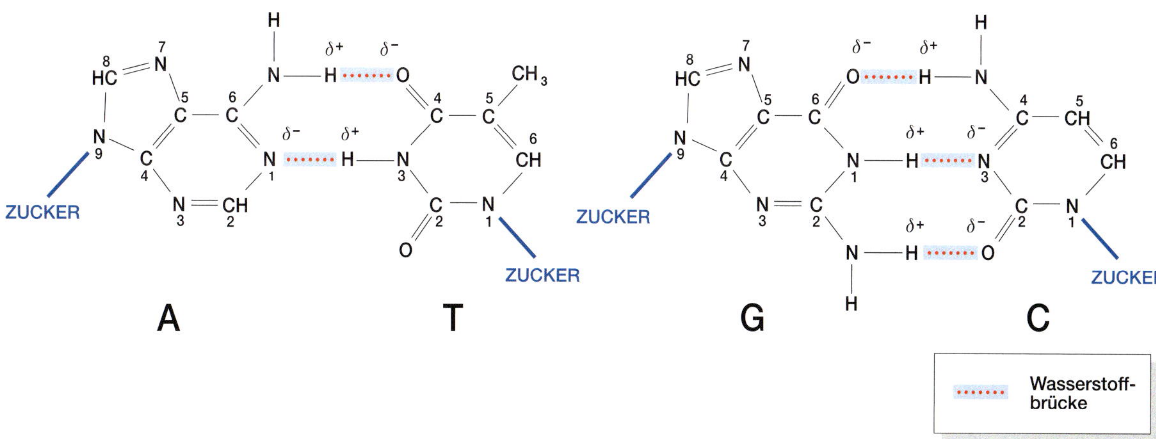

1.5 A-T-Basenpaare sind über zwei Wasserstoffbrücken miteinander verbunden, G-C-Paare über drei. Positive Teilladungen an Wasserstoffatomen und negative Teilladungen an Sauerstoff- und Stickstoffatomen sind mit δ^+ beziehungsweise δ^- dargestellt.

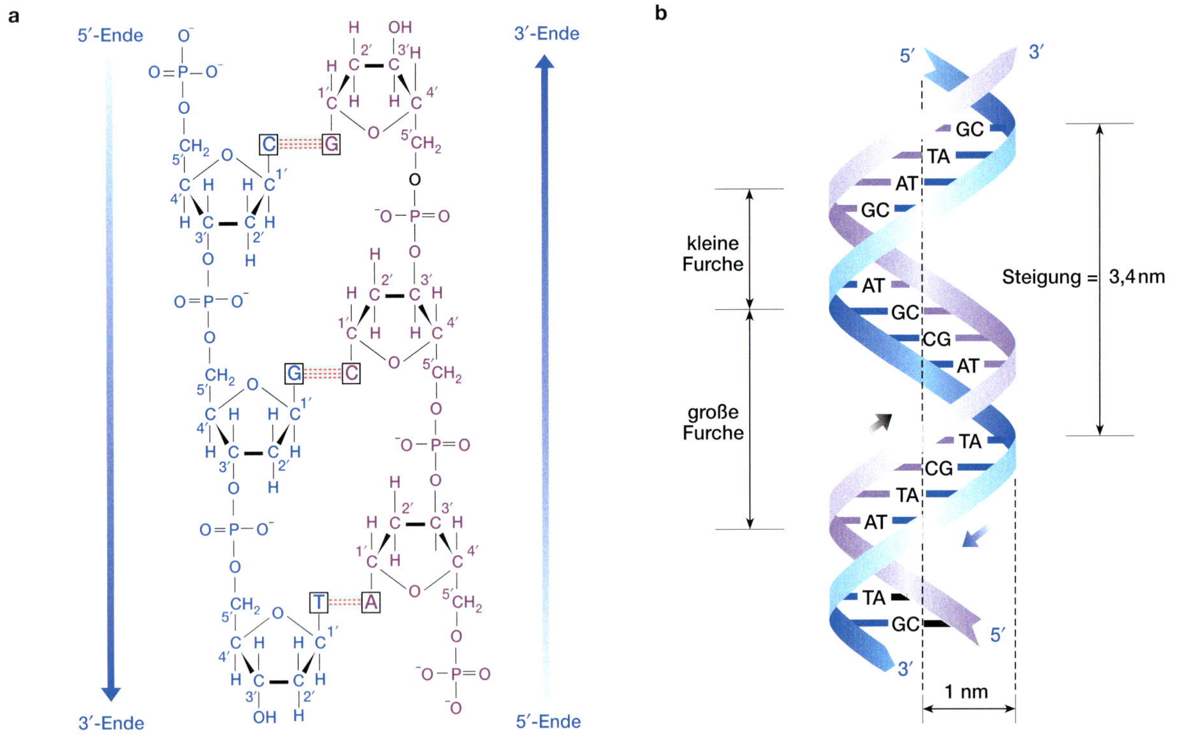

1.6 Die DNA-Struktur ist eine doppelsträngige, antiparallele Helix. a) Antiparallelität der beiden DNA-Stränge. Die beiden Stränge verlaufen antiparallel, da das 3'-Kohlenstoffatom mit dem 5'-Kohlenstoffatom jeweils in entgegengesetzter Richtung verknüpft ist. In der Abbildung ist ein doppelsträngiges Trinucleotid dargestellt, dessen Sequenz sich folgendermaßen schreiben lässt: 5' pCpGpT–OH 3' (DNA-Strang auf der linken Seite) / 5' pApCpG–OH 3' (DNA-Strang auf der rechten Seite); dabei zeigt p eine Phosphodiestergruppe an und –OH die terminale OH-Gruppe am 3'-Ende. Man kürzt das normalerweise ab, indem man die Symbole „p" und „OH" weglässt und nur die Basenfolge eines Stranges angibt (also beispielsweise 5' CGT 3' oder 5' ACG 3'). b) Die Doppelhelixstruktur der DNA. Die beiden Stränge sind umeinander gewunden und bilden so eine „plektonemische" Spirale. Die Steigung (oder Ganghöhe) jeder Helix bezeichnet die Entfernung, die für einen einzigen Umgang erforderlich ist, der bei der B-Struktur der DNA etwas mehr als zehn Basenpaare umfasst.

Intermolekulare Wasserstoffbrücken ermöglichen auch Doppelstränge aus DNA und RNA oder nur aus RNA. Beide Strukturen sind bei der Genexpression von großer Bedeutung (Exkurs 1.1). Darüber hinaus können auch zwischen Basen innerhalb desselben DNA- oder RNA-Moleküls Wasserstoffbrücken auftreten. Sequenzen, die eng nebeneinander liegende komplementäre *umgekehrte Wiederholungen* (*inverted repeats*) aufweisen, neigen dazu, **Haarnadelstrukturen** oder Schleifen (*loops*) auszubilden, die dann durch Wasserstoffbrücken zwischen den Basen des Schleifenstiels stabilisiert werden (Abb. 1.7a; Beispiel für MikroRNAs, die durch Spaltung von Haarnadel-RNA-Vorstufen entstehen). Solche Strukturvorgaben, die zusätzlich zur Primärstruktur auftreten, tragen zur **Sekundärstruktur** der Moleküle bei. Bestimmte RNA-Moleküle wie beispielsweise Transfer-RNA (tRNA) zeigen eine stark ausgeprägte Sekundärstruktur (Abb. 1.7b).

Bei Wasserstoffbrücken in RNA-RNA-Doppelsträngen und auch bei intramolekularen Wasserstoffbrücken innerhalb eines RNA-Moleküls treten manchmal zusätzlich zu den A-U- und G-C-Paaren auch G-U-Basenpaare auf (Abb. 1.7b).

1.2.2 Die DNA-Replikation ist semikonservativ, und die Synthese der DNA-Stränge erfolgt semidiskontinuierlich

Während der DNA-Synthese (**DNA-Replikation**) entwindet eine Helikase die beiden DNA-Stränge. An jedem DNA-Strang wird dann ein komplementärer Strang synthetisiert, sodass zwei neue DNA-Doppelstränge entstehen, die jeweils mit dem Ausgangsmolekül identisch sind (Abb. 1.8). Da jeder neue DNA-Doppelstrang aus *einem alten und einem neu synthetisierten Molekül* besteht, bezeichnet man den Prozess der Replikation als **semikonservativ**. Das Enzym DNA-Polymerase katalysiert die Synthese der neuen DNA-Stränge unter Verwendung der vier

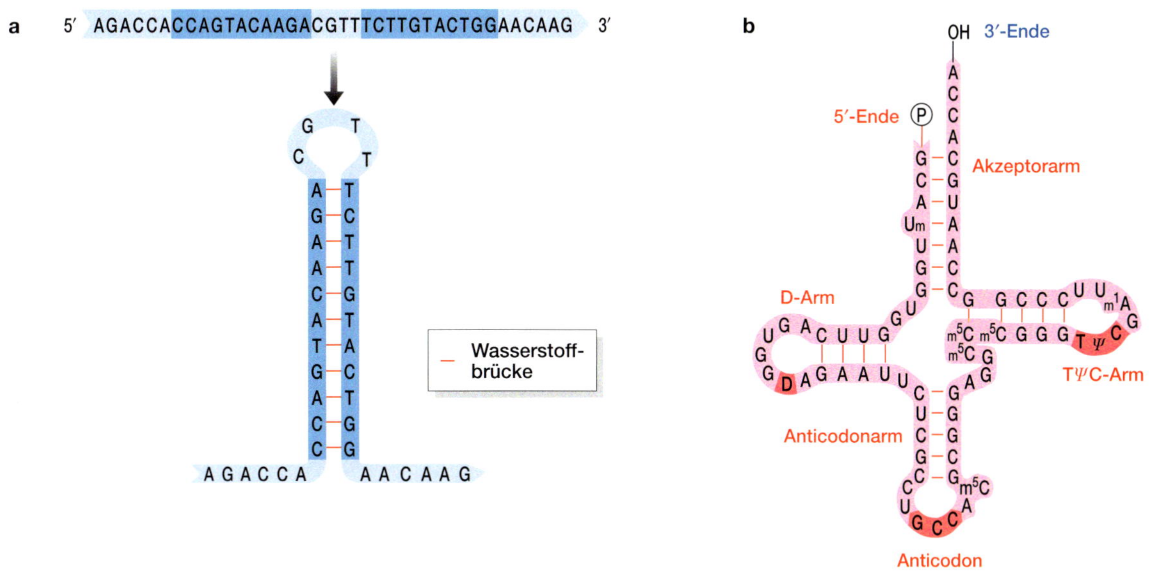

1.7 Intramolekulare Wasserstoffbrücken bei DNA und RNA. a) Bildung einer doppelsträngigen Haarnadelstruktur innerhalb eines einzelnen DNA-Stranges. Die im DNA-Strang hervorgehobenen Bereiche enthalten umgekehrte repetitive Sequenzen, die über Wasserstoffbrücken die Haarnadelstruktur ausbilden können. b) Transfer-RNA (tRNA) hat eine ausgeprägte Sekundärstruktur. Als Beispiel ist eine menschliche $tRNA^{Glu}$ dargestellt. Sie enthält seltene Nucleoside wie D: 5,6-Dihydrouridin; Ψ: Pseudouridin (5-Ribosyluracil); m^5C: 5-Methylcytidin; m^1A: 1-Methyladenosin. Die Kleeblattstruktur wird durch eine ausgeprägte Bildung von intramolekularen Wasserstoffbrücken stabilisiert; dabei handelt es sich vor allem um normale G-C- und A-U-Paare, vereinzelt kommen auch G-U-Paare vor. Zu erkennen sind vier Arme: Am 3'-Ende des Akzeptorarmes wird die Aminosäure befestigt, den TΨC-Arm erkennt man an diesem speziellen Trinucleotid, der D-Arm enthält Dihydrouridinreste, und im Anticodonarm befindet sich mitten in der Schleife das Anticodon. Die Sekundärstruktur von tRNAs ist praktisch immer gleich: Im Stamm des Akzeptorarms gibt es immer sieben Basenpaare, im TΨC-Arm fünf, im Anticodonarm fünf, außerdem drei bis vier im D-Arm.

Exkurs 1.1: Beispiele für die Bedeutung von Wasserstoffbrücken in Nucleinsäuren und Proteinen

Intermolekulare Wasserstoffbrücken bei Nucleinsäuren

Intermolekulare Wasserstoffbrücken sind wichtig für die Bildung doppelsträngiger Nucleinsäuren:

- **Doppelsträngige DNA.** Die Doppelhelix wird durch Wasserstoffbrücken zwischen A-T- und G-C-Basenpaaren stabilisiert (Abschnitt 1.2.1 und Abb. 1.5).
- **Doppelstränge aus DNA und RNA.** Diese bilden sich *in vivo* während der RNA-Transkription, wobei die Wasserstoffbrücken die Bildung folgender Basenpaare unterstützen: A-U, C-G und A-T (zwischen A im RNA-Strang und T im DNA-Strang) (Abschnitt 1.3.3 und Abb. 1.12).
- **Doppelsträngige RNA.** Die Genome einiger Viren bestehen aus RNA-Doppelsträngen; jedoch bilden sich darüber hinaus in allen Zellen bei der Genexpression und der RNA-Prozessierung RNA-Doppelstränge. Beim RNA-Spleißen werden Exon-Intron-Grenzen aufgrund von Wasserstoffbrücken zwischen ungespleißten RNA-Transkripten und den verschiedenen snRNA-Molekülen erkannt (Abschnitt 1.4.1). Außerdem bilden sich bei der Codon-Anticodon-Erkennung Wasserstoffbrücken zwischen mRNA und tRNA (Abschnitt 1.5.1 und Abbildung 1.20). *Durch Wasserstoffbrücken zwischen RNA-Molekülen bilden sich neben A-U- und G-C- auch G-U-Basenpaare* (Tab. 1.6).

Intramolekulare Wasserstoffbrücken bei Nucleinsäuren

Diese sind sowohl bei DNA- als auch bei RNA-Molekülen für die Ausbildung von Sekundärstrukturen von Bedeutung, beispielsweise bei der Bildung von Haarnadelstrukturen in DNA und den komplexen Armen einer tRNA (Abschnitt 1.2.1 und Abb. 1.7). *Bei tRNAs bilden sich durch Wasserstoffbrücken neben A-U- und G-C- auch G-U-Basenpaare.*

Intramolekulare Wasserstoffbrücken bei Proteinen

Einige grundlegende Elemente der Sekundärstruktur von Proteinen wie die α-Helix, das β-Faltblatt oder die β-Turn beruhen zu einem großen Teil auf Wasserstoffbrücken innerhalb der Kette (Abschnitt 1.5.5 und Abb. 1.24).

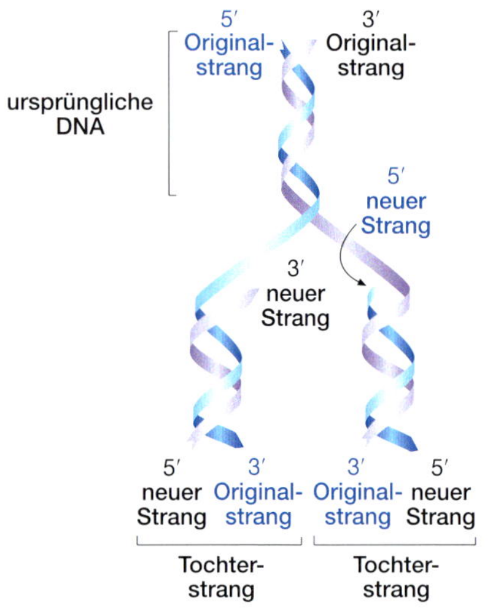

1.8 Die DNA-Replikation ist semikonservativ. Die ursprüngliche DNA-Doppelhelix besteht aus zwei komplementären, gegenläufigen DNA-Strängen, die entwunden werden und dann einzeln als Matrize für die Synthese neuer komplementärer, gegenläufiger DNA-Stränge dienen. Jede der neuen DNA-Doppelhelices enthält einen ursprünglichen und einen neuen DNA-Strang. Die so entstehende DNA-Doppelhelix stimmt in der Struktur mit dem ursprünglichen DNA-Doppelstrang überein. Die Abbildung zeigt das Ergebnis einer DNA-Verdopplung; wie sie zustande kommt, ist in Abbildung 1.9 dargestellt.

Desoxynucleotidtriphosphate (dATP, dCTP, dGTP, dTTP) als Nucleotidvorstufen.

Die DNA-Replikation beginnt an bestimmten Stellen auf der DNA, die man als **Replikationsursprünge** (*origins of replication*) bezeichnet. Wenn die Replikation an solch einem Startpunkt beginnt, bildet sich eine Y-förmige **Replikationsgabel**, an der sich der alte DNA-Doppelstrang zu zwei neuen DNA-Doppelsträngen verzweigt. Da die beiden Stränge der alten DNA-Doppelhelix gegenläufig sind, jedoch einzeln als Matrizen für die Synthese komplementärer antiparaleller Tochterstränge dienen, müssen auch die neuen Stränge in jeweils entgegengesetzter Richtung verlaufen; das heißt, in dem einen Tochterstrang, dem **Leitstrang** (*leading strand*), wächst die Kette in Richtung 5'→3', in dem anderen Tochterstrang, dem **Folgestrang** (*lagging strand*), jedoch in Richtung 3'→5' (Abb. 1.9).

Zu den von DNA-Polymerasen katalysierten Reaktionen gehört, dass sie an die freie 3'-Hydroxylgruppe der wachsenden DNA-Kette ein dNMP anhängen (der dNMP-Rest stammt von einer dNTP-Vorstufe, wobei die beiden endständigen β- und γ-Phosphatreste abgespalten werden und die so entstehende Pyrophosphatgruppe verworfen wird). Dieser Vorgang führt zu einer Asymmetrie bei der DNA-Replikation: Nur der Leitstrang besitzt in der Replikationsgabel eine freie 3'-Hydroxylgruppe. So

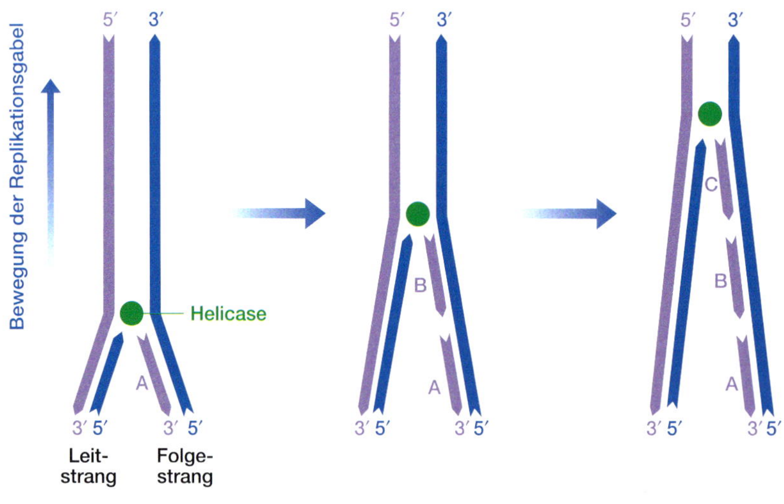

1.9 Asymmetrische Synthese der Stränge bei der DNA-Replikation. Die Helikase entwindet den DNA-Doppelstrang und ermöglicht so die Replikation der einzelnen Stränge. Dabei stimmt die 5'→3'-Syntheserichtung des Leitstranges mit der Bewegungsrichtung der Replikationsgabel überein; die Synthese erfolgt hier also kontinuierlich. Die Synthese des Folgestranges verläuft jedoch entgegengesetzt der Bewegung der Replikationsgabel, muss also schrittweise (in Okazaki-Fragmenten) durchgeführt werden: erst A, dann B, dann C; die Stücke werden anschließend durch das Enzym DNA-Ligase miteinander verknüpft und bilden so einen durchgängigen DNA-Strang. Die Synthese dieser Fragmente wird von einem RNA-Primer aus gestartet. Bei eukaryotischen Zellen wird der Leitstrang durch die DNA-Polymerase δ, der Folgestrang hingegen durch die DNA-Polymerase α synthetisiert (Tab. 1.2).

kann er durch entsprechende Anheftung von Nucleotiden kontinuierlich in derselben Richtung verlängert werden, in der auch die Replikationsgabel voranschreitet.

Die 5'→3'-Syntheserichtung des Folgestranges verläuft entgegengesetzt der Bewegungsrichtung der Replikationsgabel. Daher muss die Synthese schrittweise vervollständigt werden, wobei fortwährend kleine Fragmente von normalerweise 100 bis 1 000 Nucleotiden Länge (**Okazaki-Fragmente**) entstehen. Da nur der Leitstrang kontinuierlich synthetisiert wird, bezeichnet man die Synthese der DNA-Stränge als **semidiskontinuierlich.** Jedes Fragment des Folgestranges wird in 5'→3'-Richtung synthetisiert, also entgegengesetzt der Bewegung der Replikationsgabel. Das Enzym DNA-Ligase verknüpft die nacheinander synthetisierten Fragmente kovalent. Folglich wächst der Folgestrang in Richtung der Bewegung der Replikationsgabel.

1.2.3 Der DNA-Replikationsapparat in Säugerzellen ist komplex

Der DNA-Replikationsapparat ist, wie auch die Ribosomen, hoch konserviert und stimmt in den Grundzügen, in Bezug auf die verschiedenen Typen der Schlüsselproteine, von *Escherichia coli* bis zu den Säugerzellen weitgehend überein (Exkurs 1.2). Der Komplexitätsgrad ist jedoch bei Säugerzellen größer, sowohl was die Anzahl verschiedener DNA-Polymerasen als auch was die Anzahl der übrigen Proteinbausteine und ihrer Untereinheiten betrifft. Die meisten DNA-Polymerasen in den Säugerzellen verwenden einen einzelnen DNA-Strang als Matrize und synthetisieren daran einen komplementären DNA-Strang; es handelt sich also um **DNA-abhängige DNA-Polymerasen.** Im Gegensatz zu RNA-Polymerasen benötigen DNA-Polymerasen auf jeden Fall das 3'-Hydroxylende eines durch Basenpaarung angelagerten Startstranges (*primer*) als Substrat für die Kettenverlängerung. Deshalb muss vorher durch eine **Primase** ein **RNA-Primer** synthetisiert werden, der die 3'-OH-Gruppe als Startpunkt für die DNA-Polymerase liefert.

In Säugerzellen gibt es über 20 verschiedene Arten von DNA-Polymerasen (Friedberg et al. 2000; 2002), die man sinnvollerweise in drei Hauptgruppen einteilen kann (Tab. 1.2):

- **Klassische (hoch genaue, *high fidelity*) DNA-abhängige Polymerasen.** Zwei von ihnen (DNA-Polymerase δ und α) sind bei der normalen Replikation der chromosomalen DNA beteiligt, wobei sie spezifisch den Leit- beziehungsweise Folgestrang synthetisieren. Die DNA-Polymerasen β und ε sind für die DNA-Reparatur zuständig, γ für Replikation und Reparatur der mitochondrialen DNA.

Exkurs 1.2: Wichtige Klassen von Proteinen bei der DNA-Replikation

Topoisomerasen leiten den Vorgang der DNA-Entwindung ein, indem sie Einzelstrangbrüche erzeugen (*nicking*). So wird die Spannung gelöst, welche die Helix normalerweise in ihrer spiralisierten und überspiralisierten Form festhält.

Helikasen vervollständigen die Entwicklung des ursprünglichen Doppelstranges, sobald die Topoisomerase die Überspiralisierung gelöst hat.

DNA-Polymerasen synthetisieren neue DNA-Stränge. DNA-Polymerasen sind komplexe Aggregate aus mehreren verschiedenen Proteinuntereinheiten. Häufig besitzen sie eine Korrekturlesefunktion und eine Nucleaseaktivität, um falsch eingebaute Basen zu erkennen und für die Reparatur einen begrenzten DNA-Bereich, in dem sich der Fehler befindet, zu entfernen. In Zellen wird die DNA in der Regel durch die Synthese neuer DNA an einem bereits existierenden DNA-Matrizenstrang repliziert; die Reaktion wird von **DNA-abhängigen DNA-Polymerasen** ausgeführt. In Säugerzellen gibt es eine Vielzahl verschiedener DNA-Polymerasen dieser Art. In speziellen Situationen kann DNA in den Zellen auch von einer RNA-Matrize synthetisiert werden. Dafür sind **RNA-abhängige DNA-Polymerasen** zuständig (man bezeichnet sie auch als **Reverse Transkriptasen**); ein Beispiel ist die Aktivität der **Telomerase**, die die Enden von linearen Chromosomen synthetisiert.

Primasen. Für DNA-Polymerasen ist es schwierig, an einer einzelsträngigen Matrize *de novo* mit der DNA-Synthese zu beginnen. Dafür ist ein Primer mit einer 3'-OH-Gruppe erforderlich, an den die Polymerase ein dNMP anhängen kann. Primasen befestigen kurze RNA-Primer an einzelsträngiger DNA, die dann die 3'-OH-Gruppe liefern, an der die DNA-Polymerase mit der Synthese beginnen kann. Eine Ribonuclase entfernt schließlich diesen RNA-Primer, eine DNA-Polymerase füllt die Lücke auf, das Verknüpfen mit dem übrigen Strang bewerkstelligt eine DNA-Ligase.

Ligasen katalysieren die Bildung einer Phosphodiesterbindung zwischen einer freien 3'-OH- und einer benachbarten unverknüpften 5'-Phosphatgruppe.

Einzelstrangbindende Proteine sind wichtig für die Stabilisierung der Replikationsgabel. Einzelsträngige DNA ist sehr labil. Diese Proteine binden daran, damit die DNA einzelsträngig bleibt und nicht abgebaut wird.

Tabelle 1.2 Die wichtigsten Klassen der DNA-Polymerasen bei Säugern

A. Hoch genaue (klassische) DNA-abhängige DNA-Polymerasen

	Klasse				
	α	β	γ	δ	ε
Lokalisierung	Zellkern	Zellkern	Mitochondrien	Zellkern	Zellkern
allgemeine DNA-Replikation	Primererzeugung und DNA-Synthese beim Folgestrang	–	mtDNA-Replikation	Synthese des Leitstranges	–
3'→5'-Exonuclease[a]	nein	nein	ja	ja	ja
DNA-Reparaturfunktion	–	Herausschneiden von Basen	Reparatur der mtDNA	Herausschneiden von Nucleotiden und Basen	Herausschneiden von Nucleotiden und Basen

[a] Korrekturlesefunktion

B. Wenig genaue (fehleranfällige) DNA-abhängige DNA-Polymerasen

DNA-Polymerase ξ	Expression in mutierenden B- und T-Zellen; Beteiligung an Hypermutation?
DNA-Polymerase η	Mutation von A- und T-Nucleotiden während der Hypermutation?
DNA-Polymerase ι	sehr ungenaue Replikation; mögliche Mitwirkung bei Hypermutation
DNA-Polymerase μ	starke Expression in B- und T-Zellen; mögliche Mitwirkung bei Hypermutation

C. RNA-abhängige DNA-Polymerasen (Reverse Transkriptasen)

Reverse Transkriptase der Telomerase (Tert)	Replikation der Enden von linearen Chromosomen
LINE-1/Reverse Transkriptase endogener Retroviren	wandelt vereinzelt mRNA und andere RNA in cDNA um, die an beliebiger Stelle in das Genom integriert wird

- **Fehleranfällige DNA-abhängige DNA-Polymerasen.** Man kennt inzwischen eine Vielzahl verschiedener DNA-Polymerasen mit einer sehr geringen Genauigkeit (*low fidelity*) bei der DNA-Replikation. So ist beispielsweise die Fehlerrate der DNA-Polymerase ι (jota) 20 000-mal höher als bei der DNA-Polymerase ε. Einige dieser Polymerasen werden in Zellen des Immunsystems sehr stark exprimiert. Deshalb nimmt man aufgrund ihrer hohen Ungenauigkeit an, dass sie bei der Hypermutation in B- und T-Lymphocyten beteiligt sind (Abschnitt 10.6).
- **RNA-abhängige DNA-Polymerasen.** Einige DNA-Polymerasen synthetisieren DNA anhand einer RNA-Matrize; deshalb bezeichnet man sie als **Reverse Transkriptasen** (Abschnitte 1.2.4 und 1.3.1). Zu ihnen gehört auch die Aktivität des Enzyms **Telomerase**, das die Enden linearer Chromosomen repliziert (Abschnitt 2.2.5), außerdem Reverse Transkriptasen, die von einigen hoch repetitiven DNA-Bereichen und einigen Retrovirusarten codiert werden.

1.2.4 Virale Genome werden häufig durch RNA- und nicht durch DNA-Replikation vermehrt

DNA ist das Erbmaterial aller heute existierenden Zellen und wir haben uns angewöhnt, **Genom** als Sammelbegriff für alle vererbbaren DNA-Moleküle eines Lebewesens oder einer Zelle zu verwenden. Trotz der als zelluläre Erbsubstanz allgegenwärtigen DNA besitzen dennoch einige Gruppen von rezenten Viren ein **RNA-Genom**. RNA-Moleküle können sich selbst replizieren, aber die *2'-OH-Gruppe an den Riboseresten der RNA macht die Zucker-Phosphat-Brücken chemisch relativ instabil.* In der DNA tragen die Desoxyribosereste an der 2'-Position nur Wasserstoffatome, sodass DNA als Träger der genetischen Information viel besser geeignet ist. Die RNA-Replikation ist auch ungenauer als die DNA-Replikation, die Fehlerrate ist etwa 10 000-mal so hoch.

Viren haben zahlreiche verschiedene Strategien entwickelt, Zellen zu infizieren und für ihre Zwecke auszunutzen, und ihre Genome sind außerordentlich

Tabelle 1.3 Verschiedene Genomklassen (Beispiele für die Organisation viraler Genome in Abbildung 1.10)

	DNA doppelsträngig (ds)	einzelsträngig (ss)	RNA doppelsträngig (ds)	einzelsträngig (ss)
einzelnes ringförmiges Molekül	viele Bakterien und *Archaea*; Mitochondrien; Chloroplasten; einige Viren	einige Viren	–	sehr wenige Viren
einzelnes lineares Molekül	sehr wenige Bakterien, z. B. *Borrelia*; einige Viren	einige Viren	wenige Viren	einige Viren
mehrere lineare Moleküle	Zellkerne der Eukaryoten; einige segmentierte DNA-Viren	einige segmentierte ss-DNA-Viren	einige segmentierte ds-RNA-Viren	einige segmentierte ss-RNA-Viren
mehrere ringförmige Moleküle	einige Bakterien; einige zwei- oder dreifach partitionierte Viren	–	–	–
Mischung aus linear und ringförmig	sehr wenige Bakterien, z. B. *Agrobacterium tumefaciens*	–	–	–

vielfältig (Tab. 1.3, Abb. 1.10). Aufgrund ihres starken Mutationspotenzials sind virale RNA-Genome im Allgemeinen sehr klein, haben aber den Vorteil hoher Mutationsraten. Im Gegensatz zu DNA-Viren, die generell im Zellkern repliziert werden, replizieren RNA-Viren normalerweise im Cytoplasma. Zu den wichtigen Ausnahmen dieser Regel zählt eine Gruppe von RNA-Viren, die man als **Retroviren** bezeichnet. Dies sind ungewöhnliche RNA-Viren, da sie im Zellkern repliziert werden, außerdem erfolgt die Replikation mithilfe der **Reversen Transkriptase** über eine DNA-Zwischenstufe. Diese Reverse Transkriptase ist eine RNA-abhängige DNA-Polymerase, die wie RNA-Polymerasen eine relativ hohe Fehlerrate aufweist. Nach der Umwandlung der RNA in die komplementäre DNA (cDNA) integriert sich die retrovirale cDNA in die chromosomale DNA der Wirtszelle (Abschnitt 21.5.3).

1.3 RNA-Transkription und Genexpression

1.3.1 Der Fluss der genetischen Information erfolgt in der Zelle fast ausschließlich in eine einzige Richtung: DNA → RNA → Polypeptid (Protein)

Die Expression der genetischen Information verläuft in allen Zellen vor allem als Einbahnstraße: Die DNA bestimmt die Synthese von spezifischer RNA und die RNA dann die Synthese von Polypeptiden (die schließlich Proteine bilden). Den Fluss der genetischen Information in Form von DNA→RNA→ Polypeptid (Protein) hat man aufgrund seiner Allgemeingültigkeit als **zentrales Dogma** der Molekularbiologie bezeichnet. Bei allen zellulären Organismen sind zwei aufeinander folgende Schritte von grundlegender Bedeutung:

1. **Transkription:** Dieser Prozess benötigt eine **DNA-abhängige RNA-Polymerase** und findet im Zellkern von eukaryotischen Zellen statt und in begrenztem Maß in den einzigen anderen Organellen mit einem eigenen genetischen Apparat, in den Mitochondrien und Chloroplasten (Abb. 1.11)
2. **Translation:** Diese Reaktion findet an den **Ribosomen** statt, die als große RNA-Protein-Komplexe im Cytoplasma, in den Mitochondrien und in den Chloroplasten vorkommen. Die RNA-Moleküle, die Polypeptide codieren, bezeichnet man als ***messenger*-RNA (mRNA)**.

Die Expression der genetischen Information folgt einem **Colinearitätsprinzip**: Die *lineare Sequenz* der Nucleotide in der DNA wird in Gruppen zu je drei Nucleotiden (**Basentripletts**) decodiert, sodass eine daraus abgeleitete *lineare Sequenz* von Nucleotiden in der RNA wiederum in Form von Gruppen aus drei Nucleotiden (**Codons**) zu einer *linearen Sequenz* von Aminosäuren umgesetzt werden muss, die dann das Polypeptidprodukt bildet.

Vor kurzem ließ sich zeigen, dass eukaryotische Zellen (also auch Säugerzellen) nichtvirale chromosomale DNA-Sequenzen enthalten, die zelluläre Reverse Transkriptasen codieren. Dazu gehören beispielsweise Vertreter der repetitiven LINE-1-DNA-Familie bei

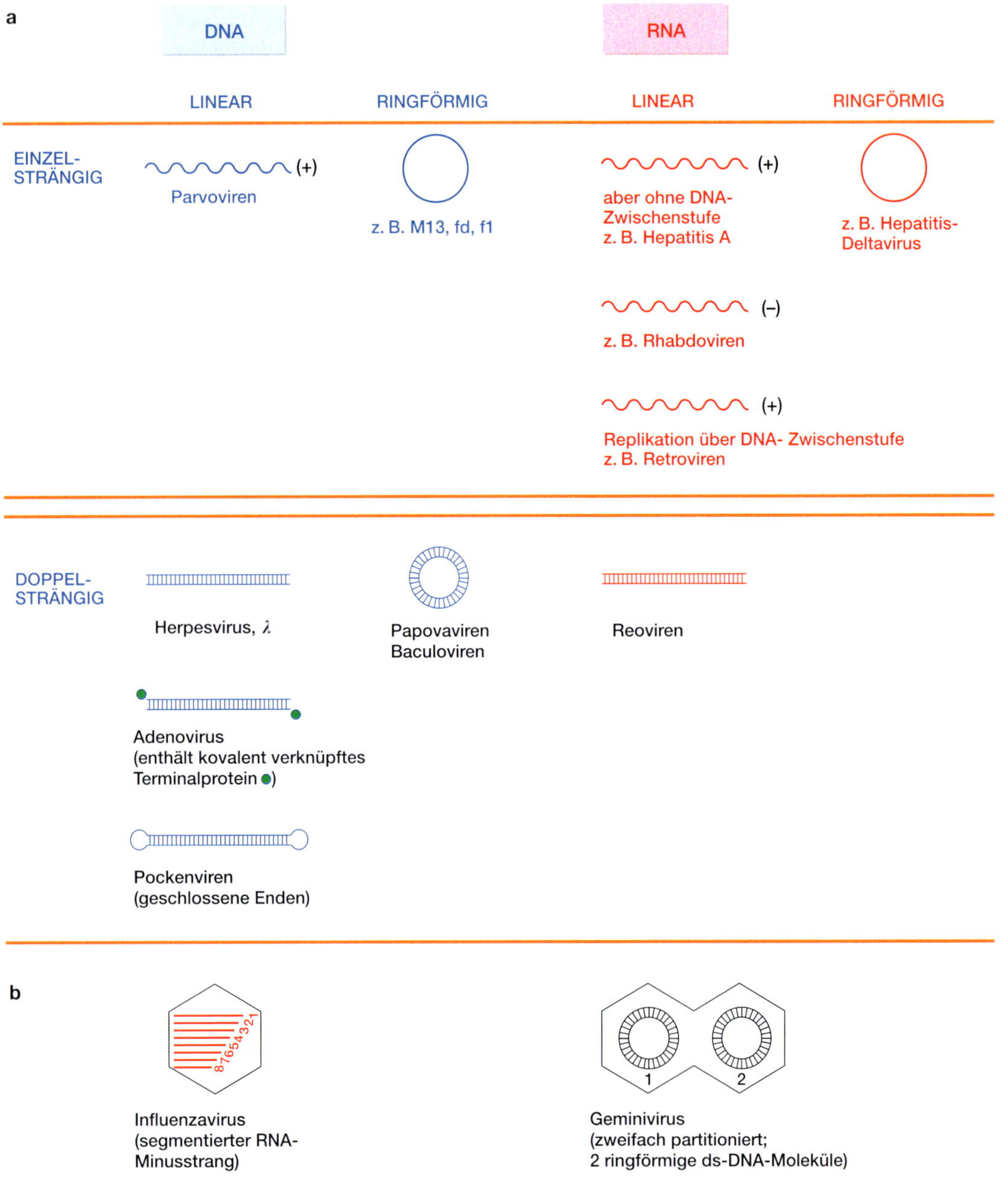

1.10 Die außergewöhnliche Vielfalt viraler Genome. a) Anzahl der Nucleinsäurestränge und Topologie viraler Genome. Bei einzelsträngigen viralen Genomen kann die RNA, von der die Proteine synthetisiert werden, dieselbe Orientierung aufweisen wie das Genom; in diesem Fall spricht man von einem Plusstranggenom (+), bei umgekehrter Orientierung von einem Minusstranggenom (–). Einige einzelsträngige (+)-RNA-Viren durchlaufen eine DNA-Zwischenstufe (Retroviren), und einige doppelsträngige DNA-Viren wie beispielsweise der Hepatitis-B-Erreger bilden zwischendurch eine replikative RNA-Form. b) Segmentierte und mehrfach partitionierte virale Genome. Segmentierte Genome bestehen aus einer Reihe verschiedener Nucleinsäuremoleküle, die als monocistronische mRNAs vorliegen. So besitzen beispielsweise Influenzaviren acht verschiedene einzelsträngige Minus-RNA-Moleküle. Mehrfach partitionierte Genome sind eine Untergruppe der segmentierten Genome; die einzelnen Moleküle werden in verschiedene Viruspartikel verpackt.

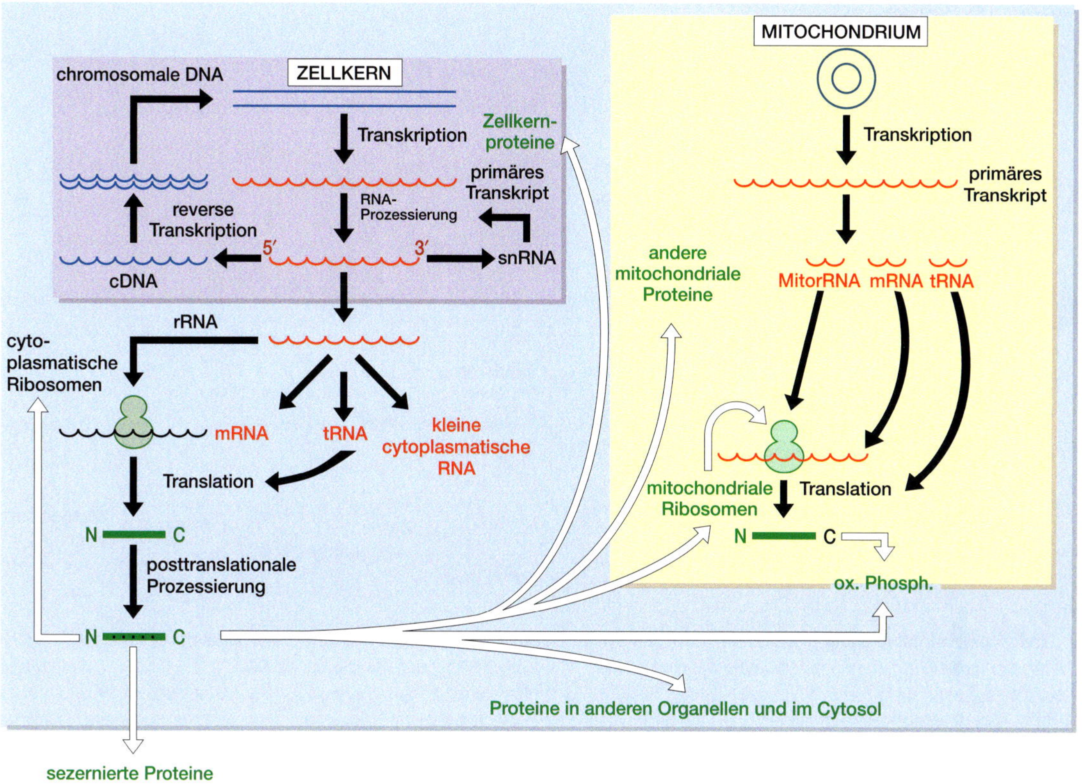

1.11 Genexpression in einer tierischen Zelle. Sehr vereinzelt kann ein gewisser Anteil der RNA-Moleküle aus dem Zellkern durch die Reversen Transkriptasen eines Virus oder der Zelle in cDNA umgewandelt und anschließend an verschiedenen Stellen in die chromosomale DNA eingebaut werden. Das Mitochondrium synthetisiert seine eigene rRNA und tRNA und einige wenige Proteine, die bei der oxidativen Phosphorylierung (ox. Phosph.) beteiligt sind. Jedoch werden die Proteine der mitochondrialen Ribosomen, die meisten Proteine für die oxidative Phosphorylierung und andere mitochondriale Proteine von Genen im Zellkern codiert, an cytoplasmatischen Ribosomen translatiert und schließlich in die Mitochondrien importiert.

Säugern (Abschnitt 9.5.2). Da man einige nichtvirale RNA-Sequenzen kennt, die als Matrizen für die zelluläre DNA-Synthese dienen, wird die Regel vom unidirektionalen Fluss der genetischen Information offenbar doch nicht so streng eingehalten.

1.3.2 In komplexen Organismen wird nur ein geringer Teil der DNA zu Protein- oder RNA-Produkten exprimiert

Nur ein geringer Teil der DNA einer Zelle wird jemals transkribiert. Die verschiedenen Zellen transkribieren entsprechend ihres Bedarfs unterschiedliche Abschnitte der DNA (**Transkriptionseinheiten**), die als getrennte Einheiten in unterschiedlichen Abständen entlang der DNA-Sequenz liegen. RNA-Polymerasen verwenden Transkriptionseinheiten als Matrizen zur Synthese von RNA-Molekülen einer äquivalenten Größe (**Primärtranskripte**), die anschließend modifiziert werden, sodass die gereiften Expressionsprodukte entstehen. Jedoch wird in jeder Zelle der größte Teil der zellulären DNA niemals transkribiert. Darüber hinaus wird nur ein Teil der RNA, die bei der Transkription entsteht, in Polypeptide translatiert. Das hat folgende Ursachen:

- *Einige Transkriptionseinheiten spezifizieren nichtcodierende RNA*: Das RNA-Produkt codiert kein Polypeptid wie mRNA, besitzt aber eine andere Funktion. Neben der bereits gut erforschten ribosomalen RNA (rRNA) und Transfer-RNA (tRNA) kennt man inzwischen eine große Vielfalt nichtcodierender RNA mit verschiedenen Funktionen.
- *Die Primärtranskripte von Transkriptionseinheiten, aus denen die mRNA entsteht, unterliegen einer RNA-Prozessierung*: Das führt dazu, dass ein großer Teil der ursprünglichen RNA-Sequenz verworfen wird, sodass eine viel kleinere mRNA entsteht (Abschnitt 1.4.1).
- *Nur ein zentraler Bereich der gereiften mRNA wird translatiert*: Die Abschnitte an den beiden

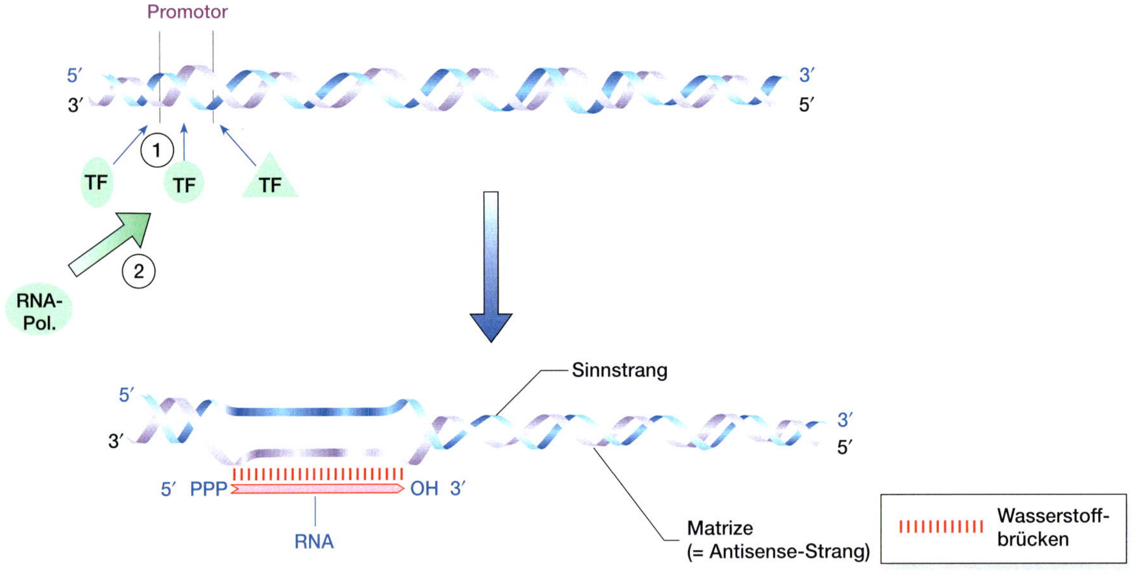

1.12 RNA wird als Einzelstrang transkribiert, dessen Basensequenz komplementär ist zu einem Strang (der Matrize) des Gens. An die Promotorsequenz in der unmittelbaren Nähe eines Gens (1) müssen verschiedene Transkriptionsfaktoren (TF) binden, um die RNA-Polymerase, die das Gen transkribieren soll, an die richtige Stelle zu leiten und korrekt zu positionieren (2). Die Kettensynthese beginnt mit einem Nucleosidtriphosphat, die Kettenverlängerung erfolgt nach und nach durch Anhängen von Nucleosidmonophosphatresten, die von rNTPs geliefert werden, an das 3'-OH-Ende. Damit besitzt das 5'-Ende eine Triphosphatgruppe, die anschließend modifiziert werden kann (zum Beispiel durch Anhängen einer Cap-Struktur, Abschnitt 1.4.2), am 3'-Ende befindet sich eine freie Hydroxylgruppe. Die Sequenz der RNA ist normalerweise mit dem Sinnstrang des Gens identisch (nur dass T durch U ersetzt wird) und komplementär zur Sequenz des Matrizenstranges.

Enden der mRNA werden nicht translatiert (Abschnitt 1.5.1).

In tierischen Zellen kommt DNA sowohl im Zellkern als auch in den Mitochondrien vor. Die Mitochondrien verfügen jedoch nur über einen sehr geringen Anteil der gesamten zellulären DNA und eine sehr begrenzte Zahl von Genen (Abschnitt 9.1.2); der überwiegende Teil der DNA einer Zelle ist in den Chromosomen des Zellkerns lokalisiert.

Der Anteil der **codierenden DNA** in den Genomen von komplexen Organismen ist relativ klein. Das ist teilweise darauf zurückzuführen, dass innerhalb der Gene ein großer Teil der Sequenz nichtcodierend ist. Ein anderer Grund liegt darin, dass ein beträchtlicher Teil des Genoms bei komplexen Lebewesen Wiederholungssequenzen enthält, die keine Funktion besitzen oder die nicht in RNA transkribiert werden. Zu diesen gehören defekte Kopien von funktionellen Genen (**Pseudogene** und **Genfragmente**) und hochgradig repetitive nichtcodierende DNA.

1.3.3 Die genetische Information von einigen DNA-Abschnitten (Genen) wird zu RNA transkribiert

Die RNA-Synthese erfolgt mithilfe einer RNA-Polymerase, wobei DNA als Matrize dient und ATP, CTP, GTP und UTP als RNA-Vorstufen verwendet werden. Die RNA wird als Einzelstrang hergestellt, die Synthese folgt der 5'→3'-Richtung. Die Kettenverlängerung geschieht durch Anhängen des passenden Ribonucleosidmonophosphatrestes (AMP, CMP, GMP oder UMP) an die freie 3'-Hydroxylgruppe am 3'-Ende der wachsenden RNA-Kette. Diese Nucleotide entstehen durch Abspaltung eines Pyrophosphatrestes (PP_i) von den jeweiligen Ribonucleosidtriphosphatvorstufen (rNTP). Das bedeutet, dass sich das Nucleotid am äußersten 5'-Ende (das **Startnucleotid**) *von allen anderen in der Kette unterscheidet, da es eine 5'-Triphosphatgruppe trägt.*

Normalerweise dient nur einer der beiden DNA-Stränge als Matrize für die RNA-Synthese. Während der Transkription wird die doppelsträngige DNA entspiralisiert; der DNA-Strang, der als Matrize genutzt wird, bildet mit der wachsenden RNA-Kette ein transientes doppelsträngiges **RNA-DNA-Hybrid**. Da das RNA-Transkript zu seinem Matrizenstrang kom-

Tabelle 1.4 Die drei Klassen der eukaryotischen RNA-Polymerasen

Klasse	transkribierte Gene	Anmerkungen
I	28S rRNA; 18S rRNA, 5,8S-rRNA	kommt im Nucleolus vor; ein einziges Primärtranskript (45S-rRNA) wird in die drei genannten rRNAs gespalten
II	alle Gene, die Polypeptide codieren; die meisten snRNA-Gene	Transkripte der RNA-Polymerase II sind die einzigen, die eine Cap-Struktur und einen Poly(A)-Schwanz erhalten
III	5S-rRNA; tRNA-Gene; U6-snRNA; 7SL-RNA; 7SK-RNA; 7SM-RNA; SiRNA	bei einigen Genen, die von der RNA-Polymerase III transkribiert werden, liegt der Promotor innerhalb des Gens (z. B. 5S-rRNA; tRNA; 7SL-RNA) (Abb. 1.13), bei anderen außerhalb (z.B. 7SK-RNA)

plementär ist, besitzt das Transkript dieselbe 5'→3'-Orientierung und Basensequenz (mit der Ausnahme, dass T durch U ersetzt wird) wie der gegenüberliegende Nicht-Matrizenstrang der Doppelhelix. Deshalb bezeichnet man den Nicht-Matrizenstrang häufig als **Sinnstrang** (*sense*) und den Matrizenstrang als **Antisense-Strang (Gegensinnstrang)** (Abb 1.12). Bei der Darstellung von Gensequenzen ist es üblich, nur die DNA-Sequenz des Sinnstranges anzugeben. Die Orientierung von Sequenzen in Relation zur Gensequenz bezieht sich normalerweise auf den Sinnstrang. So meint man beispielsweise mit dem 5'-Ende eines Gens die Sequenzen am 5'-Ende des Sinnstranges. Mit den Begriffen **stromaufwärts** (*upstream*) oder **stromabwärts** (*downstream*) bezeichnet man Bereiche, die das Gen am 5'- beziehungsweise am 3'-Ende flankieren.

In eukaryotischen Zellen sind drei verschiedene RNA-Polymerasen erforderlich, um die drei verschiedenen Arten von RNA zu synthetisieren (Tab. 1.4). Die überwiegende Zahl der zellulären Gene codiert Polypeptide; sie werden durch die RNA-Polymerase II transkribiert. Jedoch gewinnen die Gene, die RNA als ihr eigentliches Produkt codieren, in der Wissenschaft zunehmend an Bedeutung. Man weiß inzwischen, dass funktionelle RNA-Moleküle zahlreiche verschiedene Aufgaben erfüllen, bei einigen hat man sogar katalytische Funktionen gefunden (Abschnitt 9.2.3).

1.3.4 Für die eukaryotische Genexpression sind *cis*-aktive regulatorische Elemente und *trans*-aktive Transkriptionsfaktoren erforderlich

Eukaryotische RNA-Polymerasen sind von sich aus nicht in der Lage, mit der Transkription zu beginnen. Vielmehr wirken Kombinationen von kurzen Sequenzelementen in der direkten Nachbarschaft eines Gens als Erkennungssignale für **Transkriptionsfaktoren**, die an die DNA binden, um der Polymerase den Weg zu weisen und sie zu aktivieren. Eine wichtige Gruppe solcher kurzen Sequenzelemente liegt häufig in Form eines Clusters stromaufwärts der codierenden Sequenz eines Gens, wo sie zusammen den **Promotor** bilden. Sobald eine Anzahl von allgemeinen Transkriptionsfaktoren an die Promotorregion gebunden hat, lagert sich die RNA-Polymerase an den Komplex aus diesen Faktoren an. Sie wird dadurch aktiviert und startet die RNA-Synthese an einer spezifischen Stelle. Die Transkriptionsfaktoren bezeichnet man als ***trans*-aktiv**, da sie von weit entfernt liegenden Genen synthetisiert werden und zu den Stellen wandern müssen, an denen sie aktiv werden sollen. Im Gegensatz dazu sind Promotorelemente ***cis*-aktiv**, da ihre Funktion auf den DNA-Doppelstrang beschränkt ist, in dem sie sich befinden (Tab. 1.5). Im Folgenden sind die wichtigsten Gruppen von *cis*-aktiven Elementen aufgeführt:

- **Promotoren.** Häufige *cis*-aktive Elemente:
  - Die **TATA-Box** liegt meist als Sequenz TATAAA oder in Varianten davon vor und befindet sich normalerweise an einer Position von 25 bp stromaufwärts (−25) des Startpunktes der Transkription (Abb. 1.13). Sie kommt üblicherweise in Genen vor, die durch die RNA-Polymerase II aktiv transkribiert werden. Eine Einschränkung besteht darin, dass die Expression entweder zu einer bestimmten Phase des Zellzyklus erfolgt (zum Beispiel bei den Histonen) oder in bestimmten Zellarten (zum Beispiel das β-Globin). Eine Mutation in der TATA-Sequenz verhindert nicht die Initiation der Transkription, verschiebt aber den Startpunkt der Transkription aus der normalen Position.
  - Die **GC-Box** ist eine Variante der Consensussequenz GGGCGG, die in zahlreichen Genen vorkommt, denen wiederum eine TATA-Box fehlt. Dies ist beispielsweise bei *Haushaltsgenen* der Fall (Abschnitt 1.3.5). Die GC-Box ist zwar asymmetrisch, funktioniert aber offenbar in beiden möglichen Orientierungen (Abb. 1.13).

Tabelle 1.5 Beispiel für *cis*-aktive Elemente, die durch ubiquitäre Transkriptionsfaktoren erkannt werden

cis-Element	identische DNA-Sequenz oder Variante	assoziierte *trans*-aktive Faktoren	Anmerkungen
GC-Box	GGGCGG	Spl	der Sp1-Faktor ist ubiquitär
TATA-Box	TATAA	TFIID	TFIIA stabilisiert den Komplex aus TFIID und TATA-Box durch seine Bindung
CAAT-Box	CCAAT	viele, z. B. C/EBP, CTF/NFI	große Familie *trans*-aktiver Faktoren
TRE (TPA-*response*-Element)	GTGAGT(A/C)A	AP-1-Familie, z. B. JUN/FOS	große Familie *trans*-aktiver Faktoren
CRE (cAMP-*response*-Element)	GTGACGT(A/C)A(A/G)	CREB/ATF-Familie, z. B. ATF-1	Gene, die als Reaktion auf cAMP aktiviert werden

Zusätzlich zu den eben genannten gibt es weitere Erkennungselemente, die von gewebespezifischen Transkriptionsfaktoren erkannt werden (Tab. 10.3).

- **Enhancer** umfassen eine Gruppe von *cis*-aktiven kurzen Sequenzelementen, welche die Transkriptionsaktivität von bestimmten eukaryotischen Genen verstärken können. Im Gegensatz jedoch zu Promotorelementen, deren Abstände zum Transkriptionsstartpunkt relativ konstant sind (Abb. 1.13), liegen die Enhancer in unterschiedlicher, häufig sogar beträchtlicher Entfernung zum Startpunkt der Transkription. Außerdem hängt ihre Funktion nicht von ihrer Orientierung ab. Offensichtlich binden sie genregulatorische Proteine, wobei in der Folge die DNA zwischen Enhancer und Promotor eine Schleife bildet, sodass die an

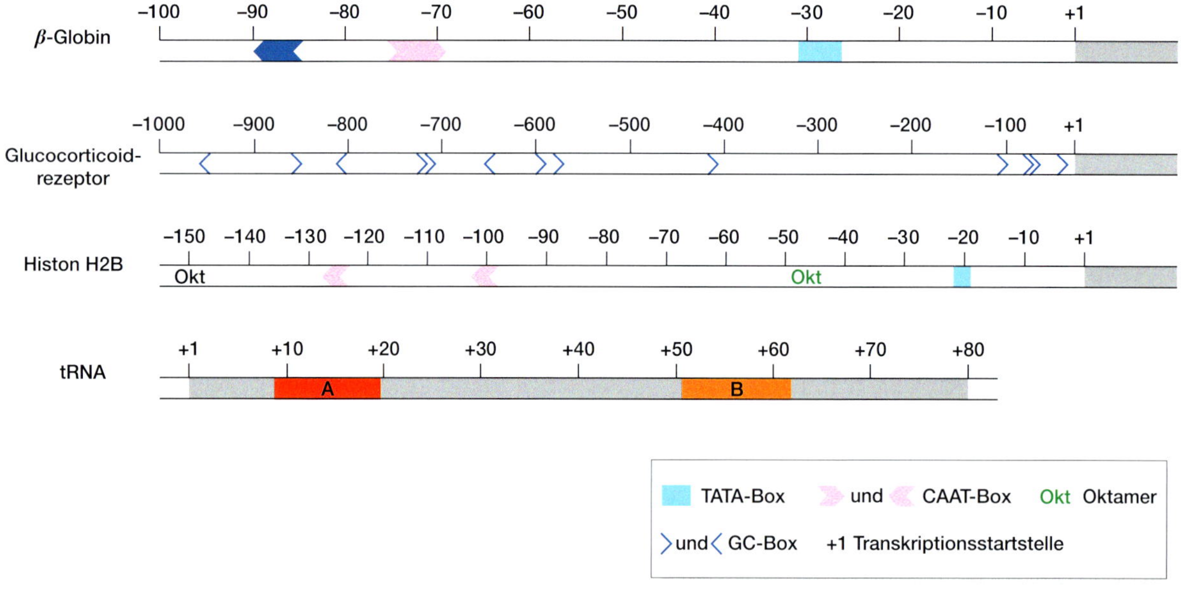

1.13 Eukaryotische Promotoren bestehen aus einer Ansammlung konservierter kurzer Sequenzelemente in relativ konstanter Entfernung zum Startpunkt der Transkription. Die Orientierung der GC- und CAAT-Box-Elemente ergibt sich aus der Orientierung der Winkel: > = normale Orientierung; < = umgekehrte Orientierung. Das Gen für den Glucocorticoidrezeptor ist insofern ungewöhnlich, als es stromaufwärts 13 GC-Elemente besitzt, wobei zehn normal und drei umgekehrt orientiert sind. Die tRNA-Gene werden von der RNA-Polymerase III transkribiert; sie besitzen einen internen zweiteiligen Promotor, der aus einem Element A (normalerweise zwischen den Nucleotiden +8 und +19 entsprechend der für die Nummerierung der tRNA-Nucleotide gebräuchlichen Zählweise) und einem Element B (normalerweise zwischen den Nucleotiden +52 und +62) besteht. An diese Elemente binden spezifische Transkriptionsfaktoren, die dann dafür sorgen, dass die RNA-Polymerase III bei Position +1 mit der Transkription beginnt.

den Enhancer gebundenen Proteine mit den Transkriptionsfaktoren, die an den Promotor gebunden sind, oder auch mit der RNA-Polymerase in Wechselwirkung treten können.

- **Silencer** sind regulatorische Elemente, die ähnliche Eigenschaften besitzen wie Enhancer, nur dass sie die Transkriptionsaktivität bestimmter Gene hemmen.

1.3.5 Bei der gewebespezifischen Genexpression werden bestimmte Gene selektiv aktiviert

Der DNA-Gehalt eines bestimmten eukaryotischen Zelltyps, beispielsweise eines Myocyten, ist praktisch identisch zu dem eines Lymphocyten, einer Leberzelle oder einer beliebigen anderen kernhaltigen Zelle aus demselben Lebewesen. Die verschiedenen Zelltypen unterscheiden sich jedoch dadurch, dass in jeder Zelle nur ein Teil der Gene signifikant exprimiert wird, und die *Auswahl der exprimierten Gene bei den verschiedenen Zelltypen unterschiedlich ist*. In einigen Zellen, besonders in Gehirnzellen, werden zahlreiche verschiedene Gene exprimiert, während in vielen anderen Zelltypen ein großer Teil der Gene inaktiv ist und nicht transkribiert wird.

Zweifellos bestimmen die exprimierten Gene die Funktionen der Zelle. Einige davon sind allgemeine Zellfunktionen; man bezeichnet sie als **Haushaltsgene** (zum Beispiel Gene, die Histone, ribosomale Proteine und Ähnliches codieren). Andere Funktionen können stark auf einzelne Gewebe oder Zelltypen beschränkt sein (**gewebespezifische Genexpression**). Dabei ist jedoch zu beachten, dass sogar bei Genen, die in der Expression eine deutliche Gewebespezifität zeigen, dennoch in allen Zelltypen ganz geringe Mengen an Transkriptionsprodukten entstehen können.

Der Unterschied zwischen DNA-Bereichen mit aktiver und inaktiver Transkription innerhalb einer Zelle zeigt sich an der Struktur des zugehörigen Chromatins:

- **Chromatin ohne Transkriptionsaktivität** besitzt eine stark kondensierte Konformation und ist häufig mit Bereichen des Genoms assoziiert, die während der S-Phase des Zellzyklus spät repliziert werden. Hier ist das Histon H1 fest gebunden.
- **Chromatin mit Transkriptionsaktivität** besitzt eine offenere Konformation und wird häufig in der frühen S-Phase repliziert. Ein Kennzeichen ist eine relativ schwache Bindung des Histons H1 und eine starke Acetylierung der vier Arten von nucleosomalen Histonen (also der Histone H2A, H2B, H3 und H4; Abschnitt 10.2.1).

Darüber hinaus fehlen bei Genen von Wirbeltieren in den Promotorregionen methylierte Cytosine (siehe unten). Transkriptionsfaktoren können Nucleosomen verdrängen, sodass sich die offene Konformation von Chromatin mit aktiver Transkription im Experiment nachweisen lässt, da die DNA auch für Nucleasen leichter zugänglich ist. Das Enzym Desoxyribonuclease I (DNase I) baut lange Bereiche von nucleosomenfreier DNA auch bei sehr niedrigen Konzentrationen ab. Die regulatorischen Bereiche können zwar verschiedene sequenzspezifisch gebundene Proteine enthalten, insgesamt ist die offene Chromatinstruktur jedoch durch das Vorhandensein von **DNase-I-hypersensitiven Stellen** gekennzeichnet (Abschnitt 10.5.2).

1.4 RNA-Prozessierung

Das RNA-Transkript der meisten eukaryotischen Gene durchläuft eine Reihe von Prozessierungsreaktionen. Dabei werden häufig unerwünschte interne Sequenzen entfernt und die verbleibenden Abschnitte miteinander verknüpft (**RNA-Spleißen**). Darüber hinaus wird bei Transkripten der RNA-Polymerase II das 5'-Ende des Primärtranskripts auf besondere Weise mit einem speziellen Nucleotid (**7-Methylguanosintriphosphat**) verknüpft (**Capping**). An das 3'-Ende der mRNA werden nacheinander Adenylatreste (AMP) gehängt, sodass ein Poly-A-Schwanz entsteht (**Polyadenylierung**).

1.4.1 Beim RNA-Spleißen werden aus dem Primärtranskript unwichtige RNA-Sequenzen entfernt

Die lineare Abfolge von Transkriptionseinheiten bestimmt die Synthese eines entsprechenden linearen Expressionsprodukts: entweder ein Polypeptid oder eine gereifte nichtcodierende RNA. Bei den meisten Genen der Wirbeltiere wird jedoch für die Entstehung des Endprodukts nur ein geringer Anteil der Sequenz eines Gens umgesetzt. Stattdessen liegt bei den allermeisten polypeptidcodierenden Genen die genetische Information in Form von Abschnitten (**Exons**) vor, die durch dazwischen liegende Sequenzen voneinander getrennt sind. Diese **Introns** tragen zur Synthese des Endprodukts keine genetische Information bei.

Bei der anfänglichen Transkription wird eine RNA-Sequenz erzeugt, die zur gesamten Länge des Gens komplementär ist, das so genannte **Primärtranskript**. Bei Genen mit mehreren Exons enthält das Primärtranskript Sequenzen, die sowohl zu den

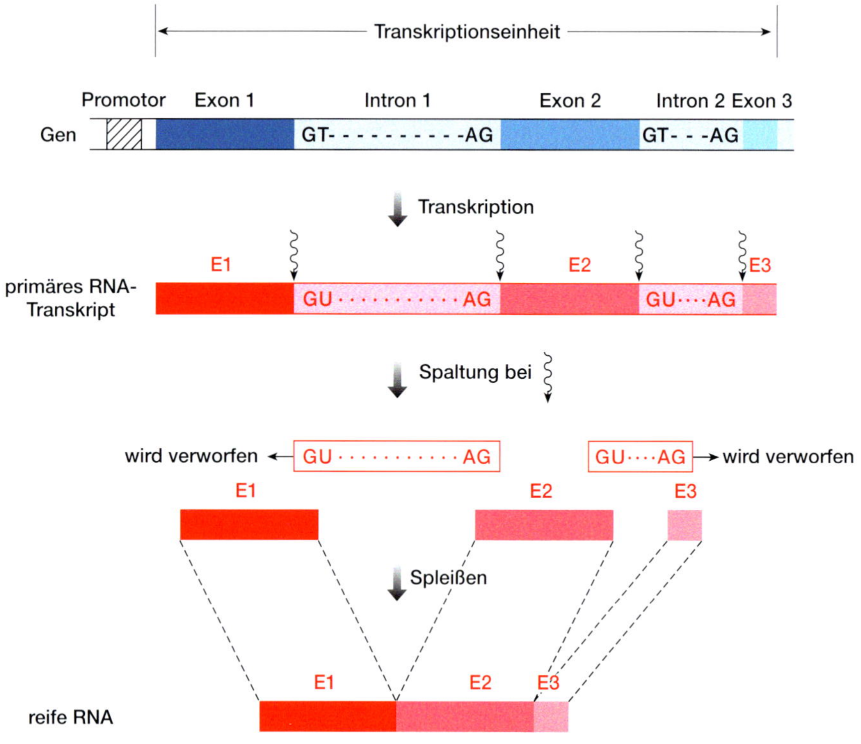

1.14 Beim RNA-Spleißen werden die Intronabschnitte der RNA durch eine Endonuclease herausgeschnitten und entfernt und die Exonabschnitte zusammengespleißt.

Exons als auch zu den Introns des Gens komplementär sind. Danach durchläuft das Transkript jedoch den Vorgang des RNA-Spleißens, eine Folge von Prozessierungsreaktionen, bei denen die Intronabschnitte der RNA herausgeschnitten und verworfen werden, während die Exonabschnitte an ihren Enden verknüpft werden. Dadurch entsteht ein kürzeres RNA-Produkt (Abb. 1.14). Das Spleißen der RNA beruht darauf, dass bestimmte Nucleotidsequenzen an den Grenzen zwischen Introns und Exons (**Spleißstellen**) erkannt werden. Der größte Teil aller Introns beginnt mit GT (GU auf RNA-Ebene) und endet mit AG (**GT-AG-Regel**, Abb. 1.15). Die konservierten Dinucleotide GT (GU) und AG sind zwar für das Spleißen von entscheidender Bedeutung, reichen jedoch allein nicht aus, um ein Intron zu signalisieren. Vergleiche von bekannten Sequenzen haben gezeigt, dass Bereiche, die direkt neben GT beziehungsweise AG liegen, ebenfalls einen hohen Konservierungsgrad aufweisen (Abb. 1.15). Eine dritte konservierte, für die Spleiß-

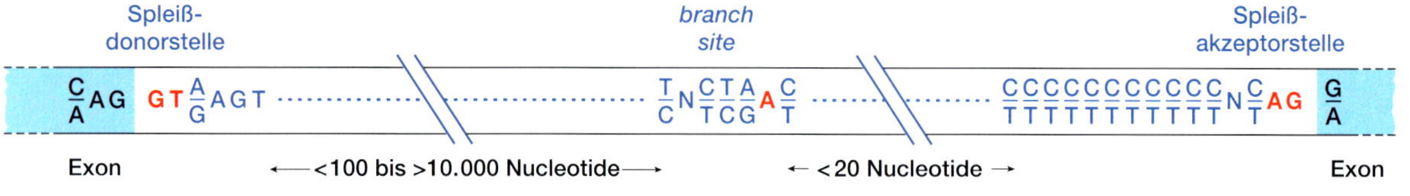

1.15 Die Consensussequenzen der Spleißdonor- und Spleißakzeptorstelle sowie der *branch site* in den Introns höherer Eukaryoten. Die hervorgehobenen Nucleotide dürfen im Prinzip nicht verändert werden (AT-AC-Introns, bei denen das konservierte Spleißdonordinucleotid GT durch AT und das Spleißakzeptordinucleotid AG durch AC ersetzt wurden, sind selten). Ansonsten sind die Nucleotide angegeben, die an der jeweiligen Position am häufigsten vorkommen oder bei gleicher Verteilung auch zwei Nucleotide wie beispielsweise bei der Polypyrimidinregion vor dem 3'-Ende des Introns. In Lim und Burge (2001) sind die bevorzugt auftretenden Sequenzmotive für die Spleißdonorstelle, die *branch site* und die Spleißakzeptorstelle für einzelne Spezies aufgeführt, unter anderem für den Menschen, für *Drosophila melanogaster*, *Caenorhabditis elegans* und *Saccharomyces cerevisiae*. Einige andere Exon- und Intronsequenzen (Spleiß-Enhancer und Spleiß-Silencer; Berget 1995) regulieren ebenfalls die Spleißreaktion. Consensussequenzen für Spleiß-Enhancer in Exons siehe Fairbrother et al. (2002).

funktion wichtige Intronsequenz ist die so genannte **Verzweigungsstelle** (*branch site*); sie liegt normalerweise sehr nahe am Ende des Introns, meistens 40 Nucleotide vor dem endständigen AG-Dinucleotid (Abb. 1.15). Darüber hinaus zeigen auch andere Exon- und Intronsequenzen positive (**Spleiß-Enhancer**) oder negative (**Spleiß-Silencer**) Effekte auf die Spleißreaktion, und Mutationen in solchen Sequenzen können pathogen sein (Abschnitt 11.4.3).

Das Spleißen umfasst folgende Reaktionsschritte:

- Spaltung an der 5'-Spleißstelle.
- Nucleophiler Angriff durch das endständige G-Nucleotid der Spleißdonorstelle auf das unveränderliche A der *branch site*, wobei eine so genannte **Lariat-** oder **Lassostruktur** entsteht.
- Spaltung an der 3'-Spleißstelle. Dabei wird die Intron-RNA als Lariat freigesetzt, und die Exonbereiche der RNA werden zusammengespleißt (Abb. 1.16a).

Die oben beschriebenen Reaktionen werden durch einen großen RNA-Protein-Komplex bewerkstelligt, das so genannte **Spleißosom**. Der Komplex besteht aus fünf verschiedenen Arten von **snRNA** (*small nuclear* RNA) und über 50 Proteinen (Staley und Guthrie 1998, Hastings und Krainer 2001). Durch Verknüpfung von jedem der snRNA-Moleküle mit spezifischen Proteinen entstehen die **snRNP-Partikel.** Die Spezifität der Spleißreaktion ist auf Wechselwirkungen zwischen dem RNA-Transkript und den snRNA-Molekülen zurückzuführen. Es gibt zwei Arten von Spleißosomen:

- Das **Haupt-** oder **GU-AG-Spleißosom** verarbeitet die klassischen GT-AG-Introns. Bei Genen, die Polypeptide codieren, sind bei der großen Mehrzahl von Introns die snRNA-Spezies U1, U2, U4, U5 und U6 beteiligt. Das 5'-Ende der U1-snRNA hat die Sequenz UACUUAC, die mit der Consensussequenz der Spleißdonorstelle (GUAAGUA) Basenpaare bildet. Nach Binden des U1-snRNP erkennt die U2-snRNA die *branch site* durch eine ähnliche Basenpaarungsbildung; die Wechselwirkung zwischen dem U1-snRNP und dem U2-snRNP bringt die beiden Spleißstellen eng zusammen. Danach

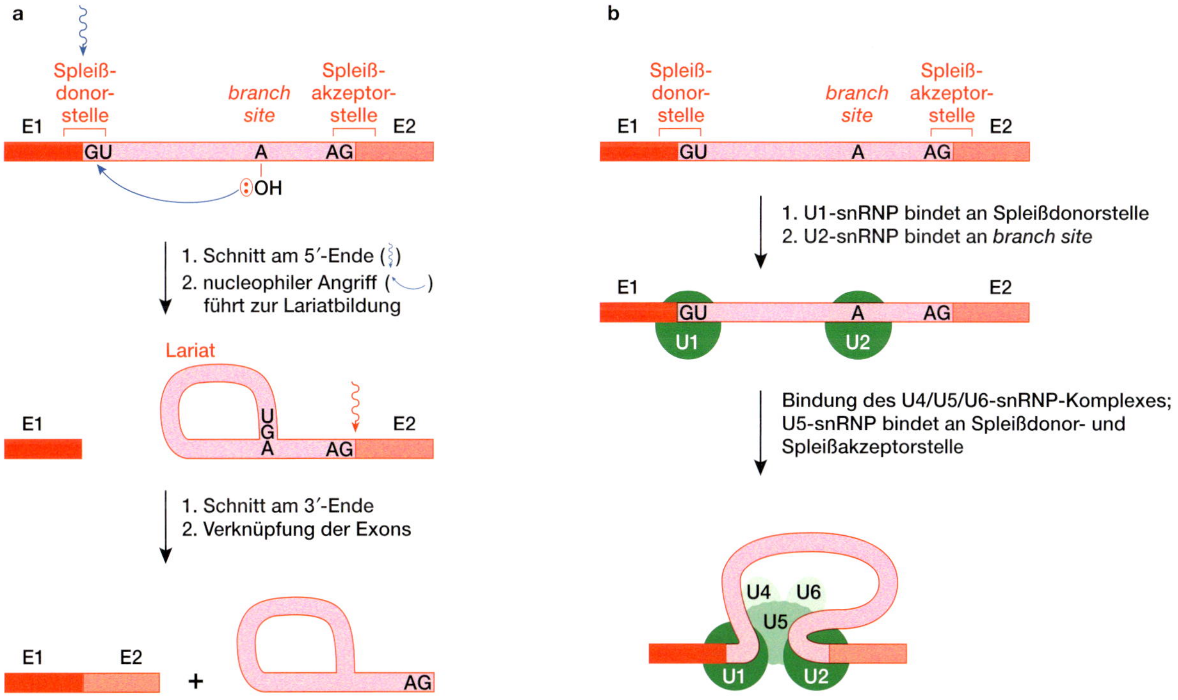

1.16 Mechanismus des RNA-Spleißens (GU-AG-Introns). a) Mechanismus. Consensussequenzen der Spleißdonor- und Spleißakzeptorstelle sowie der *branch site* in Abbildung 1.15. Der nucleophile Angriff gilt der 2'-Hydroxylgruppe am konservierten A der *branch site* und dem G des konservierten GU-Motivs am Anfang des Introns. Das Ergebnis ist eine neue kovalente Verknüpfung zwischen diesen beiden Nucleotiden, wodurch eine verzweigte Struktur (Lariat- oder Lassostruktur) entsteht. b) Funktion der snRNPs. Kleine Ribonucleoproteinpartikel (snRNPs) aus dem Zellkern sind Teil des Spleißosoms. Die terminale Sequenz der U1-snRNA ist komplementär zur Consensussequenz der Spleißdonorstelle und bindet daran über Basenpaarung. Nach Bindung des U1-snRNP erkennt die U2-snRNA durch eine ähnliche Basenpaarungsreaktion die *branch site*. Die Wechselwirkung zwischen Spleißdonor- und Spleißakzeptorstelle wird durch die anschließende Bindung eines vorher gebildeten Multi-snRNP-Partikels stabilisiert. Dieser enthält die snRNAs U4, U5 und U6, wobei die U5-snRNP gleichzeitig an Spleißdonor- und Spleißakzeptorstelle bindet.

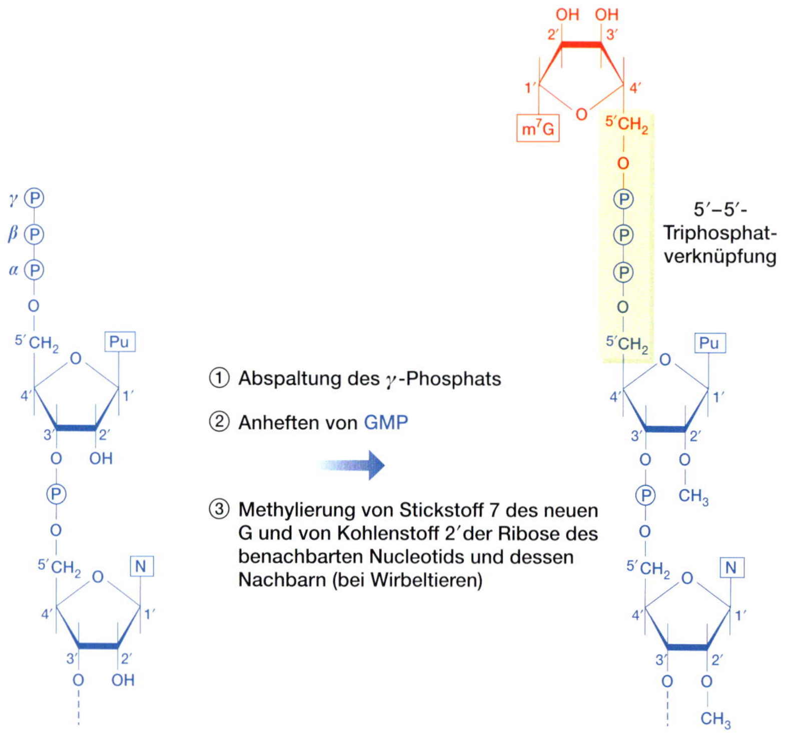

1.17 Das 5'-Ende von eukaryotischen mRNAs wird durch ein spezielles Nucleotid geschützt (Cap). Nach Entfernen des ursprünglichen γ-Phosphats am 5'-Ende bildet ein neuer GMP-Rest, der von einer GTP-Vorstufe stammt, eine spezielle 5'-5'-Verknüpfung mit dem ursprünglichen 5'-terminalen Nucleotid. Weitere Reaktionen umfassen die Methylierung des Stickstoffatoms 7 im angefügten G und bei Wirbeltieren die Methylierung des 2'-Kohlenstoffatoms jeweils an der Ribose von den beiden benachbarten Nucleotiden. N, beliebiges Nucleotid; Pu, Purin.

wiederum assoziiert ein Multi-snRNP-Partikel, der die U4-, U5- und U6-snRNA enthält, mit dem U1-U2-snRNP-Komplex (Abb. 1.16b).

- Das **Neben-** oder **AU-AC-Spleißosom** verarbeitet eine seltene Klasse von Introns, die man als **AT-AC-Introns** bezeichnet, da in der DNA die konservierten Dinucleotide 5'-GT und 3'-AG durch AT beziehungsweise AC ausgetauscht sind. In diesem Fall ersetzen die U11- und die U12-snRNA U1 beziehungsweise U2 (Tarn und Steitz 1997).

Man betrachtet das Spleißosom als prozessiv: Sobald eine 5'-Spleißstelle erkannt wird, fährt das Spleißosom die RNA-Sequenz entlang bis zur nächsten 3'-Spleißstelle (die als Anlaufstelle durch die *branch site*-Consensussequenz unmittelbar davor gekennzeichnet ist). Die Reihenfolge, in der Intronsequenzen entfernt und ihre flankierenden Exonbereiche zusammengespleißt werden, entspricht jedoch nicht ihrer linearen Anordnung auf dem RNA-Transkript. Man nimmt stattdessen an, dass die Konformation der RNA die Zugänglichkeit der 5'-Spleißstellen bestimmt.

1.4.2 Bei den meisten RNA-Polymerase-II-Transkripten werden an das 5'- und das 3'-Ende spezielle Nucleotide angehängt

Zusätzlich zur Spleißreaktion durchlaufen RNA-Polymerase-II-Transkripte bei ihrer Prozessierung noch zwei weitere Reaktionen:

Capping

Kurz nach der Transkription wird an das erste 5'-Nucleotid des Primärtranskripts, aus dem die mRNA entsteht, ein methyliertes Nucleosid, das 7-Methylguanosin (m^7G), über eine spezielle 5'→5'-Phosphodiesterbindung gekoppelt. Da so der 5'-Kohlenstoff des m^7G-Restes mit dem 5'-Kohlenstoff des ersten Nucleotids fest verbunden ist, sagt man, dass das 5'-Ende blockiert ist oder eine Cap-Struktur besitzt (Abb. 1.17). Auch die Transkripte der snRNA-Gene sind auf diese Weise blockiert, ihre Cap-Struktur wird aber unter Umständen noch weiter modifiziert. Nach heutigen Vorstellungen hat die Cap-Struktur folgende Funktionen:

- Sie schützt das Transkript vor Angriffen von 5'→3'-Exonucleasen (mRNAs ohne Cap-Struktur werden schnell abgebaut).
- Sie erleichtert den Transport vom Kern ins Cytoplasma.
- Sie erleichtert das Spleißen der RNA.
- Sie spielt eine entscheidende Rolle bei der Bindung der 40S-Untereinheit von cytoplasmatischen Ribosomen an die mRNA (siehe unten).

Polyadenylierung

Bei den RNA-Polymerasen I und III bricht die Transkription ab, sobald das Enzym eine spezifische Transkriptionsterminationsstelle erkennt. Es ist jedoch schwer, für die RNA-Polymerase II solche Terminationsstellen zu identifizieren, da die 3'-Enden von mRNA-Molekülen durch eine Spaltungsreaktion erst nach der Transkription festgelegt werden. Die Sequenz **AAUAAA** (manchmal auch AUUAAA) ist eine wichtige **Polyadenylierungssignalsequenz** für die Abspaltung des 3'-Endes bei den meisten Transkripten der RNA-Polymerase II (*bemerkenswerte Ausnahmen sind Transkripte von Histongenen und snRNA-Genen*). Die Spaltung erfolgt an einer spezifischen Stelle etwa 15–30 Nucleotide stromabwärts des AAUAAA-Elements (Abb. 1.18).

Das Primärtranskript kann sich Hunderte oder Tausende von Nucleotiden über die Spaltstelle hinaus fortsetzen, bevor an einer von mehreren stromabwärts liegenden Stellen die RNA-Synthese endet. Sobald stromabwärts der AAUAAA-Stelle die Spaltung erfolgt ist, hängt das Enzym Poly(A)-Polymerase etwa 200 **Adenylatreste** (AMP) nacheinander an die RNA an, sodass ein **Poly(A)-Schwanz** entsteht. Der Poly(A)-Schwanz erfüllt nach heutiger Vorstellung folgende Aufgaben:

- Erleichterung des Transports von mRNA-Molekülen in das Cytoplasma.
- Stabilisierung zumindest einiger der mRNA-Moleküle im Cytoplasma (eine Verkürzung des Poly (A)-Stranges führt bei diesen zu einem Abbau der mRNA; aber einige mRNA-Spezies, wie zum Beispiel die Aktin-mRNA, bleiben auch bei wenig oder sogar ohne Poly(A) stabil.
- Eleichterung der Translation, da die mRNA besser von den Ribosomen erkannt wird.

Bei den Histongenen, die als einzige mRNAs erzeugen, die nicht polyadenyliert werden, kommt es bei der Beendigung der Transkription ebenfalls zu einer 3'-Spaltung des Primärtranskripts. Diese Reaktion

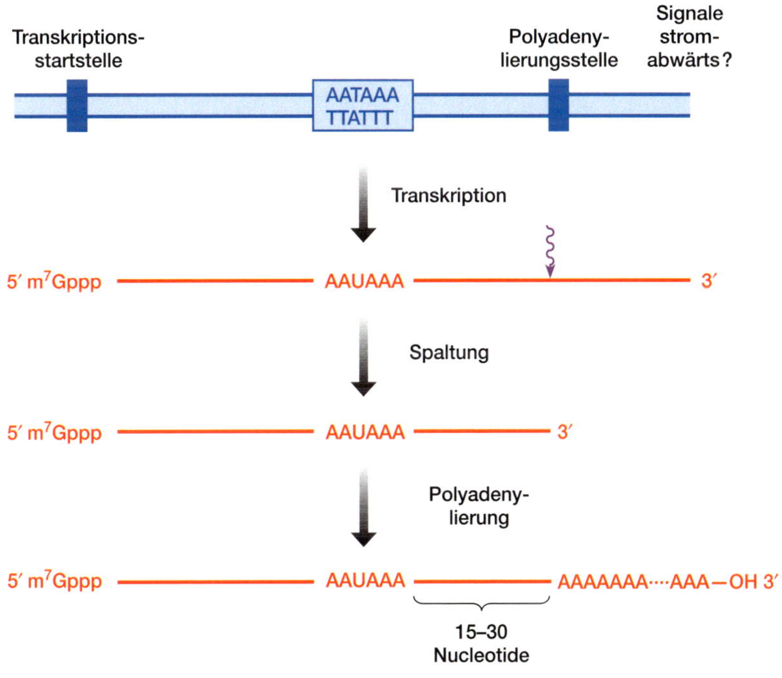

1.18 Das 3'-Ende der meisten eukaryotischen mRNAs ist polyadenyliert. Eine Spaltung am 3'-Ende der transkribierten RNA signalisiert das Ende der Transkription durch die RNA-Polymerase. In den meisten mRNAs geschieht das durch ein stromaufwärts liegendes AAUAAA-Signal in Zusammenwirkung mit noch unbekannten stromabwärts liegenden Signalen. Der Schnitt erfolgt normalerweise 15–30 Nucleotide stromabwärts des AAUAAA-Elements; dort heftet anschließend eine Poly(A)-Polymerase nacheinander AMP-Reste an die RNA und erzeugt so einen Poly(A)-Schwanz. Das 3'-Ende von Histon-mRNA wird auf andere Weise geschnitten (siehe Text).

hängt von der Sekundärstruktur des RNA-Transkripts ab. Dazu gehört eine stromaufwärts liegende konservierte Haarnadelstruktur und eine kurze Sequenz stromabwärts, die mit einer kurzen Sequenz am 5'-Ende der U7-snRNA Basenpaare ausbildet.

1.5 Translation, posttranslationale Prozessierung und Proteinstruktur

1.5.1 Während der Translation wird die mRNA an den Ribosomen zur Steuerung der Polypeptidsynthese entschlüsselt

Nach posttranskriptionaler Prozessierung wandert die von den Genen der Kern-DNA transkribierte mRNA in das Cytoplasma. Dort lagert sie sich mit Ribosomen und anderen Komponenten zusammen, und die Synthese spezifischer Polypeptide beginnt. Auch die Mitochondrien verfügen über Ribosomen und begrenzte Möglichkeiten zur Proteinsynthese (Abschnitt 9.1.2).

Von einer normalen eukaryotischen mRNA wird nur der zentrale Bereich für die Synthese eines Polypeptids translatiert. Die flankierenden **5'- und 3'-untranslatierten Regionen** (**5'-UTR, 3'-UTR**) wurden von den beiden Exons am 5'- beziehungsweise 3'-Ende transkribiert; sie tragen wie 5'-Cap und Poly(A)-Schwanz zur Bindung und Stabilisierung der mRNA an den Ribosomen bei, wo die Translation des zentralen Bereichs erfolgt (Abb. 1.19).

Ribosomen sind große RNA-Protein-Komplexe, die aus zwei Untereinheiten bestehen. Bei den Eukaryoten enthalten die cytoplasmatischen Ribosomen eine große 60S- und eine kleine 40S-Untereinheit (S-Werte sind Maßzahlen für die Geschwindigkeit, mit der große molekulare Strukturen in der Ultrazentri-

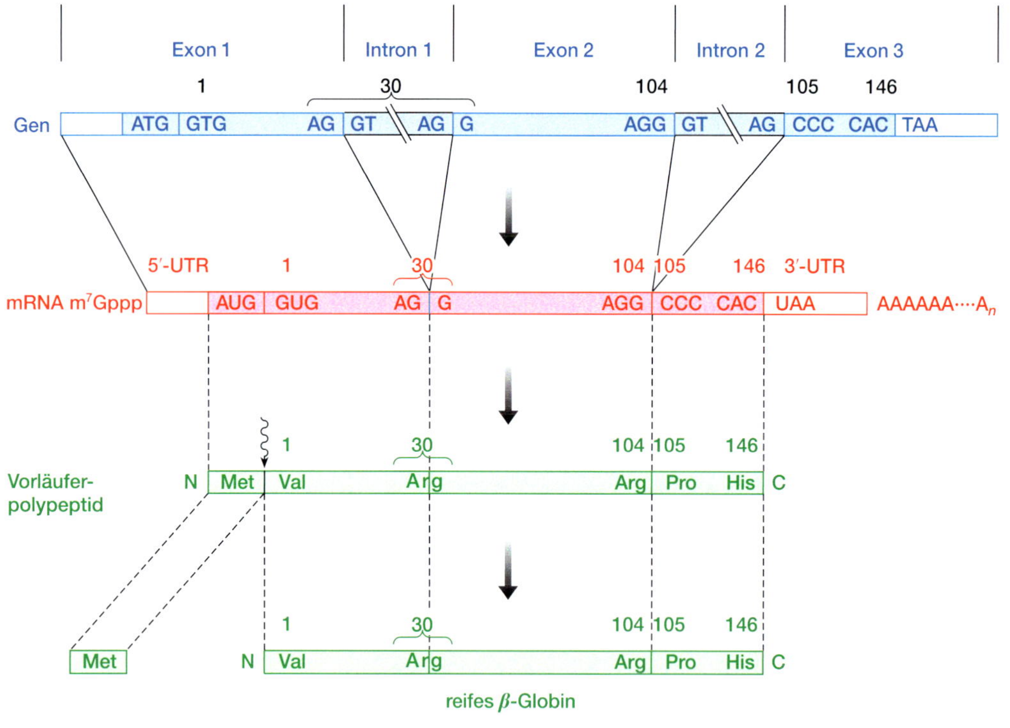

1.19 Expression des menschlichen *β*-Globingens. Exon 1 und 3 enthalten an ihren Enden jeweils nichtcodierende Bereiche (weiße Felder), die transkribiert werden und sich dann am 5'- und 3'-Ende der *β*-Globin-mRNA befinden. Sie werden jedoch bei der Polypeptidsynthese nicht translatiert. Man nimmt an, dass solche untranslatierten Regionen (5'-UTR und 3'-UTR) wichtig sind, um eine hohe Effizienz der Translation zu gewährleisten (siehe Text). Das Stoppcodon UAA bildet die ersten drei Nucleotide der 3'-untranslatierten Region. Das ursprüngliche Translationsprodukt besteht aus 147 Aminosäuren, aber das N-terminale Methionin wird durch posttranslationale Prozessierung entfernt, sodass das reife *β*-Globinpolypeptid entsteht. Exon 1 codiert die ersten beiden Basen des Codons für Arg-30, Exon 2 die dritte Base (das heißt, Intron 1 trennt die zweite von der dritten Base dieses Codons; dies ist ein Beispiel für ein **Phase-2-Intron** (Exkurs 12.2). Das zweite Intron trennt die Codons 104 und 105, ist also ein Beispiel für ein **Phase-0-Intron**. Ein Beispiel für ein **Phase-1-Intron** findet sich in Exkurs 12.2 und in Abbildung 1.23.

fuge sedimentieren, wobei sowohl das Molekulargewicht als auch die Form von Bedeutung sind). Die 60S-Untereinheit enthält drei Arten von rRNA-Molekülen (28S-rRNA, 5,8S-rRNA, 5S-rRNA) und etwa 50 ribosomale Proteine. Die 40S-Untereinheit enthält eine einzige 18S-rRNA und 30 ribosomale Proteine. Ribosomen bilden ein strukturelles Netzwerk für die Polypeptidsynthese, *wobei vor allem die RNA-Komponenten für die katalytische Funktion des Ribosoms verantwortlich sind.* Von den Proteinkomponenten nimmt man an, dass sie die katalytische Funktion der rRNA-Moleküle verstärken; eine unerwartet große Zahl von ihnen scheint aber für die Funktion der Ribosomen entbehrlich zu sein.

Aus welchen Aminosäurebausteinen ein neues Polypeptid zusammengesetzt wird, bestimmt ein **genetischer Triplettcode**. Dabei werden Gruppen von jeweils drei aufeinanderfolgenden Nucleotiden (**Codons**) der linearen RNA-Sequenz nach und nach entschlüsselt und in einzelne Aminosäuren übersetzt. Diese Entschlüsselung wird durch eine Gruppe von tRNA-Molekülen vermittelt, an deren freie 3'-Hydroxylgruppen eine spezifische Aminoacyl-tRNA-Synthetase jeweils kovalent eine Aminosäure gebunden hat (Abb. 1.20).

Verschiedene tRNA-Moleküle binden dabei jeweils unterschiedliche Aminosäuren. Jede tRNA besitzt an einer entscheidenden Stelle im Zentrum eines ihrer Arme eine spezifische Trinucleotidsequenz, die man als **Anticodon** bezeichnet (Abb. 1.7 b). Diese Stelle sorgt für die notwendige Spezifität, um den genetischen Code korrekt umzusetzen. Um eine Aminosäure in die wachsende Polypeptidkette einzubauen, muss das Codon auf der mRNA durch Basenpaarung von einem passenden komplementären Anticodon auf der entsprechenden tRNA erkannt werden (Abb. 1.20).

Eines der Translationsmodelle geht davon aus, dass die ribosomale 40S-Untereinheit erst einmal die 5'-Cap-Struktur erkennt. Dabei sind Proteine beteiligt, die spezifisch an diese Struktur binden. Die 40S-Untereinheit bewegt sich dann an der mRNA entlang, bis sie auf das Startcodon trifft. Dies ist fast immer ein AUG, das Methionin codiert (in wenigen Fällen wird stattdessen ACG, CUG oder GUG verwendet. Normalerweise, aber nicht immer, ist das erste AUG-Codon, auf das die Untereinheit stößt, das Startcodon. AUG wird jedoch nur dann als Startcodon erkannt, wenn es in eine passende Sequenz eingebettet ist, die man als **Startcodonerkennungssequenz** bezeichnet und im Optimalfall die Sequenz **GCCPuCCAUGG** ist. Eine entscheidende Rolle spielt dabei das G hinter dem AUG-Codon sowie das drei Nucleotide vor dem Codon liegende Purin (vorzugsweise ein A) (Kozak 1996). Anschließend werden über eine

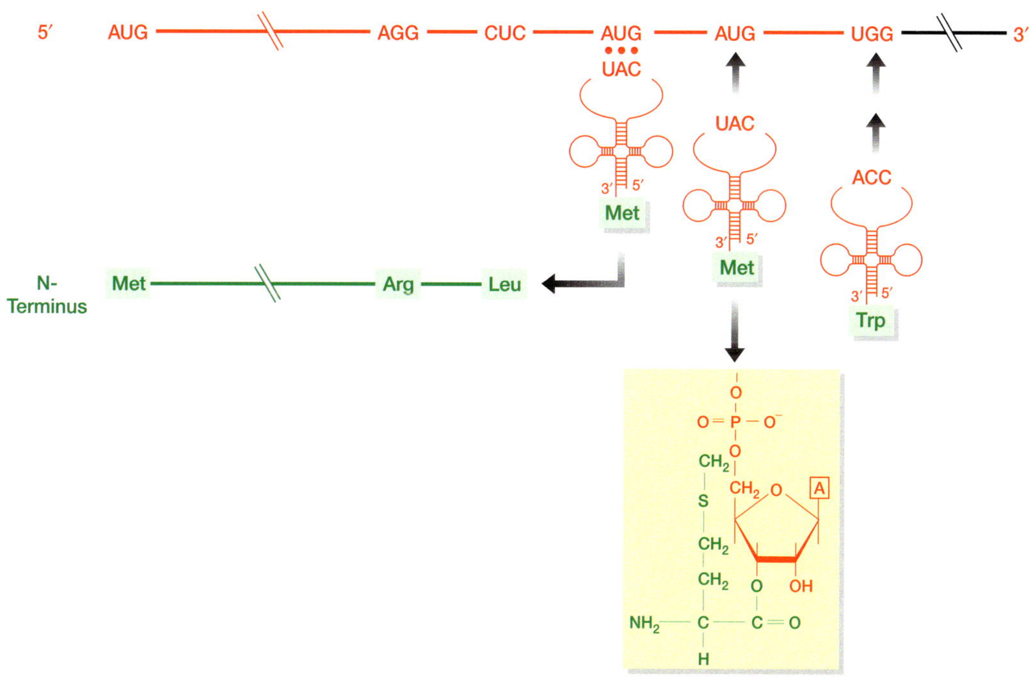

1.20 Der genetische Code wird durch eine Codon-Anticodon-Erkennung entschlüsselt. Die Nucleotidsequenz in der mRNA wird von einem Translationsstartpunkt aus abgelesen, den normalerweise die Sequenz AUG signalisiert, und setzt sich in 5'→3'-Richtung fort, bis in diesem Leseraster ein Stoppcodon vorkommt. Jedes Codon der mRNA wird von einem komplementären Anticodon auf einer tRNA erkannt, an der über das Adenosin am 3'-Ende eine spezifische Aminosäure kovalent befestigt ist (siehe vergrößerte Darstellung).

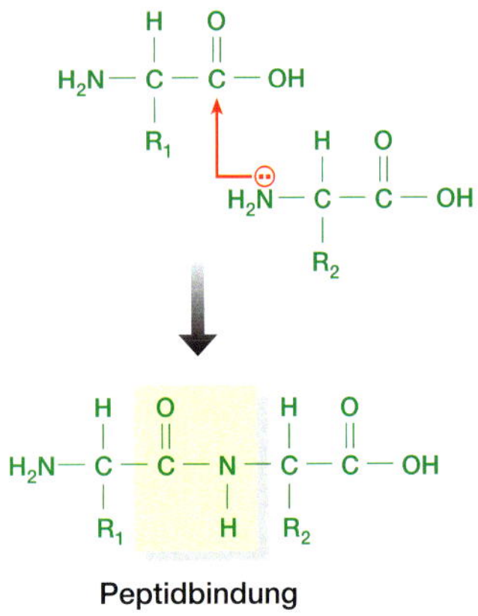

1.21 Polypeptide entstehen, wenn aufeinander folgende Aminosäuren über Peptidbindungen miteinander verknüpft werden.

AAA	Lys	CAA	Gln	GAA	Glu	UAA	STOPP
AAG	Lys	CAG	Gln	GAG	Glu	UAG	STOPP
AAC	Asn	CAC	His	GAC	Asp	UAC	Tyr
AAU	Asn	CAU	His	GAU	Asp	UAU	Tyr
ACA	Thr	CCA	Pro	GCA	Ala	UCA	Ser
ACG	Thr	CCG	Pro	GCG	Ala	UCG	Ser
ACC	Thr	CCC	Pro	GCC	Ala	UCC	Ser
ACU	Thr	CCU	Pro	GCU	Ala	UCU	Ser
AGA	Arg (N) / STOPP (M)	CGA	Arg	GGA	Gly	UGA	STOPP (N) / Trp (M)
AGG	Arg (N) / STOPP (M)	CGG	Arg	GGG	Gly	UGG	Trp
AGC	Ser	CGC	Arg	GGC	Gly	UGC	Cys
AGU	Ser	CGU	Arg	GGU	Gly	UGU	Cys
AUA	Ile (N) / Met (M)	CUA	Leu	GUA	Val	UUA	Leu
AUG	Met	CUG	Leu	GUG	Val	UUG	Leu
AUC	Ile	CUC	Leu	GUC	Val	UUC	Phe
AUU	Ile	CUU	Leu	GUU	Val	UUU	Phe

1.22 Die genetischen Codes von Zellkern und Mitochondrien ähneln sich, sind aber nicht identisch. Die vier rot dargestellten Codons werden bei Säugerzellen im Zellkern anders interpretiert als in den Mitochondrien (grün dargestellt). Der mitochondriale Code umfasst also vier Stoppcodons (UAA, UAG, AGA, AGG) anstelle von drei, außerdem zwei Trp-Codons (UGA, UGG) anstelle von einem, vier Arg-Codons (CGA, CGC, CGG, CGU) anstelle von sechs, zwei Met-Codons (AUA, AUG) anstelle von einem und zwei Ile-Codons (AUC, AUU) anstelle von drei. Die Degenerierung des genetischen Codes betrifft am häufigsten die dritte Base der Codons. Manchmal kann an dieser Stelle jede Base (N) stehen (GGN = Glycin, CCN = Prolin). In anderen Fällen ist jedes Purin (Pu) oder jedes Pyrimidin (Py) erlaubt (AAPu = Lysin; AAPy = Asparagin). Bei einigen mRNAs führen bestimmte Signale zu einer abweichenden Interpretation von Stoppcodons; beispielsweise kann UGA für die 21. Aminosäure **Selenocystein** stehen, UAG für Glutamin oder eine 22. Aminosäure **Pyrrolysin** (Atkins und Gesteland 2002).

Kondensationsreaktion nacheinander Aminosäuren in die wachsende Polypeptidkette eingebaut: Die Aminogruppe der neuen Aminosäure reagiert mit der Carboxylgruppe der zuletzt eingebauten. Dabei bildet sich eine Peptidbindung zwischen zwei aufeinander folgenden Resten (Abb. 1.21). Diese Reaktion wird durch eine Peptidyltransferase katalysiert, die in der RNA-Komponente der großen ribosomalen Untereinheit lokalisiert ist.

1.5.2 Der genetische Code ist degeneriert und nicht vollkommen universell

Der genetische Code ist ein Drei-Buchstaben-Code. Es gibt vier Basen, die eine der drei Positionen eines Codons besetzen können. Deshalb stehen $4^3 = 64$ Codons zur Verfügung; es gibt aber nur 20 verschiedene Aminosäuren. Der genetische Code ist also **degeneriert**: Jede Aminosäure wird im Durchschnitt von drei verschiedenen Codons verschlüsselt. Allerdings werden einige Aminosäuren, beispielsweise Leucin und Serin, von bis zu sechs Codons bestimmt, während andere mit wesentlich weniger vertreten sind (Abb. 1.22)

Es gibt zwar 64 Codons, aber weniger tRNA-Moleküle mit unterschiedlichen Anticodons: im Cytoplasma sind es etwas mehr als 30, in den Mitochondrien nur 22. Sämtliche 64 Codons können jedoch sowohl von den cytoplasmatischen als auch von den mitochondrialen Ribosomen erkannt und richtig interpretiert werden, da die für die Basenpaarung geltenden Regeln bei der Codon-Anticodon-Erkennung nicht ganz so streng eingehalten werden müssen. Die **Wobble-Hypothese** besagt, dass die Paarung von Codon und Anticodon bei den ersten zwei Basenpositionen in einem Codon der normalen A-U- und G-C-Regel folgt, während an der dritten Position ausnahmsweise eine gewisse Ungenauigkeit (*wobble*, „Schwankung") erlaubt ist *und auch G-U-Paare zulässig* sind (Tab. 1.6).

Üblicherweise bezeichnet man den genetischen Code als universellen Code. Das heißt, dass der Code bei allen Lebensformen verwendet wird. Das stimmt so streng jedoch nicht, da Codons auch davon abweichend interpretiert werden können. Dafür gibt es folgende Ursachen:

- **Evolutionäre Divergenz des genetischen Codes der Organellen.** Mitochondrien und Chloroplasten verfügen – wenngleich eingeschränkt – auch über die Möglichkeit der Proteinsynthese. Während der Evolution haben diese Organellen im Vergleich zum Zellkern etwas abgewandelte genetische Codes entwickelt. So erfolgt beispielsweise die Translation einer zellkerncodierten mRNA bis zu einem **Stoppcodon**, normalerweise **UAA**, **UAG** und **UGA**, während es in den Mitochondrien der

Tabelle 1.6 Die Paarung von Codon und Anticodon erlaubt eine gewisse Ungenauigkeit an der dritten Basenposition

Base am 5'-Ende des tRNA-Anticodons	erkannte Base am 3'-Ende des mRNA-Codons
A	nur U
C	nur G
G (oder I)*	C oder U
U	A oder G

* I = Inosin, eine posttranskriptional modifizierte Form von Adenin; weitere Einzelheiten zu Inosin und Codon-Anticodon-Erkennung bei cytoplasmatischen tRNAs siehe Exkurs 9.4

Säuger dafür vier Möglichkeiten gibt: UAG, UAA, AGA und AGG (Abb. 1.22).

- **Kontextabhängige Bedeutungsänderung von Codons.** Signalstrukturen in einigen mRNAs (darunter auch einige, die im Zellkern codiert werden) führen bei einigen Codons zur Änderung ihrer Bedeutung. So kann in einer Vielzahl verschiedener Zellen (auch beim Menschen) bei einigen zellkerncodierten mRNAs UGA als Codon für eine 21. Aminosäure (**Selenocystein**) stehen und UAG für Glutamin (Atkins und Gesteland 2002).

Das Rückgrat des primären Translationsprodukts trägt also an einem Ende ein Methionin mit einer freien Aminogruppe (**N-Terminus**) und am anderen Ende eine freie Carboxylgruppe (**C-Terminus**). Festzuhalten ist dabei, dass Codons zwar in einem **Leseraster** translatiert werden, bei Eukaryoten manchmal aber überlappende Gene vorkommen, die dann unterschiedliche Leseraster aufweisen (Abb. 9.3).

Der wichtigste Schritt bei der Translationskontrolle ist die Ribosomenbindung. Bei der Auswahl der mRNA für die Translation spielen zusätzlich zur 5'-Cap auch die 5'-UTR (häufig kürzer als 200 bp) und die 3'-UTR (normalerweise wesentlich länger als die 5'-UTR) eine entscheidende Rolle. Es wurden verschiedene *cis*-aktive Elemente charakterisiert, die an diesem Prozess beteiligt sind, außerdem kennt man mittlerweile einige wenige *trans*-aktive Faktoren, die an diese Elemente binden. Möglicherweise wirken 5'- und 3'-UTR-Sequenzen bei der Beschleunigung der Translation zusammen. Die 3'-UTR besitzt bei der Regulation der Translation eine Schlüsselfunktion; man hat in diesem Bereich Signale für die Translationskontrolle, die Stabilität der mRNA und deren Lokalisation gefunden (Wickens et al. 1997; Abschnitt 10.2.6).

1.5.3 Zu den posttranslationalen Modifikationen gehören chemische Veränderungen bestimmter Aminosäuren und Spaltungen der Polypeptidkette

Primäre Translationsprodukte durchlaufen häufig eine Vielzahl von Modifikationsreaktionen. Dabei kommt es während und nach der Translation zum kovalenten Anheften chemischer Gruppen an die Polypeptidkette. Beispiele sind einfache chemische Modifizierungen von Seitenketten der Aminosäuren (beispielsweise durch Hydroxylierung oder Phosphorylierung) und das Anhängen verschiedener Arten von Kohlenhydrat- oder Lipidgruppen (Tab. 1.7).

Proteinmodifizierung durch Anhängen von Kohlenhydratgruppen

Glykoproteine enthalten Oligosaccharide, die kovalent an die Seitenketten bestimmter Aminosäuren gebunden sind. Im Cytosol sind nur wenige Proteine glykosyliert, das heißt mit Kohlenhydrat verknüpft, und diese enthalten dann nur einen einzigen Zuckerrest. Dabei handelt es sich um *N*-Acetylglucosamin, das kovalent mit einem Serin- oder Threoninrest verknüpft ist. Im Gegensatz dazu sind die Proteine glykosyliert, die aus der Zelle sezerniert oder in Lysosomen, den Golgi-Apparat oder die Plasmamembran abgegeben werden. Oligosaccharidkomponenten von Glykoproteinen werden größtenteils vorher gebildet und im Ganzen an die Polypeptide angehängt. Man kennt zwei Arten der Glykosylierung:

- ***N*-Glykosylierung:** Dabei wird in den meisten Fällen zuerst im endoplasmatischen Reticulum (ER) eine häufig vorkommende Oligosaccharidsequenz mit der NH_2-Gruppe der Seitenkette eines Asparaginrestes verknüpft (Tab. 1.7). Das anschließende Zurechtschneiden von Resten oder deren Austausch gegen andere Monosaccharide erfolgt im Golgi-Apparat.
- ***O*-Glykosylierung** (Tab. 1.7)

Proteoglykane sind Proteine mit angehängten *Glykosaminoglykanen*, die normalerweise sich wiederholende Einheiten von Disacchariden mit Glucosamin oder Galactosamin enthalten. Die am besten untersuchten Proteoglykane sind Bestandteile der extrazellulären Matrix.

Proteinmodifizierung durch Anhängen von Lipidgruppen

Einige Proteine, ganz besonders Membranproteine, werden durch Anheften von Fettsäure- oder Prenylgruppen modifiziert, die normalerweise als Membran-

Signale für den Export in das endoplasmatische Reticulum und den extrazellulären Raum

Bei sezernierten Proteinen umfasst das Signalpeptid etwa die ersten 20 Aminosäuren am N-Terminus; es enthält immer einen wesentlichen Anteil an hydrophoben Aminosäuren (Tab. 1.8). Als Orientierungshilfe für die Signalsequenz zum endoplasmatischen Reticulum dient ein **Signalerkennungspartikel** (*signal recognition particle*, **SRP**), ein RNA-Protein-Komplex aus einer kleinen cytoplasmatischen RNA (7SL-RNA) und sechs spezifischen Proteinen. Der SRP-Komplex bindet sowohl an die wachsende Polypeptidkette als auch an das Ribosom und lenkt beide zu einem SRP-Rezeptorprotein an der cytosolischen Seite der Membran des rauen endoplasmatischen Reticulums (RER). So kann ein Polypeptid, das aus der Zelle ausgeschleust werden soll, in das Lumen des ER gelangen, wenn es nicht weitere hydrophobe Bereiche enthält, die den Transferprozess beenden, wie etwa bei **Transmembranproteinen**.

Weitere Signale

Wie beim ER-Signal ist auch für den Transport durch die Mitochondrienmembranen eine N-terminale Signalsequenz erforderlich; sie wird anschließend gespalten. Ein mitochondriales Signalpeptid besitzt in der Regel zusätzlich zu zahlreichen hydrophoben Aminosäuren mehrere positiv geladene, die normalerweise in Abständen von etwa vier Aminosäuren angeordnet sind. Man nimmt an, dass diese Struktur eine amphiphile α-Helix bildet. Diese Helix besitzt auf der einen Seite geladene und auf der anderen hydrophobe Aminosäuren (siehe unten sowie Abbildung 1.24a).

Signale für die Kernlokalisierung können überall in der Polypeptidsequenz vorkommen. Sie bestehen in der Regel aus einer Folge von vier bis acht positiv geladenen Aminosäuren, an die sich Prolinreste anschließen. Häufig ist das Signal jedoch geteilt: Die positiv geladenen Aminosäuren bilden zwei Blöcke aus je zwei bis vier Resten, die durch etwa zehn Aminosäuren getrennt sind (Tab. 1.8). Anzumerken ist hier noch, dass einige Zellkernproteine kein eigenes Lokalisierungssignal für den Kern besitzen, aber mithilfe anderer Zellkernproteine, die eine solche Signalsequenz enthalten, an ihr Ziel gelangen.

Lysosomale Proteine werden durch einen angehängten Mannose-6-Phosphat-Rest zum Lysosom gelenkt; der Zuckerrest wird im *cis*-Kompartiment des Golgi-Apparats mit dem Protein verknüpft und dann von einem Rezeptorprotein im *trans*-Kompartiment des Golgi-Apparats erkannt.

1.5.5 Die Proteinstruktur ist vielfältig und nicht einfach anhand der Aminosäuresequenz vorherzusagen

Proteine bestehen aus einem oder mehreren Polypeptiden, von denen jedes nach der Translation modifiziert werden kann. Sie können mit spezifischen **Cofaktoren** (beispielsweise zweiwertige Kationen wie Ca^{2+}, Fe^{2+}, Cu^{2+}, Zn^{2+} oder kleine Moleküle, die für die Aktivität von Enzymen erforderlich sind wie NAD^{+}) oder **Liganden** (alle Moleküle, die ein Protein spezifisch bindet) in Wechselwirkung treten. Jedes dieser Moleküle kann die Konformation des Proteins erheblich beeinflussen. Man unterscheidet bei Proteinen mindestens vier verschiedene Ebenen struktureller Organisation (Tab. 1.9).

Tabelle 1.8 Beispiele für Signalpeptidsequenzen

Bestimmungsort des Proteins	Position und Art des Signalpeptids	Beispiele
endoplasmatisches Reticulum und Freisetzung aus der Zelle	etwa 20 Aminosäuren am N-Terminus; sehr hydrophob	menschliches Insulin; 24 Aminosäuren, sehr hydrophobes Signalpeptid: N-Met-Ala-Leu-Trp-Met-Arg-Leu-Leu-Pro-Leu-Leu-Ala-Leu-Leu-Ala-Leu-Trp-Gly-Pro-Asp-Pro-Ala-Ala-Ala
Mitochondrien	N-Terminus; α-Helix mit positiv geladenen Resten auf der einen und hydrophoben auf der anderen Seite	menschliche mitochondriale Aldehyddehydrogenase; 17 Aminosäuren am N-Terminus: N-Met-Leu-**Arg**-Ala-Ala-Ala-**Arg**-Phe-Gly-Pro-**Arg**-Leu-Gly-**Arg**-**Arg**-Leu-Leu
Zellkern	intern; häufig eine Folge von basischen Aminosäuren plus Prolinresten; kann aus zwei Teilen bestehen	SV40-T-Antigen; kontinuierlich: *Pro*-*Pro*-**Lys**-**Lys**-**Lys**-**Arg**-**Lys**-Val
Lysosomen	Anhängen von Mannose-6-Phosphat-Resten	p53; zweigeteilt: **Lys**-**Arg**-Ala-Leu-*Pro*-Asn-Asn-Thr-Ser-Ser-Ser-*Pro*-Gln-*Pro*-**Lys**-**Lys**-**Lys**

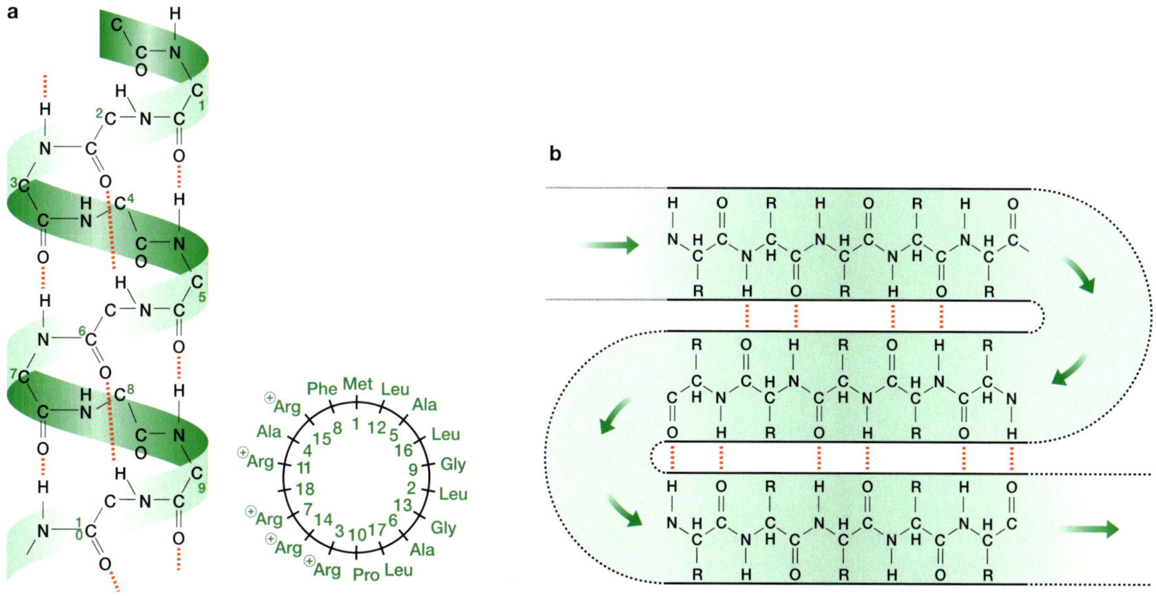

1.24 In Bereichen von Polypeptiden, die eine Sekundärstruktur aufweisen, gibt es häufig zahlreiche Wasserstoffbrücken. a) Struktur einer α-Helix. Links: Aus Gründen der Übersichtlichkeit ist nur das Rückgrat des Polypeptids dargestellt. Das Sauerstoffatom der Carbonylgruppe (CO) von jeder Peptidbindung bildet eine Wasserstoffbrücke mit dem Wasserstoff in der Amidgruppe (NH) der vier Aminosäuren entfernten Peptidbindung, sodass die Helix 3,6 Aminosäuren pro Windung aufweist. Der besseren Übersicht wegen sind einige Bindungen nicht eingetragen. Die Seitenketten aller Aminosäuren liegen an der Außenseite der Helix, innerhalb der Helix ist nahezu kein Platz. Rechts: Geladene und hydrophobe Aminosäuren befinden sich bei einer amphiphilen α-Helix an verschiedenen Seiten. Abgebildet ist eine Signalpeptidsequenz der mitochondrialen Aldehyddehydrogenase (Tab. 1.8). b) β-Faltblattstruktur. Die Wasserstoffbrücken bilden sich zwischen dem Sauerstoffatom der CO-Gruppe und dem Wasserstoffatom der NH-Gruppe von Peptidbindungen an benachbarten parallelen Abschnitten des Polypeptidrückgrats. Die Abbildung zeigt die Bindung zwischen antiparallelen Abschnitten des Polypeptids (antiparallele β-Faltblattstruktur); β-Turns ermöglichen vielfach abrupte Richtungswechsel zwischen antiparallel verlaufenden Bereichen (siehe Text). Die Pfeile geben die Richtung vom N- zum C-Terminus an. Häufig findet man auch parallel verlaufende β-Faltblattstrukturen, bei denen benachbarte Abschnitte dieselbe Orientierung besitzen.

Innerhalb einer einzigen Polypeptidkette gibt es reichlich Möglichkeiten für die Bildung von Wasserstoffbrücken zwischen den verschiedenen Resten; abgesehen von den Seitenketten kann auch das Sauerstoffatom in der Carbonylgruppe (CO) der Peptidbindung mit dem Wasserstoffatom in der Iminogruppe (NH) einer anderen Peptidbindung eine Wasserstoffbrücke herstellen. Zu den Grundstrukturen, die aufgrund von Wasserstoffbrücken zwischen eng benachbarten Aminosäureresten eines einzigen Polypeptids gebildet werden, gehören:

- **Die α-Helix.** Sie hat die Form eines starren Zylinders und entsteht vor allem aufgrund von Wasserstoffbrücken zwischen dem Sauerstoffatom in der Carbonylgruppe einer Peptidgruppe mit dem Wasserstoff in der Iminogruppe einer Peptidbin-

Tabelle 1.9 Ebenen der Proteinstruktur

Ebene	Definition	Bemerkung
primär	die linerare Aminosäuresequenz in einem Polypeptid	Länge kann sehr unterschiedlich sein, von einem kurzen Peptid bis hin zu Tausenden von Aminosäuren
sekundär	der Verlauf des Polypeptidrückgrats	kann sich lokal unterscheiden, z. B. α-Helix oder β-Faltblattstruktur
tertiär	die gesamte dreidimensionale Struktur eines Polypeptids	große Vielfalt an Formen, z. B. globulär, langgestreckt, Schlauch, Knäuel, Blatt u. a.
quartär	die Gesamtstruktur eines (multimeren) Proteins mit mehreren Untereinheiten	häufig stabilisiert durch Disulfidbrücken und Bindung von Liganden

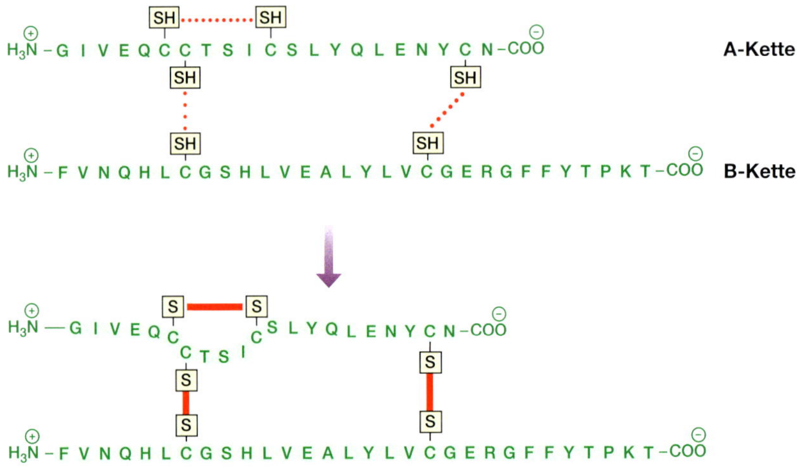

1.25 Disulfidbrücken innerhalb einer Kette und zwischen den Ketten beim menschlichen Insulin. Die Disulfidbrücken (–S–S–) entstehen bei einer Kondensationsreaktion zwischen gegenüberliegenden Sulfhydrylgruppen bei den Cysteinresten 6 und 11 innerhalb der A-Kette oder zwischen den markierten Resten der beiden verschiedenen Ketten.

dung, die vier Aminosäuren entfernt liegt (Abb. 1.24). DNA-Bindungsdomänen von Transkriptionsfaktoren besitzen im Allgemeinen eine α-Helix-Struktur (Abschnitt 10.2.4). Eine **amphiphile α-Helix** besitzt auf der einen Seite geladene und auf der anderen Seite hydrophobe Aminosäuren (Abb. 1.24). Identische α-Helices mit repetitiv angeordneten nichtpolaren Seitenketten können sich umeinander wickeln und so eine besonders stabile ***coiled-coil*-Struktur** bilden. Lang gestreckte *coiled-coil*-Strukturen findet man in vielen Faserproteinen wie dem α-Keratin in Haut, Haaren und Nägeln sowie dem Fibrinogen der Blutplättchen.

- **Die β-Faltblattstruktur.** Sie entsteht durch Wasserstoffbrücken zwischen gegenüberliegenden Peptidbindungen in parallel (häufig eigentlich antiparallel) verlaufenden Abschnitten derselben Polypeptidkette (Abb. 1.24). β-Faltblattstrukturen liegen im Inneren der meisten, aber nicht aller globulären Proteine.
- **Der β-Turn.** Durch eine Wasserstoffbrücke zwischen der CO-Gruppe von Aminosäurerest n und der NH-Gruppe der Peptidbindung von Aminosäurerest $n+3$ innerhalb eines Polypeptids bildet sich eine Haarnadelstruktur aus. Da es dem Polypeptid so möglich ist, seine Richtung abrupt zu ändern, können kompakte globuläre Formen entstehen. Die Bezeichnung β-Turn kommt daher, dass diese Strukturen häufig antiparallele Stränge von β-Faltblattstrukturen verbinden (Abb. 1.24b).

Komplexere Strukturmotive aus Kombinationen der oben genannten Module bilden **Proteindomänen**. Diese sind kompakte Bereiche eines Proteins, die durch Rückfaltung der Primärstruktur entstehen, sodass die Sekundärstrukturelemente dicht nebeneinander gepackt werden können. Solche Domänen sind häufig funktionelle Einheiten, die an der Bindung anderer Moleküle beteiligt sind. Darüber hinaus bilden sich häufig zwischen Sulfhydrylgruppen (–SH) von zwei Cysteinresten innerhalb desselben Polypeptids oder zwischen verschiedenen Polypeptidketten kovalente **Disulfidbrücken** aus (Abb. 1.25).

Die Tertiär- und Quartärstruktur von Proteinen wird zweifellos ebenfalls von der primären Aminosäuresequenz bestimmt. Obwohl man bereits Sekundärstrukturmotive wie α-Helices, β-Faltblattstruktur und β-Turn durch Analyse der Primärstruktur vorhersagen kann, ist das für die gesamte dreidimensionale Struktur noch nicht präzise möglich. Grund dafür ist nicht nur, dass bereits einfache Polypeptide oft eine sehr komplexe Gestalt annehmen, sondern viele Proteine zudem aus zahlreichen Polypeptiduntereinheiten zusammengesetzt sind.

Weiterführende Literatur

Alberts B, Johnson A, Lewis J, Raff M, Roberts K, Walter P (2001) *Molecular Biology of the Cell*, 4. Auflage. Garland Publishing, New York.

Bell SP, Dutta, A (2002) DNA replication in eukaryotic cells. *Annu Rev Biochem* 71: 301–331.

Big Picture Book of Viruses unter: http://www.virology.net/Big Virology/BVHomePage.html

Braden C, Tooze J (1999) *Introduction to Protein Structure*, 2. Auflage. Garland Science, New York.

Brow DA (2002) Allosteric cascade of spliceosome activation. *Annu Rev Genet* 36: 333–360.
Carradine CR, Drew HR (1997) *Understanding DNA The molecule and how it works*. Academic Press, London.
Lodish H, Baltimore D, Berk A, Zipurski L, Matsudaira P, Darnell J (2000) *Molecular Cell Biology*, 4. Auflage. Scientific American Books, New York. Deutsche Ausgabe: *Molekulare Zellbiologie*, 4.Auflage (2001). Spektrum Akademischer Verlag, Heidelberg, Berlin.

Zitierte Literatur

Atkins JF, Gesteland R (2002) The 22nd amino acid. *Science* 296: 1409–1410.
Berget SM (1995) Exon recognition in vertebrate splicing. *J Biol Chem* 270: 2411–2414.
Fairbrother WG, Yeh RF, Sharp PA, Burge CB (2002) Predictive identification of exonic splicing enhancers in human genes. *Science* 297: 1007–1113.
Friedberg EC, Feaver WJ, Gerlach VL (2000) The many faces of DNA polymerases: strategies for mutagenis and for mutationale avoidance. *Proc Natl Acad Sci USA* 97: 5681–5883.
Friedberg EC, Wagner R, Radman M (2002) Specialised DNA polymerases, cellular survival, and the genesis of mutations. *Science* 296: 1627–1630.
Hastings ML, Krainer AR (2001) Pre-mRNA splicing in the new millennium. *Curr Opin Genet Dev* 13: 302–309.
Kozak M (1996) Interpreting cDNA sequences: some insights from studies on translation. *Mamm Genome* 7: 563–574.
Lim LP, Burge CP (2001) A computational analysis of sequence features involved in recognition of short introns. *Proc Natl Acad Sci USA* 98: 11193–11198.
Staley JP, Guthrie C (1998) mechanical devices of the spliceosome: motors, clocks, springs and things. *Cell* 92: 315–326.
Tam WY, Steitz JA (1997) Pre-mRNA splicing: the discovery of a new spliceosome doubles the challenge. *Trends Biochem Sci* 22: 132–137.
Wickens M, Anderson P, Jackson RJ (1997) Life and death in the cytoplasm: messages from the 3' end. *Curr Biol* 7: 220–232.

DNA wirkt im Kontext. Die menschliche DNA liegt in Form von **Chromosomen** vor, und diese entfalten ihre Funktion in Zellen, die durch Zellteilung aus anderen Zellen hervorgegangen sind. Der Prozess der Zellteilung ist jedoch nur ein kleiner Ausschnitt aus dem **Zellzyklus**, bei dem von den Chromosomen und den DNA-Molekülen, aus denen sie bestehen, genaue Kopien hergestellt und dann auf die Tochterzellen übertragen werden. Dieser Vorgang muss sehr sorgfältig abgestimmt sein, damit die Tochterzellen den richtigen Chromosomensatz erhalten. Bei der normalen Form der Zellteilung, der **Mitose**, besitzt jede Tochterzelle dieselbe Anzahl und dieselbe Zusammensetzung von Chromosomen wie die ursprüngliche Zelle. Daneben gibt es bei bestimmten Zellen in den Hoden und Eierstöcken eine spezielle Form der Zellteilung, die **Meiose**, bei der die Spermien beziehungsweise Eizellen entstehen.

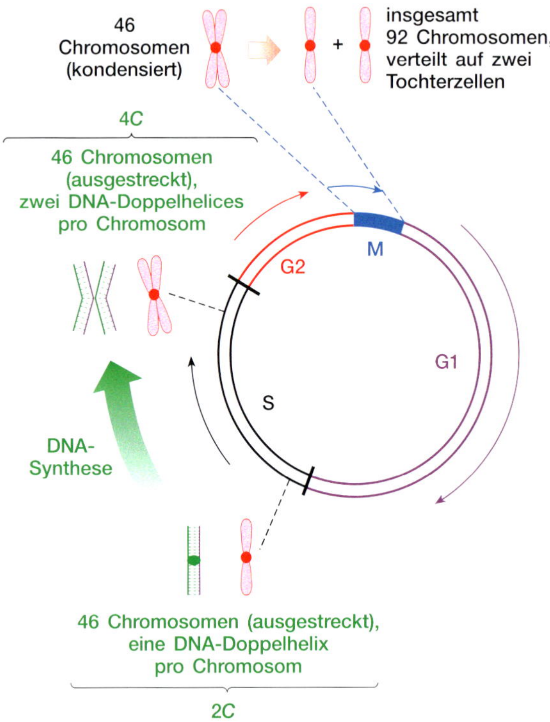

2.1 Der DNA-Gehalt der menschlichen Chromosomen im Verlauf des Zellzyklus. Die Interphase umfasst G1 + S + G2. Chromosomen enthalten von der Anaphase der Mitose bis zur abgeschlossenen DNA-Duplikation in der S-Phase eine einzige DNA-Doppelhelix. Von hier ab bis zum Ende der Metaphase der Mitose besteht das Chromosom aus zwei Chromatiden, die jeweils einen DNA-Doppelstrang enthalten; es gibt also zwei Doppelhelices pro Chromosom. Der DNA-Gehalt einer diploiden Zelle vor der S-Phase beträgt 2*C* (die doppelte Menge einer haploiden Zelle), während der DNA-Gehalt zwischen S-Phase und Mitose 4*C* ausmacht.

2.1 Ploidie und Zellzyklus

Die Anzahl der verschiedenen Chromosomen (den **Chromosomensatz**) in einer beliebigen Zelle mit einem Zellkern bezeichnet man mit n und den zugehörigen DNA-Gehalt mit C. Für den Menschen gilt $n = 23$ und $C = \sim 3{,}5$ pg ($3{,}5 \times 10^{-12}$ g). Die Anzahl der Kopien des Chromosomensatzes (die **Ploidie**) kann in verschiedenen Zellen unterschiedlich sein. So enthalten Spermien und Eizellen einen einzigen Chromosomensatz und man bezeichnet sie als **haploid** (n Chromosomen; DNA-Gehalt = C). Dagegen verfügen die meisten menschlichen Zellen über zwei Kopien; man nennt sie **diploid** ($2n$ Chromosomen; DNA-Gehalt = $2C$). Fast alle Säuger sind diploid (Viscacha-Ratten bilden eine ungewöhnliche Ausnahme; Gallardo et al. 1999); bei den übrigen Lebewesen jedoch findet man zahlreiche Spezies, die normalerweise haploid, **tetraploid** ($4n$) oder **polyploid** ($> 4n$) sind. **Triploidie** ($3n$) kommt seltener vor, da triploide Chromosomensätze bei der Meiose Schwierigkeiten bereiten (siehe unten).

Die diploiden Zellen unseres Körpers sind alle ausnahmslos durch wiederholte mitotische Zellteilungsrunden aus einer einzigen diploiden Zelle hervorgegangen, der **Zygote**. Jede dieser Runden lässt sich als eine Umdrehung des **Zellzyklus** auffassen (Abb. 2.1). Dieser besteht aus einer kurzen Phase der tatsächlichen Zellteilung (**M-Phase**, abgeleitet vom Wort „Mitose"; Abb. 2.7) und einem langen Zwischenzustand (**Interphase**). Diese Interphase lässt sich unterteilen in die **S-Phase** (DNA-Synthese), die **G1-Phase** („Lücke", *gap*, zwischen M- und S-Phase) und die **G2-Phase** („Lücke" zwischen S- und M-Phase). Ein Chromosom in einer diploiden Zelle enthält – von der Anaphase in der Mitose bis zum Zeitpunkt vor der DNA-Verdopplung während der S-Phase – eine einzige DNA-Doppelhelix, und der DNA-Gehalt der Zelle ist $2C$. G1 ist der Normalzustand einer Zelle und der langfristige Endzustand sich nicht teilender Zellen. Zellen treten nur dann in die S-Phase ein, wenn sie zur Mitose vorprogrammiert sind. Zellen, die sich nicht teilen, verbleiben in einer etwas modifizierten G1-Phase, die man manchmal als **G0-Phase** bezeichnet. Die grafische Darstellung des Zellzyklus vermittelt den Eindruck, dass die interessanten Aktivitäten während der S- und der M-Phase stattfinden – dies ist jedoch ein Irrtum. Eine Zelle verbringt die meiste Zeit ihres Lebens in der G0- oder der G1-Phase, und eben hier leistet das Genom den größten Teil seiner Arbeit.

Eine Untergruppe der diploiden Körperzellen bildet die **Keimbahn** (Abb. 2.9). Aus diesen Zellen gehen in den Eierstöcken und Hoden spezialisierte diploide Zellen hervor, die sich durch eine Meiose tei-

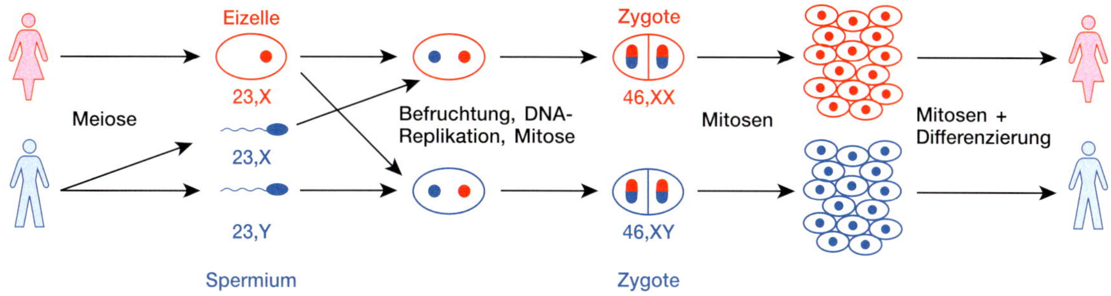

2.2 Das menschliche Leben – chromosomal betrachtet. Das haploide Spermium und die haploide Eizelle gehen jeweils durch eine Meiose aus diploiden Vorläuferzellen hervor (Abb. 2.9). Im befruchteten Ei bilden die Chromosomen aus Spermium und Eizelle zwei getrennte Pronuclei, einer ist männlich, einer weiblich. Sie vereinigen sich während der ersten Mitose.

len können, um die haploiden **Keimzellen** oder **Gameten** (Spermien oder Eizellen) hervorzubringen. Beim Menschen ($n = 23$) enthält jede Keimzelle 22 **Autosomen** (Nicht-Geschlechtschromosomen) plus ein Geschlechtschromosom. In Eizellen ist das Geschlechtschromosom immer ein X; in Spermien entweder ein X oder ein Y. Die Zygote ist nach der Befruchtung diploid ($2n$) und besitzt den Karyotyp 46,XX oder 46,XY (Abb. 2.2). Die übrigen Körperzellen, mit Ausnahme der Keimbahnzellen, bezeichnet man als **somatische Zellen**. Menschliche somatische Zellen sind normalerweise diploid, aber einige besitzen keinen Zellkern und auch keine Chromosomen, sodass man sie als **nulliploid** bezeichnet; wiederum andere Zellen sind als Ergebnis mehrerer Runden der DNA-Replikation ohne Zellteilung *natürlich polyploid* (Abschnitt 3.1.4).

2.2 Struktur und Funktion der Chromosomen

Das Aussehen von Chromosomen unter dem Mikroskop oder in Lehrbüchern führt leicht zu falschen Vorstellungen, da sie dort in einem *ungewöhnlichen Zustand* vorliegen, der im Zellzyklus nur *kurz* besteht und während eines Teils der M-Phase auftritt, in der sich die Zellen auf die Zellteilung (Metaphase) vorbereiten. **Metaphasechromosomen** und **Prometaphasechromosomen** zeigen einen *stark kondensierten Zustand* und besitzen eine *ungewöhnliche Struktur aus zwei Chromatiden*, da die DNA in dieser Phase repliziert ist und die Zellteilung unmittelbar bevorsteht. Einfach aufgrund der festen Verpackung in kleine Bündel sind die Chromosomen bei der Metaphase groß genug, um im Lichtmikroskop sichtbar zu sein. Dieser Zustand ist jedoch nicht repräsentativ, da die extreme Packungsdichte bewirkt, dass die Gene abgeschaltet sind.

Die Vorgänge während der Zellteilung sind als solche faszinierend. Fehler bei der Verpackung oder der Teilung des Genoms haben gravierende medizinische Folgen (Abschnitt 2.5). Es ist jedoch wichtig, sich zu vergegenwärtigen, dass die Chromosomen während der überwiegenden Zeit im Zellzyklus eine andere Erscheinungsform besitzen. In der gesamten langen Interphase sind die Chromosomen stark gestreckt und wesentlich diffuser als in der Metaphase, wie sie in Abbildung 2.14 dargestellt ist. Wichtig ist dabei, dass ein **Interphasechromosom** nur aus *einem einzigen Chromatid und einer einzigen DNA-Doppelhelix* besteht. Die gestreckte Struktur ermöglicht die Genexpression.

Als funktionsfähige Organellen müssen eukaryotische Chromosomen offensichtlich nur drei Klassen von DNA-Sequenzelementen besitzen: Centromere, Telomere und Replikationsursprünge. Diese einfache Anforderung ließ sich durch die erfolgreiche Herstellung künstlicher Chromosome bei der Hefe aufzeigen: Große Fragmente von Fremd-DNA verhalten sich wie autonome Chromosomen, wenn man sie mit kurzen Sequenzen verknüpft, die ein funktionsfähiges Centromer, zwei Telomere und einen Replikationsursprung bilden (Abb. 5.17). Vor kurzem ist es gelungen, auf ähnliche Weise **künstliche Chromosomen** für Säugerzellen zu erzeugen (Huxley 1997, Schindelhauer 1999).

2.2.1 Die Verpackung der DNA in Chromosomen erfordert mehrere hierarchische Ebenen der DNA-Faltung

In der Zelle ist die Struktur aller Chromosomen hochgradig geordnet (Manuelidis 1990). Selbst im Interphasekern zeigt die 2 nm lange DNA-Doppelhelix mindestens zwei Stufen der Spiralisierung (Abb. 2.3):

- Das **Nucleosom** ist die Grundeinheit der Verpackung. Es besteht aus einem Proteinkern (Core) mit acht **Histonen**. Diese sind kleine, stark konservierte, basische (positiv geladene) Proteine mit 102–135 Aminosäuren. Jeder Kern enthält zwei Moleküle von jedem der Histone H2A, H2B, H3 und H4, um die sich in 1,75 Drehungen ein doppelsträngiger DNA-Abschnitt von 146 bp windet. Benachbarte Nucleosomen sind über einen kurzen DNA-Abschnitt (Spacer) miteinander verbunden. Elektronenmikroskopische Aufnahmen geeigneter Präparationen zeigen eine Perlschnur. Spermien unterscheiden sich hier. Die sehr dichte DNA-Packung in den Spermienköpfen entsteht, indem die Histone durch eine andere Proteinklasse ersetzt werden, die man als **Protamine** bezeichnet.
- Die Perlschnur besitzt einen Durchmesser von etwa 10 nm und wird zu einer **Chromatinfaser** von 30 nm Durchmesser spiralisiert. Das Interphasechromosom besteht offenbar aus solchen Chromatinfasern, die wahrscheinlich in großen Schleifen angeordnet sind (siehe unten).

Bei der Zellteilung werden die Chromosomen noch weit stärker kondensiert. Die DNA ist im Metaphasechromosom auf ein Zehntausendstel ihrer vollständig ausgestreckten Länge verkürzt. Schleifen der 30-nm-Chromatinfaser, die 20–100 kb pro Schleife enthalten, sind an einem zentralen Gerüst angeheftet. Dieses besteht aus sauren Nichthistonproteinen, besonders hervorzuheben ist die **Topoisomerase II**, die die bemerkenswerte Fähigkeit besitzt, eine DNA-Helix durch eine andere hindurch ziehen zu können, indem das Enzym eine Lücke schneidet und wieder repariert. Topoisomerase II und einige andere Chromatinproteine binden an AT-reiche Sequenzen; die Chromatinschleifen sind möglicherweise über DNA-Bereiche von mehreren 100 Basenpaaren mit hohem AT-Gehalt (>65 %) an das Gerüst angeheftet (**Gerüstanheftungsregionen**, *scaffold attachment regions*, SAR). In den Chromatiden eines Metaphasechromosoms ist der Gerüst-Schleifen-Komplex durch weitere Spiralisierungen verdichtet (Abb. 2.3).

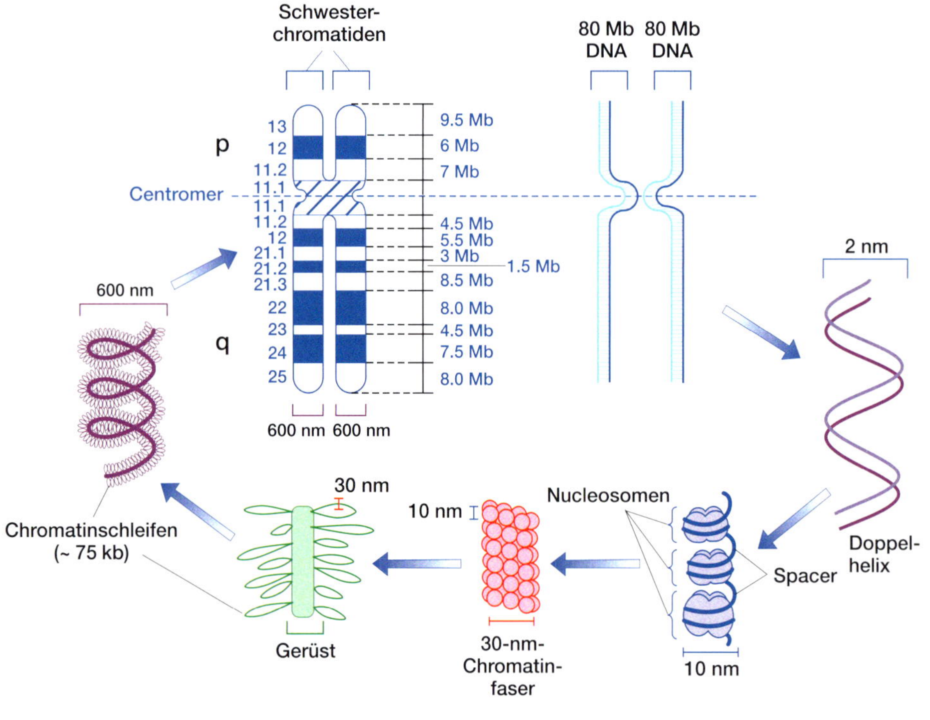

2.3 Vom DNA-Doppelstrang zum Metaphasechromosom. Die Abbildung zeigt das menschliche Chromosom 7 mit einem G-Bandenmuster aus 400 Banden. Die geschätzten Verpackungsverhältnisse (Grad der Komprimierung eines linearen Doppelstranges) beträgt bei menschlichen Chromosomen 1:6 für Nucleosomen, 1:36 für die 30-nm-Faser und >1:10 000 für das Metaphasechromosom. Zurzeit ist noch unklar, ob die Centromer-DNA des Metaphasechromosoms gegenüber dem übrigen Chromatid verzögert repliziert wird, oder ob die DNA-Replikation während der S-Phase vollständig erfolgt und ob die Einschnürung am Centromer andere Ursachen hat.

2.2.2 Einzelne Chromosomen nehmen im Interphasezellkern nichtüberlappende Bereiche ein

Der hohe Organisationsgrad des Cytoplasmas ist schon lange bekannt, jedoch besitzt auch der Zellkern eine ausgeprägte Substruktur. Neben dem bekannten **Nucleolus**, wo die rRNA transkribiert und die ribosomalen Untereinheiten zusammengesetzt werden, kennt man inzwischen zahlreiche weitere Kompartimente im Zellkern (*Cajal*-Körperchen, PML-Körperchen, Pseudoflecke und andere, Exkurs 3.1). Die Positionierung der Chromosomen innerhalb des Zellkerns weist einen ebenso hohen Organisationsgrad auf. Um in lebenden Zellen den Bewegungen der einzelnen Chromosomen während der Interphase folgen zu können, hat man besondere Verfahren entwickelt.

Bis zu einem gewissen Grad führt die Mitose zu einer Einschränkung der Chromosomenorientierung während der Interphase. Kurz bevor die Zelle sich teilt, ziehen an den Centromeren befestigte Mikrotubuli jedes Chromosom zu einem der beiden Pole der **Mitosespindel** (ein Netzwerk aus Mikrotubuli, welche die Chromosomen bei der Mitose positionieren, Exkurs 2.1). Während der Bewegung der Chromosomen liegen die Centromere vorn und die Arme folgen

Exkurs 2.1: Die Mitosespindel und ihre Komponenten

Die **Mitosespindel** (Abbildung unten) wird aus **Mikrotubuli** (Polymere aus einem sich wiederholenden Heterodimer von α- und β-Tubulin) und assoziierten Proteinen gebildet. Jeder der beiden Spindelpole ist durch ein **Centrosom** festgelegt, das eigentliche **Mikrotubuliorganisationszentrum**. Vom Centrosom geht das nach außen gerichtete Wachstum der Mikrotubulusfasern aus; diese besitzen ein (–)-Ende (am Centrosom) und ein (+)-Ende (an dem sich die Mikrotubulusfaser verlängert).

Jedes Centrosom besteht aus einer fibrillären Matrix (aus etwa 50 γ-Tubulin-Ringkomplexen, die ein Paar von **Centriolen** umschließen (Teilabbildung a)). Centriolen sind kurze zylindrische Strukturen aus Mikrotubuli und assoziierten Proteinen. Die beiden Centriolen des Paares stehen im rechten Winkel zueinander und bilden so eine L-Form. Zu einem bestimmten Zeitpunkt in der G1-Phase trennen sich die beiden Centriolen des Paares. Während der S-Phase entwickelt sich an jedem basalen Ende der Muttercentriole, im rechten Winkel angeordnet, eine Tochtercentriole, die wiederum in der G2-Phase fertig ausgebildet ist. Die beiden Centriolenpaare bleiben bis zum Beginn der M-Phase eng zusammen in einem einzigen Centrosomenkomplex. Dann teilt sich der Komplex in zwei Hälften, die sich zu trennen beginnen. Jedes Centrosom entwickelt nun seinen eigenen Bereich aus radial angeordneten Mikrotubuli (**Polstrahlen**) und beide wandern zu den entgegengesetzten Enden der Zelle, an denen sie die **Spindelpole** bilden (Teilabbildung c).

In der Spindel kommen drei verschiedene Mikrotubulifasern vor:

- Die **Polfasern** erstrecken sich von den beiden Polen der Spindel zum Äquator. Sie entwickeln sich in der Prophase, während die Kernmembran noch intakt ist. Aus Gründen der Übersichtlichkeit ist nur ein Paar solcher überlappender Fasern abgebildet.
- Die **Kinetochorfasern** entstehen nicht vor der Prometaphase. Sie heften sich an das **Kinetochor**, einen großen Multiproteinkomplex. Das Centromer eines jeden Chromatids trägt ein Kinetochor (Teilabbildung b), und die Kinetochorfasern verlängern sich in Richtung Spindelpole.
- Die **Astralfasern** bilden sich um jedes Centrosom und erstrecken sich in die Peripherie.

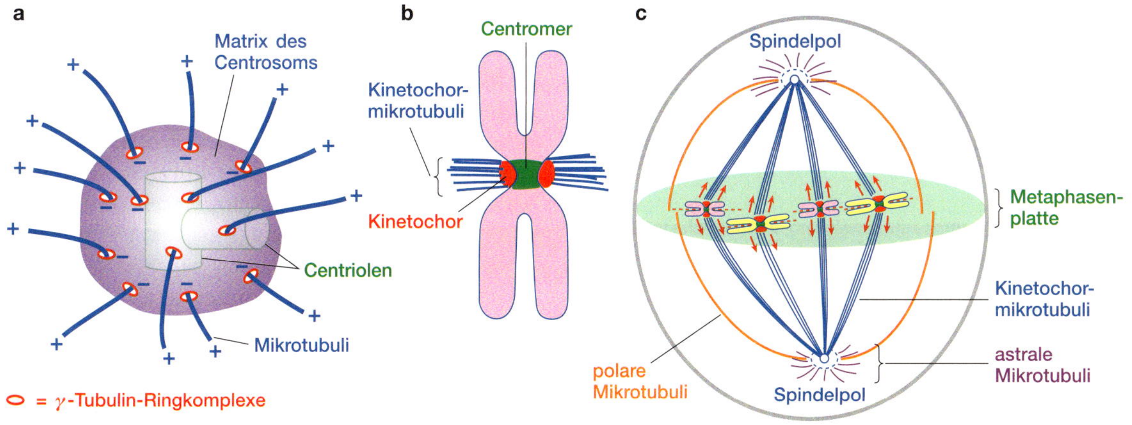

a) Struktur des Centrosoms. b) Assoziation zwischen Kinetochor und Centromer. c) Struktur der Mitosespindel.

Sequenz (Abb. 2.5). Darüber hinaus enthalten die ARS-Elemente eine Bindungsstelle für einen Transkriptionsfaktor und einen Multiproteinkomplex, der an den Ursprung bindet.

Die Replikationsursprünge in der DNA der Säuger sind weniger gut bekannt, da es hier keinen genetischen Test gibt. Man hat zwar einige Initiationsstellen untersucht, konnte so aber keinen spezifischen Replikationsursprung ermitteln. Das hat zu der Annahme geführt, dass die Replikation in bestimmten Regionen mit zehn und mehr Kilobasen an mehreren Stellen einsetzen kann (Gilbert 2001). Künstliche Chromosomen funktionieren bei Säugern offenbar ohne spezifische ARS-Elemente.

2.2.5 Chromosomen als funktionelle Organellen: die Telomere

Struktur, Funktion und Evolution der Telomere

Telomere sind besondere Strukturen aus DNA und Protein, die die Enden von eukaryotischen Chromosomen abschließen. Sie besitzen wahrscheinlich mehrere Funktionen:

- **Aufrechterhaltung der Struktur.** Wenn ein Telomer verloren geht, ist das Chromosom nicht mehr stabil. Dann besteht die Gefahr, dass es entweder mit den Enden anderer zerbrochener Chromosomen fusioniert, Rekombinationen unterliegt oder abgebaut wird. Telomerbindende Proteine erkennen das überhängende 3'-Ende eines Telomers (siehe unten) und können die endständige DNA *in vitro* und möglicherweise auch *in vivo* schützen.
- **Sicherung einer vollständigen DNA-Replikation** (siehe unten, Abschnitt über die Telomerase)
- **Chromosomenpositionierung.** Telomere unterstützen die Bildung der dreidimensionalen Struktur im Zellkern und/oder die Chromosomenpaarung. In einigen Zellen sind die Enden der Chromosomen offensichtlich an der Kernhülle befestigt; das deutet darauf hin, dass Telomere daran beteiligt sind, Chromosom zu positionieren.

Eukaryotische Telomere bestehen aus einer mäßig langen Anordnung tandemartiger Wiederholungen einer einfachen TG-reichen Sequenz in einem der DNA-Stränge und einer CA-reichen Sequenz im komplementären Strang. Beim Menschen (und bestimmten Tieren) ist die Wiederholungseinheit ein TTAGGG. Die $(TTAGGG)_n$-Folge eines menschlichen Telomers erstreckt sich normalerweise über 3–20 kb, vor denen noch 100–300 kb **telomerassoziierte Wiederholungen** liegen, an die sich dann die erste spezifische Sequenz des Chromosoms anschließt.

Im Gegensatz zu den Centromeren ist die Telomersequenz in der Evolution hochgradig konserviert – die einfache Sequenz ist bei verschiedenen Spezies sehr ähnlich, beispielsweise TTGGGG bei *Paramecium*, TAGGG bei *Trypanosoma*, TTTAGGG bei *Arabidopsis* und TTAGGG beim Menschen. (Bei einigen anderen Spezies zeigt die genaue Wiederholungseinheit hingegen doch eine gewisse Variabilität, beispielsweise bei *Saccharomyces cerevisiae*, Abbildung 2.5.) Darüber hinaus erweisen sich die telomerbindenden Proteine als stark konserviert (Blackburn 2001). Die telomerassoziierten Wiederholungseinheiten sind bei Eukaryoten dagegen nicht konserviert, ihre Funktion ist unbekannt.

Die Telomerase und das Problem der Replikation an den Chromosomenenden

Während der DNA-Replikation wird der Folgestrang in Fragmenten synthetisiert, da er entgegen der 5'→3'-Richtung der DNA-Synthese verlängert werden muss. Für die Erzeugung einer solchen Reihe von DNA-Fragmenten ist eine Folge von „Steppstichsynthesen“ erforderlich. Die Enden der Fragmente werden anschließend durch die DNA-Ligase verknüpft (Abb. 1.9; Abschnitte 1.2.2 und 1.2.3). Im Gegensatz zu RNA-Polymerasen benötigen DNA-Polymerasen auf jeden Fall eine freie 3'-OH-Gruppe an einer doppelsträngigen DNA, um die Synthese fortzuführen. Das wird dadurch ermöglicht, dass eine RNA-Polymerase für jedes der Fragmente des Folgestranges einen komplementären RNA-Primer herstellt, an dem die DNA-Synthese beginnt. Dabei muss vor der Sequenz, die kopiert werden soll, ein Stück DNA vorhanden sein, die als Matrize für den Primer dient. Am äußersten Ende eines DNA-Moleküls kann es solch eine Matrize aber nicht mehr geben. Daher ist ein anderer Mechanismus erforderlich, der das Problem, wie die Enden eines linearen DNA-Moleküls repliziert werden können, löst.

Das Problem der **Replikation an den Chromosomenenden** wird dadurch gelöst, dass die Synthese des Leitstranges mithilfe einer speziellen Form einer *Reversen Transkriptase* (einer RNA-abhängigen DNA-Polymerase) verlängert wird. Dabei handelt es sich um ein spezialisiertes RNA-Protein-Enzym, das man als **Telomerase** bezeichnet. Dieses Enzym enthält in der Nähe des 5'-Endes seiner RNA-Komponente die kurze Sequenz CUAACCCUAAC, die wiederum ein Hexanucleotid (hervorgehoben) enthält. Die sechs Nucleotide bilden die Antisense-Sequenz zur Wiederholungseinheit des menschlichen Telomers (TTAGGG). Das Hexanucleotid dient als Matrize, um die Synthese der Telomer-DNA am Leitstrang fortzusetzen. Die weitere Verlängerung des Leitstranges liefert die notwendige Matrize für die

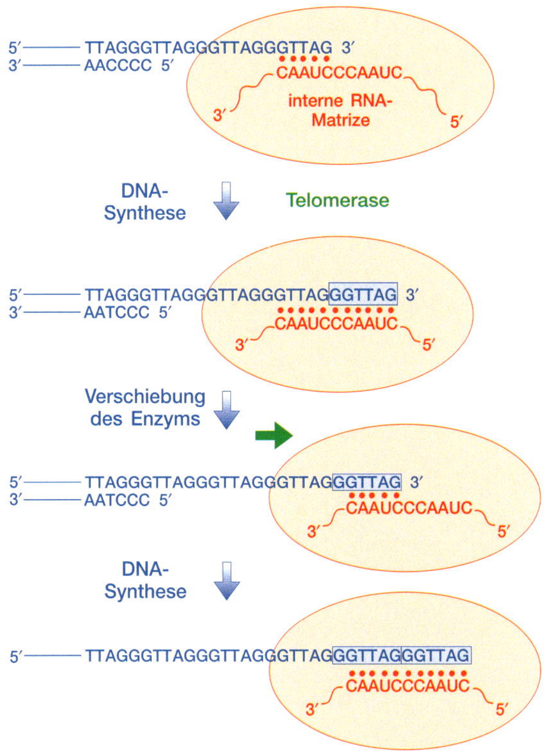

2.6 Die Telomerase verlängert den TG-reichen Strang der Telomere durch DNA-Synthese mithilfe einer eigenen RNA-Matrize. Neu synthetisierte Hexanucleotide sind schattiert dargestellt. Der Elongationsmechanismus hängt von der RNA-Matrize ab, die eine fast vollständige Tandemwiederholung enthält, wie sie in der folgenden Sequenz durch Unterstreichung markiert ist: 5'-CUAACCCUAAC-3'.

DNA-Polymerase α, um die Synthese des Folgestranges abzuschließen (Abb. 2.6). Dieser Mechanismus erzeugt am Telomer ein vorstehendes 3'-Ende, das ein einzelsträngiges DNA-Stück für die Bindung der telomerspezifischen Proteine darstellt (beim Menschen zum Beispiel TRF2). Die tatsächliche Telomersequenz ist möglicherweise gar nicht so wichtig. Die Länge von Telomeren ist sehr unterschiedlich und unterliegt einer genetischen Kontrolle (Abschnitt 17.5.1).

2.2.6 Heterochromatin und Euchromatin

Im Interphasekern liegt das meiste Chromatin ausgestreckt vor und verteilt sich im gesamten Zellkern; es lässt sich nur undeutlich anfärben (**Euchromatin**). Ein Teil des Chromatins bleibt jedoch während des ganzen Zellzyklus in einem hoch kondensierten Zustand und bildet dunkel färbbare Bereiche (**Heterochromatin**). Gene innerhalb des Euchromatin können abhängig vom Zelltyp und den Erfordernissen des Stoffwechsels exprimiert werden, während Gene innerhalb des Heterochromatins (entweder natürlich oder aufgrund einer Chromosomenumlagerung) mit großer Wahrscheinlichkeit nicht exprimiert werden. Es gibt zwei Klassen von Heterochromatin:

- Das **konstitutive Heterochromatin** ist immer inaktiv und liegt kondensiert vor. Es besteht zu einem großen Teil aus repetitiver DNA und verteilt sich im Bereich des Centromers und in bestimmten anderen Bereichen (in Abbildung 2.15 ist die Verteilung des konstitutiven Heterochromatins dargestellt, Tabelle 9.2 enthält Schätzwerte für die dort vorhandene DNA-Menge).
- Das **fakultative Heterochromatin** liegt entweder in einer genetisch aktiven (dekondensierten) oder inaktiven (kondensierten) Form vor. Beispiele sind die Inaktivierung des X-Chromosoms bei den Säugern (Abschnitt 10.5.6) oder das Abschalten der Geschlechtschromosomen bei der männlichen Meiose. Dabei werden sowohl das X- als auch das Y-Chromosom inaktiviert (beim Menschen etwa für 15 Tage). Sie lagern sich zu einem **XY-Körper** zusammen und werden in ein spezielles Zellkernkompartiment verschoben.

Im Euchromatin zeigen die **G-Banden** einige Eigenschaften des Heterochromatins, jedoch in geringerem Ausmaß (G-Banden sind die dunklen Chromosomenbanden, die bei positiver Giemsa-Färbung entstehen; die blasseren negativen Giemsa-Banden bezeichnet man als R-Banden; Abschnitt 2.4.1). Das Chromatin der G-Banden ist in Metaphasechromosomen stärker kondensiert als das der R-Banden; die G-Banden enthalten relativ wenige Gene. Die Untergruppe der R-Banden, die bei der T-Bandenfärbung sichtbar werden, weisen eine besonders hohe Gendichte auf. Abschnitt 1.3.5 behandelt die verschiedenen Strukturen des Chromatins in Chromosomenbereichen mit aktiver und inaktiver Transkription.

2.3 Mitose und Meiose sind die beiden Formen der Zellteilung

2.3.1 Die Mitose ist die normale Form der Zellteilung

Damit sich ein Mensch aus dem Embryo über Fetus und Kleinkind bis hin zum Erwachsenen entwickeln kann, sind zahlreiche Zellteilungen erforderlich, um die große Menge an benötigten Zellen zu erzeugen.

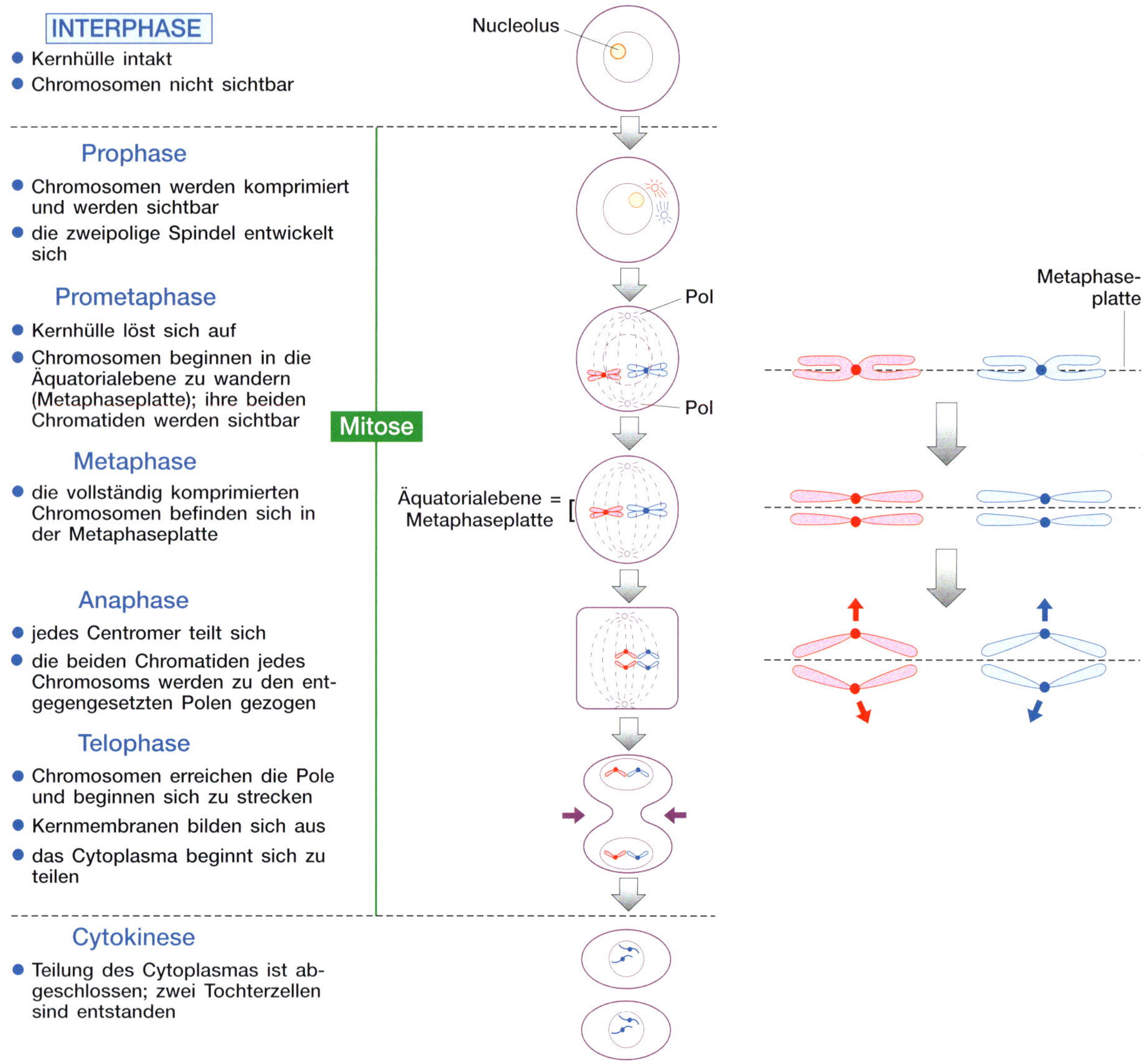

2.7 Schematische Darstellung der Zellteilung durch Mitose.

Darüber hinaus haben viele Zellen eine begrenzte Lebensdauer, sodass auch beim Erwachsenen weitere Zellteilungen notwendig sind. Alle diese Zellteilungen erfolgen durch Mitose. Die Mitose ist der normale Vorgang der Zellteilung, von der ersten Furchung der Zygote bis zum Tod des Menschen. Während der Lebenszeit eines Menschen finden etwa 10^{17} Zellteilungen statt (Abschnitt 11.2.1).

Die M-Phase des Zellzyklus (Abb. 2.1) umfasst die verschiedenen Stadien der Kernteilung (Prophase, Prometaphase, Metaphase, Anaphase und Telophase der Mitose) und die Zellteilung (**Cytokinese**), die mit den Endphasen der Mitose überlappt (Abb. 2.7). In Vorbereitung auf die Zellteilung ziehen sich die stark ausgestreckten Chromosomen zusammen und kondensieren, sodass sie in der **Metaphase** der Mitose im Mikroskop gut sichtbar sind. Obwohl die DNA bereits einige Zeit vorher repliziert wurde, lässt sich nur in der Prometaphase erkennen, dass die einzelnen Chromosomen aus **Schwesterchromatiden** bestehen, die am Centromer zusammengehalten werden.

Die Wechselwirkung zwischen den verschiedenen Spindelfasern (Exkurs 2.1) zieht die Chromosomen in die Mitte; in der Metaphase liegt jedes Chromosom in der Äquatorialebene (**Metaphaseplatte**). Während der Mitose verhalten sich die einzelnen Chromosomen voneinander unabhängig und *väterliche und mütterliche Homologe assoziieren in keiner Weise*. In der Anaphase teilen sich die Centromere, sodass es zu einer physikalischen Trennung der Schwesterchromatiden kommt. Der Zug der Spindelfasern stellt sicher, dass die Schwesterchromatiden jeweils zum entgegen-

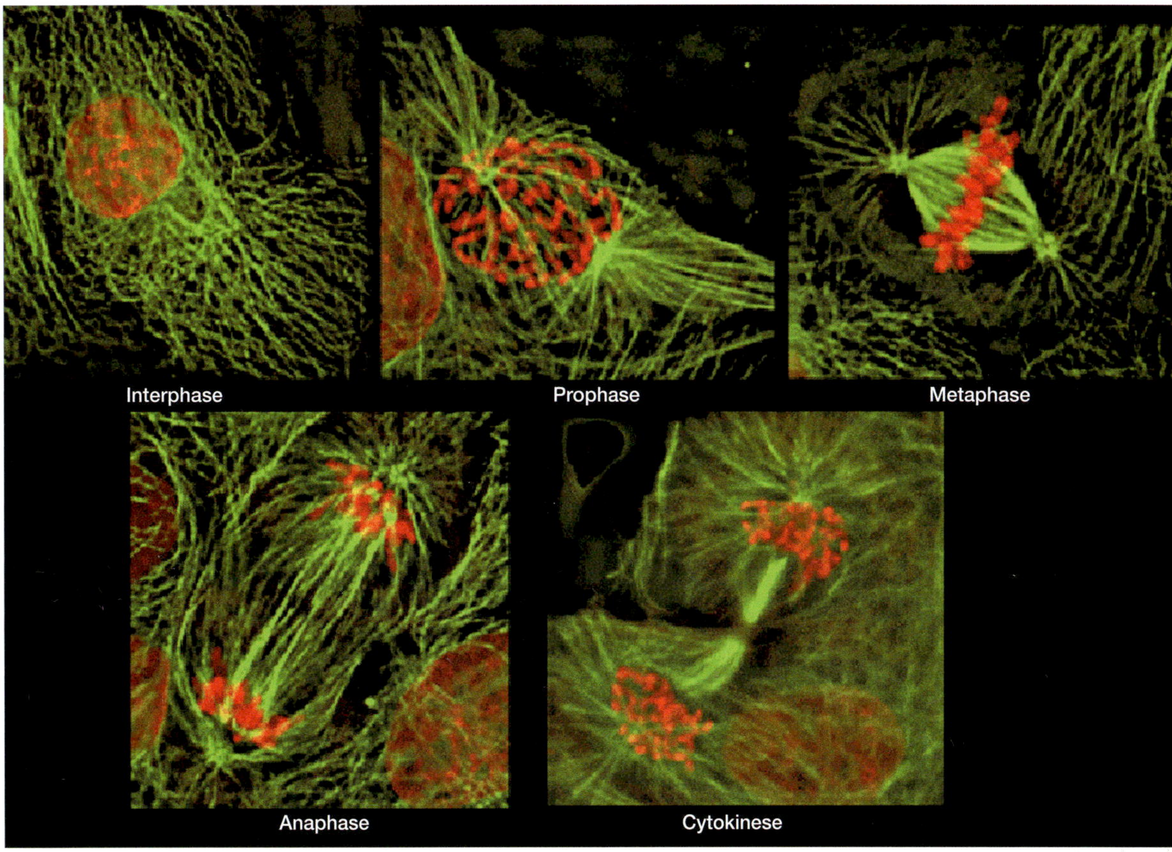

2.8 Abbildung 2.7 aus zellbiologischer Sicht. Die Bilder stammen von HeLa-Zellen und wurden mithilfe der Dekonvolutionsmikroskopie erzeugt. Die DNA wurde mit DAPI gefärbt (in der Falschfarbendarstellung rot), die Mikrotubuli mit einem Anti-β-Tubulin-Antikörper (in der Falschfarbendarstellung grün). Das Bild wurde von William Earnshaw (University of Edinburgh) zur Verfügung gestellt (Wiedergabe nach: Pollard und Earnshaw (2002) *Cell Biology*).

gesetzten Pol wandern (Abb. 2.7 und 2.8). Die DNA der beiden Schwesterchromatiden ist identisch, abgesehen von etwaigen Fehlern durch die DNA-Replikation. Der einzige Effekt der Mitose besteht darin, Tochterzellen zu erzeugen, die genau denselben Satz von DNA-Sequenzen enthalten.

2.3.2 Die Meiose ist eine spezielle Form der Zellteilung, die Spermien und Eizellen hervorbringt

Die primordialen Keimzellen wandern in die embryonalen Gonaden und durchlaufen wiederholte Mitosen, um bei weiblichen Embryonen **Oogonien** und bei männlichen **Spermatogonien** zu entwickeln (dabei kommt es bei den männlichen Embryonen zu einer viel größeren Anzahl von Mitosen als bei den weiblichen – Exkurs 11.4; dies könnte mit einer gewissen Signifikanz die unterschiedlichen Mutationsraten bei den Geschlechtern erklären). Nach weiterem Wachstum und durch Differenzierung entstehen in den Eierstöcken **primäre Oocyten** und in den Hoden **primäre Spermatocyten**. Diese spezialisierten diploiden Zellen unterliegen dann Meiosen (Abb. 2.9).

Die Meiose oder Reifeteilung umfasst zwei aufeinander folgende Zellteilungen, aber nur eine Runde der DNA-Replikation, sodass die entstehenden Zellen haploid sind. Bei männlichen Individuen bilden sich vier Spermatozoen, bei den weiblichen kommt es zu einer **asymmetrischen Zellteilung**, da sich das Cytoplasma in jeder Phase ungleichmäßig verteilt. Das Ergebnis der Meiose I (der ersten meiotische Teilung) ist eine große **sekundäre Oocyte** und eine kleine Zelle (**Polkörperchen**). Bei der Meiose II (der zweiten meiotischen Teilung) entsteht aus der sekundären Oocyte die reife Eizelle und ein zweites Polkörperchen.

Es gibt zwei entscheidende Unterschiede zwischen Mitose und Meiose (Tab. 2.2):

- Die aus der Mitose hervorgehenden Zellen sind diploid, die der Meiose haploid.

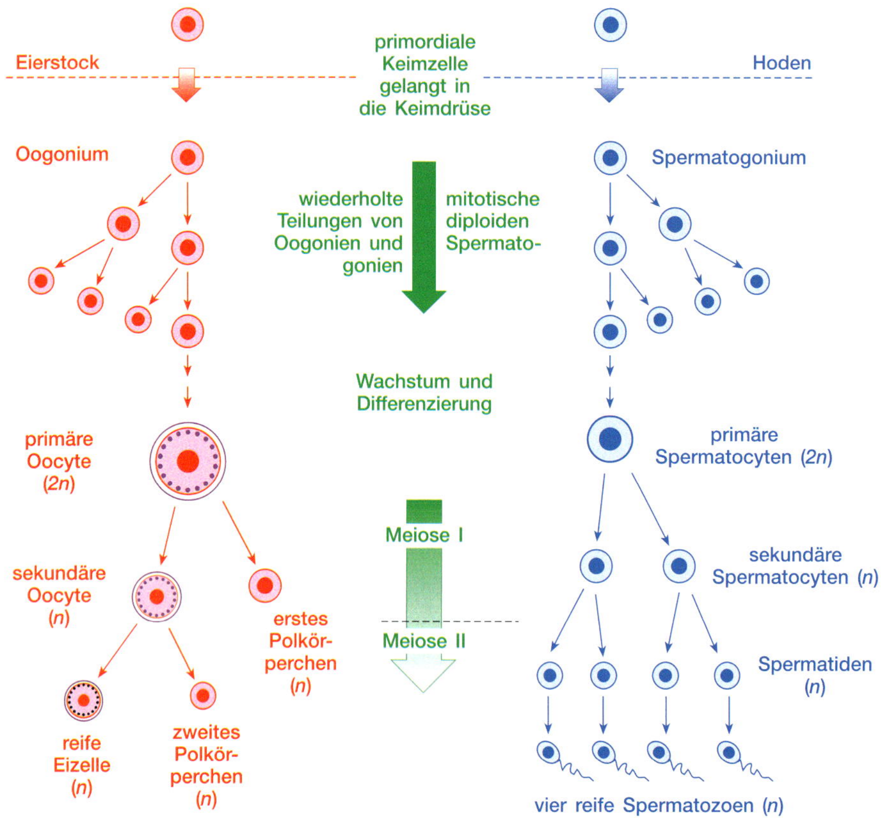

2.9 Entwicklung der Keimbahn. Die Keimbahn entwickelt sich durch wiederholte mitotische Teilungen diploider Zellen und bringt schließlich primäre Oocyten und Spermatocyten hervor. Diese diploiden Zellen durchlaufen eine Meiose, die zwei Zellteilungen umfasst, aber nur eine Runde der DNA-Replikation. Die entstehenden Zellen sind also haploid. Beim Menschen treten die primären Oocyten während der fetalen Phase in die Meiose I ein, verbleiben dann aber in der Prophase bis in die Pubertät und darüber hinaus. Während dieser Zeit schließen die primären Oocyten ihre Wachstumsphase ab und entwickeln unter anderem ihre äußere gallertige Hülle, die corticalen Granula, Ribosomen, mRNA und den Dotter. Nach der Pubertät vollendet eine Oocyte pro Monat die Meiose. Spermien werden ab der Pubertät kontinuierlich produziert.

Tabelle 2.2 Vergleich zwischen Mitose und Meiose

	Mitose	Meiose
Vorkommen	alle Gewebe	nur in Hoden und Ovarien
Ergebnis	diploide somatische Zellen	haploide Spermien und Eizellen
DNA-Replikation und Zellteilung	normalerweise eine Replikationsrunde pro Zellteilung	nur eine Replikationsrunde, aber zwei Zellteilungen
Dauer der Prophase	kurz; ~30 min bei menschlichen Zellen	Meiose I ist lang und komplex; kann Jahre dauern
Homologenpaarung	nein	ja
Rekombination	selten und anomal	normalerweise mindestens einmal in jedem Chromosomenarm
Vergleich der Tochterzellen	genetisch identisch	verschieden (Rekombination und unabhängige Verteilung der Homologen)

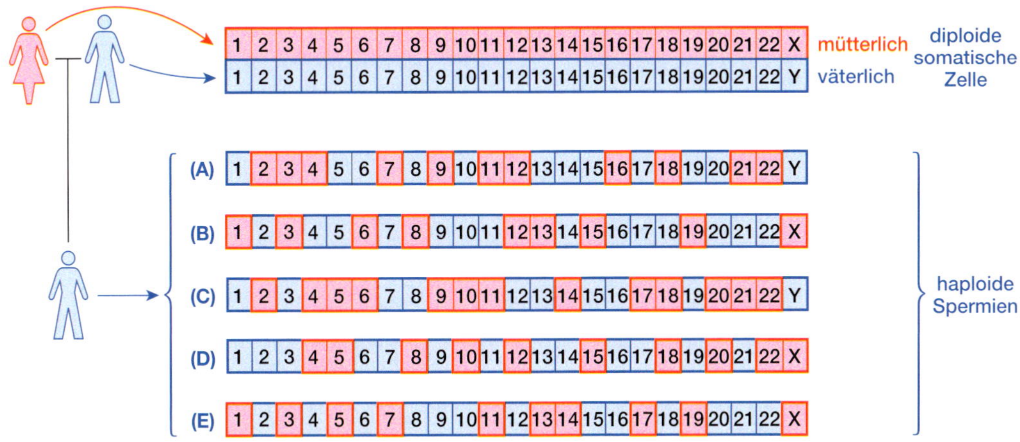

2.10 Die unabhängige Verteilung der mütterlichen und väterlichen homologen Chromosomen in der Meiose I trägt auf einer ersten Stufe zur genetischen Variationsbreite bei. In einer diploiden Zelle gibt es 2^{23} oder 8,4 Millionen verschiedene Möglichkeiten, aus jedem der 23 Homologenpaare ein Chromosom auszuwählen. Die Keimzellen A bis E zeigen gerade einmal fünf dieser Kombinationen aus mütterlichen und väterlichen Chromosomen. Die Darstellung lässt Rekombinationseffekte unbeachtet, die auf einer zweiten Stufe zur genetischen Vielfalt beitragen. Deren Ergebnis besteht darin, dass jedes einzelne Chromosom eine Mischung aus mütterlichen und väterlichen Sequenzen enthält.

- Die aus der Mitose hervorgehenden Zellen sind genetisch identisch, die der Meiose unterscheiden sich.

Die Mitose erfordert nur einen einzigen Zellzyklus (Abb. 2.1). Die DNA wird in der S-Phase repliziert, und die beiden Kopien verteilen sich genau gleich auf die beiden Tochterzellen. Die Meiose beginnt auch mit einer Runde der DNA-Synthese, dann aber folgen zwei Zellteilungen ohne zwischengeschaltete DNA-Synthese, sodass die entstehenden Zellen haploid sind. Die zweite Teilung der Meiose ist mit der Mitose identisch, während die erste wichtige Unterschiede aufweist. Ziel ist die genetische Verschiedenheit der Tochterzellen. Dafür sind zwei Mechanismen verantwortlich: unabhängige Verteilung der väterlichen und mütterlichen homologen Chromosomen sowie Rekombination.

Unabhängige Verteilung der väterlichen und mütterlichen homologen Chromosomen

Während der Meiose I bilden das väterliche und das mütterliche Homolog eines jeden Chromosomenpaares ein **Bivalent** (eine **Tetrade**), indem sie sich miteinander paaren (**Synapsis**, Abb. 2.11). Jedes Chromosom besteht nach der DNA-Replikation aus zwei Schwesterchromatiden, sodass das Bivalent in der Metaphaseplatte eine viersträngige Struktur besitzt. Spindelfasern ziehen dann je ein vollständiges Chromosom (zwei Chromatiden) zu einem der beiden Pole. Welches der beiden Homologen aber in welche Tochterzelle gelangt, erfolgt für alle 23 Chromosomen unabhängig. Auf diese Weise gibt es für jeden Menschen 2^{23} oder etwa $8{,}4 \times 10^6$ mögliche Kombinationen aus den elterlichen Chromosomen (Abb. 2.10).

Rekombination

Während der Prophase der Meiose I tauschen die homologen Chromosomen in den Bivalenten der Synapsis auf zufällige Weise Abschnitte aus. Im Zygotän bildet jedes Homologenpaar einen **synaptonemalen Komplex** aus den beiden Chromosomen, die in geringem Abstand einander gegenüberliegen, aber durch einen lang gestreckten Proteinkern getrennt sind. Die Fertigstellung dieses Komplexes markiert den Beginn des Pachytäns; hier kommt es dann zu Rekombinationen (**Crossing-over**). Dabei treten in je einem väterlichen und einem mütterlichen Chromatid physikalische Brüche der DNA-Doppelhelix auf, und die so entstehenden Enden werden wechselweise verknüpft. Insgesamt bewirkt das Zusammenspiel aus der Rekombination zwischen den homologen Chromosomen in Prophase I und die unabhängige Anordnung der Homologen in Anaphase I, dass ein einziges Individuum eine fast unbegrenzte Zahl von genetisch unterschiedlichen Keimzellen hervorbringen kann.

Der Mechanismus, der die Zusammenlagerung der homologen Chromosomen ermöglicht, ist nicht bekannt. Man nimmt jedoch an, dass eine derartig enge Zusammenlagerung für die Rekombination notwendig ist. Möglicherweise vermitteln so genannte

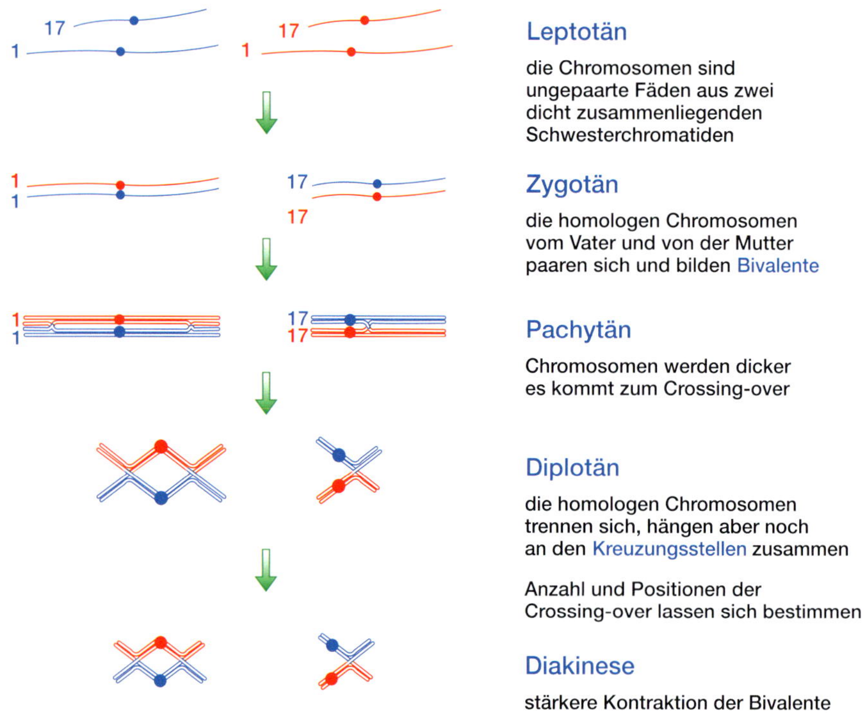

2.11 Die fünf Stadien der Prophase I. Beispielhaft sind hier zwei Paare homologer Chromosomen dargestellt. Im Chromosomenpaar 1 finden zwei Crossing-over statt und eines im Chromosomenpaar 17. Der besseren Übersicht wegen sind die beiden Crossing-over für dieselben zwei Chromatiden dargestellt. In Wirklichkeit liegt die Anzahl der Crossing-over wahrscheinlich höher, außerdem sind in einer Tetrade möglicherweise drei oder sogar alle vier Chromatiden beteiligt (Abb. 13.2).

Rekombinationsknoten (sehr große Multiproteinkomplexe in den Zwischenräumen des synaptonemalen Komplexes) die Rekombinationsereignisse. Zu erkennen ist, dass die beiden Homologen an bestimmten Stellen physikalisch verbunden sind. Diese Verbindungen bezeichnet man als **Kreuzungsstellen** oder **Chiasmata**; sie markieren die Stellen der Crossing-over. Während der männlichen Meiose beim Menschen treten durchschnittlich 55 Chiasmata pro Zelle auf, bei der weiblichen Meiose sogar noch um die Hälfte mehr. Kapitel 13 erörtert die genetischen Konsequenzen des Crossing-over.

Neben ihrer Funktion bei der Rekombination sind Chiasmata wahrscheinlich auch für eine korrekte Segregation der Chromosomen in der Meiose I von entscheidender Bedeutung. Da sie die mütterlichen und väterlichen Homologen eines jeden Chromosoms bis zur Anaphase I an der Spindel gepaart zusammenhalten (Abb. 2.11 und 2.12), haben sie eine Funktion, die in Mitose und Meiose II der Funktion der Centromeren entspricht. Es gibt genetische Hinweise darauf, dass falsche Chromosomenzahlen bei Kindern häufig dann auftreten, wenn es in den Keimzellen bei einem Bivalent nicht zu Crossing-over-Ereignissen kam.

Die **Meiose II** ist offensichtlich mit der Mitose identisch, außer dass es sich nur um 23 und nicht um 46 Chromosomen handelt. Jedes Chromosom besteht aus zwei Chromatiden, die in der Anaphase II getrennt werden. Es gibt jedoch einen Unterschied: Die Schwesterchromatiden eines mitotischen Chromosoms sind identisch, da sie Kopien darstellen; die beiden Chromatiden eines Chromosoms in der Meiose II können sich jedoch aufgrund der Crossing-over-Ereignisse in der Meiose I genetisch unterscheiden (Abb. 2.12).

2.3.3 X-Y-Paarung und die pseudoautosomalen Bereiche

Bei der weiblichen Meiose hat jedes Chromosom einen vollständig homologen Partner; die beiden X-Chromosomen bilden eine Synapsis und Crossing-over wie alle anderen Homologenpaare. Bei der männlichen Meiose gibt es hier ein Problem. Beim Menschen sind X- und Y-Chromosom sehr unterschiedlich. Dennoch lagern sie sich in der Prophase I zusammen, sodass jede Tochterzelle in der Anaphase I ein Geschlechtschromosom erhält – entweder X

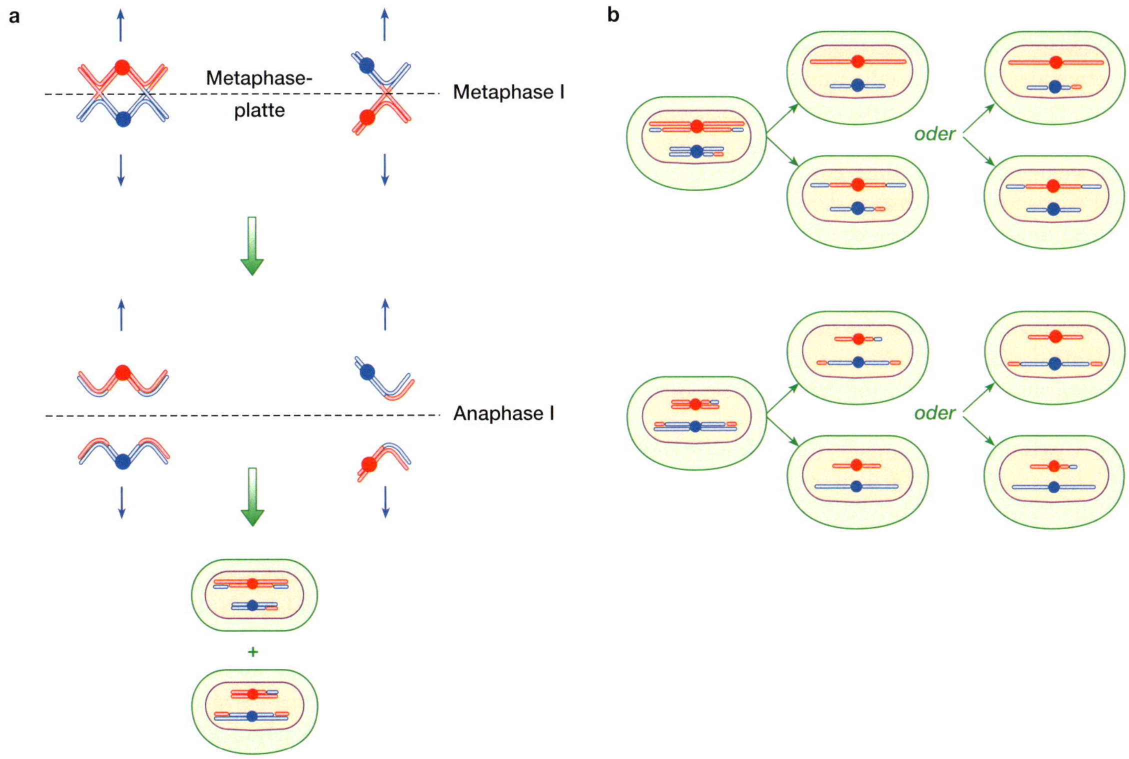

2.12 Von der Metaphase I zu den Keimzellen. Die Abbildung ist die Fortsetzung von Abbildung 2.11. a) Meiose I – von der Metaphase zur Zellteilung. Dargestellt ist ein mögliches Segregationsmuster der beiden Tetraden. b) Meiose II – die beiden Schwesterchromatiden jedes Chromosoms wandern zwar je in eine andere Tochterzelle, aber die verschiedenen Chromosomen verteilen sich unabhängig voneinander, sodass zahlreiche Kombinationen möglich sind.

oder Y. Die Paarung von X- und Y-Chromosom erfolgt an den Enden und nicht über die gesamte Länge. Dies ist nur dadurch möglich, dass es an den Spitzen der kurzen Arme von beiden Chromosomen einen homologen Bereich von 2,6 Mb gibt. Mit der Paarung kommt es in diesem Bereich zum obligatorischen Crossing-over. Die dort befindlichen Gene besitzen einige interessante Eigenschaften:

- Sie kommen als homologe Kopien auf dem X- und dem Y-Chromosom vor.
- Sie unterliegen nicht der X-Inaktivierung (was man jedoch erwarten sollte, da bei beiden Geschlechtern jeweils zwei Kopien vorhanden sind).
- Aufgrund des Crossing-over zeigen die Allele an diesen Loci nicht das normale X- oder Y-gekoppelte Vererbungsmuster, sondern segregieren wie autosomale Allele.

Aufgrund ihres Verhaltens bezeichnet man diese Region als **pseudoautosomale Hauptregion**. Eine kleinere pseudoautosomale Region von 320 kb liegt an den Spitzen des langen Armes beider Chromosomen, jedoch kommt es hier bei der männlichen Meiose nicht grundsätzlich zu einer Chromatidenpaarung mit Crossing-over.

2.4 Untersuchung der menschlichen Chromosomen

2.4.1 Mitotische Chromosomen sind in jeder sich teilenden Zelle gut zu beobachten, während meiotische Chromosomen nur schwer zu untersuchen sind

Isolierung und Präparation von menschlichen Zellen für die Analyse von Chromosomen

Chromosomen werden normalerweise bei sich teilenden Zellen sichtbar, es ist jedoch schwierig, solche Zellen direkt aus dem menschlichen Körper zu isolieren. Eine mögliche Quelle ist das Knochenmark – allerdings ist es deutlich einfacher, eine zugängliche

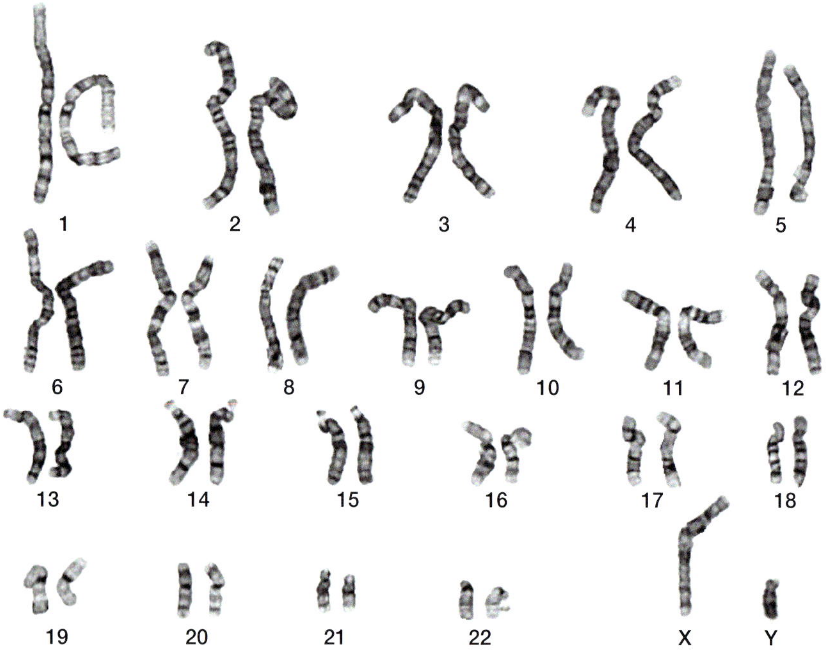

2.14 Prometaphasenkaryogramm von Mitosechromosomen aus den Lymphocyten eines normalen Mannes; G-Bandenmuster mit einer Auflösung von 550 bis 850 Banden pro haploidem Satz. Zum Vergleich mit den idealisierten Ideogrammen in Abbildung 2.15. Die Gesamtlänge von Metaphasechromosomen liegt zwischen 2 und 10 μm; die DNA der Zelle wäre ausgestreckt etwa zwei Meter lang. Nach: Cross und Wolstenholme (2001). In: *Human Cytogenetics: Constitutional Analysis*, 3. Auflage (Hrsg. Rooney DE); Wiedergabe mit freundlicher Genehmigung von Oxford University Press.

der ausgebreiteten und einander zugeordneten homologen Chromosomen erzeugt; heutzutage kommt ein Computer mit einem Bildanalyseprogramm zum Einsatz.

Wie in Exkurs 2.2 ausgeführt, müssen die Chromosomen zur Erzeugung der Bandenmuster denaturiert und/oder enzymatisch abgebaut und anschließend mit einem DNA-spezifischen Farbstoff behandelt werden. Damit lassen sich menschliche und andere mitotische Chromosomen als Folge von hellen und dunklen Banden anfärben (Abb. 2.13 und 2.14; Craig und Bickmore 1993). Die Bandenmuster sind von

Exkurs 2.3: Nomenklatur der menschlichen Chromosomen

Das **Internationale System für die cytogenetische Nomenklatur des Menschen (ISCN)** wird vom Standing Committee on Human Cytogenetic Nomenclature (siehe Weiterführende Literatur) festgelegt. Die grundsätzliche Terminologie für gebänderte Chromosomen wurde bei einem Treffen in Paris im Jahr 1971 verabschiedet; man bezeichnet sie häufig als die Pariser Nomenklatur.

Positionen im kurzen Arm bezeichnet man mit **p** (*petit*) und im langen Arm mit **q** (*queue*). Jeder Chromosomenarm gliedert sich in p1, p2, p3 beziehungsweise in q1, q2, q3 (und so weiter), wobei man vom Centromer nach außen zählt. Die Regionen werden durch spezifische „Marksteine" begrenzt, die unveränderliche und charakteristische morphologische Merkmale darstellen. Hierzu gehören die Enden der Chromosomenarme, das Centromer und bestimmte Banden. Man teilt die Regionen in Banden ein, die mit p11 (eins-eins, nicht elf!), p12, p13 (und so weiter) bezeichnet werden, in Subbanden mit den Bezeichnungen p11.1, p11.2 und in Unterbanden p11.21, p11.22 (und so weiter). Auch hier wird vom Centromer nach außen gezählt (Abb. 2.13 und 2.15).

Die relative Entfernung vom Centromer umschreibt man mit den Begriffen **proximal** und **distal**. So bezeichnet beispielsweise *proximal* Xq einen Abschnitt auf dem langen Arm des X-Chromosoms, der sich *sehr nahe* am Centromer befindet, während man mit *distal* 2p einen Teil von Chromosom 2 bezeichnet, der *weit* vom Centromer *entfernt* liegt und damit nahe am Telomer (andere gängige Begriffe siehe übrigen Text).

Wenn man die menschlichen Chromosomen mit denen einer anderen Spezies vergleicht, gilt die Konvention, für die Bezeichnung den ersten Buchstaben des Gattungsnamens und die ersten zwei Buchstaben des Artnamens zu verwenden (zum Beispiel bezeichnet HSA18 das Chromosom 18 des Menschen ***H**omo **sa**piens*).

2.15 Bandenmuster der menschlichen Chromosomen. Dies ist eine Zusammenstellung der bestmöglichen Bandenmuster aller Chromosomen und entspricht nicht dem Bild, wie man es bei einer beliebigen Zelle im Mikroskop sieht. Die Chromosomen sind nach der Größe nummeriert, mit der Ausnahme, dass Chromosom 21 tatsächlich kleiner ist als 22. Ansammlungen von wiederholten Genen für ribosomale RNA in den kurzen Armen der Chromosomen 13, 14, 15, 21 und 22 erscheinen häufig als dünne Stiele, die Chromatinköpfe (Satelliten) tragen. Das konstitutive Heterochromatin kommt vor an den Centromeren, in einem großen Teil des langen Armes vom Y-Chromosom, in den sekundären Einschnürungen von 1q, 9q und 16q und außerdem in den kurzen Armen der akrozentrischen Chromosomen.

Interesse (und hilfreich in der Cytogenetik), da sie für Regionen von 1–10 Mb Aufschluss über bestimmte Strukturen geben können. Das Bandenmuster korreliert mit anderen Merkmalen. Bereiche, die als dunkle **G-Banden** erscheinen, werden in der späten S-Phase repliziert und sie enthalten stärker kondensiertes Chromatin. **R-Banden** (helle G-Banden) hingegen werden generell in der frühen S-Phase repliziert; ihr Chromatin ist weniger kondensiert. Gene liegen vor allem in den R-Banden, während die später replizierten, stärker kondensierten G-Banden DNA enthalten, die eine weniger starke Transkription zeigt. Darüber hinaus unterscheiden sich R- und G-Banden in Bezug auf die verstreuten Wiederholungselemente (Abschnitte 9.5.2 und 9.5.3)

Mit dem Farbstoff **Quinacrin**, der bevorzugt an AT-reiche DNA-Regionen bindet, lassen sich den G-Banden ähnliche Banden erzeugen. Das R-Bandenmuster dagegen kann man mithilfe von **Chromomycin**, das bevorzugt an GC-reiche DNA bindet, sichtbar machen. Zwar liegt der AT-Gehalt der DNA in den menschlichen G-Banden nur einige wenige Prozent höher als in den R-Banden, aber es kommen in den G-Banden lokale Bereiche mit deutlich geringerem GC-Gehalt vor. Das bedeutet, dass einzelne G-Banden zwangsläufig insgesamt einen geringeren GC-Gehalt haben müssen als ihre unmittelbar flankierenden Regionen (Nimura und Gojobori 2002). Nach Saitoh und Laemmli (1994) hängt das von Unterschieden in der Gerüst-Schleifen-Struktur ab. Man nimmt an, dass sich Chromatinschleifen über spezielle Gerüstanheftungsregionen (*scaffold attachment regions*, SARs) am Chromosom anheften. Nach dem Modell von Saitoh und Laemmli sind die Schleifen in den G-Banden kleiner und entlang des Gerüsts enger mit den SARs verknüpft. Das bedeutet, dass in G-Banden mehr SARs pro DNA-Längeneinheit vorliegen als in R-Banden, was zu einer stärkeren Anfärbbarkeit mit AT-spezifischen Farbstoffen wie etwa Giemsa führt.

2.4.2 Molekulare Cytogenetik: Chromosomen-FISH-Analyse

Bei der Standardmethode der **Chromosomen-*in situ*-Hybridisierung** verwendet man eine markierte DNA-Sonde, um sie mit denaturierter DNA aus einer luftgetrockneten Präparation von Metaphasechromosomen auf einem Objektträger zu hybridisieren. Früher wurden die Sonden mit Radioisotopen markiert, was häufig zu einem ungünstigen Rauschen/Signal-Verhältnis führte. Die nun entwickelte **Fluoreszenz-*in situ*-Hybridisierung** (**FISH**) (Trask 1991, van Ommen et al. 1995) ermöglicht jedoch eine höhere Empfindlichkeit und Auflösung (das grundlegende Verfahren ist in Abbildung 2.16 dargestellt). Die DNA-Sonde wird entweder direkt durch Einbau fluoreszierender Nucleotidvorstufen markiert oder indirekt durch Einbau eines Nucleotids mit einer Reportergruppe (etwa Biotin oder Digoxigenin), an die dann über ein Affinitätsmolekül (Abschnitt 6.1.2) die Fluoreszenzmarkierung gekoppelt wird. Um die Intensität des Hybridisierungssignals zu erhöhen, bevorzugt man häufig die Verwendung von sehr großen DNA-Sonden, sofern sie zur Verfügung stehen.

Mit der FISH-Methode erhält man schnell Ergebnisse, die sich optisch gut unter einem **Fluoreszenzmikroskop** auswerten lassen. (Grundprinzipien der Fluoreszenzmikroskopie sind in Abbildung 6.5 dargestellt). Für die konventionelle FISH-Analyse verwendet man ausgebreitete Metaphasechromosomen (**Metaphase-FISH**). Positive Hybridisierungssignale erscheinen oft als doppelte Signale, die den beiden Chromatiden entsprechen, an die die Sonde gebunden hat (Abb. 2.17a). Mithilfe aufwendiger Bildbearbeitungsverfahren und der Verwendung von Molekülen mit verschiedenen Fluoreszenzmarkierungen kann man mehrere DNA-Klone gleichzeitig kartieren und zuordnen.

Die maximale Auflösung einer Metaphasen-FISH-Analyse beträgt mehrere Megabasen. Mithilfe der stärker ausgebreiteten Prometaphasechromosomen lässt sich eine Auflösung von 1 Mb erzielen, jedoch kann es aufgrund der Chromatinfaltung vorkommen, dass zwei Sondensignale mit unterschiedlicher Markierung scheinbar nebeneinander liegen, obwohl sie mehr als 2 Mb Abstand haben. Inzwischen wurden allerdings weitere Varianten dieser Technik entwickelt. Bei der **Faser-FISH-Analyse** wird die DNA künstlich gestreckt oder man verwendet Chromatinfasern; in beiden Fällen ergibt sich eine sehr hohe Auflösung (Heiskanen et al. 1996). Eine FISH-Analyse von Chromosomen in Interphasekernen (**Interphase-FISH**; Abb. 2.17b) liefert ebenfalls eine hohe Auflösung, da die Chromosomen naturgemäß im Vergleich zu Metaphase- oder Prometaphasechromosomen sehr stark gestreckt sind.

2.4.3 Chromosomeneinfärbung

Standardmethode

Bei einer besonderen Form der FISH-Anwendung besteht die Sonden-DNA aus vielen verschiedenen DNA-Fragmenten von einem einzigen Chromosomentyp. Solche Sonden entstehen durch Kombination aller DNA-Insertionsfragmente, die sich in einer chromosomenspezifischen DNA-Bank aus menschlicher DNA befinden (Abschnitt 8.3.2). Alternativ kann man

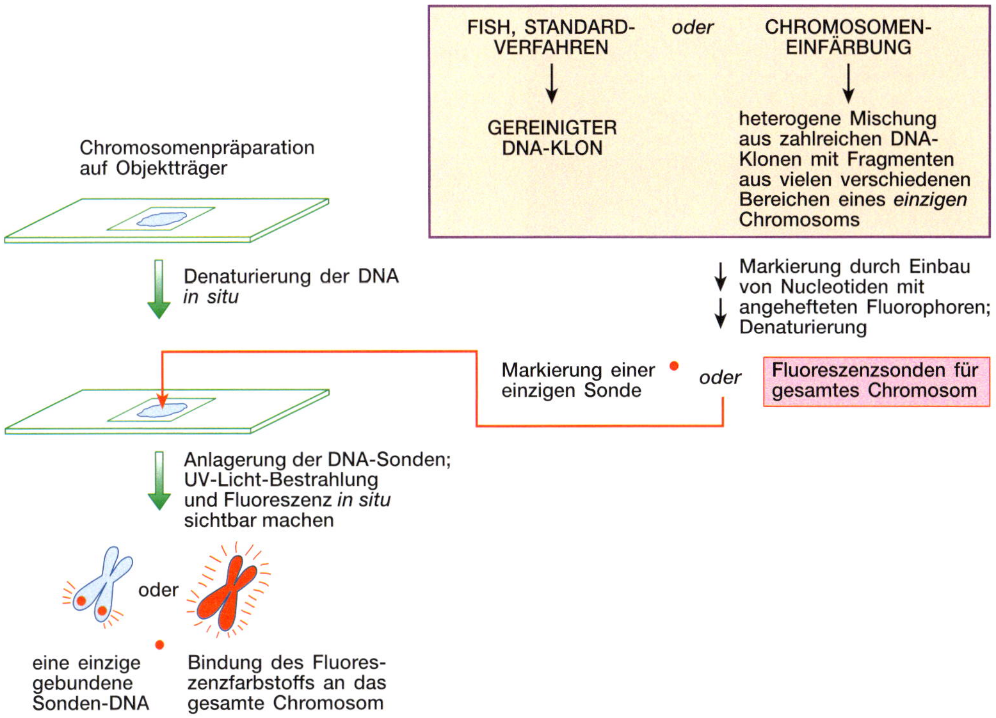

2.16 Grundlagen der Chromosomen-FISH-Analyse. Aus Gründen der Vereinfachung ist nur das Ergebnis für Metaphasechromosomen dargestellt. Beispiele für eine FISH-Analyse der Metaphase und Interphase finden sich in Abbildung 2.17, ein Beispiel für die Einfärbung von Metaphase- und Interphasechromosomen in den Abbildungen 2.18 und 2.4.

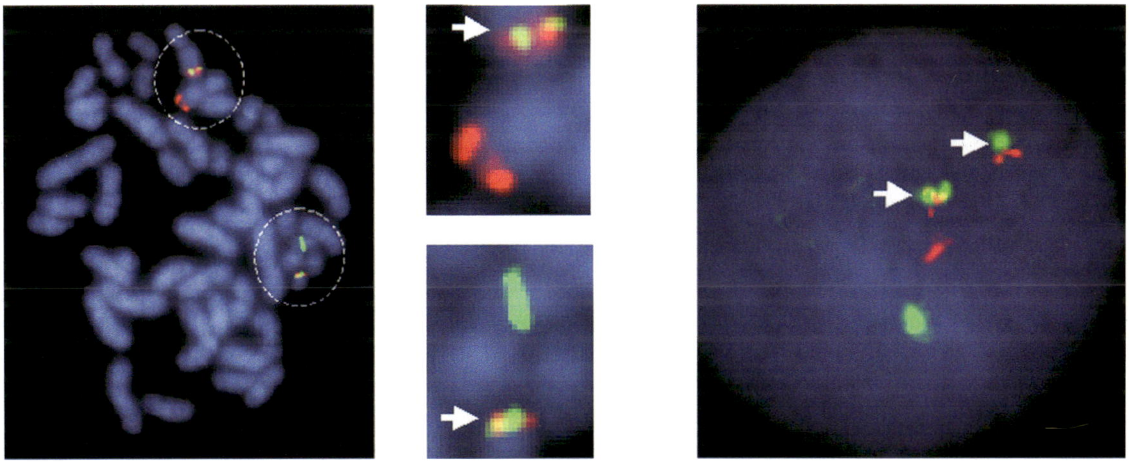

2.17 FISH-Analyse von Metaphase und Interphase zum Nachweis einer BCR-ABL-Umstrukturierung bei der chronischen myeloiden Leukämie (CML). Die meisten Erkrankungen dieser Art sind die Folge einer reziproken t(9;22)-Translokation, bei der ein fusioniertes Gen aus dem ABL-Onkogen an der Position 9q34 und dem BCR-Gen an 22q11 entsteht (Einzelheiten in Abbildung 17.4). Die Hybridisierung mit markierten Sonden für das ABL-Gen (rot) und das BCR-Gen (grün) erfolgte an Metaphasechromosomen (links und in den vergrößerten Ausschnitten in der Mitte) und an Interphasechromosomen eines CML-Patienten (rechts). Die normalen ABL- und BCR-Gene ergeben standardmäßig je ein rotes beziehungsweise grünes Signal (zumindest für das ABL-Gen gibt es in der Metaphase auf beiden Schwesterchromatiden ein sichtbares Signal). Die weißen Pfeile zeigen die charakteristischen Signale für das BCR-ABL-Fusionsgen auf den beiden translozierten Chromosomen der(9) und der(22). Diese lassen sich aufgrund des geringen Abstands zwischen dem roten und dem grünen Signal erkennen, wobei die Überlappung zwischen beiden gelborange erscheint. Das Bild wurde von Fiona Harding (Institute of Human Genetics, New Castle Upon Tyne) zur Verfügung gestellt.

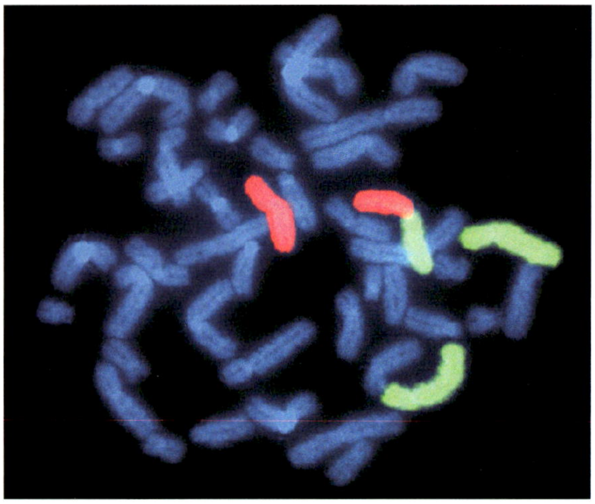

2.18 Mithilfe der Chromosomeneinfärbung lassen sich chromosomale Umstrukturierungen feststellen. Hier wurde ein anomales X-Chromosom, das im kurzen Arm zusätzliches chromosomales Material enthielt und durch Karyotypisierung einer Probe von peripherem Blut identifiziert wurde, mithilfe einer Gesamtfärbung für das X-Chromosom (rot) und Chromosom 4 (grün) untersucht. Das Bild bestätigt, dass das zusätzliche Material im kurzen Arm des anomalen X-Chromosoms von Chromosom 4 stammt. Die Hintergrundfärbung aller Chromosomen erfolgte mit dem blauen DAPI-Farbstoff. Das Bild wurde von Gareth Breese (Institute of Human Genetics, Newcastle upon Tyne) zur Verfügung gestellt.

solche Fragmente auch mithilfe menschlicher *monochromosomaler Hybridzellen* (aus Mensch und Maus) isolieren, die einen vollständigen Chromosomensatz der Maus und ein einziges menschliches Chromosom enthalten (Einzelheiten zur Herstellung der Hybridzellen in Exkurs 8.4). Die menschlichen Sequenzen lassen sich selektiv durch eine *Alu-PCR* amplifizieren (bei diesem Verfahren verwendet man Primer, die sich aus der Alu-Wiederholungssequenz ableiten, die im Mausgenom nicht vorkommt; Exkurs 5.1).

Das Hybridisierungssignal ist die Summe der Signale vieler einzelner Loci, die sich über das ganze Chromosom verteilen. Dadurch fluoresziert das gesamte Chromosom (**Chromosomeneinfärbung**, *chromosome painting*) (Grundprinzip der Methode in Ried et al. (1998) und in Abbildung 2.16). Ein Beispiel mit Interphasekernen ist in Abbildung 2.4 dargestellt, jedoch verwendet man meistens Metaphasechromosomen. Eine wichtige Anwendung besteht darin, *de novo*-Strukturveränderungen und Markerchromosomen im klinischen Bereich und bei der Krebsanalyse zu untersuchen (ein Beispiel findet sich in Abbildung 2.18). Das Verfahren ist besonders in der Krebscytogenetik von Bedeutung, da Chromosomenpräparationen aus Tumoren häufig eine schlechte Qualität aufweisen.

Molekulare Karyotypisierung und die Multiplex-FISH-Methode

Ursprünglich waren die Möglichkeiten der Chromosomeneinfärbung begrenzt, da nur relativ wenige verschiedene Fluoreszenzfarbstoffe (Fluorophore) zur Verfügung standen, um die einzelnen Chromosomen unterscheiden zu können. Um hier Abhilfe zu schaffen, verwendet man nun Kombinationsmarkierungen (die einzelnen Sonden werden mit mehr als nur einem Farbstoff markiert) und Verhältnismarkierungen (verschiedene Mengenverhältnisse der einzelnen Farbstoffe) (Lichter 1997). Die Mischfarben lassen sich jedoch nicht mit der herkömmlichen Fluoreszenzmikroskopie unter Verwendung von Filtern beobachten. Stattdessen nutzt man Verfahren der automatischen digitalen Bildanalyse, wobei den verschiedenen Fluoreszenzkombinationen künstliche Pseudofarben zugeordnet werden.

Aufgrund der oben geschilderten Fortschritte ist es vor kurzem gelungen, alle 24 verschiedenen Chromosomen des Menschen gleichzeitig sichtbar zu machen. Dabei handelt sich also um eine Art **molekularer Karyotypisierung**. Das zugrundeliegende Verfahren bezeichnet man als **Multiplex-FISH** (**M-FISH**); es basiert auf digitalen Bildern, die getrennt für jeden der fünf verschiedenen Fluorophore mithilfe einer CCD-Kamera (*charge coupled device*) aufgenommen wurden. Die Bildanalyse erfolgt mit einem Computerprogramm, das ein zusammengesetztes Bild erzeugt, wobei jedes Chromosom, abhängig von der Fluoreszenzkombination, eine andere Pseudofarbe erhält. Solche Methoden eignen sich besonders für die Analyse von Tumorproben, wo komplexe Umstrukturierungen der Chromosomen relativ häufig auftreten.

Komparative Genomhybridisierung

Eine zusätzliche Erweiterung der Chromosomeneinfärbung ist die **komparative Genomhybridisierung** (*comparative genome hybridization*, CGH). Dabei werden Chromosomen mit zwei verschiedenen Fluorophoren gefärbt, indem man Gesamt-DNA-Sonden aus zwei verwandten Quellen verwendet, wenn zu erwarten ist, dass sie in Bezug auf zusätzliche oder fehlende subchromosomale Bereiche oder sogar ganze Chromosomen unterschiedlich sind. Eine häufige Anwendung ist die Analyse von Tumorproben, ob dort bestimmte Bereiche des Genoms amplifiziert wurden oder verloren gingen. Die Identifizierung erfolgt für jedes Chromosom einzeln aufgrund der Verhältniszahlen zwischen den beiden Fluoreszenzsignalen.

2.5 Chromosomenanomalien

Chromosomenanomalien kann man als sichtbare Veränderungen von Chromosomen beschreiben. Wie viel dabei zu erkennen ist, hängt von den angewandten Methoden ab. Die Nachweisgrenze für zusätzliches oder fehlendes Material mit herkömmlichen Verfahren an cytogenetischen Standardpräparationen liegt bei etwa 4 Mb DNA. Mit einer FISH-Analyse sind auch viel kleinere Veränderungen nachweisbar. Die Entwicklung der **molekularen Cytogenetik** hat die Grenzen zwischen Veränderungen auf chromosomaler Ebene und Veränderungen, die der molekularen Ebene (also reinen DNA-Defekten) zuzuordnen sind, undeutlich werden lassen. Eine alternative Definition für eine chromosomale Anomalie bezieht sich dann nur noch auf Veränderungen, die auf spezifische chromosomale Mechanismen zurückzuführen sind. Die meisten Aberrationen dieser Art werden erzeugt durch die fehlerhafte Reparatur von Chromosomenbrüchen, ungenaue Rekombinationen oder eine schlechte Segregation der Chromosomen bei Mitose und Meiose.

2.5.1 Formen der Chromosomenanomalien

Chromosomenanomalien lassen sich, entsprechend der Häufigkeit ihres Auftretens in Körperzellen, in zwei Gruppen einteilen. Eine **konstitutionelle Anomalie** kommt in allen Zellen des Körpers vor. Wenn diese Anomalie auftritt, muss sie schon sehr früh in der Entwicklung entstanden sein, möglicherweise als Ergebnis einer veränderten Sperma- oder Eizelle, einer anomalen Befruchtung oder eines ungewöhnlichen Ereignisses in der frühen Embryonalentwicklung. Eine **somatische** (oder **erworbene**) **Anomalie** tritt nur in bestimmten Zellen oder Geweben auf. Das führt dazu, dass ein Individuum mit einer solchen Anomalie ein so genanntes **Mosaik** bildet (Abb. 4.10), das heißt, es kommen Zellen mit zwei verschiedenen chromosomalen Ausstattungen vor, die beide von derselben Zygote abstammen.

Chromosomale Anomalien, seien sie konstitutionell oder somatisch, lassen sich zwei weiteren Kategorien zuordnen, in numerische und strukturelle Anomalien (Exkurs 2.4). Manchmal kommt es auch vor, dass Chromosomen zwar die korrekte Anzahl und Struktur aufweisen, aber aus ungleichmäßigen Anteilen der Eltern bestehen (Abschnitt 2.5.4). Auch wenn es nicht unbedingt zu erwarten ist, der richtige elterliche Ursprung spielt bei Chromosomen ebenfalls eine Rolle.

2.5.2 Numerische chromosomale Anomalien bedeuten, dass Chromosomen zusätzlich auftreten oder verloren gehen

Es gibt drei verschiedene Formen numerischer Chromosomenanomalien: Polyploidie, Aneuploidie und Mixoploidie.

Exkurs 2.4: Nomenklatur der Chromosomenanomalien

Numerische Anomalien:

Triploidie	69,XXX, 69,XXY, 69,XYY
Trisomie	z. B. 47,XX,+21[a]
Monosomie	z. B. 45,X
Mosaik	z. B. 47,XXX/46,XX

Strukturanomalien:

Deletion	z. B. 46,XY,**del**(4)(p16.3)[b]; 46,XX,del(5)(q13q33)[b]
Inversion	z. B. 46,XY,**inv**(11)(p11p15)
Duplikation	z. B. 46,XX,**dup**(1)(q22q25)
Insertion	46,XX,**ins**(2)(p13q21q31)[c]
Ring	46,XY,r(7)(p22q36)
Marker	47,XX,+**mar**[d]
Translokation, reziprok	z. B. 46,XX,**t**(2;6)(q35;p21.3)[e]
Translokation, Robertson (dadurch entsteht ein abgeleitetes Chromosom; ***der**ivative*)	z. B. 45,XY, **der**(14;21)(q10;q10)[f] 46,XX,**der**(14;21)(q10;q10) +21[g]

Fußnoten:

[a] ein zusätzliches Chromosom wird mit +, ein fehlendes mit – angezeigt

[b] endständige Deletion (Bruchstelle bei 4p16.3) und innere Deletion (5q13–q33)

[c] Umstrukturierung einer Kopie des Chromosoms 2 durch Insertion des Abschnitts 2q21–q31 an der Bruchstelle 2p13

[d] Karyotyp einer Zelle, die ein **Markerchromosom** enthält (ein zusätzliches, nicht identifiziertes Chromosom)

[e] balancierte reziproke Translokation mit den Bruchstellen an 2q35 und 6p21.3

[f] balancierter Träger einer (14;21)-Robertson-Translokation; q10 ist keine Chromosomenbande, bezeichnet aber das Centromer; **„der"** bedeutet **„abgeleitetes Chromosom"** (*derivative*; wird verwendet, wenn ein Chromosom mit einer Translokation vorhanden ist)

[g] Down-Syndrom durch Translokation; Patient mit einem normalen Chromosom 14, einem Chromosom mit (14;21)-Robertson-Translokation und zwei normalen Kopien von Chromosom 21

Dies ist eine vereinfachte Nomenklatur. Mit der komplexeren Nomenklatur nach ISCN ist es möglich, jede Chromosomenanomalie zu beschreiben (Weiterführende Literatur)

Tabelle 2.4 Auswirkungen von numerischen Chromosomenanomalien

Polyploidie	
Triploidie (69,XXX, XXY oder XYY)	1–3% aller Schwangerschaften; fast keine Lebendgeburt; nicht lebensfähig
Aneuploidie (Autosomen)	
Nullisomie (ein Homologenpaar fehlt)	letal vor der Einnistung
Monosomie (ein Chromosom fehlt)	letal bei Embryo
Trisomie (ein zusätzliches Chromosom)	normalerweise letal bei Embryo oder Fetus; jedoch kommen Trisomie 13 (Patau-Syndrom) und Trisomie 18 (Edwards-Syndrom) lebend zur Welt, Menschen mit Trisomie 21 (Down-Syndrom) erreichen Lebensalter bis 40 Jahre oder länger
Aneuploidie (Geschlechtschromosomen)	
zusätzliches Geschlechtschromosom	(47,XXX; 47,XXY; 47,XYY) zeigen relativ geringe Einschränkungen, normale Lebensspanne
fehlendes Geschlechtschromosom	45,X (Turner-Syndrom); in etwa 99% aller Fälle spontaner Abort, Überlebende besitzen normale Intelligenz, sind jedoch unfruchtbar und zeigen geringere Ausprägung körperlicher Merkmale

sind. Eine meiotische Rekombination zwischen fehlgepaarten Chromosomen ist eine häufige Ursache für Translokationen, besonders während der Spermatogenese. Die wichtigsten stabilen Strukturanomalien sind in Tabelle 2.5 zusammengefasst.

Eine zusätzliche seltene Klasse von Strukturanomalien, die in Tabelle 2.5 nicht aufgeführt ist, bilden die **Isochromosomen**. Dabei handelt es sich um symmetrische Chromosomen, die entweder aus zwei langen oder zwei kurzen Armen eines bestimmten Chromosoms bestehen. Man nimmt an, dass sie durch einen anomalen U-förmigen Austausch zwischen Schwesterchromatiden in der Nähe des Centromers des betroffenen Chromosoms entstehen. Beim Menschen kommen Isochromosomen selten vor, mit Ausnahme von i(Xq) und i(21q), was gelegentlich die Ursache für das Auftreten des Down-Syndroms sein kann.

Strukturelle Chromosomenanomalien sind **balanciert**, wenn es nicht zu einem Zugewinn oder Verlust von chromosomalem Material kommt, im anderen Fall sind sie **unbalanciert**. Balancierte Anomalien (beispielsweise Inversionen oder balancierte Translokationen) wirken sich nicht auf den Phänotyp aus, wobei es hier einige wichtige Ausnahmen gibt:

- Ein Chromosomenbruch kann ein wichtiges Gen zerstören.
- Der Bruch kann die Expression eines Gens selbst dann beeinflussen, wenn nicht die codierende Sequenz unterbrochen wird. Möglicherweise wird aber ein Gen von einem Kontrollelement getrennt, oder das Gen gelangt in einen ungeeigneten Chromatinbereich, beispielsweise wenn ein normal aktives Gen in das Heterochromatin verlagert wird.
- Balancierte X-autosomale Translokationen führen aufgrund der X-Inaktivierung ebenfalls zu Problemen (Abb. 14.10).

Robertson-Translokationen bezeichnet man gelegentlich auch als **zentrische Fusionen**. Dies ist jedoch

Tabelle 2.5 Strukturelle Anomalien entstehen durch fehlerhafte Reparatur von Chromosomenbrüchen oder durch Rekombination zwischen nichthomologen Chromosomen

	ein Chromosom	zwei Chromosomen
eine Bruchstelle	endständige Deletion (Reparatur durch Anhängen eines Telomers	–
zwei Bruchstellen	innere Deletion; Inversion	reziproke Translokation (Abb. 2.21)
	Ringchromosom (Abb. 2.20)	Robertson-Translokation (Abb. 2.21)
	Duplikation oder Deletion durch asymmetrischen Austausch zwischen Schwesterchromatiden (Abb. 11.7)	Duplikation oder Deletion durch asymmetrische Rekombination (Abb. 11.7)
drei Bruchstellen	verschiedene Umstrukturierungen, z. B. Inversion mit Deletion, intrachromosmaler Insertion	interchromosomale Insertion (direkt oder invertiert)

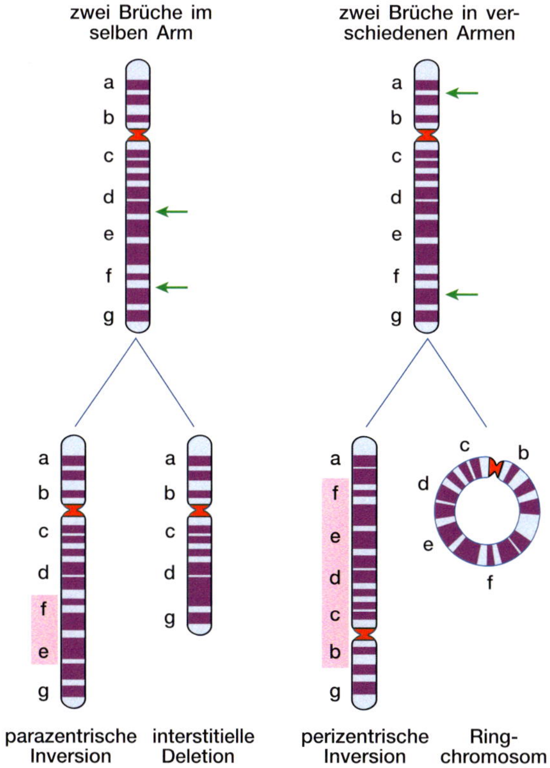

2.20 Mögliche stabile Ergebnisse zweier Brüche in einem einzigen Chromosom.

missverständlich, da die Brüche tatsächlich am proximalen kurzen Arm auftreten. Das Translokationschromosom ist wirklich dizentrisch; da aber die beiden Centromere sehr eng nebeneinander liegen, funktionieren sie wie ein einziges, und das Chromosom segregiert regulär. Die distalen Bereiche der beiden kurzen Arme gehen als azentrisches Fragment verloren. Kurze Arme von akrozentrischen Chromosomen enthalten kurze Folgen von wiederholten rRNA-Genen, und der Verlust der beiden kurzen Arme tritt phänotypisch nicht in Erscheinung. Deshalb betrachtet man Translokationen nach Robertson als ausbalanciert, obwohl tatsächlich ein gewisser Anteil an Material verloren gegangen ist.

Unbalancierte Anomalien können auf direkte Weise entstehen: entweder durch Deletion oder – was seltener der Fall ist – durch Duplikation. Aber eine balancierte Anomalie kann bei einem Träger auch indirekt entstanden sein: durch fehlerhafte Segregation von Chromosomen während der Meiose. Das Problem tritt dann auf, wenn die Strukturen der homologen Paare von Chromosomen einander nicht entsprechen:

- Ein Träger einer balancierten reziproken Translokation kann Keimzellen erzeugen, die nach der Befruchtung ein ganz normales Kind hervorbringen, das phänotypisch einen balancierten Träger darstellt. Es können aber auch verschiedene unbalancierte Karyotypen entstehen, die immer für

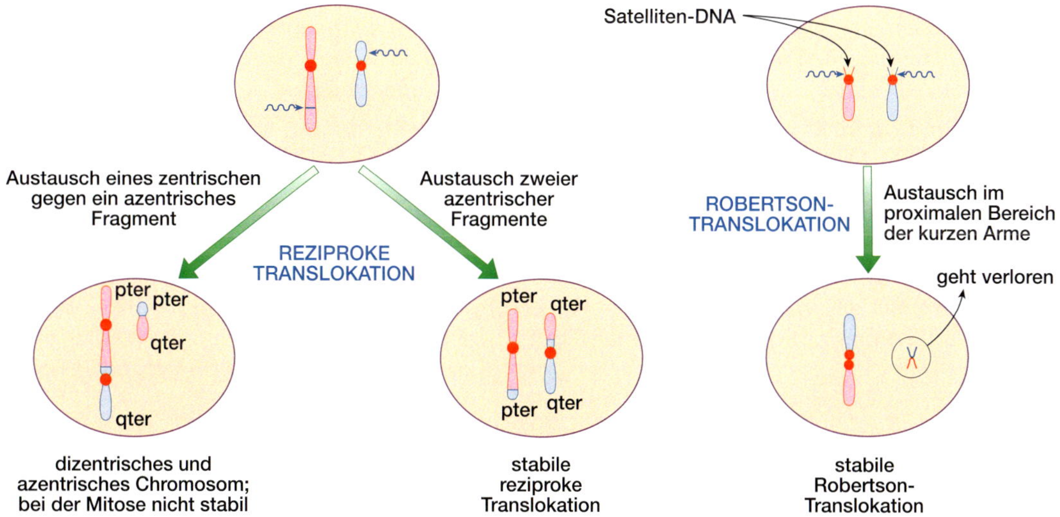

2.21 Ursachen für Translokationen. Dizentrische und azentrische Chromosomen sind bei der Mitose nicht stabil. Robertson-Translokationen entstehen durch den Austausch zwischen den proximalen kurzen Armen der akrozentrischen Chromosomen 13, 14, 15, 21 und 22 (Ansammlungen von wiederholten Genen für ribosomale RNA in den kurzen Armen dieser Chromosomen erscheinen häufig als dünne Stiele, die Chromatinköpfe (Satelliten) tragen). Bei einer Robertson-Translokation sind beide Centromere vorhanden, sie wirken aber wie ein einziges und das Chromosom ist stabil. Das kleine azentrische Fragment geht verloren, was aber keine pathologischen Auswirkungen hat, da es nur wiederholte rRNA-Sequenzen enthält, die auch in anderen akrozentrischen Chromosomen vorkommen.

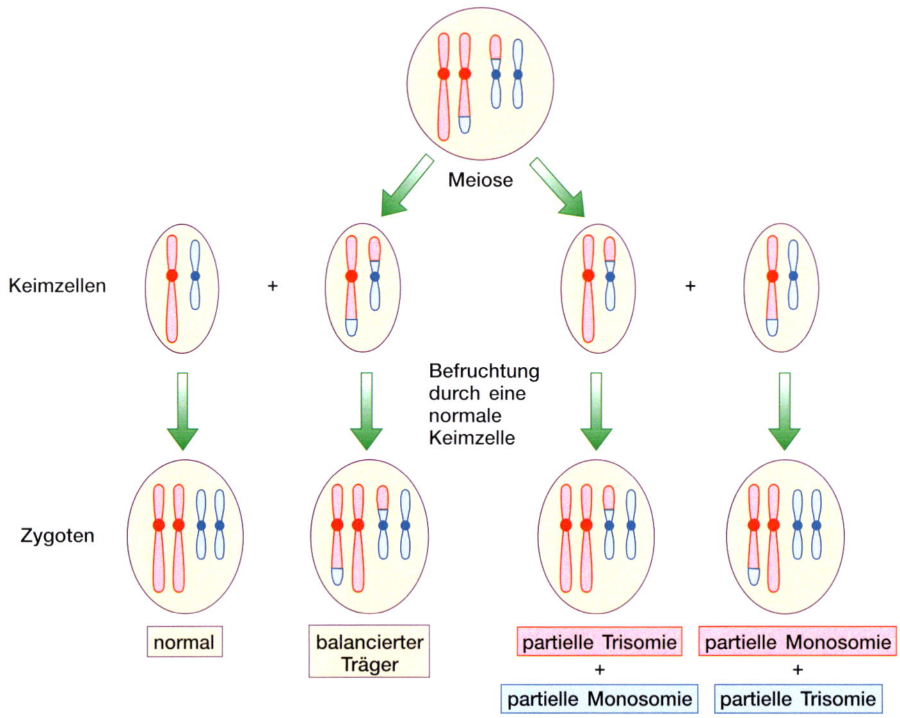

2.22 Ergebnisse der Meiose bei einem Träger einer balancierten reziproken Translokation. Andere Segregationsformen sind ebenfalls möglich, beispielsweise eine 3:1-Segregation. Die relative Wahrscheinlichkeit, mit der eine der möglichen Keimzellen entsteht, lässt sich nicht einfach vorhersagen. Das Risiko für einen Träger, ein Kind mit einer der möglichen Verteilungen zu bekommen, hängt von der Häufigkeit in den Keimzellen ab und auch von der Wahrscheinlichkeit, dass sich der Embryo mit der Anomalie überhaupt entwickeln kann. Überlegungen dazu finden sich im Buch von Gardner und Sutherland (1996) (Weiterführende Literatur).

einen bestimmten Teil eines Chromosoms eine Monosomie bedingen, für den anderen Teil hingegen eine Trisomie (Abb. 2.22). Über die relative Häufigkeit dieser Ereignisse sind jedoch keine allgemeinen Aussagen möglich. Die Größe eines jeden unbalancierten Abschnitts hängt von der Position der Bruchstellen ab. Wenn die unbalancierten Abschnitte groß sind, wird der Fetus wahrscheinlich vorzeitig sterben; wenn kleinere Abschnitte betroffen sind, könnten die Babys zwar lebend zur Welt kommen, aber anomale Merkmale zeigen.

- Ein Träger einer balancierten Robertson-Translokation kann Keimzellen erzeugen, die nach der Befruchtung ein ganz normales Kind hervorbringen, das phänotypisch ein balancierter Träger ist. Andererseits kann auch eines der Chromosomen der Zygote eine vollständige Trisomie oder eine vollständige Monosomie aufweisen (Abb. 2.23).
- Ein Träger einer perizentrischen Inversion kann unbalancierte Nachkommen hervorbringen, da bei der Paarung des invertierten mit dem normalen Homolog eine Schleife entsteht, sodass sich zusammengehörige Abschnitte auf der gesamten Länge der Chromosomen paaren. Kommt es innerhalb der Schleife zu einem Crossing-over, so trägt ein Chromosom eine unbalancierte Deletion und Verdopplung. Parazentrische Inversionen bilden bei Chromosomen ähnliche Schleifen, aber jedes Crossing-over innerhalb der Schleife führt zu einem azentrischen oder bizentrischen Chromosom, das wahrscheinlich nicht überleben wird. Einzelheiten über die Meiose bei Trägern von Inversionen finden sich im Buch von Gardner und Sutherland (1996) (Weiterführende Literatur) oder in jedem anderen cytogenetischen Lehrbuch.

2.5.4 Scheinbar normale Chromosomenpaare können pathogen sein, wenn sie vom falschen Elternteil stammen

Die seltenen Anomalien, die im Folgenden beschrieben werden, zeigen, dass es nicht ausreicht, über eine korrekte Anzahl und die richtigen Strukturen von Chromosomen zu verfügen, sondern sie müssen auch vom richtigen Elternteil stammen. Embryonen mit

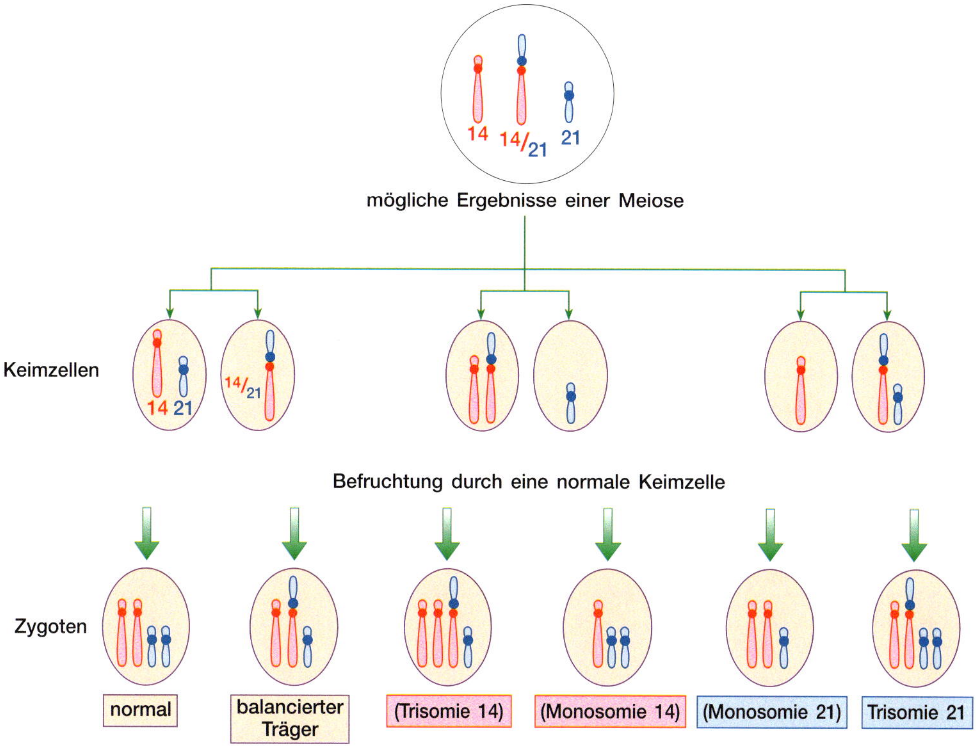

2.23 Ergebnisse der Meiose bei einem Träger einer Robertson-Translokation. Träger sind ohne Symptome, bringen aber häufig unbalancierte Keimzellen hervor, die zu einer monosomischen oder einer trisomischen Zygote führen können. Die eingeklammerten monosomischen und trisomischen Zygoten in diesem Beispiel sind nicht lebensfähig.

dem Karyotyp 46,XX, bei dem beide Genome von demselben Elternteil stammen (**uniparentale Diploidie**), können sich nicht korrekt entwickeln. Auch wenn nur von einzelnen Chromosomen beide Homologen vom selben Elternteil stammen (**uniparentale Disomie**), so verursacht das schon eine Anomalie. Einige wenige Gene sind durch ihren elterlichen Ursprung geprägt (Abschnitt 10.5.4) und werden dementsprechend je nach Herkunft unterschiedlich exprimiert. Man nimmt an, dass die Anomalien einer uniparentalen Disomie und einer uniparentalen Diploidie durch eine anomale Expression solcher geprägten Gene entstehen.

Eine uniparentale Diploidie liegt vor bei einer **Blasenmole** (*Mola hydatidosa*), einer anomalen Frucht mit einem 46,XX-Karyotyp, der ausschließlich von einem Elternteil stammt. Solche Molen zeigen eine starke Vergrößerung des Trophoblasten, aber keine fetale Differenzierung. Außerdem besteht das Risiko, dass sie sich in ein Chorionkarzinom umwandeln. Genetische Markeranalysen zeigen, dass solche Molen in allen Loci homozygot sind, was darauf hindeutet, dass sie durch Chromosomenverdopplung eines einzigen Spermiums entstanden sind. **Ovarienteratome** sind hingegen das Ergebnis einer mütterlichen uniparentalen Diploidie. Diese seltenen gutartigen Tumoren der Eierstöcke bestehen aus unorganisiertem Embryonalgewebe, jedoch ohne Embryonalhüllen. Sie entstehen durch Aktivierung einer Oocyte vor dem Eisprung.

Eine uniparentale Disomie (UPD), die nur ein einziges Homologenpaar betrifft, wird nicht diagnostiziert, wenn es keinen anomalen Phänotyp gibt, lässt sich aber den entsprechenden Chromosomen zuordnen, wenn die charakteristischen Syndrome erkennbar sind (Exkurs 16.6). Wenn bei einer uniparentalen Disomie die beiden homologen Chromosomen identisch sind, handelt es sich um eine **Isodisomie**, wenn sie von den beiden Homologen des einen Elternteils abstammen, ist es eine **Heterodisomie**. Man nimmt an, dass im zweiten Fall eine Zygote mit einer nicht lebensfähigen Trisomie eines der Chromosomen verloren hat durch eine Nichttrennung der Chromatiden (*nondisjunction*) oder durch eine Anaphasenverzögerung (*trisomy rescue*). Die euploiden Nachkommen einer solchen Zelle bilden dann den Embryo, während alle aneuploiden Zellen sterben. Wenn jede der drei Kopien mit derselben Wahrscheinlichkeit verloren gehen kann, besteht eine Wahrscheinlichkeit von zwei zu drei, dass der Verlust eines einzigen Chromosoms zu einem normalen Chromosomensatz führt, während eine uniparentale Disomie (mütterlich oder väterlich) nur mit einer Wahrscheinlichkeit von eins zu drei eintritt. Eine uniparentale Disomie entsteht möglicherweise aufgrund des Selektionsdruckes auf einen monosomischen Embryo, durch eine selektive Verdopplung des monosomen Chromosoms euploid zu werden.

Weiterführende Literatur

Choo KH (2001) Domain organization at the centromere and neocentromere. *Developmental Cell* 1: 165–177.

Gardner RJM, Sutherland GR (1996) *Chromosome Abnormalities and Genetic Counseling*, 2. Auflage. OUP, Oxford. [Eine umfassende Einführung in das Thema der Chromosomenanomalien beim Menschen und deren verschiedene Formen, Ursachen und Auswirkungen]

ISCN (1995) *An International System for Human Cytogenetic Nomenclature* (Hrsg. F Mittelman). Karger, Basel.

Pollard TD, Earnshaw WC (2002) *Cell Biology*. Saunders, Philadelphia.

Rooney DE (2001) (Hrsg.) *Human Cytogenetics: Constitutional Analysis*, 3. Auflage. Oxford University Press, Oxford. [Ausführliche Versuchsanleitungen]

Rooney DE (2001) (Hrsg.) *Human Cytogenetics: Malignancy and Acquired Abnormalities*, 3. Auflage. Oxford University Press, Oxford. [Ausführliche Versuchsanleitungen]

Schinzel A (2001) *Catalogue of Unbalanced Chromosome Aberrations in Man*. Walter de Gruyter, Berlin.

Therman E, Susman M (1992) *Human Chromosomes: Structure, Behavior and Effects*, 3. Auflage. Springer, New York. [Eine ausgezeichnete und kompakt geschriebene Einführung; der Schwerpunkt liegt mehr auf der Herausarbeitung der wissenschaftlichen Grundlagen und weniger bei klinischen Aspekten]

Informationsquellen zur Cytogenetik im Internet: zum Beispiel www.kumc.edu/gec/prof/cytogene.html

Zitierte Literatur

Blackburn EH (2001) Switching and signaling at the telomere. *Cell* 106: 661–673.

Boyle S, Gilchrist S, Bridger JM, Mahy NL, Ellis JA, Bickmore WA (2001) The spatial organization of human chromosomes within the nuclei of normal and emerin-mutant cells. *Hum Mol Genet* 10: 211–219.

Craig JM, Earnshaw WC, Vagnarelli P (1999) Mammalian centromeres: DNA sequence, protein composition, and role in cell cycle progression. *Exp Cell Res* 246: 249–262.

Craig JM, Bickmore WA (1993) Chromosome bands – flavours to savour. *Bioessays* 15: 349–354.

Cremer T, Cremer C (2001) Chromosome territories, nuclear architecture and gene regulation in mammalian cells. *Nature Rev Genet* 2: 292–301.

Cross I, Wolstenholme J (2001) An introduction to human chromosomes and their analysis. In: *Human Cytogenetics: Constitutional Analysis*, 3. Auflage (Hrsg. DE Rooney) Oxford University Press, Oxford.

Gallardo MH, Bickham JW, Honeycutt RL, Ojeda RA, Kohler N (1999) Discovery of tetraploidy in a mammal. *Nature* 401: 341

Gilbert DM (2001) Making sense of eukaryotic replication origins. *Science* 294: 96–100.

Heiskanen M, Peltonen L, Palotie A (1996) Visual mapping by high resolution FISH. *Trends Genet* 12: 379–384.

Henikoff S, Ahmad K, Malik HS (2001) The centromere paradox: stable inheritance with rapidly evolving DNA. *Science* 293: 1098–1102.

Huxley C (1997) Mammalian artificial chromosomes and chromosome transgenics. *Trends Genet* 13: 345–347.

Manuelidis L (1990) A view of interphase chromosomes. *Science* 250:1533–1540.

Niimura Y, Gojobori T (2002) *In silico* chromosome staining: reconstruction of Giemsa bands from the whole human genome sequence. *Proc Natl Acad Sci USA* 99: 797–802.

Parada LA, Misteli T (2002) Chromosome positioning in the interphase nucleus, *Trends Cell Biol* 12: 425–432.

Saitoh Y, Laemmli UK (1994) Metaphase chromosome structure: bands arise from a differential folding path of the highly AT-rich scaffold. *Cell* 76: 609–622.

Schindelhauer D (1999) Construction of mammalian artificial chromosomes: prospects for defining an optimal centromere, *Bioessays* 21: 76–83.

Trask BJ (2002) Human cytogenetics: 46 chromosomes, 46 years and counting. *Nature Rev Genet* 3: 769–778.

3. Zellen und Entwicklung

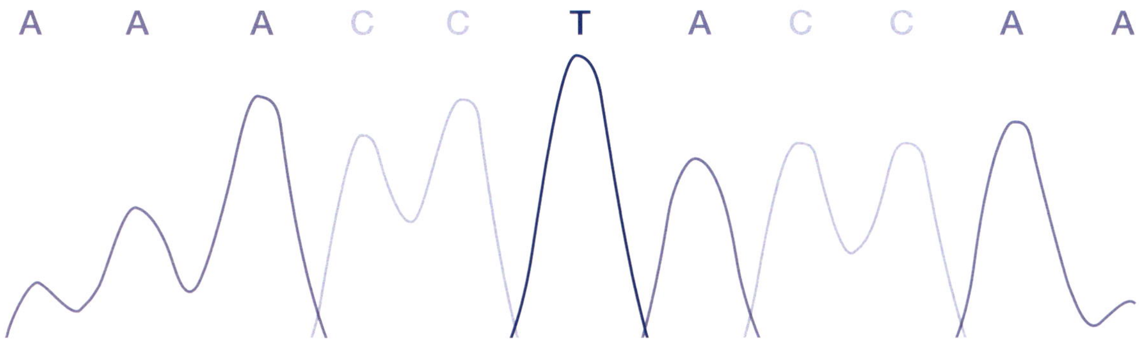

Exkurs 3.1: Intrazelluläre Organisation von tierischen Zellen

Die Vielfalt der Organellen verdeutlicht die Komplexität eukaryotischer Zellen, aber aufgrund der funktionellen Spezialisierung der Zellen sind nicht unbedingt alle Organellen in allen Zelltypen vertreten. Einige menschliche Zellen zeigen extreme Abwandlungen (beispielsweise enthalten die reifen roten Blutkörperchen keinen Zellkern, und in ausdifferenzierten Keratinocyten sind überhaupt keine Organellen mehr vorhanden). Andererseits kommen bestimmte Organellen nur in sehr wenigen Zelltypen vor und sind nur für besondere Funktionen erforderlich. So enthalten beispielsweise Epithelzellen, die die Atemwege auskleiden, Wimpern, mit denen sie partikelförmige Verunreinigungen aus der Lunge befördern. Reife Spermien sind hingegen die einzigen menschlichen Zellen, die Flagellen besitzen. Die meisten Zellen jedoch enthalten ein „Standardpaket" von Organellen, das im Folgenden beschrieben wird.

Der Zellkern: Der Aufbewahrungsort für das genetische Material

Der **Zellkern** enthält den überwiegenden Anteil der DNA in einer tierischen Zelle (normalerweise 99,5 %) in Form von linearen Chromosomen. Der Kern ist von der **Kernhülle** umgeben, bestehend aus zwei Membranen, die durch einen engen Raum getrennt sind und die in das endoplasmatische Reticulum übergehen. Den übrigen Teil der Zelle bezeichnet man als **Cytoplasma**. Er enthält verschiedene Organellen, Membranen und ein wässriges Kompartiment, das **Cytosol** genannt wird. Die Kommunikation zwischen Kern und Cytoplasma erfolgt über die **Kernporen**, Öffnungen in der Kernhülle, die von **Kernporenkomplexen** umgeben sind. Dabei handelt es sich um Proteinkomplexe, die als spezifische Transporter für Makromoleküle zwischen Zellkern und Cytoplasma fungieren.

Im Zellkern sind die Chromosomen auf hochgradig geordnete Weise arrangiert. Das zeigt die Existenz einer komplexen Substruktur, die man als Kernmatrix bezeichnet. Dabei handelt es sich um ein Netzwerk aus Proteinen und RNA, mit dem die Chromosomen über DNA-Sequenzen verbunden sind, die man als **matrixassoziierte Regionen** (**MAR**) bezeichnet. Im Zellkern sind noch weitere Strukturen erkennbar, was auf eine komplizierte Organisation der verschiedenen biochemischen Prozesse hindeutet. Der **Nucleolus** ist ein abgegrenzter Bereich, in dem die **ribosomale RNA** (**rRNA**) synthetisiert und prozessiert wird. Die Gene für rRNA, die in menschlichen Zellen vor allem als Cluster in den kurzen Armen der Chromosomen 13, 14, 15, 21 und 22 liegen, sind in diesem Organell lokalisiert. Der hohe RNA-Gehalt verleiht dem Nucleolus sein dichtes Erscheinungsbild im Elektronenmikroskop. Man kennt zwar weitere **Kernkörperchen**, weiß aber recht wenig über sie. So nimmt man an, dass die **Cajal-Körperchen** die Stellen sind, an denen die **snRNPs** (***small nuclear ribonucleoprotein*-Partikel**) synthetisiert werden und auch an der Genregulation beteiligt sind. Auch kommen an bestimmten Orten im Zellkern eine Reihe von Transkriptionsfaktoren und regulatorischen Proteinen des Zellzyklus vor, die häufig mit einzelnen genetischen Loci assoziiert sind. Das deutet darauf hin, dass das Chromatin zu spezifischen Stellen im Kern („Transkriptionsfabriken") mobilisiert wird, was im Gegensatz zur früheren Auffassung steht, dass die Transkriptionsfaktoren im Zellkern frei diffundieren. Ein besonders interessantes Beispiel ist hier das **PML-Körperchen**, das als Ring erscheint und vor allem aus dem PML-Protein besteht. Patienten mit einer akuten Prämyelocytischen Leukämie (*premyelocytic leukemia*), bei denen es zu einer Translokation des PML-Gens und einem weiteren Gen, das den Retinsäurerezeptor codiert, gekommen ist, produzieren ein Fusionsprotein, das keine normalen PML-Körperchen bildet. Behandlung mit Retinsäure stellt die Fähigkeit der Zelle wieder her, PML-Körperchen zu bilden. Das liegt möglicherweise daran, dass das Protein nun die richtige Position einnehmen kann, und der Krebs bildet sich zurück. Andere Kernkörperchen sind möglicherweise an Prozessen beteiligt, die sich an die Transkription anschließen. Hierzu gehören **Perichromatinfibrillen** (Akkumulationsbereiche für naszierende RNA), ***cleavage bodies*** (Stellen für Spaltung und Polyadenylierung der Prä-mRNA) sowie **Interchromatingranula-Cluster** (*speckles*) (die beim RNA-Spleißen beteiligt sind).

Mitochondrien: Kraftwerke für aerobe eukaryotische Zellen

Ein auffälliges Merkmal im Cytoplasma der meisten eukaryotischen Zellen sind die **Mitochondrien**. Diese Organellen sind für die Energieerzeugung zuständig. Die mitochondriale **Atmungskette** ist eine Folge von fünf membrangebundenen Proteinkomplexen, die verschiedene Quinone, Cytochrome und Eisen-Schwefelproteine enthalten. Diese Komplexe bewirken zusammen die **oxidative Phosphorylierung**. Bei dieser Reaktion werden organische Nährstoffe durch molekularen Sauerstoff oxidiert und die so frei werdende chemische Energie dient der Erzeugung von ATP. Durch die anschließende Diffusion von ATP in alle Bereiche der Zelle kann ATP die gespeicherte Energie überall zur Verfügung stellen, und die (durch Hydrolyse von ATP zu ADP) freigesetzte Energie dient dazu, zahlreiche zelluläre Funktionen anzutreiben.

Mitochondrien besitzen zwar unterschiedliche Größen, ihr Durchmesser beträgt jedoch ähnlich wie bei Bakterienzellen normalerweise etwa 1 μm. Mitochondrien besitzen zwei Membranen: eine vergleichsweise glatte äußere Membran und eine komplex aufgebaute **innere Mitochondrienmembran**. Letztere hat eine sehr große Oberfläche, da sie zahlreiche Einstülpungen (*cristae*) aufweist. Das innere Kompartiment, die **mitochondriale Matrix**, ist eine hoch konzentrierte wässrige Lösung mit zahlreichen Enzymen und chemischen Zwischenprodukten aus dem Energiestoffwechsel.

Mitochondrien (und die Chloroplasten der Pflanzenzellen) sind neben dem Zellkern die einzigen anderen eukaryotischen Organellen, die DNA enthalten. Darüber hinaus verfügen sie über eigene Ribosomen, die sich von denen im Cytosol unterscheiden. Die mitochondrialen Ribosomen dienen der Translation von mRNA, die von der mitochondrialen DNA transkribiert wurde. Dies und weitere Belege deuten darauf hin, dass die Mitochondrien Nachkommen von aeroben Bakterien sind, die mit den Vorläufern der eukaryotischen Zellen in Symbiose lebten (Abschnitt 12.2.1). Die mitochondriale DNA codiert jedoch nur einige wenige mitochondriale Funktionen, und die meisten Proteine der Mitochondrien werden von Genen im Zellkern codiert. Für diese Gene wird die mRNA an Ribosomen im Cytosol der Zelle translatiert und die entstandenen Proteine werden in die Mitochondrien importiert.

Das endoplasmatische Reticulum: ein wichtiger Ort für die Synthese von Proteinen und Lipiden

Das endoplasmatische Reticulum besteht aus abgeflachten einzelnen Membranvesikeln, deren innere Kompartimente (*cisternae*) miteinander verbunden sind, sodass sie Kanäle bilden, die das gesamte Cytoplasma durchziehen. Das endoplasmatische Reticulum besteht physikalisch und funktionell aus zwei Komponenten. Das **raue endoplasmatische Reticulum** wird so genannt, weil es an der Oberfläche mit Ribosomen besetzt ist (die größer sind als die in den Mitochondrien). Das **glatte endoplasmatische Reticulum** hingegen besitzt keine Ribosomen. Proteine, die durch die Ribosomen am rauen endoplasmatischen Reticulum synthetisiert werden, durchqueren die Membran des endoplasmatischen Reticulums und gelangen in den Innenraum (Intrazisternalraum). Von dort werden sie zur Peripherie der Zelle transportiert, wo sie in die Plasmamembran eingebaut werden, zurück in das endoplasmatische Reticulum gelangen oder aus der Zelle freigesetzt werden. Zahlreiche menschliche Proteine werden *glykosyliert* (Anhängen von Zuckerresten), und dieser Vorgang beginnt ebenfalls im endoplasmatischen Reticulum.

Golgi-Apparat: die Sekretionsfabrik

Der **Golgi-Komplex** besteht aus abgeflachten einzelnen Membranvesikeln, die oft übereinander gestapelt sind. Die Hauptfunktion des Golgi-Apparats ist die Sekretion von Zellprodukten (beispielsweise Proteine) nach außen und die Mitwirkung beim Aufbau der Plasmamembran und der Membranen der Lysosomen. An der Peripherie entstehen durch Abschnürung kleine Vesikel, von denen einige sekretorische Produkte in konzentrierter Form enthalten (**sekretorische Vakuolen**). Glykoproteine aus dem endoplasmatischen Reticulum werden im Golgi-Apparat weiter modifiziert.

Peroxisomen: Spezialisten für gefährliche chemische Reaktionen

Peroxisomen (*microbodies*) sind kleine Vesikel, die von einer einzelnen Membran umgeben sind. Sie enthalten eine Vielfalt von Enzymen, die unter Verwendung von molekularem Sauerstoff ihre Substrate oxidieren und Wasserstoffperoxid erzeugen. Wasserstoffperoxid wird von der **Catalase**, dem wichtigsten peroxisomalen Enzym, benötigt. Das Enzym kann damit ein ganzes Spektrum verschiedener chemischer Verbindungen oxidieren. Reaktive Abkömmlinge des Sauerstoffs wie Peroxid und das Superoxidradikal sind für Zellen hoch toxisch und müssen sorgfältig verwahrt werden.

Lysosomen: Verdauungsorgane der Zelle

Lysosomen sind kleine Vesikel, die von einer einzelnen Membran umgeben sind und hydrolytische Enzyme wie Ribonucleasen und Phosphatasen enthalten. Die Funktion der Lysosomen besteht darin, Material abzubauen, das durch Phagocytose oder Pinocytose in die Zelle gelangt ist. Außerdem wirken sie nach dem Tod einer Zelle am Abbau ihrer Bestandteile mit.

Plasmamembran (Zellmembran): bewachte Grenze der Zelle

Die **Plasmamembran** besteht aus einer Phospholipiddoppelschicht, bei der sich die hydrophoben Lipidgruppen im Inneren befinden. An den beiden Außenflächen der Doppelschicht befinden sich hydrophile Phosphatgruppen, die jeweils mit der polaren wässrigen Umgebung in Kontakt stehen, also mit der Umgebung der Zelle und mit dem Cytoplasma. Einerseits bildet die Plasmamembran eine schützende Barriere, andererseits besitzt sie eine Reihe wichtiger Funktionen:

- Die Membran ist *selektiv durchlässig* und reguliert den Transport zahlreicher kleiner Moleküle in die Zelle hinein und aus der Zelle heraus. Außerdem enthält sie aktive Transportsysteme für verschiedene Ionen wie Na^+, K^+ und Ca^{2+} und für verschiedene Nährstoffe wie Glucose oder Aminosäuren; auch eine Anzahl wichtiger Enzyme ist in der Membran lokalisiert.
- Die Membran enthält in großer Vielzahl integrale Membranproteine und auch Proteine, die an einer Seite der Membran verankert sind und bei der Signalübertragung zwischen den Zellen wichtige Funktionen besitzen.

Das Cytosol: eine hoch konzentrierte und strukturierte wässrige Lösung

Das **Cytosol** ist die wässrige Komponente des Cytoplasmas und macht etwa die Hälfte des Volumens der Zelle aus. Außerdem findet hier ein wichtiger Teil der Stoffwechselaktivitäten statt, einschließlich der Proteinsynthese und des Intermediärstoffwechsels. Neben löslichen Bestandteilen enthält das Cytosol auch zahlreiche Proteinfilamente, die man als **Cytoskelett** bezeichnet. Dieses gibt dem Cytosol eine Struktur mit hohem Organisationsgrad, außerdem besitzt es wichtige Funktionen bei der Bewegung der Zelle, für die Zellform und für den intrazellulären Transport (Exkurs 3.2).

Cilien und Flagellen: zum Bewegen und Abschütteln

Cilien (Wimpern) und Flagellen sind Strukturen, die von der Plasmamembran nach außen zeigen. Sie dienen dazu, Bewegung zu erzeugen. **Cilien** sind kleine Strukturen, die vor- und zurück schlagen oder sich drehen. Einzellige Lebewesen bewegen sich häufig mithilfe von Tausenden, koordiniert schlagenden Cilien. Jedoch findet man solche Strukturen auch an festsitzenden Zellen von Tieren, wo sie dazu dienen, Flüssigkeiten zu bewegen. Beim Menschen findet man Cilien auf den Epithelzellen, die die Atemwege auskleiden (wo sie Schleim und partikelförmiges Material, das darin enthalten ist, von den Lungen fern halten) sowie im Eileiter (wo sie eine Strömung erzeugen, um das Ei in Richtung Uterus zu transportieren). Cilien kommen auch bei einer kleinen strukturellen Einheit im Embryo vor, die man als Embryonalknoten bezeichnet (Abschnitt 3.7.5). Die Rotation der Cilien führt dazu, dass die Flüssigkeit im Knoten an eine bestimmte Seite des Embryos transportiert wird. Möglicherweise ist das für die Festlegung der Links-Rechts-Achse des Embryos von Bedeutung (Exkurs 3.7). **Flagellen** sind größere Strukturen, die sich geißelähnlich bewegen. Viele einzellige Lebewesen bewegen sich mithilfe von Flagellen; im Gegensatz zu Cilien gibt es jedoch immer nur eine oder zwei Flagellen pro Zelle. Die einzigen Zellen des Menschen, die Flagellen besitzen, sind die Spermien, die sich damit vorwärts treiben. Sowohl Cilien als auch Flagellen bestehen aus Bündeln von **Mikrotubulifilamenten** mit einer charakteristischen „9+2"-Struktur (neun äußere Doppelmikrotubuli, die um zwei Einzelmikrotubuli in der Mitte angeordnet sind) oder mit einer „9+0"-Struktur. Diese Gebilde sind an **Basalkörpern** unter der Plasmamembran befestigt, die im Verlauf der Zelldifferenzierung durch wiederholte Verdopplung von Centriolen entstehen (Exkurs 2.1). Die Bewegung wird durch Entlanggleiten der äußeren Doppelmikrotubuli gegeneinander erzeugt; diesen Vorgang steuert das motorische Protein **Dynein**. Beim Menschen führt eine Fehlfunktion von Dynein zum *immotile cilia syndrome*, das gekennzeichnet ist durch wiederholte Infektionen der Atemwege, Seitenorientierungsdefekte und Unfruchtbarkeit, da die Eizellen nicht in den Uterus gelangen können beziehungsweise die Spermien unbeweglich sind.

stehen. Im Cytoplasma besteht ein komplexes Netzwerk aus verschiedenen Klassen von Proteinfilamenten, die man insgesamt als **Cytoskelett** bezeichnet. Es bestimmt die Form und die Bewegungen der Zelle, und ist außerdem am intrazellulären Transport beteiligt (Exkurs 3.2).

3.1.2 Größe und Form von Zellen können sehr unterschiedlich sein, wobei die Diffusionsgeschwindigkeit gewisse Obergrenzen setzt

Zahlreiche Faktoren beeinflussen die Zellgröße (Su und O'Farrel 1998, Saucedo und Edgar 2002). Zur Koordination ihrer Stoffwechselaktivitäten, der Wechselwirkung mit der Umgebung und mit anderen Zellen sind die Zellen auf Diffusionsvorgänge angewiesen. Wenn sie größer werden, nimmt das Verhältnis Oberfläche zu Volumen ab. Man geht davon aus, dass die einfache innere Struktur prokaryotischer Zellen ihre maximale Größe begrenzt – Bakterien haben normalerweise einen Durchmesser von nur 1 μm. Die komplexe Struktur der inneren Membranen und Kompartimente eukaryotischer Zellen ermöglicht es den Zellen wahrscheinlich, ein größeres Volumen zu erreichen. Dennoch sind metabolisch aktive innere Bereiche selten mehr als 15–25 μm von der Zelloberfläche entfernt, sodass die Zellgröße auf etwa 50 μm begrenzt ist. Tatsächlich liegt der mittlere Durchmesser von Zellen in einem vielzelligen Lebewesen in einem Bereich von 10–30 μm. Einige spezialisierte Zellen können jedoch viel größer werden. So erreichen beispielsweise Nervenzellen eine Länge von bis zu einem Meter, allerdings handelt es sich dabei um die zwar besonders langen, aber sehr dünnen Axons, während der Zellkörper innerhalb der oben angesprochenen Parameter bleibt. Eizellen sind ebenfalls sehr groß. Bei Säugern besitzen sie einen Durchmesser von 100 μm; bei anderen Spezies können sie jedoch viel größer werden, wenn sie als Nähstoffspeicher für die spätere Entwicklung dienen. Die größte bekannte Zelle ist das Straußenei, das bis zu 20 cm lang sein kann und das Volumen von etwa 24 Hühnereiern erreicht.

3.1.3 Bei vielzelligen Organismen besteht ein grundlegender Unterschied zwischen den somatischen Zellen und der Keimbahn

Bei vielzelligen Organismen sind vegetative und reproduktive Funktionen getrennt. Eine spezialisierte Population von **Keimzellen** ist dafür angelegt, für die Fortpflanzung zu sorgen, während die Funktion der übrigen **somatischen Zellen** darin besteht, das Gefäß zu bilden, das diese Reproduktionszellen trägt und Mittel zur Verfügung stellt, die eine Fortpflanzung ermöglichen (Wylie 2000). In Bezug auf die Evolution kann man Tiere als „Hersteller" und Inkubatoren der Spermien und Eizellen auffassen, die es einer Spezies ermöglichen, sich fortzupflanzen. Bei Pflanzen und primitiven Tierformen können einfache somatische Zellen während des ganzen Lebens eines Organismus Keimzellen hervorbringen. Bei den meisten Tieren jedoch, die wir inzwischen im Einzelnen kennen – Insekten, Fadenwürmer (Nematoden) und Wirbeltiere – werden Keimzellen bereits sehr früh in der Entwicklung als eine nur dafür bestimmte **Keimbahn** angelegt und bilden die einzige Quelle für Gameten. Die Keimzellen sind die einzigen Zellen im Körper,

Exkurs 3.2: Das Cytoskelett: Der Schlüssel für Zellbewegung und Zellform und ein Hauptnetzwerk intrazellulären Transports

Das Cytoskelett der eukaryotischen Zellen ist ein inneres Gerüst aus **Proteinfilamenten**, das der Zelle Stabilität verleiht, die für die Bewegung und Veränderung der Form notwendigen Kräfte erzeugt, den intrazellulären Transport von Organellen bewerkstelligt und auch die Kommunikation zwischen der Zelle und ihrer Umgebung ermöglicht. Es gibt drei Arten von Filamenten im Cytoskelett: Aktinmikrofilamente, Mikrotubuli (aus Tubulin) und Intermediärfilamente (die aus einer Vielzahl verschiedener Proteine bestehen und von denen einige zelltypspezifisch sind). Aktine und Tubuline wurden im Verlauf der Evolution stark konserviert. Mikrofilamente und Mikrotubuli sind sehr dynamische Strukturen. Außerdem sind sie polarisiert; Ursache dafür sind Asymmetrien, die bei der Polymerisierung der Aktin- und Tubulinunterheiten auftreten. Die Polymere verlängern sich durch Anfügen neuer Untereinheiten an beiden Enden mit unterschiedlichen Geschwindigkeiten, sodass es ein schnell wachsendes **(+)-Ende** und ein langsam wachsendes **(–)-Ende** gibt. An die polarisierten Filamente binden jeweils spezifische Klassen von **motorischen Proteinen** und wandern unter ATP-Hydrolyse ständig daran entlang.

Aktinfilamente (die man auch als **Mikrofilamente** bezeichnet) können entweder parallel verlaufend Bündel oder aber netzartig angeordnet Gitterstrukturen bilden. Sie bewirken in Form von Stressfasern eine mechanische Stabilisierung, ermöglichen kontrollierte Veränderungen der Zellform (beispielsweise apikale Einschnürungen, auch die Einschnürung bei der Zellteilung) und vermitteln Zellbewegungen, indem sie Strukturen wie Filopodien und Lamellipodien (Zellfortsätze, die ein Kriechen an der Oberfläche ermöglichen) ausbilden. Aktinfilamente sind die Grundlage spezieller Strukturen wie Mikovilli, Adhäsionsplaques und den Akrosomenfortsatz am Kopf des Spermiums. Sie bestehen aus doppelsträngigen helikalen Polymeren des Proteins **Aktin** mit einem Durchmesser von etwa 7–8 nm. Sie treten mit motorischen Proteinen aus der **Myosinsuperfamilie** in Wechselwirkung. In den Muskelzellen entstehen durch die Aktin-Myosin-Wechselwirkung kontraktile Einheiten, die den Muskelzellen die entsprechende Kraftentwicklung ermöglichen. In Nichtmuskelzellen besitzen Aktine eine allgemeinere Zellfunktion, beispielsweise wirken sie bei der Einstülpung von Membranen mit, wie etwa bei der **Endocytose**.

Mikrotubuli sind lange Hohlzylinder mit etwa 25–30 nm Durchmesser und besitzen eine viel festere Struktur als Aktinfilamente. Sie entstehen dadurch, dass sich eine Reihe von Polymeren zusammenlagern, die aus einer abwechselnden Folge von α- und β-Tubulinresten bestehen. Assoziiert mit den Mikrotubuli sind Proteine aus den beiden Superfamilien der motorischen Proteine, den **Dyneinen** und den **Kinesinen**. Diese transportieren zelluläre Komponenten entlang der Mikrotubuli, beispielsweise Mitochondrien, Golgi-Membranstapel und sekretorsiche Vesikel, an die passenden Zielorte innerhalb der Zelle. Dyneine und Kinesine bewegen sich entlang der Mikrotubuli jeweils in entgegengesetzter Richtung.

Normalerweise laufen die (–)-Enden der einzelnen Mikrotubuli in tierischen Zellen an einem **Mikrotubuli-Organisationszentrum** (**MTOC**) zusammen, das sich in einem Bereich des Cytoplasmas nahe dem Zellkern befindet. In den meisten tierischen Zellen findet man ein einzelnes, deutlich erkennbares Zentrum dieser Art, das **Centrosom**. Während der Zellteilung bilden Mikrotubuli die **Mitosespindel**; die Mikrotubuli heften sich an einen Proteinkomplex (das **Kinetochor**), der bei jedem der duplizierten Chromosomen am Centrosom lokalisiert ist. So ist sichergestellt, dass die Chromosomen auf geordnete Weise in die beiden Tochterzellen gelangen (Exkurs 2.1). Mikrotubuli bilden auch den Zentralbereich von **Cilien** und **Flagellen** (Exkurs 3.1).

Intermediärfilamente haben einen Durchmesser von 7–11 nm und besitzen vor allem Strukturfunktionen. Sie sind nicht polarisiert und es gibt keine assoziierten motorischen Proteine. Neurofilamentproteine (spezifisch für Nervenzellen) und Keratine (spezifisch für Epithelzellen) sind Proteine der Intermediärfilamente.

die eine Meiose durchführen können, und sie sind deshalb als einzige in der Lage, haploide Nachkommenzellen hervorzubringen, die bei der Befruchtung zusammenwirken. Die Keimbahnzellen bei den Säugern stammen von **primordialen Keimzellen** (Urkeimzellen; *primordial germ cells*, **PGC**) ab. Beim Menschen entstehen sie in der zweiten Woche der Embryonalentwicklung.

3.1.4 Bei vielzelligen Lebewesen gibt es keine zwei Zellen, die genau dieselbe DNA-Sequenz enthalten

Wie bereits in Abschnitt 2.1 behandelt, leitet sich der Referenzwert des DNA-Gehalts (**C-Wert**) aus dem haploiden Chromosomensatz (n) ab, wie er in Spermien und Eizellen vorliegt. Dieser Wert zeigt für die einzelnen Organismen starke Unterschiede. Die fehlende direkte Beziehung zwischen dem C-Wert und der biologischen Komplexität bezeichnet man als **C-Wert-Paradoxon**. So besitzen beispielsweise die meisten Tiere eine Größe des haploiden Genoms von

Tabelle 3.1 Das *C*-Wert-Paradoxon – die Genomgröße steht in keiner einfachen Korrelation zur Komplexität eines Lebewesens

Organismus	Genomgröße	Anzahl der Gene
Einzeller		
Escherichia coli	4,2 Mb	4 300
Saccharomyces cerevisiae	13 Mb	6 300
Amoeba dubia	670 000 Mb	?
Vielzeller		
Caenorhabditis elegans	95 Mb	~ 20 000
Drosophila melanogaster	165 Mb	~ 13 000
Allium cepa (Zwiebel)	15 000 Mb	?
Mus musculus	3 000 Mb	~ 30 000
Homo sapiens	3 300 Mb	~ 30 000

etwa 2 500–3 500 Mb, aber der Gehalt der haploiden DNA bei menschlichen Zellen beträgt überraschenderweise nur 19% von dem einer Zwiebel, 4% von dem einiger Liliengewächse und bemerkenswerte 0,5% vom Genom des eukaryotischen Einzellers *Amoeba dubia* (Tab. 3.1 und Datenbank für Genomgrößen: http://www.cbs.dtu.dk/databases/DOGS).

Bei einem einzigen Individuum kann der DNA-Gehalt auch beträchtlich variieren. Dies ist eine Folge der unterschiedlichen Anzahl von Kopien des Chromosomensatzes (**Ploidie**). Die meisten menschlichen Zellen sind zwar diploid, aber es gibt auch Ausnahmen. Wie in Exkurs 3.1 behandelt, enthalten einige ausdifferenzierte Zellen, wie etwa rote Blutkörperchen, Keratinocyten und Blutplättchen keinen Zellkern, sodass man sie als **nulliploid** bezeichnet. Andere Zellen wiederum sind aufgrund einer DNA-Replikation ohne Zellteilung (**Endomitose**) oder einer Zellfusion **polyploid**. So reicht beispielsweise die Ploidie bei Hepatocyten von $2n$ bis $8n$, bei Kardiomyocyten (Herzmuskelzellen) von $4n$ bis $8n$ und bei den riesigen Megakaryocyten des Knochenmarks von $16n$ bis $64n$. Aus Letzteren gehen Tausende von nulliploiden Blutplättchen hervor (Abb. 3.3). Polyploidie aufgrund von Zellfusionen führt bei einigen natürlich vorkommenden Zellen (zum Beispiel Muskelfasern) dazu, dass zahlreiche diploide Kerne vorhanden sind, die ein **Syncytium** bilden (Abb 3.3).

Aufgrund von vererbten Unterschieden in der DNA-Sequenz (Mutationen) kann sich die DNA in den Zellen verschiedener Lebewesen stark unterscheiden. Das Ausmaß der Unterschiede ist zu einem großen Teil direkt proportional zum Abstand zwischen zwei Organismen in der Evolution. Demnach ist die DNA in einer menschlichen Zelle mit der DNA in einer Schimpansenzelle sehr eng verwandt (98–99%), unterscheidet sich aber zunehmend stärker von der DNA in den Zellen einer Maus, eines Frosches beziehungsweise einer Taufliege. Die DNA aus den Zellen verschiedener Individuen innerhalb derselben Spezies zeigt auch durch Mutationen hervorgerufene Unterschiede. Wenn man die DNA von zwei nicht verwandten Menschen miteinander vergleicht, zeigt sich etwa alle 1 000 Nucleotide eine ausgetauschte Base. Unterschiede gibt es aber auch in den DNA-Sequenzen von Zellen eines einzelnen Individuums. Diese können auf drei Weisen entstehen:

- **Programmierte Unterschiede in spezialisierten Zellen.** Hierzu gehören Spermien, die ein X- oder ein Y-Chromosom enthalten und damit verschiedene DNA der Geschlechtschromosomen. Auch B-und T-Lymphocyten, die *zellspezifische DNA-Umstrukturierungen* durchlaufen, sodass die einzelnen Zellen unterschiedliche Antikörper oder T-Zell-Rezeptoren produzieren.
- **Zufällige Mutationen und Instabilität der DNA.** Die DNA aller Zellen unterliegt ständig schädlichen Umwelteinflüssen, chemischem Abbau und Reparaturreaktionen; dies beeinflusst die Genauigkeit der DNA-Replikation. Die geringe, aber be-

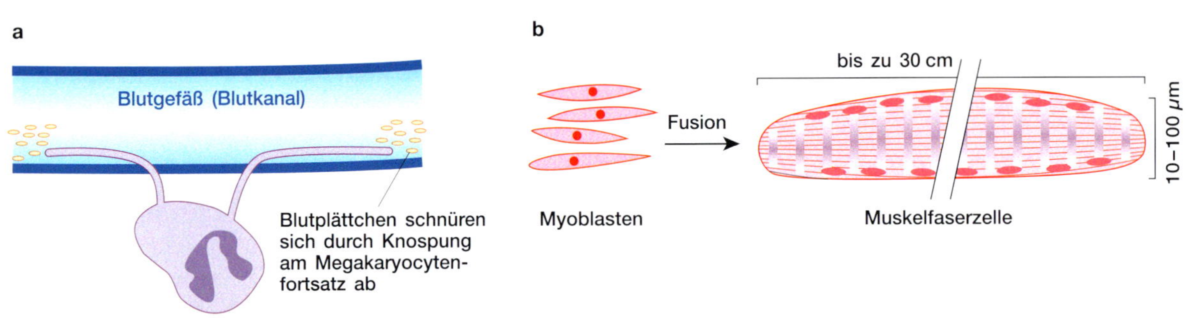

3.3 Einige Zellen bilden sich durch Fragmentierung oder Fusion anderer Zellen. Blutplättchen entstehen durch Knospung aus einem riesigen Megakaryocyt; sie besitzen keinen Zellkern. Muskelzellen bilden sich durch Fusion einer großen Zahl von Myoblastenzellen.

deutsame Fehlerrate bedeutet, dass in der DNA bei jeder Zellteilungsrunde neue Mutationen entstehen. Während der Entwicklungsphase entwickelt deshalb jede Zelle ein eigenes Profil von Mutationen, sodass *bei einem Individuum keine zwei Zellen genau dieselbe DNA-Sequenz besitzen.* Die meisten dieser Mutationen haben keine phänotypischen Auswirkungen, aber selbst Mutationen in essenziellen Genen haben nur einen geringen Einfluss auf den Organismus als Ganzes, wenn sie in isolierten Zellen auftreten (außer sie veranlassen die Zelle zur Proliferation; Kapitel 17). Nur wenn es in der Keimbahn, in Stammzellen oder in somatischen Zellen während einer frühen Entwicklungsphase zu einer schädlichen Mutation kommt, werden die Auswirkungen wahrscheinlich phänotypisch erkennbar.

- **Chimärenbildung und Kolonisierung.** Ab und zu kommt es vor, dass ein Individuum aus zwei oder mehr Zellklonen mit deutlich unterschiedlichen DNA-Sequenzen besteht. Das deutet dann auf die Fusion eines Zwillingsembryos in einer sehr frühen Entwicklungsphase hin oder auf die Kolonisierung eines Embryos durch Zellen eines anderen (Abb. 4.10). Als Randeffekt treten solche Unterschiede auch auf, wenn ein Individuum ein Transplantat eingesetzt oder eine Bluttransfusion erhalten hat.

3.1.5 Zellen aus vielzelligen Lebewesen lassen sich *in situ* oder in Kultur untersuchen

Einzellige Organismen lassen sich untersuchen, indem man sie in einem Medium, das ihrer natürlichen Umgebung entspricht, kultiviert. Bei vielzelligen Organismen ist es schwierig, die Umgebung einer bestimmten Zelle nachzubilden. Deshalb untersucht man solche Zellen entweder im natürlichen Kontext des gesamten Organismus oder in einer künstlichen Umgebung außerhalb. Dafür gibt es verschiedene Vorgehensweisen:

- Analyse ***in situ*** (als Teil des ursprünglichen Tieres). Bei den einfachsten Tieren, beispielsweise *Caenorhabditis elegans*, ist es möglich, einzelne Zellen in ganzen lebenden Proben unter dem Mikroskop zu untersuchen. Unter Verwendung eines grün fluoreszierenden Proteins als Vitalfarbstoff (Exkurs 20.4) lassen sich bei Lebendproben von größeren Tieren *in situ*-Analysen durchführen, sofern das zu untersuchende Gewebe optisch durchlässig ist. Die Embryonen vieler Tiere (zum Beispiel *Drosophila*, Zebrafisch, Maus) sind in frühen Entwicklungsstadien durchscheinend. Bei undurchsichtigen Proben kann man nach der Bearbeitung Gewebeschnitte herstellen.
- **Gewebeexplantate.** In der Entwicklungsbiologie untersucht man häufig das Verhalten von bestimmten Gewebeexplantaten einzeln oder in Kombination. Damit lassen sich Effekte entwicklungsspezifischer Moleküle bestimmen oder man untersucht induktive Effekte von einer Zellpopulation auf eine andere (Abschnitt 3.4.2).
- **Primärzellen.** Man kann ein Gewebeexplantat dissoziieren, das heißt, man trennt die Zellen voneinander und lässt sie einzeln in Kultur wachsen. Das ist nicht unbedingt die einfachste Vorgehensweise, da die Anzucht einiger Zelltypen schwierig ist, und der Aufwand zur Erhaltung von Primärzellen beträchtlich sein kann.
- Stabile **Zelllinien.** Eine stabile Zelllinie lässt sich häufig leicht in Kultur anziehen und kann somit einfach vermehrt und an andere Forschungsgruppen in der ganzen Welt weitergegeben werden. Da sich die Zellen durch verschiedene diagnostische Merkmale charakterisieren lassen, können Forscher darauf vertrauen, dass die anhand der Zelllinie erzielten Ergebnisse mit den Ergebnissen anderer Forscher, die mit der gleichen Zelllinie arbeiten, abgleichbar sind.

Die Untersuchung von Gewebeexplantaten oder Primärzellkulturen hat zwar zahlreiche Vorteile, aber beide sind schwer zu handhaben und nicht unbegrenzt verfügbar. Das liegt daran, dass die meisten tierischen Zellen in Kultur eine gewisse Zahl von Zellteilungen durchlaufen und dann in eine Alterungsphase eintreten (**Seneszenz**). Sie hören auf, sich zu teilen und verlassen den Zellzyklus; sie treten in die so genannte G_0-Phase ein (Campisi 1996). Die Zahl der möglichen Zellteilungsrunden hängt ab vom Zelltyp, von der Spezies und vom Alter des Organismus, von dem die Linie stammt. So teilen sich beispielsweise menschliche fetale Fibroblasten in Kultur 60-mal, während Fibroblasten eines erwachsenen Menschen nur halb so viele Teilungen durchlaufen. Offenbar besteht ein gewisser Zusammenhang zwischen dem Teilungspotenzial und der Lebensdauer innerhalb einer Spezies. So liegt beispielsweise die Anzahl der Zellteilungen von menschlichen fetalen Fibroblasten (etwa 60 Teilungen, Lebensdauer maximal 120 Jahre) zwischen der Zahl der Teilungen bei fetalen Mausfibroblasten (etwa 15-mal, drei Jahre maximale Lebensdauer) und den fetalen Fibroblasten der Galapagos-Schildkröte (etwa 125 Teilungen, maximale Lebensdauer 175 Jahre).

Die Einschränkungen bei primären Zelllinien lassen sich durch Etablierung einer **permanenten Zelllinie** umgehen, da sie sich in Kultur unbegrenzt teilt. Aus Tumorexplantaten wurden zahlreiche Zelllinien

Tabelle 3.2 Beispiel für menschliche Zelllinien

ATCC-Code	Zelllinie	Ursprung und Anwendungsbeispiele
Lymphoide Zelllinien		
CCL213	DAUDI	B-Zelllinie aus einem Burkitt-Tumor; Verwendung in der Krebsforschung
CRL1432	NAMALWA	B-Zelllinie aus einem Burkitt-Tumor; Verwendung zur Herstellung von Interferonen
TIB152	JURKAT E61	T-Zelllinie aus einer akuten lymphatischen Leukämie; erzeugt große Mengen Interleukin-2
CRL1942	SUP-T1	T-Zelllinie aus einer T-lymphatischen Leukämie; unterstützt HIV-Replikation
Myeloide Zelllinien		
CCL240	HL-60	entwickelt aus Zellen einer Promyelocytenleukämie; dient der Erforschung der Differenzierung von myeloiden Zellen
TIB202	THP	entwickelt aus Zellen einer akuten Monocytenleukämie; Untersuchung der Aktivierung und Reifung von Makrophagen
Nierenzelllinien		
CRL1573	293	mit Adenovirus transformierte fetale Nierenzellen; Untersuchung des Adenovirus
CRL2190	HK-2	Zelllinie aus dem Proximaltubulus; transformiert mit den E6/E7-Genen des menschlichen Papillomvirus; Modellsystem für Untersuchungen des Proximaltubulus
Leberzelllinien		
HB8064	Hep3B	erzeugt zahlreiche Plasmaproteine
HTB52	SK-HEP-1	entwicklelt aus einem Leberadenokarzinom; induziert Tumoren in Nacktmäusen
Eierstockzelllinien		
HTB75	Caov-3	aus einem Eierstockadenokarzinom; erzeugt mutiertes p53; Verwendung in der Cytokin- und Krebsforschung
CRL1572	PA-1	aus einem Eierstockteratom; Verwendung in der Entwicklungsforschung und bei Medikamententests

entwickelt, da diese bereits einige Wachstumsbeschränkungen verloren haben. So stammt beispielsweise die häufig verwendete **HeLa-Zelllinie** aus einem Gebärmutterhalstumor, den man einer Patientin mit dem Namen Henrietta Lacks 1955 entfernt hatte. Das Problem von Zelllinien aus Tumorgeweben besteht darin, dass sie im Vergleich zum ursprünglichen Gewebe oftmals stark abweichende Karyotypen aufweisen. Das führt mit zunehmender Anzahl von Passagen zu immer deutlicher hervortretenden phänotypischen Unterschieden. Zelllinien lassen sich aus Primärzellen entwickeln, indem man in Kultur eine **Wachstumstransformation** (**Immortalisierung**) herbeiführt. Dieser Vorgang ist vergleichbar mit dem Verlust der Wachstumsbeschränkung bei Tumoren; er kann aufgrund erworbener Mutationen spontan einsetzen oder durch Bestrahlung, chemische Mutagenese oder transfomierende Viren ausgelöst werden. Vor kurzem ist es gelungen, durch Transfektion von Primärzellen mit bestimmten onkogenen DNA-Sequenzen neue Zelllinien zu etablieren. In **Zellbanken**, zum Beispiel in der American Type Culture Collection (ATCC), der European Collection of Cell Cultures (ECACC) und in der Interlab Cell Line Collection (ICLC) werden Tausende von Zelllinien aufbewahrt, die aus verschiedenen menschlichen und tierischen Geweben stammen (Tab. 3.2; Stacey und Doyle 2000).

Eine wichtige Anwendung von Zelllinien ist die Erhaltung erneuerbarer genetischer Ressourcen einzelner Patienten. Notwendig ist dies für eine Reihe von Verfahren, von der Qualitätskontrolle in Laboratorien für Gewebeuntersuchungen bis hin zu Kopplungsanalysen und Kartierungen von Markern. In solchen Fällen ist der Phänotyp der Zellen ohne Bedeutung, aber der Genotyp muss genau erhalten bleiben. Eine der besten Methoden, das zu erreichen, ist die Herstellung von **lymphoblastoiden Zelllinien** durch Transformation mit dem Epstein-Barr-Virus (EBV), das **episomal** (**nichtintegriert**) in den Zellen erhalten bleibt und das endogene Genom nicht verändert. Menschliche B-Lymphocyten besitzen einen Rezeptor für EBV. Nach der Infektion werden sie mit hoher Erfolgsrate immortalisiert; das Ergebnis ist eine Zelllinie, die sich in Kultur unbegrenzt vermehren lässt (oder für künftigen Bedarf kältekonserviert wird).

3.2 Wechselwirkungen zwischen den Zellen

3.2.1 Die Kommunikation zwischen den Zellen erfolgt über die Aufnahme von Signalmolekülen durch spezifische Rezeptoren

Das Überleben und die Reproduktion einzelner Zellen in einem vielzelligen Organismus ist dem Überleben und der Reproduktion des Organismus als Ganzes untergeordnet. Somatische Zellen müssen zum Wohl des Organismus miteinander kooperieren. Aus diesem Grund müssen Zellen innerhalb eines vielzelligen Lebewesens miteinander kommunizieren, um physiologische und biochemische Funktionen zu koordinieren und zu regulieren. Die Kommunikation zwischen den Zellen beruht auf der Erzeugung von **Signalmolekülen** durch die eine Zellpopulation und deren Erkennung durch **Rezeptoren**, die generell auf der Oberfläche der Zielzellen vorhanden sind (Tab. 3.3). Tierische Zellen besitzen zahlreiche Rezeptoren, die Signalmoleküle aufnehmen können, und die Rezeptoren sind mit internen **Signaltransduktionswegen** gekoppelt. Diese wiederum ermöglichen die Regulation der Aktivität von Transkriptionsfaktoren und letztendlich die Veränderung von Genexpressionsmustern (ein Überblick findet sich in Twyman (2001)).

Die Signaltransduktion zwischen den Zellen kann über verschiedene Entfernungen erfolgen. Am bekanntesten ist die **endokrine Signaltransduktion,** bei der in einer bestimmten Körperregion eine endokrine Drüse ein Hormon freisetzt, das zu einer entfernt liegenden Population von Zielzellen durch Transport über das Blut gelangt. Die endokrine Sig-

Tabelle 3.3 Wichtige Klassen von Signalmolekülen und ihren Rezeptoren

	Rezeptor	Beispiele
Sezernierte Signale		
verschiedene Arten (Peptide, Proteine, kleine organische Moleküle, physikalische Reize)	G-Protein-gekoppelte Rezeptoren einzelne Polypeptidkette; die zentrale hydrophobe Region bildet eine Transmembrandomäne mit sieben Durchgängen, die N-terminale Domäne bindet den Liganden, die interne C-terminale Domäne ist mit einem guanosinnucleotidbindenden Protein assoziiert	Rezeptoren für Adrenalin (Epinephrin), Serotonin, Glucagon, follikelstimulierendes Hormon, Histamin, Opioide und Neurokinine; auch Geruchs-, Geschmacks- und optische Rezeptoren
Wachstumsfaktoren, Ephrine	Rezeptortyrosinkinase Dimer; N-terminale Ligandenbindungsdomäne, interne Kinasedomäne; durchquert die Membran einmal	Rezeptoren für Insulin, Fibroblastenwachstumsfaktoren, epidermalen Wachstumsfaktor, Ephrine
Cytokine	Rezeptoren mit assoziierter Tyrosinkinaseaktivität Oligomere; N-terminale Lingandenbindungsdomäne; interne Domäne assoziiert mit Janus-Kinase (JAK)	Rezeptoren für Wachstumshormone, Prolactin, Erythropoetin, koloniestimulierende Faktoren, Interleukine, Interferone
TGF-β-Familie	Rezeptoren mit assoziierter Serin-Threonin-Kinase-Aktivität Oligomere; N-terminale Ligandenbindungsdomäne; interne Domäne assoziiert mit SMAD-Proteinen	Rezeptoren für TGF-β-Proteine, Knochenmorphogeneseproteine, Nodal, *glial-derived neurotrophic factor*
Hedgehog-Familie	Patched	Rezeptoren für Sonic Hedgehog und Indian Hedgehog bei der Entwicklung von Säugern
Wnt-Familie	Frizzled	Rezeptoren für Proteine der Wnt-Familie bei der Entwicklung von Säugern
Steroidhormone, Retinoide	Zellkernrezeptoren Dimere; liegen im Cytoplasma oder Zellkern; bei Assoziation mit Liganden Umwandlung zu Transkriptionsfaktoren	Rezeptoren für Steroidhormone, Schilddrüsenhormone, Vitamin D, Retinsäure
Immobilisierte Signale		
Delta/Serrate-Familie	Notch	Delta- und Serrate-Proteine bei der Entwicklung des Nervensystems

naltransduktion ist für die Aufrechterhaltung der Homöostase von großer Bedeutung und spielt außerdem eine wichtige Rolle in der späteren Entwicklungsphase, sobald sich das Gefäßsystem gebildet hat. In der frühen Entwicklungsphase ist es jedoch vor allem erforderlich, dass Signale kurze Entfernungen zurücklegen. Bei der **parakrinen Signaltransduktion** setzt eine Zellpopulation ein Signalmolekül frei, das dann über eine kurze Entfernung zur Zielzelle diffundiert. Die **juxtakrine Signalübertragung** beruht auf der Wechselwirkung zwischen benachbarten Zellen. Dabei bleibt das Signal, das die eine Zelle erzeugt, an die Plasmamembran gekoppelt. Zellen reagieren auch auf Moleküle, die in ihrer unmittelbaren Umgebung vorkommen, also in der **extrazellulären Matrix** (Abschnitt 3.2.4)

3.2.2 Aktivierte Rezeptoren initialisieren die Signalübertragungswege, die über Enzymkaskaden oder sekundäre Botenstoffe (*second messenger*) laufen, und bewirken schließlich die Aktivierung oder Hemmung von Transkriptionsfaktoren

Nach der Aktivierung eines bestimmten Signalproteins wird eine Kette von Ereignissen ausgelöst, die schließlich das Muster der Genaktivitäten in der Zielzelle verändern. Anzahl und Art der Verknüpfungen in der Kette hängt von dem beteiligten spezifischen Signalmolekül ab. Steroid- und Schilddrüsenhormone und das entwicklungsspezifische Regulationsmolekül Retinsäure können durch die Plasmamembran diffundieren, sodass die zugehörigen Rezeptoren im Inneren der Zelle lokalisiert sind. Nach Bindung ihrer Liganden wirken diese Rezeptoren direkt als Transkriptionsfaktoren, die die Transkription von Genen auf der nächsten Stufe der Signalkette modulieren. Demnach erfolgt die Signaltransduktion mittels steroidähnlicher Moleküle in einem einzigen Schritt (Tsai und O'Malley 1994).

Die meisten anderen Signalmoleküle bleiben außerhalb der Zelle und binden an Transmembranrezeptoren. Die Bindung eines Liganden an die extrazelluläre Domäne eines Rezeptors führt zu einer Konformationsänderung der inneren Domäne, die im Allgemeinen eine ruhende Enzymaktivität stimuliert. Bei den Rezeptorkinasen aktiviert diese Konformationsänderung eine Kinasefunktion, die entweder im Rezeptor selbst liegt oder bei einem Protein, das mit dem Rezeptor assoziiert ist. Im ersten Fall phosphoryliert sich der Rezeptor selbst und kann dann andere Proteine in der Zelle phosphorylieren und aktivieren. Diese Zielproteine sind ebenfalls häufig Kinasen, die dann in der Folge der Signalkette weitere Proteine phosphorylieren. Schließlich erreicht diese Kaskade von Kinaseaktivitäten einen Transkriptionsfaktor, der aktiviert oder gehemmt wird, was dann zur entsprechenden Veränderung der Genexpression führt. In einigen Fällen ist die Signalkaskade kurz (beispielsweise beim durch Cytokin regulierten JAK-STAT-Signalweg; Pellegrini und Dusanter-Fourt 1997, Hou et al. 2002; Abb. 3.4) oder besteht aus zahlreichen Stufen (zum Beispiel der durch Wachstumsfaktoren regulierte MAP-Kinase-Signalweg; Robinson und Cobb 1997; Abb. 3.5).

Bei G-Protein-gekoppelten Rezeptoren erfolgt die Signaltransduktion durch die Aktivierung von *second messenger*-Molekülen (kleine Moleküle wie cAMP, Calcium oder Lipide). Die Ligandenbindung veranlasst das guanosinnucleotidbindende Protein (G-Protein), das mit dem Rezeptor assoziiert ist, GDP gegen GTP auszutauschen. Das führt zur Dissoziation des G-Proteins in die Untereinheiten α und $\beta\gamma$. Jede dieser Untereinheiten kann dann mit stromabwärts in der Signalkette liegenden Proteinen interagieren, um

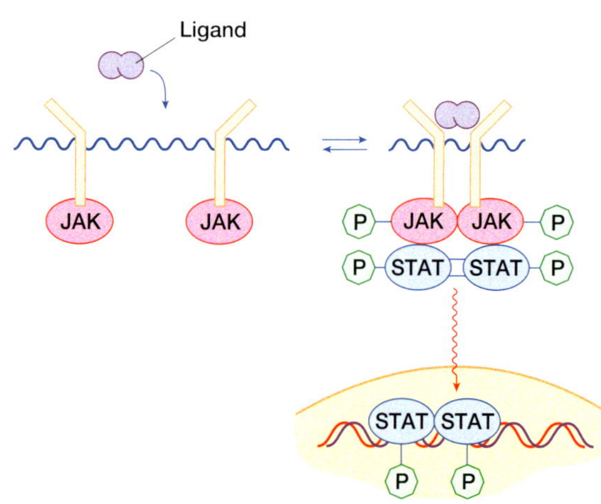

3.4 Cytokinrezeptoren sind Dimere oder Oligomere, wobei jedes Polypeptid die Membran einmal durchspannt. Die Rezeptoren besitzen keine eigene Tyrosinkinaseaktivität, sondern sind konstitutiv mit Tyrosinkinasen der Janus-Familie (Janus-Kinasen, JAK) im Cytoplasma assoziiert. Die Bindung eines Liganden verursacht eine Dimerisierung der Rezeptoren. Das führt zu einer reziproken Autophosphorylierung der assoziierten JAK-Kinasen, die dadurch aktiviert werden und ihrerseits den Rezeptor selbst phosphorylieren. Der Rezeptor kann dann inaktive Transkriptionsfaktoren mobilisieren, die so genannten STAT-Faktoren (*signal transducers and activators of transkription*). Diese binden über ihre SH2-Domäne an Phosphotyrosinreste. Die STAT-Faktoren werden dann durch die JAK-Kinasen phosphoryliert, können nun dimerisieren und in den Kern gelangen, wo sie in der Signalkette stromabwärts liegende Gene aktivieren. Grafik nach: Twyman (2001) *Instant Notes in Developmental Biology*; BIOS Scientific Publishers.

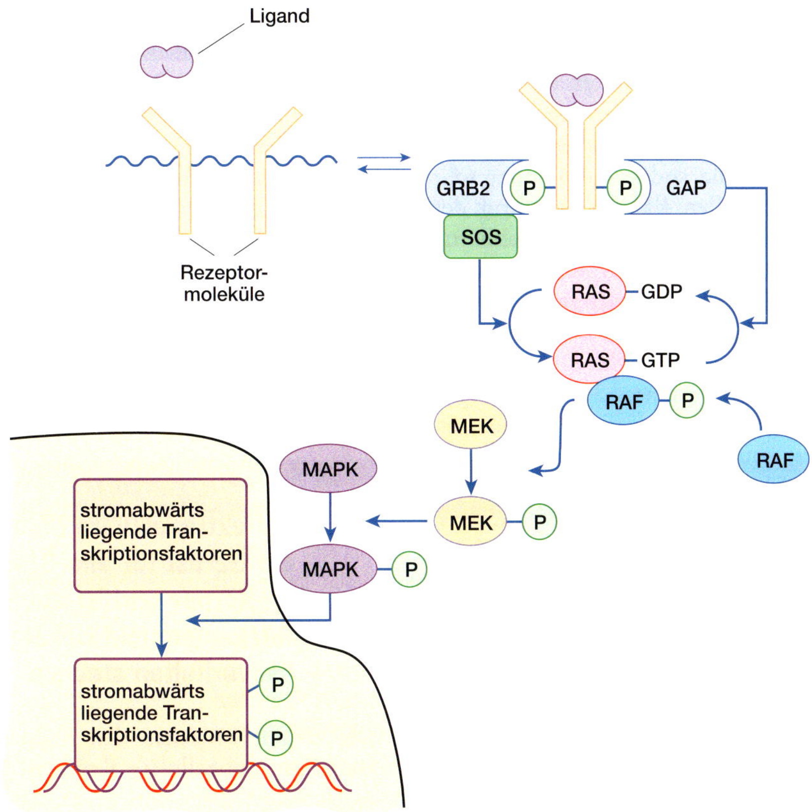

3.5 Wachstumsfaktoren wirken als Liganden von Rezeptortyrosinkinasen. Die Bindung eines Liganden stimuliert die Dimerisierung des Rezeptors und aktiviert die cytoplasmatische Tyrosinkinaseaktivität, die Teil des Rezeptors ist. Der Rezeptor kann nicht nur andere Proteine phosphorylieren, sondern auch sich selbst (Autotransphosphorylierung). Das führt zur Mobilisierung von Proteinen, die spezifisch an Phosphotyrosinreste binden, beispielsweise Enzyme, die die Aktivität des Ras-Proteins beeinflussen. Die Ras-Aktivität wiederum lenkt das Raf-Protein zur Membran, wo dessen Kinaseaktivität stimuliert wird. Raf aktiviert das MEK-Protein, das daraufhin die MAP-Kinase aktiviert. Sowohl das MEK-Protein als auch die MAP-Kinase aktivieren ruhende Transkriptionsfaktoren, sodass sich das Genexpressionsmuster im Zellkern ändert. Grafik nach: Twyman (2001) *Instant Notes in Developmental Biology*; BIOS Scientific Publishers.

so die Konzentrationen der *second messenger*-Moleküle zu regulieren (Bourne 1997). Abhängig vom beteiligten G-Protein führt die Bindung des Liganden zur Stimulierung oder Hemmung des Enzyms Adenylatcyclase, was den Spiegel an intrazellulärem cAMP verändert (Houslay und Milligan 1997). Andere G-Proteine stimulieren die Produktion von Lipiden, etwa Inositol-1,4,5-Trisphosphat und Diacylglycerin (Speigel et al. 1996) oder die Freisetzung von Calciumionen (Clapham 1995). Die *second messenger*-Moleküle wiederum aktivieren stromabwärts liegende Proteinkinasen, beispielsweise die cAMP-abhängige Proteinkinase A und die calciumabhängige Proteinkinase C, die weitere Phosphorylierungen durchführen und so die Aktivität von einzelnen Transkriptionsfaktoren verändern.

Zwischen den oben beschriebenen Signalwegen besteht ein intensiver Informationsaustausch. So interagieren zum Beispiel die Proteinkinasen A und C mit dem MAP-Kinase-Signalweg; Rezeptortyrosinkinasen können den JAK-STAT-Signalweg stimulieren und die Konzentrationen von *second messenger*-Molekülen beeinflussen; und Cytokinrezeptoren können die Aktivität von Ras verändern. Die Reaktion einer bestimmten Zelle hängt von der Summe aller Signale ab, die an ihrer Oberfläche ankommen, und auch davon, über welche spezifischen Rezeptoren und Signalkomponenten die Zelle verfügt.

3.2.3 Die Organisation von Zellen und Geweben erfordert eine Adhäsion der Zellen

Zellen organisieren sich zu Geweben über die Expression von **Adhäsionsmolekülen** (Cunningham 1995, Gumbiner 1996). Grundsätzlich funktionieren Adhä-

rezeptoren, die man als **Integrine** bezeichnet, mit den Zellen in Wechselwirkung. Die Integrine binden an die ECM-Proteine an der Außenseite der Zelle und über Brückenproteine an der Innenseite (etwa Talin oder α-Actinin) an Aktinmikrofilamente in der Zelle. Solche Wechselwirkungen ermöglichen es den Zellen, sich durch Kontraktion der Aktinfilamente gegen die feste ECM-Struktur zu bewegen. Man konnte auch zeigen, dass Integrine intrazelluläre Signalwege aktivieren. Das deutet darauf hin, dass die extrazelluläre Matrix die Genexpression in den Zellen beeinflussen und so das Zellverhalten als Reaktion auf spezifische ECM-Bestandteile verändern kann. Ein wichtiges Beispiel für diese Funktion der extrazellulären Matrix ist die Aufrechterhaltung der **Zellpolarität** durch die Basalmembran (weitere Beispiele in Dustin 2002). Im Darmepithel bewirkt die Basalmembran, die sich an einer Seite der Zelleinzelschicht befindet, die Entwicklung und Aufrechterhaltung einer glatten basalen Oberfläche, die an das Bindegewebe anschließt, und einer in das Darmlumen weisenden Oberfläche, die durch einen Mikrovillisaum gekennzeichnet ist.

Der Proteoglykan- und Glykosaminoglykananteil der extrazellulären Matrix besitzt eine Reihe von Funktionen. Die Moleküle sind gut löslich und bilden ein hydratisiertes Gel, das als Polster wirkt und das Gewebe vor Druckeinwirkungen schützt. Wenn der Proteoglykangehalt der extrazellulären Matrix sehr hoch ist, erweist sich das Gewebe als besonders widerstandsfähig gegen äußeren Druck, beispielsweise im Knorpel. Proteoglykane können komplexe übergeordnete Strukturen bilden, bei denen sich einzelne Proteoglykanmoleküle um ein Rückgrat aus Hyaluronsäure anordnen. Diese Komplexe können als biologisches Reservoir für die Speicherung von aktiven Molekülen dienen, zum Beispiel für Wachstumsfaktoren. Proteoglykane können für die Diffusion bestimmter Signalmoleküle essenziell sein. Sowohl der Hedgehog- als auch der Wingless-Signalweg sind in der *sugarless*-Mutante von *Drosophila* inhibiert, da diese Mutante Proteoglykane nicht richtig synthetisieren kann (Selleck 2000). Schließlich sind Proteoglykane auch an der Adhäsion zwischen Zelle und Matrix beteiligt. Dabei binden sie an Enzyme an der Zelloberfläche, die man als **Glykosyltransferasen** bezeichnet und deren Funktion darin besteht, Zuckerreste an Kohlenhydratgruppen anzuhängen. Wenn keine freien Zuckermoleküle vorhanden sind, wird die Kohlenhydratkette vom Enzym festgehalten. In Anwesenheit von Zucker wird die Reaktion vollendet und die Kohlenhydratgruppe freigesetzt. Solche Zyklen aus Adhäsion und Freisetzung sind möglicherweise für die Steuerung von Zellwanderungen von besonderer Bedeutung.

3.3 Die Entwicklung im Überblick

Der Begriff der **Entwicklung**, wie er bei Tieren und dem Menschen angewandt wird, bezieht sich auf den Vorgang, dass aus einer einzigen Zelle ein ausgereifter Organismus hervorgeht. Es ist häufig sinnvoll, die Entwicklung bei Tieren in eine **Embryonalphase** und eine **Postembryonalphase** zu gliedern. Während der Embryonalphase etablieren sich die wichtigsten Organsysteme, während die Postembryonalphase (vor allem bei Säugern) in erster Linie dem Wachstum und der Feinabstimmung dient. Entwicklungsbiologen konzentrieren sich eher auf die Embryonalphase, da hier die interessantesten und spektakulärsten Ereignisse stattfinden. Dies soll jedoch die Bedeutung der postembryonalen Entwicklung nicht schmälern. Nach Entstehen der grundlegenden Körperstruktur ist unklar, wann eigentlich die Entwicklung beendet ist. Beim Menschen gibt es ein Kontinuum aus postembryonalem Wachstum und Konsolidierung, das mit der Geburt unterbrochen wird und sich danach 20 Jahre lang fortsetzt. Dabei erreichen die Organe ihre Reife zu unterschiedlichen Zeitpunkten. Man kann der Ansicht sein, dass die menschliche Entwicklung endet, sobald das Individuum die sexuelle Reife erlangt hat, aber viele Gewebe müssen während des gesamten Lebens immer wieder ergänzt werden (beispielsweise Blut, Haut, Darmepithel). In diesen Fällen endet die Entwicklung niemals, sondern erreicht nur ein Gleichgewicht. Einige Wissenschaftler betrachten sogar das Alter als Teil der Entwicklung, da es einen natürlichen Abschnitt des Lebenszyklus darstellt.

Entwicklung ist ein gradueller Prozess. Aus der befruchteten Eizelle geht zuerst ein einfacher Embryo mit vergleichsweise unstrukturierten Merkmalen hervor. Mit fortschreitender Entwicklung nimmt die Anzahl der verschiedenen Zelltypen zu, und die Organisationsstruktur dieser Zellen wird komplizierter. Die Komplexität wird stufenweise erreicht. Auf molekularer Ebene umfasst die Entwicklung mehrere verschiedene Prozesse, die das Verhalten der Zellen betreffen. Diese Prozesse stehen zueinander in Beziehung und können getrennt oder kombiniert in verschiedenen Regionen des Embryos stattfinden (Twyman 2001).

- Die **Zellproliferation** erfolgt durch wiederholte Zellteilungen, wodurch sich die Anzahl der Zellen erhöht. Im ausgereiften Organismus wird dieser Effekt durch Zellverlust ausgeglichen.
- **Wachstum** entsteht durch die Synthese von Makromolekülen, durch die sich die Größe insgesamt und die Biomasse vergrößern.
- **Differenzierung** ist der Prozess, durch den sich Zellen in Bezug auf Struktur und Funktion spezialisieren.

Exkurs 3.3: Tiermodelle der Entwicklung

Die Erforschung der Entwicklung konzentriert sich auf eine relativ geringe Zahl von **Modellorganismen**, die man als repräsentativ für die taxonomischen Hauptgruppen der vielzelligen Lebewesen erachtet. Einige dieser Modellorganismen hat man ursprünglich ausgewählt, weil sie leicht zugänglich sind und in Gefangenschaft vermehrt werden können. Bei anderen hingegen spielten dabei Kriterien der spezifischen experimentellen Anforderungen eine Rolle. Die Untersuchung dieser Modellorganismen hat gezeigt, dass Entwicklungsgene, tatsächlich sogar ganze Regulationswege, sehr stark konserviert sind. Mit ihrer Hilfe ist es auch gelungen, menschliche Entwicklungsgene zu charakterisieren. Die Bedeutung dieser Spezies als Experimentalmodelle soll im Folgenden anhand von bereits abgeschlossenen oder in Arbeit befindlichen Genomprojekten erläutert werden (Exkurs 8.8).

Wirbellose

Die wichtigsten Modelle der Wirbellosen sind die Taufliege (*Drosophila melanogaster*) und der Fadenwurm (*Caenorhabditis elegans*). Beide sind genetisch zugänglich und eignen sich deshalb für Mutationstests in großem Maßstab, für genetische Analysen und genetische Manipulation. Die Embryonen beider Spezies (auch die ausgewachsenen Würmer) sind durchscheinend und auch für chirurgische Eingriffe geeignet. *Drosophila* war das erste Tiermodell, das man auf molekularer Ebene genau untersucht hat. Viele der molekularen Mechanismen, die der frühen Embryonalentwicklung zugrunde liegen, hat man zuerst bei dieser Spezies entdeckt. *Drosophila* bietet außerdem sehr gute Modelle für die Neurogenese und die Entwicklung der Augen. Das Besondere bei *Caenorhabditis* ist der gleichförmige Ablauf der Entwicklung mit den fast unveränderlichen Zelllinien und die Verfügbarkeit eines vollständigen Schaltplans für das Nervensystem. Zelllinienmutanten bilden ein wichtiges Werkzeug, um das zelluläre Gedächtnis bei der Entwicklung zu untersuchen. Das weibliche Geschlechtsorgan des Fadenwurms ist ein genau untersuchtes Modell für die Organogenese. Andere Modelle mit Wirbellosen gibt es beispielsweise für Mollusken, Ascidien (Manteltiere) und Anneliden.

Wirbeltiere

Modellorganismen der Wirbeltiere dienen als beispielhafte Modelle für die menschliche Entwicklung, sowohl in Bezug auf die Anatomie als auch auf molekularer Ebene. Das Haushuhn (*Gallus gallus*) und der afrikanische Krallenfrosch *Xenopus laevis* werden hier bevorzugt verwendet, da beide Spezies widerstandsfähige Embryonen hervorbringen, die sich außerhalb des Körpers entwickeln und die man leicht manipulieren kann. Diese Spezies sind jedoch für genetische Analysen von geringer Bedeutung. Bei *X. laevis* liegt das vor allem an der langen Generationszeit und dem tetraploiden Genom, das genetische Analysen schwierig macht. Das Interesse hat sich daher vor kurzem auch einer verwandten Spezies zugewendet; *X. tropicalis* erzeugt zwar kleinere Embryonen, hat aber eine kürzere Generationszeit und ist diploid. Die Maus (*Mus musculus*) bietet verschiedene Vorteile: Zum einen ist sie genetisch zugänglich, eignet sich für genetische Manipulationen (vor allem für die gezielte Inaktivierung von Genen – *gene targeting*; Kapitel 20) und steht dem Menschen relativ nahe. Da sich jedoch der Embryo innerhalb des Körpers entwickeln muss, sind chirurgische Eingriffe schwierig durchzuführen. Der Zebrafisch (*Danio reiro*) verbindet die genetische Zugänglichkeit mit leichten Eingriffsmöglichkeiten und lässt sich daher vielleicht am vielseitigsten unter den Wirbeltieren als Modellorganismus einsetzen.

Alle Embryonen der Wirbeltiere durchlaufen ähnliche Entwicklungsstadien, beispielsweise die Furchung der großen Eizelle, Gastrulation, Neurulation, Bildung der Wirbel (Somitogenese) und die Entwicklung der Gliedmaßenknospen. Sie erreichen ein **phylotypisches Stadium**, bei dem der Aufbau aller Wirbeltierembryonen fast gleich aussieht. Trotz dieser Übereinstimmungen bestehen auch wichtige Unterschiede zwischen den fünf Klassen der Wirbeltiere, vor allem in Bezug auf die Furchungsphase und die Gastrulation; dies hängt in erster Linie mit der Art der Nährstoffversorgung für den Embryo zusammen (Einzelheiten in Abschnitt 3.7.2). Weitere Unterschiede zeigen sich bei der Art und Weise, wie die primären Körperachsen des Embryos festgelegt werden (Abschnitt 3.5.1) und in anderen Entwicklungsprozessen, wie etwa der Geschlechtsbestimmung (Exkurs 3.9).

- Bei der **Musterbildung** organisieren sich die Zellen, wobei sie zuerst den grundlegenden organismusspezifischen **Bauplan des Körpers** bilden und dann die feineren Strukturen der verschiedenen Organe und Gewebe.
- Die **Morphogenese** ist die Veränderung der Form insgesamt. Der Morphogenese können mehreren Mechanismen zugrunde liegen. Dazu gehören die differenzielle Zellproliferation, selektive Adhäsionsvorgänge zwischen den Zellen untereinander sowie zwischen Zellen und Matrix, Veränderungen von Zellform und -größe, die selektive Aktivierung des programmierten Zelltodes und die Kontrolle über die Symmetrie und die Ebenen der Zellteilung.

Alle oben beschriebenen Vorgänge werden von Genen kontrolliert, die festlegen, wo und wann im Embryo bestimmte Proteine synthetisiert werden, wie sich also die einzelnen Zellen verhalten. Da in einem vielzelligen Lebewesen die DNA-Sequenz in den einzelnen Zellen nur geringe Unterschiede aufweist, enthalten die meisten Zellen zumindest dieselben Gene. Damit also Zellen überhaupt die Embryonalentwicklung bewerkstelligen können, muss es eine *differenzielle Genexpression* geben. Die Genexpression wird von Transkriptionsfaktoren kontrolliert. Also hängt die Genexpression letztendlich davon ab, welche Transkriptionsfaktoren in einer Zelle aktiv sind (ein Beispiel findet sich bei Kuo et al. 1992). Wie in Abschnitt 3.2.2 behandelt, lässt sich die Aktivität von Transkriptionsfaktoren durch Signale zwischen den Zellen regulieren. Die Entschlüsselung der Signalwege und der Regulationsprogramme, die die Entwicklung kontrollieren, ist ein Hauptziel biomedizinischer Forschung. In diesem Kapitel wollen wir uns mit der Entwicklung bei Wirbeltieren, besonders bei Säugern, beschäftigen. Das gegenwärtige Wissen über die frühe *menschliche* Entwicklungsphase ist nur fragmentarisch, da Proben für Untersuchungen vielfach aus Gründen der Ethik und der Praktikabilität nur begrenzt zur Verfügung stehen. Aus diesem Grund stammt ein großer Teil der zurzeit vorhandenen Informationen aus **Tiermodellen der Entwicklung** (Exkurs 3.3).

3.4 Die Spezialisierung von Zellen während der Entwicklung

3.4.1 Bei der Zellspezialisierung kommt es zu einer irreversiblen Folge hierarchisch gegliederter Entscheidungen

Die Entwicklung lässt sich vergleichen mit einem Wasserlauf, der einen Berg herunter rinnt, wobei die einzelnen Zellen den Blättern entsprechen, die auf dem Wasser treiben (Abb. 3.6). Der Weg des Wassers kann sich viele Male verzweigen, bevor es den Fuß des Berges erreicht, aber ein Blatt kann immer nur einem Weg folgen. Wenn es sich einem Verzweigungspunkt nähert, muss das Blatt den einen Weg wählen oder den anderen. Sobald solch eine Entscheidung getroffen wurde, kann das Blatt nicht zurückkehren und den anderen Weg nehmen. Die Entscheidung ist nicht mehr rückgängig zu machen.

Nach der Befruchtung erfolgen die ersten Zellteilungen der Zygote symmetrisch, die Tochterzellen besitzen dasselbe **Entwicklungspotenzial** (*potency*). Die Zygote und ihre unmittelbaren Nachkommen sind unspezialisiert und man bezeichnet sie als **totipotent**. Sie können alle Zellen des Organismus bilden, einschließlich der Embryonalhülle. Dies steht in Analogie zu einem Blatt am Anfang seiner Bergreise. Mit fortschreitender Entwicklung spezialisieren sich die Zellen immer mehr, gleichzeitig werden sie in ihrem Potenzial, verschiedene Typen von Nachfolgerzellen hervorzubringen, stärker eingeschränkt. Die Zellen

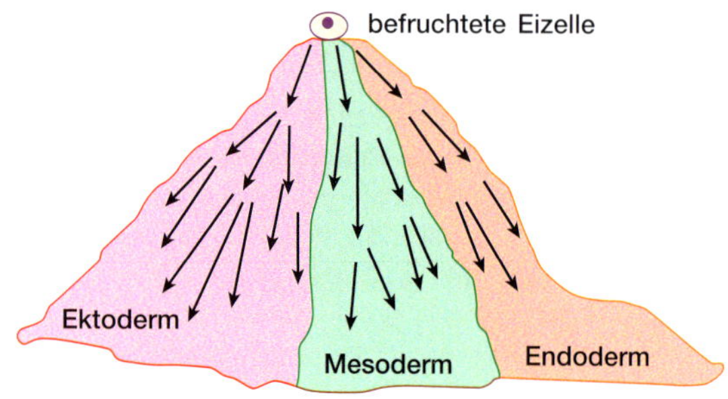

3.6 Entwicklungswege kann man sich als verzweigte Wasserläufe vorstellen, die einen Berg herunter fließen.

sind dazu gezwungen, Entscheidungen zu treffen und bestimmte Wege zu wählen.

Die erste Entscheidung bei einem Säugerembryo ist die Wahl zwischen innerer *Zellmasse* und *Trophoblast*. Aus Ersterem entwickelt sich der eigentliche Embryo und das Amnion, aus Letzterem geht die Zottenhaut und der embryonale Anteil der Placenta hervor. Die Zellen der inneren Masse sind **pluripotent**, das heißt, sie können alle Zellen des Embryos und damit des ganzen Lebewesens hervorbringen, aber keine Strukturen außerhalb des Embryos, die sich aus dem Trophoblasten entwickeln. Bis zu diesem Zeitpunkt zeigt sich das Entwicklungspotenzial der embryonalen Zellen noch darin, das daraus auch Zwillinge hervorgehen können (Exkurs 3.4).

Zellen, die in die Linie der inneren Zellmasse abgezweigt sind, haben nun die Auswahl, eine der drei grundlegenden Zelltypen des Embryos zu bilden: das **Ektoderm**, das **Mesoderm** oder das **Endoderm**. Aus jedem dieser Keimblätter kann in der Folge nur noch ein spezifisches und begrenztes Spektrum von Zelltypen hervorgehen, aber keines kann mehr den gesamten Embryo bilden. Die Zellen sind nun **multipotent**. Sobald also Zellen zur Bildung von einem der Keimblätter abgezweigt sind, können sie generell keine Zelltypen mehr hervorbringen, die für ein anderes Keimblatt charakteristisch sind. Allerdings gibt es seit kurzem Hinweise, dass Stammzellen eine stärkere entwicklungsbiologische Flexibilität (Plastizität) aufweisen, als ursprünglich angenommen (Abschnitt 3.4.6). Aus Zellen der Ektodermlinie entstehen beispielsweise die Epidermis, das Nervengewebe oder Zellen der Neuralleiste, normalerweise jedoch keine Nierenzellen (die sich aus dem Mesoderm entwickeln) oder Leberzellen (aus dem Endoderm) (Exkurs 3.5). Am Fuß des Berges entstehen schließlich Vorläuferzellen, die nur noch einen einzigen Typ differenzierter Zellen hervorbringen. Diese bezeichnet man als **unipotent**.

In Histologielehrbüchern wird auf über 200 verschiedene Zelltypen im menschlichen Körper verwie-

Exkurs 3.4: Zwillingsbildung bei menschlichen Embryonen

Aus etwa einer von 200 Schwangerschaften gehen beim Menschen Zwillinge hervor. Sie unterteilen sich in zwei Gruppen: zweieiig (**dizygotisch**) oder eineiig (**monozygotisch**). Zweieiige Zwillinge entstehen durch die unabhängige Befruchtung von zwei Eizellen; sie sind nicht näher miteinander verwandt als andere Geschwister auch. Die Embryonen entwickeln sich zwar im selben Uterus, haben aber voneinander getrennte und unabhängige Embryonalhüllen. Eineiige Zwillinge entwickeln sich aus demselben Befruchtungsereignis aufgrund einer Teilung des Embryos, als die Zellen noch totipotent oder pluripotent sind. Frühe Teilungen, die entweder vor oder während des Morulastadiums auftreten, führen zu zwei getrennten Blastocysten. Aus diesen gehen Embryonen mit jeweils eigenen Embryonalhüllen hervor. Das ist bei etwa einem Drittel aller eineiigen Zwillinge der Fall. Bei den übrigen zwei Dritteln erfolgt die Zwillingsbildung im Stadium der Blastocyste, die innere Zellmasse teilt sich. Die Art der Zwillingsbildung hängt genau mit der Entwicklungsphase zusammen, in der die Teilung erfolgt. Daraus ergibt sich auch, wie vollständig die Teilung erfolgt. In den meisten Fällen findet die Teilung vor dem 9. Tag der Schwangerschaft statt und die sich weiter entwickelnden Embryonen befinden sich in einer gemeinsamen Amnionhöhle. Durch eine unvollständige Teilung oder eine anschließende erneute Verschmelzung können solche Zwillinge zusammengewachsen zur Welt kommen.

sen, die ein breites Spektrum von Funktionen erfüllen (Exkurs 3.6). Die Funktion mancher Zelltypen ist auf ein Organsystem begrenzt (zum Beispiel Hepatocyten, Kardiomyocyten), während andere allgemeinere Funktionen besitzen, beispielsweise Fibroblasten. Einige ausgereifte spezialisierte Zellen teilen sich nicht mehr und werden als **terminal differenziert** bezeichnet. Andere Zellen teilen sich aktiv und wirken als Vorstufen für ausdifferenzierte Zellen. Zur Unterscheidung von anderen Zellen erhalten sie häufig die Endsilbe „-blast", wie etwa Osteoblasten, Chondroblasten oder Myoblasten. In einigen Fällen sind die Vorläuferzellen auch zur Selbsterneuerung fähig. Diese Zellen bezeichnet man als **Stammzellen** (Abschnitt 3.4.3).

3.4.2 Die Wahl zwischen verschiedenen Entwicklungswegen kann von der Herkunft oder von der Position abhängen

Eine in der Entwicklungsbiologie häufig gestellte Frage lautet, ob das **Schicksal** einer Zelle (also das Spektrum an Zelltypen, die daraus hervorgehen können), von der **Herkunft** (den Zellen, von denen die fragliche Zelle abstammt) oder von der **Position** (den Zellen, mit denen sie in Kontakt steht) abhängt. In der frühen Entwicklungsphase eines Wirbeltierembryos ist die Position einer Zelle offenbar die wichtigste Determinante für ihr Schicksal. Ein solcher Entwicklungsweg wird häufig von Zellen festgelegt, die sich in der Nähe befinden; diesen Vorgang bezeichnet man als **Induktion**. Die Bildung der Neuralplatte beim *Xenopus*-Embryo bietet dafür ein gut untersuchtes Beispiel (Harland 2000, Bainter 2001; Abb. 3.7).

Die Neuralplatte entwickelt sich entlang der dorsalen Mittellinie aus dem Oberflächenektoderm, während das Ektoderm an den Seiten der Mittellinie die Epidermis bildet. Ursprünglich war jedoch das gesamte Ektoderm nicht festgelegt oder **naiv**, das heißt, die Zellen sind kompetent, entweder die Epidermis oder die Neuralplatte zu bilden. Das Signal für die Neuralinduktion kommt vom **Notochord (Chorda dorsalis)**, einer Struktur des Mesoderms, die entlang der kraniokaudalen Achse des Embryos verläuft. Ektodermzellen oberhalb des Notochord erhalten Signale, die die Entwicklung zu Nervenzellen auslösen, während das umgebende Ektoderm keine Signale erhält. Bei Entfernung des Notochords bildet das gesamte Ektoderm die Epidermis. Dementsprechend entsteht Neuralplattengewebe, wenn man ein Stück des Notochord unter ventrales oder laterales Ektoderm (das normalerweise die Epidermis bilden würde) verpflanzt. Ektoderm, das man aus einer potenziellen Neuralplattenregion entfernt und an anderer Stelle wieder in den Embryo einpflanzt, bildet dort Epidermisgewebe, während Ektoderm, das man aus einem lateralen oder ventralen Bereich an eine Stelle oberhalb des Notochords verpflanzt, Neuralplattengewebe bildet. Daraus folgt eindeutig, dass das Schicksal des Ektoderms – epidermal oder neural – von der Position der Zellen und nicht von ihrer Herkunft abhängt und zunächst *reversibel* ist. In dieser Phase bezeichnet man das Schicksal der Zellen als **spezifiziert**; das heißt, durch Ortswechsel ist noch eine Veränderung möglich. Nach einem bestimmten Zeitraum ist jedoch das Schicksal des Ektoderms genau festgelegt und lässt sich durch Verpflanzung nicht mehr verändern. Dann sind die Zellen **determiniert**, das heißt, die Entwicklungslinie ist irreversibel. Determinierung bedeutet allgemein, dass die Zelle einen molekularen Prozess eingeleitet hat, der zwangs-

Exkurs 3.5: Wo unsere Gewebe herkommen – die Hierarchie der Entwicklung von Säugern

Jeder Zelltyp des Menschen lässt sich durch die Entwicklungshierarchie bis zur befruchteten Eizelle zurück verfolgen. Die abgebildete Karte stellt die entwicklungsrelevanten Entscheidungen dar, die alle im Lauf der Entwicklung getroffen werden müssen, damit aus einer Eizelle jeder einzelne Zelltyp wird (entsprechend der Analogie vom Wasserlauf den Berg hinunter in Abschnitt 3.4.1). Fast alle Zellen stammen von einem der primären Keimblätter ab, mit Ausnahme der primordialen Keimzellen, die von der somatischen Linie schon vor der Gastrulation abzweigen.

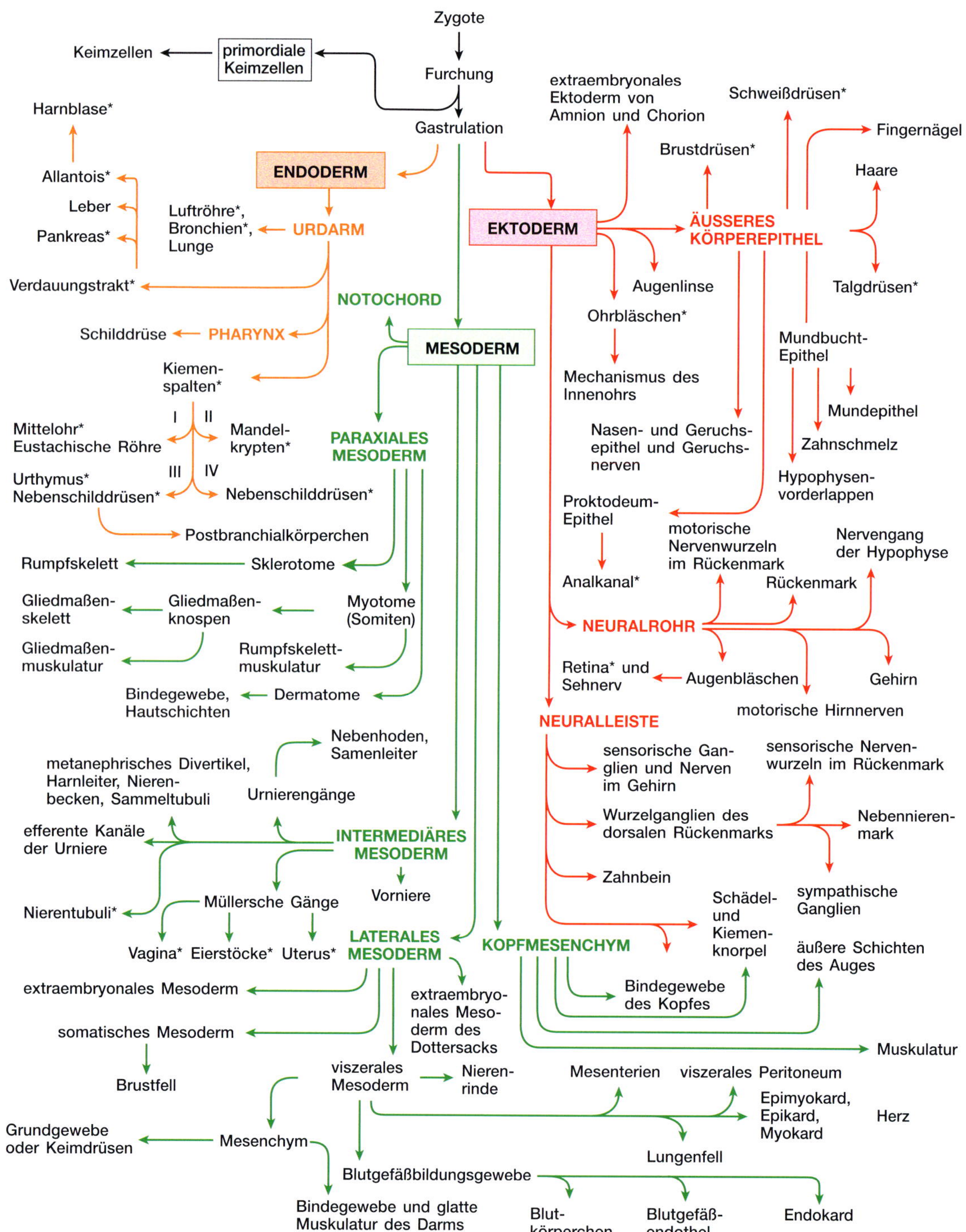

* nur Ursprung der epithelialen Anteile

Nach: Carlson (1981) Patten's Foundation of Embryology. McGrow Hill

Exkurs 3.6: Die Vielfalt menschlicher Zellen

In Histologielehrbüchern werden über 200 Zelltypen beschrieben. Anhand einiger häufiger Zelltypen wollen wir hier die große Vielfalt in Form und Größe veranschaulichen.

Eizelle und **Spermium** (morphologische Einzelheiten in Abb. 3.12; Entstehen aus den primordialen Keimzellen in Exkurs 11.4).

Lymphocyten (Abb. 3.9): kleine runde Zellen mit 6–8 μm Durchmesser; sehr wenig Cytoplasma; normalerweise 5 000 Zellen pro μl Blut.

Erythrocyten (Abb. 3.9): flache, bikonkave Scheibchen mit 7,2 μm Durchmesser; kein Zellkern, keine Mitochondrien, keine Ribosomen. Stoffwechsel ausschließlich durch Glykolyse; Lebensdauer 120 Tage; normalerweise 5×10^6 pro μl Blut.

Megakaryocyten (Abb. 3.3 und 3.9): große Knochenmarkzellen mit 35–150 μm Durchmesser; unregelmäßig gelappter Zellkern mit 8–32 Genomen, entstanden durch Endomitose; Megakaryocyten teilen sich auf und bilden dabei Tausende von Blutplättchen.

Blutplättchen (Abb. 3.3 und 3.9): Fragmente aus hoch strukturiertem Cytoplasma ohne Zellkern, Durchmesser 3–5 μm; Lebensdauer acht Tage; normalerweise 200 000 pro μl Blut.

Makrophagen (Abb. 3.9): variable Zellform, wandern mithilfe von Pseudopodien; spezialisiert für die Aufnahme von Partikeln durch Phagocytose, enthalten zahlreiche Lysosomen für den Abbau der Partikel; viele Makrophagen fusionieren um große Fremdpartikel herum und bilden riesige Gewebezellen.

Epithelzellen: stark adhäsive Zellen, die dicht gepackt und mit Desmosomen (*tight junctions*) zwischen den Zellen Epithelien bilden. Einige Epithelzellen sind auf Ionentransport, Absorption oder Sekretion spezialisiert.

Fibroblasten: unspezialisierte Zellen des *Bindegewebes*; können zu Knorpel-, Knochen- und Fettzellen, außerdem zu Zellen der glatten Muskulatur differenzieren.

Hepatocyten: polyedrische Zellen mit 20–30 μm Durchmesser, manchmal vielkernig; enthalten zahlreiche Mitochondrien, ein stark ausgeprägtes endoplasmatisches Reticulum und Lysosomen; können Fetttröpfchen enthalten.

Muskelfaserzellen (Abb. 3.3): vielkernige Zellen, entstehen durch Verschmelzung von Myoblasten; Durchmesser 10–100 μm; können mehrere Zentimeter lang sein; Zellkerne in der Peripherie; Innenraum der Zellen größtenteils mit Myofibrillen (1–2 μm Durchmesser) angefüllt, dazwischen zahlreiche Mitochondrien.

Nervenzellen: sehr verschiedene Größen und Formen; Zellkörper 4–150 μm; normalerweise zahlreiche Dendriten und ein Axon. Eine einzige Zelle kann über 100 000 Verbindungen zu anderen Nervenzellen besitzen. Axons von Zellen des Rückenmarks, die die Füße innervieren, sind durchaus einen Meter lang.

Melanocyten (Abb. 3.9): Epithelzellen mit langen verzweigten Fortsätzen, die zwischen Keratinocyten liegen und auf diese Pigmentpakete (Melanosomen) übertragen. Normalerweise 1 500 Zellen pro mm^2 Haut, unabhängig von der Hautfarbe.

Keratinocyten: reife Keratinocyten sind schuppenartige Strukturen voll Keratin und ohne Zellkern oder Organellen

läufig zur Differenzierung führt. In einigen Fällen liegt das daran, dass ein neuer Transkriptionsfaktor synthetisiert wird und dass dieser nicht inaktiviert werden kann. Andererseits kann es auch zu Modifizierungen des Chromatins kommen, die stattdessen das Genexpressionsmuster festschreiben. Auch geht möglicherweise die Induzierbarkeit verloren. So stellen vielleicht Ektodermellen, aus denen Epidermis wird, die Synthese des Rezeptors, der auf das Signal aus dem Notochord reagiert, ein.

Für die Festlegung des Schicksals einer Zelle aufgrund ihrer Herkunft im Embryo gibt es bei Wirbeltieren weniger Beispiele; ein wichtiger Aspekt ist jedoch das Verhalten von Stammzellen, auf das wir im Folgenden eingehen werden.

3.4.3 Stammzellen sind sich selbst erneuernde Vorläuferzellen

Selbst bei einem vollständig ausgewachsenen Organismus müssen einige Zellen ständig nachgeliefert werden. Sie entstehen aus sich selbst erneuernden Vorläufer- oder **Stammzellen**. Stammzellen können durch normale *symmetrische Zellteilungen* proliferieren, sodass immer zwei gleiche Tochterzellen entstehen. Falls erforderlich, können sie aber auch eine *asymmetrische Zellteilung* durchführen: Eine Tochterzelle besitzt dieselben Eigenschaften wie die ursprüngliche Stammzelle, während die zweite Tochterzelle andere Eigenschaften besitzt. Sie ist nun dazu bestimmt, eine Linie von differenzierten Zellen her-

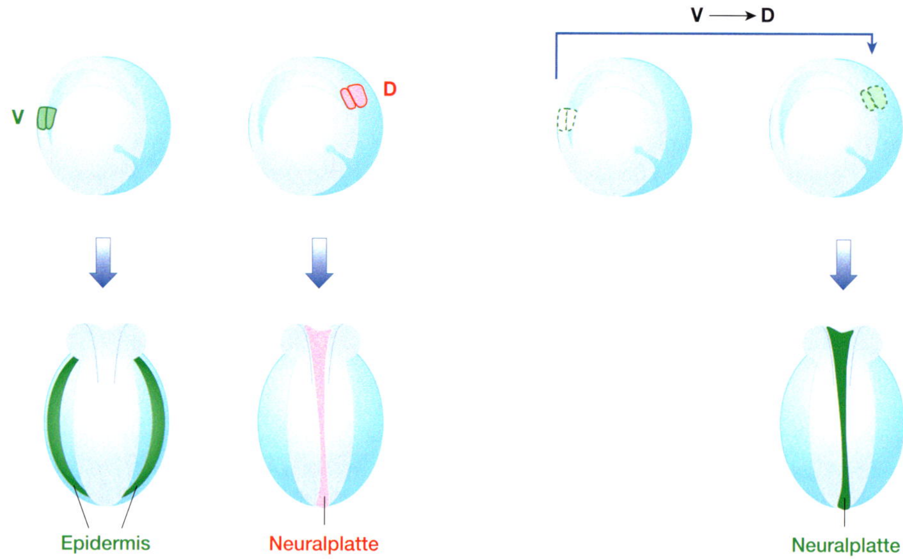

3.7 Transplantationsexperimente bei *Xenopus* zeigen, dass Ektodermzellen zu Epidermis- oder Nervenzellen umprogrammiert werden können. Links: Aus dem ventralen Ektoderm (V, grün) geht die Epidermis hervor, während sich das dorsale Ektoderm (D, rot) zur Neuralplatte entwickelt. Rechts: Das ventrale Ektoderm wird auf die Dorsalseite des Embryos übertragen, wo es eine neue Bestimmung erhält und nun an der Bildung der Neuralplatte mitwirken kann. Das zeigt, dass das Schicksal des Ektoderms von Signalen abhängt, die von anderen Zellen in der Nähe der Neuralplatte ausgehen, das heißt von Zellen des axialen Mesoderms.

vorzubringen. Das Schicksal dieser vorbestimmten Tochterzelle wird nicht von ihrer Position im Organismus oder von Signalen anderer Zellen beeinflusst. Die Entscheidung ist *intrinsisch* in der Stammzelllinie festgelegt. Diese Art der nichtkonditionellen (autonomen) Spezifizierung eines Zellenschicksals ist die Folge einer asymmetrischen Verteilung von regulatorischen Molekülen bei der Zellteilung. Bei den neuralen Stammzellen sind es beispielsweise die Proteine Notch-1 (am apikalen Pol konzentriert) und Numb (am basalen Pol konzentriert). Eine Teilung in der Ebene der Epitheloberfläche führt dazu, dass sich diese Determinanten gleichmäßig verteilen. Erfolgt die Teilung jedoch im rechten Winkel zur Epitheloberfläche, werden sie unterschiedlich auf die Tochterzellen verteilt, die sich dann unterschiedlich weiter entwickeln (Kim und Schagat 1996; Abb. 3.8).

Ein gutes Beispiel für Stammzelllinien bilden die Blutzellen, die alle aus einem einzigen Zelltyp, der **hämatopoetische Stammzelle**, hervorgehen (Morrison et al. 1995). Dies ließ sich auf drastische Weise zeigen, als man Mäuse so stark bestrahlte, dass ihr Knochenmark zerstört wurde. Dann hat man gereinigte hämatopoetische Stammzellen aus einem anderen Stamm auf die bestrahlten Mäuse übertragen. Die Zellen konnten sich differenzieren und bildeten im Blut neue Populationen aus. Hämatopoetische Stammzellen sind multipotent, aber die Zelllinien, die aus ihnen hervorgehen, spezialisieren sich zunehmend, bis sie schließlich nur noch ausdifferenzierte Blutzellen hervorbringen (Abb. 3.9).

3.4.4 Inzwischen kennt man zwar eine Reihe von Gewebestammzellen, aber man weiß noch nicht viel über sie

Eine Gewebestammzelle (manchmal auch als **somatische Stammzelle** bezeichnet) ist eine nichtdifferenzierte Zelle innerhalb der differenzierten Zellen in einem Gewebe oder Organ (Verfaile 2002). Eine Stammzelle kann sich selbst erneuern und differenzieren, um die spezialisierten Hauptzelltypen des Gewebes oder Organs hervorzubringen. Normalerweise gibt es in jedem Gewebe nur eine geringe Zahl solcher Zellen. Ihr genauer Ursprung ist zwar meistens unbekannt, aber man nimmt an, dass sie in jedem Gewebe in spezifischen Bereichen vorkommen. In bestimmten Fällen bleiben sie jahrelang in einem *Ruhestadium*, das heißt, sie teilen sich nicht und können erst durch eine Erkrankung oder Verletzung aktiviert werden. Wenn aber andererseits in einem Gewebe Zellen häufig nachgeliefert werden müssen (beispielsweise um Epithelzellen der Haut oder im Darm zu ersetzen), sind sie regelmäßig aktiv.

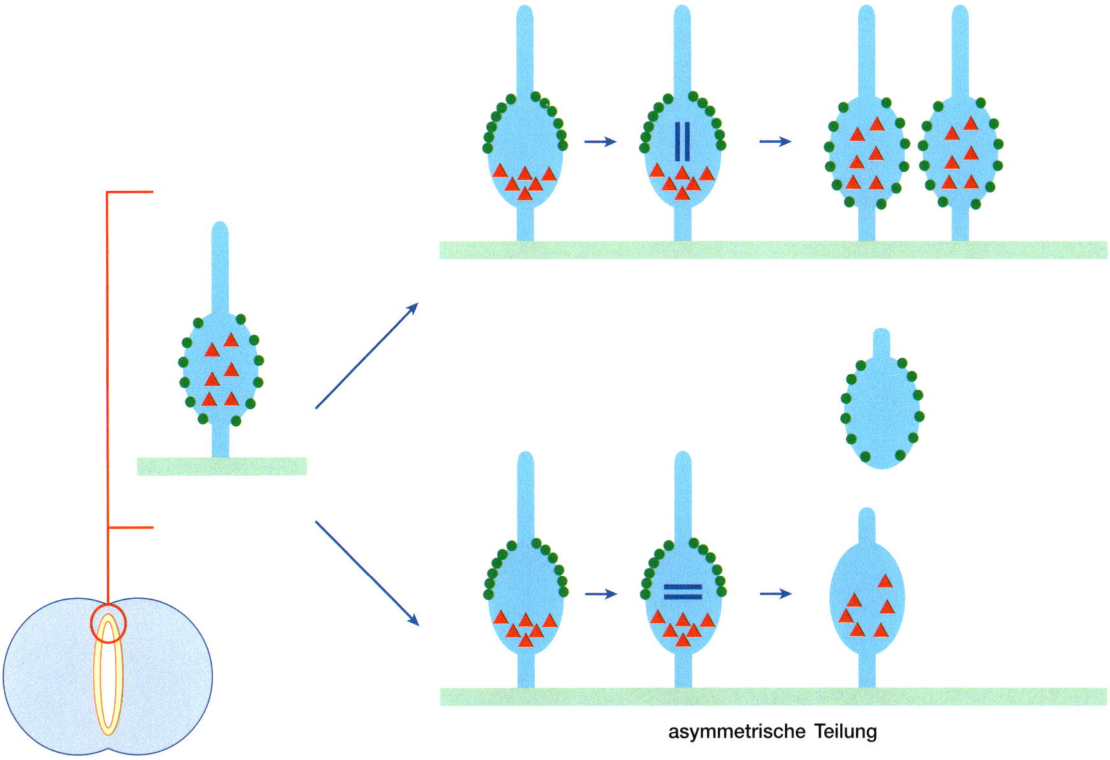

3.8 Das Schicksal der Abkömmlinge neuraler Stammzellen hängt von der Ebene der Zellteilung ab, was auf die asymmetrische Verteilung von membrandurchspannenden Proteinen wie Notch und intrazellulären Determinanten wie Numb zurückzuführen ist. Die symmetrischen Teilungen in der Ebene des Nervenepithels führen zu einer gleichen Verteilung von Notch (grüne Punkte) und Numb (rote Dreiecke) auf die Tochterzellen. Asymmetrische Teilungen, die senkrecht zum Nervenepithel erfolgen, führen zur Bildung einer apikalen neuronalen Vorläuferzelle und einer basalen Stammzelle, die die vorherige ersetzt.

Die erste adulte Stammzelle hat man in den 1960er Jahren entdeckt, als man feststellte, dass das Knochenmark mindestens zwei Arten von Stammzellen enthält: die *hämatopoetischen Stammzellen*, die alle Zelltypen im Blut hervorbringen, und die *Knochenmarkstromazellen*, die eine gemischte Zellpopulation darstellen und aus denen sich Knochen, Knorpel, Fettgewebe und Faserbindegewebe entwickeln. Seit damals gab es noch manche unerwartete Entdeckung, so zum Beispiel die Gehirnstammzellen, aus denen

Tabelle 3.6 Beispiele für adulte Stammzellen

Stammzellentyp	Vorkommen	Differenzierung
hämatopoetische Stammzellen	Knochenmark	alle Blutzellen (Abb. 3.9)
Knochenmarkmesenchym-Stammzellen	Knochenmark	Osteocyten (Knochenzellen), Chondrocyten (Knorpelzellen), Adipocyten (Fettzellen) und andere Arten von Bindegewebezellen, z. B. in Sehnen
Neurale Stammzellen	Gehirn	Neurone (Nervenzellen), Astrocyten, Oligodendrocyten
Darmepithelstammzellen	in tiefen Krypten der Oberflächenschicht im Darmtrakt	Absorptionszellen, Becherzellen, Paneth-Körnerzellen, enteroendokrine Zellen
Epidermisstammzellen	Basalschicht der Epidermis	Keratinocyten
Follikelstammzellen	Basis der Haarfollikel	Haarfollikel und Epidermiszellen

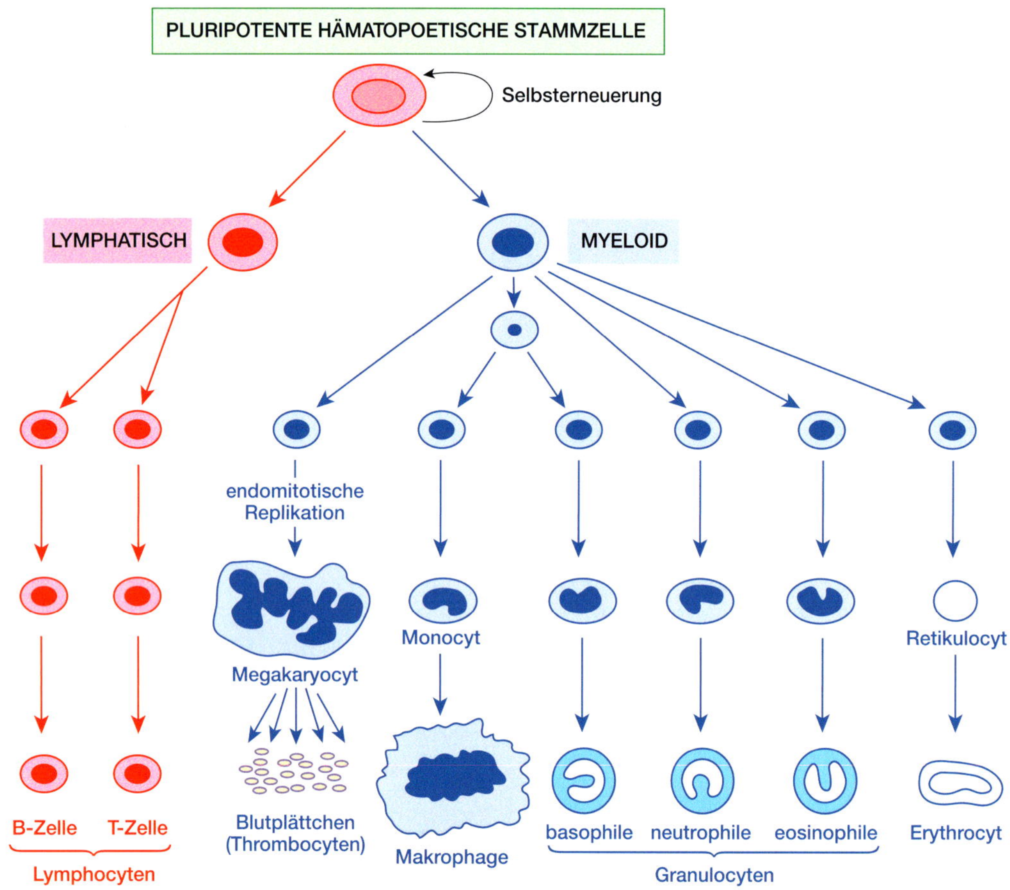

3.9 Vorprägung und Differenzierung in der Entwicklungslinie der Blutzellen.

offenbar alle drei Hauptzelltypen des Gehirns hervorgehen: Nervenzellen sowie die nichtneuralen Astrocyten und Oligodendrocyten.

Über eine Reihe von adulten Geweben weiß man inzwischen, dass sie Stammzellen enthalten (Tab. 3.6). Auch sind jetzt einige spezifische Regionen bekannt, in denen Gewebestammzellen vorkommen. Eine der größten Schwierigkeiten bei der experimentellen Handhabung von Stammzellen besteht vor allem darin, dass sie sich, im Gegensatz zu embryonalen Stammzellen (nächster Abschnitt), nur kurze Zeit in Kultur halten lassen, ohne zu differenzieren. Auch ist ihr Differenzierungspotenzial viel stärker begrenzt als bei embryonalen Stammzellen. Es gibt jedoch seit kurzem Hinweise, dass einige adulte Stammzellen in Bezug auf ihr Entwicklungspotenzial möglicherweise flexibler sind, als bisher angenommen. Darauf wird im übernächsten Abschnitt näher eingegangen.

3.4.5 Embryonale Stammzellen besitzen das Potenzial, jedes Gewebe bilden zu können

Zellen aus sehr frühen Entwicklungsstadien sind vergleichsweise wenig differenziert. Wie der Name bereits andeutet, leiten sich **embryonale Stammzellen (ES-Zellen)** aus einem Embryo ab. In den frühen 1980er Jahren kam es zu einem wichtigen Durchbruch, als es gelang, aus der **inneren Zellmasse** von Mausblastocysten Zellen in Kultur zu ziehen (Evans und Kaufman 1981, Martin 1981). ES-Zellen sind **pluripotent**, und man konnte bald zeigen, dass aus ihnen normale Mäuse hervorgehen, wenn man sie in eine Blastocyste von einem anderen Mäusestamm injiziert und diese dann in den Eileiter einer „Leihmutter"-Maus überträgt (Anwendungen für dieses Experiment werden in Kapitel 20 beschrieben).

ES-Zellen von Mäusen werden in Kultur gesetzt, indem man Zellen aus der inneren Zellmasse in eine Schale mit Kulturmedium überträgt, deren innere

Oberfläche mit einer Schicht von **Nährzellen** bedeckt ist. Die Zellen aus der inneren Zellmasse (ICM-Zellen) können wachsen und sich teilen, während sie an der adhäsiven Oberfläche der Nährzellen haften, die entsprechend ihrer Bezeichnung auch Nährstoffe in das Medium abgeben. Nach Proliferation werden die ICM-Zellen vorsichtig entfernt und durch Ausplattieren in frische Kulturschalen subkultiviert. Nach etwa sechs Monaten Subkultivierung sind aus den ursprünglich 30 ICM-Zellen eine Million ES-Zellen angereichert worden. ES-Zellen, die sechs oder mehr Monate lang in Zellkultur proliferiert haben, ohne sich zu differenzieren, und die pluripotent und offenbar genetisch normal sind, bezeichnet man als eine **embryonale Stammzelllinie**.

Um festzustellen, ob die Zellen tatsächlich pluripotent sind, kann man vielfältige experimentelle Ansätze verfolgen, die in einigen Fällen zur gewünschten Differenzierung führen.

- **Spontane Differenzierung.** Normalerweise lässt man die ES-Zellen unter bestimmten Bedingungen wachsen, die sie in einem undifferenzierten Zustand halten. Eine Änderung der Kulturbedingungen kann dazu führen, dass sich die Zellen zusammenlagern und Zellklumpen bilden, die man als **embryoide Körperchen** bezeichnet. Danach beginnen die Zellen spontan, sich zu differenzieren und bilden in nicht vorhersehbarer Weise verschiedene Zelltypen.
- **Gerichtete Differenzierung.** Die Zellen werden durch Veränderung der chemischen Zusammensetzung des Kulturmediums und andere Maßnahmen beeinflusst, sodass sie den gewünschten *spezifischen* Zelltyp ausbilden.
- **Teratombildung.** Die Zellen werden in eine immunsupprimierte Maus injiziert. Dann testet man, ob sich eine bestimmte Art von gutartigen Tumoren bildet, die man als **Teratome** bezeichnet. Natürlich entstehende und experimentell induzierte Teratome enthalten in der Regel eine Mischung aus zahlreichen differenzierten oder teilweise differenzierten Zelltypen. Das zeigt, dass ES-Zellen zu zahlreichen verschiedenen Zelltypen differenzieren können.

ES-Zellen werden zwar als Stammzellen bezeichnet, teilen sich aber nicht asymmetrisch, wie es im Gegensatz dazu bei Gewebestammzellen der Fall ist, aus denen eine Ersatzstammzelle und eine Tochterzelle mit der Fähigkeit zur Differenzierung hervorgeht. ES-Zellen teilen sich *symmetrisch* und alle Tochterzellen besitzen in Abhängigkeit von den experimentellen Bedingungen dasselbe Differenzierungspotenzial.

In einem neueren Experiment ist es gelungen, menschliche ES-Zellen zu kultivieren (Thomson et al. 1998). Menschliche ES-Zellen stammen von Embryonen, die sich aus künstlich befruchteten Eizellen entwickeln (*in vitro*-Fertilisation, IVF). Mit den in Spezialkliniken durchgeführten IVF-Verfahren soll Paaren, die keine Kinder bekommen können, geholfen werden. In der Regel erhält man dabei einen Überschuss an befruchteten Eizellen, die dann der Forschung zur Verfügung stehen können. Die Embryonen, von denen die ES-Zellen abstammen, sind normalerweise fünf Tage alte Blastocysten, die im Mikroskop als kleine Hohlkugel erscheinen und etwa 100 Zellen enthalten, darunter etwa 30 ICM-Zellen. Die erfolgreiche Kultivierung von menschlichen ES-Zellen war ein wichtiger und Aufsehen erregender Durchbruch, da nun die Möglichkeit besteht, neue therapeutische Verfahren und neue Forschungswege für die Zelldifferenzierung zu entwickeln. Störungen und schwere Verletzungen, bei denen die Symptome auf verloren gegangene Körperzellen zurückzuführen sind, könnten mithilfe von **Zellersatztherapien** behandelt werden. Und da ES-Zellen im Prinzip so „programmiert" werden können, dass sie zu einem spezifischen Zelltyp differenzieren, sind die Erwartungen hier entsprechend hoch (Kapitel 21).

Ein alternatives Verfahren ist die Isolierung von **primordialen Keimzellen (Urkeimzellen)**, aus denen sich in den Gonaden normalerweise die gereiften Keimzellen entwickeln (Abbildung in Exkurs 11.4). Primordiale Keimzellen eignen sich für *in vitro*-Kulturen und bringen dort pluripotente **embryonale Keimzellen** (*embryonic germ cells*, **EG-Zellen**) hervor. Diese zeigen ein sehr ähnliches Verhalten wie ES-Zellen. Menschliche EG-Zellen, die von Urkeimzellen oder von fünf bis zehn Wochen alten Embryonen und Feten abstammen, wurden zuerst von Shamblott et al. (1998) kultiviert (siehe auch Donovan und Gearhart 2001).

3.4.6 Das Differenzierungspotenzial von Gewebestammzellen ist umstritten

In jüngster Zeit hat man das Differenzierungspotenzial von Gewebestammzellen neu bewertet, da Forschungsberichten der 1990er Jahre zufolge bestimmte adulte Gewebestammzellen offenbar pluripotent sind. Die offensichtlich vorhandene Fähigkeit von adulten Stammzellen, sich zu vielen relativ unterschiedlichen Zelltypen zu differenzieren, bezeichnet man als **Transdifferenzierung** oder **Plastizität**. Zu den bis jetzt bekannten Beispielen gehören:

- Hämatopoetische Stammzellen differenzieren sich zu den drei Haupttypen von Gehirnzellen (Nervenzellen, Oligodendrocyten und Astrocyten), Skelettmuskelzellen, Herzmuskelzellen und Hepatocyten (zum Beispiel Petersen et al. 1999).

- Gehirnzellen differenzieren sich zu Blut- und Skelettmuskelzellen oder umgekehrt (zum Beispiel Shih et al. 2002, Clarke et al. 2000, Bjornson et al. 1999).
- Knochenmarkstromazellen differenzieren sich zu Herzmuskelzellen und Skelettmuskelzellen (Orlic et al. 2001).

Das große Interesse, das diese Publikationen auslösten, lag zu einem großen Teil an den offensichtlichen Möglichkeiten einer **Stammzellentherapie**. Im Prinzip könnte durch Verwendung der am leichtesten zugänglichen Stammzellen jedes geschädigte Organ oder Gewebe erneuert oder sogar ersetzt werden, und diese Zellen könnte man sogar im Voraus verändern (Weissman 2000, Daley 2002). So wäre es beispielsweise möglich, die leicht zugänglichen hämatopoetischen Stammzellen eines Patienten umzuprogrammieren, dass aus ihnen Gehirnzellen hervorgehen; und diese ließen sich verwenden, Zellen zu ersetzen, die durch eine neurodegenerative Erkrankung oder Verletzungen des Rückenmarks verloren gegangen sind. Es wurden jedoch Zweifel laut, ob denn das Transdifferenzierungspotenzial für therapeutische Zwecke tatsächlich ausreicht (Medvinsky und Smith 2003). Kapitel 21 befasst sich mit den allgemeinen praktischen und ethischen Fragestellungen, die die Verwendung menschlicher Stammzellen betreffen.

3.5 Musterbildung in der Entwicklung

Zwar entstehen durch die Differenzierung Zellen mit spezialisierten Strukturen und Funktionen, aber das allein reicht nicht aus, um einen Organismus aufzubauen. Die Zellen müssen sich also auf sinnvolle Weise organisieren. Ohne eine solche Organisation würden wir uns zu einem amorphen Klumpen aus heterogenem Gewebe mit zufällig verteilten Leber-, Nerven- und Hautzellen entwickeln und könnten keine erkennbaren Gewebe und Organe bilden. Es gibt zwar zahlreiche sekundäre Unterschiede zwischen den Individuen, aber alle Vertreter einer Spezies zeigen in der Tendenz denselben Bauplan des Körpers (Wolpert 1996). Beim Menschen und bei Wirbeltieren im Allgemeinen zeigt der Bauplan des Körpers an der Oberfläche eine bilaterale Symmetrie in Bezug auf die kraniokaudale Achse (Kopf-Schwanz-Achse), während die andere Hauptachse des Körpers, die dorsoventrale Achse, vom Rücken zum Bauch verläuft. Innerhalb des Körpers sind bestimmte Organe asymmetrisch angeordnet und legen eine Links-Rechts-Achse fest. Die Organe und Gewebe des Körpers sind bei jedem Individuum in Bezug auf diese Achsen grundsätzlich auf dieselbe Weise angelegt. Dieses Muster erscheint schon sehr früh in der Entwicklung. Später entwickeln sich in den einzelnen Organen noch einmal spezifische Muster. Ein gutes Beispiel ist die Ausbildung der fünf Finger an jeder Hand und der fünf Zehen an jedem Fuß. Bei der Anordnung der Zellen in den Geweben entstehen noch stärker gegliederte Muster. Solche Muster bauen sich während der Entwicklung schrittweise auf, beginnend mit einem am Anfang undeutlich strukturierten Embryo, der sich fortschreitend immer mehr „verfeinert", wie ein Bild, das langsam fokussiert wird. In diesem Abschnitt beschäftigen wir uns damit, wie die Musterbildung in der Embryonalentwicklung ausgelöst wird und welche molekularen Mechanismen hier zugrunde liegen.

3.5.1 Die Manifestation des Körperbauplans beruht auf Achsenfestlegung und Polarisierung

Die Entwicklung beginnt mit einer einzigen Zelle, die irgendwie polarisiert werden muss, damit sie einen Embryo mit Kopf und Schwanz, Vorder- und Rückseite, und linker und rechter Seite hervorbringen kann. Bei vielen Tieren werden bei der Differenzierung der Eizelle während der Gametogenese in verschiedenen Zellbereichen bestimmte Moleküle deponiert, die dann zu einer Polarisierung der Eizelle führen. Wenn sich das befruchtete Ei teilt, werden diese **Determinanten** auf verschiedene Tochterzellen verteilt, was zu einer Polarisierung des Embryos führt. Bei anderen Tieren wird die Symmetrie der Eizelle durch einen Reiz von außen aufgehoben. Bei Hühnern bildet sich die kraniokaudale Achse des Embryos aufgrund der Schwerkraft heraus, da sich das Ei beim Weg durch den Eileiter dreht. Bei Fröschen kommen beide Mechanismen vor: Das Ei besitzt aufgrund der Verteilung mütterlicher Genprodukte eine vorher angelegte Asymmetrie, während die Stelle, an der das Spermium eintritt, eine weitere Position im Koordinatensystem festlegt. Bei Säugern ist der Mechanismus, der die Symmetrie aufhebt, noch unbekannt, wahrscheinlich spielt aber auch hier die Eintrittstelle des Spermiums eine Rolle (Exkurs 3.7).

3.5.2 Homöotische Mutationen weisen auf die molekularen Grundlagen der positionellen Identität hin

Bei in großem Umfang durchgeführten Mutageneseuntersuchungen mit *Drosophila* in den 1980er Jahren entstand eine geringe Zahl von Fliegen, bei denen sich ein Körperteil in der Form eines anderen entwickelte (**homöotische Transformation**). Ein Beispiel dafür ist die Mutante *Antennapedia*, bei der anstelle von Antennen am Kopf Beine wachsen. Das bedeutet für die Musterbildung, dass die **positionelle Identität** einer Zelle, also die Information für jede Zelle, wo sie sich im Embryo befindet und wie sie sich demzufolge verhalten muss, um die regionalspezifische Struktur zu entwickeln, von Genen kontrolliert wird. Diese bezeichnet man als **homöotische Gene**.

Die anschließende molekulare Analyse der homöotischen *Drosophila*-Mutanten ergab zwei Cluster mit sehr ähnlichen Genen (Abb. 3.10). Jedes Gen codiert einen Transkriptionsfaktor, der eine konservierte DNA-Bindungsdomäne enthält, die man als Homöodomäne bezeichnet. Auffällig ist dabei, dass die Gene entlang der kraniokaudalen Achse der Fliege in überlappenden Mustern exprimiert werden und so den Körper in abgegrenzte Bereiche gliedern. Die jeweilige Kombination von Genen, die in jedem einzelnen

Exkurs 3.7: Polarisierung des Säugerembryos – Signale und Genprodukte

Die dorsoventrale Achse

Das erste erkennbare Anzeichen einer beginnenden Asymmetrie des Säugerembryos ist die Umverteilung der inneren Zellmasse (ICM) auf eine Seite der Blastocyste (Lu et al. 2001, Zernicka-Goetz 2002). Dadurch definiert sich die embryonal-extraembryonale Achse, wobei die innere Zellmasse den embryonalen Pol darstellt. Die embryonale Seite der inneren Zellmasse ist dem Trophoblasten zugewandt und steht mit ihm in Kontakt, während die extraembryonale Seite zum Blastocoel hin offen ist. Diese unterschiedliche Umgebung genügt, um die ersten zwei verschiedenen Zellschichten in der inneren Zellmasse zu spezifizieren: das primitive Ektoderm am embryonalen Pol und das primitive Endoderm am extraembryonalen Pol. So wird die dorsoventrale Achse des Embryos festgelegt. Es ist unklar, warum sich die innere Zellmasse in der Blastocyste gleich von Anfang an asymmetrisch positioniert. Andererseits lässt sich die Eintrittstelle des Spermiums in das Ei immer in der Nähe von Trophoblastenzellen an der embryonal-extraembryonalen Grenze lokalisieren, wenn man sie zum Beispiel vorher mithilfe fluoreszierender Partikel markiert hat.

Die kraniokaudale Achse

Die Eintrittsstelle des Spermiums besitzt möglicherweise auch eine große Bedeutung bei der Festlegung der kraniokaudalen Achse für den Säugerembryo, es ist jedoch noch unklar, wie die Polarisierung erfolgt (Beddington und Robertson 1999, Lu et al. 2001). Die Befruchtung induziert die zweite meiotische Teilung. Das zweite Polkörperchen wird im Allgemeinen gegenüber der Eintrittstelle des Spermiums abgeschnürt. Das legt die animal-vegetative Achse der Zygote fest, wobei das Polkörperchen den animalen Pol bildet. Die anschließenden Furchungsteilungen erfolgen im Zusammenhang mit der animal-vegetativen Achse. Das Ergebnis ist eine Blastocyste mit einer bilateralen Symmetrie, die entlang der früheren animal-vegetativen Achse der Zygote verläuft. Die bilaterale Symmetrieachse der Blastocyste gibt die Lage des Primitivstreifens vor, nicht aber dessen Orientierung. Die Entscheidung, welches Ende letztendlich den Kopf und welches den Schwanz bildet, beruht auf einem Bereich extraembryonalen Gewebes, den man das anteriore viszerale Endoderm (AVE) nennt. Bei Mäusen liegt dieses Gewebe ursprünglich an der Spitze des Eizylinders. Dieser dreht sich kurz vor der Gastrulation zum künftigen kranialen Pol der kraniokaudalen Achse und der Embryonalknoten bildet sich an der gegenüberliegenden Seite des Epiblasten.

Links-Rechts-Achse

Das erste erkennbare Anzeichen für eine Links-Rechts-Asymmetrie im Säugerembryo ist die Ausstülpung des Herzschlauches. Eine molekulare Asymmetrie besteht jedoch schon viel länger (Capdevila et al. 2000). Ein wichtiger Determinierungsschritt erfolgt beim Säugerembryo während der Gastrulation, wenn die *Rotationsbewegung der Cilien am Embryonalknoten zu einer Strömung der Flüssigkeit im Knoten in nur einer Richtung führt.* Auf diese Weise wird die Links-Rechts-Achse festgelegt. Der Mechanismus ist zwar noch unklar (Tabin und Vogan 2003), aber das Ergebnis ist die Aktivierung von Genen, die die Signalproteine Nodal und Lefty-2 codieren, und die nun spezifisch auf der linken Seite des Embryos exprimiert werden. Diese initiieren Signalwege, die für die linke Seite spezifische Transkriptionsfaktoren aktivieren (zum Beispiel Pitx2) und „rechts-spezifische“ Faktoren hemmen. An der rechten Seite des Embryos, wo Lefty-2 und Nodal nicht vorhanden sind, wird Pitx2 nicht aktiviert. Andere Proteine wie etwa Lefty-1 werden an der Mittellinie des Embryos exprimiert und errichten so eine Barriere, die ein Überspringen der Signale von einer Seite des Embryos auf die andere verhindern. Mutationen in den menschlichen Genen *LEFTA*, *LEFTB* und *NODAL* führen zu einer Reihe von Fehlfunktionen der Achsenbildung, beispielsweise zu einer Links-Rechts-Umkehrung (*situs inversus*, *situs ambiguous*) und zu einer spiegelbildlichen Symmetrie (Isomerie). Diese Fehlfunktionen betreffen manchmal den ganzen Körper und manchmal nur bestimmte Organe (Heterotaxie). Mutationen, die Untereinheiten des motorischen Proteins Dynein betreffen, das für die Drehbewegung der Cilien in nur einer Richtung notwendig ist, hängen häufig auch mit Defekten in der Seitenorientierung zusammen. Interessant ist dabei, dass diese häufig gemeinsam mit wiederkehrenden Infektionen der Atemwege und Unfruchtbarkeit auftreten, was auf die Unbeweglichkeit von Wimpern auch in anderen Körperregionen hinweist (Exkurs 3.1).

▶

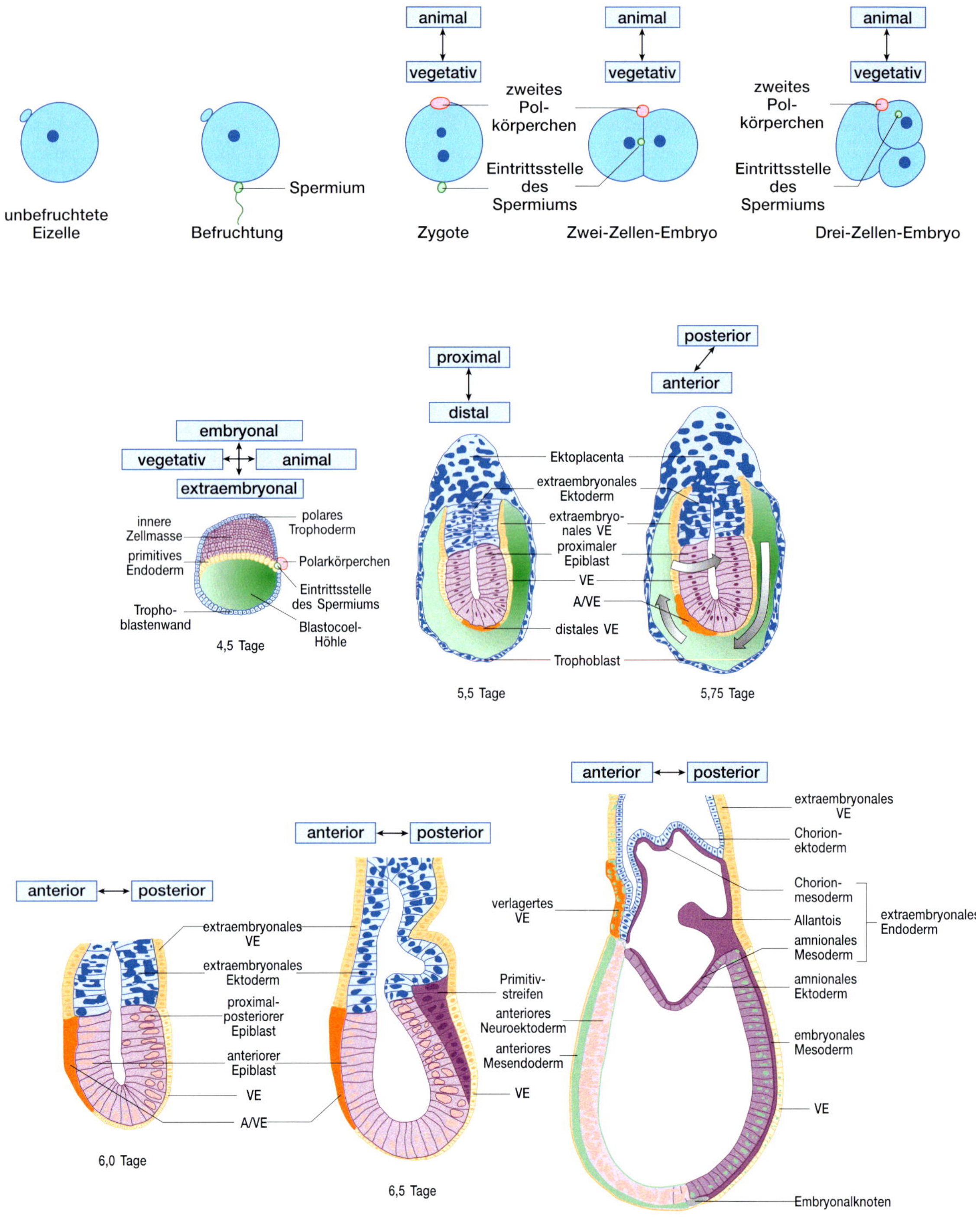

Frühe Achsenbildung beim Mausembryo von der Befruchtung bis zum Mittelstreifenstadium. Der animale Pol der animal-vegetativen Achse im Mausembryo wird festgelegt, wenn kurz nach der Befruchtung das zweite Polkörperchen abgeschnürt wird. Die embryonal-extraembryonale Achse der Blastocyste verläuft senkrecht zur animal-vegetativen Achse und wird durch die Lokalisierung der inneren Zellmasse (ICM) bestimmt. Der embryonale Pol liegt auf der Seite der Blastocyste, wo sich der ICM-Bereich befindet, der extraembryonale Pol hingegen liegt an der Seite des Blastocoel. Die P-D-Achse im Embryo des Eizylinderstadiums entsteht mit dem proximalen Pol im ektoplacentalen Konus und dem distalen Pol am Grund des becherförmigen Embryos. Vor der Gastrulation dreht sich die P-D-Achse um 90° und wandelt sich um in die A-P-Achse. Aus: Lu et al (2001) *Curr Opin Genet Dev* 11: 384–392.

Bereich exprimiert wird, legt offenbar einen Code fest, der jeder Zelle entlang der Achse ihre spezifische positionelle Identität mitteilt (Morata 1993, Lawrence und Morata 1994). Als man diesen Code durch Mutation von einem oder mehreren der Gene oder durch gezielte Überexpression veränderte, entstanden Fliegen mit spezifischen Transformationen von Körperteilen.

Bei Säugern findet man sehr ähnliche Cluster von Homöoboxgenen (*Hox*-Genen). Menschen und Mäuse besitzen vier ungekoppelte Cluster von *Hox*-Genen, die entlang der kraniokaudalen Achse in überlappenden Mustern exprimiert werden. Auffällig dabei ist die starke Ähnlichkeit zum Expressionsmuster bei Fliegen (Krumlauf 1994, Lumsden und Krumlauf 1996, Burke 2000; Abb. 3.10). Darüber hinaus ist der allgemeine Mechanismus der Aktivität der *Hox*-Gene offenbar konserviert, wie Knock-out-Mutationen und Untersuchungen zur gezielten Überexpression von Genen zeigen, bei denen eine Körperteiltransformation bei Knochenwirbeln von Mäusen erzeugt werden konnte. So führte die gezielte Unterbrechung des *Hoxc8*-Gens zu Mäusen mit einem zusätzlichen Rippenpaar aufgrund der Transformation des ersten Lendenwirbels in den 13. Brustwirbel (LeMouellic et al. 1992).

Die beiden *Hox*-Gencluster *HoxA* und *HoxD* werden entlang der Extremitäten in einem ebenfalls überlappenden Muster exprimiert. Knock-out- und Überexpressionsmutanten der Maus für diese Gene zeigen spezifische Veränderungen der Gliedmaßensegmente. So fehlen beispielsweise bei Mäusen mit unterbrochenem *Hoxa11*- und *Hoxd11*-Gen Elle und Speiche (Davis et al. 1995). Natürlich auftretende Mutationen im menschlichen *HOXD13*-Gen führen zu einer Reihe von Defekten an der Hand, unter anderem zu einer Polysyndaktylie (Auftreten zusätzlicher Finger mit Verwachsungen) (Manouvrier-Hanu et al. 1999).

3.5.3 Die Musterbildung beruht häufig auf Signalgradienten

Die Festlegung der Achsen und die Polarisierung sind wichtige, früh eintretende Ereignisse in der Entwicklung, da sich die Zellen in den verschiedenen Bereichen des Embryos unterschiedlich verhalten müssen. Wenn sie am Aufbau des Körperbauplans beteiligt sind, bezieht sich das letztendlich auf die Genprodukte, die sie synthetisieren. Eine Zelle kann sich nur dann adäquat verhalten, wenn sie mitteilen kann, wo sie sich in Beziehung zu anderen Zellen befindet. Das wiederum erfordert ein Netzwerk als Bezugsgröße. Die Hauptachsen des Embryos geben eine Bezugsgröße vor, anhand derer die Position jeder Zelle absolut und eindeutig bestimmt ist.

Wie ermitteln Zellen ihre Position in Bezug auf eine Achse, um sich dann entsprechend verhalten zu können? Diese Frage ist sinnvoll, da funktionell gleichwertige Zellen an verschiedenen Positionen häufig unterschiedliche Strukturen hervorbringen müssen. Ein Beispiel dafür ist die Ausbildung der unterschiedlichen Finger aus denselben Zelltypen bei der Entwicklung der Hand, ein anderes betrifft die Entstehung der verschiedenen Wirbel (einige tragen Rippen, andere nicht) aus denselben Zelltypen in den Ursegmenten.

Bei vielen Entwicklungssystemen ließ sich zeigen, dass das regionalspezifische Verhalten von Zellen auf einem Signalgradienten beruht, der auf gleichwertige Zielzellen aufgrund der verschiedenen Konzentrationen des Signals unterschiedliche Auswirkungen hat. Signalmoleküle, die auf diese Weise wirken, bezeichnet man als **Morphogene**. Bei Embryonen der Wirbeltiere werden die kraniokaudale Hauptachse des Körpers sowie die anterior-posteriore und die proximodistale Achse der Gliedmaßen durch diesen Mechanismus strukturiert (Wolpert 1996, Ng et al. 1999).

In sich entwickelnden Gliedmaßen (Schwabe et al. 1998, Niswander 2003) findet man am äußeren (posterioren) Rand jeder Extremität eine bestimmte Untergruppe von Zellen, die man als **Zone polarisierender Aktivität** (ZPA, *zone of polarizing activity*) bezeichnet und von der ein Morphogengradient ausgeht (Abb. 3.11). Zellen, die diesem Bereich am nächsten liegen, bilden den kleinsten, am weitesten außen liegenden Finger oder Zeh, während die am weitesten entfernten den Daumen beziehungsweise großen Zeh hervorbringen. Die Organisationskapazität der ZPA-Zellen lässt sich einfach zeigen, indem man einen ZPA-Bereich auf den inneren (anterioren) Rand einer Gliedmaßenknospe überträgt, die bereits eine solche Region enthält. Dadurch wird die Extremität symmetrisch, das heißt, anterior und posterior entwickelt sich ein kleiner Finger beziehungsweise ein kleiner Zeh. Das Morphogen für Gliedmaßen in der Entwicklung ist ein Signalprotein mit der Bezeichnung **Sonic Hedgehog** (Shh). Man geht aber davon aus, dass das Protein indirekt wirkt, da es sich durch Diffusion nur wenige Zellen von seinem Ursprungsort entfernen kann. Ein mit Shh gesättigter Partikel kann eine ZPA-Region funktionell ersetzen, genauso wie ein Partikel, der mit Retinsäure gesättigt wurde; es ist bekannt, das Retinsäure die Expression des *Shh*-Gens induziert. In der Mitte der ZPA-Region werden alle fünf der distalen *HoxD*-Gene (*Hoxd9–Hoxd13*) exprimiert. Mit Abnahme des Signals jedoch werden die *HoxD*-Gene nach und nach abgeschaltet, bis schließlich in der Gliedmaßenknospe nahe der Region, die

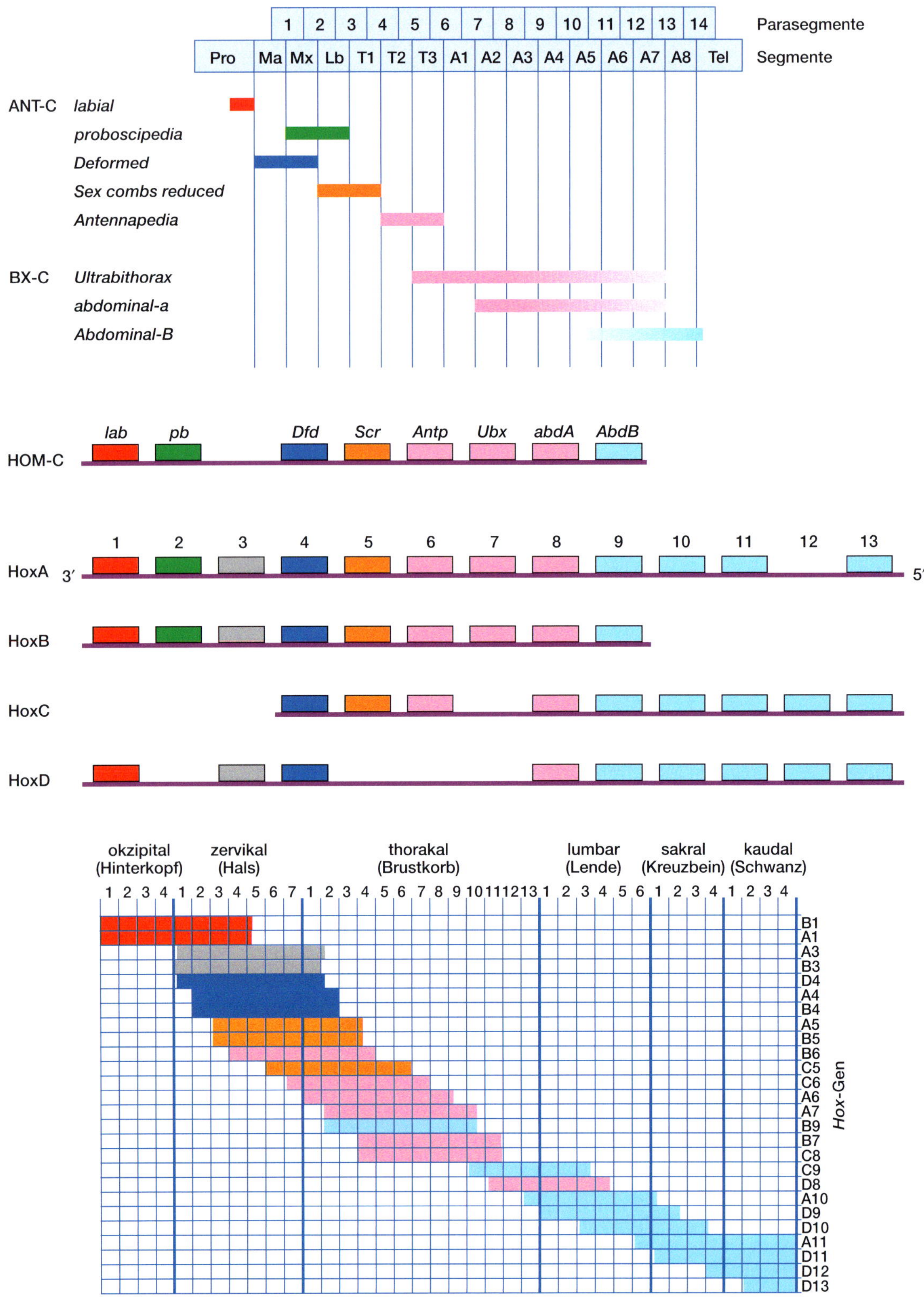

3.10 Vergleich der Genkomplexe *HOM-C* und *Hox* und ihrer Expressionsdomänen entlang der anterior-posterioren Achse des Embryos bei *Drosophila* beziehungsweise Maus. Grafik nach: Twyman (2001) *Instant Notes in Developmental Biology*; BIOS Scientific Publishers.

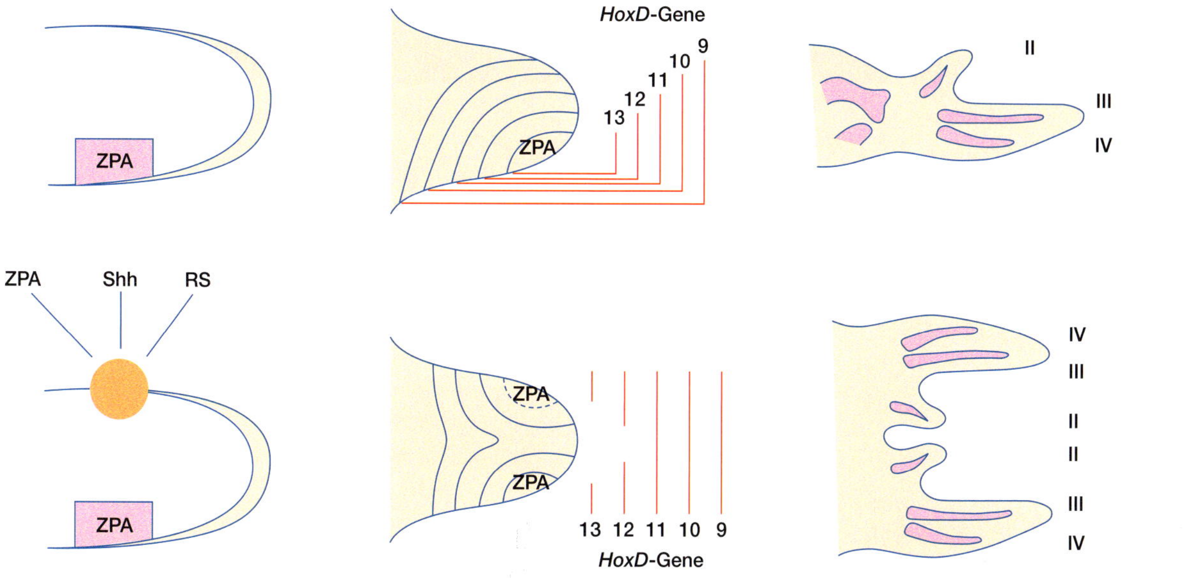

3.11 Die Verpflanzung einer zweiten Region mit Polarisierungsaktivität an den anterioren Rand der Gliedmaßenknospe beim Huhn führt zu einer spiegelbildlichen Anordnung der Finger. a) Der Signalgradient, der sich aufgrund der Expression des Sonic Hedgehog-Proteins im ZPA-Bereich (*zone of polarizing activity*) aufbaut, erzeugt überlappende Muster der *HoxD*-Expression in der sich entwickelnden Gliedmaßenknospe. Dadurch kommt es zur Ausbildung der fünf Finger. b) Die Übertragung eines ZPA-Bereichs baut einen entgegengesetzten Gradienten auf, der zu einer spiegelbildlichen Ausformung der Finger führt. Der Effekt lässt sich simulieren, indem man Partikel verwendet, die mit Retinsäure (RS) oder dem Sonic Hedgehog-Protein (Shh) beschichtet sind. Grafik nach: Twyman (2001) *Instant Notes in Developmental Biology*; BIOS Scientific Publishers.

den Daumen ausbildet, nur noch *Hoxd9* aktiv ist. Auf diese Weise sind Signalgradienten, die die Hauptachsen des Embryos bestimmen, mit den homöotischen Genen gekoppelt, die das regionalspezifische Verhalten von Zellen bestimmen.

Wie bereits oben beschrieben, werden die *Hox*-Gene nicht nur in den Gliedmaßen, sondern auch entlang der kraniokaudalen Hauptachse des Embryos exprimiert. In diesem Fall nimmt man an, dass der Ursprung des Morphogengradienten, der die Expression der *Hox*-Gene steuert, im *Embryonalknoten* liegt und das Morphogen selbst wahrscheinlich Retinsäure ist. Der Embryonalknoten sezerniert während seiner allmählichen Rückbildung ansteigende Mengen überschüssiger Retinsäure, sodass posteriore Zellen höheren Konzentrationen ausgesetzt sind als anteriore Zellen und infolgedessen mehr *Hox*-Gene in den posterioren Bereichen des Embryos aktiviert werden.

3.6 Morphogenese

Durch Zellteilungen, einhergehend mit fortschreitender Musterbildung und Zelldifferenzierung, würde schließlich ein Embryo mit organisierten Zelltypen entstehen, der allerdings eine statische Kugel von Zellen wäre. Echte Embryonen sind dynamische Strukturen, in denen Zellen und Gewebe ständig in Wechselwirkung stehen und umgestaltet werden, um Strukturen und Formen zu bilden. Zellen bilden Lagen, Schläuche, lockere vernetzte Zellhaufen und dichte Zellklumpen. Zellen wandern entweder einzeln oder als Masse. Manchmal ist solch ein Verhalten eine Reaktion auf das Entwicklungsprogramm, in anderen Fällen jedoch treiben diese Prozesse die Entwicklung an, bringen Zellgruppen zusammen, die sonst nie miteinander in Kontakt treten würden. Die Morphogenese beruht auf mehreren verschiedenen Mechanismen, die in Tabelle 3.7 zusammengefasst sind und weiter unten ausführlicher behandelt werden (Hogan 1999, Mathis und Nicolas 2002, Peifer und McEwan 2002, Lubarsky und Krasnow 2003).

3.6.1 Die Morphogenese kann durch Veränderungen der Zellgröße und Zellform angetrieben werden

Aufeinander abgestimmte Veränderungen der Zellform können durch Umorganisation des Cytoskeletts zustande kommen, was wiederum die Struktur ganzer

Tabelle 3.7 Morphogenetische Prozesse in der Entwicklung und Beispiele aus Modellsystemen

Prozess	Beispiele
unterschiedliche Geschwindigkeiten der Zellproliferation	selektives Auswachsen der Gliedmaßenknospen bei Wirbeltieren durch Proliferation der Zellen in der Progressionszone
alternative Positionierung und/oder Orientierung der mitotischen Spindel	unterschiedliche embryonale Teilungsmuster bei Tieren; einfache Zellteilung bei Nematoden
Veränderung der Zellgröße	Ausdehnung von Fettzellen durch Akkumulation von Fetttröpfchen
Veränderung der Zellform	säulenförmige Zellen werden keilförmig bei Schließen des Neuralrohres bei Vögeln und Säugern
Zellfusion	Trophoblasten- und Myotubulibildung bei Säugern
Zelltod	Trennung der Finger in der Gliedmaßenknospe bei Wirbeltieren; Selektion funktionsfähiger Synapsen im Nervensystem von Säugern
Verstärkung der Zell-Zell-Adhäsion	Verdichtung des Knorpelmesenchyms in der Gliedmaßenknospe bei Wirbeltieren
Verringerung der Zell-Zell-Adhäsion	Delaminierung von Zellen aus dem Epiblasten während der Gastrulation bei Säugern
Zell-Matrix-Wechselwirkung	Wanderung der Neuralleistenzellen und Keimbahnzellen; Axon-Wanderung
Verringerung der Zell-Matrix-Adhäsion	Delaminierung von Zellen aus der Basalschicht der Epidermis

Nach: Twyman (2001) *Instant Notes in Developmental Biology*; BIOS Scientific Publishers.

Gewebe stark beeinflussen kann. Eines der wichtigen Ereignisse in der Entwicklung von Wirbeltieren, die Bildung des Neuralrohrs, wird teilweise durch Veränderungen der Zellform angetrieben. Apikale Einschnürungen, die durch lokale Kontraktion der Mikrofilamente entstehen, führen dazu, dass einige der Zylinderzellen des Säulenepithels keilförmig werden und so als eine Art Gelenk wirken. In Kombination mit einer gesteigerten Proliferation an den Rändern der Neuralplatte ergibt sich so eine ausreichende Kraft, um die gesamte Neuralplatte zu einem Rohr umzuformen (Schoenwolf und Smith 1990). Wenn sich Zellen in einer beliebigen ebenen Schicht in ähnlicher Weise verhalten, kann es also zu einer Einstülpung kommen.

3.6.2 Wichtige morphogenetische Veränderungen im Embryo sind die Folge unterschiedlicher Zellaffinitäten

Die selektive Adhäsion zwischen den Zellen oder zwischen den Zellen und der Matrix sind (wie in den Abschnitten 3.2.3 und 3.2.4 behandelt) Mechanismen, die dazu dienen, Zellen zu Geweben zu organisieren und Gewebegrenzen zu stabilisieren. Während der Entwicklung können Zellen durch die Regulation der Synthese von spezifischen Zelladhäsionsmolekülen Kontakte untereinander herstellen oder unterbrechen und sich so mit hoher Dynamik neu organisieren. Die Gastrulation (Abschnitt 3.7.5) ist vielleicht das spektakulärste Beispiel für einen morphologischen Prozess. Die Einzelzellschicht des Epiblasten stülpt sich ein und wandelt sich um in die drei grundlegenden Keimblätter des Embryos. Dieser Vorgang wird angetrieben durch eine Kombination aus Veränderungen der Zellform, selektiver Zellproliferation und Unterschiede in den Zellaffinitäten. Durch Änderung der Adhäsionseigenschaften von Zellen können eine Reihe verschiedener morphogenetischer Prozesse in Gang gesetzt werden (McNeil 2000, Irvine und Rauskolb 2001).

- **Migration.** Die Bewegung einer Zelle relativ zu den anderen Zellen innerhalb des Embryos. Einige Zellen, vor allem die der Neuralleiste und die Keimzellen, vollführen während der Entwicklung ausgedehnte Wanderungsbewegungen und besiedeln Bereiche des Embryos, die von ihrer ursprünglichen Position sehr weit entfernt liegen.
- **Ingression.** Die Bewegung einer Zelle von der Oberfläche in das Innere eines Embryos.
- **Egression.** Die Bewegung einer Zelle vom Inneren zur Oberfläche des Embryos.
- **Delamination.** Die Bewegung von Zellen aus einem Epithel, die häufig dazu dient, eine einzelne Zellschicht in mehrere Schichten umzuwandeln. Dies ist einer der wichtigsten Vorgänge bei der Gastrulation eines Säugerembryos. Die Wanderung von Zellen weg von einer Basalmembran, wie sie bei der Entwicklung der Haut erfolgt, bezeichnet man ebenfalls als Delamination.

- **Interkalation.** Das Zusammenziehen von Zellen aus mehreren Zellschichten zu einer einzigen Schicht.
- **Kondensation.** Die Umwandlung von lose gepackten Mesenchymzellen zu einer Epithelstruktur, manchmal auch als **Mesenchym-Epithel-Transition** bezeichnet.
- **Dispersion.** Die Umwandlung einer Epithelstruktur in lose angeordnete Mesenchymzellen, wird auch als **Epithel-Mesenchym-Transition** bezeichnet.
- **Epibolie.** Die Ausbreitung einer Zellschicht.
- **Involution.** Die Umkehr einer expandierenden Zellschicht nach innen, sodass sich die Zellen über die innere Oberfläche der Schicht ausbreiten und eine zweite Schicht bilden.

3.6.3 Zellproliferation und programmierter Zelltod (Apoptose) sind wichtige morphogenetische Mechanismen

Nach einer ersten Periode der Zellteilungen, die bei allen Zellen mit annähernd derselben Geschwindigkeit erfolgen, beginnen die Zellen in den verschiedenen Bereichen des Embryos damit, sich mit unterschiedlicher Geschwindigkeit zu teilen. Das kann dazu beitragen, dass neue Strukturen entstehen. So führen beispielsweise schnelle Zellteilungen in spezifischen Bereichen des Lateralplattenmesoderms zur Entstehung der Gliedmaßenknospen, während angrenzende Regionen, in denen die Teilungen langsamer erfolgen, solche Strukturen nicht ausbilden. Auch die Ebene, in der die Zellteilung stattfindet, ist von Bedeutung. So führen beispielsweise Zellteilungen an einer Ebene senkrecht zum Epithel dazu, dass sich die Zellschicht durch das Einfügen neuer Zellen ausdehnt. Zellteilungen an einer Ebene, die in Richtung des Epithels verläuft, erzeugen hingegen zusätzliche Schichten. Bei asymmetrischen Zellen wie den neuralen Stammzellen (Abschnitt 3.4.3) kann die Zellteilungsebene die Eigenschaften der Tochterzellen beeinflussen. Wenn die Teilungsebene nicht in der Zellmitte verläuft, entstehen Zellen mit unterschiedlicher Größe. Das ist beispielsweise bei der weiblichen Gametogenese der Fall, wenn aus der meiotischen Teilung eine massereiche Eizelle, die den größten Teil des Cytoplasmas enthält, und die verkümmerten **Polkörperchen** hervorgehen, die in erster Linie als „Abfallbehälter" für unerwünschte haploide Chromosomensätze dienen. Im Gegensatz dazu steht die männliche Keimzellenreifung, bei der aus der Meiose vier gleichwertige Spermatiden hervorgehen (Abbildung in Exkurs 11.4).

Der **programmierte Zelltod** (**Apoptose**) ist ein anderer wichtiger Mechanismus der Morphogenese, da auf diese Weise Lücken in den Bauplan des Körpers eingeführt werden können (Vaux und Korsmeyer 1999). Die Abstände zwischen unseren Fingern und Zehen bilden sich etwa am 45. Tag der Schwangerschaft durch den Tod von Zellen in den Bereichen der Hand- beziehungsweise Fußplatte, die zwischen den späteren Fingern oder Zehen liegen. Im Nervensystem der Säuger dient die Apoptose dazu, Nervenzellen zu beseitigen, die keine produktiven Verbindungen entwickelt haben. So kann sich die neuronale Verschaltung immer weiter verbessern. Bemerkenswert ist dabei, dass auf diese Weise etwa 50% der Nervenzellen entfernt werden, in der Retina sogar bis zu 80%.

3.7 Die frühe Entwicklungsphase beim Menschen: von der Befruchtung zur Gastrulation

3.7.1 Die Befruchtung aktiviert die Eizelle und bringt die Kerne von Spermium und Eizelle zusammen, damit sich ein Individuum mit eigenständigen Merkmalen bilden kann

Befruchtung (Fertilisation) ist der Vorgang, bei dem zwei Geschlechtszellen (**Gameten**) verschmelzen, wobei ein neues Lebewesen entsteht, dessen genetisches Potenzial zwar von den Eltern stammt, sich aber von diesen unterscheidet (Wassarman 1999). Die männliche Keimzelle ist das Spermium, eine kleine Zelle mit stark reduziertem Cytoplasma und einem haploiden Zellkern. Der Zellkern ist stark kondensiert und zeigt keine aktive Transkription, da die normalen Histone durch eine besondere Klasse von Verpackungsproteinen ersetzt wurden, die man als **Protamine** bezeichnet. Am hinteren Ende besitzt das Spermium eine lange **Flagelle**, die zur Fortbewegung der Zelle ausschlägt. Am vorderen Ende des Spermiums befindet sich das **akrosomale Vesikel**, das Verdauungsenzyme enthält (Abb. 3.12).

Die weibliche Keimzelle, die Eizelle (**Ovum**), ist eine große Zelle, die das Material enthält, das für den Beginn von Wachstum und Entwicklung notwendig ist (Abb. 3.12). Das Cytoplasma ist mit einer sehr großen Zahl von Mitochondrien und Ribosomen ausgestattet und enthält außerdem große Mengen an DNA- und RNA-Polymerasen. Darüber hinaus sind beachtliche Mengen an weiteren Proteinen, an RNA, schützende chemische Stoffe und morphogenetische Faktoren vorhanden. Bei zahlreichen Spezies, darunter Vögel, Reptilien, Fische, Amphibien und Insekten,

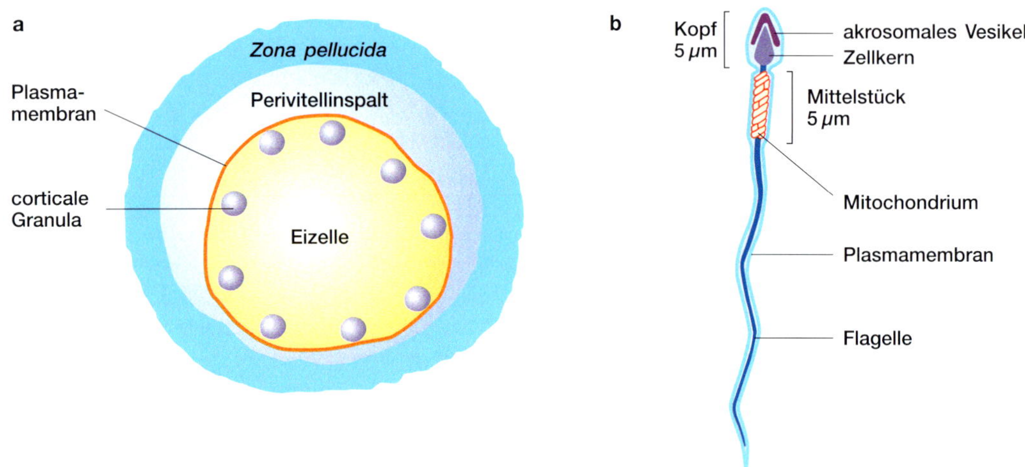

3.12 Die spezialisierten Geschlechtszellen. a) Die Eizelle. Die Eizelle der Säuger ist groß (Durchmesser 120 μm) und von einer extrazellulären Hülle (*Zona pellucida*) umgeben. Die Hülle, an die das Spermium als erstes binden muss, enthält die drei Glykoproteine ZP-1, ZP-2 und ZP-3, die durch Polymerisierung ein Gel bilden. Das erste Polkörperchen, das aus der Meiose I hervorgeht (hier nicht dargestellt) liegt unter der *Zona pellucida* im *Perivitellinspalt*. Beim Eisprung befinden sich die Oocyten in der Metaphase II. Die Meiose II ist bis zur Befruchtung nicht abgeschlossen. Die Befruchtung löst die Freisetzung corticaler Granula aus, die weitere Spermien wirksam daran hindern, die *Zona pellucida* zu durchdringen. b) Das Spermium. Diese Zelle ist mit einem Durchmesser von nur 5 μm am Kopfteil viel kleiner als die Eizelle. Der Kopf enthält stark komprimierte DNA, daran schließt sich das Mittelstück an, ein zylindrischer Bereich von 5 μm Länge an, der zahlreiche Mitochondrien enthält. Schließlich folgt der 50 μm lange Schwanz. Das Akrosom an der Kopfspitze enthält Enzyme, die für das Spermium ein Loch in der *Zona pellucida* erzeugen, sodass es in die Eizelle gelangen und die Befruchtung durchführen kann. Die Samenflüssigkeit enthält normalerweise 100 Millionen Spermien pro ml. Aus: Alberts et al (2002) *Molecular Biology of the Cell*, 4. Auflage: 1147. Garland Science.

enthält das Ei eine mittlere bis große Menge **Dotter** als Nährstoffspeicher für den sich entwickelnden Embryo, bevor er sich unabhängig davon ernähren kann. Die Embryonen der Säuger besitzen zwar einen Dottersack, aber der Dotter selbst ist hier in der Eizelle nicht erforderlich, da der Embryo über die Blutversorgung der Placenta ernährt wird.

Außerhalb der Plasmamembran liegt die **Dotterhaut**, die bei Säugern eine eigene stark ausgeprägte *extrazelluläre Matrix* bildet und die man dann als **Eihülle** (*Zona pellucida*) bezeichnet. Bei Säugern ist das Ei auch von einer Zellschicht umgeben, die man **Cumuluszellen** nennt und die das Ei vor und unmittelbar nach dem Eisprung ernähren.

Menschliche Spermien müssen recht beachtliche Entfernungen zurücklegen; und von den etwa 280 Millionen, die als Ejakulat in die Vagina gelangen, erreichen nur etwa 200 die Region im Eileiter, wo die Befruchtung stattfindet. Diese beginnt mit der Anheftung eines Spermiums an die Eihülle. Dann werden aus dem akrosomalen Vesikel die Enzyme freigesetzt, die eine lokale Auflösung der Eihülle bewirken. Der Kopf des Spermiums verschmilzt mit der Plasmamembran der Oocyte, und der Zellkern des Spermiums gelangt in das Cytoplasma. In der Oocyte bleiben die beiden haploiden Chromosomensätze von Spermium und Eizelle zuerst voneinander getrennt und bilden den männlichen beziehungsweise den weiblichen **Pronucleus**. Im weiteren Verlauf verschmelzen sie jedoch und bilden einen diploiden Zellkern. Die befruchtete Oocyte bezeichnet man als **Zygote**.

3.7.2 Durch Furchungen teilt sich die Zygote in viele kleinere Zellen

Die **Furchungsphase** ist das Entwicklungsstadium, in dem sich die Zygote teilt und dadurch eine Anzahl von kleineren Zellen entstehen, die man als **Blastomere** bezeichnet. Die Art der frühen Furchungsteilungen unterscheidet sich stark bei den verschiedenen Tierspezies; bei vielen Insekten (beispielsweise *Drosophila*) kommt es dabei nicht einmal zu einer Zellteilung (sondern der Kern der Zygote führt im Cytoplasma eine Folge von Teilungen durch, sodass eine abgeflachte vielkernige Zelle entsteht, das **syncytiale Blastoderm**). Das Ergebnis der Furchungsphase ist mit einigen Ausnahmen eine Kugel von Zellen, die häufig einen flüssigkeitsgefüllten Hohlraum umschließen, den man als **Blastocoel** (primäre Leibeshöhle) bezeichnet.

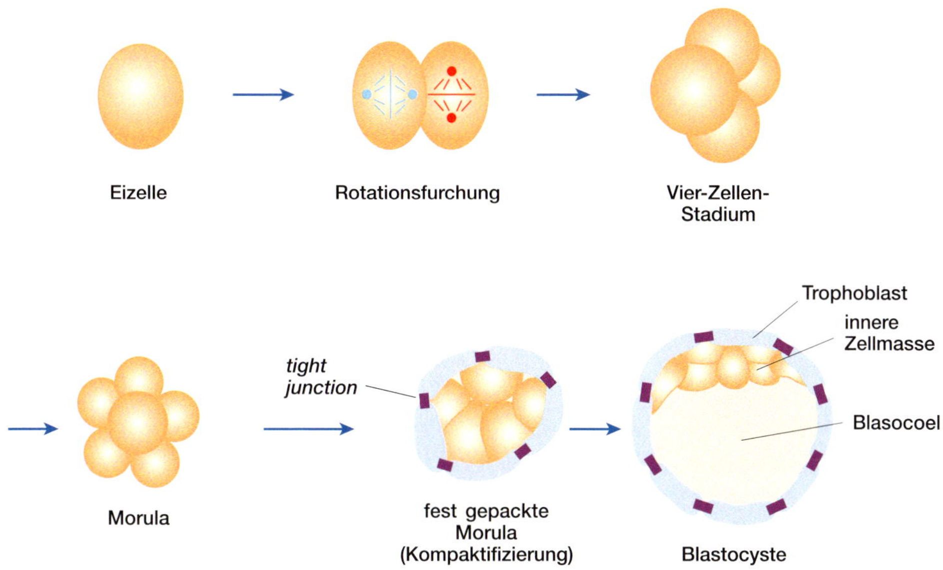

3.13 Frühe Entwicklungsphase des Embryos bei Säugern von der Befruchtung bis zur Bildung der Blastocyste. Grafik nach: Twyman (2001) *Instant Notes in Developmental Biology*; BIOS Scientific Publishers.

Bei den meisten Wirbellosen nennt man die Zellkugel eine **Blastula**, während bei den Wirbeltieren die Terminologie uneinheitlich ist. Bei Amphibien und Säugern verwendet man den Begriff **Morula** für die erste, noch locker gepackte Zellkugel, die aus den frühen Furchungen hervorgeht. Wenn sich danach das flüssigkeitsgefüllte Blastocoel bildet, nennt man das ganze Gebilde bei Amphibien eine Blastula, bei den Säugern hingegen **Blastocyste** (Abb. 3.13). Bei Vögeln, Fischen und Reptilien stellt sich die Situation anders dar. Die Eizelle enthält eine große Menge an Dotter, der die Zellteilung behindert. Die Furchung ist hier auf den abgeflachten Bereich der **Keimscheibe** an der Peripherie der Zelle beschränkt.

Bei vielen Spezies (mit Ausnahme der Säuger, siehe unten) erfolgen die Furchungsteilungen schnell, da es im Zellzyklus zwischen der DNA-Replikation und der Mitose keine G1- und keine G2-Phase gibt. In diesen Fällen findet kein Nettowachstum des Embryos statt, das heißt mit zunehmender Zellzahl nimmt die Zellgröße ab. Bei allen Spezies mit diesem Teilungsmuster zeigt das Genom, das von der Zygote vererbt wurde (das zygotische Genom), während der Furchungsphase keine aktive Transkription. Deshalb hängt die Furchung von den mütterlichen Genprodukten ab, die im Cytoplasma der Eizelle verteilt sind. Die mütterlichen Genprodukte regulieren den Zellzyklus und bestimmen die Teilungsgeschwindigkeit, außerdem verlaufen die Furchungsschritte **synchron**. Diese Art der Regulation bezeichnet man häufig als **maternal genomische Regulation** und die mütterlichen Genprodukte als **maternale Determinanten**.

Die Furchungsphase ist bei Säugern in vieler Hinsicht außergewöhnlich:

- **Frühe Aktivierung des zygotischen Genoms** – bei einigen Spezies bereits im Zweizellstadium. Das führt dazu, dass die Furchungsteilungen mehr vom zygotischen Genom und weniger von den maternalen Determinanten kontrolliert werden.
- **Drehfurchung** – die erste Furchungsebene liegt senkrecht, aber bei der zweiten Runde der Zellteilung teilt sich die eine Zelle vertikal und die andere horizontal (Abb. 3.13).
- **Kompaktifizierung** – die locker assoziierten Blastomere des Acht-Zellen-Embryos flachen sich gegeneinander ab, um die Kontaktflächen zu maximieren; sie bilden dann eine fest gepackte Morula. (Bei vielen Nicht-Säugern kommt es im Embryonalstadium auch zu einer Kompaktifizierung, beispielsweise bei *Xenopus*, jedoch ist die Kompaktifizierung bei Säugern besonders auffällig.) Die Kompaktifizierung bewirkt die Entstehung einer gewissen **Zellpolarität**. Vorher sind die Blastomere abgerundete Zellen mit einer gleichförmigen Verteilung der Mikrovilli; das Zelladhäsionsmolekül E-Cadherin tritt überall dort auf, wo die Zellen miteinander in Kontakt stehen. Nach der Kompaktifizierung hat sich die Situation deutlich verändert: Die Mikrovilli sind auf die Oberfläche an den Spitzen der Zellen beschränkt, während sich E-Cadherin auf der seitlichen Oberfläche der Zellen und die

Exkurs 3.8: Die Embryonalhüllen und die Placenta

In der frühen Entwicklungsphase bei Säugern kommt es vor allem zur Bildung von Geweben, die zu einem großen Teil* nicht zum fertigen Lebewesen beitragen. Dabei handelt es sich um die vier **Embryonalhüllen** (Dottersack, Amnion, Chorion (Zottenhaut), Allantois) und die Placenta, die aus einer Kombination von Embryonalgewebe (dem Chorion) und dem mütterlichen Gewebe hervorgeht. Diese lebensunterstützenden Systeme sind sowohl für den Schutz des Embryos (und später des Fetus) als auch für dessen Ernährung, Atmung und Ausscheidungen erforderlich.

Dottersack

Der Dottersack ist unter den vier Embryonalhüllen am wenigsten entwickelt und kommt bei allen Amnioten und auch bei Haien, Knochenfischen und einigen Amphibien vor. Bei Vogelembryonen umgibt der Dottersack eine nährstoffreiche **Dottermasse** (den gelben Anteil im Ei, der vor allem aus Phospholipiden besteht). Bei vielen Säugern (auch beim Menschen und bei Mäusen) enthält der Dottersack keinen Dotter. Der Dottersack ist generell von Bedeutung, weil

- die **primordialen Keimzellen**, die aus dem Epiblasten hevorgehen, zum Dottersack wandern, bevor sie die Gonadenleiste besiedeln;
- dies der Ursprung der ersten Blutzellen und des größten Teils der Blutgefäße der Frucht ist (einige erstrecken sich in den sich entwickelnden Embryo).

Der Dottersack entwickelt sich aus dem Mesoderm und Endoderm der viszeralen Lateralplatte.

Amnion

Das Amnion kommt nicht nur bei den Amnioten (Säuger, Reptilien, Vögel) vor, sondern auch in einer primitiven Form bei Knochenfischen und einigen Amphibien. Es ist die innerste der Embryonalhüllen, bleibt am Embryo befestigt und umgibt ihn unmittelbar. Das Amnion enthält das Fruchtwasser, in dem der Embryo schwimmt. So ist der Embryo während der Entwicklung gegen Austrocknung geschützt und wird außerdem in einem schwebenden Zustand gehalten, das heißt, die Auswirkungen der Schwerkraft auf den Körper sind verringert. Darüber hinaus wirkt das Amnion als hydraulisches Kissen und schützt den Embryo vor mechanischen Stößen. Das Amnion stammt aus dem Mesoderm der somatischen Lateralpatte und aus dem Ektoderm.

Chorion

Wie das Amnion kommt auch das Chorion bei den Amnioten vor und ebenso in primitiver Form auch bei einigen Knochenfischen und Amphibien. Es stammt ebenfalls aus dem Mesoderm der somatischen Lateralpatte und aus dem Ektoderm. Bei Vogelembryonen (zum Beispiel vom Huhn) ist das Chorion gegen die Schalenmembran gedrückt. Bei Säugerembryonen besteht es aus Zellen des **Trophoblasten**, die die Enzyme produzieren, welche lokal die innere Auskleidung des Uterus abbauen, damit sich der Embryo in die Uteruswand einnisten kann. Das Chorion ist auch der Ursprung von Hormonen (Choriongonatropin), die den Uterus und auch andere Systeme beeinflussen. In allen diesen Fällen dient das Chorion als Oberfläche für den Atmungsaustausch. Bei Säugern, die eine **Placenta** bilden, liefert das Chorion davon den fetalen Anteil (siehe unten).

Allantois

Die Allantois ist in der Evolution die jüngste der Embryonalhüllen, man findet sie nur bei Amnioten (die vielleicht zu Allantoisoten umbenannt werden sollten). Diese Hülle dient bei Vögeln, Reptilien und tatsächlich bei den meisten Amnioten als Behälter für Abfallstoffe (Urin), nicht jedoch bei Placentatieren. Die Allantois entsteht durch Ausbauchung des Hinterdarmbodens und setzt sich deshalb aus Mesoderm der viszeralen Lateralplatte und Endoderm zusammen. Die Allantois ist zwar bei einigen Säugern stark ausgeprägt, bei anderen jedoch (beispielsweise beim Menschen) nur rudimentär (also funktionslos), außer dass aus ihren Blutgefäßen die **Nabelschnur** hervorgeht.

Placenta

Die Placenta kommt nur bei den Placentatieren vor und entwickelt sich teilweise aus der Leibesfrucht und teilweise aus der Uteruswand. Das geschieht sofort nach der Implantation, wenn der Embryo eine Umwandlung des benachbarten mütterlichen Endometriums auslöst, das sich zu einem nährstoffreichen und stark mit Gefäßen versorgten Gewebe (**Dezidua**) entwickelt. Während der zweiten und dritten Woche der Entwicklungsphase bilden sich im Trophoblastengewebe Vakuolen (Zellhohlräume), die zu mütterlichen Kapillargefäßen in der Nähe Verbindungen herstellen und sich dann schnell mit Blut füllen. Mit Entwicklung des Chorions bilden sich dort Auswüchse in die Vakuolen, die man als Chorionzotten bezeichnet. So kommen die mütterliche und die embryonale Blutversorgung in engen Kontakt. Am Ende von drei Wochen hat sich das Chorion vollständig differenziert; es enthält nun ein Gefäßsystem, das mit dem Embryo verbunden ist. Der Austausch von Nähr- und Abfallstoffen erfolgt über die Chorionzotten. Zuerst ist der Embryo vollständig von der Dezidua umgeben, jedoch durch sein Wachstum und die Ausdehnung in den Uterus wird das darüber liegende Dezidualgewebe (*Decidua capsularis*) dünner und löst sich schließlich auf. Die reife Placenta stammt vollständig aus der darunter liegenden basalen Dezidua.

* Die Ausnahmen sind: der dorsale Teil des Dottersacks, der in den Embryo als Vorläufer des **Urdarms** eingeht, und die Allantois, die beim ausgewachsenen Organismus als fibröse Struktur beziehungsweise als ein Rest der Nabelschnur noch erkennbar ist.

Zellbasis verteilt. Die Zellen bilden nun mit ihren Nachbarn feste Zellverbindungen (*tight junctions*); die Bestandteile des Cytoskeletts organisieren sich neu in Form eines *apikalen Bandes* (Tab. 3.4).

Etwa beim 16-Zellen-Stadium der Morula kann man bei Säugern zwischen zwei Zelltypen unterscheiden: äußere polarisierte Zellen und innere unpolarisierte Zellen. Während die Population der unpolarisierten Zellen zunimmt, beginnen die Zellen über die *gap junctions* miteinander zu kommunizieren. Der Unterschied zwischen den beiden Zelltypen ist von grundlegender Natur, wie sich im nächsten Abschnitt zeigen wird.

3.7.3 Bei Säugern geht nur aus einem geringen Teil der Zellen im frühen Embryo später der ausgereifte Organismus hervor

In zahlreichen entwicklungsbiologischen Tiermodellen bildet sich der Organismus aus allen Zellen des frühen Embryos. Säuger unterscheiden sich davon jedoch ziemlich stark: Nur aus einer geringen Zahl der Zellen im frühen Embryo entsteht das eigentliche Lebewesen. Das liegt daran, dass in der frühen Entwicklungsphase größtenteils Gewebe aufgebaut werden, die zwar zum Leben benötigt werden, aber meistens nicht zum fertigen Organismus beitragen, wie die **Embryonalhüllen** und die **Placenta** (Exkurs 3.8).

Die beiden Zelltypen, die man etwa ab dem 16-Zellen-Stadium unterscheiden kann, haben jeweils ein anderes Schicksal. Die äußeren polarisierten Zellen bilden den **Trophoblast** (oder **Trophoderm**), der später eine der vier Embryonalhüllen, das **Chorion** (die Zottenhaut) formt, das den embryonalen Anteil der Placenta bildet. Die inneren unpolaren Zellen bilden den **Embryoblast**. Wenn sich (beim Menschen etwa im 32-Zellen-Stadium) das Blastocoel formt, sammeln sich die inneren unpolaren Zellen an einem Ende des Blastocoels und bilden die **innere Zellmasse (ICM)**, die kein Zentrum erkennen lässt. Aus den ICM-Zellen gehen alle Zellen des späteren Lebewesens hervor, außerdem die anderen drei Embryonalhüllen (Exkurs 3.8).

3.7.4 Implantation

Nach einer bestimmten Zeit (beim Menschen am fünften Tag der Entwicklung) „schlüpft" der Embryo: Ein Enzym, das ein Loch durch die Eihülle bohrt, wird freigesetzt, und die Blastocyste drückt sich hindurch. Sie kann nun frei mit der Uterusschleimhaut in Wechselwirkung treten. Sehr bald nach Eintreten der Blastocyste in den Uterus heftet sie sich fest an das Uterusepithel (**Implantation**). Die Zellen des Trophoblasten proliferieren schnell und differenzieren sich zu einer inneren Zellschicht (**Cytotrophoblast**) und einer äußeren vielkernigen Zellschicht (**Syncytiotrophoblast**), die damit beginnt, in das Bindegewebe des Uterus einzudringen.

Sogar noch vor der Implantation beginnen die ICM-Zellen damit, sich in eine äußere und eine innere Zellschicht zu differenzieren. Die äußere Schicht ist der **Epiblast** (oder das **primitive Ektoderm**). Aus den Zellen des Epiblasten gehen Ektoderm, Endoderm und Mesoderm hervor (und damit alle Gewebe des Embryos), außerdem Amnion, Dottersack und Allantois. Die innere Zellschicht ist der **Hypoblast** (oder das **primitive Endoderm**), aus dem das **extraembryonale Mesoderm** hervorgeht, das den primären Dottersack und das Blastocoel auskleidet.

Innerhalb der inneren Zellmasse bildet sich ein flüssigkeitsgefüllter Hohlraum, die **Amnionhöhle**, die vom Amnion umgeben ist. Der Embryo, der aus einem Teil der inneren Zellmasse hervorgeht, besteht nun aus einer Epiblast- und einer Hypoblastschicht. Man bezeichnet ihn nun als **bilaminare Keimscheibe**. Er liegt zwischen zwei flüssigkeitsgefüllten Höhlungen, auf der einen Seite die Amnionhöhle und der Dottersack auf der andern (Abb. 3.14).

3.7.5 Die Gastrulation ist ein dynamischer Vorgang, bei dem aus den Zellen des Epiblasten die drei Keimblätter hervorgehen

Wie Lewis Wolpert in treffender Weise bemerkte, „ist weder die Geburt, noch die Hochzeit, noch der Tod, sondern die Gastrulation ein wirklich wichtiges Ereignis im Leben". Sie findet in der dritten Schwangerschaftswoche statt und ist der erste entscheidende morphogenetische Prozess im Lauf der Entwicklung. Während der Gastrulation wird die Orientierung des Körpers festgelegt, und die Struktur des Embryos wandelt sich um zu den drei Keimblättern: **Ektoderm**, **Endoderm** und **Mesoderm**, *die alle drei vom Epiblasten abstammen*. Die drei Keimblätter sind Vorstufen aller Gewebe im Organismus (Exkurs 3.5).

Bei Säugern, Vögeln und Reptilien bildet der **Primitivstreifen** die lineare Grundstruktur, die die Gastrulation kennzeichnet. Dieser entsteht beim Menschen etwa am 15. Tag der Entwicklung in Form einer undeutlichen Furche entlang der längs verlaufenden Mittellinie der nun ovalförmigen Keimscheibe. Wäh-

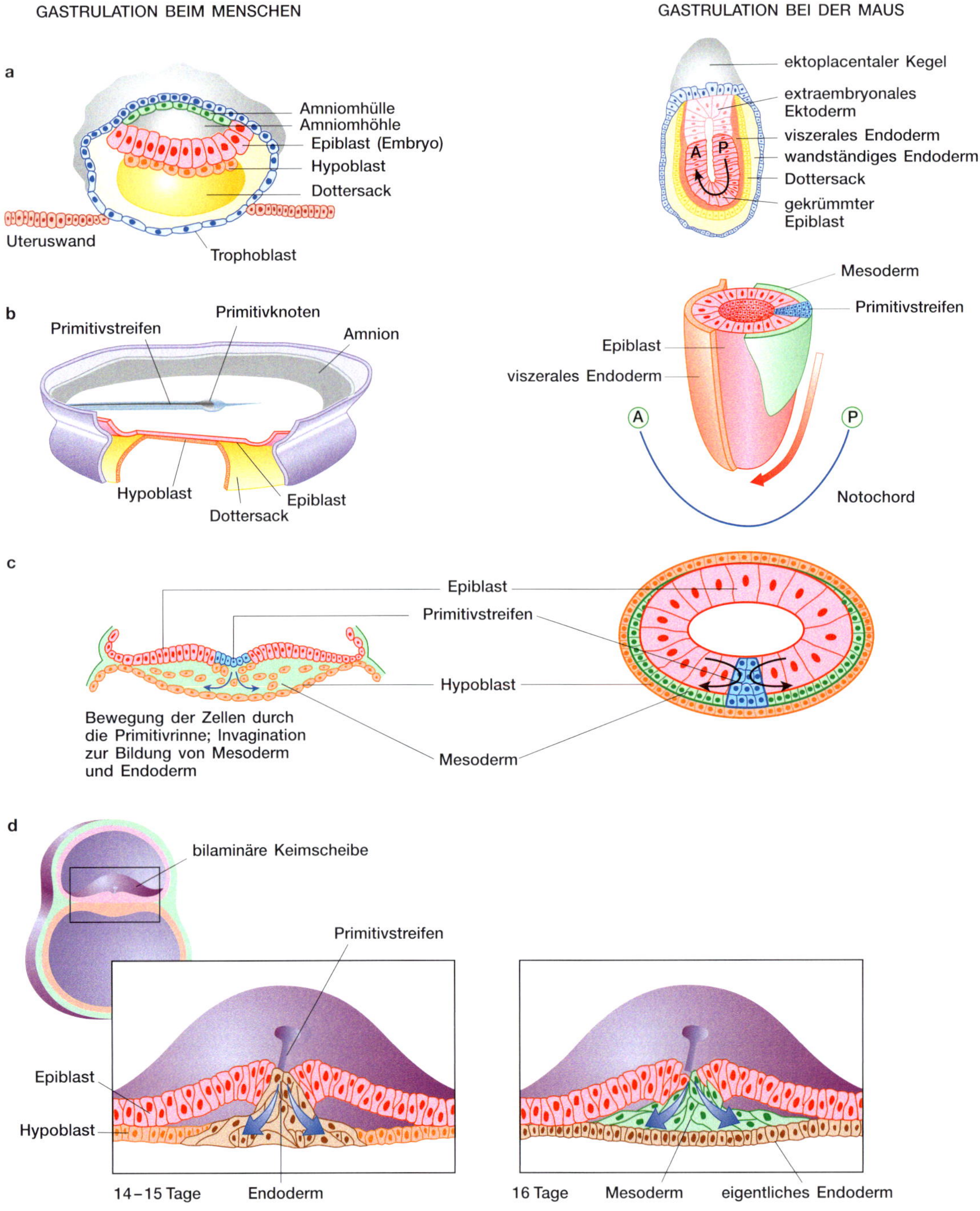

3.14 Während der Gastrulation kommt es beim Menschen und anderen Primaten zu einer Umstrukturierung der flachen, zweischichtigen Keimscheibe und es entsteht ein dreischichtiger Embryo durch die determinierte Delamination von Zellen aus dem Epiblasten. a–c) Das Ergebnis der Gastrulation ist zwar bei allen Säugern ähnlich, aber es gibt doch wichtige Unterschiede in Bezug auf die Einzelheiten der Morphogenese, besonders bei der Bildung und Verwendung extraembryonaler Strukturen. Rechts im Bild ist zum Vergleich die Gastrulation bei der Maus dargestellt. Bei dieser Spezies bildet sich anstelle der flachen Keimscheibe ein becherförmiger Eizylinder, und die Zellen wandern „aus" dem Primitivstreifen „heraus" an die Oberfläche und weniger nach innen hinein. Die künftige anterior-posteriore Achse umgibt den Boden des Bechers. d) Beim Menschen dringen die hereinwandernden Epiblastenzellen in den Hypoblasten ein und ersetzen dessen Zellen; so bildet sich das embryonale Endoderm. Am 16. Tag zweigen einige der eindringenden Epiblastenzellen in den Raum zwischen Epiblast und dem sich neu bildenden Endoderm ein, wo sie das embryonale Mesoderm aufbauen. Während aus dem Epiblasten alle drei Keimblätter (Ektoderm, Endoderm und Mesoderm) hervorgehen, entsteht aus dem Hypoblasten das extraembryonale Endoderm, das den Dottersack auskleidet. Darstellung der menschlichen Embryonen nach: Larsen (2002) *Human Embryology*, 3. Auflage. Darstellung der Mausembryonen nach: Twyman (2001) *Instant Notes in Developmental Biology*; BIOS Scientific Publishers.

rend des darauffolgenden Tages wird die **Primitivrinne** tiefer und verlängert sich, bis sie die halbe Länge des Embryos einnimmt. Ab dem 16. Tag wird am Ende der Primitivrinne und nahe dem Zentrum der Keimscheibe eine ausgeprägte Vertiefung (die **Primitivgrube**) sichtbar, die von einem schwach ausgeprägten Wall des Epiblasten (dem **Primitivknoten**) umgeben ist (Abb. 3.14).

Die Gastrulation ist ein *außerordentlich dynamischer* Vorgang, bei dem es zu sehr schnellen Zellbewegungen kommt (Narasimha und Leptin 2000, Myers et al. 2002). Am 16. Tag der menschlichen Entwicklung beginnen die Zellen in der Nähe des Primitivstreifens zu proliferieren, flachen sich ab und verlieren die Verbindung zueinander. Diese abgeflachten Zellen entwickeln Pseudopodien, die es ihnen ermöglichen, durch den Primitivstreifen in den Raum zwischen Epiblast und Hypoblast zu wandern (Abb. 3.14). Einige der einströmenden Epiblastenzellen dringen in den Hypoblasten ein und ersetzen dessen Zellen, bis schließlich der gesamte Hypoblast durch eine neue Zellschicht verdrängt ist, das eigentliche Endoderm. Am 16. Tag zweigen einige der Epiblastenzellen, die durch den Primitivstreifen einwandern, in den Raum zwischen dem Epiblasten und dem sich bildenden eigentlichen Endoderm ab und formen eine dritte Schicht, das **intraembryonale Mesoderm**. Sobald sich diese Schicht und das eigentliche Endoderm gebildet haben, bezeichnet man den übrigen Epiblasten als **Ektodem**, die neu entstandene dreischichtige Struktur als **trilaminare Keimscheibe** (Abb. 3.14).

Die einwandernden Mesodermzellen wandern teilweise in lateraler Richtung (seitwärts), teilweise in kranialer Richtung („kopfwärts"), während noch andere Zellen sich an der Mittellinie ansammeln. Die Zellen, die durch die Primitivgrube wandern und an der Mittellinie zur Ruhe kommen, bilden zwei Strukturen:

- Die **Prächordalplatte** ist eine kompakte Masse von Mesodermzellen an der Kopfseite der Primitivgrube. Die Prächordalplatte induziert später wichtige Strukturen entlang der kopfseitigen Mittellinie, beispielsweise das Gehirn.
- Der **Notochordalfortsatz** (Kopffortsatz) ist eine hohle Röhre, die in der Primitivgrube entspringt und sich durch Proliferation der Zellen im Bereich des Primitivknotens vom proximalen Ende her verlängert, während sich der Primitivstreifen zurückbildet. Ab dem 20. Tag der Entwicklung eines Menschen ist der Kopffortsatz vollständig ausgebildet, wandelt sich aber nun von einer hohlen Röhre um zu einer massiven stabförmigen Struktur, zum **Notochord**. Dieser induziert später die Bildung von Komponenten des Nervensystems (nächster Abschnitt).

Die einwandernden Mesodermzellen, die lateral weiter wandern, kondensieren an jeder Seite des Notochords zu stäbchen- und lagenartigen Strukturen. Man unterscheidet drei Hauptstrukturen (Abb. 3.15).

- Das **paraxiale Mesoderm** (**PM**) ist ein Paar zylinderförmiger Kondensationen, die beidseitig unmittelbar den Notochord flankieren. Das paraxiale Mesoderm entwickelt zuerst eine Reihe von wirtelähnlichen Strukturen, die man als **Somitomeren** bezeichnet und die sich in einer kraniokaudalen Abfolge während der dritten und vierten Woche der menschlichen Entwicklung herausbilden. Die ersten sieben *kranialen* Somitomeren bilden letztendlich die quer gestreifte Gesichtsmuskulatur, die Kiefer und den Hals, die übrigen Somitomeren entwickeln sich jedoch weiter zu getrennten Blöcken aus segmentiertem Mesoderm, die man als **Somiten** (Ursegmente) bezeichnet (Abb. 3.15). Hals-, Brust-, Lenden- und Kreuzbeinsomiten bedingen die segmentierte Organisationsstruktur des Körpers, da aus ihnen der größte Teil des Axialskeletts (einschließlich der Wirbelsäule), die willkürliche Muskulatur und ein Teil der Lederhaut (Dermis) entsteht.
- Das **intermediäre Mesoderm** (**IM**) ist ein Paar weniger ausgeprägter zylinderförmiger Kondensationen unmittelbar seitlich vom paraxialen Mesoderm. Aus dem IM entwickelt sich später das Harnwegesystem und Teile des Geschlechtsapparats.
- Das **Lateralplattenmesoderm** (**LPM**) ist der verbliebene Rest des lateralen Mesoderms und bildet eine flache Zellschicht. Ab dem 17. Tag der menschlichen Entwicklung teilt es sich in zwei Schichten:
  - Das **splanchnopleurale Mesoderm** (Darmfaserblatt) grenzt an das Endoderm an und wird zum Mesothel, das die Eingeweide bedeckt.
  - Das **somatopleurale Mesoderm** (Hautfaserblatt) grenzt an das Ektoderm und bildet später die innere Auskleidung der Körperwand, Teile der Giedmaßen und den größten Teil der Lederhaut (Dermis).

3.8 Entwicklung des Nervensystems

Wie oben beschrieben führt die Gastrulation zu einer Reihe von auffälligen Veränderungen im Embryo, der dadurch von einer zweischichtigen zu einer dreischichtigen Struktur umgewandelt wird. Die Entwicklung des Embryos ist nun so programmiert, dass sich die Gewebe zu Vorstufen der vielen Organe und Systeme entwickeln, die später im ausgewachsenen

Lebewesen vorhanden sind. Wir beschäftigen uns hier mit der frühen Entwicklung des Nervensystems als ein Beispiel für die Organogenese, da sich daran besonders deutlich zeigt, wie genau Differenzierung, Musterbildung und Morphogenese aufeinander abgestimmt sind.

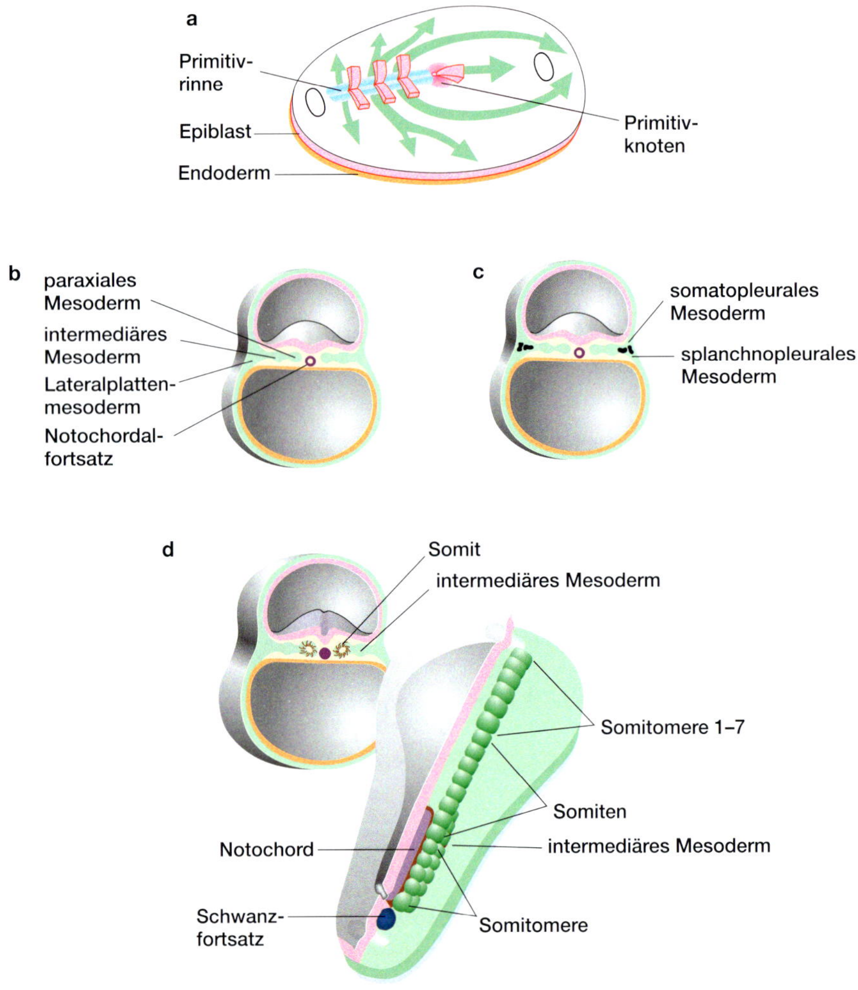

3.15 Migrationswege und das Schicksal der Mesodermzellen, die bei der Gastrulation in das Innere des Embryos eindringen. a) Frühe Mesodermwanderung. Epiblastenzellen, die durch den Primitivknoten einströmen, wandern kopfwärts (kranial) und bilden die Prächordalplatte, ein kompaktes Gebilde aus Mesodermzellen, das direkt kopfwärts vom Primitivknoten liegt. Außerdem bildet sich dabei der Notochordalfortsatz (Kopffortsatz), ein dichter Schlauch an der Mittellinie, aus dem später eine massive stabförmige Struktur wird, der Notochord. Epiblastenzellen, die durch die Primitivrinne hereinströmen, wandern weiter und bilden das laterale Mesoderm an beiden Seiten der Mittellinie. b) Frühe Differenzierung des lateralen Mesoderms. Das Mesoderm unmittelbar an den Seiten des Kopffortsatzes bildet zylinderförmige Zellverdichtungen, das paraxiale Mesoderm. Die benachbarten, weniger stark hervortretenden zylinderförmigen Strukturen sind das intermediäre Mesoderm. Das übrige laterale Mesoderm bildet eine flache Zellschicht, die man als Lateralplattenmesoderm bezeichnet. c) Differenzierung des Lateralplattenmesoderms (LPM). Im Lateralplattenmesoderm bilden sich Vakuolen, sodass es sich in zwei Schichten teilt. Die ventrale Schicht ist das splanchnopleurale Mesoderm, aus dem sich die mesothelialen Deckschichten des Verdauungstrakts bilden. Die dorsale Schicht ist das somatopleurale Mesoderm, aus dem die innere Auskleidung der Körperwand und der größte Teil der Lederhaut hervorgehen. d) Bildung der Somitomere. Das paraxiale Mesoderm bildet eine Reihe von runden, wirtelförmigen Strukturen, die Somitomere. Mit Ausnahme der Somitomeren 1–7 bilden sich daraus die Somite. Das sind Blöcke aus segmentiertem Mesoderm, die die Segmentstruktur des Körpers aufbauen. In der Abbildung ist ein menschlicher Embryo am 21. Tag seiner Entwicklung dargestellt. Sechs der mittleren Somitomere haben sich bereits zu Somiten differenziert. Nach: Larsen (2002) mit freundlicher Genehmigung von Churchill Livingston Publishers.

3.8.1 Das Nervensystem entwickelt sich, nachdem das Ektoderm durch das darunter liegende Mesoderm zur Differenzierung induziert worden ist

Die Entwicklung des Nervensystems markiert den Beginn der Organogenese und setzt beim Menschen am Ende der dritten Entwicklungswoche ein. Das auslösende Ereignis ist die Induktion des aufliegenden Ektoderms durch das axiale Mesoderm (Wilson und Edlund 2001). Innerhalb des axialen Mesoderms übertragen Zellen der Prächordalplatte und des kranialen Anteils der Notochordalplatte Signale an die darüber liegenden Zellen des Ektoderms, die dann zu einer massiven Platte von Neuroepithelzellen differenzieren (**Neurektoderm**). Die entstehende **Neuralplatte** erscheint am 18. Tag der menschlichen Entwicklung, wächst dann aber schnell innerhalb der nächsten zwei Tage und verändert dabei seine Proportionen (Abb. 3.16).

Am Beginn der vierten Woche führt ein Prozess, den man als **Neurulation** bezeichnet, zur Umwandlung der Neuralplatte in ein **Neuralrohr**, den Vorläufer von Gehirn und Rückenmark. Die Neuralplatte beginnt sich entlang der Mittellinie einzufalten, sodass eine Vertiefung entsteht, die man als Neuralfurche bezeichnet. Wahrscheinlich geschieht das als Reaktion auf induktive Signale des in der Nähe liegenden Notochords. Breite Neuralfalten bewegen sich um die Neuralfurche herum aufeinander zu und treffen an der Dorsalseite zusammen, zuerst in der Mitte entlang der kraniokaudalen Achse (Abb. 3.16a). Das Verschließen des Neuralrohres erfolgt ähnlich wie ein Reißverschluss und in zwei Richtungen. An zwei Stellen schließt sich das Neuralrohr nicht: am anterioren und am posterioren Neoporus. Manchmal schließt sich das Neuralrohr nur teilweise, die Folge ist eine *Spina bifida* (das Auftreten so genannter Spaltwirbel).

Während der Neurulation löst sich entlang der seitlichen Ränder der Neuralfalten eine neue Zellpopulation von der Neuralplatte und wandert spezifisch zu zahlreichen Regionen des Embryos. Aus dieser sehr vielseitigen Gruppe von Zellen, die man als **Neuralleiste** bezeichnet, geht ein Teil des peripheren Nervensystems hervor, außerdem Melanocyten, Teile der Knochen und Muskeln, die Retina und andere Strukturen (Garcia-Castro und Bonner-Fraser 1999, Knecht und Bonner-Fraser 2002; Exkurs 3.5).

3.8.2 Die Musterbildung im Neuralrohr geht mit einer koordinierten Genexpression entlang zweier Achsen einher

Nach Bildung der Neuralplatte wird neben drei großen kranialen Vesikeln (das spätere Gehirn) ein schmalerer kaudaler Abschnitt sichtbar, der sich zum Rückenmark ausbildet. Diese kraniokaudale Polarität spiegelt die *Regionalspezifität der Neuralinduktion* wieder. Das heißt, dass die Signale aus dem Mesoderm entlang der Körperachse Positionsinformationen enthalten, die das darüber liegende Ektoderm veranlassen, für die verschiedenen Abschnitte der Achse spezifisches Neuralgewebe zu bilden. Um welche Art von Signal es sich bei amniotischen Tieren handelt, ist nicht genau bekannt (Stern 2002). Bei *Xenopus* findet man ein allgemein anerkanntes Modell. Hier wird die Entwicklung des Nervensystems durch Signalproteine der BMP-Familie (*bone morphogenic protein*) verhindert, und die Neuralinduktion wird von BMP-Antagonisten eingeleitet. Bei Vögeln und Säugern ist der Mechanismus jedoch komplexer und wird noch intensiv erforscht. Wahrscheinlich sendet das Mesoderm ein allgemeines Signal für die Neuralinduktion aus, das die Bildung der Neuralplatte induziert, die in ihrem Charakter anterior orientiert ist. Für eine „Posteriorisierung“ ist ein zusätzliches Signal aus dem kaudalen Bereich des Embryos erforderlich. Für die Bildung des Kopfes sind weitere Moleküle notwendig, die spezifisch vom anterioren Mesoderm freigesetzt werden.

Unabhängig von der Art der zugrunde liegenden Mechanismen aktivieren die Signale entlang der Achse verschiedene Kombinationen von Transkriptionsfaktoren, die ihrerseits den Zellen eine positionsspezifische Identität vermitteln und ihr Verhalten regulieren. Im Vorderhirn und Mittelhirn werden Transkriptionsfaktoren der *Emx*- und der *Otx*-Familie exprimiert. Im Rautenhirn (Rhombencephalon) und im Rückenmark werden die positionsspezifischen Identitäten durch die *Hox*-Gene reguliert. Offenbar werden für das Rautenhirn die Positionswerte der Zellen bereits im Neuralplattenstadium festgelegt und die mit dieser Positionsinformation wandernden Neuralleistenzellen geben die positionsspezifischen Identitäten an das umgebende Gewebe weiter. Im Gegensatz dazu ergibt sich die Positionsidentität im Rückenmark aufgrund von Signalen aus dem umgebenden paraxialen Mesoderm. Das lässt sich durch Übertragung von Zellen aus verschiedenen Bereichen der Achse zeigen. Kraniale Neuralleistenzellen verhalten sich entsprechend ihrer Herkunft, wenn sie an eine neue Position übertragen werden, das heißt, sie verhalten sich genauso wie an der ursprünglichen Stelle.

Exkurs 3.9: Geschlechtsbestimmung – der Einfluss der Gene und der Umgebung auf die Entwicklung

Menschen sind wie alle Säuger **sexuell dimorph**, das heißt, das männliche und das weibliche Geschlecht sind unterschiedlich. Die Entscheidung über männliche oder weibliche Entwicklung fällt bereits bei der Befruchtung, wenn das Spermium entweder ein X- oder ein Y-Chromosom in die Eizelle einbringt, die immer ein X-Chromosom enthält (Schäfer und Goodfellow 1996). Die einzigen Ausnahmen von dieser allgemeinen Regel ergeben sich dann, wenn durch Fehler bei der Meiose Keimzellen mit fehlenden oder zusätzlichen Geschlechtschromosomen entstehen. Dies führt dann zu Individuen mit einer *Aneuploidie der Geschlechtschromosomen* (Abschnitt 2.5.2). Das Geschlecht des Embryos wird zwar bei der Befruchtung festgelegt, die sexuelle Differenzierung beginnt jedoch erst, wenn der Embryo etwa fünf Wochen alt ist. Es gibt zwei Arten der sexuellen Differenzierung, einmal die Entwicklung der **primären Geschlechtsmerkmale** (die Entwicklung der Keimdrüsen und die Festlegung, ob Spermien oder Eizellen gebildet werden), zum anderen die Entwicklung der **sekundären Geschlechtsmerkmale** (die geschlechtsspezifischen Strukturen des Urogenitalsystems und der äußeren Genitalien). Die primären Geschlechtsmerkmale hängen vom Genotyp des Embryos ab, die sekundären hingegen von Signalen aus der Umgebung, die durch Hormonsignale vermittelt werden.

Die männliche Entwicklung hängt davon ab, ob ein Y-Chromosom vorhanden ist oder nicht, da es das entscheidende *SRY*-Gen (die geschlechtsbestimmende Region des Y-Chromosoms oder auch „das primäre das männliche Geschlecht bestimmende Gen") enthält. Das *SRY*-Gen codiert einen Transkriptionsfaktor, der in der Signalkette stromabwärts liegende Gene aktiviert, die wiederum für die Entwicklung der Hoden notwendig sind. Die Hoden produzieren dann Sexualhormone, die für die Entwicklung der sekundären männlichen Geschlechtsmerkmale benötigt werden. Lange Zeit nahm man an, dass die Entwicklung der weiblichen Gonaden gewissermaßen voreingestellt ist und dass das *SRY*-Gen ausreicht, um die indifferente embryonale Keimdrüse von der weiblichen zur männlichen Entwicklung umzuschalten. Dafür gab es eine Reihe von Hinweisen. Selten auftretende XX-Männer besitzen häufig ein kleines Fragment des Y-Chromosoms mit dem *SRY*-Gen, das durch Translokation auf die Spitze eines ihrer X-Chromosomen übertragen wurde. Genetisch weibliche Mäuse, auf die das *Sry*-Gen der Maus übertragen wurde, entwickeln sich als Männchen. Neuere Untersuchungen deuten jedoch darauf hin, dass Gene auf dem X-Chromosom und auf den Autosomen an der positiven Regulation der Ovarienentwicklung beteiligt sind. Die Überexpression solcher Gene (beispielsweise *DAX* und *WNT4A*) kann eine Feminisierung von XY-Individuen herbeiführen, selbst wenn sie ein funktionsfähiges *SRY*-Gen besitzen.

Die frühe Phase der Keimzellenentwicklung wird offenbar stärker durch die Umgebung als durch den Genotyp der Keimbahnzellen bestimmt. Weibliche primordiale Keimzellen, die man in einen Hoden überträgt, differenzieren sich dort zu Spermien. Männliche primordiale Keimzellen, die man in einen Eierstock überträgt, differenzieren dort zu Oocyten. Das ist möglicherweise auf die Regulation des Zellzyklus zurückzuführen, da primordiale Keimzellen, die in den Hoden gelangen, vor der Meiose anhalten, während primordiale Keimzellen, die in den Eierstock gelangen, sofort mit der Meiose beginnen. Deshalb beginnen primordiale Keimzellen jedes Geschlechts, die somatisches Gewebe außerhalb der Keimdrüsen kolonisieren, mit der Differenzierung zu Oocyten, da es dort kein Signal gibt, den Zellzyklus anzuhalten. In allen diesen unnatürlichen Situationen bilden sich jedoch keine funktionsfähigen Keimzellen. Die Differenzierung bricht in einem relativ späten Stadium ab, vermutlich, weil der Genotyp der Keimbahnzellen bei der Keimzellenentwicklung ebenfalls eine entscheidende Rolle spielt.

Im Gegensatz zu den primären Geschlechtsmerkmalen sind die weiblichen sekundären Geschlechtsmerkmale anscheinend tatsächlich voreingestellt. Eines der Gene, die durch das SRY-Protein reguliert werden, ist das *NR5A1*-Gen, das einen anderen Transkriptionsfaktor (den steroidogenen Faktor 1, **SF1**) codiert. Dieser aktiviert Gene, die für die Produktion männlicher Sexualhormone notwendig sind, beispielsweise das *HSD17B3*-Gen (das die Hydroxysteroid-17-β-Dehydrogenase 3 codiert, die wiederum für die Testosteronsynthese erforderlich ist), außerdem das *AMH*-Gen (dieses Gen codiert das Anti-Müller-Hormon). Beide Hormone spielen eine wichtige Rolle bei der Differenzierung des männlichen Urogenitalsystems. So führt beispielsweise AMH zum Abbau der Müllerschen Gänge (die sich in weiblichen Individuen zu den Eileitern und zum Uterus entwickeln). Mutationen, die die Produktion, Verteilung, den Abbau oder die Aufnahme dieser Hormone hemmen, bringen feminisierte XY-Männer hervor. So entsteht beispielsweise das Androgenunempfindlichkeitssyndrom als Folge eines Defekts im Testosteronrezeptor, sodass der Körper nicht auf das Hormon reagiert, selbst wenn es in normalen Mengen produziert wird. XY-Männer mit dieser Erkrankung sehen äußerlich wie normale Frauen aus, aber aufgrund der Effekte von SRY und AMH besitzen sie hochstehende Hoden anstelle von Eierstöcken, außerdem haben sie keinen Uterus und keine Eileiter. Mutationen, die zu einer Überproduktion männlicher Sexualhormone bei Frauen führen, haben die gegenteilige Wirkung, das heißt, es kommt zu einer Maskulinisierung von XX-Individuen. Manchmal tritt dieser Effekt bei der Entwicklung von zweieiigen Zwillingen auf, von denen einer männlich und der andere weiblich ist, wenn der weibliche Zwilling den männlichen Hormonen des Bruders ausgesetzt ist. Das CYP19-Enzym wandelt Androgene in Estrogene um, sodass Mutationen, die diese Aktivität verstärken, zu einer Feminisierung von Männern führen. Mutationen, die die CYP19-Aktivität verringern oder ganz beseitigen, verursachen hingegen eine Maskulinisierung von Frauen.

3.9.2 Entwicklungsprozesse sind sowohl auf der Ebene einzelner Gene als auch auf der Ebene ganzer Reaktionswege hochkonserviert

Wenn bestimmte Gene nachweislich entwicklungsbedingte Krankheiten verursachen, ist dies in der Tierwelt häufig zu einem hohen Grad evolutionär konserviert. Diese Konservierung betrifft nicht nur die Gene, sondern häufig den gesamten Reaktionsweg, zu dem ein solches Gen gehört (Pires-daSilva und Sommer 2003; Abb. 3.17).

Konservierte molekulare Reaktionswege finden häufig bei ähnlichen Prozessen in entfernt verwandten Spezies statt. So kommt es beispielsweise bei der Neuralinduktion von *Xenopus*-Embryonen zu einem Wettstreit zwischen den antagonistischen Effekten von BMP4, das die ventrale und laterale Entwicklungslinie unterstützt, und dorsalisierenden (neuralisierenden) Faktoren wie Chordin, Noggin und Follistatin. Die orthologen Faktoren von BMP4 und Chordin bei *Drosophila* sind Proteine mit den Bezeichnungen Decapentaplegic (Dpp) beziehungsweise Short gastrulation (Sog). Auffällig ist dabei, dass diese Proteine bei der Entwicklung des Nervensystems von *Drosophila* eine entsprechende Funktionen besitzen. Tatsächlich gehen die Gemeinsamkeiten sogar noch weiter. Die Aktivität von Dpp wird bei *Drosophila* von dem Protein Tolloid (Tol) verstärkt, welches das Sog-Protein degradiert. Bei *Xenopus* gibt es das orthologe Protein Xolloid (Xol) und beim Zebrafisch bezeichnet man das Äquivalent mit BMP1. Sowohl Xolloid als auch das BMP1-Protein bauen Chordin ab. Das BMP7-Protein von *Xenopus* und das Screw-Protein bei *Drosophila*, die jeweils als assoziatives Protein für die Aktivität von BMP4 beziehungsweise Dpp erforderlich sind, bilden ebenfalls ein stammübergreifendes Paar.

Andererseits kann aber auch derselbe Reaktionsweg bei verschiedenen Spezies für sehr unterschiedliche Anforderungen Verwendung finden. Bei Säugern fördert der epidermale Wachstumsfaktor (EGF) die Proliferation von Epidermiszellen. EGF bindet an den EGF-Rezeptor, der als Rezeptortyrosinkinase die Ras-Raf-MAP-Kinase-Kaskade auslöst (Abschnitt 3.2.1). Bei *Drosophila* dient derselbe Reaktionsweg dazu, während der Entwicklung des Auges die Differenzierung von einem der acht Photorezeptorzelltypen zu stimulieren. Bei Nematoden stimuliert derselbe Reaktionsweg die Teilung und Differenzierung der Vulva-Zellen.

Das beste Beispiel für eine evolutionäre Konservierung sind die homöoboxhaltigen Gene, die offensicht-

a

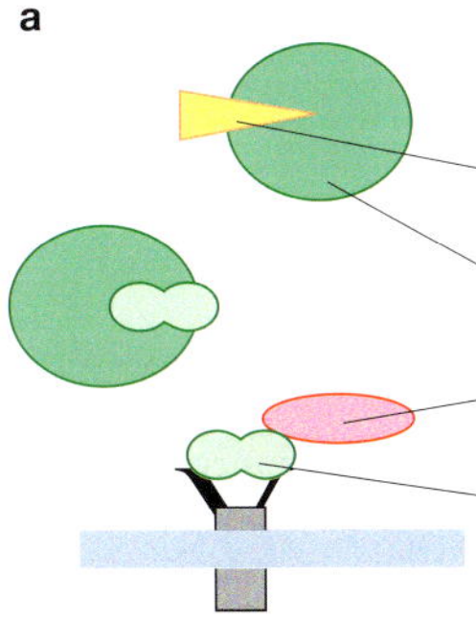

	Wirbeltiere	*Drosophila*
Inhibitor	Xolloid/BMP1	Tolloid
Scavenger-Protein	Chordin	SOG
Aktivator	BMP7	Screw
Ligand	BMP4	DPP

b

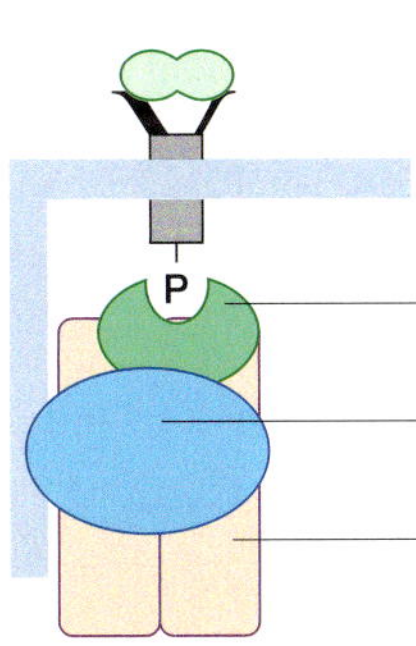

	Mensch	*Drosophila*	*Caenorhabditis*
Ligand	EGF	BOSS	LIN-3
Rezeptor	EGFR	Sevenless	LET-23
SH2/SH3-Rezeptor	GRB2	Drk	SEM-5
G-Protein	Ras	Ras1	LET-60
GTPase-Aktivator und Nucleotidaustausch-protein	GAP/GNRP	Gap1/SOS	Gap-1

3.17 Konservierung von Entwicklungswegen in der Evolution. a) Der BMP4/Chordinweg, der der neuronalen Induktion bei *Drosophila* und Wirbeltieren zugrunde liegt. b) Der Wachstumsfaktorsignalweg, der bei Wirbeltieren, Fliegen und Fadenwürmern unterschiedliche Funktionen hat.

lich bei allen Tieren vorkommen und sehr ähnliche Aufgaben erfüllen. Die grundlegende Funktion dieser Gene bei der Musterbildung ließ sich dadurch zeigen, dass jedes der Gene sein orthologes Gegenstück bei anderen Spezies ersetzen kann. So hat man beispielsweise menschliche *HOX*- und *OTX*-Gene in *Drosophila*-Linien eingeführt, bei denen die ursprünglichen Gene durch Mutation zerstört wurden und konnte so den mutierten Phänotyp vollständig aufheben.

Es gibt jedoch auch deutliche Unterschiede zwischen den Spezies, sogar wenn sie relativ eng verwandt sind. Aufgrund der großen Übereinstimmungen zwischen Mäusen und Menschen wäre nicht unbedingt zu erwarten, dass sich bei beiden der Ablauf der Gastrulation so stark unterscheidet (Abb. 3.14). Tatsächlich zeigen bei den Wirbeltieren die Embryonen vor der Gastrulation große Unterschiede, was auf die unterschiedlichen Mechanismen für die Nährstoffversorgung zurückzuführen ist. Auch die Mechanismen der Geschlechtsbestimmung zeigen eine starke Variationsbreite (Morrish und Sinclair 2002). Nicht bei allen Säugern gibt es das menschliche System mit der XY-Geschlechtsbestimmung (Graves 2002) und bei vielen Reptilien gibt es überhaupt keine heteromorphen Geschlechtschromosomen, sondern die Umgebungstemperatur bestimmt das Geschlecht des Embryos.

Weiterführende Literatur

Arias AM, Stewart A (2002) *Molecular Principles of Animal Development*. Oxford University Press, Oxford.

Alberts B, Johnson A, Lewis J, Raff M, Roberts K, Walter P (2002) *Molecular Biology of the Cell*, 4. Auflage. Garland Science, NewYork,

Gilbert SF (2003) *Developmental Biology*, 7. Auflage. Sinauer Associates, Sunderland.

Twyman RM (2001) *Instant Notes in Developmental Biology*. BIOS Scientific Publishers, Oxford.

Wolpert L (2002) *Principles of Development*, 2. Auflage. Oxford University Press, Oxford.

Zitierte Literatur

Bainter JJ, Boos A, Kroll KIL (2001) Neural induction takes a transcriptional twist. *Dev Dynamics 222*: 315–327

Beddington RSP Robertson EJ (1999) Axis development and early asymmetry in mammals. *Cell* 96: 195–209.

Bjornson CRR, Rietz RL,Reynolds BA et al. (1999) Turning brain into blood: a hematopoietic fate adopted by adult neural stem cells in vivo. *Science* 283: 354–357.

Bokel C, Brown NIH (2002) Integrins in development: Moving on, responding to, and sticking to the extracellular matrix. *Dev Cell* 3: 311–321.

Bourne HR (1997) How receptors talk to trimeric G proteins. *Curr Opin Cell Biol* 9: 134–142.

Burke AC (2000) *Hox* genes and the global patterning of the somitic mesoderm. *Curr Top Dev Biol* 47: 155–181.

Campisi J (1996) Replicative senescence: an old live's tale? *Cell* 84: 497–500.

Capdevila J, Vogan KJ, Tabin CJ, Belmonte JCl (2000) Mechanisms of left-right determination in vertebrates. *Cell* 101: 9–21.

Clapham DE (1995) Calcium signaling. *Cell* 80: 259–268.

Clarke DL, Johansson CB, Wilbertz J et at. (2000) Generalized potential of adult neural stem cells. *Science* 288: 1660–1663.

Cunningham BA (1995) Cell adhesion molecules as morphoregulators. *Curr Opin Cell Biol* 7: 628–633.

Daley GQ (2002) Prospects for stem cell therapeutics: myths and medicines. *Curr Opin Genet Dev* 12: 607–613.

Davis AP, Witte DR, Hsieh-Li HM et al. (1995) Absence of radius and ulna in mice lacking *Hoxa-11* and *Hoxd-11*. *Nature* 375, 791–795.

Donovan PJ, Gearhart J (2001) The end of the beginning for pluripotent stem cells. *Nature* 414: 92–97.

Dustin ML (2002) Shmoos, rafts, and uropods – The many facets of cell polarity. *Cell* 110: 13–18.

Eislen JS (1999) Patterning motoneurons in the vertebrate nervous system. *Trends Neurosci* 22: 321–326.

Evans MJ, Kaufman MH (1981) Establishment in culture of pluripotential cells from mouse embryos. *Nature* 292: 154–156.

Garcia-Castro M, Bonner-Fraser M (1999) Induction and differentiation of the neural crest. *Curr Opin Cell Biol* 11: 695–698.

Giancotti FG, Ruoslahti E (1999) Transduction – Integrin signalling. *Science* 285: 1028–1032.

Graves JAM (2002) The rise and fall of *SRY*. *Trends Genet* 18: 259–264.

Gumbiner BM (1996) Cell adhesion: the molecular basis of tissue architecture and morphogenesis. *Cell* 84: 345–357.

Harland R (2000) Neural induction. *Curr Opin Genet Dev* 10: 357–362.

Hogan BLM (1999) Morphogenesis. *Cell* 96: 225–233.

Hou SX, Zheng ZY, Chen X et al. (2002) The JAK/STAT pathway in model organisms: Emerging roles in cell movement. *Dev Cell* 3: 765–778.

Houslay MD, Milligan G (1997) Tailoring cAMP-signalling responses through isoform multiplicity. *Trends Biochem Sci* 22: 217–224.

Humphries MJ, Newham P (1998) The structure of cell-adhesion molecules. *Trends Cell Biol* 8: 78–83.

Hynes RO (2002) Integrins: Bidirectional, allosteric signaling machines. *Cell* 110, 673–687.

Irvine KD, Rauskolb C (2001) Boundaries in development: formation and function. *Annu Rev Cell Dev Biol* 17: 189–214.

Kim H, Schagat T (1996) Neuroblasts: a model for the asymmetric division of cells. *Trends Genet* 13: 33–39.

Knecht AK, Bonner-Fraser M (2002) Induction of the neural crest: A multigene process. *Nature Rev Genet* 3: 453–461.

Krumlauf R (1994) *Hox* genes in vertebrate development. *Cell* 78: 191–201.

Kuo CJ, Conley PB, Chen L et al. (1992) A transcriptional hierarchy involved in mammalian cell type specification *Nature* 355, 457–461.

Larsen W (2002) *Human Embryology*, 3. Auflage. Churchill Livingstone, New York.

Lawrence PA, Morata G (1994) Homeobox genes: their function in *Drosophila* segmentation and pattern formation, *Cell* 78: 181–189.

Le Mouellic H, Lallemand Y, Brulet P (1992) Homeosis in the mouse induced by a null mutation in the *Hox 3.1* gene. *Cell* 69: 251–264.

Lu CC, Brennan J, Robertson EJ (2001) From fertilization to gastrulation: axis formation in the mouse embryo. *Curr Opin Genet Dev* 11: 384–392.

Lubarsky B, Krasnow MA (2003) Tube morphogenesis: Making and shaping biological tubes. *Cell* 112, 19–28.

Lumsden A, Krumlauf R (1996) Patterning the vertebrate neuraxis. *Science* 274: 1109–1115.

Manouvrier-Hanu S, Holder-Espinasse M, Lyonnet S (1999) Genetics of limb anomalies in humans. *Trends Genet* 15, 409–417.

Martin GR (1981) Isolation of a pluripotent call line from early mouse embryos cultured in medium conditioned by terato-carcinoma stem cells. *Proc Natl Acad Sci USA* 78: 7634–7638.

Mathis L, Nicolas J-F (2002) Cellular patterning of the vertebrate embryo. *Trends Genet* 18: 627–635.

McNeill H (2000) Sticking together and sorting things out: adhesion as a force in development. *Nature Rev Genet* 1: 100–108.

Medvinsky A, Smith A (2003) Stem cells: Fusion brings down barriers. *Nature* 422: 823–825.

Morata G (1993) Homeotic genes of *Drosophila*. *Curr Opin Genet Dev* 3: 606–613.

Morrish BC, Sinclair AH (2002) Vertebrate sex determination: many means to an end. *Reproduction* 124: 447–457

Morrison SJ, Uchida N, Weissman IL (1995) The biology of hematopoietic stem cells. *Ann Rev Cell Biol* 11: 35–71.

Myers DC, Sepich IDS, Sollnica-Krezel L (2002) Convergence and extension in vertebrate gastrulae: cell movements according to or in search of identity? *Trends Genet* 18: 447–455.

Narasimha M, Leptin M (2000) Cell movements during gastrulation: come in and be induced. *Trends Cell Biol* 10: 169–172.

Ng JK, Tamura K, Buscher D et al. (1999) Molecular and cellular basis of pattern formation during vertebrate limb development. *Curr Top Dev Biol* 41: 37–66.

Niswander L (2003) Pattern formation: Old models out on a limb. *Nature Rev Genet* 4: 133–143.

Orlic D, Kajstura J, Chimenti S, Jakoniuk I et al. (2001) Bone marrow cells regenerate infarcted myocardium. *Nature* 410: 701–705.

Panchision DM, McKay RDG (2002) The control of neural stem cells by morphogenetic signals. *Curr Opin Genet Dev* 12: 478–487.

Peifer M, McEwen DG (2002) The ballet of morphogenesis: Unveiling the hidden choreographers. *Cell* 109: 271–274.

Pellegrini S, Dusanter-Fourt 1 (1997) The structure, regulation and function of the Janus kinases (JAKs) and the signal transducers and activators of transcription (STATs). *Eur J Biochem* 248: 615–633.

Perez-Moreno M, Jamora C, Fuchs E (2003) Sticky business: Orchestrating cellular signals at adherens junctions. *Cell* 112: 535–548.

Petersen BE, Bowen WC, Patrene KD et al. (1999) Bone marrow as a potential source of hepatic oval cells. *Science* 284: 1168–1170.

Pires-daSilva A, Sommer RJ (2003) The evolution of signalling pathways in animal development. *Nature Rev Genet* 4: 39–49.

Robinson MJ, Cobb MH (1977) Mitogen activated kinase pathways. *Curr Opin Cell Biol* 9: 180–186.

Saucedo LJ, Edgar BA (2002) Why size matters: altering cell size. *Curr Opin Genet Dev* 12: 565–571.

Schafer AJ, Goodfellow PN (1996) Sex determination in humans. *Bioessays* 18: 955–963.

Schoenwolf GC, Smith JL (1990) Mechanisms of neurulation: traditional viewpoint and recent advances. *Development* 109: 243–270.

Schwabe JWR, Rodriguez-Esteban C, Belmonte JCI (1998) Limbs are moving: Where are they going? *Trends Genet* 14: 229–235.

Selleck SB (2000) Proteoglycans and pattern formation: sugar biochemistry meets developmental genetics. *Trends Genet* 16: 206–212.

Shamblott MJ, Axelman J, Wang SP, Bugg EM et al. (1998) Derivation of pluripotent stem cells from cultured human primordial germ cells. *Proc Natl Acad Sci USA* 95: 13726–13731.

Shih CC, Mamelak A, LeBon T, Forman SJ (2002) Hematopoietic potential of neural stem cells. *Nature Med* 8: 535–536.

Speigel S, Foster D, Kolesnick R (1996) Signal transduction through lipid second messengers. *Curr Opin Cell Biol* 8: 159–167.

Stacey G, Doyle A (2000) Cell banks: A service to animal cell technology. In: *Encyclopedia of Animal Cell Technology* (Hrsg. Spier R). Wiley, NewYork, S. 293–320.

Steinberg MS, McNutt PM (1999) Cadherins and their connections: adhesion junctions have broader functions. *Curr Opin Cell Biol* 11: 554–560.

Stern CD (2002) Induction and initial patterning of the nervous system – the chick embryo enters the scene. *Curr Opin Genet Dev* 12: 447–451.

Streuli C (1999) Extracellular matrix remodelling and cellular differentiation. *Curr Opin Cell Biol* 11: 634–640.

Su TT, O'Farrell PH (1998) Size control: cell proliferation does not equal growth. *Curr Biol* 19: R687–R689.

Tabin CJ, Vogan KJ (2003) A two-cilia model for vertebrate left-right axis specification. *Genes Dev* 17: 1–6.

Tanabe Y, Jessel TM (1996) Diversity and pattern in the developing spinal cord. *Science* 274, 1115–1123.

Tessier-Lavigne M, Goodmans CS (1996) The molecular biology of axon guidance. *Science* 274: 1123–1133.

Thomson JA, ltskovitz–Eider J, Shapiro SS et al. (1998) Embryonic stem cell lines derived from human blastocysts. *Science* 282: 1145–1147.

Tsai MJ, O'Malley BW (1994) Molecular mechanisms of action of steroid/thyroid receptor superfamily members. *Annu Rev Biochem* 63: 451–486.

Twyman RM (2001) Signal transduction in development. In: *Instant Notes in Developmental Biology*. BIOS Scientific Publishers, Oxford.

Vaux DL, Korsmeyer SJ (1999) Cell death in development. *Cell* 96: 245–254.

Verfaile CM (2002) Adult stem cells: assessing the case for pluripotency. *Trends Cell Biol* 12: 502–508.

4.1 Monogene oder multifaktorielle Vererbung

Die einfachsten genetischen Merkmale hängen nur vom **Genotyp** an einem einzigen **Locus** ab. Das heißt nicht, dass das Merkmal ausschließlich von einem einzigen Paar von Genen vorgegeben wird: Beim Menschen erfordert die Expression jedes beliebigen Merkmals wahrscheinlich eine große Anzahl von Genen und äußeren Faktoren. Manchmal ist jedoch unter den normalen genetischen und äußeren Einflüssen, die den Menschen bestimmen, ein bestimmter Genotyp an einem Locus sowohl notwendig als auch hinreichend, damit das Merkmal exprimiert wird. In einem solchen Fall spricht man von einem **mendelnden** Merkmal. Solche Merkmale lassen sich durch ihre spezifischen Stammbaummuster erkennen (Abschnitt 4.2). Beim Menschen sind über 6000 solcher Merkmale bekannt. Wie unter „Die intelligente Nutzung des Internets" beschrieben, ist der grundlegende Ausgangspunkt für die Suche nach Informationen über ein mendelndes Merkmal, ob es pathologisch ist oder nicht, die OMIM-Datenbank (www.ncbi.nlm.nih.gov/Omim).

Die meisten Merkmale des Menschen werden von Genen an mehr als einem Locus bestimmt. Je weiter das Merkmal von der unmittelbaren Aktivität eines Gens entfernt ist, mit umso geringerer Wahrscheinlichkeit zeigt es ein einfaches Mendelsches Vererbungsmuster. Variationen der DNA-Sequenz mendeln praktisch immer – vor allem darum sind sie auch als genetische Marker so interessant (Abschnitt 13.2). Proteinvarianten (in Bezug auf die Mobilität in der Elektrophorese oder die enzymatische Aktivität) verhalten sich normalerweise auch im Mendelschen Sinn, können aber aufgrund posttranslationaler Modifikationen (Abschnitt 1.5.3) bereits von mehreren Loci abhängen. Ein Defekt oder eine Fehlfunktion in einem Entwicklungsprozess, der zu einer angeborenen Schädigung führt, unterliegt wahrscheinlich einem komplexen Wechselspiel mehrerer Faktoren. Deshalb mendeln die häufiger auftretenden Symptome dieser Art (Gaumenspalte, Spaltwirbel, angeborene Herzfehler und anderes) eher selten. Andere menschliche Eigenschaften, wie der Intelligenzquotient oder auch psychische Defekte (etwa eine Schizophrenie) zeigen mit noch geringerer Wahrscheinlichkeit ein mendelndes Muster – sie können aber durchaus in einem mehr oder weniger großen Maß genetisch bedingt sein.

Nichtmendelnde Merkmale hängen vielleicht von zwei, drei oder mehr genetischen Loci ab, wobei äußeren Faktoren auch noch eine mehr oder weniger starke Bedeutung zukommt. Um alle diese Möglichkeiten zu erfassen, bleibt nur die Umschreibung mit dem Begriff „**multifaktoriell**". Differenzierter spricht man dann von **oligogen**, wenn nur eine geringe Zahl von Loci beteiligt ist, oder von **polygen**, wenn zahlreiche Loci mitwirken, aber jeder nur zu einem geringen Anteil; oder es handelt sich um einen einzigen, bedeutenderen Locus vor einem polygenen Hintergrund. Bei **dichotomen Merkmalen** (die entweder vorhanden sind oder nicht, wie etwa zusätzliche Finger) betrachtet man die zugrundeliegenden Loci als **Anfälligkeitsgene**, während man **quantitative** Merkmale, das heißt Merkmale mit einer kontinuierlichen Variationsbreite (beispielsweise Größe oder Gewicht) so genannten **QTLs** (*quantitative trait loci*) zurechnet. Jedes dieser Merkmale kann tendenziell in einer Familie vorhanden sein, aber die Stammbaummuster mendeln nicht und lassen sich nicht mit einer einfachen Analyse erfassen.

4.2 Mendelnde Vererbungsmuster

4.2.1 Dominanz und Rezessivität sind Eigenschaften von Merkmalen, nicht von Genen

Ein Merkmal gilt als **dominant**, wenn es sich in heterozygoten Lebewesen manifestiert. Rezessive Merkmale prägen sich hingegen in einem solchen Fall nicht aus. Dominanz und Rezessivität sind Eigenschaften von Merkmalen, nicht von Genen. Die Sichelzellenanämie ist rezessiv, da sich die Krankheit nur bei Personen manifestiert, die für HbS **homozygot** sind. Heterozygote Menschen haben auch Sichelzellen, denn dieses Merkmal ist dominant. Die meisten dominanten Syndrome des Menschen kennt man nur mit heterozygotem Genotyp. Vereinzelt werden auch homozygote Kranke beschrieben, die von heterozygoten Eltern abstammen; aber sie sind meist deutlich stärker betroffen. Beispiele sind die Achondroplasie (Minderwuchs mit verkürzten Gliedmaßen; MIM 100800) oder das Waardenburg-Syndrom Typ I (Taubheit in Kombination mit anomaler Pigmentierung; MIM 193500). Trotzdem gelten beide Krankheiten als dominant, da ihre Symptome (der **Phänotyp**) bei heterozygoten Personen beschrieben wurde. In Tierexperimenten, wo diese Unsicherheiten nicht bestehen, verwendet man in der Genetik auch den Begriff **semidominant**, wenn ein heterozygotes Tier einen intermediären Phänotyp zeigt. In diesem Fall spricht man nur dann von „dominant", wenn der homozygote und der heterozygote Genotyp phänotypisch nicht zu unterscheiden sind – beispielsweise bei der Huntington-Chorea (eine progressiv degenerative Erkrankung des Nervensystems; MIM 143100). Wilkie hat 1994 einen guten Übersichtsartikel über das Problem der Dominanz veröffentlicht. Männer sind für Loci auf dem X- und Y-Chromosom **hemizygot**, wenn von jedem Gen nur eine Kopie vorhanden ist, sodass sich für X- oder Y-gekoppelte Merkmale die Frage nach Dominanz oder Rezessivität nicht stellt.

4.2.2 Mendelnde Stammbäume zeigen fünf Grundmuster

In Abbildung 4.1 sind die Symbole aufgeführt, die für die Darstellung von Stammbäumen benutzt werden; Exkurs 4.1 fasst die zugrundeliegenden Hauptfaktoren für jedes Grundmuster zusammen. Mendelnde Merkmale werden durch Loci auf den **Autosomen** oder den **Geschlechtschromosomen X** und **Y** bestimmt. Autosomale Merkmale können bei beiden Geschlechtern, X-gekoppelte Merkmale hingegen nur bei Frauen dominant oder rezessiv sein. Kein Mensch besitzt zwei genetisch unterschiedliche Y-Chromosomen (bei den seltenen XYY-Männern sind die beiden Y-Chromosomen identische Kopien). Deshalb gibt es fünf archetypische Stammbaummuster für mendelnde Merkmale (Abb. 4.2). Für X- und Y-gekoppelte Konstellationen sind besondere Herangehensweisen erforderlich (siehe unten), sodass die in der Praxis wichtigen mendelnden Vererbungsmuster autosomal dominant, autosomal rezessiv und X-gekoppelt (dominant oder rezessiv) sind. Diese Grundmuster werden durch verschiedene Randbedingungen komplizierter (Abschnitt 4.3; Abb. 4.5).

Die Inaktivierung des X-Chromosoms (Lyonisierung) erschwert die Unterscheidung zwischen dominanten und rezessiven X-gekoppelten Zuständen

Träger von „rezessiven" X-gekoppelten Zuständen zeigen oft einige Anzeichen des Zustands im Vergleich mit betroffenen Männern, während Personen, die für „dominante" X-gekoppelte Zustände heterozygot sind, eher wenig und unterschiedlich betroffen sind. Dies ist eine Folge der **X-Chromosom-Inaktivierung**. Wie in Abschnitt 10.5.6 beschrieben, gleichen Säuger die ungleiche Zahl von X-Chromosomen bei Männchen und Weibchen dadurch aus, dass in jeder somatischen Zelle alle X-Chromosomen bis auf eines inaktviert werden. Bei XY-Männern bleibt das eine X-Chromosom aktiv, während XX-Frauen in jeder Zelle ein X-Chromosom inaktivieren (gezielt oder zufällig). Die Inaktivierung erfolgt bereits früh in der Embryonalphase, und sobald eine Zelle ihre Auswahl getroffen hat, welches X sie inaktiviert, wird diese Information an alle Tochterzellen weitergegeben.

Eine Frau, die für ein X-gekoppeltes Merkmal (dominant oder rezessiv) heterozygot ist, bezeichnet man als *Mosaik* (Abschnitt 4.3.6). Jede Zelle exprimiert entweder das normale oder das anomale Allel, nicht jedoch beide. Wenn der Phänotyp von einem Produkt abhängt, das im Körper zirkuliert (beispielsweise bei der Bluterkrankheit, MIM 306700, 306900), bildet sich eine Art Durchschnitt heraus zwischen normalen und nicht normalen Zellen. Weibliche Trägerinnen zeigen einen intermediären Phänotyp, im Allgemeinen ohne klinische Symptome, aber biochemisch anomal. Wenn der Phänotyp eine bestimmte, fest lokalisierte Gruppe von Zellen betrifft, beispielsweise bei der hypohidrotischen Ektodermaldysplasie (die Symptome sind fehlende Schweißdrüsen, eine anomale Bildung von Zähnen und Haaren; MIM 305100), zeigen weibliche Trägerinnen ein Muster aus normalen und anomalen Gewebebereichen. Bei X-gekoppelten rezessiven Merkmalen kommt es zu gelegentlichen **heterozygoten Manifestationen**. Die betroffenen Frauen können sehr gravierende Symptome zeigen, wenn im ungünstigen Fall im entscheidenden Gewebe die meisten Zellen das normale X-Chromosom inaktiviert haben.

Das Y-Chromosom trägt relativ wenige Gene

Kein bekanntes menschliches Merkmal, außer der Männlichkeit selbst, zeigt den schematischen Y-gekoppelten Stammbaum in Abbildung 4.2e (angebli-

4.1 Die wichtigsten Symbole, wie sie in Stammbäumen benutzt werden. Generationen werden normalerweise mit römischen, Individuen jeder Generation mit arabischen Ziffern bezeichnet; III-7 (oder III$_7$) ist die siebente Person von links in der dritten Generation (wenn keine andere Zählweise angegeben ist). Mit einem Pfeil kann man einen Probanden oder eine Probandin markieren, über die die Familie ermittelt wurde.

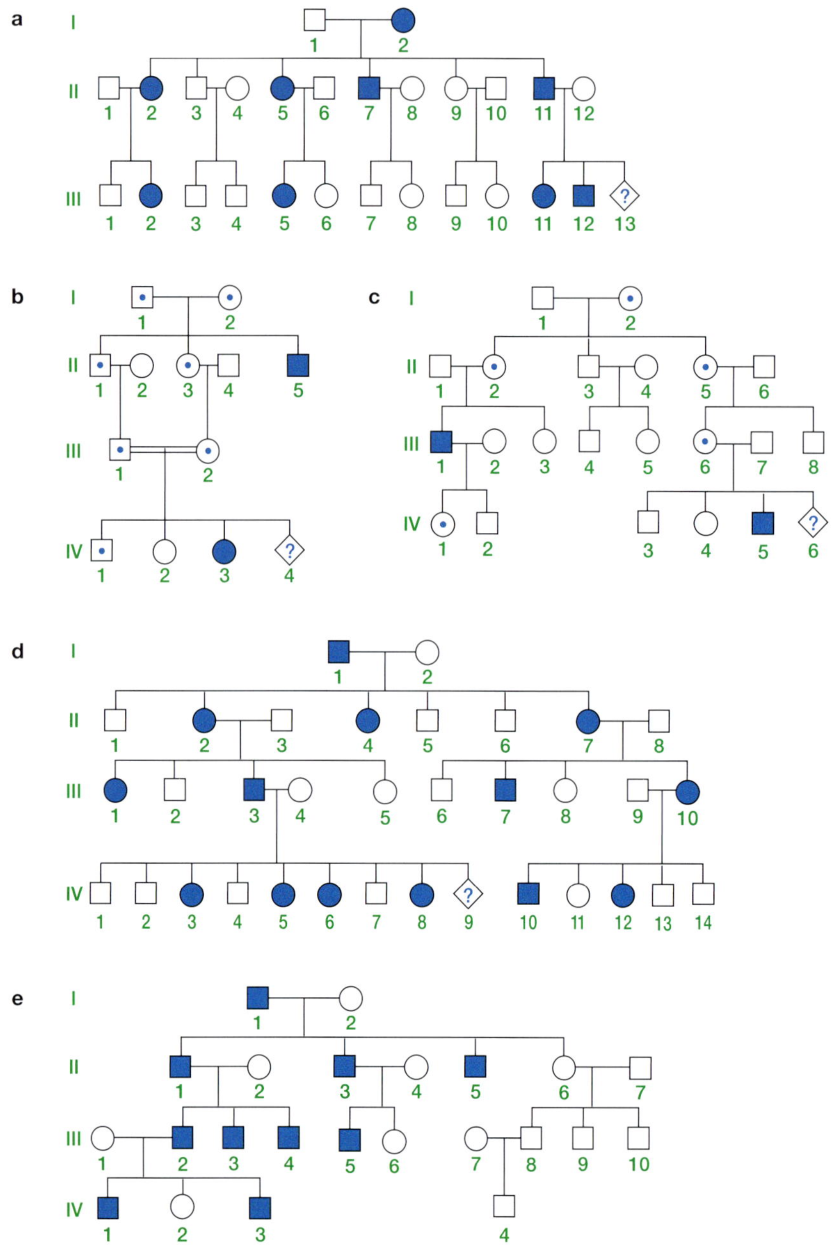

4.2 Grundmuster mendelnder Stammbäume. a) autosomal dominant; b) autosomal rezessiv; c) X-gekoppelt rezessiv; d) X-gekoppelt dominant; e) Y-gekoppelt. Das Risiko für Personen, die mit einem Fragezeichen markiert sind, beträgt bei a) 1:2, bei b) 1:4, bei c) 1:2 für Männer oder 1:4 für alle Nachkommen, bei d) ist es vernachlässigbar gering für Männer und 100 % für Frauen. Abwandlungen dieser Grundmuster finden sich in Abschnitt 4.3 und in Abbildung 4.5.

che „*Porcupine*"-Männer oder „behaarte Ohren" sind wenig glaubhaft; siehe MIM 146600 beziehungsweise 425500). Da normale Frauen keine Y-gekoppelten Gene besitzen, muss jedes dieser Gene entweder nichtessenzielle oder männerspezifische Funktionen codieren. Für einige Gene gibt es sowohl auf dem X- als auch auf dem Y-Chromosom eine funktionelle Kopie; sie bilden im Sinn dieser Argumentation eine Ausnahme und würden kein klassisches Y-gekoppeltes Stammbaummuster zeigen. Interstitielle Deletionen von Yq sind Hauptursache für männliche Unfruchtbarkeit, aber unfruchtbare Männer können naturgemäß keinen Stammbaum erzeugen, wie er in Abbildung 4.2e dargestellt ist. Eine Zusammenfassung der Gene im Y-Chromosom und deren mögliche Beteiligung bei Erkrankungen findet sich bei Jobling und Tyler-Smith (2000) und Skaletsky et al. (2003).

Exkurs 4.1: Eigenschaften der mendelnden Vererbungsmuster

Autosomal dominanter Erbgang (Abb. 4.2a):

Mindestens ein Elternteil der erkrankten Person leidet ebenfalls unter der Krankheit (Abb. 4.4).
Beide Geschlechter sind betroffen.
Wird von beiden Geschlechtern übertragen.
Ist ein Elternteil erkrankt und einer gesund, hat das Kind ein Risiko von 50 %, ebenfalls zu erkranken (unter der Voraussetzung, dass der erkrankte Elternteil heterozygot ist, was normalerweise bei seltenen Krankheiten zutrifft).

Autosomal rezessiver Erbgang (Abb. 4.2b):

Die Erkrankten haben normalerweise gesunde Eltern.
Die Eltern von Erkrankten sind normalerweise symptomfreie Überträger.
Die Krankheit tritt bei blutsverwandten Eltern häufiger auf.
Beide Geschlechter sind betroffen.
Nach der Geburt eines erkrankten Kindes trägt jedes weitere Kind ein Erkrankungsrisiko von 25 % (unter der Voraussetzung, dass beide Eltern phänotypisch gesunde Überträger sind).

X-gekoppelter rezessiver Erbgang (Abb. 4.2c):

Fast nur Männer erkranken.
Betroffene Männer haben in der Regel gesunde Eltern, normalerweise ist die Mutter ein symptomfreier Überträger, kann aber betroffene männliche Verwandte haben.
Frauen können erkranken, wenn der Vater betroffen ist und die Mutter ein Überträger, oder gelegentlich aufgrund einer nichtzufälligen Inaktivierung des X-Chromosoms (Abschnitt 4.2.2).
Es gibt im Stammbaum keine Übertragung von Mann zu Mann, dennoch kann der Eindruck entstehen, wenn der Vater krank und die Mutter Trägerin ist (Abb. 4.5g).

X-gekoppelter dominanter Erbgang (Abb. 4.2d):

Beide Geschlechter sind betroffen, Frauen häufiger als Männer.
Bei Frauen verlaufen die Erkrankungen leichter und zeigen eine größere Variabilität der Symptome als bei Männern.
Wenn die Mutter erkrankt ist, hat das Kind ein 50prozentiges Erkrankungsrisiko.
Wenn der Vater betroffen ist, erkranken alle seine Töchter, aber nicht seine Söhne.

Y-gekoppelter Erbgang (Abb. 4.2e):

Nur Männer erkranken.
Erkrankte Männer haben immer einen kranken Vater (außer bei einer neuen Mutation).
Alle Söhne eines kranken Vaters erkranken.

Die Gene in der Xp-Yp-Paarungsregion zeigen einen pseudoautosomalen Erbgang

Wie breits in Abschnitt 2.3.3 erwähnt, sind die 2,6 Mb großen, distalen Abschnitte bei Xp und Yp homolog und zeigen während der Meiose Crossing-over-Aktivität. Deshalb segregieren die wenigen Gene in dieser Region nach einem **pseudoautosomalen** und nicht nach einem geschlechtsgekoppelten Muster.

4.2.3 Der Vererbungsmodus lässt sich nur selten anhand eines einzigen Stammbaumes eindeutig bestimmen

Da menschliche Familien aus relativ wenigen Mitgliedern bestehen, ist es nur selten möglich, den Vererbungsmodus eines Merkmals einfach durch Analyse eines einzigen Stammbaumes eindeutig zu ermitteln. In Tierexperimenten könnte man eine Testkreuzung durchführen und überprüfen, ob sich ein Verteilungsmuster von 1:2 oder 1:4 ergibt. Bei menschlichen Stammbäumen ist der Anteil an erkrankten Kindern kein sehr verlässlicher Indikator. Das liegt größtenteils daran, dass die ermittelten Zahlen zu gering sind. Darüber hinaus stellt sich auch die Frage, ob die Kriterien, nach denen eine Familie ausgewählt wurde, nicht ebenfalls das ermittelte Verhältnis von betroffenen zu nicht betroffenen Nachkommen beeinflusst. Bei rezessiven Krankheiten scheint der Anteil an betroffenen Kindern größer als 1 in 4 zu sein. Das liegt daran, dass Familien normalerweise dann ausgewählt werden, wenn sie ein erkranktes Kind haben. Familien, bei denen beide Eltern zwar Träger sind, aber aufgrund günstiger Umstände niemand erkrankt, werden so systematisch übergangen. Diese **Erfassungsfehler** und die Möglichkeiten, sie zu umgehen, werden in Abschnitt 15.2.1 behandelt.

Für viele der selteneren Krankheiten ist der ermittelte Vererbungsmodus nicht mehr als eine Vermutung aufgrund von Tatsachen. Die Bestimmung von Vererbungsmodi ist wichtig, da auf dieser Grundlage Risikoabschätzungen und genetische Beratungen möglich sind. Dabei ist jedoch zu beachten, dass die Vererbungsmodi häufig nur Arbeitshypothesen darstellen und keine gesicherten Fakten. Bei OMIM werden Einträge mit einem Sternchen versehen, wenn sie einen relativ gut abgesicherten Vererbungsmodus aufweisen. Nur wenn eine klonierte Kopie des Gens zur Verfügung steht, lässt sich der Erbgang sicher bestimmen.

4.2.4 Aus dem Prinzip „ein Gen – ein Enzym" folgt nicht „ein Gen – ein Syndrom"

Stammbaummuster bieten einen grundlegenden Zugang zur Humangenetik, aber sie können nur ein Ausgangspunkt für die Definition von Genen sein. Es wäre ein schwerer Fehler, sich vorzustellen, dass die etwa 6 000 mendelnden Merkmale für 6 000 codierende DNA-Sequenzen stehen. Das wäre eine nicht zurechtfertigende Erweiterung der **Ein-Gen-ein-Enzym-Hypothese** von Beadle und Tatum. In den 1940er-Jahren war diese Hypothese ein großer Schritt vorwärts, da man nun besser verstehen konnte, wie die Gene einen Phänotyp beeinflussen. Die Hypothese wurde inzwischen erweitert: Einige Gene codieren nichttanslatierte RNA, einige Proteine sind keine Enzyme und viele Proteine bestehen aus mehreren getrennt codierten Polypeptidketten. Aber selbst mit diesen Erweiterungen lässt sich die Hypothese von Beadle und Tatum nicht anwenden, um Einträge in der OMIM-Datenbank und DNA-Transkriptionseinheiten eins zu eins einander zuzuordnen.

Die Gene der „klassischen" Genetik sind abstrakte Einheiten. Jedes Merkmal, das von einem einzigen chromosomalen Locus bestimmt wird, wird nach einem Mendelschen Muster segregieren – allerdings muss die Determinante kein Gen im Sinne dieses Begriffs in der molekularen Genetik sein. Die fazial-skapulär-humerale Muskeldystrophie (eine zwar schwere, aber nicht letale Schwäche bestimmter Muskelgruppen; MIM 158900) wird durch die Deletion von kurzen Sequenzen an 4q35 verursacht, aber bis jetzt ist es trotz intensiver Analysen und Sequenzierung noch nicht gelungen, in diesem Bereich eine geeignete proteincodierende Sequenz zu finden. Das „Gen" für die Charcot-Marie-Tooth-Hoffmann-Krankheit Typ Ia (hereditäre motorisch-sensible Neuropathie; MIM 118220) stellte sich als tandemförmige Duplikation von Chromosom 17p11.2 heraus (Abschnitt 16.5.2). Diese Beispiele sind ungewöhnlich – die meisten OMIM-Einträge beschreiben wahrscheinlich tatsächlich die Auswirkungen von Mutationen, die jeweils eine einzige Transkriptionseinheit betreffen. Es besteht aber auch weiterhin kein direkter Zusammenhang zwischen Phänotypen und Transkriptionseinheiten, da drei Arten von Heterogenität zu berücksichtigen sind:

- Die **Heterogenität des Locus** besagt, dass dasselbe klinische Erscheinungsbild auf Mutationen an einem von mehreren Loci zurückzuführen ist.
- Bei der **allelen Heterogenität** findet man bei verschiedenen Patienten mit einer bestimmten genetisch bedingten Erkrankung zahlreiche unterschiedliche Mutationen desselben Gens (Genaueres in Kapitel 16). Viele Krankheiten zeigen sowohl Locus- als auch allele Heterogenität.
- Mit **klinischer Heterogenität** bezeichnet man den Effekt, dass Mutationen in demselben Gen zwei oder mehr unterschiedliche Krankheiten hervorrufen (Beispiele finden sich in Abschnitt 16.6).

Die Heterogenität des Locus tritt häufig bei Syndromen in Erscheinung, die aufgrund des Ausfalls eines komplexen Entwicklungsprozesses entstehen

Bei der Untersuchung von Patienten mit Gehörverlust findet man charakteristische Beispiele für eine

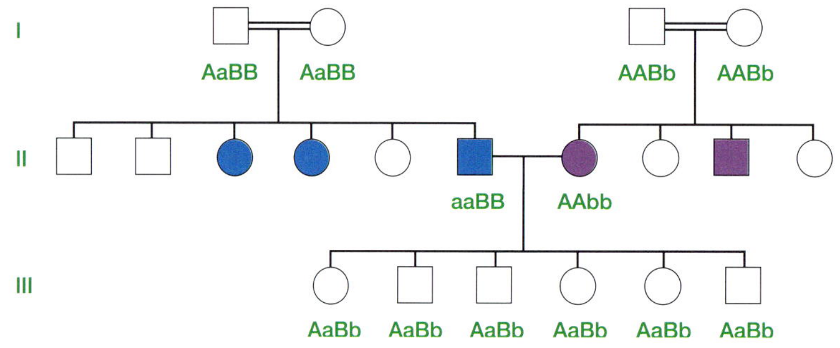

4.3 Komplementierung: Eltern mit einem autosomal rezessiv vererbten totalen Gehörverlust haben häufig Kinder mit normalem Gehör. II_6 und II_7 sind Nachkommen von gesunden, aber blutsverwandten Eltern und beide haben erkrankte Geschwister. Deshalb leiden wahrscheinlich beide an einem rezessiven Gehörverlust. Ihre Kinder sind jedoch alle gesund; das zeigt, dass II_6 und II_7 nichtallele Mutationen tragen.

Exkurs 4.2: Mit dem Komplementationstest lässt sich feststellen, ob zwei rezessive Merkmale von allelen Genen hervorgerufen werden

	ein Locus	**zwei Loci**
genetische Konstellation der Eltern	$a_1a_1 \times a_2a_2$	aaBB × AAbb
Nachkommen	a_1a_2	AaBb
Phänotyp	mutiert	Wildtyp

Man kreuzt Tiere miteinander, die für die beiden Merkmale homozygot sind, und stellt ihren Phänotyp fest. Wenn beide Tiere die Mutation am selben Locus tragen, besitzen die Nachkommen kein Wildtypallel und sind deshalb phänotypisch anomal. Handelt es sich um zwei verschiedene Loci, werden die Nachkommen für beide rezessiven Merkmale heterozygot und dadurch phänotypisch normal. In ganz seltenen Fällen können sich Allele am selben Locus gegenseitig komplementieren (interallele Komplementation)

Heterogenität des Locus. Wenn zwei Personen mit einem angeborenen autosomal rezessiven vollständigen Hörverlust heiraten, wie das häufig der Fall ist, zeigen deren Kinder ein normales Hörvermögen (Abb. 4.3). Es ist leicht zu erkennen, dass für den Aufbau eines so komplexen Systems wie die Härchenzellen in der Gehörschnecke zahlreiche verschiedene Gene erforderlich sind. Die Kinder hören normal, wenn die Eltern Mutationen in verschiedenen Genen tragen. Dies ist ein Beispiel für eine **Komplementation** (Exkurs 4.2). Eine solche Locusheterogenität ist nur bei Krankheiten wie Taubheit oder Blindheit oder bei geistigen Defekten zu erwarten, wenn ein allgemeiner Entwicklungsprozess fehlerhaft verlaufen ist. Aber selbst bei spezifischeren Krankheitsbildern kommen sehr häufig mehrfache Loci als Ursachen in Frage. Ein eindrucksvolles Beispiel ist hier das Usher-Syndrom, eine autosomal rezessive Kombination aus Gehörverlust und fortschreitender Erblindung (Retinitis pigmentosa) durch Mutationen an zehn oder mehr ungekoppelten Loci (Internet-Seite: *Hereditary Hearing Loss Homepage*, www.uia.ac.be/dnalab/hhh). OMIM enthält verschiedene unabhängige Einträge für bekannte Beispiele einer Locusheterogenität (zugeordnet aufgrund von Kopplungs- und Mutationsanalysen), es muss jedoch zahlreiche noch unbekannte Beispiele geben, die sich hinter einzelnen Einträgen verbergen.

Allelische Reihen sind eine Ursache für klinische Heterogenität

Gelegentlich stellt sich heraus, dass mehrere scheinbar unterschiedliche Erscheinungsbilder menschlicher Krankheiten von verschiedenen Mutationen in Allelen desselben Locus ausgelöst werden. Der Unterschied kann quantitativ sein: Mutationen, die das Dystrophingen teilweise inaktivieren, führen zur Becker-Muskeldystrophie, während Mutationen, die dasselbe Gen vollständig abschalten, zwar ähnliche, aber schwerere Duchenne-Muskeldystrophie hervorrufen (letal verlaufender Muskelschwund; MIM 310200). In anderen Fällen ergibt sich ein qualitativer Unterschied: Die Inaktivierung des Androgenrezeptorgens verursacht eine Androgenunempfindlichkeit (Embryonen mit 46,XY entwickeln weibliche Geschlechtsmerkmale; MIM 313700). Wenn jedoch in demselben Gen eine Folge von Glutamincodons verlängert wird, bildet sich eine vollkommen andere Krankheit heraus, die spinobulbäre Muskelatrophie oder Kennedy-Krankheit (MIM 313200). Diese Beispiele und weitere Korrelationen zwischen Genotyp und Phänotyp werden in Kapitel 16 genauer beschrieben.

4.2.5 Mitochondriale Vererbung zeigt ein Stammbaummuster mit erkennbarer Vererbung über die mütterliche Linie

Zusätzlich zu den Mutationen, die Gene auf Chromosomen im Zellkern betreffen, sind auch Mutationen in den Mitochondrien eine bedeutsame Ursache für genetisch bedingte Krankheiten des Menschen (Einzelheiten in der MITOMAP-Datenbank, www.mitomap.org). Das Mitochondriengenom (Abschnitt 9.1.2) ist klein, neigt aber viel stärker zu Mutationen als die Kern-DNA, wahrscheinlich weil die mitochondriale DNA-Replikation fehleranfälliger und die Anzahl der Replikationen viel höher ist. In den Mitochondrien codierte Erkrankungen zeigen zwei ungewöhnliche Eigenschaften: Vererbung über die mütterliche Linie (**matrilineare Vererbung**) und **Heteroplasmie**.

Die Vererbung ist matrilinear, weil das Spermium keine Mitochondrien zur Zygote beiträgt (für diese Behauptung gibt es keinen vollkommen sicheren Beweis, allerdings hat man bei Kindern noch nie väterlich vererbte Mitochondrien gefunden). Eine über die Mitochondrien vererbte Krankheit kann also beide Geschlechter betreffen, wird aber nur von

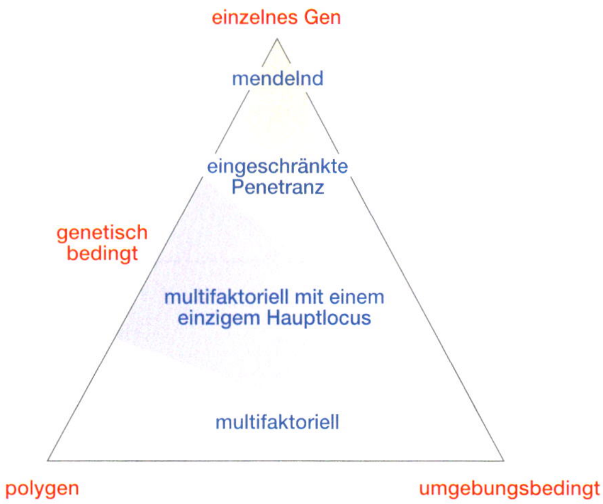

4.6 Das Spektrum menschlicher Merkmale. Wenige Merkmale sind rein mendelsch, rein polygen oder rein durch äußere Faktoren bedingt. Die meisten beruhen auf einer Mischung von einflussreichen und weniger bedeutenden genetischen Determinanten, zusammen mit äußeren Einwirkungen. Die Mischung der Faktoren, die jedes Merkmal bestimmt, lässt sich durch einen Punkt innerhalb des Dreiecks darstellen.

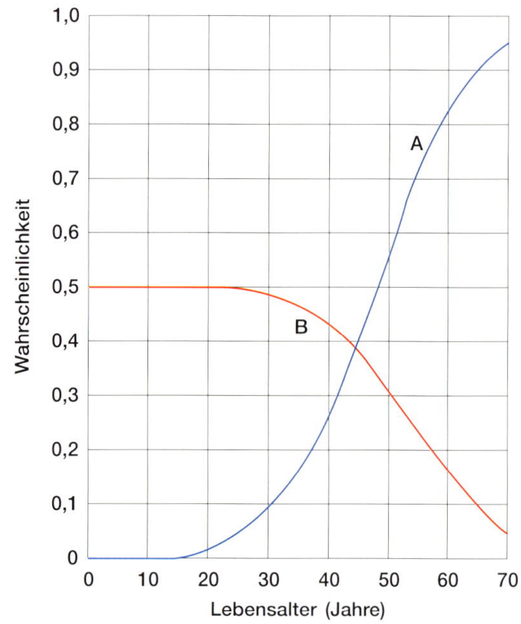

4.7 Kurven, die anzeigen, in welchem Lebensalter die Huntington-Chorea ausbricht. Kurve A: Wahrscheinlichkeit, dass eine Person, die das Krankheitsgen trägt, bis zu einem bestimmten Lebensalter Symptome entwickelt hat. Kurve B: Risiko eines gesunden Kindes mit einem erkrankten Elternteil, das Krankheitsgen zu besitzen. Nach: Harper (2001) *Practical Genetic Counselling*, 5. Auflage, Hodder Arnold. Mit freundlicher Genehmigung von Hodder Arnold.

gestellte Vererbung dominant ist und III_7 keine Symptome zeigt, III_7 erklären, dass für sie kein Risiko besteht, erkrankte Kinder zu bekommen. Eine Aufgabe der Genberatung besteht darin, von jedem dominanten Syndrom den üblichen Grad der Penetranz zu kennen.

Häufig jedoch hängt ein Merkmal von vielen Faktoren ab und zeigt kein mendelndes Vererbungsmuster, selbst wenn es sich um ein rein genetisch bedingtes Merkmal handelt. Es gibt einen fließenden Übergang von Merkmalen mit einer rein mendelnden Penetranz bis hin zu multifaktoriellen Merkmalen (Abb. 4.6) mit zunehmendem Einfluss durch andere genetische Loci und/oder äußere Einwirkungen. Rein logisch betrachtet, besteht keine Möglichkeit, unvollständig penetrante Merkmale von multifaktoriell bedingten Merkmalen zu unterscheiden; es stellt sich die Frage, welche der beiden Beschreibungen am besten passt.

Altersbedingte Penetranz und die späte Manifestation von Krankheiten

Krankheiten, die erst spät ausbrechen, sind besonders wichtige Fälle einer unvollständigen Penetranz. Genetisch bedingte Krankheiten sind nicht notwendigerweise angeboren (also schon bei der Geburt vorhanden). Der Genotyp wird bei der Befruchtung festgelegt, aber der Phänotyp muss sich nicht vor dem Erwachsenenalter ausprägen. In solchen Fällen ist die Penetranz vom Lebensalter abhängig. Die Huntington-Chorea (eine progressiv degenerative Erkrankung des Nervensystems; MIM 143100) ist ein bekanntes Beispiel (Abb. 4.7). Das verzögerte Ausbrechen der Krankheit kann damit zusammenhängen, dass eine schädliche Substanz langsam akkumuliert, das Gewebe langsam abstirbt oder Reparaturen von bestimmten umweltbedingten Schädigungen nicht möglich sind. Erbliche Krebserkrankungen werden bei Personen, die bereits eine Mutation in einem Tumorsuppressorgen tragen, durch eine zweite Mutation in einer Zelle ausgelöst (Kapitel 17). Abhängig von der Krankheit kann es eine 100prozentige Penetranz geben, wenn eine solche Person lange genug lebt. Andererseits kann es Personen geben, die zwar die erste Mutation tragen, aber niemals Symptome entwickeln, selbst wenn sie sehr lange leben. Grafische Darstellungen, die darüber Auskunft geben, in welchem Lebensalter eine Krankheit ausbricht, sind wichtige Hilfsmittel für Genberatungen, da sie eine Abschätzung ermöglichen, ob eine risikobehaftete, aber symptomfreie Person später die Krankheit entwickeln kann.

4.3.3 Bei vielen Krankheiten ist die Expression variabel

Neben der unvollständigen Penetranz beobachtet man bei dominanten Krankheiten häufig auch eine **variable Expression**. In Abbildung 4.5c ist das Beispiel einer Familie dargestellt, in der das Waardenburg-Syndrom auftritt. Verschiedene Familienmitglieder zeigen unterschiedliche Merkmale des Syndroms. Die Ursache ist dieselbe wie bei der unvollständigen Penetranz: Andere Gene, äußere Faktoren oder auch der reine Zufall beeinflussen in gewisser Weise die Ausprägung der Symptome. Unvollständige Penetranz und variable Expression sind die kennzeichnenden Probleme bei dominanten, weniger bei rezessiven Merkmalen. Dies verdeutlicht zumindest zum Teil die Schwierigkeiten, in einem typischen rezessiven Stammbaum Fälle mit unvollständiger Penetranz herauszufinden. Allgemein gilt jedoch die Regel, dass rezessive Krankheiten weniger variabel auftreten als dominante. Wahrscheinlich liegt das daran, dass der Phänotyp einer heterozygoten Person von einem Gleichgewicht zwischen den Auswirkungen der beiden Allele gekennzeichnet ist und dadurch das Ergebnis mit einer größeren Wahrscheinlichkeit von äußeren Einflüssen abhängt, als das bei einem homozygoten Phänotyp der Fall ist. Andererseits findet man sowohl unvollständige Penetranz als auch variable Expression gelegentlich bei rezessiven Krankheiten.

Diese Abweichungen vom normalen Erbgang sind beim Menschen sehr viel deutlicher zu beobachten als bei Pflanzen oder Tieren, denn Versuchstiere und Nutzpflanzen sind genetisch viel einheitlicher als Menschen. Menschen sind ihrer Genetik nach eine typische Wildpopulation. Mausgenetikern ist bekannt, wie stark sich die Expression einer Mutation verändern kann, wenn man sie in einen anderen genetischen Hintergrund einkreuzt. Dies ist eine wichtige Überlegung, wenn man menschliche Krankheiten an Mausmodellen untersucht.

Antizipation ist eine Spezialform der variablen Expression

Mit **Antizipation** umschreibt man die zu beobachtende Tendenz bei einigen variabel exprimierten dominanten Krankheiten, in aufeinander folgenden Generationen einen immer schwereren Verlauf zu nehmen oder früher einzusetzen. Bis vor kurzem zweifelten die meisten Genetiker allerdings an der tatsächlichen Existenz dieses Phänomens. Das Problem besteht darin, dass zufällige Variationen in der Schwere einer Erkrankung eine wirkliche Antizipation vortäuschen können. Die Medizin wird erst dann auf eine Familie aufmerksam, wenn ein schwer erkranktes Kind geboren wird. Bei Nachforschungen in der Familiengeschichte stellt der Genetiker fest, dass ein Elternteil ebenfalls erkrankt ist, aber nur leicht. Das deutet auf eine Antizipation hin, könnte aber auch nur auf fehlerhafter Zuordnung beruhen. Wären der Vater oder die Mutter bereits schwer erkrankt gewesen, hätten sie mit großer Wahrscheinlichkeit kein Kind gezeugt; wäre das Kind aber nur leicht erkrankt, wäre man nie auf die Familie aufmerksam geworden. Da man keinen nachvollziehbaren Mechanismus für eine Antizipation kannte und wegen der statistischen Probleme, die sich aufgrund solcher unvollständigen Beobachtungen ergaben, waren die meisten Genetiker nicht bereit, sich ernsthaft mit dem Phänomen der Antizipation auseinanderzusetzen – bis die Entwicklungen in der Molekularbiologie sie dazu zwangen.

Als man beim Fragile-X-Syndrom (einer geistigen Behinderung mit verschiedenen physischen Merkmalen; MIM 309550), später dann bei der myotonischen Dystrophie (einer Krankheit mit sehr verschiedenen Symptomen und einer charakteristischen Fehlfunktion der Muskulatur; MIM 160900) und schließlich bei der Huntington-Chorea instabile Wiederholungen von Trinucleotiden fand, die sich ständig verlängerten, wurde das Phänomen der Antizipation plötzlich ernst genommen und lag geradezu im Trend. Die Schwere des Krankheitsverlaufs oder das Lebensalter, in dem die Krankheit ausbricht, korrelieren mit der Länge der Wiederholungseinheiten, die zunimmt, wenn das Gen an die nächste Generation weitergegeben wird (Abschnitt 16.6.4). Diese Krankheiten zeigen eine wirkliche Antizipation. Inzwischen nimmt man noch bei vielen anderen Krankheiten an, dass es zu einer Antizipation kommt. Deshalb ist es wichtig, sich an den zu einem früheren Zeitpunkt gemachten Einwand zu erinnern, dass man auch einer fehlerhaften Zuordnung erliegen könnte. Um hier glaubhaft zu sein, bedarf es einer sorgfältigen statistischen Absicherung, nicht nur eines klinischen Vorstellungsbildes.

4.3.4 Bei geprägten Genen entscheidet die elterliche Herkunft über die Expression

Bestimmte menschliche Merkmale sind autosomal dominant, betreffen die Geschlechter gleichermaßen und werden von den Eltern unabhängig vom Geschlecht vererbt, treten aber nur in Erscheinung, wenn sie von einem Elternteil mit einem bestimmten Geschlecht stammen. So gibt es beispielsweise Familien mit autosomal dominant auftretenden Glomustumoren, die nur bei Männern oder Frauen exprimiert werden, die das Gen von ihrem Vater geerbt haben

Darstellung findet sich in Abbildung 4.11. Zuerst ist die Annahme, dass das Merkmal nur von den Allelen an einem einzigen Locus abhängt, dann von zwei Loci schließlich von drei. Das Einführen zusätzlicher Loci hat zwei Konsequenzen:

- Der einfache Zusammenhang zwischen Genotyp und Phänotyp verschwindet. Außer bei extremen Phänotypen ist es nicht möglich, den Genotyp aus dem Phänotyp abzuleiten.
- Mit zunehmender Anzahl der Loci ähnelt die Verteilung immer mehr einer Gauß-Kurve. Durch Einberechnung einer gewissen umgebungsbedingten Variationsbreite glättet sich die Kurve vom Verlauf bei drei Loci zu einer guten Gauß-Verteilung.

Ein weiter entwickeltes Verfahren, dass auch das Phänomen der Dominanz und die unterschiedliche Häufigkeit von Genen berücksichtigt, führt zu denselben Schlussfolgerungen. Da Verwandte gemeinsame Gene besitzen, korrelieren ihre Phänotypen, und die Publikation von Fisher sagte 1918 das Ausmaß der Korrelation für verschiedene Verwandtschaftsgrade voraus.

Ein vielfach missverstandenes Phänomen sowohl biometrischer Daten als auch der Polygentheorie ist die **Regression zum Mittelwert** (*regression to the mean*). Nehmen wir einmal hypothetisch an, dass die Unterschiede im Intelligenzquotienten ausschließlich genetisch bedingt sind. Abbildung 4.12 zeigt, dass in unserem vereinfachten Zwei-Loci-Modell für jede Klasse von Müttern der durchschnittliche IQ ihrer Kinder in der Mitte zwischen dem IQ der Mutter und dem Bevölkerungsdurchschnitt liegt. Das ist die Regression zum Mittelwert – deren Konsequenzen häufig falsch interpretiert werden (Exkurs 4.3). Dieses einfache Modell enthält noch die stillschweigende Annahme, dass in der Bevölkerung die Partnerwahl rein zufällig erfolgt. Für jede Klasse von Müttern wird der durchschnittliche IQ der Ehemänner mit 100 angenommen. Demnach liegt der durchschnittliche IQ der Kinder in der Mitte von den beiden Werten der Eltern, zumindest nach dem „gesunden Menschenverstand". In der Realität neigen jedoch hoch intelligente Frauen dazu, Männer mit einem überdurchschnittlichen IQ zu heiraten („ausgesuchte Partnerwahl"). Daher würden wir selbst dann keine

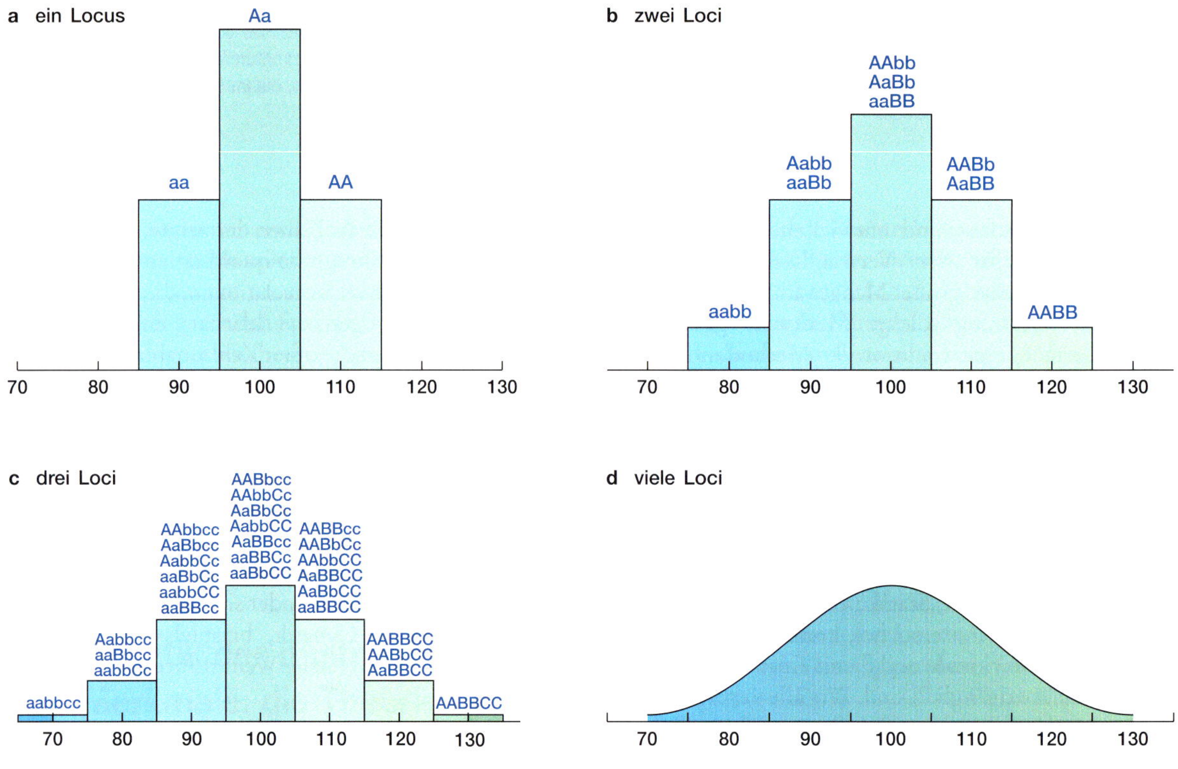

4.11 Schrittweise Annäherung einer Gauß-Verteilung. Die Diagramme zeigen die Verteilung eines hypothetischen Markers in der Bevölkerung mit einem Mittelwert von 100 Einheiten. Das Merkmal beruht auf additiven (codominanten) Effekten von Allelen. Für jedes Allel mit einem Großbuchstaben addiert man 5 Einheiten zum Wert, für jedes Allel mit einem Kleinbuchstaben werden 5 Einheiten subtrahiert. Jedes Allel besitzt eine Häufigkeit von 0,5. a) Das Merkmal wird durch einen einzigen Locus bestimmt. b) Zwei Loci. c) Drei Loci: Das Hinzufügen einer geringen Menge „zufälliger" Variationsbreite (polygen oder durch äußere Faktoren bedingt) führt zu einer Gaußschen Kurve (d).

Rückentwicklung um die Hälfte zum Mittelwert der Bevölkerung erwarten, wenn der IQ ein rein genetisch bedingtes Merkmal wäre.

Eine zweite Annahme in unserem vereinfachten Modell besteht darin, dass es keine Dominanz geben soll: Der Phänotyp jedes Menschen ist die Summe aller Beiträge der einzelnen Allele an jedem beteiligten Locus. Wenn wir Dominanz zulassen, würde der Effekt einiger elterlicher Gene durch dominante Allele überdeckt und im Phänotyp unsichtbar. Allerdings können diese Gene an die Kinder weitergegeben werden und würden dann deren Phänotyp beeinflussen. Lassen wir Dominanz zu, so ist für ein Kind nicht mehr der Mittelwert der Eltern zu erwarten. Den besten Hinweis auf die phänotypischen Auswirkungen eines verborgenen rezessiven Allels erhält man, wenn man die übrige Bevölkerung betrachtet. Daher wird sich der für das Kind zu erwartende Phänotyp vom Mittelwert der Eltern zum Mittelwert der Bevölkerung verschieben. Wie stark diese Verschiebung sein wird, hängt davon ab, wie bedeutend die Dominanz für die Determinierung des Phänotyps ist.

Erblichkeit ist der Anteil der Varianz aufgrund additiver genetischer Effekte

Gaußsche Kurven werden nur durch zwei Parameter festgelegt, den Mittelwert und die Varianz (oder die Standardabweichung als Quadratwurzel der Varianz). Varianzen haben die nützliche Eigenschaft, sich zu

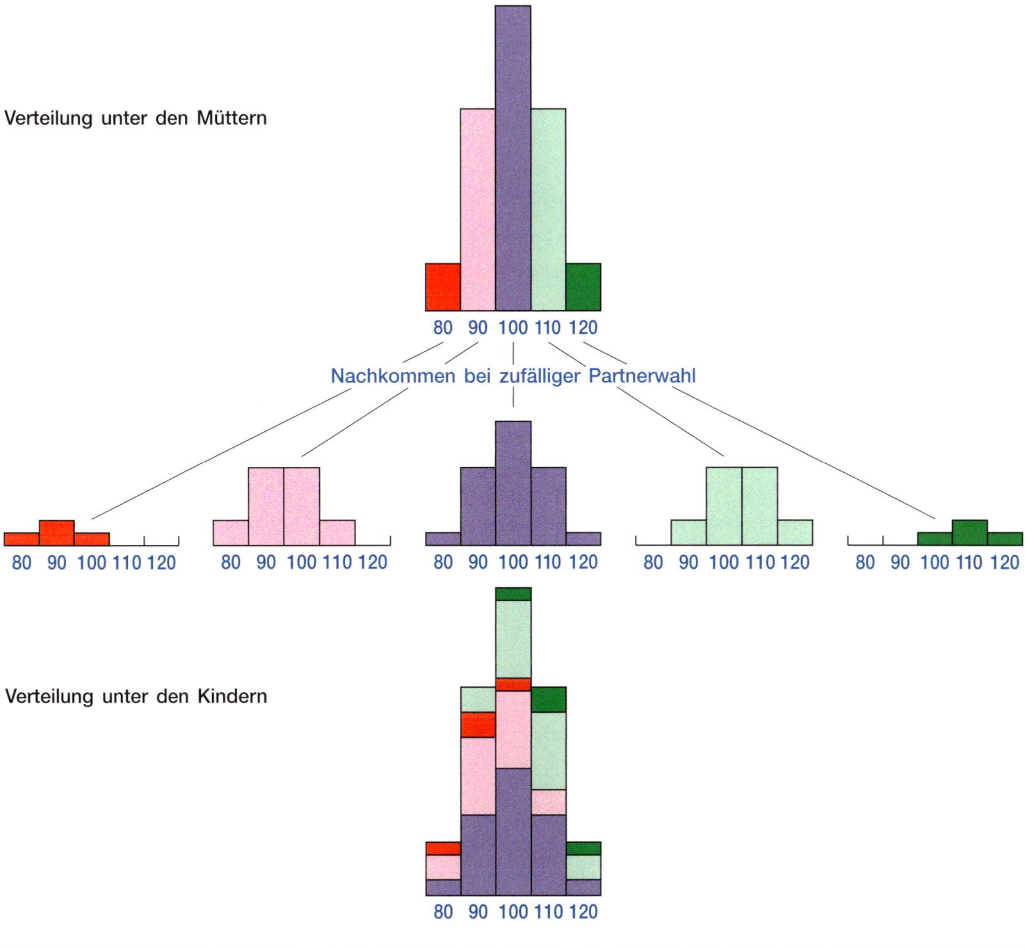

4.12 Regression zum Mittelwert. Es handelt sich um dasselbe Merkmal wie in Abbildung 4.11b: Der Mittelwert ist 100. Das Merkmal wird bestimmt durch die codominanten Allele A, a, B und b an zwei Loci, wobei die Genhäufigkeit immer 0,5 beträgt. Oben: Verteilung in einer Gruppe von Müttern. Mitte: Verteilung bei Kindern aus jeder Gruppe der Mütter, unter der Voraussetzung der zufälligen Partnerwahl. Unten: Aufsummierte Verteilung bei den Kindern. Man beachte: a) Die Verteilung bei den Kindern stimmt mit der bei den Müttern überein; b) für jede Gruppe von Müttern liegt der Mittelwert ihrer Kinder genau in der Mitte zwischen dem Wert der Mutter und dem Bevölkerungsdurchschnitt; c) für jede Gruppe der Kinder (unten) liegt der Mittelwert ihrer Mütter genau in der Mitte zwischen dem Wert der Kinder und dem Bevölkerungsdurchschnitt.

Exkurs 4.3: Zwei gängige Fehlannahmen über die Regression zum Mittelwert

1. Nach wenigen Generationen sind alle gleich.
2. Wenn ein Merkmal eine Regression zum Mittelwert zeigt, muss es genetisch bedingt sein.

Abbildung 4.12 zeigt, dass die erste dieser beiden Vorstellungen falsch ist. In einem einfachen genetischen Modell ist die Gesamtverteilung in jeder Generation gleich; wirkt die Regression in beide Richtungen: Für jede Gruppe von Kindern liegt der Durchschnitt ihrer Mütter in der Mitte zwischen dem Wert der Kinder und dem Bevölkerungsdurchschnitt. Das klingt vielleicht paradox, lässt sich jedoch nachvollziehen, wenn man zum Beispiel die rechte Spalte des unteren Histogramms in Abbildung 4.12 betrachtet (Kinder mit einem IQ von 120). Ein Viertel der Mütter hat einen IQ von 120, die Hälfte liegt bei 110 und ein Viertel bei 100, was einen Mittelwert von 110 ergibt.

In Bezug auf die zweite Annahme gilt, dass die Regression zum Mittelwert kein genetischer Mechanismus ist, sondern ein rein statistisches Phänomen. Unabhängig von den Determinanten für den IQ (seien sie genetisch oder durch äußere Einflüsse bedingt oder eine Mischung aus beidem) müssen wir bei einer spezifischen Gruppe von Müttern (beispielsweise mit einem IQ von 120) davon ausgehen, dass sie über einen ungewöhnlichen Satz von Determinanten verfügen. Wenn wir eine zweite Gruppe von Müttern betrachten, die die Hälfte dieser Determinanten haben (ihre Kinder, Geschwister oder Elternteile), wird der durchschnittliche Phänotyp in dieser zweiten Gruppe vom Bevölkerungsdurchschnitt um die Hälfte abweichen. Die Genetik ist Ursache für den Faktor „ein halb", aber nicht für die Regression.

addieren, wenn sie uabhängige Ursachen haben (Exkurs 4.4). Die Gesamtvarianz des Phänotyps V_P ist also die Summe aller Varianzen aufgrund der individuellen Ursachen für die Variation – der umgebungsbedingten (*environmental*) Varianz V_E und der genetisch bedingten Varianz V_G. V_G lässt sich wiederum untergliedern in eine Varianz V_A aufgrund einfacher additiver genetischer Effekte und eine zusätzliche Größe V_D aufgrund dominanzbedingter Effekte. Die **Erblichkeit** (h^2) eines Merkmals ist der Anteil der Gesamtvarianz, die genetisch bedingt ist, das heißt das Verhältnis V_G/V_P. Für Viehzüchter, die an Kühen mit höherer Milchleistung interessiert sind, ist dies ein wichtiges Maß dafür, inwieweit man mit einem Zuchtprogramm erreichen kann, dass das Durchschnittstier einer künftigen Herde dem heutigen besten Tier ähnlich ist. Genaugenommen ist V_G/V_P die allgemeine Erblichkeit. Dominanzvarianz lässt sich durch Züchtung nicht fassen. Daher wird die Reaktion auf Selektion durch Erblichkeit im engeren Sinne, V_A/V_P, bestimmt. Die Erblichkeit menschlicher Merkmale wird häufig im Rahmen einer Segregationsanalyse geschätzt (Abschnitt 15.2 und Tab. 15.4). Man sollte jedoch bedenken, dass die einfache Aufteilung der Varianz in äußere und genetisch bedingte Komponenten für zahlreiche menschliche Verhaltensmerkmale nicht anwendbar ist. Wir geben unseren Kindern sowohl die Gene als auch die Umgebung. Genetisch bedingte und soziale Nachteile neigen dazu, miteinander einher zu gehen, sodass genetische und äußere Faktoren häufig korrelieren. Wenn genetische und äußere Faktoren nicht unabhängig voneinander sind, dann ist V_P nicht gleich $V_G + V_E$; es gibt zusätzliche Varianzen der Wechselwirkung. Eine Zunahme der Varianzen kann schnell die Erklärungsmöglichkeiten von Modellen verringern, und im Allgemeinen hat sich gezeigt, dass damit schwer umzugehen ist.

Der Begriff „Erblichkeit" wird häufig missverstanden. Erblichkeit ist etwas anderes als der Vererbungsmodus. Der Vererbungsmodus (autosomal dominant, polygen und so weiter) ist eine festgelegte Eigenschaft eines Merkmals, nicht jedoch die Erblichkeit. „Erblichkeit des IQ" ist die Abkürzung für „Erblichkeit von Variationen des IQ". Stellen wir zwei Fragen einander gegenüber:

- *In welchem Ausmaß ist der IQ genetisch bestimmt?* Diese Frage ist sinnlos.
- *In welchem Ausmaß werden die Unterschiede der IQ zwischen den Menschen in einem bestimmten Land zu einer bestimmten Zeit von ihren genetischen Unterschieden verursacht und inwieweit*

Exkurs 4.4: Aufteilung der Varianz

Varianz des Phänotyps (V_P) = genetische Varianz (V_G) + umgebungsbedingte Varianz (V_E)

V_G = Varianz aufgrund additiver genetischer Effekte (V_A) + Varianz aufgrund dominanter Effekte (V_D)

$V_P = V_A + V_D + V_E$

Erblichkeit (allgemein) = V_G / V_P

Erblichkeit (im engeren Sinn) = V_A / V_P

durch ihre unterschiedlichen Umgebungen und Lebensgeschichten? Das ist eine sinnvolle Frage, aber sie ist schwer zu beantworten.

Unter verschiedenen sozialen Bedingungen wird sich die Erblichkeit des IQ unterscheiden. Je mehr Gleichheit in einer Gesellschaft herrscht, um so größer sollte die Erblichkeit des IQ sein. Wenn jeder die gleichen Möglichkeiten hat, fällt eine Reihe von umgebungsbedingten Unterschieden zwischen den Menschen weg. Deshalb beruhen dann mehr der verbleibenden IQ-Differenzen auf genetischen Unterschieden zwischen den Menschen.

4.13 Multifaktorielle Determinierung einer Krankheit oder Fehlbildung. Die Engel und Teufel stehen beide für eine beliebige Kombination von genetischen und äußeren Faktoren. Ein zusätzlicher Teufel oder das Entfernen eines Engels kann das Gleichgewicht verschieben, ohne dass dieser einzelne Faktor die eigentliche Krankheitsursache sein muss. Mit freundlicher Genehmigung von R. S. W. Smithells.

4.4.3 Die Polygentheorie diskontinuierlicher Merkmale

Die meisten der klassischen „polygenen", stufenlos variablen Merkmale wie Größe und Gewicht sind für die medizinische Genetik von geringem Interesse (andererseits befasst man sich durchaus mit der Fettleibigkeit; Abschnitt 15.6.8). Viel interessanter sind die unzähligen Krankheiten und Fehlbildungen, die sich zwar tendenziell familiär häufen, aber keine mendelnden Vererbungsmuster zeigen. Ein wichtiges konzeptionelles Werkzeug für die nichtmendelsche Genetik lieferte Falconers Erweiterung der Polygentheorie auf dichotome oder diskontinuierliche Merkmale (die man entweder hat oder nicht).

Falconer postulierte eine zugrunde liegende, stufenlos variable **Anfälligkeit**. Ein Mensch hat eine Gaumenspalte oder nicht, aber jeder Embryo hat eine gewisse Anfälligkeit für die Entwicklung einer Gaumenspalte. Die Anfälligkeit kann gering sein oder hoch; sie ist polygen und zeigt in der Bevölkerung eine gauß'sche Verteilung. Zusammen mit der polygenen Anfälligkeit postulierte Falconer die Existenz einen **Schwellenwertes**. Embryonen, deren Anfälligkeit einen kritischen Schwellenwert überschreitet, entwickeln eine Gaumenspalte; diejenigen, deren Anfälligkeit darunter liegt, wenn auch nur ganz gering, bekommen keine. Wenn man die mathematischen Feinheiten beiseite lässt, lässt sich das Modell darstellen wie in Abbildung 4.13. Den Schwellenwert kann man sich als neutralen Punkt des Gleichgewichts vorstellen. Verändert sich das Gleichgewichts der Faktoren, verschiebt sich der Phänotyp auf die eine oder die andere Seite.

Für die Gaumenspalte leuchtet das polygene Schwellenmodell intuitiv ein (Fraser 1980). Alle Embryonen haben am Anfang eine Gaumenspalte. Im Verlauf der frühen Entwicklung müssen die Gaumenplatten horizontal zu liegen kommen und zusammenwachsen. Dies muss innerhalb eines bestimmten Zeitfensters während der Entwicklung geschehen. Viele verschiedene äußere und genetische Faktoren beeinflussen die Embryonalentwicklung; deshalb ist es offenbar einleuchtend, dass die Anfälligkeit polygen ist. Ob die Gaumenplatten aufeinandertreffen und genügend Zeit für die Fusion haben, oder ob sie es nur gerade so schaffen, ist ohne Bedeutung – wenn sie zusammenwachsen, bildet sich ein normaler Gaumen, wenn nicht, gibt es eine Gaumenspalte. Ein natürlicher Schwellenwert überlagert also einen stufenlos variablen Entwicklungsprozess.

Mithilfe von Falconers Schwellentheorie lässt sich erklären, wie familiäre Risiken für eine erneutes Auftreten einer Krankheit variieren. Betroffene Personen müssen eine ungünstige Kombination von Allelen für hohe Anfälligkeit besitzen; ebenso unterliegen ihre Verwandten mit den gleichen Genen – im Durchschnitt – einer erhöhten Anfälligkeit. Die Abweichung vom Bevölkerungsdurchschnitt hängt vom Anteil der gemeinsamen Gene ab. Merkmale mit polygenem Schwellenwert kommen daher in Familien gehäuft vor (Abb. 4.14). Eltern mit mehreren erkrankten Kindern hatten vielleicht nur Pech, aber im Durchschnitt müssen sie doch mehr Allele besitzen, die ein höheres Risiko bedingen, als Eltern mit nur einem erkrankten Kind. Der Schwellenwert ist unveränderlich, aber die durchschnittliche Anfälligkeit, und damit das Risiko für ein erneutes Auftreten, wird mit einer zunehmenden Zahl von bereits erkrankten Kindern größer.

Bei vielen Erkrankungen, für die man Schwellenwerte vermutet, unterscheidet sich bei den beiden

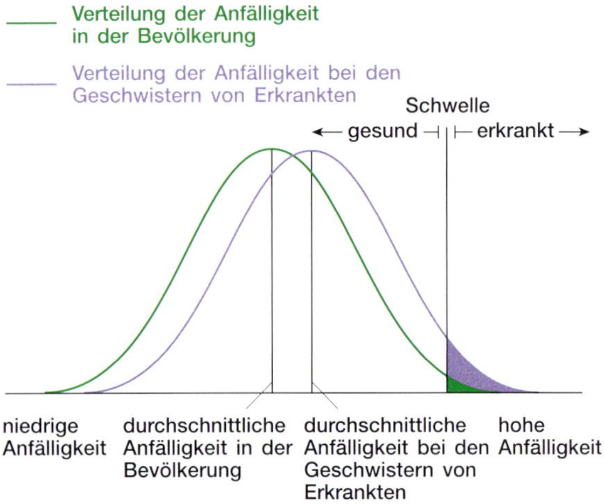

4.14 Falconers polygenes Schwellenmodell für dichotome nichtmendelnde Merkmale. Die Anfälligkeit für die Krankheit ist polygen und normal verteilt (grüne Kurve). Menschen, deren Anfälligkeit über einem bestimmten Schwellenwert liegt (Gleichgewichtspunkt in Abbildung 4.13), erkranken. Ihre Geschwister (violette Kurve) zeigen eine höhere durchschnittliche Anfälligkeit als das Bevölkerungsmittel; außerdem neigt ein größerer Anteil von ihnen dazu, die Schwelle zu überschreiten. Daher kommt die Krankheit familiär gehäuft vor.

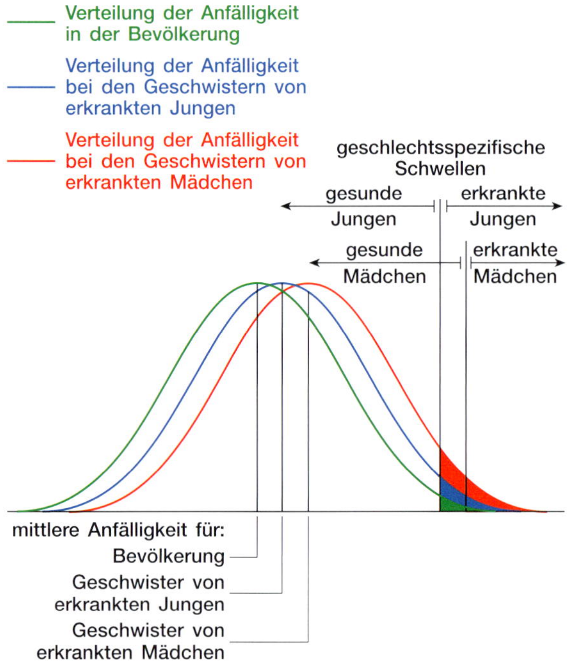

4.15 Ein polygenes Merkmal mit geschlechtsspezifischen Zellen. Wenn ein nichtmendelndes dichotomes Merkmal hauptsächlich bei Männern vorkommt, postuliert die multifaktorielle Schwellentheorie, dass die Schwelle bei Männern niedriger sein muss als bei Frauen. Daraus folgt, dass das Wiederholungsrisiko für Verwandte von erkrankten Frauen höher ist, die Mehrheit von ihnen jedoch männlich sein wird. Ein Beispiel mit Zahlen findet sich in Tabelle 4.1.

Geschlechtern die Krankeitshäufigkeit. Demnach gibt es geschlechtsspezifische Schwellenwerte. So kommt zum Beispiel die congenitale Pylorusstenose bei Jungen fünfmal häufiger vor als bei Mädchen. Der Schwellenwert muss also für Mädchen höher sein als für Jungen; Verwandte eines erkrankten Mädchens haben daher eine fünfmal höhere Anfälligkeit als Verwandte eines erkrankten Jungen (Abb. 4.15). Das Risiko eines erneuten Auftretens ist entsprechend höher, und das Risiko des Babys ist in jedem Fall fünfmal größer, wenn es sich um einen Jungen handelt (Tab. 4.1).

4.4.4 Bei der Beratung im Hinblick auf nichtmendelnde Krankheiten stützt man sich auf Erfahrungswerte

Bei der genetischen Beratung über nichtmendelnde Krankheiten leitet man die Risikoabschätzung nicht aus der polygenen Theorie ab; man stützt sich dabei viel mehr auf **Erfahrungswerte**, die durch Untersuchungen der Bevölkerung ermittelt wurden (Tab. 4.1). Das ist völlig anders als bei den mendelnden Krankheiten, wo sich die Risiken 1:2, 1:4 und so wei-

Tabelle 4.1 Wiederholungsrisiko für Pylorusstenose

Verwandte von	Söhne	Töchter	Brüder	Schwestern
männlichem Probanden	19/296 (6,42 %)	7/274 (2,55 %)	5/230 2,17 %	5/242 2,07 %
weiblichem Probanden	14/61 (22,95 %)	7/62 11,48 %	11/101 10,89 %	9/101 8,91 %

Betroffen sind mehr Jungen als Mädchen, aber das Wiederholungsrisiko ist für Verwandte eines kranken Mädchens höher. Die Daten passen zu einem polygenen Schwellenmodell mit geschlechtsspezifischen Schwellen (Abb. 4.15). Daten von Fuhrmann und Vogel (1976).

ter aus einer Theorie ableiten. Die Familiengeschichte wirkt sich ebenfalls völlig anders aus. Wenn beide Elternteile Träger der Cystischen Fibrose sind, so liegt die Wahrscheinlichkeit, dass ihr nächstes Kind daran erkrankt, bei 1:4. Das gilt unabhängig davon, wie viele erkrankte oder gesunde Kinder sie schon haben (kurz gesagt: „Der Zufall hat kein Gedächtnis"). Haben sie ein Baby mit einem Defekt im Neuralrohr, so liegt das Wiederholungsrisiko in Großbritannien bei 1:25 – wenn sie aber schon zwei erkrankte Kinder haben, beträgt das Risiko etwa 1:12. Dabei hat nicht das zweite Baby ihr Risiko erhöht, ein weiteres krankes Kind zur Welt zu bringen, aber es lässt sich feststellen, dass diese Eltern unter einem besonders hohen Risiko stehen. „Nachher ist man immer schlauer", könnte man hier in Bezug auf einen Berater zynisch einwenden. Aber eine solche Vorgehensweise steht im Einklang mit unserem Verständnis von der Schwellenwerttheorie und mit den epidemiologischen Daten; außerdem ist es das Beste, was beim aktuellen unzureichenden Kenntnisstand zur Verfügung steht.

4.5 Faktoren, die beeinflussen können, wie häufig ein Gen auftritt

4.5.1 Es kann eine einfache Beziehung zwischen der Häufigkeit eines Gens und der eines Genotyps geben

Ein Gedankenexperiment: Entnahme von Genen aus dem Genpool

Man kann in der Gesamtbevölkerung an einem Locus viele unterschiedliche Allele finden, obwohl jede Einzelperson nur zwei Allele besitzt, die identisch oder auch verschieden sein können. Stellen wir uns einen **Genpool** vor, der alle Allele in der Bevölkerung am *A*-Locus umfasst. Die **Genfrequenz** des Allels A_1 ist der Anteil aller *A*-Allele im Genpool, die gleich A_1 sind. Betrachten wir die beiden Allele A_1 und A_2 am *A*-Locus. Ihre Genhäufigkeit sei p beziehungsweise q (p und q liegen beide zwischen 0 und 1). Führen wir nun das Gedankenexperiment durch:

- Wir entnehmen dem Genpool ein beliebiges Allel. Die Wahrscheinlichkeit, dass es A_1 ist, beträgt p, für A_2 beträgt sie q.
- Wir entnehmen ein beliebiges weiteres Allel. Wieder gilt die Wahrscheinlichkeit p für A_1 und q für A_2 (wir nehmen an, dass der Genpool groß genug ist, damit das Entfernen des ersten Allels die Genhäufigkeiten im verbleibenden Genpool nicht signifikant verändert). Daraus folgt:
  - Die Wahrscheinlichkeit, dass beide Allele A_1 sind, beträgt p^2.
  - Die Wahrscheinlichkeit, dass beide Allele A_2 sind, beträgt q^2.
  - Die Wahrscheinlichkeit, dass das erste Allel A_1 ist und das zweite A_2 beträgt pq. Die Wahrscheinlichkeit, dass das erste Allel A_2 ist und das zweite A_1 beträgt qp. Insgesamt beträgt die Wahrscheinlichkeit, dass man ein A_1- und ein A_2-Allel entnimmt, $2pq$.

Das Hardy-Weinberg-Gesetz

Wenn wir eine beliebige Person aus der Bevölkerung herausgreifen, ist das genauso als ob wir willkürlich zwei Gene aus dem Genpool nehmen. Die Wahrscheinlichkeit, dass die Person A_1A_1 trägt, ist p^2, die Wahrscheinlichkeit für A_1A_2 beträgt $2pq$ und für A_2A_2 q^2. Diese einfache Beziehung zwischen der Häufigkeit von Genen und Genotypen (das **Hardy-Weinberg-Gesetz**; Exkurs 4.5) gilt immer dann, wenn zwei Gene einer Person unabhängig voneinander und nach dem Zufallsprinzip aus dem Genpool gezogen werden. A_1 und A_2 können die einzigen Allele an dem Locus sein (dann ist $p + q = 1$) oder es gibt weitere Allele und Genotypen ($p + q < 1$). Bei X-gekoppelten Loci besitzen die hemizygoten Männer nur ein Allel

Exkurs 4.5: Die Genotyphäufigkeiten im Gleichgewicht für die Allelhäufigkeiten p (A_1) und q (A_2) nach Hardy-Weinberg

	autosomaler Locus			X-gekoppelter Locus				
				Männer		Frauen		
Genotyp	A_1A_1	A_1A_2	A_2A_2	A_1	A_2	A_1A_1	A_1A_2	A_2A_2
Häufigkeit	p^2	$2pq$	q^2	p	q	p^2	$2pq$	q^2

Die Häufigkeit, mit der die Genotypen auftreten, hängt nicht davon ab, ob A_1 und A_2 die einzigen Allele an diesem Locus sind oder nicht.

A_1 oder A_2 mit den Häufigkeiten p beziehungsweise q, während Frauen A_1A_1, A_1A_2 oder A_2A_2 sein können (Exkurs 4.5).

Einschränkungen des Hardy-Weinberg-Gesetzes

Diese einfachen Berechnungen gelten jedoch nur unter der Annahme, dass die beiden Gene einer Person unabhängig voneinander dem Genpool entnommen werden. Probleme gibt es besonders dann, wenn Elternpaare nicht rein zufällig zueinander finden. Es kann sehr verschiedene Formen von ausgesuchten Partnerschaften geben, aber die allgemein bedeutendste ist die **Inzucht**. Wenn man innerhalb der Verwandtschaft heiratet, verbindet man sich mit jemandem, dessen Gene den eigenen ähnlich sind. Dadurch erhöht sich die Wahrscheinlichkeit, dass die Kinder bei bestimmten Allelen homozygot sind, und verringert sich die Wahrscheinlichkeit, dass sie heterozygot sind. Seltene rezessiven Krankheiten findet man sehr häufig bei blutsverwandten Eltern. Wenn man das bei Hardy-Weinberg-Berechnungen nicht berücksichtigt, wird die Zahl der Träger im Verhältnis zur Gesamtbevölkerung meistens zu hoch eingeschätzt.

Die Anwendung des Hardy-Weinberg-Gesetzes in der genetischen Beratung

Bei vielen Arten der genetischen Analyse sind die Häufigkeiten von Genen und Genotypen wichtige Informationen, beispielsweise für die Kopplungsanalyse (Abschnitt 13.3) und die Segregationsanalyse (Abschnitt 15.2). Außerdem sind sie bei der Berechnung von genetischen Risiken von besonderer Bedeutung (Beispiele in Exkurs 4.6).

4.5.2 Die Häufigkeiten von Genotypen lassen sich (mit Vorbehalt) für die Berechnung von Mutationsraten verwenden

Mutierte Gene entstehen aufgrund neuer Mutationen und verschwinden durch die natürliche Selektion (Exkurs 11.2). Für ein bestimmtes Selektionsniveau können wir die Mutationsrate berechnen, die erforderlich ist, um die Gene zu ersetzen, die durch die Selektion verloren gehen. Wenn man davon ausgeht, dass sich in der Bevölkerung Verlust und Ersatz die Waage halten, dann gibt die Berechnung Auskunft

Exkurs 4.6: Das Hardy-Weinberg-Gesetz lässt sich (mit Vorsicht) anwenden, um bei Beratungen die Häufigkeit von Trägern und einfache Risiken zu berechnen

Von einer autosomal rezessiven Krankheit ist unter 10 000 Neugeborenen eines betroffen. Wie viele Träger sind zu erwarten?

Phänotypen:	gesund		erkrankt
Genotypen:	AA	Aa	aa
Häufigkeit:	p^2	$2pq$	$q^2 = 1/10\,000$

$q^2 = 10^{-4}$, also $q = 10^{-2} = 1/100$.

Von 100 Genen am Locus *A* hat eines den Genotyp a, 99 haben den Genotyp A

Für die Trägerhäufigkeit gilt: $2pq = 2 \times 99/100 \times 1/100$ oder etwa 1:50. Das setzt voraus, dass die Häufigkeit der Krankheit nicht durch Inzucht erhöht wird.

Ein Elternteil eines Kindes mit einer autosomal rezessiven Erkrankung heiratet erneut. Wie hoch ist das Risiko, dass aus der neuen Beziehung wieder ein krankes Kind hervorgeht?

Um ein krankes Kind zu bekommen, müssen beide Eltern Träger sein, dann beträgt das Risiko 1:4. Demnach ist das Gesamtrisiko

(Risiko des einen Elternteils) × (Risiko des neuen Ehepartners) × 1/4
$= 1 \times 1/50 \times 1/4$
$= 1/200$

Das setzt voraus, dass diese Krankheit in der Familie des neuen Partners noch nicht aufgetreten ist.

Einer von 12 britischen Männern leidet unter einer X-gekoppelten Rotgrünblindheit. Wie hoch ist der Anteil der Frauen, die diese Krankheit übertragen und wie viele Frauen erkranken daran?

	Männer		Frauen		
Genotyp	A_1	A_2	A_1A_1	A_1A_2	A_2A_2
Häufigkeit	p	$q = 1/12$	p^2	$2pq$	q^2

$q = 1/12$, also $p = 11/12$

$2pq = 2 \times 1/12 \times 11/12 = 22/144$

$q^2 = 1/144$. Dieses Ein-Locus-Modell sagt voraus, dass 15 % aller Frauen Genträger sind und 0,7 % erkranken.

darüber, wie hoch die aktuelle Mutationsrate ist. Wir können einen **Selektionskoeffizienten** (s) als die relative Wahrscheinlichkeit definieren, mit der eine natürliche Auslese dafür verantwortlich ist, dass ein Genotyp sich nicht vermehren kann (bei einem Genotyp mit der besten Durchsetzungsfähigkeit ist $s = 0$, bei einem letalen Genotyp ist $s = 1$).

- An einer **autosomal rezessiven** Erbkrankheit erkrankt ein Anteil von q^2 Personen der Bevölkerung. Der Verlust an Krankheitsgenen pro Generation beträgt sq^2. Dem steht eine Mutationsrate von $\mu(1-q^2)$ entgegen, wobei μ die Mutationsrate pro Gen und Generation ist. Im Gleichgewicht gilt $sq^2 = \mu(1-q^2)$ oder annäherungsweise (wenn q klein ist) $\mu = sq^2$.
- Bei seltenen **autosomal dominanten** Erbkrankheiten findet man sehr selten homozygote Personen. Heterozygote kommen mit einer Häufigkeit von $2pq$ vor (Häufigkeit des Krankheitsgens = p). Nur die Hälfte der Gene, die aufgrund mangelnder Reproduktion verloren gehen, sind Krankheitsallele. Die Genverlustrate liegt also nahe bei sp. Auch diese Rate wird durch neue Mutationen, die mit μq^2 auftreten, ausgeglichen. Wenn q fast gleich 1 ist, ist die Rate gleich μ. Dann gilt $\mu = sp$.
- Bei den **X-gekoppelten rezessiven** Krankheiten ist aufgrund der erkrankten Männer die Genverlustrate gleich sq. Diese Rate wird ausgeglichen durch eine Mutationsrate von 3μ, da alle X-Chromosomen in der Population für eine Mutation zugänglich sind, aber nur das Drittel der X-Chromosomen, das Männer tragen, einer Selektion unterliegt. Also gilt $\mu = sq/3$.

Diese Ergebnisse sind in Exkurs 4.7 zusammengefasst. Man kann die Schätzungen, die sich aus den Gleichungen ergeben, mit den Zahlen vergleichen, die man aus Untersuchungen an vielen Organismen gewonnen hat. Danach erwartet man im Allgemeinen Mutationsraten zwischen 10^{-5} und 10^{-7} pro Gen und Generation.

4.5.3 Die Vorteile von heterozygoten Konstellationen können sehr viel mehr dazu beitragen, dass Krankheitsgene auf Dauer erhalten bleiben, als eine hohe Mutationsrate

Nach der Gleichung $\mu = sq^2$ ist die Mutationsrate für einige autosomal rezessive Krankheiten wie beispielsweise die Cystische Fibrose (CF) unerwartet hoch. Bis vor kurzem lebte praktisch keiner der Patienten lange genug, um Kinder in die Welt zu setzen; daher galt $s = 1$. In Großbritannien erkrankt eines von 2 000 Kindern an CF, also gilt $q^2 = 1/2\,000$ und die Gleichung lautet $\mu = 5 \times 10^{-4}$. Das wäre für ein beliebiges anderes Gen eine ungewöhnlich hohe Mutationsrate – es gibt jedoch Hinweise darauf, dass die Mutationsrate für CF tatsächlich sehr niedrig ist. Das kann man aus der ungleichen ethnischen Verteilung von CF und dem Vorliegen eines ausgeprägten Kopplungsungleichgewichts schließen (Abschnitt 13.5.2).

Der fehlende Faktor ist der **Vorteil der heterozygoten Konstellation**. CF-Träger sind oder waren in der Vergangenheit gegenüber gesunden homozygoten Personen bei der Fortpflanzung im Vorteil. Es wurde heftig darüber debattiert, worin dieser Vorteil bestehen könnte. Das CF-Gen codiert einen Membrankanal für Chloridionen, den *Salmonella typhii* nutzt, um in Epithelzellen einzudringen, sodass heterozygote Personen möglicherweise gegen Typhus relativ resistent sind (Pier et al. 1998). Worin auch immer der Vorteil der Heterozygotie besteht, wenn s_1 und s_2 die Koeffizienten der Selektion gegen AA- beziehungsweise aa-Genotypen sind, dann ist im Gleichgewichtszustand (wenn man das erneute Auftreten von

Exkurs 4.7: Selektionsgleichgewicht von Mutationen

Autosomal rezessive Krankheit*	$\mu = sq^2$	oder	$\mu = F(1-f)$
Autosomal dominante Krankheit	$\mu = sp$	oder	$\mu = 1/2\, F(1-f)$
X-gekoppelte rezessive Krankheit	$\mu = sq/3$	oder	$\mu = 1/3\, F(1-f)$

μ = Mutationsrate pro Gen und Generation
p, q = Genhäufigkeiten
s = Selektionskoeffizient
f = biologisches Durchsetzungsvermögen = $1-s$
F = Häufigkeit (*frequency*) einer Krankheit in der Bevölkerung

* Diese Gleichung liefert eine massiv falsche Einschätzung der Mutationsrate, wenn die heterozygote Konstellation einen Vorteil besitzt (Exkurs 4.8).

5.1 Die Bedeutung der DNA-Klonierung

Die aktuelle DNA-Technik beruht vor allem auf zwei verschiedenen Verfahren für die Untersuchung spezifischer DNA-Sequenzen in einer heterogenen DNA-Population (Abb. 5.1):

- **DNA-Klonierung.** Die gesuchte DNA-Sequenz (das DNA-Fragment) muss *selektiv vermehrt* werden, um eine große Zahl von identischen Kopien zu erhalten, sodass man das gewünschte Produkt aufreinigen kann. Danach kann man Struktur und Funktion umfassend untersuchen.
- **Molekulare Hybridisierung.** Das in Frage kommende Fragment wird nicht vermehrt oder gereinigt, sondern in einem komplexen Gemisch aus zahlreichen verschiedenen Sequenzen *spezifisch nachgewiesen*.

Vor Entwicklung der DNA-Klonierung wussten wir nur sehr wenig über die DNA. Die DNA-Klonierungstechnik brachte eine große Veränderung mit sich und revolutionierte die genetische Forschung. Um den Grund dafür zu verstehen, muss man nur die enorme Größe und Komplexität von DNA-Sequenzen (etwa im Vergleich zu Proteinsequenzen) betrachten. Einzelne DNA-Moleküle im Zellkern enthalten Hunderte von Millionen Nucleotiden. Bei der Isolierung von DNA aus Zellen mithilfe von Standardmethoden werden diese riesigen Moleküle durch Scherkräfte fragmentiert, wodurch eine komplexe Mischung aus immer noch sehr großen DNA-Fragmenten (50–100 kb) entsteht.

Aufgrund der Komplexität der DNA, die man aus Zellen eines typischen Eukaryoten oder auch eines Prokaryoten isolieren kann, bestand das erste Problem darin, wie man sie analysieren sollte. Notwendig war ein Verfahren zur Fraktionierung der DNA in verschiedene Subpopulationen von DNA-Sequenzen, die sich dann aufreinigen ließen. Bei vielen Eukaryoten verwendete man zuerst die Methode der Ultrazentrifugation, um verschiedene DNA-Fraktionen voneinander zu trennen. Das geschah mithilfe von Gleichgewichtsdichtegradienten (etwa CsCl), wobei man normalerweise aus der DNA einer eukaryotischen Zelle eine Hauptbande (***bulk DNA***) und mehrere Nebenbanden erhält. Die Schwebedichten der DNA-Nebenbanden unterscheiden sich von der Hauptmenge der DNA (und auch untereinander), da sie aus tandemartig wiederholten **Satelliten-DNA-Sequenzen** bestehen, deren Basenzusammensetzung grundlegend anders ist als die der Haupt-DNA. Man fand heraus, dass die Satelliten-DNA-Sequenzen auf bestimmte Weise am Aufbau der Struktur von Chromosomen und auch bei ihrer Funktion mitwirken. Zwar sind die gereinigten Satelliten-DNAs durchaus von Interesse, aber sie bilden nur einen geringen

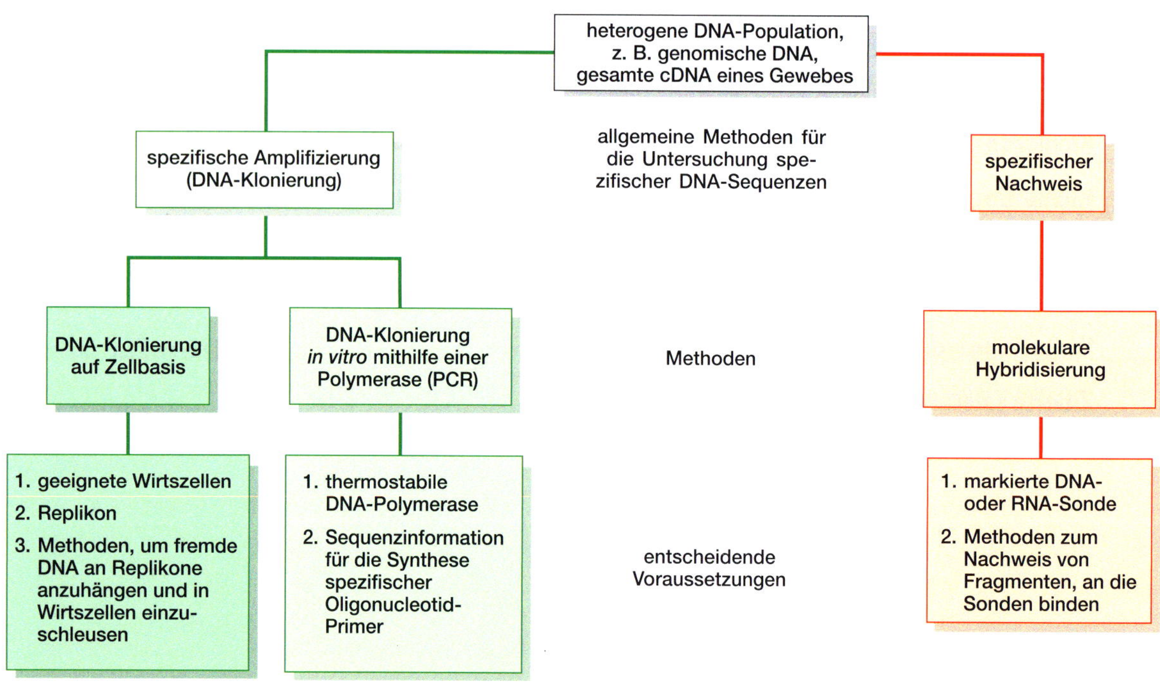

5.1 Allgemeine Methoden für die Untersuchung spezifischer DNA-Sequenzen in komplexen DNA-Populationen.

Bestandteil des Genoms und enthalten keine Gene. *Die neuen Möglichkeiten der DNA-Klonierung bestanden darin, dass man nun jede DNA-Sequenz reinigen und untersuchen konnte.*

Die DNA-Klonierung erfordert eine selektive Amplifizierung eines spezifischen Bestandteils der DNA (der Ziel-DNA), die innerhalb einer zu Beginn großen und komplexen DNA-Population stattfinden muss. Das kann zum Beispiel die gesamte Genom-DNA aus einem bestimmten Gewebe (oder Zelltyp) sein, aber auch **komplementäre DNA (cDNA)**, die aus der Gesamt-RNA eines Gewebes hergestellt wurde. Die Amplifizierung erreicht man mithilfe einer DNA-Polymerase, entweder *in vitro* oder auch in ganzen Zellen.

DNA-Klonierung *in vitro*

Hier wird die gesuchte DNA durch Oligonucleotid-Primer selektiert, die spezifisch an die Sequenz binden. Sobald diese Primer an die Ziel-DNA gebunden haben, kann eine hitzestabile DNA-Polymerase weitere Kopien der Zielsequenz herstellen. Die neuen DNA-Kopien dienen wiederum als Matrizen für weitere Kopien, sodass eine Kettenreaktion einsetzt, die man als **Polymerasekettenreaktion (PCR)** bezeichnet.

DNA-Klonierung auf Zellbasis

Die Moleküle der Ziel-DNA werden mit einem bestimmten Typ von **Replikon**molekül verknüpft, das innerhalb einer geeigneten Wirtszelle *unabhängig repliziert* wird, und dann auf solche Zellen übertragen. Die Hybrid-Moleküle aus Ziel-DNA und Replikon durchlaufen normalerweise nun zahlreiche Runden der DNA-Replikation (**DNA-Amplifizierung**). Danach kann man die Ziel-DNA vom übrigen Zellinhalt und auch von den Replikonmolekülen abtrennen. Das Entscheidende der DNA-Klonierung auf Zellbasis besteht darin, dass bei der Übertragung der verschiedenen Moleküle aus Ziel-DNA und Replikon (**Transformation**) normalerweise jede Zelle nur eine Spezies dieser Moleküle aufnimmt, sodass alle Nachkommen der Zelle genau diese Spezies enthalten (**DNA-Klon**). Durch Anziehen einer großen Zahl von Zellen – wobei man dabei von einer isolierten Zellkolonie ausgeht – ist es möglich, reine Populationen der gewünschten Ziel-DNA herzustellen.

5.2 PCR: Grundzüge und Anwendung

Die PCR hat die molekulare Genetik grundlegend verändert, indem nun Klonierung und Analyse von DNA schnell durchführbar sind. Seit den ersten Publikationen über diese neue Technik Mitte der 1980er Jahre hat man zahlreiche Anwendungen sowohl in der Grundlagenforschung als auch im klinischen Bereich entwickelt.

5.2.1 Prinzipien der PCR-Grundreaktion und der PCR mit Reverser Transkriptase (RT-PCR)

Auswahl der Ausgangsnucleinsäure

Normalerweise dient die PCR der *selektiven Amplifizierung* einer bestimmten DNA-Sequenz in einer heterogenen Mischung von DNA-Sequenzen. Das Ausgangsmaterial ist häufig genomische Gesamt-DNA aus einem bestimmten Gewebe oder einer Zellkultur, wobei die Ziel-DNA nur einen sehr geringen Teil davon ausmacht. Wenn beispielsweise das 1,6 kb lange β-Globingen aus menschlicher DNA (Größe des haploiden Genoms = 3 000 Mb) amplifiziert werden soll, beträgt das Verhältnis Gesamt-DNA zu Ziel-DNA 1,6 kb:3 300 Mb oder 1:2 000 000. Bei vielen PCR-Anwendungen sind die Zielsequenzen sogar noch kleiner, beispielsweise einzelne Exons mit einer Durchschnittsgröße von 140 bp; das entspricht 0,000 005 % der Ausgangspopulation aus menschlicher Genom-DNA.

Werden codierende DNA-Sequenzen gesucht, verwendet man oft eine Gesamt-cDNA-Präparation, die von isolierter RNA aus einem bestimmten Gewebe oder einer Zelllinie ausgeht. Die RNA wird mithilfe der Reversen Transkriptase zu DNA umgeschrieben (**RT-PCR**). Abhängig davon, wie stark die gesuchte Sequenz in Form von Transkripten in der ursprünglichen RNA-Population exprimiert wurde, erhält man eine entsprechend deutliche Anreicherung dieser Sequenz (im Vergleich zur Genom-DNA). Unter optimalen Bedingungen kann man jedoch mit der RT-PCR manchmal sogar Zielsequenzen amplifizieren, die in einem Gewebe nur auf einem Grundniveau transkribiert werden.

Auswahl der Primer

Für die selektive Amplifizierung sind vorher einige Informationen über die gesuchte DNA-Sequenz erforderlich. Anhand dieser Informationen werden zwei Oligonucleotid-Primer (**Amplimere**) hergestellt, die im Optimalfall 18–25 Nucleotide lang sind und die in ihrer Basensequenz den Bereichen entsprechen, die die gesuchte Sequenz flankieren.

Ziel der meisten PCR-Reaktionen ist die Amplifizierung einer einzigen DNA-Sequenz. Deshalb ist es wichtig, die Wahrscheinlichkeit zu verringern, dass die Primer an unerwünschten Stellen an die DNA binden. Repetitive Sequenzen sind also zu vermeiden, und auch andere Überlegungen sollten in die Gestaltung des Primers einfließen:

- **Basenzusammensetzung.** Der GC-Gehalt sollte zwischen 40 und 60% liegen, mit einer etwa gleichmäßigen Verteilung aller Nucleotide.
- **Schmelztemperatur** (T_m; Definition in Abschnitt 6.2.1). Die berechneten T_m-Werte für zwei zusammen verwendete Primer sollten sich nicht um mehr als 5 °C unterscheiden, und der T_m-Wert des Amplifizierungsprodukts nicht mehr als 10 °C von dem der Primer abweichen.
- **3'-terminale Sequenzen.** Das 3'-Ende des einen Primers sollte zu keinem Bereich des anderen Primers komplementär sein. Entscheidend ist die korrekte Basenpaarung am 3'-Ende eines Primers, die sich sogar dazu ausnutzen lässt, nur ein spezifisches Allel zu amplifizieren, andere jedoch nicht (**allelspezifische PCR**; Exkurs 5.1).
- **Selbstkomplementäre Sequenzen.** Umgekehrte Wiederholungen oder andere selbstkomplementäre Sequenzen über 3 bp Länge sind zu vermeiden.

Für die Entwicklung von Primern gibt es zahlreiche kommerziell erhältliche Computerprogramme (auch in Form von so genannter *Freeware*; siehe unter http://www.hgmp.mrc. ac.uk/GenomeWeb/nucprimer.html).

Zyklische Durchführung und exponentielle Amplifizierung

Eine PCR besteht aus einer Folge von Zyklen mit jeweils drei Schritten:

- **Denaturierung.** Menschliche genomische DNA wird normalerweise auf 93–95 °C erhitzt.
- Die **Anlagerung der Primer** erfolgt, abhängig von der *Schmelztemperatur* der zu erwartenden Doppelstrang-DNA, normalerweise bei etwa 50–70 °C (die Renaturierungstemperatur setzt man in der Regel 5 °C unter der errechneten Schmelztemperatur an).
- Die **DNA-Synthese** erfolgt in der Regel bei etwa 70–75 °C. Die verwendete DNA-Polymerase ist hitzestabil (sie muss die DNA bei 70–75 °C effizient verlängern und darf nicht durch die Denaturierungsschritte beeinträchtigt werden). In Gegenwart einer geeigneten hitzestabilen DNA-Polymerase und der DNA-Vorstufen (die vier Desoxynucleotidtriphosphate dATP, dCTP, dGTP und dTTP) beginnt an den Primern die Synthese der neuen DNA-Stränge, die zu den jeweils ursprünglichen DNA-Strängen der Ziel-DNA komplementär sind.

Die Orientierung der Primer muss so gewählt werden, dass die Richtung der Synthese des neuen Stranges von dem einen Primer in Richtung der Bindungsstelle des anderen Primers verläuft. So können die neu synthetisierten Stränge ihrerseits wieder als Matrizen für die weitere DNA-Synthese dienen, sodass eine *Kettenreaktion* mit exponentieller Produktzunahme stattfindet (Abb. 5.2).

Die Suche nach einem hitzestabilen Enzym führte zur Isolierung von DNA-Polymerasen aus Mikroorganismen, die in ihrer natürlichen Umgebung in heißen Quellen vorkommen. Die Taq-Polymerase beispielsweise wurde schon früh aus *Thermus aquaticus* isoliert und vielfach eingesetzt. Das Enzym ist bis 94 °C stabil und bei einem Temperaturoptimum von 80 °C aktiv. Allerdings fehlt der Taq-Polymerase eine 3'-5'-Exonucleaseaktivität für die **Korrekturlesefunktion**, sodass Kopierfehler (Einbau falscher Basen) häufiger erfolgen als innerhalb von Zellen. Deshalb verwendet man heute weitgehend Enzyme mit einer 3'-5'-Korrekturlesefunktion, etwa die Pfu-Polymerase aus *Pyrococcus furiosus* (Cline et al. 1996).

5.2.2 Die PCR hat zwei wesentliche Einschränkungen: geringe Größe und niedrige Ausbeute der Produkte

Ein eindeutiger Nachteil der PCR als Methode zur DNA-Klonierung besteht in dem eingeschränkten Größenbereich der Amplifizierungsprodukte. Während man in einer Zelle Fragmente von bis zu 2 Mb klonieren kann, liegen PCR-Produkte üblicherweise bei 0–5 kb, häufig sogar am unteren Ende des Spektrums. Kurze DNA-Abschnitte lassen sich in der Regel leicht amplifizieren, aber bei zunehmender Produktlänge ist eine zufriedenstellende Ausbeute immer schwerer zu erzielen. Inzwischen hat man Bedingungen gefunden, die längere Produkte bis beispielsweise 42 kb (DNA des Bakeriophagen λ; Cheng et al. 1994) ermöglichen. Bei den so modifizierten Bedingungen verwendet man oft eine Mischung aus zwei verschiedenen hitzestabilen DNA-Polymerasen, um optimale Aktivitäten der DNA-Polymerase und der 3'-5'-Exonuclease, die als *Korrekturlesemechanismus* dient, zu erhalten.

Die Menge an Material, die man mithilfe einer einzigen PCR klonieren kann, ist ebenfalls begrenzt; dieselbe PCR mehrfach zu wiederholen, um große Men-

Exkurs 5.1: Verzeichnis der PCR-Methoden

- **Allelspezifische PCR.** Eignet sich zur Amplifizierung einer DNA-Sequenz, wobei andere Allele ausgeschlossen sind. Beruht auf der Anforderung, dass zwischen dem 3'-Ende des PCR-Primers und der Ziel-DNA eine vollständige Basenpaarung bestehen muss (Abb. 5.4).
- ***Alu*-PCR.** Eine PCR-Methode mit einem Primer, der für die *Alu*-Wiederholungssequenz, die in menschlicher DNA etwa alle 3 kb vorkommt, spezifisch ist. Wenn benachbarte *Alu*-Wiederholungen entgegengesetzt orientiert sind, kann ein einziger *Alu*-Primer-Typ die dazwischen liegende Sequenz amplifizieren (zum Beispiel die Primer A und B in Abbildung a auf der folgenden Seite).
- **Anker-PCR.** Verwendung eines sequenzspezifischen und eines *universellen Primers* für die Amplifizierung von Sequenzen, die an eine bekannte Sequenz angrenzen. Der universelle Primer bindet an eine allgemeine Sequenz, die künstlich an alle DNA-Moleküle der DNA-Ausgangspopulation angehängt wurde (etwa durch kovalente Verknüpfung eines doppelsträngigen **Oligonucleotid-Linkers***).
- **Differenzielle Display-PCR.** Eine Variante der RT-PCR zum Vergleich von mRNA-Populationen aus verwandten Zellen, um unterschiedlich exprimierte Gene zu finden (Abb. 7.16).
- **DOP-PCR (*degenerate oligonucleotide-primed PCR*).** Einsatz von **degenerierten Oligonucleotid-Primern** (Kombinationen von Oligonucleotidsequenzen, die parallel synthetisiert wurden und an bestimmten Positionen übereinstimmende, an anderen Positionen unterschiedliche Nucleotide enthalten), um verschiedene verwandte Ziel-DNA-Sequenzen zu amplifizieren.
- **Echtzeit-PCR.** Eine Art *quantitative* PCR, bei der die Reaktionszyklen mithilfe eines Fluoreszenzdetektors verfolgt werden. So ist es möglich, mehrere spezifische Nucleinsäuresequenzen zu amplifizieren und gleichzeitig ihre Konzentrationen zu messen. In der Forschung gibt es dafür zwei wichtige Anwendungen: Quantifizierung der Genexpression (und die direkte Bestätigung unterschiedlicher Expressionsraten, die vorher mit Mikroarrayhybridisierungen ermittelt wurden); Suche nach Mutationen und Polymorphismen einzelner Nucleotidpositionen. In Analyselaboratorien in der Klinik oder in der Industrie wird die Methode auch eingesetzt, um in großer Zahl vorhandene DNA- oder RNA-Sequenzen zu bestimmen.
- **Gesamtgenom-PCR.** Nichtsdiskriminierende PCR, bei der man umfassend degenerierte Primer verwendet oder Oligonucleotid-Linker* mit den Fragmenten einer komplexen DNA-Ausgangspopulation verknüpft und dann linkerspezifische Oligonucleotid-Primer einsetzt, um alle Sequenzen zu amplifizieren.
- ***Hotstart*-PCR.** Eine Methode, die Spezifität einer PCR-Reaktion zu erhöhen. Wenn man alle PCR-Reagenzien vor der ersten Hitzedenaturierung mischt, besteht eine größere Wahrscheinlichkeit für eine unspezifische Bindung der Primer. Um diese zu verringern, hält man vor dem ersten Denaturierungsschritt eine oder mehrere Komponenten des PCR-Ansatzes physikalisch voneinander getrennt.
- **Inselspezifische PCR.** Eine spezielle Methode für die Amplifizierung von Sequenzen in CpG-Inseln.
- **Inverse PCR.** Eine andere Methode, auf DNA zuzugreifen, die sich unmittelbar an eine bekannte Sequenz anschließt (vergleiche mit Anker-PCR). Hier wird die DNA-Ausgangspopulation mit einer Restriktionsendonuclease geschnitten, auf eine niedrige DNA-Konzentration verdünnt und dann mit DNA-Ligase behandelt, um durch intramolekulare Ligation ringförmige DNA-Moleküle zu erzeugen. Die PCR-Primer binden an die bekannte DNA-Sequenz und starten die Synthese der neuen DNA in einer Richtung, die von der bekannten Sequenz weg und in die unbekannte hineinführt, sodass diese amplifiziert wird (Abbildung b auf der folgenden Seite; X und Y sind unbekannte Sequenzen, die eine bekannte Sequenz flankieren.
- **Linkerabhängige PCR (Ligationsadapter-PCR).** Eine Form von nichtdriskriminierender Amplifizierung. Eine komplexe DNA-Ausgangspopulation wird mit einem Restriktionsenzym geschnitten, sodass zahlreiche verschiedene Fragmente entstehen, die alle die gleichen überhängenden Enden besitzen. Ein doppelsträngiger **Oligonucleotid-Linker*** mit einer bekannten Sequenz und mit den gleichen überhängenden Enden wird mit den Fragmenten verknüpft. Dann führt man die PCR mithilfe von Primern durch, die *für die Linkersequenz spezifisch sind*. So werden alle Fragmente der DNA-Population amplifiziert, die von den Linker-Sequenzen flankiert werden.
- ***Nested primer*-PCR.** Eine Methode zur Erhöhung der Spezifität einer PCR-Reaktion. Die Produkte der ersten Amplifizierungsreaktion werden verdünnt und dienen als Ausgangs-DNA für eine zweite Reaktion, bei der eine andere Kombination von Primern verwendet wird. Diese Primer entsprechen Sequenzabschnitten, die sich nahe, aber innerhalb der Sequenzen befinden, die beim ersten Mal benutzt wurden.
- **Quantitative PCR.** Siehe Echtzeit-PCR.
- **RACE-PCR.** *Rapid Amplification of cDNA-ends* (Abb. 7.12); eine Variante der **Anker-PCR** (siehe oben).
- **RT-PCR (Reverse Transkriptase-PCR).** PCR mit einer mRNA-Ausgangspopulation, wobei der erste Reaktionsschritt mit einer Reversen Trtanskriptase durchgeführt werden muss, um cDNA zu erzeugen.

* Anmerkung: Ein doppelsträngiger **Oligonucleotid-Linker** (**Adapter**) wird dadurch hergestellt, dass man zwei Oligonucleotide mit komplementärer Sequenz konstruiert. Beide werden in getrennten chemischen Reaktionen synthetisiert. Nach der Aufreinigung lässt man sie assoziieren, damit sich der gewünschte Doppelstrang bilden kann. Die Oligonucleotid-Linker werden an eine DNA-Sequenz ligiert (*linked*). Dadurch kann man in der PCR einen Oligonucleotid-Primer verwenden, der für den Linker spezifisch ist, oder zusätzliche Besonderheiten einführen, etwa Restriktionsschnittstellen für die Klonierung (Abb. 5.10). Komplexe **Polylinker**, die mehrere Restriktionsschnittstellen enthalten, werden standardmäßig in Klonierungsvektoren eingesetzt (Abschnitt 5.3.5).

▶

- ***Touch down*-PCR.** Eine Methode zur Erhöhung der Spezifität einer PCR-Reaktion. Bei den meisten PCR-Apparaturen lassen sich Reaktionsläufe so programmieren, dass die *annealing*-Temperatur während der PCR-Zyklen zunehmend verringert wird, beginnend mit einem Ausgangswert oberhalb des erwarteten T_m-Wertes bis zu einem Wert, der darunter liegt. Dadurch herrschen zu Beginn der Hybridisierung sehr stringente Bedingungen, die Bildung von falschen Produkten wird also unterdrückt und die gewünschten Sequenzen werden verstärkt synthetisiert.

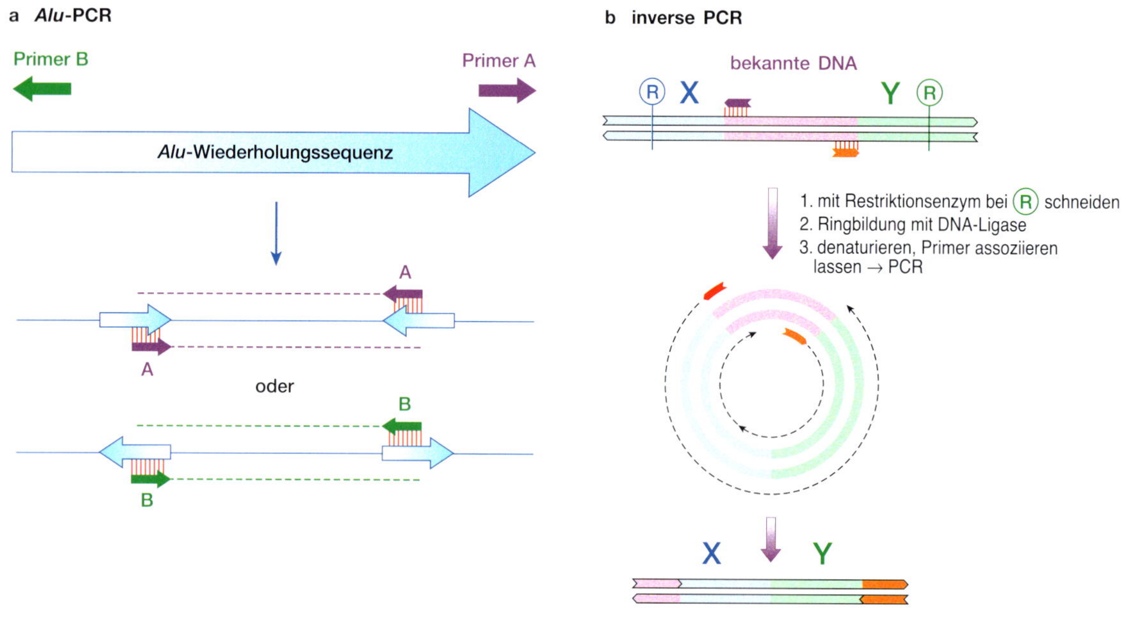

a) *Alu*-PCR **b) Inverse PCR**

gen der gewünschten DNA zu bekommen, kostet viel Zeit und Geld. Darüber hinaus kann das PCR-Produkt auch in einer für weitere Untersuchungen ungeeigneten Form vorliegen. Häufig ist es daher sinnvoll, das PCR-Produkt in Zellen zu klonieren, um große Mengen der gewünschten DNA zu erhalten, die dann für zahlreiche Analysen ausreichend sind.

Um PCR-klonierte DNA in Bakterien zu vermehren, gibt es verschiedene Systeme. Nach der Klonierung kann man das Insertionsfragment mit geeigneten Restriktionsenzymen herausschneiden und in andere Plasmide übertragen, mit denen beispielsweise die Expression eines RNA-Produkts oder großer Proteinmengen möglich ist. Verschiedene hitzestabile Polymerasen (etwa die Taq-Polymerase) enthalten eine terminale Desoxynucleotidyltransferaseaktivität, die ein einzelnes Nucleotid (im Allgemeinen Adenosin) selektiv an das 3'-Ende von PCR-erzeugten DNA-Fragmente anhängt.

Die so entstehenden Überhänge können die Klonierung von PCR-Produkten erschweren. Inzwischen gibt es eine Reihe von Verfahren, die das Klonieren erleichtern sollen, beispielsweise durch Verwendung eines Vektors mit überhängenden T-Resten im Poly-

5.2 PCR ist ein *in vitro*-Verfahren zur Amplifizierung von DNA-Sequenzen mithilfe definierter Oligonucleotid-Primer. Nach Identifizierung einer zu amplifizierenden Sequenz (die Zielsequenz) stellt man Primer her, die komplementär zu Sequenzen auf den jeweils gegenüberliegenden DNA-Strängen sind und die Zielsequenz flankieren. Das PCR-Verfahren besteht aus Zyklen mit den Schritten Denaturierung, Anlagerung der Primer (*annealing*) und schließlich DNA-Synthese, bei der die Primer in die neu synthetisierten DNA-Stränge eingehen. Der erste Zyklus führt zu zwei neuen DNA-Strängen (N), deren 5'-Enden durch die Positionen der Oligonucleotid-Primer festgelegt sind, deren 3'-Enden aber unterschiedlich sind (gestrichelte Linien). Nach dem zweiten Zyklus umfassen die vier neuen Stränge zwei neue Produkte mit unterschiedlichen 3'-Enden (wie beim ersten Zyklus) und zwei neuen Strängen mit definierten Enden (5'- und 3'-Ende), die durch die Primer vorgegeben sind. Nach dem dritten Zyklus haben sechs der acht Stränge die gewünschte Länge, und nach 30 Zyklen sind von dem richtigen Produkt sehr große Mengen vorhanden (Amplifizierung). ▶

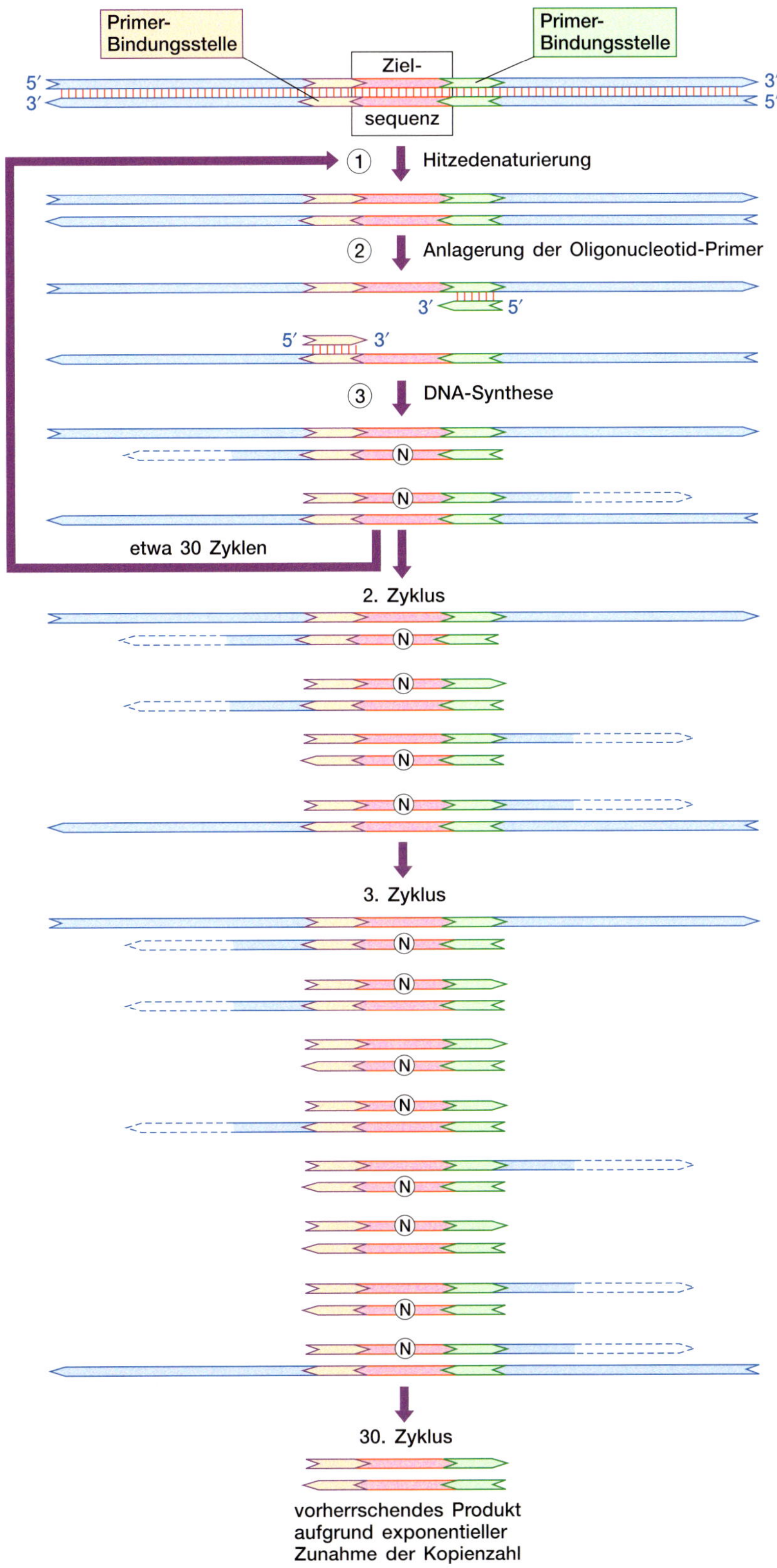

Primer-Bindungsstelle
Ziel-sequenz
Primer-Bindungsstelle
5′
3′
3′
5′
① Hitzedenaturierung
② Anlagerung der Oligonucleotid-Primer
3′
5′
5′
3′
③ DNA-Synthese
N
etwa 30 Zyklen
2. Zyklus
3. Zyklus
30. Zyklus
vorherrschendes Produkt aufgrund exponentieller Zunahme der Kopienzahl

linker der Klonierungsstelle (Abb. 5.3). Oder man verwendet „polierende“ Enzyme wie T4- oder Pfu-Polymerarse, die überhängende einzelne Nucleotide entfernen können. Alternativ kann man auch die PCR-Primer verändern, indem man eine etwa zehn Nucleotide lange Sequenz anfügt, die an ihrem 5'-Ende eine geeignete Restriktionsschnittstelle enthält. Diese angehängte Sequenz bildet während der Amplifizierung keine Basenpaarungen mit der Ziel-DNA. Jedoch kann das amplifizierte Produkt danach mit einem passenden Restriktionsenzym geschnitten werden, sodass für die Klonierung in einem Vektor überhängende Enden entstehen (Abschnitt 5.5.3).

5.2.3 Allgemeine Anwendungen der PCR

Aufgrund ihrer Einfachheit ist die PCR eine beliebte Methode. Sie bietet ein breites Spektrum von Anwendungsmöglichkeiten, die vor allem auf drei Vorteilen der Methode beruhen:

- Die PCR ist *schnell* und einfach durchzuführen.
- Die PCR ist *empfindlich*; minimale DNA-Mengen reichen für eine Amplifizierung aus, sogar schon die DNA aus einer einzigen Zelle (Li et al. 1988). Für die PCR gibt es zahlreiche Anwendungen: in der medizinischen Diagnose, bei genetischen Kopplungsanalysen (beispielsweise für die Typisierung einzelner Spermien) und in der Gerichtsmedizin (Gewebespuren von Personen, etwa ein einzelnes Haar oder abgeschabte Hautzellen, lassen sich mithilfe der PCR charakterisieren, indem man hochpolymorphe DNA-Marker verwendet, um Personen zu identifizieren).
- Die PCR ist *robust*. Häufig ist es möglich, Sequenzen von DNA zu vervielfältigen, die bereits stark abgebaut oder in Material eingebettet ist, aus dem sie sich mit Standardmethoden nur schwer isolieren lässt. Aus geringen Mengen von abgebauter DNA, die aus zersetzten Geweben in archäologischen Proben stammt, lassen sich kurze Sequenzen amplifizieren. Auch DNA aus formalinfixierten Gewebeproben ist geeignet (was in der molekularen Pathologie und auch in bestimmten Fällen bei Kopplungsanalysen von großer Bedeutung ist).

Die zahlreichen Anwendungsmöglichkeiten der PCR und der Wunsch, das Verfahren so effizient wie möglich zu machen, führten dazu, dass eine Reihe von Methoden entwickelt wurden. Da die Spezifität der Primer von entscheidender Bedeutung ist, dienen verschiedene Abwandlungen der Grundtechnik nur dazu, die Wahrscheinlichkeit der unspezifischen Primerbindung zu verringern, wie beispielsweise die

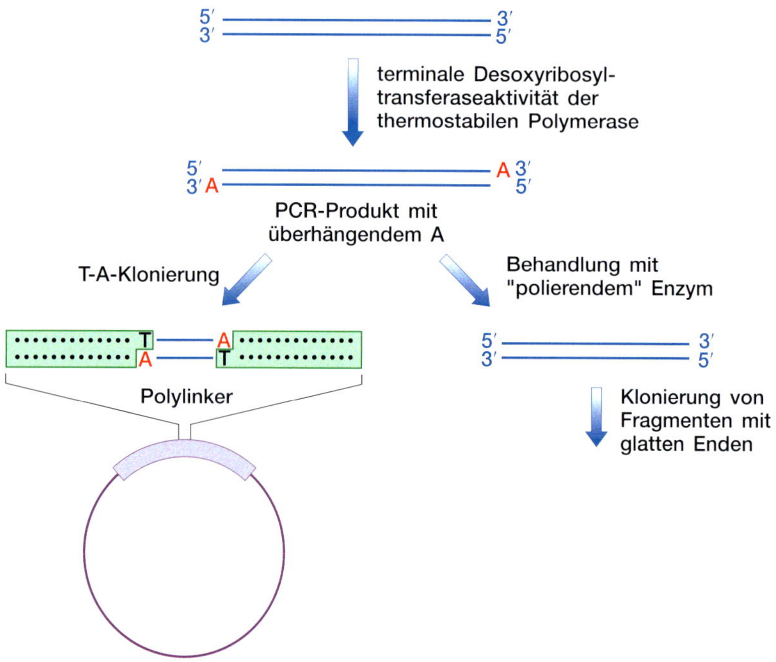

5.3 Klonierung des PCR-Produkts in Bakterienzellen. PCR-Produkte besitzen häufig an ihren 3'-Enden ein überhängendes Adenosin (siehe Text). Zum T-A-Klonierungssystem gehört ein Polylinkersystem mit komplementären Thyminüberhängen, das eine Klonierung ermöglicht. Eine andere Methode besteht darin, die Adenosinüberhänge mithilfe eines geeigneten „polierenden“ Enzyms abzuschneiden, sodass ein Fragment mit glatten Enden entsteht.

hotstart-PCR (Heißstart-PCR), die *nested primer*-PCR (PCR mit verschachtelten Primern) und die *touch down*-PCR (Exkurs 5.1).

Da die korrekte Basenpaarung am äußersten 3'-Ende der gebundenen Primer so außerordentlich wichtig ist, kann man mit bestimmten Methoden sogar zwischen Allelen differenzieren, die sich nur durch ein einziges Nucleotid unterscheiden (**allelspezifische PCR**). Bei der häufig angewandten **ARMS**-Methode (*amplification refractory mutation system*) stellt man Primer her, deren 3'-endständiges Nucleotid jeweils mit demjenigen Nucleotid ein Basenpaar bilden kann, an dem sich die beiden Allele unterscheiden. Die übrige Primersequenz ist komplementär zu dem DNA-Bereich, der sich unmittelbar an das variable Nucleotid anschließt. Unter geeigneten Versuchsbedingungen findet eine Amplifizierung nicht statt, wenn das 3'-Ende nicht genau die richtige Basenpaarung aufweist, wodurch sich die beiden Allele unterscheiden lassen (Abb. 5.4).

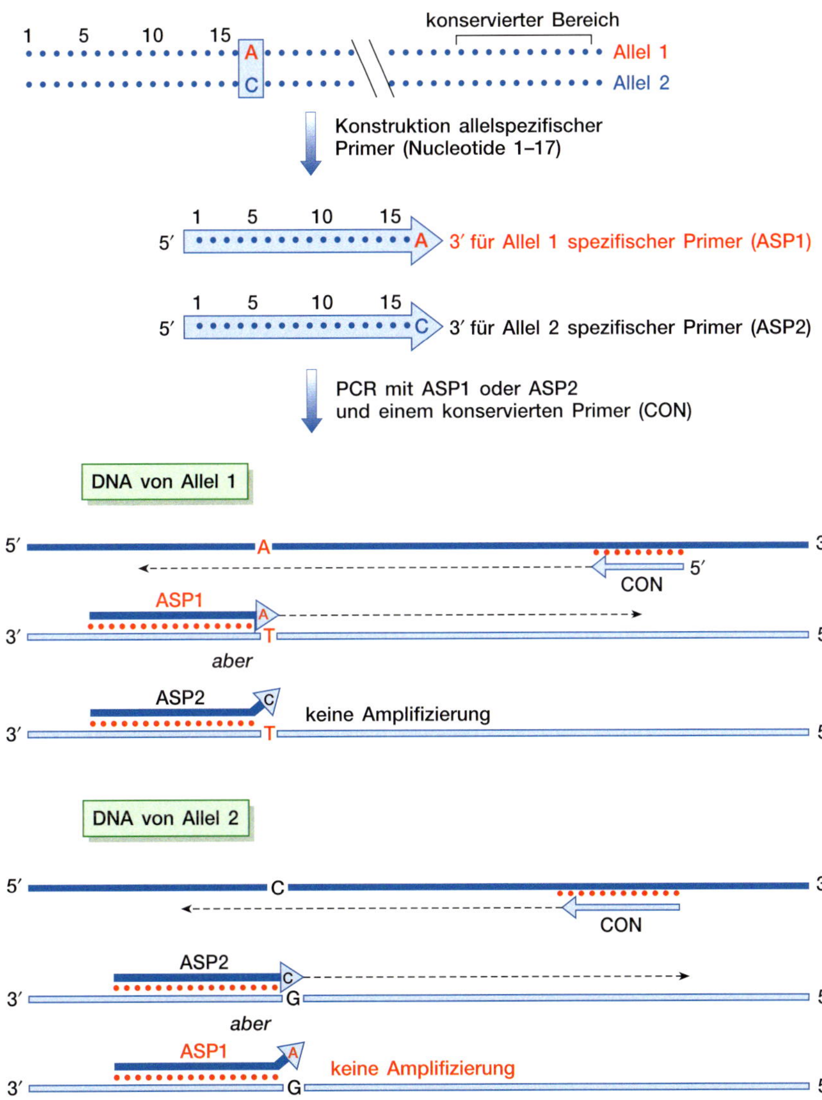

5.4 Die allelspezifische PCR mithilfe des ARMS-Systems beruht auf der genauen Basenpaarung des Nucleotids am 3'-Ende des Primers. Die allelspezifischen Oligonucleotid-Primer ASP1 und ASP2 sind so konstruiert, dass sie mit einer Teilsequenz vor der Position des variablen Nucleotids in beiden Allelen identisch sind und mit dem variablen Nucleotid enden. ASP1 bindet genau an den komplementären Strang von Allel 1, sodass eine Amplifizierung mit dem konservierten Primer stattfinden kann. Das C am 3'-Ende von ASP2 ergibt mit dem T der Allel 1-Sequenz eine Fehlpaarung, sodass eine Amplifizierung nicht möglich ist. Entsprechend kann ASP2 jedoch vollständig an Allel 2 binden und die Amplifizierung starten.

5.2.4 Einige PCR-Verfahren sind so angelegt, dass man damit mehrere verschiedene Amplifizierungsprodukte erhält und sich auch unbekannte Sequenzen vervielfältigen lassen

Die Standardverfahren von PCR und RT-PCR beruhen darauf, dass die Bindung der Primer sehr spezifisch sein muss, damit eine *selektive* Amplifizierung einer *bekannten* Zielsequenz stattfinden kann. Gelegentlich jedoch will man DNA-Sequenzen vervielfältigen, über die nur geringe oder überhaupt keine Informationen vorhanden sind.

Die Amplifizierung von neuen Spezies einer DNA-Familie mithilfe der DOP-PCR

Unbekannte DNA-Sequenzen lassen sich mithilfe einer PCR klonieren, wenn es sich um Spezies einer Familie von Genen oder repetitiven Sequenzen handelt und mindestens eine dieser Sequenzen bereits bekannt ist. So hat man beispielsweise viele neue Spezies der *Wnt*-Genfamilie bei Säugern isoliert, nachdem man aufgrund der ersten wenigen *Wnt*-Gene wusste, dass in einer bestimmten konservierten Domäne sehr ähnliche Aminosäuresequenzen vorkommen. So ließen sich für diese Sequenzen Primer herstellen, die auf **degenerierten Oligonucleotiden** beruhen. Dabei handelt es sich immer um eine Mischung aus verschiedenen Oligonucleotiden, die eine bestimmte Aminosäuresequenz codieren und jeweils andere der zugehörigen Codons enthalten. Durch die **DOP-PCR** (*degenerate oligonucleotide primed PCR*) ist es möglich, eine Reihe verschiedener, aber eng verwandter Gene gleichzeitig zu amplifizieren und dabei auch neue Gene zu finden. Die Auftrennung der einzelnen Gene erfolgt dann durch eine DNA-Klonierung auf Zellbasis.

Nichtdiskriminierende PCR

Wenn nur sehr wenig DNA zur Verfügung steht, die Probe aber von großer Bedeutung ist, kann man mithilfe der PCR die gesamte DNA amplifizieren, indem man doppelsträngige **Linker-Oligonucleotide** an alle Enden der DNA-Sequenzen in der Ausgangspopulation anhängt. Die Linker-Oligonucleotide bestehen aus zwei zueinander komplementären Oligodesoxynucleotiden, die sich über Basenpaarung zusammenlagern können, sodass überhängende einzelsträngige Enden entstehen. Die zu amplifizierende DNA wird mit einem Restriktionsenzym geschnitten, sodass identische überhängende Enden entstehen und die Linker (durch Ligation) kovalent mit der DNA verknüpft werden. Linkerspezifische Primer ermöglichen die Amplifizierung von Ziel-DNA-Molekülen, die an beiden Enden Linker aufweisen. So lassen sich alle DNA-Sequenzen in einer Ausgangsprobe gleichzeitig amplifizieren. Mit genomischer DNA erhält man eine **Gesamtgenomamplifizierung**. In einem alternativen Ansatz kann man umfassend degenerierte Oligonucleotide als Primer verwenden, sodass sie an viele Stellen binden können.

Verwendung einer bekannten Sequenz, um eine angrenzende unbekannte zu amplifizieren

Um von einer bekannten DNA-Sequenz in unbekannte angrenzende Bereiche gelangen zu können, hat man inzwischen eine Reihe ausgefeilter Methoden entwickelt, sowohl für genomische DNA als auch für cDNA, wie beispielsweise **Anker-PCR**, **inverse PCR** oder **RACE-PCR** (Exkurs 5.1).

5.3 Prinzipien der DNA-Klonierung auf Zellbasis

5.3.1 Ein Überblick

Die DNA-Klonierung auf Zellbasis wurde in den 1970er Jahren entwickelt. Die Entdeckung von **Typ-II-Restriktionsendonucleasen** machte dies möglich. Dabei handelt es sich um bakterielle Enzyme, die DNA an allen Stellen schneiden können und eine kurze *spezifische* Erkennungssequenz von 4–8 bp enthalten. Diese Enzyme schützen normalerweise die Bakterien vor dem Eindringen von Bakteriophagen, indem sie die fremde DNA selektiv zerstören (Exkurs 5.2 und nächster Abschnitt). Der große Fortschritt, den sie der molekularen Genetik gebracht haben, besteht darin, dass es nun möglich geworden war, DNA in definierte Fragmente zu zerschneiden, die sich mit anderen in gleicher Weise geschnittenen Fragmenten verknüpfen lassen.

Die Grundlage der DNA-Klonierung auf Zellbasis besteht darin, dass man Restriktionsenzyme verwendet, um die Moleküle in einer DNA-Ausgangspopulation (der **Ziel-DNA**) in Fragmente passender Größe zu teilen und dann mit einem **Replikon** (also mit einer DNA-Sequenz, die eine unabhängige DNA-Replikation vermitteln kann) zu verknüpfen und die entstandenen Hybridmoleküle (**rekombinante DNA**) auf eine geeignete Wirtszelle zu übertragen, die schließlich durch Zellteilung proliferiert. Da das Replikon in der Zelle replizieren kann (häufig mit einer großen Anzahl von Kopien), geschieht das auch mit der verknüpften Ziel-DNA; das Ergebnis ist eine Art *DNA-Amplifizierung auf Zellbasis*.

Exkurs 5.2: Restriktionsendonucleasen und Modifikationsrestriktionssysteme

Bakteriophagen, die von einem Bakterium eines bestimmten Stammes freigesetzt werden, können andere Bakterien desselben Stammes infizieren, nicht jedoch die anderer Stämme. Das liegt daran, dass die Phagen-DNA dasselbe **Modifikationsmuster** aufweist wie die DNA des Bakterienstammes, die sie infizieren kann; der Phage ist auf diesen Bakterienstamm beschränkt („*restricted*"). Die **Restriktion** ist nicht absolut: Einige Phagen können sie umgehen und das Modifikationsmuster eines neuen Wirtes annehmen.

Die Grundlage von Modifikationsrestriktionssystemen bilden zwei verschiedene enzymatische Aktivitäten:

- Eine sequenzspezifische **DNA-Methylase** erzeugt das Modifikationsmuster.
- Eine sequenzspezifische **Restriktionsendonuclease** ist letztendlich ausschlaggebend für das Phänomen der Restriktion: Phagen-DNA, deren Methylierungsmuster nicht mit dem der Wirtszellen-DNA übereinstimmt, wird zerschnitten.

Der Bakterienstamm besitzt eine *DNA-Methylase mit derselben Erkennungssequenz wie die zugehörige Endonuclease*. Deshalb schneiden Restriktionsenzyme nicht die korrekt methylierte DNA der Wirtszelle, aber eindringende Phagen-DNA, wenn diese nicht richtig methyliert ist.

Einige Plasmide und Bakteriophagen enthalten Gene für Modifikations-Restriktions-Systeme und können diese Eigenschaften an eine Wirtszelle weitergeben.

Die zellabhängige Klonierung umfasst vier wesentliche Schritte (Abb. 5.5).

- **Herstellung von rekombinanten DNA-Molekülen.** DNA-Fragmente geeigneter Größe erhält man in der Regel durch Schneiden der DNA mit einer Restriktionsendonuclease. Anschließend werden die Fragmente mit einer bestimmten Art von **Replikon** verknüpft (**Ligation**). Die Herstellung von rekombinanter DNA lässt sich dadurch bewerkstelligen, dass man die Moleküle der Ziel-DNA und das Replikon mit Restriktionsenzymen behandelt, die dieselbe Art von Enden erzeugen, um dann beide mithilfe des Enzyms Ligase miteinander zu verknüpfen.
- **Transformation.** Die rekombinanten DNA-Moleküle werden auf Wirtszellen übertragen (häufig Bakterien oder Hefezellen), in denen das verwendete Replikon unabhängig vom Genom der Wirtszelle repliziert werden kann. Replikone, die für die Klonierung in Zellen Verwendung finden, bezeichnet man oft als **Vektoren**, da sie die Moleküle der Ziel-DNA in die Zellen hinein transportieren und dann deren Replikation in den Zellen bewirken.
- Die **selektive Vermehrung der Zellklone** umfasst zwei Phasen. Zu Beginn werden die transformierten Zellen ausplattiert, indem man sie auf einer Agaroberfläche verteilt. So können sich *voneinander getrennte Zellkolonien* ausbilden. Die Zellen einer einzelnen Kolonie sind alle identisch (da sie von einer einzigen Zelle abstammen), sodass man sie als **Zellklon** bezeichnet. Anschließend kann man einzelne Kolonien von der Platte abnehmen und die Zellen in einer Flüssigkeitskultur weiter vermehren.
- Die **Isolierung von rekombinanten DNA-Klonen** erfolgt durch „Ernten" der Zellkulturen und die selektive Isolierung der rekombinanten DNA.

5.3.2 Mithilfe von Restriktionsendonucleasen ist es möglich, die Ziel-DNA in Fragmente von geeigneter Größe zu schneiden, die sich mit genauso geschnittenen Vektormolekülen verknüpfen lassen

Typ-II-Restriktionsendonucleasen

Die Erkennungssequenzen der überwiegenden Anzahl der Typ-II-Restriktionsendonucleasen sind **Palindrome** (aufgrund der zweifachen Symmetrieachse stimmen die Basensequenzen beider DNA-Stränge überein, wenn man sie in 5'→3'-Richtung liest). Abhängig von den Positionen der Schnittstellen, die das Restriktionsenzym erzeugt, können folgende Enden entstehen:

- **Glatte Enden** (*blunt ends*). Die Schnittstellen befinden sich genau auf der Symmetrieachse.
- **Überhängende Enden.** Die Schnittstellen liegen nicht auf der Symmetrieachse, sodass die entstehenden Restriktionsfragmente so genannte **5'-** oder **3'-überhängende Enden** besitzen (Tab. 5.1). Die überhängenden Enden jedes Fragments sind in ihrer Basensequenz komplementär und neigen dazu, sich zusammenzulagern (im selben Molekül oder mit anderen Molekülen), indem sie Basenpaarungen ausbilden. Das führt dazu, dass sie „zusammenkleben", weshalb man sie als **kohäsive Enden** (*sticky ends*) bezeichnet.

Typ-II-Restriktionsendonucleasen brachten für die DNA-Klonierung und die DNA-Analyse zwei große Fortschritte:

- **Erzeugung eines definierten Satzes von DNA-Fragmenten als Ausgangsmaterial.** Bei der DNA-

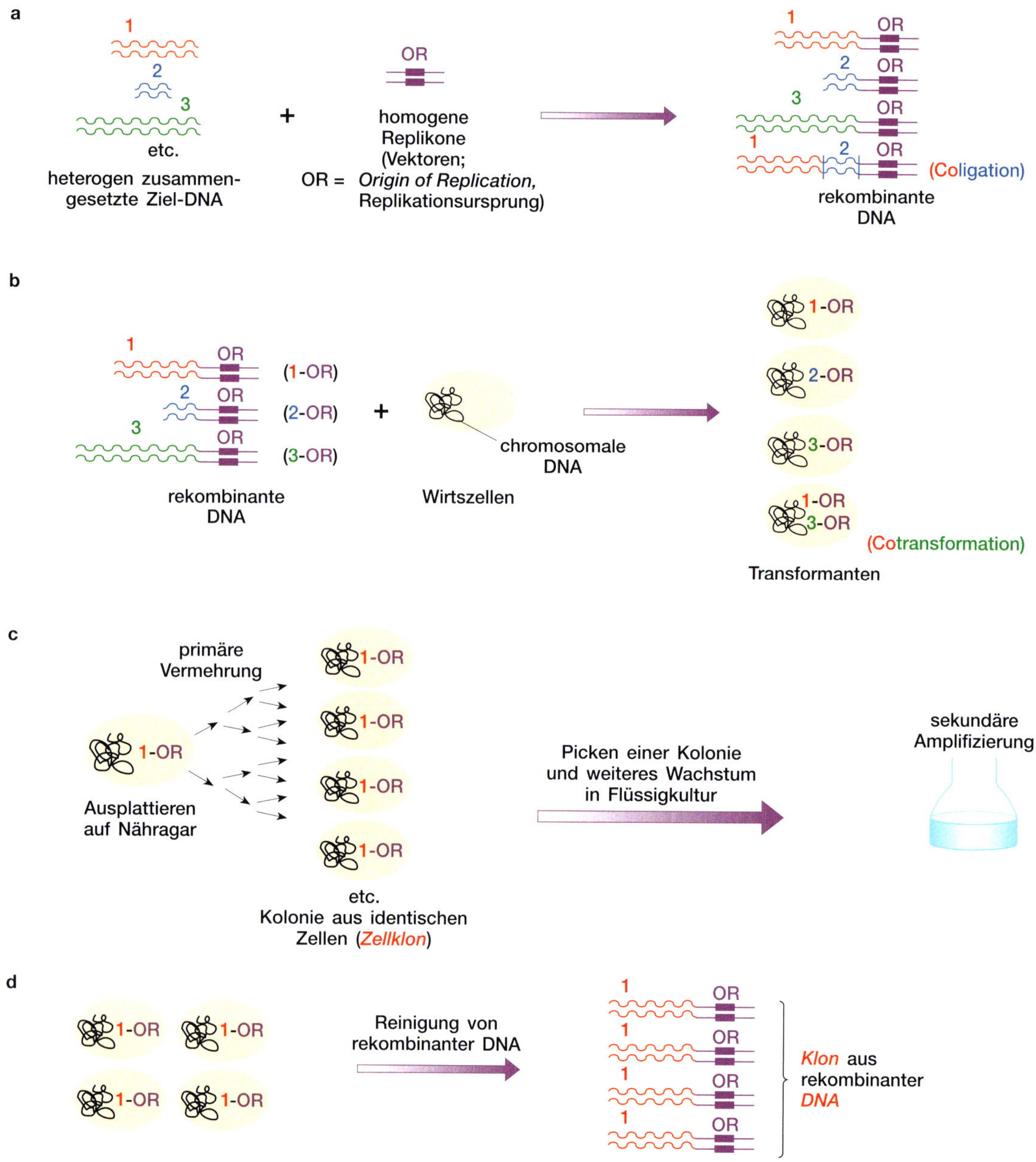

5.5 Die vier Hauptschritte der Klonierung auf Zellbasis. a) Herstellung der rekombinanten DNA. Wichtig ist dabei, dass neben den einfachen Produkten aus Vektor und Ziel-DNA auch Coligationen stattfinden können, wenn beispielsweise zwei nicht zusammengehörige Ziel-DNA-Fragmente in einem einzigen Produkt verknüpft werden (etwa die Fragmente 1 und 2). OR, Replikationsursprung. b) Transformation. Dies ist ein entscheidender Schritt bei der DNA-Klonierung, da die Zellen normalerweise nur ein fremdes DNA-Molekül aufnehmen. Manchmal kommt es jedoch zu einer Cotransformation mit beispielsweise zwei verschiedenen DNA-Molekülen, wie hier dargestellt (ein rekombinantes Molekül mit Fragment 1 und ein rekombinantes Molekül mit Fragment 3). c) Vermehrung der Zellklone. Dies ist ein weiterer wichtiger Schritt. Nach Ausplattieren der transformierten Zellen kann man einzelne Klonkolonien auf der Agarfläche einzeln abnehmen und auf einer weiteren Agarfläche erneut ausplattieren und vermehren, um eine wirkliche Homogenität der Klone zu erreichen. d) Isolierung von Klonen mit rekombinanter DNA.

Tabelle 5.1 Beispiel für häufig verwendete Restriktionsenzyme (siehe auch Tabelle 6.3 für selten schneidende Restriktionsenzyme)

Enzym	Quelle	Schnittsstelle; N = A, C, G oder T	Restriktionsfragment mit folgenden Enden
erzeugt glatte Enden			
AluI	*Arthrobacter luteus*	↓ A G C T T C G A ↑	5' C T---------A G 3' 3' G A---------T C 5'
erzeugt 5'-Überhänge			
*Eco*RI	*Escherichia coli* (R-Faktor)	↓ G A A T T C C T T A A G ↑	5' A A T T C---------A 3' 3' G---------C T T A A 5'
erzeugt 3'-Überhänge			
*Pst*I	*Providencia stuartii*	↓ C T G C A G G A C G T C ↑	5' G---------C T G C A 3' 3' A C G T C---------G 5'
erkennt nichtpalindromische Sequenzen			
*Mnl*I	*Moraxella nonliquefaciens*	↓ C C T C N N N N N N N G G A G N N N N N N N ↑	5' ---------C C T C N N N N N N N 3' 3' N---------G G A G N N N N N N N 5'
erkennt zweigeteilte Sequenzen			
*Bst*XI		↓ C C A N N N N N N T G G G G T N N N N N N A C C ↑	5' N T G G------C C A N N N N N 3' 3' N N N N N A C C------G G T N 5'

Die Bezeichnungen setzen sich normalerweise aus dem ersten Buchstaben der Gattungsbezeichnung und aus den ersten beiden Buchstaben des Speziesnamens zusammen, so ist beispielsweise *Pst*I das erste Restriktionsenzym, das aus *Providencia stuartii* isoliert wurde; REBASE-Datenbank für Restriktionsenzyme siehe unter http://rebase.neb.com/rebase/rebase.html

Isolierung aus Gewebe oder Zellkulturen erhält man durch das Entpacken der großen DNA-Moleküle und unvermeidliche physikalische Scherkräfte eine heterogene Population von DNA-Fragmenten mit unterschiedlichen Längen in zufälliger Verteilung. Mithilfe von Restriktionsenzymen war es nun möglich, die DNA-Population in einen Satz von **Restriktionsfragmenten** mit *definierter Länge* umzuwandeln.

- **Eine Methode zur künstlichen Rekombination von DNA-Molekülen.** Restriktionsfragmente mit derselben Art von kohäsiven Enden lassen sich mit einer **DNA-Ligase** einfach verknüpfen. Für die Herstellung rekombinanter DNA kann man das Replikonmolekül (den **Vektor**) und die Ziel-DNA mit dem gleichen Restriktionsenzym schneiden oder mit Restriktionsenzymen, die dieselbe Art von kohäsiven Enden erzeugen.

Die Enden von Restriktionsfragmenten mit denselben überhängenden Sequenzen können auf verschiedene Weise assoziieren – entweder intramolekular (**Ringbildung**) oder zwischen verschiedenen Molekülen mit der Bildung von linearen **Concatameren** oder ringförmigen, zusammengesetzten Molekülen. Intermolekulare Reaktionen erfolgen am leichtesten bei hohen DNA-Konzentrationen. Bei sehr niedrigen Konzentrationen haben die einzelnen Enden verschiedener Moleküle weniger Gelegenheit, miteinander in Kontakt zu treten und die intramolekulare Ringbildung tritt bevorzugt auf. Ligationsreaktionen werden im Allgemeinen so angelegt, dass die Bildung von rekombinanter DNA unterstützt wird (die Ligation von Ziel-DNA mit Vektor-DNA), obwohl die Zyklisierung des Vektors und die Bildung von Concatameren aus Vektor- oder Ziel-DNA-Molekülen genauso möglich sind (Abb. 5.6). Deshalb werden die Vektormoleküle häufig vorbehandelt, damit die intramolekulare Ringbildung minimiert wird.

Einfache Vektoren für die Klonierung in Bakterien

Bei der DNA-Klonierung auf Zellbasis müssen die Ziel-DNA-Fragmente in den Zellen repliziert werden. Da ihnen ein funktionsfähiger Replikationsursprung fehlt, müssen sie mit einem Replikon (Vektor) verknüpft werden, der in den Wirtszellen unabhängig vom Genom der Wirtszelle repliziert werden kann. Der Vektor enthält einen Replikationsursprung, der entweder von einem natürlich vorkommenden extrachromosomalen Replikon oder aus einem Chromo-

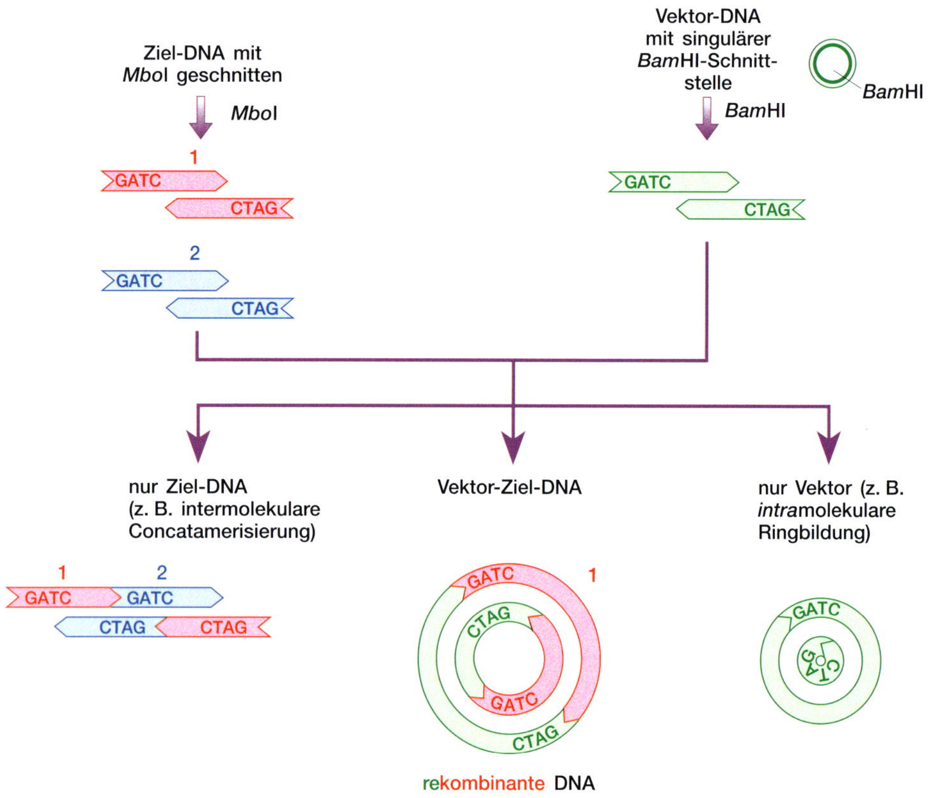

5.6 Kohäsive Enden können sich intramolekular und intermolekular zusammenlagern. Dargestellt sind nur einige denkbare Ergebnisse. So können beispielsweise Vektormoleküle intermolekulare Concatamere bilden. Multimere können zyklisieren und durch Coligation können zwei verschiedene Zielsequenzen mit einem Vektor ein rekombinantes Molekül bilden (Abb 5.5a). Einzelne Moleküle neigen stärker zur Ringbildung, wenn die DNA-Konzentration niedrig ist und die Wahrscheinlichkeit für Zusammenstöße zwischen verschiedenen Molekülen mit komplementären kohäsiven Enden geringer ist.

som stammt (beispielsweise bei den künstlichen Hefechromosomen; Abschnitt 5.4.4).

Am häufigsten verwendet man veränderte Bakterien- oder Pilzzellen, besonders häufig jedoch Bakterienzellen, weil sie sich schnell teilen können. Sie besitzen nur ein einziges ringförmiges doppelsträngiges Chromosom mit einem einzigen Replikationsursprung. Die Replikation des Chromosoms der Wirtszelle löst die Zellteilung aus, sodass jede der beiden Tochterzellen wie die ursprüngliche Zelle ein einziges Chromosom enthält (das heißt, die Kopienzahl von einem Molekül pro Zelle bleibt erhalten). Die Replikation des extrachromosomalen Replikons ist nicht auf diese Weise festgelegt: Viele solcher Replikone durchlaufen während eines Zellzyklus mehrere Replikationszyklen, sodass die Anzahl der Kopien pro Zelle sehr hoch sein kann. Das führt zu einer hohen Ausbeute an Ziel-DNA, die gemeinsam mit dem Vektor repliziert wird. Es gibt zwei Arten extrachromosomaler Replikone:

- **Plasmide** sind kleine ringförmige doppelsträngige DNA-Moleküle, die jeweils nur sehr wenige Gene enthalten. Sie existieren nur innerhalb von Zellen und werden bei der Zellteilung vertikal an die Tochterzellen weitergegeben, können aber auch horizontal bei der bakteriellen Konjugation auf Nachbarzellen übertragen werden. In der Natur vorkommende Beispiele sind Plasmide mit dem Fertilitätsfaktor (F) oder mit Genen für Antibiotikaresistenzen.
- **Bakteriophagen** sind Viren, die Bakterien infizieren. DNA-haltige Bakteriophagen besitzen häufig Genome aus doppelsträngiger DNA, die ringförmig oder linear sein können. Im Gegensatz zu Plasmiden existieren sie außerhalb der Zelle. Beim reifen Viruspartikel (**Virion**) ist das Genom in einer Proteinhülle verpackt, die das Anheften an die Wirtszelle und das Eindringen in die Zelle bewerkstelligt.

5.3.3 Das Einschleusen rekombinanter DNA in Empfängerzellen bietet die Möglichkeit, eine komplexe DNA-Ausgangspopulation zu fraktionieren

Die Plasmamembran von Zellen ist selektiv permeabel und lässt normalerweise keine großen Moleküle wie DNA-Fragmente passieren. Man kann jedoch Zellen auf verschiedene Weise behandeln (beispielsweise durch Salze mit hohen Ionenstärken, kurze elektrische Impulse und anderes), sodass sich die Durchlässigkeit der Plasmamembranen ändert. Das führt dazu, dass einige Zellen **kompetent** werden. Das heißt, sie können dann aus der Umgebung fremde DNA aufnehmen.

Nur ein geringer Teil der Zellen nimmt die fremde DNA tatsächlich auf (**DNA-Transformation**). *Die Zellen nehmen meistens nur ein einziges Molekül auf* (das jedoch anschließend in der Zelle vielfach repliziert werden kann). Das ist die Grundlage des entscheidenden Fraktionierungsschritts bei der zellabhängigen DNA-Klonierung: Die Population der transformierten Zellen lässt sich als Sortierstelle auffassen, in der die komplexe Mischung aus DNA-Fragmente verteilt wird, indem jede Zelle ein einzelnes DNA-Molekül erhält (Abb. 5.7).

Da die ringförmige DNA (die sogar Einzelstrangbrüche aufweisen darf), viel effizienter transformiert als lineare DNA, enthalten die meisten Zellen ein ringförmiges Produkt und keine linearen DNA-Concatamere; außerdem enthalten die meisten Zellen tatsächlich rekombinante DNA, wenn man sich vorher die Mühe gemacht hat, mit einer Vorbehandlung des Vektors (beispielsweise durch eine Dephosphorylierung) dessen Rezyklisierung zu unterdrücken. **Cotransformationen** (wenn in einem Zellklon mehr als eine DNA-Molekülspezies vorkommt; Abb. 5.5b) sind jedoch bei bestimmten Klonierungssystemen durchaus möglich.

Die transformierten Zellen können sich nun vermehren. Bei der Klonierung mithilfe von Plasmidvektoren und bakteriellen Wirtszellen verteilt man eine Lösung, die die transformierten Zellen enthält, auf einer Nähragaroberfläche in einer Petrischale (**Ausplattieren**). Dadurch bilden sich normalerweise **Bakterienkolonien**, die man als **Zellklone** bezeichnet (die identischen Nachkommen von jeweils einer Vorfahrenzelle). Wenn man eine einzelne Kolonie von der Platte abnimmt und zur sekundären Vermehrung der Zellen in ein Röhrchen mit Flüssigmedium gibt, kann man durch weitere Vergrößerung des Maßstabs letztendlich beliebig viele Zellen eines einzigen Zellklons erzeugen (Abb. 5.7). Wenn die ursprüngliche Zelle eine einzige Spezies der fremden DNA-Fragmente in einem Replikon enthalten hat, gilt das auch für die Nachkommen. So lässt sich das fremde DNA-Fragment in großen Mengen amplifizieren und man kann schließlich die rekombinante DNA isolieren.

Wenn man die rekombinante DNA aus lysierten Zellen selektiv aufreinigt, nutzt man die physikalischen Unterschiede zwischen der rekombinanten und der zellulären DNA. Bei Bakterienzellen ist das doppelsträngige Chromosom ringförmig wie die Plasmide, die fremde DNA enthalten, aber wesentlich größer. Dadurch ist es empfindlich für Einzelstrangbrüche und Scherkräfte, die aufgrund der Zelllyse und der anschließenden DNA-Extraktion entstehen, sodass lineare DNA-Fragmente mit freien Enden entstehen. Wenn man die isolierte DNA denaturiert (beispielsweise durch Behandlung mit Lauge), denaturiert die lineare DNA der Wirtszelle sehr leicht, aber die Stränge der **kovalent geschlossenen ringförmigen** (*covalently closed circular*, **CCC**-) Plasmid-DNA können sich nicht trennen. Bei der Renaturierung lagern sich die beiden Stränge wieder zusammen und bilden native **superhelikale** Moleküle oder eine so genannte **überspiralisierte DNA** (*supercoiled*) (Abb. 5.8). Die denaturierte DNA der Wirtszelle fällt aus der Lösung aus, die CCC-Plasmid-DNA bleibt übrig.

Falls erforderlich, sind weitere Reinigungsschritte möglich, beispielsweise durch eine **Gleichgewichtsdichtegradientenzentrifugation** (isopyknische Zentrifugation): Die teilweise gereinigte DNA wird in einer Lösung aus Cäsiumchlorid, die Ethidiumbromid (EtBr) enthält, bis zum Gleichgewicht zentrifugiert. EtBr bindet an die DNA durch **Interkalation** zwischen die Basenpaare. Dadurch wird die DNA entspiralisiert. Im Gegensatz zu chromosomaler DNA hat ein CCC-Plasmid keine freien Enden und kann sich deshalb nur bis zu einem gewissen Maß entspiralisieren, sodass auch die Menge des gebundenen EtBr begrenzt ist. EtBr-DNA-Komplexe haben eine größere Dichte, wenn sie weniger EtBr enthalten. Die Bande der Plasmid-DNA liegt also im CsCl-Dichtegradienten tiefer als chromosomale DNA oder offene Plasmidringe. So lässt sich die rekombinante DNA von der DNA der Wirtszelle abtrennen. Die so erhaltenen DNA-Moleküle sind normalerweise identisch und entsprechen einem einzigen Fragment der Ziel-DNA, man bezeichnet sie daher als **DNA-Klon**.

5.3.4 DNA-Bibliotheken sind umfassende Zusammenstellungen von DNA-Klonen, die die ursprüngliche komplexe DNA-Population repräsentieren

Die ersten Versuche, menschliche DNA-Fragmente in Bakterienzellen zu klonieren, konzentrierten sich auf Zielsequenzen, die in der DNA-Anfangspopulation

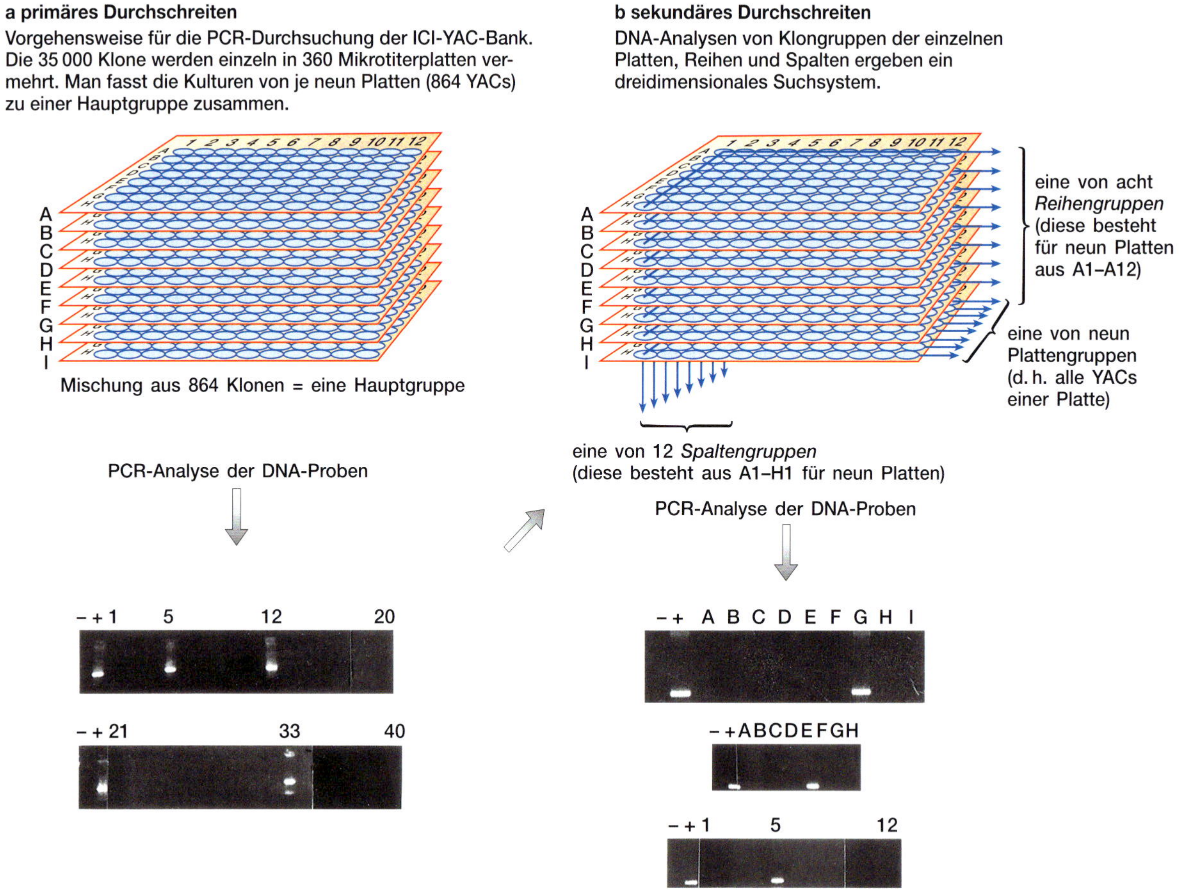

5.11 Durchmustern (*screening*) einer DNA-Bibliothek mithilfe der PCR. Dargestellt ist das Durchmustern einer YAC-Bibliothek mit menschlicher DNA. Auf 360 Miktotiterplatten mit jeweils 96 Vertiefungen wurden annähernd 35 000 einzelne Klone verteilt. Um die Verarbeitung zu vereinfachen, bildete man insgesamt 40 Hauptgruppen (*master pools*), indem man pro Gruppe die jeweils 864 Klone aus neun Mikrotiterplatten (A–I) zusammenfasste. Nach Jones et al (1994) *Genomics* 24: 266–275, mit Genehmigung von Academic Press Inc. a) Beim primären Durchmustern wurden die 40 Hauptgruppen mithilfe eines PCR-Tests durchsucht. In diesem Beispiel zeigten drei Gruppen (5, 12, 33), bei Vergleich mit positiven (+) und negativen Kontrollen, ein positives Signal. b) Beim sekundären Durchmustern identifiziert man einzelne YAC-Klone, indem man Untergruppen der 864 YAC-Klone in einer positiven Hauptgruppe (hier: 12) testet. Eine dreidimensionale Untersuchung von jeder der neun Plattengruppen (mit je 96 YAC-Klonen), acht Reihengruppen (mit je 106 YAC-Klonen) und 12 Spaltengruppen (mit je 72 YAC-Klonen) führte schließlich zur Identifizierung eines positiven YAC-Klons in Platte 12G (oben), Reihe E (Mitte) und Spalte 5 (unten). Bei diesem Beispiel hatte man nach YAC-Klonen gesucht, die unbekannte Sequenzen des X-Chromosoms enthielten. Nach Jones et al. (1994) *Genomics* 24: 266–275. Die Fotos wurden freundlicherweise von Dr. Sandie Herrell (Universität von Newcastle upon Tyne) zur Verfügung gestellt.

mierte Zellen identifizieren zu können (Abb. 5.12). Die Selektion von Rekombinanten erfolgt darüber hinaus durch die Insertionsinaktivierung einer Teilsequenz des β-Galactosidasegens (der komplementäre Teil dieses Gens befindet sich im Genom der dafür speziell modifizierten *E. coli*-Wirtszellen.

5.4.2 Lambda- und Cosmidvektoren bilden ein effizientes Klonierungssystem, um mittellange DNA-Fragmente in Bakterien zu klonieren

Ein großer Nachteil von Plasmidvektoren besteht darin, dass ihre Aufnahmekapazität für große DNA-Fragmente stark begrenzt ist: Die meisten aufgenommen Fragmente sind nur wenige Kilobasen lang; DNA-Fragmente von mehr als 5–10 kb werden nur äußerst selten eingebaut. Außerdem sind die Stan-

Tabelle 5.2 Größe von DNA-Insertionsfragmenten, die man im Allgemeinen mit den verschiedenen Klonierungsvektoren erzielt

Klonierungsvektor	Fragmentgröße
Standardplasmidvektoren für hohe Kopienzahl	0–5 kb
λ-Phagen-Insertionsvektoren	0–10 kb
λ-Phagen-Replacement-Vektoren	9–23 kb
Cosmidvektoren	30–44 kb
Bakteriophage P1	70–100 kb
PAC-Vektoren (*P1 artificial chromosome*)	130–150 kb
BAC-Vektoren (*bacterial articial chromosome*)	bis zu 300 kb
YAC-Vektoren (*yeast articial chromosome*)	0,2–2,0 Mb

dardmethoden für die Transformation von Bakterien mit Plasmidvektoren relativ ineffektiv. Um diese Schwierigkeiten zu überwinden, konzentrierte man sich schon sehr früh auf die Möglichkeit, den Bakteriophagen **lambda** als Klonierungsvektor zu verwenden. Der Wildtyp des λ-Viruspartikels (**Virion**) enthält ein Genom von fast 50 kb einer linearen doppelsträngigen DNA, die in eine Proteinhülle verpackt ist. Der λ-Phage hat einen äußerst effizienten Mechanismus entwickelt, *E. coli*-Zellen zu infizieren.

Nach Anheften des λ-Virions an die Bakterienzelle wird die Proteinhülle abgestreift und die DNA in die Zelle injiziert. An den äußersten Enden der λ-DNA befinden sich überhängende 5'-Enden, die 12 Nucleotide lang und deren Basensequenzen zueinander komplementär sind. Da die Basen dieser großen 5'-Überhänge miteinander paaren können, wirken die Enden sehr kohäsiv (vergleichbar mit den kurzen offenen Enden, wie sie von einigen Restriktionsenzymen (Abschnitt 5.3.2) erzeugt werden, aber kohäsiver). Diese Eigenschaft führte zur Bezeichnung ***cos*-Sequenzen** für die λ-Überhänge. Sobald sich die Sequenzen in der Bakterienzelle befinden, bilden sie die Basenpaarungen aus und die zellulären Ligasen verknüpfen die Bruchstellen. Danach kann die λ-DNA zwei verschiedene Wege einschlagen (Abb. 5.13):

- **Der lytische Zyklus.** Die λ-DNA wird repliziert, zuerst bidirektional, dann in Form eines *rolling circle*, wobei lineare Multimere in der Einheitslänge entstehen. Die Hüllproteine werden synthetisiert und die DNA-Multimere an den *cos*-Stellen in die Genomeinheiten zerlegt und in die Proteinhüllen verpackt. Einige der λ-Genprodukte lysieren die Wirtszelle, sodass die Virionen freigesetzt werden.
- **Der lysogene Zustand.** Das λ-Genom enthält das *att*-Gen, das zu einem Gen im *E. coli*-Chromosom homolog ist. Wenn sich die beiden *att*-Gene zusammenlagern, kann es zu einer Rekombination zwischen dem λ- und dem *E. coli*-Genom kommen, und die λ-DNA wird in das *E. coli*-Chromosom integriert. In diesem Zustand bezeichnet man die λ-DNA als **Provirus** und die Wirtszelle als

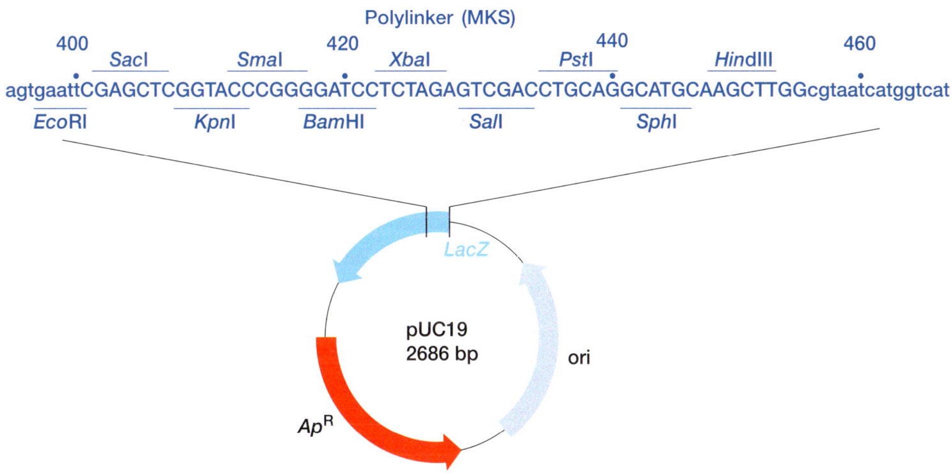

5.12 Karte des Plasmidvektors pUC19. Der Replikationsursprung (ori) stammt ursprünglich aus dem ColE1-artigen-Plasmid pMB1. Das Ampicillinresistenzgen (*Ap*^{R}) ermöglicht die Selektion von Zellen, die den Vektor besitzen. Der Vektor enthält auch einen Teil des *lacZ*-Gens, von dem ein N-terminales Fragment der β-Galactosidase exprimiert wird und das ein mutiertes *lacZ*-Gen der Wirtszelle komplementiert: Die β-Galactosidaseanteile der Wirtszelle und des Vektors, die einzeln inaktiv sind, können zum funktionsfähigen Protein assoziieren. Der 54 bp lange Polylinker, also die multiple Klonierungsstelle (große Buchstaben), ist in das *lacZ*-Genfragment (kleine Buchsataben) so eingefügt, dass das Leseraster erhalten bleibt und ein funktionsfähiges Expressionsprodukt entsteht. Nach dem Einfügen eines DNA-Fragments in die multiple Klonierungsstelle (MKS) fehlt jedoch die β-Galactosidaseaktivität (Inaktivierung durch Insertion).

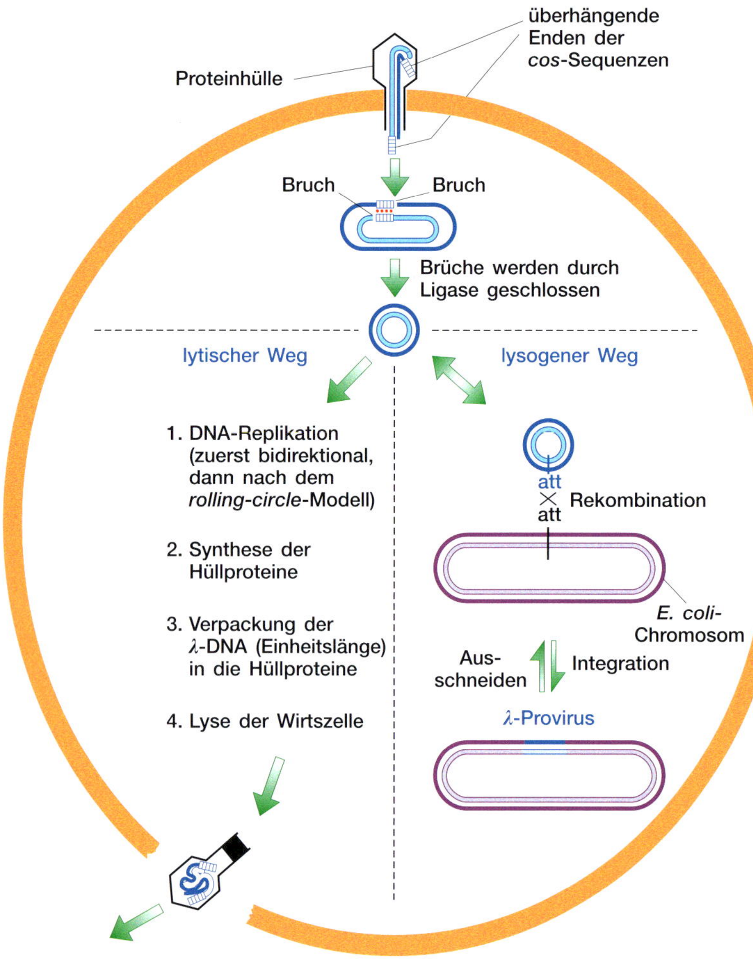

5.13 Lytischer Zyklus und lysogenes Stadium des λ-Phagen.

lysogen. Denn die λ-DNA kann zwar für lange Zeit stabil im Wirtschromosom integriert bleiben, sie kann aber auch herausgeschnitten werden und in den lytischen Zyklus eintreten (Abb. 5.13). Die Gene, die für die lysogenen Funktionen erforderlich sind, befinden sich im mittleren Abschnitt des λ-Genoms (Abb. 5.14).

Ob der Phage in den lytischen Zyklus oder in den lysogenen Zustand eintritt, hängt von den beiden Regulatorgenen *c*I und *cro* ab. Dabei ist jedes Gen der Gegenspieler vom anderen: Im lytischen Zustand dominiert das *cro*-Protein und *c*I ist reprimiert, während im lysogenen Zustand der *c*I-Repressor überwiegt und die Transkription aller anderen λ-Gene (einschließlich *cro*) unterdrückt. In normal wachsenden Wirtszellen wird der lysogene Zustand bevorzugt, und das λ-Genom repliziert mit der chromosomalen DNA der Wirtszelle. Eine Schädigung der Wirtszelle begünstigt den Übergang zum lytischen Zyklus, bei dem das Virus die geschädigte Zelle verlässt und neue Zellen infiziert.

Um auf der Grundlage des λ-Phagen geeignete Klonierungsvektoren zu konstruieren, musste ein System entwickelt werden, bei dem das λ-Replikon *in vitro* fremde DNA aufnehmen kann und die so entstehende rekombinante DNA *E. coli*-Zellen mit hoher Effizienz transformiert. Letzteres wurde durch die Entwicklung eines ***in vitro*-Verpackungssystems** erreicht, das die Verpackung der λ-Wildtyp-DNA in eine Proteinhülle nachahmt; auf diese Weise erhält man eine hohe Infektionseffizienz (Abb. 5.15).

Im Folgenden werden mehrere wichtige Klonierungsvektoren vorgestellt. Ihre Entwicklung basiert entweder auf einer Modifizierung des λ-Phagen, oder man machte sich dabei die Größenselektion durch die *cos*-Enden zunutze.

- **λ-Replacement-Vektoren.** In einen λ-Partikel können nur DNA-Moleküle mit einer Länge von 37–52 kb stabil verpackt werden. Im zentralen

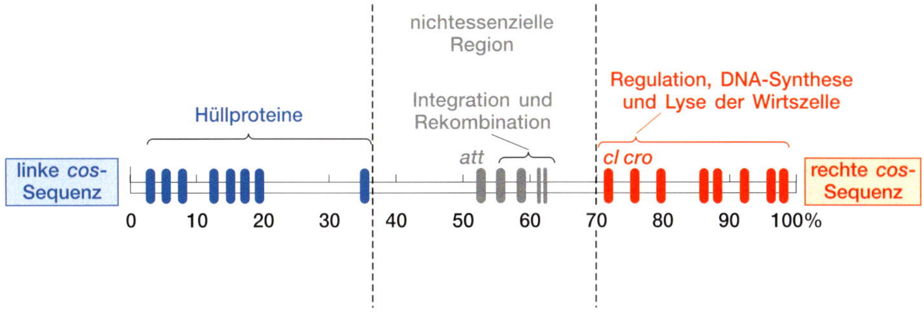

5.14 Karte des λ-Genoms mit eingezeichneten Genpositionen (senkrechte Striche). Bei λ-Replacementvektoren sind die nichtessenziellen Bereiche durch Behandlung mit einem Restriktionsenzym entfernt worden; dabei blieben ein „linker" und ein „rechter" λ-Arm übrig. Das fremde DNA-Fragment anstelle des ursprünglichen „entbehrlichen" Fragments kann bis zu 20 kb groß sein.

Bereich des λ-Genoms befinden sich Gene, die für den lysogenen Zyklus erforderlich sind, aber für die lytischen Funktionen nicht essenziell sind. Daher kann man diese Sequenzen herausschneiden und durch ein fremdes DNA-Fragment ersetzen. So lässt sich Fremd-DNA mit einer Länge von bis zu 23 kb klonieren. Normalerweise benutzt man diese Vektoren für die Herstellung von genomischen DNA-Bibliotheken.

- **λ-Insertionsvektoren.** λ-Vektoren, die man für die Herstellung von cDNA-Bibliotheken verwendet, müssen keine großen Insertionsfragmente aufnehmen können (die meisten cDNAs sind nicht länger als 5 kb). Für die Konstruktion von Insertionsvektoren verändert man häufig das λ-Genom so, dass man Fremd-DNA in das *c*I-Gen einfügen kann.
- Bei den **Cosmidvektoren** wurden die *cos*-Sequenzen in einen kleinen Plas**mid**vektor eingebaut. Benutzt man diese Vektoren mit einem *in vitro*-Verpackungssystem kann man große Fremd-DNA-Fragmente ~30–44 kb) klonieren, da die Gesamtgröße eines Cosmidvektors häufig nur etwa 8 kb beträgt (Abb. 5.16).

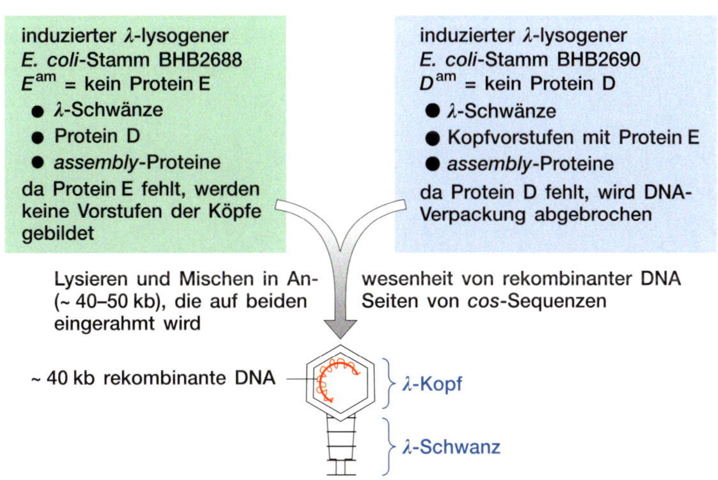

5.15 Die DNA eines λ-Phagen lässt sich *in vitro* mithilfe eines gemischten Lysats aus zwei mutierten lysogenen λ-Stämmen verpacken. Bei einer normalen *in vitro*-Verpackung stellt man zuerst Vorstufen der Köpfe her. Diese bestehen aus dem Hauptcapsidprotein, das von Gen *E* codiert wird. Dann werden die Kopfvorstufen mit einer Einheitslänge λ-DNA gefüllt, die durch einen Schnitt zwischen zwei benachbarten *cos*-Stellen entstehen. Nach Einbau des Proteins D, das auch zum Capsid gehört, in die Vorstufen, sind die Köpfe vollständig. Andere Gene codieren die Proteine, mit deren Hilfe die kompletten Schwänze mit den fertigen Köpfen zusammengesetzt werden (***assembly*-Proteine**). Eine Amber-Mutation im Gen *E* (E^{am}) führt zu einem defekten Protein, sodass keine Kopfvorstufen gebildet werden können (BHB2688). Eine Amber-Mutation in Gen *D* (D^{am}) verhindert die Reifung der Vorstufen, die bereits die DNA enthalten, zu vollständigen Köpfen (BHB2690). Die Komponenten der gemischten Lysate aus beiden Stämmen können sich jedoch gegenseitig komplementieren, sodass die Verpackung korrekt erfolgt.

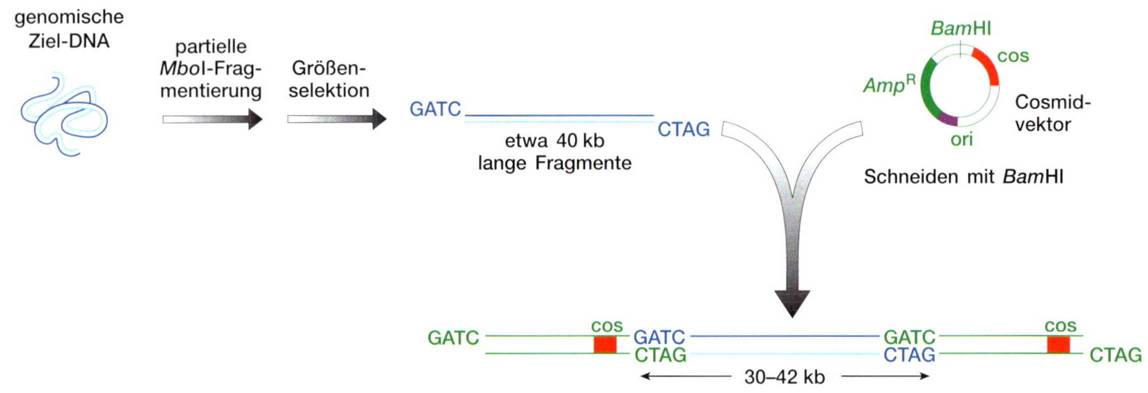

5.16 Werden die geschnittenen Cosmide ligiert, können Konkatemere aus Vektor und Ziel-DNA entstehen, was zur Bildung eines großen exogenen DNA-Fragments führt, an dessen Enden sich die *cos*-Sequenzen befinden.

5.4.3 Für die Klonierung großer DNA-Fragmente in Bakterien eignen sich Vektoren, die auf dem Bakteriophagen P1 und auf F-Faktoren basieren

BAC-Vektoren (künstliche Bakterienchromosomen)

Viele Vektoren, die man für die DNA-Klonierung in Bakterien verwendet, basieren auf Replikonen, die mit einer hohen bis mittleren Kopienzahl in den Zellen vorliegen. Dadurch erhält man große Ausbeuten an DNA: Jede Zelle, in der der Vektor repliziert wird, enthält mehrere bis zahlreiche Kopien des Vektors. Ein bedeutsamer Nachteil besteht darin, dass die Insertionsfragmente in solchen Vektoren häufig strukturell instabil sind, das heißt, es kommt zu Deletionen oder Umlagerungen der klonierten DNA. Das tritt vor allem dann auf, wenn die DNA von Eukaryoten stammt, wo Wiederholungssequenzen häufig vorkommen. Das führt dazu, dass man in Bakterien große DNA-Fragmente nur schwer klonieren und stabil erhalten kann.

Um diese Einschränkung zu umgehen, hat man sich in letzter Zeit auf Vektoren konzentriert, die auf Replikonen mit niedrigen Kopienzahlen basieren, beispielsweise den F-Faktor (das Fertilitätsplasmid von *E. coli*). Dieses Plasmid enthält die beiden Gene *parA* und *parB*, die nur eine bis zwei Kopien des F-Faktors pro Zelle zulassen. Vektoren auf Grundlage des F-Faktorsystems können große Fragmente von Fremd-DNA (mit über 300 kb) aufnehmen. Die so entstehenden Rekombinanten können durch **Elektroporation** mit großer Effizienz auf Bakterienzellen übertragen werden (dabei setzt man die Zellen hohen Spannungen aus, um die Plasmamembranen durchlässiger zu machen). Da jedoch diese **künstlichen Bakterienchromosomen** (*bacterial artificial chromosomes*, **BAC**) ein Replikon mit niedriger Kopienzahl enthalten, erhält man aus den Zellen nur geringe Ausbeuten an rekombinanter DNA.

Vektoren auf Basis des Bakeriophagen P1 und künstliche P1-Chromosomen (PACs)

Bestimmte Bakteriophagen enthalten ein relativ großes Genom; sie bieten daher die Möglichkeit, daraus Vektoren zu entwickeln, die große Fragmente von Fremd-DNA aufnehmen können. Ein Beispiel dafür ist der **Bakteriophage P1**, dessen Genom wie beim λ-Phagen in einer Proteinhülle verpackt ist. Das Genom selbst umfasst 110–115 kb und liegt als lineare DNA vor. P1-Klonierungsvektoren sind ringförmige Plasmide, die auch Gene für P1-Komponenten enthalten.

Der P1-Plasmidvektor lässt sich in zwei Vektorarme zerschneiden, die man anschließend mit einem Insertionsfragment verknüpfen kann. Die Rekombinanten mit bis zu 100 kb Fremd-DNA werden *in vitro* in die P1-Proteinhülle verpackt. Danach lässt man die Phagen sich an geeignete Wirtszellen anheften, die DNA wird in die Zellen injiziert, der DNA-Ring schließt sich und kann nun amplifiziert werden (Sternberg 1992). Mit einem *in vitro*-Verpackungssystem des Bakteriophagen T4 und dem P1-Klonierungssystem sind noch größere Insertionsfragmente möglich (bis 122 kb). In noch neueren Experimenten hat man das P1- und das F-Faktor-System zur Entwicklung weiterer Klonierungssysteme kombiniert (Iouannou et al. 1994).

5.4.4 In künstlichen Hefechromosomen (YACs) kann man Fragmente von Megabasenlänge klonieren

Das am häufigsten angewandte System für die Klonierung sehr großer DNA-Fragmente sind **künstliche Hefechromosomen** (**YAC**s; Schlessinger 1990). Bestimmte eukaryotische Sequenzen sind, besonders wenn sie Wiederholungssequenzen enthalten, nur schwer bis überhaupt nicht in Bakterien zu vermehren, da deren DNA anders organisiert ist. Andererseits ist eine Klonierung in Hefezellen durchaus möglich, da es sich um eukaryotische Zellen handelt. Der Hauptvorteil der YACs besteht jedoch darin, dass man damit sehr große DNA-Fragmente klonieren kann. Diese Entwicklung wurde durch die Erkenntnis ermöglicht, dass für die reine Chromosomenfunktion der größte Teil der DNA gar nicht erforderlich ist. Wie in Abbildung 2.5 dargestellt, gibt es drei grundlegende Bestandteile für die Funktion von Hefechromosomen:

- **Centromere** sind notwendig, um bei der Mitose die Schwesterchromatiden und bei der ersten meiotischen Teilung die homologen Chromosomen voneinander zu trennen.
- **Telomere** werden benötigt, damit die Replikation von linearen Molekülen vollständig erfolgen kann, außerdem schützen sie die Enden der Chromosomen vor dem Angriff durch Nucleasen.
- **Autonom replizierende Sequenzelemente** sind für eine unabhängige Replikation der chromosomalen DNA erforderlich und man nimmt an, dass sie als spezifische Replikationsursprünge fungieren.

Jedenfalls beschränkt sich der für die funktionelle Aktivität *in vivo* notwendige DNA-Anteil bei Hefe auf einige wenige 100 Basenpaare (Abb. 2.5). Deshalb rückte, als Alternative zu extrachromosomalen Replikonen (aus Plasmiden und Bakteriophagen), die Ent-

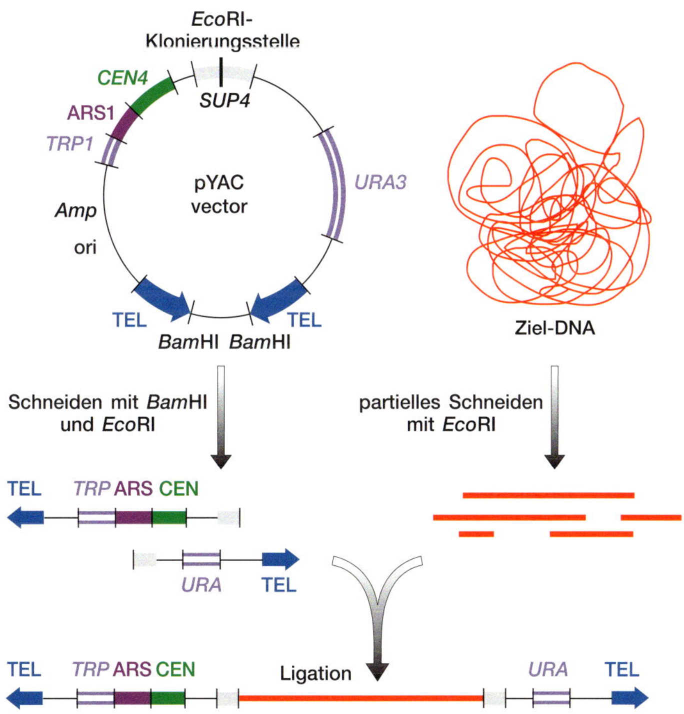

5.17 Herstellung von künstlichen Hefechromosomen. Die Vektor-DNA enthält folgende Sequenzen: ein Centromer (CEN4), Telomersequenzen (TEL), eine autonom replizierende Sequenz (ARS1), ein Gen für Ampicillinresistenz (*Amp*) und einen Replikationsursprung (ori) für die Vermehrung in *E. coli*. Man benutzt den Vektor mit einem speziellen Hefestamm (AB1380) als Wirtszellen. Dieser ist rot gefärbt, da er im *ade-2*-Gen des Adeninstoffwechsels eine Ochre-Mutation trägt, sodass sich ein rotes Pigment ansammelt. Der Vektor enthält jedoch das *SUP4*-Gen, das eine **Suppressor-tRNA** codiert (Exkurs 5.3). Diese hebt den Effekt der *ade-2*-Ochre-Mutation auf und stellt die Wildtypaktivität des Gens wieder her, sodass die Kolonien farblos sind. Die Wirtszellen tragen außerdem rezessive *trp1*- und *ura3*- Allele, die von den entsprechenden *TRP1*- und *URA3*-Allelen des Vektors komplementiert werden können. Damit besitzt man ein Selektionssystem für die Identifizierung von Zellen, die den YAC-Vektor enthalten. Die Klonierung eines fremden DNA-Fragments im *SUP4*-Gen führt zu einer Insertionsinaktivierung des Suppressorgens, und der mutierte Phänotyp (rot gefärbte Zellen) tritt wieder hervor.

wicklung eines neuen Klonierungssystems auf Grundlage *chromosomaler Replikone* (autonom replizierender Sequenzelemente) in den Bereich des Möglichen: die Konstruktion eines *künstlichen Chromosoms*.

Um ein YAC zu konstruieren, muss man einfach vier kurze Sequenzen kombinieren, die in Hefezellen funktionsfähig sind: zwei Telomere, ein Centromer und ein ARS-Element. Diese werden mit fremder DNA von geeigneter Größe verknüpft, wobei ein lineares DNA-Molekül entsteht, an dessen Enden sich die Telomere befinden (Abb. 5.17). Das Konstrukt lässt sich nicht direkt in Hefezellen einschleusen, sondern man muss zuerst ihre äußere Zellwand entfernen. Die entstehenden **Sphäroplasten** können Fragmente von außen aufnehmen, sind aber osmotisch instabil und müssen in Agar eingebettet werden. Die Transformationseffizienz ist insgesamt sehr niedrig, ähnlich wie die spätere Ausbeute an klonierter DNA (etwa nur eine Kopie pro Zelle). Da man aber mit YACs große DNA-Fragmente von bis zu 2 Mb klonieren kann, haben sie sich trotzdem zu einem unerlässlichen Hilfsmittel für die physikalische Kartierung entwickelt (Abschnitt 8.3.2).

5.5 Klonierungssysteme für die Erzeugung von einzelsträngiger und mutierter DNA

Einzelsträngige DNA-Klone eignen sich für verschiedene Anwendungen, beispielsweise die **DNA-Sequenzierung** (die erzielten Ergebnisse sind eindeutiger und einfacher auszuwerten) und für die **zielgerichtete Mutagenese** (wenn eine bestimmte Stelle in klonierter DNA auf genau definierte Weise verändert werden soll). Mithilfe der zielgerichteten Mutagenese ist es möglich, beispielsweise gezielt Substitutionen oder Deletionen von Nucleotiden in eine DNA-Sequenz einzuführen, um dadurch essenzielle Aminosäurereste oder andere für die Funktion wichtige Sequenzen zu identifizieren, sofern es für den untersuchten DNA-Abschnitt ein Testsystem gibt.

5.5.1 Einzelsträngige DNA für die DNA-Sequenzierung erhält man mithilfe von M13 oder anderen Phagemidvektoren oder durch lineare PCR-Amplifizierung

Für die DNA-Sequenzierung verwendet man normalerweise Klone aus einzelsträngiger rekombinanter DNA als Matrizen. Diese erhält man über Vektoren auf der Basis von bestimmten Bakteriophagen, die einmal in ihrem Lebenszyklus die Form einer einzelsträngigen DNA annehmen. Da die Vektorsequenz bereits bekannt ist, braucht man nur einen einzigen vektorspezifischen Primer, der zu einer Sequenz nahe der Klonierungsstelle komplementär ist.

M13-Vektoren

M13 ist ein **filamentöser Bakteriophage**, der bestimmte *E. coli*-Stämme infizieren kann. Sein ringförmiges einzelsträngiges Genom von 6,4 kb ist in eine Proteinhülle verpackt, die eine lang gestreckte Struktur bildet. Nach Anheften an ein Bakterium dringt das M13-Genom in die Zelle ein und wird in die doppelsträngige **replikative Form (RF)** umgewandelt, die als Matrize für die Erzeugung zahlreicher Kopien des Phagengenoms dient. Nach einer bestimmten Zeit schaltet ein Genprodukt des Phagen die DNA-Synthese auf die Erzeugung von Einzelsträngen um, die zur Zellmembran wandern. Dort werden sie in die Proteinhülle verpackt, und die Zelle setzt, ohne dass sie lysiert wird, Hunderte von reifen Phagenpartikeln frei. M13-Vektoren basieren auf der replikativen Form und enthalten eine multiple Klonierungsstelle. Der Phage kann darin Fragmente von Fremd-DNA mit begrenzter Länge aufnehmen. Mit den rekombinanten Phagen lassen sich geeignete *E. coli*-Stämme transfizieren. Nach einer bestimmten Zeit erntet man die Phagen, entfernt die Proteinhüllen und erhält so einzelsträngige rekombinante DNA, die direkt als Matrize für die DNA-Sequenzierung verwendet werden kann (Abb. 5.18a).

5.18 Erzeugung von einzelsträngiger rekombinanter DNA mithilfe von M13-Phagemidvektoren. a) M13-Vektoren sind die replikative Form (RF) von M13-Derivaten, die eine funktionslose Komponente des *lacZ*-β-Galactosidasesystems codieren. Diese kann durch die entsprechende *lacZ*-Komponente der JM-Stämme von *E. coli* komplementiert werden. Die doppelsträngige rekombinante M13-DNA tritt in den normalen Zyklus der DNA-Replikation ein, und es entstehen zahlreiche Kopien dieser DNA, bevor zur Produktion der einzelsträngigen DNA umgeschaltet wird (nur (+)-Stränge). Reife rekombinante Phagen gelangen ohne Lyse aus der Zelle. b) Phagemidvektoren. Plasmidvektoren der pBluescript-Reihe enthalten zwei Replikationsursprünge: den normalen aus dem ColE1-Plasmid und einen zweiten aus dem f1-Phagen. Durch letzteren wird bei Vorhandensein des Genoms eines filamentösen Phagen einzelsträngige DNA erzeugt. Bei einer Superinfektion von transformierten Zellen mit einem M13-Phagen setzen die Zellen zwei Arten von Phagenpartikeln frei: den für die zusätzliche Infektion verwendeten Phagen und die Plasmidrekombinanten mit einer Hülle aus Phagenproteinen. Um nun eindeutige Sequenzierungsergebnisse zu erhalten, verwendet man Primer, die für den Phagemidvektor spezifisch sind.

▶

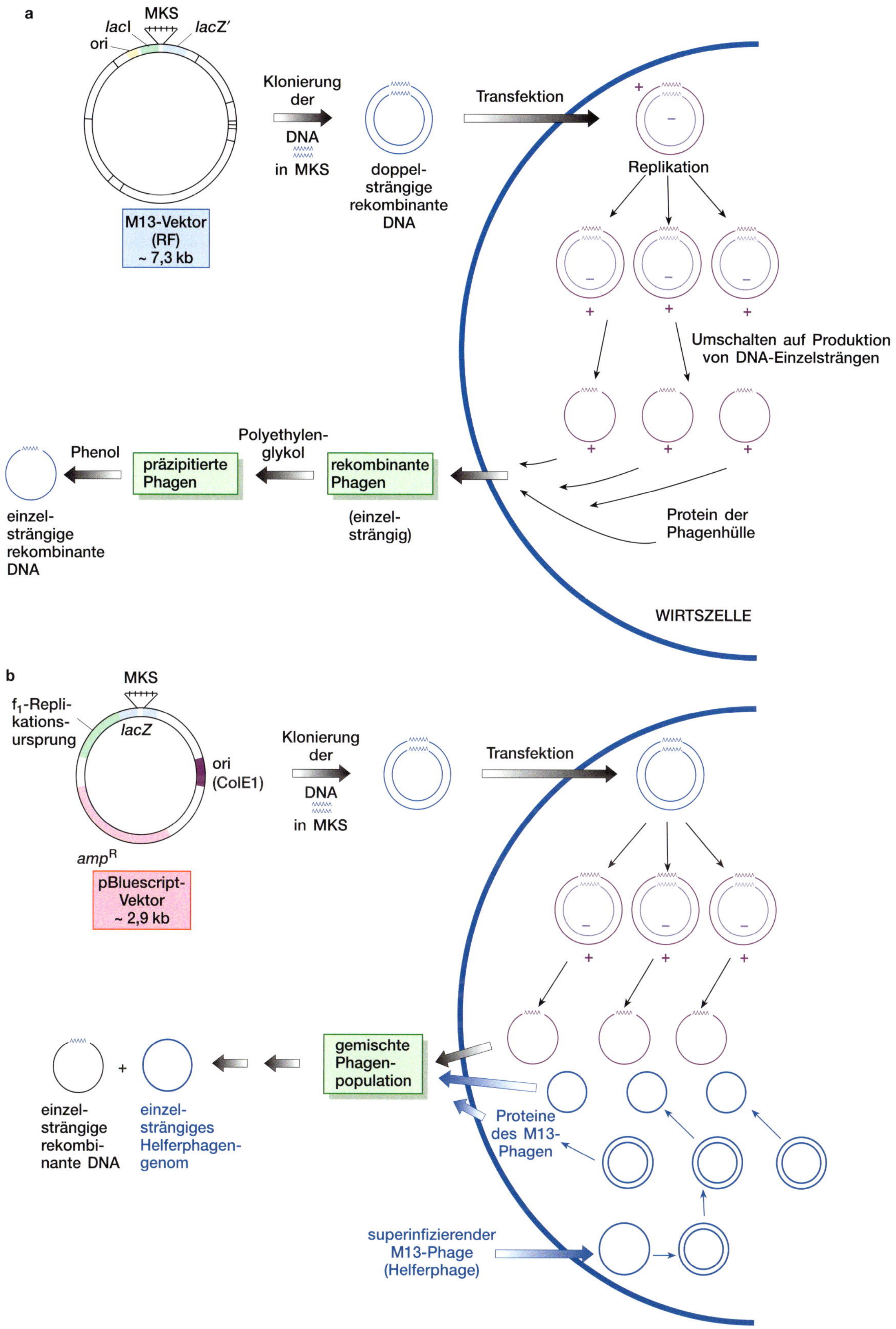
a
MKS
lacI
lacZ′
ori
M13-Vektor (RF) ~ 7,3 kb
Klonierung der DNA in MKS
doppelsträngige rekombinante DNA
Transfektion
Replikation
Umschalten auf Produktion von DNA-Einzelsträngen
Protein der Phagenhülle
rekombinante Phagen
(einzelsträngig)
Polyethylenglykol
präzipitierte Phagen
Phenol
einzelsträngige rekombinante DNA
WIRTSZELLE
b
MKS
f1-Replikationsursprung
lacZ
ori (ColE1)
ampR
pBluescript-Vektor ~ 2,9 kb
Klonierung der DNA in MKS
Transfektion
gemischte Phagenpopulation
Proteine des M13-Phagen
superinfizierender M13-Phage (Helferphage)
einzelsträngige rekombinante DNA
einzelsträngiges Helferphagengenom

Phagemidvektoren

Man kann einen kurzen Abschnitt aus dem Genom eines filamentösen **Phagen** (beispielsweise M13 oder die verwandten Phagen fd oder f1) in ein **Plasmid** einfügen und erhält so einen Hybridvektor, den man als **Phagemid** bezeichnet. Die verwendeten Sequenzen des Phagen enthalten alle *cis*-aktiven Elemente, die für die DNA-Replikation und den Zusammenbau der Phagenpartikel erforderlich sind. So kann man eingefügte Fragmente von Fremd-DNA mit einer Größe bis zu mehreren Kilobasen klonieren (im Gegensatz zu M13, wo solche Insertionen instabil sind). Nach der Transformation eines geeigneten *E. coli*-Stammes mit einem rekombinanten Phagemid werden die Zellen zusätzlich mit einem **Helferphagen** infiziert (Superinfektion, beispielsweise mit dem f1-Phagen), der die Hüllproteine produziert. Die Phagenpartikel, die solche superinfizierten Zellen freisetzen, bilden eine Mischung aus Helferphagen und rekombinanten Phagemiden (Abb. 5.18b). Die gemischte Population einzelsträngiger DNAs eignet sich direkt für die DNA-Sequenzierung, da der Primer für die Initiation der DNA-Synthese so konstruiert ist, dass er spezifisch nur an eine Sequenz auf dem Phagemidvektor bindet, die sich neben der Klonierungsstelle befindet. Häufig verwendete Phagemidvektoren sind beispielsweise die pEMBL-Plasmidreihe und die pBluescript-Familie (Abb. 5.18b).

Lineare PCR-Amplifizierung

Eine Form der Sequenzierung auf PCR-Basis bezeichnet man als **zyklische Sequenzierung** (Exkurs 7.1). Dabei erzeugt man in einer abgewandelten PCR-Reaktion einzelsträngige Matrizen für die Sequenzierung, indem man nur einen einzigen Primer verwendet und auf diese Weise das einzelsträngige Produkt linear akkumuliert (im Gegensatz zur exponentiellen Amplifizierung bei der normalen PCR).

5.5.2 Mithilfe der Oligonucleotid-Fehlpaarungsmutagenese kann man in jedem klonierten Gen einzelne Nucleotide gezielt austauschen

Viele *in vitro*-Tests zur Genfunktion zielen darauf ab, Informationen über die Bedeutung einzelner Aminosäuren in einem codierten Polypeptid zu erhalten. Das spielt zum Beispiel dann eine Rolle, wenn man herausfinden will, ob eine bestimmte Missense-Mutation in einem bekannten Krankheitsgen pathogen ist. Oder es gilt festzustellen, welchen Beitrag eine spezifische Aminosäure zur biologischen Funktion eines Proteins liefert.

Bei einem häufig verwendeten allgemeinen Ansatz kloniert man das Gen in einen M13- oder Phagemid-

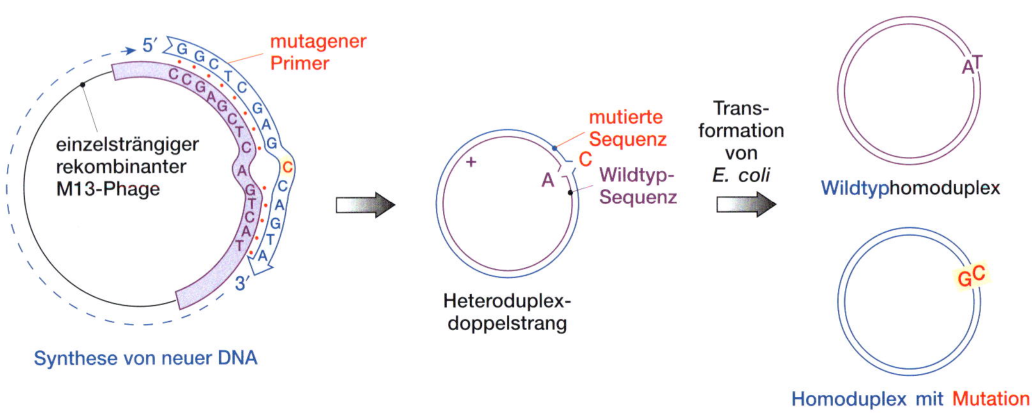

5.19 Mithilfe einer Fehlpaarungsmutagenese durch Oligonucleotide kann man gezielt Punktmutationen in ein kloniertes DNA-Molekül einführen. Dargestellt ist nur eine der zahlreichen verschiedenen Methoden für eine Fehlpaarungsmutagenese (*mismatch mutagenesis*) durch Oligonucleotide auf Zellbasis. Hier wird ein mutagenes Oligonucleotid verwendet, um in einem Gen ein einzelnes Nucleotid auszutauschen. Das Gen wird in M13 kloniert, um zuerst einzelsträngige rekombinante DNA zu erzeugen. Außerdem wird ein Oligonucleotid-Primer konstruiert, der zu einem Teil der Gensequenz komplementär ist, in der sich das Nucleotid (A) befindet, das verändert werden soll. Darüber hinaus enthält der Primer an der entsprechenden Stelle das gewünschte nichtkomplementäre Nucleotid (C, nicht T). Trotz dieser internen Fehlpaarung ist es möglich, den mutagenen Primer an die DNA anzulagern, um dann die Synthese des zweiten Stranges mithilfe der DNA-Polymerase durchzuführen; die Enden des Stranges werden mit der DNA-Ligase verknüpft. Die so entstandene Heteroduplex-DNA kann durch Transformation auf *E. coli* übertragen werden. Dadurch erhält man eine Wildtyp- und eine mutierte Population von Homoduplex-Rekombinanten. Letztere lassen sich durch eine molekulare Hybridisierung mit dem mutagenen Primer als allelspezifische Oligonucleotidsonde (Abb. 6.11) oder durch eine allelspezifische PCR-Amplifizierung identifizieren (Abb. 5.4).

vektor, um einzelsträngige rekombinante DNA zu gewinnen (vorheriger Abschnitt). Dann konstruiert man einen Oligonucleotid-Primer, dessen Sequenz zur Gensequenz im Bereich der geplanten Mutation genau komplementär ist, *mit Ausnahme eines einzigen Nucleotids, das sich an der Mutationsstelle befindet; dieses ist komplementär zum gewünschten mutierten Nucleotid*. Das mutagene Oligonucleotid dient nun als Primer für die DNA-Synthese, bei der über die gesamte Länge eine komplementäre Sequenz entsteht, die die gewünschte Mutation enthält. Mit der neu gebildeten *Heteroduplex-DNA* werden anschließend Zellen transformiert, und die gesuchte Mutation lässt sich durch Analyse der Transformanten auffinden (Abb. 5.19).

Neben dem Austausch eines einzelnen Nucleotids lassen sich auch andere kleinräumige Mutationen in die DNA einführen. So kann man beispielsweise drei Nucleotide deletieren, sodass genau eine Aminosäure aus dem codierten Polypeptid entfernt wird, oder man fügt durch eine Insertion neue Aminosäuren ein. Wenn das mutagene Oligonucleotid lang genug ist, bindet es spezifisch an die Genmatrize, selbst wenn sich in der Mitte ein längerer fehlgepaarter Bereich befindet. Mithilfe der **Kassettenmutagenese** lassen sich noch umfangreichere Mutationen einführen. Dabei werden spezifische Regionen aus dem ursprünglichen Gen herausgeschnitten und durch Oligonucleotidkassetten ersetzt. (Bedwell et al. 1989).

5.5.3 Mithilfe einer Mutagenese auf Grundlage der PCR kann man entweder die gewünschten Sequenzen oder chemischen Gruppen an die Zielsequenz koppeln oder eine ortsspezifische Mutagenese durchführen

Die zielgerichtete Mutagenese mithilfe der PCR kommt zunehmend häufiger zur Anwendung, und es gibt inzwischen eine Reihe verschiedener Verfahren,

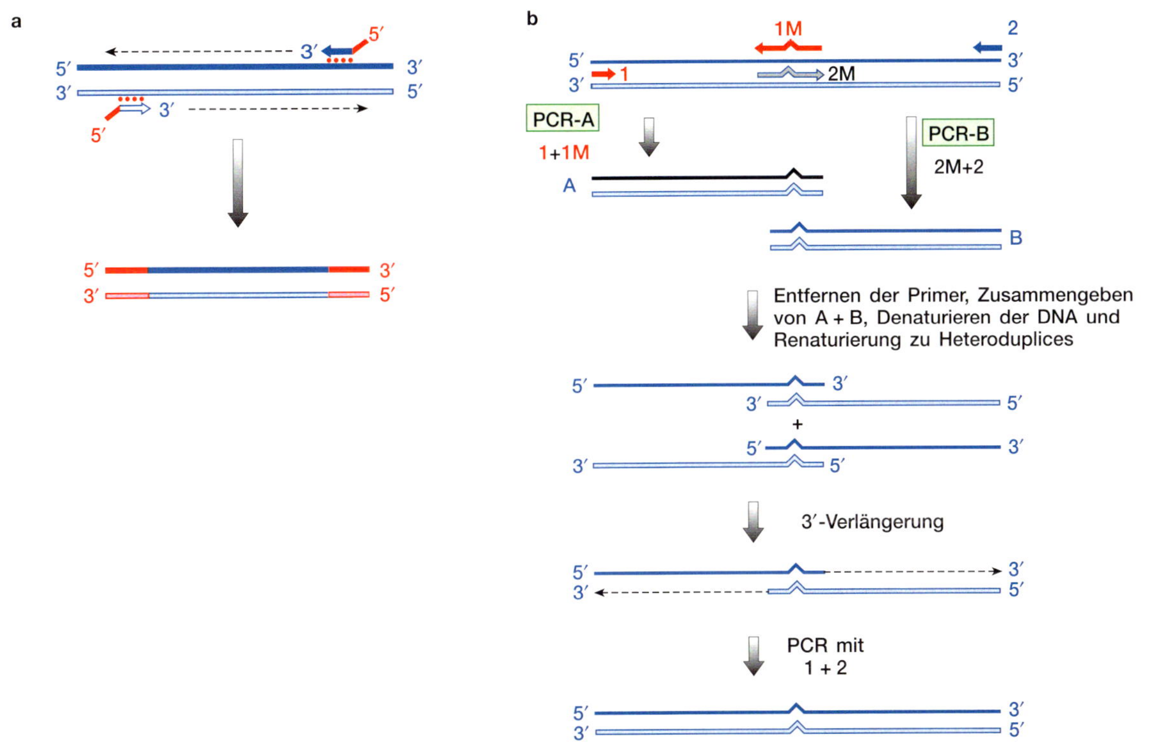

5.20 Mutagenese durch PCR. a) 5'-Additionsmutagenese. Um beispielsweise eine Markierungsgruppe (Abb. 7.11), eine Sequenz mit einer gewünschten Restriktionsschnittstelle oder einen Phagenpromotor für die Expression einzuführen, können die Primer am 5'-Ende modifiziert werden. b) Ortsspezifische Mutagenese. Die dargestellte Mutagenese führt zu einem amplifizierten Produkt mit einer spezifischen, vorher festgelegten Mutation im mittleren Abschnitt. Durch die PCR-Reaktionen A und B sollen überlappende DNA-Fragmente entstehen, die die eingeführte Mutation enthalten. Die Mutation wird durch künstliche mutagene Primer (1M und 2M) mit entsprechender Fehlpaarungsstelle erzeugt. Nach Vereinigung der beiden Produkte sowie einem Denaturierungs- und einem Reassoziationsschritt kann die DNA-Polymerase im Heteroduplex entlang den überhängenden 5'-Enden die 3'-Enden der DNA-Stränge verlängern. Danach kann man das Produkt mit der vollständigen Länge, das in der Mitte die Mutation enthält, amplifizieren, indem man die Primer 1 und 2 für die äußeren Enden der DNA verwendet.

a

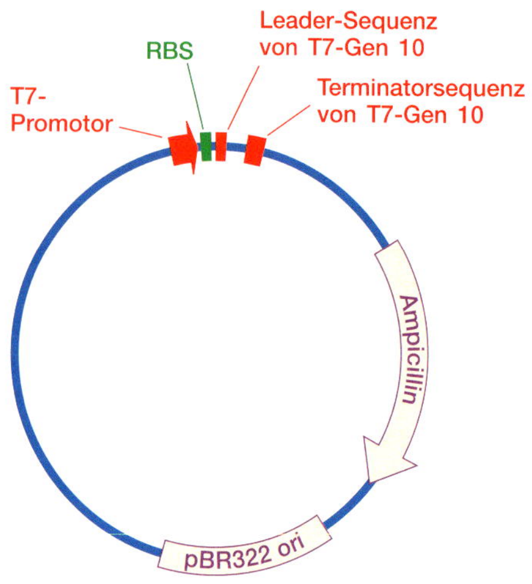

Leader-Sequenz
von T7-Gen 10
RBS
T7-
Promotor
Terminatorsequenz
von T7-Gen 10
Ampicillin
pBR322 ori

b

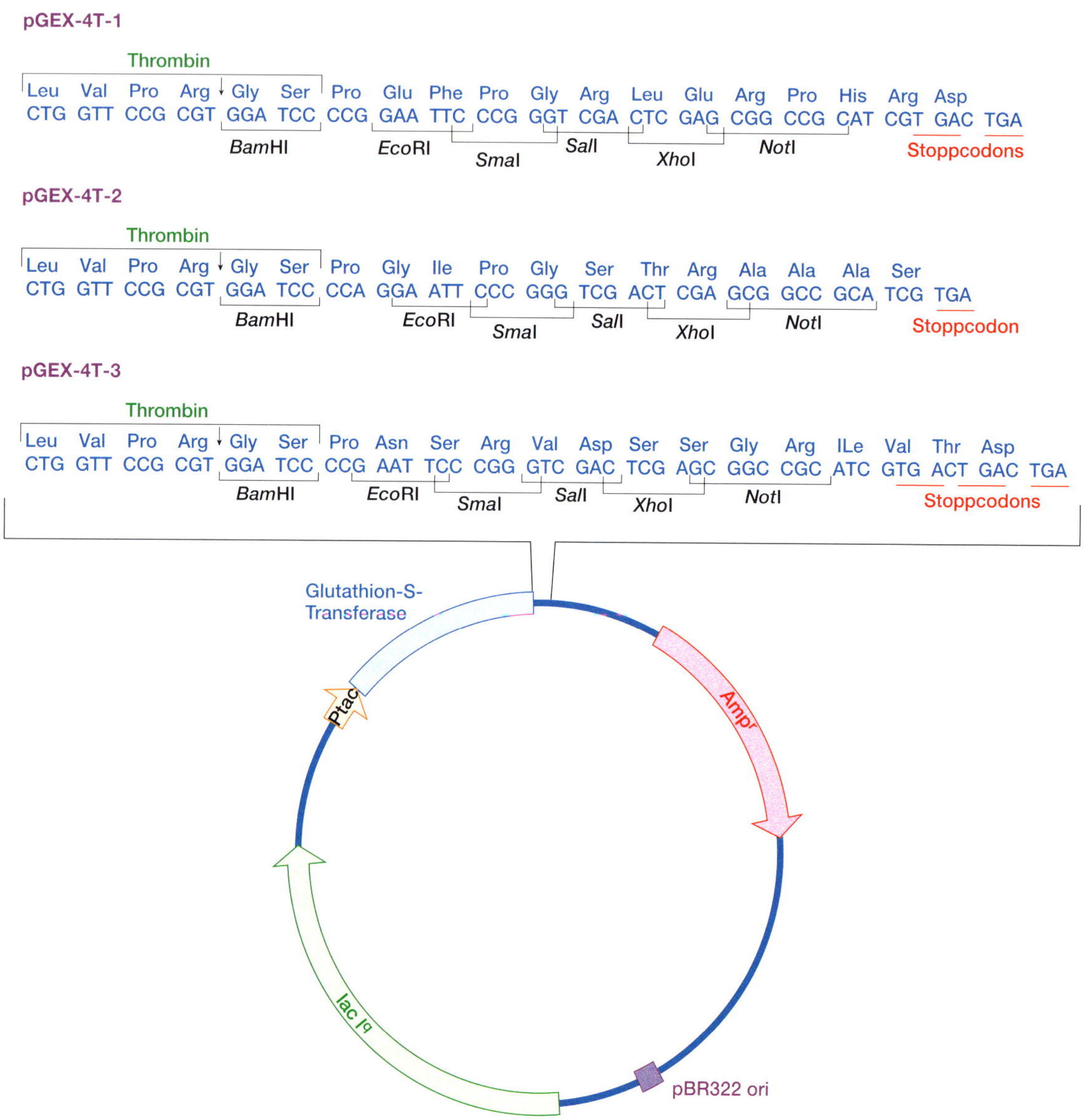

pGEX-4T-1
Thrombin
Leu Val Pro Arg Gly Ser Pro Glu Phe Pro Gly Arg Leu Glu Arg Pro His Arg Asp
CTG GTT CCG CGT GGA TCC CCG GAA TTC CCG GGT CGA CTC GAG CGG CCG CAT CGT GAC TGA
BamHI EcoRI SmaI SalI XhoI NotI
Stoppcodons
pGEX-4T-2
Thrombin
Leu Val Pro Arg Gly Ser Pro Gly Ile Pro Gly Ser Thr Arg Ala Ala Ala Ser
CTG GTT CCG CGT GGA TCC CCA GGA ATT CCC GGG TCG ACT CGA GCG GCC GCA TCG TGA
BamHI EcoRI SmaI SalI XhoI NotI
Stoppcodon
pGEX-4T-3
Thrombin
Leu Val Pro Arg Gly Ser Pro Asn Ser Arg Val Asp Ser Ser Gly Arg ILe Val Thr Asp
CTG GTT CCG CGT GGA TCC CCG AAT TCC CGG GTC GAC TCG AGC GGC CGC ATC GTG ACT GAC TGA
BamHI EcoRI SmaI SalI XhoI NotI
Stoppcodons
Glutathion-S-
Transferase
Ptac
Ampr
lac Iq
pBR322 ori

per untersuchen. Positiv reagierende Bakterien kann man dann vermehren, die cDNA isolieren und mit dieser wiederum eine Genombibliothek durchtesten, um das zugehörige Gen zu finden.

5.6.2 Phagen-Display ist eine besondere Form der Expressionsklonierung, bei der die Proteine an der Oberfläche der Bakterien exprimiert werden

Bei dieser Methode lassen sich Fremdgene mithilfe von Phagen exprimieren (Clackson und Wells 1994). Durch gentechnische Verfahren fügt man ein fremdes DNA-Fragment in ein geeignetes Gen für ein Phagenhüllprotein ein. Das veränderte Gen kann man dann als *Fusionsprotein* exprimieren, das in das Virion eingebaut wird und an der Oberfläche des Phagen erscheint, wobei dieser seine Infektionsfähigkeit behält (**Fusionsphage**). Wenn für das eingefügte Protein ein spezifischer Antikörper zur Verfügung steht, lässt sich der Phage, der das Protein zeigt (*display*), aufgrund der stärkeren Bindung durch den Antikörper selektieren. Eine Affinitätsaufreinigung der Virionen, die das gesuchte Protein tragen, ist selbst bei einem 10^8fachen Überschuss von Phagen möglich, die diese Determinante nicht enthalten, auch wenn man nur minimale Mengen des spezifischen Antikörpers einsetzt.

Zuerst setzt man bei filamentösen Phagen, wie fd, f1, M13, die fremde DNA in ein Gen für weniger wichtiges Hüllprotein ein, beispielsweise in das Gen III (Abb. 5.22). Für diese Technik gibt es schon einige interessante Anwendungen:

- **Entwicklung künstlicher Antikörper.** Die Phagen-Display-Methode bietet hier eine leistungsfähige Alternative, beispielsweise bei der Erzeugung von humanisierten Antikörpern. Dabei kann man auf die Immunisierung von Versuchstieren und sogar auf die Hybridomtechnik verzichten (Winter et al. 1994).
- **Allgemeines Proteindesign.** Die Phagen-Display-Methode ist eine gute Ergänzung für Experimente mit Zufallsmutagenese, um gewünschte Varianten in der Mutantenbibliothek auffinden zu können.
- **Untersuchung der Wechselwirkung zwischen Proteinen.** Dabei identifiziert man auf Grundlage einer Genbibliothek Proteine, die mit einem bestimmten Protein in Wechselwirkung treten. Genauso wie man Antikörper für eine Affinitätssuche nutzen kann, verwendet man hier ein sonstiges Protein (oder einen anderen selektiven Faktor, an den ein Protein binden kann), um ein gesuchtes Protein zu finden. Das Protein dient der Selektion aller Fusionsphagen, die irgendein Protein tragen, das eindeutig an das erste Protein bindet.

5.6.3 Die Expression eukaryotischer Gene erfolgt in eukaryotischen Zelllinien mit größerer Genauigkeit

Die biologischen Eigenschaften von vielen eukaryotischen Proteinen, die in Bakterien synthetisiert wurden, entsprechen nicht unbedingt dem nativen Zustand der Moleküle, da die normale posttranslationale Weiterverarbeitung nicht stattgefunden hat und die Proteinfaltung nicht korrekt oder nicht vollständig erfolgt. Die bakteriellen Expressionssysteme haben zwar den großen Vorteil, dass die Proteinexpression in beträchtlichen Mengen erfolgt, die Nachteile führten jedoch dazu, dass man eukaryotische Wirtszellen (beispielsweise von Insekten oder Säugern) als sinnvolle Alternative für die Expression von rekombinanten Proteinen ansah. Außer für die Expression fremder Proteine verwendet man Säugerzellen auch häufig für die Untersuchung von Effekten, die durch *in vitro* veränderte Kontrollsequenzen für die *Transkription und posttranskriptionale Reaktionen* entstehen.

Wenn man tierische Zellen als Wirtsorganismen benutzt, besteht eine wichtige Fragestellung darin, wie die fremde DNA in die Zellen gelangt (Exkurs 5.5 und Tab. 5.3) und wie lange die Expression dauern

5.21 Beispiele für bakterielle Expressionsvektoren. a) pET-3-Vektoren. Mithilfe des T7-Promotors ist eine Expression auf hohem Niveau möglich. Der Vektor enthält außerdem zwei Sequenzen, von denen eine das Leader-Peptid und die andere die Terminatorsequenz (T7-*ter*) von Gen *10* des Bakteriophagen T7 codiert. Für die Klonierung kann man die *Nde*I- oder die *Bam*HI-Schnittstelle verwenden. Im zweiten Fall entsteht ein Fusionsprotein mit den 13 N-terminalen Aminosäuren des Gen *10*-Proteins des T7-Phagen, in denen die T7-Leader-Sequenz enthalten ist. So ergibt sich eine hohe Translationsrate. Durch die Zugabe von IPTG induziert man das T7-RNA-Polymerase-Gen, das sich in dem künstlich veränderten Bakterienchromosom befindet, und damit die Expression insgesamt. RBS: Ribosomenbindungsstelle. b) pGEX-4T-Genfusionsvektoren. Die multiple Klonierungsstelle ist so positioniert, dass nach der Transkription der mRNA vom *tac*-Promotor ein Fusionsprotein erzeugt wird. Dieses enthält in seinem N-terminalen Teil GST und in seinem C-terminalen Teil das gewünschte Protein. Die *Eco*RI-Schnittstelle ist in den Vektorvarianten pGEX-4T-1 bis 3 so angelegt, dass alle drei Aminosäureleseraster möglich sind. Das GST-Fusionsprotein lässt sich leicht über eine Glutathionaffinitätssäule (beispielsweise Glutathionsepharose 4B) reinigen, das gewünschte Protein erhält man durch Spaltung an der Thrombinschnittstelle.

Tabelle 5.3 Häufig angewandte virale Vektorsysteme für die Expression in Säugerzellen

Grundlage des Vektorsystems	Wirtsspektrum und Lokalisierung	weitere Anmerkungen
Adenovirus	breites Spektrum bei Säugern; allgemein als *Episom* im Zellkern	Insertions-DNA nur bis 8 kb; starke Expression; hoher Titer an rekombinanten Viren
adenoassoziiertes Virus	breites Spektrum bei Säugern; Wildtypvirus *integriert* sich an spezifischer Stelle im Chromosom 19	Insertions-DNA nur bis 4,5 kb; Adenovirus zum Verpacken erforderlich; stabile Expression
Epstein-Barr	bei Mensch, Affe, Hund als *Episom* im Zellkern, nicht generell bei Nagetieren	
Herpes simplex	breites Spektrum bei Säugern; *lytisch*	Insertions-DNA bis 150 kb; rekombinante Viren mit Replikationsdefekt, da eines der relevanten Virusgene entfernt wurde
Papillomvirus	als *Episom* im Zellkern bei Nagetieren (BPV) oder Affen und Menschen (HPV)	angewandt zur Untersuchung der Genregulation und für eine starke Expression von Transgenen
Polyomvirus	breites Spektrum bei Säugern; kann *integrieren*	repliziert am besten in Mauszellen; angewandt zur Untersuchung der Genregulation
Retrovirus	verschiedene Wirte, einige mit breitem Spektrum bei Säugern; *integriert* als cDNA-Kopie in Wirtschromosomen	Insertions-DNA maximal 8,5 kb; niedrige Titer von rekombinanten Viren; stabile Expression
SV40	breites Spektrum bei Säugern; kann *integrieren*; als *Episom*, wenn SV40-Replikationsursprung und T-Antigen vorhanden	
Vaccinia	breites Spektrum bei Säugern; *lytisch*	Verwendung vor allem für Überexpression von Transgenen

durch ein Gen für ein fremdes Protein ersetzen. Der Klonierungsvektor ist so konstruiert, dass das heterologe Protein von dem starken Polyhedrinpromotor exprimiert wird, sodass das Genprodukt über 30 Prozent der gesamten Proteinmenge in der Zelle ausmacht.

Transiente Expression in Säugerzellen

Die Expression von Säugerproteinen in Säugerzellen hat offensichtlich den Vorteil, dass die Proteinfaltung und die posttranslationale Prozessierung kein Problem darstellen und man Folgesignale und zelluläre Effekte untersuchen kann. Mithilfe von stabilen Expressionssystemen in Säugerzellen (ausgehend von Plasmidsequenzen, die in die chromosomale DNA integriert wurden) ist es bereits möglich, komplexe Proteine industriell in **Bioreaktoren** in Mengen von mehreren Kilogramm zu erzeugen, wobei dies allerdings viel Zeit und andere Resourcen sowie umfangreiche Investitionen in die Ausrüstung erfordert. Als Alternative hat man jetzt für Säugerzellen transiente Expressionssysteme zur Herstellung großer Mengen rekombinanter Proteine entwickelt (Wurm und Bernard 1999).

Außer für die Proteinexpression verwendet man einige Säugerzelllinien hauptsächlich für die Untersuchung von Effekten, die durch *in vitro* veränderte Kontrollsequenzen für die *Transkription und posttranskriptionale Reaktionen* entstehen. Ein gutes Beispiel dafür sind die **COS-Zellen**. Dabei handelt es sich um stabile Linien von Nierenzellen der afrikanischen Gelbgrünen Meerkatze, die aus der SV40-permissiven Affenzelllinie CV-1 abgeleitet wurden. Wenn man CV-1-Zellen mit dem SV40-Virus infiziert, wird der normale lytische SV40-Zyklus durchlaufen. Bei Gluzman (1981) wurde jedoch beschrieben, wie man CV-1-Zellen transformieren konnte, indem man einen Abschnitt des SV40-Genoms mit einem mutierten Replikationsursprung in die chromosomale DNA von CV-1 integrierte.

Die so entstandenen COS-Zellen (*CV-1 with defective origin of SV40*) exprimieren konstitutiv das von SV40 codierte **große T-Antigen**, das als einziges virales Protein für die Aktivierung des SV40-Replikationsursprungs erforderlich ist. Aufgrund der stabilen Expression des großen T-Antigens kann man in den COS-Zellen jede beliebige ringförmige DNA mit einem funktionsfähigen SV40-Replikationsursprung unabhängig von den Chromsomen der Wirtszelle replizieren, wobei es offenbar keine Größenbegrenzung gibt. Wenn man COS-Zellen mit Expressionsvektoren für eine temporäre Expression transfiziert, bilden sich keine dauerhaften Zelllinien, da die massive Replikation des Vektors die Lebensfähigkeit der Zellen stark einschränkt. Es wird zwar nur ein kleiner Teil der Zellen erfolgreich transfiziert, aber die Vermehrung der eingeschleusten DNA zu einer großen Zahl von Kopien gleicht die geringe Aufnahmerate wieder aus.

Stabile Expression in Säugerzellen

Transgene lassen sich stabil in die chromosomale DNA von Wirtszellen integrieren. Dieser Vorgang erfolgt jedoch sehr ineffizient, sodass man die seltenen stabil transformierten Zellen durch Selektion für einen bestimmten Marker aus den zahlreichen nichttransformierten Zellen isolieren muss. Dafür gibt es zwei allgemeine Methoden:

- **Funktionelle Komplementation von mutanten Wirtszellen.** Die Wirtszellen tragen einen bestimmten genetischen Defekt, und die ursprüngliche Funktion lässt sich durch einen **endogenen Marker** wieder herstellen. Das Transgen und der Marker können in Form einer **Cotransformation** als getrennte Moleküle übertragen werden. So verwendet man beispielsweise Zellen mit einem genetischen Defekt der Thymidinkinase (Tk^-) und ein *Tk*-Markergen. Die Thymidinkinase wird für die Umwandlung von Thymidin zu Thymidinmonophosphat (TMP) benötigt, aber TMP kann auch durch enzymatische Umwandlung von dUMP entstehen. **Aminopterin** hemmt die Umwandlung dUMP zu TMP, sodass Zellen in Gegenwart von Aminopterin nicht wachsen können, wenn sie nicht über eine Thymidinquelle und ein funktionsfähiges *Tk*-Gen verfügen. Die Selektion für Tk^+-Zellen erfolgt normalerweise mit dem **HAT-Medium** (Hypoxanthin, Aminopterin, Thymidin).
- **Verwendung von dominanten Selektionsmarkern.** Der größte Nachteil von endogenen Markern besteht darin, dass man sie nur in mutanten Zelllinien nutzen kann, bei denen das zugehörige Gen funktionslos ist. Das führte dazu, dass man jetzt viel häufiger **dominante Selektionsmarker** einsetzt, die der Zelle einen völlig neuen Phänotyp vermitteln und deshalb für jeden Zelltyp geeignet sind. Marker dieser Art sind normalerweise Resistenzgene aus Bakterien. Sie sind gegen Substanzen gerichtet, die sowohl eukaryotische Zellen als auch Bakterien beeinträchtigen, beispielsweise die Aminoglykosidantibiotika (etwa *Neomycin* oder *G418*). Diese Antibiotika hemmen die Proteinbiosynthese bei Bakterien und eukaryotischen Zellen. Das Gen der Neomycinphosphotransferase (*neo*) vermittelt eine Resistenz gegen Neomycin, G418 und andere Verbindungen. Demnach kann man Zellen, auf die das *neo*-Gen übertragen wurde, aufgrund ihres Wachstums in Anwesenheit von G418 selektieren. Ein Beispiel für einen Expressionsvektor mit einem *neo*-Marker in Säugerzellen findet sich in Abbildung 5.23.

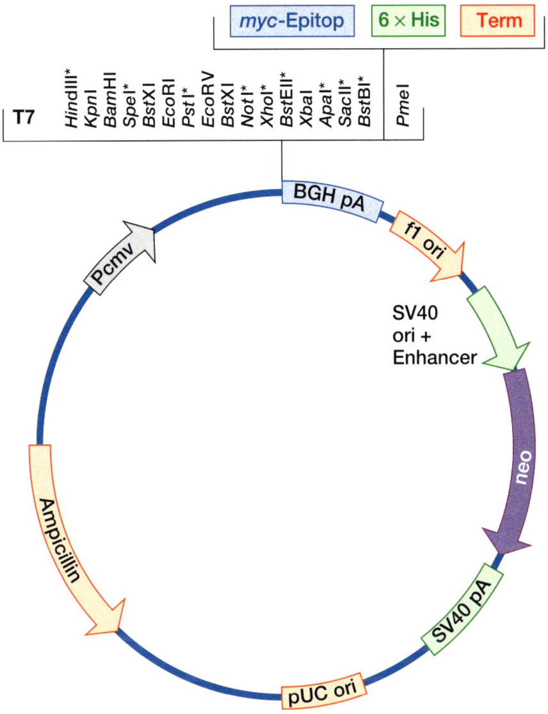

5.23 Ein Expressionsvektor für Säugerzellen: pcDNA3.1/*myc*-HIS. Die Plasmidexpressionsvektoren der Invitrogen-pcDNA-Reihe ermöglichen in Säugerzellen eine konstitutive Expression auf hohem Niveau. Klonierte cDNA-Fragmente werden ausgehend von dem starken Cytomegaloviruspromotor (P_{CMV}) transkribiert, der für eine hohe Expressionsrate sorgt. Ein BGHpA-Element (*bovine growth hormone polyadenylation sequence*) führt dazu, dass die vom klonierten Fragment erzeugte mRNA ein definiertes 3'-Ende besitzt. Ein *neo*-Markergen (das durch den SV40-Promotor/Enhancer und eine Poly(A)-Sequenz reguliert wird) ermöglicht die Selektion durch Wachstum in Gegenwart von G418. Der Polylinker oben enthält eine multiple Klonierungsstelle, daran schließt sich eine Sequenz an, die sechs aufeinanderfolgende Histidinreste (6×His) codiert (damit lässt sich die Reinigung des rekombinanten Proteins vereinfachen). Mithilfe von Antikörpern gegen die *myc*-Epitopsequenz im exprimierten Fusionsprotein ist ein schneller Nachweis der rekombinanten Proteine möglich. Außerdem enthält dieser Bereich Terminationssignale für die Translation. Sequenzelemente für die Vermehrung in *E. coli*-Zellen sind gelb markiert. Sie umfassen einen geeigneten Promotor aus dem ColE1-Plasmid (pUCori), ein Gen für Ampicillinresistenz (Amp) und einen f1-Replikationsursprung für die Erzeugung einzelsträngiger Rekombinanten (Abschnitt 5.5.1).

Weiterführende Literatur

Colosimo A, Goncz KK, Holmes AIR et al. (2000) Transfer and expression of foreign genes in mammalian cells. *Biotechniques* 29: 314–331.

Higgins SJ, Harries BD (1999) *Protein Expression. A Practical Approach*. Oxford University Press, Oxford.

Ling MM, Robinson BH (1997) Approaches to DNA mutagenesis: an overview. *Anal Biochem* 254: 157–178.

McPherson MJ, Møller SG (2000) *PCR: The Basics*. BIOS Scientific Publishers, Oxford.

Old RW, Twyman RM, Primrose SB (2001) Principles of Gene Manipulation, 6. Auflage. Blackwell Scientific Publications Ltd, Oxford.

REBASE-Datenbank für Restriktionsendonucleasen unter http://rebase.neb.com/rebase/repbase.html

Sambrook J, Russell D (2001) Molecular *Cloning: A Laboratory Manual, 3. Auflage*. Cold Spring Harbor Laboratory Press, Co Spring Harbor, NewYork.

Zitierte Literatur

Baneyx F (1999) Recombinant protein expression in *E. coli. Curr Opin Biotechnol* 10: 411–421.

Bedwell DM, Strobel SA, Yun K, Jongeward GD, Emr SD (1989) Sequence and structural requirements of a mitochondrial protein import signal defined by saturation cassette mutagenesis. *Mol Cell Biol* 9: 1014–1025.

Cheng S, Fockler C, Barnes WM, Higuchi R (1994) Effective amplification of long targets from cloned inserts and human genomic DNA. *Proc Natl Acad Sci USA* 91: 5695–5699.

Clackson T, Wells JA (1994) In vitro selection from protein and peptide libraries. *Trends Biotechnol* 12: 173–184.

Cline J, Braman JC, Hogrefe HH (1996) PCR fidelity of Pfu DNA polymerase and other thermostable DNA polymerases. *Nucl Acids Res* 24: 3546–3551.

Gluzman Y (1981) SV40-transformed simian cells support the replication of early SV40 mutants. *Cell* 23: 175–182.

Higuchi R (1990) Recombinant PCR. In: *PCR Protocols. A Guide to Methods and Applications* (Hrsg. MA Innis, DH Gelfand, JJ Sninsky, TJ White). Academic Press, San Diego, S. 177–183.

Iouannou PA, Amemiya CT, Games J, Kroisel PM, Shizuya H, Chen C, Batzer MA, de Jong P (1994) A new bacteriophage Pl-derived vector for the propagation of large human DNA fragments. *Nature Genet* 6: 84–89.

Li HH, Gyllensten UB, Cui XF, Saiki RK, Erlich HA, Arnheim N (1988) Amplification and analysis of DNA sequences in single human sperm and diploid cells. *Nature* 335: 414–417.

Newton CR, Graham A. (1997) *PCR*. 2. Auflage. Springer-Verlag, New York.

Parmley SF, Smith GP (1998) Antibody-selectable filamentous fd phage vectors: affinity purification of target genes. *Gene* 73: 305–318.

Schlessinger D (1990) Yeast artificial chromosomes: tools for mapping and analysis of complex genomes. *Trends Genet* 6: 248–258.

Sternberg N (1992) Cloning high molecular weight DNA fragments by the bacteriophage P1 system. *Trends Genet* 8: 11–16.

Winter G, Griffiths AD, Hawkins RE, Hoogenboom HR (1994) Making antibodies by phage display technology. *Ann Immunol* 12: 433–455.

Wurm F, Bernard A (1999) Large-scale transient expression in mammalian cells for recombinant protein production. *Opin Biotechnol* 10: 156–159.

6. Hybridisierung von Nucleinsäuren: Grundlagen und Anwendungen

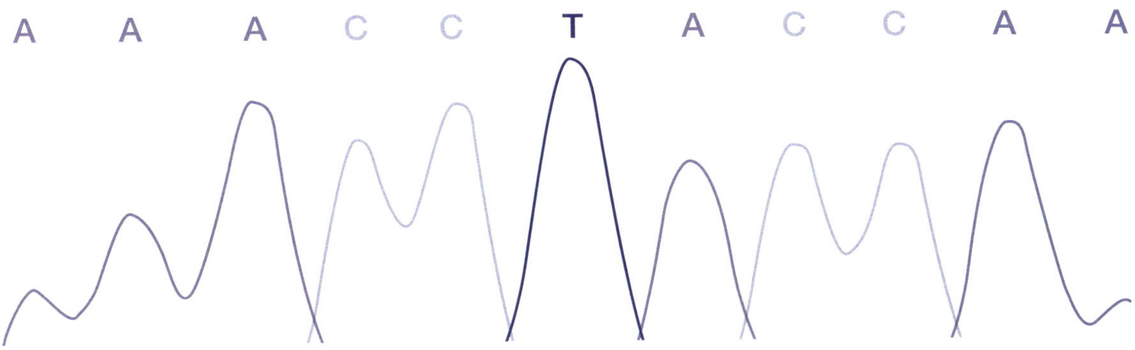

Die Hybridisierung von Nucleinsäuren ist eine grundlegende Methode in der molekularen Genetik. Dabei nutzt man die Fähigkeit von einzelsträngigen Nucleinsäuremolekülen aus, Doppelstränge zu bilden (das heißt miteinander zu **hybridisieren**). Damit das geschehen kann, müssen die beteiligten einzelsträngigen Moleküle eine ausreichende **Basenkomplementarität** besitzen. Bei Standardverfahren für die Hybridisierung von Nucleinsäuren verwendet man eine markierte Nucleinsäure als **Sonde**, um in einer komplexen Mischung unmarkierter Nucleinsäuremoleküle (die Zielnucleinsäuren) verwandte DNA- oder RNA-Moleküle (das heißt Moleküle mit einem größeren Übereinstimmungsgrad) zu identifizieren. (Anmerkung: Zielnucleinsäure hat hier eine etwas andere Bedeutung als bei der DNA-Klonierung, bei der die gesuchten DNA-Fragmente vermehrt werden sollen.)

6.1 Herstellung von Nucleinsäuresonden

Bei Standardverfahren für die Hybridisierung von Nucleinsäuren wird die Sonde auf verschiedene Weisen **markiert**. Solche Sonden können einzel- oder doppelsträngig sein (Abb. 6.1). *Für eine Hybridisierung benötigt man jedoch Einzelstränge.*

Konventionelle DNA-Sonden gewinnt man durch DNA-Klonierung in Zellen oder mithilfe der PCR. In beiden Fällen ist das Ausgangsmaterial für die Sonden doppelsträngig. DNA, die in Zellen kloniert wurde, kann eine Länge von 0,1 kb bis Hunderte von Kilobasen besitzen, während DNA, die in einer PCR amplifiziert wurde, normalerweise weniger als 1 kb umfasst. Die Markierung der Sonden erfolgt im Allgemeinen während einer *in vitro*-DNA-Synthese durch Einbau von markierten dNTPs.

RNA-Sonden stammen von einzelsträngigen RNA-Molekülen, die üblicherweise einige Hundert bis mehrere tausend Nucleotide lang sein können. Man stellt sie am besten her, indem man zuerst ein DNA-Fragment in ein spezielles Plasmid einfügt, das einen Phagenpromotor vor der multiplen Klonierungsstelle enthält. Dann führt man eine RNA-Synthese mithilfe der entsprechenden RNA-Polymerase des Phagen und den vier rNTPs durch, wobei mindestens ein rNTP markiert sein muss. So lassen sich spezifische markierte RNA-Transkripte von dem klonierten Fragment herstellen.

Oligonucleotidsonden sind einzelsträngig und sehr kurz (normalerweise 15–50 Nucleotide lang). Sie werden (anders als Sonden aus klonierter DNA) chemisch synthetisiert. Dabei werden nacheinander an ein Ausgangsnucleotid (das üblicherweise das 3'-Ende des Oligonucleotids bildet und an ein festes Trägermaterial gebunden ist) weitere Mononucleotide angehängt. Oligonucleotidsonden werden im Allgemeinen als spezifische Sequenz hergestellt, wenn bereits Informationen über die Ziel-DNA vorliegen. Manchmal jedoch verwendet man auch **degenerierte Oligonucleotide** als Sonden. Dafür wird eine Kombination von verwandten Oligonucleotiden parallel synthetisiert, die an bestimmten Positionen übereinstimmende Nucleotide enthalten, sich an anderen jedoch unterscheiden. Die Markierung von Oligonucleotiden erfolgt häufig durch Einbau eines ^{32}P-Atoms oder anderer Markierungsruppen am 5'-Ende.

6.1.1 Nucleinsäuren werden am besten *in vitro* durch Einbau von modifizierten Nucleotiden markiert

Zwar kann man DNA und RNA *in vivo* markieren, indem man Gewebezellen in Kultur markierte Desoxyucleotide zusetzt, aber dieses Verfahren lässt sich nur bedingt anwenden. Besser geeignet ist die ***in vitro*-Markierung**: In die gereinigten DNAs, RNAs oder Oligonucleotide werden durch ein Enzym markierte Nucleotide eingebaut. Dabei kommen vor allem zwei Methoden zum Einsatz:

- Die **Synthesemarkierung von Nucleinsäuren** ist das Standardverfahren, bei dem man mit einer DNA- oder RNA-Polymerase von einer Ausgangs-DNA Kopien herstellt. Für die *in vitro*-Synthese von DNA oder RNA muss mindestens eines der vier Nucleotide eine Markierung tragen. Die Markierung von DNA erfolgt im Allgemeinen nach einer vor drei Methoden: Nicktranslation, zufällig gestartete DNA-Markierung oder Markierung mithilfe der PCR. RNA wird in einem *in vitro*-Transkriptionssystem markiert.
- Die **Endmarkierung** ist ein spezielles Verfahren, bei dem eine markierte Gruppe an eines oder einige wenige endständige Nucleotide angehängt wird. Die Endmarkierung eignet sich gut für einzelsträngige Oligonucleotide (siehe unten) und für eine **Restriktionskartierung**. Da nur eine oder wenige markierte Gruppen in die Sonde eingebaut werden, ist die **spezifische Aktivität** (Summe der eingebauten Markierungen durch das Gesamtgewicht) der markierten Nucleinsäure zwangsläufig wesentlich geringer als bei Sonden, bei denen über die gesamte Länge der Nucleinsäure zahlreiche markierte Nucleotide eingeführt wurden.

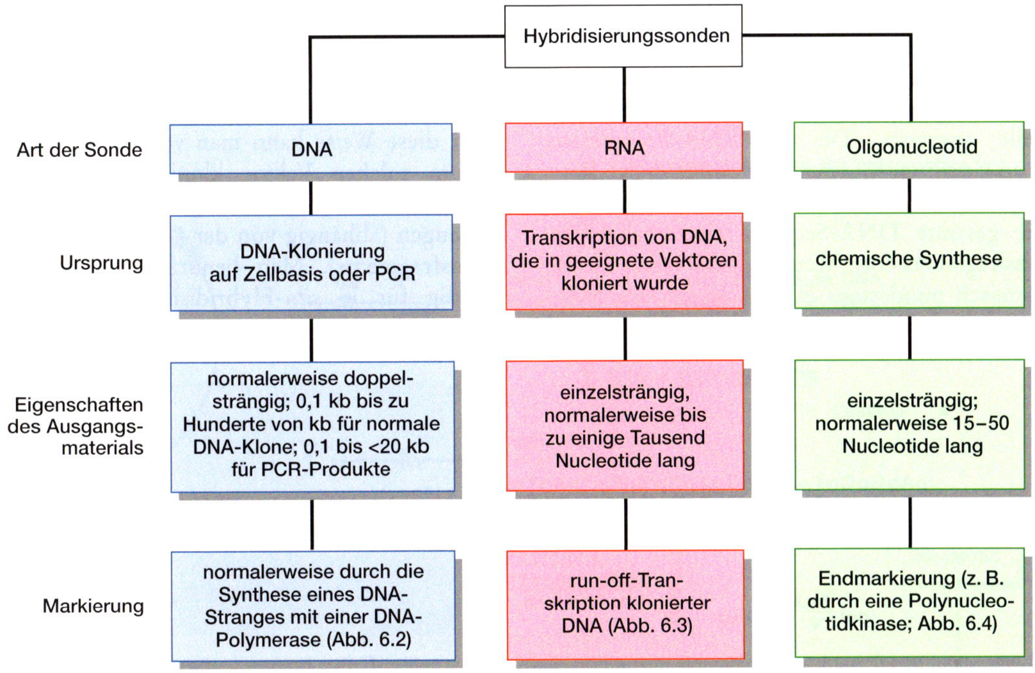

6.1 Ursprung und Eigenschaften von Nucleinsäuresonden für Hybridisierungen.

DNA-Markierung durch Nicktranslation

Bei diesem Verfahren erzeugt man **Einzelstrangbrüche** (*nicks*) in der DNA, sodass freie 3'-Hydroxyl- und 5'-Phosphat-Enden entstehen. Für die Erzeugung der Einzelstrangbrüche verwendet man eine geeignete Endonuclease, beispielsweise die DNase I aus dem Pankreas. Eine offene Bruchstelle dient dann als Startpunkt für den Einbau neuer Nucleotide am freien 3'-OH-Ende mithilfe der DNA-Polymerase I aus *E. coli*, während gleichzeitig von der anderen Seite der Bruchstelle her die 5'→3'-Exonucleaseaktivität desselben Enzyms noch vorhandene Nucleotide entfernt. Das führt dazu, dass sich die Bruchstelle in 5'→3'-Richtung die DNA entlangbewegt („Translation"; Abb. 6.2a). Bei relativ niedriger Temperatur (etwa 15 °C) setzt sich die Reaktion nur soweit fort, bis die vorhandene Nucleotidsequenz einmal vollständig erneuert wurde. Es findet zwar bei keine DNA-Nettosynthese statt, aber durch diese Methode lassen sich die ursprünglich unmarkierten Nucleotide durch markierte ersetzen.

Zufällig gestartete DNA-Markierung

Die **zufällig gestartete DNA-Markierung** (*random primed labeling*) (oder auch **Oligomarkierung**; Feinberg und Vogelstein 1983) basiert auf einer Hybridisierung mit einer Mischung aller nur möglichen Hexanucleotide: Die Ausgangs-DNA wird denaturiert und dann langsam abgekühlt, damit die einzelnen Hexanucleotide an passende komplementäre Sequenzen innerhalb der DNA-Stränge binden. Die Synthese neuer komplementärer DNA-Stränge beginnt an den gebundenen Hexanucleotiden und wird katalysiert durch das **Klenow-Fragment**, das nur die Polymeraseaktivität, nicht aber die assoziierte 5'→3'-Exonucleaseaktivität der DNA-Polymerase I von *E. coli* enthält. Die DNA-Synthese erfolgt in Anwesenheit der vier dNTPs, von denen mindestens eines eine Markierung trägt (Abb. 6.2b). Durch diese Methode erhält man markierte DNA mit hoher spezifischer Aktivität. Da in dem Gemisch der Hexanucleotide alle Sequenzkombinationen vorkommen, erfolgt die Bindung der Primer statistisch, und die Markierung verteilt sich gleichmäßig über die gesamte DNA.

DNA-Markierung durch PCR

Die PCR-Standardmethode lässt sich dahingehend verändern, dass man einfach eine oder mehrere markierte Nucleotidvorstufen zusetzt, die dann in das gesamte PCR-Produkt eingebaut werden.

RNA-Markierung

RNA-Sonden (**Ribosonden**) stellt man durch die *in vitro*-Transkription eines DNA-Fragments her, das

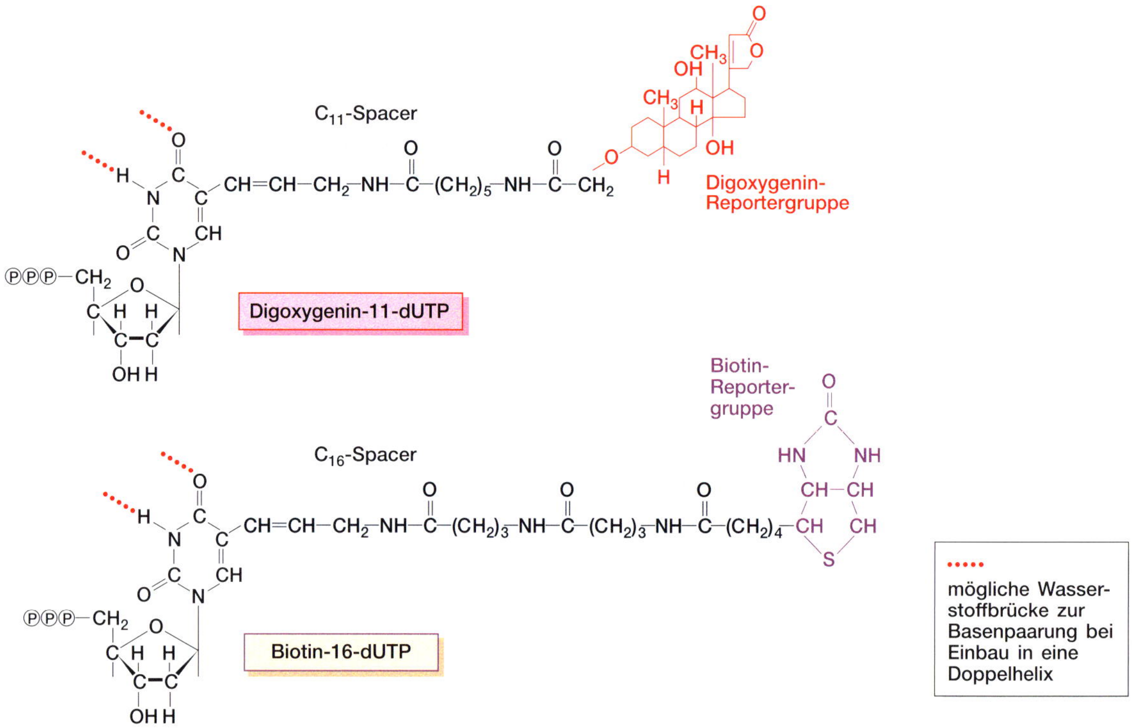

6.7 Strukturen von Nucleotiden, die mit Digoxygenin oder Biotin modifiziert wurden. Die Digoxygenin- und die Biotingruppe sind jeweils über einen Spacer mit dem 5-Kohlenstoffatom von Uridin verknüpft. Die Spacer enthalten insgesamt 11 (Digoxygenin-11-dUTP) beziehungsweise 16 Kohlenstoffatome (Biotin-16-dUTP). Digoxigenein und Biotin sind **Reportergruppen**: Nach Einbau in eine Nucleinsäure werden sie von spezifischen Liganden gebunden, die einen Marker enthalten, beispielsweise eine Fluoreszenzgruppe.

6.2.1 Die Nucleinsäurehybridisierung dient der Identifizierung eng verwandter Moleküle innerhalb von zwei Nucleinsäurepopulationen

Definition und Grundgedanke

Mithilfe der Nucleinsäurehybridisierung lassen sich Informationen über *teilweise unbekannte* und im Allgemeinen komplexe Populationen von Nucleinsäuren (die **Ziel-**DNA) gewinnen. Das erreicht man, indem man eine *bekannte* Population von Nucleinsäuremolekülen als **Sonde** benutzt, um in der Ziel-DNA eng verwandte Nucleinsäuren zu finden.

Die Spezifität der Wechselwirkung zwischen Sonde und Ziel-DNA ist eine Folge der **Basenkomplementarität**, da beide Molekülpopulationen so behandelt werden, dass alle Nucleinsäuren *einzelsträngig* vorliegen. Das heißt, wenn entweder die Sonde oder die Ziel-DNA zu Beginn doppelsträngig sind, müssen die einzelnen Stränge voneinander getrennt werden (**Denaturierung**). Das geschieht im Allgemeinen durch Erhitzen oder durch alkalische Behandlung. Nach Vermischen der Einzelstränge der Sonde mit den Einzelsträngen der Ziel-DNA lässt man Stränge mit komplementären Basensequenzen **reassoziieren** (*reanneal*), sodass doppelsträngige Nucleinsäuren entstehen. Dabei bilden sich zwei verschiedene Formen:

- **Homoduplexstränge** entstehen dadurch, dass sich komplementäre Moleküle innerhalb der Sonde oder der Ziel-DNA zusammenlagern und sich die ursprünglichen Moleküle aus Sonde oder Ziel-DNA wieder bilden.
- **Heteroduplexstränge** entstehen dadurch, dass eine einzelsträngige Nucleinsäure in der Sonde mit einem komplementären Strang der Ziel-DNA Basenpaare aubildet. Die so entstandene doppelsträngige Nucleinsäure ist eine *Neukombination* von Nucleinsäuresträngen. Das Entstehen von Heteroduplices zeigt, wie sinnvoll ein Nuclensäurehybridisierungstest ist, da man dabei mithilfe einer bekannten Sonde verwandte Nucleinsäurefragmente in der Ziel-DNA nachweisen kann (Abb. 6.8).

Sonden sind häufig homogene Nucleinsäuren (beispielsweise eine gezielt klonierte DNA oder ein syn-

Exkurs 6.2: Fluoreszenzmarkierungs- und Nachweissysteme

Die Fluoreszenzmarkierung von Nucleinsäuren wurde in den 1980er Jahren entwickelt. Die Methode hat sich bei zahlreichen verschiedenen Anwendungen als außerordentlich nützlich erwiesen, etwa bei der Chromosomen-*in situ*-Hybridisierung, der Gewebe-*in situ*-Hybridisierung und bei der automatischen DNA-Sequenzierung. Die Fluoreszenzmarkierungen lassen sich direkt in die Nucleinsäuren einführen, indem man ein modifiziertes Nucleotid (häufig 2'-Desoxyuridin-5'-Triphosphat) mit einer geeigneten Fluoreszenzgruppe verwendet. Diese chemische Gruppe fluoresziert, wenn sie mit Licht von einer spezifischen Wellenlänge angeregt wird. Häufig verwendete Fluoreszenzgruppen für eine direkte Markierung sind beispielsweise **Fluorescein** (fluoresziert blassgrün), **Rhodamin** (fluoresziert rot) und **Aminomethylcumarin** (fluoresziert blau) (Abb. 6.5a). Alternativ gibt es auch Systeme für eine indirekte Markierung, bei denen man modifizierte Nucleotide mit einer Reportergruppe (etwa Biotin oder Digoxygenin) in die Nucleinsäuren einbaut (Abb. 6.6). An die Reportergruppe bindet dann ein spezifisches Affinitätsmolekül (etwa Streptavidin oder ein Digoxygenin-spezifischer Antikörper), an das wiederum eine Fluoreszenzgruppe gekoppelt ist (beispielsweise *Aminomethylcumarin-Essigsäure* (*AMCA*), *Fluorescein-Isothiocyanat* (*FITC*; oder andere Fluoresceinderivate) und *Tetramethylrhodamin-Isothiocyanat* (*TRITC*; oder andere Rhodaminderivate).

Der Nachweis der Fluoreszenz erfolgt in direkten oder indirekten Markierungssystemen mithilfe eines Lichtstrahls aus geeigneter Quelle (etwa einer Quecksilberdampflampe bei der Fluoreszenzmikroskopie oder einem Argonlaser bei der DNA-Sequenzierung), der durch einen Farbfilter (*Anregungsfilter*) gelenkt wird, um Licht mit der passenden **Anregungswellenlänge** zu erzeugen. Bei der Fluoreszenzmikroskopie wird dieses Licht durch einen *dichromatischen Spiegel* auf die markierte Probe gelenkt; das heißt, der Spiegel reflektiert nur Licht bestimmter Wellenlängen, während er für Licht anderer Wellenlängen durchlässig ist. Das Licht regt die Fluoreszenzgruppe an, die dann Licht mit größerer Wellenlänge (**Emissionswellenlänge**) aussendet. Das emittierte Licht passiert ohne Ablenkung den dichromatischen Spiegel und einen Sperrfilter, um dann in das Okular des Mikroskops zu gelangen. Möglich ist auch die Aufnahme mit einer CCD-Kamera (*charged coupled device*). Im Folgenden sind häufig verwendete Fluoreszenzfarbstoffe und die Wellenlängen aufgeführt, bei denen Anregung und Emission ihr jeweiliges Maximum haben.

Fluoreszenzfarbstoff	Farbe	maximale Anregung (nm)	maximale Emission (nm)
AMCA	blau	399	446
Fluorescein	grün	494	523
Cy3	rot	552	565
Rhodamin	rot	555	580
Texas-Rot	rot	590	615

thetisiertes Oligonucleotid), tragen normalerweise eine Markierung und befinden sich einer Lösung. Im Gegensatz dazu ist die Ziel-DNA in der Regel eine unmarkierte komplexe Population von Molekülen und an ein festes Trägermaterial gebunden. Bei einigen wichtigen Hybridisierungstests verwendet man jedoch unmarkierte Sonden, die an einen festen Träger gebunden sind, um markierte Ziel-DNAs zu analysieren, die sich in Lösung befinden.

Schmelztemperatur und Stringenz der Hybridisierung

Die Denaturierung doppelsträngiger Sonden-DNA erfolgt normalerweise durch Erhitzen einer Lösung mit der markierten DNA auf eine Temperatur, die hoch genug ist, um die Wasserstoffbrücken aufzutrennen, die die beiden DNA-Stränge zusammenhalten. Die für die Trennung zweier genau komplementärer Stränge erforderliche Energie hängt von mehreren Faktoren ab, vor allem von den folgenden:

- **Stranglänge.** Lange Homoduplexstränge enthalten eine große Zahl von Wasserstoffbrücken und erfordern zur Trennung mehr Energie. Da durch die Markierungsverfahren im Allgemeinen kurze DNA-Sonden entstehen, ist dieser Effekt oberhalb einer ursprünglichen Länge der DNA von 500 bp (das heißt vor der Markierung) zu vernachlässigen.
- **Basenzusammensetzung.** GC-Basenpaare haben eine Wasserstoffbrücke mehr als AT-Paare. DNA-Stränge mit einem hohen GC-Gehalt sind deshalb schwerer zu trennen als solche mit einem niedrigen.
- **Chemische Umgebung.** Monovalente Kationen (etwa Na^+-Ionen) stabilisieren den Doppelstrang, während einige stark polare Moleküle wie **Formamid** ($H–CO–NH_3^+$) und **Harnstoff** ($H_3N^+–CO–NH_3^+$) chemisch *denaturierend* wirken: Sie destabilisieren den Doppelstrang, indem sie die Wasserstoffbrücken zwischen den Basenpaaren aufbrechen.

Ein gutes Maß für die Stabilität einer doppelsträngigen Nucleinsäure ist ihre **Schmelztemperatur** (T_m). Dies ist die Temperatur genau zu dem Zeitpunkt, an dem die DNA von der doppelsträngigen in die einzelsträngige Form übergeht. Man kann diesen Übergang gut beobachten, in dem man die **optische Dichte**

Exkurs 6.3: Nucleinsäurehybridisierungen (die einzelnen Verfahren sind in Exkurs 6.4 beschrieben)

Allelspezifische Oligonucleotid (ASO)-Hybridisierung. Verwendet werden kurze, etwa 20 Nucleotide lange Oligonucleotidsonden, die unter *stringenten* Bedingungen (eine einzige Fehlpaarung verhindert bereits eine Hybridisierung) für einzelne Allele spezifisch sind (Abb. 6.11).

Basenkomplementarität. Das Ausmaß, in dem Sequenzen zweier einzelsträngiger Nucleinsäuren durch Watson-Crick-Basenpaarungen einen Doppelstrang bilden können (Abschnitt 1.2.1).

Denaturierung. Um die einzelnen Stränge einer doppelsträngigen DNA durch Aufbrechen der Wasserstoffbrücken voneinander zu trennen, erhitzt man die DNA oder behandelt sie mit einem denaturierenden Agens, beispielsweise Formamid.

Fluoreszenz-*in situ*-Hybridisierung (FISH). *In situ*-Hybridierung, bei der Nucleinsäuren durch Anheften von chemischen Gruppen markiert werden, die bei bestimmten Wellenlängen fluoreszieren.

Heteroduplex. Eine doppelsträngige DNA, die durch Zusammenlagerung zweier einzelsträngiger Sequenzen entsteht, die eine teilweise Basenkomplementarität aufweisen. Heteroduplices können auf verschiedene Weise entstehen:

- **Allele Heteroduplices.** Denaturiert man eine Probe mit einer *einzigen* diploiden DNA oder ein Gemisch aus DNA-Proben von *verschiedenen Individuen* und kühlt den Ansatz danach ab, können sich komplementäre Stränge von zwei Allelen zusammenlagern, deren Sequenzen sich nur geringfügig unterscheiden, sodass fast vollständig gepaarte Doppelstränge entstehen.
- **Paraloge Heteroduplices.** Denaturiert man eine einzelne DNA-Probe aus einer komplexen eukaryotischen Zelle, kann es auch zu einer Reassoziation zwischen *nichtallelen verwandten DNA-Sequenzen* kommen, beispielsweise zwischen eng verwandten Vertretern einer Genfamilie oder einer DNA-Familie mit nichtcodierenden repetitiven Sequenzen.
- **Interspezifische Heteroduplices.** Denaturierte DNA-Proben von Spezies mit verhältnismäßig eng verwandten Genen, etwa von Mensch und Maus, werden gemischt, und dann lässt man die Einzelstränge reassoziieren.

Homoduplex. Eine doppelsträngige DNA, die bei der Reassoziation aus zwei einzelsträngigen Sequenzen mit vollständiger Basenkomplementarität entsteht.

Hybridisierung. Eine Methode, bei der man eine bekannte Nucleinsäure (die **Sonde**) verwendet, um in einer heterogenen Population von **Zielnucleinsäuren** nach verwandten Sequenzen zu suchen. Bei der Standardmethode ist die Sonde markiert, die Zielnucleinsäuren sind unmarkiert und normalerweise an einen festen Träger gebunden; bei der reversen Hybridisierung ist es umgekehrt.

***In situ*-Hybridisierung.** Bei dieser Reaktion wird die Sonde mit Nucleinsäuren von Zellen oder Chromosomen hybridisiert, die auf einem Glasobjektträger befestigt sind (beispielsweise denaturierte DNA aus Metaphasechromosomen (**Chromosomen-*in situ*-Hybridisierung**; Abschnitt 2.4.2), oder mit RNA aus Gewebeschnitten (**Gewebe-*in situ*-Hybridisierung**) (Abschnitt 6.3.4).

Kompetitionshybridisierung (Suppressionshybridisierung). Bei dieser Hybridisierungsreaktion führt man mit einer Sonde, die repetitive DNA-Sequenzen enthält, eine *Prähybridisierung* durch, um diese Sequenzen in der Sonde zu blockieren. Die Sonde wird zuerst denaturiert, dann lässt man sie in Gegenwart einer unmarkierten DNA-Population, die mit repetitiven Sequenzen angereichert wurde, reassoziieren. Durch Anlagerung der repetitiven Sequenzen an komplementäre Stränge werden diese sehr wirksam aus der Sonden-DNA entfernt, sodass die nichtrepetitiven Sequenzen übrig bleiben.

Reassoziation. Renaturierung nach einem Denaturierungsschritt.

Reassoziationskinetik. Die Geschwindigkeit, mit der komplementäre DNA-Stränge reassoziieren. Stark repetitive DNA-Stränge reassoziieren schnell, Einzelkopiesequenzen dagegen langsam.

Aneinanderlagerung (*annealing*). Wenn zwei einzelsträngige Nucleinsäuren genügend *Basenkomplementarität* aufweisen, bilden sie einen DNA-Doppelstrang. Das heißt, durch langsames Abkühlen nach Erhitzen bilden sich zwischen zwei Einzelsträngen Wasserstoffbrücken aus (Gegenteil der **Denaturierung**).

Reverse Hybridisierung. Hier ist die Zielnucleinsäure markiert und befindet sich normalerweise in Lösung, während die Sonde nicht markiert und an einem festen Träger befestigt ist, beispielsweise bei reversen Dot-Blot-Analysen oder bei der Mikroarrayhybridisierung.

Schmelztemperatur (T_m). Ein Maß für die Stabilität eines Nucleinsäuredoppelstranges. Diese Temperatur entspricht dem Punkt in der Mitte zwischen dem zu beobachtenden Übergang von der doppelsträngigen zur einzelsträngigen Form). Am besten lässt sich dieser Übergang durch Messung der optischen Dichte bei einer Wellenlänge von 260 nm messen (Abb. 6.9).

Sonde. Eine bekannte Nucleinsäurepopulation, mit der man eine komplexe heterogene Nucleinsäurepopulation in einem Hybridisierungstest untersucht. Eine Sonde kann ursprünglich doppelsträngig sein, muss aber für den Test zu Einzelsträngen denaturiert werden. Normalerweise ist die Probe markiert und befindet sich in einer Lösung (siehe jedoch *reverse Hybridisierung*).

Subtraktive Hybridisierung. Ein Verfahren zur Identifizierung von Nucleinsäuresequenzen auf Grundlage einer Hybridisierung. Die gesuchten Nucleinsäuren kommen in der so genannten *Plus*-Population vor, in einer anderen, eng verwandten Population jedoch nicht (*Minus*-Population). Bei der Hybridisierung liegt die Minus-Population in großem Überschuss vor und fungiert somit als die antreibende DNA, wodurch gewährleistet wird, dass alle verwandten Sequenzen der Plus-Population als Heteroduplices entfernt werden und die gewünschten Sequenzen, die nur in der Plus-Population vorkommen, übrig bleiben.

Zielnucleinsäuren. Eine komplexe heterogene Nucleinsäurepopulation, die durch die Hybridisierung mit einer bekannten, häufig homogenen Nucleinsäure untersucht werden soll. Die Zielnucleinsäuren sind normalerweise unmarkiert und an einen festen Träger gebunden, außer bei der *reversen Hybridisierung* (siehe dort).

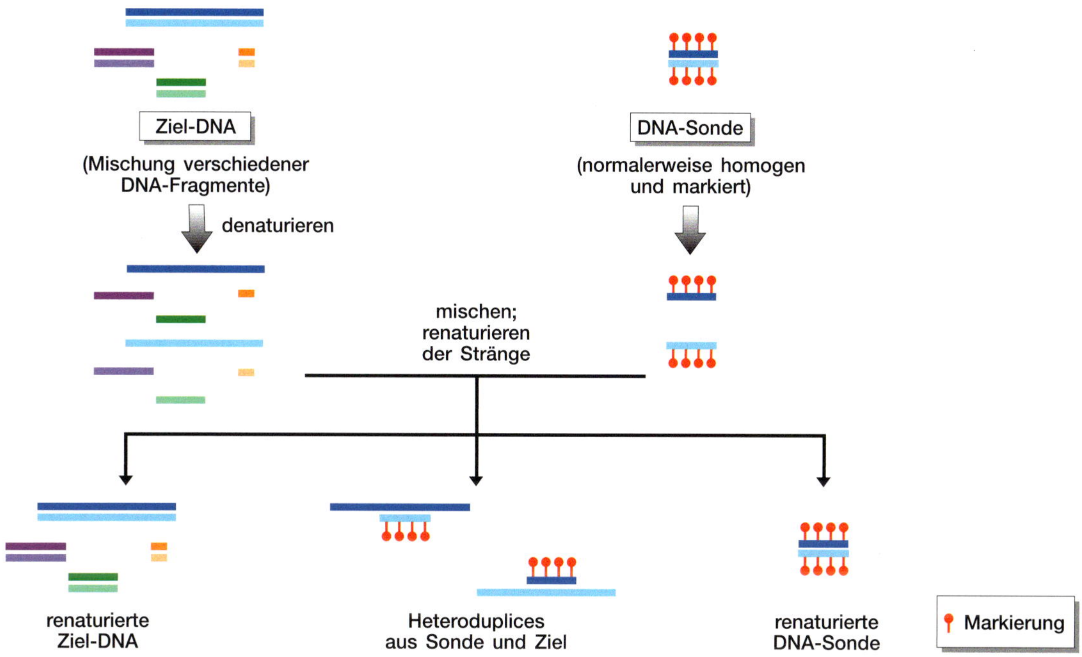

6.8 Bei einer Nucleinsäurehybridisierung müssen sich aus einer markierten einzelsträngigen Nucleinsäuresonde und komplementären Sequenzen von Zielnucleinsäuren Heteroduplexstränge bilden. Die Sonde soll mit einem zentralen Abschnitt von einem der zahlreichen Moleküle der Zielnucleinsäuren stark verwandt sein. Das Vermischen der denaturierten Sonde mit den denaturierten Zielnucleinsäuren führt zu einer Reassoziation von Sondenmolekülen (unten rechts) oder Zielmolekülen (unten links) untereinander (Homoduplices), aber auch zur Bildung von **Heteroduplices** zwischen Sonden- und Ziel-DNA, deren Sequenzen miteinander verwandt sind (unten Mitte). Wenn man die Sonden-DNA entfernen kann, die nicht gebunden hat, lassen sich die Heteroduplices aufgrund der Markierung leicht identifizieren.

(**OD**) der DNA misst. Die Basen von Nucleinsäuren absorbieren stark bei ultraviolettem Licht (UV) mit 260 nm. Die Absorbtion einer doppelsträngigen DNA ist jedoch deutlich geringer als bei den freien Nucleotiden. Dieser Unterschied, den man auch als **hypochromen Effekt** bezeichnet, ist auf Wechselwirkungen zwischen den Elektronensystemen benachbarter Basen zurückzuführen und hängt damit zusammen, wie diese Basen innerhalb der Doppelhelix parallel gestapelt liegen. Wenn doppelsträngige DNA langsam erhitzt wird, kommt es deshalb zu einer allmählichen Zunahme der Lichtabsorption bei 260 nm (des **OD_{260}-Wertes**) bis zu einem Wert, der den freien Basen entspricht. Die Temperatur, bei der genau die Hälfte dieser Verschiebung erreicht ist, bezeichnet man dann als T_m (Abb. 6.9)

Bei Genomen der Säuger, die einen GC-Gehalt von 40% aufweisen, denaturiert die DNA unter annähernd physiologischen Bedingungen bei etwa 87 °C. Der T_m-Wert für vollständig gepaarte Hybride mit DNA-, RNA- oder Oligonucleotidsonden lässt sich nach der Formel in Tabelle 6.2 ermitteln. Häufig

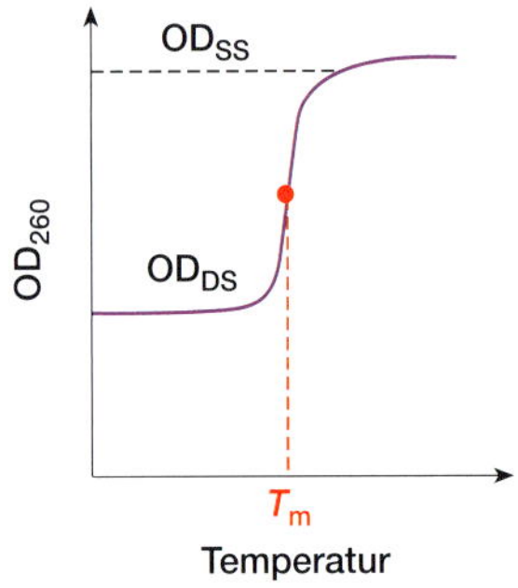

6.9 Die Denaturierung von DNA führt zu einer Zunahme der optischen Dichte. Die optische Dichte von einzelsträngiger oder doppelsträngiger DNA wird mit OD_{SS} beziehungsweise OD_{DS} bezeichnet. Der Unterschied zwischen beiden entspricht dem hypochromen Effekt (siehe Text).

wählt man die Hybridisierungsbedingungen so, dass die Bildung von Heteroduplices gefördert wird, und die Temperatur liegt oftmals 25 °C unter dem T_m-Wert. Nach der Hybridisierung und dem Entfernen von überschüssigem Sondenmaterial setzt man für die Waschschritte stringentere Bedingungen an, um alle Doppelstränge zu trennen, bei denen die Sequenzen nicht sehr eng verwandt sind.

Heteroduplices zwischen Sonde und Ziel-DNA sind dann am stabilsten, wenn eine vollständige Basenpaarung vorliegt. Fehlpaarungen zwischen zwei Strängen verringern T_m: Bei normalen DNA-Sonden erniedrigt sich der T_m-Wert pro 1 % Fehlpaarung um etwa 1 °C. Heteroduplices zwischen Sonde und Ziel-DNA sind zwar normalerweise nicht so stabil wie reassoziierte Homoduplices der Sonde allein, aber ein gewisses Maß an Fehlpaarungen fällt wenig ins Gewicht, wenn der komplementäre Bereich insgesamt lang genug ist (über 100 bp; Abb. 6.10).

Erhöhung der NaCl-Konzentration und Erniedrigung der Temperatur verringert die **Hybridisierungsstringenz** und fördert die Stabilität fehlgepaarter Heteroduplices. Das bedeutet, dass man vergleichsweise stark unterschiedliche Mitglieder einer Multigenfamilie oder anderer Familien von repetitiven DNA-Sequenzen durch eine Hybridisierung identifizieren kann, indem man eine spezifische Sequenz aus der Familie als Sonde verwendet. Darüber hinaus lassen sich mit einer Gensequenz aus einer bestimmten Spezies, die man als Sonde verwendet, homologe DNA-Bereiche in relativ wenig verwandten anderen Spezies identifizieren – allerdings unter der Voraussetzung, dass die Sequenz im Verlauf der Evolution konserviert wurde.

Man kann die Bedingungen auch so stringent wie möglich einstellen (etwa durch Erniedrigung der NaCl-Konzentration und Erhöhung der Temperatur), damit fehlgepaarte Heteroduplices möglichst dissoziieren (denaturieren). Wenn der komplementäre Bereich nur kurz ist (normalerweise 15–20 Nucleotide, etwa bei Oligonucleotidsonden), kann man die Bedingungen so wählen, dass bereits eine einzige Fehlpaarung einen Heteroduplexstrang destabilisiert (Abschnitt 6.3.1).

6.2.2 DNA-Reassoziationskinetiken werden definiert als Produkt aus DNA-Konzentration und Zeit (C_0t)

Wenn doppelsträngige DNA denaturiert wird (beispielsweise durch Hitze) und man danach die komplementären Einzelstränge wieder zu Doppelsträngen reassoziieren lässt, hängt die Geschwindigkeit dieser Reaktion von der Ausgangskonzentration der DNA ab. Bei einer hohen Konzentration komplementärer

Tabelle 6.2 Gleichungen für die Berechnung von T_m

Hybride	T_m (°C)
DNA-DNA	$81{,}5 + 16{,}6(\log_{10}([Na^+]^a + 0{,}41(\%GC^b) - 500/L^c$
DNA-RNA oder RNA-RNA	$79{,}8 + 18{,}5(\log_{10}([Na^+]^a + 0{,}58(\%GC^b) + 11{,}8(\%GC^b)^2 - 820/L^c$
Oligo-DNA oder Oligo-RNA[d]	
unter 20 Nucleotide	$2\ (l_n)$
20–35 Nucleotide	$22 + 1{,}46\ (l_n)$

[a] oder für andere monovalente Kationen, nur genau im Bereich 0,01–0,4 M
[b] nur genau bei 30–75 % GC
[c] L = Länge des Doppelstranges in Basenpaaren
[d] Oligo = Oligonucleotid: l_n = effektive Primerlänge = 2 × (Anzahl G + C) + (Anzahl A + T)

T_m verringert sich pro 1 % Formamid um etwa 0,6 °C, bei 6 M Harnstoff um etwa 30 °C

DNA-Sequenzen verringert sich die Zeit, die ein einzelsträngiges DNA-Molekül braucht, um einen komplementären Strang zu „finden“ und wieder einen Doppelstrang zu bilden. Mithilfe von **Reassoziationskinetiken** misst man die Geschwindigkeit, mit der komplementäre einzelsträngige Moleküle zusammenfinden und Doppelstränge bilden. Dafür gibt es zwei wichtige Parameter: Die Ausgangskonzentration (C_0) der spezifischen DNA-Sequenz in Mol von Nucleotiden pro Liter und die Reaktionszeit (t) in Sekunden. Da die Reassoziationsgeschwindigkeit zu C_0 und t proportional ist, erweist sich die Bestimmung des C_0t-Wertes als sehr hilfreich (den man oft auch etwas nachlässig als **Cot-Wert** bezeichnet). Der C_0t-Wert variiert abhängig von der Reassoziationstemperatur und der Konzentration von monovalenten Kationen. Deshalb benutzt man normalerweise als feste Bezugsgrößen eine Reassoziationstemperatur von 65 °C und eine $[Na^+]$-Konzentration von 0,3 M NaCl.

Bei den meisten Hybridisierungstests setzt man die Zielnucleinsäure gegenüber der Sonde im Überschuss ein, um die Zusammenlagerung von Sonde und Ziel-DNA zu fördern. Das liegt daran, dass die Sonde normalerweise *homogen* ist, also häufig nur aus einer einzigen klonierten DNA oder einer bestimmten RNA besteht, während die Zielnucleinsäure im Allgemeinen *heterogen* ist und beispielsweise genomische DNA oder zelluläre Gesamt-RNA enthält. In diesen Fällen kann die Konzentration bestimmter Sequenzen sehr gering sein, sodass die Reassoziationsgeschwindigkeit ebenfalls sehr niedrig ist. Wenn man beispielsweise einen Southern-Blot mit einem klonierten β-Globingen als Sonde durchführt, um komplementäre Sequenzen in der Genom-DNA des Menschen zu identifizieren, wird die gesuchte Sequenz dort nur in sehr geringer Konzentration vorhanden sein (das β-Globingen ist ein Beispiel für eine **Einzelkopiesequenz**, die in diesem Fall nur 0,00005 % der genomischen menschlichen DNA ausmacht). Daher ist es notwendig, mehrere Mikrogramm der Ziel-DNA einzusetzen, um die Reaktion zu beschleunigen. Im Gegensatz dazu werden bestimmte andere Sequenzen im Genom vielfach wiederholt (Kapitel 9), und diese sehr hohe DNA-Konzentration führt zu einer vergleichsweise kurzen Reassoziationszeit.

Da die Menge an Zielnucleinsäuren, an die eine Sonde bindet, von der Kopienzahl der gesuchten Sequenz abhängt, ist die Intensität des Hybridisierungssignals proportional zur Kopienzahl dieser Sequenz: Einzelkopiegene liefern schwache Hybridisierungssignale, hoch repetitive DNA-Sequenzen sehr starke. Wenn eine bestimmte Sonde heterogen ist und die gesuchte Sequenz in einem Überschuss an Wiederholungssequenzen nur in wenigen Kopien vorhanden ist (beispielsweise ein spezifisches Gen), kann das schwache Hybridisierungssignal dieser Sequenz von dem starken Signal der repetitiven DNA vollständig überdeckt werden. Dieser Effekt lässt sich jedoch mithilfe einer **Kompetitionshybridisierung** ausschalten (Exkurs 6.3).

6.2.3 Es gibt eine Vielzahl verschiedener Hybridisierungsmethoden

Bei den ersten Nucleinsäurehybridisierungen verwendete man wässrige Lösungen, in denen Sonde und Zielnucleinsäuren gemischt wurden. Aufgrund der äußerst geringen Konzentration von Einzelkopiesequenzen in komplexen Genomen dauert die Reassoziation jedoch zwangsläufig sehr lange. Die Erhöhung der Reassoziationsgeschwindigkeit wird häufig erreicht, indem man die DNA-Konzentration in der wässrigen Lösung durch Entzug von Wasser insgesamt erhöht (beispielsweise durch Zugabe von *Polyethylenglykol* in hohen Konzentrationen).

Alternativ dazu ließ sich der Nachweis reassoziierter Moleküle verbessern, indem man die Ziel-DNA auf einem festen Trägermaterial fixiert, beispielsweise auf einer Membran aus Nitrocellulose oder Nylon, an die einzelsträngige DNA problemlos bindet. Hat die markierte Sonde an die immobilisierte Ziel-DNA gebunden, entfernt man erst die Lösung mit der ungebundenen Sonden-DNA, wäscht dann die Membran gründlich und trocknet sie schließlich für die Nachweisreaktion.

Dies ist die Grundlage für die zurzeit verwendeten Standardmethoden der Nucleinsäurehybridisierung. Seit einiger Zeit führt man auch häufiger **reverse Hybridisierungstests** durch. Dabei wird die Sonde unmarkiert an einem festen Träger fixiert, während die Zielnucleinsäuren markiert werden und sich in wässriger Lösung befinden. Wichtig ist hier, dass die Unterscheidung zwischen Sonde und Zielnucleinsäuren nicht davon abhängt, welche Molekülpopulation markiert ist und welche nicht. Entscheidend ist stattdessen, dass die Ziel-DNA komplexer und weniger gut erforscht ist als die Sonde, die zur Untersuchung verwendet wird (und deren molekulare Identität man kennt). Entsprechend den unterschiedlichen Eigenschaften von Sonden und Zielmolekülen hat man inzwischen eine sehr große Vielfalt von Nucleinsäurehybridisierungsmethoden entwickelt (Exkurs 6.4).

Exkurs 6.4: Methoden der Nucleinsäurehybridisierung

Standardverfahren	markierte Sonde in Lösung	unmarkierte Ziel-DNA an festem Träger
Dot-Blot (Abb. 6.11)	jede markierte DNA oder RNA, häufig ein Oligonucleotid	komplexe DNA- oder RNA-Population, nicht nach Größe aufgetrennt, wird direkt auf die Membran getropft
Southern-Blot (Methode in Abb. 6.12; Beispiele in Abb. 7.9; 18.12b; 18.12c)	jede	häufig komplexe genomische DNA (oder einzelne DNA-Klone); mit Restriktionsenzym geschnitten und nach Größe getrennt, dann auf die Membran übertragen
Northern-Blot (Abb. 6.13)	jede	komplexe RNA-Population (z. B. gesamte zelluläre RNA oder Poly(A)$^+$-RNA
Chromosomen-*in situ*-Hybridisierung (z. B. Abb. 2.16–2.18, 14.12)	normalerweise ein markierter Klon mit genomischer DNA	DNA in den Chromosomen von lysierten Zellen (häufig in der Metaphase) auf einem Objektträger
Gewebe-*in situ*-Hybridisierung (Abb. 6.15)	normalerweise eine markierte Antisense-Ribosonde oder ein Antisense-Oligonucleotid	RNA in Zellen von fixierten Gewebeschnitten auf einem Objektträger
Kolonie-Blot (Abb. 6.16)	jede	Zellkolonien, getrennt durch Ausplattieren auf Agar, dann übertragen auf Membran
Plaque-Lift-Methode	jede	mit Phagen infizierte Bakterienkolonien, getrennt durch Ausplattieren auf Agar, dann übertragen auf Membran
Klongitterhybridisierung (Abb. 6.17)	jede	automatisch auf Membran verteilte Klone in geometrischen Arrays
reverse Hybridisierungen	**markierte Zielnucleinsäuren in Lösung**	**an festen Träger gebundene unmarkierte Sonden**
reverser Dot-Blot	komplexe DNA	auf Membran getropfte Oligonucleotide
DNA-Mikroarray oder Mikroarray mit vorher synthetisierten Oligonucleotiden (Abb. 6.19)	komplexe DNA	DNA-Klone oder Oligonucleotide, die automatisch auf Objektträger getropft werden
Oligonucleotidmikroarray (Abb. 17.18)	komplexe DNA	auf Glas synthetisierte Oligonucleotide

6.3 Methoden der Nucleinsäurehybridisierung für die Untersuchung von nichtklonierten Nucleinsäuren mithilfe klonierter DNA-Sonden

Bei zahlreichen Anwendungen in der molekularen Genetik verwendet man einen einzelnen DNA-Klon als Hybridisierungssonde, um verwandte Sequenzen in einer komplexen, nichtklonierten Ziel-DNA oder -RNA zu suchen. Manchmal beschränkt sich ein solcher Test darauf, dass man nur das Vorhandensein oder Fehlen von Sequenzen feststellen will, die mit der Sonde verwandt sind. In anderen Fällen kann die gesuchte Information auch darin bestehen, wie lang die komplementären Sequenzen sind, wo sie in einem Chromosom oder in bestimmten Geweben oder Zellgruppen vorkommen.

6.3.1 Die Dot-Blot-Hybridisierung ist eine schnell durchführbare Testmethode, bei der häufig allelspezifische Oligonucleotidsonden zum Einsatz kommen

Bei einem **Dot-Blot** tropft man eine wässrige Lösung der Ziel-DNA, beispielsweise gesamte genomische DNA des Menschen, punktförmig auf eine Nitrocellulose- oder Nylonmembran und lässt sie trocknen. Eine Variante dieser Methode ist der **Slot-Blot**. Hier trägt man die DNA durch einen Schlitz in einer entsprechenden Maske auf. Für beide Verfahren wird die Ziel-DNA denaturiert, entweder durch vorheriges Erhitzen oder durch alkalische Behandlung des Filters, auf dem sich die DNA befindet. Die nun denaturierten und auf der Membran fixierten Moleküle der Ziel-DNA werden in einer Lösung inkubiert, die die einzelsträngige markierte DNA-Sonde enthält (als Markierung verwendet man häufig ^{32}P, um den späteren Nachweis zu optimieren). Nach ausreichender Zeit zur Bildung von Heteroduplices aus Sonde und Ziel-DNA, wird die Lösung mit der Sonde abgeschüttet und die Membran gewaschen, um überschüssiges Sondenmaterial zu entfernen, das unspezifisch an den Filter gebunden hat. Danach wird die Membran getrocknet und auf einen Röntgenfilm gelegt.

Wenn man Allele unterscheiden will, die nur in einem einzigen Nucleotid variieren, konstruiert man **allelspezifische Oligonucleotid** (ASO)-Sonden, in denen der Bereich mit dem veränderten Nucleotid enthalten ist. ASO-Sonden sind normalerweise 15–20 Nucleotide lang und werden unter Hybridisierungsbedingungen eingesetzt, die die Bildung eines DNA-Heteroduplex nur zulassen, *wenn Sonde und Ziel-DNA vollständig komplementär sind*: eine einzige Basenfehlpaarung reicht aus, um den gebildeten Doppelstrang zu destabilisieren (Abb. 6.10). Das erfordert in der Regel, dass das einzige entscheidende Nucleotid in einem mittleren Abschnitt des Oligonucleotids liegt, wodurch die thermodynamische Instabilität des Doppelstranges mit einer Fehlpaarung am größten ist. Eine solche Unterscheidung lässt sich bei zahlreichen experimentellen und diagnostischen Fragestellungen anwenden. ASO-Sonden lassen sich zwar auch bei einer herkömmlichen Southern-Blot-Hybridisierung verwenden, sind aber für Dot-Blot-Tests besser geeignet (Abb. 6.11).

Ein weiteres Verfahren dieser Art ist der so genannte **reverse Dot-Blot**. Dabei werden die nicht markierten Oligonucleotidsonden auf einem Filter oder einer Membran fixiert, während sich die markierte Ziel-DNA in Lösung befindet. Ein positives Bindungssignal der Ziel-DNA mit einem Oligonucleotid auf dem Filter bedeutet, dass die zugehörige Sequenz in der Ziel-DNA vorhanden ist. Für diese Methode und ähnliche DNA-Mikroarrayverfahren gibt es in der Diagnostik zahlreiche Anwendungen.

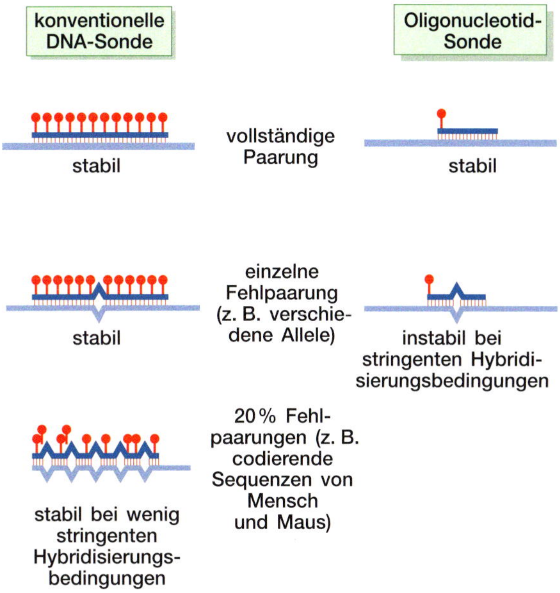

6.10 Mithilfe einer Nucleinsäurehybridisierung lassen sich mit einer konventionellen Nucleinsäuresonde relativ stark abweichende Zielsequenzen oder mit einer Oligonucleotidsonde genau übereinstimmende Zielsequenzen identifizieren.

6.3.2 Mithilfe von Southern- und Northern-Blots weist man Nucleinsäuren nach, die durch eine Gelelektrophorese der Größe aufgetrennt wurden

Southern-Blot-Hybridisierung

Bei diesem Verfahren wird die Ziel-DNA mit einem Restriktionsenzym oder mit mehreren geschnitten. Die Erkennungssequenzen der Enzyme sind vier bis sechs Basenpaare lang, und es entstehen Fragmente von mehreren Hundert oder Tausend Basenpaaren. Die Restriktionsfragmente werden durch eine Agarosegelelektrophorese der Größe nach getrennt, denaturiert und für die Hybridisierung auf eine Nitrocellulose- oder Nylonmembran übertragen (Abb. 6.12). Während der Elektrophorese werden die DNA-Fragmente, die aufgrund der Phosphatgruppen negativ geladen sind, von der negativen Elektrode abgestoßen und wandern zur positiven Elektrode. Dabei wirkt das poröse Gel als eine Art „Sieb“, in dem sich kleinere DNA-Fragmente schneller bewegen. Für Frag-

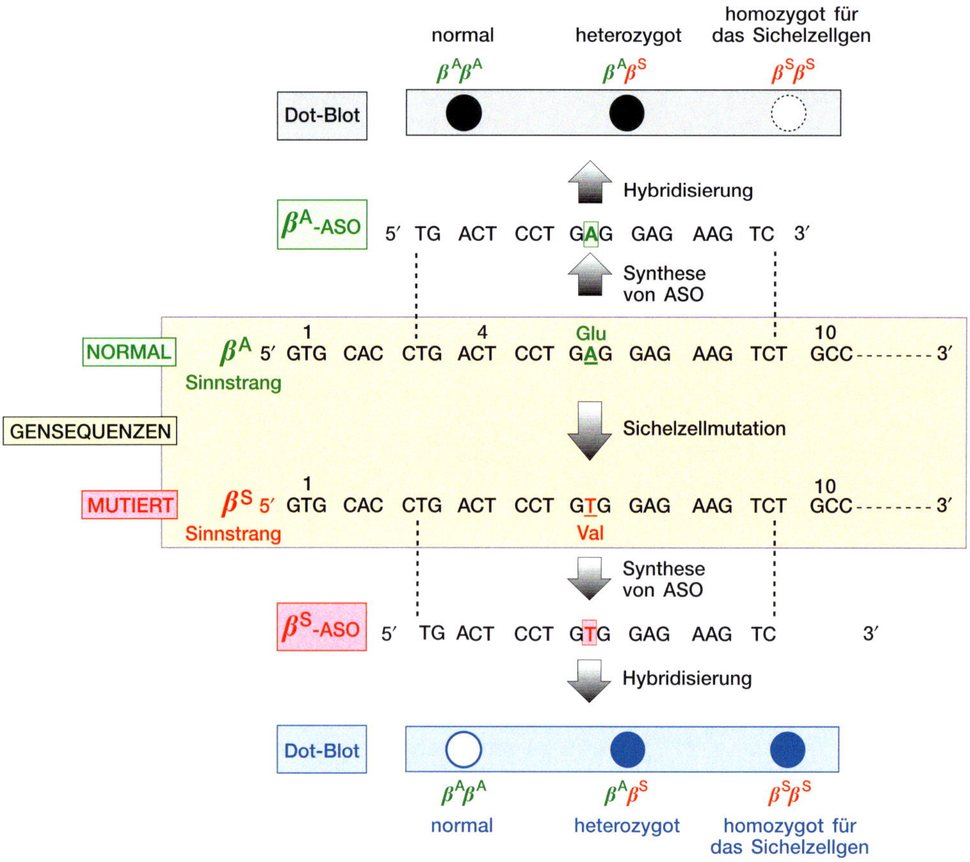

6.11 Mithilfe einer allelspezifischen Oligonucleotid(ASO)-Dot-Blot-Hybridisierung kann man beim Menschen eine Sichelzellenmutation nachweisen. Die schematische Darstellung eines Dot-Blots (oben) zeigt das Ergebnis mit einer allelspezifischen Sonde für das normale β-Globingen (β^A-ASO; unmittelbar darunter). Das Ergebnis ist positiv (schwarze Kreisfläche) für gesunde und heterozygote Personen, negativ für sichelzellenhomozygote Personen (gestrichelter weißer Kreis). Der unten dargestellte Dot-Blot zeigt das Ergebnis mit einer allelspezifischen Sonde für das Sichelzellen-β-Globinallel (β^S-ASO; unmittelbar darüber). In diesem Fall ist das Ergebnis für homozygote und heterozygote Menschen positiv, für gesunde negativ. β^A-ASO und β^S-ASO sind jeweils 19 Nucleotide lang, die Sequenz stammt von den Codons 3 bis 9 der Sinnsequenz des β^A- beziehungsweise des β^S-Allels, wo sich die Mutationsstelle für die Sichelzellenanämie befindet. Die Mutation selbst ist eine einzige A→T-Substitution in Codon 6 des β-Globingens, wobei aus einem GAG-Codon (Glu) ein GTG-Codon (Val) wird (mittlerer Bereich der Sequenzen).

mente zwischen 0,1 und 30 kb hängt die Wanderungsgeschwindigkeit von der Fragmentlänge ab, aber kaum von der Basenzusammensetzung. Deshalb werden Fragmente in diesem Größenbereich durch eine konventionelle Agarosegelelektrophorese der Größe nach aufgetrennt.

Eine wichtige Anwendung der Southern-Blot-Hybridisierung in der Genetik der Säuger besteht darin, dass man eine Sonde verwendet, um verwandte Sequenzen zu identifizieren, die zum selben Genom gehören (andere Sequenzen einer Familie von Genen, die durch die Evolution miteinander verwandt sind) oder zu einem *anderen Genom* (zum Beispiel ein *orthologes* Gen, das dem Gen in der Sonde direkt entspricht). Sobald man gezeigt hat, dass eine neu isolierte Sonde mit anderen, noch unbekannten Sequenzen verwandt ist, kann man versuchen, weitere Sequenzen der Familie zu finden, indem man genomische DNA-Bibliotheken durchtestet (Abschnitt 5.3.4). Darüber hinaus kann man die Suche auch auf genomische DNA-Proben von verschiedenen Spezies ausdehnen (**Zoo-Blot**), um Sequenzen zu finden, die bei den Spezies konserviert sind (Abb. 7.9). Da codierende Sequenzen vergleichsweise stark konserviert sind, ist dies eine Möglichkeit, codierende DNA zu identifizieren.

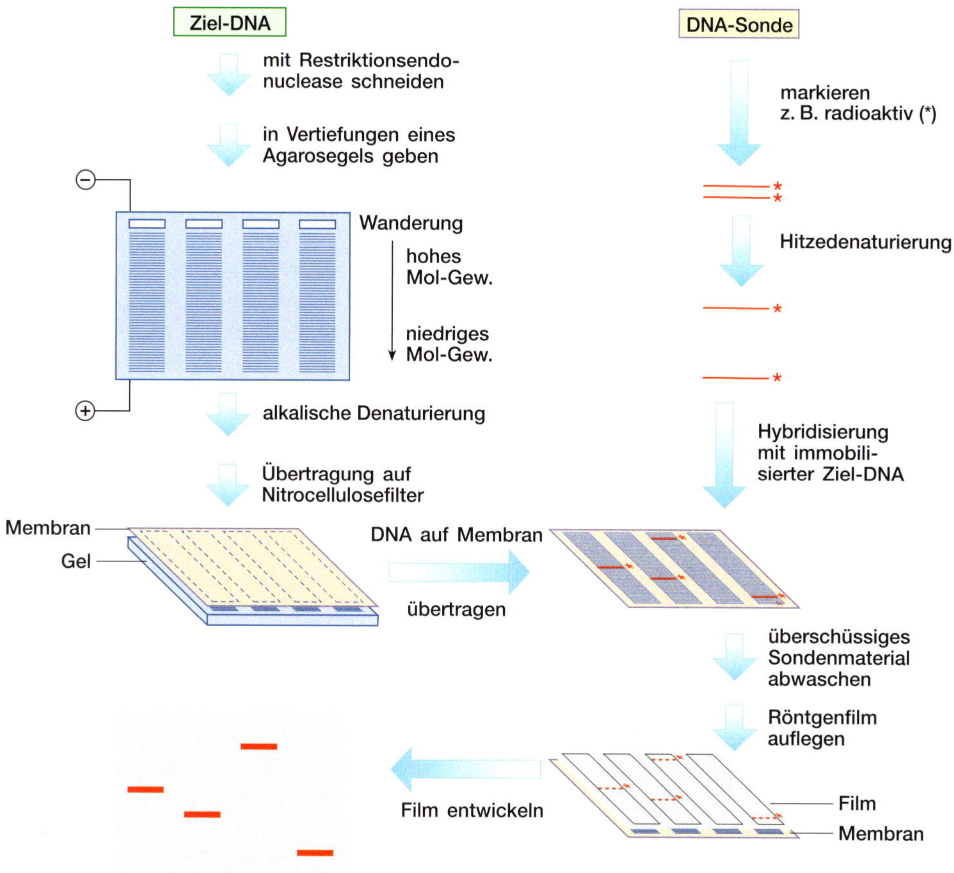

6.12 Mithilfe einer Southern-Blot-Hybridisierung kann man Ziel-DNA-Fragmente identifizieren, die vorher in einer Gel-elektrophorese nach ihrer Größe aufgetrennt wurden.

Northern-Blot-Hybridisierung

Dies ist eine Abwandlung des Southern-Blots, bei der man als Zielnucleinsäuren anstelle der DNA ungeschnittene RNA verwendet. Man benutzt diese Methode im Allgemeinen, um Informationen über das Expressionsmuster spezifischer Gene zu erhalten. Sobald ein Gen kloniert wurde, kann man die DNA als Sonde verwenden und mit einem Northern-Blot hybridisieren, der in verschiedenen Spuren RNA-Proben aus einer Reihe verschiedener Gewebe enthält (Abb. 6.13). Aus den so erhaltenen Ergebnissen lassen sich Informationen darüber ableiten, in welchen Zelltypen ein Gen exprimiert wird und welche relativen Mengen von dem Transkript dabei gebildet wird. Darüber hinaus kann man feststellen, ob es unterschiedlich große Transkripte gibt und dass möglicherweise Isoformen existieren (beispielsweise verursacht durch alternative Promotoren, Spleißstellen, Polyadenylierungsstellen und so weiter).

6.3.3 Die Pulsfeldgelelektrophorese erweitert die Möglichkeiten des Southern-Blots, da auch sehr große DNA-Fragmente untersucht werden können

Eine normale Agarosegelelektrophorese kann DNA-Fragmente nur innerhalb eines begrenzten Größenspektrums durch den „Siebeffekt" auflösen (von 100 bp bis 30 kb). Die DNA-Moleküle wandern durch die Poren im Agarosegel, und kleine Moleküle bewegen sich dabei schneller. Oberhalb einer bestimmten Größe der DNA-Fragmente hat der Siebeffekt jedoch keine Wirkung mehr, und die Auflösbarkeit von DNA-Fragmenten mit mehr als 40 kb ist außerordentlich begrenzt. Da viele Gene und andere funktionelle Sequenzeinheiten von Säugern jedoch sehr groß sind, benötigt man ein anderes Elektrophoreseverfahren, um derartige DNA-Fragmente aufzutrennen.

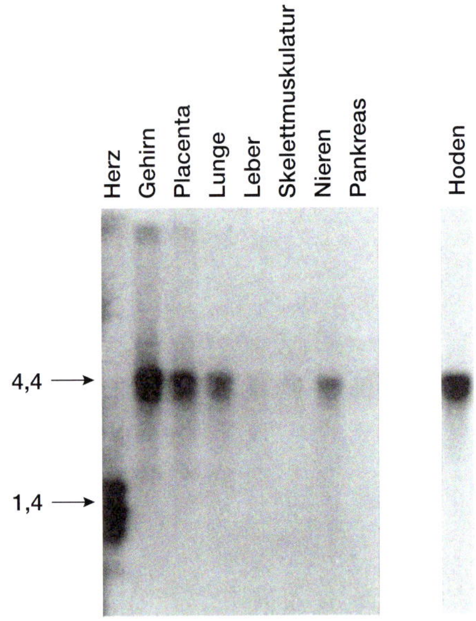

6.13 Mit einer Northern-Blot-Hybridisierung lassen sich ungefähre Expressionsmuster von Genen ermitteln. Bei einem Northern-Blot trennt man zuerst Proben von Gesamt-RNA (oder gereinigter Poly(A)$^+$-mRNA) nach Molekülgrößen auf und überträgt sie auf eine Membran, um dann mit einer markierten Nucleinsäuresonde eine Hybridisierung durchzuführen. Dargestellt ist die Verwendung einer markierten cDNA-Sonde aus dem *FMR1*-Gen (*fragile-X mental retardation syndrome*). Die stärkste Expression tritt in Gehirn und Hoden auf (4,4 kb), während sie in Placenta, Lunge und Nieren immer mehr abnimmt. Im Herz treten zahlreiche kürzere Transkripte auf. Nach: Hinds et al. (1993) mit Genehmigung der Nature Publishing Group.

Die **Pulsfeldgelelektrophorese** (**PFGE**) ist eine neuere Variante der Agarosegelelektrophorese, die DNA-Fragmente in einem Größenbereich von 20 kb bis hin zu mehreren Megabasen auflösen kann. Die sehr großen DNA-Moleküle der Säugerchromosomen – in der Regel mit einer Länge von Hunderten von Megabasen – lassen sich mit dieser Methode nicht trennen, aber man kennt spezielle Restriktionsendonucleasen, die DNA von Wirbeltieren relativ selten schneiden, sodass sehr große Restriktionsfragmente entstehen. Diese lassen sich mithilfe einer PFGE auftrennen. Die Enzyme, die man auch als **selten schneidende** (*rare-cutter-*)**Restriktionsenzyme** bezeichnet, schneiden oftmals GC-reiche Erkennungssequenzen, die mindestens ein CpG-Dinucleotid enthalten. Da das CpG-Dinucleotid in der DNA von Wirbeltieren und auch beim Menschen nur selten vorkommt, gibt es vergleichsweise wenige Erkennungsstellen für Restriktionsenzyme, die Sequenzen mit diesem Dinucleotid schneiden (Tab. 6.3).

Herkömmlich präparierte genomische DNA eignet sich nicht für eine PFGE, da das Verfahren der Zelllyse und der DNA-Reinigung Scherkräfte verursacht, die zu einer starken Fragmentierung der DNA führt. Stattdessen isoliert man die DNA so, dass künstliche Brüche der großen Moleküle möglichst vermieden werden, und behandelt sie dann mit selten schneidenden Restriktionsenzymen. Für die Präparation von hochmolekularer DNA vermischt man Zellproben, beispielsweise weiße Blutzellen, mit geschmolzener Agarose und überträgt sie so in Vertiefungen einer Gießform. Nach dem Abkühlen sind die Zellen in stabile Agaroseblöcke eingeschlossen (Abb. 6.14). Die Blöcke werden entnommen und mit hydrolytischen Enzymen inkubiert, die durch die kleinen Poren der Agarose diffundieren und die zellulären Bestandteile abbauen, die hochmolekulare chromosomale DNA jedoch praktisch unbeschädigt lassen. Anschließend kann man einzelne Blöcke mit der gereinigten DNA in einer Pufferlösung inkubieren, die das selten scheidende Restriktionsenzym enthält.

Zur Auftrennung der langen Restriktionsfragmente, innerhalb der Agaroseblöcke, gibt man die Blöcke in Vertiefungen an einem Ende des Agarosegels in der PFGE-Apparatur. Wie bei der konven-

Tabelle 6.3 Beispiele für selten schneidende Restriktionsendonucleasen

Enzym	Ursprung	Schnittstelle; CG = CpG; N = A, C. G oder T	durchschnittliche zu erwartende Fragmentgröße (kb) in menschlicher DNA[a]
*Sma*I	*Serratia marcescens*	CC**CG**GG	78
*Bss*HII	*Bacillus stearothermophilus*	G**CGCG**C	390
*Sac*II	*Streptomyces livdans*	C**CGCG**G	390
*Sfi*I	*Streptomyces fimbriatus*	GGCCNNNNNGGCC	400
*Not*I	*Norcadia otitidis-caviarum*	G**CG**GC**CG**C	9766

[a] Annahmen: GC-Gehalt = 40 %, CpG-Häufigkeit = 20 %

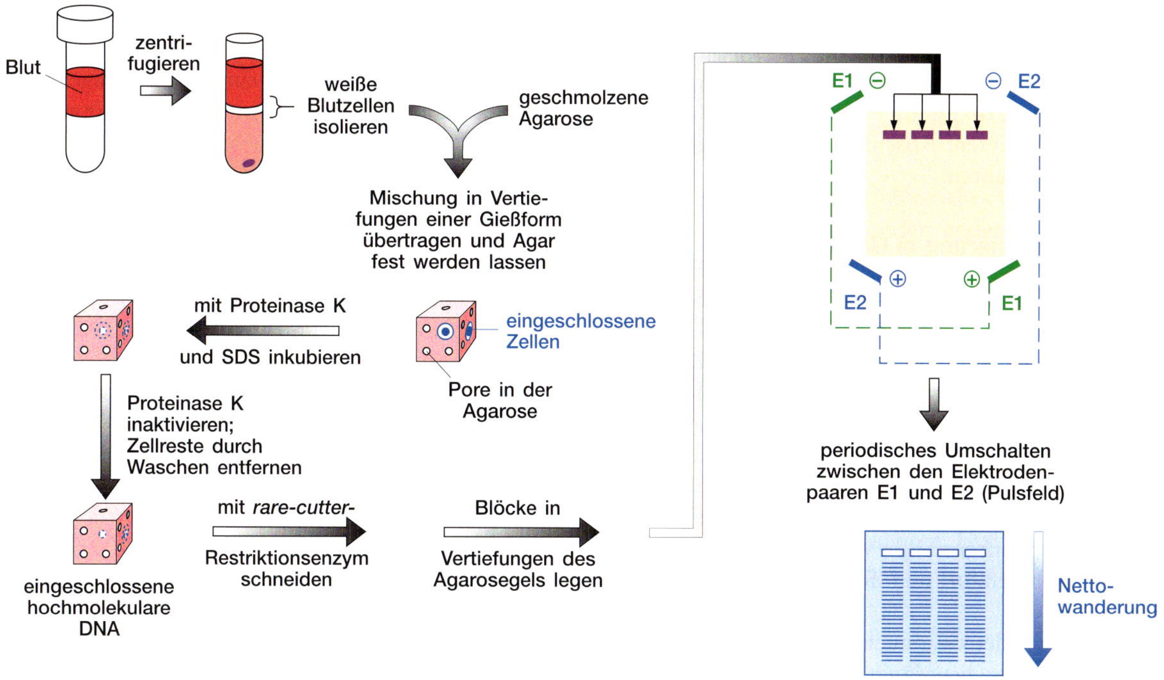

6.14 Fraktionierung von hochmolekularer DNA aus Blutzellen durch eine Pulsfeldgelelektrophorese.

tionellen Gelelektrophorese entfernt sich die negativ geladene DNA von der negativ geladenen Elektrode und wandert im elektrischen Feld. *Während eines PFGE-Laufs ändert sich jedoch periodisch die relative Orientierung des Gels zum elektrischen Feld, indem mithilfe eines Schalters kurze Stromimpulse gegeben werden, abwechselnd wird das eine oder das andere der beiden verschieden orientierten elektrischen Felder aktiviert* (Abb. 6.14). Varianten dieser Methode kommen mit einem einzigen elektrischen Feld aus, das jedoch periodisch seine Polarität ändert (**Feldumpolungsgelelektrophorese**) oder das Gel oder die Elektroden drehen sich in periodischen Abständen.

Allen Varianten des Verfahrens gemeinsam ist das Prinzip des *elektrischen Wechselfeldes*. Dabei müssen die DNA-Moleküle während ihrer Wanderung durch das Gel immer wieder ihre Konformation und die Wanderrichtung im jeweils neuen elektrischen Feld ändern. Die dafür erforderliche Zeit ist genau größenabhängig. Das führt dazu, dass DNA-Fragmente ab einer Länge von mehreren Megabasen effektiv getrennt werden können, beispielsweise intakte DNA aus Hefechromosomen (Schwartz und Cantor 1984).

6.3.4 Bei der *in situ*-Hybridisierung werden Sonden mit denaturierter DNA aus Chromosomenpräparationen oder mit RNA aus Gewebeschnitten auf einem Objektträger hybridisiert

In situ-Hybridisierung von Chromosomen

Ein einfaches Verfahren für die Kartierung von Genen und anderen DNA-Sequenzen ist die Hybridisierung einer markierten DNA-Sonde mit chromosomaler DNA, die *in situ* denaturiert wurde. Dafür stellt man eine luftgetrocknete Präparation von Chromosomen auf einem Mikroskopobjektträger her (häufig Metaphase- oder Prometaphasechromosomen aus Lymphocyten des peripheren Blutes oder aus Lymphoblastomzelllinien). Durch Behandlung der Zellen mit einer Ribonuclease (RNase) und Proteinase K erhält man teilweise gereinigte chromosomale DNA, die durch Formamid denaturiert wird. Die DNA eignet sich nun für eine *in situ*-Hybridisierung mit einer markierten Nucleinsäuresonde in wässriger Lösung. Auf den Ansatz legt man ein Deckgläschen. Abhängig von der jeweils gewählten Methode kann man entweder vor oder nach der Hybridisierung eine Chromosomenbänderung durchführen. Dadurch kann man das Signal, das nach Entfernen des überschüssigen Sondenmaterials sichtbar wird, dem chromosomalen

durch Oberflächenkontakt auf eine Nitrocellulose- oder Nylonmembran. Diesen Vorgang bezeichnet man als **Kolonie-Blot** (Abb. 6.16). Alternativ kann man auch die Zellsuspension direkt auf der Membran verteilen und diese dann auf Nähragar legen. Dadurch können sich die Kolonien direkt auf der Membran entwickeln. In beiden Fällen wird die Membran einer alkalischen Behandlung unterzogen, um die DNA vor der Hybridisierung mit einer markierten Nucleinsäuresonde zu denaturieren.

Nach der Hybridisierung entfernt man die Lösung mit der Sonde, wäscht den Filter gründlich und trocknet ihn. Für die Autoradiographie legt man die Membran auf einen Röntgenfilm. Die Positionen von starken radioaktiven Signalen lassen sich mit der Originalplatte, die die ursprünglichen Kolonien trägt, zur Deckung bringen. So kann man die Hybridisierungssignale der Sonde den einzelnen Kolonien zuordnen. Die passenden Kolonien werden abgenommen und in Kulturen vermehrt, um schließlich die rekombinante DNA zu extrahieren und zu reinigen.

Ein ähnliches Verfahren lässt sich mit Phagenvektoren durchführen. Die Plaques, die durch die phagenbedingte Lyse der Bakterien entstehen, enthalten freigesetzte Phagenpartikel. Auf die Oberfläche der Agarplatte wird wie oben beschrieben eine Nitrocellulose- oder Nylonmembran gelegt. Beim Abnehmen von der Platte trägt die Membran einen genauen Abdruck des Phagenmaterials in den Plaques (**Plaque-Lift**). Die weitere Behandlung des Filters erfolgt so wie in Abbildung 6.16 beschrieben.

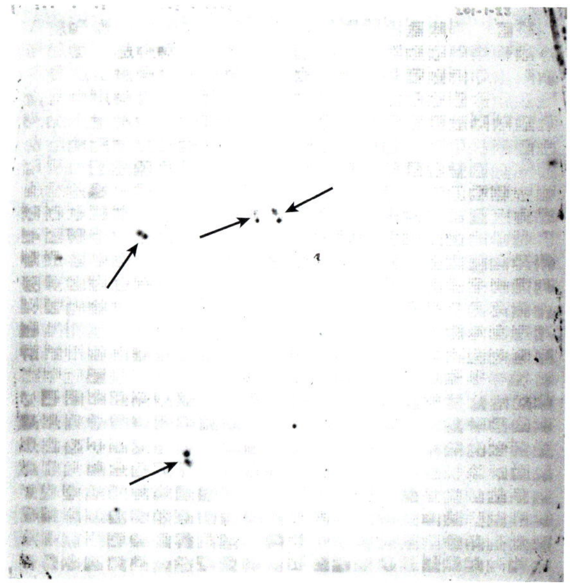

6.17 Klongitterhybridisierungsfilter haben die physikalische Kartierung des menschlichen Genoms erleichtert. Das Bild zeigt die Autoradiografie einer Membran, die menschliche YAC-Klone enthält (das heißt die gesamte DNA von einzelnen Hefeklonen mit menschlichen YACs). Auf der Membran befinden sich insgesamt 17 664 Klone, die in Form eines Gitters angeordnet sind, mit Gittereinheiten von jeweils 6 × 6 Klonen. Die Hybridisierung wurde mit einer ^{35}S-markierten Sonde von Hefe-Gesamt-DNA (schwache Signale bei allen Klonen) und einer ^{32}P-markierten singulären Sonde der Geschlechtschromosomen (*DXYS646*, stark hervortretende Signale) durchgeführt. Das Originalfoto stammt von Dr. Mark Ross, Sanger Centre, Cambridge. Nachdruck aus: Ross und Stanton (1995) in: *Current Protocols in Human Genetics*, Vol. 1. Verwendung mit Genehmigung von Wiley-Liss, Inc., Tochtergesellschaft von John Wiley & Sons, Inc.

6.4.2 Gitterarrays, die in hoher Dichte transformierte Zellkone oder DNA-Klone enthalten, haben die Untersuchung von DNA-Bibliotheken wesentlich vereinfacht

Die Entwicklung von komplexen DNA-Bibliotheken erforderte effizientere Methoden für die Untersuchung der Klone. Anstelle des Standardverfahrens beim Kolonie-Blot (Kolonien werden in einer Kulturschale ausplattiert und auf eine Membran übertragen) nimmt man hier die einzelnen Kolonien und überträgt sie in Form eines hochdichten **Gitterarrays mit hoher Dichte** auf große Membranen.

Dieser Vorgang wurde durch eine **Automatisierung** (*robotic gridding devices*) wesentlich vereinfacht. Dabei werden die Klone, die bereits in Mikrotiterschalen angeordnet sind, in festgelegten linearen Koordinaten auf eine Membran übertragen. Die so erzeugten Klonfilter ermöglichen aufgrund der hohen Dichte ein schnelles und effizientes Durchtesten von DNA-Bibliotheken (Abb. 6.17). Außerdem kann man Kopien von den Filtern herstellen und weltweit an andere Laboratorien weitergeben.

6.4.3 Die DNA-Mikroarraytechnik hat die Möglichkeiten der Nucleinsäurehybridisierung stark erweitert

Die vor kurzem entwickelten **DNA-Mikroarrays** ermöglichen Hybridisierungstests in viel größerem Maßstab, da sie ein großes Potenzial zur Miniaturisierung und Automatisierung besitzen (Schena et al. 1998). Sie erinnern zwar an die herkömmlichen Filterarrays, ihre Herstellung erfordert jedoch ganz andere Methoden. Die bislang verwendeten Oberflächen waren üblicherweise chemisch vorbehandelte Objektträger aus Glas und keine porösen Membranen, obwohl man neuerdings zu poröseren Substraten, beispielsweise mit Nitrocellulose beschichtete

a

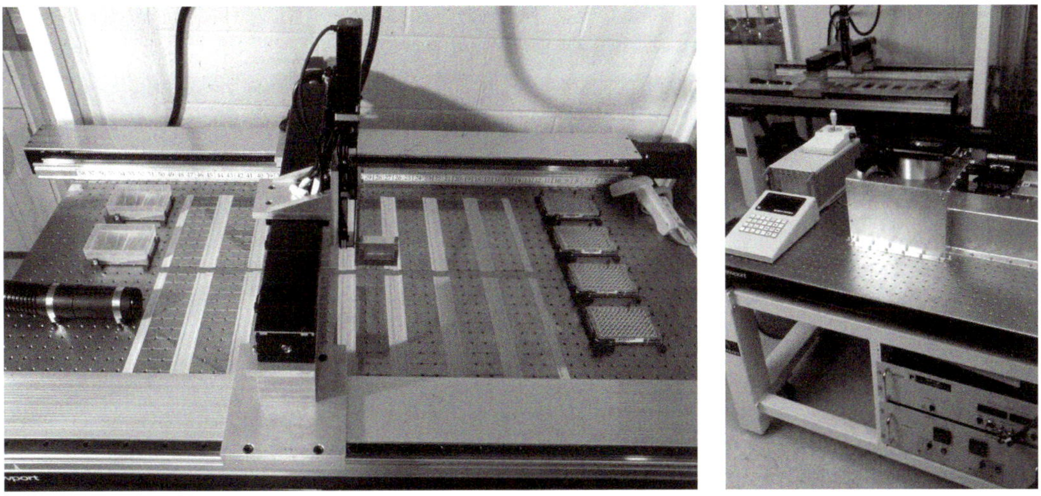

b

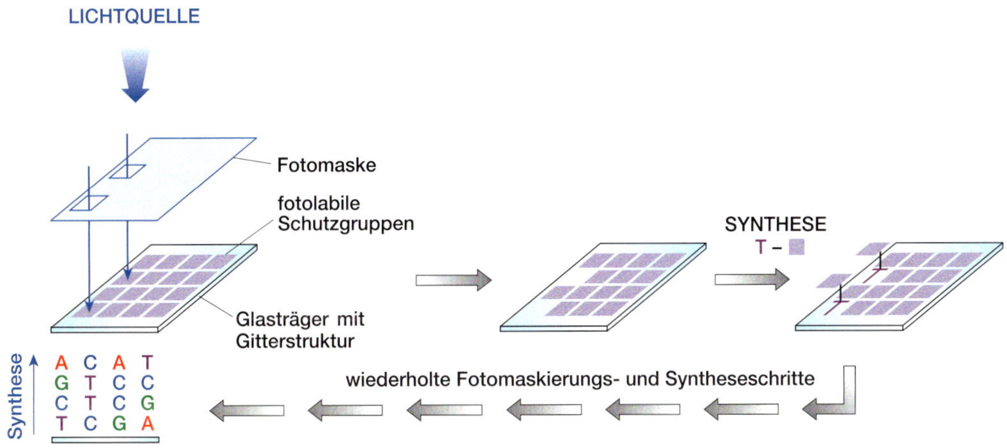

6.18 Herstellung von DNA- und Oligonucleotidmikroarrays. a) Automatisierte Herstellung von DNA-Mikroarrays. Links: Roboter für Mikroarrays mit einem Arbeitsflächenaufbau, der 160 Objektträger mit vier Mikrotiterplatten, zwei Waschstationen und einen Trockner umfasst. Rechts: Laser-Scanner. Zu sehen sind die optische Arbeitsfläche, die Energieversorgungseinheit des Lasers und die Kühlung für das Rohr des Lichtverstärkers, die Ludi-Bühne und das Linsensystem (weitere Einzelheiten in Cheung et al. 1999). Das Auftragen der Mikrotropfen durch die Robotereinheit erfolgt entweder durch direkten Kontakt zwischen den Tropfkanülen und der festen Oberfläche (eines Objektträgers) oder nach dem Prinzip eines normalen Tintenstrahldruckers (die Probe wird in eine miniaturisierte, piezoelektrisch betriebene Düse geladen und mithilfe eines elektrischen Stromflusses genau dosiert auf den Träger gebracht). Die Bilder wurden freundlicherweise zur Verfügung gestellt von Aldo Massimi, Rajo Kucherlapati und Geoffrey Childs am Albert Einstein College of Medicine. Nachdruck aus: Cheung et al. (1999) *Nature Genet* 21 (Suppl.): 15 – 19, mit Genehmigung durch die Nature Publishing Group. b) Herstellung eines Oligonucleotidmikroarrays durch eine Kombination aus Fotolithografie und *in situ*-Synthese von Oligonucleotiden. Die Oligonucleotide werden in aufeinanderfolgenden Schritten synthetisiert, wobei man mit einem 3'-Mononucleotid beginnt, das an der Oberfläche eines kleinen Glasträgers mit Gitterstruktur befestigt ist. Bei dem fotolithografischen Verfahren wird die Oberfläche des Trägers mit lichtempfindlichen Schutzgruppen versehen, die durch Licht entfernt werden können. Diese Belichtung erfolgt durch exakt konstruierte *Masken*, die nur an genau definierten Koordinaten Licht hindurch lassen. Immer genau dort, wo durch das Licht eine fotolabile Schutzgruppe entfernt wird, kann ein neuer Syntheseschritt stattfinden. In der Abbildung ist dargestellt, wie ein Thymidin mit einer fotolabilen Schutzgruppe an die Oligonucleotide angehängt wird.

Glasflächen übergeht. So soll die Bindungskapazität für DNA gesteigert werden, um die Empfindlichkeit zu erhöhen. Es gibt zwei Verfahren der Mikroarraytechnik, die sich vor allem dadurch unterscheiden, wie die Nucleinsäureproben hergestellt und auf die Mikroarrays verteilt werden.

- **Mikroarrays mit vorher synthetisierten Nucleinsäuren.** Dabei werden die Nucleinsäuren, die sich auf den Arrays befinden, vorher synthetisiert (häufig handelt es sich um einem Satz verschiedener DNA-Klone, es können aber im Prinzip auch eine Reihe von vorher synthetisierten Oligonucleotiden sein). Für die Herstellung dieser Mikroarrays gibt man kleine Tropfen mit den einzelnen DNA-Klonen oder Oligonucleotiden in Form eines genauen x,y-Koordinatengitters auf die Oberfläche des Objektträgers (Abb. 6.18a). Die erforderliche hohe Präzision lässt sich nur mithilfe eines ausgefeilten automatisierten Kontaktpunktsystems erzielen (Einzelheiten unter http://cmgm.stanford.edu/pbrown/mguide/).
- **Mikroarrays mit *in situ*-synthetisierten Oligonucleotiden.** Diese Methode wurde von der *Affymetrix Company* entwickelt. Es handelt sich dabei um eine Kombination aus einer Fotolithografietechnik, wie sie bei der Herstellung von Halbleitern angewandt wird, und der chemischen Synthese von Oligonucleotiden. Dabei werden viele Tausend verschiedene Oligonucleotide *in situ* auf der Oberfläche eines Glasobjektträgers in Einzelschritten gleichzeitig synthetisiert. Das Anheften der Mononucleotide erfolgt jeweils über ein Linker-Molekül mit einer fotolabilen Schutzgruppe (Abb. 6.18b).

Mithilfe einer Fotomaske wird festgelegt, welche Positionen mit Licht reagieren sollen: Durch eine kleine Öffnung in der Maske kann Licht von einer äußeren Quelle auf die Fläche einwirken, wodurch die fotolabile Schutzgruppe zerstört wird. Über eine chemische Kopplungsreaktion wird das gewünschte Nucleotid an der nun ungeschützte Stelle befestigt. Der Vorgang wird mit verschiedenen Masken wiederholt. Alle Positionen, die die Maske abdeckt, werden vor dem Licht geschützt. So kann man, gesteuert durch die Lochmuster in der fotolitografischen Maske, an festgelegten Positionen *spezifische* Oligonucleotidsequenzen anbringen. Die Ähnlichkeit mit der Herstellung von Siliciumchips hat zur populären Bezeichnung **DNA-Chips** für diese Mikroarrays geführt. Da für ihre Herstellung eine komplexe Technik erforderlich ist, können DNA-Chips nur von spezialisierten Herstellern angeboten werden.

Wie der Dot-Blot (Abschnitt 6.3.1) basiert die Technik der DNA-Mikroarrays auf dem Prinzip der *reversen* Nucleinsäurehybridisierung. Die auf dem Mikroarray befestigten, unmarkierten Nucleinsäuren dienen als **Sonde**. Trotz ihrer Labilität ist die Sonde eine bekannte Größe, und dient der Unterstützung der **Ziel-DNA**. Diese besteht aus markierten Nucleinsäuren in wässriger Lösung, stammt aber aus Quellen, über die man Informationen erhalten möchte.

Nach Herstellung oder Erwerb eines Mikroarrays und Isolierung der Nucleinsäuren, die man untersuchen will, kann die Hybridisierungsreaktion durchgeführt werden. Die Zielnucleinsäuren werden mit einem **Fluoreszenzfarbstoff** markiert und mit dem Mikroarray in Kontakt gebracht. Dadurch bilden sich Heteroduplices zwischen Sonde und Zielmolekülen. Um die unspezifische Bindung von markiertem Material zu minimieren, muss der Mikroarray gewaschen werden. Bei den meisten Mikroarrayhybridisierungen verwendet man zwei Fluoreszenzfarbstoffe, im Allgemeinen **Cy3** (wird durch grünes Licht angeregt) und **Cy5** (wird durch rotes Licht angeregt).

Nach der Hybridisierung misst man die gebundene Fluoreszenzmarkierung mithilfe eines hoch auflösenden **Laserscanners**. Dabei wird für beide Farbstoffe ein Bild erstellt, um die relativen Fluoreszenzen zu ermitteln. Das endgültige Hybridisierungsmuster erhält man durch Analyse aller Signale, die von den Feldern eines Array ausgesendet werden, mithilfe eines **Programms für digitale Bildauswertung**, das die Signale entsprechend ihrer Intensität in ein Farbschema umwandelt (Abb. 6.19).

Obwohl die Technik der digitalen DNA-Mikroarrays noch sehr neu ist, gibt es doch bereits zahlreiche wichtige Anwendungen, und es ist anzunehmen, dass sie grundlegende Auswirkungen auf die biomedizinische Forschung und Diagnostik haben wird. Folgende grundsätzlichen Anwendungen sind möglich:

- **Expressionstestreihen.** Die aktuelle Forschung konzentriert sich auf die Untersuchung von RNA-Expressionsmustern (Granjeaud et al. 1999). Das geschieht entweder mit cDNA-Klon-Mikroarrays (Abb. 6.19) oder mit genspezifischen Oligonucleotidmikroarrays (die in der Regel durch *in situ*-Oligonucleotidsynthese hergestellt werden; Abbildung 17.18 und 19.6; Abschnitt 19.3.3).
- **Untersuchungen zur DNA-Variabilität.** Dafür sind Oligonucleotidmikroarrays erforderlich, für die es bereits mehrere Anwendungsmöglichkeiten gibt. Die Resequenzierung des menschlichen Mitochondriengenoms mithilfe von DNA-Mikroarrays war ein wichtiger Testlauf, um die Leistungsfähigkeit dieser Technik für die Erfassung von Sequenzvarianten bei Individuen in großem Maßstab erkennen zu können (Abb. 7.4). Auch bei der Ermittlung von Mutationen in bekannten Krankheitsgenen liegt hier noch ein großes Potenzial. Darüber hinaus gibt es umfangreiche Bemühungen, menschliche Einzelnucleotidpolymorphismen (SNP) zu identifizieren und zu systematisieren.

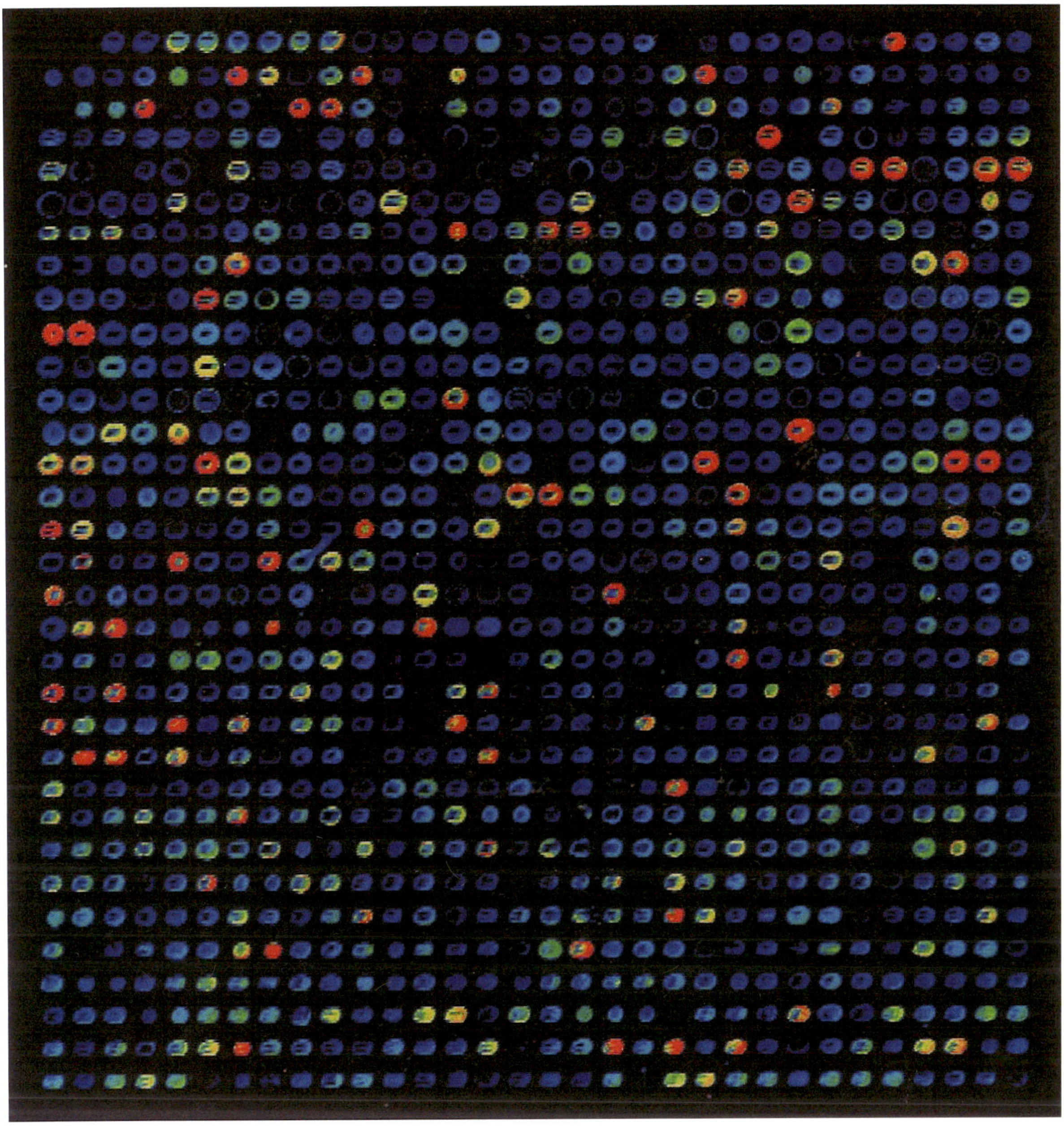

6.19 Ermittlung von Genexpressionsmustern durch Hybridisierung mit einem cDNA-Klon-Mikroarray. Der DNA-Mikroarray mit einer Fläche von 1,0 cm^2 enthält 1046 cDNA-Klone einer cDNA-Bibliothek aus menschlichen Gesamtblutzellen. Die Hybridisierung erfolgte mit einer fluoreszenzmarkierten cDNA-Sonde, die mithilfe einer reversen Transkription aus menschlicher Knochenmark-mRNA hergestellt wurde. Die Fluoreszenzmarkierungen, die durch Abtasten mit einem konfokalen Laser sichtbar gemacht wurden, sind hier in einer Falschfarbendarstellung nach dem Regenbogenschema abgebildet, um eine grobe Abschätzung der Expressionsraten zu ermöglichen: Hintergrundwerte erscheinen violett, die Farbskala reicht dann von indigoblau über blaugrün, gelb, orange bis rot (stärkste Expression). Die parallele Anordnung des Arrays ermöglicht genaue Vergleiche und die differenzielle Messung der Expression. Das Bild wurde freundlicherweise von Dr. Mark Schena, Stanford, zur Verfügung gestellt. Nachdruck aus: Strachan et al. (1997) *Nature Genetics* 16: 126 – 132, mit Genehmigung durch die Nature Publishing Group.

Weiterführende Literatur

Molecular Probes. *Handbook of Fluorescent Probes and Research Products at* http://www.moleculariDrobes.com/handbook

Sambrook J, Russell D (2001) *Molecular Cloning: A Laboratory Manual,* 3. Auflage. Cold *Spring Harbor Laboratory Press,* Cold Spring Harbor, New York

Schena M (1999) *Microarrays: A Practical Approach*. Oxford University Press, Oxford.

Schena M (2002) *Microarrayanalysis.* John Wiley and Sons, New York.

Verschiedene Autoren (1999) The Chipping Forecast. *Nature Genet* 21 (Suppl.): 1–60.

Verschiedene Autoren (2002) The Chipping Forecast II. *Nature Genet* 32 (Suppl.): 465–552.

Zitierte Literatur

Cheung VG, Morley M, Aguilar F Massimi A, Kucherlapati R, Childs G (1999) Making and reading microarrays. *Nature Genet.* 21 (Suppl.): 15–19.

Feinberg AP, Vogelstein B (1983) A technique for radiolabeling DNA restriction endonuclease fragments to high specific activity. *Anal Biochem* 132: 6–13.

Granjeaud S, Bertucci F Jordan BR (1999) Expression profiling: DNA arrays in many guises. *BioEssays* 21: 781–790.

Hinds HL, Ashley CT, Sutcliffe JS et al. (1993) Tissue specific expression of FMR-1 provides evidence for a functional role in fragile X syndrome. *Nature Genet* 3: 36–43.

Kricka LJ (1992) *Nonisotopic DNA Probing Techniques Academic* Press, San Diego, CA.

Ross MT, Stanton VPJ (1995) Screening large-insert libraries by hybridization. In: *Current Protocols in Human Genetics,* Vol. 1. (Hrsg. NJ Dracopoli, JL Haines, BR Korf, CC Morton, CE Seideman, DT Moir, D Smith). John Wiley & Sons, NewYork, S. 5.6.1–5.6.30.

Schena M, Heller RA, Theriault TP, Konrad K, Lachenmeier E, Davis RW (1998) Microarrays: biotechnology's discovery platform for functional genomics. *Trends Biotechnol* 16: 301–306.

Schwartz DC, Cantor CR (1984) Separation of yeast chromosome-sized DNAs by pulsed field gradient gel electrophoresis. *Cell* 37: 67–75.

Strachan T, Abitbol M, Davidson D, Beckmann JS (1997) A new dimension for the Human Genome Project: towards comprehensive expression maps. *Nature Genet* 16: 126–132.

Wilkinson D (1998) In Situ *Hybridization: A Practical Approach*. 2. Auflage. IRL Press, Oxford.

7. Analyse von DNA und Genstruktur, Variation und Expression

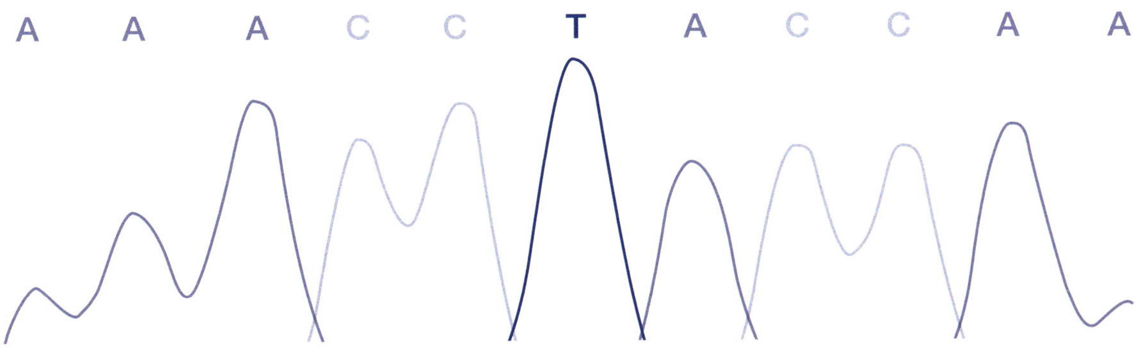

7.1 Sequenzierung und Genotypisierung der DNA

Die Individuen einer Spezies zeigen genetische Unterschiede, von denen viele bedeutende Folgen haben können. Während es ohne Zweifel sehr wichtig ist, große Anstrengungen in Genomprojekte zu investieren, sind wir auch weiterhin daran interessiert, die DNA von Individuen einer Spezies zu kartieren und zu sequenzieren, (vor allem bei unserer eigenen Spezies) und die DNA-Varianten zu charakterisieren (**Genotypisierung**).

Obwohl herkömmliche Verfahren zur physikalischen Kartierung und Sequenzierung im großen Maßstab selbstverständlich sinnvoll sind, um neue Genomsequenzen zu ermitteln, werden sie doch zunehmend durch leistungsfähigere, voll automatisierte Methoden für die Analyse der DNA-Struktur (durch direkte Verfahren oder durch Untersuchungen der genetischen Variationsbreite) an Bedeutung verlieren. Die Hybridisierung von Mikroarrays auf der Basis von Oligonucleotiden ermöglicht beispielsweise die Resequenzierung der DNA von Individuen, sobald eine Bezugssequenz zur Verfügung steht.

7.1.1 Die normale DNA-Sequenzierung wird mittels enzymatischer DNA-Synthese und unter Verwendung von basenspezifischen Kettenabbruch-Didesoxynucleotiden durchgeführt

Für chemische Verfahren zur DNA-Sequenzierung (Maxam und Gilbert 1980) gibt es auch weiterhin einige Anwendungsmöglichkeiten (beispielsweise bei der Sequenzierung von Oligonucleotiden; Abschnitt 7.2.4). Der überwiegende Anteil der gegenwärtigen DNA-Sequenzierungen basiert jedoch auf einer enzymatischen Methode, die ursprünglich von Fred Sanger entwickelt wurde, wofür er den zweiten Nobel-Preis erhielt (den ersten bekam er für die Proteinsequenzierung). Bei der **Didesoxysequenzierung** liegt die DNA als Einzelstrang vor (Exkurs 7.1) und fungiert als Matrize für die *in vitro*-Synthese eines neuen komplementären DNA-Stranges mithilfe einer geeigneten DNA-Polymerase. Man führt parallel vier Reaktionen durch, die jeweils die vier dNTPs und eines der vier analogen **Didesoxynucleotiden** (**ddNTPs**) enthalten, die basenspezifische Kettenabbrüche bewirken.

Die ddNTPs sind den dNTPs sehr ähnlich, *sie tragen jedoch nicht nur am 2'-Kohlenstoffatom keine Hydroxylgruppe, sondern auch am 3'-Ende* (Abb. 7.1). Ein Didesoxynucleotid kann unter Bildung einer Phosphodiesterbindung zwischen seinem 5'-Kohlenstoffatom und dem 3'-Kohlenstoff des vorher eingebauten Nucleotids an die wachsende DNA-Kette angehängt werden. Da einem ddNTP jedoch die 3'-Hydroxylgruppe fehlt, kann an seinem 3'-Kohlenstoffatom keine weitere Phosphodiesterbindung mehr gebildet werden, sodass die Synthese der DNA-Kette unmittelbar abbricht.

Wenn eines der vier dNTPs oder der Primer mit einer radioaktiven Gruppe oder einem Fluoreszenzmarker versehen sind, wird der neu synthetisierte DNA-Strang markiert. Wenn man die Konzentration des ddNTP wesentlich niedriger einstellt als die des normalen dNTP-Analogons, konkurrieren die spezifischen ddNTP-Moleküle mit einem Überschuss der normalen dNTP-Moleküle um den Einbau in die wachsende DNA-Kette. Bei Anfügen eines dNTP setzt sich die Kette fort, beim gelegentlichen Einbau eines ddNTP kommt es zu einem Kettenabbruch. Jede Reaktion erfolgt deshalb nur *partiell*, da der Kettenabbruch bei *jedem DNA-Strang zufällig*, aber entsprechend der passenden Base an einer spezifischen Stelle erfolgt.

Da die DNA in einer Sequenzierungsreaktion normalerweise eine *Population* von identischen Molekülen darstellt, entsteht bei jeder der vier basenspezifischen Reaktionen eine Kombination von markierten DNA-Fragmenten, die ein bestimmtes Spektrum verschiedener Größen umfassen. Sie haben alle ein übereinstimmendes 5'-Ende, aber unterschiedliche 3'-Enden (das 5'-Ende wird durch den Primer festgelegt, die 3'-Enden unterscheiden sich jedoch, da der Einbau des jeweiligen ddNTP zufällig an einer der vielen

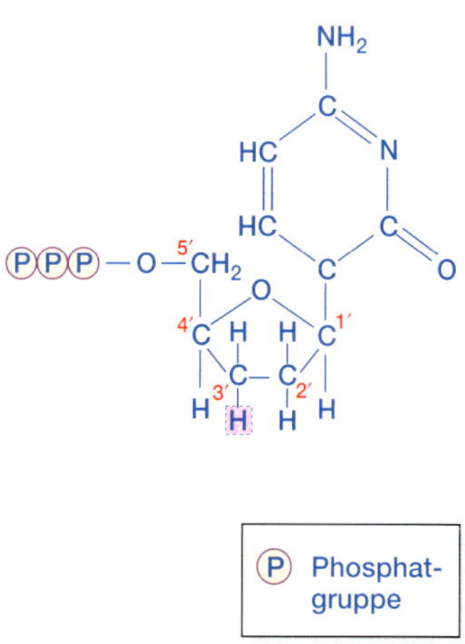

7.1 Struktur des Didesoxynucleotids 2',3'-Didesoxy-CTP (ddCTP). Die Hydroxylgruppe, die sich bei normalen Nucleotiden am 3'-Ende befindet, wurde durch ein Wasserstoffatom ersetzt.

Exkurs 7.1: Herstellung von einzelsträngigen DNA-Matrizen für die Sequenzierung

Einzelsträngige Matrizen für die DNA-Sequenzierung erhält man auf folgende Weise:

- Bei einem häufig angewandten Verfahren kann man mithilfe spezieller Klonierungsvektoren wie M13 oder Phagemiden einzelsträngige rekombinante DNA herstellen (Abschnitt 5.5.1 und Abbildung 5.18). Dabei beginnt die Synthese der komplementären DNA an einem **universellen Sequenzierungs-Primer**, der zur Vektorsequenz an einer Seite der Klonierungsstelle komplementär ist. Das funktioniert mit diesem Vektor bei jeder einzelsträngigen rekombinierten DNA (Abbildung unten links).
- **Zyklische Sequenzierung** (auch als **Sequenzierung durch lineare Amplifizierung** bezeichnet). Wie beim normalen PCR-Ansatz verwendet man bei der zyklischen Sequenzierung eine hitzestabile DNA-Polymerase in einem zyklischen Reaktionsverlauf aus Denaturierung, Aneinanderlagerung (*annealing*) und DNA-Synthese. Der Unterschied besteht darin, dass bei der zyklischen Sequenzierung nur ein Primer eingesetzt wird und ddNTPs zum Abbruch der DNA-Synthese zugegeben werden. Die Verwendung nur eines Primers bedeutet, dass im Gegensatz zur PCR-Standardreaktion die Akkumulation der Produkte linear erfolgt.

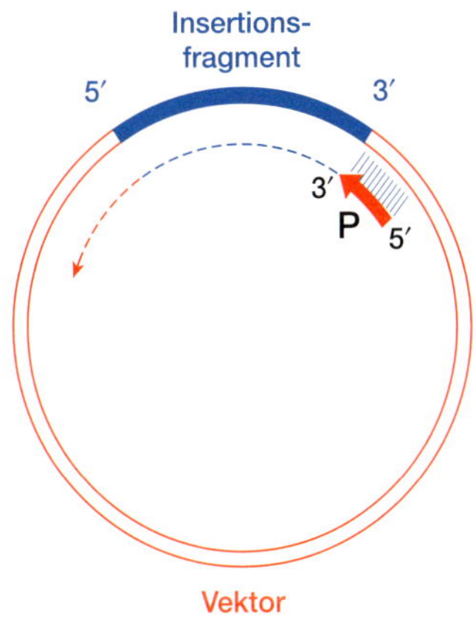

Ein universeller Primer kann für die Sequenzierung vieler verschiedener Matrizen-DNAs verwendet werden.

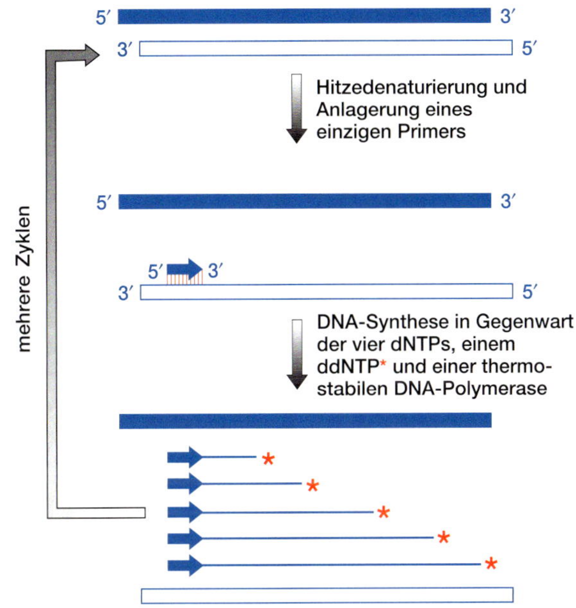

Bei der zyklischen Sequenzierung kommt es durch die Verwendung eines einzigen Primers, an dem die DNA-Synthese beginnt, zu einer linearen Amplifizierung.

möglichen Positionen erfolgt, die der spezifischen Base entspricht (Abb. 7.2).

Fragmente, deren Länge sich nur durch ein einziges Nucleotid unterscheidet, können in einem **denaturierenden Polyacrylamidgel** nach der Größe aufgetrennt werden. Das Gel enthält eine hohe Konzentration eines denaturierenden Agens (etwa 8 M Harnstoff), wodurch die wanderende DNA einzelsträngig bleibt. Früher hat man bei DNA-Sequenzierungen radioaktive Isotope wie ^{35}S oder ^{32}S zur Markierung verwendet und musste nach Auflegen eines Röntgenfilms auf das getrocknete Gel die Sequenz manuell anhand der Sequenzierungsbanden auf der Radiografie ablesen. Dieses mühsame Verfahren wurde inzwischen durch automatisierte DNA-Sequenzierungsmethoden abgelöst.

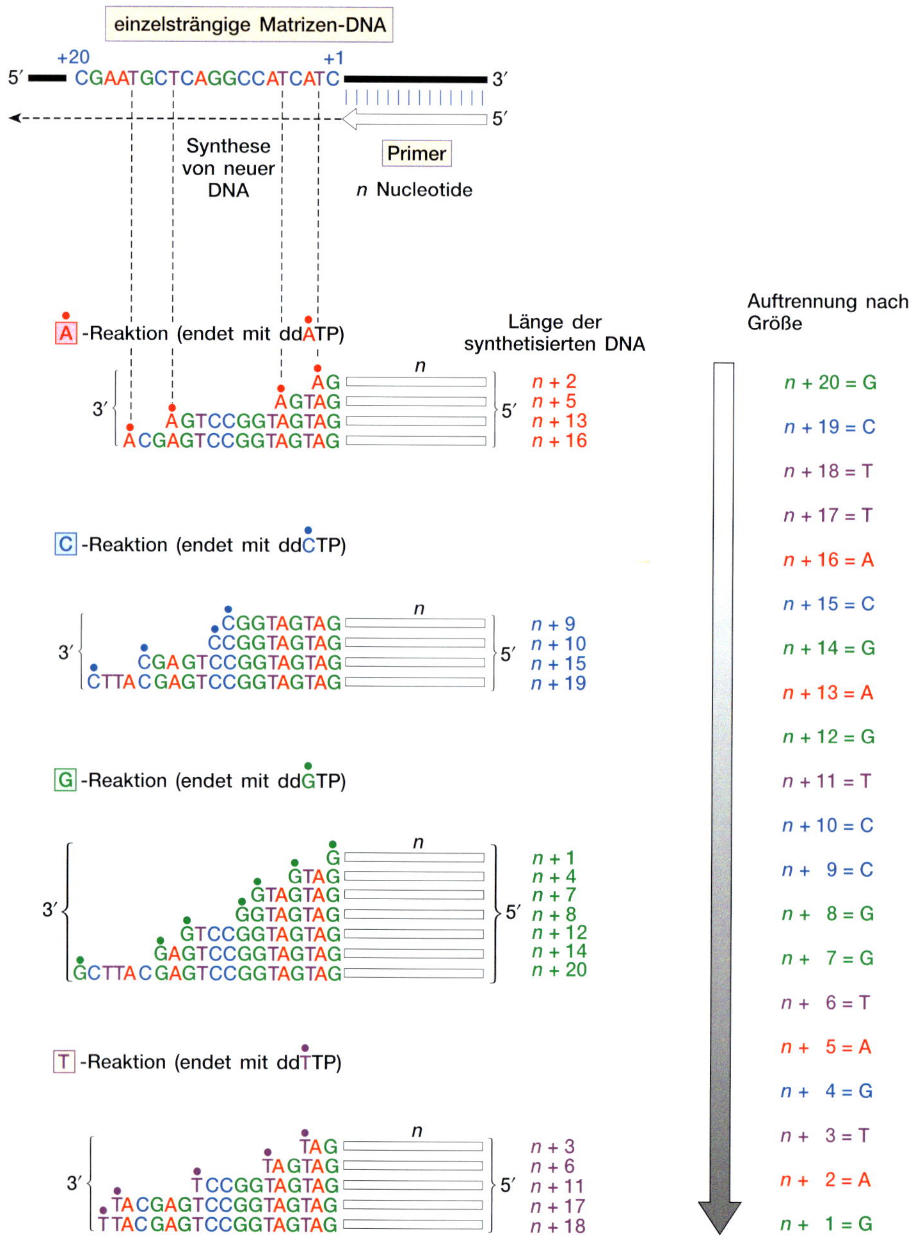

7.2 Die DNA-Sequenzierung mit Didesoxynucleotiden basiert auf dem zufälligen Einbau von basenspezifischen Kettenabbruch-Nucleotiden während der DNA-Synthese. Der Sequenzierungs-Primer bindet spezifisch an einen Bereich, der an der 3'-Seite an die eingefügte DNA angrenzt. Hier beginnt die Synthese des komplementären DNA-Stranges in der eingezeichneten Richtung. Vier basenspezifische Reaktionen werden parallel ausgeführt, jeder Ansatz enthält alle vier dNTPs und ein ddNTP. Die Kompetition des ddNTP mit den normalen dNTPs um den Einbau in die wachsende DNA-Kette führt zu einer Population von Fragmenten unterschiedlicher Länge. Die Fragmente haben ein übereinstimmendes 5'-Ende (festgelegt durch den Sequenzierungs-Primer), aber unterschiedliche 3'-Enden, abhängig davon, wo ein Didesoxynucleotid eingebaut wurde (in der Abbildung mit einem Punkt markiert). So setzt sich beispielsweise im A-spezifischen Reaktionsansatz die Kettenverlängerung solange fort, bis ein ddA-Nucleotid angehängt wird. So entsteht eine Population von DNA-Fragmenten mit den Längen $n + 2$, $n + 5$, $n + 13$, $n + 16$ Nucleotiden und so weiter. Bei einer Auftrennung nach Größe (rechts) erhält man für die Positionen $n = 1$ bis $n = 20$ die Sequenz 5'-GATGATGGCCTGAGCATTCG-3', die zur ganz oben dargestellten Sequenz komplementär ist.

7.1.2 Automatisierte Sequenzierung und Resequenzierung auf der Grundlage von Mikroarrays

Automatisierte DNA-Sequenzierung

Bei der **automatisierten DNA-Sequenzierung** benutzt man eine **Fluoreszenzmarkierung**: Die DNA wird durch Einbau eines Primers oder ddNTP markiert, die eine **Fluoreszenzgruppe** (eine chemische Gruppe, die fluoreszieren kann; Abschnitt 6.1.2) tragen. Durch Verwendung von vier verschiedenen Fluoreszenzgruppen in den vier basenspezifischen Reaktionen kann man im Gegensatz zur herkömmlichen DNA-Sequenzierung alle vier Ansätze auf eine einzige Gelspur laden. Bei der Elektrophorese misst ein Detektor die Fluoreszenzsignale und zeichnet sie auf, während die DNA eine bestimmte Stelle im Gel passiert (Abb. 7.3a). Das Ergebnis wird für jede der unterschiedlich gefärbten Fluoreszenzgruppen als Intensitätsprofil ausgegeben, gleichzeitig werden die Informationen digital gespeichert (Abb. 7.3b). Wenn man weiß, dass die DNA eine codierende Sequenz ist, lässt sich das Ergebnis direkt in die verschiedenen Leseraster zu einer möglichen Polypeptidsequenz übersetzen.

Bei vielen automatischen DNA-Sequenziergeräten wird die Elektrophorese in einem Polyacrylamidflachgel durchgeführt, wohingegen für Hochdurchsatz-DNA-Sequenzierungen häufig **Kapillarsequenzierer** zum Einsatz kommen. Hier wandern die DNA-Proben durch lange, sehr dünne Glaskapillaren, die mit einem Gel gefüllt sind (Meldrum 2000). Da man dabei keine großen Gele gießen muss, lässt sich ein höherer Automatisierungsgrad erreichen.

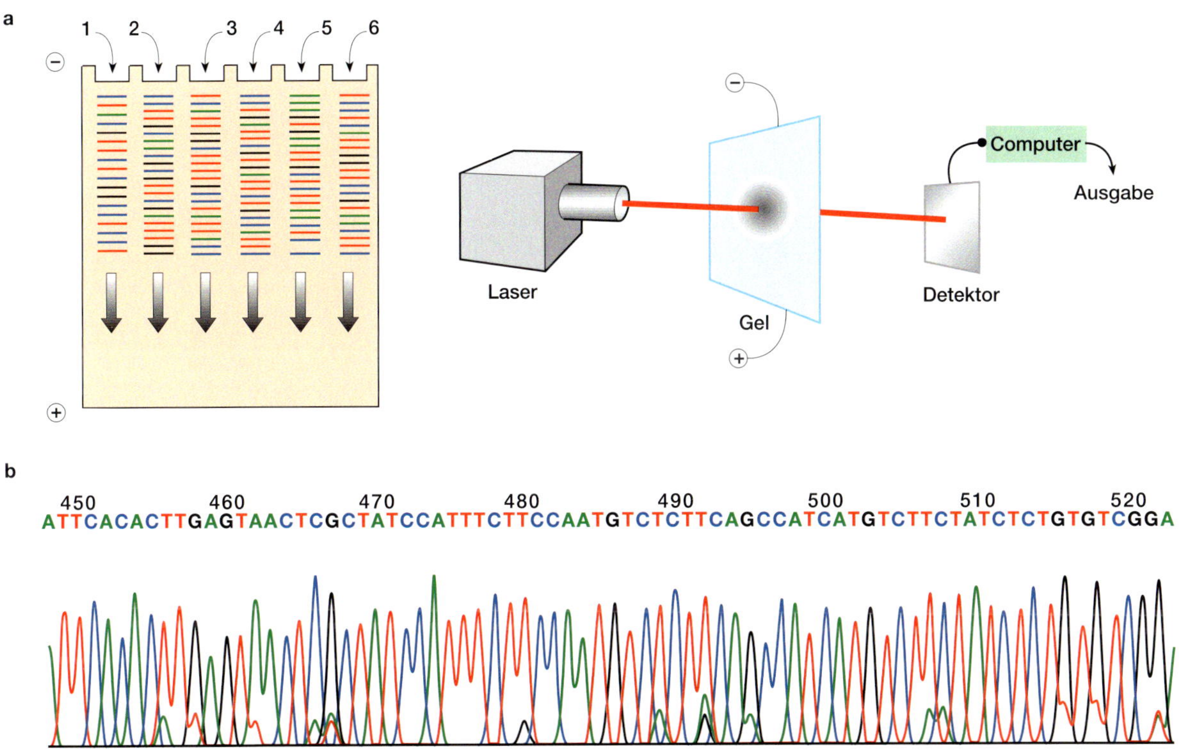

7.3 Automatisierte DNA-Sequenzierung mit fluoreszierenden Primern. a) Grundlagen der automatisierten DNA-Sequenzierung. Mit allen vier Reaktionsprodukten wird eine Spur des Elektrophoresegels oder eine einzige Gelkapillare beladen. Als Markierungen verwendet man für die vier basenspezifischen Reaktionen vier unterschiedliche Fluoreszenzfarbstoffe (die Markierung kann durch das basenspezifische ddNTP oder durch den Primer in die DNA eingeführt werden, in diesem Fall sind dann entsprechend den vier Reaktionen vier verschiedene Primer erforderlich). Während es Elektrophoreselaufs wird ein Laser auf eine bestimmte Position des Gels gerichtet. Sobald die einzelnen DNA-Fragmente diese Position passieren, lässt der Lichtstrahl die Farbstoffe fluoreszieren. Das Fluorezenzmaximum liegt für jeden der vier Farbstoffe bei einer anderen Wellenlänge. Die Information wird digital aufgezeichnet und die ausgelesene Sequenz in einer Computerdatenbank gespeichert. b) Beispiele für die Ausgabe der DNA-Sequenz. Abgebildet ist eine übliche Darstellung der Sequenzdaten als farbstoffspezifisches (und damit basenspezifisches) Intensitätsprofil mit aufeinanderfolgenden Maxima. Das Beispiel zeigt eine cDNA-Sequenz des kürzlich identifizierten menschlichen polyhomöotischen Gens *PHC3* (Tonkin et al. 2002). Die Daten wurden zur Verfügung gestellt von Dr. Emma Tonkin, Institute of Human Genetics, University of Newcastle upon Tyne, Großbritannien.

Resequenzierung mithilfe einer Mikroarrayhybridisierung

Sobald eine Sequenz bekannt ist, kann man sie als Bezugssequenz verwenden, um Oligonucleotide für eine **DNA-Sequenzierung durch Hybridisierung** herzustellen. Dafür synthetisiert man die Oligonucleotide *in situ* auf einer Glasoberfläche, um sie als Sonden für die Hybridisierung mit der DNA zu benutzen, die man sequenzieren will (Grundlagen der Oligonucleotidmikroarrays sind im Abschnitt 6.4.3 beschrieben).

Die Resequenzierung mittels Mikroarrayhybridisierung kann auf hoch automatisierte Weise erfolgen, wobei der Durchsatz dabei wesentlich höher ist als bei der automatisierten DNA-Sequenzierung. In einem Testlauf hat man die 16,5 kb umfassende DNA des menschlichen Mitochondriengenoms (mtDNA) resequenziert (Chee et al. 1996; Abb. 7.4), aber bei Sequenzierungen in sehr großem Maßstab mittels Mikroarrayhybridisierung steht man noch vor beträchtlichen technischen Herausforderungen.

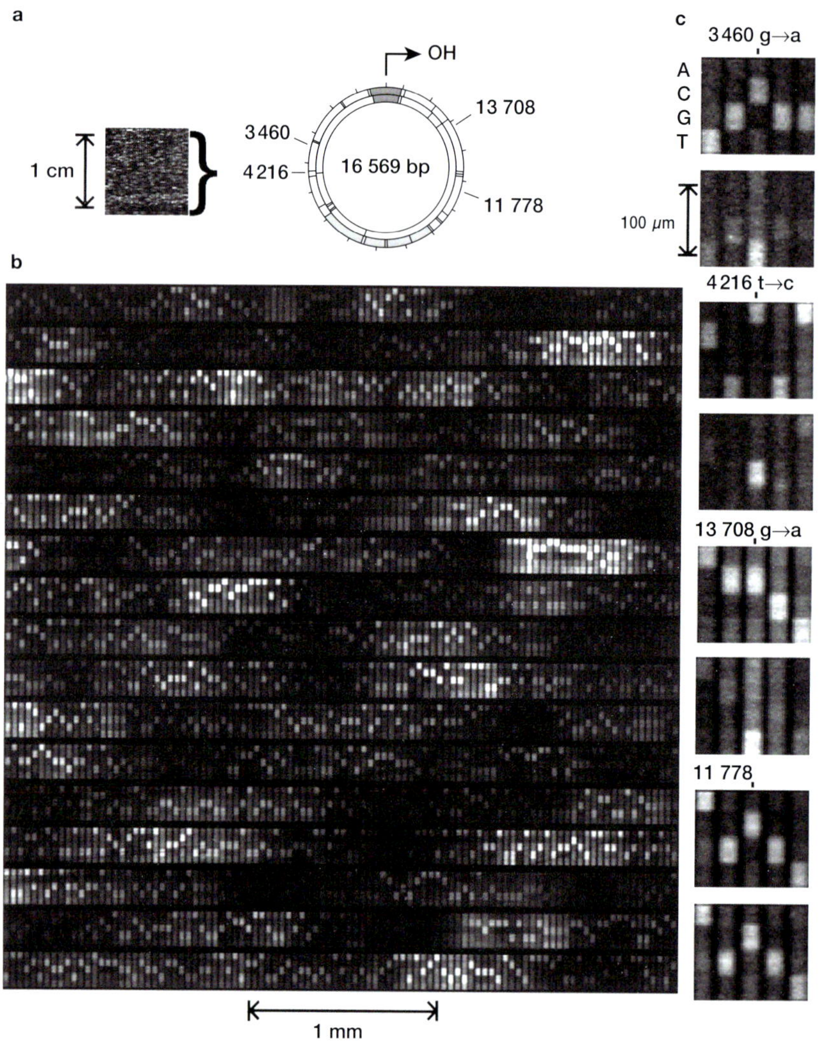

7.4 Resequenzierung des menschlichen Mitochondriengenoms durch Oligonucleotidmikroarray-Hybridisierung auf einem einzigen Chip. a) Darstellung des Array, der mit der mitochondrialen Ziel-RNA (L-Strang) von 16,6 kb Länge hybridisiert wurde, und einer Karte des mtDNA-Genoms. b) Vergrößerter Ausschnitt des Hybridisierungsmusters. c) Hier ist dargestellt, wie mit dem Array einzelne Basenunterschiede in der 16,6 kb langen RNA-Probe nachgewiesen werden. Man hat zwei verschiedene Zielsequenzen parallel mit zwei unterschiedlichen Chips hybridisiert. Die Hybridisierungsmuster werden anhand von vier unterschiedlichen Sequenzpositionen verglichen. Das obere Bild jedes Paares zeigt die Hybridisierung mit einer Standardsequenz, im unteren Bild ist das Muster abgebildet, das mit einer Probe von einem Patienten mit einer erblichen Leberoptikusatrophie entsteht. Eindeutig nachzuweisen sind drei bekannte pathogene Mutationen an den Nucleotiden 3 460, 4 216 und 13 708. Zum Vergleich zeigt das vierte Bildpaar einen Bereich um Position 11 778, der bei beiden Proben übereinstimmt. Nachdruck mit Genehmigung von Chee et al. (1996) *Science* 274, 610–614, American Association for the Advancement of Science.

7.1.3 Die einfache Genotypisierung durch Polymorphismen aufgrund von Restriktionsstellen und aufgrund der unterschiedlichen Anzahl von Tandemwiederholungen

Es gibt zwei grundlegende Arten von Polymorphismen, die sich für eine Genotypisierung mit einfachen Mitteln eignen: Restriktionsschnittstellen-Polymorphismen (RSP) und VNTR-Polymorphismen (*variable number of tandem repeats*). Exkurs 7.2 befasst sich mit verschiedenen daraus abgeleiteten Polymorphismen.

RSP-Genotypisierung

Wenn man die Anfälligkeit gegenüber verbreiteten Krankheiten untersucht, nutzt man häufig Einzelnucleotid-Polymorphismen (SNP). Es gibt eine Reihe verschiedener automatisierter Hochdurchsatzverfahren zur Genotypisierung, um diese Polymorphismen nachzuweisen (Exkurs 18.2). Bei einer Untergruppe der Einzelnucleotid-Polymorphismen kommt es zum Zugewinn oder zum Verlust einer Restriktionsschnittstelle (**Restriktionsschnittstellen-Polymorphismen** oder **RSP**); sie lassen sich häufig durch einfache Genotypisierungsmethoden nachweisen.

Früher hat man RSP-Marker durch Southern-Blots charakterisiert, indem man mithilfe einer Sonde für einen nahe gelegenen Bereich das veränderte Restriktionsfragment nachgewiesen hat. Bei Anwen-

Exkurs 7.2: Allgemeine Klassen von DNA-Polymorphismen, die einer einfachen Genotypisierung zugänglich sind

Wie in Kapitel 11 genauer ausgeführt wird, können DNA-Varianten auf verschiedenen Ebenen auftreten. Gelegentlich kommt es zu umfassenden Veränderungen wie Duplikationen, Insertionen, Deletionen und Transpositionen von DNA-Abschnitten im Umfang von mehreren Kilobasen bis sogar Megabasen. Einige von ihnen stehen im Zusammenhang mit Krankheiten, andere nicht. Die häufigsten DNA-Veränderungen betreffen jedoch einzelne Nucleotide: Substitutionen, Insertionen und Deletionen. Sie hängen im Allgemeinen nicht mit Krankheiten zusammen, sofern sie nicht eine codierende Sequenz oder eine wichtige regulatorische Sequenz betreffen. Das Auftreten von DNA-Varianten bezeichnet man als **Polymorphismus**, wenn sie in einer Population weit genug verbreitet sind, dass man sie nicht als wiederholte Mutation erklären kann (Abschnitt 11.1). Polymorphismen, die einer Genotypisierung einfach zugänglich sind, lassen sich in zwei Gruppen einteilen:

- **SNP** (***single nucleotide polymorphism***; Einzelnucleotidpolymorphismus). Ein SNP ist ein Polymorphismus, der aufgrund der Veränderung eines einzigen Nucleotids entsteht. Der Nachweis erfolgt im Allgemeinen durch DNA-Sequenzierung (Abschnitte 7.1.1 und 7.1.2) oder Primer-Verlängerungstests (Exkurs 18.2).
- **VNTR-Polymorphismus (*variable number of tandem repeats*).** Dieser Polymorphismus entsteht durch die Instabilität einer Tandemfolge von repetitiven DNA-Sequenzen, sodass sich die Anzahl der Wiederholungen verändert. Das betrifft allgemein den Mikrosatelliten- und den Minisatelliten-VNTR-Polymorphismus (siehe unten), bezieht sich aber häufig auch in ungenauer Weise allein auf die Klasse der Minisatelliten-DNAs.

Es gibt einige abgeleitete Untergruppen der oben aufgeführten Polymorphismen:

- **RSP** (***restriction site polymorphism***; Restriktionsschnittstellen-Polymorphismus). Ein RSP ist eine Untergruppe der Einzelnucleotidpolymorphismen, wobei die Veränderung des Nucleotids zum Verlust oder Zuwachs einer Restriktionsschnittstelle führt. Der Nachweis kann durch PCR oder eine Southern-Hybridisierung erfolgen. Im zweiten Fall bezeichnet man den Polymorphismus auch als RFLP (siehe unten).
- **RFLP** (***restriction fragment length polymorphism***; Restriktionsfragment-Längenpolymorphismus). Hier kommt es zu einer Veränderung der Längen von Restriktionsfragmenten, die sich mit einer Southern-Hybridisierung erkennen lässt. Der Polymorphismus hat zwei mögliche Ursachen:
  - Das Ergebnis eines Restriktionsschnittstellen-Polymorphismus (siehe oben).
  - Das Ergebnis einer Längenvariabilität, wenn sich in dem Restriktionsfragment eine mittellange Folge von VNTR-Tandemwiederholungen befindet. Die flankierenden Restriktionsschnittstellen verändern sich nicht, aber der Bereich dazwischen kann abhängig von der Anzahl der Wiederholungen länger oder kürzer sein.
- **Mikrosatelliten-VNTR.** Dieser Polymorphismus wird auch als **Polymorphismus kurzer Tandemwiederholungen** (*short tandem repeat polymorphism*, **STRP**) oder **Polymorphismus einfacher Wiederholungssequenzen** (*simple sequence repeat polymorphism*, **SSRP**) bezeichnet. Hier ist sowohl die Wiederholungsfolge (normalerweise weniger als 100 bp) als auch die Wiederholungseinheit (1 – 4 bp) kurz (siehe auch Abschnitt 9.4.3).
- **Minisatelliten-VNTR** (die häufig allein verwendete Abkürzung VNTR ist verwirrend). Hier besitzt die Wiederholungsfolge eine mittlere Länge und die Wiederholungseinheit ist häufig zwischen 9 und 65 bp lang (siehe auch Abschnitt 9.4.2).

dung dieses Testes bezeichnete man RSPs auch als **Restriktionsfragment-Längenpolymorphismen** (**RFLP**; Grundlagen siehe Abbildung 7.5a). Heute ist es jedoch einfacher, RSPs durch ein PCR-Verfahren zu charakterisieren: Man stellt Primer her, die die polymorphe Restriktionsschnittstelle flankieren; das amplifizierte Produkt wird mit dem passenden Restriktionsenzym geschnitten und die Fragmente werden in einer Agarosegelelektrophorese nach der Größe aufgetrennt (Abb. 7.6).

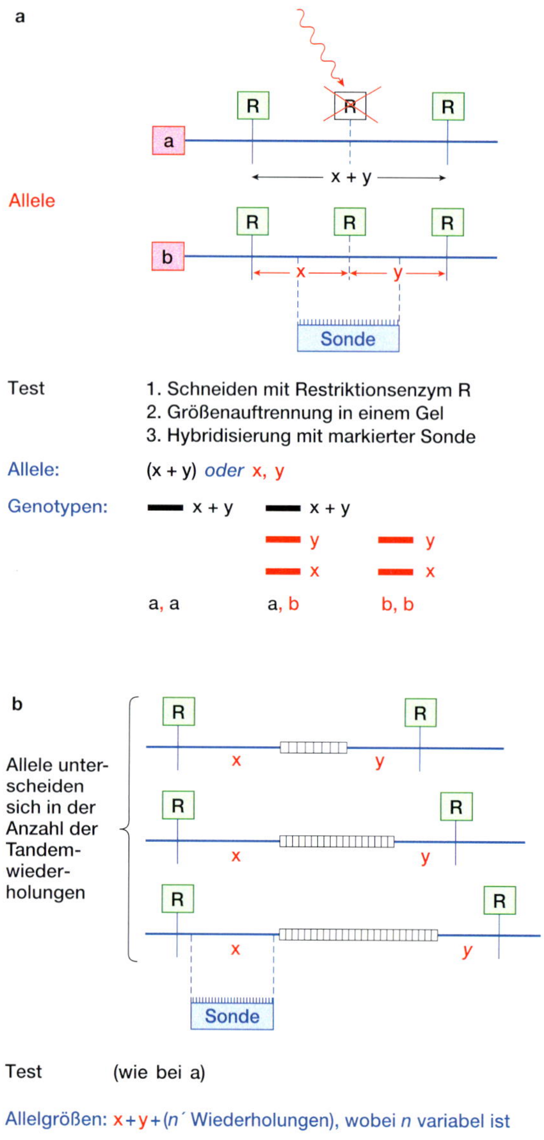

7.5 Charakterisierung eines RFLP durch einen Hybridisierungstest. a) Untersuchung eines RSP-artigen RFLP. Dies ist die normale Form eines RFLP; sie wird verursacht durch eine geringfügige Änderung der DNA-Sequenz, die zum Verlust oder Zuwachs einer Restriktionsschnittstelle führt. Diese Art von Polymorphismus lässt sich am einfachsten mithilfe einer PCR nachweisen (Abb. 7.6). b) Untersuchung eines VNTR-artigen RFLP. Einen Hybridisierungstest wendet man nur an, wenn die Ausdehnung und Verkürzung des VNTR deutlich erkennbare Längenunterschiede verursacht. Im anderen Fall ist ein PCR-Test vorzuziehen.

Genotypisierung von VNTR-Polymorphismen

Mikrosatellitenpolymorphismen sind eine Form von VNTR-Polymorphismen, bei denen die Wiederholungseinheit kurz und die Zahl der Wiederholungen gering ist (alternative Bezeichnungen in Exkurs 7.2). Daher ist es sinnvoll, die Charakterisierung mithilfe einer PCR durchzuführen. Die Primer müssen dabei aus Sequenzen abgleitet werden, von denen man weiß, dass sie einen spezifischen Mikrosatellitenlocus flankieren. Dadurch unterscheiden sich die amplifizierten Allele aufgrund der Anzahl der enthaltenen Wiederholungen (Abb. 7.7). Die PCR-Produkte kann man in einer Polyacrylamidgelelektrophorese der Größe nach auftrennen. Normalerweise verwendet man bei der PCR ein radioaktives oder fluoreszenzmarkiertes Nucleotid, das in die kurzen PCR-Produkte eingebaut wird und so einen Nachweis ermöglicht. Um die Größenauftrennung der Allele effizient durchzuführen, werden die PCR-Produkte vor der Elektrophorese denaturiert. In Abbildung 7.8 ist als Beispiel die Verwendung eines $(CA)_n$-Mikrosatelliten dargestellt.

VNTR-Minisatellitenpolymorphismen charakterisiert man häufig durch eine Southern-Blot-Hybridisierung. Die DNA wird mit einem oder mehreren Restriktionsenzymen an Stellen geschnitten, die die gewünschte VNTR-Sequenz eng flankieren. Dadurch erhält man ein Restriktionsfragment, das die VNTR-Sequenz und benachbarte spezifische DNA-Sequenzen beinhaltet. Eine Sonde für die spezifische Sequenz kann dann Längenunterschiede in Form eines RFLP aufzeigen (Abb. 7.5b).

7.2 Identifizierung von Genen in klonierter DNA und Ermittlung ihrer Struktur

Die Identifizierung von Genen in klonierter DNA beruht darauf, genspezifische Eigenschaften zu finden. Es gibt zwei wichtige Unterschiede zwischen der DNA von Genen und nichtcodierender DNA: starke *Konservierung* in der Evolution und die *Expression* von RNA-Transkripten. RNA-Transkripte werden überwiegend gespleißt und zu Polypeptiden translatiert (sie haben also lange **offene Leseraster** (*open reading frames*, **ORF**). Darüber hinaus sind Gene der Wirbeltiere häufig mit **CpG-Inseln** assoziiert (Exkurs

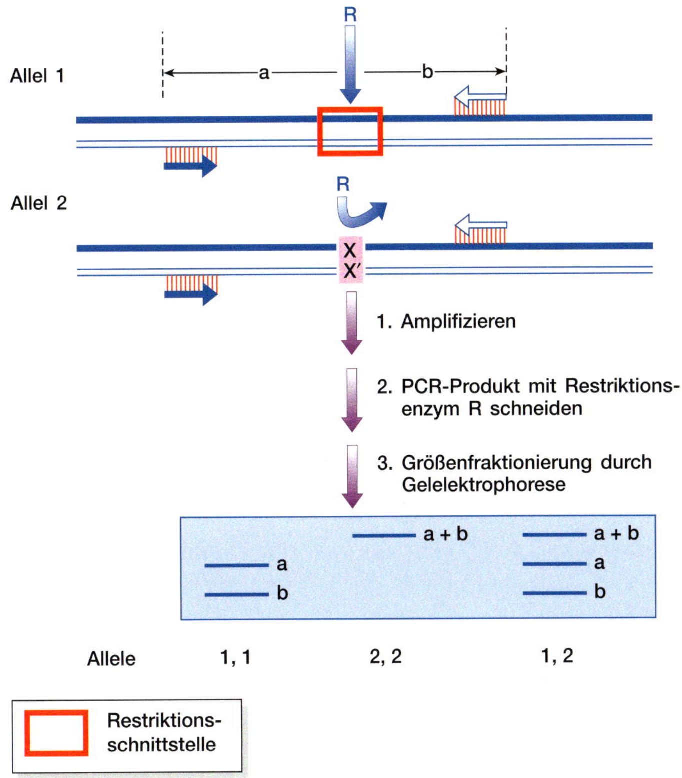

7.6 Ein Restriktionsschnittstellen-Polymorphismus lässt sich, als Alternative zu einem arbeitsaufwendigen RFLP-Test, mithilfe einer PCR leicht charakterisieren. Die Allele 1 und 2 unterscheiden sich durch einen Polymorphismus, der die Nucleotidsequenz einer spezifischen Schnittstelle für das Restriktionsenzym verändert. Allel 1 enthält die Stelle, Allel 2 weist ein verändertes Nucleotid (X') auf, sodass die Stelle hier fehlt. PCR-Primer stellt man aus Sequenzen her, die die Schnittstelle flankieren, damit ein kurzes Produkt entsteht. Durch Behandlung des PCR-Produkts mit dem Enzym R und die anschließende Auftrennung nach Fragmentgröße ermöglicht eine einfache Unterscheidung der beiden Allele.

9.3). Aufgrund dieser Eigenschaften hat man eine Reihe verschiedener Methoden für die Identifizierung von Genen in klonierter Wirbeltier-DNA entwickelt (Monaco 1994).

Routineverfahren für die Identifizierung von Genen

Sobald Klone mit genomischer DNA zur Verfügung standen, hat man bisher immer in einem ersten Schritt die Gene aufgrund einfacher Methoden identifiziert. Für den Nachweis einer Expression gibt es Standardverfahren wie das Durchmustern von cDNA-Bibliotheken (Abschnitt 5.3.5), die RT-PCR (Abschnitt 5.2.1) oder die Hybridisierung von Testsonden mit Northern-Blots (Abb. 6.13). Später erweitert man die Expressionstests auch auf *in situ*-Hybridisierungen mit RNA in Gewebeschnitten (Abb. 6.15). Wenn man alternativ nach einer Konservierung der Sequenzen in der Evolution suchen will, erweisen sich **Zoo-Blots** als sehr nützlich, um Sequenzen aufzuspüren, die in einem Spektrum von Spezies stark konserviert sind (Abb. 7.9). In neuerer Zeit haben Sequenzdatenbanken für die Suche nach Homologien und die Identifizierung von Genen große Bedeutung erlangt: Wenn eine Testsequenz mit einer codierenden Sequenz eng verwandt ist, ist die Wahrscheinlichkeit hoch, dass es sich dabei auch um eine codierende Sequenz handelt (Exkurs 7.3).

Neben den Routineverfahren gibt es zwei speziellere Methoden für die Identifizierung von Genen: gezielte Exonisolierung (*exon trapping*; ein künstliches Spleißsystem) und die cDNA-Selektion.

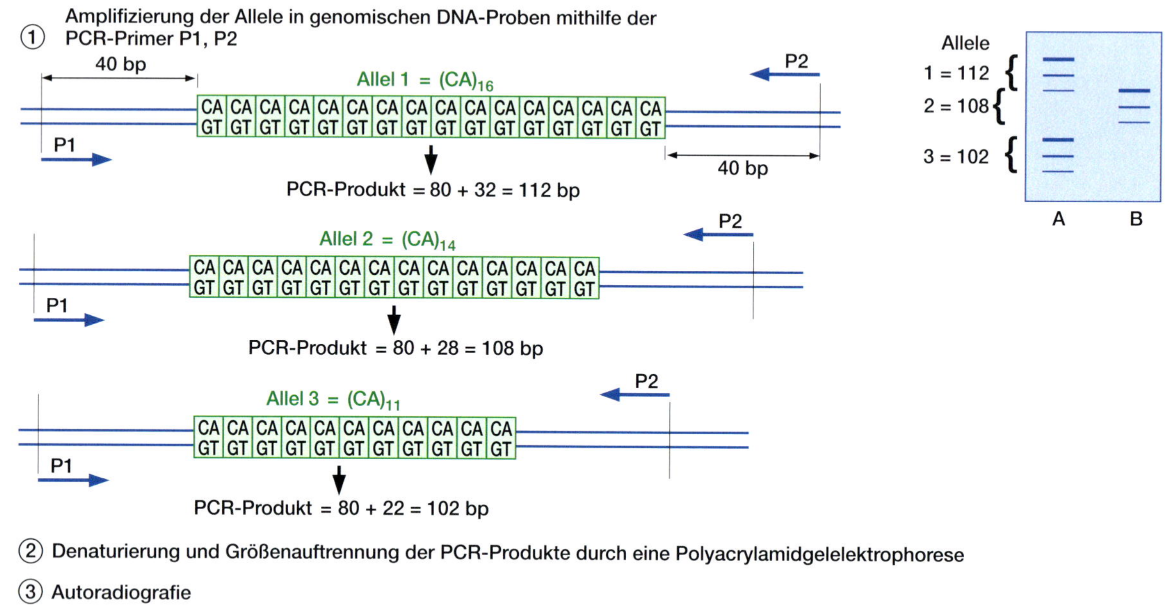

7.7 Mithilfe der PCR kann man kurze Tandemwiederholungs-Polymorphismen (*short tandem repeat polymorphisms*; STRP) charakterisieren. Dargestellt ist die Charakterisierung eines Mikrosatellitenmarkers, hier eines (CA)/(TG)-Dinucleotid-Wiederholungs-Polymorphismus, der aufgrund der unterschiedlichen Anzahl der (CA)/(TG)-Wiederholungen drei Allele aufweist. Auf der Autoradiografie erscheint jedes Allel durch eine obere Hauptbande und zwei Neben- oder „Schattenbanden" (Abb. 7.8). Die Personen A und B haben folgende Genotypen: A (1,3); B (2,2).

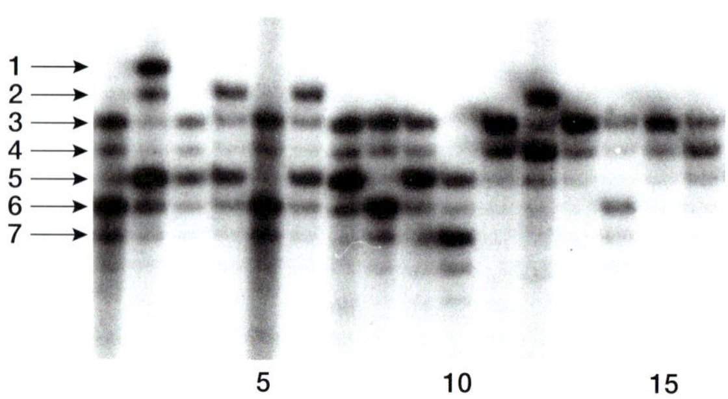

7.8 Beispiel für die Charakterisierung einer CA-Wiederholung. Dargestellt ist die Charakterisierung von Mitgliedern einer großen Familie mit dem (CA)/(TG)-Marker *D17S800*. Die Pfeile links kennzeichnen die jeweils oberste (Haupt-)Bande bei den verschiedenen Allelen 1–7. Die einzelnen Allele zeigen eine starke obere Bande, auf die zwei untere „Schattenbanden" folgen, von denen eine mit mittlerer Intensität unmittelbar unter der oberen starken Bande liegt und die zweite mit schwacher Intensität unmittelbar unter dieser ersten „Schattenbande". Die Genotypen der einzelnen Individuen sehen folgendermaßen aus: 1 (3,6); 2 (1,5); 3 (3,5); 4 (2,5); 5 (3,6); 6 (2,5); 7 (3,5); 8 (3,6); 9 (3,5); 10 (5,7); 11 (3,3); 12 (2,4); 13 (3,3); 14 (3,6); 15 (3,3); 16 (3,4). Bei Spur 16 ist die mittlere Bande besonders intensiv, da sie sowohl die Hauptbande von Allel 4 als auch die obere „Schattenbande" von Allel 3 enthält. Man nimmt an, dass Fehlpaarungen durch verschobene Stränge (Abschnitt 11.3.1) die wichtigste Ursache für die Erzeugung von Schattenbanden bei Tandemwiederholungen von Dinucleotiden sind (Hauge und Litt 1993).

7.2.1 Bei der gezielten Exonisolierung kann man exprimierte Sequenzen mithilfe eines künstlichen RNA-Spleißtests erkennen

Beim RNA-Spleißen kommt es auf RNA-Ebene zu einer Verknüpfung von Exonsequenzen, wobei die Introns herausgeschnitten werden. Spleißosomen können das *in vivo* bewerkstelligen, indem sie bestimmte Sequenzen an den Grenzen zwischen Introns und Exos erkennen: eine **Spleißdonor**sequenz an der Verbindung zwischen einem Exon und dem stromabwärts (3') liegenden Intron, eine **Spleißakzeptor**sequenz an der Verbindung zwischen einem Exon und dem stromaufwärts (5') liegenden Intron (Abb. 1.15). Ein Cosmid oder ein anderer Klon mit genomischer DNA, der ein Exon enthält, das zwischen zwei Introns liegt, besitzt demnach funktionsfähige Spleißdonor- und Spleißakzeptorsequenzen.

Exons kann man in klonierter genomischer DNA identifizieren, indem man die DNA in einem Expressionsvektor kloniert und damit eine geeignete eukaryotische Zelllinie transfiziert. Hier wird die DNA zu RNA transkribiert, und die Transkripte werden gespleißt. Eine solche Methode bezeichnet man als **gezielte Exonisolierung** (oder **Exonamplifizierung**, wenn man die gepleißte RNA mithilfe einer PCR in

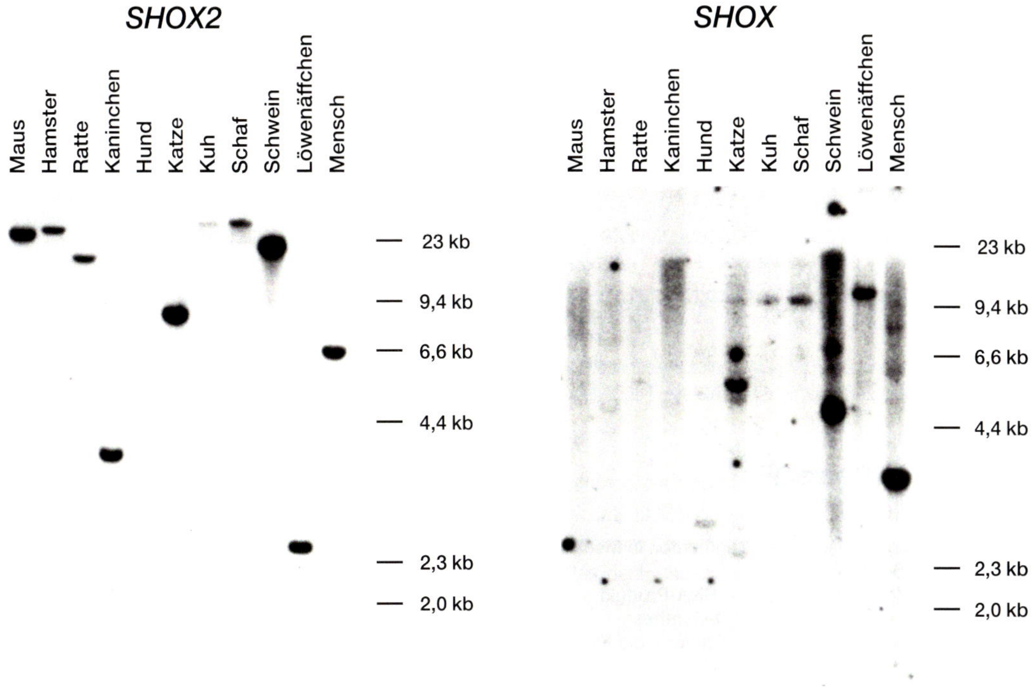

7.9 Durch eine Zoo-Blot-Hybridisierung lassen sich in der Evolution konservierte Sequenzen identifizieren. Einige Gene zeigen eine außergewöhnliche Konservierung bei den verschiedenen Spezies, einige jedoch eine geringere (was dieses Beispiel veranschaulicht). Das menschliche *SHOX*-Gen liegt in der pseudoautosomalen Hauptregion an der Spitze von Xp/Yp (Abb. 12.15). Dieser Locus ist verantwortlich für einige Minderwuchssyndrome, die durch Skelettanomalien gekennzeichnet sind und möglicherweise einen wichtigen Anteil am Turner-Syndrom haben. Der Locus ist bei verschiedenen Säugern konserviert, fehlt aber bei Nagetieren (rechtes Bild, linke Spuren). Ursache ist eine frühere Gendeletion während der Evolution, in einer frühen Phase der Linie, die dann zu den Nagetieren führte. Die vor kurzem abgeschlossene Sequenzierung des Mausgenoms bestätigte das Fehlen eines *SHOX*-homologen Gens. Das verwandte autosomale *SHOX2*-Gen ist wesentlich stärker konserviert (linkes Bild). Nachdruck aus: Clement-Jones et al. (2000) *Human Molec Genet* 9: 696, mit Genehmigung von Oxford University Press.

cDNA umschreibt und so die Exons isoliert). So wird beispielsweise bei dem Verfahren von Church et al. (1994) die DNA im Plasmid-Expressionsvektor pSPL3 subkloniert (Abb. 7.10a), der ein **künstliches Minigen** enthält, das wiederum in einer geeigneten Wirtszelle exprimiert werden kann. Das Minigen umfasst einen Abschnitt des SV40-Virusgenoms mit einem Replikationsursprung und einer starken Promotorsequenz, außerdem zwei spleißfähige Exons, die durch ein Intron mit einer multiplen Klonierungsstelle getrennt sind, sowie eine SV40-Polyadenylierungsstelle.

Die rekombinante DNA wird durch Transfektion auf **COS-Zellen** übertragen, die jede ringförmige DNA, die einen SV40-Replikationssursprung enthält, unabhängig von der zellulären DNA replizieren. Die Transkription vom SV40-Promotor führt zu einem RNA-Transkript, das nach dem Spleißen normalerweise die beiden Exons des Minigens enthält. Wenn die in das Intron klonierte DNA jedoch ein funktionsfähiges Exon enthält, wird dieses mit den Exons des Minigens im Vektor zusammengespleißt. Nach Herstellen einer cDNA-Kopie mithilfe der Reversen Transkriptase kann man in einer PCR und unter Verwendung von Primern, die für die Exonsequenzen des Vektors spezifisch sind, zwischen dem normal gespleißten Produkt und einem Produkt, das ein zusätzliches Exon aus der klonierten DNA enthält, unterscheiden (Abb. 7.10b).

7.2.2 Bei der cDNA-Selektion kann man exprimierte Sequenzen in Klonen mit genomischer DNA durch die Bildung von Heteroduplices erkennen

Bei der **cDNA-Selektion** hybridisiert man eine klonierte komplexe DNA, etwa das Insertionsfragment in einem YAC, mit einer komplexen Mischung von cDNAs, beispielsweise aus allen Insertionsfragmenten einer cDNA-Bibliothek (Lovett 1994). Dieser Methode liegt das Prinzip zugrunde, dass cDNAs, die

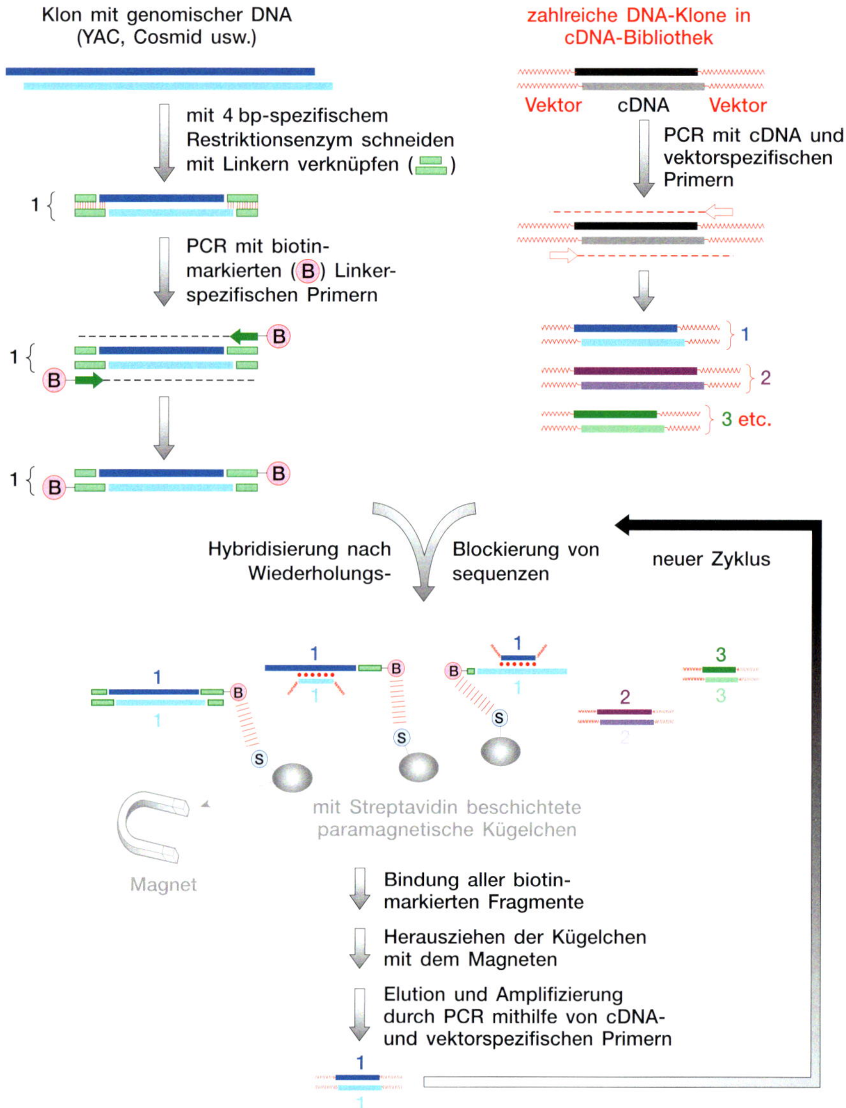

7.11 cDNA-Selektion durch Festhalten mit magnetischen Partikeln. Die Methode basiert auf der Ausbildung von Heteroduplices zwischen Einzelsträngen eines einzelnen Klons mit genomischer DNA (1) und einer komplexen DNA-Population, zum Beispiel Insertionsfragmente einer cDNA-Bibliothek (1, 2, 3 und so weiter). Die genomischen DNA-Stränge werden mit einer Biotingruppe markiert (die an den PCR-Primern befestigt ist und so bei der Amplifizierung in die DNA eingebaut wird). Durch die Hybridisierungsreaktion können Heteroduplices mit cDNA-Klonen entstehen, die mit der klonierten genomischen DNA verwandt sind. Im dargestellten Beispiel trifft dies auf den genomischen DNA-Klon 1 und den cDNA-Klon 1 zu, das heißt, beide Klone enthalten übereinstimmende Sequenzen, sodass sich Stränge mit entgegengesetzter Orientierung zusammenlagern und einen Heteroduplexstrang ausbilden können. Hybridisierungsprodukte mit einer Biotingruppe (also auch Heteroduplices aus genomischer DNA und cDNA) binden an paramagnetische Kügelchen, die mit Streptavidin beschichtet sind, und können so mit einem Magneten von den übrigen Reaktionskomponenten getrennt werden. Die biotinhaltigen Moleküle werden von den so erhaltenen Partikeln eluiert, und man kann die gebundene cDNA amplifizieren. Dafür verwendet man spezifische Primer für Sequenzen der Vektor-DNA, die die cDNA flankieren. Mit der so erhaltenen DNA-Population führt man weitere Hybridisierungsschritte durch, um die gewünschte cDNA anzureichern.

7.2.3 Isolierung von vollständigen cDNA-Sequenzen: überlappende Klone und die RACE-PCR-Amplifizierung

Ein erster wichtiger Schritt, zur Definierung einer Genstruktur, ist die Isolierung einer *vollständigen* cDNA-Sequenz und die Identifizierung der Translationsstart- und Endpunkte sowie der Polyadenylierungsstelle(n).

Ermittlung von überlappenden Klonen

Um eine vollständige cDNA-Sequenz zu erhalten, durchsucht man zuerst viele verschiedene cDNA-Bibliotheken und kartiert dann die Überlappungen zwischen positiven Klonen (durch Sequenzierung oder durch Verfahren auf der Basis von PCR oder Hybrisierungen). So erhält man eine Reihe von überlappenden cDNA-Klonen, ein so genanntes **cDNA-Klon-Contig** (beispielsweise das cDNA-Contig für die Cystische Fibrose; Riordan et al. 1989). Eine Sequenzierung aller oder einiger ausgewählter Klone führt schließlich zu einer Consensussequenz, die eine vollständige cDNA-Sequenz darstellt.

RACE-PCR zur Verlängerung kurzer cDNAs

Mit der RT-PCR kann man eigentlich Transkripte bestimmen, eine Variante dieser Methode eignet sich jedoch besonders gut zur effektiven Verlängerung von kurzen cDNA-Fragmenten, um schließlich eine vollständige cDNA zu erhalten: Die **RACE-PCR** (*rapid amplification of cDNA ends*; Frohman et al. 1988) ist eine Kombination aus Anker-PCR und RT-PCR. Das Ziel ist, Sequenzen zwischen einer bereits bekannten mRNA-Region (cDNA) und einer **Ankersequenz**, die am 5' oder 3'-Ende liegt, zu amplifizieren. Für die bekannte Sequenz und eine geeignete Ankersequenz wird je ein Primer hergestellt (Abb. 7.12).

7.2.4 Die Kartierung von Transkriptionsstartpunkten und die Bestimmung von Exon-Intron-Grenzen

Wichtige regulatorische Sequenzen liegen häufig in der Nähe von Transkriptionsstartpunkten. Obwohl mit der 5'-RACE-PCR Sequenzen vom 5'-Ende einer mRNA erfasst werden können (und damit auch der Startpunkt der Transkription), benutzt man dafür bevorzugt zwei andere Methoden: Nuclease-S1-Schutz und Primer-Verlängerung. Die Exon-Intron-Struktur lässt sich durch Abgleich der cDNA mit verwandten genomischen DNA-Klonen ermitteln. Anschließend kann man die Charakterisierung des Gens vervollständigen, indem man in genomischer DNA Promotorregionen, 5'- und 3'-flankierende Bereiche und die Introns sequenziert.

Nuclease-S1-Schutz

Die Nuclease S1 ist ein Enzym des Schimmelpilzes *Aspergillus oryzae*, das einzelsträngige RNA und DNA schneidet, nicht jedoch doppelsträngige Moleküle. Um den Transkriptionsstartpunkt eines Gens zu kartieren, benötigt man einen genomischen DNA-Klon, der mutmaßlich den Startpunkt enthält. Der DNA-Klon wird dann mit einer geeigneten Restriktionsendonuclease geschnitten, um ein Fragment zu erhalten, in dem sich der Startpunkt befinden kann. Wie in Abbildung 7.13a dargestellt ist, ergibt sich aufgrund der Hybridisierung mit der zugehörigen mRNA und der anschließenden Behandlung mit der S1-Nuclease der Abstand des Transkriptionsstartpunktes vom unmarkierten Ende des Restriktionsfragments. Wenn eine genauere Bestimmung erforderlich ist, kann man die markierten DNA-Fragmente des Heteroduplexstranges mit einem chemischen Verfahren sequenzieren (Maxam und Gilbert 1980). Auf sehr ähnliche Weise lässt sich die Nuclease-S1-Kartierung auch für die Untersuchung anderer Grenzbereiche zwischen codierender und nichtcodierender DNA anwenden, beispielsweise bei Exon-Intron-Grenzen (siehe unten) oder dem 3'-Ende eines Transkripts.

Primer-Verlängerung

Diese Methode ähnelt sehr der S1-Nuclease-Schutz-Methode. In diesem Fall muss nur das Restriktionsfragment kürzer sein als die mRNA und der Überhang wird mithilfe der Reversen Transkriptase aufgefüllt (Abb. 7.13b). Auch hier ist eine genauere Lokalisierung des Transkriptionsstartpunktes durch eine chemische Sequenzierung des markierten DNA-Stranges nach Maxam und Gilbert (1980) möglich.

Bestimmung der Exon-Intron-Struktur

Nicht alle menschlichen Gene enthalten Introns (Tab. 9.5), wenn sie aber vorhanden sind, können sie viel größer sein als Exons. Die Anwesenheit von Introns lässt sich durch eine Vergleichskartierung von genomischer DNA und der zugehörigen cDNA feststellen. Sobald die gesamte cDNA sequenziert wurde, kann man von verschiedenen Abschnitten Primer herstellen und bei einer **zyklischen DNA-Sequenzierung** einsetzen, wobei denaturierte genomische Klone als Matrizen dienen (Exkurs 7.1). Die so erhaltenen Sequenzen sollten über Exon-Intron-Grenzen

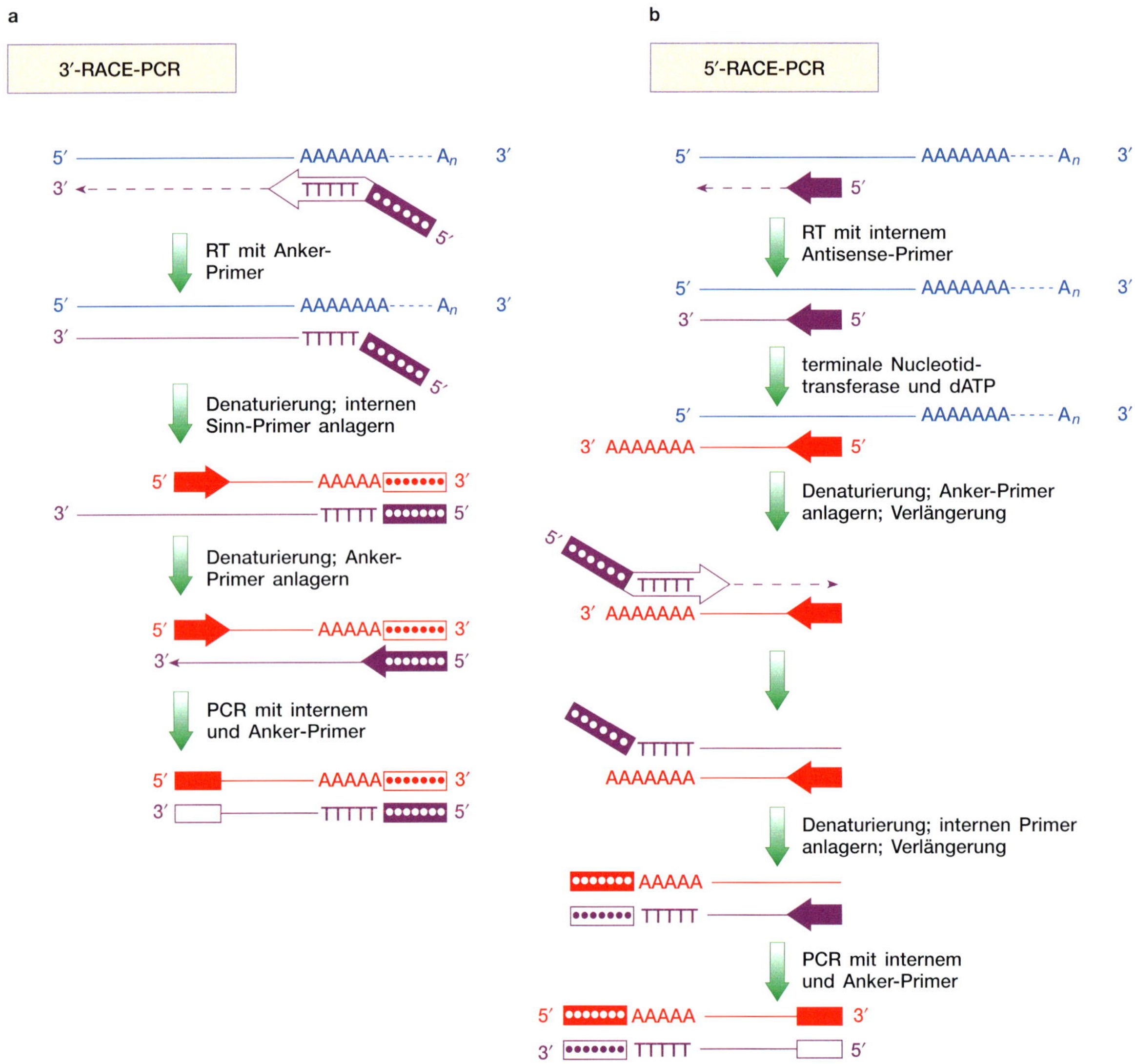

7.12 Die RACE-PCR ermöglicht die Isolierung von Sequenzen am 5'- und 3'-Ende von klonierter cDNA. Bei einem ersten Schritt der RACE-PCR wird durch eine so genannte **5'-*add-on*-Mutagenese** eine spezifische Endsequenz an die DNA gehängt (Abschnitt 5.5.3). a) 3'-RACE-PCR. Ein Antisense-Primer mit einer spezifischen 5'-Verlängerungssequenz (*Ankersequenz* mit häufig über 15 Nucleotiden Länge) dient als Startpunkt der reversen Transkription und wird so in die cDNA (violett) eingebaut. Dann verwendet man einen Sinn-Primer, der im Inneren der cDNA-Sequenz bindet und erzeugt so einen kurzen zweiten Strang, der mit einer Sequenz endet, die zur ursprünglichen Ankersequenz komplementär ist. Danach beginnt man mit der PCR und verwendet dabei den internen Sinn-Primer und den Ankersequenz-Primer. b) 5'-RACE-PCR. Hier dient ein interner Antisense-Primer als Startpunkt für die Synthese eines partiellen ersten cDNA-Stranges (violett) von einer mRNA-Matrize (blau). Mithilfe der terminalen Transferase hängt man an das 3'-Ende der cDNA eine Poly(dA)-Sequenz an. Die Synthese des zweiten Stranges beginnt an einem Sinn-Primer mit einer spezifischen 5'-Verlängerung (Ankersequenz). Dieser Strang dient als Matrize für einen weiteren Syntheseschritt mit einem internen Primer, um eine komplementäre Kopie der Ankersequenz zu erzeugen. Die PCR erfolgt dann unter Verwendung des internen und des Ankersequenz-Primers.

hinausreichen, außer wenn ein Exon sehr groß ist (dann müssen weitere Sequenzierungs-Primer hergestellt werden). Wenn ein Genom bereits sequenziert wurde, braucht man jedoch nur die cDNA-Klone mit der verfügbaren Genomsequenz zu vergleichen.

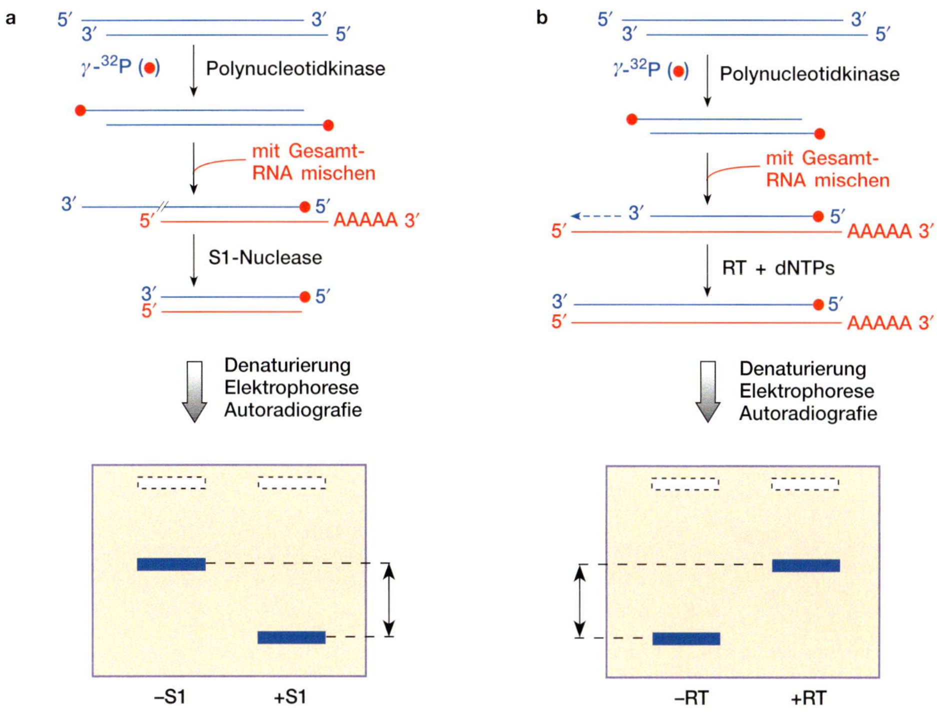

7.13 Der Startpunkt der Transkription lässt sich durch eine Nuclease-S1-Kartierung oder die Methode der Primer-Verlängerung bestimmen. a) Nuclease-S1-Schutz-Test. Ein Restriktionsfragment vom 5'-Ende eines klonierten Gens enthält möglicherweise den Startpunkt der Transkription. Es wird an den 5'-Enden markiert, dann denaturiert und mit Gesamt-RNA aus Zellen gemischt, in denen das gesuchte Gen exprimiert wird. Die entsprechende mRNA kann mit dem DNA-Antisense-Strang hybridisieren und es bilden sich RNA-DNA-Heteroduplices. Die anschließende Behandlung mit der Nuclease S1 führt zu einem fortschreitenden Abbau der überhängenden 3'-DNA-Sequenz, bis die Stelle erreicht wird, an der die DNA mit dem 5'-Ende der mRNA hybridisiert ist. Durch eine Größenauftrennung in einem denaturierenden Elektrophoresegel kann man den Längenunterschied zwischen der ursprünglichen DNA und der DNA nach der S1-Behandlung bestimmen. b) Primerverlängerung. Hier ist das Restriktionsfragment, das möglicherweise den Transkriptionsstartpunkt enthält, kürzer als die zugehörige mRNA. Durch Hybridisierung zwischen beiden erhält man eine mRNA mit einem überhängenden 5'-Ende. Die DNA dient als Primer für die Reverse Transkriptase (RT) und wird dadurch am 3'-Ende verlängert, bis das 5'-Ende der mRNA erreicht ist. Der Startpunkt der Transkription lässt sich dadurch kartieren, dass man die DNA-Längen nach (+RT) und vor der Reaktion (–RT) vergleicht. Eine noch genauere Kartierung ist bei beiden Verfahren durch eine Sequenzierung der DNA nach der S1- oder RT-Behandlung möglich.

7.3 Untersuchung der Genexpression

7.3.1 Grundlagen von Expressionstests

Expressionsuntersuchungen können auf verschiedenen Ebenen erfolgen und mit recht unterschiedlichen Verfahren durchgeführt werden. Zielobjekte sind entweder RNA-Transkripte oder Proteine. Für den Nachweis von exprimierten Proteinen bedient man sich normalerweise hochspezifischer Antikörper, für RNA-Transkripte gibt es jedoch mehrere verschiedene Verfahren. Dabei führt man entweder eine molekulare Hybridisierung mit einer spezifischen Antisense-Nucleinsäure als Sonde oder irgendeine Variante der RT-PCR durch. Allerdings gibt es als Alternative auch recht ausgefeilte Verfahren wie zum Beispiel die **serielle Analyse der Genexpression (SAGE)**. Damit kann man eine große Anzahl einzelner Transkripte durch repräsentative kurze Markersequenzen (Abschnitt 19.3.2) analysieren. Wichtige Parameter bei der Untersuchung der Genexpression sind die Herkunft des untersuchten Materials, die Auflösbarkeit der Expression und der Durchsatz, den die Methode ermöglicht (Abb. 7.14).

Herkunft des untersuchten Materials

Das untersuchte Material kann sehr verschieden sein. Häufig stellt man RNA/cDNA- oder Protein-Rohextrakte her, aber auch Gewebeschnitte kommen in Frage oder sogar ganze Embryonen, die so fixiert wurden, dass die ursprüngliche Morphologie des lebenden Organismus erhalten bleibt. Man kann die Expression auch an lebenden Zellen in Gewebekultu-

	AUFLÖSUNG	DURCHSATZ	BEISPIELE
RNA	hoch	niedrig	Gewebe-*in situ*-Hybridisierung Zellen-*in situ*-Hybridisierung
	niedrig	niedrig	Northern-Blot-Hybridisierung RNA-Dot-Blot-Hybridisierung RT-PCR Ribonuclease-Schutz-Test
	niedrig	hoch	DNA-Mikroarray-Hybridisierung differenzielles mRNA-Display serielle Analyse der Genexpression (SAGE)
PROTEIN	hoch	niedrig	Immuncytochemie Immunfluoreszenzmikroskopie
	niedrig	niedrig	Immunblotting (Western-Blotting)
	niedrig	hoch	2D-Gelektrophorese Massenspektroskopie

7.14 Eine Expressionskartierung kann auf verschiedenen Ebenen erfolgen. Durchsatz bezieht sich auf die Anzahl von Genen beziehungsweise Proteinen, die gleichzeitig untersucht werden können.

ren untersuchen (hier stellt sich allerdings immer die Frage, inwieweit sich diese Zellen mit demselben Zelltyp *in vivo* vergleichen lassen). Bei Versuchstieren mit optisch transparenten Geweben lässt sich die Genexpression mithilfe von Fluoreszenzmarkierungen beobachten.

Bei den neuen **Lasermikrodissektionsverfahren** stellt man mit einem Laser Mikroschnitte aus einem Gewebe her, um so aus Biopsieproben, gefärbten Geweben und sogar einzelnen Zellen reine Zellpopulationen zu erzeugen (Schutze und Lahr 1998, Simone et al. 1998). Auf diese Weise sind eine Reihe verschiedener Expressionsanalysen von Einzelzellen oder homogenen Zellpopulationen möglich, die eher den Verhältnissen *in vivo* entsprechen als Zelllinien.

Auflösbarkeit der Genexpression

Einige Methoden sind nur darauf ausgelegt, die Expression eines Gens in RNA- oder Proteinextrakten ungefähr abzuschätzen. Solche *gering aufgelösten* Expressionsmuster dienen immer als Einstiegsexperiment. Zum einen kann man damit die Expression in verschiedenen Geweben testen, zum anderen erhält man wichtige Informationen über die Größe der Produkte und etwaige Isoformen. Im Gegensatz dazu erreicht man eine *hohe Auflösung* der Expression, wenn man Expressionsmuster innerhalb einer Zelle oder in Gruppen von Zellen oder in Geweben untersucht, die räumlich so organisiert sind, wie es der normalen Situation *in vivo* entspricht.

Durchsatz der Methode

Einige Verfahren sind so angelegt, dass man nur für ein Gen oder einige wenige Gene gleichzeitig Expressionsdaten ermitteln kann (*geringer Durchsatz*). Bei anderen Methoden kann die Expression von zahlreichen Genen gleichzeitig gemessen werden, und in einigen Fällen hat man schon die **Expression eines Gesamtgenoms** (Abschnitt 19.3) gemessen, nachdem etwa bei einem Genomprojekt alle Gene eines Lebewesens identifiziert wurden.

7.3.2 Die Analyse der Genexpression auf Grundlage der Hybridisierung: Von der Analyse einzelner Gene zum Expressionstest für ganze Genome

Der herkömmliche Expressionstest auf Grundlage einer Hybridisierung hat einen geringen Durchsatz, da er darin besteht, RNA-Transkripte von nur einem oder wenigen Genen gleichzeitig zu untersuchen, wobei die Auflösung stark variieren kann. Genexpressionsanalysen auf der Grundlage von Mikroarrays haben sich jedoch jetzt als neues Verfahren mit hohem Durchsatz und geringer Auflösung etabliert. Damit kann man die RNA-Transkripte von Tausenden von Genen gleichzeitig testen.

Northern-Blot-Hybridisierung

Dieses Verfahren liefert durch Hybridisierung einer Gen- oder cDNA-Sonde mit Gesamt-RNA- oder Poly(A)$^+$-RNA-Extrakten aus verschiedenen Geweben oder Zelllinien Expressionsmuster mit geringer Auflösung. Da die RNA in einem Gel nach der Größe aufgetrennt wird, kann man die Größe der Transkripte abschätzen. Kommen mehrere Hybridisierungsbanden in einer Gelspur vor, so deutet das auf unterschiedlich große Isoformen hin (Abb. 6.13).

Gewebe-*in situ*-Hybridisierung

Mit diesem Verfahren erhält man normalerweise hoch aufgelöste räumliche Expressionsmuster von RNA in Geweben und Zellgruppen. In der Regel werden die Gewebe tiefgefroren oder in Wachs eingebettet und anschließend mit einem Mikrotom sehr dünne Schnitte hergestellt (beispielsweise 5 μm dick) und auf einen Objektträger aufgebracht. Durch die Hybridisierung einer geeigneten genspezifischen Sonde mit der Probe auf dem Träger kann man sehr genaue Expressionsbilder erhalten, die der RNA-Verteilung im ursprünglichen Gewebe entsprechen (Abb. 6.15). Häufig handelt es sich bei den Proben auch um embryonale Gewebe, die den Vorteil haben, dass ihre geringe Größe eine Expressionsuntersuchung von vielen Geweben in einem einzigen Schnitt ermöglicht.

Gesamt-*in situ*-Hybridisierung

Eine Erweiterung der Gewebe-*in situ*-Hybridisierung ist die Untersuchung der Expression von einem *ganzen Embryo*. Die **Gesamt-*in situ*-Hybridisierung** wird häufig angewendet, um die Expression während der Entwicklung in ganzen Embryonen von Modellorganismen der Wirbeltiere zu verfolgen. Da ähnlichen Genanalysen mit menschlichen Embryonen ethische und praktische Einwände entgegenstehen, hat man inzwischen recht verlässliche Methoden gefunden, die Ergebnisse der Analysen an Mäuseembryonen entsprechend zu interpretieren (Abb. 7.15). Durch die relativ große Menge an verfügbarem Gewebe ist das Verfahren vergleichsweise empfindlich und wird aufgrund von Automatisierung immer häufiger angewandt.

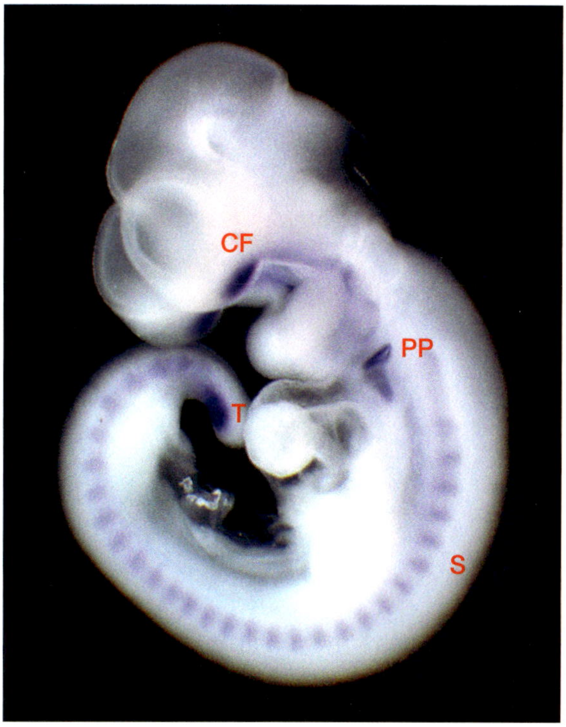

7.15 Gesamt-*in situ*-Hybridisierung. Dargestellt ist die Expression des *Pax9*-Gens in einem 9,5 Tage alten Embryo (9,5 Tage nach der Befruchtung, abgekürzt E9,5). Die Expression ist erkennbar im Gesichtsschädel (im künftigen Nasenmesenchym; CF steht für *craniofacial*), in den Schlundtaschen (*pharyngeal pouches*, PP), in den Ursegmenten (Somiten, S) und in der Schwanzknospe (*tailbud*, T). Das Bild wurde freundlicherweise zur Verfügung gestellt von Dr. Heiko Peters, Institute of Human Genetics, Newcastle upon Tyne, Großbritannien.

Genexpressionsprofile von einzelnen Zellen

Mit markierten Sonden für spezifische RNA-Sequenzen ist es möglich, innerhalb *einer Zelle* die Bereiche bestimmen, wo RNA prozessiert und transportiert wird und wo sie sich im Cytoplasma befindet. Mithilfe einer quantitativen Fluoreszenz-*in situ*-Hybridisierung (FISH) und digitaler Verarbeitung der mikroskopischen Bilder konnte man sogar schon *einzelne RNA-Transkripte in situ* sichtbar machen (Femino et al. 1998). Bei einer zusätzlichen Verfeinerung der Methode kommen Kombinationen aus verschiedenen Oligonucleotidsonden zum Einsatz, die jeweils an mehreren Stellen mit einer bestimmten, von den anderen im Lichtspektrum unterscheidbaren Fluoreszenzgruppe versehen sind. Dadurch ist es möglich, Transkripte von mehreren Genen gleichzeitig sichtbar zu machen (Levsky et al. 2002).

Expressionstests in großem Maßstab mithilfe von Mikroarrays

Genexpressionstests haben sich dahingehend verändert, dass man jetzt hochdichte Mikroarrays mit Oligonucleotiden oder cDNA-Klonen auf Glasoberflächen anfertigen kann (Abschnitt 6.4.3 beschreibt das allgemeine Verfahren). Bei einigen Genomen, die inzwischen vollständig sequenziert wurden, bietet sich nun die Möglichkeit, die **Expression von ganzen Genomen** zu untersuchen und die Expression jedes einzelnen Gens eines Lebewesens gleichzeitig zu beobachten (Abschnitt 19.3).

7.3.3 Genexpressionsanalysen auf PCR-Basis: RT-PCR und differenzielles mRNA-Display

Wie in Abschnitt 5.2 beschrieben, liegen die großen Vorteile der PCR in ihrer Geschwindigkeit, Empfindlichkeit und Einfachheit. Die Methode ist zwar nicht dafür geeignet, räumliche Verteilungsmuster der Expression zu liefern (wie etwa die *in situ*-Hybridisierung), man kann damit jedoch schnell und in groben Zügen ein Expressionsmuster bestimmen, was durchaus hilfreich sein kann.

Konventionelle RT-PCR

Die PCR mit Reverser Transkriptase (RT-PCR; Grundlagen sind in Abschnitt 5.2.1 beschrieben) kann für die Expression eines bestimmten Gens eine ungefähre Quantifizierung liefern (das ist bei Zelltypen oder Gewebe hilfreich, die in großer Menge nur schwer isolierbar sind; beispielsweise menschliche Embryonen vor der Implantation; Daniels et al. 1995). Aufgrund der außerordentlichen Empfindlichkeit eignet sich die RT-PCR auch für die Untersuchung der Expression einzelner Zellen. Darüber hinaus lassen sich mit der RT-PCR verschiedene *Isoformen* eines RNA-Transkripts identifizieren und analysieren. Beispielsweise entstehen durch alternatives Spleißen verschiedene mRNA-Isoformen und können so mithilfe exonspezifischer Primer bestimmt werden, wenn neben den erwarteten Amplifizierungsprodukten weitere Produkte auftreten (ein Beispiel findet sich bei Pykett et al. 1994).

Differenzielles mRNA-Display

Durch die Verwendung *partiell degenerierter* PCR-Primer (Primer, bei denen gezielt an einigen Positionen unterschiedliche Nucleotide eingeführt wurden) ist es möglich, die RT-PCR so zu erweitern, dass die Expression mehrerer Gene gleichzeitig verfolgt werden kann. Ein solches Verfahren ist das **differenzielle mRNA-Display**. Dabei verwendet man einen modifizierten Oligo(dT)-Primer, der an seinem 3'-Ende ein einziges anderes Nucleotid (das heißt A, C, G, aber kein T) oder Dinucleotid (etwa CA) besitzt. Das führt dazu, dass dieser Primer nur bei einer *mRNA-Subpopulation* an den Poly(A)-Schwanz bindet (Liang et al. 1993). Wenn man beispielsweise das Oligonucleotid TTTTTTTTTTT**CA** (T_{11}CA) als Primer verwendet, wird dieser vor allem nur bei mRNAs die cDNA-Synthese einleiten, wo vor dem Poly(A)-Schwanz ein **TG**-Dinucleotid liegt.

Der stromaufwärts befindliche Primer ist im Allgemeinen eine willkürlich ausgewählte Sequenz aus häufig 10 Nucleotiden, kann aber aufgrund von Fehlpaarungen besonders am 5'-Ende an viel mehr Stellen binden, als bei einem Decamer zu erwarten wäre. Die entstehenden Amplifizierungsmuster sollen eine komplexe Leiter von Banden ergeben, wenn man sie in einem langen Polyacrylamidgel der Größe nach auftrennt (Abb. 7.16).

Im Gegensatz zu DNA-Mikroarray-Tests kann man mit dem differenziellen mRNA-Display die Expression mehrerer Gene gleichzeitig verfolgen, deren Identität *noch gar nicht bekannt ist*. Es wird nicht nach der Expression bekannter Gene gesucht, sodass es sich hier um eine Methode handelt, Genexpression überhaupt nachzuweisen. Der wichtigste Nutzen besteht darin, *Genexpressionsmuster vergleichen* zu können, beispielsweise bei zwei Zelltypen während unterschiedlicher physiologischer Zustände oder Entwicklungsphasen, und Differenzen festzustellen. Damit kann man dann eine kleine Untergruppe von Genen bestimmen, deren Expressionsmuster sich bei den beiden Zelltypen unterscheiden.

7.3.4 Bei Genexpressionstests auf Proteinbasis verwendet man hochspezifische Antikörper

Aufgrund ihrer außerordentlichen Verschiedenheit und ihrer Empfindlichkeit beim Nachweis von Proteinen gibt es in der Forschung für Antikörper zahlreiche Anwendungen, auch ihr Potenzial für therapeutische Zwecke ist beträchtlich (Abschnitt 21.3.4). Üblicherweise hat man Antikörper durch die Immunisierung von Tieren erzeugt, jedoch werden zunehmend gentechnisch erzeugte Antikörper verwendet (Exkurs 7.4). Antikörper nutzt man für den Nachweis von Proteinen anhand verschiedener Verfahren, wobei man verschiedene Markierungssysteme einsetzen kann.

Systeme für die Markierung und den Nachweis von Antikörpern

Antikörper lassen sich auf unterschiedliche Weise markieren und wie bei der Markierung von Nucleinsäuren direkt oder indirekt nachweisen. Bei **direkten Nachweismethoden** wird der Antikörper mit einem Reportermolekül versehen (etwa Fluorescein, Rhodamin oder Biotin; siehe auch Abschnitt 6.1.2) und

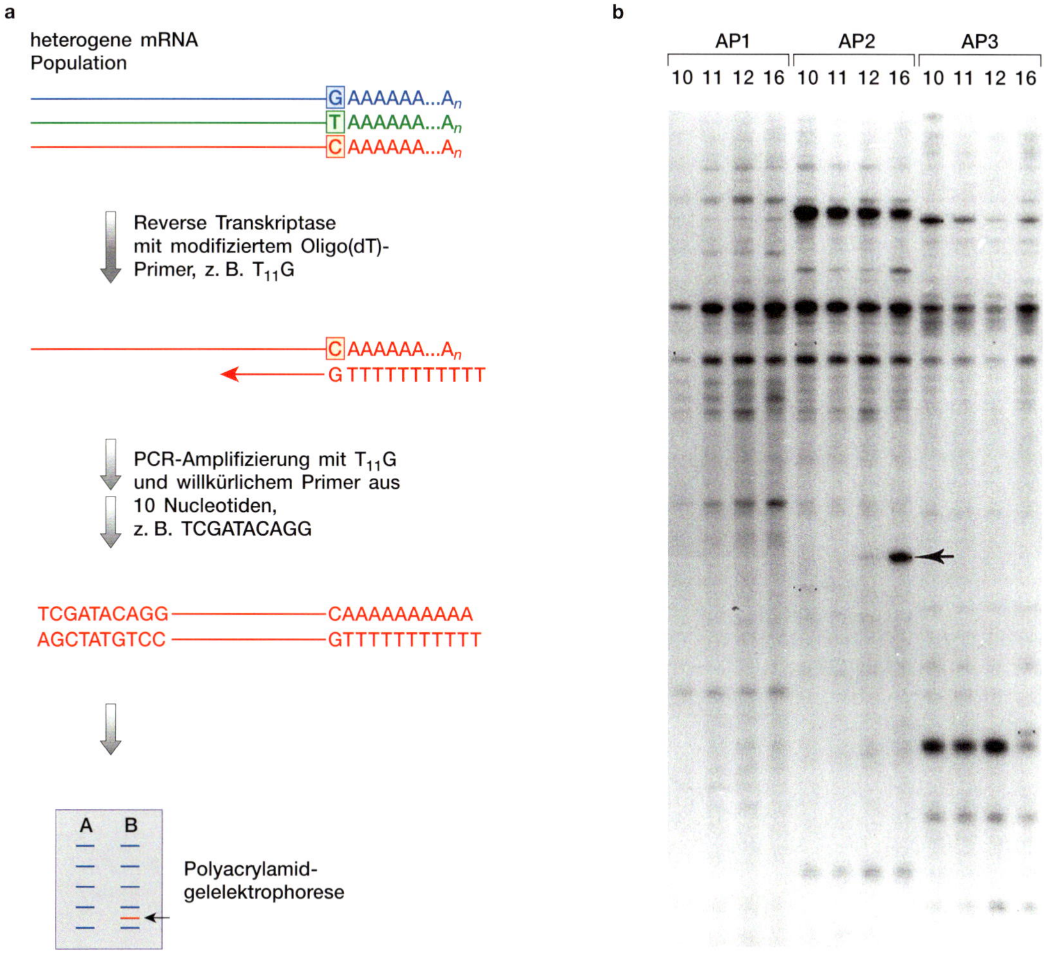

7.16 Das differenzielle mRNA-Display ist eine abgewandeltes RT-PCR-Verfahren für multiple Genexpressionsanalysen. a) Schematische Darstellung. Gesamt-RNA aus zwei oder mehreren Zelltypen wird mit einem modifizierten Oligo(dT)-Primer (hier: TTTTTTTTTTTG ($T_{11}G$) rücktranskribiert. Mit diesem Primer erfolgt die cDNA-Synthese vor allem an mRNA-Sequenzen, in denen sich vor dem Poly(A)-Schwanz ein C befindet. Die Amplifizierung wird mit einer willkürlich ausgewählten Primer-Sequenz durchgeführt, die Produkte trennt man in einem Polyacrylamidgel nach der Größe auf. Unterschiedliche Amplifizierungsbanden bei den RNAs aus den Quellen A und B, deuten auf eine differenzielle Expression hin. b) Ein Anwendungsbeispiel: Die Identifizierung von Genen, die zu verschiedenen Stadien der Herzentwicklung bei der Maus unterschiedlich exprimiert werden (am 10., 11., 12. und 16. Tag der Embryonalentwicklung). Die Reaktionen wurden dreimal unter verschiedenen Bedingungen durchgeführt, das heißt jedes Mal mit dem $T_{11}G$-Primer, aber mit unterschiedlichen willkürlich gewählten Primersequenzen AP1, AP2 und AP3. Die Abbildung zeigt einen Ausschnitt aus dem Gel. Zu erkennen sind verschiedene Banden, deren Intensität sich während der einzelnen Entwicklungsstadien verändert. Eine Bande, die sich besonders deutlich verändert (Pfeil) erwies sich als β-Globin-cDNA. Das Foto wurde freundlicherweise zur Verfügung gestellt von Andy Curtis und David Wilson, University of Newcastle upon Tyne, Großbritannien.

wird dann so eingesetzt, dass er direkt an das Zielprotein bindet. Bei einem **indirekten Nachweis** dient der primäre Antikörper als Vermittlermolekül und ist selbst nicht an eine Markierungsgruppe gekoppelt.

Wenn der primäre Antikörper an das Zielmolekül gebunden hat, wird er von einem zweiten Faktor gebunden, der mit einer Reportergruppe gekoppelt ist. Ein häufig verwendeter sekundärer Faktor ist **Protein A**, das in der Zellwand von *Staphylococcus aureus* vorkommt. Es bindet aus unbekannten Gründen an Bereiche in der zweiten und dritten konstanten Region des Fc-Fragments der schweren Kette. Alternativ eignet sich auch ein **sekundärer Antikörper** (ein Antikörper, der gegen den ersten gerichtet ist).

Übliche Reportergruppen sind Fluorochrome (Abschnitt 6.1.2), Enzyme (etwa die Meerrettich-Peroxidase, die alkalische Phosphatase oder die β-Galactosidase) oder kolloidales Gold. Direkte Nachweissysteme haben den Nachteil, dass eine Vielzahl primärer Antikörper mit Reportergruppen koppeln sein muss, während bei indirekten Systemen kommerziell erhältliche, affinitätsgereinigte sekundäre Anti-

Exkurs 7.4: Herstellung von Antikörpern

Herkömmliche Methoden

Üblicherweise gewinnt man Antikörper gegen menschliche Genprodukte, indem man geeigneten Tieren (beispielsweise Nagern, Kaninchen, Ziegen und so weiter) wiederholt ein **Immunogen** injiziert. Dabei verwendet man üblicherweise zwei Arten von Immunogenen:

- **Synthetische Peptide.** Anhand der (aus der cDNA-Sequenz abgeleiteten) Aminosäuresequenz stellt man ein synthetisches Peptid her (häufig 20–50 Aminosäuren). Wenn man dieses an ein passendes Molekül koppelt (beispielsweise an das Hämocyanin der Schlüssellochschnecke), nimmt das Peptid eine Konformation an, die dem entsprechenden Abschnitt des nativen Polypeptids ähnelt. Dieses Verfahren ist relativ einfach, aber der Erfolg bei der Gewinnung wirklich spezifischer Antikörper ist bei weitem nicht sicher und schwer vorherzusagen.
- **Fusionsproteine.** Ein anderes Verfahren besteht darin, eine geeignete cDNA-Sequenz in ein modifiziertes bakterielles Gen zu klonieren, das in einem passenden Expressionsvektor enthalten ist. Die so produzierte Hybrid-mRNA wird zu einem Fusionsprotein translatiert, bei dem der N-terminale Bereich aus dem bakteriellen Gen und der Rest aus dem eingefügten Gen stammt (Abbildung). Die N-terminale bakterielle Sequenz wird häufig so gestaltet, dass sie sehr kurz, aber dennoch vorteilhaft ist. Beispielsweise kann es sich um eine Signalsequenz handeln, die eine Freisetzung des Proteins in das Medium außerhalb der Zelle bewirkt, was die Aufreinigung vereinfacht. Oder das fremde Protein wird durch die Sequenz davor geschützt, in der Zelle abgebaut zu werden. Da das Fusionsprotein den größten Teil des gewünschten Polypeptids (oder sogar die gesamte Sequenz) enthält, ist die Wahrscheinlichkeit relativ hoch, spezifische Antikörper zu erhalten.

Wenn das Immunsystem des Tieres reagiert hat, werden spezifische Antikörper in das Serum sezerniert. Das gewonnene antikörperhaltige Serum (**Antiserum**), enthält eine heterogene Mischung von Antikörpern, die jeweils von einem anderen B-Lymphocyten produziert wurden (*da die Umstrukturierungen von Immunglobulingenen sowohl für die Zelle als auch für den Zelltyp (B-Lymphocyten) spezifisch sind*; Abschnitt 10.6). Die unterschiedlichen Antikörper erkennen verschiedene Bereiche (**Epitope**) des Immunogens (**polyklonale Antiseren**). Eine homogene Präparation von Antikörpern erhält man jedoch, wenn man einen *Zellklon* vermehren kann (der ursprünglich von einem einzelnen B-Lymphocyten abstammt).

Da B-Zellen in Kultur nur eine begrenzte Lebensdauer haben, ist es besser, eine *unsterbliche* Zelllinie zu etablieren: Antikörperproduzierende Zellen werden mit Zellen aus einem unsterblichen B-Zell-Tumor fusioniert. Aus der resultierenden heterogenen Mischung von Hybridzellen werden die Zellen selektiert, die sowohl einen bestimmten Antikörper produzieren als auch sich in Kultur unbegrenzt teilen können. Solche **Hybridome** werden als individuelle Klone weitergeführt; jeder stellt eine dauerhafte und zuverlässige Quelle für einen einzigen Typ eines **monoklonalen Antikörpers** dar.

Die bis hier beschriebenen Methoden für die Entwicklung von Antikörpern bieten nicht immer die Gewähr, dass man ausreichend spezifische Antikörper bekommt. Für eine alternative Methode zur Verfolgung der subzellularen Expression eines Proteins benötigt man einen bereits vorhandenen Antikörper, der für ein Epitop in einem anderen Protein spezifisch ist. Bei dieser Methode konstruiert man aus der codierenden Sequenz für das fremde Epitop und der codierenden Sequenz für das untersuchte Protein eine rekombinante DNA (**Epitopmarkierung;** *epitope tagging*). Das Verfahren ist ähnlich wie in der Abbildung dargestellt, außer dass sich das Vektorsystem für eine Expression in Säugerzellen oder anderen Zellen, in denen man die Expression untersuchen will, eignen muss. Die Expression des Konstrukts lässt sich dann mithilfe des Antikörpers gegen das fremde Epitop bestimmen. In der folgenden Tabelle sind häufig verwendete Epitope aufgeführt:

Epitopsequenz	Ursprung	Lokalisierung	mAK
DYKDDDDK	synthetisches FLAG-Protein	N-, C-terminal	Anti-FLAG M1
EQKLISEEDL	menschliches c-Myc	N-, C-terminal	9E10
MASMTGGQQMG	T7-Gen 10	N-terminal	T7,Tag Ab
QPELAPEDPED	HSV-Protein D	C-terminal	HSV,Tag Ab
RPKPQQFFGLM	Substanz P	C-terminal	NC1/34
YPYDVPDYA	Influenza HA1	N-, C-terminal	12CA5

Flag[Q33]; HSV, Herpes-simplex-Virus

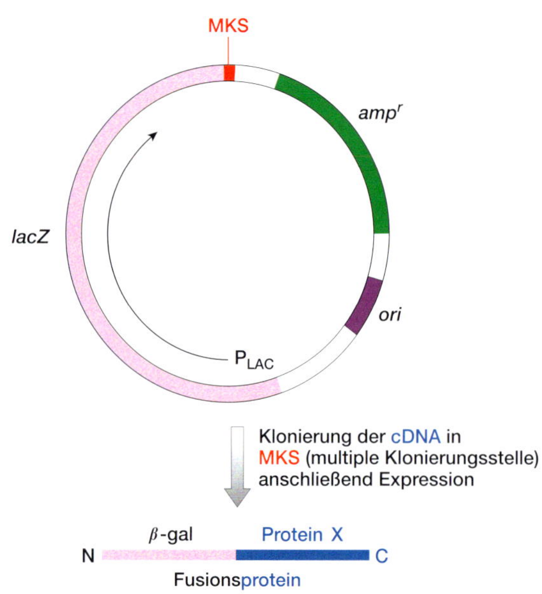

Als Immunogene zur Erzeugung von Antikörpern verwendet man häufig Fusionsproteine.

Gentechnisch hergestellte Antikörper

Antikörper, die nach den oben beschriebenen „klassischen" Verfahren erzeugt werden, stammen aus Tieren. Als man jedoch die verschiedenen Immunglobulingene kloniert hatte, konnte man durch Schneiden und erneutes Verknüpfen von DNA neue Antikörper herstellen, darunter **partiell humanisierte Antikörper** und **vollständig menschliche Antikörper** (Abschnitt 21.3.4). So hat man beispielsweise transgene Mäuse erzeugt, die Loci für menschliche Immunglobuline enthalten, sodass vollständig menschliche Antikörper *in vivo* produziert werden können.

Es gibt neue Methoden, die weder den Einsatz der Hybridomtechnik noch eine Immunisierung erfordern. Das leistungsfähige **Phagen-Display-Verfahren** ermöglicht die Herstellung eines nahezu unbegrenzten Repertoires von menschlichen Antikörpern, die sowohl für fremde als auch für körpereigene Antigene spezifisch sind (Winter et al. 1994). Das Wesentliche dieser Methode besteht darin, dass die Gensegmente, die die variablen Sequenzen der schweren und leichten Kette codieren, kloniert wurden und an der Oberfläche eines filamentösen Bakeriophagen exprimiert werden. Anschließend isoliert man die wenigen gewünschten Phagen aus einer komplexen Population durch Bindung an das spezifische Antigen (eine ausführlichere Beschreibung findet sich in Abschnitt 19.4.6).

Der hier dargestellte Plasmidvektor enthält einen Replikationsursprung (ori), ein Gen für Ampicillinresistenz (*amp*^{r}), kann also in *E. coli* vermehrt werden. Die multiple Klonierungsstelle (MKS) liegt unmittelbar neben dem *lacZ*-Gen, das die β-Galactosidase codiert und vom *lacZ*-Promotor (P_{lac}) aus in Pfeilrichtung transkribiert wird. Eine cDNA-Sequenz von einem zu untersuchenden Gen (X) wird in der passenden Orientierung in die MKS eingefügt. Die Expression vom *lacZ*-Promotor erzeugt ein β-Galaktosidase-X-Fusionsprotein in großen Mengen. Das Produkt kann als Immunogen eingesetzt werden, um Antikörper gegen Protein X herzustellen. Eine häufig verwendete alternative Methode ist die Verwendung von **GST-Fusionsproteinen**, bei denen die Glutathion-S-Transferase an das fragliche Protein gekoppelt wird. Das Fusionsprotein lässt sich durch Affinitätschromatographie an Glutathion-Agarose-Säulen einfach reinigen.

körper einfach zur Verfügung stehen. In Tabelle 7.1 sind Markierungs- und Erkennungssysteme und ihre Verwendung bei spezifischen Nachweismethoden für die Proteinexpression aufgeführt.

Immunblotting (Western-Blotting)

Mit dieser Methode kann man sich bei Zellextrakten, die nach Molekülgrößen aufgetrennt wurden, einen groben Überblick über die Proteinexpression verschaffen. Normalerweise geschieht das mithilfe einer **eindimensionalen SDS-PAGE**. Bei dieser Form der Polyacrylamidgelelektrophorese wird die Mischung aus extrahierten Proteinen zuerst in einer Lösung von Natriumdodecylsulfat (SDS) aufgenommen; SDS ist ein anionisches Detergens, das fast alle nichtkovalenten Wechselwirkungen in nativen Proteinen aufbricht. Um Disulfidbrücken zu reduzieren, gibt man noch Mercaptoethanol oder Dithiothreitol dazu. Nach der Elektrophose macht man die fraktionierten Proteine mit einem geeigneten Farbstoff (beispielsweise Commassie blue) oder durch Silberfärbung sichtbar.

Man kann auch **zweidimensionale PAGE**-Gele verwenden: Die erste Dimension umfasst eine *isoelektrische Focussierung*, das heißt eine Auftrennung nach der Ladung in einem pH-Gradienten; die zweite Dimension verläuft im rechten Winkel zur ersten und besteht in einer Größenfraktionierung durch eine SDS-Page (Stryer 1995). In diesem Fall werden die fraktionierten Proteine auf einen Nitrocellulosefilter übertragen („geblottet") und dann einem spezifischen Antikörper ausgesetzt (Abb. 7.17).

Immuncytochemie (Immunhistochemie)

Dieses Verfahren eignet sich für die Untersuchung des gesamten Expressionsmusters auf Proteinebene in einem Gewebe oder einer anderen vielzelligen Struktur; deshalb kann man es als Äquivalent zur Gewebe-*in situ*-Hybridisierung betrachten, mit der man die RNA-Expression untersucht. So werden auch hier

Tabelle 7.1 Markierung und Nachweis von Antikörpern für die Bestimmung einer Proteinexpression

Markierung	Nachweismethode	Anwendung
J-125	Röntgenfilm	Immunblotting
Enzym	farbiges Produkt: optisch	Immunblotting, Immuncytochemie
Biotin	Avidin oder Streptavidin, gekoppelt an verschiedene Marker	Immunblotting, Immuncytochemie
Fluoreszenzgruppe	Fluoreszenzmikroskopie (Abb. 6.5b)	Immuncytochemie, Immunfluoreszenzmikroskopie

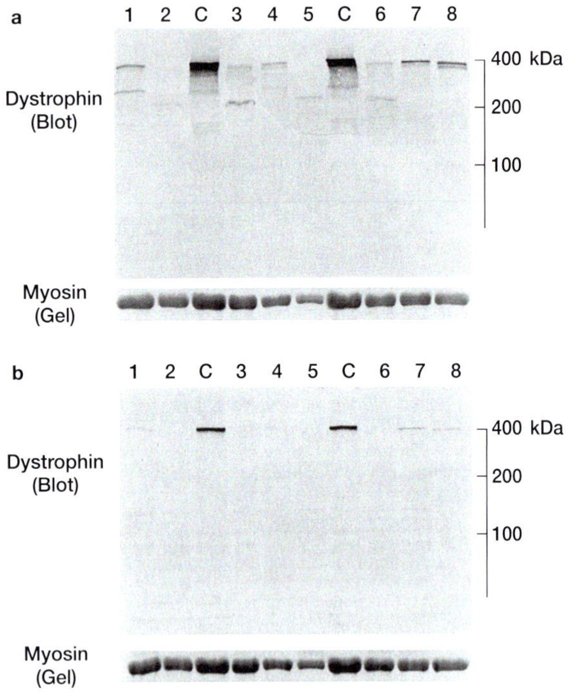

7.17 Durch Immunblotting (Western-Blotting) lassen sich Proteine bestimmen, die in einem Elektrophoresegel der Größe nach aufgetrennt wurden. Nach der Größenauftrennung in einem Polyacryamidgel werden die Polypeptide auf eine Membran übertragen („geblottet"). Dargestellt ist der Nachweis von Dystrophin mithilfe von zwei Antikörpern. Der Dy4/6D3-Antikörper ist für die Stabdomäne spezifisch und wurde mithilfe eines Fusionsproteins als Immunogen erzeugt (Exkurs 7.4). Der Dy6/C5-Antikörper ist für die C-terminale Region spezifisch und wurde unter Verwendung eines synthetischen Peptids als Immunogen gewonnen. Nachdruck aus: Nicholson et al. (1993) mit Genehmigung der BMJ Publishing Group. Das Foto wurde freundlicherweise zur Verfügung gestellt von Louise Anderson (ehemals Nicholson), University of Newcastle upon Tyne, Großbritannien.

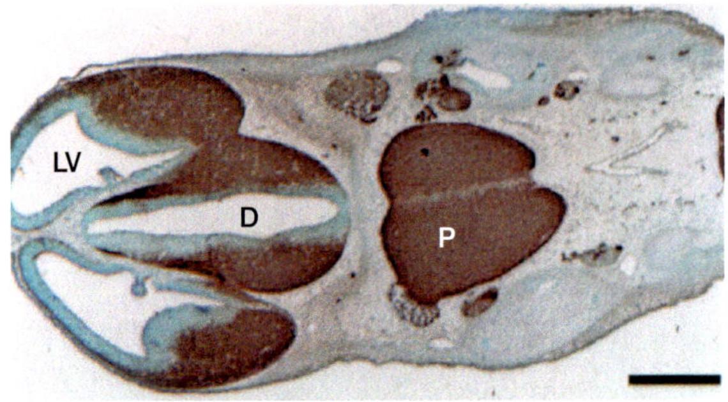

7.18 Immuncytochemie. Hier wurde die Expression von β-Tubulin in einem Gehirnquerschnitt eines 12,5 Tage alten Mausembryos getestet. Das Antikörpernachweissystem zeigt eine Expression letztendlich als braun gefärbtes Reaktionsprodukt an, das mit der Meerrettichperoxidase und 3,3'-Diaminobenzidin als Substrat erzeugt wird. Das darunter liegende histologische Präparat wurde mit Toluidin-Blau gegengefärbt. Abkürzungen: LV, Lateralventrikel; D, Dienzephalon; P, Pons Varoli). Das Bild wurde freundlicherweise zur Verfügung gestellt von Steve Lisgo, Institute of Human Genetics, University of Newcastle upon Tyne, Großbritannien.

die Gewebe entweder tiefgefroren oder in Wachs eingebettet und dann erzeugt man mithilfe eines Mikrotoms dünne Schnitte, die schließlich auf einen Objektträger gelegt werden. Dann lässt man einen spezifischen Antikörper an die Proteine in dem Gewebeschnitt binden. Die so erhaltenen Expressionsdaten lassen sich mit der histologischen Färbung von angrenzenden Schnitten vergleichen (Abb. 7.18).

Immunfluoreszenzmikroskopie

Diese Methode dient dazu, die Lokalisierung eines bestimmten Proteins in einer Zelle festzustellen. An den ausgewählten Antikörper koppelt man einen Fluoreszenzfarbstoff wie Fluorescein oder Rhodamin, sodass sich das gesuchte Protein mithilfe der Fluoreszenzmikroskopie auffinden lässt (Abb. 6.5b).

Untersuchungen von Ultrastrukturen

Mithilfe der Elektronenmikroskopie ist bei der Lokalisierung eines Genprodukts in der Zelle eine noch höhere Auflösung möglich. Der Antikörper wird üblicherweise mit einem elektronendichten Partikel, etwa mit kolloidalem Gold, markiert.

7.3.5 Markerproteine mit einer eigenen Fluoreszenz bieten eine gute Möglichkeit, die Lokalisierung von Proteinen in einer Zelle festzustellen

Das **grün fluoreszierende Protein** (**GFP**) besteht aus 238 Aminosäuren und stammt ursprünglich aus der Qualle *Aequoria victoria*. Viele Quallen exprimieren ähnliche Proteine, die offensichtlich für das grüne Licht verantwortlich sind, das diese Tiere aussenden; die Anregung erfolgt durch die Energie, die bei der Oxidation von Luciferin oder einem anderen lichtreaktiven Protein frei wird (Tsien 1998). Als man mit dem klonierten GFP-Gen Zellen in Kultur transfizierte, kam es bei der GFP-Expression in den heterologen Zellen ebenfalls zur Entwicklung von grünem Fluoreszenzlicht. Das bedeutet, dass GFP ein **selbstfluoreszierendes Protein** ist: Es kann also allein als Fluoreszenzmarker dienen und als spezifisches Reportermolekül eingesetzt werden, da keine anderen Faktoren wie Antikörper, Cofaktoren, Enzymsubstrate und so weiter erforderlich sind. GFP lässt sich

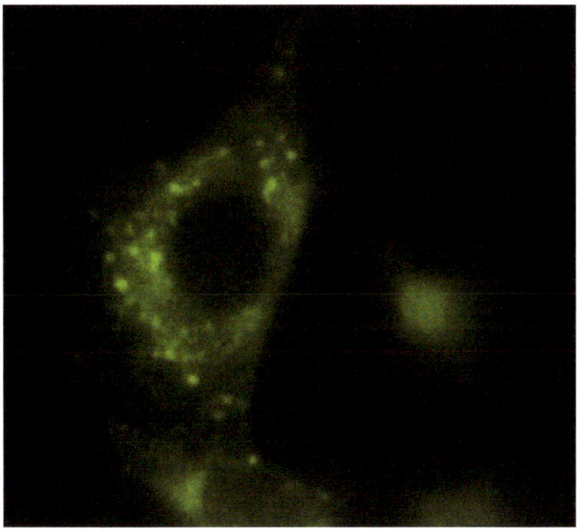

7.19 Eine Markierung mit dem grün fluoreszierenden Protein (GFP) ermöglicht eine effektive Beobachtung der Proteinexpression. Dargestellt ist eine lebende, temporär transfizierte HeLa-Zelle, die das GFP-markierte Protein der neuronalen Zeroidlipofuszidose exprimiert. Das *CLN3*-Gen wurde in den GFP-Expressionsvektor pEGFP-N1 kloniert. So wurde in der Zelle ein Fusionsprotein aus dem CLN3-Protein mit einer GFP-Sequenz (GFP-Markierung) am C-Terminus produziert. Die Zelle gehört zu den wenigen HeLa-Zellen, die CLN3p/GFP in einem punktförmigen, vesikulären Muster exprimieren, das sich im gesamten Cytoplasma verteilt. Diese und andere Analysen deuten darauf hin, dass das *CLN3*-Protein ein integrales Membranprotein des Golgi-Apparates ist. Nachdruck aus: Kremmidiotis et al. (1999) *Hum Mol Genet* 8: 523–531, mit Genehmigung von Oxford University Press.

also leicht mit konventioneller oder konfokaler Fluoreszenzmikroskopie beobachten und kommt daher häufig zur Anwendung, wenn man die Genexpression bei Tieren bestimmen will (Abschnitt 20.3.1).

Bei den bisher erfolgreichsten Anwendungen wurde GFP mit dem Protein verknüpft, dessen Expression beobachtet werden sollte. Das Ziel ist dabei, die Lokalisierung des Proteins in der Zelle zu untersuchen. GFP allein kommt in der Zelle nicht an einem spezifischen Ort vor, sondern verteilt sich homogen im Zellkern, im Cytoplasma und in den distalen Zellfortsätzen. Mithilfe gentechnischer Methoden kann man Vektoren herstellen, die die GFP-codierende Sequenz enthalten, in die dann die codierende Sequenz eines unbekannten Proteins X kloniert wird. Der so gebildete GFP-X-Fusionsvektor lässt sich auf entsprechende Zielzellen übertragen (etwa Säugerzellen in Kultur). Man kann die Expression des GFP-X-Fusionsproteins verfolgen, um so seine Lokalisierung in der Zelle zu ermitteln. In Abbildung 7.19 ist dargestellt, wie man beispielsweise die Expression des CLN3-Proteins bestimmt hat (das *CLN3*-Gen ist mit der neuronalen Zeroidlipofuszinose (NCL) assoziiert, einer neurodegenerativen Erkrankung bei Kindern).

Weiterführende Literatur

Sambrook J, Russell D (2001) *Molecular Cloning: A Laboratory Manual*, 3. Auflage Cold Spring Harbor Laboratory Press, Cold Spring Harbor, New York.

Zitierte Literatur

Chee M,Yang R, Hubbell E et al. (1996) Accessing genetic information with high-density arrays. *Science* 274: 610–614.

Church DM, Stotler CJ, Rutter JL, Murrell JR, Trofatter JA, Buckler AJ (1994) Isolation of genes from complex sources of mammalian genomic DNA using exon amplification. *Nature Genet* 6: 98–105.

Clement-Jones M, Schiller S, Rao E et al. (2000) The short stature homeobox gene SHOX is involved in skeletal abnormalities in Turner Syndrome. *Hum Molec Genet* 9: 695–702.

Daniels R, Kinis T, Serhal P, Monk M (1995) Expression of myotonin protein kinase gene in preimplantation human embryos. *Hum Molec Genet* 4: 389–393.

Femino AM, Fay FS, Fogarty K, Singer RH (1998) Visualization of single RNA transcripts *in situ*. *Science* 280: 585–590.

Frohman MA, Dush MK, Martin GR (1988) Rapid production of full length cDNAs from rare transcripts: amplification using a single genespecific oligonucleotide primer. *Proc Natl Acad Sci USA* 85: 8998–9002.

Ginsburg M (1994) In: Guide to Human Genome Computing (Hrsg. MJ Bishop), S. 215–248. Academic Press, New York.

Hauge Y, Litt M (1993) A study of the origin of 'shadow bands' seen when typing dinucleotide repeat polymorphisms by the PCR. *Hum Mol Genet* 2: 411–415.

Henikoff S, Henikoff JG (1992) Amino acid substitution matrices from protein blocks. *Proc Natl Acad Sci USA* 89: 10915–10919.

Kremmidiotis G, Lensink IL, Bilton RL, Woollatt E, Chataway TK, Sutherland GR, Callen DF (1999) The Batten disease gene product (CLN3p) is a Golgi integral membrane protein. *Hum Mol Genet* 8: 523–531.

Levsky JM, Shenoy SM, Pezo RC, Singer RH (2002) Single cell gene expression profiling. *Science* 297: 836–840.

Liang P, Averboukh L, Pardee AB (1993) Distribution and cloning of eukaryotic mRNAs by means of differential display: refinements and optimization. *Nucleic Acids Res* 21: 3269–3275.

Lovett M (1994) Fishing for complements: finding genes by direct selection. *Trends Genet* 10: 352–357

Maxam AM, Gilbert W (1980) Sequencing end labeled DNA with base-specific chemical cleavages. *Methods Enzymol* 65: 499–560.

Meldrum D (2000) Automation for genomics, part two: sequencers, microarrays and future trends. *Genome Res* 10: 1288–1303.

Monaco AP (1994) Isolation of genes from cloned DNA. *Curr Opin Genet Dev* 4: 360–365.

Needleman SB, Wunsch CD (1970) A general method applicable to the search of similarities in the amino acid sequences of two proteins. *J Mol Biol* 48: 443–453.

Pykett MJ, Murphy M, Harnish PR, George DL (1994) The neurofibromatosis 2 (NF2) tumor suppressor gene encodes multiple alternatively spliced transcripts. *Hum Mol Genet* 3: 559–564.

Riordan JR, Rommens JM, Kerem B et al. (1989) Identification of the cystic fibrosis gene: cloning and characterization of complementary DNA. *Science* 245: 1066–1073.

Schutze K, Lahr G (1998) Identification of expressed genes by laser-manipulated manipulation of single cells. *Nature Biotechnol* 16: 737–742.

Simone NL, Bnonner RF, Gillespie JW, Emmert-Buck MR, Liotta LA (1998) Laser-capture microdissection: opening the microscopic frontier to molecular analysis. *Trends Genet* 16, 272–276.

Stryer L, Berg JM, Tymoczko JL (2002) Biochemistry, 5. Auflage. W.H. Freeman & Co., New York. Deutsche Ausgabe: *Biochemie*, 5. Auflage (2003). Spektrum Akademischer Verlag, Heidelberg, Berlin.

Tonkin E, Hagan DM, LiW, Strachan T (2002) Identification and characterisation of novel mammalian homologs of *Drosophila* polyhomeotic permits new insights into relationships between members of the polyhomeotic family. *Hum Genet* 111: 435–442.

Tsien RY (1998) Green fluorescent protein. *Ann Rev Biochem* 67: 509–554.

Waterman MS, Smith TF, Beyer WA (1976) Some biological sequence metrics. *Adv Math* 20: 367–387.

Winter G, Griffiths AD, Hawkins RE, Hoogenboom HR (1994) Making antibodies by phage display technology. *Annu Rev Immunol* 12: 433–455.

Teil II

Das menschliche Genom im Vergleich mit anderen Genomen

8.1 Die grundlegende Bedeutung von Genomprojekten

8.1.1 Genomprojekte waren die Wegbereiter für systematische Untersuchungen des inneren Universums

Nach vielen Jahrhunderten der Forschung haben wir zumindest von den Teilen des uns umgebenden Universums, die uns zugänglich sind, eine ungefähre Vorstellung. Die Ausmaße sind beeindruckend (beispielsweise die 13 Dimensionen, deren Existenz man inzwischen vermutet!). Es gibt jedoch ein weitgehend unerforschtes Universum *in uns selbst*, und auch das besitzt bemerkenswerte Ausmaße (die Komplexität des menschlichen Gehirns ist hier ein passendes Beispiel: etwa 10^{11} Nervenzellen und in der Größenordnung etwa 10^{15} Vernetzungsstellen).

Bis vor kurzem waren Expeditionsreisen in unser inneres Universum eher von bescheidenem und begrenztem Ausmaß. Durch den Einsatz von Mikroskopen für die Untersuchung von Zellen und subzellulären Strukturen hatte man einen wichtigen Zugang zu dieser inneren Welt gefunden, daran schlossen sich grundlegende Fortschritte in der Biochemie, danach in der Molekular- und Zellbiologie an. Zu Beginn des neuen Jahrtausends befinden wir uns nun in der Situation, die Ebene dieser ersten Forschungen zu verlassen und uns auf die nächste zu begeben. Jetzt sollte es möglich sein, eine ernsthafte und systematische Erforschung unseres inneren Universums anzugehen.

Der entscheidende Faktor, der den Weg in diese neue Phase der Entdeckungen ebnen konnte, war das **Human Genome Project (HGP)**, ein wirklich internationales Vorhaben. Offiziell ins Leben gerufen wurde dieses erste „Großprojekt" der Biologie 1990, angelegt auf eine Zeitspanne von 15 Jahren. Das HGP und andere Genomprojekte waren erstmals dazu gedacht, die chemischen Anweisungen zu entschlüsseln, die ein Lebewesen ausmachen, also die gesamten genomischen Sequenzen (mit **Genom** ist die Gesamtheit der verschiedenen DNA-Moleküle gemeint; Exkurs 8.1). Für viele Wissenschaftler ist dies das biologische Äquivalent zum Periodensystem der Elemente, nur auf einer höheren Ebene: Jedes Lebewesen lässt sich reduzieren auf ein „Periodensystem der Gene".

Die Ziele des Human Genome Project

Der wichtigste Beweggrund für das HGP war es, elementare Informationen über unsere genetische Ausstattung zu gewinnen, um unsere wissenschaftlichen Grundvorstellungen von der menschlichen Genetik und der Bedeutung der verschiedenen Gene für Gesundheit und Krankheit zu erweitern. Da die kurze DNA-Sequenz (16,5 kb) der menschlichen Mitochondrien (mtDNA) 1981 veröffentlicht worden war (Abschnitt 9.1.2), bestand das primäre Ziel des HGP nun darin, ein wesentlich größeres Kerngenom (etwa 3 000 Mb) zu sequenzieren. Als ersten Schritt in diese Richtung musste man hochaufgelöste genetische Karten des Menschen erstellen, die man dann als *Gerüst* (oder Rahmen) für den Aufbau hochaufgelöster physikalischer Karten verwenden konnte. Das führte letztendlich zur ultimativen physikalischen Karte, also zur vollständigen Sequenz des menschlichen Genoms.

Zusätzlich zum wichtigsten Ziel der Kartierung und Sequenzierung des menschlichen Kerngenoms gab es am Anfang des HGP noch eine Reihe nebengeordneter Projekte:

- **Entwicklung geeigneter Verfahren und Hilfsmittel.** Dazu gehörte die Entwicklung von Methoden für die genetische und physikalische Kartierung, die Technik der DNA-Sequenzierung, die Gestaltung und der Aufbau von Datenbanken, die Informationstechnologie für die Sequenzanalyse und so weiter.
- **Genomprojekte für die fünf Modellorganismen:** das Bakterium *Escherichia coli*, die Hefe *Saccharomyces cerevisiae*, der Nematode *Caenorabditis elegans*, die Taufliege *Drosophila melanogaster* und die Maus. Hier bestand eine zweifache Aufgabe darin, wichtige Informationen über die Modellorganismen zu gewinnen und Testobjekte zu haben, um die verschiedenen Techniken und Hilfsmittel zu erproben, die für das HGP benötigt wurden.
- **Ethische, gesetzliche und gesellschaftliche Auswirkungen.** Für diesen wichtigen, aber leicht zu vernachlässigenden Bereich (ELSI, *ethical, legal and social implications*) wurde ein bedeutsamer Teil der Gesamtkosten aufgewendet.

Bis 2003 waren die Sequenzierungsziele sowohl für das menschliche als auch für die fünf ersten Modellorganismen erreicht, und die Sequenzen standen im Internet allen zur Verfügung. Während das HGP lief, begann man mit weiteren Genomprojekten, die sich mit einer Vielzahl anderer Modellorganismen beschäftigten, sodass bis Mai 2003 die Genomsequenzen von 140 weiteren Lebewesen vorlagen (Abschnitt 8.4). Zusätzliche untergeordnete Forschungsvorhaben befassten sich mit dem Ausmaß der *Sequenzvariabilität* innerhalb des menschlichen Genoms.

Exkurs 8.1: Glossar der Genomik

Bestrahlungshybridkartierung. Eine Genomkarte, in der man STS-Marker in relativen Abständen zueinander positioniert. Das geschieht entsprechend der Häufigkeit, mit der sie bei strahlungsinduzierten Chromosomenbrüchen getrennt werden. Die Häufigkeit bestimmt man durch Analyse einer Kohorte von **Hybridzelllinien** (Mensch-Hamster), die verschiedene Kombinationen von menschlichen Chromosomenfragmenten enthalten, wobei die Fragmente ursprünglich durch Behandlung mit Röntgenstrahlen induziert wurden (*radiation hybrids*, **RH**). Die Entfernungseinheit einer solchen Karte ist **1 centiRay** (**1 cR**) und entspricht einer Wahrscheinlichkeit für einen Bruch zwischen zwei Loci von 1 %.

CentiMorgan (cM). Eine Entfernungseinheit in einer genetischen Karte (siehe unten). Im menschlichen Genom entspricht 1 cM ungefähr einem Abstand von 1 Mb auf der genetischen Karte.

CentiRay (cR). Eine Entfernungseinheit in einer **Bestrahlungshybridkarte** (siehe unten).

Contig. Eine Reihe von DNA-Klonen mit Insertionsfragmenten, die von benachbarten (*contignous*) und überlappenden Bereichen eines Chromosoms stammen (Exkurs 8.5).

CpG-Insel. Kurzer Abschnitt von GC-reicher DNA, häufig kürzer als 1 kb, enthält zahlreiche unmethylierte CpG-Dinucleotide. CpG-Inseln markieren häufig die 5'-Enden von Genen (Exkurs 9.3).

DNA-Bibliothek. Eine Sammlung von DNA-Klonen, die in ihrer Gesamtheit für eine DNA-Ausgangspopulation repräsentativ sein sollen. Bei einer **genomischen DNA-Bibliothek** bildet Gesamt-DNA aus einer Zellpopulation das Ausgangsmaterial (wobei zwischen den einzelnen Zelltypen nur geringe Unterschiede bestehen). Bei einer **cDNA-Bibliothek** erzeugt man das Ausgangsmaterial mithilfe der Reversen Transkriptase als **cDNA** aus einzelsträngiger mRNA, die aus einem spezifischen Gewebe stammt (wobei cDNA aus verschiedenen Geweben erhebliche Unterschiede aufweisen kann). Wie man DNA-Bibliotheken hergestellt und durchtestet, wird in den Abschnitten 5.3.4 und 5.3.5 beschrieben.

DNA-Marker. Allgemeine Bezeichnung für eine DNA-Sequenz, die einer genetischen Karte (**polymorphe Marker**, siehe unten) oder physikalischen Karte (alle Marker) zugeordnet wird.

EST (***expressed sequence tag***). Ein exprimierter STS-Marker (*sequence tagged site*, siehe unten), den man erhält, wenn man einen cDNA-Klon zufällig auswählt und sequenziert und dann spezifische Primer benutzt, mit der man das entsprechende Fragment in genomischer DNA durch eine PCR amplifizieren kann.

Genetische Karte. Eine Karte, die über mehrere Generationen hinweg anhand erblicher phänotypischer Merkmale und/oder polymorpher Marker erstellt wird. Polymorphe Loci werden in den relativen Abständen zueinander eingetragen, die sich aufgrund der Häufigkeiten ergeben, mit der sie bei der Meiose rekombinieren. Die Entfernungseinheit ist **1 centiMorgan** (**1 cM**) und entspricht einer Rekombinationswahrscheinlichkeit von 1 %.

Genom. Die Bezeichnung für die Gesamtheit aller *verschiedenen DNA-Moleküle* in den Zellen einer bestimmten Spezies. Beim Menschen besteht das Genom aus 25 verschiedenen DNA-Molekülen: eine einzige Art von mitochondrialer DNA und 24 verschiedene DNA-Moleküle im Zellkern. (Abschnitt 9.1.1). Da die DNA-Menge im Zellkern so groß ist, bezieht sich der Begriff „Genom" oftmals etwas ungenau ausschließlich auf die DNA-Moleküle im Zellkern (hier sollte man besser vom **Kerngenom** sprechen; die mitochondriale DNA bezeichnet man auch als **mitochondriales Genom**).

Hybridzellkartierung. Mithilfe von Kohorten aus unterschiedlichen Hybridzellen, die einen vollständigen Chromosomensatz einer Nagetier-Spezies (Hamster oder Maus) und unvollständige Kombinationen von menschlichen Chromosomen oder auch nur Chromosomenfragmente enthalten, kann man menschliche DNA-Marker einem spezifischen Chromosom oder einer chromosomalen Subregion zuordnen. Die Chromosomenfragmente in den Hybridzellen erzeugt man durch Behandlung mit Röntgenstrahlen (**Bestrahlungshybridzellen**; Exkurs 8.4).

Klon. DNA-Klone sind Populationen von identischen DNA-Molekülen, die durch Klonierungsverfahren auf Zellbasis (Abschnitt 5.3.1) oder PCR (Abschnitt 5.2.1) isoliert wurden.

Mikrosatellitenmarker. Eine Art von DNA-Marker, die häufig verwendet wird, vor allem deshalb, weil diese Marker hochgradig polymorph sein können (Abb. 7.7 und 7.8).

Physikalische Karte. Eine Karte, die Informationen über die *lineare Struktur* von DNA-Molekülen enthält. Die umfassendste physikalische Karte ist die Nucleotidsequenz.

Polymorphe Marker. Polymorphe (genetische) Marker sind DNA-Sequenzen, die bei verschiedenen Individuen eine Variabilität zeigen. Man verwendet sie, um genetische Karten zu erstellen, indem man verfolgt, wie in großen Familien Allele segregieren. Die Marker können in codierenden Sequenzen oder in anderen Genkomponenten liegen, meist befinden sie sich jedoch in nichtcodierender DNA. Häufig verwendete Marker sind **Mikrosatelliten** und **SNP-Marker**, früher nutzte man auch **RFLP**s und Proteinpolymorphismen.

RFLP (Restriktionsfragment-Längenpolymorphismus). Eine früher häufig verwendete Art von DNA-Markern, die aber heute kaum noch genutzt wird, weil diese Marker häufig nicht sehr polymorph sind und sich nicht einfach bestimmen lassen (Abschnitt 7.1.3).

SNP (Einzelnucleotidpolymorphismus). SNP-Marker werden zunehmend häufiger verwendet. Sie kommen in der DNA sehr häufig vor und lassen sich durch automatisierte Verfahren einfach bestimmen, wobei man eine große Zahl von Proben gleichzeitig verarbeiten kann. In Abschnitt 7.1.3 und Exkurs 18.2 wird beschrieben, wie man SNP-Marker bestimmt.

STS (*sequence tagged site*). Jede kurze Sequenz (normalerweise unter 500 bp), die in einem Genom nur ein einziges Mal vorkommt und für die bereits Primer zur Verfügung stehen, mit denen man die Sequenz durch eine spezifische PCR amplifizieren kann (Exkurs 5.4). STS-Marker wurden häufig dadurch erzeugt, dass man die Enden von klonierten genomischen DNA-Fragmenten statistisch sequenziert hat, wobei sie sich häufig als nicht polymorph erwiesen. Man kennt jedoch eine polymorphe Untergruppe der STS-Marker, dazu zählen auch die **Mikrosatellitenmarker** (siehe oben).

8.1.2 Man erwartet, dass der medizinische und wissenschaftliche Nutzen der Genomprojekte außerordentlich groß ist

Für viele Humanbiologen war das HGP ein aufregendes Projekt von historischer Tragweite. Eine wichtige Rechtfertigung bestand in den vermuteten medizinischen Fortschritten (Collins und McKusick 2001, Subramanian et al. 2001, van Ommen 2002). Für Erbkrankheiten, bei denen ein einziges Gen die Ursache ist, wäre nun eine umfassende pränatale und präsymptomatische Diagnostik bei Personen möglich, die unter dem Risiko stehen, ein Krankheitsgen zu tragen. Darüber hinaus könnte man Informationen über die Genstruktur nutzen, um die Funktionsweise und Regulation einzelner Gene zu untersuchen. Solche Informationen würden dringend benötigte Erklärungen für biologische Vorgänge beim Menschen liefern. Es sei auch zu erwarten, Grundlagen für die Entwicklung neuer Therapien zu schaffen und die bisherigen Methoden zu erweitern. Mutationstests könnten in großem Maßstab angewendet werden und damit eine radikale Wende in der Therapeutik einleiten – weg von der Behandlung fortgeschrittener Krankheiten hin zur Prävention – indem man nun individuelle Risiken feststellen könne (**personalisierte Medizin**).

So anregend solche Möglichkeiten auch sein mögen, ist wohl mit unerwarteten Schwierigkeiten zu rechnen, die Genfunktion und -regulation wirklich genau und umfassend zu verstehen (warnende Beispiele sind unter anderem die langsamen Fortschritte bei der Voraussage der Proteinstruktur aus der Aminosäuresequenz und die fehlenden Erkenntnisse darüber, wie nun die Expression der Globingene genau koordiniert wird, obwohl seit der Bestimmung der relevanten Sequenzen Jahrzehnte vergangen sind). Darüber hinaus sind die Krankheiten, die auf ein einziges Gen zurückzuführen sind und für die deshalb am einfachsten neue Therapien entwickelt werden könnten, sehr selten. Die am meisten verbreiteten Krankheiten sind multifaktoriell und stellen daher große Herausforderungen dar. Die Daten, die im Human Genome Project gesammelt wurden, sind zweifelsfrei von medizinischem Wert, aber die Entwicklung einiger der wichtigsten medizinischen Anwendungsmöglichkeiten wird wohl noch einige Zeit in Anspruch nehmen.

Während wir nun in die **postgenomische Ära** eintreten, konzentrieren sich umfangreiche internationale Anstrengungen darauf, wie nun die menschliche Genomsequenz eine bestimmte Person kennzeichnet, und wie die DNA anderer Lebewesen mit uns und mit der Biologie dieser Lebewesen zusammenhängt. Die Sequenzinformation, die man durch die Untersuchung der Struktur von Genomen (die konventionelle **Genomik**) erhält, öffnet den Weg zu weiteren groß angelegten Vorhaben, die Funktionsweise von Genomen zu verstehen (**funktionelle Genomik**), und wie verschiedene Genome miteinander verwandt sind (**vergleichende Genomik**). Diese Themen werden in Kapitel 19 und Abschnitt 12.3 behandelt.

8.2 Grundlage und Organisation des Human Genome Project

8.2.1 DNA-Polymorphismen und neue Techniken in der DNA-Klonierung bahnten den Weg für die Sequenzierung unseres Genoms

Seit Mitte der 1950er Jahre gab es eine sehr grobe physikalische Karte des menschlichen Genoms – eine cytogenetische Karte, die auf der Unterscheidung der Chromosomen nach Größe und Form basierte. Um eine detaillierte physikalische Karte zu erstellen, waren neue Herangehensweisen erforderlich. Ein Hauptproblem bestand darin, dass das erste Ziel, eine genetische Karte des Menschen zu erstellen – die dann als Gerüst für genauere Kartierungen hätte dienen sollen – unmöglich erschien. Stattdessen sahen die Humangenetiker neidisch zu, als vor Jahrzehnten von *Drosophila* und Maus **klassische genetische Karten** erstellt und später immer noch mehr verbessert wurden.

Klassische genetische Karten basieren auf **Genen**. Sie werden erzeugt, indem man verschiedene Mutanten miteinander kreuzt, um herauszufinden, ob zwei Genloci gekoppelt sind oder nicht. Eine „klassische" genetische Karte des Menschen ließe sich demnach niemals erstellen, da die Häufigkeit, mit der zwei Menschen, die beide von genetisch bedingten Krankheiten betroffen sind, eine Sexualpartnerschaft begründen, verschwindend gering ist. Ohne eine genetische Karte, die gewisse Ankerpunkte liefert, konnte man sich nur schwer vorstellen, eine detaillierte Karte aller Chromosomen zu erstellen.

Ein Wendepunkt war die zunehmende Erkenntnis in den späten 1970er Jahren, dass ein großer Prozentsatz – tatsächlich der größte Teil – der Sequenzvariationen in unserem Genom *außerhalb von Genen auftritt und untersucht werden kann*. Die Variabilität, die man bis dahin untersucht hatte, beschränkte sich vor allem auf Proteinpolymorphismen. Man konnte nur wenige Proteinmarker analysieren, da die codierende DNA nur einen geringen Teil (2%) des Genoms ausmacht und kaum zur Variabilität neigt (da sie eine hohe funktionelle Bedeutung besitzt und in der Evolution so stark konserviert ist). Im Gegensatz dazu ist der überwiegende Teil unserer DNA, der keine codierenden Sequenzen enthält (über 98%), nur wenig konserviert und für Veränderungen der DNA-Sequenz eher zugänglich.

In den späten 1970er Jahren wurden Methoden entwickelt, mit denen *DNA-Variationen* aufgespürt werden konnten (Untersuchungen von **Restriktionsfragment-Längenpolymorphismen** oder **RFLPs**, Exkurs 8.1). Schließlich erschien der Gedanke, eine umfassende, nichtklassische genetische Karte des Menschen zu erstellen, durchaus realisierbar (Botstein et al. 1980). Von da an konstruierten die Humangenetiker zunehmend detaillierte genetische Kopplungskarten, indem sie DNA-Marker verwendeten, die sich statistisch über das Genom verteilten. Anhand von Tests bei Familienuntersuchungen, ob spezifische Allele mit zwei oder mehreren Markern zusammen segregierten, konnte man die Marker zu einer eigenen **Kopplungsgruppe** zusammenfassen. Einzelne Kopplungsgruppen ließen sich wiederum durch physikalische Kartierung von mindestens einem der beteiligten Marker spezifischen Chromosomen zuordnen (etwa durch Markierung eines DNA-Fragments, das einen solchen Marker enthält und die anschließende Hybridisierung mit einer Präparation von Metaphasechromosomen (Abbildungen 2.16 und 2.17) oder durch Reihen von *Hybridzellen* (Abschnitt 8.3.2).

Eine weitere wichtige Voraussetzung war die Entwicklung effizienter DNA-Klonierungsmethoden, die die Zusammenstellung von Klonen mit großen DNA-Fragmenten ermöglichten (**DNA-Bibliotheken mit großen Insertionsfragmenten**). Diese Insertionen hat man durch eine zufällige Fragmentierung des Genoms erzeugt, aber man konnte testen, welche spezifischen DNA-Marker sie enthielten und ob es Marker gab, die auch in anderen Klonen vorhanden waren. Wenn das der Fall war, wiesen die Klone häufig *überlappende* DNA-Insertionen auf, sodass man aufgrund dieser Überlappungen geordnete Karten der DNA-Klone anfertigen konnte, so genannte **Klon-Contigs**.

8.2.2 Das Human Genome Project wurde vor allem in großen Genomzentren mit Kapazität für Hochdurchsatzsequenzierungen durchgeführt

Die Organisation des Human Genome Project

Während das Human Genome Project der USA den anfänglichen Impuls für das staatlich finanzierte Human Genome Project lieferte, entwickelten mehrere andere Länder schnell ihre eigenen Projekte. Zentren in Großbritannien und Frankreich hatten es eilig, ihre eigenen Akzente zu setzen, und später kamen auch von Zentren in anderen Ländern ernstzunehmende Beiträge, vor allem aus Japan und Deutschland. Um die verschiedenen nationalen Bemühungen zu koordinieren, wurde 1988 die **Human Genome Organisation** (**HUGO**) gegründet, mit dem Auftrag,

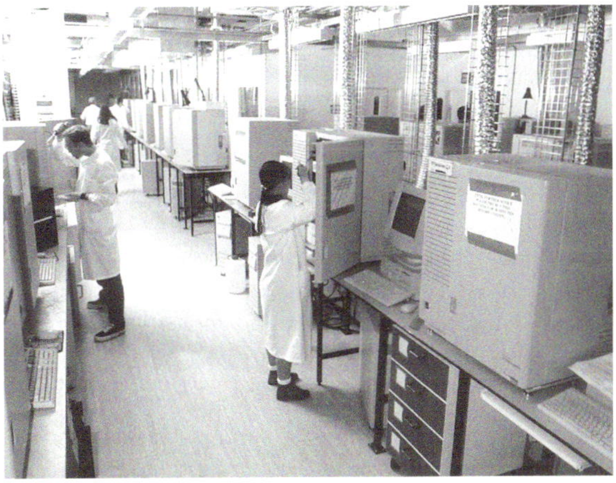

8.1 DNA-Sequenzierung im großen Maßstab beim Wellcome Trust Sanger Institute. Das Institut befindet sich in Hinxton (Großbritannien) und lieferte die meisten Beiträge zum staatlich geförderten Human Genome Project. Die Daten sind abrufbar unter http://www.sanger.ac.uk

den Austausch von Forschungsmaterialien zu erleichtern, die öffentliche Diskussion zu fördern und die Anforderungen an die Erforschung des menschlichen Genoms zu formulieren (McKusick 1989).

Da die Forschung in großem Maßstab durchgeführt werden musste, konzentrierte sich ein großer Teil der Technologie, die für die Sequenzierung des menschlichen Genoms erforderlich ist, in wenigen sehr großen **Genomzentren**, deren Sequenzierungskapazitäten industrielle Ausmaße besitzen (Abb. 8.1). Die automatisierte DNA-Sequenzierung mit Fluoreszenzmarkierung wurde zur Norm, und die Entwicklung der **Kapillar-DNA-Sequenzierung** (Abschnitt 7.1.2) brachte den notwendigen Schub in Richtung Hochdurchsatzsequenzierung. Für das staatlich finanzierte HGP stammten die meisten Beiträge zur Sequenz von fünf großen Zentren: dem Wellcome Trust Sanger Institute in Großbritannien und vier Zentren in den USA (dem Whitehead Institute/Massachussetts Institute of Technology in Massachussetts, der Washington University, dem DoE Joint Genome Institute und dem Baylor College of Medicine). Mit diesen und einigen anderen großen Zentren arbeitete ein weltweites Netzwerk kleinerer Laboratorien zusammen, die vor allem damit befasst waren, Krankheitsgene zu kartieren und zu identifizieren und sich meist auf sehr spezifische chromosomale Subregionen konzentrierten (Abb. 8.2).

Die Kommunikation innerhalb des Netzwerkes aus den Genomzentren und den zusammen wirkenden Laboratorien erfolgte vor allem digital (und tut es noch). Die Anforderung, die riesige Menge von erzeugten Sequenzierungsdaten zu handhaben und zu speichern, führte schnell zur Entwicklung elektroni-

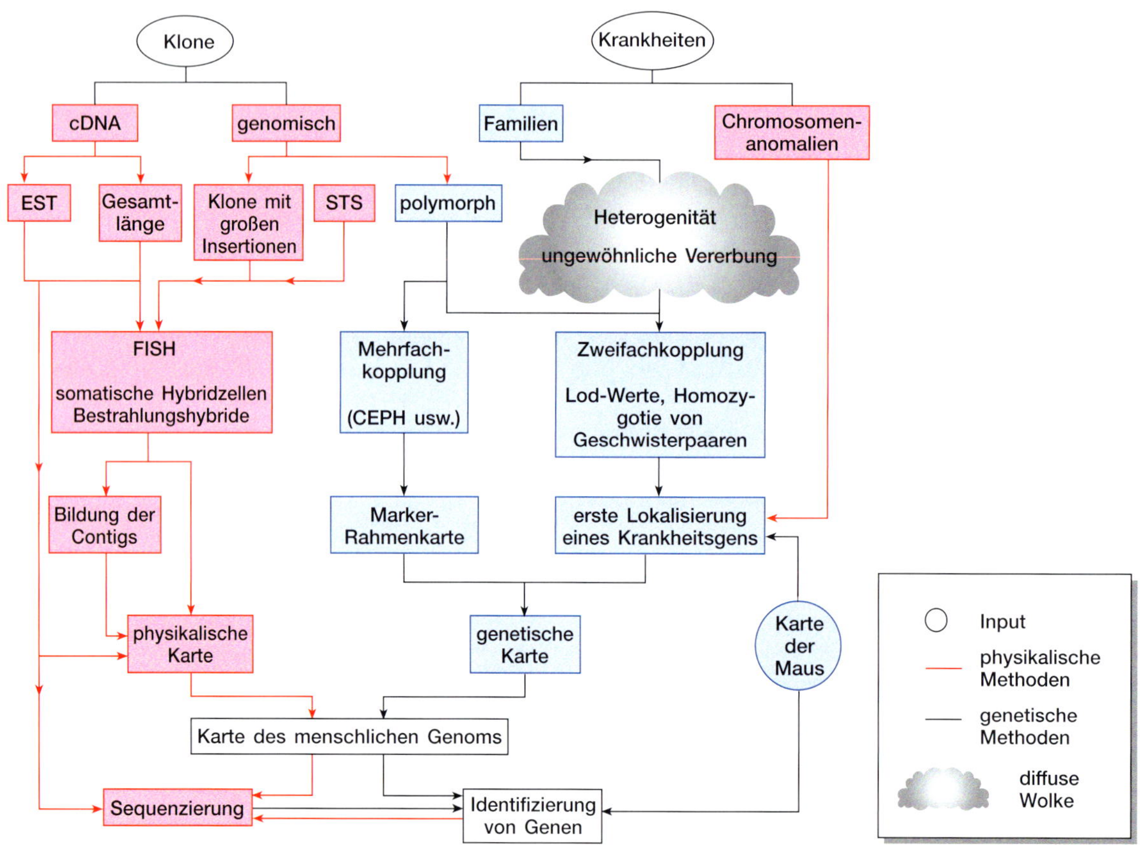

8.2 Wichtige wissenschaftliche Strategien und Verfahren im Human Genome Project. Der erste wichtige Schritt im Human Genome Project war die Isolierung von Klonen mit genomischer DNA und cDNA des Menschen (auf PCR- oder Zellbasis). Diese dienten dann zur Herstellung von genetischen und physikalischen Karten mit hoher Auflösung, bevor man schließlich die ultimative physikalische Karte, die vollständige 3 000 Mb lange Nucleotidsequenz des Kerngenoms bestimmen konnte. Das Projekt hatte zwangsläufig Berührungspunkte zu dem Forschungsgebiet der Kartierung und Identifizierung von menschlichen Krankheitsgenen. Darüber hinaus wurden in einer Reihe von Nebenprojekten die genetische Variabilität untersucht (Human Genome Diversity Project; Abschnitt 8.3.7), Genomprojekte für Modellorganismen (Abschnitt 8.4) und Untersuchungen zu ethischen, juristischen und gesellschaftlichen Fragestellungen durchgeführt. Die erzeugten Daten wurden in Kartierungs- und Sequenzdatenbanken geleitet, um einen raschen computergestützten Zugriff und entsprechende Datenanalysen zu ermöglichen. EST: *expressed sequence tag*; STS: *sequence tagged site*.

Exkurs 8.2: Nomenklatur der menschlichen Gene und DNA-Segmente

Der HUGO-Nomenklaturausschuss bestimmt über die Verwendung von Begriffen und Schreibweisen. Die Bezeichnungen von Genen und Pseudogenen bestehen normalerweise aus zwei bis sechs Zeichen, wobei Pseudogenen ein P nachgestellt wird. Für anonyme DNA-Sequenzen setzt man zuerst ein D, dem eine Zahl von 1 bis 22 oder ein X beziehungsweise Y folgt, um die chromosomale Zuordnung anzugeben. Daran fügt man ein S an, wenn es sich um eine singuläre Sequenz handelt, ein Z steht hier für eine chromosomenspezifische Sequenzfamilie aus repetitiven Sequenzen oder ein F für eine DNA-Familie mit mehreren Loci (Multilocusfamilie). Schließlich folgt noch die laufende Nummer. Ein zusätzlich angehängtes E bedeutet, dass die anonyme DNA-Sequenz exprimiert wird.

Bezeichnung	Bedeutung
CRYB1	Gen für das Crystallin-β-Polypeptid 1
GAPD	Gen für die Glycerinaldehyd-3-phosphat-Dehydrogenase
GAPDL7	GAPD-ähnliches Gen 7, Funktion unbekannt
GAPDP1	GAPD-Pseudogen 1
AK1	Gen für die Adenylatkinase, Locus 1
AK2	Gen für die Adenylatkinase, Locus 2
*PGKI*2*	zweites Allel am *PGK1*-Locus
B3P42	Bruchstelle Nummer 42 auf Chromosom 3
DYS29	singulärer DNA-Abschnitt Nummer 29 auf dem Y-Chromosom
D3S2550E	singulärer DNA-Abschnitt Nummer 2 550 auf Chromosom 3, wird exprimiert
D11Z3	für Chromosom 11 spezifische Familie von repetitiven DNA-Sequenzen mit der Nummer 3
DXYS6X	DNA-Abschnitt auf dem X-Chromosom; besitzt homologe Sequenz auf dem Y-Chromosom; wurde als sechstes XY-Homologenpaar ermittelt
DXYS44Y	DNA-Abschnitt auf dem Y-Chromosom; besitzt homologe Sequenz auf dem X-Chromosom; 44. XY-Homologenpaar
D12F3S1	DNA-Abschnitt auf Chromosom 12, erste Sequenz der Multilocusfamilie 3
DXF3S2	DNA-Abschnitt auf dem X-Chromosom, zweite Sequenz der Multilocusfamilie 3
FRA16A	fragile Stelle A auf Chromosom 16

scher **Datenbanken**, die zumindest im Bereich der staatlich finanzierten Forschung über das Internet frei zugänglich sind. So kann man selbst von weit entfernten Computern überall in der Welt Analysen durchführen. Je nach Herkunft der eingegebenen Daten gibt es zwei Arten von relevanten Datenbanken:

- *Zentralspeicher für weltweit erzeugte Kartierungs- und Sequenzdaten.* Universelle **Sequenzdatenbanken** für DNA und Proteine gab es bereits Jahrzehnte vor dem Beginn der Genomprojekte, aber eigene Datenbanken für speziesbezogene Kartierungen etablierten sich erst vor kurzem, wie beispielsweise die **Genome Database** (**GDB**), die auf die Speicherung von *menschlichen* Kartierungsdaten spezialisiert ist. (Für die Bezeichnung von DNA-Abschnitten und Genen in den verschiedenen Spezies gibt es eine besondere Nomenklatur – siehe unter Weiterführender Literatur; die menschliche Nomenklatur wird in Exkurs 8.2 erläutert.)
- *Datenbanken für die Speicherung vor Ort erzeugter Daten.* Zur Verbesserung der eigenen Effizienz haben die großen Sequenzierungs- und Kartierungszentren die selbst produzierten Daten in eigenen Datenbanken niedergelegt. Von den staatlich finanzierten Zentren aus kann man auf diese Daten jederzeit zugreifen, allerdings keine eigenen dort ablegen.

8.3 Wie das menschliche Genom kartiert und sequenziert wurde

Das offizielle Human Genome Project war als Projekt für 15 Jahre angelegt und sollte von 1990 bis 2005 dauern, aber die Fortschritte kamen schneller als erwartet. Die genetischen Karten wurden schon vor dem eigentlichen Zeitplan fertig gestellt und die Endphase der DNA-Sequenzierung in großem Maßstab war durch die Entwicklung automatischer

Methoden auf Fluoreszenzbasis deutlich erleichtert. Außerdem kam noch der Faktor der Konkurrenz mit dem privaten Unternehmen Celera hinzu. Im Jahre 2003 stand eine im Wesentlichen vollständige Sequenz über das Internet allen zur Verfügung. In Exkurs 8.3 sind die wichtigen Ereignisse chronologisch aufgeführt.

8.3.1 Die ersten brauchbaren genetischen Karten des Menschen beruhten auf Mikrosatellitenmarkern

Als man in den frühen 1980er Jahren erkannte, dass die Erstellung einer umfassenden genetischen Karte des Menschen möglich ist, war man zu ernsthaften Bemühungen beflügelt, tatsächlich eine solche Karte zu konstruieren. Die erste dieser Karten wurde 1987 publiziert; sie beruhte vor allem auf Restriktionsfragment-Längenpolymorphismen (RFLPs). Trotz dieser beeindruckenden Leistung weist die RFLP-Karte nicht zu vernachlässigende Grenzen auf: Der durchschnittliche Abstand zwischen den einzelnen Markern war beträchtlich. Vielmehr sind RFLP-Marker nicht sehr informativ (nur zwei Allele) und nicht so einfach zu typisieren.

Danach konzentrierte man sich auf die Erstellung von Karten mit **Mikrosatellitenmarkern**, die den Vorteil besitzen, dass sie einen hohen Informationsgehalt aufweisen, leicht zu typisieren und im gesamten Genom verteilt sind (Abschnitt 9.4.3; Abb. 7.7 und 7.8). Nach weiteren fünf Jahren veröffentlichten die Forscher des Généthon-Laboratoriums in Frankreich die erste Mikrosatellitenkopplungskarte des menschlichen Genoms (Weissenbach et al. 1992), und zwei Jahre später erschien eine verbesserte Version, die ein internationales Forschungskonsortium erstellt hatte. Sie beruhte vor allem auf Mikrosatellitenmarkern, wobei die Informationsdichte mit etwa einem Marker pro CentiMorgan (cM) sehr hoch war (Murray et al. 1994).

Anhand der hoch aufgelösten genetischen Karte des Menschen, die 1994 publiziert wurde, ließ sich ein erstes wichtiges Forschungsziel des Human Genome Project verwirklichen. Damit war eine Grundlage für die Entwicklung von genauen physikalischen Karten für alle Chromosomen geschaffen worden. Von da ab lag der Schwerpunkt des HGP auf der Entwicklung und Verbesserung physikalischer Karten, bis schließlich die ultimative physikalische Karte erstellt worden war, das heißt die vollständige DNA-Sequenz aller Chromosomen vorlag (Abschnitt 8.3.2). Die genetische Kartierung des menschlichen Genoms wurde dennoch auf zwei Weisen fortgesetzt:

- **Weitere Verbesserung der Mikrosatellitenkarten.** Die zurzeit genaueste Karte stammt von der deCODE Genetics Group in Island. Dabei wurden, bei einer Gesamtzahl von 1 257 Meiosen, 5 136 Mikrosatellitenmarker aus 146 Familien typisiert (Kong et al. 2002).
- **Entwicklung von Einzelnucleotidpolymorphismus(SNP)-Karten** (Abschnitt 8.3.7).

8.3.2 Die erste physikalische Karte des Human Genome Project mit hoher Auflösung beruhte auf Klon-Contigs und STS-Markern

Allgemeine Methoden für die physikalische Kartierung des menschlichen Genoms

Obwohl für die Herstellung von genetischen Karten des Menschen verschiedene Arten von Markern verwendet wurden, lag allen dasselbe Prinzip zugrunde: Man typisierte die Marker bei Mitgliedern von verschiedenen Familien in mehreren Generationen. Dann gab man die ermittelten Daten in einen Computer ein, der nach gemeinsam segregierenden Markerallelen suchen sollte. Die physikalische Kartierung ist anders, weil man sehr unterschiedliche Karten erstellen kann (Tab. 8.1). Die erste physikalische Karte des menschlichen Genoms wurde vor über 40 Jahren erstellt und basierte auf dem Bandenmuster der Chromosomen (ein modernes Beispiel für eine Karte der Chromosomenbanden ist in Abbildung 2.14 dargestellt).

Trotz ihrer schlechten Auflösung haben sich die cytogenetischen Karten als hilfreiche Grundlage für die Zuordnung der menschlichen DNA-Sequenzen erwiesen, deren Lokalisierung durch *in situ*-Hybridisierung und die Verwendung definierter cytogenetischer Bruchstellen weiter verbessert wurde. Auch gibt es inzwischen **Restriktionskarten von langen DNA-Abschnitten**, die man anhand von *selten schneidenden Restriktionsenzymen* aufgestellt hat, beispielsweise eine *Not*I-Restriktionskarte von 21q (Ichikawa et al. 1993). Im Rahmen des HGP jedoch entstand die erste physikalische Karte des menschlichen Genoms mit hoher Auflösung durch die Herstellung von **Bibliotheken genomischer DNA-Klone** auf Zellbasis (Grundlagen in Abschnitt 5.3.4). Diese Bibliotheken wurden dann nach spezifischen Klonen durchsucht, und man konnte sie so in *Gruppen von Klonen zusammenfassen, deren Insertionsfragmente jeweils von demselben Chromosom beziehungsweise derselben chromosomalen Subregion stammten.* Am Ende deckten die Klongruppen sehr große Subregionen oder ganze Chromosomen ab.

Um Bibliotheken aus genomischer DNA herzustellen, ging man normalerweise von einer permanenten (lymphoblastoiden) Zelllinie aus, um eine ständig

Exkurs 8.3: Wichtige Ereignisse bei der Kartierung und Sequenzierung des menschlichen Genoms

1956: Die erste physikalische Karte des menschlichen Genoms wird erstellt. Im Lichtmikroskop erkennt man in gefärbtem Gewebe, dass unsere Zellen 46 Chromosomen enthalten, wobei es 24 verschiedene Chromsomentypen gibt.

1977: Fred Sanger und seine Mitarbeiter in Cambridge (Großbritannien) veröffentlichen die Didesoxysequenzierungsmethode für DNA, die bei der aktuellen DNA-Sequenzierungstechnik ein Vierteljahrhundert später immer noch die Grundlage bildet.

1980: Botstein und Mitarbeiter postulieren, dass mithilfe zufällig verteilter DNA-Marker (RFLP-Marker) eine genetische Karte des Menschen erstellt werden kann.

1981: Fred Sanger und Mitarbeiter veröffentlichen die vollständige Sequenz der menschlichen Mitochondrien-DNA (Abschnitt 9.1.2).

1984: In Alta (Utah) findet ein Workshop statt, den das Energieministerium der USA teilweise finanziert. Dabei sollen Methoden für den Nachweis und die Charakterisierung von Mutationen getestet werden, außerdem will man künftige Technologien entwerfen. Eine grundlegende Schlussfolgerung besteht darin, dass ein sehr umfangreiches, komplexes und teures Sequenzierungsprogramm erforderlich ist, um Mutationen möglichst effektiv zu charakterisieren.

1987: Der Bericht des Energieministerium der USA über eine Initiative für die Erforschung des menschlichen Genoms fasst drei Zielvorgaben ins Auge: die Erstellung von genaueren physikalischen Karten der menschlichen Chromosomen, die Entwicklung von unterstützenden Techniken und Einrichtungen für die Erforschung des menschlichen Genoms; die Erweiterung der Kommunikationsnetzwerke und der Kapazitäten von Computern und Datenbanken.

1988: Die National Institutes of Health (NIH) der USA richten das Office of Human Genome Research ein (das später in National Center for Human Genome Research umbenannt wird), um die NIH-Aktivitäten bei der Genomforschung und die Zusammenarbeit mit anderen Organisationen der USA zu koordinieren. Im selben Jahr wird auch die **Human Genome Organization** (**HUGO**) gegründet, die die internationalen Forschungsanstrengungen koordinieren, den Austausch von Forschungsmaterialien erleichtern, die öffentliche Diskussion fördern und die Anforderungen an die Erforschung des menschlichen Genoms formulieren soll (McKusick 1989).

1990: Offizieller Startschuss für das **Human Genome Project** (**HGP**), nachdem in den USA offiziell drei Milliarden US-Dollar für das auf 15 Jahre angelegte Projekt bereitgestellt wurden.

1991: Einrichtung der Genome Database (GDB), wo die Kartierungsdaten der menschlichen DNA gesammelt werden sollen.

1992: Jean Weissenbach und seine Mitarbeiter am Généthon-Laboratorium in Frankreich veröffentlichen die erste umfassende genetische Kopplungskarte des Menschen auf Grundlage von Mikrosatellitenmarkern (Weissenbach et al. 1992).

1993: Daniel Cohen und seine Mitarbeiter am Généthon-Laboratorium in Frankreich veröffentlichen die erste physikalische Karte des menschlichen Genoms anhand von DNA-Klonen mit großen Insertionsfragmenten (Cohen et al. 1993).

1995: Eric Lander und seine Mitarbeiter am Whitehead Institute/Massachussetts Institute of Technology veröffentlichen die erste detaillierte physikalische Karte des menschlichen Genoms auf der Grundlage von *sequence tagged sites* (Hudson et al. 1995).

1998: Ein internationales Konsortium, das von Forschern am Sanger-Zentrum in Großbritannien geleitet wird, veröffentlicht mit *GenMap '98* die erste wirklich umfassende Karte von *Genmarkern* (Deloukas et al. 1998).

1999: Ein internationales Konsortium, das von Forschern am Sanger-Zentrum in Großbritannien geleitet wird, veröffentlicht die Sequenz von Chromosom 22 und damit die erste vollständige Sequenz eines menschlichen Chromosoms überhaupt (Dunham et al. 1999).

2001: Veröffentlichung der Rohsequenzen des menschlichen Genoms (die etwa 90% der Gesamtsequenz ausmachen) durch ein internationales Konsortium von staatlich finanzierten Forschungsgruppen und durch das Privatunternehmen Celera (International Human Gene Sequencing Consortium 2001; Venter et al. 2001).

2003: Das menschliche Genom ist vollständig sequenziert.

erneuerbare homogene Zellpopulation zur Verfügung zu haben. Nach Isolierung der genomischen DNA der Zelllinie mit Standardverfahren, wurde die DNA mit einem Restriktionsenzym geschnitten und in einen geeigneten Vektor kloniert. Zunächst verwendete man lambda- und Cosmidvektoren und konnte damit Klone mit Insertionsfragmenten von 15 bis 40 kb herstellen (Abschnitt 5.4.2). Die klonierten Fragmente wurden (am Anfang durch Hybridisierung mit einem vorher isolierten cDNA-Fragment, später mit einer PCR-Methode) durchgetestet und ließen sich dann leicht mithilfe einer **Chromosomen-*in situ*-Hybridisierung** einer chromosomalen Subregion zuordnen (Abb. 2.16 und 2.17; die Kartierung der viel kleineren

Tabelle 8.1 Für das menschliche Genom lassen sich verschiedene Arten von physikalischen Karten herstellen

Art der Karte	Beispiele/Verfahren	Auflösung
cytogenetische Karten	Chromosomenbandenmuster	durchschnittlich 1 Mb DNA pro Bande
Karten anhand Chromosomen-bruchstellen	Kohorten aus somatischen Hybridzellen, die Fragmente von menschlichen Chromosomen enthalten, die natürlich, durch Translokationen oder Deletionen entstanden sind	Abstände zwischen benachbarten Chromosomenbruchstellen betragen normalerweise mehrere Mb
	Karten auf der Basis von monochromosomalen Bestrahlungshybridzellen (RH-Karten)	Abstände zwischen Bruchstellen betragen häufig viele Mb
	RH-Karten von ganzen Genomen	mögliche Auflösung bis 0,5 Mb
Restriktionskarte	Restriktionskarten auf der Basis von selten schneidenden Nucleasen (z. B. *NotI*)	Abstände der Schnittstellen betragen mehrere Hundert kb
Klon-Contig-Karte	überlappende YAC-Klone	bis zu mehreren Hundert kb für in YACs klonierte Fragmente
	überlappende Cosmidklone	durchschnittliche Fragmentgröße beträgt bei Cosmiden 40 kb
STS-Karte (*sequence tagged sites*)	zuerst sind Sequenzinformationen von geordneten Klonen erforderlich, um STS-Marker eintragen zu können	bis unter 1 kb möglich , STS-Standardkarten zeigen Auflösungen von 10 bis 100 kb
EST-Karte (*expressed sequence tags*)	zuerst werden cDNAs sequenziert, dann anderen physikalischen Karten zugeordnet	durchschnittliche Auflösung im menschlichen Kerngenom etwa 90 kb
DNA-Sequenz	vollständige Nucleotidsequenz der chromosomalen DNA	1 bp

cDNA-Klone durch Hybridisierung mit Metaphasechromosomen war technisch viel schwieriger zu bewerkstelligen als die Kartierung großer DNA-Klone und wurde deshalb nicht allgemein durchgeführt).

In den frühen genomischen DNA-Bibliotheken des Menschen waren die meisten Klone sowohl *anonym* (da die Identität des Insertionsfragments unbekannt war) als auch *unkartiert*. Durch die Charakterisierung von immer mehr verschiedenen cDNA-Klonen war es möglich, die zugehörigen (*cognate*) genomischen DNA-Klone zu identifizieren und den chromosomalen Subregionen zuzuordnen. (cDNA-Klone waren einfacher zu charakterisieren, da ihre kurzen Insertionen relativ schnell zu sequenzieren sind; außerdem waren die cDNA-Bibliotheken weniger komplex, da aufgrund differenzieller Genexpression häufig bestimmte Arten von Klonen vorherrschten, beispielsweise Globintranskripte aus Blutproben.)

Um die Kartierung von genomischen DNA-Klonen des Menschen zu erleichtern, hat man weitere Verfahren entwickelt, im Folgenden einige Beispiele:

- **Anreicherung der Ausgangs-DNA.** Anstelle von genomischer Gesamt-DNA isolierte man einzelne Chromosomen mithilfe der **Durchflusscytometrie**, wobei dasselbe Prinzip wie bei der fluoreszenzaktivierten Zellsortierung Anwendung fand. Durch Anreicherung bestimmter Chromosomentypen wurden **chromosomenspezifische DNA-Bibliotheken** erzeugt (Davies et al. 1981). Eine zusätzlich durchgeführte **chromosomale Mikrodissektion** ermöglichte die Anfertigung spezifischer Bibliotheken von chromosomalen Subregionen (Lüdecke et al. 1989).
- **Hybridzellkartierung.** Nach Sequenzierung eines kurzen Abschnitts am Ende eines Klons mit genomischer DNA konnte man mithilfe eines PCR-Ansatzes für diese spezifische Sequenz eine Kohorte von Hybridzellen untersuchen, denen bestimmte Chromosomen oder chromosomale Subregionen fehlten (Exkurs 8.4).
- Die **genetische Kopplung** mit einem DNA-Fragment, das vorher mithilfe der oben beschriebenen Methoden einer physikalischen Karte zugeordnet werden konnte.

Physikalische Karte des menschlichen Genoms auf Basis von YAC-Klonen

Als das Human Genome Project 1990 offiziell an den Start ging, enthielten die verfügbaren DNA-Bibliotheken Fragmente von bis zu 40 kb Länge (Cosmidklone), die in den meisten Fällen anonym und größtenteils

Exkurs 8.4: Hybridzellkartierung

Prinzip der somatischen Hybridzellen

Unter bestimmten Bedingungen ist es im Experiment möglich, Zellen von verschiedenen Spezies in Kultur zu fusionieren. Dadurch entstehen **somatische Hybridzellen**. Für die Kartierung der menschlichen DNA erzeugt man Hybridzellen üblicherweise durch die Fusion von menschlichen Zellen mit Zellen von Nagetieren (Maus oder Hamster). Das erste Produkt einer solchen Fusion bezeichnet man als **Heterokaryon**, da die Zelle sowohl einen menschlichen Zellkern als auch einen Zellkern des Nagetiers enthält. Das Heterokaryon tritt schließlich in die Mitose ein, und die beiden Kernhüllen lösen sich auf. Danach werden die Chromosomen des Menschen und des Nagetiers in einem einzigen Zellkern vereinigt. Solche Hybridzellen sind instabil. Aus noch unbekannten Gründen werden die meisten menschlichen Chromosomen bei den anschließenden Zellteilungen nicht repliziert und gehen verloren. So entsteht eine Vielzahl von mehr oder weniger stabilen Hybridzelllinien, die alle einen vollständigen Chromosomensatz des Nagetiers und einige wenige menschliche Chromosomen enthalten (in der Abbildung oben). Der Verlust der menschlichen Chromosomen erfolgt im Prinzip zufällig, kann jedoch durch Selektion gesteuert werden.

Kohorten von Hybridzellen mit unterschiedlichen Kombinationen von menschlichen Chromosomen eignen sich für die Kartierung von menschlichen Genen oder DNA-Sequenzen auf einem *spezifischen menschlichen Chromosom*. Am effizientesten ist jedoch die Verwendung von Kohorten **monochromosomaler Hybridzellen** (Zellen mit nur einem einzigen menschlichen Chromosom), die zusammen alle 24 Chromosomentypen des Menschen enthalten (Cuthbert et al. 1995). Um monochromosomale Hybridzellen zu erzeugen, behandelt man menschliche Donorzellen mit Colcemid, sodass sich die Chromosomensätze in getrennte subzelluläre Pakete (**Mikronuclei**) aufteilen. Durch eine anschließende Zentrifugation bilden sich **Mikrozellen**, die einen einzigen Mikronucleus enthalten, der in einer dünnen Cytoplasmaschicht liegt, die wiederum von einer intakten Zellmembran umgeben ist. Die Mikrozellen werden mit Rezipientenzellen des Nagetiers fusioniert (**Mikrozellfusion**). Von den so entstehenden Hybridzellen enthalten einige ein einzelnes menschliches Chromosom; ein Beispiel ist bei Warburton et al. (1990) beschrieben.

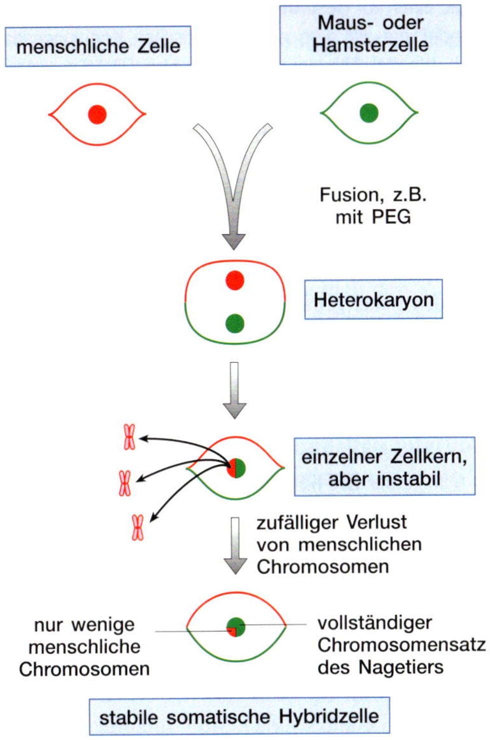

Prinzip der somatischen Hybridzellen.

Bestrahlungshybridzellen

Ein Gen oder eine DNA-Sequenz des Menschen kann man einem Chromosomenabschnitt auch mithilfe von Kohorten von **Bestrahlungshybridzellen** zuordnen, die zusammen mit einem vollständigen Chromosomensatz des Nagetiers *Fragmente* von menschlichen Chromosomen enthalten. Die Fragmente werden durch Bestrahlung von Donorzellen mit einer letalen Strahlendosis erzeugt. Dabei kommt es zu Chromosomenbrüchen (die durchschnittliche Fragmentgröße hängt von der Strahlendosis ab). Nach der Bestrahlung werden die Donorzellen mit Rezipientenzellen des Nagetiers fusioniert. Mithilfe eines Selektionssystems isoliert man Rezipientenzellen, die Chromosomenfragmente der Donorzellen aufgenommen haben (Walter et al. 1996).

Früher hat man **monochromosomale Bestrahlungshybridzellen** verwendet, bei denen die Donorzellen monochromosomale Hybridzellen waren. In diesem Fall werden Fragmente des einzigen menschlichen Chromosoms und Fragmente der zerbrochenen Chromosomen des Nagetiers in den Chromosomensatz der Rezipientenzelle integriert (Cox et al. 1990). Heute verwendet man bevorzugt Kohorten von **Gesamtgenom-Bestrahlungshybridzellen**. Dabei ist die Donorzelle eine normale menschliche diploide Zelle, die bestrahlt wurde (Walter et al. 1994). Bei jeder Hybridzelle wird nur ein Teil der menschlichen Chromosomenfragmente integriert, sodass verschiedene Hybridzellen unterschiedliche Anteile des menschlichen Genoms in den Chromosomensatz der Rezipientenzelle integriert haben.

Eine auf **Bestrahlungshybridzellen** (*radiation hybrids*, **RH**) **basierende Karte** lässt sich erstellen, indem man eine Kohorte von Hybridzellen mit einer Kombination von menschlichen DNA-Markern testet. Da die einzelnen Hybridzellen unterschiedliche Anteile des menschlichen Genoms enthalten, die sich nicht überlappen, sind die Marker in einigen Hybridzellen vorhanden, in anderen jedoch nicht. Obwohl das Muster der Fragmentintegration größtenteils zufällig ist, können sich bei

Exkurs 8.5: Physikalische Kartierung durch den Aufbau von Klon-Contigs

Für die Herstellung von genomischen DNA-Bibliotheken muss man die DNA, die man klonieren will, einer sorgfältig kontrollierten *partiellen Restriktionsbehandlung* unterziehen. Üblicherweise verwendet man *Mbo*I, um die Restriktionsfragmente der Ausgangs-DNA herzustellen. Das Enzym schneidet in der 4 bp langen Erkennungssequenz ↓GATC, die in der DNA durchschnittlich alle 300 bp vorkommt. Man setzt die DNA jedoch einer sehr geringen Enzymkonzentration aus, und das für einen kurzen Zeitraum, sodass nur ein sehr geringer Teil der insgesamt verfügbaren Restriktionsstellen geschnitten wird. Wenn man eine BAC-Bibliothek herstellen will, benötigt man Fragmente in der Größe von 200 kb. Dafür dürfen aber nur 1 % der potenziellen Restriktionsstellen geschnitten werden.

Die Ausgangs-DNA wird normalerweise aus Millionen von diploiden Zellen isoliert, sodass alle 23 Typen von menschlichen DNA-Molekülen (entsprechend den 23 Chromosomentypen) durch Millionen von identischen Kopien der jeweiligen ursprünglichen Paare von chromosomalen DNA-Molekülen ver-

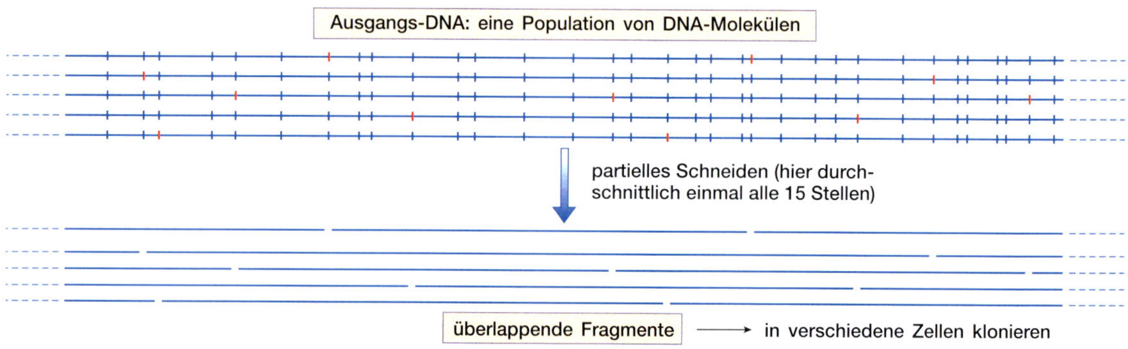

Oben: Herstellung von überlappenden DNA-Fragmenten durch eine partielle Restriktion.

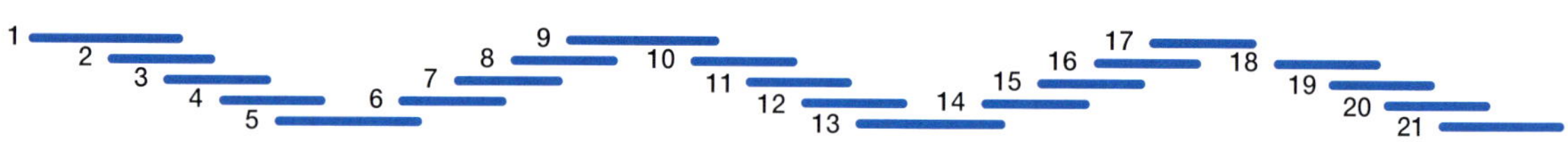

Mitte: Ein Klon-Contig – eine Reihe von Klonen mit teilweise überlappenden DNA-Fragmenten.

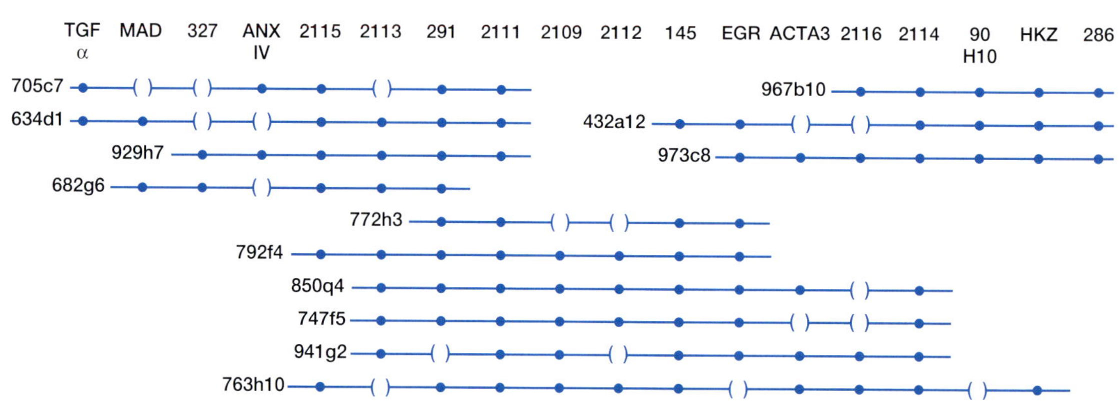

Unten: Beispiel für ein STS-Contig von Chromosom 2. Die oben angegebenen Marker sind STS-Marker von Genen (TGF-α, MAD und so weiter) und anonyme Marker (D2S327, D2S2115 und so weiter, bei denen in der Darstellung das Präfix D2S weggelassen wurde). Bei den Klonen handelt es sich um YAC-Klone, Klammern deuten an, dass hier ein zu erwartender STS-Marker fehlt, wahrscheinlich aufgrund von internen Umstrukturierungen des YAC-Klons.

treten sind. Wenn man die Moleküle jedoch einer partiellen Restriktionsspaltung unterzieht, werden sie an *zufälligen* Stellen geschnitten. So zeigen die Millionen DNA-Moleküle, die einer beliebigen chromosomalen Subregion entsprechen, unterschiedliche Restriktionsmuster (oberer Teil der Abbildung). Das führt dazu, dass bei einer partiellen Restriktion nichtidentische Fragmente entstehen, die überlappende Sequenzen aus derselben chromosomalen Subregion enthalten. Die einzelnen Fragmente werden in verschiedene Wirtszellen kloniert. Und man kann Klone mit *überlappenden Insertionsfragmenten* identifizieren, indem man auf Übereinstimmungen zwischen den Insertionsfragmenten verschiedener Klone testet. So erhält man schließlich eine *Kombination von Klonen mit überlappenden Insertionsfragmenten, in denen die gesamte ursprüngliche DNA-Sequenz lückenlos vertreten ist; eine solche Gruppe von Klonen bezeichnet man als Klon-Contig* (mittlerer Teil der Abbildung).

Klone mit überlappenden Insertionsfragmenten lassen sich auf verschiedene Weise identifizieren. Bei einer physikalischen Karte des menschlichen Genoms auf Grundlage von YAC-Klonen (Abschnitt 8.3.2) hat man überlappende Klone durch eine **Klon-Klon-Hybridisierung** (die Sonden wurden jeweils aus einem YAC-Klon entwickelt und mit anderen YAC-Klonen hybridisiert) oder durch einen **Klonfingerabdruck** (durch die Suche nach übereinstimmenden Abständen zwischen bestimmten repetitiven Sequenzen oder Restriktionsschnittstellen) ermittelt. Bei neueren Untersuchungen zieht man jetzt eine **STS-Kartierung** vor (beispielsweise Hudson et al. 1995). Dabei werden alle Klone daraufhin getestet, ob sie eine bestimmte Auswahl von ***sequence tagged sites*** enthalten. Danach werden sie in verschiedenene Gruppen aufgeteilt, abhängig davon, wie viele spezifische STS-Marker sie enthalten (unterer Teil der Abbildung).

Gruppe für die genetische Kartierung des Menschen verwendet wurden.

Die STS-Karte, die von Hudson et al. (1995) veröffentlicht wurde, lieferte ein umfangreiches physikalisches Gerüst für das menschliche Genom und da sie über 2 400 ESTs enthielt, stand nun auch eine embryonale *Genkarte des Menschen* zur Verfügung. Von nun an konzentrierte sich das Human Genome Project auf zwei Bereiche: Die Erstellung von Genbeziehungsweise Transkriptkarten mit hoher Auflösung und die Verwendung der bereits existierenden STS-Karten, um eine Basis für die Konstruktion von Klon-Contigs auf der Grundlage von BAC-Klonen (*bacterial artificial clones*) zu schaffen.

8.3.3 In der Endphase des Human Genome Project setzte man vor allem auf BAC/PAC-Klon-Contigs

Sequenzierungsstrategien

Da YAC-Insertionsfragmente häufig nicht der ursprünglichen DNA entsprechen, musste es eine zweite Generation von Klon-Contigs geben, um die DNA zu klonieren, die sequenziert werden sollte. Man wählte **BACs** und **künstliche P1-Chromosomen** (**PACs**) als Klonierungssysteme, obwohl hier Insertionsfragmente nur 100–250 kb groß sein können, also deutlich kürzer sind als bei YAC-Klonen. Dieser Nachteil wird jedoch dadurch mehr als aufgewogen, dass die klonierten Fragmente viel stabiler sind (Abschnitt 5.4.3). Als physikalische Matrizen für die Sequenzierung verwendete man deshalb eine Reihe verschiedener BAC-Bibliotheken, in geringerem Maß auch PAC-Bibliotheken, mit menschlicher DNA.

Die Sequenzierungsstrategie des öffentlich finanzierten Human Genome Project beruhte auf *hierarischer shotgun*-Sequenzierung ("Schrotschuss") (im Gegensatz dazu verfolgte Celera eine Gesamtgenom-*shotgun*-Sequenzierung; Abbildung 8.3). *Shotgun*-Sequenzierung bedeutet, dass die Ausgangs-DNA in kurze zufällige Fragmente zerschnitten wird, üblicherweise durch eine Ultraschallbehandlung mit anschließender Reparatur der Enden; die Fragmente kloniert man in einen Vektor, von dem man leicht einzelsträngige rekombinante DNA herstellen kann, die sich direkt für die Sequenzierung verwenden lässt; Exkurs 7.1). Bei der hierarchischen *shotgun*-Methode verwendet man Insertions-DNA aus einzelnen BAC-Klonen, die einer physikalischen Karte genau zugeordnet sind. Im Gegensatz dazu geht man bei der *shotgun*-Sequenzierung des Gesamtgenoms direkt von isolierter genomischer DNA aus (Abb. 8.3).

Grundlage für die beim menschlichen Genom verwendeten Sequenzierungsverfahren bildet die Didesoxysequenzierungsmethode, die Fred Sanger und seine Mitarbeiter vor einem Vierteljahrhundert entwickelt haben. Das grundlegende Verfahren hat sich nicht verändert, aber man hat die Effizienz auf verschiedene Weise verbessert, etwa durch die Automatisierung bestimmter Abläufe bei der Erstellung der Sequenzen und der Datenanalyse. Verschiedene spezialisierte Computerprogramme ermöglichten die Interpretation und das Zusammensetzen der Sequenzen. Da sind vor allem zu nennen: **PHRED** (analysiert Rohsequenzen, ordnet jeder Nucleotidposition einen *Qualitätsindex* zu, um die Verlässlichkeit der zugeordneten Base anzugeben); und **PHRAP** (setzt Rohsequenzen zu Sequenz-Contigs zusammen, in-

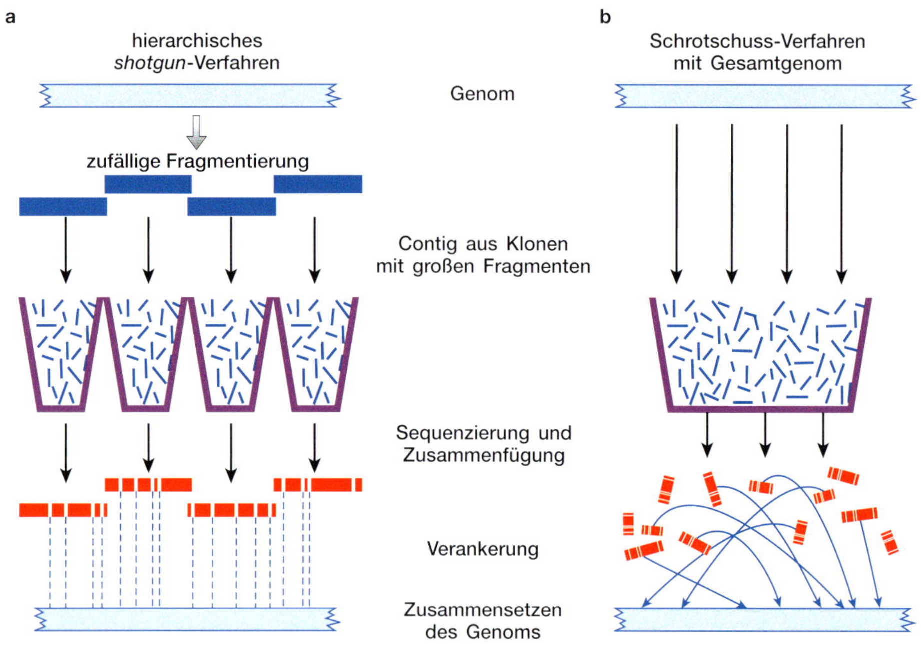

8.3 Verschiedene *shotgun*-Strategien für die Sequenzierung des menschlichen Genoms. a) Hierarchische *shotgun*-Sequenzierung. Die DNA des menschliche Genoms wird durch eine partielle Restriktionsbehandlung fragmentiert, und die entstehenden großen DNA-Fragmente werden in BAC-Vektoren kloniert; man erhält eine BAC-Bibliothek. Die BAC-Klone werden zu großen Contigs angeordnet, indem man alle Klone mit STS-Markern testet, um Klone mit überlappenden Insertionsfragmenten zu identifizieren. Die Insertionsfragmente der ausgewählten BAC-Klone werden nach der *shotgun*-Methode neu kloniert und sequenziert. Um die BAC-Sequenz zu erhalten, setzt man dann die sequenzierten Fragmente eines BAC-Klons zusammen. Die vollständigen BAC-Sequenzen werden schließlich integriert, um Überlappungen zu entfernen. b) Gesamtgenom-*shotgun*-Sequenzierung. Hier wird die isolierte genomische DNA direkt im *shotgun*-Verfahren kloniert und dann sequenziert. Die sequenzierten Fragmente werden zu großen Contigs zusammengesetzt, die sich über mehrere Megabasen erstrecken. Nach: Waterston et al. (2002) *Proc Natl Acad Sci USA* 99: 3713, mit Genehmigung durch die National Academy of Sciences der USA.

dem es die überlappenden Bereiche bestimmt, die zwei oder mehr unabhängige *shotgun*-Klone gemeinsam haben).

Das Problem der repetitiven DNA

Das Zusammensetzen der einzelnen Klonsequenzen aufgrund von Überlappungen (und die Ableitung der Genomsequenz beruht auf einer entscheidenden Annahme: Die überlappenden Sequenzen kommen nur *einmal* im Genom vor. Jedoch besteht ein sehr großer Teil des menschlichen Genoms aus repetitiver DNA (Abschnitte 9.4 und 9.5). Klassen von hochrepetitiven verstreuten DNA-Sequenzen, wie etwa LINE-1- und *Alu*-Wiederholungssequenzen, waren bereits bekannt und wurden soweit wie möglich ausgeschlossen, wenn man nach eindeutigen Überlappungen zwischen den Sequenzen der Klone suchte.

Trotz der eben beschriebenen Vorsichtsmaßnahmen konnten sich Bereiche, die einen hohen Anteil an *bekannten* Wiederholungssequenzen enthalten, als problematisch erweisen. Weitere Sorgen bereiteten bis dahin unbekannte *Wiederholungssequenzen mit geringer Kopienzahl* (die Sorge war begründet, da man in der Folge herausfand, dass in einem ziemlich großen Teil des Genoms *Segmentduplikationen* vorkommen, deren Sequenzen zehn und mehr Kb umfassen, und manchmal sogar Hunderte von Kb in zwei oder mehr Bereichen des Genoms übereinstimmen (Abschnitt 12.2.5). Zumindest im öffentlich finanzierten HGP erleichterte die hierarchische *shotgun*-Klonierungsstrategie die Zusammenfügung der Sequenzen, während die Strategie der Gesamtgenom-*shotgun*-Sequenzierung des Privatunternehmens Celera gewaltige Anforderungen an die Computerleistung stellte. Kritiker warfen ein, dass diese Strategie, wenn sie *isoliert verfolgt* wird, aufgrund der Komplexität des menschlichen Genoms und des hohen Anteils an Wiederholungssequenzen zum Scheitern verurteilt war (Exkurs 8.6).

Exkurs 8.6: Kooperation, Konkurrenz und Kontroversen in den Genomprojekten

Kooperation oder Konkurrenz in den öffentlich finanzierten Genomprojekten

Genomprojekte sind aufgrund ihres Umfanges als bedeutende Unternehmungen zu betrachten. Es gibt zahlreiche Beispiele für eine lobenswerte Zusammenarbeit: die gemeinsame Nutzung von Ressourcen zwischen verschiedenen Zentren und Laboratorien oder auch Vereinbarungen zur Übernahme von Teilaufgaben und anderes. Das Hefegenomprojekt war dafür ein ausgezeichnetes Beispiel: Hier kam es zu einer gut organisierten Kooperation zwischen verschiedenen europäischen Zentren, die sich in der Folge auch auf eine Zusammenarbeit bei Funktionsanalysen ausdehnte. Andererseits traten auch offensichtliche Spannungen auf, wenn verschiedene Laboratorien zueinander in Konkurrenz traten und Arbeiten überflüssigerweise doppelt ausgeführt wurden, beispielsweise beim *E. coli*-Genomprojekt. Hier entwickelte sich ein Wettrennen zwischen amerikanischen und japanischen Gruppen, wobei der Zieleinlauf sehr knapp war: Die amerikanische Gruppe veröffentlichte ihre Sequenz in der GenBank eine Woche vor der japanischen Gruppe.

Spannungen zwischen dem öffentlichen und dem privaten Sektor: Patentierung von Genen

Die unterschiedlichen Prioritäten der öffentlich finanzierten und der privaten Forschung führten in den Genomprojekten bei verschiedenen Gelegenheiten zu Spannungen. Ein bereits früh einsetzender Konflikt war die **Patentierung von Genen**. Das Thema spielte 1991 erstmals eine Rolle, als die NIH in den USA Patente für über 7 000 Fragmente von cDNA-Klonen aus dem menschlichen Gehirn beantragte. Die Sequenzen waren als Teil einer EST-Kartierung unter der Leitung von Dr. Craig Venter bestimmt worden. Der Patentierungsversuch führte zu einem breiten Widerspruch aus der wissenschaftlichen Gemeinschaft, vor allem deshalb, weil man gar nichts über die Funktionen der exprimierten Sequenzen wusste. Unter diesem Druck verweigerte das Patentamt der USA die Genehmigung der Patente. So kam auch eine neue wichtige Frage ins Bewusstsein: **Wem gehört das menschliche Genom?** (Thomas et al. 1996). Den Gedanken, dass unser genetisches Erbe Gegenstand eines kommerziellen Monopols sein könnte, empfanden viele Menschen als sehr beunruhigend und anstößig.

Dr. Venter verließ anschließend die NIH, um das kommerziell ausgerichtete Institute of Genome Research zu gründen. Durch die Anwendung eines Fließbandverfahrens für die EST-Sequenzierung hatte er schnell die größte Datenbank für menschliche Gene erstellt. Im April 1980 investierte der Medikamentenhersteller SmithKline Beecham 80 Millionen britische Pfund für den exklusiven Zugriff auf Venters Datenbank und kündigte an, dass Wissenschaftler nur dann Zugang zu den Daten bekommen, wenn sie bei jeder Entdeckung die Hauptrechte zur Patentierung abtreten. Auch hier wurde die wissenschaftliche Gemeinschaft durch die Vorstellung aufgeschreckt, dass ein großer Teil des exprimierten menschlichen Genoms der Kontrolle durch ein Monopol unterstellt werden soll. Viele hatten das Gefühl, dass man vielleicht ein Gen patentieren könnte, nachdem man seine Funktion bestimmt hatte, aber keinesfalls davor. Für menschliche DNA-Sequenzen, die mit einer Funktion zusammenhängen, wurden bereits Tausende von Patenten erteilt (Thomas et al. 1996), aber im Oktober 1998 erteilte das Patentamt der USA das erste Mal ein Patent für eine EST-Sequenz (an Incyte Pharmaceuticals). Wie bei Knoppers (1999) zu lesen ist, stellt die Frage der Patentierbarkeit des menschlichen Genoms weiterhin ein Problem dar.

Spannungen zwischen öffentlichem und privaten Sektor: Genomsequenzierung

Die privat finanzierte Sequenzierung von Genomen war ebenfalls umstritten. Die Bemühungen von Celera, die Genome von Mensch und Maus zu sequenzieren, standen in aggressiver Konkurrenz zu den schon länger etablierten öffentlich finanzierten Projekten. Celera behauptete 1999 dreist, dass es mit der **Gesamtgenom-*shotgun*-Strategie** (siehe Text und Abbildung 8.3) des Unternehmens möglich ist, innerhalb von zwei Jahren eine Rohsequenz des menschlichen Genoms zu erstellen. Damit wäre die langsamere Kartierung und Sequenzierung einzelner Klone nacheinander, wie sie das staatlich finanzierte HGP durchführt, schnell überholt worden.

Die Veröffentlichungen des HGP und von Celera erschienen gleichzeitig (International Human Genome Sequencing Consortium 2001; Venter et al. 2001). Dies war jedoch nie ein ausgewogenes Rennen, da sich Celera die ganze Zeit hindurch weigerte, die Sequenzen einfach und frei zugänglich zu machen (der Zugriff auf die Daten von außen war nicht möglich, und selbst als die Sequenzdaten vollständig vorlagen, wurden hohe Gebühren verlangt, der Zugang ist auch weiterhin eingeschränkt). In deutlichem Gegensatz dazu haben sich die staatlich finanzierten Laboratorien selbst verpflichtet, jede neue Sequenz sofort allgemein zugänglich zu machen (Aktualisierungen erfolgen alle 24 Stunden).

Celera hat, wie alle anderen auch, ständig freien Zugang zu den Sequenzdaten des öffentlich finanzierten HGP und schreckte nicht davor zurück, große Teile der öffentlich zugänglichen Sequenzdaten des menschlichen Genoms zu übernehmen, umzuarbeiten und den eigenen Daten hinzuzufügen. Die Bemühungen von Celera, das menschliche Genom zu sequenzieren, bestehen zu einem großen Teil darin, sich beliebig bei den öffentlichen Daten zu bedienen. Die Strategie von Celera, die auf der schwieriger durchzuführenden Gesamtgenom-*shotgun*-Methode basiert, hatte große Zweifel hervorgerufen, ob denn die Sequenz, die in Venter et al (2001) publiziert wurde, überhaupt durch die verwendete Methode bestimmt worden ist. Bei Waterson et al. (2002) finden sich auch stattdessen Belege dafür, dass die von Venter publizierte Celera-Sequenz gar nicht unabhängig entstanden sein kann, da ein entsprechend großer Teil dieser Daten aus der HGP-Sequenz übernommen und nur neu zusammengebaut wurde.

8.3.4 Die ersten genetischen Karten des Menschen mit hoher Dichte basierten auf EST-Markern

Zu Beginn des HGP gab es zahlreiche Diskussionen darüber, ob man das Genom mit seinen drei Milliarden Basen in einem Schritt vollständig sequenzieren soll oder sich zuerst nur auf den sehr kleinen Anteil der codierenden Sequenzen konzentriert, also den bei weitem interessanteren und medizinisch relevanten Teil. Die Befürworter der Gesamtgenomsequenzierung behielten am Ende die Oberhand, da sie vor allem darauf hinwiesen, dass es schwierig sein würde, alle Gene zu finden (bei einigen ist die Expression stark eingeschränkt) und dass einige Bereiche der nichtcodierenden DNA funktionelle Bedeutung besitzen, beispielsweise die regulatorischen Elemente und Sequenzen, die für die Chromosomenfunktion wichtig sind. In den ersten Jahren des Projektes gab man jedoch aufgrund der konkurrierenden kommerziellen Interessen dem Auffinden von Genen den Vorzug.

Bei einem ersten Anlauf wurden in großem Maßstab die kurzen Sequenzen an den 3'-untranslatierten Regionen (UTR) von cDNA-Klonen bestimmt, die man zufällig aus einer Reihe von menschlichen cDNA-Bibliotheken ausgewählt hatte (Adams et al. 1991). Diese kurzen Sequenzen bezeichnete man als ***expressed sequence tags*** (**EST**), da mithilfe dieser Sequenzen (wie bei den **STS**) spezifische PCR-Tests für die exprimierten Sequenzen möglich wurden (genomische 3'-UTR-Sequenzen sind viel seltener von Introns unterbrochen als codierende DNA, sodass man mit einem Primer von einem 3'-UTR-EST häufig die spezifische Sequenz in einer *genomischen DNA*-Probe amplifizieren kann). Später dehnte man die Sequenzierungen auch auf die 5'-Enden der cDNA-Klone aus und verfügte schließlich über die Endsequenzen von Hunderten von menschlichen cDNA-Klonen.

Nachdem eine großen Zahl von menschlichen ESTs bestimmt worden war (sowohl durch private als auch durch öffentlich finanzierte Forschungsgruppen), musste man sie in die physikalischen Karten des menschlichen Genoms einordnen. Dafür untersuchte man YAC-Contigs auf die Anwesenheit der einzelnen ESTs, oder man testete Kohorten von Mensch-Hamster-**Bestrahlungshybridzellen** (die Grundlagen dieser Hybridzellen werden in Abschnitt 8.3.2 und Exkurs 8.4 beschrieben). Anhand von Hybridisierungsstudien hatte man zwar vorher die ungefähre Verteilung der menschlichen Gene auf den Chromosomen bestimmt (Abb. 8.4), aber die Lokalisierung von zahlreichen ESTs bildete den ersten systematischen Ansatz für die Herstellung einer **genetischen Karte des Menschen**.

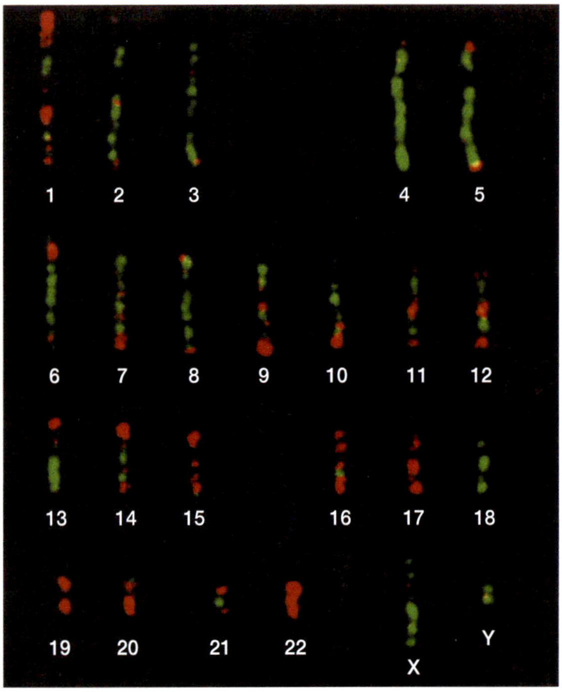

8.4 Eine frühe Karte der Genverteilung im gesamten menschlichen Genom. Die meisten menschlichen Gene sind mit **CpG-Inseln** assoziiert (Exkurs 9.3). Eine gereinigte Fraktion von menschlichen CpG-Inseln wurde mit Texas-Rot markiert und mit menschlichen Metaphasechromosomen hybridisiert (Craig und Bickmore 1994). Spät replizierende chromosomale Bereiche (meist ohne aktive Transkription) erscheinen grün [durch Einbau von Fluorescein-Isothiocyanat(FITC)-markiertem Bromodesoxyuridin (BrdU)]. Gelbe Bereiche (mit überlappenden roten und grünen Signalen) zeigen spät replizierende Bereiche an, die viele Gene (genauer gesagt CpG-Inseln) enthalten. Früh replizierende Genombereiche mit wenigen Genen (also die Centromere) sind nicht zu sehen (da hier kein BrdU eingebaut wurde und demnach eine Gegenfärbung fehlt). Bei bestimmten Chromosomen (etwa dem Chromosom 22) findet man eine hohe Gendichte (rot gefärbt durch die Fraktion der CpG-Inseln), während andere (die Chromosomen 4, 18, X, Y) wenige Gene enthalten. Nach: Craig und Bickmore (1994) *Nature Genet* 7: 376–381, Abb. 1, mit Genehmigung der Nature Publishing Group.

Die Kartierungsdaten wurden in die genetische Karte des Menschen eingetragen und mit den cytogenetischen Bandenmustern der Chromosomen abgeglichen. Um einen *nichtredundanten Satz von Genen* festzulegen, versuchte man, die Kartierungsinformationen über die verschiedenen EST-Marker zu integrieren (etwa mit dem **UniGene**-System (http://www.nchi.nlm.nih.gov/UniGene/). Die ersten umfassenden genetischen Karten des Menschen wurden von Schuler et al. (1996) und Deloukas et al. (1998) publiziert. Die zweite Veröffentlichung enthielt Kartierungspositionen für (nicht korrekt) geschätzte 30 000 Gene;

damals glaubte man, das sei nur etwa die Hälfte aller Gene des Menschen. Die Sequenzierung des menschlichen Genoms brachte dann jedoch ein überraschendes Ergebnis (nächster Abschnitt).

8.3.5 Die erste Fassung der menschlichen Genomsequenz ließ 30 000 bis 35 000 Gene vermuten, eine genaue Gesamtzahl zu ermitteln ist jedoch schwierig

Vor der Sequenzierung des menschlichen Genoms bewegten sich Abschätzungen der Gesamtzahl menschlicher Gene (ausgehend von Berechnungen aus verschiedenen, aber begrenzten Datenerhebungen) meistens im Bereich von 60 000 bis 100 000. Nach der Veröffentlichung der Rohsequenzen im Jahr 2001 erwies sich die neue Schätzung mit 30 000 bis 35 000 als erstaunlich niedrig. Mit knapp 50% mehr Genen als in dem Wurm *C. elegans*, der bei einer Körpergröße von 1 mm nur aus 959 Zellen besteht, hatte der menschliche Stolz einen weiteren Dämpfer erhalten. Das war vielleicht noch überraschender als das **C-Wert-Paradoxon** (der DNA-Gehalt der Zellen korreliert nicht immer mit der funktionellen Komplexität – einige Amöben verfügen über viel mehr DNA pro Zelle als der Mensch (Tab. 3.1).

Von den Schwierigkeiten, die genaue Anzahl der menschlichen Gene zu bestimmen

Selbst 2003, nachdem das menschliche Genom im Prinzip fertig sequenziert worden war, stand die Anzahl der menschlichen Gene immer noch nicht mit Sicherheit fest, obwohl neuere Abschätzungen (Ensembl build 29) eine Gesamtzahl von 30 000 oder sogar darunter ergaben (siehe den Vergleich zwischen Maus und Mensch in der Publikation des Mouse Genome Consortium 2002). Um die Schwierigkeit zu verstehen, die bei der Abschätzung einer genauen Genzahl besteht, muss man sich erst einmal überlegen, wie Gene eigentlich definiert sind. Wie in Abschnitt 7.2 bereits erläutert, gibt es nur zwei grundlegende genspezifische Kriterien: die Transkription zu RNA und Belege für konservierte Sequenzen in der Evolution. Alle Gene experimentell zu erfassen, sei es nun auf Grundlage der ersten oder der zweiten Forderung, ist in der Praxis sehr schwierig:

- Die Suche nach assoziierten Transkripten ist zwar oft erfolgreich (Camargo et al. 2002), allerdings sind Gene, die auf niedrigem Niveau und/oder an ungewöhnlichen Orten oder nur zu bestimmten Entwicklungsphasen exprimiert werden, in cDNA-Bibliotheken möglicherweise unterrepräsentiert.
- Gene, die nichttranslatierte mRNAs codieren, sind schwierig zu identifizieren, weil ein größeres offenes Leseraster fehlt.

Das alles führt dazu, dass Gene häufig übersehen werden, wenn man sich nur auf experimentelle Methoden verlässt. Bei Erscheinen der Rohsequenzen des menschlichen Genoms gab es nur etwa 11 000 Gene, die experimentell bearbeitet wurden. Die anderen wurden durch den Computer vorhergesagt (***in silico*-Analysen**). Computerprogramme für die Identifizierung von Genen (Zhang 2002) vergleichen eine Testsequenz mit anderen bekannten Gensequenzen (Homologiesuche) und versuchen, Exons zu erkennen (Programme für die Vorhersage von Exons):

- **Homologiesuche in Sequenzdatenbanken.** Bei jeder Testsequenz kann man die Nucleotidsequenz gegen alle Sequenzen in verfügbaren Datenbanken abgleichen und möglicherweise translatierte Polypeptidsequenzen kann man mit allen bekannten Proteinsequenzen vergleichen (Tab. 8.2 und Exkurs 7.3). Je mehr Sequenzen in den Datenbanken abgelegt werden, um so effektiver wird diese Vorgehensweise zur Identifizierung von Sequenzen, die während der Evolution stark konserviert wurden, was wiederum Hinweise auf eine konservierte Funktion gibt.
- **Programme für die Vorhersage von Exons.** Einige Programme verwenden nur Informationen über die eingegebene Sequenz (zum Beispiel das **GENSCAN**-Programm; Burge und Karlin 1997), andere basieren vor allem auf Homologievergleichen. Bis jetzt können jedoch selbst die besten Programme dieser Art (etwa GENSCAN) Exons nur eingeschränkt erkennen, wenn man sie mit Genen testet, deren Exonstruktur bereits bekannt ist. Vergleiche zwischen verschiedenen Spezies eröffnen eine andere interessante Möglichkeit für die Exonerkennung, da Exons im Gegensatz zu den meisten übrigen genomischen Sequenzen in der Evolution stark konserviert werden (etwa Batzoglou et al. 2000).
- **Integrierte Generkennungs-Softwaresysteme.** Es gibt verschiedene Softwaresysteme, die eine Funktion für die allgemeine Suche nach Homologien in Datenbanken mit einer weiteren Funktion für die Erkennung von genassoziierten Exons und Sequenzmotiven kombinieren. Die Ausgabe erfolgt üblicherweise in Form einer Grafik. Häufig verwendete Systeme sind **NIX** (http://www.hgmp.mrc.ac.uk/Registered/Webapp/nix; Abbildung 8.6 zeigt ein Beispiel für das Ausgabeformat dieses Programms) und das **Genotator**-Programm (http://www.fruitfly.org/~nomi/genotator/genotator-paper.html).

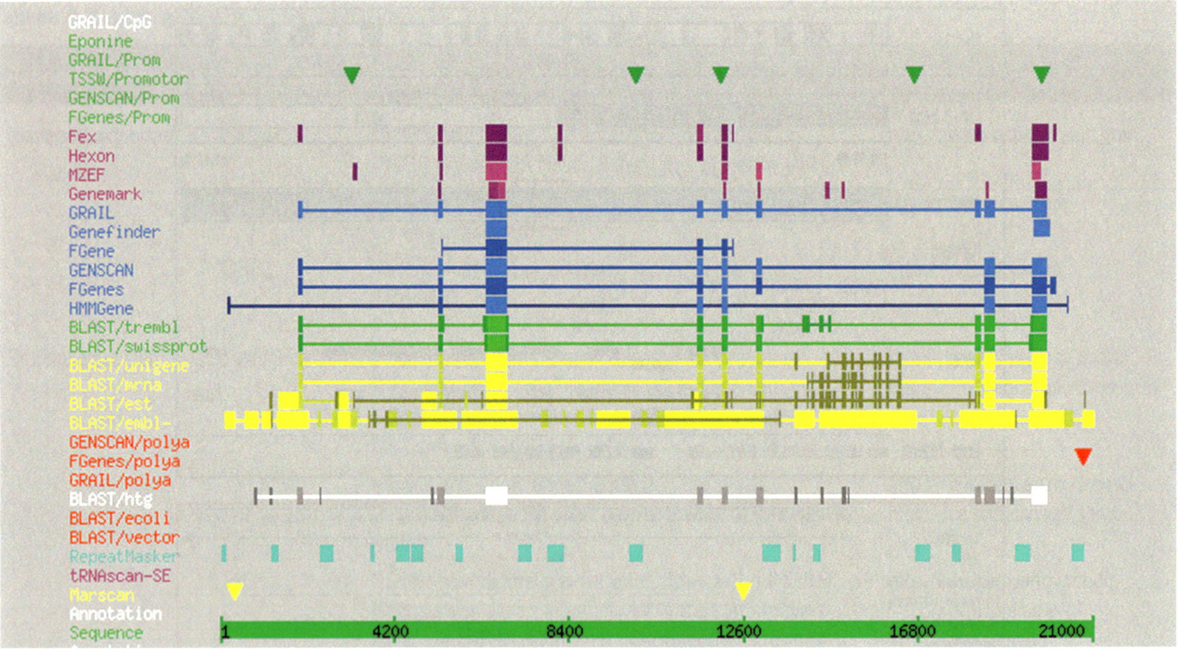

8.6 Gensuche mittels computergestützter Analyse genomischer Sequenzen. Dargestellt ist die **NIX-Analyse** (siehe Text) einer Region von Chromosom 12q24.1 (in einem PAC kloniert), die den Locus für die Darier-Krankheit enthält. Die Länge der Nucleotidsequenz wird auf dem unteren Balken angezeigt. Zum Analyseverfahren gehört auch ein Suchprogramm für Sequenzmotive, die mit Genen assoziiert vorkommen, etwa Promotorsequenzen (grüne Dreiecke ganz oben) und Polyadenylierungsstellen (ockerfarbene Dreiecke). Außerdem stehen verschiedene Suchprogramme für Exons zur Verfügung (GRAIL, GENSCAN und andere). Signifikante Homologien zu anderen Sequenzen auf Nucleinsäure- und Proteinebene werden von den verschiedenen BLAST-Programmen in den Kästchen angezeigt. Die Daten wurden von Dr. Victor-Ruiz-Perez und Simon Carter, University of Newcastle upon Tyne, Großbritannien zur Verfügung gestellt.

ckelt, die sich für die Beschreibung von Genfunktionen eignet und die für alle Organismen gilt (The Gene Ontology Consortium 2000, 2001; http://www.geneontology.org). Die Verwendung einer allgemeingültigen Nomenklatur ermöglicht die Suche nach übereinstimmenden Merkmalen quer durch zahlreiche Proteine und Spezies. Das Konsortium hat drei getrennte Ontologien entwickelt – *biologische Prozesse*, *Zellbestandteile* und *molekulare Funktionen* –, um Genprodukte zu beschreiben und ihre molekularen Merkmale für alle Spezies in gleicher Weise mit Kommentaren versehen zu können. Jede Nomenklatur ist in Form gerichteter azyklischer Kurven strukturiert, wobei zu jedem Begriff ein oder mehrere Oberbegriffe sowie kein, ein oder mehrere Unterbegriffe gehören können. Auf diese Weise wird die Beschreibung der Biologie vielfältiger, als wenn es sich um eine rein hierarische Begriffsstruktur handeln würde. Die GO-Nomenklatur enthält zurzeit über 11 000 Begriffe, für deren Gebrauch es noch rechtzeitig genaue Regeln geben wird.

8.3.7 Analysen der Sequenzvariabilität des menschlichen Genoms sind wichtig für die anthropologische und die medizinische Forschung

Zu Beginn war das Human Genome Project darauf ausgelegt, die Nucleotidsequenz von einer Sammlung von klonierten menschlichen DNA-Fragmenten zu bestimmen und zu einem oder sehr wenigen haploiden Genomen zusammenzusetzen. Dabei wurde jedoch die genetische Diversität der Menschen nicht berücksichtigt. Informationen darüber betrachtet man inzwischen in verschiedenen Zusammenhängen als wünschenswert:

- **Anthropologie.** Die Informationen könnten bei der anthropologischen und geschichtlichen Forschung hilfreich sein, wenn es gilt, menschliche Ursprünge, prähistorische Bevölkerungswanderungen und soziale Strukturen zu untersuchen.
- **Analysen in der Gerichtsmedizin.** Die Verlässlichkeit von Tests auf DNA-Basis, mit denen man Personen identifizieren oder eine enge biologische Verwandtschaft (**DNA-Profilierung**) nachweisen

kann, hängt teilweise von dem Wissen ab, wie sich diagnostische DNA-Marker bei verschiedenen Bevölkerungsgruppen unterscheiden.

- **Medizinische Forschung.** Weit verbreitete Krankheiten sind *multifaktoriell*, und es kann sehr mühsam sein, die zugrundeliegenden Gene zu identifizieren (Kapitel 15). Man hat vor kurzem mit viel Aufwand versucht, genetische Varianten zu identifizieren, um Unterschiede zwischen menschlichen Bevölkerungsgruppen bei der Anfälligkeit oder Resistenz gegenüber Krankheiten erklären zu können.

Das Human Genome Diversity Project

In Cavalli-Sforza et al. (1991) wurde der Vorschlag gemacht, in einem global angelegten Projekt (dem **Human Genome Diversity Project, HGDP**) die Diversität der menschlichen Genomsequenz zu untersuchen. Dabei lag der Schwerpunkt darin, von einer großen Zahl ethnischer Gruppen Proben zu sammeln. Obwohl HUGO das Projekt unterstützte, steckte es 2001 in erheblichen Schwierigkeiten (Greely 2001). Von Anfang an fehlte es dem Projekt an finanzieller Unterstützung. Solange das primäre Ziel des Projekts nur darin bestand, Marker für ethnische Gruppen zu finden und die Ursprünge von menschlichen Wanderungsbewegungen und Vorfahrenstammbäume zu erforschen, gab es kaum überzeugende Argumente für eine groß angelegte Finanzierung.

Das HGDP war auch einer ständigen Kontroverse ausgesetzt. Es gab Fälle, in denen Forscher isolierte menschliche Bevölkerungsgruppen aufgesucht haben, die am Rande des Aussterbens standen, schnell ihre Proben nahmen, ohne deren Sinn zu erklären, und einfach wieder verschwanden. Während Befürworter hervorheben, dass es notwendig sei, unser kulturelles Erbe zu schützen, sprechen Kritiker mit Bezug auf diese teils intensiv praktizierte „Schnell-rein-schnell-raus-Methode" zynisch von einer *Hubschrauber-Genetik*.

Karten für Einzelnucleotidpolymorphismen

Die stark polymorphen Mikrosatellitenmarker verteilen sich zwar über das gesamte Genom, aber sie eignen sich nicht besonders gut für eine automatisierte Charakterisierung und kommen nur etwa alle 30 kb vor. **Einzelnucleotidpolymorphismen (SNP)** sind nicht sehr polymorph (normalerweise mit nur zwei Allelen), aber sie sind durch ein automatisiertes Verfahren leicht zu erfassen und kommen im menschlichen Genom mit durchschnittlich einem Marker pro Kilobase relativ häufig vor (Abschnitt 7.1.3 und Exkurs 18.2 beschreiben, wie man sie charakterisiert). Deshalb haben menschliche **SNP-Karten** bei der Erstellung von genetischen Karten mit sogar noch höherer Auflösung gute Dienste geleistet. Diese hochaufgelösten Karten wurden benötigt, um chromosomale Regionen zu untersuchen, von denen man annahm, dass sie Gene für weit verbreitete Krankheiten enthalten.

Das **International SNP Consortium Ltd** wurde 1999 als nicht kommerzielle Partnerschaft zwischen dem Wellcome Trust und etwa einem Dutzend privater Unternehmen, die meist aus dem pharmazeutischen Sektor kamen, ins Leben gerufen. Innerhalb von zwei Jahren veröffentlichte das Konsortium eine SNP-Karte des Menschen mit insgesamt etwa 1,42 Millionen SNP-Markern, sodass auf durchschnittlich etwa 2 kb ein Marker kommt (International SNP map working group 2001). Heute bemüht man sich sehr darum, Gene für weit verbreitete Krankheiten mithilfe von hoch aufgelösten SNP-Karten zu kartieren. Außerdem besteht ein starkes Interesse der Industrie, dafür Anwendungen in der so genannten **Pharmakogenomik** zu entwickeln.

8.3.8 Ohne geeignete Maßnahmen könnte das Human Genome Project dazu führen, dass Träger von Krankheitsgenen diskrimiert werden und die „Eugenik" neuen Auftrieb erhält

Jeder wichtige wissenschaftliche Fortschritt trägt in sich die Gefahr des Missbrauchs. Das HGP bildet da keine Ausnahme, und die erkennbaren Vorteile können auch eine Kehrseite haben. Wenn wir alle menschlichen Gene kennen und zahlreiche Mutationen nachweisen können, die mit Krankheiten zusammenhängen, liegt ein großer Nutzen darin, dass man nun bei Personen, die Krankheitsgene tragen, Präventionsmaßnahmen ergreifen kann. Dieselben Informationen lassen sich jedoch auch dafür verwenden, solche Personen zu diskriminieren. So besteht beispielsweise die weit verbreitete Furcht, dass Versicherungsunternehmen auf groß angelegten genetischen Untersuchungen bestehen könnten, um Gene festzustellen, die eine Anfälligkeit gegenüber weit verbreiteten Krankheiten wie Diabetes, Herz-Kreislauf-Krankheiten, Krebs und verschiedene geistige Störungen bewirken. Vollkommen gesunde Menschen, die zufällig als Träger eines solchen Allels erkannt werden, könnten abgelehnt werden, wenn sie eine Lebens- oder Krankenversicherung abschließen wollen. Zweifelsfrei finden solche Diskriminierungen zurzeit nur in geringem Maß statt, viele schreckt aber die Tatsache auf, dass in unserer Gesellschaft ein hoher Prozentsatz davon betroffen sein könnte.

Dabei gilt es auch, das Recht eines jeden Menschen zu sichern, etwas nicht wissen zu wollen. Ein grundlegendes ethisches Prinzip bei allen genetischen Beratungen und Tests besteht darin, dass eine genetische Information nur bei ausdrücklicher Zustimmung eines vollständig informierten erwachsenen Patienten erhoben werden kann.

Ein anderer umstrittener Bereich ist die Frage des biologischen Determinismus und ob ein umfassendes Wissen über die Genetik des Menschen zu einer Wiederbelebung der *Eugenik* führen könnte, also zur Anwendung einer selektiven Vermehrung und anderer genetischer Verfahren, um die menschlichen Eigenschaften zu „verbessern" (Garver und Garver 1994). In der Vergangenheit wurden in einigen Ländern (etwa in den USA und in Deutschland) Menschen durch eine negative Eugenik diskriminiert und angeklagt, Schädlinge zu sein, und teilweise sogar zwangsweise sterilisiert. Es besteht aber auch die Möglichkeit, dass man über eine **genetische Verstärkung** (*genetic enhancement*) versucht, bestimmte erbliche Eigenschaften, die als besonders wünschenswert gelten, positiv zu selektieren (Exkurs 3 über ethische Fragen in Kapitel 21).

Die zuvor beschriebenen Probleme erkennend, widmete das Human Genome Project einen Teil seiner Mittel, um **ethische, juristische und soziale** (*ethical, legal and social impact*, **ELSI**) Forschungsprojekte zu unterstützen (beispielsweise http://www.nhgri.nih.gov/ELSI).

8.4 Genomprojekte für Modellorganismen

Die Kartierung des menschlichen Genoms war nicht der einzige wissenschaftliche Schwerpunkt des Human Genome Project. Gleich zu Beginn erkannte man, dass es sinnvoll sein könnte, die Genome von fünf wichtigen **Modellorganismen** zu sequenzieren. Seit damals ist die Liste dieser Organismen recht umfangreich geworden. Sie enthält eine große Vielzahl von einzelligen Mikroorganismen, außerdem verschiedene vielzellige Modellorganismen, von denen viele für eine genetische Analyse besonders geeignet sind. Teilweise betrachtete man die Sequenzierung kleinerer Genome auch als Vorübung für die Sequenzierung im großen Maßstab, wie sie für das menschliche Genom erforderlich war. Bis Mai 2003 waren die Genome von über 140 Organismen vollständig (oder fast vollständig) sequenziert (http://wit.integratedgenomics.com/GOLD; http://www2.ebi.ac.uk/genomes).

8.4.1 Bei prokaryotischen Genomprojekten herrscht große Diversität

Die Diversität der Sequenzierungsprojekte prokaryotischer Genome

Schon lange gibt es eine Reihe von prokaryotischen Modellorganismen (Exkurs 8.7). Prokaryotische Genome sind normalerweise klein (häufig nur einige Megabasen) und lassen sich vor allem deshalb vergleichsweise schnell sequenzieren. Deshalb sind in kurzer Zeit zahlreiche **Projekte für prokaryotische Genome** entstanden. Bis Mai 2003 hatte man die Genome von insgesamt 122 Prokaryoten (16 Archaea und 106 Bakterien) sequenziert und weitere 342 (23 Archaea, 319 Bakterien) befanden sich in Arbeit (siehe auch Doolittle 2002).

1995 hatte man als erstes prokaryotisches Genom das von ***Haemophilus influenzae*** mit 1,83 Mb vollständig sequenziert. Das markierte eine Art Meilenstein: Zum ersten Mal hatte man das Genom eines frei lebenden Organismus sequenziert (Tang et al. 1997). In der Folge kam es zu einer Reihe weiterer „Premieren": das Genom der *kleinsten selbstreplizierenden Einheit* (***Myoplasma genitalium*** 1995), das erste Genom der Archaea (***Methanococcus jannashi*** 1996) und dann die wichtige Sequenzierung des 4,6 Mb umfassenden Genoms von ***E. coli*** (Pennisi 1997).

Die Liste der prokaryotischen Spezies, deren Genome sequenziert wurden, lässt unterschiedliche Prioritäten erkennen. In einigen Fällen ging es darum, die Beziehungen zwischen verschiedenen Spezies in der Evolution herauszufinden, wie es bei den Genomen der Archaea der Fall war (Olsen und Woese 1997). Bei *Mycoplasma genitalium* wollte man wissen, wie ein Minimalgenom aufgebaut ist, hier das kleinste bekannte zelluläre Genom (das nur 470 Gene enthält, wie man jetzt weiß). In anderen Fällen (etwa bei *E. coli* und *Bacillus subtilis*) bestand die Motivation darin, einfach das Grundwissen über häufig verwendete Versuchsorganismen zu erweitern. Für viele Forscher war *E. coli* das lohnendste Ziel, es ist das am meisten erforschte Bakterium. Gemessen an dem schon früher betriebenen Aufwand war es dann doch überraschend, dass bei fast 40% von den jetzt identifizierten 4 288 Genen die Funktion unbekannt ist, was sie zu interessanten Forschungsobjekten werden ließ. Bei vielen anderen Organismen bestand der primäre Anlass zur Sequenzierung darin, dass es sich um medizinisch relevante Organismen handelt.

Krankheitsbezogene prokaryotische Genomprojekte

In einigen Fällen hat man Prokaryoten deswegen für eine Sequenzierung ausgewählt, weil sie mit chronischen Erkrankungen in Verbindung gebracht werden (Danesh et al. 1997) oder weil sie als Ursache von Krankheiten bekannt waren (Tab. 8.3). Abgesehen davon, dass man diese Organismen nun besser kennt, ist auch davon auszugehen, dass man mit den neuen Informationen empfindlichere Diagnosemethoden und neue Medikamente/Impfstoffe entwickeln kann.

8.4.2 Das *S. cerevisiae*-Genomprojekt war das erste von vielen erfolgreichen Protistengenomprojekten

Protisten sind einzellige Eukaryoten; unter diesem Begriff fasst man einzellige Tiere (**Protozoen**), Pilze und Pflanzen zusammen. Es gibt eine Vielzahl von Protistengenomprojekten, in einigen Fällen dadurch motiviert, dass man mehr Erkenntnisse über die grundlegenden Modellorganismen gewinnen wollte. Andererseits wollte man damit auch Krankheiten bekämpfen, die von pathogenen Protozoen ausgelöst werden.

Das *Saccharomyces cerevisiae*-Genomprojekt

Die Knospungshefe *Saccharomyces cerevisiae* ist ein einzelliger Pilz und war schon immer ein beliebter eukaryotischer Modellorganismus, teilweise auch deshalb, weil die Hefe für genetische Analysen leicht zugänglich ist (Exkurs 8.7). Ihre 16 Chromosomen wurden von europäischen und amerikanischen Forschungskonsortien sequenziert, in Goffeau et al. (1996) wurde die vollständige Sequenz veröffentlicht. Dies war ein weiterer Meilenstein der Biologie: die erste vollständige Sequenz einer eukaryotischen Zelle. Die Ergebnisse zeigen, dass die Hefegene sehr eng nebeneinander liegen, mit einem durchschnittlichen Abstand von 2 kb. Von den 6340 Genen codieren etwa 7% nichttranslatierte RNA. Obwohl die Hefe einer der am eingehendsten untersuchten Organismen ist, konnten 60% der Gene keine experimentell bestimmbare Funktion zugewiesen werden, als deren Sequenzen erstmals veröffentlicht wurden. Bei einer Reihe von Hefegenen ließ sich zeigen, dass es bei Säugern dafür ein homologes Gen gibt. So war nur bei 25% der Hefegene unklar, welche Funktion sie besitzen (Botstein et al. 1997). Der erfolgreiche Abschluss dieses Projekts gab den Anstoß zu umfangreichen Funktionsanalysen (Kapitel 19).

Das *Schizosaccharomyces pombe*-Genomprojekt

Die Spalthefe ist ein anderer einzelliger Pilz, der seit langem ein beliebter Modellorganismus ist (Exkurs 8.7). Die vollständige Sequenz von 13,8 Mb wurde in

Tabelle 8.3 Beispiele für Genomprojekte für pathogene Mikroorganismen (siehe Weiterführende Literatur)

Mikroorganismen	Genomgröße (Chromosomenzahl)	zugehörige Krankheit
Bakterien		
Bacillus anthracis	4,5 Mb (1)	Anthrax
Bordetella pertussis	3,88 Mb (1)	Keuchhusten
Borrelia burgdorferi	0,95 Mb (1)	Lime-Borreliose
Chlamydia pneumoniae	1,0 Mb (1)	Erkrankungen der Atemwege und der Herzkranzgefäße
Chlamydia trachomatis	1,7 Mb (1)	Trachome (eine der Hauptursachen für Blindheit)
Clostridium difficile	4,4 Mb (1)	antibiotikaassoziierte Diarrhö; Colitis pseudomembranacea
Helicobacter pylori	1,67 Mb (1)	peptisches Ulkus
Myobacterium leprae	2,8 Mb (1)	Lepra
Myobacterium tuberculosis	4,4 Mb (1)	Tuberkulose
Rickettsia prowazekii	1,1 Mb (1)	Typhus
Salmonella typhi	4,5 Mb (1)	Fleckfieber
Treponema pallidum	1,1 Mb (1)	Syphilis
Vibrio cholerae	2,5 Mb (1)	Cholera
Yersinia pestis	4,38 Mb (1)	Pest
Protozoen		
Leishmania major	33,6 Mb (36)	Leishmaniose
Plasmodium falciparum	23 Mb (14)	Malaria
Trypanosoma brucei	54 Mb (22)[a]	Schlafkrankheit (Afrikanische Trypanosomiasis)
Trypanosoma cruzi	87 Mb (>42)	Chagas-Krankheit (Amerikanische Trypanosomiasis)

[a] in 11 Paaren angeordnet

Exkurs 8.7: Einzellige Modellorganismen

Eine Reihe von einzelligen Organismen eignen sich besonders gut für genetische und biochemische Analysen. Sie bieten mehrere wichtige Vorteile, wie außerordentlich kurze Generationszeiten, die Möglichkeit für Kulturen im großen Maßstab und so weiter. Obwohl sie in Bezug auf die Evolution von uns sehr weit entfernt sind, ist es doch aus verschiedenen wissenschaftlichen und medizinischen Gründen zweckmäßig, sie zu untersuchen. In der Humangenetik und in der medizinischen Forschung konnte man auf sehr verschiedenen Forschungsgebieten neue Einblicke gewinnen, von denen auch einige für eine medizinische Anwendung geeignet sind:

- *Genfunktion und zelluläre Prozesse:* Eine Reihe von wesentlichen Grundaktivitäten der Zelle wurden in der Evolution sehr stark konserviert. Wir können Erkenntnisse darüber gewinnen, wie die verschiedenen Gene der Säuger funktionieren und wie entscheidende zelluläre Prozesse wie Biogenese der Ribosomen, Kontrolle des Zellzyklus, Transport durch Membranen, Polymerasefunktionen und anderes ablaufen, indem wir die entsprechenden Gene und Vorgänge in einzelligen Lebewesen untersuchen.
- *Pathogenese:* Viele einzellige Organismen erzeugen Krankheiten, und in der Medizin hat man sich vielfach bemüht, geeignete wirksame Medikamente oder andere Behandlungsmethoden zu entwickeln. Die vollständige Sequenzierung der Genome dieser pathogenen Organismen und die Erforschung der genauen molekularen Grundlagen, wie die Krankheit verursacht wird, können neue Möglichkeiten schaffen, mit pathogenen Organismen umzugehen.
- *Evolution:* Eine Sequenzanalyse ist der sinnvollste Weg um herauszufinden, wie Organismen miteinander verwandt sind. Durch die Analyse der rRNA-Sequenzen war es erst möglich, die grundlegende Einteilung der drei Organismenreiche vorzunehmen: Archaea, Bakterien und Eukaryoten (Exkurs 12.4). Ein Vergleich vollständiger Genomsequenzen wird zweifelsfrei weitere wichtige Einblicke ermöglichen (siehe auch Abbildung 12.22).

Bakterien

Eine Reihe normaler, nichtpathogener Bakterien waren schon immer bevorzugte Modellorganismen, vor allem das stäbchenförmige Bakterium ***Escherichia coli***, das im Darm des Menschen und anderer Vertebraten lebt (es ist eine symbiotische Beziehung: der Beitrag der Bakterien besteht darin, Vitamine des K- und B-Komplexes zu synthetisieren, die wir dankbar aufnehmen). Aufgrund intensiver Untersuchungen seit Jahrzehnten wissen wir über *E. coli* inzwischen mehr als über jede andere Art von Zellen, und der größte Teil dessen, was wir über die grundlegenden Mechanismen des Lebens wissen (beispielsweise DNA-Replikation, Transkription, Proteinsynthese und so weiter), stammt aus der Erforschung dieses Lebewesens.

Darüber hinaus gibt es zweifellos eine Reihe *pathogener* Bakterien, die für unterschiedlich schwere Krankheiten verantwortlich sind. Dazu gehören auch Stämme von *E. coli*, die Infektionen verursachen, etwa Meningitis, Infektionen des Harnleiters und des Verdauungstraktes. Ein Beispiel mit einer gewissen Bedeutung ist ***E. coli 0157:H7***. Dieser Stamm wurde durch die Aufnahme der Sequenz eines bestimmten Bakteriophagen, die früher einmal erfolgt sein muss, genetisch verändert und produziert nun ein Toxin. Manchmal kommt es dadurch zu starken Blutungen, die bei kleinen Kindern oder älteren Menschen lebensbedrohlich sein können, manchmal kommt es auch zu einem Nierenversagen. Es gibt eine Reihe von Genomprojekten, die sich insgesamt zum Ziel gesetzt haben, die Genome von pathogenen Organismen vollständig zu sequenzieren (Tab. 8.3).

Archaea

Archaea sind Prokaryoten, die oberflächlich betrachtet in ihrer Form den Bakterien ähneln, sie haben sich aber bereits in einer frühen Phase der Evolution von den Bakterien getrennt. Ursprünglich hatte man sie an ungewöhnlichen, oftmals extremen Standorten entdeckt – bei sehr hohen Temperaturen in heißen Quellen und in der Nähe von Erdspalten in der Tiefsee, in Gewässern mit extremen pH-Werten oder Salzkonzentrationen, in sauerstoffarmem Schlamm von Marschgebieten, in Öllagerstätten tief unter der Erdoberfläche und auf dem Grund von Ozeanen. Inzwischen weiß man jedoch, dass sie auch in Umgebungen vorkommen, die uns mehr vertraut sind, beispielsweise im Boden und in Seen, sie leben aber auch im Verdauungstrakt von Rindern, Termiten und Meerestieren, wo sie Methan erzeugen.

Die Stoffwechsel- und Energieumwandlungssysteme der Archaea sind denen der Bakterien ähnlich, aber die Systeme für die Handhabung der genetischen Information (DNA-Replikation, Transkription, Translation) stehen den Systemen der Eukaryoten viel näher als ihren bakteriellen Äquivalenten. Es sind keine Archaea bekannt, die im Zusammenhang mit Krankheiten stehen, und das hauptsächliche Interesse, ihre Genome zu untersuchen, besteht darin, dass sie ein eigenes, von den anderen Lebensformen ziemlich abgegrenztes Reich bilden, und daraus erwächst dann das Interesse herauszufinden, warum sie sich in der Evolution so anders entwickelt haben.

Hefen (einzellige Pilze)

Hefen sind einzellige Pilze und deshalb Eukaryoten. Sie sind weit verbreitet auf Blättern und Blüten von Pflanzen, im Boden und in Salzwasser, außerdem findet man sie an der Hautoberfläche und im Darmtrakt von warmblütigen Tieren, wo sie möglicherweise symbiotisch oder als Parasiten leben. Sie replizieren sich im Allgemeinen durch *Knospung* und weniger durch eine Zweiteilung: Das Cytoplasma und der sich teilende Zellkern der Ursprungszelle bildet zuerst mit der *Knospe* – also der Tochterzelle – ein Kontinuum, bevor sich eine neue Zellwand bildet und die beiden trennt.

Hefen haben sich als wichtige Modellorganismen erwiesen, da man eine Reihe von Schlüsselmolekülen kennt, die von der Hefe bis zu den Säugern stark konserviert sind. Dabei ist von Bedeutung, dass die menschlichen Versionen von einer ▶

Reihe von *Genen des Zellzyklus und der DNA-Reparatursysteme*, die es bei der Hefe gibt, auch beim Menschen direkt bei der Zellteilung mitwirken. Fehlfunktionen können zu Krebs oder angeborenen Störungen führen. Die normale Aktivität dieser Gene kann man in Hefezellen am einfachsten untersuchen, außerdem lässt sich die Hefe im Labor leicht manipulieren. Dadurch kann man wichtige Erkenntnisse über diese Mechanismen beim Menschen erlangen, sodass Experimente mit komplexeren Zellen erleichtert werden. Die Untersuchung der Zellteilungskontrolle ist deshalb für die menschliche Gesundheit und die Erklärung vieler klinischer Störungen von großer Bedeutung. Hefen stehen normalerweise nicht im Zusammenhang mit Krankheiten, es gibt aber einige pathogene Formen – vor allem *Candida*-Spezies –, die ein verbreitetes Gesundheitsproblem darstellen.

- ***Saccharomyces cerevisiae*** ist eine Knospungshefe, die schon seit langem eine wichtige Rolle beim Backen und Brauen spielt. Da sie sich einfach und leicht vermehren lässt, war sie schon immer ein wichtiges Objekt der Grundlagenforschung und ist einer der bestuntersuchten Eukaryoten. Teilweise aufgrund der sehr häufig auftretenden *nichthomologen Rekombinationen* sind genetische Analysen sehr leicht möglich. *S. cerevisiae* dient als Modell für die Untersuchung verschiedener Aspekte der Zellbiologie, beispielsweise der Steuerung des Zellzyklus, des Proteintransports und der Regulation der Transkription.
- ***Schizosaccharomyces pombe*** ist eine Spalthefe mit einer kurzen Generationszeit (zwei bis vier Stunden). Sie wird erst seit kurzem genauer untersucht, vor allem als Modell für die Steuerung des Zellzyklus (bemerkenswert ist hier die abgegrenzte G2-Phase) und die Differenzierung. *S. pombe* ist mit *S. cerevisae* nur entfernt verwandt und zeigt bei bestimmten Merkmalen der Chromosomenstruktur und der RNA-Weiterverarbeitung eine engere Verwandtschaft mit höheren Eukaryoten als *S. cerevisae*.
- ***Candida albicans*** kommt im Mundbereich von gesunden Menschen natürlich vor, kann aber lästige, manchmal sogar den Organismus schädigende Infektionen verursachen, vor allem bei Personen, deren Immunsystem weniger aktiv ist als normal; dabei kann es zu Candidosen der Vagina- oder Mundschleimhaut, zu Windeldermatitis und anderem kommen.

Protozoen (einzellige Lebewesen)

Protozoen sind eine große Gruppe von einzelligen Lebewesen (nichtphotosynthetisch aktiv). Dazu zählen **Amöben**, **Flagellaten** und **Ciliaten** (die sich mithilfe von Pseudopodien, Flagellen beziehungsweise Cilien fortbewegen) sowie weitere Organismen mit komplexen Lebenszyklen. Sie sind als Modelle für verschiedene Aspekte der Zell- und Entwicklungsbiologie für die biomedizinische Forschung von Interesse, auch stehen viele von ihnen als Parasiten im Zusammenhang mit Krankheiten. Letztere können dabei Wirtstiere sein für pathogene Bakterien (die Krankheiten wie Legionärskrankheit, Salmonellose, Tuberkulose und andere verursachen), oder sie rufen die Krankheit direkt hervor:

- ***Entamoeba histolytica*** ist eine parasitäre Amöbe, die schwere Erkrankungen des Verdauungstraktes verursacht.
- ***Trypanosomen*** sind parasitäre Flagellaten, die ein tropisches Fieber verursachen, das als Schlafkrankheit bekannt ist.
- ***Giardia*** ist ein parasitärer Flagellat, der schweren Durchfall hervorruft.
- ***Plasmodium*** ist der Verursacher der Malaria.
- ***Toxoplasma*** verursacht Erkrankungen des Verdauungstraktes und Schäden an inneren Organen.

Ein sehr großes Interesse gilt ***Dictyostelium discoideum*** als Modell in der Zell- und Entwicklungsbiologie. Dabei handelt es sich um eine so genannte *soziale Amöbe*: Die Zellen vermehren sich zwar getrennt und unabhängig voneinander, können aber in Wechselwirkung treten und vielzellige Strukturen ausbilden, wenn sie ungünstigen Bedingungen ausgesetzt sind, etwa bei Nährstoffmangel. Bis zu 100 000 Zellen übermitteln sich gegenseitig Signale, indem sie das als Chemoattraktor wirkende cAMP-Molekül freisetzen und sich durch *Chemotaxis* zusammenlagern, wodurch ein kleiner von einer extrazellulären Matrix umgebener Hügel entsteht. Dieser Mechanismus für die Entwicklung eines vielzelligen Organismus unterscheidet sich grundlegend von den ersten Schritten in der Embryogenese der Metazoen. Die anschließenden Prozesse beruhen jedoch sowohl bei Protozoen als auch bei Metazoen auf einer Zell-Zell-Kommunikation. Dieser Organismus eignet sich ausgezeichnet für Untersuchungen der Cytokinese, Zellbewegung, Phagocytose, Chemotaxis, Signalübertragung und bestimmter Mechanismen bei der Entwicklung, beispielsweise Zellsortierung, Musterbildung und Festlegung des Zelltyps. Viele dieser zellulären Verhaltensweisen und biochemischen Mechanismen fehlen bei anderen Modellorganismen oder sind dort weniger leicht zugänglich.

Ciliaten wurden bis jetzt noch nicht so ausführlich erforscht wie die übrigen Klassen der Protozoen. Die meiste Aufmerksamkeit gilt ***Tetrahymena***, einem Süßwasserorganismus, der weit verbreitet in Wasserläufen, Seen und Teichen lebt, außerdem plant man ein Genomprojekt für ***Tetrahymena thermophila*** (Turkewitz et al. 2002). *Tetrahymena* besteht aus großen Zellen (40 – 50 μm entlang der anterior-posterioren Achse) und wie bei anderen Ciliaten weisen die Zellen eine auffällige Vielfalt von hochgradig komplexen und spezialisierten Zellstrukturen auf. Der Zellkernapparat besteht, wie es für Ciliaten charakteristisch ist, aus zwei strukturell und funktionell unterschiedlichen Kernen (dieses Phänomen bezeichnet man als *Zellkerndimorphismus*). Der *Mikronucleus* ist die Keimbahn, das heißt der Speicher der genetischen Information für die sexuelle Fortpflanzung. Dieser Kern ist diploid und enthält fünf Chromosomenpaare. Der *Makronucleus* (MAC) ist der somatische Zellkern, das heißt, hier findet während der vegetativen Vermehrung eine aktive Expression statt. Es ist keine MAC-DNA bekannt, sie auf die sexuelle erzeugte Nachkommenschaft übertragen wird. *Tetrahymena* ist ein allgemein anerkanntes Modell für die Zell- und Entwicklungsbiologie, wobei das hauptsächliche Interesse der Zellbewegung, den entwicklungsabhängigen DNA-Umstrukturierungen, der regulierten Sekretion, der Phagocytose und der Funktion und Aufrechterhaltung der Telomere gilt.

Wood et al. (2002) publiziert; sie enthielt 4824 proteincodierende Gene. Die Daten zeigen, dass zwischen den Genomen von *S. cerevisiae* und *S. pombe* deutliche Unterscheide bestehen. So gibt es beispielsweise Hunderte von Genen, die im Genom von *S. pombe* vorhanden sind, bei *S. cerevisiae* jedoch offenbar fehlen, und das gilt auch umgekehrt. Außerdem bestehen Unterschiede bei der Zahl der Introns (4700 bei *S. pombe*, 275 bei *S. cerevisiae*) und bei der Zahl der Transposonelemente (bei *S. pombe* sehr wenige im Vergleich zu *S. cerevisiae*).

Das *Plasmodium falciparum*-Genomprojekt

Ein weiteres wichtiges Ereignis war die Veröffentlichung von Gardner et al. (2002) über die Sequenzierung des *P. falciparum*-Genoms: das erste sequenzierte Genom eines eukaryotischen Parasiten. *P. falciparum* ist der Malariaparasit, der die meisten Todesfälle verursacht. Da das vollständige Genom seines Wirtes, der Moskitomücke *Anopheles gambiae* (Abschnitt 8.4.4), gleichzeitig veröffentlicht wurde, erhofft man sich nun neue Möglichkeiten beim Kampf gegen Malaria. Diese Krankheit verläuft oft tödlich, jedes Jahr kommen eine Million Menschen dadurch ums Leben, vor allem in der afrikanischen Subsahara.

Weitere Protistengenomprojekte

Zu den weiteren Protistengenomprojekten zählen beispielsweise die Genomprojekte für verschiedene **pathogene Protozoen**, die als Parasiten den Menschen befallen. In den meisten Fällen sind die Genome recht umfangreich, normalerweise 30–90 Mb (Tab. 8.3). Darüber hinaus hat man noch für weitere Organismen, die schon ausführlich erforscht wurden und biochemischen/genetischen Analysen leicht zugänglich sind, Genomprojekte eingerichtet, beispielsweise für *Aspergillus nidulans* und *Neurospora crassa*.

8.4.3 Das *Caenorhabditis elegans*-Genomprojekt war das erste fertiggestellte Tiergenomprojekt

Das *Caenorhabditis elegans*-Genomprojekt

Es handelt sich hier zwar um ein einfaches Lebewesen von nur etwa 1 mm Länge, aber man betrachtet *C. elegans* als wichtiges Modell für die Entwicklungsbiologie, außerdem konnte man noch andere Vorgänge nachbilden, die für menschliche Zellen wichtig sind (Exkurs 8.8). Aufgrund der besonderen Größe des Genoms (fast 100 Mb) wurde das *C. elegans*-Genomprojekt auch als wichtiges Modellprojekt für die Sequenzierung des menschlichen Genoms angesehen. Das Wellcome Trust Sanger Institute und die Washington University School of Medicine haben das erfolgreiche Genomprojekt durchgeführt (*C. elegans* Sequencing Consortium 1999). Auch dies war ein wichtiges Ergebnis, die erste Sequenzierung eines Genoms von vielzelligen Lebewesen (**Metazoen**).

Das *C. elegans*-Genom besteht aus insgesamt 19000 proteincodierenden Genen und über 1000 Genen für nichttranslatierte RNA-Moleküle; der durchschnittliche Abstand zwischen zwei Genen beträgt 5 kb. Eine ungewöhnlich große Zahl von Genen liegt offenbar in Form von Operons vor, bei denen die einzelnen Gene als Teile von großen RNA-Transkripten mit mehreren Genen transkribiert werden. Zur Zeit der Erstveröffentlichung zeigten ausführliche Vergleiche mit zahlreichen schon publizierten Sequenzen, dass etwa ein Drittel der Gene von *C. elegans* Ähnlichkeiten mit bereits bekannten Genen besitzen. Bei 12000 der proteincodierenden Gene war die Funktion unbekannt, die meisten sind bis heute nur hypothetische Gene ohne eine experimentelle Bestätigung.

Von den 19000 proteincodierenden Genen gab es nur bei etwas mehr als 9000 Hinweise aufgrund von Experimenten, die übrigen vorhergesagten knapp 10000 Gene wurden ausschließlich durch Computersequenzanalysen identifiziert. Spätere Tests, ob es für diese Gene auch entsprechende RNA-Transkripte gibt, deuteten darauf hin, dass mindestens 80% der vom Computer ermittelten Gene echte Gene sind. Demnach muss es bei *C. elegans* mindestens 17300 Gene geben (Reboul et al. 2001). Heute bemüht man sich in groß angelegten Experimenten, spezifische Genfunktionen zu untersuchen, und erzeugt mithilfe von chemisch induzierten Mutationen zahlreiche mutierte Phänotypen.

8.4.4 Genomprojekte bei Metazoen konzentrieren sich vor allem auf Modellorganismen für entwicklungsbiologische Fragestellungen und Krankheiten

Der Erfolg bei der Sequenzierung des *C. elegans*-Genoms leitete eine neue Phase ein, die von Zuversicht geprägt ist. Zusätzlich zu den längerfristig angelegten Genomprojekten bei Tieren (etwa *D. melanogaster*) hat man zahlreiche neue Projekte mit unterschiedlichen Zielen entwickelt:

- Grundlagenforschung – beispielsweise mit dem Wunsch, wichtige Modelle der Entwicklungsbiologie vollständig zu verstehen.

- Kommerzielle Anwendung – etwa bei Genomprojekten mit landwirtschaftlichen Nutztieren.
- Medizinische Anwendung – zum Beispiel die Erforschung von Krankheitsmodellen und die Pathogenese, die parasitische Nematoden oder Krankheitsüberträger hervorrufen, wie etwa auch die Moskitomücken als Träger der Malaria.

Das *D. melanogaster*-Genomprojekt

Das Projekt war ursprünglich als Zusammenarbeit zwischen dem Berkeley-Laboratorium an der University of California und einem Zusammenschluss von europäischen Laboratorien angelegt, inzwischen gibt es jedoch auch eine starke Beteiligung durch ein Privatunternehmen (Celera). Die von Adams et al. (2000) veröffentlichte Sequenz umfasst nicht das vollständige 165 Mb große Genom, sondern nur annähernd den gesamten etwa 120 Mb großen euchromatischen Anteil, in dem sich bekanntermaßen der überwiegende Teil der Gene befindet. Die im August/September 2002 veröffentlichte Version 3.0 enthält kaum noch Lücken in der euchromatischen Sequenz (http://www.fruitfly.org/sequence/index.html).

Die erste Veröffentlichung des *Drosophila*-Genoms enthielt 13 601 proteincodierende Gene, mit etwa einem Gen alle neun Kilobasen. Die geringe Anzahl von Genen war unerwartet, wenn man sie mit der zuerst bekannt gewordenen Zahl von 19 000 proteincodierenden Genen bei *C. elegans* vergleicht, einem einfacheren Organismus mit etwa einem Zehntel so vielen Zellen wie *D. melanogaster*. Um das Genom von *D. melanogaster* mit einer entfernter verwandten *Drosophila*-Spezies vergleichen zu können, hat man vor kurzem weitere Genomprojekte aufgelegt, darunter vor allem das *D. pseudoobscura*-Projekt.

Das *Anopheles gambiae*-Genomprojekt

Anopheles gambiae ist die Moskitomücke, die den tödlichen Malariaparasiten *Plasmodium falciparum* verbreitet. Das Genom von *Anopheles gambiae* wurde von Celera Genomics, dem französischen Sequenzierungszentrum Génoscope und dem Institute for Genome Research (TIGR) unter Beteiligung von mehreren universitären Forschungsgruppen gemeinsam sequenziert, die Finanzierung übernahmen vor allem das U.S. NIH-NIAID und das französische Forschungsministerium (Holt et al. 2002). Die Sequenz wurde gleichzeitig mit dem Genom von *Plasmodium falciparum* veröffentlicht (Abschnitt 8.4.2), sodass man nun beim Kampf gegen Malaria in eine neue Phase eintreten konnte.

Das Maus-Genomprojekt

Die Maus (*Mus musculus*) besitzt aufgrund verschiedener Eigenschaften ein Modellgenom, das für das Human Genome Project von großer Bedeutung ist (Exkurs 8.8). Man vermutete, das dieses Genom im Prinzip so viele Gene umfasst wie das des Menschen. Das Maus-Genomprojekt wurde mit öffentlichen Mitteln finanziert und begann 1999. Ursprünglich sollte 2005 eine Rohsequenz zur Verfügung stehen, aber als das Privatunternehmen Celera ankündigte, das Mausgenom in zwei Jahren sequenzieren zu wollen, versuchte man durch gemeinsame Anstrengungen, das öffentlich finanzierte Projekt zu beschleunigen. Schließlich bildete sich das **Mouse Genome Sequencing Consortium** (**MGSC**) aus den U.S. National Institutes of Health und dem Wellcome Trust in Großbritannien unter Beteiligung von drei Privatunternehmen (GlaxoSmithKline, Merck Genome Research Institute und Affymetrix, Inc.). Das MGSC delegierte die Sequenzierung an drei der wichtigsten Zentren, die am Human Genome Project beteiligt sind: das Wellcome Trust Sanger Institute, das Whitehead Institute/MIT und das Baylor College of Medicine).

Im April 2001 kündigte Celera an, dass ihr eigenes Mausprojekt eine sechsfache Abdeckung des Mausgenoms erzielt hat, unter Verwendung von Sequenzen aus den drei Mausstämmen 129X1/SvJ, DBA/2J und A/J. Die Sequenzdaten von Celera waren nicht frei verfügbar. Der Zugriff war stattdessen nur bei Bezahlung von hohen Subskriptionsgebühren möglich. Im Mai 2002 gab das MGSC bekannt, dass sie eine siebenfache Abdeckung des C57BL/6J-Mausgenoms erreicht haben und die Sequenz zu 96 % vollständig sei. Die Daten wurden sofort ins Internet gestellt, bevor dann im Dezember 2002 ein herkömmlicher Zeitschriftenartikel erschien (Mouse Genome Sequencing Consortium 2002).

Annotierte Versionen der Mausgenomsequenz entstanden als Ergebnis des **Ensembl-Projekts**, einer Zusammenarbeit zwischen dem Europäischen Institut für Bioinformatik und dem Wellcome Trust Sanger Institute (http://www.ensemble.org/Mus musculus) und der University of California in Santa Cruz (http://genome.ucsc.edu/cgi-bin/hgGateway?db=mm2). Die Daten der ersten Rohsequenz deuteten darauf hin, dass die Maus annähernd genauso viele Gene besitzt wie der Mensch (ungefähr 30 000 oder etwas weniger; Mouse Genome Sequencing Consortium 2002), wobei es allerdings einige auffällige Unterschiede gibt (Abschnitt 12.4.1). Die Daten lieferten wichtige Informationen über die Gene der Maus und die Struktur des Mausgenoms, erwiesen sich aber auch für die Bestimmung von Sequenzva-

Exkurs 8.8: Vielzellige Tiere als Modellorganismen für das Verständnis von Entwicklung, Krankheit und Genfunktion

Zum Verständnis grundlegender Prozesse in der Zell- und Entwicklungsbiologie sowie der Genfunktionen, aber auch als Krankheitsmodelle, steht ein breites Spektrum von vielzelligen Tieren als Modellorganismen zur Verfügung. Das reicht von Würmern und Fliegen bei den Wirbellosen bis hin zu verschiedenen Spezies von Fischen, Fröschen, Vögeln und Säugern (Hedges 2002; die Phylogenetik ist in den Abbildungen 12.23 und 12.24 dargestellt).

Caenorhabditis elegans (Fadenwurm)

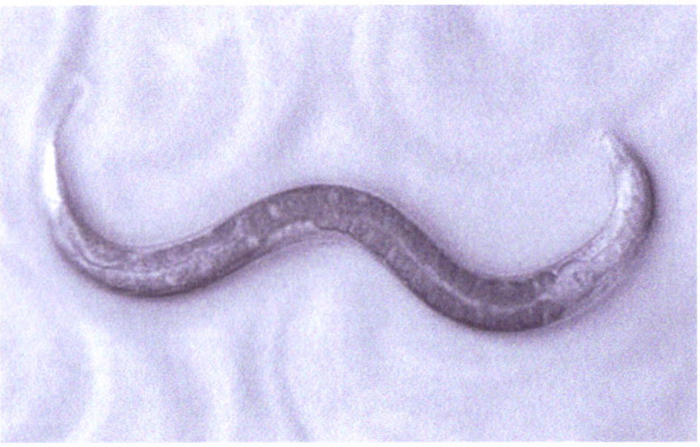

C. elegans gehört zu den *Nematoden* oder *Fadenwürmern* (man unterscheidet außerdem noch Plattwürmer und Gliederwürmer). Fadenwürmer sind die zahlreichsten aller komplexen Lebewesen auf der Erde und kommen, den Boden besiedelnd, fast überall in den gemäßigten Breiten vor. Sie sind freilebend (beispielsweise *C. elegans*) oder parasitär. Eine Milliarde Menschen sind durch Fadenwürmer infiziert, sie verbreiten Krankheiten wie die Flussblindheit oder die Elephantiasis und verursachen außerdem Ernteschäden.

C. elegans ist 1 mm lang. Es gibt zwei Geschlechter: männlich (XO) und ein abgewandeltes weibliches Geschlecht (Hermaphrodit; XX). Das vorherrschende Geschlecht ist die Hermaphrodit-Form. Die Tiere erzeugen sowohl Spermien als auch Eizellen und können sich selbst befruchten, sodass alle Allele homozygot sind. Das Männchen entwickelt sich durch den Verlust eines der beiden X-Chromosomen, der manchmal bei den Hermaphroditen auftreten kann. Und die Hermaphroditen paaren sich bevorzugt mit Männchen, wenn welche vorhanden sind. Die Zellentwicklungslinien sind *unveränderlich*, die erwachsenen Hermaphroditen bestehen aus 959 Zellen, die erwachsenen Männchen aus 1031.

C. elegans ist ein wichtiges Modell für die Entwicklungsbiologie, lässt sich im Labor leicht in Kultur halten (auf Agarplatten mit Bakterien, die als Nahrungsquelle dienen, oder in Flüssigkultur) und ist zugänglich für genetische Analysen. Dafür besteht neben der Inaktivierung von Genen auf DNA-Ebene (Gen-Knockout) auch die Möglichkeit, die Expression von bestimmten Genen vorübergehend durch **RNA-Interferenz (RNAi)** zu inaktivieren. Bei diesem Verfahren injiziert man doppelsträngige RNA, die für das ausgewählte Gen spezifisch ist, in die Oocyte. Die doppelsträngige RNA inaktiviert die Expression des Gens, sodass man die entstehenden mutierten Phänotypen untersuchen kann, um Anhaltspunkte über die Genfunktion zu erhalten (Abschnitt 20.2.6).

C. elegans ist aufgrund verschiedener Eigenschaften ein guter Modellorganismus für die Entwicklungsbiologie und verwandte Gebiete:

- *Expressionsanalysen*. Da *C. elegans* während des gesamten Lebenszyklus durchsichtig ist, kann man mithilfe des Gens für das *grün fluoreszierende Protein* **GFP** (Exkurs 20.4), das man mit einem Gen von *C. elegans* verknüpft, feststellen, ob dieses Gen im Wurm exprimiert wird.
- *Zelllinienanalysen*. Die Durchsichtigkeit von *C. elegans* bewirkt, dass jede Zelle sichtbar ist und während der Entwicklung verfolgt werden kann. Daher und aufgrund der Invarianz der Zelllinien ist inzwischen von jeder Zelle die genaue Entwicklungslinie bekannt. Diese Information steht bei allen anderen vielzelligen Organismen nicht zur Verfügung.
- *Nervensystem*. Es gibt inzwischen einen vollständigen Schaltplan des Nervensystems, alle 302 Nervenzellen und ihre Verknüpfungen sind bekannt. Die meisten der Gene, die bei *C. elegans* die molekularen Komponenten im Gehirn codieren, findet man bei Wirbeltieren auch. Zahlreiche Wissenschaftler sind der Meinung, dass das menschliche Gehirn so komplex sei, dass wir es wahrscheinlich niemals ganz verstehen werden. Jedoch kann man durch Untersuchung des einfach gebauten Nervensystems von *C. elegans* wichtige Informationen erhalten, und wenn man alle Gene von *C. elegans* kennt, lässt sich das Nervensystem noch besser analysieren.
- *Alterung*. Dieser Vorgang lässt sich leicht untersuchen, da der Wurm innerhalb von drei Tagen aus der Eizelle vollständig heranwächst und dann nur zwei Wochen lebt. Mann kennt inzwischen eine Reihe von Mutationen von *C. elegans*, die die Lebensspanne deutlich verlängern, wobei einige Mutanten bis zu fünfmal so lange leben wie die Wildtypform.
- *Apoptose*. Die Gene, die bei der **Apoptose** (dem programmierten Zelltod) mitwirken, sind häufig stark konserviert, und das Muster der Apoptosen während der Entwicklung von *C. elegans* ist inzwischen bestens bekannt (ursprünglich entwickeln sich bei einem Hermaphroditen insgesamt 1090 Zellen, von denen während der Entwicklung 131 Zellen programmiert absterben.

Drosophila melanogaster

Die Taufliege wird wegen ihrer Vorliebe für verdorbenes Obst im Englischen *fruitfly* (Fruchtfliege) genannt. Sie hat einen kurzen Lebenszyklus, ist für besonders ausgefeilte genetische Analysen zugänglich und wird seit vielen Jahrzehnten intensiv erforscht. Während dieser Zeit hat man eine große Zahl von Mutanten systematisch untersucht und sehr umfangreiche Informationen über Genfunktionen gesammelt (eine Zusammenfassung der neuesten Fortschritte bei der Analyse von Gen-

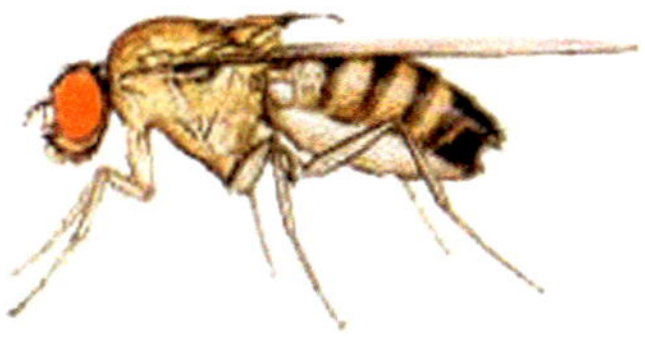

funktionen findet sich bei Perrimon, 1998). Eine Reihe von besonderen Merkmalen und Vorgehensweisen haben zu genetischen Kartierungen und Funktionsanalysen beigetragen.

- **Polytäne Chromosomen.** Dabei handelt es sich um *Interphasechromosomen* mit einer Länge von 2 mm, die in den Speicheldrüsen der Larven vorkommen. Sie stellen eine Besonderheit dar, da sie durch wiederholte Replikation ohne Aufteilung in Tochterzellkerne entstehen. Sie enthalten 1024 Kopien des einfachen DNA-Doppelstranges, die parallel nebeneinander angeordnet sind, so ähnlich wie Strohhalme in einer Schachtel. Diese parallele DNA-Amplifizierung macht die im Lichtmikroskop sichtbaren polytänen Chromosomen zu einem einmaligen Phänomen bei Interphasekernen. Aufgrund ihrer langgestreckten Konformation kann man Chromosomenbruchstellen und die Positionen von klonierten DNA-Fragmenten genau bestimmen (im Bereich von bis zu 10 kb).
- Das **P-Element.** Dieses *Transposonelement* von *Drosophila* ermöglicht verschiedene Arten von experimentellen Eingriffen, beispielsweise Mutagenese (Spradling et al. 1995) und Transgenese (Abschnitt 20.2.2). Durch eine ungleiche Rekombination zwischen benachbarten P-Element-Insertionsfragmenten lassen sich genaue Deletionen erzeugen.
- Das **GAL4-UAS**-System der bedingten Genexpression ermöglicht die räumlich und zeitlich begrenzte Expression von Transgenen. Mutagenesetests lassen sich im großen Maßstab durchführen, und mit der *RNAi-Technik* (siehe oben) ist es vor kurzem gelungen, spezifische Gene zu inaktivieren. Oftmals führt der Funktionsverlust eines Gens nicht zu einem mutierten Phänotyp (bei etwa zwei Dritteln der 12000 Gene von *Drosophila*), aber die gezielt fehlerhafte Expression von Transgenen führt durch die Erzeugung von dominanten/dominant-negativen Phänotypen häufig zu neuen Erkenntnissen über Genfunktionen. Durch Einzel-Generations-Tests auf Suppressoren/Enhancer von dominanten mutierten Phänotypen kann man Genwechselwirkungen bestimmen. Das flp-frt-Rekombinasesystem der Hefe eignet sich für die Induktion mitotischer Klone, sodass homozygote Gewebebereiche entstehen, an denen sich die Phänotypen von letalen rezessiven Mutationen in späten Entwicklungsphasen beobachten lassen. Auch mithilfe der mitotischen Rekombination kann man solche Einzel-Generations-Tests durchführen, um mutierte Phänotypen von Klonen zu erfassen und letale Mutationen zu reaktivieren oder aufzuheben, die in der späten Entwicklungsphase von Bedeutung sind.

Obwohl *Drosophila* zu den Wirbellosen gehört und die Anzahl der Gene vielleicht nur die Hälfte von der des Menschen beträgt, gibt es dennoch einige auffällige Übereinstimmungen zwischen den Genen von Mensch und *Drosophila*. Die unterschiedliche Anzahl der Gene ist vielfach durch Genduplikationen zu begründen, die beim Menschen zum Entstehen größerer Genfamilien führten. Zu einem großen Teil der *Drosophila*-Gene gibt es beim Menschen homologe Gegenstücke, darunter auch Gene, die für genetisch bedingte Krankheiten und die Entstehung von Krebs verantwortlich sind. Aufgrund des Homologiegrades war es durch computergestützte Vergleiche möglich, menschliche cDNAs zu identifizieren, die mutierten *Drosophila*-Genen entsprechen (Banfi et al. 1996). Viele der stark konservierten Gene besitzen wichtige Funktionen in der frühen Entwicklungsphase, die bei *Drosophila* ziemlich genau untersucht worden ist. Viele wichtige Reaktionswege der frühen Entwicklung und auch bei einigen anderen grundlegenden zellulären Abläufen sind im Prinzip von *Drosophila* bis zu den Säugern konserviert. Deshalb eignet sich *Drosophila* als Modellsystem für die Untersuchung von Genfunktionen und Reaktionspartnern der Gene, die beim Menschen direkt eine Rolle spielen.

Fische

Verschiedene Fische kommen als Modellorganismen in Betracht, besonders der Zebrafisch als ausgezeichnetes Modell für Entwicklungsvorgänge und in zunehmendem Maße auch für Krankheiten, der Kofferfisch aufgrund seines kompakten Genoms und in jüngster Zeit noch Medaka, ein weiteres wichtiges Modell in der Entwicklungsbiologie. Die Anwendung von vergleichenden genomischen Verfahren bei diesen drei Spezies ermöglicht einen tiefen Einblick in die Evolution der Genome bei den Wirbeltieren.

- **Zebrafisch (*Brachydanio rerio*)**
  Der Zebrafisch lebt im Süßwasser und stammt ursprünglich aus Indien, ist aber jetzt in der ganzen Welt als Aquariumsfisch weit verbreitet. Er hat eine kurze Generationszeit, bei jeder Paarung werden große Mengen von Eiern erzeugt. Der Zebrafisch ist ein grundlegendes Modell für die *Entwicklung* bei Wirbeltieren: Die Befruchtung erfolgt außerhalb des Körpers, sodass sich alle Einzelheiten der Entwicklung beobachten lassen, und da der Embryo durchsichtig ist, kann man Entwicklungsmutanten leichter identifizieren. Die bei Wirbeltieren für die Entwicklung wichtigen Gene sind häufig stark konserviert, sodass es für Gene, die beim Menschen

die Entwicklung steuern, im Allgemeinen beim Zebrafisch leicht identifizierbare orthologe Gegenstücke gibt. Bei groß angelegten Mutationsexperimenten ist eine große Zahl von aufschlussreichen Entwicklungsmutanten entstanden, von denen einige sogar als Modell für menschliche Krankheiten dienen (Exkurs 20.6). Und auch hier wird **RNA-Interferenz** (siehe oben) dafür verwendet, spezifische Gene zu inaktivieren.

- Der **Kofferfisch**, beispielsweise ***Takifugu rubripes rubripes*** (siehe unten) oder ***Tetraodon nigrovirides*** (nächste Seite)

Seine Bedeutung liegt vor allem im Bereich der *vergleichenden Genomik* (Abschnitt 12.3). Der Kofferfisch hat ein außerordentlich kompaktes Genom mit etwa derselben Anzahl von Genen wie die Säuger, wobei das Kofferfischgenom nur etwa ein Siebentel mal so groß ist wie das Genom des Menschen oder der Maus. Die Konservierung von Exons und wichtigen regulatorischen Sequenzen trägt dazu bei, dass man mithilfe einer vergleichenden Kartierung beim Menschen die entsprechenden Gegenstücke identifizieren kann.

- **Medaka**
  Der Medaka (*Oryzias latipes*) ist ein kleiner, eierlegender Süßwasserfisch, der vor allem in Japan vorkommt. Er ist ein Modellorganismus der Entwicklungsbiologie, der zunehmend an Bedeutung gewinnt. Außerdem ist er entfernt mit dem Zebrafisch verwandt (die beiden Linien trennten sich vor etwa 110 Millionen Jahren). Wie der Zebrafisch ist auch der Medaka aufgrund einer Generationszeit von zwei bis drei Monaten, Inzuchtstämmen, genetischer Karten, Transgenese, gezielter Enhancer-Klonierung und die Verfügbarkeit von Stammzellen gut für genetische und embryologische Untersuchungen geeignet (Wittbrodt et al. 2002). Die Phänotypen, die man bei Entwicklungstests im Medaka-System erzeugt hat, deuten auf ein nichtüberlappendes Spektrum von embryonal-letalen Phänotypen hin.

Das Huhn

Das Huhn besitzt als *entwicklungsbiologisches Modell* mehrere Vorteile. Vögel gehören wie Säuger zu den Amnioten (der Embryo besitzt amniotische Membranen) und ihre Entwicklung ähnelt sehr der Entwicklung von Säugern. Während jedoch ein Säugerembryo von der Mutter mit Nährstoffen versorgt wird (der Austausch erfolgt dabei über die Placenta), haben Vögelembryonen keine Placenta und sind daher *sich selbständig entwickelnde Systeme*. Da sich der Hühnerembryo außerhalb des Körpers entwickelt, ist er in jeder Entwicklungsphase zugänglich. Neben dem Vorteil, dass man einen Hühnerembryo leicht erzeugen kann, ist er recht groß und durchscheinend, sodass anspruchsvolle mikrochirurgische Eingriffe einfach durchzuführen sind. Es handelt sich also um ein ausgezeichnetes System, molekulare Tests mit der klassischen Embryologie zu kombinieren (Brown et al. 2003).

Häufig angewandte experimentell Eingriffe bei Hühnerembryonen: chirurgische Eingriffe und Gewebetransplantationen,

Genübertragung durch Retroviren, Elektroporation von Embryonen während der Entwicklung und Embryokulturen. Darüber hinaus bietet das Huhn auch ein besonderes System für die *Untersuchung von zellulären Vorgängen*: die **DT40-Zelllinie**. Diese Zellen setzen die Diversifizierung ihrer Immunglobulingene immer weiter fort, außerdem können sie – was es bei Zelllinien von Wirbeltieren sonst nicht gibt – homologe Rekombinationen durchführen, wobei die Rate ähnliche Werte erreicht wie sonst bei illegitimen Rekombinationen. Deshalb kann man bei den Zellkulturen gezielte Gendeletionen und -mutationen relativ einfach untersuchen. Schnelle Fortschritte gibt es zurzeit bei der Entwicklung von transgenen Hühnern, bei Methoden für embryonale Stammzellen (ES-Zellen) und bei der Kältekonservierung von Spermien, Keimscheibenzellen, primordialen Keimzellen und ES-Zellen. Durch diese neueren Techniken kann man künftig auch auf Grundlage des Huhns Modellsysteme für menschliche Krankheiten erzeugen.

Xenopus (afrikanischer Krallenfrosch)

Dieser afrikanische Frosch erhielt seinen Namen (*Xenopus* = seltsamer Fuß) aufgrund der scharfen Krallen an den Zehen seiner großen, kräftigen und mit Schwimmhäuten versehenen Hinterbeine. *Xenopus* ist schon lange ein bevorzugter Modellorganismus für die Embryonalentwicklung und die Zellbiologie: Alle Entwicklungsphasen sind zugänglich, und da Eier und Embryonen der frühen Phase vergleichsweise groß sind, kann man mikroskopische Eingriffe durchführen, beispielsweise Mikroinjektionen (von mRNA, Antikörpern und Antisense-Oligonucleotiden), Zellübertragungen und Markierungsexperimente. Mitte der 1990er Jahre wurden effektive Verfahren für die Erzeugung transgener Embryonen entwickelt (Beck und Slack 2001), außerdem plant man umfangreiche Mutagenesetests für *X. tropicalis*.

- ***Xenopus laevis*** (oben in der Abbildung links)
  X. laevis hat eine längere Generationszeit von ein bis zwei Jahren und kann auf einmal 300–1000 Eier große Eier (1–1,3 mm) legen. *X. laevis* ist ein wichtiges Modell für die Erforschung der Mechanismen, die schon früh das Schicksal von Zellen festlegen sowie für die Musterbildung im grundlegenden Bauplan des Körpers und für die Organogenese verantwortlich sind. Zellbiologische und biochemische Forschungsarbeiten befassten sich mit den Grundlagen der Chromosomenreplikation, der Assoziation von Chromatin und Zellkern, Komponenten des Zellzyklus, Elementen des Cytoskeletts und mit Signalwegen. *X. laevis* besitzt ein *allotetraploides Genom* (eine recht große Zahl von Genen ist aufgrund einer Genomduplikation vor vielleicht 30 Millionen Jahren doppelt vorhanden, wobei viele der ursprünglichen Dubletten inzwischen verloren gegangen sind), und genetische Analysen sind nicht einfach durchzuführen.
- ***Xenopus tropicalis*** (in der Abbildung rechts)
  Der kleinere *X. tropicalis* hat eine vergleichsweise kurze Generationszeit von unter fünf Monaten und kann auf einmal 1 000 – 3 000 Eier legen, die allerdings kleiner sind als bei *X. laevis*. Beide Frösche sind evolutionär eng miteinander verwandt, wobei *X. tropicalis* über ein diploides Genom verfügt und daher für genetische Analysen besser geeignet ist.

Die Maus

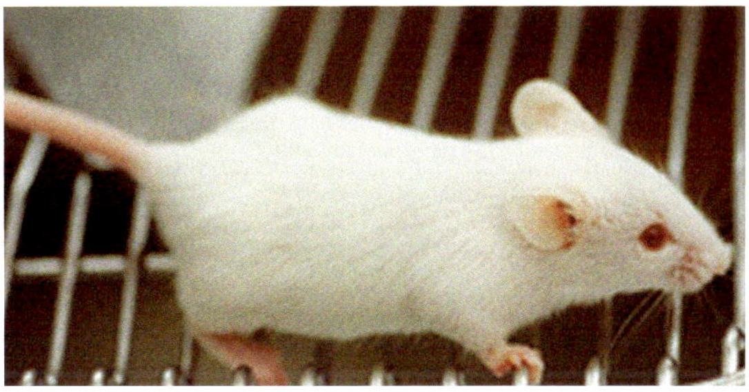

Dieser Modellorganismus besitzt im Human Genome Project die größte Bedeutung (Meisler 1996). Die Maus ist eine Spezies der Säuger, ihre genetische Erforschung ist am weitesten fortgeschritten und wird vielfach als Modell für die Entwicklungsbiologie der Säuger verwendet. Da ihre Körpergröße gering und ihre Generationszeit kurz ist, sind groß angelegte Mutagenesereihen und Kreuzungsversuche möglich, wobei darüber hinaus verschiedene Eigenschaften der Maus die Kartierung von Genen und Phänotypen erleichtern (Exkurs 14.2). Aufgrund der vergleichsweise starken Konservierung von Sequenzen zwischen Mensch und Maus gibt es zu fast allen menschlichen Genen bei der Maus ein homologes Gegenstück, das einfach zu identifizieren ist. Zwischen Maus und Mensch sind große chromosomale Bereiche konserviert (Abb. 14.7 und 14.8). Wenn also ein Abschnitt des Mausgenoms mit hoher Auflösung kartiert wurde, lassen sich diese Informationen verwenden, um über den orthologen Abschnitt beim Menschen Vorhersagen zu treffen (und umgekehrt). Das ist vor allem in der medizinischen Forschung von Bedeutung, da orthologe Mutanten von Maus und Mensch häufig ähnliche Phänotypen zeigen, sodass die positionsspezifische Klonierung eines Krankheitsgens bei der einen Spezies für die andere Spezies durchaus von Bedeutung sein kann (Abschnitt 14.3.5). Durch die Möglichkeit, Mäuse mit definierten genetischen Veränderungen in der Keimbahn zu erzeugen (durch Genübertragungsmethoden und gezielte Genmutationen in embryonalen Stammzellen), kann man die

Genexpression und die Genfunktionen untersuchen und Mausmodelle für menschliche Krankheiten entwickeln (Einzelheiten in Kapitel 20).

Die Ratte

Ratten, die deutlich größer sind als Mäuse, dienen seit vielen Jahren bei physiologischen, neurologischen, pharmakologischen und biochemischen Analysen als bevorzugte Versuchstiere aus der Gruppe der Säuger. Sie eignen sich auch als genetische Modellsysteme für komplexe Störungen des Gefäß- und Nervensystems beim Menschen, etwa für Bluthochdruck und Epilepsie (es gibt aus verschiedenen Gründen keine Mausmodelle für solche Krankheiten). Die genetische Analyse von Laborratten ist jedoch viel weniger weit entwickelt als die von Mäusen, vor allem weil die Zucht von Ratten relativ teuer ist und weil Veränderungen der Keimbahn bei Ratten durch die gezielte Mutation von Genen zurzeit noch Schwierigkeiten breitet. Vor kurzem wurden aber genetische und physikalische Karten mit hoher Auflösung erstellt, und auch die Genomsequenz ist inzwischen bekannt.

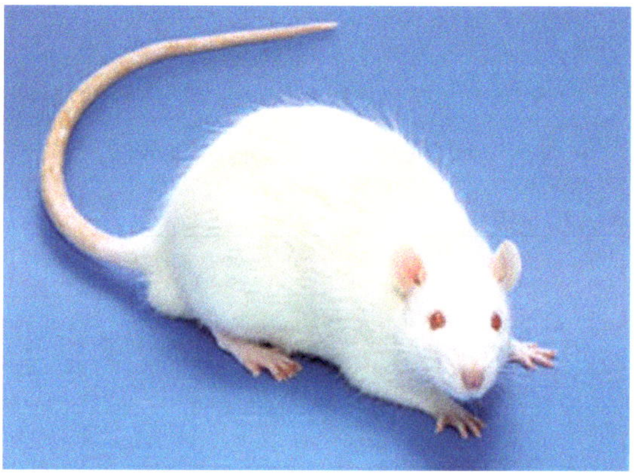

rianten und in der *vergleichenden Genomik* als nützlich. So konnte man beispielsweise durch den Vergleich mit der menschlichen Genomsequenz stark konservierte Sequenzen ermitteln (nicht nur codierende DNA, sondern auch regulatorische und andere Sequenzen), und dies trug auch zum besseren Verständnis der Evolution von Genomen bei (Abschnitt 12.3.2).

Weitere Metazoen-Genomprojekte (Tab. 8.4)

- **Vogelgenomprojekte.** Spitzenreiter ist hier das **Huhn** als entwicklungsbiologisches Modell (Exkurs 8.8).
- **Fischgenomprojekte.** Bis Ende 2002 hatte man die genomischen Sequenzen von zwei Spezies bestimmt: vom **Kofferfisch**, als Modell für ein kompaktes Genom bei Wirbeltieren, und vom **Zebrafisch** als entwicklungsbiologisches Modell und als zunehmend wichtigeres Modell für Krankheiten und Genfunktionen (Tab. 8.4 und Exkurs 8.8).
- **Froschgenomprojekte.** Wie in Exkurs 8.8 ausgeführt, ist *Xenopus* ein ausgezeichnetes entwicklungsbiologisches Modell, außerdem man hat sich vorgenommen, das Genom von *Xenopus tropicalis* zu sequenzieren, da diese Spezies genetisch besser zugänglich ist als der bisher vor allem untersuchte *Xenopus laevis*.
- **Fliegengenomprojekte.** Zusätzlich zu den Projekten mit *Drosophila* und *Anopheles* (Abschnitt 8.4.4) hat man auch ein Projekt der **Honigbiene** aufgelegt, die aus drei Gründen interessant ist: 1. die hocheffektiven sozialen Instinkte und spezifischen Verhaltensmuster (interessant in der Neurobiologie); 2. ihre Bedeutung für die menschliche Gesundheit (die potenziell gefährlichen Folgen von Bienenstichen, außerdem als Modell für Antiotikaresistenzen, Immunität, allergische Reaktionen und so weiter); 3. ihre Bedeutung für die Landwirtschaft als Pollenträger.
- **Wurmgenomprojekte.** Zusätzlich zu den Projekten mit *freilebenden* Nematoden (das abgeschlossene *C. elegans*-Projekt – Abschnitt 8.4.3 – und das aktuellere Projekt, das Genom der entfernt verwandten Spezies *C. briggsae* zu sequenzieren – Abschnitt 12.3.2) wollen das Wellcome Trust Sanger Institute und die Universitäten von Washington und Edinburgh in einer gemeinsamen Anstrengung Hunderte der mehrere Tausend umfassenden ESTs von etwa 20 Spezies der **parasitären Nematoden** sequenzieren. Dazu gehört auch *Ascaris lumbricoides*, der bei Menschen am weitesten verbreitete Nematodenparasit. Schätzungsweise 1,47 Milliarden Menschen sind von einer Infektion betroffen (der Wurm kann bei seiner Wanderung durch die Lunge eine Lungenentzündung hervorrufen, es kann zu einer Blockierung des Verdauungstraktes sowie der Gänge von Galle und Pankreas kommen – http://nematode.net).
- **Säugergenomprojekte.** Vor kurzem wurden Projekte aufgelegt, die folgende Genome sequenzieren sollen:
  - Der **Schimpanse** ist unser nächster Verwandter. Die Sequenzierung des Genoms ist von Interesse, weil der Schimpanse in der Evolution dem Menschen sehr nahe steht. Die zu erhaltenden Informationen können wertvolle Hinweise auf das Entstehen von Krankheiten des Menschen geben, deren entsprechende Formen beim Schimpansen nur selten auftreten oder dies zumindest

den Anschein hat, da es eine Reihe von Krankheiten mit genetischem Hintergrund gibt, die Menschen betreffen, nicht jedoch Schimpanswn (beispielsweise die Entwicklung von AIDS durch HIV oder die durch *Plasmodium falciparum* ausgelöste Malaria) (Cyranowski (2002); Olson und Varki 2003).

- Die **Ratte** ist ein wichtiges Modell für die Erforschung des Herz-Kreislauf-Systems sowie für psychologische und physiologische Untersuchungen. Das Baylor College of Medicine gab die Fertigstellung der Rohsequenz bekannt und legte sie im November 2002 in der GenBank ab. Die Sequenz umfasst 90 % des Genoms (2 560 Mb von insgesamt geschätzten 2 800 Mb; http://www.hgsc.bcm.tmc.edu/projects/rat/).
- **Kuh**, **Schaf** und **Schwein** sind wichtige Nutztiere in der Landwirtschaft.
- Der **Hund** ist ein wichtiges Modell für Krankheiten (Hunde leiden vielfach an denselben Krankheiten wie der Mensch). Der Hund ist auch ein wichtiges Modell für die genetischen Grundlagen des Verhaltens, außerdem besitzt er große Bedeutung in der pharmakologischen Forschung.

■ **Genomprojekte mit einfachen Meerestieren.**

- Der **Seeigel** ist seit vielen Jahren ein wichtiges Modellsystem in der biologischen Grundlagenforschung, besonders in der Entwicklungsbiologie. Er gehört zur Gruppe der Neumünder (Deuterostomia) und ist deshalb mit Wirbeltieren und dem Menschen vergleichsweise eng verwandt (Abb. 12.23). Es gibt bereits umfangreiche Erkenntnisse über die Genexpression, sodass der Seeigel ein nützliches Modell darstellt, um zu untersuchen, wie die Reaktionswege von Genen

Tabelle 8.4 Wichtige Genomprojekte für Metazoen (vielzellige Tiere) (elektronische Datenbanken siehe unter Weiterführender Literatur)

Tierklasse	Spezies (Trivialname)	Genomgröße	Koordinationszentrum[a]
Ascidien	*Ciona intestinalis* (Pilz-Seescheide)	200 Mb	US DoE Joint Genome Institute
Vögel	*Gallus gallus* (Huhn)	1 200 Mb	Washington University
Fische	*Brachydanio rerio* (Zebrafisch)	1 900 Mb	Wellcome Trust Sanger Institute
	Fugu rubripes (Kofferfisch)	400 Mb	International Fugu Genome Consortium
	Tetraodon nigroviridis (Kofferfisch)	350 Mb	Genoscope, Paris
Amphibien	*Xenopus tropicalis*	1 700 Mb	US DoE Joint Genome Institute
Insekten	*Apis mellifera* (Honigbiene)	270 Mb	Baylor College of Medicine
	Aedes aegypti (Gelbfiebermücke)	780 Mb	TIGR (The Institute for Genome Research)
	Anopheles gambiae (Malariamücke)	278 Mb	international (eigentlich Celera & Genoscope)
	Drosophila melanogaster (Taufliege) (euchromatische Bereiche)	165 Mb	Celera/Drosophila Genome Center/Howard Hughes Medical Institute
	Drosophila pseudoobscura (euchromatische Bereiche)	125 Mb	Baylor College of Medicine
Säuger	*Bos taurus* (Rind)	3 000 Mb	Baylor College of Medicine
	Canis familiaris (Hund)	2 800 Mb	Whitehead/MIT
	Mus musculus (Maus)	2 500 Mb	Mouse Genome Sequencing Consortium/Celera
	Pan troglodytes (Gemeiner Schimpanse)	3 500 Mb	Whitehead/MIT und Washington University
	Rattus norwegicus (Ratte)	3 100 Mb	Baylor College of Medicine
Fadenwürmer	*Caenorhabditis elegans*	100 Mb	Wellcome Trust Sanger Institute/Washington University
	Caenorhabditis briggsae	80 Mb	Washington University
Seeigel	*Strongylocentrotus purpuratus*	800 Mb	Baylor College of Medicine (wahrscheinlich)

[a] Internet-Adressen für die wichtigsten Sequenzierungszentren:

Baylor College of Medicine Genome Sequencing Center	http://hgsc.bcm.tmc.edu
Celera	http://www.celera.com
DoE Joint Genome Institute	http://www.igi.doe.gov
Genoscope	http://www.genoscope.cns.fr
TIGR (The Institute For Genome Research)	http://www.tigr.org
Washington University Genome Sequencing Center	http://genome.wustl.edu
Wellcome Trust Sanger Institute	http://www.sanger.ac.uk
Whitehead Institute/MIT Center for Genome Research	http://www-genome.wi.mit.edu

und Proteinen Wachstum und Entwicklung regulieren. Für *Strongylocentrotus purpuratus* wurde vor kurzem ein Genomprojekt aufgelegt.
- **Ascidien** (die man auch als **Tunicaten** oder allgemein als **Manteltiere** bezeichnet) sind eine Gruppe von Meerestieren, die die meiste Zeit ihres Lebens an einen festen Untergrund angeheftet verbringen (etwa an Felsen, Kaimauern oder an Schiffsrümpfen). Sie gehören zum Stamm der Urochordata und sind mit den Wirbeltieren tatsächlich näher verwandt als mit den meisten anderen Wirbellosen. *Ciona intestinalis* besitzt das kleinste Genom aller experimentell zugänglichen Chordatiere und bildet ein brauchbares System, um die Ursprünge der Linie der Chordatiere in der Evolution zu untersuchen. In Dehal et al. (2002) wurde eine Rohsequenz von *C. intestinalis* publiziert. Das 117 Mb große Genom umfasst etwa 16 000 Gene. Der Vergleich mit sequenzierten Genomen von Wirbeltieren in einer genomischen Analyse liefert wichtige Informationen über die Evolution von Chordatieren und Wirbeltieren.

Weiterführende Literatur

Borsani G, Ballabio A, Banfi S (1998) A practical guide to orient yourself in the labyrinth of genome databases. *Hum Mol Genet* 7: 1641–1648.

Database issue of Nucleic Acid Research (2003) *Nucl Acid Res* 31:1–516

Hedges SB (2002) The origin and evolution of model organisms. *Nature Rev Genet* 3: 838–849.

Human Genome Nature Issue (15. Februar 2001). *Nature 409*: 813–958 (die Artikel sind digital abrufbar beim Nature-Genome-Portal unter http://www.nature.com/aenomics/human).

Human Genome Science Issue (16. Februar 2001). *Science* 291, 1177–1351 (die Artikel sind digital abrufbar unter http://www.sciencemag.org/content/vol291/issue5507/index.shtml.

Mouse Genome Nature Issue (5. Dezember 2002). *Nature* 420: 509–590 (die Artikel sind digital abrufbar unter http://www.nature.com/nature/mousegenome/index.html).

User's Guide to the Human Genome. *Nature Genetics Supplement*, September 2002 (digital abrufbar beim Nature-Genome-Portal unter http://www.nature.com/genomics).

Wilkie T (1993) *Perilous Knowledge: the Human Genome Project and its Implications*. Faber and Faber, NewYork.

Elektronische Information über das Gene Ontology Consortium at http://www.geneontology.org

Elektronische Information über das Human Genome Project (und ähnliche Projekte) findet man auf vielen Internet-Seiten. Zu den nützlichen gehören:
- U.S. National Human Genome Research Institute (NGHRI) (http://www.nhgri.nih.gov)
- U.S. National Center for Biotechnology Information (NCBI) (http://www.ncbi.nlm.nih.gov)
- Genome Web beim UK Human Genome Mapping Resource Centre (http://www.hgmp.mrc. ac.uk/Genome Web)
- Nature Genome Gateway (http://www.nature.com/genomics

Elektronische Information über Genomprojekte mit Mikroorganismen und Modellorganismen findet man auf vielen Internet-Seiten, beispielsweise:
- die TIGR-Datenbank für Genome von Mikroorganismen unter http://www.tigr.org/tdb/mdb/mdbcomlete.html und http://www.tigr.org/tdb/mdb/mdbinprogress.html
- die Internet-Seite für Genome von Parasiten des Europäischen Instituts für Bioinformatik unter http://www.ebi. ac.uk/parasites/paratable.html
- die Internet-Seite für Genome von Parasiten unter http://www.rna.ucla.edu/par
- die Internetseite des U.S. National Human Genome Research Institute unter http://www.genome.gov/Pages/Research/Sequencing/Proposals

Elektronische Information über Modellorganismen:
- die NIH-Internetseite über Modellorganismen unter http://www.nih.gov/science/models
- die virtuelle Bibliothek für Modellorganismen unter http://www.ceolas.org/VL/mo
- die NCBI-Internetseite für Modellorganismen unter http://www.ncbi.nlm.nih. aov/About/model
- das Glossar für Modell- und andere Organismen unter http://www.genomicglossaries.com/content/model orqanisms glossary. asp
- das Tree of Life-Intenetprojekt unter http://tolweb.org/tree

Elektronische Verzeichnisse aller Genomprojekte finden sich auf verschiedenen Internetseiten, beispielsweise:
- ein Verzeichnis der abgeschlossenen und noch aktiven Genomprojekte, zusammengestellt von Integrated Genomics unter http://erqo.integratedgenomics.com/GOLD
- ein Verzeichnis aller fertiggestellten Genomsequenzen beim Europäischen Institut für Bioinformatik unter http://www2.ebi. ac.uk/genomes

Navigationsprogramme und integrierte Datenbanken für das menschliche Genom:
- Ensembl unter http://www.ensembl.org
- NCBI MapViewer unter http://www.ncbi.nlm.nih.gov/cgi-bin/Entrez/map-research
- UCSC Genome Browser unter http://genome.ucsc.edu
- die integrierte Datenbank HOWDY unter http://www. alis.tokyo.jst.go.jp/HOWDY

Zitierte Literatur

Adams MD, Kelley JM, Gocayne JD et al. (1991) Complementary DNA sequencing: expressed sequence tags and Human Genome Project. *Science* 252: 1651–1656.

Adams MD, Celniker SE, Holt RA et al. (2000) The genome sequence of *Drosophila melanogaster*. *Science* 287: 2185–2195.

Banfi S, Borsani G, Rossi E et al. (1996) Identification and mapping of human cDNAs homologous to *Drosophila* mutant genes through EST database searching. *Nature Genet* 13: 167–174.

Batzoglou S, Pachter L, Mesirov JR, Berger B, Lander ES (2000) Human and mouse gene structure: comparative analysis and application to exon prediction. *Genome Res* 10: 950–958.

Beck CW, Slack JM (2001) An amphibian with ambition: a new role for *Xenopus* in the 21st century. *Genome Biol* 2: 1029.1–1029.5.

Botstein D, White RL, Skolnick M, Davis RW (1980) Construction of a genetic linkage map in man using restriction fragment length polymorphism. *Am J Hum Genet* 32: 314–331.

Botstein D, Chervitz SA, Cherry JM (1997) Yeast as a model organism. *Science* 277: 1259–1260.

Brown WRA, Hubbard SJ, Tickle C, Wilson SA (2003). The chicken as a model for large scale analysis of vertebrate gene function. *Nature Rev Genet* 4, 87–98.

Burge C, Karlin S (1997) Prediction of complete gene structures in human genomic DNA. *J Mol Biol* 268: 78–94.

C. elegans Sequencing Consortium (1998) Genome sequence of the nematode *C elegans*: a platform for investigating biology. *Science* 282: 2012–2017.

Camargo AA, de Souza SJ, Brentani RR, Simpson AJG (2002) Human gene discovery through experimental definition of transcribed regions of the human genome. *Curr Opin Chem Biol* 6: 13–16.

Cavalli-Sforza LL, Wilson AC, Cantor CR, Cook-Deegan RM, King MC (1991) Call for a worldwide survey of human genetic diversity: a vanishing opportunity for the Human Genome Project. *Genomics* 11: 490–491.

Chumakov IM, Rigault P, LeGall I et al. (1995) A YAC contig map of the human genome. *Nature* 377: 175–297

Clark MS (1999) Comparative genomics: the key to understanding the Human Genome Project. *Bioessays* 21: 121–130.

Cohen D, Chumakov I, Weissenbach J (1993) A first generation physical map of the human genome. *Nature* 366: 698–701.

Collins FS, McKusick VA (2001) Implications of the human genome project for medical science. *J Am Med Assoc* 285: 540–544.

Collins F, Guyer MS, Chakravarti A (1997) Variations on a theme: cataloging human DNA sequence variation. *Science* 262: 43–46.

Cox DR, Burmeister M, Proce ER, Kim S, Myers RM (1990) Radiation hybrid mapping: a somatic cell genetic method for constructing high-resolution maps of mammalian chromosomes. *Science* 250: 245–250.

Craig JM, BickmoreWA (1994) The distribution of CpG islands in mammalian chromosomes. *Nature Genet* 7: 376–381.

Cuthbert AP, Trott DA, Ekong RM et al. (1995) Construction and characterization of a highly stable human:rodent monochromosomal hybrid panel for genetic complementation and genome mapping studies. *Cytogenet Cell Genet* 71: 68–76,

Cyranoski D (2002) Almost human. *Nature* 418: 910–912.

Danesh J, Newton R, Berall V (1997) A human germ project? *Nature* 389: 21–24.

Davies KE, Young BD, Elles RG, Hill ME, Williamson R (1981) Cloning of a representative genomic library of the human X chromosome after sorting by flow cytometry. *Nature* 293: 374–376.

Dehal P, Satou Y, Campbell RK (2002) The draft genome of *Ciona intestinalis*: insights into chordate and vertebrate origins. *Science* 298: 2157–2167

Deloukas R, Schuler GD, Gyapay G et al. (1998) A physical map of 30,000 human genes. *Science* 282: 744–746.

Doolittle RF (2002) Microbial genomes multiply. *Nature* 416: 697–700.

Dunham I, Shimizu N, Roe BA et al. (1999) The DNA sequence of human chromosome 22. *Nature* 402: 489–495.

Gardner MJ, Shallom SJ, Carlton JM et al. (2002) Genome sequence of the human malaria parasite *Plasmodium falciparum*. *Nature* 419: 498–511.

Garver KL, Garver B (1994) The Human Genome Project and eugenic concerns. *Am J Hum Genet* 54: 148–158.

Gene Ontology Consortium (2000) Gene ontology: tool for the unification of biology. *Nature Genet* 25: 25–29.

Gene Ontology Consortium (2001) Creating the gene ontology resource: design and implementation. *Genome Res* 11: 1425–1433.

Goffeau A, Barrell BG, Bussey H et al. (1996) Life with 6000 genes. *Science* 274: 546–567.

Greely HT (2001) Human genome diversity: what about the other human genome project? *Nature Rev Genet* 2: 222–227.

Hedges SB (2002) The origin and evolution of model organisms. *Nature Rev Genet* 3: 838–849.

Holt RA, Subramaniam GM, Halpern A et al. (2002) The genome sequence of the malaria mosquito *Anopheles gambiae*. *Science* 298: 129–149.

Hudson TJ, Stein LD, Gerety SS et al. (1995) An STS-based map of the human genome. *Science* 270: 1945–1954.

Ichikawa H, Hosoda F, Arai Y, Shimizu K, Ohira M, Ohki M (1993) A *Not*I restriction map of the entire long arm of human chromosome 21. *Nature Genet* 4: 361–365.

International Human Genome Sequencing Consortium (2001) Initial sequencing and analysis of the human genome. *Nature* 409: 860–921.

International SNP map working group (2001) *Nature* 409: 928–933.

Knoppers BM (1999) Status, sale and patenting of human genetic material: an international survey. *Nature Genet* 22: 23–25.

Kong A, Gudbjartsson DF, Sainz J et al. (2002) A high-resolution recombination map of the human genome. *Nature Genet* 31: 241–247.

Ludecke HJ, Sanger G, Claussen U, Horsthemke B (1989) Cloning defined regions of the human genome by microdissection of banded chromosomes and enzymatic amplification. *Nature* 338: 348–350.

McKusick V (1989) HUGO News. The Human Genome Organization: History, Purposes, and Membership. *Genomics* 5: 385–387.

Meisler MH (1996) The role of the laboratory mouse in the human genome project. *Am J Hum Genet* 59: 764–771.

Mouse Genome Sequencing Consortium (2002) Initial sequencing and comparative analysis of the mouse genome. *Nature* 420: 520–562.

Murray JC, Buetow K, Weber JL et al. (1994) A comprehensive human linkage map with centimorgan density. *Science* 265: 2049–2054.

Olsen GJ, Woese CR (1997) Archaeal genomics: an overview. *Cell* 89: 991–994.

Olson MV, Varki A (2003) Sequencing the chimpanzee genome: insights into human evolution and disease. *Nature Rev Genet* 4: 20–28.

Pennisi E (1997) Laboratory workhorse decoded. *Science* 277: 1432–1434.

Perrimon N (1998) New advances in *Drosophila* provide opportunities to study gene functions. *Proc Natl Acad Sci USA* 95: 9716–9717.

Reboul J, Vaglio P, Tzellas N et al. (2001) Open-reading-frame sequence tags (OSTs) support the existence of at least 17,300 genes in *C. elegans*. *Nature Genet* 27: 32–336.

Schuler GD, Boguski MS, Stewart EA et al. (1996) A gene map of the human genome. *Science* 274: 540–546.

Spradling AC, Stern DM, Kiss I, Roote J, Laverty J, Rubin GM (1995) Gene disruptions using P transposable elements: an integral component of the *Drosophila* genome project. *Proc Natl Acad Sci USA* 92: 10824–10830.

Subramanian G, Adams MD, Venter JC, Broder S (2001) Implications of the human genome for understanding human biology and medicine. *J Am Med Assoc* 286: 2296–2307.

Tang CM, Hood DW, Moxon ER (1997) *Haemophilus* influence: the impact of whole genome sequencing on microbiology. *Trends Genet* 13: 399–404.

Thomas SM, Davies ARW, Birtwistle NJ, Crowther SM, Burke JF (1996) Ownership of the human genome. *Nature* 380, 387–388.

Turkewitz AP, Orias E, Kapler G (2002) Functional genomics: the coming of age for *Tetrahymena thermophila*. *Trends Genet* 18: 35–40.

van Ommen GJ (2002) The Human Genome Project and the future of diagnostics, treatment and prevention. *J Inherit Metab Dis* 25: 183–188.

Venter JC, Adams MD, Myers EW et al. (2001) The sequence of the human genome. *Science* 291: 1304–1351.

Walter MA, Spillett DJ, Thomas P, Weissenbach J, Goodfellow PN (1994) A method for constructing radiation hybrid maps of whole genomes. *Nat Genet* 7: 22–28.

Waterston R, Lander ES, Sulston J (2002) On the sequencing of the human genome. *Proc Natl Acad Sci USA* 99: 3712–3716.

Weissenbach J, Gyapay G, Dib C, Vignal A, Morissette J, Millasseau P, Vaysseix G, Lathrop M (1992) A second generation linkage map of the human genome. *Nature* 359: 794–801.

Wittbrodt J, Shima A, Schartl M (2002) Medaka – a model organism from the far East. *Nature Rev Genet* 3: 53–64.

Wood V, Gwilliam R, Rajandream MA et al. (2002) The genome sequence of *Schizosaccharomyces pombe*. *Nature* 415: 871–880.

Zhang MQ (2002) Computational prediction of eurkaryotic protein-coding genes. *Nature Rev Genet* 3: 698–709.

9. Die Organisation des menschlichen Genoms

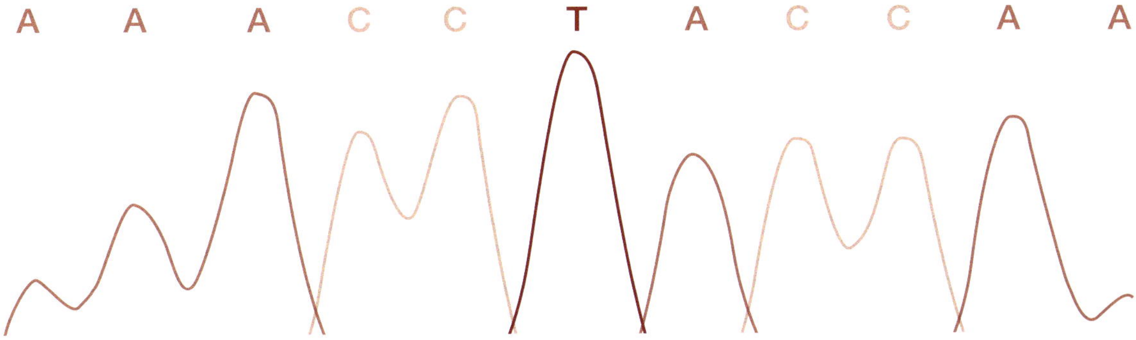

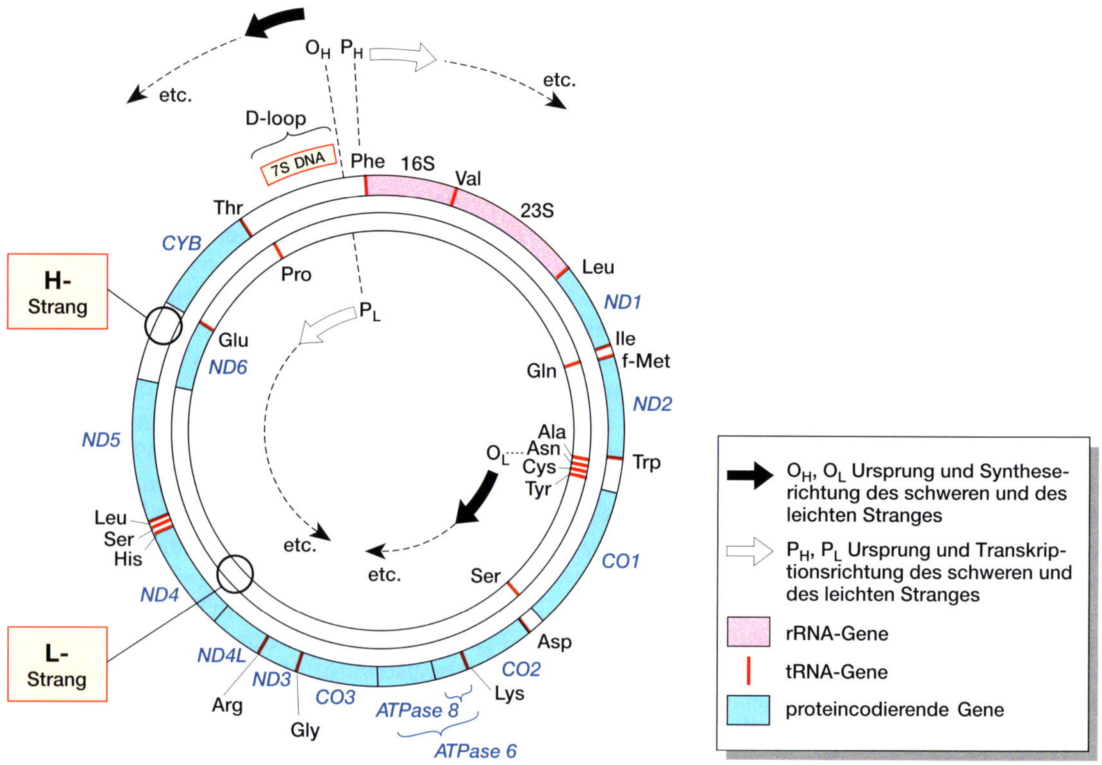

9.2 Das menschliche Mitochondriengenom. Der **D-Loop** besitzt aufgrund der Duplikation eines Abschnitts im schweren Strang (H) eine Dreifachstrangstruktur. Die Transkription des schweren Stranges beginnt an zwei eng benachbarten Promotoren im Bereich des D-Loop (aus Gründen der Übersichtlichkeit zusammengefasst zu P_H). Die Transkription verläuft vom P_H-Promotor im Uhrzeigersinn über den gesamten Ring, vom P_L-Promotor der leichen Kette in entgegengesetzter Richtung. Die beiden großen primären Transkripte werden geschnitten, sodass die RNAs der einzelnen Gene entstehen. Die Gene enthalten alle keine Introns und sind dicht gepackt, wobei sie in einem Fall sogar überlappen: Das *ATPase 8*-Gen überlappt teilweise mit dem *ATPase 6*-Gen (Abb. 9.3). Andere proteincodierende Gene spezifizieren sieben Untereinheiten der NADH-Dehydrogenase (*ND4L* und *ND1* bis *ND6*), außerdem drei Untereinheiten der Cytochrom-*c*-Oxidase (*CO1* bis *CO3*) und Cytochrom *b* (*CYB*).

Bei der Bildung der Zygote trägt das Spermium ein Kerngenom, aber nichts von seinem mitochondrialem Genom zur Eizelle bei. Deshalb besteht das mitochondriale Genom der Zygote normalerweise ausschließlich aus dem Material, das sich ursprünglich in der unbefruchteten Eizelle befunden hat. Das Mitochondriengenom wird also *maternal vererbt*: Männer und Frauen erben jeweils ihre Mitochondrien nur von ihrer Mutter, aber Männer geben diese Mitochondrien nicht an folgende Generationen weiter. In den Mitochondrien codierte Gene oder DNA-Varianten führen zu einem Vererbungsmuster, wie es in Abbildung 4.4 zu sehen ist. Bei der Mitose verteilen sich die mitochondrialen DNA-Moleküle der sich teilenden Zelle rein zufällig auf die beiden Tochterzellen.

Mitochondriale Gene

Das menschliche Mitochondriengenom enthält 37 Gene. Bei 28 dieser Gene ist der schwere Strang der Sinnstrang, bei den übrigen neun Genen ist es der leichte Strang (Abb. 9.2). 24 der 37 Gene codieren ein reifes RNA-Produkt: 22 mitochondriale tRNA-Moleküle und zwei mitochondriale rRNA-Moleküle, das heißt eine 23S-rRNA (ein Bestandteil der großen ribosomalen Untereinheit) und eine 16S-rRNA (ein Bestandteil der kleinen ribosomalen Untereinheit). Die übrigen 13 Gene codieren Polypeptide, die an den Ribosomen der Mitochondrien synthetisiert werden.

Jedes der 13 Polypeptide, die vom mitochondrialen Genom codiert werden, stellt eine Untereinheit von einem der **respiratorischen Komplexe** dar, also der multimeren Enzyme der **oxidativen Phosphorylierung**, die bei der Synthese von ATP mitwirken. Es gibt jedoch insgesamt etwa 100 verschiedene Polypeptiduntereinheiten im mitochondrialen System der oxidativen Phosphorylierung, sodass der überwiegende Teil von Genen im Zellkern codiert wird (Exkurs 9.2). Alle übrigen Proteine der Mitochondrien werden ebenfalls vom Kerngenom codiert und

Exkurs 9.2: Die begrenzte Autonomie des Mitochondriengenoms

mitochondriale Komponente	vom mitochondrialen Genom codiert	vom Kerngenom codiert
Komponenten des Systems der oxidativen Phosphorylierung	**13 Untereinheiten**	**> 80 Untereinheiten**
I. NADH-Dehydrogenase	7 Untereinheiten	> 41 Untereinheiten
II. Succinat-CoQ-Reduktase	0 Untereinheiten	4 Untereinheiten
III. Cytochrom *b-c*1-Komplex	1 Untereinheit	10 Untereinheiten
IV. Cytochrom *c*-Oxidase-Komplex	3 Untereinheiten	10 Untereinheiten
V. ATP-Synthase-Komplex	2 Untereinheiten	14 Untereinheiten
Komponenten des Proteinsynthese-apparats	**24**	**etwa 80**
rRNA-Komponenten	2 rRNAs	Keine
tRNA-Komponenten	22 tRNAs	Keine
ribosomale Proteine	keine	etwa 80
andere mitochondriale Proteine	**keine**	**alle** (z. B. mitochondriale DNA- und RNA-Polymerasen und zahlreiche weitere Enzyme, Struktur- und Transportproteine usw.

an den cytoplasmatischen Ribosomen translatiert, bevor sie in die Mitochondrien transportiert werden (Exkurs 9.2, Abb. 1.11).

Der genetische Code der Mitochondrien

Die Entschlüsselung der Transkripte der schweren und der leichten Kette erfolgt über den genetischen Code der Mitochondrien. Dabei entstehen insgesamt nur 13 Polypeptide. Diese sehr geringe funktionelle Belastung hat dazu geführt, dass sich der genetische Code der Mitochondrien vom universellen genetischen Code entfernt hat (*drift*), der für die etwa 30 000 Gene im Zellkern aufrechterhalten wird, damit deren Funktion bestehen bleibt. Es gibt in den Mitochondrien 60 Sinncodons, also eines weniger als im genetischen Code des Zellkerns, und vier Stoppcodons. Zwei Stoppcodons (UAA und UAG) werden auch im Kerngenom verwendet, die anderen zwei jedoch (AGA, AGG) codieren dort Arginin (Abb. 1.22). UGA codiert Tryptophan in den Mitochondrien und ist kein Stoppcodon, außerdem steht AUA für Methionin und nicht für Isoleucin.

Das Mitochondriengenom codiert alle rRNA- und tRNA-Moleküle, die für die Proteinsynthese erforderlich sind, das Organell ist jedoch für alle anderen Komponenten (etwa die Proteine der mitochondrialen Ribosomen, Aminoacyl-tRNA-Synthetasen und andere) auf kerncodierte Gene angewiesen. Da es nur 22 verschiedene tRNA-Typen in den Mitochondrien gibt, müssen die einzelnen tRNAs mehrere verschiedene Codons entschlüsseln können. Das ist möglich aufgrund des **Wobble-Effekts der dritten Base**, der bei der Interpretation der Codons zum Tragen kommt. Acht der 22 tRNAs erkennen mit ihren Anticodons jeweils Familien von vier Codons, *die sich nur an der dritten Base unterscheiden*. Die übrigen 14 tRNAs erkennen Paare von Codons, deren erste zwei Positionen identisch sind und die an der dritten Position entweder ein Pyrimidin oder ein Purin gemeinsam haben. Insgesamt können also die 22 mitochondrialen tRNA-Moleküle 60 Codons erkennen [$8 \times 4 + (14 \times 2)$].

Zusätzlich zu den Unterschieden bei der genetischen Kapazität und dem genetischen Code zeigen das Mitochondrien- und das Kerngenom auch bei anderen Einzelheiten ihrer Organisation und Expression gewisse Differenzen (Tab. 9.1).

Codierende und nichtcodierende DNA

Im Gegensatz zum Kerngenom ist das menschliche Mitochondriengenom außerordentlich kompakt: Etwa 93% der DNA bestehen aus codierenden Sequenzen. Keines der 37 Gene besitzt Introns, und die Gene sind dicht gepackt (etwa ein Gen pro 0,45 kb). Die codierenden Sequenzen von zwei Genen (für die sechste und achte Untereinheit der ATPase) überlappen etwas (Abb. 9.2 und 9.3) und in den meisten anderen Fällen folgen benachbarte Gene unmittelbar aufeinander oder sind durch eine oder zwei nichtcodierende Basen voneinander getrennt. Einigen Genen fehlen sogar die Terminationscodons. Um diesen Mangel auszugleichen, muss das UAA-Codon *posttranskriptional* in die mRNA eingeführt werden (Anderson et al. 1981, Abb. 9.3).

Tabelle 9.1 Die menschlichen Genome im Zellkern und in den Mitochondrien

	Kerngenom	**Mitochondriengenom**
Größe	3200 Mb	16,6 kb
Anzahl der verschiedenen DNA-Moleküle	23 (in XX-Zellen) oder 24 (in XY-Zellen); alle linear	ein ringförmiges DNA-Molekül
Gesamtzahl der DNA-Moleküle pro Zelle	46 in diploiden Zellen; Unterschiede entsprechend der Ploidie	häufig mehrere Tausend (unterschiedlich; Exkurs 9.1)
assoziierte Proteine	mehrere Klassen von Histon- und Nicht-histonproteinen	größtenteils ohne Proteine
Anzahl der Gene	~30000–35000	37
Gendichte	~1/100 kb	1/0,45 kb
repetitive DNA	über 50% Prozent des Genoms (Abb. 9.1)	sehr geringer Anteil
Transkription	der größte Teil der Gene wird einzeln transkribiert (*monocistronische Transkriptionseinheiten*)	Cotranskription vieler Gene sowohl vom schweren als auch vom leichten Strang (*polycistronische Transkriptionseinheiten*)
Introns	kommen in den meisten Genen vor	fehlen
codierende DNA in %	~1,5%	~93%
Codongebrauch	(Abb. 1.22)	(Abb. 1.22)
Rekombination	mindestens einmal pro Homologenpaar in der Meiose	nicht erkennbar
Vererbung	mendelt bei Sequenzen auf dem X-Chromosom und den Autosomen	ausschließlich mütterlich

Die einzige nennenswerte Region, die keine bekannte codierende DNA enthält, ist der **Displacement-(D-)Loop**. Hier bildet sich durch doppelte Synthese eines kurzen Abschnitts der H-Strang-DNA, den man als 7S-DNA bezeichnet, eine dreisträngige DNA-Struktur aus (Abb. 9.2). Die Replikation des H- und des L-Stranges erfolgt jeweils nur in einer Richtung und beginnt immer an einem spezifischen Ursprung. Für den H-Strang ist das der D-Loop, und nachdem etwa zwei Drittel des neuen H-Stranges synthetisiert wurden (mit dem L-Strang als Matrize, wobei der alte H-Strang ersetzt wird), wird der

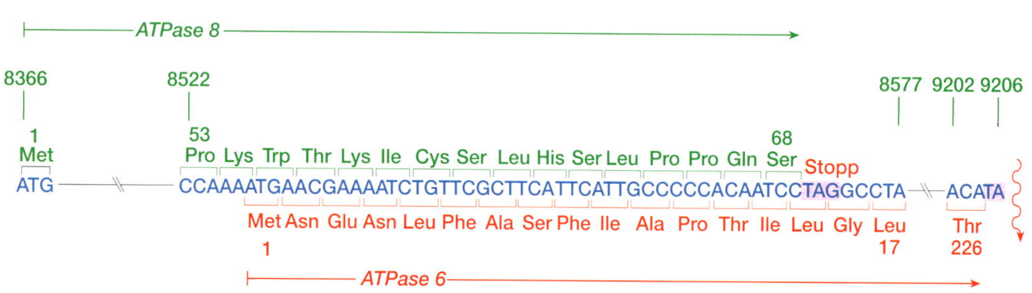

9.3 Die Gene für die Untereinheiten 6 und 8 der mitochondrialen ATPase überlappen teilweise und werden in verschiedenen Leserastern translatiert. Der H-Strang ist der gemeinsame Sinnstrang der überlappenden Gene. Für die codierende Sequenz gelten folgende Koordinaten: *ATPase 8* von 8366 bis 8569, *ATPase 6* von 8527 bis 9204. Der C-Terminus des *ATPase 6*-Gens wird durch ein posttranskriptional eingeführtes UAA-Codon festgelegt: Nach der Transkription wird die RNA nach der Position 9206 geschnitten und polyadenyliert. So entsteht ein UAA-Codon, dessen erste beiden Nucleotide von dem TA an den Positionen 9205–9206 stammen, während das dritte Nucleotid bereits zum Poly(A)-Schwanz gehört. Es sind noch andere überlappende Gene im menschlichen Genom bekannt, aber sie werden oftmals von entgegengesetzten Strängen transkribiert.

Ursprung für die Replikation des L-Stranges zugänglich. Danach schreitet die Replikation des L-Stranges in die entgegengesetzte Richtung voran, wobei der H-Strang als Matrize dient (Abb. 9.2). Der D-Loop enthält auch die Promotoren für die Transkription des H- und des L-Stranges. Im Gegensatz zur Transkription von Genen im Zellkern, die jeweils einzeln von eigenen Promotoren aus transkribiert werden, beginnt die Transkription der mitochondrialen DNA an den Promotoren im Bereich des D-Loop und setzt sich für beide Stränge im Ring jeweils in entgegengesetzter Richtung fort. So entstehen zunächst multigene Transkripte, durch deren Spaltung die reifen RNAs erzeugt werden.

9.1.3 Das Kerngenom besteht, den 24 verschiedenen menschlichen Chromosomen entsprechend, aus 24 verschiedenen DNA-Molekülen

Größe und Struktur der menschlichen Chromosomen

Der Zellkern einer menschlichen Zelle enthält normalerweise über 99% der zellulären DNA (mit Ausnahme einiger spezialisierter Zellen, vor allem der Oocyte; Exkurs 9.1). Das Kerngenom verteilt sich auf 24 verschiedene Typen von linearen doppelsträngigen DNA-Molekülen. Jedes dieser Moleküle bildet zusammen mit den daran gebundenen Histonen und Nichthistonproteinen ein Chromosom. Die 24 verschiedenen Chromosomen (22 Autosomen sowie zwei Geschlechtschromosomen X und Y) lassen sich durch die Chromosomenbänderung (Abb. 2.15) einfach unterscheiden; man hat sie entsprechend ihrer Größe und teilweise auch aufgrund der Position des Centromers in Gruppen eingeteilt (Tab. 2.3).

Bei der DNA, die vom Human Genome Project für die Sequenzierung ausgewählt wurde, handelt es sich nicht um das gesamte Genom im Zellkern, sondern nur um den **Euchromatinanteil**, der etwa 3 000 Mb ausmacht. Daneben gibt es noch das **konstitutive Heterochromatin**, das über 200 Mb ausmacht, dauerhaft kondensiert vorliegt und transkriptional inaktiv ist. Die Größe des Gesamtgenoms beträgt also etwa 3 200 Mb. Die Durchschnittsgröße eines menschlichen Chromosoms beträgt demnach 140 Mb, wobei allerdings die Größenunterschiede erheblich sind und die Menge des konstitutiven Heterochromatins variiert (Tab. 9.2). Letzteres umfasst jeweils einen Abschnitt von 3 Mb im Bereich des Centromers, außerdem größere Anteile von mehreren Chromosomen: die kurzen Arme der akrozentrischen Chromosomen 13, 14, 15, 21 und 22; den langen Arm des Y-Chromosoms; und größere Abschnitte im langen Arm der Chromosomen 1, 9 und 16 (in den Bereichen von *sekundären Einschnürungen* der Chromosomen (Tabelle 9.2; Abbildung 2.15 zeigt eine grafische Darstellung)).

Tabelle 9.2 DNA-Gehalt der menschlichen Chromosomen

Chromosom	Gesamt-DNA (Mb)	Menge an Heterochromatin (Mb)	Chromosom	Gesamt-DNA (Mb)	Menge an Heterochromatin (Mb)
1	279	30	13	118	16
2	251	3	14	107	16
3	221	3	15	100	17
4	197	3	16	104	15
5	198	3	17	88	3
6	176	3	18	86	3
7	163	3	19	72	3
8	148	3	20	66	3
9	140	22	21	45	11
10	143	3	22	48	13
11	148	3	X	163	3
12	142	3	Y	51	27

Berechnung der Daten nach: International Human Genome Project Sequencing Consortium (2001). Aufgrund dieser Werte liegt die Gesamtgröße des menschlichen Genoms bei 3 289 Mb. Es ist jedoch bekannt, dass dieser Wert (und auch die Berechnung für die einzelnen Chromosomen) einige Artefakte durch unnatürliche Duplikationen enthält, sodass ein realistischerer Wert bei ~3 200 Mb liegt.

verschiedenen chromosomalen Regionen oder auch bei verschiedenen Chromosomen sehr unterschiedlich sein. Die ersten Hinweise auf die Verteilung von Genen in einem Genom erhielt man durch Hybridisierung von gereinigten Fraktionen von **CpG-Inseln** mit Metaphasechromosomen. Man konnte daraus schließen, dass die Gendichte in subtelomeren Bereichen hoch sein muss, und dass einige Chromosomen (beispielsweise 19 und 22) viele Gene enthalten, während es bei anderen (zum Beispiel X und 18) nur wenige Gene sind (Abb. 8.4). Die vorhergesagte unterschiedliche Dichte von CpG-Inseln und die unterschiedliche Dichte von Genen ließen sich anhand der veröffentlichten Rohsequenzen bestätigen, die etwa 90% des Genoms abdecken (International Human Genome Sequencing Consortium 2001).

Der unterschiedliche GC-Gehalt von hellen und dunklen Giemsa-Banden weist ebenfalls auf unterschiedliche Gendichten hin, da GC-reiche Chromosomen (etwa das Chromosom 19) oder chromosomale Regionen (etwa die hellen Banden) vergleichsweise viele Gene enthalten. So liegt zum Beispiel der menschliche Leukocytenantigenkomplex (HLA) (der 180 Gene in 4 Mb aufweist) innerhalb der hellen 6p21.3-Bande, während ein Bereich von 2,4 Mb DNA, der offenbar fast nur ein einziges riesiges Gen (das Dystrophingen) enthält, in einer dunklen G-Bande liegt.

9.2 Organisation, Verteilung und Funktion der menschlichen RNA-Gene

Die große Mehrzahl der menschlichen Gene codiert Polypeptide (Abschnitt 9.3), jedoch ein geringer, aber signifikanter Anteil codiert nichttranslatierte RNA-Moleküle als Endprodukt; deshalb bezeichnet man sie als **RNA-Gene** (Eddy 2001, Huttenhofer et al. 2002; siehe auch die Datenbank für nichttranslatierte RNAs unter http://biobases.ibch.poznan.pl/ncRNA). Das Mitochondriengenom ist insofern außergewöhnlich, dass 65% (24/37) der Gene reife RNA-Moleküle spezifizieren, aber selbst im Kerngenom gibt es wahrscheinlich etwa 3 000 RNA-Gene, die also etwa 10% der gesamten Zahl der Gene ausmachen (Abb. 9.4).

Wahrscheinlich sind aktuelle Schätzungen über die Anzahl von RNA-Genen eher vorsichtiger Natur (da es schwierig ist, in der DNA-Sequenz RNA-Gene zu erkennen, Abschnitt 8.3.5). Umfassende Analysen von Transkripten der Maus (Abschnitt 9.2.3) und Mikroarrayanalysen mit Transkripten der menschlichen Chromosomen 21 und 22 (Kapranov et al. 2002) wurden dahingehend interpretiert, dass es viel mehr Transkripte gibt, als aufgrund der Genzahlen zu erwarten ist. Zusätzlich zu den RNA-Genen gibt es auch viele verwandte Pseudogene oder Genfragmente, besonders bei Genen, die von der RNA-Polymerase III transkribiert werden.

Übereinstimmend mit anderen zellulären Genomen dienen die meisten bekannten RNA-Gene dazu, Moleküle zu synthetisieren, die beim allgemeinen Vorgang der Genexpression mitwirken (Abb. 9.4). Einige sind an der mRNA-Translation beteiligt (rRNA- und tRNA-Genfamilien). Viele andere RNA-Familien wirken bei der *RNA-Reifung* mit, das heißt bei der *Spaltung und auch bei der basenspezifischen Modifizierung* von anderen RNA-Molekülen (mRNA, rRNA, tRNA und andere RNA-Spezies). Darüber hinaus hat man vor kurzem eine Reihe weiterer RNA-Gene identifiziert, die zu unterschiedlichen RNA-Klassen gehören. Viele besitzen wichtige regulatorische Funktionen (oder man geht zumindest davon aus), was die beachtliche Vielfalt von RNA-Molekülen verdeutlicht (Tab. 9.3; Abschnitt 9.2.3).

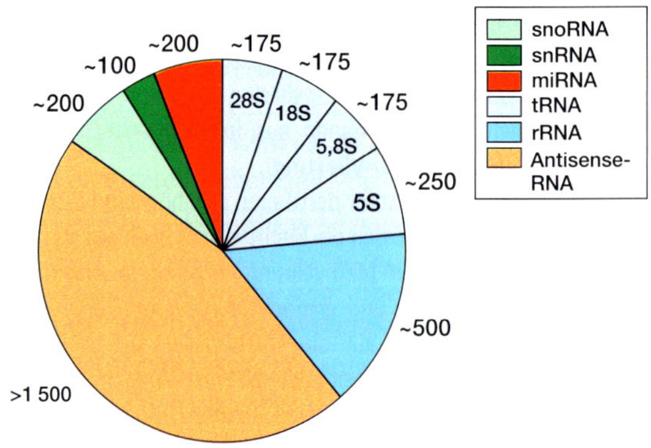

9.4 Die Klassen der menschlichen RNA-Gene. Die beste Abschätzung (Mitte 2003) ergibt insgesamt 3 000 menschliche RNA-Gene, die sich in verschiedene Klassen einteilen lassen. Aus technischen Gründen (siehe Text) verzichtete man für die Erstellung der menschlichen Rohsequenz auf die rRNA-Gencluster, sodass die hier angegebenen Zahlen anhand anderer Daten bestimmt wurden. Da sich RNA-Gene nur schwer identifizieren lassen (Abschnitt 8.3.5), sind die geschätzten Zahlen für einige kleine RNAs (beispielsweise miRNAs) möglicherweise deutlich zu niedrig. Die vorhergesagte Zahl von Antisense-RNA-Genen beruht auf Daten aus Collins et al. (2003) und wird von entsprechenden Untersuchungen bei der Maus gestützt (FANTOM Consortium and RIKEN Genome Exploration Research Group Phase I & II Team, 2002).

Tabelle 9.3 Funktionelle Vielfalt der menschlichen RNA

RNA-Klasse	Beispiele	Funktion
a) RNA-Hauptklassen, die bei der allgemeinen Genexpression mitwirken		
ribosomale RNA (rRNA)	16S-rRNA	Komponente der kleinen ribosomalen Untereinheit der Mitochondrien (Abb. 9.2)
	23S-rRNA	Komponente der großen ribosomalen Untereinheit der Mitochondrien (Abb. 9.2)
	28S-, 5,8S-, 5S-rRNA	Komponente der großen ribosomalen Untereinheit im Cytoplasma (Abb. 10.2)
	18S-rRNA	Komponente der kleinen ribosomalen Untereinheit im Cytoplasma (Abb. 10.2)
Transfer-RNA (tRNA)	22 Arten im Mitochondrium	binden an mRNA-Codons in den Mitochondrien (Abb. 9.2)
	49 Arten im Cytoplasma	binden an mRNA-Codons im Cytoplasma (Abb. 9.4)
kleine Kern-RNA (snRNA) (Funktion beim RNA-Spleißen)	viele, z. B. U1-, U2-, U4-, U6-snRNA	Komponenten des Hauptspleißosoms
	U5-snRNA	Komponente beider Spleißosomtypen
	U4acat-, U6acat-, U11-, U12-snRNA	Komponenten des Nebenspleißosoms
	U7-snRNA	Abbruch der Transkription bei der Histon-mRNA
kleine Nucleolus-RNA (sno-RNA) (Funktion bei der RNA-Modifizierung und Prozessierung)	über 100 verschiedene Arten: etwa 80 C/D-Box-snoRNAs	positionsspezifische Methylierung an der 2'-OH-Gruppe bei rRNA
	etwa 15 H/ACA-sno-RNAs	positionsspezifische rRNA-Modifizierung durch Bildung von Pseudouridin
	U3- und U8-snoRNA	rRNA-Prozessierung
b) andere RNA-Klassen (siehe auch Datenbank für nichtcodierende RNAs unter http://biobases.ibch.poznan.pl/ncRNA)		
MikroRNA	wahrscheinlich mindestens 200 Klassen	sehr kurze (~22 Nucleotide) regulatorische RNA-Moleküle (Abschnitt 9.2.3)
Zusammenhang mit X-Inaktivierung	*XIST*-RNA	(Abschnitt 10.5.6)
	TSIX-RNA	(Abschnitt 10.5.6)
Zusammenhang mit Prägung	viele, z. B. *H19*-RNA	einige Beispiele in Abbildung 10.24
nervensystemspezifisch	z. B. BC200-RNA	?
Antisense-RNA	wahrscheinlich etwa 1500 Arten	z. B. *HOXA11*, *MSX1* usw. (Abb. 10.24)
andere	Telomerase-RNA	Komponente der Telomerase
	PCA3-RNA	Prostatakrebsantigen 3
	PCGEM1-RNA	starke Überexpression bei Prostatakrebs
	SRA1-RNA	spezifischer Coaktivator von mehreren Steroidrezeptoren
	TTY2-RNA	hodenspezifische Familie
	7SK-RNA	negativer Transkriptionsregulator für die Elongation durch RNA-Polymerase II
	7SL-RNA	Komponente des Signalerkennungspartikels für den Transport von Proteinen

9.2.1 Insgesamt etwa 1200 menschliche Gene codieren rRNA oder tRNA und sind in Form von großen Genclustern organisiert

Gene für ribosomale RNA (rRNA)

Es gibt etwa 700–800 rRNA-Gene beim Menschen, von denen die meisten in Form von tandemartig wiederholten Clustern organisiert sind, außerdem zahlreiche verwandte Pseudogene. Homogene Multigenfamilien, die Tandemfolgen bilden, sind in der Rohsequenz des menschlichen Genoms unterrepräsentiert (zurückzuführen auf die Auswahl der Restriktionsenzyme zur Herstellung der BAC-Bibliotheken und auf die Entscheidung, die Sequenzierung von BAC-Klonen zurückzustellen, wenn sie einen geringen Komplexitätsindex aufwiesen, also offensichtlich tandemartig wiederholte DNA enthielten). Das führte dazu, dass sich die genaue Zahl der rRNA-Gene aus der Rohsequenz des menschlichen Genoms nicht ableiten lässt.

Neben den mitochondrialen 16S- und 23S-RNA-Molekülen gibt es vier Typen von cytoplasmatischen rRNAs, von denen drei zur großen ribosomalen Untereinheit gehören (28S-, 5,8S- und 5S-rRNA) und eine zur kleinen ribosomalen Untereinheit (18S-rRNA). Dabei werden die 28S-, 5,8S- und 18S-rRNAs von einer **einzigen Transkriptionseinheit** codiert (Abb. 10.2), die in Form von fünf Clustern mit 30–40 Tandemwiederholungen vorliegt, und zwar auf den menschlichen Chromosomen 13, 14, 15, 21 und 22.

Die 5S-rRNA-Gene sind auch in Tandemfolgen angeordnet, die größte davon befindet sich auf Chromosom 1q41–42, nahe dem Telomer. Es gibt 200–300 echte 5S-RNA-Gene in diesen Tandemfolgen, aber offenbar existieren auch zahlreiche verstreute Pseudogene. Diese Wiederholung von Genen für cytoplasmatische rRNAs lässt sich am besten mit einem Gendosiseffekt erklären: Wenn es solche Gene in einer vergleichsweise großen Anzahl gibt, kann die Zelle den großen Bedarf an cytoplasmatischen Ribosomen für die Proteinsynthese leichter decken (Tab. 9.4).

Gene für Transfer-RNAs (tRNAs)

Wie die 2001 veröffentlichte Rohsequenz des menschlichen Genoms zeigte, gibt es zusätzlich zu den 22 mitochondrialen tRNA-Genen im Kerngenom 497 Gene, die cytoplasmatische tRNA-Moleküle codieren, außerdem 324 von tRNA-Genen abgeleitete mutmaßliche Pseudogene. Der Mensch verfügt demnach über weniger tRNA-Gene als der Wurm (584), aber über mehr als die Fliege (284). Bei den Metazoen korreliert die Anzahl der tRNA-Gene weniger mit der Komplexität des Lebewesens, sondern mehr mit speziellen Anforderungen an die tRNA-Menge in bestimmten Geweben oder Phasen der Embryonalentwicklung (so erzeugt beispielsweise der Frosch *Xenopus* große Oocyten, die jeweils 40 ng tRNA enthalten; der hohe tRNA-Bedarf lässt sich nur mithilfe von Tausenden von Genen decken).

Die 497 Gene für cytoplasmatische tRNAs lassen sich in entsprechend der Spezifität der Anticodons in 49 Familien unterteilen. Der universelle genetische

Tabelle 9.4 Verteilung der menschlichen Genfamilien für die cytoplasmatischen tRNAs, aufgeschlüsselt nach Aminosäuren

Aminosäure	Häufigkeit*	Anzahl der entsprechenden tRNA-Gene	Aminosäure	Häufigkeit*	Anzahl der entsprechenden tRNA-Gene
Alanin	7,06 %	40	Lysin	5,65 %	38
Arginin	5,69 %	30	Methionin	2,23 %	17
Aspartat	4,78 %	10	Phenylalanin	3,75 %	14
Asparagin	3,58 %	34	Prolin	6,10 %	25
Cystein	2,25 %	30	Selenocystein	<0,01 %	1
Glutamin	4,63 %	32	Serin	8,00 %	26
Glutamat	6,93 %	22	Threonin	5,31 %	25
Glycin	6,62 %	24	Tryptophan	1,30 %	7
Histidin	2,56 %	12	Tyrosin	2,76 %	12
Isoleucin	4,43 %	19	Valin	6,12 %	44
Leucin	9,95 %	35			

* durchschnittliche Häufigkeit im gesamten menschlichen Proteom

Code beinhaltet zwar 61 Codons, die von tRNA-Molekülen erkannt werden müssen, aber der *Wobble-Effekt* an der dritten Basenposition der Codons führt dazu, dass bei einem Pyrimidin (U oder C) an dieser Stelle ein einziges Anticodon mit zwei verschiedenen Codons Basenpaarungen ausbilden kann. Die Möglichkeiten eines bestimmten Anticodons, alternative Codons in der menschlichen mRNA zu erkennen, folgt den allgemeinen Regeln für cytoplasmatische tRNAs der Eukaryoten (Exkurs 9.4). Unter dieser Voraussetzung wären insgesamt 46 verschiedene tRNA-Klassen zu erwarten, aber entgegen der sonstigen Allgemeingültigkeit des Wobble-Effekts gibt es drei Paare von Codons – AU(U/C), UA(U/C), AA(U/C) – die offenbar von jeweils zwei Anticodons erkannt werden, sodass es drei zusätzliche tRNA-Klassen gibt (Abb. 9.5). Zwischen der Anzahl der menschlichen tRNA-Gene und der Verwendungshäufigkeit von Aminosäuren besteht nur eine recht grobe Korrelation (Tab. 9.4).

tRNA-Gene sind zwar anscheinend im gesamten menschlichen Genom verstreut (sie kommen auf allen Chromosomen mit Ausnahme von Chromosom 22 und dem Y-Chromosom vor), doch gibt es eine auffällige Clusterbildung. Über die Hälfte der Gene (280 von 497) liegen entweder auf Chromosom 6 (das in einem Bereich bei 6p2 mit nur 4 Mb Ausdehnung 140 tRNA-Gene enthält, wobei fast alle tRNA-Klassen vertreten sind) oder auf Chromosom 1 (wo viele $tRNA^{Asn}$- und $tRNA^{Glu}$-Gene in einer aufgelockerten

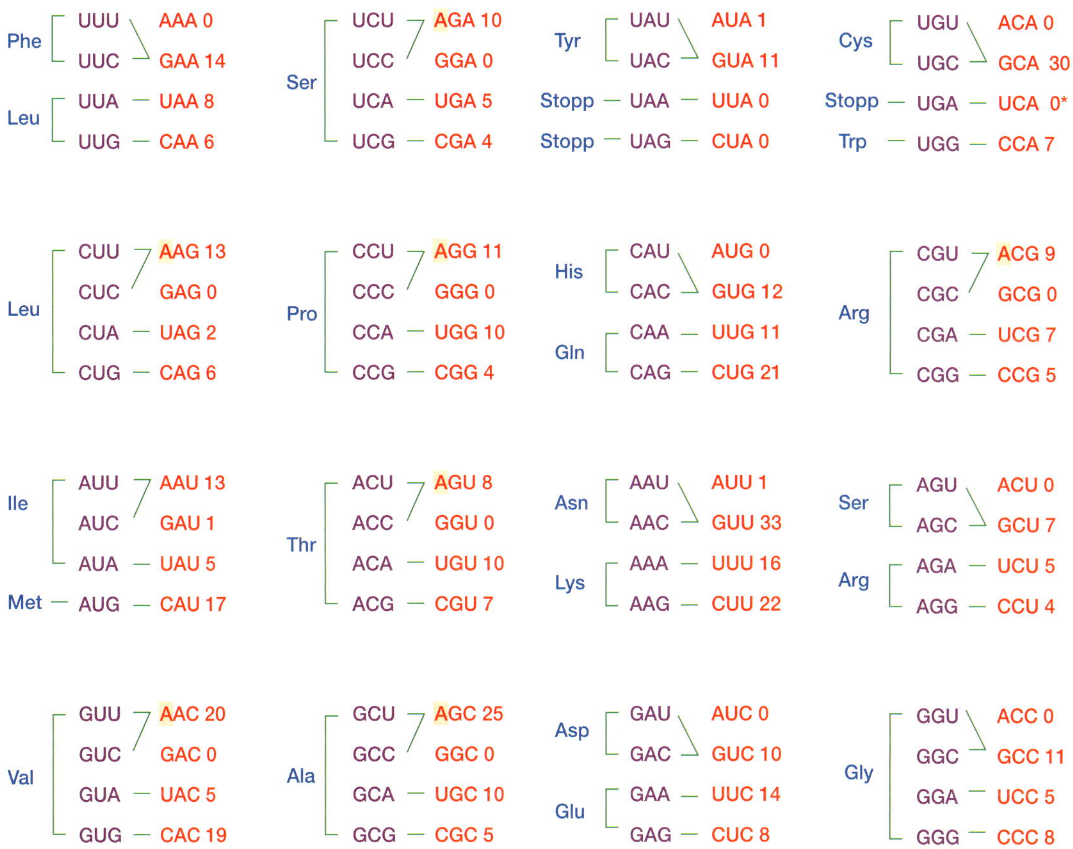

9.5 Anzahl der tRNA-Gene beim Menschen, aufgeschlüsselt nach den Anticodons. Die Codons sind durch Linien mit den (unmodifizierten) Anticodons (rechts) verbunden. Zusammengeführte Linien in Form eines V verbinden alternative Codons, die mit einem U oder C enden und aufgrund des Wobble-Effekts an der dritten Base von einem einzigen Anticodon erkannt werden können. Die Zahl neben jedem Anticodon gibt die Anzahl der Gene beim Menschen an, die eine tRNA mit diesem Anticodon codieren. So ist beispielsweise links oben zu erkennen, dass es für das Phenylalanincodon UUU kein Anticodon AAA gibt, da keine tRNA mit diesem Anticodon existiert. Die schattierten Adenine sind mit ziemlicher Sicherheit zu **Inosin** modifiziert (Exkurs 9.4). Es gibt einzelne Gene, die tRNAs mit Anticodons codieren, welche aufgrund des Wobble-Effekts der dritten Base nicht unbedingt notwendig wären (AUA, AUU und GAU). Der Stern beim Anticodon UCA bedeutet, dass die zugehörige ungewöhnliche tRNA mit diesem Anticodon eine kleine Teilmenge der UGA-Codons nicht als Stopcodons sondern als Selenocystein lesen kann (Exkurs 9.4). Verändert nach: International Human Genome Project Sequencing Consortium (2001) *Nature* 409: 860–921, mit Genehmigung der Nature Publishing Group.

Exkurs 9.4: Anticodonspezifität von eukaryotischen tRNAs im Cytoplasma

Wie bei der Entschlüsselung der mitochondrialen Codons (Abschnitt 9.1.2) bedeutet auch bei der cytoplasmatischen mRNA der **Wobble-Effekt der dritten Base**, dass Codons und tRNA-Anticodons einander nicht 1 : 1 entsprechen. In diesem Fall kann ein einziges Anticodon verschiedene Codons erkennen, die an der dritten Basenposition entweder ein C oder ein U besitzen. Die Regeln zur Entschlüsselung der Codons auf einer cytoplasmatischen mRNA lauten:

- *Codons in „Zwei-Codon-Einheiten"* (die mit einem U oder C enden und eine andere Aminosäure codieren als die beiden Codons mit A oder G). Hier wird die C/U-Wobble-Position normalerweise durch ein G an der 5'-Position des tRNA-Anticodons entschlüsselt. Es gibt also keine tRNA mit einem **A**AA-Anticodon, das zu einem UU**U**-Codon für Phe passen würde, sondern das **G**AA-Anticodon erkennt sowohl das UU**U**-Codon als auch das UU**C**-Codon auf der mRNA (Abb. 9.5).
- *Nicht-Glycin-Codons in „Vier-Codon-Einheiten"* (die mit U, C, A oder G an der Wobble-Position alle dieselbe Aminosäure codieren, nicht jedoch Glycin). Hier wird die U/C-Wobble-Position von **Inosin** (**I**) an der 5'-Position im Anticodon entschlüsselt (*Inosin entsteht durch eine posttranskriptionale Modifikation von Adenin: Die Aminogruppe am Kohlenstoff 6 des Adenosins wird durch eine C–O-Carbonylgruppe ersetzt*). So werden beispielsweise die Codons GU**U** und GU**C** in der Vier-Codon-Valineinheit durch eine tRNA mit dem Anticodon **A**AC erkannt, das zweifellos zu einem **I**AC modifiziert wurde. Zusätzlich zur Basenpaarung mit C und U kann Inosin auch mit A ein Basenpaar bilden (das IAC-Anticodon erkennt also GU**U**, GU**C** und GU**A**). Um mögliche Ablesefehler bei der Translation zu vermeiden, können tRNAs mit einem Inosin an der 5'-Position des Anticodons nicht in einer Zwei-Codon-Einheit verwendet werden.
- *Glycincodons.* Die Codons GGU und GGC werden vom **G**CC-Anticodon entschlüsselt, nicht aber vom **I**CC-Anticodon, wie man es vielleicht erwarten würde.

Für die 32 Codons, die mit einem Pyrimidin enden, sind nur 16 Anticodons erforderlich. Die notwendige Mindestzahl an Anticodons beträgt deshalb 61 (die Anzahl der verschiedenen Sinncodons) minus 16 = 45. Darüber hinaus gibt es jedoch eine spezielle tRNA mit einem Anticodon für das Codon UGA (das normalerweise als Stoppcodon fungiert). Bei hoher Konzentration von Selen entschlüsselt diese tRNA UGA als Codon für **Selenocystein** als 21. Aminosäure, allerdings auch nur sehr selten. Das betrifft die spezielle Gruppe der **Selenoproteine** (die alle Redoxaktivitäten besitzen; bei den Säugern gehören die Thioredoxinreduktase und die Glutathionperoxidase zu den häufigsten Selenoproteinen).

Cluster-Struktur angeordnet sind). Darüber hinaus kommen viele der übrigen tRNA-Gene ebenfalls in Clustern vor, beispielsweise liegen 18 der 30 tRNA-^{Cys}-Gene in einem Abschnitt von 0,5 Mb auf Chromosom 7.

9.2.2 snRNAs und snoRNAs werden von größtenteils verstreuten mittelgroßen Genfamilien codiert

Neben rRNA und tRNA gibt es noch zwei weitere RNA-Klassen, die bei der allgemeinen Genexpression mitwirken: die kleine zellkernspezifische RNA (*small nuclear RNA*, snRNA) und die kleine Nucleolus-spezifische RNA (*small nucleolar RNA*, snoRNA). Sie werden von Genfamilien mit knapp unter hundert Genen (snRNA) oder etwas über 100 Genen (snoRNA) codiert. Die Gene treten verstreut auf, aber es gibt erkennbare Cluster von Unterfamilien.

snRNA-Gene

Die heterogene Gruppe von **snRNA**-Molekülen umfasst viele RNAs mit einem erhöhten Uridinanteil, die dementsprechend bezeichnet werden. So ist etwa die U3-snRNA das dritte Molekül dieser Art, das entdeckt wurde. Einige snRNAs sind Bestandteile der **Spleißosomen**, die für die Funktion der Haupt- und Nebenspleißosomen (Tab. 9.3) erforderlich sind und von einer Familie mit über 80 Genen codiert werden. Über 70 dieser Gene codieren snRNAs für das Hauptspleißosom, beispielsweise die 44 identifizierten Gene, die die U6-snRNA codieren, sowie 16 Gene für die U1-snRNA.

Besonders für die U1- und die U2-snRNA-Familie gibt es Hinweise, dass sie in Clustern auftreten. Aufgrund des Auswahlverfahrens für die BAC-Klone (siehe oben), aus denen dann die Rohsequenz ermittelt wurde, sind sie in der Rohsequenz unterrepräsentiert. Von den U2-snRNA-Genen wusste man schon vorher, dass sie am *RNU2*-Locus liegen. Dabei handelt es sich um eine Tandemfolge von nahezu identischen Einheiten von 6,1 kb bei 17q21–q22, wobei die Anzahl der Wiederholungseinheiten (von sechs bis 30) sehr unterschiedlich sein kann. Die U1-snRNA-Gene liegen als Cluster mit 30 Kopien am *RNU1*-Locus bei 1p36.1. Man nimmt jedoch an, dass der Cluster nur eine lockere und unregelmäßige Struktur besitzt. Es gibt noch eine große Anzahl von verwandten Sequenzen ohne Funktion (Pseudogene, Genfragmente und so weiter): So hat man beispielsweise in der Rohsequenz 1 135 Sequenzen identifiziert, die mit der U6-snRNA verwandt sind (International Human Genome Sequencing Consortium 2001).

sno-RNA-Gene

Die sno-RNAs bilden eine große Molekülfamilie und *steuern* im Nucleolus die positionsspezifische Basenmodifikation bei rRNAs (Smith und Steitz 1997, Filipowicz 2000), sie führen aber auch bei anderen stabilen RNAs Basenmodifikationen durch, etwa bei der U6-snRNA. Es gibt zwei Unterfamilien. Die **C/D-Box-snoRNAs** steuern vor allem *positionsspezifische 2'-O-Ribosemethylierungen* (bei rRNA kommt diese Modifikation an 105–107 Positionen vor). Die **H/ACA-snoRNAs** steuern vor allem *positionsspezifische Pseudouridinylierungen* (dabei wird Uridin zu **Pseudouridin** isomerisiert, das als modifizierte Base am häufigsten ist; bei der rRNA kommen 95 verschiedene Pseudouridinylierungen vor).

Die einzelnen snoRNAs sind mindestens für jeweils eine, meistens jedoch für zwei solcher Modifikationen zuständig. snoRNA-Gene liegen häufig in den Introns von anderen Genen. Die meisten dieser Gene kommen nur als verstreute Einzelkopien vor; es gibt jedoch auch große Cluster, beispielsweise zwei innerhalb der großen *SNURF-SNRPN*-Transkriptionseinheit bei 15q. Diese Gene sind väterlich geprägt und werden im Gehirn exprimiert; man nimmt an, dass sie beim Prader-Labhart-Willi-Syndrom eine wichtige Rolle spielen (Abbildung 10.24 und dort angegebene Literaturhinweise).

9.2.3 MikroRNAs und andere neu entdeckte regulatorische RNAs stellen die bisherigen Vorstellungen über die RNA-Funktion in Frage

In Lehrbüchern wird im Allgemeinen der hohe Rang von Proteinen als Endpunkte der Genexpression betont, da sie eine große Bandbreite von Funktionen besitzen können und für die Regulation der Genexpression von Bedeutung sind. RNA-Moleküle hat man im Allgemeinen als weniger wichtig erachtet (die Celera-Rohsequenz in der Veröffentlichung von Venter et al. (2001) enthielt keine Analysen von menschlichen RNA-Genen!). Seit den letzten Jahren zwingen jedoch eine Reihe von Entdeckungen dazu, die RNA-Funktion neu zu bewerten. Die Erkenntnis von 1982, dass einige RNA-Moleküle eine katalytische Funktion haben können (und sozusagen als **Ribozym** wirken), führte schließlich zur Identifizierung katalytischer Wirkungen in einer Reihe anderer RNA-Typen. Dazu gehört sowohl die snRNA (Valadkhan und Manley 2001) als auch die rRNA (aktuelle Röntgenstrukturanalysen zeigen, dass rRNA, aber eben kein Protein, die Bildung der Peptidbindung katalysiert (Nissen et al. 2000)).

Auch eine Reihe anderer RNA-Moleküle wurde inzwischen genau untersucht, beispielsweise die **Telomerase-RNA** (Abschnitt 2.2.5) und die **SRP-RNA** (oder 7SL-RNA) des **Signalerkennungspartikels** (dieser Ribonucleoproteinkomplex erkennt die Signalsequenz von Proteinen, die sezerniert werden sollen und bewirkt deren Transport durch die Zellmembran). In jüngerer Zeit hat man beim Menschen darüber hinaus eine erstaunliche Vielzahl von RNA-Molekülen neu identifiziert, deren regulatorische Funktion bereits bekannt oder zumindest anzunehmen ist. Dies setzt sich kontinuierlich fort, wobei die bis jetzt umfassendste Analyse von Transkripten bei Säugern (beim Mausgenom) darauf hindeuten, dass nichttranslatierte RNAs einen bedeutender Anteil der Transkripte ausmachen (FANTOM Consortium and RIKEN Genome Exploration Research Group Phase I & II Team 2002).

MikroRNAs (miRNAs): neu entdeckte kleine regulatorische RNA-Moleküle

MikroRNAs (**miRNAs**) sind sehr kurze RNA-Moleküle (mit einer Länge von etwa 22 Nucleotiden), die als Antisense-Regulatoren von anderen Genen wirken (Ambros 2001, Gottesman 2002). Sie entstehen aus längeren Vorstufen mit etwa 70 Nucleotiden, die eine *umgekehrte Wiederholungssequenz* enthalten, die wiederum die Bildung einer doppelsträngigen RNA-*Haarnadelstruktur* ermöglicht. Solche haarnadelförmigen RNA-Vorstufen werden durch einen bestimmten Typ einer Ribonuclease III geschnitten, die für doppelsträngige RNA spezifisch ist und die man als ***Dicer***[a] bezeichnet. Die ersten dieser Sequenzen, die man bei Tieren gefunden hat, sind die lin-4- und die let-7-RNA. Dabei handelt es sich um **kleine temporäre RNAs** (**stRNAs**) von *C. elegans*. Beide RNAs werden während der Entwicklung entsprechend reguliert und kontrollieren verschiedene Entwicklungsprozesse. Sie wirken als Antisense-Regulatoren, indem sie an komplementäre Sequenzen in der 3'-UTR

[a] Diese Art von Ribonucleaseaktivität ist möglicherweise Teil eines **genetischen Überwachungssystems**, das eine spezifische mRNA bei Auftreten von doppelsträngiger RNA abbaut. Die Aktivität lässt sich für bestimmte experimentelle Analysen nutzen, die man als **RNA-Interferenz** (**RNAi**) bezeichnet. Dadurch lassen sich Zielgene in der Zelle spezifisch inaktivieren. Zuerst schleust man ein künstliches Gen in die Zelle ein, von dem dann eine Antisense-RNA mit etwa 22 Nucleotiden (eine so genannte siRNA, *short interfering RNA*) erzeugt wird. Diese **siRNA**-Moleküle können mit der mRNA des zelleigenen Gens, die dem eingeführten Gen entspricht, Basenpaarungen ausbilden. So wird die Expression spezifisch blockiert (Abschnitt 20.2.6).

der mRNA eines Zielgens binden, deren Translation hemmen und so die Expression des entsprechenden Proteins blockieren (Abb. 9.6a). Andere miRNAs (etwa bei Pflanzen) sind ebenfalls Regulatoren der Entwicklung. Dieser Befund und die starke Konservierung der miRNA in der Evolution lassen erwarten, dass miRNAs bei Säugern ähnliche Funktionen erfüllen.

Man hat auf verschiedene Weise versucht, bei Säugern miRNAs zu identifizieren (eine Zusammenfassung findet sich bei Gottesman 2002). Vor kurzem ist es gelungen, sowohl beim Menschen als auch bei der Maus, neue miRNAs zu entdecken (Lagos-Quintana et al. 2001, 2002, Mourelatos et al. 2002). Zum Zeitpunkt der Niederschrift (Mitte 2003) schätzte man die Zahl der menschlichen miRNA-Gene auf etwa 200. Sie verteilen sich zwar über viele Chromosomen, aber es gibt Hinweise auf die Existenz gewisser Cluster, besonders auf einen Cluster mit mindestens sieben miRNA-Genen in einem Bereich von 0,8 kb auf

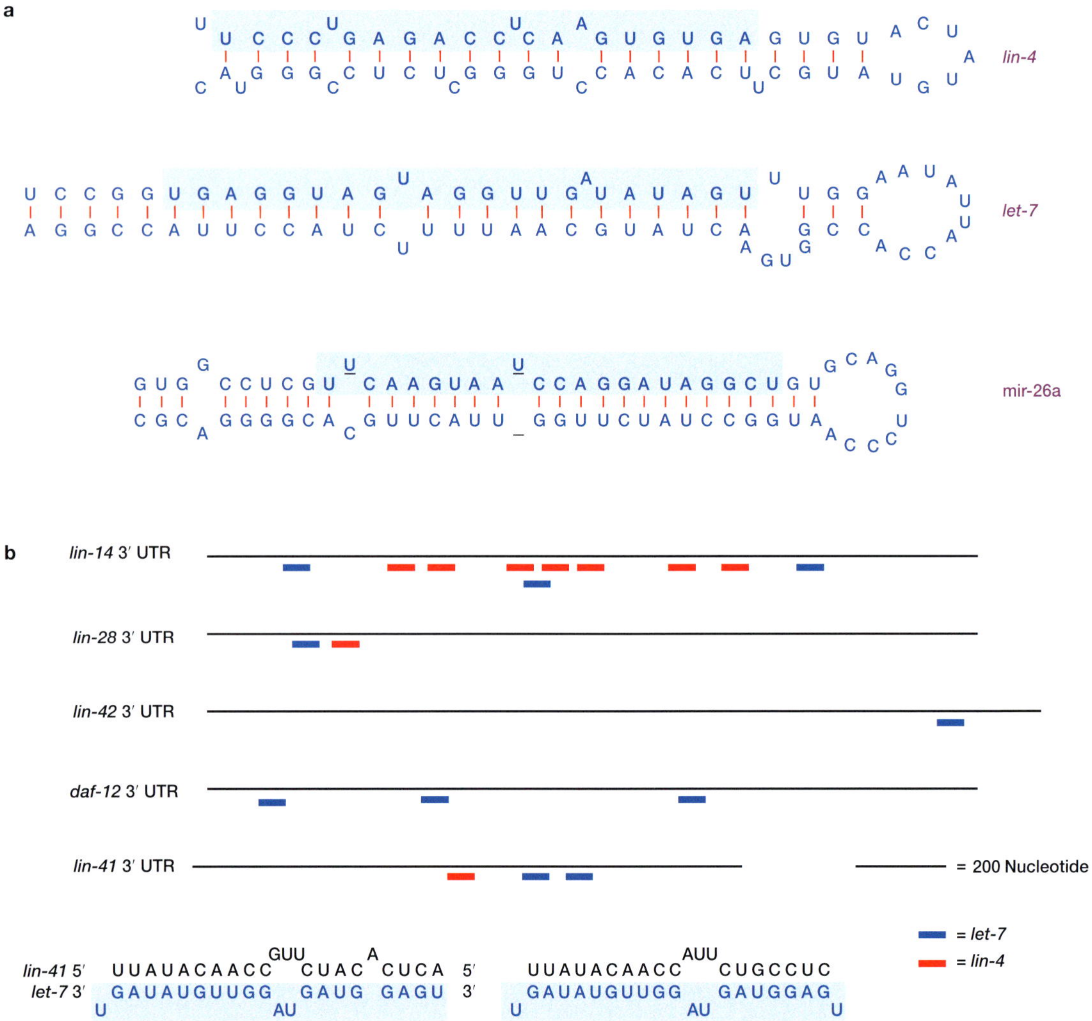

9.6 MikroRNAs sind sehr kurze RNAs (21–22 Nucleotide), die als Antisense-Regulatoren wirken. a) Struktur der miRNA-Vorstufe. Die *lin-4*- und die *let-7*-stRNA von *C. elegans* gehören zur miRNA-Klasse und zeigen eine signifikante Ähnlichkeit mit miRNAs von Säugern, etwa der menschlichen mir-26a-miRNA. Die reifen MikroRNAs (miRNAs) (schattiert) entstehen aus einer Vorstufe mit einer umgekehrten Sequenzwiederholung, die durch intramolekulare Wasserstoffbrücken in der RNA eine Haarnadelstruktur ausbilden können. Eine RNase III-ähnliche Nuclease, die man als *Dicer* bezeichnet, schneidet diese Haarnadelstruktur. Häufig entstehen aus einer Vorstufe zwei verschiedene miRNAs. b) Antisense-Regulierung durch die ***lin-4-*** und die ***let-7*-RNA**. mRNAs von Zielgenen, die durch diese miRNAs reguliert werden, enthalten in ihren 3'-UTR Sequenzen, die zu diesen miRNAs deutlich komplementär sind. Die Basenpaarungen sind unvollständig, wie hier zwischen der *let-7*-miRNA und den beiden Zielsequenzen in der *lin-41*-3'-UTR dargestellt ist. Aus: Banerjee und Slack (2002) *Bioessays* 24: 119–129, Nachdruck mit Genehmigung von Wiley-Liss, Inc., einer Tochtergesellschaft von John Wiley & Sons, Inc.

Chromosom 13 (Mourelatos et al. 2002). Aufgrund der Erwartung, dass die miRNAs der Säuger wichtige regulatorische Funktionen besitzen, bemüht man sich derzeit darum, Zielgene zu identifizieren.

Gene, die mittlere bis große regulatorische RNA-Moleküle codieren

Man entdeckt immer mehr Gene, die mittlere bis große nichttranslatierte RNAs mit bekannten oder mutmaßlichen regulatorischen Funktionen codieren (viele, aber nicht alle kann man als **nichtcodierende mRNA-Moleküle** betrachten, da sie von der RNA-Polymerase II transkribiert werden und eine Cap-Struktur sowie einen Poly(A)-Schwanz erhalten[b]). Hierzu gehören die Gene, die die **7SK-RNA** und die **SRA1-RNA** (**Steroidrezeptor-Aktivator-RNA**) codieren, sowie das *XIST*-Gen. Die 7SK-RNA fungiert als negativer Regulator der RNA-Elongation durch die RNA-Polymerase II (Yang et al. 2001), die SRA1-RNA als spezifischer Coaktivator von mehreren Steroidrezeptoren (Lanz et al. 1999) und das *XIST*-Gen spielt bei der *Inaktivierung des X-Chromosoms* eine zentrale Rolle (Abschnitt 10.5.6).

Man kennt auch mehrere mittlere bis große regulatorische **Antisense-RNAs**, beispielsweise das ***TSIX***-Antisense-Transkript, das das *XIST*-Gen reguliert; außerdem eine Reihe von Antisense-Transkripten, die geprägte Gene regulieren (Abschnitt 10.5.5; Beispiele in Abbildung 10.24); sowie eine große Zahl anderer Antisense-Transkripte (Lehner et al. 2002). Die Gesamtzahl der Antisense-Transkripte im menschlichen Genom ist nicht genau bekannt, aber anhand einer Neuberechnung der Gene auf Chromosom 22 hat man vor kurzem 16 mögliche Antisense-RNA-Gene identifiziert, sodass es vielleicht im gesamten menschlichen Genom etwa 1 500 Antisense-RNA-Gene geben kann (Collins et al. 2003). Für die Vermutung spricht, dass man für das Mausgenom in einer umfassenden Untersuchung und unter Verwendung möglichst konservativer Schätzverfahren mehrere Hundert Antisense-RNA-Gene vorhergesagt hat (FANTOM Consortium and the RIKEN Genome Exploration Research Group Phase I & II Team 2002).

[b] Zum Vergleich: Die 28S-, 18S- und 5,8S-RNAs werden durch die RNA-Polymerase I, die 5S-rRNA, tRNAs, snoRNAs und miRNAs durch die Polymerase III transkribiert; die snRNAs erweisen sich überraschenderweise als Mischung aus Transkripten der RNA-Polymerase-III und der RNA-Polymerase II.

9.3 Organisation, Verteilung und Funktion der proteincodierenden Gene des Menschen

9.3.1 Menschliche Gene zeigen erhebliche Unterschiede in Bezug auf die Größe und die innere Organisationsstruktur

Größenvielfalt

Gene in einfachen Lebewesen wie Bakterien besitzen vergleichsweise ähnliche Größen und sind normalerweise sehr kurz. Bei komplexen Organismen sind die Größenunterschiede dagegen erheblich, besonders im menschlichen Genom (Abb. 9.7). Die beträchtliche Größe einiger menschlicher Gene bedeutet, dass die Transkription viel Zeit in Anspruch nehmen kann, beispielsweise 16 Stunden für das Dystrophingen mit 2,4 Mb (Tennyson et al. 1995). Es besteht zwar eine direkte Korrelation zwischen den Größen von Gen und Produkt, aber einige Anomalien fallen schon auf. So besteht beispielsweise das Apolipoprotein B, das von einem Gen von 45 kb codiert wird, aus 4 563 Aminosäuren, aber das größte Protein, das von dem riesigen Dystrophingen mit 2,4 Mb codiert wird, umfasst nur 3 685 Aminosäuren.

Vielfalt in der Exon-Intron-Struktur

Beim Menschen gibt es nur sehr wenige Gene ohne Introns (Tab. 9.5), die auch alle nur eine relativ geringe Größe besitzen. Bei Genen mit Introns besteht eine umgekehrte Korrelation zwischen Gengröße und Anteil der codierenden DNA (Abb. 9.7). Das liegt nicht daran, dass Exons in großen Genen kürzer sind als in kleinen Genen: Die durchschnittliche Länge von Exons in menschlichen Genen beträgt weniger als 200 bp und die Exonlänge ist von der Gengröße relativ unabhängig (Tab. 9.6) obwohl es auch sehr lange Exons gibt (Exkurs 9.5). Stattdessen zeigen jedoch Introns starke Größenunterschiede, große Gene haben tendenziell sehr lange Introns (die Gene von Kollagen Typ 7 und Titin sind da bemerkenswerte Ausnahmen; Tab. 9.6). Die Transkription von langen Introns ist jedoch zeit- und energieaufwendig, und die natürliche Selektion führt zu einer Bevorzugung von kurzen Introns in stark exprimierten Genen (Castillo-Davis et al. 2002).

Vielfalt im Anteil an repetitiver DNA

Gene enthalten häufig repetitive DNA-Abschnitte in nichtcodierenden Introns und flankierenden Sequenzen, aber man findet auch in codierender DNA repe-

Tabelle 9.5 Beispiele für menschliche Gene mit nicht unterbrochenen codierenden Sequenzen

alle 37 mitochondrialen Gene
viele RNA-Gene (besonders Gene, die kurze RNAs codieren, z. B. die meisten tRNA-Gene, aber auch einige große RNAs, z. B. die *XIST*-RNA
Retrogene (Tab. 9.11)
Interferongene
Histongene
viele Ribonucleasegene
Gene für Hitzeschockproteine
viele Gene für G-Protein-gekoppelte Rezeptoren
einige Gene mit *HMG*-Elementen (z. B. *SRY*, viele *SOX*-Gene)
verschiedene Gene für Neurotransmitter- und Hormonrezeptoren, z. B. Dopamin D1- und D5-Rezeptoren, 5-HT_{1B}-Serotonin-Rezeptor, Typ 1-Rezeptor für Angiotensin II, Formylpeptidrezeptor, Bradykinin B2-Rezeptor, α_2-adrenerger Rezeptor

Genauere Auflistungen finden sich unter http://exppc01/.uni-muenster.de/expath/frames.htm

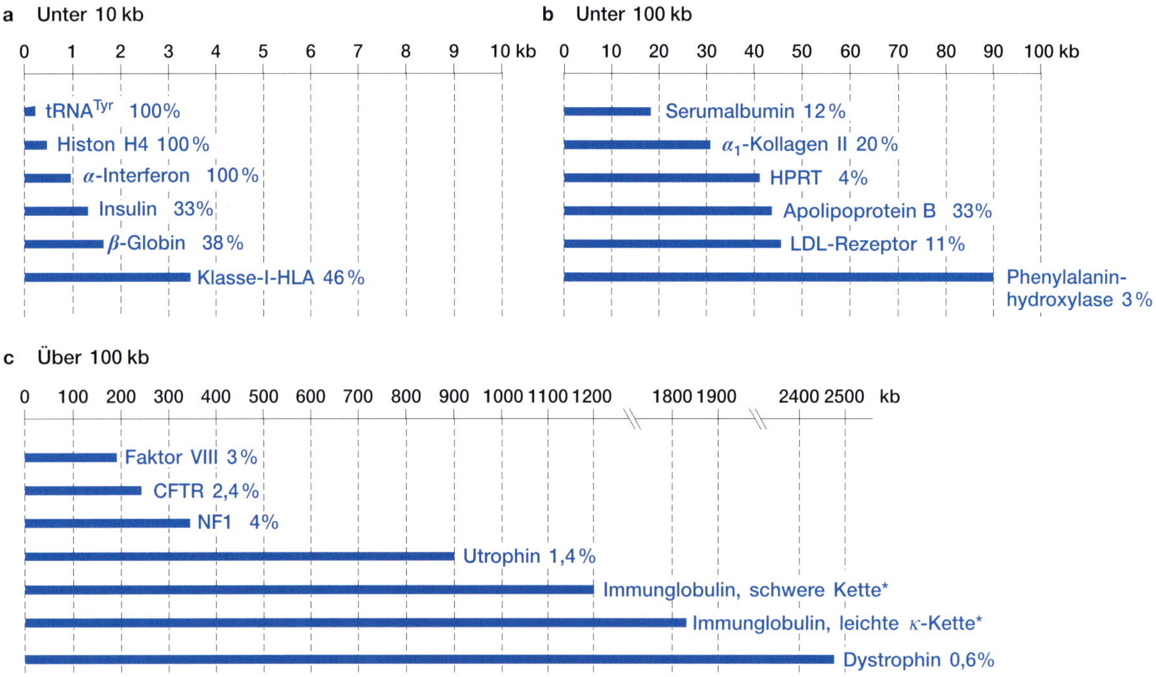

9.7 Menschliche Gene unterscheiden sich erheblich in Bezug auf Größe und Exongehalt. Der Exongehalt ist als prozentualer Anteil der gesamten Genlänge angegeben. Auffällig ist die im Allgemeinen umgekehrte Korrelation zwischen Genlänge und Exongehalt. Bei der schweren und der leichten Kette der Immunglobuline (*) sind die Verhältnisse für die Organisationsstruktur in der *Keimbahn* angegeben. (Die Gene der Immunglobuline und T-Zell-Rezeptoren haben eine besondere Organisationsstruktur, die es erfordert, dass es zu somatischen Umstrukturierungen kommt, abhängig von der späteren zellspezifischen Expression in B- beziehungsweise T-Lymphocyten; Abschnitt 10.6.) CFTR, Transmembranregulator der Cystischen Fibrose; HPRT, Hypoxanthin-Phosphoribosyltransferase; NF1, Neurofibromatosis Typ I.

Exkurs 9.5: Das menschliche Genom und seine Statistik

Genomgröße	~3 200 Mb
Kerngenom	~3 200 Mb
Mitochondriengenom	37 kb
Euchromatin	~2 900–3 000 Mb
konstitutives Heterochromatin	>200 Mb (Tab. 9.2; Abb. 2.15)
stark konservierter Anteil	>100 Mb (>3 %)
codierende DNA	~50 Mb (~1,5 %)
andere (regulatorische Sequenzen usw.)	~100 Mb(3 %)
duplizierte DNA-Segmente	>150 Mb (>5 %)
nichtcodierende repetitive DNA	>50% des Genoms
abgeleitet aus Transposons	~1 400 Mb (~43 %; Tab. 9.15)
Anzahl der Gene	~30 000–35 000
Kerngenom	~30 000–35 000 (Abschnitt 9.1.3)
Mitochondriengenom	37 (Abschnitt 9.1.2)
pro Chromosom	durchschnittlich ~1 400; abhängig von Größe und Art des Chromosoms (Abb. 8.4); ~60 pro Bande in einer Präparation mit 550 Banden
proteincodierende Gene	~30 000 (noch ziemlich unsicher)
RNA-Gene	~3 000 (noch etwas unsicher) (Abb. 9.4)
Pseudogene	~20 000
Gendichte	~1/100 kb im Kerngenom, 1/0,45 kb im Mitochondriengenom
Gengröße (genomische Ausdehnung)	durchschnittlich 27 kb, mit beträchtlichen Unterschieden (Abb. 9.7)
Abstände zwischen den Genen	durchschnittlich ~75 kb im Kerngenom
Anzahl der CpG-Inseln	~30 000 (bei Ausblenden der nichtcodierenden Wiederholungseinheiten)
Anzahl der Exons	durchschnittlich 9; korreliert allgemein mit der Gengröße, große Variationsbreite
Maximum	363 (Titingen)
Minimum	1 (das heißt keine Introns; Tabelle 9.5)
Exongröße	durchschnittlich 122 bp für innere Exons mit relativ geringen Unterschieden; 3'-Exons können deutlich länger sein (Zhang, 1998)
größte Exons	viele kb; z. B. Exon 26 des apoB-Gens (*APOB*) mit 7,6 kb
kleinste Exons	<10 bp
Introngröße	erhebliche Unterschiede; korreliert stark mit der Gengröße
größte Introns	Hunderte von kb, z. B. Intron 8 des menschlichen *WWOX*-Gens mit ~800 kb
kleinste Introns	10–100 kb
Größe der mRNA	durchschnittlich etwa 2,6 kb, erhebliche Unterschiede (Titin-mRNA mit >115 kb!)
5'-UTR	durchschnittlich etwa 0,2–3,0 kb
3'-UTR	durchschnittlich etwa 0,77 kb, Wert wahrscheinlich zu gering, da lange 3'-UTR zu wenig berücksichtigt werden
Größe von nichtcodierender RNA	sehr variabel; von ~21–22 Nucleotiden (MikroRNA) bis viele kb, z. B. *XIST* (17 kb)
Größe von Polypeptiden	durchschnittlich etwa 500–550 Aminosäuren
größtes Polypeptid	Titin: 38 138 Codons im Titingen (deutliche Größenunterschiede)
kleinstes Polypeptid	~10–100 Aminosäuren (z. B. verschiedene kleine Hormone usw.)

Tabelle 9.6 Durchschnittliche Größen von Exons und Introns in menschlichen Genen

Genprodukt	Gengröße (kb)	Anzahl der Exons	mittlere Exongröße (bp)	mittlere Introngröße (bp)
$tRNA^{tyr}$	0,1	2	50	20
Insulin	1,4	3	155	480
β-Globin	1,6	3	150	490
Klasse-I-HLA	3,5	8	187	260
Serumalbumin	18	14	137	1 100
Kollagen VII	31	118	77	190
Komplement C3	41	29	122	900
Phenylalaninhydroxylase	90	26	96	3 500
Faktor VIII	186	26	375	7 100
CFTR (Cystische Fibrose)	250	27	227	9 100
Titin	283	363	315	466
Dystrophin	2 400	79	180	30 770

titive Bereiche in unterschiedlichem Ausmaß. Die Tandemwiederholung von **Mikrosatellitensequenzen** (kurze Sequenzmotive, Abschnitt 9.4.3) kommt relativ häufig vor und entspricht vielleicht nur einem statistisch zu erwartenden Auftreten bestimmter Basenzusammensetzungen. Die tandemartige Wiederholung von Sequenzen, die bekannte oder mutmaßliche **Proteindomänen** codieren, ist ebenfalls verbreitet und bringt möglicherweise in bestimmten Fällen funktionelle Vorteile mit sich, da dann eine biologische Zielstruktur besser zugänglich ist. Die Sequenzhomologie zwischen den Wiederholungseinheiten kann in bestimmten Fällen sehr groß sein, in anderen Fällen eher niedrig (Tab. 9.7).

Tabelle 9.7 Beispiele für repetitive codierende DNA-Abschnitte innerhalb von Genen

Genprodukt	Länge der codierten Wiederholungseinheit in Aminosäuren	Kopienzahl	Homologie der Nucleotidsequenz zwischen den Kopien
Involucrin	10	59	starke Homologie bei den mittleren 39 Wiederholungseinheiten
Apolipoprotein?(a)	114 = Kringel-4-ähnliche Wiederholungseinheit[a]	37	starke Homologie; 24 Wiederholungseinheiten mit identischer Sequenz
Plasminogen	~75–80	5	geringe Homologie, aber konservierte Proteindomänen (Kringel[a])
Kollagen	18	57	geringe Homologie, aber konserviertes Aminosäuremotiv auf Basis von $(Gly\text{-}X\text{-}Y)_6$
Serumalbumin	195	3	geringe Homologie
Gene von prolinreichen Proteinen	16–21	5	geringe Homologie
Tropomyosin-α-Kette	42	7	geringe Homologie
Immunglobulin-ε-Kette, C-Region	108	4	geringe Homologie
Dystrophin	109	24	geringe Homologie

[a] ein Kringel ist eine cysteinreiche Sequenz, die drei interne Disulfidbrücken enthält und eine brezelförmige Struktur bildet

9.3.2 Funktionell ähnliche Gene liegen im menschlichen Genom manchmal als Cluster vor, sind aber häufiger über verschiedene Chromosomen verteilt

Wie in Abschnitt 9.2 beschrieben, bilden einige Familien von RNA-Genen Cluster. Bei den proteincodierenden Genfamilien liegen Gene, die identische oder in der Sequenz sehr ähnliche Produkte codieren, oft in einem oder mehreren Clustern, die über mehrere Chromosomen verteilt sein können. Einige Familien funktioneller Gene für Proteine, bei denen nur bestimmte Komponenten (Domänen, signifikante Motive und so weiter) konserviert sind, liegen im Genom häufig verstreut. Gene, die funktionell verwandte Proteine codieren, die keine deutliche Sequenzhomologie aufweisen, sind normalerweise ebenfalls verstreut.

Gene mit identischer Funktion

Man kennt nur sehr wenige menschliche Polypeptide, die von zwei oder mehr *identischen* Genkopien codiert werden. Oftmals handelt es sich dann aber um kürzlich duplizierte Gene in einem Cluster, beispielsweise die α-Globingene. Darüber hinaus gibt es vereinzelt Gene auf *verschiedenen Chromosomen*, die identische Polypeptide codieren, zum Beispiel:

- *Histongene.* Die NHGRI-Histonsequenz-Datenbank enthält insgesamt 86 verschiedene Histonsequenzen, die von 10 Chromosomen stammen, wobei es auf 6p zwei große Cluster gibt (http://genome.nhgri.nih.gov/histones/chrmap.shtml). Einige Histone von Unterfamilien sind jedoch identisch, werden aber von Genen auf unterschiedlichen Chromosomen codiert.
- *Ubiquitingene.* **Ubiquitin**, das 76 Aminosäuren umfasst, ist ein stark konserviertes Protein, das beim Abbau von Proteinen und bei zellulären Reaktionen auf Stress eine wichtige Rolle spielt. Beim Menschen liegen Ubiquitingene an verschiedenen Loci, die sich auf mehrere Chromosomen verteilen. Einige liegen in einer Tandemwiederholungsfolge von vollständigen codierenden Sequenzen, die zusammen transkribiert werden (*polycistronische Transkriptionseinheiten*). Andere liegen als Monomere vor, sind jedoch mit Genen für ribosomale Proteine verknüpft und bilden *bicistronische Transkriptionseinheiten* (Nei et al. 2000, Abschnitt 9.3.3).

Gene mit ähnlicher Funktion

Ein großer Teil der menschlichen Gene gehört zu Genfamilien, in denen die einzelnen Gene eng miteinander verwandt sind, aber keine identischen Sequenzen besitzen. Häufig liegen diese Gene in Clustern und sind durch tandemartige Genduplikationen entstanden, wie etwa bei den verschiedenen Genen in den Clustern der α- und β-Globingene. Bei der *HOX*-Homöobox-Genfamilie, die aus Clustern mit annähernd zehn Genen besteht, wobei es vier Cluster gibt und jeder Cluster auf einem anderen Chromosom liegt. So kann es sein, dass einzelne Gene auf verschiedenen Chromosomen enger miteinander verwandt sind als mit Mitgliedern desselben Genclusters (Abb. 12.9). Darüber hinaus liegen Gene, die eng verwandte gewebespezifische Isoformen oder zellkompartimentspezifische Isozyme codieren, häufig auf verschiedenen Chromosomen (Tab. 9.8).

Gene mit verwandter Funktion

Einige Gene codieren Produkte, deren Sequenzen zwar nicht eng miteinander verwandt sind, deren Funktionen aber schon. Die Produkte können Untereinheiten desselben Proteins oder derselben makromolekularen Struktur, Komponenten desselben Stoffwechsel- oder Entwicklungsweges sein, oder sie können spezifisch aneinander binden, wie etwa Rezeptoren und ihre zugehörigen Liganden. In fast allen dieser Fälle liegen die Gene nicht als Cluster vor, sondern befinden sich auf verschiedenen Chromosomen (Tabelle 9.8 enthält einige Beispiele).

9.3.3 Vereinzelt kommen im menschlichen Genom überlappende Gene, Gene innerhalb von Genen und polycistronische Transkriptionseinheiten vor

Die Organisation bidirektionaler und teilweise überlappender Gene

Einfache Genome zeigen eine hohe Gendichte (etwa ein Gen pro 0,5 kb bei den Genomen der menschlichen Mitochondrien, 1 kb bei *E. coli* oder 2 kb bei *S. cerevisiae*). Auch finden sich dort häufig teilweise überlappende Gene. Dabei können verschiedene Leseraster verwendet werden, manchmal sogar auf einem gemeinsamen Sinnstrang (Abb. 9.3). Die Gene von komplexen Lebewesen liegen viel weniger dicht (nur ein Gen pro 100 kb im menschlichen Kerngenom), auch überlappende Gene sind nicht so häufig. Vereinzelt kommen jedoch sehr eng benachbarte Gene vor, bei denen die 5'-Enden nur durch wenige 100 Nucleotide getrennt sind und jeweils vom gegenüberliegenden Strang transkribiert werden. Eine solche **bidirektionale Genorganisation** findet sich unter anderem häufig bei Genen des DNA-Reparatursys-

Tabelle 9.8 Verteilung von Genen, die Produkte mit verwandten Funktionen codieren

Gene codieren	Organisationsstruktur	Beispiele
dasselbe Produkt	häufig in Clustern, aber auch auf verschiedenen Chromosomen	die beiden α-Globingene bei 11p (Abb. 9.11); rRNA-codierende Gene (Abb. 10.2); einige Unterfamilien der Histone (http://genome.nhgri.nih.gov/histones/chrmap.shtml)
gewebespezifische Protein-Isoformen oder Isozyme	manchmal in Clustern, manchmal nichtsyntänisch	Cluster von Genen der Pankreas- und Speicheldrüsen-Amylase (1p21); nichtsyntänische α-Actin-Gene, die im Skelettmuskel (1p) und im Herzmuskel (15q) exprimiert werden
Isozyme in verschiedenen Zellkompartimenten	normalerweise nichtsyntänisch	Isozyme im Cytoplasma (c) und in den Mitochondrien (m) für verschiedene Enzyme, z. B. Aldehyddehydrogenase (c)-9q und Aldehyddehydrogenase (m)-12q; Thymidinkinase (c)-17q und Thymidinkinase (m)-16q
Enzyme im selben Stoffwechselweg	normalerweise nichtsyntänisch	Gene für Enzyme der Steroidsynthese: Steroid-11-Hydroxylase-10q; Steroid-21-Hydroxylase-6p
Untereinheiten desselben Proteins	normalerweise nichtsyntänisch	α-Globin-16p und β-Globin-11p; schwere Kette von Ferritin-11q und leichte Kette von Ferritin-22q
interagierende Komponenten eines Signalweges	normalerweise nichtsyntänisch	JAK1-1p; STAT1-2q
Liganden und zugehörigen Rezeptor	normalerweise nichtsyntänisch	Insulin-11p, Insulinrezeptor-19p; Interferon-β-9p, Interferon-β-Rezeptor-21q

tems und ermöglicht vielleicht eine gemeinsame Regulation des Genpaares (Adachi und Lieber 2002)

Teilweise überlappende Gene sind in den komplexen Kerngenomen der Säuger eher selten und werden dann normalerweise von den beiden entgegengesetzten DNA-Strängen transkribiert. In GC-reichen chromosomalen Subregionen findet man zahlreiche Gencluster, und in Bereichen mit hoher Gendichte kommen überlappende Gene häufig vor. So zeigt beispielsweise die Klasse-III-Region des HLA-Komplexes bei 6p21.3 eine durchschnittliche Gendichte von einem Gen pro 15 kb, und dort befinden sich auch mehrere überlappende Gene (Abb. 9.8a).

Gene innerhalb von Genen

Das Ungewöhnliche der kleinen RNAs des Nucleolus (snRNAs) besteht darin, dass sie mehrheitlich innerhalb von anderen Genen liegen, die häufig ein mit den Ribosomen assoziiertes Protein oder ein Protein des Nucleolus codieren. Möglicherweise blieb diese Anordnung erhalten, um eine koordinierte Expression von Protein- und RNA-Komponenten des Ribosoms zu erreichen (Tycowski et al. 1993). Neben den snoRNA-Genen gibt es weitere Gene, darunter auch mehrere proteincodierende Gene, die in den Introns größerer Gene liegen. Dafür finden sich einige interessante Beispiele: Das *NF1*-Gen der Neurofibromatose Typ I (drei kurze interne Gene, die vom entgegengesetzten Strang transkribiert werden; Abbildung 9.8b); das *F8*-Gen für den Blutgerinnungsfaktor VIII (zwei interne Gene, die in entgegengesetzter Richtung transkribiert werden; Abbildung 11.20) und das *RB1*-Gen für Retinoblastomanfälligkeit (ein internes Gen, das vom entgegengesetzten Strang transkribiert wird, Abbildung 9.19).

Polycistronische Transkriptionseinheiten

Polycistronische (multigene) Transkriptionseinheiten kommen in den einfachen Genomen der Bakterien häufig vor und sind auch bei *C. elegans* nicht selten. Das einfache Genom der menschlichen Mitochondrien (Abschnitt 9.1.2) und die Hauptcluster der rRNA-Gene (Abb. 10.2) sind zwei wichtige Beispiele für polycistronische Transkriptionseinheiten im menschlichen Genom. Darüber hinaus kennt man einige seltene Fälle von proteincodierenden **bicistronischen Transkriptionseinheiten** im Kerngenom: Die Transkription beginnt bei einem Gen und setzt sich über das stromabwärts liegende Gen fort, sodass letztendlich ein Vorstufenprotein entsteht, das in zwei verschiedene Proteine gespalten wird.

Die A- und die B-Kette des Insulins kann man so auffassen, dass sie das Endprodukt einer biscistronischen Transkriptionseinheit sind (Abb. 1.23), sie sind allerdings funktionell sehr eng miteinander verwandt. Manchmal erzeugen bicistronische Transkriptionsein-

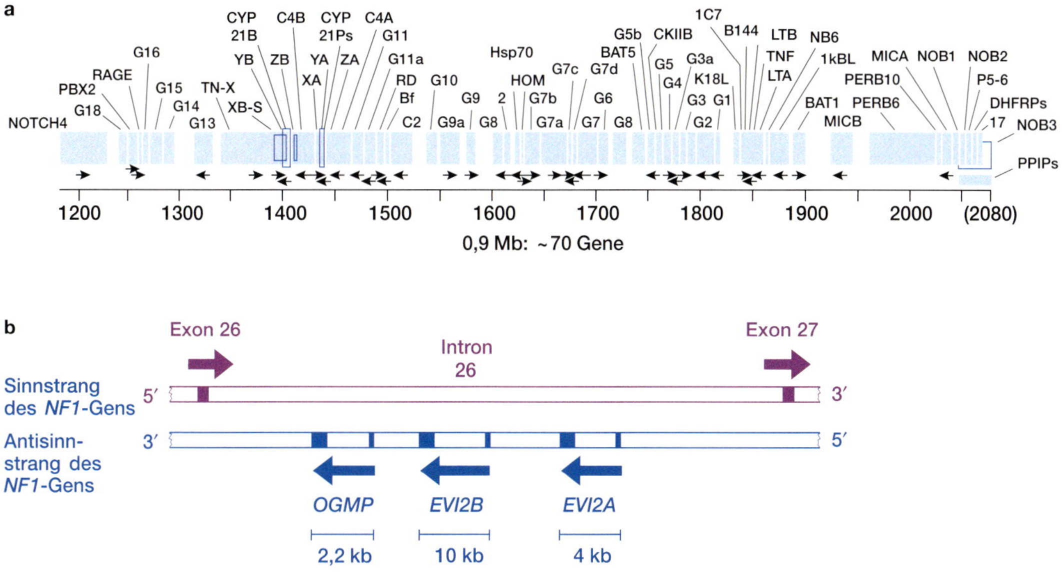

9.8 Überlappende Gene und Gene innerhalb von Genen. a) Überlappende Gene. Gene der Klasse-III-Region des HLA-Komplexes sind dicht gepackt und überlappen in einigen Fällen. b) Gene innerhalb von Genen. Das Intron 26 im Gen der Neurofibromatosis Typ I (NF1) enthält drei interne Gene mit jeweils zwei Exons. Sie werden von dem Strang transkribiert, der dem Strang gegenüberliegt, von dem das *NF1*-Gen transkribiert wird. Es handelt sich dabei um folgende Gene: *OGMP* (Oligodendrocyten-Myelinglykoprotein); *EVI2A* und *EVI2B* (menschliche Homologe von Genen der Maus, die möglicherweise bei der Leukämieentstehung beteiligt sind und an Integrationsstellen für ecotropische Viren (EVI) liegen.

heiten zwei funktionell unterschiedliche Proteine. Aus dem *UBA52*- und dem *UBA80*-Gen beispielsweise entstehen Ubiquitin und ein ribosomales Protein (S27a beziehungsweise L40). Andere Ubiquitingene sind als Tandemwiederholungen von vollständigen codierenden Sequenzen angeordnet (Nei et al. 2000). In Ubiquitingenen gibt es keine Introns, aber bei anderen bicistronischen Transkriptionseinheiten ist es erforderlich, durch Spleißen transkribierte Exons des einen Gens mit denen eines stromabwärts liegenden Gens zu verknüpfen. Bei der *SNURF-SNRPN*-Transkriptionseinheit beispielsweise werden zwei Polypeptide von Exons aus verschiedenen Genen codiert (Gray et al. 1999), außerdem entstehen aus dieser Einheit nichttranslatierte RNA-Transkripte, die väterlich geprägt sind (Abb. 10.24).

9.3.4 Proteincodierende Genfamilien kann man nach dem Grad und dem Ausmaß der Sequenzverwandtschaft zwischen den Familienmitgliedern charakterisieren

Ein großer Teil der aktiv exprimierten Gene des menschlichen Genoms, die sowohl nichttranslatierte RNA als auch Polypeptide codieren, gehören zu **DNA-Sequenzfamilien**, deren Vertreter einen hohen *Grad* an Sequenzübereinstimmung zeigen. Das *Ausmaß* gemeinsamer Sequenzen und die Organisation der einzelnen Sequenzen in der Familie können stark variieren. Möglicherweise besitzen viele Sequenzen einer Familie keine Funktion (*Pseudogene* und *Genfragmente*, siehe unten) und akkumulieren schnell Sequenzunterschiede, was schließlich zu einer markanten Sequenzdivergenz führt.

Klassische Genfamilien

Die Mitglieder klassischer Genfamilien zeigen im größten Teil der gesamten Genlänge oder zumindest im codierenden DNA-Bereich einen hohen Grad an Sequenzhomologie. Beispiele sind die Histongenfamilien (Histone sind stark konserviert und die Mitglieder der jeweiligen Unterfamilien sind praktisch identisch), außerdem die α-Globin- und β-Globingenfamilien (die Mitglieder jeder einzelnen Familie zeigen einen hohen Grad an Sequenzübereinstimmung.

Genfamilien, die Produkte mit großen, stark konservierten Domänen codieren

Bei einigen Genfamilien bestehen zwischen spezifischen, stark konservierten Regionen der Gene be-

Tabelle 9.9 Beispiele für menschliche Gene mit Sequenzmotiven, die hoch konservierte Domänen codieren

Genfamilie	Anzahl der Gene	Sequenzmotiv/Domäne
Homöobox-Gene	38 *HOX*-Gene (Abb. 12.9) und 214 vereinzelte Homöobox-Gene	die **Homöobox** spezifiziert eine **Homöodomäne** mit etwa 60 Aminosäuren; viele verschiedene Unterklassen
PAX-Gene	9	ein **Paarsegment** codiert die **Paardomäne** mit ~128 Aminosäuren; *PAX*-Gene enthalten häufig eine zusätzliche spezielle Homöodomäne, die man als Paartyp-Homöodomäne bezeichnet
SOX-Gene	18	*SRY*-ähnliches ***HMG*-Element**, das eine Domäne von etwa 69 Aminosäuren codiert
TBX-Gene	18	das **T-Element** codiert eine Domäne von etwa 170 Aminosäuren
Gene für die Forkhead-Domäne	49	die **Forkhead-Domäne** ist ~110 Aminosäuren lang
Gene für die POU-Domäne	24	die **POU-Domäne** ist ~150 Aminosäuren lang

sonders deutliche Homologien; die Sequenzübereinstimmung zwischen den übrigen Teilen der codierenden Sequenz kann bei den verschiedenen Genen dabei sehr niedrig sein. Solche Familien codieren oftmals Transkriptionsfaktoren, die in der frühen Entwicklungsphase eine wichtige Rolle spielen; die konservierten Sequenzen codieren eine Proteindomäne, die für die spezifische Bindung an die DNA der Zielgene erforderlich ist (Tab. 9.9).

Genfamilien, die Produkte mit kurzen konservierten Aminosäuremotiven codieren

Die Mitglieder einiger Genfamilien zeigen auf Ebene der DNA-Sequenz keine sehr große Verwandtschaft, codieren aber Genprodukte, die eine allgemein übereinstimmende Funktion besitzen und gekennzeichnet sind durch kurze konservierte Sequenzmotive, beispielsweise die **DEAD-Box** (Asp-Glu-Ala-Asp, entspricht DEAD im Einbuchstabencode der Aminosäuren) oder die **WD-Wiederholung** (Tryptophan-Aspartat) (Abb. 9.9).

Gensuperfamilien

Mitglieder einer **Gensuperfamilie** sind in Bezug auf die Evolution viel weniger verwandt als eine klassische oder konservierte Domänen/Sequenzmotiv-Familie. Sie codieren Produkte, die in einem *allgemeinen* Sinn funktionell miteinander verwandt sind und über

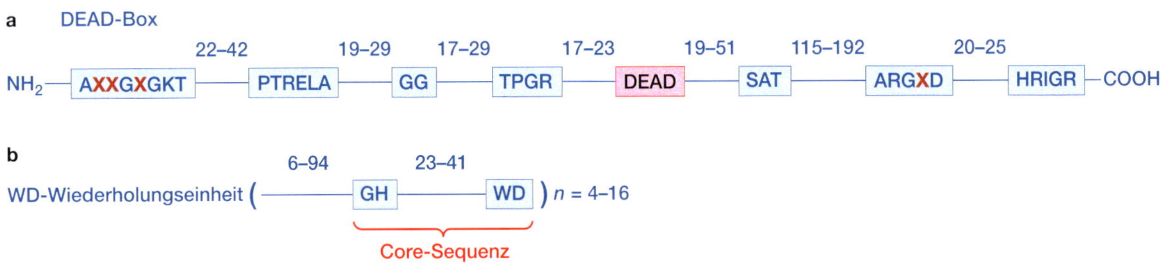

9.9 Einige Genfamilien werden über Genprodukte mit verwandter Funktion definiert, die sehr kurze konservierte Aminosäuremotive enthalten. a) Motive der DEAD-Box-Familie. Diese Genfamilie codiert Produkte, die bei zellulären Prozessen mitwirken, bei denen es zu Veränderungen der RNA-Sekundärstruktur kommt, etwa während der Initiation der Translation und beim RNA-Spleißen. Es gibt offensichtlich acht sehr stark konservierte Aminosäuremotive, beispielsweise die DEAD-Box (Asp-Glu-Ala-Asp). Die Zahlen geben an, wie groß die Abstände zwischen den Motiven in der Aminosäuresequenz sind (Schmid und Linder 1992). X, beliebige Aminosäure. Einbuchstabencode der Aminosäuren siehe Innenseite des vorderen Buchdeckels. b) WD-Wiederholungseinheit-Familie. Diese Genfamilie codiert Proteine, die bei verschiedenen regulatorischen Funktionen mitwirken, etwa bei der Regulation der Zellteilung, Transkription, Transmembransignalübertragung, mRNA-Modifizierung und so weiter. Die Genprodukte sind gekennzeichnet durch vier bis 16 tandemartige WD-Wiederholungseinheiten, die aus 44–60 Aminosäuren bestehen. Jede dieser Wiederholungseinheiten enthält eine Kernsequenz, die mit dem Dipeptid GH (Gly-His) beginnt und mit dem Dipeptid WD (Trp-Asp) endet. Die Kernsequenz besitzt eine feste Länge, wobei sich davor noch ein Abschnitt mit variabler Länge befindet (Smith et al. 1999).

einen großen Abschnitt nur eine geringe Sequenzhomologie aufweisen, ohne dass es signifikante Aminosäuresequenzmotive gibt. Stattdessen gibt es Belege für übereinstimmende allgemeine *Strukturmerkmale* und eine verwandte allgemeine Funktion. Hier einige Beispiele:

- Die **Immunglobulinsuperfamilie** (Abb. 9.10) ist sehr groß. Sie umfasst die Immunglobulin(Ig)-Gene, T-Zell-Rezeptor-Gene, HLA-Gene und viele andere. Die Gene codieren Proteine, deren Sequenzen sehr unterschiedlich sind, die aber im Immunsystem eine Funktion besitzen und Ig-ähnliche Domänen besitzen.
- Die **Globinsuperfamilie** ist klein. Zu ihr gehören nicht nur die Mitglieder der α-Globin- und der β-Globingenfamilie (Abb. 9.11), die beim Transport und der Speicherung von Sauerstoff im Blut beteiligt sind, sondern auch äquivalente Gene, die Globine im Muskel und im Gehirn codieren (Myoglobin beziehungsweise Neuroglobin) (Abb. 12.4).
- Die **Superfamilie der G-Protein-gekoppelten Rezeptoren** ist eine sehr große und diversifizierte Familie von Rezeptoren, die ligandeninduzierte Signale zwischen dem extrazellulären und dem intrazellulären Raum übertragen, indem sie mit G-Proteinen in der Zelle in Wechselwirkung treten. Sie besitzen eine gemeinsame Strukur von sieben α-Helices, die die Membran durchdringen; die Sequenzübereinstimmungen mit unter 40% sind jedoch eher gering.

9.3.5 Gene der menschlichen Genfamilien können in kleinen Clustern organisiert sein, weit verstreut vorkommen oder in beiden Formen auftreten

Menschliche Genfamilien lassen sich in zwei Gruppen einteilen: Die einen treten offensichtlich in engen Clustern auf, die anderen sind über verschiedene Chromosomenbereiche verstreut. Diese Einteilung ist jedoch etwas willkürlich, da einige Genfamilien aus mehreren Genclustern bestehen, die an verschiedenen chromosomalen Loci liegen (Tab. 9.10), während es bei anderen einen oder zwei vorherrschende große Cluster und mehrere verstreute Waisengene (*orphan genes*) gibt, wie etwa bei der Histongenfamilie (http://genome.nhgri.nih.gov/histones/chrmap.shtml).

Genfamilien, die in einem einzigen Cluster organisiert sind

Die Gene eines einzelnen Genclusters entstehen wahrscheinlich durch **tandemartige Genduplikationen** (Abb. 12.3). Dabei gibt es folgende Organisationsformen:

- *Tandemartige Genorganisation.* Die Gene sind sowohl in Bezug auf die Sequenz als auch die Funktion eng miteinander verwandt, wobei es Vertreter der Familie gibt, die keine Funktion besitzen. Bei den proteincodierenden Genen finden sich dafür

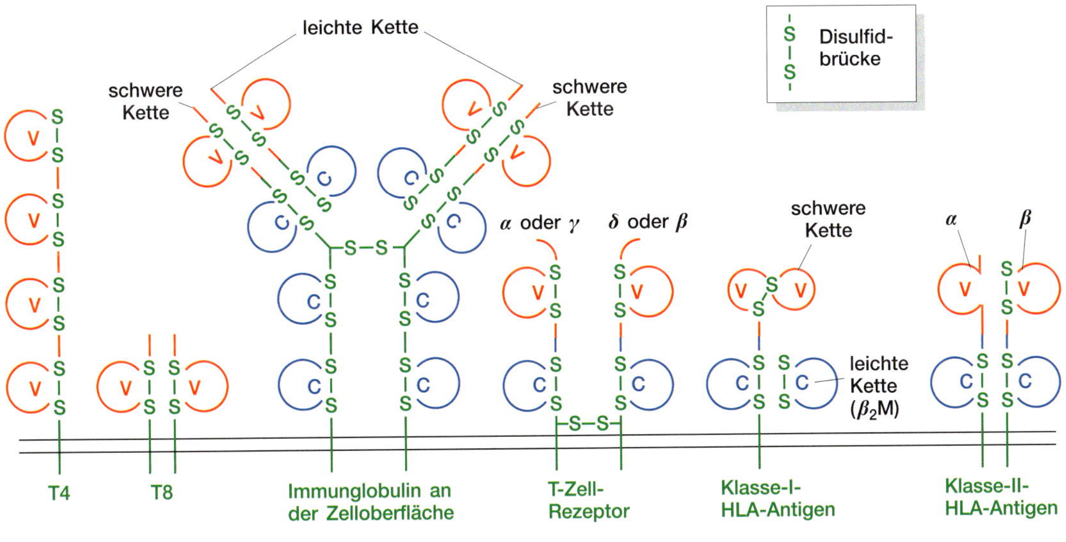

9.10 Mitglieder der Ig-Superfamilie sind Oberflächenproteine mit ähnlichen Domänenstrukturen. Dargestellt sind einige wenige Vertreter der sehr großen Ig-Superfamilie. Viele der Proteine sind Dimere, die aus extrazellulären variablen Domänen (V) am N-Terminus und konstanten Domänen (C) am C-terminalen (der Membran zugewandten) Ende bestehen. Die leichte Kette der Klasse-I-HLA-Antigene, das β_2-Mikroglobulin, besteht aus einer einzigen konstanten Domäne und durchspannt die Membran nicht. Das Protein assoziiert mit der schweren Kette, die die Membran durchdringt und zwei variable Domänen sowie eine konstante Domäne enthält. Das Ergebnis ist eine Gesamtstruktur, die der eines Klasse-II-HLA-Antigens ähnelt.

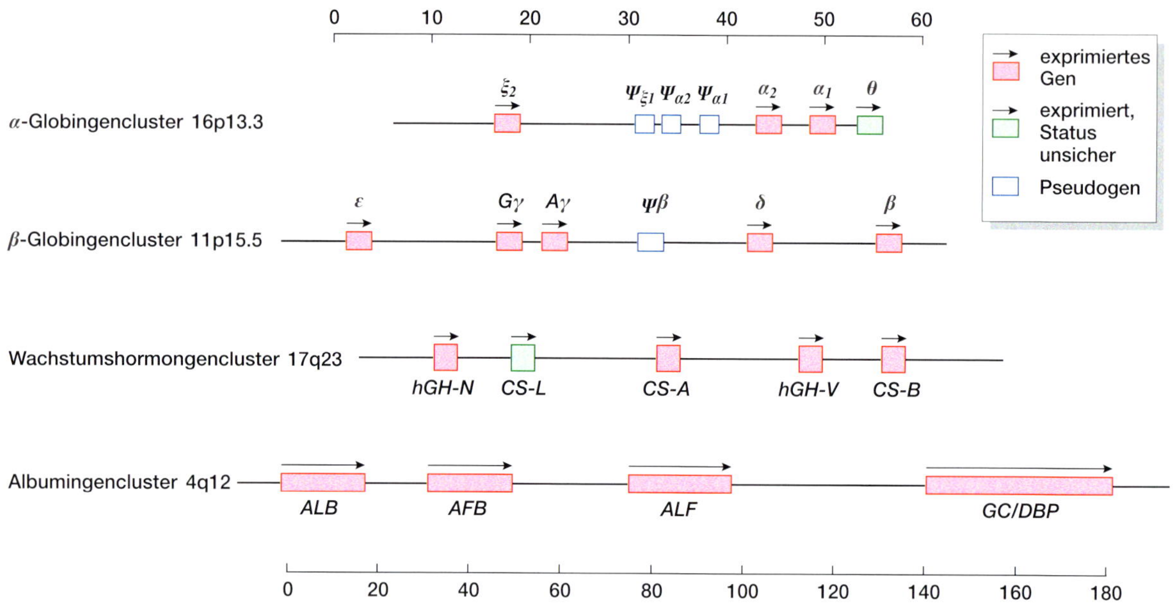

9.11 Beispiele für menschliche Genfamilien, die Cluster bilden. Die Gene in einem Cluster sind eng miteinander verwandt und werden im Allgemeinen von demselben Strang transkribiert. Der funktionelle Status des θ-Globin- und des *CS-L*-Gens ist unklar. Die oben und unten angegebenen Zahlen stehen für Kilobasen.

nur sehr wenige Beispiele (besonders auffällig ist dabei die Familie der Polyubiquitingene), aber einige RNA-Genfamilien (rRNA, U2-snRNA) zeigen diese Organisationsform.

- *Enge Cluster*. Die Gene kommen nur in wenigen tandemartigen Kopien vor. Sie bilden aber einen sehr engen Cluster und werden wahrscheinlich von einer einzigen *Locuskontrollregion* reguliert (ein Beispiel ist der Cluster der α- und β-Globingene in Abbildung 9.11). Die einzelnen Gene weisen normalerweise einen hohen Grad an Sequenz- und Funktionsidentität auf, wobei einige Mitglieder der Familie Pseudogene sein können (Abschnitt 9.3.6).
- *Zusammengesetzte Cluster*. Bei anderen clusterbildenden Genfamilien kann die physikalische Verwandtschaft zwischen den Genen in einem Cluster weniger eng sein, und ein Cluster von verwandten Genen kann auch Gene enthalten, deren Sequenz und Funktion damit nicht verwandt sind. Dann spricht man von einem **zusammengesetzten Gencluster**. So dominiert beispielsweise im HLA-Komplex bei 6p21.3 eine Familie von Genen, die HLA-Klasse-I- und Klasse-II-Antigene und verschiedene Komplementfaktoren des Serums codieren, aber einzelne Vertreter dieser Familie können durch funktionell nichtverwandte Gene getrennt sein, beispielsweise durch Gene der Steroid-21-Hydroxylase-Genfamilie.

Genfamilien, die in mehreren Genclustern organisiert sind

Einige Genfamilien sind in mehreren Clustern organisiert. In einzelnen Fällen können die Cluster auf demselben Chromosom liegen und eng verwandt sein, da vor kurzem eine Duplikation stattgefunden hat, etwa bei den invertierten Clustern, die das *SMN1*- und das *SMN2*-Gen enthalten, das mit der spinal-muskulären Atrophie assoziiert ist (Frugier et al. 2002). Häufiger verteilen sich die Cluster jedoch über zwei oder mehrere Chromosomen. Auffällig sind die unterschiedlichen Organisationsformen. Bei einigen Familien zeigen die Gene in verschiedenen Clustern eine verhältnismäßig große Übereinstimmung, bei anderen eher eine geringere. Ein besonderes Beispiel ist die *Genfamilie der olfaktorischen Rezeptoren (Geruchsrezeptoren)*, die ein vielfältiges Repertoire von Rezeptoren codiert, mit denen der Mensch Tausende verschiedener Gerüche unterscheiden kann. Die über 900 Gene dieser Familie sind in großen Clustern organisiert, die sich auf über 25 Positionen und auf alle Chromosomen verteilen, mit Ausnahme der Chromosomen 20 und Y (Glusman et al. 2001).

Die Sequenzhomologie ist innerhalb eines Clusters im Allgemeinen größer als zwischen den Clustern (das zeigt beispielsweise der Vergleich der Gene im α-Globincluster bei 16p mit den Genen des β-Globinclusters bei 11p – Abbildung 12.4). Vereinzelt kann es

Tabelle 9.10 Beispiele für Multigenfamilien, die Cluster bilden oder verstreut vorkommen

Familie	Kopienzahl	Organisationsstruktur	chromosomale Loci
a) Genfamilien in Clustern			
Genfamilien mit nur einem Cluster			
Wachstumshormongencluster	5	Cluster mit 67 kb; ein konventionelles Pseudogen	17q22-24
α-Globingencluster	7	Cluster mit über 50 kb (Abb. 9.11)	16p13.3
Gene für die schwere Kette von Klasse-I-HLA-Proteinen	~20	Cluster mit über 2 Mb (Abb. 9.12)	6p21.3
Genfamilien mit mehreren Clustern			
HOX-Gene	38	4 Cluster auf 2p, 7, 12, 17 (Abb. 12.9)	
Familie der Histongene	61	mittelgroße Cluster an wenigen Loci; zwei große Cluster auf Chromosom 6	viele
Genfamilie der Geruchsrezeptoren	>900	etwa 25 große Cluster, im ganzen Genom verteilt	viele
b) verstreute Genfamilien			
Pyruvatdehydrogenase	2	ein Gen mit Introns und ein *Retrogen*, das in den Hoden exprimiert wird	Xp22; 4q22-q23
Aldolase	5	drei funktionelle Gene und zwei Pseudogene auf fünf verschiedenen Chromosomen	viele
PAX	9	nur funktionelle Gene	viele
NF1 (Neurofibromatosis Typ I)	>12	ein funktionelles Gen bei 17q; die anderen sind schadhafte, *nichtprozessierte* DNA-Kopien (Abb. 9.13)	viele; vor allem pericentromer
schwere Kette des Ferritin	>15	ein funktionelles Gen auf Chromosom 11; sonst meist *prozessierte* Pseudogene	viele

auch aufgrund einer starken funktionellen Selektion vorkommen, dass die Gene in verschiedenen Clustern mehr miteinander verwandt sind als Gene innerhalb eines einzelnen Clusters, etwa bei den *HOX*-Genen (Abb. 12.9).

Verstreute Genfamilien

Die Gene einiger Familien sind über zwei oder mehr chromosomale Bereiche verstreut. Die Gene an den verschiedenen Positionen besitzen normalerweise relativ unterschiedliche Sequenzen, wenn nicht die Genduplikation erst kurze Zeit zurückliegt oder ein erheblicher Selektionsdruck herrscht, damit die Sequenz konserviert erhalten bleibt. Die Mitglieder der Genfamilie können folgende Ursprünge haben:

- *Verschiedene Genome.* Das ursprüngliche Mitochondriengenom stammt wahrscheinlich von einem aeroben Bakterium ab, wobei zahlreiche der ursprünglichen Bakteriengene in das Kerngenom integriert wurden. Das bedeutet, dass das Kerngenom duplizierte Gene enthält, die *cytoplasmaspezifische* und *mitochondrienspezifische* Isoformen bestimmter Enzyme und anderer wichtiger Proteine des Metabolismus codieren (Tabelle 9.8 enthält einige Beispiele).
- *Frühe Duplikationen von Genen/Genomen.* Genfamilien dieser Art bestehen normalerweise aus nur wenigen Mitgliedern, beispielsweise die *PAX*-Genfamilie. Sie haben sich anscheinend in einem längeren Zeitraum der Evolution durch eine Kombination aus Gen- und/oder Genomduplikation entwickelt. Normalerweise sind viele oder alle Mitglieder funktionsfähig und erkennbare Sequenzhomologien zwischen den Genprodukten beschränken sich möglicherweise auf die Domänen, die für die Funktion entscheidend sind, etwa die Paardomänen der *PAX*-Genprodukte.
- *Retrotranspositionsereignisse.* Einige Genfamilien haben sich nach Maßstäben der Evolution erst vor kurzem durch einen Prozess verbreitet, bei dem von einem Gen oder einer geringen Anzahl Gene eine RNA transkribiert wird, die durch die zelluläre Reverse Transkriptase in *natürliche* cDNA umgeschrieben wird, um dann an anderer Stelle in ein Chromosom integriert zu werden. Die meisten

dieser Kopien sind funktionslos, aber in einigen Genfamilien gibt es ein funktionsfähiges Gen mit Introns und eine funktionsfähige, prozessierte Genkopie (nächster Abschnitt).

9.3.6 In Genfamilien findet man im Allgemeinen Pseudogene, verkürzte Genkopien und Genfragmente

Bei Familien mit proteincodierenden Genen (und auch Familien mit RNA-Genen) treten häufig *schadhafte Kopien* (**Pseudogene**) auf, die im Prinzip die gesamte Sequenz des funktionsfähigen Gens (oder zumindest die codierende Sequenz) enthalten. Außerdem können **verkürzte Kopien** vorkommen, denen das 5'- oder 3'-Ende fehlt, oder **interne Fragmente**, die manchmal sogar nur ein einzelnes Exon umfassen. Es gibt hier eine große Vielfalt verschiedener Klassen. Die folgenden Beispiele sollen die verschiedenen Arten von schadhaften Genen veranschaulichen, die in den verschiedenen Typen von Genfamilien auftreten können.

Nicht prozessierte Pseudogene in einem Gencluster

Einzelne Gencluster enthalten häufig defekte Genkopien, die in der *genomischen DNA* durch tandemartige **Genduplikation** kopiert wurden. Die Kopien können Sequenzen enthalten, die den Exons, Introns und der Promotorregion des funktionsfähigen Gens entsprechen (**nicht prozessierte Pseudogene**). Aufgrund falscher Terminationscodons in Exonsequenzen sind sie jedoch leicht als schadhaft zu erkennen. Die Cluster der α-Globin- und β-Globingene enthalten einige klassische Beispiele.

Verkürzte Gene und interne Genfragmente in einem Gencluster

Die HLA-Klasse-I-Familie bei 6p21.3 ist ein charakteristisches Beispiel für einen Gencluster, für den nicht prozessierte Pseudogene charakteristisch sind, verkürzte Genkopien und Genfragmente. Die Zahl der HLA-Klasse-I-Gene kann auf den beiden Chromosomen 6 unterschiedlich sein. Eine genaue Analyse von einem der Chromosomen ergab, dass 17 Mitglieder der Genfamilie in einem Bereich von 2 Mb einen Cluster bilden. Sie umfassen sechs exprimierte Gene, vier konventionelle Pseudogene mit vollständiger Länge, vier verkürzte Genkopien und zwei kurze interne Genfragmente (Geraghty et al. 1992; Abb. 9.12). Die Genfamilie kann durch tandemartige Genduplikationen entstanden sein, wobei die fragmentierten Genkopien auf *ungleiche Crossing-over* oder einen *ungleichen Austausch von Schwesterchromatiden* zurückzuführen sind (Abschnitt 11.3.2).

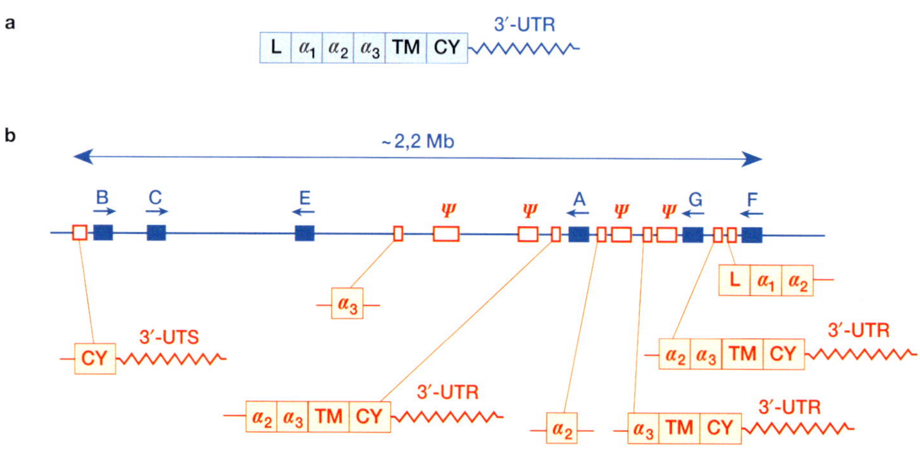

9.12 Genfamilien, die Cluster bilden, enthalten häufig nichtprozessierte Pseudogene und verkürzte Gene oder Genfragmente: Beispiele aus der Klasse-I-HLA-Genfamilie. a) Struktur der mRNA der schweren Kette eines Klasse-I-HLA-Antigens. Die vollständige mRNA enthält eine 3'-untranslatierte Region (3'-UTR), außerdem eine proteincodierende Sequenz; die Kästchen stehen für verschiedene Domänen: L, Leader-Sequenz; α_1, α_2, α_3, extrazelluläre Domänen; TM, Transmembransequenz; CY, cytoplasmatische Domäne. Die drei extrazellulären Domänen α_{1-3} werden jeweils im Prinzip von einem einzigen Exon codiert. Die sehr kurze 5'-UTR ist nicht dargestellt. b) Der Gencluster für die schwere Kette des Klasse-I-HLA-Antigens. Der Cluster liegt bei 6p21.3 und umfasst etwa 20 Gene: sechs exprimierte Gene (blau), vier vollständige nichtprozessierte Pseudogene (Ψ) und eine Reihe von unvollständigen Genkopien (kleine rote Kästchen). Einige davon sind am 5'-Ende verkürzt (beispielsweise das Fragment neben *HLA-B*), einige am 3'-Ende (etwa das Fragment neben *HLA-F*) und einige enthalten nur einzelne Exons (das Fragment neben *HLA-E*).

Nichtprozessierte Pseudogene in einer verstreuten Genfamilie

Sequenzen, die mit dem *NF1*-Gen der Neurofibromatose I oder mit dem *PKD1*-Gen der polyzystischen Nierendegeneration bei Erwachsenen verwandt sind, dienen als zwei anschauliche Beispiele. Die Gene liegen bei 17q11.2 in der Nähe des Centromers *(pericentromer)* beziehungsweise bei 16q13.3 in der Nähe des Telomers *(subtelomer)*. Die pericentromeren Bereiche beim Menschen bestehen im Allgemeinen aus Sequenzen, die in der Evolution erst vor kurzem kopiert wurden. Sie kommen auf mehreren Chromosomen vor. Subtelomere Bereiche sind ebenfalls instabil und neigen zur Duplikation (Eichler 2001, Mefford und Trask 2002). Sie bilden einen maßgeblichen Anteil der primatenspezifischen **Segmentduplikationen**, die über 150 Mb des menschlichen Genoms ausmachen. Andererseits ist die Instabilität offenbar zumindest teilweise chromosomenspezifisch (Bailey et al. 2002; Abschnitt 12.2.5).

Im Fall des *NF1*-Gens verteilen sich mindestens elf nicht prozessierte Pseudogene/Kopien von Genfragmenten (sie enthalten Sequenzen, die sowohl *NF1*-Introns als auch *NF1*-Exons ähneln) auf sieben verschiedene Chromosomen, wobei neun in pericentromeren Bereichen liegen (Regnier et al. 1997, Abb. 9.13). Das *PKD1*-Gen enthält 46 Exons und umfasst insgesamt 50 kb. Eine verkürzte Genkopie, die aus annähernd 70 % des 5'-Teils des Gens besteht (Exon 1 bis 34 und die dazwischen liegenden Introns), wurde mindestens drei Mal genau repliziert und an einer etwas weiter proximal liegenden Position bei 16p13.1 eingefügt. (European Polycystic Kidney Disease Consortium 1994).

Prozessierte Pseudogene in einer verstreuten proteincodierenden Genfamilie

In verstreuten Genfamilien kommen häufig schadhafte Genkopien vor, die die Sequenzen der Exons eines funktionellen Gens enthalten, aber keine Introns, außerdem an einem Ende eine Oligo(dA)/(dT)-Sequenz. Solche **prozessierten Pseudogene** sind *auf Ebene der cDNA* durch Retrotransposition kopiert worden (Abschnitt 9.5.1). Zelluläre Reverse Transkriptasen schreiben mRNA in eine *natürliche* cDNA um, die dann in das Chromosom intergriert werden kann (Abb. 9.14), mit großer Wahrscheinlichkeit unter Beteiligung des LINE-1-Transpositionssystems (Abschnitt 9.5.2). Prozessierte Pseudogene können sich ziemlich stark vermehren. So enthalten

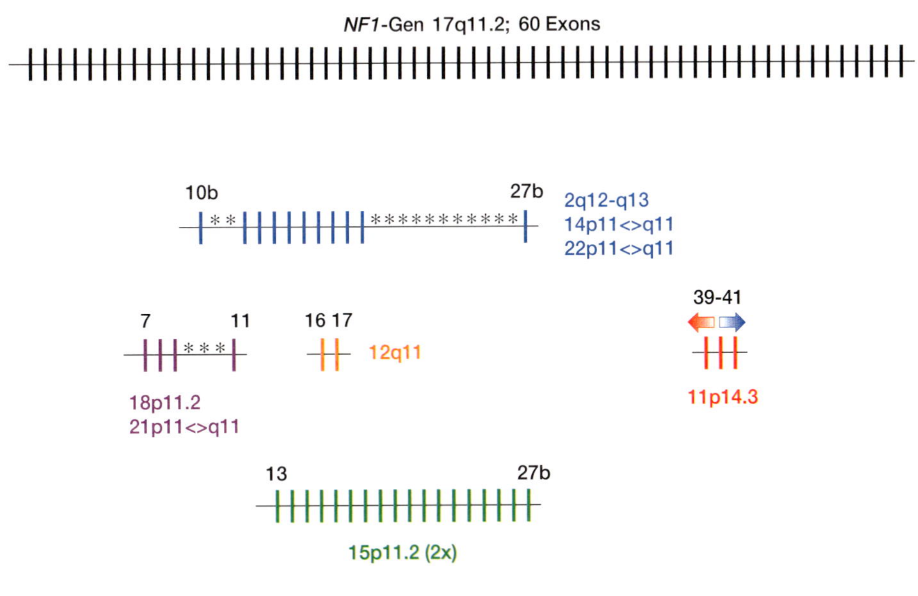

9.13 Verstreute nichtprozessierte Pseudogene, die aus dem pericentromeren *NF1*-Gen (Neurofibromatosis Typ I) hervorgegangen sind. Exons erscheinen als senkrechte Striche. Zur Vereinfachung sind alle Introns des *NF1*-Gens mit gleicher Länge dargestellt. Das *NF1*-Gen enthält 60 Exons, aber die Exons werden nur von 1 bis 49 nummeriert, wobei einige benachbarte Exons dieselbe Nummer mit einem ergänzenden Buchstaben erhalten haben (etwa die Exons 10a, 10b und 10c). An mindestens acht weiteren Loci im Genom, vor allem in pericentromeren Bereichen, liegen Pseudogene, die starke Homologien zum *NF1*-Gen aufweisen. In allen Fällen besteht das Pseudogen aus einer unvollständigen Kopie des Gens, mit nur einigen Exons und dazwischen liegenden Introns. Dabei lassen sich auch Umstrukturierungen der Pseudogene erkennen. In einigen Fällen gingen dadurch Exons und Introns verloren (*). Bei einem Pseudogen kam es zu einer Inversion, sodass eine Kopie von Exon 39 im Verhältnis zu den benachbarten Exonkopien umgedreht wurde. Die Daten wurden freundlicherweise zur Verfügung gestellt von Dr. Nick Thomas und Dr. Meena Upadhyaya, University of Wales College of Medicine.

ten vor allem einfache Wiederholungssequenzen, aber man findet auch Strukturen höherer Ordnung.

Alphoid-DNA und das Heterochromatin in den Centromeren

Andere Arten von Satelliten-DNA-Sequenzen lassen sich nicht so einfach durch eine Dichtegradientenzentrifugation abtrennen. Man konnte sie das erste Mal identifizieren, als man die genomische DNA mit einer Restriktionsendonuclease geschnitten hat, für die es im Allgemeinen in der Wiederholungseinheit eine Erkennungsstelle gibt. Zusätzlich zu dieser Grundeinheit (als Monomer) erzeugen solche Enzyme ein charakteristisches Muster von Multimeren der Einheitslänge, da die Erkennungsstelle in einigen der Grundeinheiten zufällig verloren gegangen ist (Singer 1982). Der größte Teil des Heterochromatins am Centromer besteht aus tandemartigen Wiederholungen einer Grundeinheit von 171 bp (**Alpha-Satelliten-DNA** oder **Alphoid-DNA**). Die starken Unterschiede zwischen einzelnen Vertretern der Alphoid-DNA-Familie führen dazu, dass es auf jedem menschlichen Chromosom spezifische Unterfamilien gibt (Choo et al. 1991).

Die genaue Funktion der Satelliten-DNA ist weiterhin unklar (Csink und Henikoff 1998, Henikoff et al. 2001). Die Centromeren-DNA des menschlichen Chromosoms besteht zu einem großen Teil aus verschiedenen Familien von Satelliten-DNA (Abb. 9.16). Davon kommt jedoch nur die α-Satelliten-DNA auf allen Chromosomen vor, deren Wiederholungseinheit häufig eine Bindungsstelle für CENP-B enthält, ein spezifisches Centromerprotein. Klonierte α-Satelliten-DNA-Folgen können in menschlichen Zellen *de novo* die Bildung von Centromeren auslösen. Das deutet darauf hin, dass die α-Satelliten-DNA bei der Funktion der Centromere eine wichtige Rolle spielt (Grimes und Cook 1998).

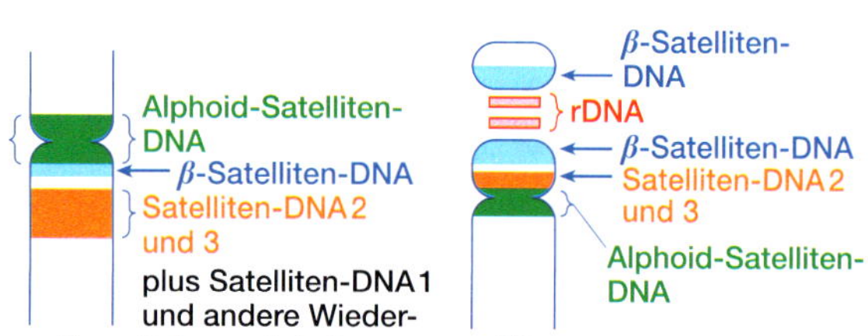

9.16 Die Organisation der Satelliten-DNA an den Centromeren. Dargestellt sind die Loci der verschiedenen Satelliten-DNA-Klassen auf dem Chromosom 9 und dem Chromosom 21, das eines der akrozentrischen autosomalen Chromosomen ist). Zeichnung nach: Tyler-Smith und Willard (1993) *Curr Opin Genet Dev* 3: 390–397.

9.4.2 Minisatelliten-DNA besteht aus mittelgroßen Abfolgen von tandemartigen Wiederholungssequenzen und liegt häufig in der Nähe der Telomere

Minisatelliten-DNA ist ein Sammelbegriff für Abfolgen von tandemartigen Sequenzwiederholungen mittlerer Länge, die über größere Bereiche des Kerngenoms verteilt sind (Tab. 9.14). Wie Satelliten-DNA-Sequenzen, werden sie normalerweise nicht transkribiert (siehe jedoch unten).

Hypervariable Minisatelliten-DNA-Sequenzen sind hochpolymorph und in über 1 000 Abfolgen (jeweils 0,1 bis 20 kb lang) von kurzen tandemartigen Wiederholungen angeordnet (Jeffreys 1987). Die Wiederholungseinheiten in den einzelnen hypervariablen Tandemfolgen zeigen deutliche Längenunterschiede, besitzen jedoch eine gemeinsame Kernsequenz: GGGCAGGAXG (X steht für ein beliebiges Nucleotid). Diese Sequenz besitzt eine ähnliche Länge und einen ähnlichen Gehalt an G-Nucleotiden wie die *chi*-Sequenz, die bei *E. coli* ein allgemeines Rekombinationssignal bildet. Zum einen liegen viele der Abfolgen in der Nähe von Telomeren, andererseits kommen auch mehrere hypervariable Minisatelliten-DNAs in anderen chromosomalen Bereichen vor. Der überwiegende Teil der hypervariablen Minisatelliten-DNA-Sequenzen wird nicht transkribiert, man kennt jedoch vereinzelte Bereiche, die exprimiert werden (beispielsweise den *MUC1*-Locus; Swallow et al. 1987).

Die Bedeutung der hypervariablen Minisatelliten-DNA ist unklar, es gibt aber Befunde, dass es sich um einen *hot spot* für die homologe Rekombination in menschlichen Zellen handelt (Wahls et al. 1990). Diese DNA-Sequenzen haben jedenfalls zahlreiche Anwendungen gefunden. Inzwischen wurden eine Reihe verschiedener Loci charakterisiert, die nun als genetische Marker dienen. Dabei besteht die Einschränkung, dass sie vor allem in der Nähe der Telomere liegen, sodass sie sich für Kopplungsanalysen, die sich über das gesamte Genom erstrecken, nur beschränkt eignen. Eine wichtige Anwendung ist dagegen der *genetische Fingerabdruck*: Eine einzelne DNA-Sonde, die die gemeinsame Kernsequenz enthält, kann mit mehreren Minisatelliten-DNA-Loci auf allen Chromosomen hybridisieren, sodass man ein komplexes, für ein einzelnes Individuum spezifisches Hybridisierungsmuster erhält (Abschnitt 18.7.1).

In den Telomeren, also den Enden der Chromosomen, kommt eine andere wichtige Familie von Minisatelliten-DNA-Sequenzen vor. Der Hauptbestandteil der menschlichen **Telomeren-DNA** sind tandemartige Wiederholungen mit 3–20 kb Länge, die aus Hexanucleotiden als Grundeinheiten bestehen.

Da ist besonders TTAGGG zu nennen, das von der *Telomerase* an die Telomere angehängt wird. Die Telomere wirken wie Puffer, die die Enden der Chromosomen vor Abbau und Verlust schützen, außerdem ermöglichen sie einen Mechanismus, mit dem sich die Enden der linearen DNA der Chromosomen replizieren lassen – diese einfachen Wiederholungseinheiten sind direkter Bestandteil für die Funktion der Telomere (Abb. 2.6; Abschnitt 2.2.5).

9.4.3 Mikrosatelliten-DNA besteht aus kurzen Folgen von einfachen tandemartig wiederholten Sequenzen, die über das gesamte menschliche Genom verstreut sind

Mikrosatelliten-DNA bezeichnet man auch als **einfache Wiederholungseinheiten** (*simple sequence repeats*, **SSR**). Es handelt sich dabei um kurze Folgen von tandemartigen Wiederholungen einer einfachen Sequenz (normalerweise unter 10 bp). Sie sind über das gesamte Genom verstreut und machen über 60 Mb aus (2 % des Genoms). Man nimmt an, dass sie durch eine *Replikationsverschiebung* (Abb. 11.5) entstanden sind. Folgen von Dinucleotidwiederholungen sind am häufigsten und machen etwa 0,5 % des gesamten Genoms aus. Sehr weit verbreitet (1 pro 36 kb) und oftmals hochpolymorph sind CA/TG-Wiederholungen (Abb. 7.7 und 7.8). AT/TA- und AG/CT-Wiederholungen (1 pro 50 kb beziehungsweise 1 pro 125 kb) sind ebenfalls recht häufig, während CG/GC-Wiederholungen sehr selten sind (1 pro 10 Mb), da das CpG-Dinucleotid leicht methyliert und anschließend desaminiert wird (Abschnitt 9.1.3).

Bei den Mononucleotidwiederholungen sind A- und T-Folgen sehr weit verbreitet (einige Beispiel für Sequenzen innerhalb von Genen finden sich in Abbildung 9.19). G- und C-Folgen sind wesentlich seltener. Einzelne Klassen von Trinucleotid- und Tetranucleotidfolgen sind verhältnismäßig selten, erweisen sich aber häufig als hochpolymorph. Sie werden zunehmend untersucht, um auf diese Weise hochpolymorphe Marker zu erhalten. Weitere Informationen sind in den Tabellen 14 und 15 in der Publikation des International Human Genome Project Sequencing Consortium (2001) zu finden.

Die Bedeutung der Mikrosatelliten-DNA ist unbekannt. Wiederholungen von Sequenzen mit abwechselnden Purin- und Pyrimidin-Nucleotiden, etwa CA/TG, können *in vitro* eine andere DNA-Struktur ausbilden, die so genannte Z-DNA. Es gibt jedoch kaum Hinweise darauf, dass das in der Zelle auch der Fall ist. Mikrosatelliten-DNA liegt im Allgemeinen zwischen den Genen oder innerhalb von Introns, aber es gibt auch einige wenige Fälle, in denen sie innerhalb der codierenden Sequenzen eines Gens vorkommt. Dabei handelt es sich häufig um Stellen, die für Mutationen sehr anfällig sind, da es hier leichter zu einer Replikationsverschiebung (*replication slippage*) kommen kann (Abbildung 11.14 zeigt einige Beispiele), außerdem in begrenzten Fällen zu einer instabilen Verlängerung (Abschnitte 11.5.2 und 16.6.4).

9.5 Verstreute repetitive nichtcodierende DNA

9.5.1 Aus Transposons abgeleitete Wiederholungseinheiten machen über 40 % des menschlichen Genoms aus und entstanden größtenteils über RNA-Zwischenstufen

Fast die gesamte verstreute repetitive nichtcodierende DNA im menschlichen Genom stammt aus **transponierbaren Elementen** (**Transposons**). Dies sind bewegliche DNA-Sequenzen, die zu verschiedenen Stellen im Genom wandern können (Smit 1996, Prak und Kazazian 2000). Dieser Klasse kann man also nahezu 45 % des gesamten Genoms zuordnen (International Human Genome Project Sequencing Consortium 2001, Li et al. 2001), aber ein großer Teil der übrigen singulären DNA muss auch aus früheren Kopien von Transposons hervorgegangen sein, die schon zu stark divergiert sind, um das noch erkennen zu lassen. In der Vergangenheit hat man diese DNA häufig als „*junk*" abgetan, findet aber nun zunehmend Hinweise darauf, dass solche Transposons für die Zellen der Säuger von Bedeutung sind (Dennis 2002).

Beim Menschen und bei anderen Säugern gibt es vier Hauptklassen von Transposons, aber nur ein sehr geringer Teil von ihnen führt aktive Transpositionen aus. Entsprechend dem Transpositionsmechanismus kann sie in zwei Gruppen einteilen:

- **Retrotransposons** (die man auch abgekürzt als **Retroposons** bezeichnet) nutzen einen Mechanismus, bei dem durch eine *Reverse Transkriptase* zuerst aus RNA-Transkripten cDNA-Kopien hergestellt werden, ähnlich wie bei der Entstehung von prozessierten Pseudogenen und Retrogenen (Abschnitt 9.3.6). Die **replikative Transposition** (**Kopiertransposition**) bewirkt, dass von einer bestehenden Sequenz eine Kopie hergestellt wird, die dann wandert und sich an anderer Stelle in das Genom integriert. Zu dieser Gruppe gehören drei Transposonklassen der Säuger: LINEs (*long interspersed nuclear elements*), SINEs (*short interspersed nuclear elements*) und Retrovirus-ähnliche

Elemente mit langen terminalen Wiederholungssequenzen.

- **DNA-Transposons.** Vertreter dieser vierten Klasse von Transposons wandern durch eine **konservative Transposition.** Die Sequenz wird nicht kopiert, sondern herausgeschnitten und an anderer Stelle wieder in das Genom eingefügt (*cut and paste*-Mechanismus).

Entsprechend ihrer Fähigkeit oder Unfähigkeit, unabhängig springen zu können, bezeichnet man transponierbare Elemente als *autonom* oder *nichtautonom* (Abb. 9.17). LINEs und SINEs werden, als die wichtigsten der vier Klassen von transponierbaren Elementen, ausführlicher in den Abschnitten 9.5.2 beziehungsweise 9.5.3 beschrieben, die anderen in den beiden folgenden kurzen Abschnitten:

LTR-Transposons beim Menschen

Zu den **LTR-Transposons** zählen autonome und nichtautonome Retrovirus-ähnliche Elemente, die von **LTR**-Sequenzen (*long terminal* (*direct*) *repeats*) flankiert werden. Diese enthalten die für die Transkription notwendigen regulatorischen Elemente. Die *autonomen* Elemente bezeichnet man als **endogene retrovirale Sequenzen (ERV)**; sie enthalten die Gene ***gag*** und ***pol***, die eine Protease, eine Reverse Transkriptase, eine RNase H und eine Integrase codieren. Es gibt vier Hauptklassen von menschlichen ERV (HERV), die zusammen etwa 4,6% des gesamten menschlichen Genoms ausmachen (Tab. 9.15). Sehr viele davon sind schadhaft, und es kam im Verlauf der letzten mehreren Millionen Jahre nur außerordentlich selten zu einer Transposition. Die sehr kleine HERV-K-Gruppe zeigt jedoch eine Konservierung von intakten retroviralen Genen (Lower et al. 1996), und einige Vertreter der HERV-K10-Unterfamilie haben in der Evolution vor relativ kurzer Zeit eine Transposition durchgeführt. *Nichtautonomen* retroviralen Elementen fehlt das *pol*-Gen und häufig auch das *gag*-Gen (die innere Sequenz ging durch eine homologe Rekombination zwischen den flankierenden LTR-Sequenzen verloren). Diese Elemente bilden die MaLR-Familie; sie machen etwa 4% des Gesamtgenoms aus (Tab. 9.15).

Fossile DNA-Transposons beim Menschen

DNA-Transposons, die etwa 3% des menschlichen Genoms ausmachen, besitzen an ihren Enden *umgekehrte* Sequenzwiederholungen und codieren außerdem eine **Transposase**, die die Transposition reguliert. Sie lassen sich in verschiedene Klassen einteilen, die man wiederum in zahlreiche Familien mit unabhängigem Ursprung weiter untergliedern kann (Smit 1996, RepBase-Datenbank für Wiederholungssequenzen unter http://www.girinst.org). Beim Menschen gibt es die zwei Hauptfamilien MER-1 und MER-2 sowie eine Reihe von weniger häufigen Familien (Tab. 9.15). Praktisch alle der beim Menschen vorkommenden Transposonsequenzen sind nicht mehr aktiv, stellen also *fossile Transposons* dar. DNA-Transposons besitzen in einer Spezies, anders als einige andere transponierbare Elemente wie etwa LINEs (Abschnitt 9.5.2), tendenziell eine kürzere Lebensdauer. Einige wenige funktionelle Gene des Menschen sind aber offenbar aus DNA-Transposons hervorgegangen, vor allem die Gene für die Rekombinasen RAG1 und RAG2 und für das wichtigste centromerbindende Protein CENP-B (Jurka, Kapitonow 1999, Smit 1999, International Human Genome Project Sequencing Consortium 2001).

Tabelle 9.15 Wichtige Klassen und Familien von verstreuter repetitiver DNA im menschlichen Genom (ohne Y-Chromosom)

DNA-Klasse	Familie	Kopienzahl	Anteil am Genom (%)
SINE	*Alu*-Familie	~1200000	10,7
	MIR	~450000	2,5
	MIR3	~85000	0,4
LINE	LINE-1-Familie	~600000	17,3
	LINE-2-Familie	~370000	3,3
	LINE-3-Familie	~44000	0,3
LTR-Elemente	ERV-Familien	~240000	4,7
	MaLR	~285000	3,8
DNA-Transposons	MER-1 (Charlie)	~213000	1,4
	MER-2 (Tigger)	~68000	1,0
	andere	~60000	0,4

Daten aus: International Human Genome Project Sequencing Consortium (2001); Mouse Genome Sequencing Consortium (2002)

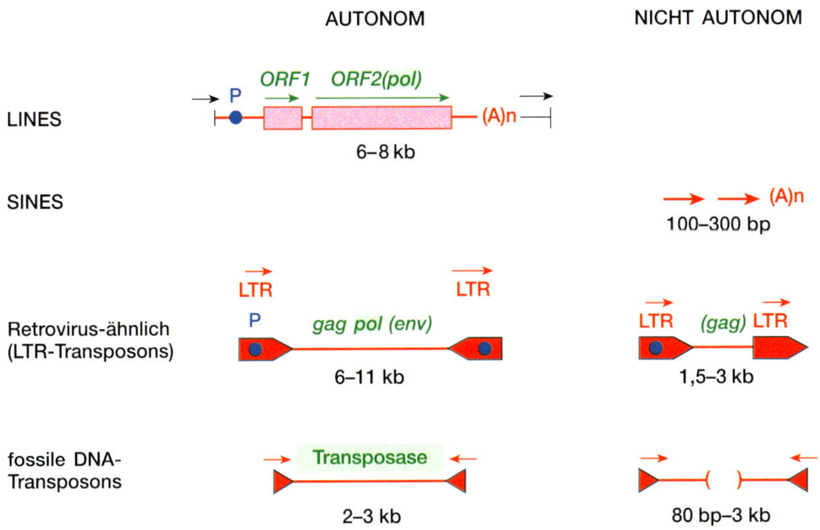

9.17 Transposonfamilien der Säuger. Nur ein geringer Teil der Mitglieder der hier dargestellten Sequenzfamilien kann überhaupt noch eine Transposition durchführen, viele tragen jetzt inaktivierende Mutationen, andere sind verkürzte Kopien. Die Abbildungen 9.18 und 9.19 zeigen einige typische Strukturen von menschlichen transponierbaren Elementen. Verändert nach: International Human Genome Project Sequencing Consortium (2001) *Nature* 409: 860–921, mit Genehmigung der Nature Publishing Group.

9.5.2 Einige LINE-1-Elemente des Menschen transponieren aktiv und ermöglichen die Transposition von SINE-Elementen, prozessierten Pseudogenen und Retrogenen

LINE-Sequenzen sind sehr erfolgreiche transponierbare Elemente mit einer langen Geschichte in der Evolution. Als autonom transponierbare Elemente codieren sie alle notwendigen Produkte für eine Retrotransposition, etwa die essenzielle Reverse Transkriptase. Menschliche LINE-Sequenzen bilden drei entfernt verwandte Familien: LINE-1 (L1), LINE-2 und LINE-3, die zusammen etwa 20% des Genoms ausmachen (Tab. 9.15). Sie liegen vor allem in den Bereichen des Euchromatins, und zwar bevorzugt in den dunklen, AT-reichen (Giemsa-positiven) G-Banden von Metaphasechromosomen (Korenberg und Rykowski 1988). Von den drei menschlichen Familien ist LINE-1 (L1) die einzige, in der noch aktive Transpositionen stattfinden. Sie ist auch die größte und macht etwa 17% des Genoms aus. LINE-1 ist das wichtigste transposable Element beim Menschen; es kommt auch bei anderen Spezies vor, etwa bei Mäusen (Ostertag und Kazazian 2001).

Das vollständige **LINE-1(L1)-Element** ist etwa 6,1 kb lang und codiert zwei Proteine: ein RNA-bindendes Protein sowie ein Protein, das eine Endonuclease- und eine Reverse Transkriptase-Aktivität enthält (Abb. 9.18a). Ungewöhnlich ist der *interne Promotor* in der 5'-UTR. Somit enthalten Kopien des vollständigen Transkripts ihren eigenen Promotor, der nach Integration in einen geeigneten Genombereich benutzt werden kann. Nach der Translation lagert sich die LINE-1-RNA mit den von ihr codierten Proteinen zusammen und wandert zum Zellkern. Die Endonuclease schneidet einen der beiden DNA-Stränge und erzeugt eine freie 3'-OH-Gruppe, die als Primer für eine reverse Transkription dient, die am 3'-Ende der LINE-RNA beginnt. Die bevorzugte Schnittstelle der Endonuclease ist die Sequenz TTTT↓A, da das Element normalerweise in eine AT-reiche Region integriert wird. Da AT-reiche DNA-Regionen nur wenige Gene enthalten, verursachen die LINE-Transpositionen eine geringere Belastung durch Mutationen und erleichtern es dem Wirt, sich an sie zu gewöhnen.

Bei der Integration setzt sich die reverse Transkription häufig nicht bis zum 5'-Ende fort, sodass das eingefügte DNA-Fragment verkürzt und funktionslos ist. Dementsprechend sind die meisten Wiederholungseinheiten, die auf LINE-Sequenzen zurückzuführen sind, kurz, mit einer mittleren Größe von 900 bp für alle LINE-1-Kopien. Dabei besitzen nur 100 Kopien die vollständige Länge. Die meisten reversen Transkriptionen im Genom gehen auf das LINE-1-System zurück, so auch die Retrotranspositionen der nichtautonomen SINE-Sequenzen und die Erzeugung von prozessierten Pseudogenen und Retrogenen (Esnault et al. 2000, Abschnitt 9.3.6). Von den etwa 6 000 vollständigen LINE-1-Sequenzen können noch etwa 60–100 eine Transposition durchführen; gele-

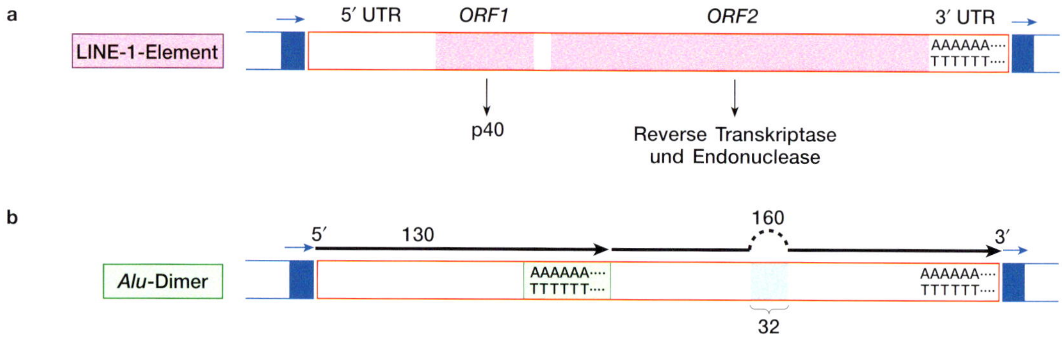

9.18 Die LINE-1- und *Alu*-Wiederholungselemente des Menschen. a) Das LINE-1-Element. Das 6,1 kb lange LINE-1(L1)-Element enthält zwei offene Leseraster (*ORF*): *ORF1* ist 1 kb lang und codiert ein RNA-bindendes Protein, ORF2 umfasst 4 kb und codiert ein Protein, das sowohl die Aktivität einer Endonuclease als auch einer Reversen Transkriptase enthält. In einer nichttranslatierten DNA-Region (5'-UTR) vor dem *ORF1* liegt ein interner Promotor. Am anderen Ende befindet sich eine $(A)_n/(T)_n$-Sequenz, die man häufig als 3'-Poly(A)-Schwanz bezeichnet. Die LINE-1-Endonuclease schneidet (↓) bevorzugt in der Sequenz TTTT↓A einen Strang einer DNA-Doppelhelix, die Reverse Transkriptase benutzt dann das freie 3'-OH-Ende, um mit der cDNA-Synthese zu beginnen. Neue Insertionsstellen werden von der kurzen duplizierten Zielsequenz flankiert (jeweils 7–20 bp). b) Die *Alu*-Wiederholung. Dargestellt ist die Consensussequenz des normalen *Alu*-Dimers mit zwei ähnlichen Wiederholungseinheiten, die mit einer $(A)_n/(T)_n$-ähnlichen Sequenz enden. Sie sind unterschiedlich lang, da sich in der längeren Wiederholungseinheit ein Sequenzelement von 32 bp befindet. Es gibt im menschlichen Genom auch *Alu*-Monomere sowie verschiedene verkürzte Kopien von Monomeren und Dimeren.

gentlich entstehen dadurch auch Krankheiten, wenn aufgrund der Insertion in eine wichtige konservierte Sequenz eine Genfunktion zerstört wird (Abschnitt 11.5.6).

9.5.3 *Alu*-Wiederholungen kommen im menschlichen Genom alle drei Kilobasen mehr als einmal vor und unterliegen möglicherweise einer positiven Selektion

SINE-Sequenzen (*short interspersed nuclear elements*) sind etwa 100–400 bp lang und waren bei der „Besiedelung" der Genome von Säugern sehr erfolgreich, wobei eine Reihe von Familien mit hohen Kopienzahlen entstand. Einige menschliche SINE-Sequenzen sind primatenspezifisch, beispielsweise die *Alu*-Familie. Andere wiederum sind nicht auf die Primaten beschränkt, sie kommen auch bei den Beuteltieren (Marsupialia) und den Kloakentieren (Monotremata) vor. Deshalb bezeichnet man sie als MIR-Familien (*mammalian-wide interspersed repeat*) (Tab. 9.15). SINE-Sequenzen codieren keine Proteine und sind auch nicht autonom. Die 3'-Sequenzen der LINE- und SINE-Elemente stimmen überein. Außerdem können SINE-Sequenzen durch angrenzende LINE-Partner mobilisiert werden (Kajikawa und Okada 2002). Die hohen Kopienzahlen erzielen die SINE-Elemente durch die parasitäre Nutzung des LINE-Transpositionssystems.

Die SINE-Sequenzen der Säuger gehen in vielen Fällen auf Kopien von tRNAs oder der SRP(7SL)-RNA zurück. Letzteres trifft zu auf die ***Alu*-Wiederholung** (Ullu und Tschudi 1984) und die **B1-Wiederholung** der Maus zu (Abschnitt 12.4.1). Die Gene, die tRNAs und die SRP(7SL)-RNA codieren, werden von der RNA-Polymerase III transkribiert und enthalten außerdem ungewöhnlicherweise *interne Promotoren* (Abb. 10.4). Der interne Polymerase-III-Promotor der *Alu*-Sequenzen ist jedoch für eine aktive Transkription *in vivo* wenig effektiv, für seine Aktivierung sind flankierende Sequenzen erforderlich. Nach der Integration ist also eine neu transponierte *Alu*-Kopie inaktiv, wenn sie nicht zufällig in einer Region landet, die den Promotor aktiviert.

Die *Alu*-Widerholung ist die häufigste Sequenz im gesamten menschlichen Genom, sie kommt im Durchschnitt alle drei Kilobasen mehr als einmal vor (International Human Genome Project Sequencing Consortium 2001, Li et al. 2001). Es gibt eine Reihe von *Alu*-Unterfamilien, die in der Evolution unterschiedlich alt sind und ungefähr in den letzten fünf Millionen Jahren, seit der Trennung des Menschen von den afrikanischen Affen, nur etwa 5 000 Kopien im Genom hervorgebracht haben (Batzer und Deininger 2002). Die vollständige *Alu*-Wiederholung ist etwa 280 bp lang und besteht aus zwei tandemartig angeordneten Grundeinheiten von 120 bp Länge, an die sich eine kurze weitere Sequenz anschließt. Diese enthält in einem Strang einen hohen A-Anteil, im komplementären Strang einen hohen T-Anteil. Die *Alu*-Grundeinheiten sind asymmetrisch: Die eine ent-

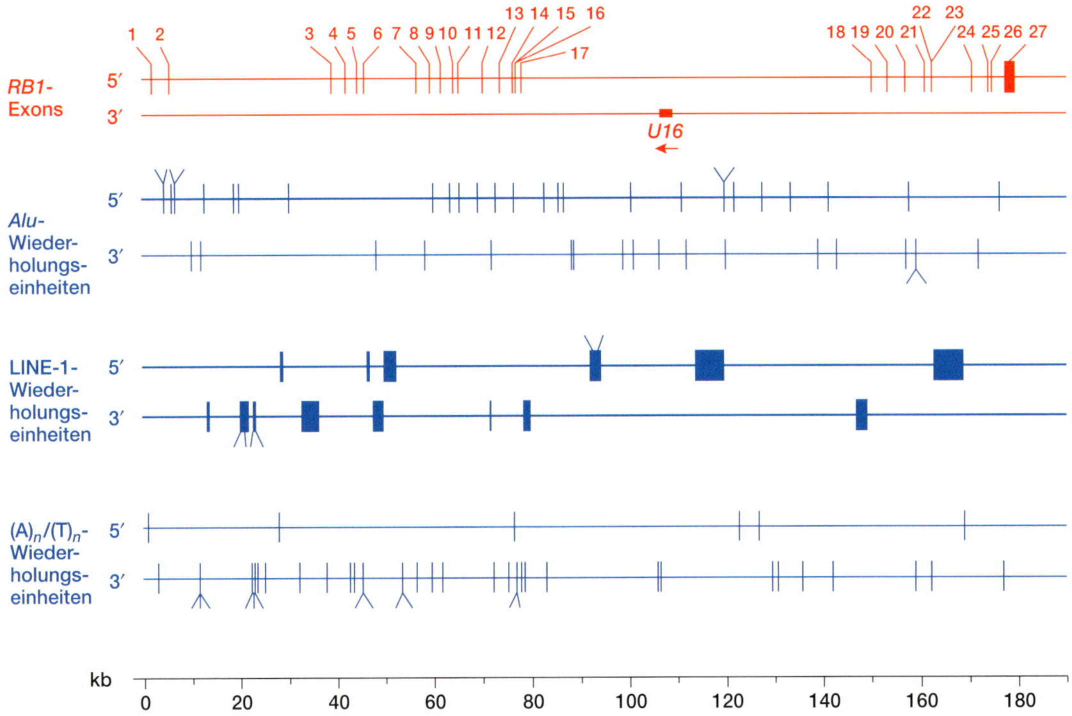

9.19 Lokalisierung von *Alu*-, LINE-1- und $(A)_n/(T)_n$-Wiederholungseinheiten im *RB1*(*retinoblastoma susceptibility*)-Gen. Das Intron 17 mit einer Länge von 72 kb enthält ein Gen für den G-Protein-gekoppelten Rezeptor (*U16*), das in der entgegengesetzten Richtung wie das *RB1*-Gen aktiv transkribiert wird. Die obere Linie (5'→3') eines jeden Paares zeigt die Wiederholungselemente in der Orientierung des *RB1*-Sinnstranges. Die untere Linie (3'→5') zeigt die Antisense-Orientierung. Die 46 *Alu*-Wiederholungseinheiten und die 17 LINE-1-Elemente liegen innerhalb von Introns. Einige dieser Sequenzen bilden dichte Cluster (was durch auseinanderlaufende Linien angedeutet ist). Nur zwei der LINE-1-Elemente besitzen annähernd die vollständige Länge von 6,1 kb. Eingezeichnet sind nur die $(A)_n/(T)_n$-Sequenzen ($n \geq 12$), die außerhalb der verstreuten Wiederholungseinheiten liegen. $(C)_n/(G)_n$-Sequenzen mit $n \geq 12$ kommen nicht vor. Nach: Toguchida et al (1993) *Genomics* 17, 535–543.

hält eine interne Sequenz von 32 bp, die in der anderen fehlt (Abb. 9.18b). Monomere, die nur eine der beiden Grundeinheiten enthalten, sowie verschiedene verkürzte Versionen von Dimeren und Monomeren kommen ebenfalls häufig vor, sodass die Durchschnittslänge der *Alu*-Sequenz 230 bp beträgt.

Alu-Wiederholungen haben einen relativ hohen GC-Gehalt und kommen auch vorherrschend in GC-reichen *R-Banden der Chromosomen* vor, die zahlreiche Gene enthalten. Das unterscheidet *Alu*-Wiederholungen von den LINE-Sequenzen, die vor allem in AT-reicher DNA vorkommen (Korenberg und Rykowski 1988). Wenn *Alu*-Sequenzen innerhalb von Genen liegen, beschränken sie sich wie LINE-1-Elemente auf die Introns und die nichttranslatierten Bereiche (Abb. 9.19). Obwohl *Alu*-Wiederholungen verstärkt in GC-reicher DNA vorkommen, zeigen sie bei *neuen Transpositionen* die Tendenz, sich in AT-reiche DNA zu integrieren, die der Ziel-DNA von LINE-Elementen ähnelt. Je älter eine *Alu*-Wiederholung ist, um so größer ist die Wahrscheinlichkeit, dass sie sich in einer GC-reichen DNA-Region befindet (International Human Genome Project Sequencing Consortium 2001).

Diese Verschiebung der Gesamtverteilung von *Alu*-Sequenzen zu GC-reichen Regionen (die viele Gene enthalten), muss die Folge eines starken Selektionsdruckes sein. Das deutet darauf hin, dass *Alu*-Wiederholungen nicht nur Genomparasiten sind, sondern den Zellen nützen, in denen sie sich befinden. Einige *Alu*-Sequenzen werden aktiv transkribiert und wurden demnach möglicherweise mit einer sinnvollen Funktion ausgestattet. Das *BCYRN1*-Gen, das die kurze, cytoplasmatische BC200-RNA codiert, ging aus einem *Alu*-Monomer hervor. Sie gehört zu den wenigen *Alu*-Sequenzen, die unter *normalen* Bedingungen aktiv transkribiert werden (Martignetti und Brosius 1993). Bei vielen Spezies werden SINE-Sequenzen unter Stressbedingungen transkribiert. Die entstehenden RNAs binden an eine spezifische Proteinkinase (PKR), die sie blockieren, sodass die Kinase die Proteintranslation nicht mehr hemmen kann. SINE-RNAs stimulieren unter Stress die Proteintranslation. Eine mögliche allgemeine Funktion von SINE-Sequenzen (Schmid 1998) besteht also darin, die Proteintranslation zu regulieren (SINE-RNA kann von Tausenden von Elementen schnell in großen Mengen transkribiert werden und wirkt ohne die Translation eines Proteins).

Weiterführende Literatur

Human Genome *Nature* Issue (15. Februar 2001). *Nature* 409: 813–958 (Publikationen sind digital abrufbar über das Nature Genome-Portal unter http://www.nature.com/genomics/human/)

Human Genome *Science* Issue (16. Februar 2001). *Science* 291, 1177–1351 (Publikationen sind digital abrufbar unter http://www.sciencemag.org/content/vol29l/issue5507/index.shtml)

InterPro-Datenbank für Proteomanalysen unter http://www.ebi. ac.uk/proteome/

MITOMAP-Datenbank für das menschliche Mitochondriengenom unter http://www.mitomap.org

Mouse Genome *Nature* Issue (5. Dezember 2002). *Nature* 420, 447–590 (Publikationen sind digital abrufbar über das Nature Genome-Portal unter http://www.nature.com/nature/mousegenome/index.html)

NCBI-Wegweiser für Online-Informationsquellen über das menschliche Genom unter http://www.ncbi.nlm.nih.gov/genome/guide/human/

Datenbank für nichttranslatierte RNAs unter http://biobases.ibch/poznan.pl/ncRNA/

Pfam-Datenbank für Proteindomänenfamilien unter http://www.sanger. ac.uk/Software/Pfam

Datenbanken für Wiederholungssequenzen unter http://www.girinst.org

Zitierte Literatur

Adachi N, Lieber MR (2002) Bidirectional gene organization: a common architectural feature of the human genome. *Cell* 109: 807–809.

Ambros V (2001) microRNAs: tiny regulators with great potential. *Cell* 107: 823–826.

Anderson S, Bankier AT, Barrell BG et al. (1981) Sequence and organization of the human mitochondrial genome. *Nature* 290: 457–465.

Bailey JA, Gu Z, Clark RA et al. (2002) Recent segmental duplications in the human genome. *Science* 297: 1003–1007.

Batzer MA, Deininger PL (2002) Alu repeats and human genetic diversity. *Nature Rev Genet* 3: 370–378.

C. elegans sequencing consortium (1998) Genome sequence of the nematode C. elegans: a platform for investigating biology. *Science* 282: 2012–2018.

Castillo-Davis CI, Mekhedov SL, Hard DL, Koonin EV, Kondrashov FA (2002) Selection for short introns in highly expressed genes. *Nature Genet* 31: 415–418.

Choo KH, Vissel B, Nagy A, Earle E, Kalitsis P (1991) A survey of the genomic distribution of alpha satellite DNA on all the human chromosomes, and derivation of a new consensus sequence. *Nucl Acids Res* 19: 1179–1182.

Claverie JM (2001) Gene number. What if there are only 30,000 human genes? *Science* 291: 1255–1257.

Clayton DA (1992) Transcription and replication of animal mitochondrial DNAs. *Int Rev Cytol* 141: 217–232.

Collins JE, Goward ME, Cole CG et al. (2003) Reevaluating human gene annotation: a second-generation analysis of chromosome 22. *Genome Res* 13: 27–36.

Craig JM, Bickmore WA (1994) The distribution of CpG islands in mammalian chromosomes. *Nature Genet* 7: 376–381.

Csink AK, Henikoff S (1998) Something from nothing: the evolution and utility of satellite repeats. *Trends Genet* 14: 200–204.

Dennis C (2002) A forage in the junkyard. *Nature* 420: 458–459.

Dermitzakis ET, Raymond A, Lyle R et al. (2002) Numerous potentially functional but non-genic conserved sequences on human chromosome 21. *Nature* 420: 578–582.

Eddy SR (2001) Noncoding RNA genes and the modern RNA world. *Nature Rev Genet* 2: 919–929.

Eichler EE (2001) Recent duplication, domain accretion and the dynamic mutation of the human genome. *Trends Genet* 17: 661–669.

Esnault C, Maestre J, Heidmann T (2000). Human LINE retrotransposons generate processed pseudogenes. *Nature Genet* 24: 363–367

European Polycystic Kidney Disease Consortium (1994) The polycystic kidney disease I gene encodes a 14 kb transcript and lies within a duplicated region on chromosome 16. *Cell* 77: 881–894.

FANTOM Consortium and the RIKEN Genome Exploration Research Group Phase I & II Team (2002) Analysis of the mouse transcriptome based on functional annotation of 60: 770 full-length cDNAs. *Nature* 420: 563–573.

Filipowicz W (2000) Imprinted expression of small nucleolar RNAs in brain: time for RNomics. *Proc Nat Acad Sci USA* 97: 14035–14037.

Frugier T, Nicole S, Cifuentes-Diaz C, Melki J (2002) The molecular bases of spinal muscular atrophy. *Curr Opin Genet Dev* 12: 294–298.

Geraghty DE, Koller BH, Pei J, Hansen JA (1992) Examination of four HLA class I pseudogenes. Common events in the evolution of HLA genes and pseudogenes. *J Immunol* 149: 1947–1956.

Gottesman S (2002) Stealth regulation: biological circuits with small RNA switches. *Genes Dev* 16: 2829–2842.

Glusman G, Yanai I, Rubin I, Lancet D (2001) The complete human olfactory subgenome. *Genome Res* 11: 685–702.

Gray TA, Saitoh S, Nicholls RD (1999) An imprinted mammalian bicistronic transcript encodes two independent proteins. *Proc Natl Acad Sci USA* 96: 5616–5621.

Grimes B, Cooke H (1998) Engineering mammalian chromosomes. *Hum Mol Genet* 7: 1635–1640.

Harrison PM, Hegyi H, Balasubramanian S et al. (2002) Molecular fossils in the human genome: identification and analysis of the pseudogenes in chromosomes 21 and 22. *Genome Res* 12: 272–280.

Henikoff S, Ahmad K, Malik HS (2001) The centromere paradox: stable inheritance with rapidly evolving DNA. *Science* 293: 1098–1102.

Huttenhofer A, Brosius J, Bachellerie JP (2002) RNomics: identification and function of small, non messenger RNAs. *Curr Opin Chem Bio* 6: 835–843.

International Human Genome Sequencing Consortium (2001) Initial sequencing and analysis of the human genome. *Nature* 409: 860–921.

Jeffreys AJ (1987) Highly variable minisatellites and DNA fingerprints. *Biochem Soc Trans* 15: 309–317.

Jurka J, Kapitonov VV (1999) Sectorial mutagenesis by transposable elements. *Genetica* 107: 239–248.

Kajikawa M, Okada N (2002) LINEs mobilize SINEs in the eel through a shared 3' sequence. *Cell* 111: 433–444.

Kapranov R, Cawley SE, Drenkow J et al. (2002) Large-scale transcriptional activity in chromosomes 21 and 22. *Science* 296: 916–919.

Korenberg JR, Rykowski MC (1988) Human genome organization: Alu, lines, and the molecular structure of metaphase chromosome bands. *Cell* 53: 391–400.

Lagos-Quintana M, Rauhut R, Lendeckel W, Tuschl T (2001) Identification of novel genes coding for small expressed RNAs. *Science* 294: 853–858.

Lagos-Quintana M, Rauhut R, Yalcin A, Meyer J, Lendeckel W, Tuschl T (2002) Identification of tissue-specific microRNAs from mouse. *Curr Biol* 12: 735–739.

Lanz RB, McKenna NJ, Onate SA etal. (1999) A steroid receptor coactivator, SRA, functions as an RNA and is present in an SRC-1 complex. *Cell* 97: 17–27.

Lehner B, Williams G, Campbell RD, Sanderson CM (2002) Antisense transcripts in the human genome. *Trends Genet* 18: 63–65.

Li W-H, Gu Z, Wang H, Nekrutenko A (2001) Evolutionary analyses of the human genome. *Nature* 409: 847–849.

Locascio A, Vega S, de Frutos CA, Manzanares M, Nieto MA (2002) Biological potential of a functional human SNAIL retrogene. *J Biol Chem* 277: 38803–38809.

Lower R, Lower J, Kurth R (1996) The viruses in all of us: characteristics and biological significance of human endogenous retrovirus sequences. *Proc Natl Acad Sci USA* 93: 5177–5184.

Maniatis T, Tasic B (2002) Alternative pre-mRNA splicing and proteome expansion in metazoans. *Nature* 418: 236–243.

Martignetti JA, Brosius J (1993) BC200 RNA: a neural RNA polymerase III product encoded by a monomeric Alu element. *Proc Natl Acad Sci USA* 90: 11563–11567.

Mefford HC, Trask BJ (2002) The complex structure and dynamic evolution of human subtelomeres. *Nature Rev Genet* 3: 91–102.

Mourelatos Z, Dostie J, Paushkin S et al. (2002) miRNPs: a novel class of ribonucleoproteins containing numerous microRNAs. *Genes Dev* 16: 720–728.

Mouse Genome Sequencing Consortium (2002) Initial sequencing and comparative analysis of the mouse genome. *Nature* 420: 520–562.

Nei M, Rogozin IB, Piontkivska H (2000) Purifying selection and birth-and-death evolution in the ubiquitin gene family. *Proc Natl Acad Sci USA* 97: 10866–10871.

Nissen R, Hansen J, Ban N, Moore PB, Steitz TA (2000) The structural basis of ribosome activity in peptide bond synthesis. *Science* 289: 920–930.

Ostertag EM, Kazazian HH Jr (2001) Biology of mammalian Ll retrotransposons. *Annu Rev Genet* 35: 501–538.

Prak EL, Kazazian HH Jr (2000) Mobile elements and the human genome. *Nature Rev Genet* 1: 134–144.

Regnier V, Meddeb M, Lecointre G et al. (1997) Emergence and scattering of multiple neurofibromatosis (NFl)- related sequences during hominoid evolution suggest a process of pericentromeric interchromosomal transposition. *Hum Mol Genet* 6: 9–16.

Schmid CW (1998) Does SINE evolution preclude Alu function? *Nucl Acids Res* 26: 4541–4550.

Schmid SR, Linder P (1992) D-E-A-D protein family of putative RNA helicases. *Mol Microbiol* 6: 283–291.

Singer MF (1982) Highly repeated sequences in mammalian genomes. *Int Rev Cytol* 76: 67–112.

Smit AF (1996) The origin of interspersed repeats in the human genome. *Curr Opin Genet Dev* 6: 743–748.

Smit AF (1999) Interspersed repeats and other mementos of transposable elements in mammalian genomes. *Curr Opin Genet Dev* 9: 657–663.

Smith CM, Steitz JA (1997) Sno storm in the nucleolus: new roles for myriad small RNPs. *Cell* 89: 669–672.

Smith TF Gaitatzes C, Saxena K, Neer EJ (1999) TheWD-repeat: a common architecture for diverse functions. *Trends Biochem Sci* 24: 181–184.

Storz G (2002) An expanding universe of noncoding RNAs. *Science* 296: 1260–1263.

Swallow DM, Gendler S, Griffiths B, Corney G, Thylor-Papadimitriou J, Bramwell ME (1987) The human tumour-associated epithelial mucins are coded by an expressed hypervariable gene locus PUM. *Nature* 328: 82–84.

Tennyson CN, Klamut HJ, Worton RG (1995) The human dystrophin gene requires 16 hours to be transcribed and is co-transcriptionally spliced. *Nature Genet* 9: 184–190.

Toguchida J, McGee TL, Paterson JC, Eagle JR, Tucker S, Yandell DW, Dryja TP (1993) Complete genomic sequence of the human retinoblastoma susceptibility gene. *Genomics* 17: 535–543.

Tycowski KT, Shu M-D, Steitz JA (1993) A small nucleolar RNA is processed from an intron of the human gene encoding ribosomal protein S3. *Genes Dev* 7: 1176–1190.

Tyler-Smith C, Willard HF (1993) Mammalian chromosome structure. *Curr Opin Genet Dev* 3: 390–397.

Ullu E, Tschudi C (1984) Alu sequences are processed 7SL RNA genes. *Nature* 312: 171–172.

Valadkhan S, Manley JL (2001) Splicing-related catalysis by protein-free snRNAs. *Nature* 413: 701–707.

Venter JC, Adams MD, Myers EW et al. (2001) The sequence of the human genome. *Science* 291: 1304–1351.

Wahls WP, Wallace LJ, Moore PD (1990) Hypervariable minisatellite DNA is a hotspot for homologous recombination in human cells. *Cell* 60: 95–103.

Yang Z, Zhu Q, Luo K, Zhou Q (2001) The 7SK small nuclear RNA inhibits the CDK9/cyclin T1 kinase to control transcription. *Nature* 414: 317–322.

Young JM, Friedman C, Williams EM, Ross JA, Tonnes-Priddy L, Trask BJ (2002) Different evolutionary processes shaped the mouse and human olfactory receptor gene families. *Hum Mol Genet* 11: 535–546.

Zhang MQ (1998) Statistical features of human exons and their flanking regions. *Hum Mol Genet* 7: 919–932.
Zhang MQ (2002) Computational prediction of eukaryotic protein-coding genes. *Nature Rev Genet* 3: 698–709.
Zhang Z, Harrison P, Gerstein M (2002) Identification and analysis of over 2000 ribosomal protein pseudogenes in the human genome. *Genome Res* 12: 1466–1482.

10. Die Expression menschlicher Gene

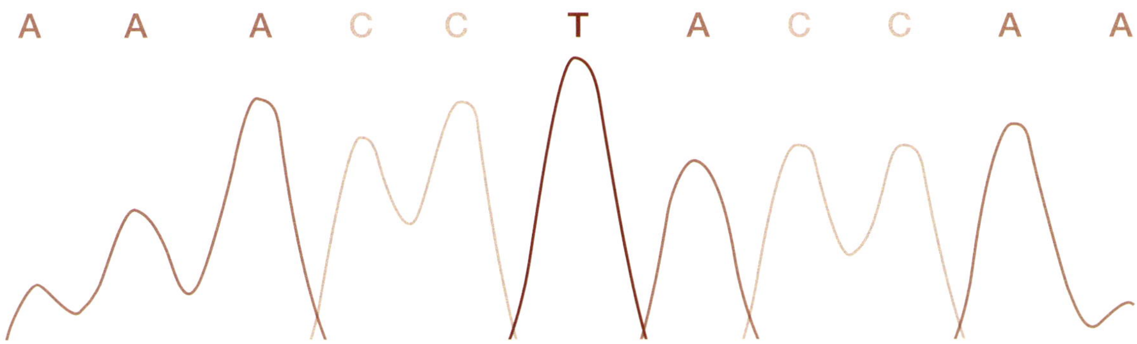

10.1 Ein Überblick

Die Kontrollmechanismen, die die menschliche Genexpression regulieren, sind wahrscheinlich komplexer als die bei den niederen Eukaryoten, aber viele der grundlegenden Prinzipien stimmen überein. Säuger sind besonders komplexe vielzellige Lebewesen, sodass es nicht weiter überrascht, wenn einige Mechanismen, die die Genexpression der Säuger regulieren, bei Bakterien oder einigen anderen Eukaryoten nicht vorkommen. Die Expression erfolgt räumlich und zeitlich begrenzt (Exkurs 10.1). Es ist hilfreich, wenngleich vereinfachend, drei große Ebenen zu unterscheiden, auf denen eine Genregulation eingreifen kann:

- **Regulation der Genexpression auf Ebene der Transkription.** Die primäre Kontrolle der Genexpression bei Eukaryoten erfolgt bei der Initiation der Transkription – über die Hauptpromotorsequenz eines Gens – sowie auf Ebene der Mobilisierung und Prozessivität der zugehörigen RNA-Polymerase. Die Genexpression wird durch die Bindung von Transkriptionsfaktoren an den Pro-

Exkurs 10.1: Räumliche und zeitliche Begrenzung der Genexpression in Säugerzellen

Räumliche Begrenzung der Genexpression

Haushaltsgene müssen grundsätzlich in allen Arten von kernhaltigen Zellen exprimiert werden, da sie ein wichtiges Produkt codieren, das in allen Zellen eine allgemeine Funktion erfüllt, etwa bei der Proteinsynthese, der Energieumwandlung und so weiter. Zahlreiche eukaryotische Gene zeigen jedoch begrenzte, **gewebespezifische Expressionsmuster**. Die räumliche Begrenzung der Genexpression kann auf verschiedenen Ebenen erfolgen:

- **Mehrere Organe/Gewebe.** In einigen Fällen erfüllt ein Gen in verschiedenen Organsystemen dieselbe Art von Funktion. Eine Reihe von Genen, die in der frühen Entwicklung eine entscheidende Rolle spielen, können in mehreren verschiedenen Organsystemen dafür zuständig sein, bestimmte Zielgene zu regulieren. So wird beispielsweise das Sonic Hedgehog-Gen an verschiedenen Stellen des sich entwickelnden Nervensystems, der künftigen Gliedmaßen oder an anderer Stelle exprimiert. In anderen Fällen kann ein Gen in verschiedenen Geweben auch unterschiedliche Varianten (*Isoformen*) exprimieren, indem gewebespezifische Promotoren verwendet werden oder die RNA gewebespezifisch gespleißt wird. Solche Isoformen können auch unterschiedliche Funktionen besitzen (Abschnitt 10.3.2).
- **Spezifisches Gewebe, spezifische Zelllinie oder spezifischer Zelltyp.** Einige Gene haben eine Funktion, die nur in einem einzigen Zelltyp oder einer bestimmten Zelllinie erforderlich ist, etwa das β-Globingen, das in erythroiden Zellen exprimiert wird.
- **Einzelne Zellen.** Einige spezialisierte Gene erzeugen in *einzelnen* Zellen, die zum selben Zelltyp gehören, unterschiedliche Produkte. So exprimieren beispielsweise die verschiedenen B-Lymphocyten eines Menschen unterschiedliche (zellspezifische) Antikörper, die verschiedenen T-Zellen unterschiedliche T-Zell-Rezeptoren und verschiedene Geruchsnervenzellen produzieren unterschiedliche olfaktorische Rezeptoren. Auch innerhalb eines Gewebes kann die Expression aufgrund einer *zufälligen monoallelen Expression* (etwa im Fall der Inaktivierung des X-Chromosoms; Abschnitt 10.5.6) zwischen verschiedenen Zellen desselben Typs variieren.
- **Intrazelluläre Verteilung.** Die Proteine von verschiedenen Genen werden zu unterschiedlichen Zielregionen innerhalb (oder außerhalb) der Zelle transportiert. Manchmal betrifft das auch verschiedene Isoformen desselben Proteins (Abschnitt 10.3.2). Darüber hinaus sind Genkontrollmechanismen erforderlich, damit die mRNAs von bestimmten Genen zu unterschiedlichen Bereichen innerhalb der Zelle gelangen können.

Zeitliche Begrenzung der Genexpression

- **Zellzyklusphase.** Zusätzlich zum generellen Abschalten der Gene in großem Umfang, wenn die Chromosomen bei der Mitose eine kondensierte Form annehmen, findet man auch einige Gene, die während des Zellzyklus nur zu bestimmten Zeiten exprimiert werden. So werden beispielsweise viele Histongene nur in der S-Phase (DNA-Synthese-Phase) exprimiert, und die Expression von verschiedenen Zellzyklusregulatoren ist so eingestellt, dass sie nur zu spezifischen Zellzyklusphasen erfolgt.
- **Entwicklungsstadium.** Während der frühesten Entwicklungsphasen findet keine Transkription statt. Stattdessen nutzen die Zellen vorher synthetisierte RNA. Später werden dann einige Gene vorübergehend während bestimmter Entwicklungsstadien exprimiert. Die Mitglieder einiger Genfamilien werden zu unterschiedlichen Entwicklungsphasen exprimiert, beispielsweise die Globingene (Abb. 10.22; 10.23).
- **Differenzierungsphase.** Wenn Zellen differenzieren, werden ihre Genome modifiziert, was zu einer Veränderung der Expressionsmuster führt. In einigen ausdifferenzierten Zellen gibt es überhaupt keine Transkription mehr. Man betrachtete daher die Veränderungen des Genoms, die bei der fortschreitenden Entwicklung bis zu einer adulten somatischen Stammzelle stattfinden, als irreversibel – bis zur Geburt des Klonschafs Dolly (Abschnitt 20.2.2).
- **Induzierbare Expression.** Einige Gene werden als Reaktion auf Umgebungsreize oder äußere Signale von anderen Zellen aktiviert (Abschnitt 10.2.5). Eine Genexpression dieser Art ist einfach abschaltbar, sobald der induzierende Faktor nicht mehr vorhanden ist.

motor in Gang gesetzt. Die Transkriptionsrate kann durch die Bindung von Proteinfaktoren oder weitere regulatorische Bereiche in nahe gelegenen flankierenden oder in internen Sequenzen (etwa in den Introns) beeinflusst werden.

- **Posttranskriptionale Regulation der Genexpression.** Diese erfolgt auf der Ebene der RNA-Weiterverarbeitung, des mRNA-Transports, der Translation, der mRNA-Stabilität, der Proteinweiterverarbeitung, Proteinverteilung, Proteinstabilität und so weiter. Auf Ebene der RNA-Weiterverarbeitung ermöglichen verschiedene Mechanismen wie etwa das RNA-Spleißen (das eigentlich ein *cotranskriptionaler Vorgang* ist), dass ein Gen eine Reihe verschiedener Produkte (**Isoformen**) hervorbringt. An der Regulation der Translation sind häufig regulatorische Sequenzen beteiligt, die in nichttranslatierten Regionen durch *trans*-aktive Proteinfaktoren erkannt werden.
- **Epigenetische Mechanismen und die großräumige Kontrolle der Genexpression.** Genetische Faktoren beruhen auf Veränderungen der DNA-Sequenz. Zusätzliche Veränderungen, die (von einer Zelle zur Tochterzelle oder von den Eltern auf ein Kind) vererbbar sind, die aber *nicht auf Veränderungen der Genomsequenz beruhen*, bezeichnet man als **epigenetisch**. Die DNA-Methylierung ist einer von sehr wenigen epigenetischen Mechanismen, die bis jetzt bei Säugerzellen bekannt sind, und besitzt dort für die Genregulation eine große Bedeutung (Bird 2002). Neben der Wirkung als allgemeiner Mechanismus, zur Aufrechterhaltung der Transkriptionsrepression ist die DNA-Methylierung auch entscheidend an Mechanismen beteiligt, die dafür sorgen, dass bei bestimmten Genen nur eines der beiden von den Eltern vererbten Allele exprimiert wird (**monoallele Expression**), selbst dann, wenn die Nucleotidsequenz des nichtexprimierten Allels mit der des exprimierten identisch ist. Epigenetische Mechanismen führen häufig zur Stabilisierung von veränderten Chromatinstrukturen über größere Entfernungen und Zeiträume.

Tabelle 10.1 gibt einen Überblick über die verschiedenen Arten von Mechanismen, die an der Regulation der Genexpression beim Menschen beteiligt sind.

10.2 Die Kontrolle der Genexpression durch die Bindung von *trans*-aktiven Proteinfaktoren an *cis*-aktive regulatorische Sequenzen in DNA und RNA

Die Kontrolle der Genexpression (unabhängig davon, ob sie bei der Initiation der Transkription, der RNA-Weiterverarbeitung, der Translation, dem RNA-Transport oder an anderer Stelle stattfindet), erfolgt über die Bindung von Proteinfaktoren an regulatorische Nucleinsäuresequenzen. Dabei kann es sich um DNA-Sequenzen in der Nähe oder sogar im Inneren des Gens handeln oder um Sequenzen des Transkripts (Vorstufen-RNA oder mRNA). Da die Proteinfaktoren, die bei der Genregulation mitwirken, *von entfernt liegenden Genen codiert werden* und nach ihrer Synthese an den Ribosomen erst noch *an den Wirkungsort gelangen müssen*, bezeichnet man sie als ***trans*-aktiv**. Im Gegensatz dazu sind die regulatorischen Sequenzen, an die sie binden, im Allgemeinen ***cis*-aktiv**, da sie in *demselben* DNA- oder RNA-Molekül liegen wie das Gen beziehungsweise das RNA-Transkript, das reguliert werden soll.

Regulation durch DNA-Protein-Bindung

In eukaryotischen Zellen liegt der wichtigste Kontrollpunkt der Genexpression auf Ebene der *Initiation* der Transkription. Das Chromatin ist eine hochgradig organisierte und dicht gepackte Struktur, die für RNA-Polymerasen nicht einfach zugänglich ist. **Chromatinumstrukturierende Enzyme** sind erforderlich, um die Faltung und die Grundstruktur des Chromatins zu verändern, um eine offenere und damit aktive Struktur zu erzeugen. Man kennt drei verschiedene Arten von RNA-Polymerasen, die alle sehr große Enzyme sind (mit acht bis 14 Untereinheiten) und verschiedene Typen von Genen transkribieren (Tab. 1.4).

Die RNA-Polymerasen transkribieren Gene, nachdem bestimmte Proteine (die **Transkriptionsfaktoren**) an spezifische regulatorische DNA-Sequenzen in der Nähe oder im Inneren des Gens gebunden haben. Es gibt zwei Arten von Transkriptionsfaktoren:

- Bei den meisten Promotoren sind für die Transkription *allgemeine Transkriptionsfaktoren* erforderlich, die für eine spezifische Klasse von RNA-Polymerasen spezifisch sind (die einzige Ausnahme ist das **TATA-Box-bindende Protein**, das allen drei Polymeraseklassen gemeinsam ist). So wirkt beispielsweise bei den proteincodierenden

Tabelle 10.1 Regulation der Genexpression in menschlichen Zellen

Mechanismus der selektiven Expression	Beispiele
transkriptional	
Histonmodifizierung, Umstrukturierung des Chromatins	Abschnitt 10.2.1
Bindung von gewebespezifischen Transkriptionsfaktoren an *cis*-aktive Elemente eines einzelnen Gens	Tabelle 10.3
direkte Bindung von Hormomen, Wachstumsfaktoren oder Zwischenprodukten an Response-Elemente in induzierbaren Transkriptionselementen	cAMP-Response-Elemente, Steroidhormon-Response-Elemente usw. (Tab. 10.4; Abb. 10.10)
Verwendung alternativer Promotoren für ein einzelnes Gen	Dystrophingen in Abb. 10.14; *Dnmt1*-Gen in Abb. 10.20
posttranskriptional	
alternatives Spleißen	Abschnitt 10.3.2, Abb. 10.15 und 10.16
alternative Polyadenylierung	Abschnitt 10.3.2, Abb. 10.15E
gewebespezifisches RNA-Editing	Abschnitt 10.3.2, Abb. 10.17
translationale Kontrollmechanismen	Abschnitt 10.2.6, Abb. 10.13; Abb. 9.6
epigenetische Mechanismen/großräumige Kontrolle durch Chromatinstruktur	
Allelausschluss	DNA-Umstrukturierungen in B- und T-Lymphocyten, die zellspezifische Immunglobuline und T-Zell-Rezeptoren produzieren (Abschnitt 10.6.1)
	Inaktivierung von vielen Genen auf dem einen X-Chromosom durch das *XIST*-Genprodukt, das dort exprimiert wird (Abschnitt 10.5.6)
	zufälliger Allelausschluss durch unbekannte Mechanismen, etwa *IL-2*, *IL-4*, *PAX5* usw. (Abschnitt 10.5.3; Exkurs 10.4)
	Prägung von bestimmten Genen (Abschnitte 10.5.4, 10.5.5)
großräumige Kontrolle durch Chromatinstruktur	Kompetition um Enhancer oder Silencer (etwa bei der Globinexpression; Abschnitte 10.5.2, 10.5.5)
	Positionseffekte (Abschnitt 10.5.1)
von der Zellposition abhängige Signalübertragung über kurze Entfernungen	Abschnitt 10.4.1

Genen die dafür spezifische RNA-Polymerase II mit den assoziierten allgemeinen Transkriptionsfaktoren zusammen, wodurch die Transkription bereits ein Grundniveau erreicht.

- *Spezialisierte Transkriptionsfaktoren* können die Transkriptionsrate verändern. Dazu gehören **gewebespezifische Transkriptionsfaktoren** sowie Faktoren, die bei der Transkription bestimmter Gengruppen mitwirken. Proteine, die an spezifische DNA-Sequenzen binden und die Transkription stimulieren, bezeichnet man als **Aktivatoren** (oder ***Trans*-Aktivatoren**). Faktoren mit einer antagonistischen Wirkung sind **Repressoren**.

Zusätzlich zu den Transkriptionsfaktoren, die nach der Bindung an die DNA die Genexpression aktivieren oder unterdrücken, gibt es noch eine Vielzahl von regulatorischen Proteinen, die die Genexpression beeinflussen, aber *nicht an die DNA selbst binden, sondern an die Transkriptionsfaktoren*. Solche Proteine bezeichnet man als **Coaktivatoren** oder **Corepressoren** (abhängig davon, ob sie an Aktivatoren oder Repressoren binden; Lemon und Tjian 2000).

Regulation durch RNA-Protein-Bindung

Zusätzlich zu den Transkriptionsfaktoren regulieren auch RNA-bindende Proteine die Genexpression. Besonders intensiv untersucht ist dabei die Proteinbindung an regulatorische Sequenzen in den nichttranslatierten Sequenzen der mRNA, die eine Regulation der Genexpression auf Ebene der Translation ermöglicht. Darüber hinaus gibt es wahrscheinlich auch auf Ebene der differenziellen RNA-Weiterverarbeitung zahlreiche spezifische RNA-Protein-Wechselwirkungen, etwa bei der Bindung von SR- und HnRNP-Proteinen an die Prä-mRNA, um die Auswahl der Exons beim Spleißvorgang zu beeinflussen. Diese Mechanismen werden in Abschnitt 10.3 getrennt behandelt, wobei hier die außerordentliche Komplexität der Expressionsmechanismen deutlich wird, die bei der Decodierung einzelner Gene zum Tragen kommen kann. Dies äußert sich beispielsweise in der großen Anzahl von Isoformen, die teilweise erzeugt werden.

10.2.1 Histonmodifizierung und Chromatinumstrukturierung ermöglichen, dass die DNA für DNA-bindende Faktoren zugänglich wird

Transkriptional inaktive DNA liegt in einer kondensierten Chromatinstruktur vor, in der die Core-Histone und die DNA fest assoziiert sind. Die dichte Packung der Nucleosomen kann den Zugang für eine Reihe verschiedener Proteine verhindern, die mit der DNA in Wechselwirkung treten müssen. Das betrifft nicht nur Proteine, die an der Genexpression beteiligt sind, sondern auch Proteine für die DNA-Replikation, die DNA-Reparatur und so weiter. Die lokale Chromatinstruktur kann durch Modifizierung der Histone und Umstrukturierung des Chromatins reversibel von einer kondensierten in eine zugänglichere Form umgewandelt werden.

Histonmodifizierung

Die Histone sind in Form von Nucleosomen organisiert, wobei vor allem ihre N-Termini aus dem Histonoktamer herausragen. Die Sequenzen dieser exponierten N-terminalen „Schwänze" der vier Core-Histone sind sehr stark konserviert; sie tragen entscheidend dazu bei, die Chromatinstruktur zu regulieren. Besonders die Histone H3 und H4 enthalten bestimmte Aminosäuren, die modifiziert werden können (Goll und Bestor 2002; Abb. 10.1). Das resultierende Gesamtmuster der Modifizierungen von Histonaminosäuren in spezifischen Bereichen des Chromatins bildet wahrscheinlich einen **Histoncode,** der ein bestimmtes biologisches Ergebnis vorherbestimmt (Berger 2002, Turner 2002).

Am besten kennt man inzwischen die **Histonacetylierung** (andere Modifizierungen sind Methylierung, Phosphorylierung und Ubiquitinkonjugation). Es gibt verschiedene **Histonacetyltransferasen (HAT)**, die Acetylgruppen (CH_3CO^-) an den ε-Aminogruppen (NH_3^+) der Seitenketten von Lysinresten befestigen. Modifiziert werden dabei 13 von 30 Lysinresten in den exponierten N-terminalen Schwänzen im Histonoktamer. Die HAT-Enzyme wirken als *Coaktivatoren der Transkription*. Dieser Effekt kann teilweise darauf zurückzuführen sein, dass positive Ladungen verloren gehen, wenn die geladenen Lysinseitenketten modifiziert werden. Dadurch verringert

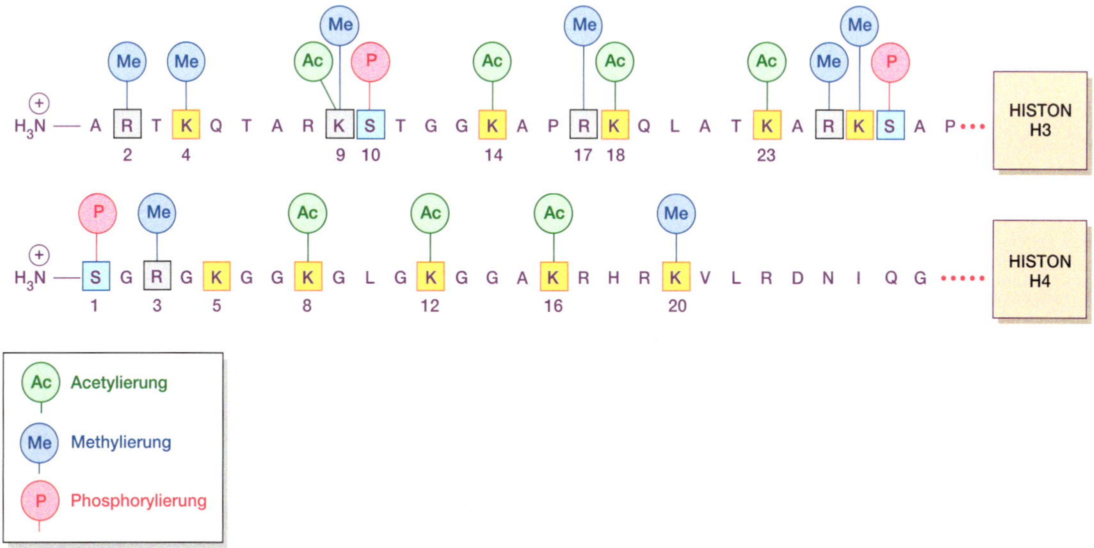

10.1 Modifizierungen der Histone H3 und H4. Dargestellt ist die Modifizierung der N-terminalen Reste der Histone H3 und H4 (die im Histonoktamer zu den exponierten Bereichen gehören). H3K9 (der Lysinrest an Position 9 von Histon H3) kann acetyliert und auch methyliert werden. Die Acetylierung ist ein Zeichen für aktiv transkribiertes Chromatin, wenn aber die Region des Chromatins an CpG methyliert ist, können an CpG bindende Proteine Histondeacetylasen mobilisieren, die die Acetylreste entfernen. H3K9 wird dann durch eine Histonmethyltransferase methyliert, die an CpG-bindende Proteine gebunden hat. An den methylierten H3K9-Rest binden nun Proteine, die die Kondensierung des Chromatins in Gang setzen (Abb. 10.21).

sich die Affinität zwischen Histonen und DNA. Die modifizierten Histone sind auch Zielmoleküle für die Chromatin-Umstrukturierungskomplexe (siehe unten). Im Endeffekt wird die Promotorregion für die RNA-Polymerase und die Transkriptionsfaktoren leichter zugänglich. **Histondeacetylasen (HDAC)** katalysieren die entgegengesetzte Reaktion, das heißt sie entfernen Acetylgruppen und unterstützen die Blockierung der Transkription. Histondeacetylasen sind wahrscheinlich Teil eines Corepressorkomplexes und werden *als Reaktion auf die DNA-Methylierung* mobilisiert (Abschnitt 10.4.3; Abb. 10.21).

Verschiedene Klassen von Methyltransferasen katalysieren die **Histonmethylierung.** Dabei werden bestimmte Arginin- und Lysinreste modifiziert. Die Methylierung von Argininresten in den Histonen trägt zur Aktivierung der Transkription bei, während die Methylierung der Lysinreste ein Signal für die Blockierung der Transkription ist, etwa durch die Methylierung H3K9 (Histon H3, Lysin an Position 9), die möglicherweise nach der Deacetylierung desselben Aminosäurerestes induziert wird (Abschnitt 10.4.2; Abb. 10.21).

Umstrukturierung des Chromatins

ATP-abhängige **Chromatinumstrukturierungskomplexe** verändern unter ATP-Hydrolyse temporär die Struktur der Nucleosomen (Narlikar et al. 2002). Durch die Umstrukturierung des Chromatins wird die DNA für eine Reihe von Proteinen besser zugänglich. Auch wenn der Umstrukturierungskomplex von der DNA dissoziiert ist, behalten die Nucleosomen noch eine Zeit ihre neue Struktur bei, das heißt, der Kontakt zwischen DNA und Histonen bleibt gelockert. Manchmal ändert sich durch die Umstrukturierung die *Positionierung* der Nucleosomen, die dabei an der DNA entlang gleiten. Das führt dazu, dass Sequenzen, die vorher um die Histonoktamere herum gewickelt waren, nun besser zugänglich sind. Darüber hinaus können einige Umstrukturierungskomplexe den inaktiven Zustand wieder herstellen.

Chromatinumstrukturierungskomplexe kommen in verschiedenen Varianten vor, die alle aus mehreren (normalerweise über 10) Untereinheiten bestehen. Neben der ATPase-Domäne enthalten sie weitere Domänen, die mit modifizierten Histonen in Wechselwirkung treten, sodass die *Histonmodifizierung und die Umstrukturierung des Chromatins koordiniert erfolgen*. Dazu gehören auch die **Bromodomänen** der SW1/SNF-Familie, die in den Histonen mit acetylierten Lysinresten interagieren, außerdem die **Chromodomänen** der Mi-2-Familie, die an methylierte Lysinreste binden (Berger 2002, Narlikar 2002).

10.2.2 Für die Transkription durch die RNA-Polymerasen I und III sind ubiquitäre Transkriptionsfaktoren erforderlich

Die RNA-Polymerasen I und III der eukaryotischen Zellen transkribieren Gene, die RNA-Moleküle (rRNA, tRNA und so weiter) codieren. Diese sind an der Expression von proteincodierenden Genen beteiligt. Die transkribierten Gene sind Haushaltsgene, da rRNA und tRNA grundsätzlich in allen Zellen benötigt werden, um bei der Proteinsynthese mitzuwirken. Deshalb sind für die Unterstützung der RNA-Polymerasen I und III ubiquitäre Transkriptionsfaktoren erforderlich.

Transkription durch die RNA-Polymerase I

Die RNA-Polymerase I kommt nur im Nucleolus vor und transkribiert dort die Gene der 18S-, 5,8S- und 28S-rRNA. Diese liegen hintereinander und bilden eine **polycistronische Transkriptionseinheit** mit 13 kb Länge (Abb. 10.2). Auf jedem der fünf akrozentrischen Chromosomen des Menschen liegen im Bereich des **Nucleolusorganisators** Wiederholungsfolgen aus 30 bis 40 zusammengesetzten Einheiten, die aus der Transkriptionseinheit und einem anschließenden nichttranskribierten Abschnitt (**Spacer**) bestehen. Diese fünf Cluster von rRNA-Genen, die jeweils etwa 1,5 Mb lang sind, bezeichnet man als **ribosomale DNA (rDNA)**.

Die Initiation der Transkription der 28S-, 5,8S- und 18S-rRNA-Gene erfolgt nach der Bindung von zwei Transkriptionsfaktoren an ein Core-Promotorelement am Transkriptionsstartpunkt und an einem etwa 100 Nucleotide **stromaufwärts liegenden Kontrollelement.** Der **UBF**-Transkriptionsfaktor (*upstream binding factor*) ist ein Homodimer mit identischen Untereinheiten. Diese binden zuerst an das Core-Promotorelement und das stromaufwärts liegende Kontrollelement und bringen sie zusammen, sodass nun der zweite Faktor SL1 (*Selektivitätsfaktor 1*, bei der Maus TIF-1B; Abb. 10.3) binden kann. Die gebundenen Transkriptionsfaktoren mobilisieren anschließend die RNA-Polymerase I und bilden einen Initiationskomplex.

Das Primärtranskript, das von einer einzelnen 13-kb-Transkriptionseinheit abgelesen wird, ist eine 45S-Vorstufen-rRNA, die an verschiedenen Stellen geschnitten und vielfach basenspezifisch modifiziert wird. Die Reaktionen werden von kleinen nucleolären RNAs (*small nucleolar RNA; snRNA*) ausgeführt, wobei reife 28S-, 5,8S- und 18S-rRNA-Spezies entstehen (Abb. 10.2). Diese Gene unterschieden sich also von der überwiegenden Mehrzahl der Gene im Zellkern, die einzeln transkribiert werden. Die Tran-

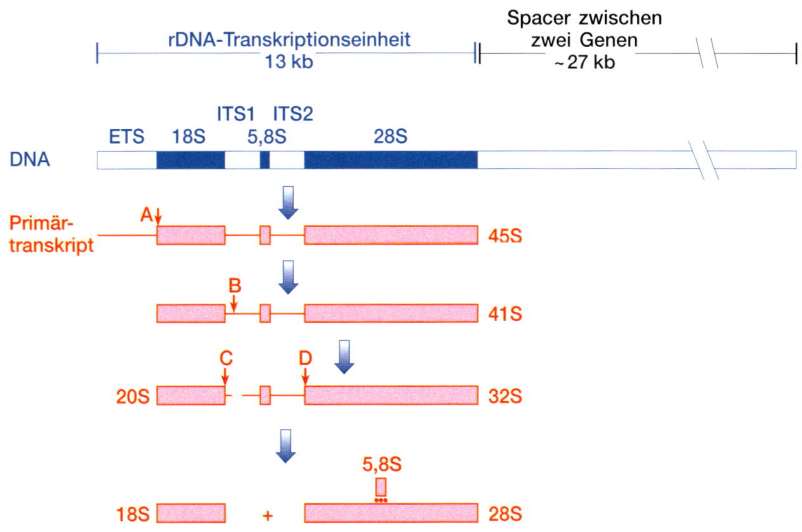

10.2 Die wichtigen rRNA-Spezies werden beim Menschen durch Spaltung des 13 kb-Produkts einer gemeinsamen Transkriptionseinheit erzeugt, die Teil einer Tandemwiederholungsfolge mit einer Länge von 40 kb ist. Die kleinen Pfeile, die mit den Buchstaben A–D markiert sind, kennzeichnen Positionen, an denen die Endonuclease die Vorstufen-RNA schneidet. Durch Spaltung der 41S-Vorstufen-RNA bei B entsteht ein 20S- und ein 32S-Produkt. Nach Spaltung des 32S-Produkts bei D und Herausschneiden der kurzen 5,8S-rRNA kommt es zu Basenpaarungen zwischen der 5,8S-rRNA und einem komplementären zentralen Abschnitt der 28S-rRNA. Die etwa 6 kb der RNA-Sequenz, die von den transkribierten externen und internen Spacer-Einheiten (ETS, ITS1 und ITS2) herrühren, werden im Zellkern abgebaut. S ist der Sedimentationskoeffizient als Größenmaß.

skription der rDNA ähnelt der Transkription der mtDNA (Abschnitt 9.1.2; Abb. 9.2): Bei beiden entstehen Transkripte mit mehreren Genen, die funktionell verwandte Produkte hervorbringen. Diese ungewöhnliche Verwendung eines polygenen Primär*transkripts* bei der rRNA-Produktion ist im Prinzip nichts anderes als das Zerschneiden eines primären *Translationsprodukts* zu zwei oder mehreren funktionell verwandten Polypeptiden (Beispiel für das menschliche Insulin in Abbildung 1.23).

Transkription durch die RNA-Polymerase III

Die RNA-Polymerase III transkribiert eine Reihe von Haushaltsgenen, die verschiedene kleine RNA-Moleküle wie die 5S-rRNA, tRNAs, die 7SL-RNA und einige snRNA-Moleküle codieren, die beim RNA-Spleißen eine Rolle spielen. Charakteristisch für diese Gene ist, dass der Promotor *innerhalb* der codierenden Sequenz des Gens und nicht stromaufwärts liegt. Bei tRNA-Genen handelt es sich um einen **zweiteiligen Promotor**, der sich aus zwei konservierten Sequenzen (**A-Box** und **B-Box**) zusammensetzt. Der Promotor des 5S-rRNA-Gens besteht hingegen nur aus einem einzigen Element, der **C-Box**. Man nimmt an, dass in allen Fällen die Bindung von ubiquitären Transkriptionsfaktoren an die Promotorelemente die Transkription durch die RNA-Polymerasse III initiiert, wobei anschließend weitere Faktoren binden, bis am Ende die Polymerase mobilisiert wird (Abb. 10.4).

10.2.3 Die Transkription durch die RNA-Polymerase II erfordert komplexe Kombinationen von *cis*-aktiven regulatorischen Sequenzen und gewebespezifischen Transkriptionsfaktoren

Die RNA-Polymerase II transkribiert neben Genen, die Polypeptide codieren, auch bestimmte Spezies von snRNA-Genen. Die RNA-Polymerase II hängt (wie die RNA-Polymerasen I und III) von der Unterstützung durch allgemeine Transkriptionsfaktoren ab. Mehrere von ihnen sind bekannt; ihre Struktur kann sehr komplex sein. So besteht beispielsweise TFIID aus einem **TATA-Box-bindenden Protein (TBP)**, das auch in Assoziation mit den RNA-Polymerasen I und III vorkommt, sowie mehreren TBP-assoziierten Faktoren (**TAF-Proteinen**) (Tab. 10.2). Den Komplex aus Polymerase und allgemeinen Transkriptionsfaktoren bezeichnet man als **Transkriptionsinitiationskomplex**. Die Gene werden konstitutiv mit einer minimalen Transkriptionsrate abgelesen, die vom *Core-Promotor* (siehe unten) abhängt, wenn die Rate nicht durch zusätzliche positive Regulationselemente erhöht oder durch negative Elemente abgeschaltet wird. Diese können entweder in einiger Entfernung liegen oder sogar *direkte Bestandteile der Promotorregion* sein.

Einige Gene, die Polypeptide codieren, sind *Haushaltsgene*, doch im Gegensatz zu den Genen, für die die RNA-Polymrasen I und III zuständig sind, zeigt ein großer Teil der Gene, die von der RNA-Polymerase II transkribiert werden, ein gewebespezifisches Expressionsmuster. Da die DNA in verschiedenen kernhaltigen Zellen eines Menschen im Wesentlichen übereinstimmt, wird die Identität einer Zelle, also ob es sich beispielsweise um eine Leberzelle oder eine Lymphocyte handelt, größtenteils von den Proteinen bestimmt, die die Zelle produziert. Deshalb regulieren, zusätzlich zu den allgemeinen ubiquitären Transkriptionsfaktoren, auch gewebespezifische Faktoren, die spezifisch an bestimmte *cis*-aktive Sequenzelemente binden, die Expression zahlreicher proteincodierender Gene.

Teilweise aufgrund des großen Umfangs des Kerngenoms, aber auch weil eine sehr große Zahl von Genen in Wechselwirkung tritt, müssen die Kontrollsysteme und -elemente in eukaryotischen Zellen sehr komplex, aber auch sehr ausgefeilt sein. Häufig wird die Expression von menschlichen Genen durch mehrere Kombinationen von *cis*-aktiven regulatorischen Elementen kontrolliert. Die einzelnen regulatorischen Elemente bestehen meist aus mehreren kurzen

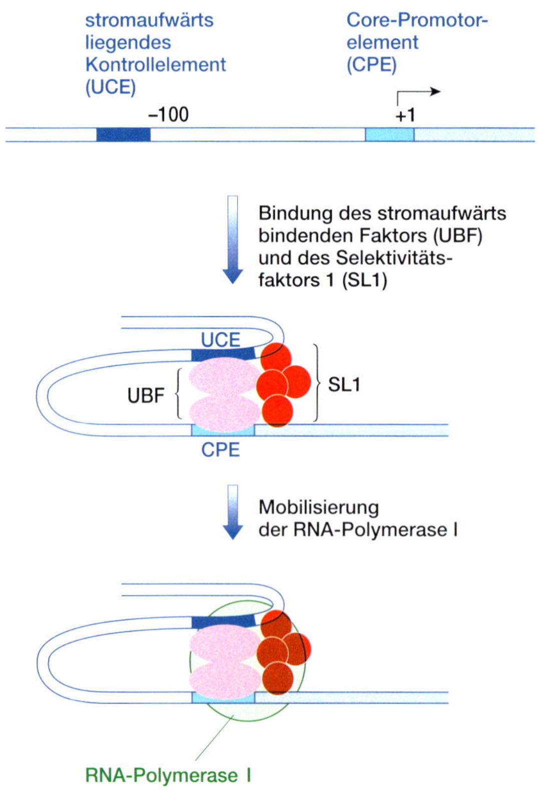

10.3 Initiation der Transkription durch die RNA-Polymerase I. Eines der möglichen Modelle geht davon aus, dass zuerst die beiden identischen Untereinheiten des stromaufwärts bindenden Faktors (*upstream binding factor*, UBF) an das stromaufwärts liegende Kontrollelement (UCE) und an das Core-Promotorelement (CPE) binden. Dadurch werden die beiden Sequenzen zusammengebracht, und der Selektivitätsfaktor 1 (SL1; vier Untereinheiten) kann anschließend daran binden. Die stabilisierte Struktur ermöglicht die Bindung durch andere Faktoren (nicht dargestellt) und schließlich durch die RNA-Polymerase I.

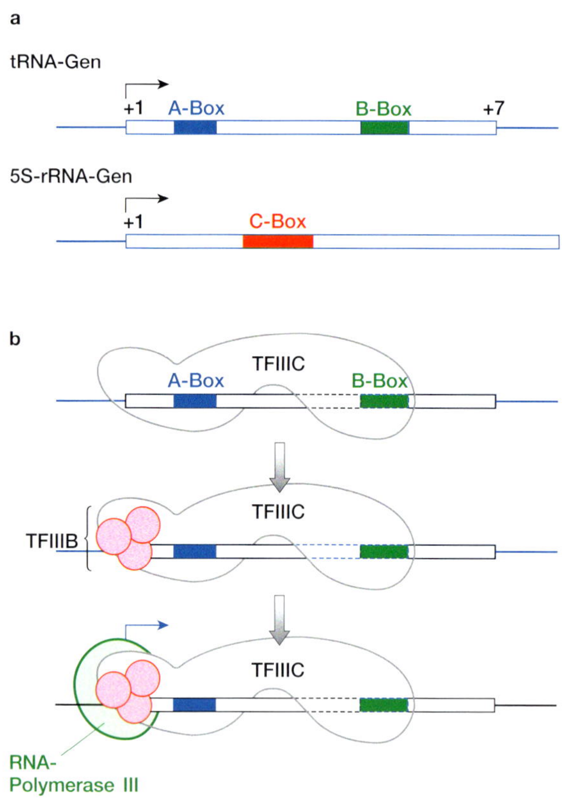

10.4 tRNA- und 5S-rRNA-Gene besitzen Promotoren, die innerhalb der codierenden Sequenz liegen. a) Positionen von Promotorelementen in tRNA- und 5S-rRNA-Genen. Die Promotorelemente A und B in den tRNA-Genen liegen in den Sequenzen, die den D-Loop beziehungsweise den TΨCG-Loop codieren (tRNA Struktur in Abbildung 1.7). b) Initiation der Transkription eines tRNA-Gens. Die Bindung des Transkriptionsfaktors TFIIIC an die Promotorelemente ermöglicht die anschließende Bindung des trimeren TFIIIB-Faktors an die Sequenz, die unmittelbar stromaufwärts neben dem Startpunkt der Transkription liegt. Als Folge der Bindung des TFIIIB-Faktors bindet die RNA-Polymerase III und beginnt mit der Transkription. Bei den 5S-rRNA-Genen gibt es einen ähnlichen Mechanismus. Hier ist jedoch TFIIIA, der an die C-Box bindet, als zusätzlicher Transkriptionsfaktor erforderlich. Der gebundene TFIIIA ermöglicht die Bindung von TFIIIB, und daran schließt sich wie bei den tRNA-Genen die Mobilisierung von TFIIIC und der RNA-Polymerase III an.

Tabelle 10.2 Untereinheiten der eukaryotischen RNA-Polymerase II und assoziierte allgemeine Transkriptionsfaktoren

Faktor	Anzahl der Untereinheiten	Funktionen
Polymerase II	12	katalysiert RNA-Synthese
TFIID	12	erkennt den Core-Promotor und bildet ein Gerüst, an das sich die übrigen allgemeinen Transkriptionsfaktoren anlagern können; enthält das TATA-bindende Protein (TBP) und mehrere TBP-assoziierte Faktoren (TAF)
TFIIB	1	bindet TBP, bestimmt Startpunkt und mobilisiert die Polymerase II
TFIIA	3	stabilisiert die Bindung von TFIIB und TBP
TFIIF	2	Bindet die Polymerase II und TFIIB
TFIIE	2	mobilisiert TFIIH, der eine *Helikase* und eine *Proteinkinase* enthält
TFIIH	9	entspiralisiert die DNA am Promotor; phosphoryliert die C-terminale Domäne der Polymerase II, verursacht dadurch eine Konformationsänderung; die aktivierte Polymerase löst sich von den allgemeinen Transkriptionsfaktoren und assoziiert mit neuen Proteinen, die bei der Transkription über größere Entfernungen mitwirken, ohne von der DNA zu dissoziieren

Bei der Nomenklatur der allgemeinen Transkriptionsfaktoren setzt man zuerst TF (für Transkriptionsfaktor), dann eine römische Zahl für die assoziierte RNA-Polymerase.

Sequenzelementen (normalerweise mit einer Länge von 4–8 bp), die sich über wenige hundert Basenpaare verteilen. Anderseits können die regulatorischen Elemente aus verschiedenen Klassen, die die Expression eines einzigen Gens beeinflussen, weit von diesem entfernt liegen. Es gibt eine Reihe *cis*-aktiver Elemente, die dabei eine Rolle spielen – Promotoren, Enhancer, Silencer, Abgrenzungselemente (Isolatoren) und Response-Elemente (Exkurs 10.2; Abb. 10.5, 10.6).

Häufig sind Enhancer- und Silencer-Sequenzen beteiligt, damit ein Gen gewebespezifisch oder während einer bestimmten Entwicklungsphase exprimiert werden kann. Außerdem hat man eine Reihe von *cis*-aktiven Sequenzen identifiziert, die von **gewebespezifischen Transkriptionsfaktoren** erkannt werden. So wird beispielsweise die spezifische Expression in erythroiden Zellen häufig über zwei Sequenzen reguliert: zum einen über TGACTCAG (oder die reverse Komplementärsequenz CTGAGTCA, beide werden vom erythroidspezifischen Transkriptionsfaktor NF-E2 erkannt), zum anderen über die Sequenz [A/T]GATA[A/G] (oder die reverse Komplementärsequenz, beide werden von GATA-Transkriptions-

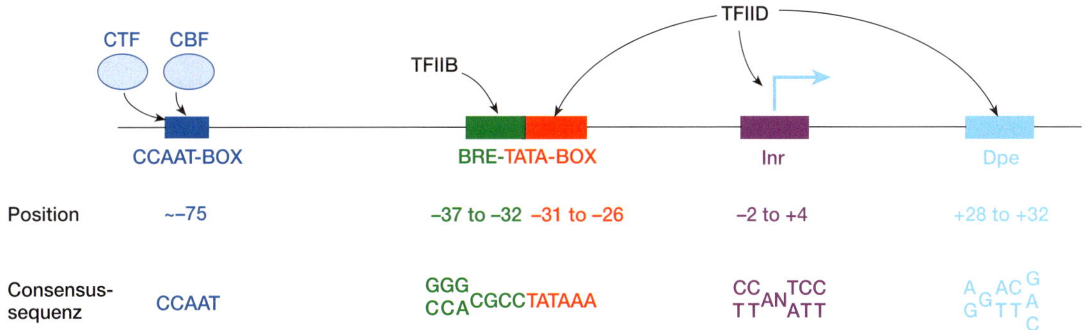

10.5 Bei komplexen Eukaryoten gibt es konservierte Positionen für regulatorische Promotorelemente, die von ubiquitären Transkriptionsfaktoren gebunden werden. Der Core-Promotor eines bestimmten Gens muss nicht immer alle Elemente enthalten. So fehlt etwa die TATA-Box bei vielen Promotoren, die stattdessen das funktionell analoge Inititator(INR)-Element enthalten. GC-Elemente kommen normalerweise auch in Promotoren vor, aber an variableren Positionen (Beispiele in Abbildung 10.6 und 1.13). BRE, TFIIB-Erkennungselement; DPE, *downstream promotor element*; Nach: Butler und Kadonga (2002) *Genes Dev* 16: 2583–2592 mit Genehmigung von Cold Spring Harbor Laboratory Press.

Exkurs 10.2: Klassen von *cis*-aktiven Sequenzelementen, die bei der Regulation der Transkription von proteincodierenden Genen beteiligt sind

Promotoren sind Kombinationen von kurzen Sequenzelementen (die normalerweise unmittelbar stromaufwärts vor einem Gen liegen, häufig innerhalb der 200 bp des Transkriptionsstartpunktes). Sie bewirken die *Initiation* der Transkription und bestehen aus verschiedenen Komponenten:

- Der Core-Promotor veranlasst den Transkriptionsinitiationskomplex, die Transkription des Gens in Gang zu setzen. Ohne zusätzliche regulatorische Elemente wird so eine konstitutive Expression ermöglicht, allerdings auf einem niedrigen (Grund-)Niveau. Elemente des Core-Promotors liegen normalerweise sehr nahe am Startpunkt der Transkription, etwa zwischen den Nucleotidpositionen −45 und +40 (Butler und Kadonaga 2002). Wie in Abbildung 10.5 dargestellt ist, kommen darin folgende Elemente vor: Die **TATA-Box**, die etwa bei Position −25 liegt, ist von GC-reichen Sequenzen umgeben; sie wird von der TATA-bindenden Proteinuntereinheit des TFIID erkannt. Die **BRE-Sequenz** liegt unmittelbar stromaufwärts vor dem TATA-Element bei etwa −35 und wird von der TFIIB-Komponente erkannt. Die **Inr-Sequenz** (**Initiatorsequenz**) liegt am Startpunkt der Transkription; sie wird von TFIID gebunden. Die **DPE-Sequenz** (***downstream promotor element***) liegt etwa bei Position +30 (bezogen auf den Startpunkt der Transkription) und wird von TFIID erkannt.
- Die **proximale Promotorregion** ist die Sequenz, die unmittelbar stromaufwärts vor dem Core-Promotor liegt, normalerweise zwischen den Positionen −50 und −200 (Promotorelemente, die noch weiter stromaufwärts liegen, gehören zur *distalen Promotorregion*). Zusätzliche **Nicht-Core-Promotorelemente** liegen normalerweise in der proximalen Promotorregion (können aber auch im Bereich des Core-Promotors vorkommen). Dazu gehören **GC-Elemente** (die man auch als **SP1-Elemente** bezeichnet). Die zugehörige Consensussequenz GGGCGG kommt häufig in den 100 bp des Transkriptionsstartpunktes in mehreren Kopien vor und wird vom ubiquitären Transkriptionsfaktor SP1 gebunden. Weitere Komponenten sind **CCAAT-Elemente**, die normalerweise bei Position −75 liegen und vom CCAAT-bindenden Transkriptionsfaktor (CTF) erkannt werden, den man auch als NF-Y (*nuclear factor Y*) bezeichnet. CCAAT- und GC-Elemente modulieren das Grundniveau der Transkription des Core-Promotors und wirken als *Enhancer*-Sequenzen (nächster Abschnitt); außerdem können *Silencer-Elemente* (siehe unten) ebenfalls ein integraler Bestandteil des Promotors sein.

Enhancer-Sequenzen sind positive Kontrollelemente der Transkription, die vor allem in den Zellen der komplexen Eukaryoten vorkommen (etwa bei den Säugern), bei einfachen Eukaryoten (etwa bei der Hefe) jedoch nur eine sehr untergeordnete Rolle spielen oder ganz fehlen (Martin 2001). Sie dienen dazu, das Grundniveau der Transkription zu erhöhen, die vom Core-Promotor ausgeht. Ihre Funktionen sind im Gegensatz zum Promotor von ihrer Orientierungsrichtung unabhängig, außerdem bis zu einem gewissen Grad auch von der Entfernung zum Gen, das sie regulieren. Enhancer-Elemente können davon sehr weit entfernt liegen (beispielsweise die *β-Globinlocuskontrollregion*; Abb. 10.23). Enhancer enthalten häufig auf einer Länge von 200–300 bp mehrere Elemente, die von ubiquitären Transkriptionsfaktoren erkannt werden, außerdem Elemente für gewebespezifische Faktoren (Abb. 10.7). Darüber hinaus gibt es auch einige Enhancer-Elemente, die integrale Bestandteile von Promotoren sind, etwa die CCAAT- und GC-Elemente (siehe oben).

Silencer-Sequenzen dienen dazu, die Transkriptionsrate zu verringern. Sie wurden zwar noch nicht so genau untersucht, aber es lassen sich zwei Gruppen unterscheiden. Die „klassischen" Silencer sind positionsunabhängige Elemente, die einen aktiven Mechanismus zur Unterdrückung der Transkription steuern. **Negative Regulationselemente** sind hingegen *positionsabhängig* und bewirken einen passiven Repressionsmechanismus (Ogbourne, Antalis, 1998). Silencer wurden vor allem bei menschlichen Genen untersucht, wo sie an verschiedenen Positionen vorkommen: in der Nähe des Promotors, in einiger Entfernung stromaufwärts und auch innerhalb von Introns. Belege für solche Sequenzen stammen häufig aus DNA-Bindungstests *in vitro*, ihre Bedeutung *in vivo* ist weiterhin unsicher.

Begrenzungselemente (**Isolatoren**) sind DNA-Bereiche, häufig mit einer Länge zwischen 0,5 und 3 kb, die die Ausbreitung von Effekten blockieren (*isolieren*) können, sowohl bei Faktoren, die positiv auf die Transkription wirken (Enhancer), als auch bei Faktoren mit negativer Wirkung (Silencer; heterochromatinähnliche Repression) (Bell et al. 2001).

Response-Elemente beeinflussen die Transkription als Reaktion auf spezifische äußere Reize. Sie liegen im Allgemeinen in einer kurzen Entfernung stromaufwärts von den Promotorelementen (häufig innerhalb eines Bereichs, der sich 1 kb vom Startpunkt der Transkription erstreckt). Eine Anzahl dieser Elemente zeigt Reaktionen auf spezifische Hormone (beispielsweise Retinsäure oder Steroidhormone wie die Glucocorticoide) oder auf intrazelluläre *second messenger*, beispielsweise cAMP (Abschnitt 10.2.5; Tab. 10.4).

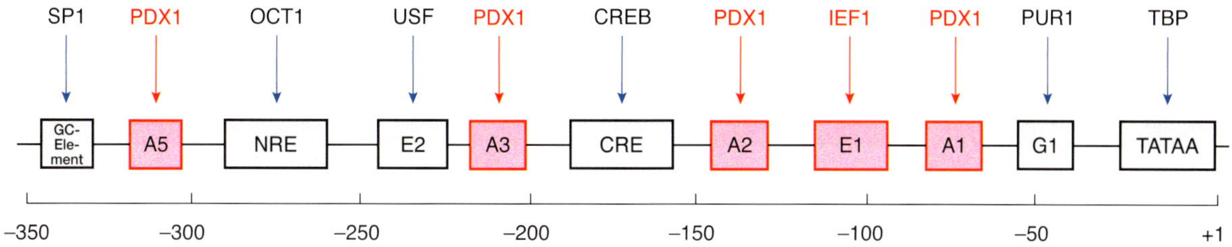

10.6. Der Promotor des menschlichen Insulingens enthält verschiedene Sequenzelemente, die von ubiquitären und gewebespezifischen Transkriptionsfaktoren erkannt werden. Die Pfeile markieren die Bindung von Transkriptionsfaktoren (obere Reihe) an regulatorische Sequenzelemente (Kästchen), die stromaufwärts vom menschlichen Insulingen liegen. Ubiquitäre oder allgemein exprimierte Transkriptionsfaktoren sind schwarz dargestellt, für β-Zellen des Pankreas spezifische Faktoren in rot. Der Transkriptionsfaktor PDX1 bindet an vier Sequenzmotive mit der Struktur C(C/T)TAATG, die im Insulinpromotor vorkommen (A1, A2, A3, A5). Abkürzungen: CRE, cAMP-Response-Element; NRE, negativ regulatorisches Element.

faktoren erkannt. Siehe Beispiele in Abbildung 10.7 und andere gewebespezifische *cis*-aktive Elemente in Tabelle 10.3.

Neben der aktiven Stimulierung einer gewebespezifischen Transkription gibt es auch den Fall, dass die *Expression* durch *cis*-aktive Silencer-Elemente *in allen Geweben mit Ausnahme des Zielgewebes blockiert wird* (spezifisch für ein bestimmtes Gewebe oder eine bestimmte Entwicklungsphase). So unterdrückt beispielsweise die NRSE-Sequenz (*neural restrictive silencer element*) die Expression mehrerer Gene in allen Geweben außer im Nervengewebe (Schoenherr et al. 1996). Ein Transkriptionsfaktor, der an die NRSE-Sequenz bindet und den man als NRSF (*neural restrictive silencer factor*) oder REST (RE-1 *silencing transcription factor*) bezeichnet, wird in allen nichtneuralen Geweben und in Vorstufen von Nervengewebe während der frühen Entwicklungsphase ubiquitär exprimiert, später jedoch erfolgt in reiferen (postmitotischen) Nervenzellen spezifisch *keine Expression* mehr. NRSF/REST kann offensichtlich den Corepressor Co-REST mobilisieren. Dieser setzt wahrscheinlich Mechanismen in Gang, durch die chromosomale Bereiche abgeschaltet werden, in denen neuronal exprimierte Gene enthalten sind (Lunyak et al. 2002).

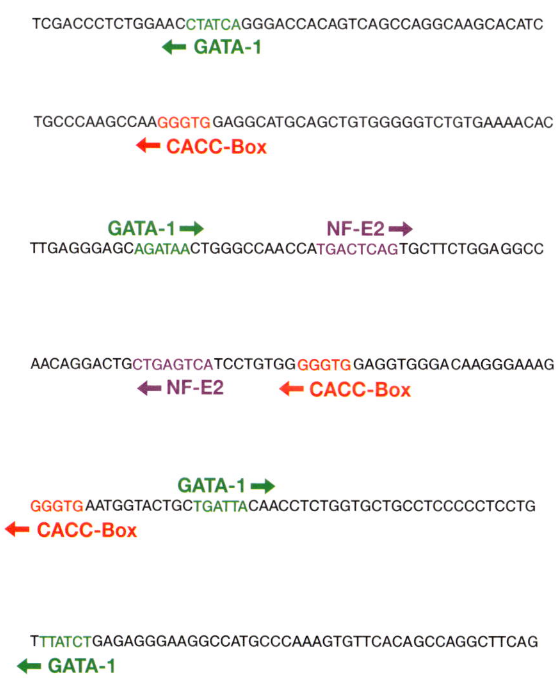

10.7 Die regulatorische HS-40-Sequenz des α-Globingens enthält viele Erkennungselemente für erythroidspezifische Transkriptionsfaktoren. Die HS-40-Sequenz ist offenbar eine *Locuskontrollregion* des α-Globingenclusters (Abschnitt 10.5.2).

10.2.4 Transkriptionsfaktoren enthalten konservierte Strukturmotive, die die Bindung an DNA ermöglichen

Transkriptionsfaktoren binden normalerweise dann spezifisch an eine kurze Nucleotidsequenz, wenn zwischen der Proteinoberfläche und den Oberflächenmerkmalen der Doppelhelix in der Bindungsregion eine ausgeprägte Komplementarität besteht. Die *einzelnen* Wechselwirkungen zwischen den Aminosäuren und den Nucleotiden (normalerweise Wasserstoffbrücken, Ionenbindungen und hydrophobe Wechselwirkungen) sind zwar schwach, aber da der Bereich der DNA-Proteinbindung im Allgemeinen etwa 20 solcher Kontakte umfasst, ist die Bindung insgesamt stark und spezifisch. Bei menschlichen und anderen eukaryotischen Transkriptionsfaktoren lassen sich häufig zwei getrennte Funktionen identi-

Das Helix-Turn-Helix-Motiv

Das **HTH-Motiv** kommt sehr häufig in Homöobox-Domänen vor, außerdem in einer Reihe anderer Transkriptionsfaktoren. Es besteht aus zwei kurzen α-Helices, die durch eine kurze Aminosäuresequenz getrennt sind. Diese Sequenz bildet eine kurze Windung, sodass die beiden Helices unterschiedlich orientiert sind (das heißt, die beiden Helices bilden einen Winkel und liegen in derselben Ebene, im Gegensatz zum HLH-Motiv; Abb. 10.8). Die Struktur ähnelt stark dem DNA-Bindungsmotiv bei mehreren regulatorischen Proteinen von Bakeriophagen, etwa beim Cro-Protein des λ-Phagen, dessen Bindung an die DNA durch Röntgenstrukturanalysen genau untersucht wurde. Sowohl beim λ-Cro-Protein als auch beim eukaryotischen HTH-Motiv nimmt man an, dass das HTH-Motiv allgemein die DNA-Bindung vermittelt, wobei die mehr C-terminal liegende Helix als spezifische **Erkennungshelix** fungiert, da sie in die große Furche der DNA-Doppelhelix hineinpasst (Abb. 10.9) und die DNA-Sequenz reguliert, die sie erkennt.

Das Zinkfingermotiv

Beim **Zinkfingermotiv** binden vier konservierte Aminosäuren ein Zinkion und bilden so eine Schleife (einen Finger). Diese Struktur wird häufig tandemartig wiederholt. Es gibt verschiedene Formen des Zinkfingers, bei den häufigsten wird das Zn^{2+}-Ion entweder von zwei konservierten Cysteinresten und zwei konservierten Histidinresten oder von vier konservierten Cysteinresten gehalten. Die so gebildete Struktur kann dann aus einer α-Helix und einem β-Faltblatt bestehen, die aufgrund der Koordination mit dem Zn^{2+}-Ion zusammengehalten werden, oder aus zwei α-Helices. In beiden Fällen erfolgt der primäre Kontakt mit der DNA durch eine α-Helix, die an die große Furche bindet. Der so genannte C2H2-(Cys_2/His_2-)Zinkfinger besteht normalerweise aus 23 Aminosäuren, wobei benachbarte Finger durch einen Abschnitt von sieben oder acht Aminosäuren getrennt sind (Abb. 10.8).

10.2.5 Eine Reihe von Mechanismen ermöglichen die transkriptionale Regulation der Genexpression als Reaktion auf äußere Reize

In eukaryotischen Zellen kann sich die Genexpression teilweise dauerhaft ändern, wenn Zellen differenzieren, oder nur temporär und leicht reversibel als Reaktion auf äußere Reize (**induzierbare Genexpression**). Äußere Einflüsse wie die veränderte extrazelluläre Konzentration bestimmter Ionen oder kleiner Nährstoffmoleküle, ein Temperaturschock und anderes können das Genexpressionsmuster von Zellen stark beeinflussen. In komplexen vielzelligen Tieren besteht darüber hinaus die unbedingte Notwendigkeit, dass Zellen miteinander kommunizieren, wobei verschiedene Arten der **zellulären Signaltransduktion** möglich sind (Abschnitte 3.2.1, 3.2.2). In bestimmten Fällen setzt die Regulation der Genexpression bei der Translation an, was gewisse Vorteile bieten kann. Andererseits wird die Genexpression auch durch Beeinflussung der Transkription verändert.

Die Regulation der Transkription als Reaktion auf Signale von anderen Zellen kann auf zwei Weisen erfolgen, *das Ergebnis ist jedoch immer dasselbe*: Ein vorher inaktiver Transkriptionsfaktor wird spezifisch aktiviert, bindet anschließend an spezifische regulatorische Sequenzen in den Promotorbereichen der Zielgene und beeinflusst so ihre Transkription. Wenn Signalmoleküle oder ihre Zwischenstufen die Transkription regulieren, bezeichnet man solche regulatorischen Sequenzen häufig als **Response-Element** (Tab. 10.4).

Tabelle 10.4 Beispiele für Response-Elemente bei der Expression von induzierbaren Genen

Consensussequenz des Response-Elements	Reaktion auf	Proteinfaktor, der Response-Element erkennt
(T/G)(T/A)CGTCA	cAMP	CREB (andere Bezeichnung ATF)
CC(A/T)(A/T)(A/T)(A/T)(A/T)(A/T)GG	Serumwachstumsfaktor	Serum-Response-Faktor
TTNCNNNAAA	Interferon-gamma	Stat-1
TGCGCCCGCC	Schwermetalle	Mep-1
TGAGTCAG	Phorpbolester	AP1
CTNGAATNTTCTAGA	Hitzeschock	HSP70 usw.

Siehe auch Hormon-Response-Elemente in Abbildung 10.10

Durch Liganden induzierbare Transkriptionsfaktoren

Kleine hydrophobe Hormone und Morphogene wie etwa Steroidhormone, Thyroxin und Retinsäure können durch die Plasmamembran der Zielzelle diffundieren und an intrazelluläre Rezeptoren im Cytoplasma oder im Zellkern binden. Diese Rezeptoren (die man oftmals auch als **Zellkernhormonrezeptoren** bezeichnet) sind induzierbare Transkriptionsfaktoren: Nach der Bindung des entsprechenden Liganden assoziiert das Rezeptorprotein mit einem spezifischen DNA-Response-Element, das vielleicht im Promotor von 50 bis 100 Zielgenen vorkommt und aktiviert deren Transkription.

Obwohl Thyroxin und Retinsäure mit den Steroidhormonen weder in Bezug auf die Struktur noch in Bezug auf die Biosynthese verwandt sind, gehören ihre Rezeptoren zu derselben Zellkernrezeptorensuperfamilie. Ein besonderes Kennzeichen der Moleküle in dieser Familie sind zwei konservierte Domänen: eine zentral liegende **DNA-Bindungsdomäne** mit etwa 68 Aminosäuren und eine etwa 240 Aminosäuren große **Ligandenbindungsdomäne** in der Nähe des C-Terminus (Abb. 10.10). Die DNA-Bindungsdomäne enthält Zinkfinger und bindet als Dimer, wobei jedes Monomer eines von zwei Hexanucleotiden im Response-Element erkennt. Die beiden Hexanucleotide liegen entweder als umgekehrte oder direkte Wiederholungen vor; sie sind in der Regel durch drei oder fünf Nucleotide getrennt (Abb. 10.10). Wenn der Ligand nicht vorhanden ist, wird der Rezeptor inaktiviert, indem die DNA-Bindungsdomäne direkt durch die Ligandenbindungsdomäne oder ein Inhibitorprotein blockiert wird, wie im Fall des Glucocorticoidrezeptors (Abb. 10.11).

Aktivierung von Transkriptionsfaktoren durch Signaltransduktion

Anders als lipidlösliche Hormone oder Morphogene können hydrophile Signalmoleküle wie Polypeptidhormone nicht durch die Plasmamembran diffundieren. Stattdessen binden sie an einen spezifischen Rezeptor an der Zelloberfläche. Nach Bindung des Liganden verändert sich die Konformation des Rezeptors, er wird aktiviert und gibt das Signal an andere Moleküle in der Zelle weiter (**Signaltransduktion**; Abschnitt 3.2.1).

Viele Rezeptoren an der Zelloberfläche weisen eine Kinaseaktivität auf oder sie können intrazelluläre Kinasen aktivieren (Tab. 3.3). Ein Kennzeichen von Signaltransduktionswegen ist häufig das komplexe regulatorische Wechselspiel zwischen **Kinasen** und **Phosphatasen**, die Zwischenstufen durch Phosphorylierung/Dephosphorylierung aktivieren oder inak-

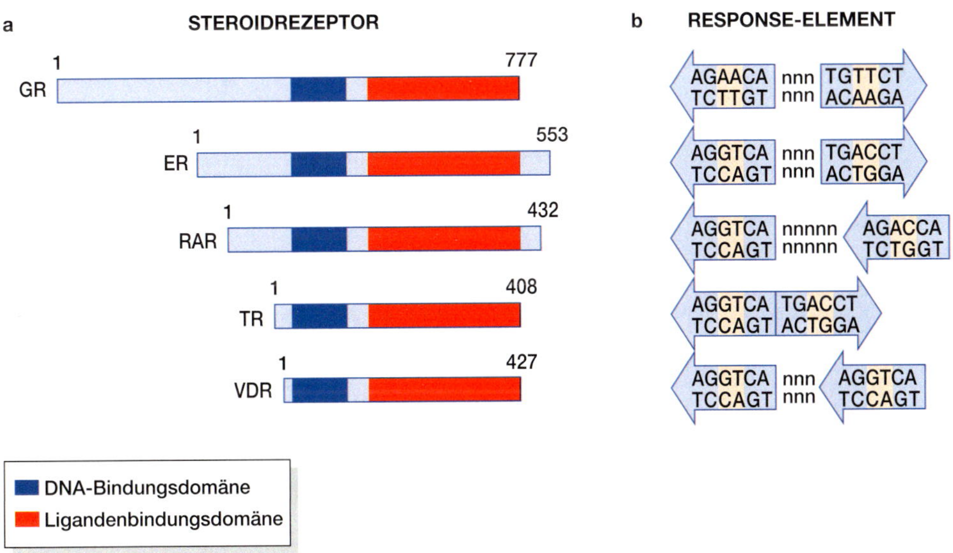

10.10 Steroidrezeptoren und die zugehörigen Kontrollelemente. a) Struktur von Proteinen der Zellkernrezeptorsuperfamilie. Die Zahlen geben die Größe der Proteine in Aminosäuren an. ER, Östrogenrezeptor; GR, Glucocorticoidrezeptor; PR, Progesteronrezeptor; RAR, Retinsäurerezeptor; TR, Thyroxinrezeptor; VDR, Vitamin D-Rezeptor. b) Response-Elemente. Häufig handelt es sich dabei um exakte umgekehrte Wiederholungen von Hexanucleotiden, die Response-Elemente für Retinsäure und Vitamin D_3 sind ungenaue direkte Wiederholungen von Hexanucleotiden. Die Hexanucleotide bestehen alle aus der allgemeinen Sequenz AGNNCA, wobei die mittleren zwei Nucleotide (hell unterlegt) für die Spezifität verantwortlich sind und sich drei Gruppen zuordnen lassen: GT, AC oder AA.

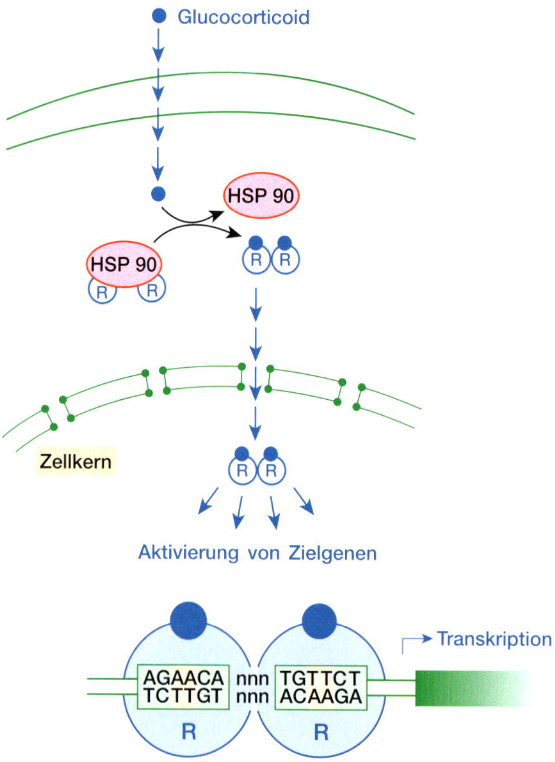

10.11 Transkriptionale Regulierung durch Glucocorticoide. Der Glucocorticoidrezeptor wird normalerweise durch die Bindung des Inhibitorproteins Hsp90 inaktiviert. Die Bindung von Glucocorticoiden an den Rezeptor setzt Hsp90 frei, der Rezeptor dimerisiert und aktiviert dann spezifische Gene, die im Promotor ein Glucocorticoid-Response-Element enthalten.

tivieren können. Häufig kommt es durch die Phosphorylierung oder Dephosphorylierung zu einer Konformationsänderung. Wenn ein Signalmolekül aktiviert wird, bedeutet die veränderte Konformation oftmals, dass ein Signalfaktor nicht länger durch eine Repressorsequenz gehemmt wird, die sich auf einem inhibitorischen Protein befindet und an das er gebunden ist. Die Repressorsequenz kann sich dabei auch in einer Domäne oder in einem Sequenzmotiv des Signalfaktors selbst befinden.

Bei der Aktivierung der Transkription gibt es zwei allgemeine Mechanismen, die Signale von Rezeptoren an der Zelloberfläche schnell in den Zellkern übertragen können und bei beiden kommt es zu einer *Phosphorylierung von Proteinen*: Proteinkinasen werden aktiviert und dann vom Cytoplasma in den Zellkern gebracht, wo sie spezifische Transkriptionsfaktoren phosphorylieren; oder inaktive Transkriptionsfaktoren, die im Cytoplasma gespeichert sind, werden durch eine Phosphorylierung aktiviert und gelangen dann in den Zellkern. Die folgenden zwei Abschnitte enthalten Beispiele für diese beiden Mechanismen (siehe auch Karin und Hunter 1995)

Hormonelle Signalübertragung durch den cAMP-Weg

Zyklisches AMP (*cyclic AMP; cAMP*) ist ein wichtiger ***second messenger*** (Tab. 10.5), der als Reaktion auf eine Reihe von Hormonen und anderen Signalmolekülen durch die membrangebundene Adenylatcylase aus ATP erzeugt wird. Hormone, die die Adenylatcylase aktivieren, binden an einen Rezeptor an der Zelloberfläche, der zur *Klasse der G-Protein-gekoppelten Rezeptoren* gehört. Die Bindung des Hormons an den Rezeptor stimuliert die Wechselwirkung des Rezeptors mit einem G-Protein, das aus den drei Untereinheiten α, β und γ besteht. Als Folge dieser Wechselwirkung wird die α-Untereinheit aktiviert, wodurch sie dissoziiert und die Adenylatcylase aktiviert.

Die Zunahme von intrazellulärem, von der aktivierten Adenylatcylase produziertem cAMP, kann wiederum die Transkription von spezifischen Zielsequenzen aktivieren, die ein *cAMP-Response-Element* (CRE) enthalten. Die *Proteinkinase A* vermittelt die Funktion von cAMP. Das Molekül bindet an die Proteinkinase und aktiviert das Enzym, indem durch die Bindung die

Tabelle 10.5 Beispiele für *second messenger* bei der zellulären Signalübertragung

second messenger	Eigenschaften
zyklisches AMP (cAMP)	entsteht durch die Adenylatcyclase aus ATP; Effekte werden normalerweise durch Proteinkinase A vermittelt; Beispiel für die Aktivierung des CREB-Faktors in Abb. 10.12a
zyklisches GMP (cGMP)	entsteht durch die Guanylatcyclase aus GTP; am besten untersucht beim Sehvorgang im Auge von Wirbeltieren
Phospholipide/Ca^{2+}	Aktivierung nach der Reaktion von G-Protein-gekoppelten Rezeptoren und Proteintyrosinkinasen; Hydrolyse von Phosphatidylinositol-4,5-bisphosphat (PIP_2) erzeugt Diacylglycerin (DAG) und Inositol-1,4,5-trisphosphat (IP_3); Aktivierung der Proteinkinase C durch DAG und Mobilisierung von Ca^{2+} aus zellulären Speichern durch IP_3

beiden katalytisch aktiven Untereinheiten freigesetzt werden. Diese wandern in den Zellkern und aktivieren dort spezifisch den Transkriptionsfaktor CREB (CRE-bindendes Protein). Das aktivierte CREB stimuliert dann die Transkription von Genen, die das cAMP-Response-Element enthalten (Abb. 10.12a).

Aktivierung von NF-κB durch Signale des Tumornekrosefaktors

NF-κB ist ein Transkriptionsfaktor, der an verschiedenen Reaktionen der Immunantwort beteiligt ist. Im inaktiven Zustand wird NF-κB im Cytoplasma festgehalten, wo der Faktor einen Komplex mit einer inhibitorischen Untereinheit (*IκB*) bildet. Der Inhibitor wird nach seiner Phosphorylierung abgebaut. Durch die Zerstörung von IκB kann NF-κB in den Zellkern gelangen und verschiedene Zielgene aktivieren. Die Phosphorylierung von IκB erfolgt mithilfe einer Kinasenkaskade, nachdem der Tumornekrosefaktor (TNF) an einen spezifischen TNF-Rezeptor an der Zelloberfläche gebunden hat. Dadurch kommt es zur Aktivierung von Faktor 2, der mit dem TNF-Rezeptor assoziiert ist (TRAF2; Abb. 10.12b).

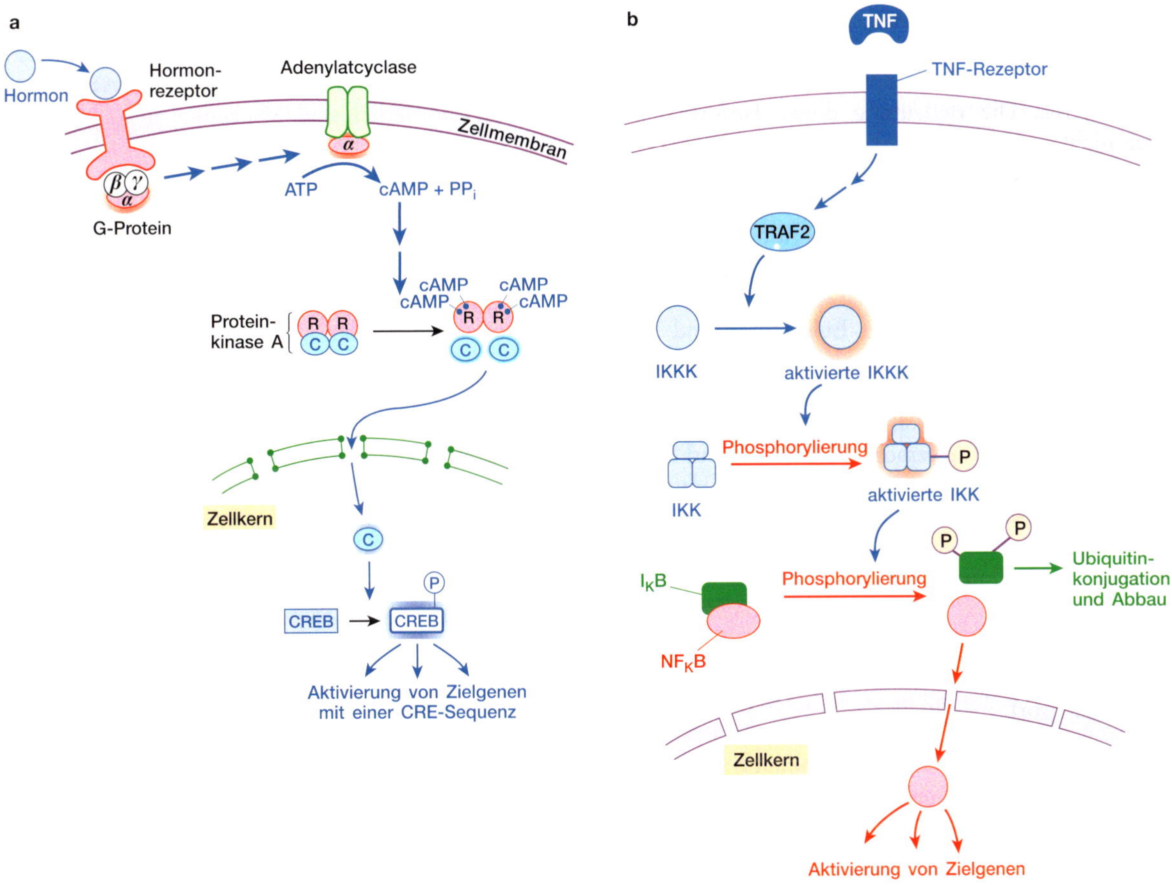

10.12 Extrazelluläre Signale, die durch aktivierte Rezeptoren übertragen werden, aktivieren die Expression bestimmter Zielgene. a) Aktivierung einer Proteinkinase und ihre Translokation in den Zellkern: hormonelle Signalübertragung über den cAMP-Proteinkinase A-Weg. Die Bindung des Hormons an einen spezifischen Rezeptor an der Zelloberfläche führt zur Wechselwirkung des Rezeptors mit einem G-Protein. Die aktivierte α-Untereinheit des G-Proteins dissoziiert vom Rezeptor und stimuliert die membrangebundene Adenylatcyclase, cAMP zu produzieren. Dieses bindet an die regulatorischen Untereinheiten (R) der Proteinkinase A, sodass die katalytischen Untereinheiten (C) freigesetzt werden und in den Zellkern wandern, wo sie den Transkriptionsfaktor CREB (CRE-bindendes Protein) durch eine Phosphorylierung aktivieren. Der aktivierte CREB-Faktor bindet an cAMP-Response-Elemente in den Promotoren der Zielgene. b) Aktivierung eines cytoplasmatischen Transkriptionsfaktors (NF-κB) und seine Translokation in den Zellkern. Die Bindung von TNF verursacht eine Konformationsänderung des zugehörigen Membranrezeptors, sodass eine Reihe von intrazellulären Signalproteinen aktiviert werden. Diese wiederum mobilisieren und aktivieren die Kinase IKKK, die die IκB-Kinase (IKK) phosphoryliert. I$_κ$B ist normalerweise an NF-κB gebunden, aber durch die Phosphorylierung wird I$_κ$B für eine Ubiquitinmarkierung und damit für einen anschließenden Abbau zugänglich. Der freigesetzte NF-κB-Faktor besitzt eine exponierte Lokalisierungssequenz für den Zellkern, sodass das Protein nun dorthin wandern kann, um bestimmte Zielgene zu aktivieren.

ser und anderer Mechanismen stellt sich erneut die Frage, inwieweit die klassische Definition eines Gens tatsächlich zutrifft.

10.3.1 Durch die Verwendung alternativer Promotoren können gewebespezifische Isoformen entstehen

Einzelne Säugertiergene besitzen zwei oder mehrere **alternative Promotoren**, die alternative Expressionsprodukte (**Isoformen**) mit unterschiedlichen Eigenschaften hervorbringen können (Ayoubi und van de Ven 1996). Häufig führt die Transkription von den verschiedenen Promotoren dazu, dass für das erste Exon alternative Varianten verwendet werden, die dann jeweils mit dem gleichen Satz von stromabwärts liegenden Exons zusammengespleißt werden. Darüber hinaus können alternative Promotoren auch weiter innen im Gen liegen (**alternative interne Promotoren**). Die von dort aus exprimierten Produkte sind dann verkürzt, wie es etwa beim Dystrophingen der Fall ist (siehe unten). Die Isoformen können folgende Eigenschaften besitzen:

- Gewebespezifität (das ist sehr häufig der Fall, da verschiedene Promotoren unterschiedliche regulatorische Elemente enthalten können; das menschliche Dystrophingen ist dafür ein gutes Beispiel).
- Spezifität für bestimmte Entwicklungsphasen (beispielsweise das Gen des Rezeptors für den insulinähnlichen Wachstumsfaktor II).
- Unterschiedliche Lokalisierung in der Zelle (zum Beispiel lösliche und membrangebundene Isoformen).
- Unterschiedliche funktionelle Eigenschaften (etwa beim Progesteronrezeptor).
- Geschlechtsspezifische Genregulation (beispielsweise das *Dnmt1*-Methyltransferasegen; Abschnitt 10.4.2; Abb. 10.20).

Eines der bekanntesten Beispiele für die differenzielle Verwendung von Promotoren beim Menschen betrifft das riesige Dystrophingen, das insgesamt aus über 79 Exons besteht, die sich bei Xp21 über 2,4 Megabasen (Mb) DNA verteilen. Es gibt mindestens sieben verschiedene Promotoren. Drei davon liegen in der Nähe der normalen Startstelle: ein für die Gehirnrinde spezifischer Promotor, ein muskelspezifischen Promotor, der 100 kb stromabwärts liegt, sowie ein Promotor, der in den Purkinje-Zellen des Kleinhirns benutzt wird und weitere 100 kb stromabwärts liegt (Abb. 10.14). Die Verwendung dieser Promotoren führt zu großen Isoformen mit einem Molekulargewicht von 427 kDa, die man als Dp427 bezeichnet (dabei steht Dp für Dystrophinprotein und entsprechend dem jeweiligen Gewebe werden an die Zahl Buchstaben angehängt, etwa bei Dp427m für die muskelspezifische Isoform). Bei den drei Dp427-Isoformen unterscheiden sich die äußersten N-terminalen Aminosäuren, da statt Exon 1 jeweils ein anderes Exon verwendet wird. Zusätzlich zu den Promotoren für die konventionellen großen Isoformen gibt es mindestens vier weitere alternative interne Promotoren für die Erzeugung kleinerer Isoformen. (Abb. 10.14).

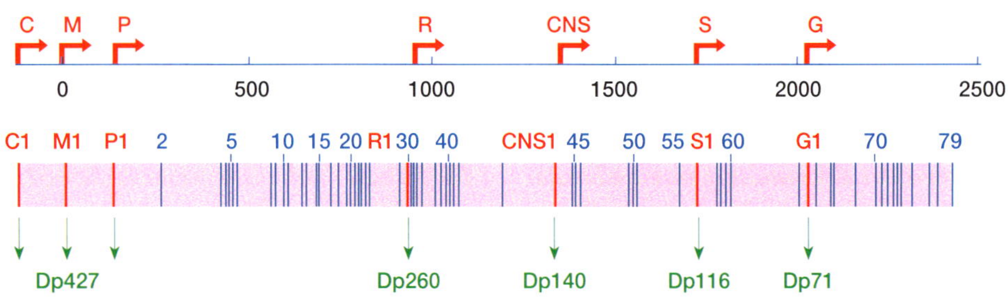

10.14 Für die gewebe- und zelltypspezifische Expression des Dystrophingens stehen mindestens sieben verschiedene Promotoren zur Verfügung. Die Positionen der sieben alternativen Promotoren sind in der oberen Reihe dargestellt: C (Cortex); M (Muskulatur); P (Purkinje-Zellen); R (Retina, auch Gehirn und Herzmuskel); CNS (Zentralnervensystem, auch in den Nieren); S (Schwann-Zellen); G (allgemein, das heißt fast überall exprimiert, jedoch nicht nachweisbar in vollständig ausdifferenzierten Skelettmuskelzellen). Die ungefähren Positionen der Exons sind darunter abgebildet. Zu jedem Promotor gehört ein spezifisches erstes Exon (rot dargestellt: C1, M1, P1, R1, CNS1, S1 und G1) und weitere stromabwärts liegende Exons (blau). Die internen Promotoren liegen unmittelbar stromaufwärts von den markierten Exons: R (Exon 30); CNS (Exon 45); S (Exon 56); G (Exon 63). Die C-, M- und P-Dystrophine, die die gesamte Länge umfassen, sind etwa 427 kDa groß (Dp427). Die vier internen Promotoren R, CNS, S und G erzeugen jeweils immer kleinere Iosoformen: Dp260; Dp140; Dp116 beziehungsweise Dp71. Es treten auch alternative Spleißmuster auf, vor allem am 3'-Ende. Weitere Informationen finden sich unter http://www.dmd.nl/isoforms.html.

10.3.2 Bei den menschlichen Genen kommt es immer wieder zu alternativen Spleißmustern und zu alternativer Polyadenylierung der mRNA

Bei der Verwendung alternativer Promotoren werden zu Beginn der Transkription im Allgemeinen auch alternative Exons benutzt, aber durch andere Mechanismen (vor allem durch alternatives Spleißen) ist es möglich, Exons auch in größerem Umfang alternativ auszuwählen. Die unerwartet geringe Anzahl von Genen bei verhältnismäßig komplexen Lebewesen wie *Drosophila* oder dem Menschen (etwa 0,7 × beziehungsweise 1,5 × so viele Gene wie bei dem einfachen Wurm *C. elegans* mit seiner Körpergröße von 1 mm) deuten darauf hin, dass die biologische Komplexität stark auf der alternativen Expression von Genen beruhen könnte (Maniatis und Tasic 2002, Roberts und Smith 2002).

Alternatives Spleißen: Häufigkeit und Spleißmuster

Mindestens 50% (wahrscheinlich noch viel mehr) der menschlichen Gene unterliegen alternativem Spleißen, wodurch bei der RNA-Weiterverarbeitung unterschiedliche Exonkombinationen in den Transkripten desselben Gens entstehen. Prinzipiell können bei vielen Genen auf RNA-Ebene zahlreiche Isoformen erzeugt werden, aber es ist häufig unklar, welche der möglichen alternativen Transkripte tatsächlich eine biologische Bedeutung besitzen (was bei einigen zweifellos der Fall ist – siehe unten). Die alternativen Spleißvorgänge lassen sich in verschiedene Klassen einteilen, die zu unterschiedlichen Kombinationen aus *codierenden* und *nichtcodierenden Exons* und zu **Exonlängenvarianten**, deren Sequenzen teilweise übereinstimmen, führen (Abb. 10.15). Für proteincodierende Gene hat dies folgende Konsequenzen:

- **Verschiedene Isoformen** können durch alternative Kombinationen von codierenden Exons oder die Verwendung von Varianten der codierenden Exons entstehen, die unterschiedliche Aminosäuresequenzen codieren. Manchmal entstehen auch Proteine, denen eine ganze, funktionell wichtige Domäne oder ein Lokalisierungssignal fehlt – mit den entsprechenden Auswirkungen auf die Funktion des Proteins (Exkurs 10.3).
- **Verschiedene untranslatierte Sequenzen.** Alternative Kombinationen von nichtcodierenden Exons oder die Verwendung von Varianten nichtcodierender Exons führen zu unterschiedlichen 3'- und 5'-untranslatierten Sequenzen, manchmal auch zu unterschiedlichen Polyadenylierungsstellen (Abb. 10.15). Die funktionelle Bedeutung von unterschiedlichen nichttranslatierten Sequenzen ist häufig unklar, bei einigen Genen ist dieses Phänomen jedoch besonders auffällig, etwa bei der mRNA des Wachstumsfaktorrezeptors, bei der es aufgrund unterschiedlicher Spleißvorgänge mindestens acht verschiedene 5'-UTR-Sequenzen gibt (Pekhletsky et al. 1992).

Durch alternatives Spleißen sind teilweise zahlreiche potenzielle Isoformen möglich, beispielsweise die beeindruckende Zahl von 38016 Proteinisoformen für das *Dscam*-Gen von *Drosophila* (Schmucker et al. 2000; Abb. 10.16b). Für einige dieser alternativen Formen ließ sich zeigen, dass sie während der Entwicklung und in Geweben spezifisch reguliert werden. Bei einigen genau untersuchten Genen weiß man inzwischen, dass alternative Spleißmuster besonders stark konserviert werden, beispielsweise die +KTS- und –KTS-Isoformen beim *WT1*-Gen des Wilms-Tumors (Abb. 10.16a; Exkurs 10.3), die selbst bei sehr entfernt verwandten Lebewesen wie dem Kofferfisch konserviert sind.

Alternatives Spleißen: Regulation

Das am meisten untersuchte Modellsystem für die Regulierung des Spleißens ist der Entwicklungsweg der Geschlechtsbestimmung bei *Drosophila*, bei dem auch die Gendosis reguliert wird. In allen Stadien dieses Entwicklungsweges findet alternatives Spleißen statt, um die Expression von Transkriptionsregulatoren oder chromatinassoziierten Proteinen, die die Transkription beeinflussen, zu kontrollieren. Das Spleißen unterliegt dabei sowohl einer positiven als auch einer negativen Kontrolle (Lopez 1998). In Säugerzellen sind die RNA-bindenden Proteine der **SR-Familie** (sie enthalten eine getrennte C-terminale Domäne, die einen hohen Anteil an Serin-Arginin(SR)-Dipeptiden aufweist) sowie einige HnRNP-Proteine (*heterogeneous nuclear ribonucleoprotein particle*) mögliche Spleißregulatoren. Diese Proteine unterstützen bei verschiedenen Schritten den Zusammenbau der Spleißosomen und binden an **Spleiß-Enhancer-Sequenzen**, die als regulatorische Sequenzen die Erkennung von Spleißstellen unterstützen (Blencowe 2000, Caceres und Kornblihtt 2002, Fairbrother et al. 2002).

Alternative Polyadenylierung

Die Verwendung von alternativen Polyadenylierungssignalen kommt bei menschlichen mRNAs ebenfalls relativ häufig vor, und man kennt verschiedene Arten der **alternativen Polyadenylierung** (Edwards-Gilbert et al. 1997). Viele Gene enthalten zwei oder mehr Polyadenylierungssignale in der 3'-UTR, wobei die

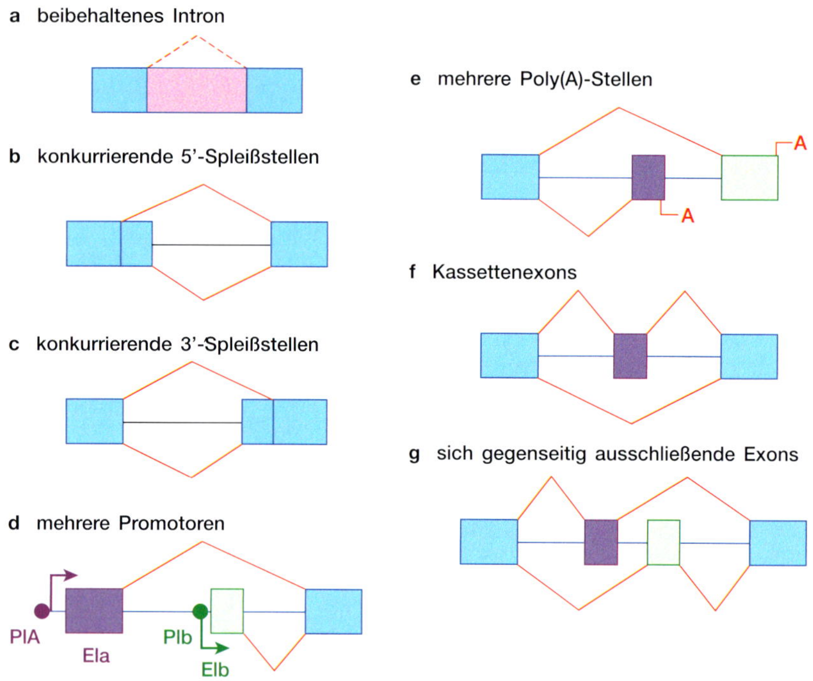

10.15 Alternative Spleißmuster. Interne **Kassettenexons** (f) können unabhängig von anderen Exons eingebaut oder ausgeschlossen werden (**Auslassen von Exons**, *exon skipping*), während **sich gegenseitig ausschließende Exons** (g) in Abfolgen von zwei oder mehr Exons auftreten, von denen immer nur eines in die reife RNA übernommen wird. Für die dargestellten Spleißmechanismen gibt es folgende Beispiele: Kassettenexons, Exon 5 des *WT1*-Gens (Abb. 10.16a); Exonlängenvarianten aufgrund konkurrierender 5'-Spleißstellen (b), Varianten von Exon 9 im *WT1*-Gen (Abb. 10.16a); sich gegenseitig ausschließende Exons, Varianten der Exons 4, 6, 9 oder 17 des *Dscam*-Gens (Abb. 10.16b). Die Verwendung von alternativen Promotoren führt ebenfalls alternative 5'-Exons ein (Abb. 10.14). Nach Roberts und Smith (2002) *Curr Opin Chem Biol* 6: 375–383, mit Genehmigung von Elsevier. Zusätzlich zum alternativen Spleißen gibt es im menschlichen Genom auch vereinzelte Beispiele für *trans*-Spleißen. Während das alternative Spleißen Sequenzen verknüpft, die von verschiedenen Exons innerhalb einer *einzigen* Transkriptionseinheit von einem *einzigen* DNA-Strang abgelesen wurden, werden beim *trans*-Spleißen Sequenzen kombiniert, die von Exons in *verschiedenen* Transkriptionseinheiten auf *verschiedenen DNA-Strängen* stammen (Finta und Zaphiropoulos 2002; Maniatis und Tasic 2002).

alternativ polyadenylierten Transkripte gewebespezifisch sein können. In anderen Fällen können die alternativen Polyadenylierungssignale auch nur bei alternativen Spleißmustern eine Rolle spielen.

10.3.3 RNA-Editing ist eine seltene Form der RNA-Weiterverarbeitung, bei der basenspezifische Veränderungen in die RNA eingeführt werden

Das RNA-Editing ist eine Form der posttranskriptionalen Weiterverarbeitung, bei der *auf RNA-Ebene* Nucleotide enzymatisch eingefügt, herausgeschnitten oder einzeln verändert werden. Insertionen oder Deletionen beim RNA-Editing sind offenbar ein besonderes Phänomen der Genexpression in den Mitochondrien von kinetoplastenhaltigen Protozoen (etwa bei den Trypanosomen) und Schleimpilzen. Das **Substitutions-RNA-Editing** tritt in einigen Systemen sehr häufig auf, beispielsweise in den Mitochondrien und Chloroplasten der Gefäßpflanzen. Hier finden bei einzelnen mRNAs mehrere C→U- oder U→C-Austauschreaktionen statt.

Bei Säugern gibt es keine Hinweise auf RNA-Editing mit Insertionen oder Deletionen, bei einigen wenigen Genen treten jedoch Substitutionen auf (Gerber und Keller 2001). Am häufigsten kommt es beim RNA-Editing zu *Desaminierungen* (zum Entfernen von Aminogruppen) an bestimmten Cytosin- oder Adeninresten (katalysiert durch eine Familie von RNA-abhängigen Desaminasen). Allerdings gibt es auch *Transaminierungen* (die Modifizierung durch Anhängen einer Aminogruppe, etwa im Fall des U→C-Editing beim Wilms-Tumorgen (Abb. 10.16a). Es gibt zwei Klassen von RNA-Editing, die auf Desaminierungen beruhen:

Exkurs 10.3: Alternatives Spleißen kann die funktionellen Eigenschaften eines Proteins verändern

Die folgende, keinesfalls vollständige Zusammenstellung soll lediglich veranschaulichen, auf welche Weise sich die biologischen Eigenschaften von Proteinen durch alternatives Spleißen ändern können (weitere Informationen finden sich bei Lopez 1998, Graveley 2001).

- **Gewebespezifische Isoformen**, etwa bei Tropomyosin und Calcitonin. Zu Letzterem gehört auch das in der Schilddrüse exprimierte Calcitonin oder das nervenzellenspezifische calcitoninabgeleitete Peptid).
- **Membrangebundene und lösliche Isoformen.** Durch die Erzeugung löslicher Formen kann beispielsweise die Lokalisierung von zahlreichen Membranrezeptoren reguliert werden, etwa Klasse-I- und Klasse-II-HLA, IgM, CD8, Wachstumshormonrezeptor, IL-4, IL-5, IL-7, Erythropoietin, G-CSF, G-MCSF, LIF (*leukemia inhibitory factor*) und FAS-Apoptosesignalrezeptor.
- **Alternative intrazelluläre Lokalisierung.** Ein wichtiges Beispiel ist das *WT1*-Gen des Wilms-Tumors. Es codiert ein Protein mit vier Zinkfingern am C-Terminus, von dem es bis zu 24 verschiedene Isoformen gibt. Unterschiedliches Spleißen der RNA führt entweder zum Vorhandensein oder Fehlen der Aminosäuresequenz KTS, wodurch die Lokalisierung des *WT1*-Genprodukts im Zellkern gesteuert wird (Abb. 10.16a).
- **Veränderte Funktion.** Die +KTS- und −KTS-Isoformen des *WT1*-Genprodukts unterscheiden sich auch in ihrer Fähigkeit, an spezifische DNA-Sequenzen in bestimmten Zielgenen zu binden. Die +KTS-Produkte spielen vermutlich bei der Bindung von Spleißfaktoren eine Rolle, während die −KTS-Produkte vermutlich bei der Bindung an Domänen im Nucleoplasma, in denen ubiquitäre Transkriptionsfaktoren gespeichert werden, eine allgemeinere Funktion besitzen. Als weitere Beispiele sind hier zu nennen: Isoformen von Transkriptionsfaktoren (die Transkription aktivieren oder unterdrücken – abhängig von den Domänen, die das Genprodukt letztendlich enthält, Lopez 1998) und apoptosefördernde und apoptoseinduzierende Isoformen von verschiedenen Genen, beispielsweise des Ich-1/Caspase 2-Gens.

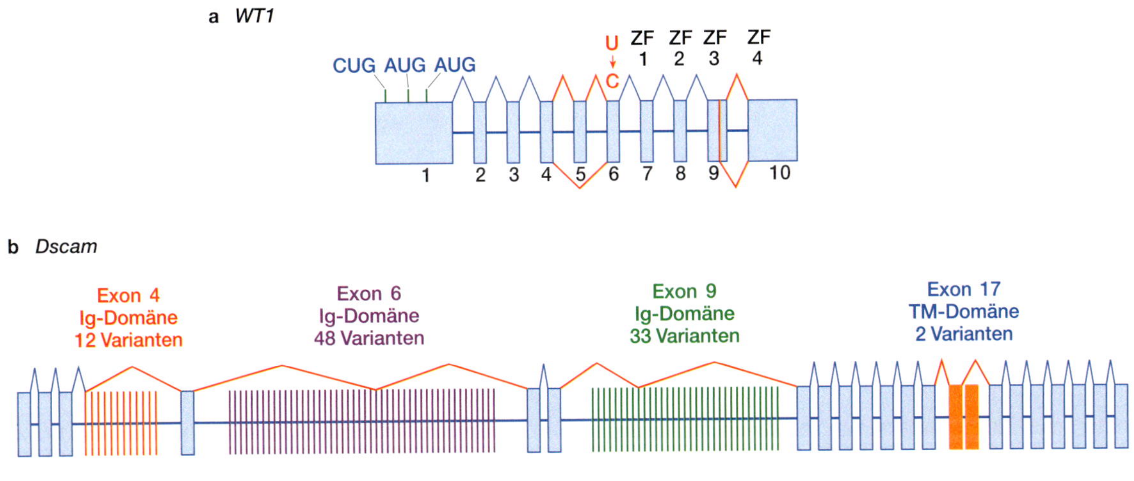

10.16 Alternative Spleißmuster führen zu funktionellen Unterschieden beim Wilms-Tumorgen (*WT1*) und bedingen eine erhebliche potenzielle Komplexität beim *Dscam*-Gen von *Drosophila*. a) Spleißen der *WT1*-mRNA. Dabei sind 24 Isoformen möglich. Es gibt in Exon 1 drei verschiedene Startcodons, die alternativ verwendet werden, eine U→C-Substitution durch RNA-Editing in Exon 6 und zwei alternative Spleißformen: Exon 5 kann wahlweise ausgelassen werden, außerdem kommen Varianten von Exon 9 mit unterschiedlichen Längen vor (aufgrund von konkurrierenden 5'-Spleißstellen für Intron 9). Dabei wird das KTS-Peptid entweder einbezogen oder ausgelassen. Die +KTS-Isoformen gelangen spezifisch in die Bereiche des Zellkerns, in denen Spleißreaktionen stattfinden. Dort spielen sie vermutlich bei der Bindung von Spleißfaktoren eine Rolle. Die −KTS-Isoformen hingegen verteilen sich mehr im gesamten Nucleoplasma; sie besitzen vermutlich eine allgemeinere Funktion bei der Bindung an Domänen, in denen ubiquitäre Transkriptionsfaktoren gespeichert werden (Larsson et al. 1995). b) Spleißen der *Dscam*-mRNA. Insgesamt sind 38 016 (12 × 48 × 33 × 2) Isoformen möglich, da von jedem der Exons 4, 6 und 9, die immunglobulinähnliche Domänen codieren, und von Exon 17, das eine Transmembranregion codiert, sich gegenseitig ausschließende Spleißvarianten erzeugt werden können (Schmucker et al, 2000). Nach: Roberts und Smith (2002) *Curr Opin Chem Biol* 6, 375–383.

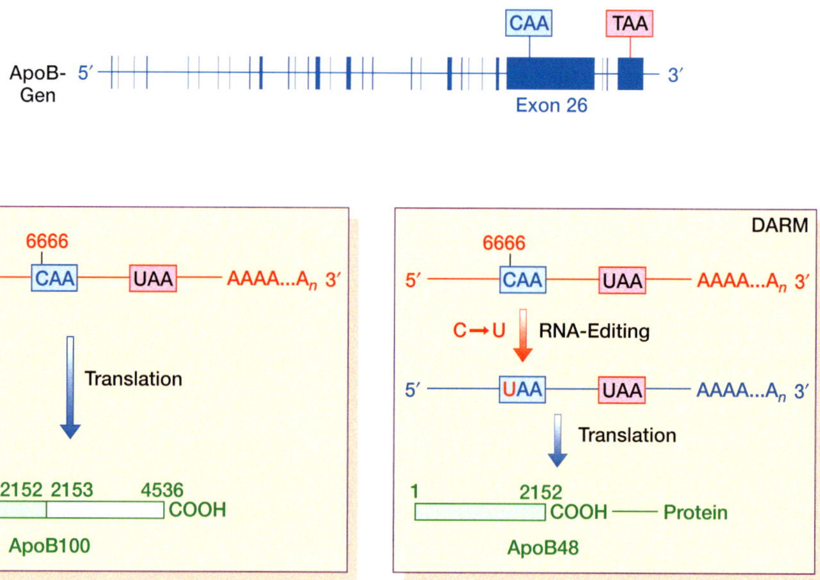

10.17 Gewebespezifisches RNA-Editing bei der Weiterverarbeitung der Apolipoprotein B-mRNA *(APOB)* des Menschen. In der Leber spezifiziert Codon 2 153 (CAA) an den Nucleotidpositionen 6 666 – 6 668 der *APOB*-mRNA einen Glutaminrest. Im Darm jedoch wird durch ein mRNA-Editing an Position 6 666 (→ U) das Glutamincodon zu einem Stoppcodon (UAA) verändert. Dadurch entsteht das verkürzte Produkt ApoB48.

- **C→U-Editing** kommt nur bei einigen wenigen Genen vor, besonders gut untersucht ist es beim Apolipoproteingen *APOB* des Menschen. Das *APOB*-Gen wird in der Leber exprimiert und codiert ein Transkript von 14,1 kb Länge sowie ein Genprodukt (apoB100) mit 4 536 Aminosäuren. Im Darmgewebe jedoch gibt es das APOBEC1-Protein, eine spezifische Cytosindesaminase, die ein einzelnes Cytosin an Position 6 666 desaminiert, sodass ein vorzeitiges Stoppcodon entsteht. Die verkürzte mRNA (mit einer Länge von 7 kb) codiert das apoB48-Produkt, das mit den ersten 2 152 Aminosäuren von apoB100 übereinstimmt (Abb. 10.17). Die durch *Aktivierung induzierte Desaminase* (AID), die bei der Rekombination und Mutation der Immungloublin-DNA mitwirkt, zeigt erhebliche Übereinstimmungen mit APOBEC1, aber desaminiert offenbar *Desoxycytidine* (Abschnitt 10.6).
- Enzyme der *ADAR-Familie* von Desaminasen (*adenosine acting deaminase acting on RNA*) katalysieren das **A→I-Editing** bei mRNAs, die bestimmte ligandengesteuerte Ionenkanäle codieren, beispielsweise Glutamatrezeptoren und verwandte Proteine. Ein Adenosin wird durch die Desaminierung zu einem **Inosin** (I); diese Base kommt in mRNA normalerweise nicht vor (die Aminogruppe am Kohlenstoff 6 des Adenosins wird durch eine Carbonylgruppe (C–O ersetzt). Inosin verhält sich wie Guanosin: Es bildet mit Cytosin normale Basenpaarungen aus und wird, wenn es sich in der mRNA in einem Codon befindet, bei der Translation als G interpretiert. So wird beispielsweise in der mRNA des Glutamatrezeptor B-Gens ein CAG-Codon (für Glutamin) durch RNA-Editing zu einem CIG-Codon, das als CGG gelesen wird und ein Arginin ergibt. Diese Art von RNA-Editing, die einen Austausch Gln→Arg bewirkt, bezeichnet man häufig als **Q/R-Editing** (entsprechend dem Ein-Buchstaben-Code für die beiden beteiligten Aminosäuren).

Die tatsächliche Bedeutung des RNA-Editing ist zwar unklar, aber dieser Mechanismus ist für Säuger lebenswichtig (beispielsweise kann die Zerstörung einzelner ADAR-Gene bei Mäusen zu gravierenden Krankheitsbildern führen). Das RNA-Editing entwickelte sich offenbar in der Evolution, um Fehler auszugleichen, die auf der genomischen Ebene entstanden sind, andererseits ergibt sich so die Möglichkeit, die Expression zu regulieren und auf zusätzliche Weise zur Proteindiversität beizutragen.

10.4 Differenzielle Genexpression: Entstehung durch Asymmetrie und Fortsetzung durch epigenetische Mechanismen wie die DNA-Methylierung

Das Prinzip, dass die Genexpression beim Menschen gewebespezifisch erfolgt, ist schon lange bekannt. Unklar bleibt jedoch weiterhin, wie solche Muster am Anfang festgelegt werden. Da der DNA-Gehalt aller kernhaltigen Zellen in einem Lebewesen praktisch identisch ist, lässt sich mit genetischen Mechanismen nicht erklären, wie sich die differenzielle Genexpression überhaupt in den Zellen entwickelt. C. H. Waddington führte deshalb den Begriff der **epigenetischen Mechanismen** der Genregulation in der Entwicklungsphase ein. Mit genetischen Mechanismen lassen sich vererbbare Merkmale erklären, die durch Veränderungen der Gensequenz (Mutationen) entstehen. Mit epigenetischen Mechanismen bezeichnet man hingegen vererbbare Merkmale, *die nicht von der DNA-Sequenz abhängen*. In jüngster Zeit hat man eine Reihe von epigenetischen Mechanismen identifiziert, die in den Zellen von Wirbeltieren aktiv sind, beispielsweise Mechanismen, die bestimmte Konstellationen der Genexpression in somatischen Zelllinien aufrechterhalten.

10.4.1 In Zellen von Säugerembryonen führen höchstwahrscheinlich Signale, die von Zelle zu Zelle übertragen werden und eine geringe Reichweite besitzen, zu einer selektiven Genexpression

Es muss einen bestimmten Mechanismus geben, mit dem sich die gewebe-, zell- und entwicklungsspezifischen Expressionsmuster erklären lassen, und der in der befruchteten Eizelle oder in einer sehr frühen Entwicklungsphase eine Asymmetrie oder eine Achse festlegt. Bei *Drosophila* ist das Ei von Anfang an asymmetrisch, weil von asymmetrisch angeordneten Nährzellen Genprodukte übertragen werden. Der Embryo entwickelt sich zuerst als vielkerniges *Syncytium* (eigentlich eine große Zelle). Die Regionalisierung hängt ab von den Reaktionen der einzelnen Zellkerne auf weitreichende Gradienten von regulatorischen Molekülen. Bei den Säugern jedoch ist die Eizelle relativ klein und in der frühen Embryonalentwicklung bildet sich anscheinend eine symmetrische Ansammlung von einzelnen Zellen. Dennoch erfolgt die Entwicklung schließlich asymmetrisch.

Die Asymmetrie entsteht in Säugerzellen möglicherweise aufgrund von positionsspezifischen Besonderheiten. Einige Gegebenheiten der frühen Entwicklung sind von Anfang an asymmetrisch, beispielsweise die Eintrittsstelle des Spermiums bei der Befruchtung, die Anheftungsstelle des Embryos an der Uteruswand bei der Einnistung und die Orientierung der Zellen in Bezug auf ihre Nachbarn. Während sich der Embryo zu einer Kugel aus Zellen entwickelt und auch in späteren Phasen, wenn sich komplexere Strukturen herausbilden, haben die einzelnen Zellen jeweils eine unterschiedliche Anzahl von Nachbarzellen. Die direkte Signalübertragung zwischen den Zellen oder die Ausbreitung von Signalen im Nahbereich können dazu dienen, dass die Zellen ihre jeweilige Position bestimmen und eine differenzielle Genexpression in Gang setzen. Wenn beispielsweise ein interzelluläres Signalmolekül eine Reichweite von einem Zelldurchmesser besitzt, erhalten die Zellen an der Außenseite der *Blastula* (Abschnitt 3.7.2; Abb. 3.13) andere Signale als Zellen, die überall von Nachbarzellen umgeben sind. Die unterschiedlichen positionsspezifischen Besonderheiten können so in eine differenzielle Genexpression übersetzt werden. Wenn sich etwa bei der Organogenese (größtenteils in der vierten bis neunten Woche der Embryonalentwicklung) die einzelnen Zellsysteme entwickeln, können zelltypspezifische Wachstums- oder Differenzierungsfaktoren die Expression von Transkriptionsfaktoren induzieren, die für die jeweilige Entwicklungsphase und die einzelnen Gewebe spezifisch sind.

10.4.2 Die DNA-Methylierung ist ein wichtiger epigenetischer Faktor für die Aufrechterhaltung der Genrepression in Vertebratenzellen

Sobald sich differenzielle Expressionsmuster entwickelt haben, können epigenetische Mechanismen sicherstellen, dass sie bei der Zellteilung stabil vererbt werden, sodass eine Art **Zellgedächtnis** entsteht, das in den Zellentwicklungslinien weitergegeben wird. Die epigenetischen Mechanismen bewirken für bestimmte Zielgene oder Genombereiche die stabile Vererbung eines Zustandes mit aktivierter Transkription („offene" Chromatinkonformation), oder sorgen dafür, dass andere Genombereiche eine stark kondensierte Form ohne aktive Transkription annehmen. Man nimmt an, dass es mindestens zwei, möglicherweise sogar drei epigenetische Mechanismen gibt, die bei der Embryonalentwicklung von Tieren eine Rolle spielen:

- Die **DNA-Methylierung** ist ein epigenetischer Mechanismus, durch den das Chromatin in einen geschlossenen Zustand mit inaktivierter Transkription gebracht wird (siehe unten).
- **Polycomb-Trithorax**-Genregulation. Die Polycomb-Gruppe von Repressoren und die Trithorax-Gruppe von Aktivatoren stabilisieren die korrekte Expression von mehreren Entwicklungsregulatoren (etwa der homöotischen Gene), indem sie die Chromatinstruktur verändern – entweder hin zu einer „geschlossenen" Konformation (ohne Transkription) oder zu einer offenen Konformation (mit aktiver Transkription) (Mahmoudi und Verrijzer 2001).
- Die **Histonmodifizierung** ist wahrscheinlich der dritte epigenetische Mechanismus, der für die Fortschreibung von Expressionszuständen an spezifischen genomischen Loci verantwortlich ist (Turner 2002, Abschnitt 10.2.1).

Inzwischen hat man erkannt, dass die DNA-Methylierung ein wichtiger epigenetischer Mechanismus ist, der mit der Histonmodifizierung in Wechselwirkung tritt (Abschnitt 10.4.3), damit Konstellationen des Chromatins, die die Genexpression unterdrücken, von einer diploiden Zelle auf eine Tochterzelle stabil übertragen werden können (Bird 2002). Die genaue Funktion der DNA-Methylierung bei Eukaryoten kennt man jedoch noch nicht so genau, auch bestehen offensichtlich Unterschiede zwischen den einzelnen Spezies (Exkurs 9.3). Die Cytosinmethyltransferasen der Wirbeltiere erkennen eine CpG-Zielsequenz, binden jedoch im Gegensatz zu bakteriellen Methylasen bevorzugt an *halbmethylierte* DNA (bei der erst ein Strang methyliert ist). Die Sequenz CpG zeigt eine *duale Symmetrie*, sodass die neu synthetisierten DNA-Stränge nach der DNA-Replikation dasselbe Methylierungsmuster erhalten wie die ursprünglichen Stränge (Abb. 10.18). Auf diese Weise kann das Methylierungsmuster stabil auf die Tochterzellen übertragen werden. Die Fortsetzung eines bereits existierenden Methylierungsmusters bezeichnet man auch als **Aufrechterhaltung der Methylierung** (*maintenance methylation*). In Säugerzellen ist dafür die *Dnmt1-Methyltransferase* zuständig.

Das Verteilungsmuster von 5-Methylcytosin im Genom von differenzierten somatischen Zellen unterscheidet sich bei den einzelnen Zelltypen, aber die Fortschreibung der Methylierung gewährleistet, dass die Methylierungsmuster der verschiedenen somatischen Zellentwicklungslinien ziemlich stabil sind. Während der frühen Entwicklungsphase kommt es jedoch zu starken Veränderungen der Methylierungsmuster in Form einer **epigenetischen Reprogrammierung** (Razin und Kafri 1994, Reik et al. 2001, Li 2001). Während der Entwicklung treten zwei Arten

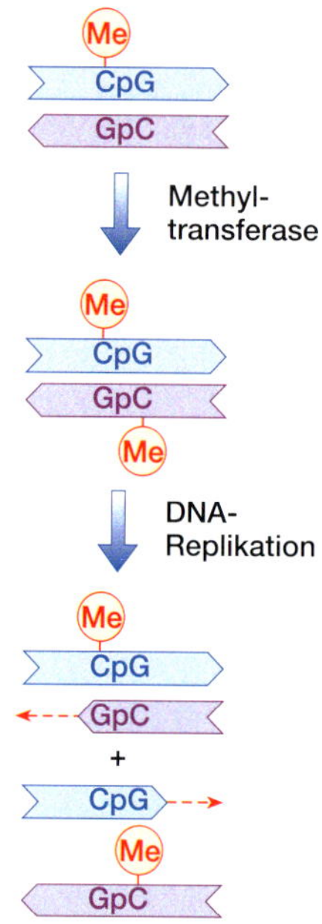

10.18 Die CpG-Methylierung wird aufrechterhalten, da die spezifische Methyltransferase eine *hemimethylierte* Zielsequenz erkennt. Die CpG-Sequenz besitzt eine duale Symmetrie. Nach der Methylierung einer hemimethylierten Basensequenz (nur ein Strang war methyliert) trennen sich die beiden methylierten Stränge bei der DNA-Replikation und dienen als Matrizen für die Synthese von zwei unmethylierten Tochtersträngen. Die entstehenden neuen Doppelstränge enthalten wieder hemimethylierte Zielsequenzen, sodass das Methylierungsmuster insgesamt erhalten bleibt.

von epigenetischer Reprogrammierung auf (Abb. 10.19).

Reprogrammierung in Keimzellen

Die DNA in den *primordialen Keimzellen* des Embryos (die Zellen, aus denen sich letztendlich die eigentlichen Keimzellen entwickeln) ist am Anfang stark methyliert, während der Entwicklung kommt es jedoch zu einer fortschreitenden Demethylierung. Zu dem Zeitpunkt, an dem die Urkeimzellen in die Keimdrüsen gelangen, ist die DNA nahezu vollständig demethyliert, kurze Zeit später ist der Vorgang dann abgeschlossen. Nach der Differenzierung der Gonaden und bei der ersten Entwicklung der Keimzellen kommt es jedoch zu einer erneuten Methylierung. Die DNA in den Spermien und Eizellen der Säuger sind deshalb wiederum sehr stark methyliert. Das Genom der Spermien ist stärker methyliert als das der Eizelle, die Methylierungsmuster zeigen *geschlechtsspezifische* Unterschiede, vor allem an den geprägten Loci (Literaturhinweise finden sich bei Merteneit et al. 1998).

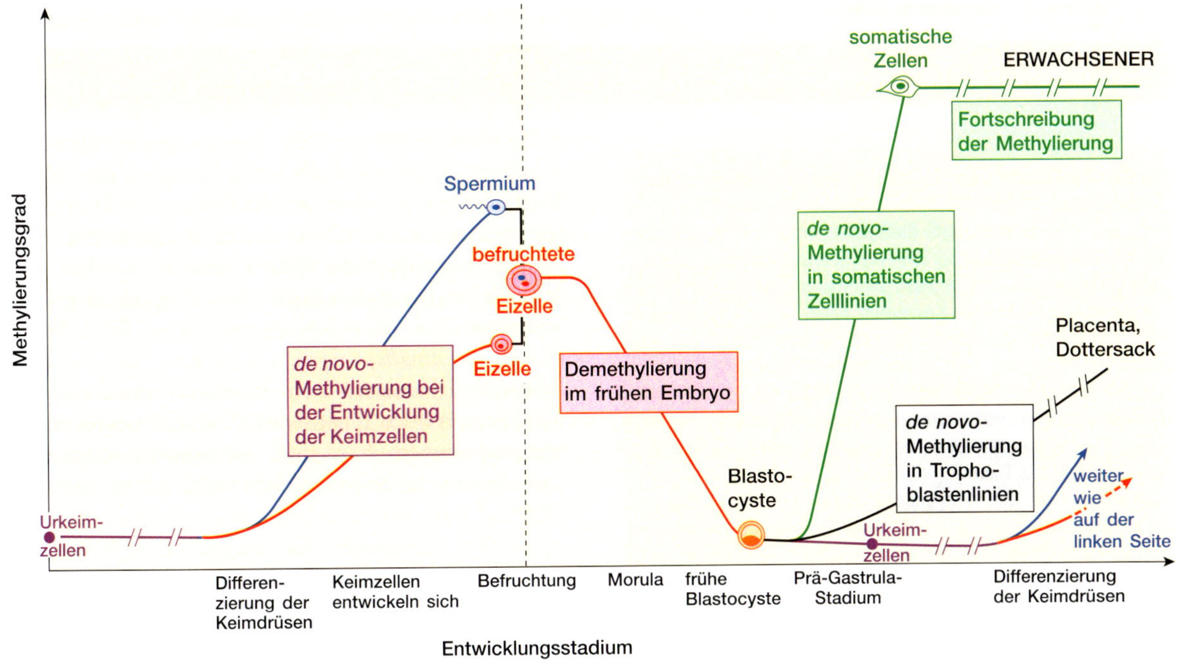

10.19 Veränderungen der DNA-Methylierung während der Entwicklung bei Säugern. Zur besseren Übersichtlichkeit sind die Entwicklungsstadien der Keimzellenreifung und der frühen Embryonalentwicklung vergrößert dargestellt, die der späteren Entwicklung hingegen verkürzt (angedeutet durch die doppelten Schrägstriche). Während der **Keimzellenreifung** erfolgt eine *de novo*-Methylierung der DNA, sodass die Genome in Eizellen und Spermien im Wesentlichen methyliert sind (wobei in Bezug auf den Methylierungsgrad und das *Methylierungsmuster zwischen beiden Genomen* Unterschiede bestehen – siehe Text). Beim **frühen Embryo** kommt es vor der Einnistung (Morula und frühe Blastula) zu einer umfassenden Demethylierung des gesamten Genoms, während kurz danach im Prä-Gastrula-Stadiums wiederum eine Phase umfangreicher *de novo*-Methylierung beginnt. Diese ist vor allem bei somatischen Zelllinien besonders ausgeprägt, weniger bei Trophoblastenlinien, aus denen die Placenta und der Dottersack hervorgehen, und *tritt bei den primordialen Keimzellen* (aus denen sich letztendlich Spermien und Eizellen entwickeln) *nicht auf.*

Reprogrammierung im frühen Embryo

Das Genom der befruchteten Eizelle ist ein Aggregat aus den beiden Genomen der Eizelle und des Spermiums, sodass hier und auch im sehr frühen Embryo die DNA stark methyliert ist. Dabei unterscheiden sich bei vielen Genen die Methylierungsmuster von mütterlichen und väterlichen Allelen. Später kommt es im Morula- und im frühen Blastulastadium, also noch vor der Einnistung des Embryos, zu einer **allgemeinen Demethylierung des Genoms.** Während des Prä-Gastrulastadiums setzt wiederum eine weitgehende ***de novo*-Methylierung** ein. Der Umfang dieser Methylierung unterscheidet sich jedoch bei den verschiedenen Zellentwicklungslinien: bei **somatischen Zelllinien** ist die DNA sehr stark methyliert; aus **Trophoblasten abgeleitete Zelllinien** (aus denen beispielsweise die Placenta und der Dottersack hervorgehen) zeigen eine geringere Methylierung; die **frühen primordialen Keimzellen** sind an diesen Prozessen nicht beteiligt; ihre genomische DNA bleibt bis zur Differenzierung der Keimdrüsen zu einem sehr großen Teil unmethyliert (siehe oben).

Inwieweit die verschiedenen Methyltransferasen zur *de novo*-Methylierung beitragen ist weiterhin ungeklärt. Die *Dnmt3a-* und die *Dnmt3b-Methyltransferasen* sind mit großer Wahrscheinlichkeit beteiligt, reichen aber allein nicht aus. Sie interagieren vermutlich mit der Dnmt1-Methyltransferase, deren Gen in männlichen Keimzellen, reifen Oocyten und im frühen Embryo stark exprimiert wird. Diese Expression unterliegt einer geschlechtsspezifischen Regulation, da die Promotoren jeweils für Oocyten und Spermatocyten spezifisch sind (Abb. 10.20).

10.4.3 Die DNA-Methylierung bei Tieren schützt möglicherweise vor der Aktivität von Transposons und reguliert die Genexpression

Nicht bei allen Eukaryoten kommt es zu einer Methylierung der DNA, aber in tierischen Zellen ist deren Funktion offenbar von entscheidender Bedeutung. Die gezielte Zerstörung des Gens für die Cyto-

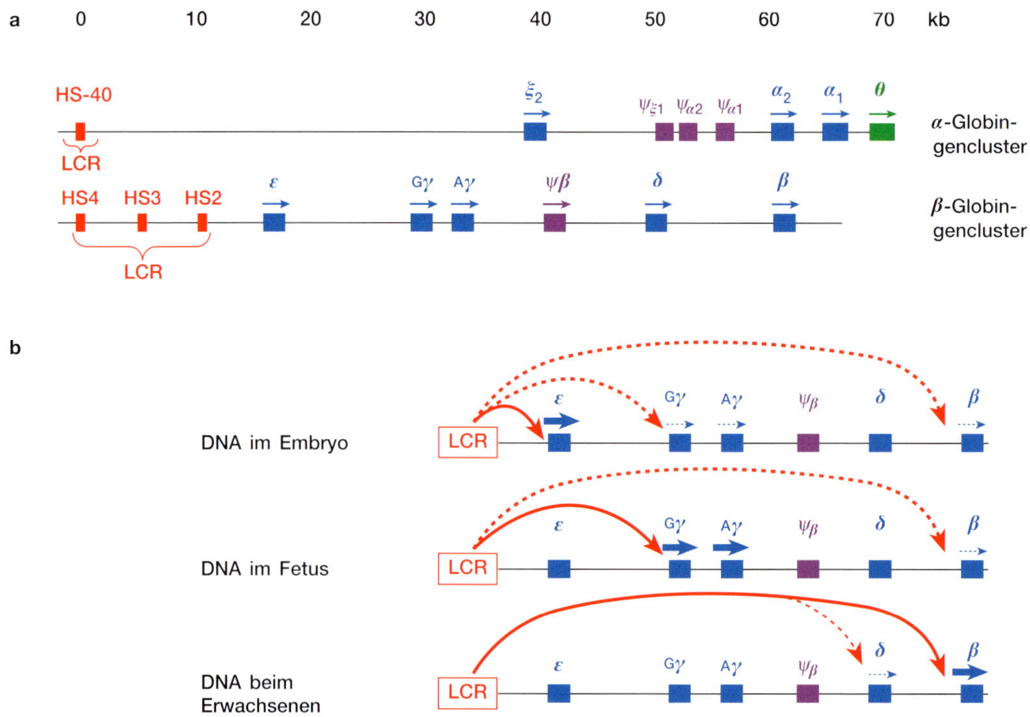

10.23 Die Genexpression in den α- und β-Globingenclustern wird jeweils von einer gemeinsamen Locuskontrollregion reguliert. a) Organisationsstruktur der α- und β-Globingencluster beim Menschen. Die Locuskontrollregionen (LCR) bestehen aus einer oder mehreren erythroidspezifischen DNase I-überempfindlichen Stellen (HS-40 und so weiter), die stromaufwärts vor dem Cluster liegen. Die Pfeile kennzeichnen die jeweilige Transkriptionsrichtung der exprimierten Gene. Der funktionelle Status des θ-Globingens ist unklar: Es wird exprimiert, aber θ-Globin wird in kein Hämoglobinmolekül eingebaut. b) Mögliche Regulation der Genexpression durch die β-Globinlocuskontrollregion. Die durchgezogenen roten Pfeile stehen für einen starken Enhancer-Effekt von der Locuskontrollregion auf die markierten Gene, wodurch ein hohes Expressionsniveau erreicht wird; rot gepunktete Pfeile stehen entsprechend für schwache Wirkungen. Dieses Modell ist nicht unumstritten – siehe Text.

zelnen Spezies deutliche Unterschiede bestehen, heißt das nur, dass sich hier noch vieles im Fluss befindet, und der interessierte Leser sei jeweils auf die aktuelle Literatur verwiesen.

10.5.3 Einige menschliche Gene zeigen eine selektive Expression von nur einem der beiden elterlichen Allele

Bei Frauen sind die X-gekoppelten und alle autosomalen Gene in Form von zwei Allelen vorhanden, da normalerweise der Vater und die Mutter jeweils ein Allel beitragen. Bei Männern, die ein X- und ein Y-Chromosom besitzen, ist von den meisten Genen, die mit den Geschlechtschromosomen gekoppelt sind, nur ein Allel vorhanden, da es zu den zahlreichen Genen auf dem X-Chromosom kein funktionelles homologes Allel auf dem Y-Chromosom gibt und einige der wenigen Gene auf dem Y-Chromosom rein Y-spezifisch sind. Das trifft beispielsweise auf das *SRY*-Gen zu, das man auch als „das primäre das männliche Geschlecht bestimmende Gen" bezeichnet. Es gibt jedoch einige wenige Gene, für die auf dem X- und dem Y-Chromosom funktionelle homologe Allele vorhanden sind (Abschnitt 12.2.8).

Wir nehmen im Allgemeinen an, dass bei Genen mit zwei Allelen immer beide elterliche Allele exprimiert werden, sofern nicht eine oder beide Kopien Mutationen erworben haben, die die Expression beeinflussen. Die Expression kann gewebe- oder zellspezifisch erfolgen, aber es besteht normalerweise kein in den Genen begründeter Unterschied zwischen den Funktionsfähigkeiten der beiden Allele. Beim Menschen und bei anderen Säugern kennt man jedoch mehrere Gene mit zwei Allelen, bei denen normalerweise nur eines der elterlichen Allele (vom Vater oder von der Mutter) exprimiert werden, aber niemals beide (die Folge ist eine Form von **Allelausschluss**). Das entsprechende Gen zeigt in diesen Zellen eine **funktionelle Hemizygotie**: Es wird nur die Hälfte der maximal möglichen Menge an Genprodukt erzeugt, *selbst wenn die Sequenzen beider elterlicher Allele*

Exkurs 10.4: Mechanismen, die in menschlichen Zellen bei Genen mit zwei Allelen zu einer monoallelen Expression führen

Mechanismus	Beispiele für Gene und die zelluläre Lokalisierung der monoallelen Expression
a) vom elterlichen Ursprung abhängiger Allelausschluss	
genomische Prägung	eine geringe Zahl von Genen (Einzelheiten zur Liste der geprägten Gene siehe unter Weiterführender Literatur); zelluläre Lokalisierung hängt davon ab, wo ein Gen jeweils exprimiert wird, wobei einige geprägte Gene in bestimmten Zellen nur von einem Allel exprimiert werden, in anderen Zellen hingegen von zwei Allelen (Tab. 10.7)
b) zufälliger Allelausschluss (unabhängig vom elterlichen Ursprung)	
Allelausschluss durch X-Inaktivierung	beschränkt auf bestimmte X-gekoppelte Gene bei weiblichen Individuen; Expression des Allels auf dem aktiven X-Chromosom, nur in Zellen, in denen Gene exprimiert werden (Abschnitt 10.5.6)
Allelausschluss durch programmierte DNA-Umstrukturierung	Expression von Ig-Genen in B-Lymphocyten und TCR-Genen in T-Lymphocyten
Allelausschluss durch unbekannten Mechanismus	Gene für Geruchsrezeptoren in Nervenzellen; Gene für NK-Zell-Rezeptoren; bestimmte Interleukingene (*IL2*, *IL4*); *XIST* (in Zellen des frühen Embryos); *PAX5* (in reifen B-Zellen und frühen B-Vorläuferzellen)

eine normale Genexpression zulassen würden und möglicherweise sogar identisch sind. In einigen Fällen kann der Allelausschluss auch gewebe- oder zellspezifisch bedingt sein, während andere Zellen desselben Individuums beide Allele normal exprimieren.

Zuerst hatte man die **monoallele Expression** von Genen mit zwei Allelen als Ausnahme betrachtet, inzwischen kennt man jedoch immer mehr menschliche Gene mit dieser Eigenschaft. Daran sind eine Reihe verschiedener Expressionsmechanismen beteiligt, die man in zwei Klassen einteilen kann (Chess 1998, Ohlsson et al. 1998):

- **Allelausschluss aufgrund der elterlichen Herkunft (Prägung).** In einigen Fällen erfolgt die Auswahl, welche der beiden vererbten Kopien abgeschaltet wird, *nicht zufällig*. Das heißt, dass bei einigen Genen das Allel, dessen Expression unterdrückt wird, immer vom Vater stammt, in anderen Fällen stammt es immer von der Mutter (Abschnitt 10.5.4).
- **Von der elterlichen Herkunft unabhängiger Allelausschluss.** Hier erfolgt die Entscheidung, welches der beiden Allele abgeschaltet wird, zuerst zufällig. Anschließend wird jedoch das Muster der ausgeschlossenen Allele bei der Zellteilung stabil auf die Tochterzellen übertragen. Daran können eine Reihe von Mechanismen beteiligt sein (Exkurs 10.4).

10.5.4 Bei der genomischen Prägung werden die Allele entsprechend ihrer elterlichen Herkunft unterschiedlich exprimiert

Verschiedene Befunde bei Säugern deuten darauf hin, dass bei einem Individuum das mütterliche und das väterliche Genom nicht äquivalent sind (Exkurs 10.5). Zusätzlich zu den genetischen Unterschieden zwischen den Genomen von Spermium und Eizelle bestehen auch epigenetische Unterschiede. Wichtig ist dabei vor allem der Methylierungsgrad der DNA insgesamt (das Genom des Spermiums ist stärker methyliert als das der Eizelle) und der Methylierungsgrad von spezifischen DNA-Sequenzklassen. So sind beispielsweise LINE-1-Sequenzen in den Spermien stark und in der Eizelle nur teilweise methyliert (Razin und Kafri 1994, Yoder et al. 1997). Bei einzelnen Genloci ist der Methylierungsgrad des mütterlichen und des väterlichen Allels ebenfalls sehr unterschiedlich. So ist zum Beispiel das väterliche Allel des *H19*-Gens sehr stark methyliert, während das mütterliche Allel untermethyliert ist.

Wie die in Exkurs 10.5 geschilderten Beobachtungen andeuten, führen die Unterschiede zwischen väterlichem und mütterlichem Genom zu einer unterschiedlichen Expression der väterlichen und der mütterlichen Gene. Die **genomische Prägung** der Säuger (die man auch als *elterliche* oder *Keimzellenprägung* bezeichnet) bedeutet, dass die Expression der Allele an bestimmten Loci nicht in gleicher Weise erfolgt, sondern dass dies vom elterlichen Ursprung des Allels abhängt (Reik et al. 2001, Sleutels und Barlow 2002). In allen (oder zumindest in einigen) Geweben, in denen das Gen exprimiert wird, ist dementsprechend die Expression entweder des väterlich vererbten oder des mütterlich vererbten Allels blockiert, es liegt also eine monoallele Expression vor. Das genaue Muster dieser monoallelen Expression wird bei der Zellteilung originalgetreu auf die Tochterzellen übertragen. Da jedoch die Nucleotidsequenz des Allels, das nicht exprimiert wird, durchaus in allen Belangen für eine Expression geeignet sein kann (oder mit dem exprimierten Allel sogar genau übereinstimmt), handelt es sich hier um einen epigenetischen Effekt, nicht um einen genetischen.

Vorkommen und Entstehung der Prägung

Die meisten menschlichen Gene unterliegen nicht der Prägung, denn sonst gäbe es nicht so viele einfach mendelnde Merkmale. Mithilfe systematischer Untersuchungen konnte man bei der Maus geprägte chro-

Exkurs 10.5: Das mütterliche und das väterliche Genom sind nicht äquivalent

Zusätzlich zum offensichtlichen Unterschied der Geschlechtschromosomen zeigt sich bei verschiedenen Befunden, dass die Autosomen und X-Chromosomen, die vom Vater beziehungsweise von der Mutter vererbt wurden, nicht äquivalent sind.

Experimentell induzierte uniparentale Diploidie bei Mäusen

Der männliche Pronucleus einer befruchteten Eizelle bei der Maus kann entfernt und durch einen zweiten weiblichen Pronucleus ersetzt werden. Dadurch erhält man einen **Gynogenot** (der manchmal auch als **Parthenogenot** bezeichnet wird, da alle 38 Chromosomen vom Muttertier stammen). Wenn man stattdessen den weiblichen Pronucleus durch einen zweiten männlichen ersetzt, entsteht ein **Andrenogenot**. Obwohl solche Embryonen über einen diploiden Chromosomensatz verfügen, können sie sich nicht entwickeln und sterben in der ersten Hälfte ihrer Entwicklung ab. Gynogenoten zeigen schwere Fehlbildungen der Embryonalhüllen, entwickeln aber einen relativ normalen Embryo. Im Gegensatz dazu ist bei Andrenogenoten der Embryo viel stärker betroffen als die Strukturen außerhalb des Embryos (Literaturhinweise bei Bestor 1998).

Natürlich vorkommende uniparentale Diploidie beim Menschen (siehe auch Abschnitt 2.5.4)

Beim Menschen sind uniparentale Embryonen durchaus nichts Ungewöhnliches. In der androgenetischen Form bilden sie eine **Blasenmole**, die aus einer Anhäufung von wasseransammelnden Chorionzotten und anderen Placentastrukturen bestehen, aber keine embryonalen Gewebe enthalten. Aus gynogenetischen Embryonen entwickeln sich Dermoide, die schließlich Eierstockteratome ausbilden. Diese bestehen aus einer Anhäufung von differenzierten, aber desorganisierten adulten Geweben, häufig mit Knochen, Zähnen, Knorpel, Haut- und anderen Geweben aber ohne jegliche extraembryonalen Strukturen.

Das Genom triploider, nicht lebensfähige Embryonen kann man als eine Kombination aus einem diploiden Genom, das von einem Elternteil stammt, und einem normalen haploiden Genom des anderen Elternteils auffassen. Der Phänotyp hängt davon ab, welcher Elternteil das diploide Genom beiträgt.

Uniparentale Disomie (siehe auch Abschnitt 2.5.4)

Einige Embryonen besitzen einen normalen Karyotyp mit 46,XX oder 46,XY, haben aber zwei Kopien eines Chromosoms von demselben Elternteil geerbt. Das kann zu einem anomalen Phänotyp führen, der sich abhängig vom elterlichen Ursprung des betreffenden Chromosoms unterschiedlich manifestiert. So entwickeln beispielsweise Menschen mit 46,XX oder 46,XY, die beide Kopien des Chromosoms 15 von ihrem Vater geerbt haben, das Angelman-Syndrom, stammen beide Kopien des Chromosoms 15 von der Mutter, entwickeln sie das Prader-Labhart-Willi-Syndrom (Exkurs 16.6).

Mutationen in chromosomalen Subregionen führen, abhängig vom entsprechenden Elternteil, zu unterschiedlichen anomalen Phänotypen

- Durch die Deletion von bestimmten chromosomalen Regionen können verschiedene Phänotypen entstehen, wenn entweder das mütterliche oder das väterliche Chromosom betroffen ist. Das beste Beispiel ist die Deletion von 15q12: Wenn das väterliche Chromosom betroffen ist, entwickelt sich das Prader-Labhart-Willi-Syndrom, handelt es sich um das mütterliche Chromosom, bildet sich das Angelman-Syndrom heraus (Exkurs 16.6).
- Bestimmte Merkmale des Menschen sind autosomal dominant, manifestieren sich aber nur, wenn sie von einem bestimmten Elternteil vererbt wurden. Bei einigen Familien werden Glomustumoren als autosomal dominante Krankheit vererbt, treten aber nur bei Personen auf, die das Gen von ihrem Vater geerbt haben. Das Wiedemann-Beckwith-Syndrom (MIM 130650) ist manchmal dominant, prägt sich aber nur aus, wenn das Gen von der Mutter stammt. Beispiele für Stammbäume finden sich in Abbildung 4.5, d und e.
- Allelverlust kommt bei vielen Krebsarten vor (Kapitel 17), vor allem, wenn das väterliche Allel betroffen ist.

mosomale Regionen identifizieren. Anders als beim Menschen sind bei der Maus alle Chromosomen akrozentrisch. Durch Robertson-Translokationen können aus Kreuzungen Nachkommen hervorgehen, bei denen beide Kopien eines bestimmten Chromosoms von einem Elternteil stammen (**uniparentale Disomie, UPD**; Abschnitt 2.5.4). Dabei lässt sich zeigen, dass die uniparentale Disomie bei einigen Chromosomen keine phänotypischen Auswirkung hat, während bei anderen anomale Phänotypen entstehen. Die anomalen Phänotypen korrelieren manchmal mit den unterschiedlichen elterlichen Ursprüngen: Übermäßiges Wachstum ist häufig mit einer mütterlichen uniparentalen Disomie gekoppelt, während Minderwuchs oft die Folge einer väterlichen uniparentalen Disomie ist. Bei einigen Chromosomen ist eine uniparentale Disomie sogar letal.

Eine genauere Untersuchung auf chromosomaler und genetischer Ebene zeigt, dass die Prägung nur bei einer begrenzten Zahl einzelner Gene und kleiner chromosomaler Bereiche von Bedeutung ist. Bis jetzt kennt man beim Menschen und bei der Maus insgesamt etwa 60 Gene, die einer Prägung unterliegen. Dabei handelt es sich sowohl um proteincodierende Gene als auch um Gene, die funktionelle nichttranslatierte RNA codieren (Tycko und Morrison 2002). Die bekannten physiologischen Funktionen dieser Gene sind sehr unterschiedlich, aber Einiges deutet darauf hin, dass es sich vor allem um Gene handelt, die das Wachstum und neurobiologische Merkmale kontrollieren. Im menschlichen Genom kennt man zwei wichtige Cluster mit geprägten Genen: Eine Region von 1 Mb bei 11p15.5 (die auch den Bereich des Wiedemann-Beckwith-Syndroms umfasst) enthält mindestens acht geprägte Gene (Maher und Reik 2000), ein Cluster von 2,2 Mb bei 15q11-q13 (mit den Bereichen für das Prader-Labhart-Willi- und das Angelman-Syndrom) enthält über zehn geprägte Gene (Meguro et al. 2001; Abb. 10.24).

Der größte Teil der geprägten Gene, die man bis jetzt kennt, liegt auf den Autosomen. Das *XIST*-Gen jedoch, das bei der Inaktivierung des X-Chromosoms eine wichtige Rolle spielt (nächster Abschnitt), lässt sich als geprägtes, X-gekoppeltes Gen betrachten, da im Trophoblasten meistens die Expression des mütterlichen Allels unterdrückt wird. Aufgrund

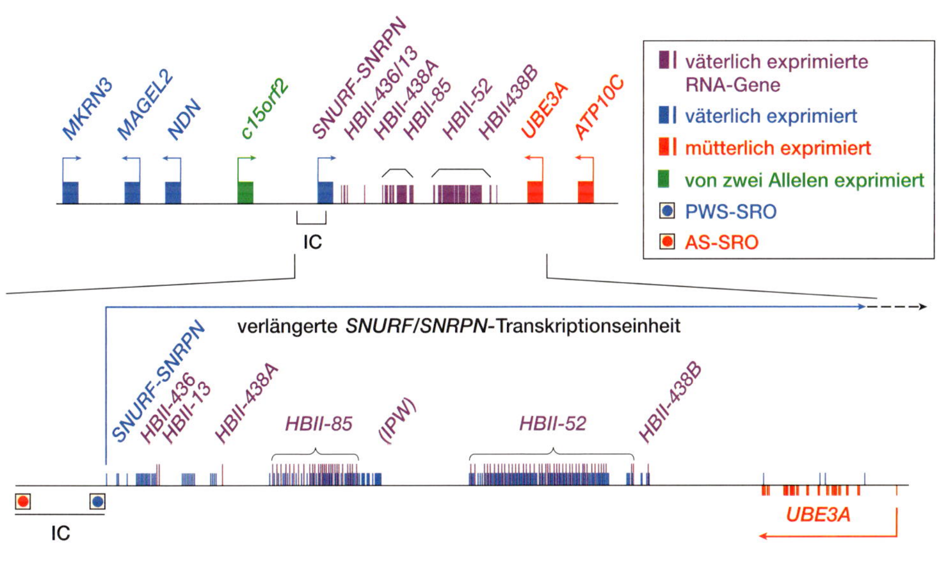

10.24 Der geprägte Gencluster bei 15q11-q13, der mit dem Prader-Labhart-Willi-Syndrom/Angelman-Syndrom assoziiert ist. Die Pfeile geben die Transkriptionsrichtung an. Die Gene *UBE3A* und *ATP10C*, die vor allem vom mütterlichen Chromosom 15 exprimiert werden, und *MKRN3*, *NDN* und *MAGEL2*, die vor allem vom väterlichen Chromosom 15 exprimiert werden, sind geprägte proteincodierende Gene. Auch die komplexe *SNURF/SNRPN*-Transkriptionseinheit (die sich mit mehr als 48 Exons über 460 kb erstreckt und mit dem *UBE3A*-Gen und möglicherweise auch mit dem *ATP10C*-Gen überlappt) ist geprägt. Die Transkriptionseinheit codiert zwei Proteine (das SNURF-Protein, das von den Exons 1–3 codiert wird, und das spleißosomale Protein SNRPN, das von den Exons 4–10 codiert wird) sowie einige RNA-Transkripte (*IPW*, *PAR5*, *UBE3AS* und so weiter, hier nicht dargestellt). Diese regulieren möglicherweise das *UBE3A*- und das *ATP10C*-Gen in Form eines Gegensinnregulators. Darüber hinaus werden noch innerhalb der Introns der *SNURF/SNRPN*-Transkriptionseinheit insgesamt 79 snoRNA-Sequenzen codiert: je eine Kopie von *HBII-436*, *HBII-13*, *HBII-437* (wahrscheinlich ein Pseudogen); zwei identische, aber getrennte Kopien von *HBII-438*; 27 Kopien *HBII-85* und 47 Kopien von *HBII-52* (dargestellt durch längere senkrechte Striche, die kürzeren Striche stehen für die *SNURF/SNRPN*-Exons; Runte et al. 2001). Fast alle diese Kopien (mit Ausnahme von *HBII-437*) werden väterlich geprägt exprimiert (vor allem im Gehirn). Möglicherweise kommt ihnen beim Prader-Labhart-Willi-Syndrom eine direkte Bedeutung zu (Gallagher et al. 2002). IC, Prägungszentrum. Nach: Runte et al. (2001) *Hum Mol Genet* 10 (23): 2687–2700, mit Genehmigung durch Oxford University Press.

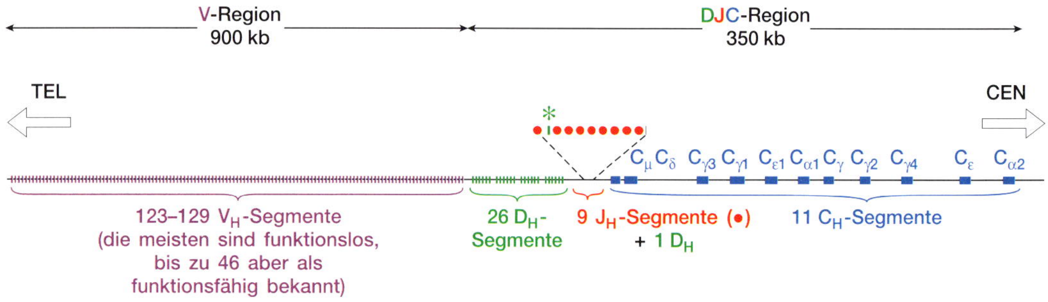

10.27 Multiple Gensegmente im *IGH*-Gen für die schwere Immunglobulinkette bei 14q32. Das Gen erstreckt sich bei 14q32.3 über 1250 kb vom telomeren Ende (links) zum centromeren Ende (rechts). In gesamten Bereich liegen 123 – 129 V_H-Gensegmente (abhängig vom Haplotyp), von denen die meisten funktionslose Pseudogensegmente sind, außerdem 27 D_H-Gensegmente, neun J_H-Gensegmente und 11 C-Transkriptionseinheiten (*jede mit mehreren Exons*). Weitere Einzelheiten finden sich unter http://www.infobiogen.fr/services/chromcancer.

der variablen Region der schweren Immunglobulinkette und der β-und δ-Kette des T-Zell-Rezeptors.

Die einzigartige Anordnung der Gensegmente in den Ig- und TCR-Genclustern entspricht der ungewöhnlichen Art und Weise, wie B- und T-Lymphocyten die somatische Rekombination durchlaufen, um vorher nicht funktionsfähige Ig- oder TCR-Gene zu aktivieren und funktionelle Produkte zu exprimieren. Dafür bilden sich spezifische Kombinationen aus je einem V-, D- und J-Gensegment (Gene der schweren Immunglobulinketten und der β-und δ-Kette der T-Zell-Rezeptoren) oder je einem V- und J- Segment (bei den anderen vier Genen). Nach dem Zusammenfügen verhalten sich die V+J- oder V+D+J-Einheiten wie *funktionelle Exons* (siehe unten). Für jedes der sieben Gene werden *in jedem Lymphocyten andere Kombinationen aus den zahlreichen V-, (D-) und J-Gensegmenten ausgewählt*, sodass alle neu entstandenen **VJ-** und **VDJ-Exons** *zellspezifisch* sind (Abb. 10.28). Deshalb erzeugt jede einzelne B- und T-Zelle ein anderes Immunglobulin beziehungsweise einen anderen T-Zell-Rezeptor. Jedes Individuum ist in Bezug auf die Anordnung der Ig- und TCR-Gene in den B- beziehungsweise T-Lymphocyten ein Mosaik – *selbst eineiige Zwillinge unterscheiden sich genetisch*.

Sobald ein VDJ- oder VJ-Exon zusammengefügt wurde, ist das zugehörige Ig- oder TCR-Gen funktionsfähig. Diese Exons bilden immer jeweils das erste Exon des Gens, die stromabwärts liegenden Exons gehören zur daran anschließenden C-Transkriptionseinheit. Beim Gen für die schwere Kette gibt es mehrere verschiedene funktionelle C-Transkriptionseinheiten mit unterschiedlichen biologischen Eigenschaften. Zuerst jedoch wird jedoch beim Spleißen das VDJ-Exon mit den Exons der benachbarten Cμ- und Cδ-Transkriptionseinheit verknüpft, und durch alternatives Spleißen kann dann eine μ- oder eine δ-Kette synthetisiert werden, die schließlich in ein IgM- beziehungsweise ein IgD-Molekül eingebaut wird (Abb. 10.28). Bei der Reifung der B-Zelle führen jedoch weitere somatische Rekombinationen zur Verknüpfung des vorher erzeugten VDJ-Exons mit anderen C-Transkriptionseinheiten, die die schwere γ-, α- oder ε-Kette codieren, die dann in IgG-, IgA- beziehungsweise IgE-Moleküle eingebaut wird (der **Klassenwechsel** der schweren Kette; siehe Text und Abbildung 10.29).

Bei den genetischen Mechanismen, die funktionsfähige VJ- und VDJ-Exons hervorbringen, kommt es häufig zu großräumigen Deletionen der Sequenzen, die die selektierten Gensegemente trennen (höchstwahrscheinlich durch Rekombinationen innerhalb der Chromatiden; im Prinzip so, wie es in Abbildung 10.29b dargestellt ist). In einigen Fällen erfolgt auch eine Inversion der Zwischensequenzen. Konservierte **Rekombinationssignalsequenzen** flankieren die 3'-Enden von jedem V- und jedem J-Segment sowie das 5'- und das 3'-Ende jedes D-Segments. Diese Signalsequenzen ermöglichen die Verknüpfung von V mit J, oder D mit J und anschließend V mit DJ, niemals jedoch V mit V oder D mit D und so weiter.

Eine **V(D)J-Rekombinase** steuert die Rekombinationsereignisse. Dieser Komplex enthält die beiden lymphocytenspezifischen Proteine **RAG1** und **RAG2**, außerdem Enzyme des DNA-Reparatursystems, das in allen Zellen aktiv ist. RAG1 und RAG2 erzeugen an den Rekombinationssignalsequenzen Doppelstrangbrüche. Die Brüche werden durch Verknüpfung der passenden Segmente V, D und J repariert, während dazwischen liegende Sequenzen entfernt werden. Die ortsspezifische Rekombination erfolgt sonst normalerweise genau, die Rekombinationen an den Loci der Ig- und TCR-Gene in B- beziehungsweise T-Zel-

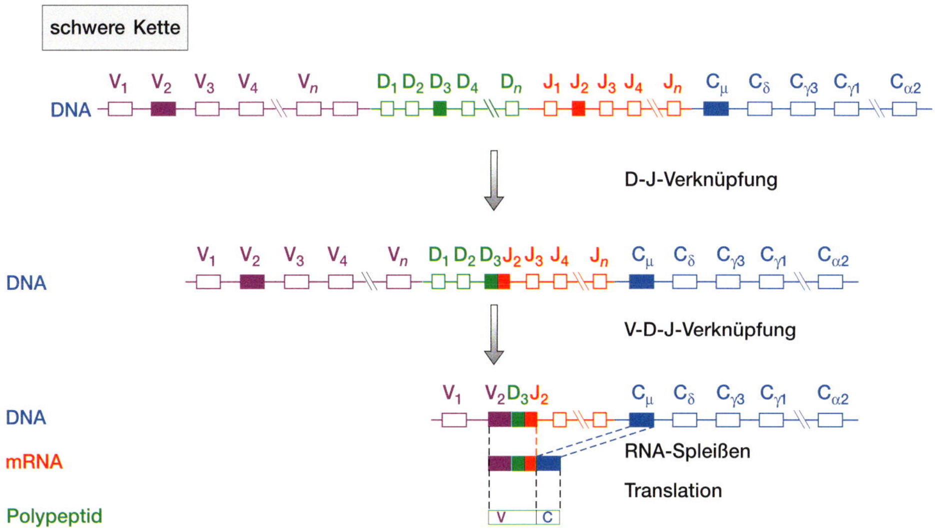

10.28 Der erste Schritt bei der Erzeugung einer schweren Immunglobulinkette ist die zellspezifische VDJ-Rekombination. Zwei aufeinanderfolgende somatische Rekombinationen führen zuerst zur D-J-Verknüpfung, dann zu einem reifen VDJ-Exon. In diesem Beispiel wird das zweite von 129 verschiedenen V-Segmenten (V_2) mit dem dritten D-Segment (D_3) und dem zweiten J-Segment (J_2) gekoppelt, sodass ein funktionsfähiges $V_2D_3J_2$-Exon entsteht. Die Auswahl ist jedoch zellspezifisch, das heißt, ein benachbarter B-Lymphocyt hat vielleicht ein $V_{129}D_{17}J_1$-Exon. Sobald das VDJ-Exon zusammengebaut wurde, kann das Gen transkribiert werden, wobei das VDJ-Exon das erste Exon ist und die anschließenden Exons von den nächsten C-Transkriptionseinheiten stammen. Das sind am Anfang die $C\mu$- und die $C\delta$-Transkriptionseinheit. Zuerst wird nur die schwere Immunglobulinkette mit der μ-Kette produziert, später mit einer μ- oder einer δ-Kette, die für IgM beziehungsweise IgD charakteristisch sind. Im weiteren Verlauf der Reifung der B-Zelle treten zusätzliche Rekombinationen auf, die das vorher zusammengesetzte VDJ-Exon mit verschiedenen C-Transkriptionseinheiten verknüpfen (**Klassenwechsel** der schweren Kette, siehe Text und Abbildung 10.29).

len jedoch nicht. Stattdessen gehen bei der Rekombination an den Enden der Gensegmente Nucleotide in unterschiedlicher Anzahl verloren, und es werden ein oder mehrere Nucleotide zufällig eingefügt. Auf diese Weise bildet sich eine **Diversität der Verbindungsstellen** (*junctional diversification*) heraus, die die Diversität der codierenden Sequenzen der variablen Sequenzen erheblich erweitert.

10.6.2 Beim Klassenwechsel der schweren Kette kommt es zur Verknüpfung eines einzelnen VDJ-Exons mit anderen Transkriptionseinheiten der konstanten Region

Eine B-Zelle produziert zwar nur eine einzige Art von Immunglobulin, aber die *Klasse* (der **Isotyp**) der schweren Kette kann sich im Verlauf der Entwicklung ändern: Innerhalb einer einzelnen Zelllinie, die aus einer bestimmten Ursprungszelle hervorgegangen ist, können deren Nachfolger ein Immunglobulin mit derselben Antigenbindungsstelle, aber unter Verwendung einer anderen Klasse der schweren Kette produzieren (**Klassen-** oder **Isotopwechsel**). Bei einem solchen Wechsel wird dasselbe VDJ-Exon, das durch zwei aufeinanderfolgende Rekombinationen entstanden ist (Abb. 10.28), mit anderen Transkriptionseinheiten der konstanten Region fusioniert.

Beim Klassenwechsel kommt es zu einer Rekombination innerhalb eines Chromatids. Dabei wird das VDJ-Exon mit einer weiter entfernten Transkriptionseinheit der konstanten Regionen verknüpft (**VDJ-C-Verknüpfung**). Dies umfasst folgende Schritte:

- **Zuerst erzeugen unreife naive B-Zellen nur IgM.** Das geschieht sehr früh in der Entwicklung der B-Zellen, da der RNA-Spleißvorgang die Sequenzen, die vom VDJ-Exon und von der benachbarten $C\mu$-Transkriptionseinheit transkribiert werden, miteinander verknüpft (Abb. 10.29a).
- **Später produzieren reife naive B-Zellen sowohl IgM als auch IgD.** In der späteren B-Zell-Entwicklung, wenn die B-Zellen noch **immunologisch naiv** sind (das heißt, sie hatten noch keinen Kontakt mit einem fremden Antigen), kommt es zu einem *teilweisen Klassenwechsel*, sodass die B-Zellen nun sowohl IgD als auch IgM herstellen. Das ist die Folge eines zusätzlichen alternativen RNA-Spleißvorgangs, bei dem das VDJ-Exon mit den Exons der benachbarten $C\delta$-Transkriptionseinheit verknüpft werden (Abb. 10.29b). Der größte Teil

der erzeugten IgM- und IgD-Moleküle bildet membrangebundene Rezeptoren; der Kontakt mit einem fremden Antigen aktiviert die Freisetzung löslicher IgM-Antikörper und löst so eine schwache **primäre Immunreaktion** aus.

- **Reife B-Zellen produzieren IgG, IgE und IgA.** Nach dem Kontakt mit fremden Antigenen durchlaufen B-Zellen weitere Prozesse, die die Affinität der Immunglobulinbindung verbessern sollen (**Affinitätsreifung**), damit die Reaktion auf das fremde Antigen bei einem erneuten Auftreten effektiver erfolgen kann (die B-Zellen sind dann in der Lage, in einer wirksamen **sekundären Immunantwort** große Mengen von löslichen Antikörpern zu produzieren, die eine höhere Affinität für das fremde Antigen besitzen). Die Affinitätsreifung wird unterstützt von somatischen Hypermutationen, Genkonversionen und so weiter. In der reifen B-Zelle erfolgt der Klassenwechsel nun durch einen Mechanismus auf DNA-Ebene. Dabei wird durch eine Rekombination innerhalb eines Chromatids dasselbe VDJ-Exon entweder mit einer $C\gamma$-, $C\varepsilon$- oder $C\alpha$-Transkriptionseinheit verknüpft, wobei die dazwischen liegenden Sequenzen entfernt werden (Abb. 10.29b) Die Immunglobuline, die von reifen B-Zellen freigesetzt werden, können an verschiedene Zelltypen binden, die über spezielle Rezeptoren für das Fc-Fragment des lös-

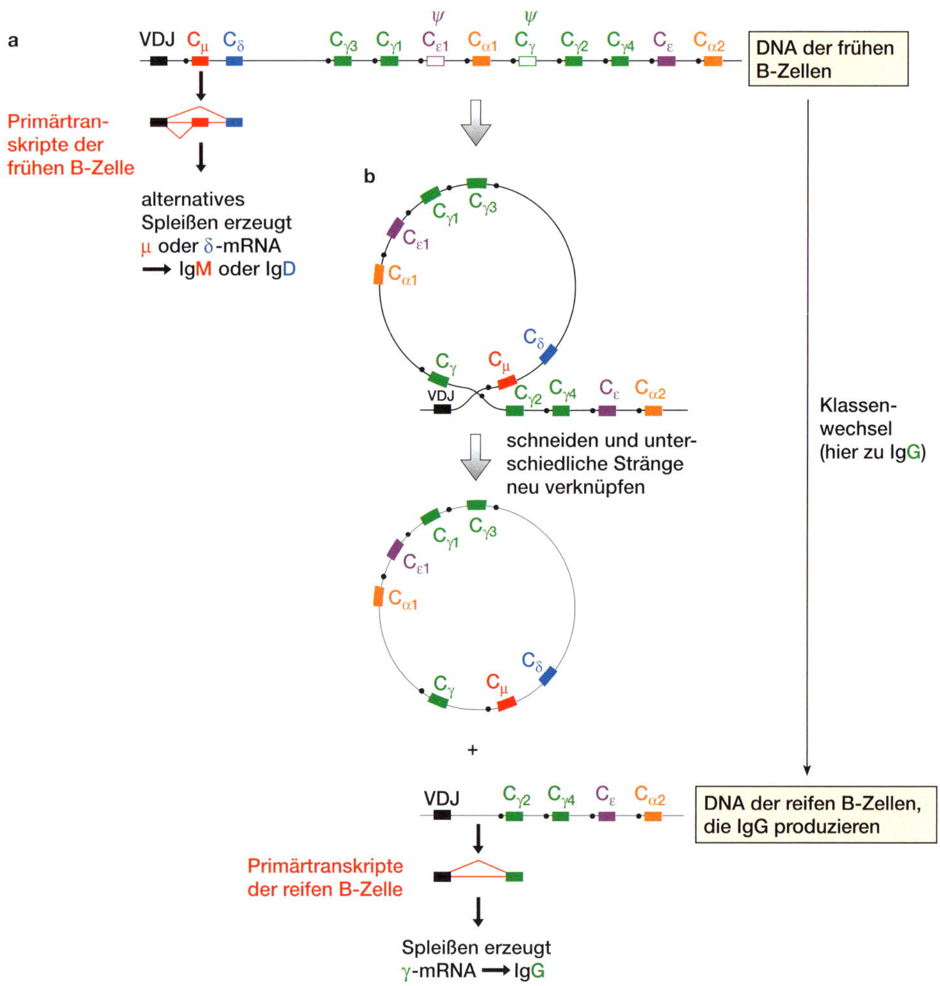

10.29 Der Klassenwechsel der schweren Immunglobulinkette kommt durch eine Rekombination innerhalb eines Chromatids zustande. a) Früher (partieller) Klassenwechsel zu IgD. Die zuerst erzeugten Immunglobuline gehören zur IgM-Klasse, da beim RNA-Spleißen das VDJ-Exon mit den Exons der *$C\mu$-Transkriptionseinheit* verknüpft wird. Während der Reifung der naiven B-Zellen wird später das VDJ-Exon mit Exons der δ-Transkriptionseinheit gekoppelt, sodass zusätzlich noch IgD gebildet wird. b) Später Klassenwechsel zu IgA, IgG und IgE. Hier kommt es zur Rekombination innerhalb eines Chromatids, durch die dasselbe VDJ-Exon in die Nähe der vorher weiter entfernten Transkriptionseinheiten der konstanten Region gelangt (die $C\alpha$-, $C\gamma$- beziehungsweise $C\varepsilon$-Transkriptionseinheit). Die neue VDJ-C-Kombination wird als IgA, IgG oder IgE exprimiert.

lichen Antikörpers verfügen. Solche **Fc-Rezeptoren** können die verschiedenen Typen der Immunglobuline selektiv binden:

- **IgG** aktiviert nicht nur das **Komplementsystem**, sondern wird auch von den Fc-Rezeptoren der **Makrophagen** und **neutrophilen Zellen**, die als phagocytische Zellen sehr effektiv sind, spezifisch gebunden.
- **IgA** wird von einem bestimmten Fc-Rezeptortyp transportiert, der nur in sekretorischen Epithelien vorkommt. Die IgA-Antikörper bilden deshalb die wichtigste Immunglobulinklasse in allen Sekreten (etwa im Speichel, in Tränen, Milch oder Darmsekreten).
- **IgE** wird von Fc-Rezeptoren auf **Mastzellen** und **basophilen Zellen** mit hoher Affinität gebunden. Die gebundenen IgE-Moleküle wirken als passiv erworbene Antigenrezeptoren. Die anschließende Bindung eines Antigens stimuliert die Mastzelle oder die basophile Zelle, eine Reihe von Cytokinen und Histamin freizusetzen. Darüber hinaus sezernieren Mastzellen dadurch Faktoren, die **eosinophile Zellen** anziehen und aktivieren. Auch diese Zellen besitzen Fc-Rezeptoren, die IgE-Moleküle binden und in der Lage sind, verschiedene Arten von Parasiten zu töten.

10.6.3 Die Monospezifität der Immunglobuline und T-Zell-Rezeptoren entsteht durch Allelausschluss und Ausschluss einer leichten Kette

In menschlichen Zellen gibt es drei funktionelle Immunglobulingene (*IGH* für die schwere Kette, außerdem *IGK* und *IGL* für die in der Funktion austauschbaren leichten Ketten κ und λ). Eine einzelne B-Zelle ist jedoch **monospezifisch**: Sie erzeugt nur einen einzigen Typ von Immunglobulinen mit einem einzigen Typ der schweren Kette und einem einzigen Typ der leichten Kette. Das hat zwei Ursachen:

- **Allelausschluss.** Die leichte und die schwere Kette können in jeder B-Zelle jeweils entweder von einem mütterlichen oder einem väterlichen Chromosom exprimiert werden, *niemals aber von beiden homologen Chromosomen*. Am Locus der schweren Kette erfolgt in den B-Zellen also eine **monoallele Expression**. Dieses Phänomen trifft auch auf die TCR-Gencluster zu.
- **Ausschluss einer leichten Kette.** Eine leichte Kette, die in einer B-Zelle synthetisiert wird, ist entweder eine κ-Kette oder eine λ-Kette. Niemals werden jedoch beide Ketten von einer Zelle produziert. Aus diesem Grund und aufgrund des Allelausschlusses findet in einem der beiden Gencluster für die leichte Kette ebenfalls eine monoallele Expression statt, *während es im anderen Cluster keine Expression gibt.*

Die Entscheidung, welches der beiden Allele für die Expression der schweren Kette und welches der vier Allele für die leichte Kette verwendet wird, erfolgt offenbar zufällig. Wahrscheinlich kommt es in jeder Vorläufer-B-Zelle an allen sechs Ig-Genen zu DNA-Umstrukturierungen, aber die Wahrscheinlichkeit, dass diese in mehr als einem Gen der schweren Kette oder in mehr als einem Gen der leichten Kette produktiv sind, ist wohl nicht sehr hoch. Darüber hinaus gibt es möglicherweise auch eine Art **negative Feedback-Regulation**: Eine funktionelle Umstrukturierung an einem der Allele für die schwere Kette unterdrückt einen solchen Effekt bei dem anderen Allel, und eine funktionelle Umstrukturierung in einem der vier Allele für die leichte Kette unterdrückt entsprechend die übrigen drei.

Weiterführende Literatur

Brivanou AH, Darnewell Jr. JE (2002) Signal transcluction and the control of gene expression. *Science* 295: 813–818.

Gellert M (2002) V(D)J recombination: RAG proteins, repair factors and regulation. *Annu Rev Biochem* 71: 101–132.

Imprinted Gene Catalogue at http://cancer.otago. ac.nz/IGC/Web/home.html

Janeway CA, Travers P Walport M, Shlomchik M (2001) *Immunobiology. The Immune System in Health and Disease*. 5. Auflage. Garland Publishing. Im Internet mit Animationen unter http://www.blink.uk.com/immunoanimations [Deutsche Ausgabe: *Immunologie*. 5. Auflage (2002). Spektrum Akademischer Verlag, Heidelberg, Berlin.]

Latchman D (1998) *Gene regulation. A Eukaryotic Perspective*. Stanley Thornes (Publishers) Ltd., Cheltenham.

Orphanides G, Reinberg D (2002) A unified theory of gene expression. *Cell* 108: 439–451.

Palacois IM, St. Johnson D (2001) Getting the message across: the intracellular localization of mRNAs in higher eukaryotes. *Annu Rev Cell Dev Biol* 17: 569–614.

Plath K, Mylnarczyk-Evans S, Nusinow DA, Panning B (2002) *XIST* RNA and the mechanism of X chromosome inactivation. *Annu Rev Genet* 36: 233–278.

Sandberg K, Mulroney SE (Hrsg.) (2002) *RNA Binding Proteins: New Concepts in Gene Regulation*, Kluwer Academic Publishers, Boston.

Turner BM,Turner BS (2002) *Chromatin and Gene Regulation: Mechanisms in Epigenetics*. Blackwell Science, Oxford.

Travers A (1993) *DNA-Protein Interactions*. Chapman & Hall, London.

van Driel R, Otte AP (1997) *Nuclear Organization, Chromatin Structure and Gene Expression*. Oxford University Press, Oxford.

Zitierte Literatur

Avner P, Heard E (2001) X-chromosome inactivation: counting, choice and initiation. *Nature Rev Genet* 2: 59–67.

Ayoubi TA,Van De Ven WJ (1996) Regulation of gene expression by alternative promoters. *FASEB J* 10: 453–460.

Bell AC, West AG, Felsenfeld G (2001) Insulators and boundaries: versatile regulatory elements in the eukaryotic genome. *Science* 291: 447–450.

Bannerjee D, Slack F (2002) Control of developmental timing by small temporal RNAs: a paradigm for RNA-mediated regulation of gene expression. *BioEssays* 24: 119–128.

Berger SL (2002) Histone modifications in transcriptional regulation. *Curr Opin Genet Dev* 12: 142–148.

Bestor TH (1998) Cytosine methylation and the unequal developmental potentials of the oocyte and sperm genomes. *Am J Hum Genet* 62: 1269–1273.

Bird A (2002) DNA methylation patterns and epigenetic memory. *Genes Dev* 16: 6–21.

Blencowe BJ (2000) Exonic splicing enhancers: mechanism of action, diversity and role in human genetic diseases. *Trends Biochem Sci* 25: 106–110.

Brockdorff N (2002) X chromosome inactivation: closing in on proteins that bind *Xist* RNA. *Trends Genet* 18: 352–358.

Bulger M, Groudine M (1999) Looping versus linking: toward a model for long-distance gene activation. *Genes Dev* 13: 2465–2477.

Bulger M, Sawado T, Schubeler D, Groudine M (2002) ChIPs of the P-globin locus: unravelling gene regulation within an active domain. *Curr Opin Genet Dev* 12: 170–177.

Butler JE, Kadonaga JT (2002) The RNA polymerase II core promoter: a key component in the regulation of gene expression. *Genes Dev* 16: 2583–2592.

Caceres JF, Kornblihtt AR (2002) Alternative splicing: multiple control mechanisms and involvement in human disease. *Trends Genet* 18: 186–193.

Chess A (1998) Expansion of the allelic exclusion principle. *Science* 279: 2067–2068.

De Moor CH, Richter JD (2001) Translational control in vertebrate development. *Int Rev Cytol* 203: 567–608.

DeverTE (2002) Gene-specific regulation by general translation factors. *Cell* 108: 545–556.

Edwards-Gilbert G, Veraldi KL, Milcarek C (1997) Alternative poly (A) site selection in complex transcription units: means to an end? *Nucl Acid Res* 13: 2547–2561.

Fairbrother WG, Yeh RF, Sharp PA, Burge CB (2002) Predictive identification of exonic splicing enhancers in human genes. *Science* 297: 1007–1013.

Finta C, Zaphiropoulos PG (2002) Intergenic mRNA molecules resulting from trans-splicing. *J Biol Chem* 277: 5882–5890.

Fuks F, Hurd PJ,Wolf D, Nan X, Bird AP KouzaridesT (2002) The methyl-CpG-binding protein MeCP2 links DNA methylation to histone methylation. *J Biol Chem* 278: 4035–4040.

Gallagher RC, Pils B, Albalwi M, Francke U (2002) Evidence for the role of PWCR1/HBII-85 C/D box small nucleolar RNAs in Prader-Willi syndrome. *Am J Hum Genet* 71: 669–678.

Gerber AP, Keller W (2001) RNA editing by base clearnination: more enzymes, more targets, new mysteries. *Trends Biochem Sci* 26: 376–384.

Goll MG, Bestor TH (2002) Histone modification and replacement in chromatin activation. *Genes Dev* 16: 1739–1742.

Graveley BR (2001) Alternative splicing: increasing diversity in the proteomic world. *Trends Genet* 17: 100–107.

Gray NK, Wickens M (1998) Control of translation initiation in animals. *Annu Rev Cell Dev Biol* 14: 399–458.

Hazelrigg T (1998) The destinies and destinations of RNAs. *Cell* 95: 451–460.

Jones PA (1999) The DNA methylation paradox. *Trends Genet* 15: 34–37.

Karin M, Hunter T (1995) Transcriptional control by protein phosphorylation: signal transmission from the cell surface to the nucleus. *Curr Biol* 5: 747–757.

Klausner RD, Rouault TA, Harford JB (1993) Regulating the fate of mRNA: the control of cellular iron metabolism. *Cell* 72: 19–28.

Kleinjan D-J, van Heyningen V (1998) Position effects in human genetic disease. *Hum Mol Genet* 7: 1611–1618.

Larsson SH, Charlieu JR Miyagawa K et al. (1995) Subnuclear localization of WT1 in splicing or transcription factor domains is regulated by alternative splicing. *Cell* 81: 391–401.

Lemon B, Tjian R (2000) Orchestrated response: a symphony of transcription factors for gene control. *Genes Dev* 14: 2551–2569.

Li E (2002) Chromatin modification and epigpnetic reprogramming in mammalian development. *Nature Rev Genet* 3: 662–673.

Lopez AJ (1998) Alternative splicing of pre-mRNA: developmental consequences and mechanisms of regulation. *Annu Rev Genet* 32: 279–305.

Lunyak VV, Burgess R, Prefontaine GG et al. (2002) Corepressor-dependent silencing of chromosomal regions encoding neuronal genes. *Science 298*: 1747–1752.

Lyon MF (1999) X-chromosome inactivation. *Curr Biol* 9, R235–R237.

Maher E, Relk W (2000) Beckwith-Wiedemann syndrome: imprinting in clusters revisited. *J Clin Invest* 105: 247–252.

Mahmoudi T, Verrijzer CP (2001) Chromatin silencing and activation by Polycomb and trithorax group proteins. *Oncogene* 20: 3055–3066.

Maniatis T, Tasic B (2002) Alternative pre-mRNA splicing and proteome expansion in metazoans. *Nature* 418: 236–243.

Martin DIK (2001) Transcriptional enhancers – on/off gene regulation as an adaptation to silencing in higher eukaryotic nuclei. *Trends Genet* 17: 444–448.

Meguro M, Kashiwagi A, Mitsuya K, Nakao M, Kondo I, Saitoh S, Oshimura M (2001) A novel maternally expressed gene, ATP10C, encodes a putative aminophospholipid translocase associated with Angelman syndrome. *Nature Genet* 28: 19–20.

Merteneit C, Yoder JA, Taketo T, Laird DW, Trasier JM, Bestor TH (1998) Sex-specific exons control DNA

methyltransferase in mammalian germ cells. *Development* 125: 889–897.
Migeon BR (1994) X-chromosome inactivation: molecular mechanisms and genetic consequences. *Trends Genet* 10: 230–235.
Narlikar GJ, Fan H-Y, Kingston RE (2002) Co-operation between complexes that regulate chromatin structure and transcription. *Cell* 108: 475–487.
Ogbourne S, Antalis TM (1998) Transcriptional control and the role of silencers in transcriptional regulation in eukaryotes. *Biochem J.* 331: 1–14.
Ohlsson R, Tycko B, Sapienza C (1998) Monoallelic expression: 'there can only be one'. *Trends Genet* 14: 435–438.
Pasquinelli AE, Ruvkun G (2002) Control of developmental timing by microRNAs and their targets. *Annu Rev Cell Dev Biol* 18: 495–513.
Pekhletsky RI, Chernov BK, Rubtsov PM (1992) Variants of the 5'-untranslated sequence of human growth hormone receptor mRNA. *Mol Cell Endocrinol* 90: 103–109.
Perk J, Makedonski K, Lande L, Cedar H, Razin A, Shemer R (2002) The imprinting mechanism of the Prader-Willi/Angelman regional control center. *EMBO J* 21: 5807–5814.
Petersen-Mahrt SK, Harris RS, Neuberger MS (2002) AID mutates *E. coli* suggesting a DNA deamination mechanism for antibody diversification. *Nature* 418: 99–10.
Razin A, Kafri T (1994) DNA methylation from embryo to adult. *Prog Nucl Acid Res Mol Biol* 48: 53–81.
Reik W, Dean W, Walter J (2001) Epigenetic reprogramming in mammalian development. *Science* 293: 1089–1093.
Roberts GC, Smith CWJ (2002) Alternative splicing: combinatorial output from the genome. *Curr Opin Chem Biol* 6: 375–383.
Rougeulle C, Heard E (2002) Antisense RNA in imprinting: spreading silence through Air. *Trends Genet* 18: 434–437.
Runte M, Huttenhofer A, Gross S, Keifmann M, Horsthemke B, Buiting K (2001) The IC-SNURF-SNRPN transcript serves as a host for multiple small nucleolar RNA species and as an antisense RNA for UBE3A. *Hum Mol Genet* 10: 2687–2700.
Schmucker D, Clemens JC, Shu H et al. (2000) *Drosophila* Dscam is an axon guidance receptor exhibiting extraordinary molecular diversity. *Cell* 101: 671–684.
Schoenherr CJ, Paquette AJ, Anderson DJ (1996) Identification of potential target genes for the neuron-restrictive silencer factor. *Proc Natl Acad Sci USA* 93: 9881–9886.
Simmen MW, Leitgeb S, Chariton J, Jones SJM, Harris B, Clark VH, Bird AP (1999) Nonmethylated transposable elements and methylated genes in a chordate genome. *Science* 283: 1164–1167.
Siomi H, Dreyfuss G (1997) RNA-binding proteins as regulators of gene expression. *Curr Opin Genet Dev* 7: 345–353.
Skuse DH, James RS, Bishop DV et al. (1997) Evidence from Turner's syndrome of an imprinted X-linked locus affecting cognitive function. *Nature* 387: 705–708.
Sleutels F, Barlow DP (2002) The origins of genomic imprinting in mammals. *Adv Genet* 46: 119–163.
Sleutels F, Zwart R, Barlow DP (2002)The non-coding *Air* RNA is required for silencing autosomal imprinted genes. *Nature* 415: 810–813.
Turner BM (2002) Cellular memory and the histone code. *Cell* 111: 285–291.
Tycko B, Morison IM (2002) Physiological functions of imprinted genes. *J Cell Physiol* 192: 245–258.
Wahle E, Kuhn (1997) The mechanism of 3' cleavage and polyadenylation of 3' eukaryotic pre-mRNA. *Prog Nucl Acid Res Mol Biol* 57: 41–71.
Walsh CP, Bestor TH (1999) Cytosine methylation and mammalian development. *Genes Dev* 13: 26–34.
Wickens M, Anderson P, Jackson RJ (1997) Life and death in the cytoplasm: messages from the 3' end. *Curr Opin Genet Dev* 7: 233–241.
Wickens M, Bernstein DS, Kimble J, Parker RA (2002) PUF family portrait: 3' UTR regulation as a way of life. *Trends Genet* 18: 150–157.
Yoder JA, Walsh CR Bestor TH (1997) Cytosine methylation and the ecology of intragenomic parasites. *Trends Genet* 13: 335–340.

11.1 Mutationen, Polymorphismen und DNA-Reparatur: ein Überblick

Die DNA des menschlichen Genoms ist wie die DNA anderer Genome keine statische Einheit. Stattdessen unterliegt sie einer Vielzahl verschiedener erblicher Veränderungen (Mutationen). Zu den großräumigen Chromosomenanomalien gehören der Verlust oder Zugewinn von Chromosomen sowie Brüche von Chromosomen und deren Neuverknüpfung (Abschnitt 2.5). Kleinräumige Mutationen lassen sich entsprechend ihrer Auswirkungen auf die DNA-Sequenz in verschiedene Klassen einteilen:

- Bei **Basensubstitutionen** kommt es zum Austausch einer einzigen Base. Vereinzelt kann es auch vorkommen, dass eine kürzere Folge von Basen gleichzeitig ersetzt wird. Dies ist bei einer bestimmten Form der Genkonversion der Fall (Abschnitt 11.3.3).
- Bei **Deletionen** werden ein oder mehrere Nucleotide aus der Sequenz entfernt.
- Bei **Insertionen** werden ein oder mehrere Nucleotide in die Sequenz eingefügt.

Mutationen kann man auch anhand der beteiligten DNA-Sequenzen unterscheiden: Entweder ist nur eine einzige Sequenz betroffen (*einfache Mutationen*; Abschnitt 11.2) oder es handelt sich um einen *Austausch* zwischen zwei allelen oder nichtallelen Sequenzen (Abschnitt 11.3). Die drei oben definierten Mutationsklassen können auf beide Weisen entstehen.

Neue Mutationen entstehen in einzelnen Individuen entweder in somatischen Zellen oder in der Keimbahn (Abschnitt 3.1.3). Wenn eine Mutation in der Keimbahn die Fähigkeit eines Menschen nicht gravierend einschränkt, Kinder zu bekommen, kann er diese Mutation an seine Nachkommen und damit an andere Mitglieder einer (sich sexuell fortpflanzenden) Population weitergeben. Die Sequenzvariabilität von Allelen bezeichnet man üblicherweise als DNA-Polymorphismus, wenn an einem bestimmten Locus in einer menschlichen Bevölkerungsgruppe mehr als eine Variante (ein Allel) mit einer Häufigkeit von über einem Prozent auftritt (das ist häufiger, als sich allein durch das wiederholte Auftreten von Neumutationen erklären ließe). Es gibt jedoch eine Vielzahl verschiedener Polymorphismentypen – vom Austausch eines einzigen Nucleotids bis hin zu sehr umfangreichen Veränderungen (Exkurs 11.1).

Für die genomische DNA des Menschen liegt die **mittlere Heterozygotie** (oder **durchschnittliche Diversität der Nucleotide**) in der Größenordnung von 0,08%: Im Durchschnitt unterscheiden sich Allelsequenzen an einer von 1 250 Basenpositionen. Dieser Wert wurde erstmals aus den Ergebnissen einer begrenzten Anzahl von Sequenzierungsuntersuchungen an einzelnen Loci ermittelt (Przeworski et al. 2000). Die Heterozygotiewerte verschiedener Loci zeigen eine große Variabilität, und bestimmte Gene sind sogar außerordentlich polymorph, vor allem die HLA-Gene (Abb. 12.29). Eine Analyse der seit kurzem verfügbaren globalen Einzelnucleotidpolymorphismen (*single nucleotide polymorphisms*, SNP) beim Menschen bestätigt jedoch den Durchschnittswert von 0,08% (Reich et al. 2002). Da aber die Mutationsraten relativ gering sind, muss der überwiegende Teil der Unterschiede zwischen den Allelsequenzen, die bei einem Individuum vorkommen, vererbt worden sein und kann nicht die Folge von *de novo*-Mutationen sein.

Mutationen sind, vereinfachend gesagt, der „Treibstoff" der Evolution, können aber auch pathogen wirken (Abschnitte 11.4, 11.5). Sie können die direkte Ursache einer phänotypischen Anomalie sein oder zu einer erhöhten Anfälligkeit für Krankheiten führen. Das normalerweise seltene Auftreten von Mutationen lässt sich daher auch als Gleichgewicht betrachten, das in der Evolution gelegentliche Neuerungen zulässt, wenngleich auf Kosten eines bestimmten Teils der Angehörigen einer Spezies, die dadurch erkranken oder sterben.

Mutationen entstehen häufig durch Kopierfehler bei der DNA-Replikation. Die Genauigkeit der DNA-Replikation ist zwar *in vivo* normalerweise außerordentlich hoch. Es kommt also nur selten zum Einbau einer falschen Base, was wiederum von der relativen freien Energie von korrekt und fehlerhaft gepaarten Basen abhängt. GT-Basenpaare können bereits durch sehr geringe Veränderungen der Helixgeometrie stabilisiert werden (zwischen G und T bilden sich zwei Wasserstoffbrücken aus; *hier ist auch zu beachten, dass in RNA GU-Paare sehr häufig auftreten*; Abb. 1.7b). Viele DNA-Polymerasen enthalten eine **Korrekturlesefunktion**, die die Fehlerrate verringern soll (Tab. 1.2). Bei Einbau einer falschen Base während der DNA-Synthese wird die Reaktion nicht fortgesetzt. Stattdessen entfernt die 3'→5'-Exonucleaseaktivität vom 3'-Ende her solange ein Nucleotid nach dem anderen, bis ein korrekt gepaartes Ende erreicht ist, an dem die DNA-Synthese wieder einsetzen kann. Selbst auf diese Weise stellt jedoch die Größe des menschlichen Genoms enorme Anforderungen an die Genauigkeit der DNA-Polymerase: Jedes Mal, wenn sich eine menschliche Zelle teilt, muss eine Sequenz von sechs Milliarden Nucleotiden exakt repliziert werden.

DNA unterliegt in der Zelle außerdem nichtvernachlässigbaren, spontan erfolgenden chemischen Angriffen durch die natürliche radioaktive Strahlung

Exkurs 11.1: Klassen der genetischen Polymorphismen und Sequenzvariabilitäten

Die Unterschiede zwischen einzelnen Phänotypen sind zu einem großen Teil auf die genetische Variabilität zurückzuführen. Man kennt mehrere verschiedene Arten von genetischen Polymorphismen und großräumigen Sequenzvariabilitäten. Letztendlich werden jedoch die Auswirkungen auf den Phänotyp in Form von Proteinen und RNA exprimiert. Veränderungen der proteincodierenden DNA-Sequenzen können zu Veränderungen der Aminosäuresequenz führen, sodass es zu **Proteinpolymorphismen** kommt. Zwar werden DNA- und Proteinpolymorphismen seit Jahren untersucht, aber man weiß immer noch recht wenig darüber. Ähnliches gilt auch für *quantitative* Unterschiede der Expression auf Ebene der Transkription. Die allelspezifische **Variabilität der Expressionsraten** bei menschlichen Genen kann auf Veränderungen der regulatorischen DNA-Sequenzen zurückzuführen sein, etwa der Sequenzen, die die Transkription und die Spleißreaktion regulieren. Diese Art der Sequenzvariabilität ist wahrscheinlich die Grundlage der Anfälligkeit gegenüber weit verbreiteten Krankheiten. Es stehen jedoch erst seit kurzem quantitative Methoden zur Verfügung, um die Allelvariabilität der menschlichen Genexpression zu untersuchen (Yan et al. 2002). Im Folgenden werden gängige Klassen von **DNA-Polymorphismen** und großräumigen Sequenzvariabilitäten beschrieben.

Einzelnucleotidpolymorphismen

Wie die Bezeichnung bereits andeutet, ist hier nur ein einziges Nucleotid betroffen (*single nucleotide polymorphism*, SNP). Meistens handelt es sich um den Austausch eines Nucleotids gegen ein anderes (**Nucleotidsubstitution**), aber Insertionen und Deletionen (**Indel-Polymorphismen**) zählen auch dazu. Normalerweise betrifft ein SNP nur zwei Allele. In einigen Fällen kommt es zu einer Veränderung von Restriktionsschnittstellen (**Restriktionsschnittstellen-Polymorphismus**; Abschnitt 7.1.3). Da die codierende DNA nur etwa 1,5 % des menschlichen Genoms ausmacht, kommen die meisten SNP in nichtcodierender DNA vor, etwa innerhalb von Introns oder Sequenzen zwischen den Genen. Die chromosomale Verteilung der SNP ist jedoch keinesfalls einheitlich. Große chromosomale Abschnitte, die nur sehr wenige SNP enthalten, liegen neben ebenfalls großen Bereichen mit sehr vielen SNP (Abschnitt 11.2.6). Die SNP-Analyse wird in Abschnitt 7.1.3 beschrieben.

Einfache VNTR-Polymorphismen

Mit dem Begriff VNTR-Polymorphismus (*variable number of tandem repeats*) umschreibt man gewöhnlich Allele an bestimmten Loci, die tandemartige Wiederholungen von *einfachen Sequenzen* enthalten. Man unterscheidet dabei zwei Klassen: Bei den **Mikrosatelliten** (*simple sequence repeat*, **SSR**) haben die einfachen Sequenzen eine Länge von unter zehn bis über 100 Nucleotide, bei den **Minisatelliten-DNA-Polymorphismen** erstrecken sich die DNA-Folgen häufig über Hunderte von Nucleotiden, wobei die Wiederholungseinheiten eine Länge besitzen, die zwischen neun und einem Mehrfachen von zehn Nucleotiden liegt. VNTR-Loci umfassen häufig viele Allele, und einige hypervariable Minisatellitensequenzen zeigen eine außerordentliche Variationsbreite (so hat beispielsweise der MS32-Locus einen Heterozygotiewert von 0,975).

Beide Arten von Polymorphismen kommen in proteincodierender DNA sehr selten vor. Zu den Ausnahmen gehören nichtrasterverschiebende SSR-Polymorphismen und die nur sehr vereinzelt exprimierten Minisatellitenpolymorphismen. So codiert beispielsweise der *MUC1*-Locus bei 1q21 ein hochpolymorphes Glykoprotein, das in mehreren Epithelgeweben und Körperflüssigkeiten vorkommt. Die Variabilität des Proteins ist eine Folge der unterschiedlichen Minisatellitenwiederholungen in der codierenden Sequenz (Swallow et al. 1987). Darüber hinaus liegen einige der Polymorphismen in großer Nähe zu Genen, deren Expression sie beeinflussen können. Ein interessantes Beispiel ist hier der *INS*-VNTR-Locus. Diese polymorphe Minisatellitensequenz liegt 596 bp stromaufwärts der Translationsinitiationsstelle des Insulingens und besteht aus einer variablen Anzahl von tandemartigen Wiederholungen, die auf der Consensussequenz ACAGGGGTGTGGGG basieren. Einige der verschiedenen Allele führen offenbar zu einer Anfälligkeit für Diabetes Typ 1, wahrscheinlich weil sie die Expression des Insulingens auf bestimmte Weise verändern (Abschnitt 15.6.4).

Aus Transposons abgeleitete Wiederholungssequenzen

Etwa 45 % des menschlichen Genoms bestehen aus Wiederholungssequenzen, die auf Transposons zurückzuführen sind (Abschnitt 9.5.1). Der überwiegende Teil davon ist zwar nicht mehr aktiv, aber es gibt einige LINE-1-, *Alu*- und LTR-Transposons, die noch aktive Transpositionen durchführen. Aufgrund von Transpositionen, die in der Evolution erst vor kurzer Zeit stattgefunden haben, sind einige Loci polymorph. So wurden beispielsweise viele Sequenzen der Yb9-, Yc1- und Yc2-*Alu*-Unterfamilien erst vor so kurzer Zeit in das menschliche Genom eingefügt, dass etwa ein Drittel der analysierten Elemente in Bezug auf das Vorhandensein/Fehlen der *Alu*-Wiederholung bei verschiedenen menschlichen Populationen polymorph ist (Roy-Engel et al. 2001).

Polymorphismen großräumiger VNTR-Sequenzen

Ausgedehnte tandemartige Wiederholungen zeigen eine variable Kopienzahl. Ursache sind ungleiche Crossing-over oder ein ungleicher Austausch von Schwesterchromatiden. So entsteht eine Form von Polymorphismen großräumiger VNTR-Sequenzen. Als Beispiele sind hier zu nennen: die α-Satellitenwiederholungen an den Centromeren und verschiedene tandemartig wiederholte RNA-Gene wie etwa rRNA-Gene oder die U2-snRNA am *RNU2*-Locus bei 17q21-q22 (sechs bis über 30 Wiederholungen von annähernd identischen Einheiten mit einer Länge von jeweils 6,1 kb). Einige Cluster von proteincodierenden Genen enthalten große tandemartige Wiederholungen, die auch zu dieser Art von Polymorphismus neigen, beispielsweise der 21-Hydroxylase/Komplement-C4-Cluster (Abschnitt 11.5.3).

Inversionspolymorphismen

Die Sequenzierung des Euchromatins im menschlichen Genom ergab sehr viele Beispiele für Sequenzen, die in einer geringen Kopienzahl vorkommen und starke Homologien (über 95%) zwischen verwandten Sequenzen aufweisen. Bei einigen Wiederholungen mit niedriger Kopienzahl erstrecken sich diese Bereiche mit sehr starker Homologie über mehrere dutzend bis mehrere hundert Kilobasen. Das ist das Ergebnis einer Segmentduplikation, die in der Evolution erst vor kurzer Zeit in der Primatenlinie erfolgt ist (Abschnitt 12.2.5). Solche Sequenzen begünstigen das Auftreten von ungleichen Rekombinationen, die zu Translokationen und großräumigen Deletionen, Duplikationen und Inversionen führen. Deletionen und einige Duplikationen hängen zwar häufig mit Krankheiten zusammen und erstrecken sich im Allgemeinen über Bereiche in der Größenordnung von Megabasen (die cytogenetisch nicht erkennbar sind), es können aber auch Polymorphismen von großräumigen Inversionen auftreten, die nicht unmittelbar zu einer Erkrankung führen (Abschnitt 11.5.5).

Chromosomale Polymorphismen und großräumige Sequenzvarianten

Bei einigen Polymorphismen handelt es sich um sehr umfangreiche Veränderungen der nichtcodierenden DNA, sodass sich die Allele mithilfe herkömmlicher cytogenetischer Analysen unterscheiden lassen. Die (heterochromatinspezifische) C-Bänderung (Exkurs 2.2) zeigt in bestimmten Abschnitten des Heterochromatins Größenunterschiede, etwa bei den Chromosomen 9, 16 und Y. Eine große pericentromere Inversion auf Chromosom 9 kommt bei der normalen Bevölkerung sogar relativ häufig vor. Vereinzelte Inversionen, bei denen die Bruchstellen offenbar außerhalb der Heterochromatinsequenzen liegen, sind ebenfalls ziemlich weit verbreitet.

und reaktive Stoffwechselprodukte. Um die Mutationsrate zu minimieren, muss es also wirksame **DNA-Reparatursysteme** geben, die viele Anomalien in der DNA-Sequenz erkennen und korrigieren können (Abschnitt 11.6). Darüber hinaus können auch bei der Genexpression in der mRNA-Sequenz Fehler auftreten. Diese unterliegen bestimmten **RNA-Kontrollmechanismen**, die mRNAs mit fehlerhaften Terminationscodons beseitigen (Abschnitt 11.4.4).

11.2 Einfache Mutationen

11.2.1 Mutationen entstehen häufig durch Fehler bei der DNA-Replikation und bei der DNA-Reparatur

Mutationen können in der DNA entweder durch eines der zahlreichen Mutagene in unserer Umwelt oder durch Mutagene, die im Zellinneren entstehen, hervorgerufen werden. Im Zusammenhang mit strahlungsinduzierten Mutationen wird bei Dubrova et al. (1996, 2002) beschrieben, dass sich die normale Mutationsrate der hypervariablen Minisatellitenloci in der Keimbahn von Menschen verdoppelt hat, die den radioaktiven Niederschlägen der Reaktorkatastrophe von Tschernobyl ausgesetzt waren. Unter normalen Bedingungen jedoch geht die größte Gefahr für Mutationen von *endogenen* Effekten aus, beispielsweise spontan auftretenden Fehlern bei DNA-Replikation und DNA-Reparatur.

Im Verlauf eines menschlichen Lebens kommt es zu annähernd 10^{17} Zellteilungen. 10^{14} Teilungen sind für die Erzeugung der etwa 2×10^{14} Zellen eines erwachsenen Menschen notwendig. Bestimmte Zelltypen müssen sich regelmäßig erneuern, sodass weitere Mitosen erforderlich sind. Das ist vor allem bei Epithelzellen der Fall (Cairns 1975). Jede Zellteilung erfordert die Neusynthese der Sequenz von 6×10^9 Nucleotiden. Damit die DNA-Replikation während einer durchschnittlichen Lebenszeit absolut fehlerfrei erfolgt, müssten die Replikations-/Reparatursysteme so genau arbeiten, dass bei 6×10^{26} Syntheseschritten jedes Mal das richtige Nucleotid eingebaut wird.

Das ist jedoch unmöglich. Die tatsächliche Genauigkeit der DNA-Polymerasen bei der Replikation ist wesentlich geringer. Die Häufigkeit nichtkorrigierter Replikationsfehler beträgt 10^{-9} bis 10^{-11} pro eingebautes Nucleotid (Cooper et al. 2000). Da die codierende DNA eines Gens im Durchschnitt 1,65 kb umfasst, treten Mutationen mit einer Häufigkeit von $1{,}65 \times 10^{-6}$ bis $1{,}65 \times 10^{-8}$ pro Gen und Zellteilung auf. Aufgrund der etwa 10^{16} Mitosen während eines Menschenlebens treten in jedem Gen insgesamt 10^8 bis 10^{10} Mutationen auf (betrachtet man jedoch jedes Gen für sich, so sind es immer nur sehr wenige Zellen, die eine Mutation enthalten). Schädliche Mutationen bleiben bei somatischen Zellen meist ohne Folgen: Ist die Mutation für die betroffene Zelle letal, so wirkt sich das auf die anderen Zellen nicht aus. In bestimmten Fällen kann eine Mutation aber zu einer unerwünschten Fortdauer der Zellteilung führen, was die Entstehung von Krebs zur Folge hat (Kapitel 17).

11.2.2 Entsprechend den Substitutionsklassen treten die einzelnen Basensubstitutionen nicht zufällig auf

Basensubstitutionen gehören zu den häufigsten Mutationen, wobei man zwei Klassen unterscheidet. Als **Transition** bezeichnet man die Substitution eines Pyrimidins durch ein Pyrimidin (C↔T) oder eines Purins durch ein Purin (A↔G). Eine **Transversion** ist die Substitution eines Pyrimidins durch ein Purin oder eines Purins durch ein Pyrimidin. Wird eine Base durch eine andere ersetzt, gibt es für eine Transversion immer zwei Möglichkeiten, für eine Transition jedoch nur eine (Abb. 11.1). Daraus ließe sich ableiten, dass Transversionen doppelt so häufig auftreten wie Transitionen.

Da die vollständige Substitution von Allelen innerhalb einer Population Tausende oder sogar Millionen von Jahren dauert, lassen sich Nucleotidsubstitutionen nicht direkt beobachten. Es ist allerdings möglich, sie durch den paarweisen Vergleich von DNA-Sequenzen zu ermitteln, die einen gemeinsamen Ursprung besitzen (zum Beispiel orthologe Gene in verschiedenen Spezies). Dabei stellt sich überraschenderweise heraus, dass in den Genomen der Säuger Transitionen häufiger vorkommen als Transversionen. Der Vergleich von 337 Paaren orthologer Gene bei Mensch und Maus ergab zum Beispiel, dass unter den Substitutionen, die zu keiner Veränderung der Aminosäuresequenz führten, 1,4mal so viele Transitionen wie Transversionen waren. Bei Substitutionen, die den Austausch einer Aminosäure bewirkten, sind es mehr als doppelt so viele (Collins und Jukes 1994).

Transitionen sind in codierender DNA wahrscheinlich deswegen häufiger als Transversionen, weil damit die Polypeptidsequenz normalerweise stärker konserviert wird (siehe unten). Das Überwiegen von Transitionen sowohl in der codierenden als auch in der nichtcodierenden DNA von Wirbeltieren ist zumindest teilweise auf die verhältnismäßig häufigen C→T-Transitionen zurückzuführen, die aufgrund der Instabilität des Cytosins in CpG-Dinucleotiden entstehen. Das Cytosin dieses Dinucleotids wird häufig am Kohlenstoffatom 5 methyliert, und das resultierende 5-Methylcytosin wird leicht desaminiert, sodass schließlich ein Thymin entsteht (Exkurs 9.3). Wahrscheinlich sind CpG-Dinucleotide in den Genomen der Wirbeltiere deshalb besonders anfällig für Mutationen. Die Mutationsrate ist etwa 8,5-mal so hoch wie der Durchschnittswert bei Dinucleotiden im Allgemeinen (Cooper et al. 2000). CpG→TpG-Transitionen sind die häufigsten pathogenen Punktmutationen. Das häufigere Auftreten von Transitionen dürfte auch mit der unterschiedlichen Effektivität der sequenzabhängigen Korrekturlesefunktion der entsprechenden DNA-Polymerasen zusammenhängen, die Basenfehlpaarungen korrigiert.

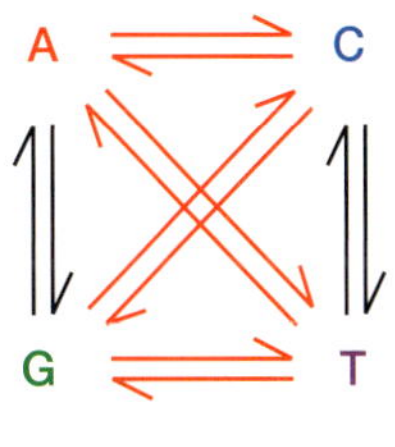

11.1 Transversionen sind theoretisch mit doppelt so großer Häufigkeit wie Transitionen zu erwarten. Rote Pfeile, Transversionen; schwarze Pfeile, Transitionen.

11.2.3 Codierende DNA zeigt eine andere Mutationshäufigkeit und andere Arten von Mutationen als nichtcodierende DNA

In der DNA eines Lebewesens entstehen viele Mutationen rein zufällig. Deshalb sollten codierende und nichtcodierende DNA für Mutationen in gleicher Weise anfällig sein. Beim menschlichen Genom beschränken sich jedoch die bedeutsamen Folgen von Mutationen zweifellos vor allem auf die codierende DNA, die annähernd 1,5% ausmacht, und auf die übrigen stark konservierten Bereiche (beispielsweise regulatorische und andere Sequenzen), die etwa weitere drei Prozent umfassen. Bei den Mutationen in der codierenden DNA unterscheidet man zwei Arten:

- **Synonyme (stille) Mutationen** verändern die Sequenz des Genprodukts nicht. Das trifft nur auf proteincodierende DNA zu. Eine synonyme Mutation verursacht die Veränderung eines Codons, aber aufgrund des *degenerierten* genetischen Codes bleibt die zugehörige Aminosäure dieselbe. Einige scheinbar synonyme Mutationen können jedoch trotzdem Auswirkungen haben, da sie das Spleißmuster beeinflussen (indem sie eine kryptische Spleißstelle aktivieren oder eine Spleiß-Enhancersequenz innerhalb eines Exons verändern (Abschnitt 11.4.3).
- **Nichtsynonyme Mutationen** verändern die Sequenz des Genprodukts, das ein Polypeptid oder eine funktionelle untranslatierte (nichtcodierende) RNA sein kann.

Tatsächliche stille **Mutationen** in den Genomen der Säuger betrachtet man auch als effektiv **neutral** (sie bringen dem Organismus, in dessen Genom sie entstehen, keine Vor- oder Nachteile). Das Gegenteil bilden die nichtsynonymen Mutationen, die man in drei

Exkurs 11.2: Mechanismen, die die Häufigkeit von Allelen in einer Population beeinflussen

Die Individuen einer Population unterscheiden sich voneinander vor allem aufgrund der vererbten genetischen Variation. Die Häufigkeit eines jeden mutierten Allels in einer Population hängt von einer Reihe von Faktoren ab, etwa von der natürlichen Selektion, der zufälligen genetischen Drift und dem Austausch von Sequenzen zwischen nichtallelen Sequenzen.

Natürliche Selektion

Die natürliche Selektion spielt dann eine Rolle, wenn sich bestimmte genetische Unterschiede der einzelnen Individuen auf ihre Fähigkeit auswirken, zu überleben und sich erfolgreich fortzupflanzen. Die unterschiedlichen Fortpflanzungsraten hängen von der jeweiligen Fähigkeit der Individuen ab, sich für die eigene Fortpflanzung einzusetzen. Dies wird beeinflusst durch Faktoren wie die Sterblichkeit, die Gesundheit und der Paarungserfolg des Individuums. Außerdem hängt die Fortpflanzungsrate von der Fähigkeit des Einzelnen ab, gesunde Nachkommen zu erzeugen. Hier sind die Fruchtbarkeit des Individuums und die Überlebensfähigkeit der Nachkommen von Bedeutung. Das **Leistungsvermögen** (die **Fitness**) eines Lebewesens ist ein Maß für die Fähigkeit des Individuums, zu überleben und sich erfolgreich fortzupflanzen. Bei den einfachsten genetischen Modellen hängt das Leistungsvermögen eines Individuums ausschließlich von dessen genetischer Beschaffenheit ab, und man sieht die Beiträge der einzelnen Loci zum Leistungsvermögen als unabhängig voneinander an, sodass jeder Locus getrennt betrachtet werden kann. So lässt sich der Begriff des Leistungsvermögens auch auf einen Genotyp anwenden.

Der überwiegende Anteil von neuen nichtsynonymen Mutationen in codierender DNA verringert die Fitness ihrer Träger. Sie werden daher **negativ selektiert** und verschwinden aus der Population („reinigende" Selektion). Gelegentlich kann es vorkommen, dass eine neue Mutation so leistungsfähig ist wie das beste Allel in der Population; eine solche Mutation ist in Bezug auf die Selektion **neutral**. Sehr selten vermittelt eine neue Mutation einen Selektionsvorteil und erhöht damit das Leistungsvermögen des Trägers. Eine solche Mutation unterliegt einer **positiven** (oder **vorteilhaften**) **Selektion**; deshalb ist zu erwarten, dass sich die Mutation in der Population ausbreitet. Bei einem Locus mit zwei Allelen, deren Leistungsvermögen sich unterscheidet, kann der heterozygote Genotyp ein Leistungsvermögen aufweisen, das zwischen dem der beiden homozygoten Genotypen liegt. Die Selektion erfolgt in diesem Fall **codominant** und gerichtet, sodass sich das vorteilhafte Allel vermehrt. In bestimmten Fällen kann eine neue Mutation bei einem homozygoten Auftreten nicht von Vorteil sein, bei einem heterozygoten Genotyp aber schon (**heterozygoter Vorteil**). Wenn also der heterozygote Genotyp gegenüber beiden homozygoten Typen (mutiert oder normal) im Vorteil ist, handelt es sich um eine bestimmte Form der Gleichgewichtsselektion, die man als **überdominante Selektion** bezeichnet (Beispiel der Cystischen Fibrose in Exkurs 4.8).

Zufällige genetische Drift

Die Häufigkeit von Allelen kann sich rein zufällig verändern (**zufällige genetische Drift**). Selbst wenn alle Individuen in einer Population genau dasselbe Durchsetzungsvermögen besäßen, sodass die natürliche Selektion nicht wirksam wäre, würden sich die Allelhäufigkeiten aufgrund der zufälligen *Auswahl der Keimzellen* dennoch ändern. Das bedeutet, dass nur ein geringer Teil der Keimzellen überhaupt an die nächste Generation weitergegeben wird (aufgrund der Partnerwahl und sonstiger Umstände pflanzen sich nicht alle Individuen einer Population fort). Selbst wenn es keinen Überschuss an Keimzellen gäbe (sodass jedes Individuum zwei Keimzellen an die nächste Generation weitergibt), käme es trotzdem zu einer zufälligen Auswahl der Keimzellen, da heterozygote Individuen zwei Arten von Keimzellen hervorbringen, die jeweils ein ande-

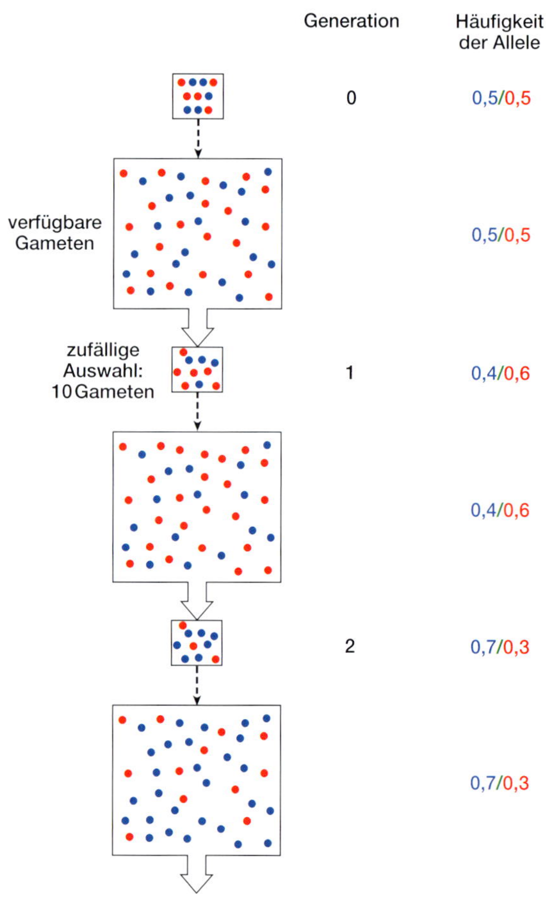

Die zufällige Auswahl der Gameten kann bei kleinen Populationen die Häufigkeiten der Allele stark verändern. Verändert nach Bodmer und Cavalli-Sforza (1976) *Genetics, Evolution and Man.*

res Allel enthalten. Aber die beiden Keimzellen, die an die nächste Generation weitergegeben werden, können zufällig dasselbe Allel enthalten.

Die genetische Drift hat auf eine große Population nur geringe Auswirkungen. Das liegt daran, dass zwar nur ein kleiner Teil der insgesamt vorhandenen Keimzellen weitergegeben wird, aber dennoch genügend Keimzellen übertragen werden, dass sie im Großen und Ganzen *für alle Gameten der Population statistisch repräsentativ* sind. Wenn eine Population jedoch nur eine geringe Größe besitzt (etwa aufgrund einer geographisch bedingten Isolierung), ist die Anzahl der an die nächste Generation weitergegebenen Keimzellen im Verhältnis kleiner, und die zufällige genetische Drift kann zu erheblichen Veränderungen der Allelhäufigkeiten führen (siehe Abbildung). Wenn keine neuen Mutationen auftreten und auch keine anderen Faktoren die Allelhäufigkeit beeinflussen (beispielsweise die Selektion), können Allele, die der genetischen Drift unterliegen, schließlich den Zustand der Fixierung erreichen (also eine Häufigkeit von 0 oder 100 %). Die genetische Drift verursacht bei kleinen Populationen schnelle Veränderungen, wirkt sich jedoch bei großen Populationen kaum aus.

Austausch von Sequenzen zwischen verschiedenen Loci

Bei einigen Genfamilien codieren einzelne Gene zwar im Prinzip das gleiche Produkt, es kann jedoch zu einem Sequenzaustausch zwischen den verschiedenen Genkopien kommen. So werden beispielsweise die menschliche 5,8S-, 18S- und 28S-rRNA von zahlreichen Genen codiert, die in tandemartigen Wiederholungen vorliegen (Abb. 10.2). Zwischen den einzelnen Wiederholungen kommt es daher leicht zu einem Austausch. So kann sich die Häufigkeit einer bestimmten Sequenz in der Population in einfacher Weise erhöhen (Abbildung 11.8 zeigt das allgemeine Modell). In solchen Fällen, wenn mehrfach vorkommende Loci im Prinzip das gleiche Produkt hervorbringen, entspricht jedes dieser Gene einem Allel (wenn auch nicht im Mendelschen Sinn, denn danach dürfen in einer diploiden Zelle maximal zwei Allele vorhanden sein). Die Häufigkeit eines bestimmten Wiederholungselements (eines Allels) wird demnach also teilweise dadurch bestimmt, wie häufig es an Sequenzaustauschreaktionen beteiligt ist.

Klassen einteilt, abhängig davon, ob sie schädliche, keine oder positive Auswirkungen haben. Letztere können beispielsweise in einer verbesserten Genfunktion oder einer verbesserten Wechselwirkung zwischen verschiedenen Genen bestehen. Die meisten entstehenden nichtsynonymen Mutationen haben jedoch wahrscheinlich eher schädliche Effekte auf die Genexpression und können Krankheiten auslösen oder zum Tod führen. Aufgrund der **natürlichen Selektion** treten solche Mutationen jedoch in einer Population sehr selten in Erscheinung (Exkurs 11.2). Deshalb ist die Gesamtmutationsrate in codierender DNA viel geringer als in nichtcodierender. Codierende DNA-Sequenzen (sowie wichtige regulatorische und auch andere wichtige Sequenzen) zeigen in der Evolution eine verhältnismäßig starke Konservierung.

Der **Selektionsdruck** (also die Beschränkung durch die natürliche Selektion) verringert zum einen in der codierenden DNA die Anzahl der überlebenden Mutationen und zum anderen das Mutationsspektrum. So kommen beispielsweise Deletionen und Insertionen von einem oder mehreren Nucleotiden in nichtcodierender DNA recht häufig vor, sind jedoch in codierender DNA ausgesprochen selten. Das liegt vor allem an der Verschiebung des Leserasters, die eine solche Mutation hervorruft (**Leserastermutation**), die ein vorzeitiges Stoppcodon hervorbringen kann und so zum Verlust der Genexpression führt. Selbst wenn Deletionen/Insertionen das Leseraster nicht verändern, können sie dennoch die Genfunktion beeinflussen, wenn zum Beispiel eine wichtige codierende Sequenz verloren geht. Die codierende DNA ist vielmehr durch verhältnismäßig häufige nichtzufällige Basensubstitutionen in Bereichen gekennzeichnet, die sich auf die Genfunktion nur wenig auswirken (nächster Abschnitt).

11.2.4 Basensubstitutionen treten in codierender DNA nicht zufällig auf

Nucleotidsubstitutionen in nichtcodierender DNA haben normalerweise keine Auswirkungen auf die Genfunktion, sofern sie nicht in einem Promotor beziehungsweise in einer anderen DNA-Sequenz liegen, die für die Genexpression oder die Spleißreaktion wichtig sind (Abb. 1.15). Substitutionen in codierenden DNA-Abschnitten zeigen ein ausgeprägtes nichtzufälliges Muster, da die Polypeptidsequenz und damit die biologische Funktion erhalten bleiben müssen. Basensubstitutionen lassen sich – entsprechend ihrer Auswirkung auf die codierende Sequenz – in drei Gruppen einteilen (Exkurs 11.3).

Die drei Arten von Basensubstitutionen unterscheidet man aufgrund der Position, an der sie auftreten, also an der ersten, zweiten oder dritten Position in einem Codon. Durch den Aufbau des genetischen Codes zeigen die einzelnen Positionen einen unterschiedlichen Grad an Degeneration. Die Basenpositionen der Codons lassen sich demnach in drei Gruppen einteilen:

- An **nichtdegenerierten Positionen** ist jede der drei möglichen Substitutionen nichtsynonym. Das betrifft die jeweils erste Position aller (mit Ausnahme

Exkurs 11.3: Einteilung der Einzelbasensubstitutionen in proteincodierender DNA

Immer wieder einmal kommt es vor, dass die Substitution eines einzelnen Nucleotids in einem codierenden Exon das Spleißmuster der RNA verändert und zu einer gestörten Genexpression führt. Das kann auf verschiedene Weise erfolgen: durch Aktivierung einer kryptischen Spleißstelle innerhalb des Exons (Abb. 11.12), durch Veränderung der Nucleotide an den Spleißdonor- oder Spleißakzeptorsequenzen, die unmittelbar an das konservierte GT- beziehungsweise AG-Signal anschließen (Abb. 1.15), oder durch die Veränderung interner Sequenzen, die die Spleißreaktion regulieren (vor allem Exon-Spleiß-Enhancer; Abschnitt 11.4.3). Andere Substitutionen einzelner Basen lassen sich in synonyme (stille) oder nichtsynonyme Substitutionen einteilen; bei Letzteren wird ein Codon so mutiert, dass sich die Aminosäuresequenz ändert.

Synonyme („stille") Substitutionen

Bei dieser Substitution entsteht ein neues Codon, das allerdings dieselbe Aminosäure codiert. Diese Art von Mutationen ist in codierender DNA am häufigsten zu beobachten, da neutrale Mutationen nicht dem Selektionsdruck unterliegen. Synonyme Substitutionen treten häufig an der dritten Basenposition eines Codons auf. Der Begriff der Wobble-Position bedeutet, dass ein Codon, das an dieser Stelle verändert wurde, häufig wieder dieselbe Aminosäure codiert. Manchmal können jedoch auch Substitutionen an der ersten Basenposition synonym sein, wie zum Beispiel bei einigen Leucincodons (**C**UA↔**U**UA und **C**UG↔**U**UG) sowie bei einigen Arginincodons (**A**GA↔**C**GA und **A**GG↔**C**GG).

Nonsense-Mutationen

Dabei handelt es sich eine nichtsynonyme Substitution, bei der ein Codon, das für eine bestimmte Aminosäure spezifisch ist, durch ein Stoppcodon ersetzt wird. Da solche Mutationen die Genfunktion fast immer deutlich herabsetzen, sorgt der Selektionsdruck dafür, dass sie normalerweise nur selten auftreten. Die codierende Sequenz für ein menschliches Protein enthält im Durchschnitt 500 bis 550 Codons. Theoretisch würde man auf dieser Distanz 20 Stoppcodons erwarten; das wäre jedoch nicht mit der normalen Funktion des Gens zu vereinbaren.

Missense-Mutationen

Diese Substitutionen sind nicht synonym, da das veränderte Codon für eine andere Aminosäure steht. Man unterscheidet zwei Arten von Missense-Mutationen:

- Durch eine **konservative Substitution** wird eine Aminosäure gegen eine andere, chemisch ähnliche Aminosäure ausgetauscht. Die Auswirkungen einer solchen Substitution auf die Proteinfunktion sind häufig gering, da die Seitenkette der neuen Aminosäure funktionell der ersetzten meist

Arg	Leu	Pro	Thr	Ala	Val	Gly	Ile	Phe	Tyr	Cys	His	Gln	Asn	Lys	Asp	Glu	Met	Trp	
110	145	74	58	99	124	56	142	155	144	112	89	68	46	121	65	80	135	177	Ser
	102	103	71	112	96	125	97	97	77	180	29	43	86	26	96	54	91	101	Arg
		98	92	96	32	138	5	22	36	198	99	113	153	107	172	138	15	61	Leu
			38	27	68	42	95	114	110	169	77	76	91	103	108	93	87	147	Pro
				58	69	59	89	103	92	149	47	42	65	78	85	65	81	128	Thr
					64	60	94	113	112	195	86	91	111	106	126	107	84	148	Ala
						109	29	50	55	192	84	96	133	97	152	121	21	88	Val
							135	153	147	159	98	87	80	127	94	98	127	184	Gly
								21	33	198	94	109	149	102	168	134	10	61	Ile
									22	205	10	116	158	102	177	140	28	40	Phe
										194	83	99	143	85	160	122	36	37	Typ
											174	154	139	202	154	170	196	215	Cys
												24	68	32	81	40	87	115	His
													46	53	61	29	101	130	Gln
														94	23	42	142	174	Asn
															101	56	95	110	Lys
																45	160	181	Asp
																	126	152	Glu
																		67	Met

Die Ähnlichkeit zwischen zwei Aminosäuren wurde hier aufgrund von Eigenschaften quantifiziert wie Polarität, Molekülvolumen und chemischer Zusammensetzung, wobei höhere Werte für größere Unterschiede stehen. In der dargestellten Tabelle (Grantham 1974) sind folgende Paare am ähnlichsten: Leu↔Ile (5), Met↔Ile (10) und Met↔Leu (15). Die Paare mit den größten Unterschieden sind Cys↔Trp (215), Cys↔Phe (205) und Cys↔Lys (202).

▶

entspricht (siehe Fußnote unten). Der genetische Code hat sich offensichtlich so entwickelt, dass der Effekt von Basensubstitutionen so gering wie möglich gehalten wird, da *ähnliche Codons für verwandte Aminosäuren* stehen. So stellen beispielsweise die Codonpaare für Aspartat (GAC, GAT) und Glutamat (GAA, GAG) sicher, dass ein Austausch der dritten Wobble-Base (GAX) nur geringe Auswirkungen hat (wobei X für ein beliebiges Nucleotid steht). Auch der Austausch an der ersten Basenposition kann in einigen Fällen konservativ sein, wie es zum Beispiel bei **C**UX (Leucin) ↔ **G**UX (Valin) der Fall ist.

- **Nichtkonservative Substitutionen** führen zum Austausch einer Aminosäure gegen eine andere mit unterschiedlicher Seitenkette. Manchmal verändert sich die elektrische Ladung, oder eine polare Seitenkette wird durch eine unpolare ersetzt (oder umgekehrt). Substitutionen an der ersten oder an der zweiten Basenposition sind häufig nichtkonservativ, zum Beispiel C**G**X (Arginin) → **G**GX (Glycin), C**C**X (Prolin), C**U**X (Leucin) oder C**A**X (Glutamin/Histidin) und so weiter (X steht für ein beliebiges Nucleotid).

von acht) Codons, die zweite Position aller Codons sowie die dritte Position bei zwei Codons (AUG und UGG) (Abb. 11.2). Berücksichtigt man die Codonverteilung der menschlichen Gene, so machen diese Positionen etwa 65 % der Basenpositionen der menschlichen Codons aus. Die Substitutionsrate ist an nichtdegenerierten Positionen sehr gering, was für die stark konservierende Wirkung des Selektionsdrucks spricht, der gegen den Austausch von Aminosäuren gerichtet ist (siehe unten).

- An **vierfach degenerierten Positionen** sind alle Substitutionen synonym. Bei mehreren Codons betrifft das die dritte Position (Abb. 11.2). Diese machen etwa 16 % der Basenpositionen in den menschlichen Codons aus. Die Substitutionsrate ist etwa so groß wie bei Introns und Pseudogenen. Das stimmt mit der Annahme überein, dass synonyme Positionen in Bezug auf den Selektionsdruck neutral sind (Abschnitt 11.2.5).
- An **zweifach degenerierten Positionen** gibt es nur eine Möglichkeit für eine synonyme Substitution. In vielen Fällen betrifft das die dritte Position eines Codons und bei acht Codons auch die erste (Abb. 11.2). Sie machen etwa 19 % der Basenpositionen in menschlichen Codons aus. Erwartungsgemäß er-

UUU	Phe	17,1	UCU	Ser	14,7	UAU	Tyr	12,1	UGU	Cys	10,1
UUC	Phe	20,4	UCC	Ser	17,5	UAC	Tyr	15,5	UGC	Cys	12,4
UUA	Leu	7,3	UCA	Ser	11,9	(UAA	STOPP)		(UGA	STOPP)	
UUG	Leu	12,7	UCG	Ser	4,5	(UAG	STOPP)		UGG	Trp	13,0
CUU	Leu	12,9	CCU	Pro	17,3	CAU	His	10,6	CGU	Arg	4,7
CUC	Leu	19,5	CCC	Pro	20,0	CAC	His	15,0	CGC	Arg	10,8
CUA	Leu	7,0	CCA	Pro	16,7	CAA	Gln	11,9	CGA	Arg	6,3
CUG	Leu	40,1	CCG	Pro	7,0	CAG	Gln	34,4	CGG	Arg	11,8
AUU	Ile	15,8	ACU	Thr	12,9	AAU	Asn	16,7	AGU	Ser	12,0
AUC	Ile	21,3	ACC	Thr	19,1	AAC	Asn	19,3	AGC	Ser	19,4
AUA	Ile	7,2	ACA	Thr	14,9	AAA	Lys	24,0	AGA	Arg	11,7
AUG	Met	22,3	ACG	Thr	6,2	AAG	Lys	32,6	AGG	Arg	11,6
GUU	Val	10,9	GCU	Ala	18,6	GAU	Asp	22,1	GGU	Gly	10,8
GUC	Val	14,6	GCC	Ala	28,4	GAC	Asp	25,7	GGC	Gly	22,6
GUA	Val	7,0	GCA	Ala	16,0	GAA	Glu	29,0	GGA	Gly	16,4
GUG	Val	28,7	GCG	Ala	7,6	GAG	Glu	40,3	GGG	Gly	16,4

N nichtdegenerierte Position
N zweifach degenerierte Position
N vierfach degenerierte Position

11.2 Codonhäufigkeiten bei menschlichen Genen und Positionierung der nichtdegenerierten, zweifach und vierfach degenerierten Stellen. Die ermittelten Codonhäufigkeiten sind als Promillewerte angegeben (zum Beispiel UUU = 17,1/1 000 oder 0,0171). Sie wurden mithilfe der Codon Usage Database (http://www.kazusa.or.jp/codon) bestimmt, basierend auf der Auswertung von 21 930 294 Codons der GenBank-Ausgabe 131.0 (15. August 2003). Obwohl acht der 61 ersten Basenpositionen zweifach degeneriert sind, erweisen sich etwa 96 % aller möglichen Substitutionen an der ersten Basenposition als nichtsynonym. Die Substitutionen an der zweiten Basenposition sind zu 100 % nichtsynonym, die Substitution an der dritten Position zu etwa 37 %.

Exkurs 11.4: Geschlechtsspezifische Unterschiede bei den Mutationsraten und die Frage der männlich bestimmten Evolution

Seit Haldane das erste Mal beobachtete, dass die meisten Mutationen, die zur Bluterkrankheit führen, in der männlichen Keimbahn entstehen, hat man immer wieder vermutet, dass Mutationen vor allem über die väterliche Linie vererbt werden. Das führte zur Vorstellung von der **männlich bestimmten Evolution** (Li et al. 2002). Man hat auf zwei Weisen versucht, die relativen Mutationsraten der männlichen und weiblichen Keimbahn zu bestimmen: durch Methoden der molekularen Evolutionsforschung und durch die direkte Beobachtung von Mutationen, die Krankheiten auslösen.

Methoden der molekularen Evolutionsforschung

Dabei vergleicht man im Allgemeinen homologe X-gekoppelte und Y-gekoppelte Gene mit orthologen Genen bei anderen Spezies, um die Rate der synonymen Substitutionen für das Gen auf dem X-Chromosom (K_{SX}) und für das Gen auf dem Y-Chromosom (K_{SY}) zu ermitteln. Im Gegensatz zu den Autosomen befinden sich die Geschlechtschromosomen für unterschiedlich lange Zeiträume in den beiden Geschlechtern. Die Sequenzen des Y-Chromosoms, die außerhalb der pseudoautosomalen Region liegen, befinden sich die ganze Zeit über in der männlichen Keimbahn. Die Sequenzen der X-Chromosomen befinden sich durchschnittlich zwei Drittel der Zeit in der weiblichen Keimbahn (wo die Zellen über zwei X-Chromosomen verfügen) und ein Drittel der Zeit in der männlichen Keimbahn (hier besitzen die Zellen nur ein X-Chromosom). Wenn α das Verhältnis der männlichen zur weiblichen Mutationsrate ausdrückt, bedeutet dies, dass man die männliche Mutationsrate gleich α und die weibliche gleich eins setzt. Für die meisten Sequenzen des Y-Chromosoms gilt daher die Mutationsrate α. Für die Sequenzen des X-Chromosoms gilt $2/3 \times 1$ (die weibliche Mutationsrate) plus $1/3 \times \alpha$ (die männliche Mutationsrate) $= 2/3 + \alpha/3$. Daraus folgt für das beobachtete Verhältnis $K_{SX}/K_{SY} = (2/3 + \alpha/3)/\alpha$; und damit lässt sich dann α bestimmen. Auf diese Weise erhält man bei Vergleichen zwischen Primaten für α häufig Werte von vier bis sechs (Li et al. 2002, Makova und Li 2002). Andere Untersuchungen ergaben dagegen einen Wert nahe zwei, der sich kaum von dem Wert bei entsprechenden Untersuchungen mit Nagetieren unterscheidet, bei denen sich die Keimzellen weniger oft teilen. Deshalb beruhen Mutationen möglicherweise gar nicht so sehr auf Fehlern bei der Replikation.

Direkte Beobachtung von Mutationen, die Krankheiten auslösen

Diese Mutationen bilden zweifellos eine spezielle Untergruppe. Die untersuchten Proben stammen immer von einem Patienten mit einer *de novo*-Mutation und den beiden Eltern (der Elternteil, der das fehlerhafte Chromosom vererbt hat, lässt sich im Allgemeinen durch Marker identifizieren, die unmittelbar in der Nähe des Krankheitsgens liegen). In den meisten Fällen wurde die Mutation durch die Keimbahn übertragen; wenn man jedoch nur eine Blutprobe untersucht, lässt sich nicht mit Sicherheit sagen, ob es sich nicht doch um eine Mutation handelt, die nicht das Spermium oder die Eizelle betrifft, sondern erst nach dem Zygotenstadium aufgetreten ist (**postzygotische Mutation**).

Die verfügbaren Daten lassen eine generelle Verschiebung hin zu väterlich vererbten Mutationen erkennen, zumindest was einfache Punktmutationen betrifft (Crow 2000; Li et al. 2002; Tab. 11.5). Die auffälligsten (und gleichzeitig sehr ungewöhnlichen) geschlechtsspezifischen Verschiebungen der Mutationsraten betreffen jedoch Funktionsgewinnmutationen in den Genen *FGFR2*, *FGFR3* und *RET*, die Proteine derselben Proteinfamilie codieren. Darüber hinaus gibt es auch Gene, die diese Verschiebung zu väterlich vererbten Mutationen nicht zeigen. So entstehen die großräumigen *de novo*-Deletionen im Dystrophingen offenbar größtenteils bei der Oogenese (Grimm et al. 1994; siehe auch unten); und auch umfangreiche Deletionen im Neurofibromingen treten häufig während der Oogenese auf (Correa et al. 2000).

Geschlechtsspezifische Unterschiede der Mutationsraten lassen sich wohl auf verschiedene Faktoren zurückführen (Hurst und Ellegren 1998, Li et al. 2002). Bei den **prämeiotischen Mutationen** (vererbbare Mutationen, die in einer der Keimzellteilungen vor der Meiose auftreten) ist wahrscheinlich die unterschiedliche Zellteilungszahl bei den menschlichen Keimzellen ein wichtiger Faktor, der zur Mutationsrate beiträgt. Bei den weiblichen Keimzellen ist die Zahl der Teilungen von der Zygote bis zur befruchteten Eizelle konstant, da alle Oocyten bis zum fünften Monat der Entwicklung entstanden sind und bis zur Bildung der Zygote nur noch zwei weitere Zellteilungen benötigt werden (Teilabbildung a). Von der Zygote bis zur reifen Eizelle kommt es wahrscheinlich zu etwa 24 aufeinanderfolgenden weiblichen Zellteilungen. Diese Zahl liegt in der Nähe der geschätzten 30 bis 31 männlichen Zellteilungen, die von der Zygote bis zur Spermatogonienstammzelle in der Pubertät stattfinden. Für die Spermatogenese sind sechs weitere Zellteilungen erforderlich, und sie durchläuft dann durchschnittlich etwa alle 16 Tage einen Zyklus, was 23 Zyklen pro Jahr entspricht (Teilabbildung b). Wie in der Abbildung dargestellt ist, hängt die Anzahl der Zellteilungen für die Erzeugung der Spermien vom Lebensalter ab. Bis zur Pubertät haben die männlichen Keimzellen 30 mitotische Zellteilungen absolviert, und nach den folgenden sechs Zellteilungen können Spermien produziert werden. Danach werden fortlaufend Spermien erzeugt, da sich die Stammzellen alle 16 Tage einmal teilen (23 Zellteilungen pro Jahr). Wenn also die Pubertät mit etwa 15 Jahren einsetzt, beträgt die Anzahl der notwendigen Zellteilungen für die Erzeugung von Spermien bei einem Mann mit einem Alter von n Jahren: $36 + [23 \times (n-15)]$ oder 266 Zellteilungen bei einem Mann mit 25 Jahren und etwa 840 Zellteilungen bei einem Mann mit 50 Jahren.

Wahrscheinlich sind die meisten der einfachen Punktmutationen auf Fehler bei der DNA-Replikation und -Reparatur während der Teilungen der Keimzellen zurückzuführen. Deshalb ist eigentlich zu erwarten, dass die männliche Mutationsrate deutlich größer ist als die weibliche, und dass ein väterlicher Alterungseffekt zu erkennen sein sollte (Crow 2000). Für einige komplexere Arten von erblichen Mutationen sollte die Meiose jedoch anfälliger sein (**meiotische Mutationen**) als die vielen Teilungen der Keimzellen vor der Meiose. So entstehen beispielsweise große Deletionen häufig aufgrund eines ungleichen Crossing-over während der Meiose (Abschnitt 11.3.2). Bei den großräumigen Deletionen, die X-gekoppelte Gene betreffen, wie etwa das Dystrophingen, für das es auf dem Y-Chromosom kein homologes Gegenstück gibt, könnte die größere Bedeutung der meiotischen Mutationen in diesem Zusammenhang bedeuten, dass die meisten Deletionen während der Oogenese auftreten.

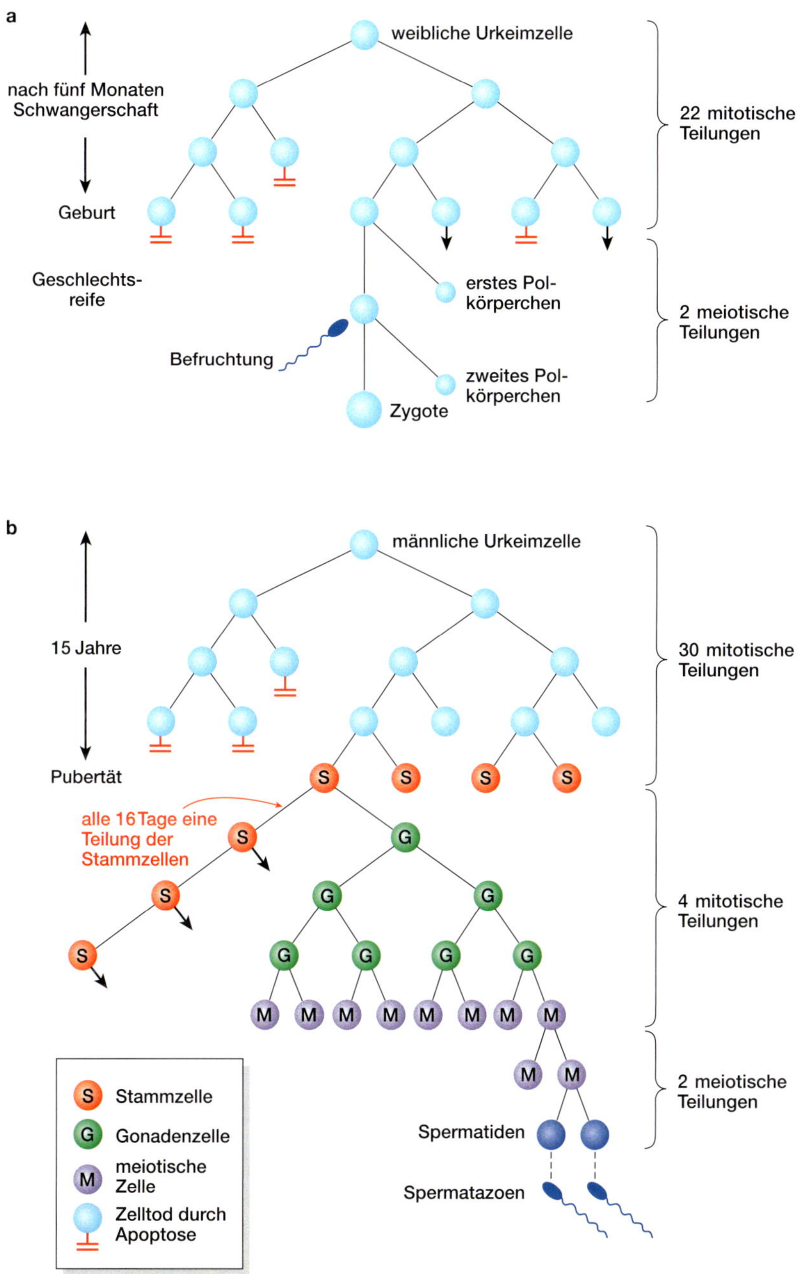

Geschlechtsspezifische Unterschiede bei den Teilungen der Keimzellen. a) Die menschliche Oogenese erfolgt im Fetus und endet mit der Geburt. Es finden wahrscheinlich etwa 24 Zellteilungen statt. b) Die Spermatogenese setzt sich während des Lebens eines erwachsenen Mannes kontinuierlich fort. Die Spermien gehen über die Spermatogonien aus Stammzellen hervor, die sich selbst erneuern. Die Anzahl der Zellteilungen hängt daher stark vom Alter ab. Verändert nach: Vogel und Motulsky (1996) *Human Genetics. Problems and Approaches*, 3. Auflage. Mit Genehmigung des Springer Verlags. © 1996, Springer Verlag.

Zellteilungen stattfinden als für die weiblichen Keimzellen (Exkurs 11.4).

Deutlich erkennbar sind auch die unterschiedlichen Substitutionsraten in den chromosomalen Subregionen (das betrifft zudem die Raten für Deletionen und Insertionen), etwa beim menschlichen Chromosom 22 (Abb. 11.4b). Das ist teilweise auf die Basenzusammensetzung zurückzuführen: Die Substitutionsrate ist offenbar in Bereichen mit besonders hohem oder besonders niedrigem GC-Gehalt höher, aber die Zusammenhänge sind komplex. Wenn man die hochaufgelöste Rekombinationskarte des menschlichen Genoms von deCode Genetics betrachtet (Kong et al. 2002), so zeigt sich, dass im menschlichen Genom auch ein Zusammenhang zwischen der Substitutionsrate und der Rekombinationsrate sowie der Dichte von Einzelnucleotidpolymorphismen (SNP) besteht (Abb. 11.4c). Die durchschnittliche Heterozygotie beträgt beim Menschen etwa eine von 1250 Basen (Reich et al. 2002), die SNP-Dichte kann jedoch in den verschiedenen Abschnitten des Genoms stark variieren. Wenn man für die Berechnung der Durchschnittswerte Fenster von 200 kb zugrundelegt, unterscheiden sich die Heterozygotiewerte um den Faktor zehn (International SNP Map Working Group 2001). Führt man diese Analyse des menschlichen Genoms mit einer höheren Auflösung durch, etwa mit einem Fenster von unter 100000 Basenpaaren, findet man ebenfalls Bereiche mit hohen und niedrigen Variationsraten. Hier ist offenbar nur ein kleinerer Teil (bis zu 25%) der Variabilität auf lokale Mutationsraten zurückzuführen, während der größte Beitrag aus der gemeinsamen genealogischen Geschichte abzuleiten ist (Reich et al. 2002).

Substitutionsraten bei Mensch und Maus

Anhand der Rohsequenzen von Mensch und Maus ließ sich auch zeigen, wie sich Substitutionsraten in verschiedenen Entwicklungslinien unterscheiden können. Da man synonyme Substitutionen in Bezug auf den Selektionsdruck im Prinzip als neutral ansieht, wurde vor über 30 Jahren das Konzept einer **molekularen Uhr** entwickelt (nach dem ein bestimmtes Gen oder ein Genprodukt einer konstanten molekularen Evolutionsrate unterliegt). Seit damals hat man jedoch verschiedene Belege gefunden, die gegen eine konstante molekulare Uhr sprechen (Ayla 1999; in Tabelle 11.2 sind die offensichtlichen Unterschiede der synonymen und nichtsynonymen Substitutionsraten bei Codons aufgeführt).

Um die relativen Nucleotidsubstitutionsraten in zwei Entwicklungslinien zu bestimmen, die zu zwei heute lebenden Spezies A und B führen, verwendet man häufig ein **Testverfahren für relative Substitutionsraten**, wobei man eine entfernt verwandte Spezies C als Bezugsgröße einführt. Von dieser ist bekannt, dass sie sich schon früher in der Evolution, also vor der Auseinanderentwicklung von A und B, vom gemeinsamen Ast abgetrennt hat. Aus dem paarweisen Vergleich orthologer Gene bei A und C und bei B und C lässt sich der K-Wert bestimmen, das heißt die Häufigkeit synonymer Substitutionen. Der K_{AC}- und der K_{BC}-Wert sind ein Maß für die relativen Mutationsgeschwindigkeiten in den beiden Stammbaumlinien, die zur Spezies A und zur Spezies B führen. Analysen dieser Art haben gezeigt, dass die Mutationsrate in den Abstammungslinien, die zu den Primaten führen, niedriger ist als bei den Linien der Nagetiere, wobei die Abstammungslinie des modernen Menschen eine noch niedrigere Rate aufweist (Wu und Li 1985, Li und Tanimura 1987 und andere). Neuere Untersuchungen (zum Beispiel Kumar und Subramanian 2002) stellen diese Sichtweise jedoch wieder in Frage, häufig weil die zugrunde liegende Phylogenie der Säuger noch zu ungenau war.

Um mögliche Unterschiede in den Mutationsraten der Abstammungslinien von Mensch und Maus festzustellen, untersuchte man die Divergenz von 18 Unterfamilien der repetitiven Ursequenzen, die kurz vor der Trennung der Linien von Mensch und Maus aktiv waren (Mouse Genome Sequencing Consortium 2002). Von jeder dieser Familien wurden innerhalb beider Genome Tausende von ubiquitär verteilten Kopien miteinander verglichen, um die Abweichung von einer Consensussequenz zu bestimmen. Auf diese Weise ließen sich regionale Unterschiede der Substitutionsraten minimieren. Wie anhand der repräsentativ ausgewählten Beispiele in Tabelle 11.4 deutlich wird, zeigen die repetitiven Ursequenzen der menschlichen Unterfamilien, die sich am wenigsten auseinander entwickelt haben, etwa 16% Abweichung von einer Consensussequenz (oder etwa 0,17 Substitutionen pro Position). Im Gegensatz dazu haben sich alle Unterfamilien der Maus um mindestens 26–27% auseinander entwickelt (etwa 0,34 Substitutionen pro Position). Wenn man davon ausgeht, dass sich die Linien von Mensch und Maus vor etwa 75 Millionen Jahren getrennt haben, beträgt die durchschnittliche Substitutionsrate bei der menschlichen Linie $2{,}2 \times 10^{-9}$ und bei der Linie der Maus $4{,}5 \times 10^{-9}$. Diese Zahlen geben die *durchschnittlichen* Raten seit der Trennung der beiden Linien an, und man vermutet, dass die derzeitige Substitutionsrate bei der Maus viel höher liegt (Mouse Genome Sequencing Consortium 2002). Ein ähnlicher Vergleich ermöglichte es, die Rate zu berechnen, mit der kleine Insertionen und Deletionen (<50 bp) auftreten. Beide Spezies zeigen einen Nettoverlust von Nucleotiden (das Verhältnis von deletierten zu eingefügten Nucleotiden liegt im Bereich zwischen 2:1 und 3:1), wobei der Verlust bei der Mauslinie insgesamt etwa doppelt so hoch ist.

Tabelle 11.4 Die repetitiven Ursequenzen haben sich in der Mauslinie schneller auseinander entwickelt als in der menschlichen Linie

Unterfamilie	Substitutionsklasse	Maus		Mensch		angepasstes Verhältnis
		Divergenzrate	Substitutionsrate	Divergenzrate	Substitutionsrate	
L1MA6	LINE-1	0,28	0,35	0,16	0,184	1,98
L1MA7	LINE-1	0,28	0,35	0,16	0,181	1,96
L1MA8	LINE-1	0,27	0,34	0,15	0,172	1,96
L1MA9	LINE-1	0,28	0,35	0,18	0,201	1,86
MLT1A	MaLR	0,31	0,39	0,21	0,242	1,73
MLT1A0	MaLR	0,30	0,38	0,19	0,219	1,80
MLT1A1	MaLR	0,29	0,37	0,19	0,214	1,78
MER20	DNA	0,29	0,37	0,19	0,222	1,76
MER33	DNA	0,27	0,33	0,18	0,211	1,63
Tigger6a	DNA	0,29	0,37	0,18	0,211	1,85

Aus: Mouse Genome Sequencing Consortium (2002) *Nature* 420: 520–562. Dargestellt sind die Daten für 10 (aus 18) ausgewählten Unterfamilien von repetitiven Ursequenzen aus Tabelle 6 der Publikation.

Tabelle 11.5 Verschiebung zu väterlich vererbten Mutationen, die menschliche Krankheiten verursachen

Krankheit	Gen	Anzahl der väterlichen Mutationen	Anzahl der mütterlichen Mutationen	Verhältnis mütterliche/ väterliche Mutationen
X-gekoppelt dominant				
Pelizaeus-Merzbacher-Krankheit	*PLP*	4	1	4
Rett-Syndrom	*MECP2*	27	2	13,5
autosomal dominant				
Achondroplasie	*FGFR3*	40	0	alle
Apert-Syndrom	*FGFR2*	57	0	alle
Couzon- und Pfeiffer-Syndrom	*FGFR2*	22	0	alle
Denys-Drash-Syndrom	*WT1*	2	0	alle
Hirschsprung-Krankheit	*RET*	0	3	0
multiple endokrine Neoplasie 2A	*RET*	10	0	alle
multiple endokrine Neoplasie 2B	*RET*	25	0	alle
Neurofibromatosis Typ 2	*NF2*	13	10	1,3
Hippel-Lindau-Syndrom	*VHL*	4	3	1,3
gesamt		204	19	10

Daten aus: Li et al. (2002) *Curr Opin Genet Dev* 12: 650–656, mit Genehmigung von Elsevier.

11.3 Genetische Mechanismen, die zu einem Austausch zwischen Wiederholungssequenzen führen

Zusätzlich zu den sehr häufigen einfachen Mutationen gibt es mehrere Arten von Mutationen, bei denen es zu einem *Austausch* zwischen allelen oder nichtallelen Sequenzen kommt. Daran sind häufig repetitive Sequenzen beteiligt. So neigen beispielsweise tandemartig wiederholte DNA-Sequenzen zu Deletions/Insertions-Polymorphismen, wobei sich die einzelnen Allele in der Kopienzahl der Tandemwiederholungen unterscheiden. Solche **VNTR-Polymorphismen** (*variable number of tandem repeats*) können aus sehr kurzen (Mikrosatelliten), mittleren (Minisatelliten) oder großen Wiederholungseinheiten bestehen. VNTR-Polymorphismen können, abhängig von der Größe der Wiederholungseinheit, durch verschiedene genetische Mechanismen entstehen (siehe die nächsten beiden Abschnitte). Darüber hinaus können verstreute Wiederholungssequenzen ebenfalls Deletionen oder Duplikationen begünstigen. Auch dafür gibt es eine Anzahl verschiedener Mechanismen, die vor allem im Zusammenhang mit Mutationen zur Sprache kommen sollen, die Krankheiten auslösen (Abschnitt 11.4).

11.3.1 VNTR-Polymorphismen können durch eine Replikationsverschiebung an kurzen Tandemwiederholungen entstehen

Die Mutationsraten von Mikrosatellitenloci zeigen in der Keimbahn zwar gewisse Unterschiede, liegen aber häufig im Bereich zwischen 10^{-3} und 10^{-4} pro Locus und Generation (Ellegren 2000). Allele mit neuen Längen entstehen bei (CA)/(TG)-Mikrosatellitensequenzen und bei Tetranucleotid-Markern ohne einen Austausch von flankierenden Markern. Das bedeutet, dass sie nicht durch ein ungleiches Crossing-over entstehen (siehe unten). Solche neu gebildeten mutierten Allele unterscheiden sich vom ursprünglichen Allel durch eine einzige Wiederholungseinheit. Das lässt sich am besten dadurch erklären, dass es zu einem Austausch von Sequenzinformationen kommt, der durch die **Fehlpaarung von gegeneinander verschobenen DNA-Strängen** (*slipped strand mispairing*) eingeleitet wird. Dieser Effekt tritt auf, wenn die normale Paarung zwischen zwei komplementären Strängen einer Doppelhelix durch eine gegenseitige Verschiebung der Stränge entlang der Wiederholungssequenzen verändert wird, sodass nicht zusammengehörende Wiederholungseinheiten Basenpaare bilden. Dieses „Verrutschen" von DNA-Strängen kann im Prinzip auch bei DNA auftreten, die gerade nicht repliziert wird, aber bei der Replikation ist die Gefahr solcher Verschiebungen viel größer. Den Mechanismus bezeichnet man häufig auch als **Replikationsverschiebung** oder **Polymeraseverschiebung** (Abb. 11.5). Neben der Fehlpaarung der Tandemwiederholungen kann die Replikationsverschiebung wahrscheinlich auch durch Fehlpaarungen zwischen *nicht zusammenhängenden Wiederholungssequenzen* umfangreiche Deletionen oder Duplikationen hervorrufen. Es handelt sich dabei möglicherweise um einen wichtigen Mechanismus für die Evolution von DNA-Sequenzen und Genomen (Levinson und Gutman 1987, siehe auch Dover 1995). Kurze tandemartig wiederholte Sequenzen besitzen ein erhebliches pathogenes Potenzial (Abschnitte 11.5.1, 11.5.2).

11.3.2 Große Einheiten tandemartig wiederholter DNA-Sequenzen neigen zu Insertionen und Deletionen aufgrund eines ungleichen Crossing-over oder eines ungleichen Austausches zwischen Schwesterchromatiden

Mit **homologer Rekombination** bezeichnet man die Rekombination (das **Crossing-over**) zwischen identischen oder sehr ähnlichen DNA-Sequenzen bei der Meiose (oder vereinzelt auch bei der Mitose). Dabei kommt es normalerweise bei einem Paar homologer Chromosomen zu einem Bruch der Nicht-Schwesterchromatiden und zu einer Neuverknüpfung der Fragmente, sodass schließlich zwei neu kombinierte Stränge entstehen. Der **Austausch zwischen Schwesterchromatiden** ist eine analoge Form des Sequenzaustausches, bei dem es zu einem Bruch der einzelnen Schwesterchromatiden und zur Neuverknüpfung der Fragmente kommt, die sich ursprünglich auf verschiedenen Chromatiden desselben Chromosoms befanden. Sowohl die homologe Rekombination als auch der Austausch zwischen Schwesterchromatiden führen normalerweise zu einem *ausgeglichenen* Austausch – die Spaltung und Neuverknüpfung erfolgen bei jedem Chromatid an der gleichen Position. Dadurch kommt es zu einem Austausch zwischen allelen Sequenzen und an einander entsprechenden Positionen innerhalb von Allelen. Bei einem symmetrischen Crossing-over zwischen den zwei Allelen eines Gens kann ein neues Allel entstehen, das man als **Fusionsgen** oder **Hybridgen** bezeichnet. Es enthält das endständige Fragment des einen Allels, während die übrige Sequenz vom anderen Allel stammt (Abb. 11.6). Durch einem symmetrischen Austausch zwischen Schwesterchromatiden entsteht jedoch normalerweise keine genetische Variabilität, da Schwesterchromatiden identische DNA-Sequenzen enthalten.

Das **ungleiche Crossing-over** (*unequal crossover*, UEC) ist eine Form *nichtalleler homologer Rekombination*. Dabei erfolgt das Crossing-over zwischen nichtallelen Sequenzen auf *Nicht-Schwesterchromatiden* von einem Paar homologer Chromosomen (Abb. 11.7). Die Sequenzen, bei denen das Crossing-over

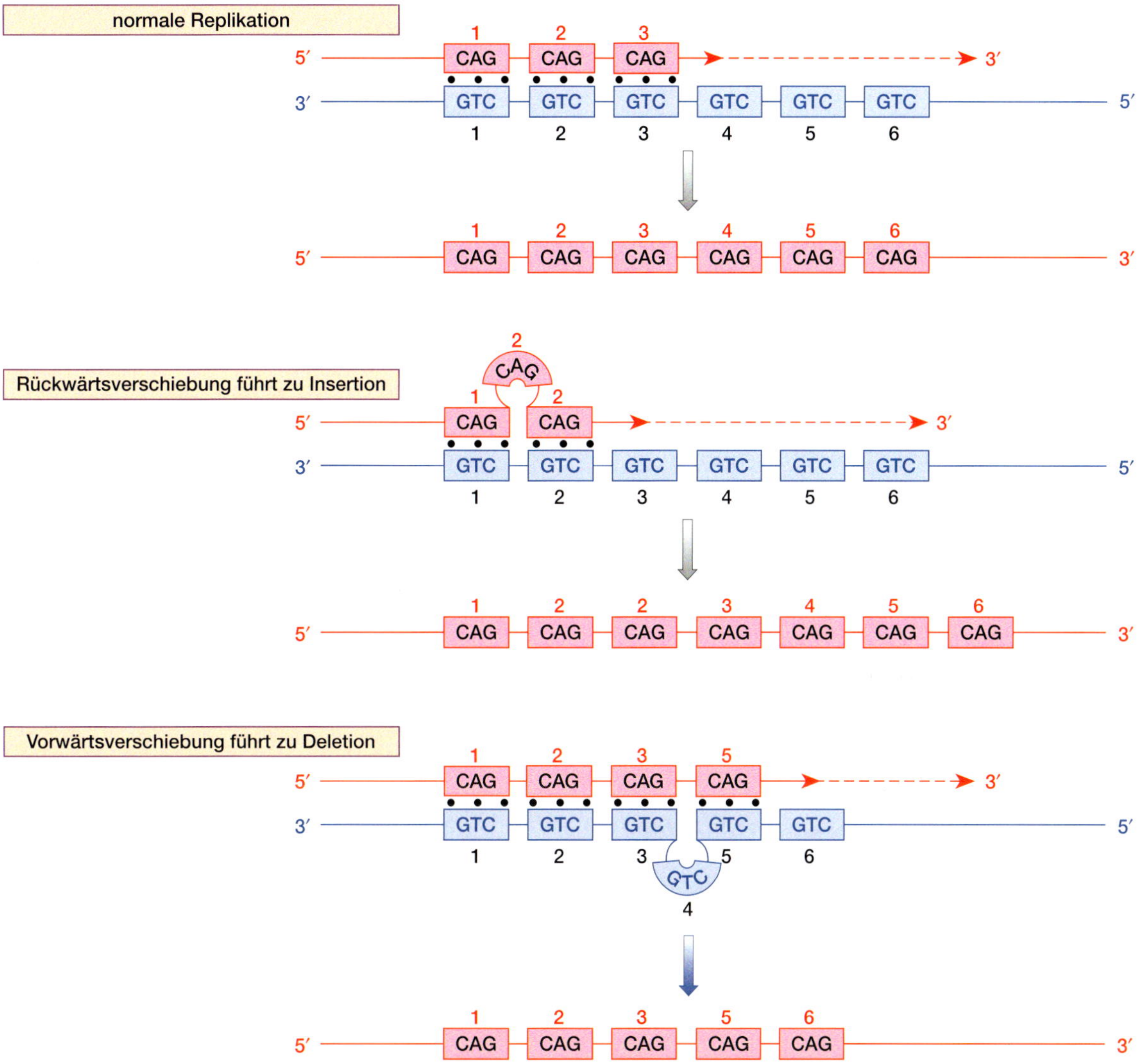

11.5 Eine Fehlpaarung gegeneinander verschobener DNA-Stränge während der Replikation kann zu Insertionen oder Deletionen führen. Kurze tandemartige Wiederholungssequenzen sind vermutlich besonders anfällig für eine Fehlpaarung aufgrund einer Verschiebung der DNA-Stränge (das heißt, eine Fehlpaarung zwischen den komplementären DNA-Strängen einer einzigen DNA-Doppelhelix). Die Darstellung zeigt, wie es während der Replikation zu solch einer Fehlpaarung kommen kann. Der untere der abgebildeten Stränge ist die ursprüngliche DNA, der obere Strang die neu synthetisierte, komplementäre DNA. Zur Strangverschiebung kommt es durch das Entstehen eines nichtgepaarten Bereiches (als Aufwölbung dargestellt), der eine oder mehrere der Wiederholungselemente des neu synthetisierten DNA-Stranges (Rückwärtsverschiebung) oder des ursprünglichen Stranges (Vorwärtsverschiebung) enthält. Dadurch kommt es zu einer Insertion beziehungsweise zu einer Deletion im neu synthetisierten DNA-Strang. Es ist anzunehmen, dass es auch in nichtreplizierender DNA zu einer Fehlpaarung aufgrund einer Strangverschiebung kommen kann, also ebenfalls zu Insertionen oder Deletionen. In diesen Fällen bilden sich zwei nichtgepaarte Bereiche, die jeweils repetitive Sequenzen des einen beziehungsweise des komplementären Stranges enthalten (Levinson und Gutman 1987). Ein Reparaturenzym für Fehlpaarungen könnte dann die Insertion oder Deletion einführen, indem es die nichtgepaarten Bereiche „korrigiert".

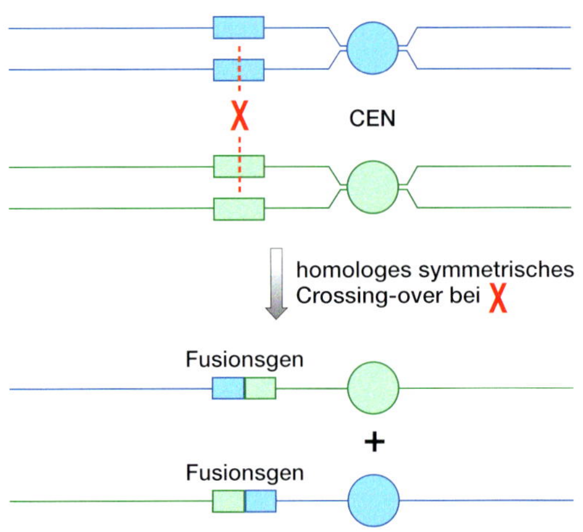

11.6 Ein homologes symmetrisches Crossing-over kann zu einem Fusionsgen führen. Dargestellt ist ein symmetrisches Crossing-over zwischen zwei Allelen des gleichen Gens auf Nicht-Schwesterchromatiden, wodurch zwei neue Fusionsgene entstehen, die sich aus zwei aneinandergrenzenden Abschnitten der beiden ursprünglichen Allele zusammensetzen. Ein entsprechender Austausch zwischen Genen auf zwei Schwesterchromatiden bringt keine neuen genetischen Merkmale hervor, da Gensequenzen auf Schwesterchromatiden, die miteinander in Wechselwirkung treten, im allgemeinen identisch sind.

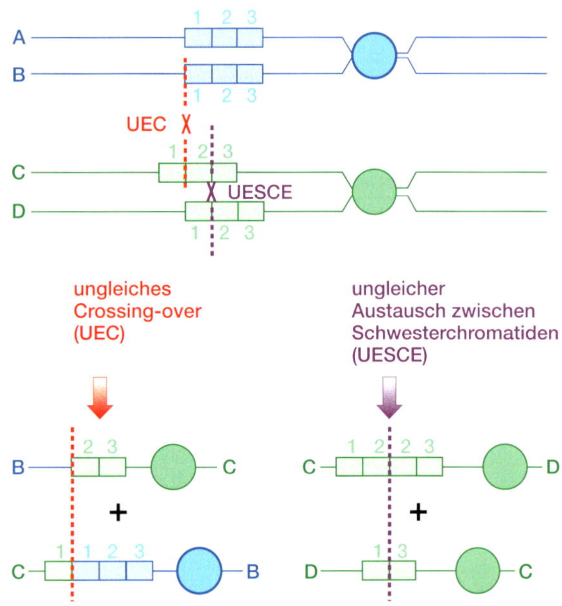

11.7 Ein ungleiches Crossing-over oder ein ungleicher Austausch zwischen Schwesterchromatiden kann zu einer Insertion oder einer Deletion führen. Die Darstellung veranschaulicht die ungleiche Paarung von Chromatiden mit einer Reihe tandemartiger Wiederholungen. Ein ungleiches Crossing-over entsteht durch die ungleiche Paarung von *Nicht-Schwesterchromatiden*, gefolgt von einem Bruch der Chromatiden und einer erneuten Verknüpfung. Zu einem ungleichen Austausch zwischen Schwesterchromatiden kommt es durch eine ungleiche Paarung von Schwesterchromatiden, gefolgt von einem Bruch der Chromatiden und einer erneuten Verknüpfung. Die Bruchstellen der Chromatiden sind zur Vereinfachung so dargestellt, als würden sie nur zwischen den Wiederholungseinheiten auftreten, es kann jedoch auch innerhalb einer solchen Sequenz zu einem Bruch kommen. Im übrigen sind beide Arten des Sequenzaustausches reziprok – eines der beteiligten Chromatiden verliert DNA, dem anderen Chromatid wird DNA hinzugefügt.

beginnt, zeigen oft eine erhebliche Sequenzhomologie, die möglicherweise eine Fehlpaarung der Chromosomen stabilisiert. Den entsprechenden Austausch zwischen *Schwesterchromatiden* bezeichnet man als **ungleichen Austausch zwischen Schwesterchromatiden** (*unequal sister chromatid exchange*, **UESCE**; Abb. 11.7).

Sowohl das ungleiche Crossing-over als auch der ungleiche Austausch zwischen Schwesterchromatiden treten vor allem in Genombereichen auf, in denen tandemartige Wiederholungen von Sequenzen mittlerer oder großer Länge liegen (beispielsweise rDNA-Cluster, komplexe Satelliten-DNA und andere). In diesen Fällen ermöglicht die starke Homologie zwischen den einzelnen Wiederholungssequenzen eine anomale Paarung zwischen nichtallelen Wiederholungen auf Nicht-Schwesterchromatiden oder Schwesterchromatiden. Dabei sind die Chromatiden um ein ganzzahliges Vielfaches der Wiederholungseinheit gegeneinander verschoben. Wenn in dieser Situation die DNA-Stränge brechen und neu verknüpft werden, kommt es zu einem reziproken Sequenzaustausch, also auf dem einen Chromatid zu einer Insertion und auf dem anderen zu einer Deletion mit derselben Länge (die pathogen sein kann). Ein solcher Austausch kann auch zu einer **konzertierten Evolution** führen, indem sich eine bestimmte Sequenzvariante über eine Folge von Tandemwiederholungen ausbreitet, sodass die Wiederholungseinheiten homogen werden (Abb. 11.8).

UEC und UESCE kommen bei tandemartig wiederholten DNA-Sequenzen relativ häufig vor, können aber auch durch eine Fehlpaarung zwischen Wiederholungen entstehen, die durch einen größeren Sequenzabschnitt getrennt sind. So kommt es beispielsweise gelegentlich zu einer Fehlpaarung zwischen nichtallelen *Alu*-Widerholungen oder anderen verstreuten Wiederholungen, sodass sich aus einem Einzelkopielocus ein tandemartig wiederholter Locus entwickeln kann (Abb. 11.9).

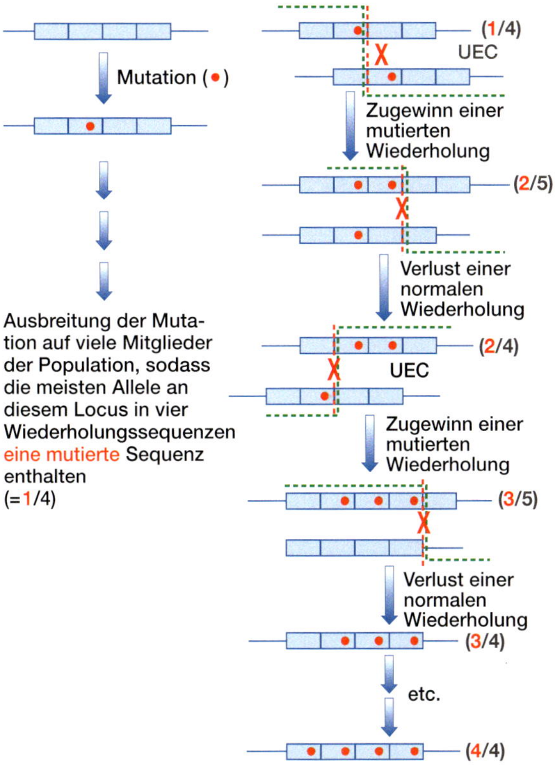

11.8 Ein ungleiches Crossing-over in einer tandemartigen Wiederholungssequenz kann zu einer Sequenzhomogenisierung führen. Die erste Weitergabe der neuen Sequenzvariante an andere Mitglieder einer sich geschlechtlich fortpflanzenden Population kann durch die zufällige genetische Drift erfolgen (Exkurs 11.2). Die chromosomale Position bleibt dabei zuerst erhalten. Sobald die Mutation in der Population mit genügender Häufigkeit auftritt (Abbildung links), kann sie auch auf andere Positionen innerhalb der Wiederholungsfolge übertragen werden (Abbildung rechts). Die Vermehrung des mutierten DNA-Wiederholungselements erfolgt zum einen durch ungleiche Crossing-over (oder durch einen ungleichen Austausch zwischen Schwesterchromatiden) und zum anderen durch den gelegentlichen Verlust des ursprünglichen (normalen) Wiederholungselements. Schließlich hat die mutierte Sequenz die ursprüngliche Sequenz an allen Positionen innerhalb der Wiederholungsfolge ersetzt, es ist also zu einer Homogenisierung durch die mutierte Sequenz gekommen. Die artspezifische, konzertierte Evolution repetitiver DNA ist wahrscheinlich die Folge einer solchen Sequenzhomogenisierung. UEC, ungleiches Crossing-over.

11.3.3 Genkonversionen können in tandemartig wiederholten DNA-Sequenzen relativ häufig auftreten

Einen *nichtreziproken* Transfer von Sequenzinformationen zwischen einem Paar von nichtallelen oder allelen DNA-Sequenzen bezeichnet man als Genkonversion (wobei man dementsprechend zwischen einer *Interlocusgenkonversion* beziehungsweise einer *interallelen Genkonversion* unterscheidet). Eine der Sequenzen, die innerhalb eines solchen Paares in Wechselwirkung treten, bleibt dabei unverändert (**Donorsequenz**), während die andere (die **Akzeptorsequenz**) teilweise oder vollständig durch eine Kopie der Donorsequenz ersetzt wird (Abb. 11.10). Der Sequenzaustausch erfolgt demnach gerichtet, das heißt, die Akzeptorsequenz wird durch die Donorsequenz verändert, aber nicht umgekehrt.

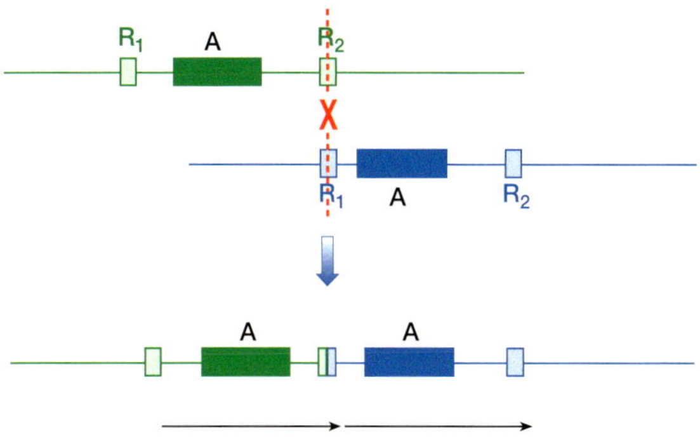

11.9 Eine tandemartige Genduplikation kann das Ergebnis eines ungleichen Crossing-over oder eines ungleichen Schwesterchromatidaustausches sein, verursacht durch kurze, verstreute Wiederholungssequenzen. Die beiden waagerechten Pfeile markieren die tandemartige Verdopplung eines DNA-Abschnitts, der sich aus Gen A und den daran angrenzenden Sequenzen zusammensetzt. Die ursprüngliche Fehlpaarung der Chromatiden kann aufgrund einer starken Sequenzhomologie zwischen den nichtallelen, kurzen Wiederholungssequenzen (R1, R2) entstanden sein (Abb. 16.3).

Ein möglicher Mechanismus für die Genkonversion kann darauf beruhen, dass sich zwischen einem Strang des Donorgens und dem komplementären Strang des Akzeptorgens ein Heteroduplex ausbildet. Danach wird durch eine **Fehlpaarungsreparatur** ein Abschnitt des Akzeptorgens verändert: DNA-Reparaturenzyme erkennen, dass die beiden Stränge im Heteroduplex unvollständig gepaart sind, und „korrigieren" die DNA-Sequenz des Akzeptorstranges, sodass in diesem Bereich der Akzeptorstrang zum Donorstrang vollkommen komplementär ist (Abb. 11.10).

Bei Pilzen hat man die Genkonversion genau untersucht, da hier alle vier Produkte einer Meiose isoliert und untersucht werden können (Tetradenanalyse). Bei Menschen und Säugern ist das nicht möglich. Bei höheren Organismen sind Genkonversionen nicht eindeutig nachweisbar, da sie von doppelten Crossing-over-Ereignissen nicht zu unterscheiden sind (andererseits sind doppelte Crossing-over in unmittelbarer Nachbarschaft äußerst unwahrscheinlich). Dennoch gibt es in den Genomen der Säuger zahlreiche Belege dafür, dass ein Allel an einem bestimmten Locus ein Mutationsmuster zeigt, das

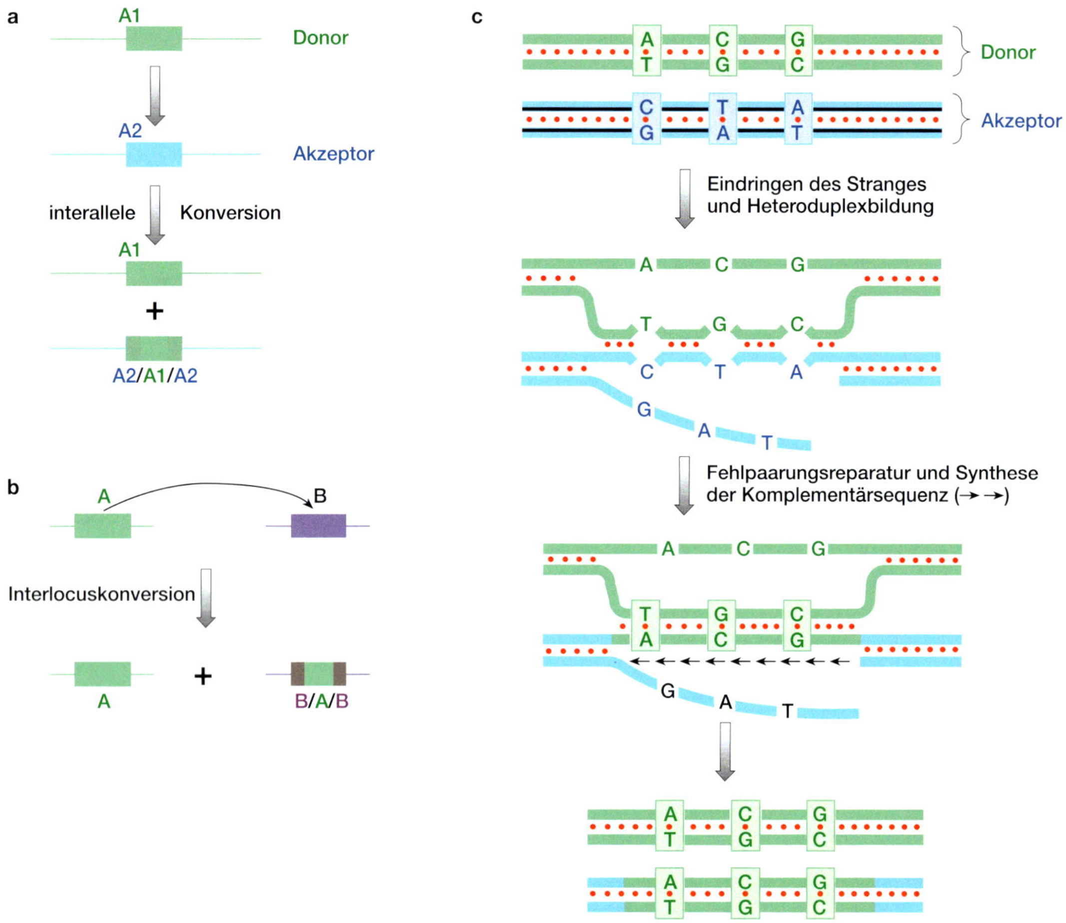

11.10 Bei einer Genkonversion kommt es zu einem nichtreziproken Sequenzaustausch. a) Genkonversion zwischen Allelen. Im Gegensatz zur Donorsequenz ändert sich die Akzeptorsequenz durch Übernahme der Sequenzkopie aus der Donorsequenz – es handelt sich also um einen nichtreziproken Austausch. b) Genkonversion zwischen verschiedenen Loci. Voraussetzung ist eine starke Homologie zwischen nichtallelen Sequenzen, wie sie zum Beispiel bei tandemartigen Wiederholungssequenzen vorkommt. c) Fehlpaarungsreparatur in einer Heteroduplexstruktur. Dargestellt ist eines von mehreren möglichen Modellen, die das Zustandekommen der Genkonversion erklären sollen. Das Modell beruht auf der Vorstellung, dass sich ein Strang der Donorsequenz an den komplementären Strang der Akzeptorsequenz anlagert, eine Heteroduplexstruktur ausbildet und den anderen Strang der Akzeptorsequenz verdrängt. Reparaturenzyme erkennen die fehlgepaarten Basen und bewirken eine „Korrektur“, sodass der Akzeptorstrang vollständig in die komplementäre Sequenz des Donorstranges „konvertiert“ wird. Die anschließende Replikation des Akzeptorstranges und die Verknüpfung der Einzelstrangbruchstellen vervollständigt die Konversion.

Allelen an einem anderen Locus derselben Spezies stark ähnelt. Das deutet darauf hin, dass zwischen einzelnen Loci Austauschereignisse stattfinden können, die Genkonversionen gleichkommen.

Einfache Vergleiche zwischen zwei Sequenzen können zwar gewisse Hinweise geben, aber der Nachweis einer Genkonversion ist erst dann zwingend, wenn man ein neu mutiertes Allel mit seiner Vorläufersequenz direkt vergleichen kann. Bestimmte Loci, die für Mutationen sehr empfindlich sind, ermöglichen eine solche Analyse. Es gibt einige hypervariable Minisatellitenloci, die in der Keimbahn hohe Mutationsraten aufweisen (häufig sogar über ein Prozent pro Gametenzelle). Außerdem zeigen einzelne Wiederholungen häufig Nucleotidunterschiede, die dazu dienen, Unterfamilien von Wiederholungssequenzen zu bestimmen. Keimbahnmutationen lassen sich durch den Nachweis und die Charakterisierung von mutierten Minisatellitenallelen in den einzelnen Keimzellen untersuchen. Zu diesem Zweck führt man mit zahlreichen verdünnten Proben von DNA, die man aus einem einzigen Spermium isoliert hat, eine PCR-Analyse durch (*small pool PCR*). Dabei ist jede Probe so eingestellt, dass sie nur wenige (möglicherweise nur 100) Ausgangsmoleküle enthält (Jeffreys et al. 1994).

Die PCR-Produkte, die man auf diese Weise aus den einzelnen Proben erhält, werden analysiert. So erkennt man jede Mutation, die zur Entstehung eines Allels geführt hat, dessen Länge sich von dem Vorläufer-Allel deutlich genug unterscheidet. Analysen von Mutationsmustern der Keimbahn, die an drei verschiedenen Loci durchgeführt wurden, ließen keinen Austausch von flankierenden Markern erkennen. Und sie zeigten, dass die meisten der an diesen Loci auftretenden Mutationen polar sind, das heißt, an einem Ende der tandemartigen Wiederholungsfolge werden eher einige wenige Sequenzen hinzugewonnen. Zum einen besteht hier eine Tendenz zum Sequenzzugewinn, zum anderen ließ sich zeigen, dass es zwischen den Allelen zu einem nichtreziproken Sequenzaustausch kommt, was auf eine Genkonversion zwischen den Allelen hindeutet (Jeffreys et al. 1994). Genkonversionen zwischen verschiedenen Loci konnten ebenfalls nachgewiesen werden, insbesondere beim 21-Hydroxylase-Gen (Abschnitt 11.5.3).

11.4 Pathogene Mutationen

Schädliche Mutationen beeinflussen normalerweise immer die Genexpression, entweder indem sie eine codierende Sequenz direkt verändern, oder indem sie Sequenzen innerhalb oder außerhalb des Gens verändern, die für die Genexpression wichtig sind (Tabelle 16.1 führt verschiedene Möglichkeiten auf, wie Mutationen die Genexpression verändern können). Die bekannten pathogenen Mutationen treten in der Mehrzahl in codierenden Sequenzen auf (vor allem nichtsynonyme Substitutionen, Nonsense-Mutationen und Insertionen/Deletionen, die das Leseraster verschieben). Das CpG-Dinucleotid bildet aufgrund seiner starken Mutierbarkeit häufig Stellen in der codierenden DNA, die für pathogene Mutationen besonders empfindlich sind (Hot-Spots) (Cooper et al. 2000). Tandemartige Wiederholungen innerhalb der codierenden DNA sind ebenfalls empfindliche Stellen (siehe unten). Unter den Mutationen in nichtcodierenden Gensequenzen sind vor allem die Mutationen von Spleißstellen und die Mutationen in konservierten Elementen der untranslatierten Regionen von Bedeutung. Mutationen außerhalb von Genen betreffen beispielsweise Promotoren und andere Kontrollelemente.

11.4.1 Bei den Hominiden gibt es eine hohe Rate an schädlichen Mutationen

Die Rate der *neutralen Mutationen* (die also dem Lebewesen weder Vor- noch Nachteile bringen) lässt sich einfach abschätzen, indem man die Veränderungsrate in einer mutmaßlich neutralen Sequenz bestimmt (Abschnitt 11.2.5). Im Gegensatz dazu ist die **Rate der schädlichen Mutationen** viel schwieriger zu messen. Vor der Veröffentlichung von Walker und Keightley (1999) gab es für Wirbeltiere keinerlei verlässliche Abschätzung. Sie untersuchten Aminosäureveränderungen in 46 Proteinen, die in der menschlichen Abstammungslinie nach der Trennung von der Schimpansenlinie entstanden sind. Wären alle nichtsynonymen Mutationen neutral, sollte man in den ausgewählten 46 Genen 231 neue Substitutionen erwarten (bei einer durchschnittlichen Rate für neutrale Mutationen von 0,0056 nichtsynonymen Substitutionen pro Nucleotid und einer Gesamtzahl von 41 471 untersuchten Nucleotiden). Stattdessen fand man nur 143 nichtsynonyme Substitutionen. Daraus folgt, dass die übrigen 88 erwarteten Substitutionen durch die natürliche Selektion beseitigt wurden, da sie sich schädlich auswirkten.

Eyre-Walker und Keightley ermittelten 1999 durch eine Schätzung, die auf der Annahme von 60 000 Genen im menschlichen Genom beruhte, eine Rate von 1,6 schädlichen Mutationen pro Person und Generation. Eine Neuberechnung anhand der nun vorliegenden Zahl von 30 000 Genen mit einer durchschnittlichen Länge von 1,6 kb für eine codierende Sequenz ergab eine Rate von 0,84 schädlichen Mutationen bei insgesamt 2,2 DNA-Mutationen pro Person und Generation. Die codierende DNA macht weniger als 1,5 % des menschlichen Genoms aus. So lässt sich auf Grundlage der geschätzten durchschnittlichen Mutationsrate von etwa $2{,}5 \times 10^{-8}$ Mutationen pro Nucleotidposition die Gesamtzahl an Mutationen, die im menschlichen diploiden Genom auftritt, zu etwa 175 pro Generation berechnen (Nachman und Crowell 2000).

11.4.2 Das mitochondriale Genom ist ein Hot-Spot für pathogene Mutationen

Aufgrund der enormen Größe des menschlichen Kerngenoms treten die meisten Mutationen in dessen DNA-Sequenzen auf. Das Mitochondriengenom ist (mit etwa 1/200 000 der Größe des Kerngenoms) im Vergleich dazu für Mutationen nur ein sehr kleines Ziel. Anders als beim Kerngenom sind jedoch von den Genen des Mitochondriengenoms in jeder somatischen Zelle des Menschen Tausende von Kopien vorhanden. Einige Zellen, wie etwa Gehirn- und Muskelzellen, benötigen eine besonders hohe Leistung der oxidativen Phosphorylierung, sodass sie mehr Mitochondrien enthalten. Die Oocyte ist mit ihren etwa 100 000 mtDNA-Molekülen (mehr als in jeder somatischen Zelle) besonders außergewöhnlich.

Normalerweise sind bei einem Menschen etwa 99,9 % der mtDNA-Moleküle identisch (**Homoplas-**

mie). Wenn jedoch eine neue Mutation entsteht und sich in der mtDNA-Population ausbreitet, kommen schließlich zwei mtDNA-Genotypen mit signifikanter Häufigkeit vor (**Heteroplasmie**). Da eine Mutation in der mitochondrialen DNA zuerst nur ein einziges DNA-Molekül betrifft, sollte man erwarten, dass die Durchsetzungswahrscheinlichkeit für diese einzelne mtDNA-Mutation und demzufolge auch die Mutationsrate insgesamt sehr gering ist. Daher wäre auch zu erwarten, dass der Anteil klinisch relevanter Erkrankungen, die aufgrund von pathogenen Mutationen im Mitochondriengenom entstehen, außerordentlich gering ist. Stattdessen treten „mitochondriale Störungen" sogar ziemlich häufig auf (Abschnitt 16.6.6), und man kann das Mitochondriengenom als Hot-Spot für Mutationen auffassen. Das trifft allgemein auf die mitochondriale DNA von Tieren zu. Hier manifestieren sich Mutationen mit einer Rate, die zehnmal höher ist als bei den entsprechenden Sequenzen im Kerngenom (Brown et al. 1979).

Für die Mutierbarkeit der mtDNA und deren starke pathogene Auswirkungen gibt es mehrere Erklärungen. 93% der mtDNA (aber nur 1,6% der Zellkern-DNA) sind codierende DNA. Mann nimmt an, dass reaktive Sauerstoffzwischenstufen aus der Atmungskette an der mtDNA bedeutsame oxidative Schäden verursachen (die im Gegensatz zur Kern-DNA nicht durch Histone geschützt ist). Außerdem muss die mtDNA viel mehr Replikationsrunden durchlaufen als die chromosomale DNA. Mitochondrien fehlt zudem ein geeigneter DNA-Reparaturmechanismus. Man hat zwar inzwischen einige mtDNA-Reparatursysteme untersucht, aber offenbar können einige der häufigen Mutationen nicht repariert werden, beispielsweise Thymidindimere (Abschnitt 11.6).

Die Frage, wie nun mtDNA-Mutationen *fixiert* werden, führte zu der Vorstellung vom entwicklungsbiologischen **mtDNA-Flaschenhals**. Während der Oogenese verändert sich sowohl die Zahl der Keimzellen als auch die Zahl der Mitochondrien pro Zelle erheblich. Im drei Wochen alten weiblichen Fetus gibt es etwa 50 Urkeimzellen mit jeweils etwa 10 Mitochondrien. Danach kommt es jedoch zu einer schnellen Zunahme der Zellzahl, sodass der Fetus in der neunten Woche bereits über eine halbe Million Oogonien mit jeweils 200 Mitochondrien enthält. Man nimmt an, dass sich der „Flaschenhals" in einer sehr frühen Phase zwischen dem Stadium der Urkeimzellen und dem Oogonienstadium auswirkt, wenn ein sehr geringer Teil der Urkeimzellen in die Gonaden wandert. Dann werden die mutierten mtDNA-Moleküle durch eine zufällige Drift und möglicherweise auch durch Selektion fixiert (Jenuth et al. 1996, Chinnery et al. 2000).

11.4.3 Die meisten Spleißmutationen verändern eine konservierte Sequenz, die für die normale Spleißreaktion erforderlich ist, aber einige treten auch in Sequenzen auf, die dabei normalerweise keine Rolle spielen

Bei viele Genen kommen alternative Spleißformen der RNA vor. Mutationen können darüber hinaus manchmal eine pathogene Form des RNA-Spleißens verursachen. Das kann dazu führen, dass in der reifen mRNA ganze Exons fehlen (*Überspringen von Exons*; siehe unten) oder noch ganze Introns vorhanden sind. In anderen Fällen entfällt durch das anomale Spleißmuster ein Teil eines normalen Exons, oder es entstehen neue Exonsequenzen. Verhältnismäßig häufig sind Punktmutationen, die eine konservierte Sequenz verändern, die normalerweise für das Spleißen der RNA erforderlich ist. Vereinzelt ist für das anomale Spleißen einer RNA auch eine Mutation in anderen Sequenzelementen verantwortlich, die einer *Spleißdonorsequenz* (5'-Spleißstelle) oder einer *Spleißakzeptorsequenz* (3'-Spleißstelle) ähneln, aber normalerweise nicht an der Spleißreaktion beteiligt sind.

Mutationen, die für die Spleißreaktion wichtige Sequenzen verändern

Zu den konservierte Sequenzen, die für die Spleißreaktion von Bedeutung sind, zählen: die im Prinzip unveränderlichen Dinucleotide *GT* und *AG*, die am Anfang (der 5'-Seite) beziehungsweise am Ende (der 3'-Seite) des Introns liegen, die unmittelbar an die Spleißdonor- und Spleißakzeptorelemente anschließenden Intron- und Exonsequenzen (darunter auch die *Polythymidinfolge* vor dem Ende eines Introns) sowie die Spleißverzweigungsstelle (*branch site*; Abb. 1.15). Darüber hinaus wird die Spleißreaktion durch Spleiß-Enhancer (positiv) und durch Spleiß-Silencer (negativ) reguliert, die sowohl in Exons als auch in Introns vorkommen.

Exon-Spleiß-Enhancer(ESE)-Sequenzen sind abgegrenzte, aber degenerierte Sequenzen mit einer Länge von sechs bis acht Nucleotiden, an die regulatorische Spleißproteine binden können (Blencowe 2000; Abschnitt 10.3.2). Sie kommen in den meisten, wenn nicht sogar in allen Exons vor (die sowohl konstitutiv als auch alternativ gespleißt werden). Für menschliche Exons hat man vor kurzem 10 ESE-Motive ermittelt, von denen einige für die Erkennung der Spleißdonor- oder Spleißakzeptorstelle von Bedeutung sind (Fairbrother et al. 2002). **Exon-Spleiß-Silencer**(**ESS**)-Sequenzen und andere Spleiß-Silencer sind bisher wesentlich seltener untersucht worden (Fairbrother und Chasin 2000).

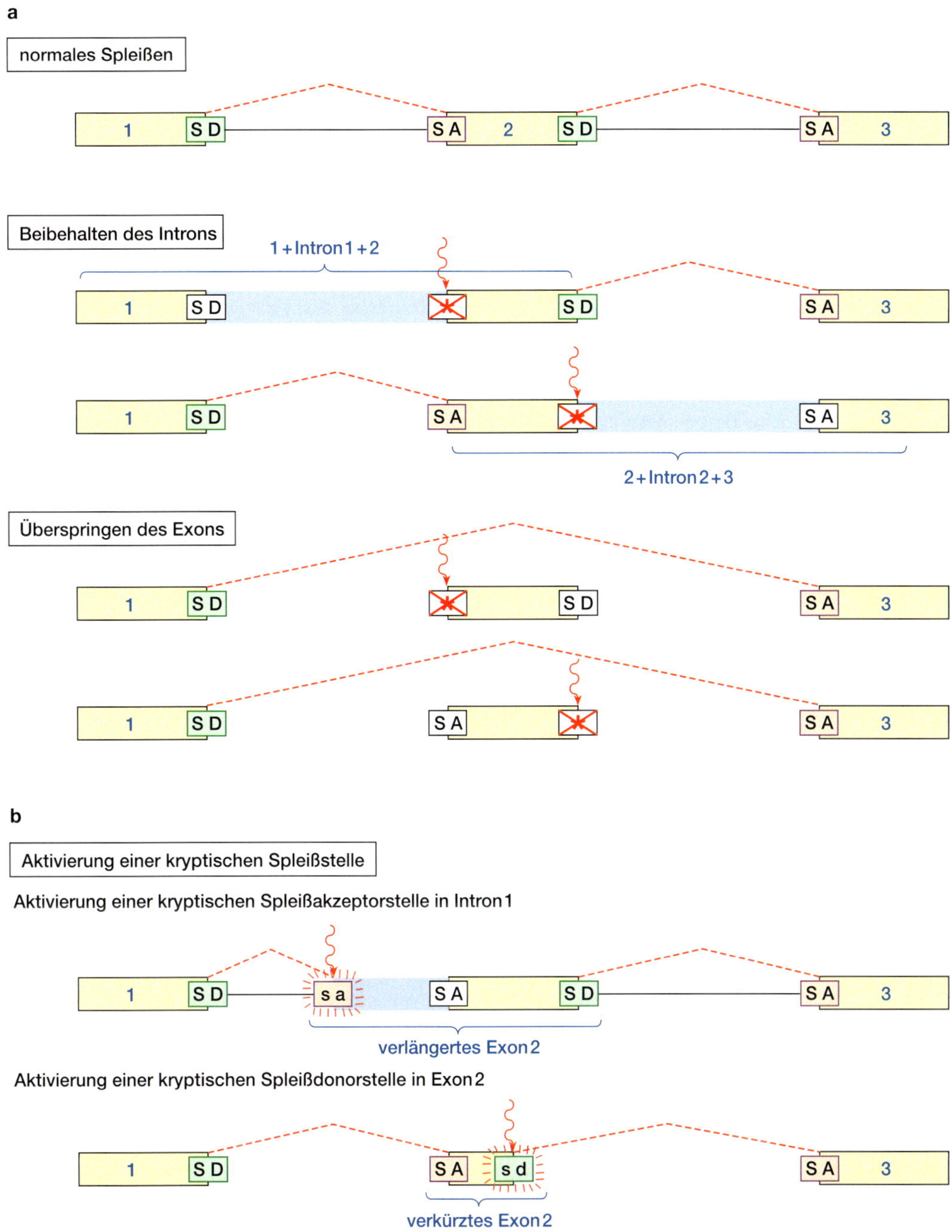

11.11 Spleißmutationen entstehen durch die Veränderung von konservierten Spleißsequenzen oder durch die Aktivierung von kryptischen Spleißstellen. a) Veränderung konservierter Spleißsequenzen. Die Mutation von Spleißdonor- oder Spleißakzeptorsequenzen (Consensussequenzen in Abbildung 1.15) kann verschiedene Folgen haben: Ein Intron wird beibehalten, wenn keine Spleißreaktion erfolgt und die Intronsequenz nicht herausgeschnitten wird; beim Überspringen von Exons verknüpft das Spleißosom die Spleißdonor- und die Spleißakzeptorstelle von zwei nicht benachbarten Exons. Gelegentlich kann eine Spleißstellenmutation auch zur indirekten Aktivierung einer alternativen, kryptischen Spleißstelle führen, die normalerweise bei der Spleißreaktion keine Rolle spielt, aber nun gegenüber regulären Spleißstellen bevorzugt wird (Takahara et al. 2002). b) Direkte Aktivierung von kryptischen Spleißstellen. Eine Mutation kann eine kryptische Spleißstelle direkt aktivieren, indem sich die Sequenz so verändert, dass sie einer Spleißdonor- oder Spleißakzeptorsequenz stärker ähnelt. Das Spleißosom kann die *veränderte* kryptische Spleißstelle nun erkennen und verwenden. Beispiele für die Aktivierung einer kryptischen Spleißstelle in einem Exon oder in einem Intron finden sich in den Abbildungen 11.12 beziehungsweise 11.13.

Mutationen, die Sequenzen verändern, die für die Spleißreaktion wichtig sind, können sich auf verschiedene Weise auswirken:

- **Beibehalten von Introns** (*intron retention*). Dabei kommt es zu einem vollständigen Ausfall der Spleißreaktion. Die Wahrscheinlichkeit ist größer, wenn das Intron kurz ist und in den benachbarten Sequenzen keine regulären alternativen oder **kryptischen Spleißstellen** vorhanden sind (also Sequenzen, die den Spleißconsensussequenzen ähneln, vom Spleißsystem aber normalerweise nicht genutzt werden; Abb. 11.11a). Das Spleißen ist notwendig, damit die mRNA von Genen, die Introns enthalten, effizient abtransportiert werden kann (Luo und Reed 1999). Das Beibehalten von Intronsequenzen in mRNA bedeutet daher im Allgemeinen, dass die mRNA im Zellkern zurückgehalten wird und nicht mit dem Translationssystem in Kontakt kommen kann (falls die mRNA translatiert würde, könnten falsche Aminosäuren in das Protein eingebaut werden, oder eine Rasterverschiebung würde die Translation stören).
- **Überspringen von Exons** (*exon skipping*). Das Spleißsystem verwendet eine alternative zulässige Spleißstelle. Die Mutation einer Spleißdonorsequenz führt häufig dazu, dass das stromaufwärts liegende Exon ausgelassen wird; bei einer Mutation in der Spleißakzeptorsequenz ist entsprechend das stromabwärts liegende Exon betroffen (Abb. 11.11a). Die Folgen können jedoch auch anderer Art sein. So können beispielsweise kryptische Spleißstellen (siehe unten) in den Introns oder Exons genutzt werden, sodass das Ergebnis nicht immer so einfach vorhersagbar ist (siehe zum Beispiel Takahara et al. 2002). Wenn die Anzahl der Nucleotide in einem übersprungenen Exon nicht durch drei teilbar ist, entsteht durch die Rasterverschiebung ein vorzeitiges Stoppcodon, was häufig zu einem instabilen mRNA-Transkript führt, sodass kein Polypeptid gebildet wird. Wenn es durch das Überspringen des Exons nicht zu einer Rasterverschiebung kommt, führt das Fehlen der dort normalerweise codierten Aminosäuren häufig zu einem funktionslosen und anomalen Polypeptid, allerdings abhängig von der Bedeutung dieser Aminosäuren für die Funktion und/oder Struktur des Proteins.

Mutationen in Sequenzen, die für das RNA-Spleißen normalerweise nicht wichtig sind

Kryptische (oder *latente*) **Spleißstellen** ähneln zufällig den Sequenzen der tatsächlichen Spleißstellen, werden aber normalerweise nicht in der Spleißreaktion verwendet. Das ist jedoch der Fall, wenn eine Mutation die Sequenz direkt ändert, sodass sie nun vom Spleißsystem als normale Spleißstelle erkannt wird (*direkte Aktivierung*), oder wenn in einer echten Spleißstelle eine Mutation auftritt, die die Spleißdonor- oder die Spleißakzeptorsequenz beeinträchtigt, sodass der Spleißapparat nun mögliche Alternativen sucht und schließlich eine kryptische Spleißstelle verwendet (*indirekte Aktivierung*; siehe vorhergehenden Abschnitt über das *Überspringen von Exons*). Da die einzelnen Spleißdonor- und Spleißakzeptorsequenzen oftmals gewisse Abweichungen von der Consensussequenz aufweisen (Abb. 1.15), sind kryptische Spleißstellen innerhalb von Genen relativ häufig. Wenn die veränderte mRNA translatiert wird, enthält das Protein bei Verwendung einer kryptischen Intronspleißstelle neue Aminosäuren, bei Verwendung einer kryptischen Exonspleißstelle wird hingegen codierende RNA entfernt (Abb. 11.11b).

Die Abbildungen 11.12 beziehungsweise 11.13 zeigen in zwei realen Beispielen, wie eine kryptische Spleißdonorstelle in einem Exon und eine kryptische Spleißakzeptorstelle in einem Intron aktiviert werden. Das erste Beispiel erinnert daran, dass eine scheinbar stille Mutation tatsächlich pathogen sein kann. In einigen Fällen können auch Mutationen, die innerhalb von Exons, aber nicht an kryptischen Spleißstellen auftreten, das Überspringen eines solchen Exons verursachen (nächster Abschnitt).

11.4.4 Mutationen, die ein vorzeitiges Stoppcodon erzeugen, führen häufig zu einer instabilen mRNA, aber es sind auch andere Ergebnisse möglich

Mehrere verschiedene Arten von Mutationen können vorzeitige Terminationscodons erzeugen (*Kettenabbruchmutationen*). Bei Nonsense-Mutationen wird einfach ein normales Codon gegen ein Stoppcodon ausgetauscht. Auch Insertionen und Deletionen, die das Leseraster verschieben, führen normalerweise – stromabwärts und nicht weit von der Mutationsstelle entfernt – ein solches Stoppcodon ein. Das liegt daran, dass kein Selektionsdruck besteht, in den anderen Leserastern Stoppcodons zu vermeiden. Daher ist bei normaler Häufigkeitsverteilung der Nucleotide in einem Abschnitt von 100 bp stromabwärts der Mutationsstelle mindestens ein Stoppcodon zu erwarten. Auch verschiedene Spleißstellenmutationen können vorzeitige Terminationscodons hervorbringen, wenn beispielsweise dadurch ein einzelnes Exon entfällt, das eine nicht durch drei teilbare Anzahl von Nucleotiden enthält. Kettenabbruchmutationen können verschiedene Auswirkungen auf die Genexpression haben:

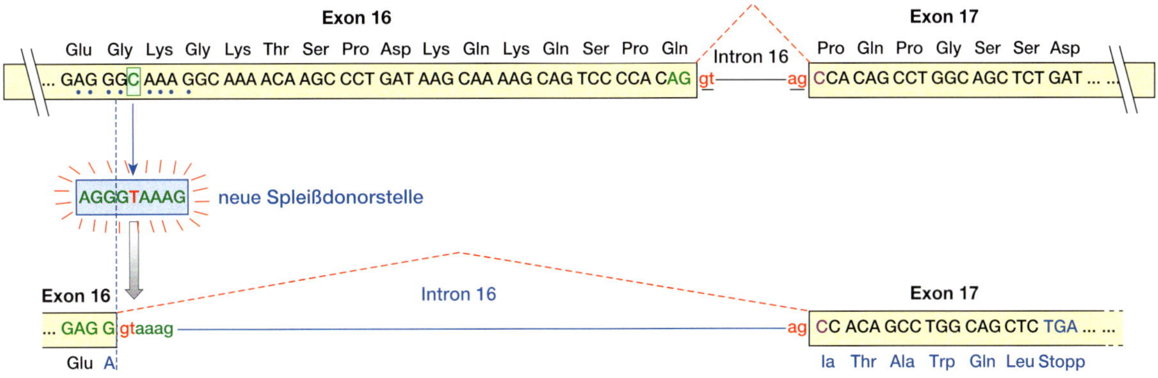

11.12 Wenn eine stille Mutation nicht still ist. Dargestellt ist eine Mutation, die bei einem Patienten mit einer Glieder-Gürtel-Muskeldystrophie Typ 2A (*limb girdle muscular dystrophy*, LGMD2A) gefunden wurde. Die Mutation liegt im Calpain-3-Gen, das als Locus für die Ausbildung einer Muskeldystrophie bekannt ist, und betrifft die dritte Base eines Codons, sodass es sich um eine stille Mutation handeln sollte. Das Glycincodon GGC wurde durch ein anderes Glycincodon (GGT) ersetzt. Dennoch ist anzunehmen, dass die Mutation pathogen wirkt. Durch die Substitution wird eine kryptische Spleißdonorsequenz (AGGG**C**AAAAG) aktiviert, sodass die Spleißreaktion fehlerhaft erfolgt. Dadurch fehlt die codierende Sequenz von Exon 16 in der mRNA, außerdem kommt es zu einer Verschiebung des Leserasters (Richard und Beckmann 1995). Andere mögliche synonyme Mutationen mit pathologischen Effekten können Spleiß-Enhancer-Sequenzen in Exons betreffen (Abschnitt 11.4.3).

- **Instabilität der mRNA.** Dies ist bei Weitem die häufigste Folge. Eine mRNA, die mindestens 50 Nucleotide stromaufwärts der letzten Spleißverknüpfung ein Stoppcodon für einen vorzeitigen Kettenabbruch enthält, wird *in vivo* normalerweise schnell durch eine Art *RNA-Kontrollsystem* zerstört, das man als **Nonsense-vermittelten mRNA-Abbau** (*nonsense-mediated mRNA-decay*, **NMD**) bezeichnet (Lykke-Andersen et al. 2001, Maquat 2002). Dadurch lassen sich die potenziell letalen

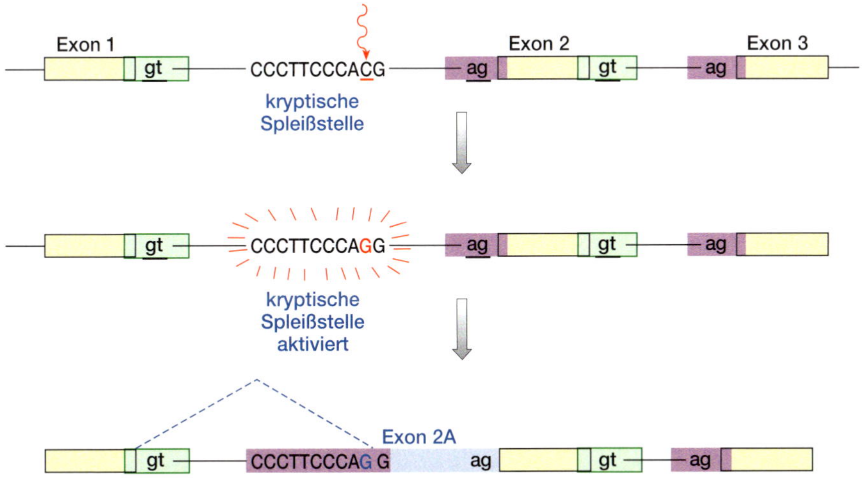

11.13 Mutationen können durch Aktivierung kryptischer Spleißstellen zu einer anomal gespleißten RNA führen. Aktivierung einer kryptischen Spleißakzeptorsequenz innerhalb eines Introns (zum Vergleich mit Abbildung 11.12, in der die Aktivierung einer kryptischen Spleißdonorstelle in einem Exon dargestellt ist). Eine Mutation kann eine Sequenz verändern, die für das RNA-Spleißen keine Bedeutung besitzt, sodass eine neue, alternative Spleißstelle entsteht. Bei dem dargestellten Beispiel wird angenommen, dass die Mutation zum Austausch eines einzigen Nucleotids im Intron 1 führt. Das Nucleotid liegt zufällig in einer kryptischen Spleißstelle, die der Spleißakzeptor-Consensussequenz stark ähnelt (Abb. 1.15), aber nicht das konservierte Dinucleotid AG enthält. Aufgrund der Mutation entsteht jedoch das AG-Dinucleotid, wodurch die kryptische Spleißstelle aktiviert wird und damit in Konkurrenz zur natürlichen Spleißakzeptorstelle tritt. Verwendet nun das Spleißsystem die neue Spleißstelle, entsteht ein neues Exon (2A) mit einer verlängerten Sequenz, die möglicherweise zu einer Verschiebung des Leserasters führt.

Auswirkungen eines verkürzten Polypeptids vermeiden, das womöglich lebenswichtige Zellfunktionen beeinträchtigen würde.

- **Verkürztes Polypeptid.** Der NMD-Mechanismus bewirkt, dass verkürzte Polypeptide *in vivo* relativ selten sind, er hängt jedoch ab von der Spleißreaktion. Dementsprechend führen Nonsense-Mutationen in einem der menschlichen Gene ohne Introns (Tab. 9.5), die etwa fünf Prozent der gesamten menschlichen Gene ausmachen, durchaus zu verkürzten Polypeptiden. Die Effekte solcher Moleküle lassen sich nur schwer vorhersagen. Sie hängen auch noch von anderen Gegebenheiten ab, beispielsweise vom Ausmaß der Verkürzung, von der Stabilität des Polypeptids und seinem Potenzial, die Expression von normalen Allelen zu stören.
- **Überspringen von Exons.** Bei einer kleinen Gruppe von Nonsense-Mutationen können möglicherweise schädliche Auswirkungen auf die Genexpression abgemildert werden. Diesen Vorgang bezeichnet man als **Nonsense-assoziiertes alternatives Spleißen** (**NAS**) (Wang et al. 2002). Dabei verändert sich das normale Spleißmuster, etwa durch Überspringen des Exons, sodass ein Stoppcodon übergangen wird und eine stabile mRNA entsteht, die keine Mutation mehr enthält. Die Existenz des NAS-Systems wurde teilweise so gedeutet, dass es im Zellkern einen bestimmten Translationsmechanismus geben müsse, der Codons bereits ablesen kann, *bevor* die mRNA in das Cytoplasma transportiert wird. Eine andere Erklärung für das NAS-System, die meistens oder auch immer zutreffen dürfte, besagt jedoch, dass die Nonsense-Mutation einen **Exon-Spleiß-Enhancer** verändert (Abschnitt 11.4.3; bei Maquat 2002 finden sich weitere mögliche Erklärungen für die NAS-Aktivierung).

Tabelle 11.6 DNA-Wiederholungssequenzen tragen häufig zur Pathogenese bei

Art der DNA-Wiederholung	Art der Mutation	Mechanismus und Beispiele
tandemartige Wiederholungen		
sehr kurze Wiederholungen innerhalb von Genen	Deletion	Fehlpaarung verschobener Stränge (Abb. 11.5), Beispiele in Abb. 11.14
	Leserasterverschiebung durch Insertion	Fehlpaarung verschobener Stränge
	Verlängerung von Triplettwiederholungen	zuerst Fehlpaarung verschobener Stränge? Später umfangreiche Verlängerung durch unbekannten Mechanismus
mäßig lange Wiederholungen innerhalb von Genen	Deletion innerhalb eines Gens	UEC/UESCE[a] (Abb. 11.7)
	teilweise oder vollständige Gendeletion UEC/UESCE[a] (Abb. 11.7)	Beispiele in Abb. 11.16
große Tandemwiederholungen, die ganze Gene enthalten	Veränderung der Gensequenz Genkonversion (Abb. 11.10)	Beispiele in Abb. 11.16 und 11.17
verstreute Wiederholungen		
kurze direkte Wiederholungen	Deletion	Fehlpaarung verschobener Stränge oder Rekombination innerhalb eines Chromatids?
verstreute Wiederholungselemente (z. B. *Alu*-Wiederholungen)	Deletion/Duplikation	UEC/UESCE[a] (Abschnitt 11.5.4)
umgekehrte Wiederholungen	Inversion	Autausch innerhalb eines Chromatids, z. B. Faktor VIII (Abb. 11.20)
lange Wiederholungen mit wenigen Kopien	großräumige Deletion/Duplikation	UEC/UESCE[a] (Tab. 11.7 und Abb. 11.19)
aktive transponierbare Elemente	Insertionen durch Transposons innerhalb eines Gens	Retrotransposition; Beispiele in Abschnitt 11.5.6

[a] UEC, ungleiches Crossing-over; UESCE, ungleicher Austausch zwischen Schwesterchromatiden.

11.5 Das pathogene Potenzial von Wiederholungssequenzen

Das menschliche Genom besitzt einen sehr großen Anteil an repetitiven DNA-Sequenzen (Abschnitte 9.5 und 9.6). Bei diesen kann es leicht dazu kommen, dass sich die Anzahl der Kopien verändert und Sequenzen ausgetauscht werden (Tab. 11.6).

11.5.1 Die Fehlpaarung gegeneinander verschobener DNA-Stränge bei kurzen tandemartigen Wiederholungen begünstigt pathogene Deletionen und die Insertion von DNA-Fragmenten, die zu Verschiebungen des Leserasters führen können

In codierender DNA treten Insertionen und Deletionen relativ selten auf, da sie üblicherweise eine Verschiebung des Leserasters verursachen. Manchmal kommt es jedoch innerhalb einer proteincodierenden DNA-Sequenz zufällig zur Ausbildung einer Folge tandemartiger Wiederholungssequenzen aus nur wenigen Nucleotiden. Solche Bereiche (zum Beispiel die klassischen Mikrosatellitenloci) sind vergleichsweise anfällig gegenüber Mutationen, die durch die Fehlpaarung gegeneinander verschobener DNA-Stränge entstehen. Dadurch kann sich die Anzahl der Wiederholungselemente innerhalb der Tandems ständig verändern, wobei es zur Deletion oder zur Insertion einer oder mehrerer einzelner Sequenzen kommt. Wenn eine solche Mutation innerhalb eines proteincodierenden DNA-Abschnitts auftritt, hat eine Deletion meist grundlegende Auswirkungen auf die Genfunktion. Deletionen, die eine Verschiebung des Leserasters verursachen, verhindern im allgemeinen eine funktionsgerechte Genexpression und können auch recht häufig auftreten.

Selbst wenn die Deletion nicht zu einer Rasterverschiebung führt, kann das Entfernen einer oder mehrerer Aminosäuren dennoch pathogene Effekte haben (Abb. 11.14). Auch die Insertion kurzer Fragmente zerstört wahrscheinlich die Genfunktion; das einge-

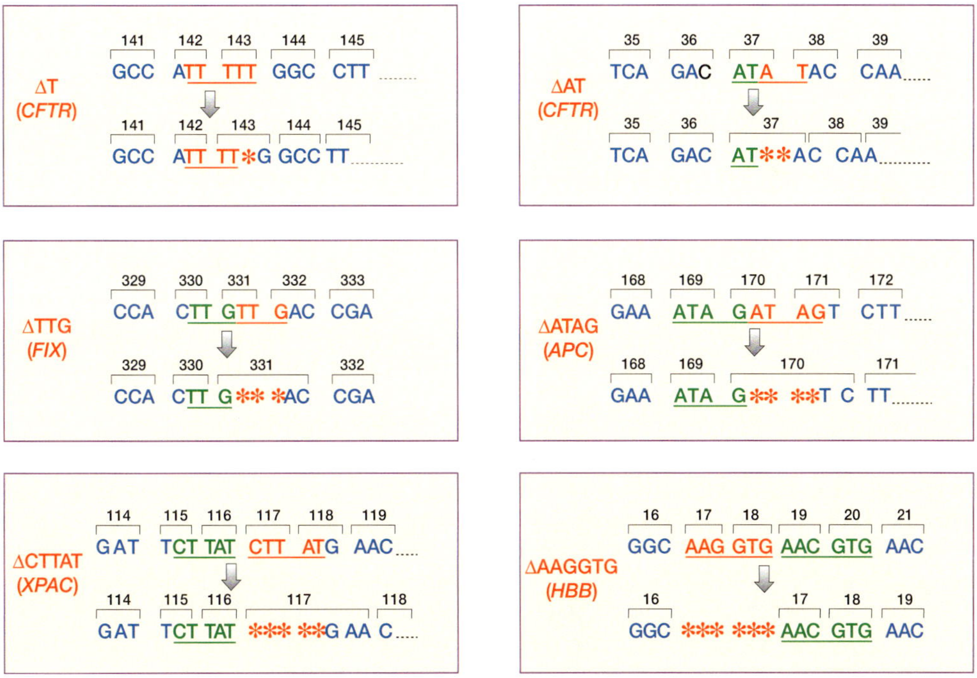

11.14 Kurze tandemartige Wiederholungssequenzen sind für Deletionen und Insertionen besonders anfällig. Die sechs abgebildeten Deletionen sind Beispiele für pathogene Veränderungen, die bei tandemartigen DNA-Wiederholungselementen von 1 bis 6 bp auftreten können. Deletionen von drei oder sechs Basenpaaren verursachen keine Rasterverschiebung; die Pathogenese sollte demnach eine Konsequenz der fehlenden einen oder zwei Aminosäure(n) sein, die normalerweise für die Funktion des Proteins wichtig ist (sind). Zu beachten ist hier, dass bei der Deletion von sechs Basenpaaren die ursprüngliche Sequenz nicht vollständig repetitiv ist. Die abgebildeten Deletionen betreffen folgende Gene (beziehungsweise die zugehörigen Krankheiten): *CFTR*, Transmembranregulator der Cystischen Fibrose; *FIX*, Faktor IX (Hämophilie B); *APC*, Adenomatosis coli; *XPAC*, Komplementationsgruppe C der Xeroderma pigmentosa; *HBB*, β-Globin (β-Thalassämie). Tandemartige Wiederholungen von angrenzenden Sequenzen treten häufig als kurze Insertionssequenzen auf (hier nicht dargestellt).

fügte Fragment ist häufig eine tandemartige Wiederholung der flankierenden Sequenzen. Insertionen, die nicht zu einer Rasterverschiebung führen, sollten im Allgemeinen nicht pathogen sein – vorausgesetzt, sie treten nicht in wichtigen Bereichen auf, sodass sie keine grundlegende Strukturveränderung bewirken und die Genfunktion auch nicht in anderer Weise beeinträchtigen.

11.5.2 Die instabile Verlängerung von kurzen tandemartigen Wiederholungen kann verschiedene Krankheiten verursachen, aber der Mutationsmechanismus ist noch wenig bekannt

Bestimmte kurze tandemartige Wiederholungen innerhalb eines Gens oder in seiner unmittelbaren Nähe können sich erheblich verlängern und die Genexpression beeinflussen, sodass Krankheiten entstehen. Vereinzelt kann es auch vorkommen, dass eine Wiederholungssequenz, die mäßig verlängert wurde und eine Erkrankung hervorruft, vollkommen stabil bleibt und ohne Größenveränderung über mehrere Generationen weitergegeben wird. In anderen Fällen jedoch ist die Verlängerung der Wiederholungssequenz *instabil*. Die Entdeckung, dass die starke Verlängerung von hochgradig instabilen repetitiven Trinucleotidsequenzen beim Menschen Krankheiten hervorrufen kann, kam recht unerwartet (Untersuchungen bei anderen Spezies ergaben keine Hinweise auf ein ähnliches Phänomen, aber beim Menschen wird die Liste der Beispiele immer länger (Tab. 16.6)).

Theoretisch gibt es 64 verschiedene Trinucleotidsequenzen. Wenn man jedoch zyklische Permutationen zulässt (zum Beispiel $(CAG)_n = (AGC)_n = (GCA)_n$) und beide DNA-Stränge berücksichtigt ($5'(CAG)_n$ auf dem einen Strang = $5'(CTG)_n$ auf dem anderen) bleiben noch zehn verschiedene repetitive Trinucleotidsequenzen übrig (Abb. 11.15). Zusätzlich zur instabilen Verlängerung von *Triplettwiederholungen* gibt es auch die Verlängerung von Wiederholungssequenzen aus 12 Nucleotiden: $(C_4)G(C)_4GCG$. Diese kommen bei den meisten Krankheitsallelen des Cystatin-B-Gens vor, die für eine progressive Form der Myoklonusepilepsie verantwortlich sind (Lalioti et al. 1997). Wie in Tabelle 16.6 genauer aufgeführt ist, lassen sich Gene, die instabile, sich verlängernde kurze tandemartige Wiederholungen enthalten, entsprechend des Umfangs ihrer Verlängerung und ihrer Lokalisierung in zwei Hauptgruppen einteilen:

- **Mäßig verlängerte $(CAG)_n$-Sequenzen, die zu Polyglutaminreihungen führen.** Das CAG-Codon steht für Glutamin. Die stabile, nichtpathogene Folge besteht aus zehn bis 30 Wiederholungen, während instabile pathogene Allele häufig 40 bis 200 Wiederholungen aufweisen. Der verlängerte Polyglutaminabschnitt führt dazu, dass das Protein in den Zellen aggregiert und sie abtötet.
- **Sehr umfangreiche Verlängerungen von nichtcodierenden Wiederholungssequenzen.** Verschiedene Arten von Wiederholungen (etwa CGG, CCG, CTG, GAA), die in nichtcodierenden Sequenzen vorkommen (im Promotor, in den untranslatierten Regionen oder in Introns), können sich sehr stark verlängern. Diese Verlängerungen hemmen die Expression von eng benachbarten Genen und führen zu einem Funktionsverlust. Stabile, nichtpathogene Allele umfassen normalerweise fünf bis 50 Wiederholungen, instabile Allele hingegen enthalten mehrere Hundert oder Tausende von Kopien (Tab. 16.6). Einige sehr umfangreiche Verlängerungen von kurzen nichtcodierenden tandemartigen Wiederholungen beeinflussen die Chromosomenstruktur und führen zu **bruchempfindlichen Stellen** („Sollbruchstellen"), ohne dass sie jedoch Krankheiten verursachen (wahrscheinlich weil sich in ihrer Nähe kein wichtiges Gen befindet). Als Beispiele seien hier FRAXF und FRA16A genannt, die beide auf eine CCG-Verlängerung zurückzuführen sind.

AAC/GTT	AGG/CCT
AAG/CTT	ATC/GAT
AAT/ATT	
ACC/GGT	CAG/CTG
ACG/CGT	CCG/CGG
ACT/AGT	

11.15 Die zehn möglichen Wiederholungssequenzen von Trinucleotiden. Dargestellt sind beide DNA-Stränge. Alle anderen repetitiven Trinucleotide sind zyklische Permutationen einer der hier aufgeführten Sequenzen (siehe Text).

Wiederholungen sind bei Mitose und Meiose unter einer bestimmten Schwellenlänge stabil, darüber jedoch äußerst instabil. Die instabilen Wiederholungen werden praktisch niemals unverändert von den Eltern an die Kinder weitergegeben. Dabei kann es sowohl zu Verlängerungen als auch zu Verkürzungen kommen, aber die Tendenz geht insgesamt zur Verlängerung. Die Durchschnittsgröße hängt häufig vom Geschlecht des übertragenden Elternteils ab, genauso wie von der Länge der Wiederholungssequenz selbst.

Über den Mechanismus der Verlängerung ist noch wenig bekannt (Dijan, 1998, Sinden et al. 2002). Wahrscheinlich kommt es dabei unter anderem zur Fehlpaarung von gegeneinander verschobenen DNA-Strängen (Abb. 11.5). Dafür spricht die Beobachtung, dass unterbrochene Wiederholungen offenbar stabil sind, während sich nur homogene Wiederholungen als instabil erweisen. So hat man etwa im Zusammenhang mit der spinocerebellaren Ataxie Typ I festgestellt, dass 123 von 126 CAG-Wiederholungssequenzen normaler Größe durch ein oder zwei CAT-Tripletts unterbrochen waren. Von 30 verlängerten Allelen enthielt jedoch kein einziges auch nur ein CAT-Triplett (Chung et al. 1993). Warum aber die Tendenz zur Sequenzverlängerung besteht, bleibt weiterhin unklar. Da auf diesem Forschungsgebiet in nächster Zeit weitere rasche Fortschritte zu erwarten sind, seien dem Leser aktuelle Übersichtsartikel als ergänzende Lektüre empfohlen.

11.5.3 Bei tandemartig wiederholten Sequenzen und Genfamilien, die in Clustern angeordnet sind, kann es zu pathogenen ungleichen Crossing-over und zu genkonversionsähnlichen Ereignissen kommen

Viele Gencluster des Menschen und der Säuger enthalten funktionslose Pseudogene, die mit funktionsfähigen Genen desselben Clusters eng verwandt sind. Ein Sequenzaustausch zwischen den Loci von Pseudogenen und funktionsfähigen Genen kann zu einer Krankheit führen, wenn sich die Sequenz des funktionsfähigen Gens teilweise oder ganz ändert oder deletiert wird. So verursacht zum Beispiel ein ungleiches Crossing-over (oder ein ungleicher Schwesterchromatidaustausch) zwischen einem funktionsfähigen Gen und einem Pseudogen möglicherweise die Deletion des intakten Gens oder die Bildung eines Fusionsgens, das einen Abschnitt des Pseudogens enthält. Andererseits kann das Pseudogen bei einer Genkonversion als Donorsequenz wirken und so schädliche Mutationen auf das funktionsfähige Gen übertragen.

Das klassische Beispiel hierfür ist der Steroid-21-Hydroxylase-Mangel. Hier sind tatsächlich über 95% aller pathogenen Mutationen das Ergebnis eines Sequenzaustausches zwischen dem normalen *CYP21B*-Gen und dem sehr nah verwandten *CYP21A*-Pseudogen. Beide Gene gehören zu tandemartig wiederholten DNA-Abschnitten von fast 30 kb Länge, die auch andere duplizierte Gene enthalten. Hervorzuheben sind dabei die *C4*-Gene des Komplementsystems (*C4A* und *C4B*). Die großräumigen, pathogenen Deletionen, zu denen es in diesem Bereich kommen kann, umfassen immer etwa 30 kb DNA (was einem Wiederholungselement entspricht). Dieser Bereich enthält die *CYP21B*-Gensequenz (Abb. 11.6). Es treten auch nichtpathogene Deletionen mit derselben Länge auf, da manchmal die *C4A* + *CYP21A*-Wiederholungseinheit entfernt wird (und das funktionsfähige *CYP21B*-Gen erhalten bleibt). Die *C4/21-Hydroxylase*-Gene zeigen eine Form des großräumigen VNTR-Polymorphismus, wobei die verschiedenen Allele eine bis vier 30 kb-Einheiten umfassen können (Collier et al. 1989).

Praktisch die gesamten 75% an pathogenen Mutationen, die Punktmutationen sind, wurden von den nachteiligen Mutationen des Pseudogens kopiert, was vermuten lässt, dass es sich um eine Genkonversion handelt (Abb. 11.16 und 11.17). Die Analyse einer solchen *de novo*-Mutation deutet darauf hin, dass der Bereich, der von der Konversion betroffen ist, maximal 390 bp umfasst (Collier et al. 1993). Genkonversionen treten auch in den duplizierten *C4*-Genen auf, die jedoch normalerweise beide exprimiert werden. Eine Konversion im *CYP21-C4*-Gencluster wird möglicherweise durch eine ungleiche Paarung der Chromatiden ausgelöst, wobei sich eine *CYP21A-C4A*-Region an eine *CYP21A-C4B*-Region anlagert (Abb. 11.17).

11.5.4 Verstreute Wiederholungssequenzen begünstigen häufig umfangreiche Deletionen und Duplikationen

Kurze, direkt wiederholte Sequenzen

In verschiedenen Fällen liegen an den Endpunkten von Deletionen sehr kurze, direkt wiederholte Sequenzen. So befinden sich beispielsweise die Bruchstellen zahlreicher pathologischer Deletionen im mitochondrialen Genom an perfekten oder fast perfekten kurzen, direkten Wiederholungen. Die häufigste Deletion dieser Art betrifft einen Bereich von 4977 bp, der bei vielen Patienten mit einem Kearns-Sayre-Syndrom fehlt. Bei dieser Krankheit handelt es sich um eine Encephalomyopathie, die mit einer Lähmung der äußeren Augenmuskeln, einer Oberlidsenkung (Ptosis), einer Ataxie und einem grauen Star einhergeht. Aufgrund der Deletion fehlt ein DNA-Abschnitt, der sonst zwischen zwei perfekten Wiederholungen von 13 bp liegt, außerdem ging eine der beiden Wiederholungssequenzen verloren (Abb. 11.18). Rekombinationen treten im mitochondrialen Genom nicht auf, aber Schoffner und Mitarbeiter haben (1989) ein Modell entwickelt, demzufolge solche Deletionen als Folge einer Sequenzverschiebung bei der Replikation entstehen können. Ein ähnlicher Mechanismus lässt sich an kurzen tandemartigen Wiederholungen beobachten (Abb. 11.5). Partielle Duplikationen im mitochondrialen Genom sind bei bestimmten Krankheiten ebenfalls ein Erkennungsmerkmal; zu nennen ist dabei vor allem das Kearns-Sayre-Syndrom. Die Enden der duplizierten Sequen-

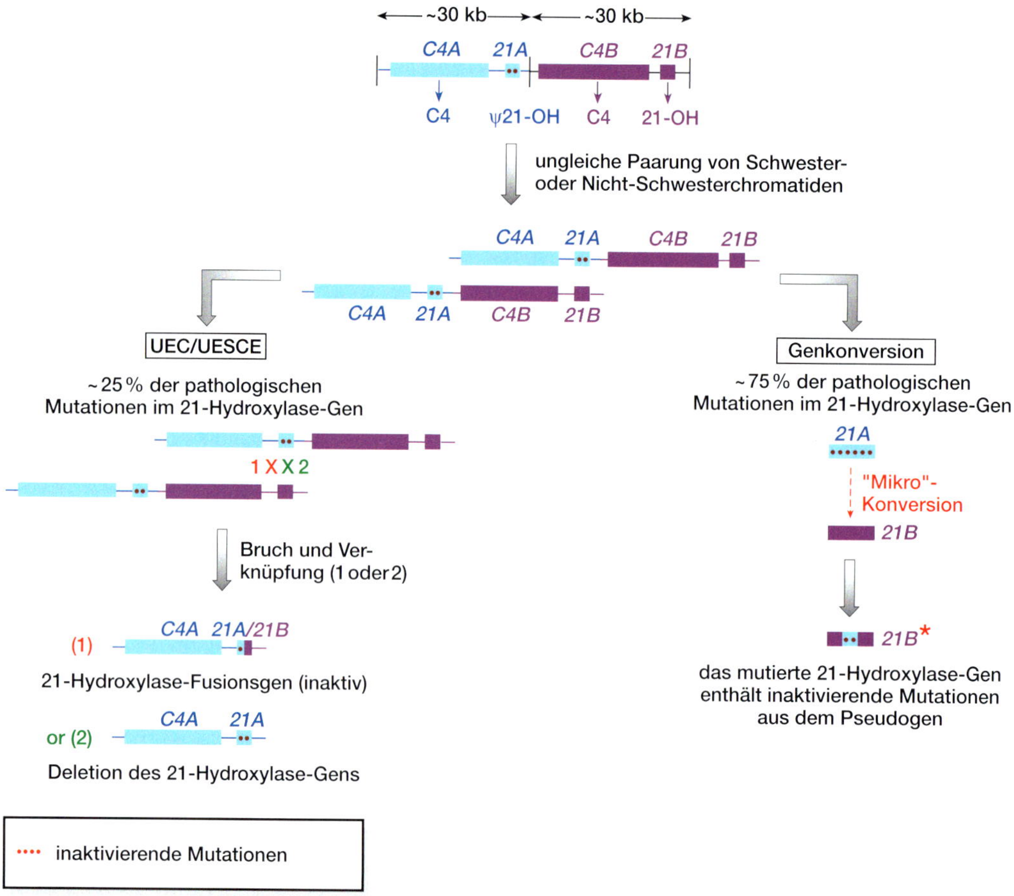

11.16 Praktisch alle Mutationen des 21-Hydroxylase-Gens lassen sich auf einen Sequenzaustausch mit einem engverwandten Pseudogen zurückführen. Die duplizierten C4-Gene des Komplementsystems und die 21-Hydroxylase-Gene liegen auf tandemartig wiederholten Sequenzen von 30 kb Länge, die zu 97 Prozent identisch sind. Sowohl das *C4A*- als auch das *C4B*-Gen exprimieren C4-Proteine des Komplementsystems. Das *CYP21B*-Gen (*21B*) codiert ein 21-Hydroxylase-Protein, das *CYP21A*-Gen (*21A*) ist hingegen ein Pseudogen. Etwa 25 % der pathologischen Mutationen im 21-Hydroxylase-Locus bestehen aus einer Deletion von 30 kb DNA, die sich auf ein ungleiches Crossing-over (*unequal crossover*, UEC) oder auf einen ungleichen Austausch zwischen Schwesterchromatiden (*unequal sister chromatid exchange*, UESCE) zurückführen lassen. Alle anderen sind Punktmutationen, die aufgrund kurzer Genkonversionen des *CYP21B*-Gens entstehen. Dabei wird ein kurzer Abschnitt des *CYP21A*-Gens, das schädliche Mutationen enthält, als Kopie in das *CYP21B*-Gen eingefügt und ersetzt so den entsprechenden Abschnitt der ursprünglichen Sequenz (Abbildung 11.10c zeigt dafür einen möglichen Mechanismus). Einer Genkonversion geht immer die ungleiche Paarung von tandemartigen Wiederholungssequenzen auf Schwester- oder auf Nicht-Schwesterchromatiden voraus (wie bei einem ungleichen Crossing-over oder bei einem ungleichen Austausch zwischen Schwesterchromatiden).

zen weisen ähnlich den meisten Deletionen kurze, direkte Wiederholungen auf. Die Mechanismen, durch die es zu Deletionen oder Duplikationen kommt, scheinen einander stark zu ähneln (Poulton und Holt 1994).

Die *Alu*-Wiederholungssequenz begünstigt Rekombinationen in besonderer Weise

Einige der umfangreichen Deletionen und Insertionen gehen wahrscheinlich auf einen Mechanismus zurück, bei dem es zuerst zur Paarung von nichtallelen, verstreuten Wiederholungen kommt, gefolgt von Bruch und erneutem Verknüpfen der Chromatidfragmente. Die *Alu*-Wiederholungssequenz zum Beispiel kommt in 3 kb DNA etwa einmal vor, und die Fehlpaarung zwischen diesen Sequenzen führt möglicherweise häufig zu Deletionen und Duplikationen. Einige große Gene enthalten in den Introns und in den untranslatierten Bereichen zahlreiche *Alu*-Sequenzen, sodass diese Gene für Deletionen und Duplikationen besonders anfällig sind. So besitzt beispielsweise das 45 kb lange Gen des LDL-(*low density lipoprotein*-)Rezeptors eine verhältnismäßig hohe Dichte an *Alu*-Wiederholungssequenzen, etwa eine Sequenz pro 1,5 kb. Die meisten der in diesem Gen sehr häufigen pathogenen Deletionen sind wahrscheinlich auf die *Alu*-Sequenzen zurückzuführen, die normalerweise

Ort der Mutation	normale Sequenz des 21-OH-Gens (*CYP21B*)	Sequenz des 21-OH-Pseudogens (*CYP21A*)	mutierte Sequenz des 21-OH-Gens
Intron 2	CCCACCTCC	CCCAGCTCC	CCCAGCTCC
Exon 3 (Codons 110–112)	GGA GAC TAC TC **Gly Asp Tyr** Ser	G(.........)TC	G(.........)TC **Val**
Exon 4 (Codon 172)	ATC ATC TGT Ile **Ile** Cys	ATC AAC TGT	ATC AAC TGT Ile **Asn** Cys
Exon 6 (Codons 235–238)	ATC GTG GAG ATG **Ile Val** Glu **Met**	AAC GAG GAG AAG	AAC GAG GAG AAG **Asn Glu** Glu **Lys**
Exon 7 (Codon 281)	CAC GTG CAC His **Val** His	CAC TTG CAC	CAC TTG CAC His **Leu** His
Exon 8 (Codon 318)	CAC CAG GAG His **Gln** Glu	CTG TAG GAG	CTG TAG GAG Leu **STOPP**
Exon 8 (Codon 356)	CTG CGG CCC Leu **Arg** Pro	CTG TGG CCC	CTG TGG CCC Leu **Trp** Pro

11.17 Pathogene Punktmutationen im Gen der Steroid-21-Hydroxylase entstehen durch das Kopieren von Sequenzen des 21-Hydroxylase-Pseudogens. Das Kopieren erfolgt vermutlich durch einen genkonversionsähnlichen Mechanismus (Abbildungen 11.16 und 11.10c).

an den Endpunkten der deletierten Fragmente liegen. Gelegentlich auftretende pathogene Duplikationen innerhalb des Gens sind ebenfalls eine Folge der *Alu*-Sequenzen (Hobbs et al. 1990). Aufgrund dieser Beobachtungen gelangte man zu der Ansicht, dass *Alu*-Sequenzen Rekombinationen und ähnliche Erscheinungen allgemein begünstigen. Die ersten Genduplikationen bei der Entstehung von Genfamilien, die in Clustern angeordnet sind, erfolgten wahrscheinlich aufgrund ungleicher Crossing-over zwischen *Alu*-Sequenzen oder anderen verstreuten Wiederholungselementen. Es bleibt allerdings anzumerken, dass einige Gene, die einen hohen Anteil an *Alu*-Sequenzen aufweisen, offensichtlich keine hohe *Alu*-bedingte Rekombinationsrate zeigen.

Lange Wiederholungen mit geringer Kopienzahl

Die Sequenzierung des Euchromatins im menschlichen Genom ergab sehr viele Beispiele für verstreute

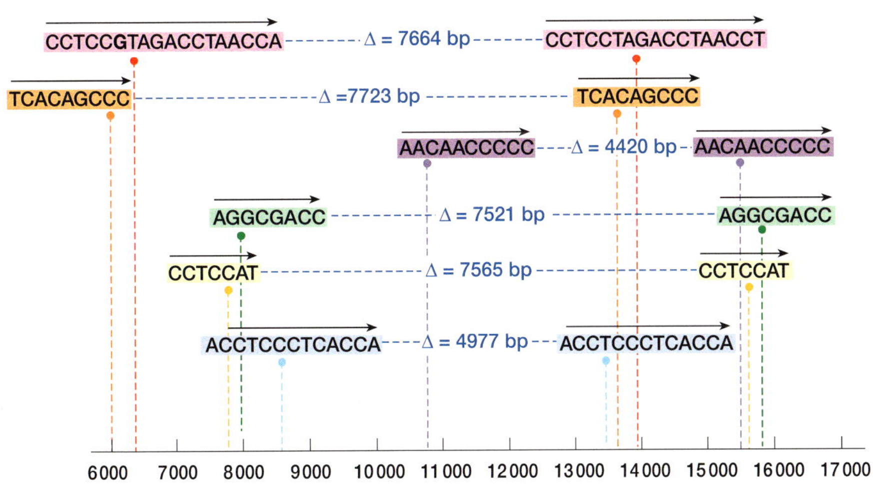

11.18 Die Randbereiche vieler pathogener Deletionen im mitochondrialen Genom sind durch kurze, direkt repetitive Sequenzen gekennzeichnet. Da es innerhalb des mitochondrialen Genoms keine Rekombinationen gibt, sind die Deletionen wahrscheinlich auf eine Fehlpaarung gegeneinander verschobener DNA-Stränge zurückzuführen (siehe Text).

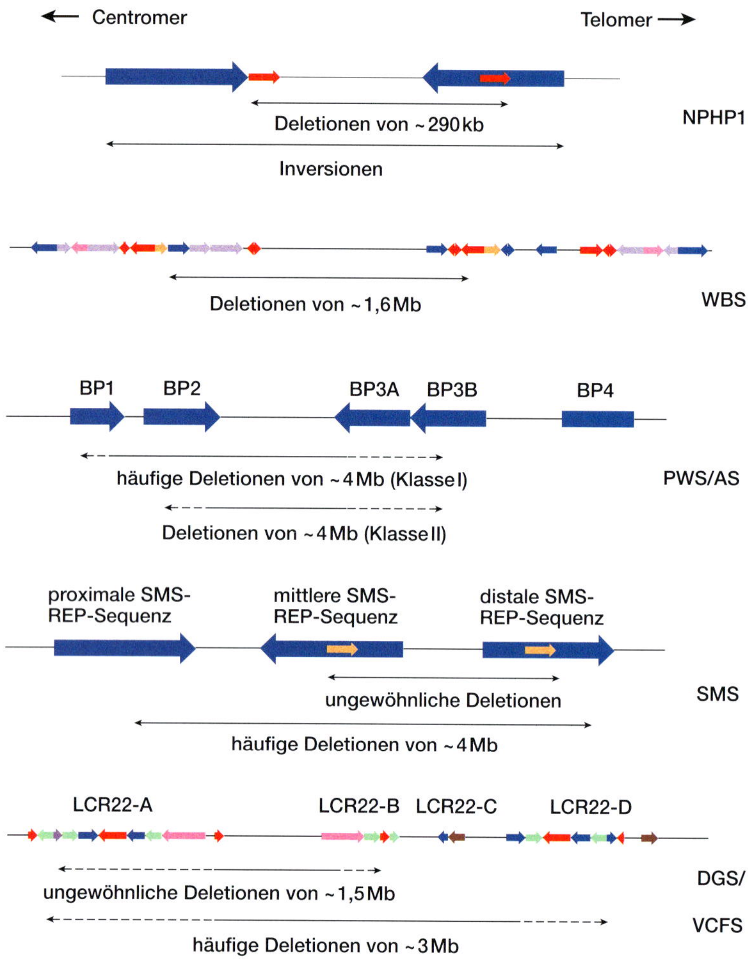

11.19 Die komplexe Struktur von ausgewählten Wiederholungssequenzen mit niedrigen Kopienzahlen (LCR), die in Zusammenhang mit menschlichen Krankheiten stehen. Die komplexe Struktur von LCR-Sequenzen (*low-copy repeats*) umfasst sowohl direkte Wiederholungen (Pfeilspitzen zeigen in dieselbe Richtung) als auch umgekehrte Wiederholungen (Pfeilspitzen zeigen in entgegengesetzte Richtungen). Abkürzungen stehen für folgende Krankheiten: NPHP1, familiäre juvenile Nephronophthisis; WBS, Wilms-Beuren-Syndrom; PWS/AS, Prader-Labhart-Willi-Syndrom/Angelman-Syndrom; SMS, Smith-Magenis-Syndrom; DGS/VFCS, DiGeorge-Syndrom/velocardiofaciales Syndrom. Nachdruck aus: Stankiewicz und Lupski (2002) *Trends Genet* 18: 74–82.

Sequenzen, die in einer geringen Kopienzahl vorkommen und starke Sequenzhomologien aufweisen (häufig über 95% Übereinstimmung). Häufig erstrecken sie sich über mehrere zehn bis mehrere hundert Kilobasen. Wiederholungssequenzen dieser Art wurden im Verlauf der Evolution normalerweise erst vor kurzem in der Primatenlinie dupliziert. Diese Art der Sequenzverdopplung bezeichnet man als **Segmentduplikation** (Abschnitt 12.2.5). Die sehr hohe Sequenzhomologie über derartig ausgedehnte Bereiche begünstigt ungleiche Rekombinationen zwischen den Wiederholungssequenzen (die man auch als **Duplikons** bezeichnet). Wenn so eng verwandte Wiederholungen auf zwei verschiedenen Chromosomen vorkommen, begünstigen sie möglicherweise Translokationen. Wenn sie auf demselben Chromosom liegen, fördern sie häufig ungleiche (nichtallele) homologe Rekombinationen, die großräumige Deletionen oder Duplikationen verursachen können.

Durch Duplikons verursachte Deletionen und in einem geringeren Maß auch Duplikationen, die sich über Abschnitte von Megabasen erstrecken, sind häufig pathogen (Stankiewicz und Lupski 2002; Tab. 11.7; Abb. 11.19). Sie führen zu einem Verlust von Genfunktionen oder zu einer übermäßig hohen Gendosis bei dosisempfindlichen Genen, die sich in diesen Abschnitten befinden. Solche Umstrukturierungen lassen sich normalerweise nicht durch cytogenetische Standardanalysen auflösen, und man ordnet sie häufig (in Bezug auf die Chromosomen) den Mikrodeletionen oder Mikroduplikationen zu. Aufgrund der weiten Verbreitung dieser Segmentdupli-

Tabelle 11.7 Wiederholungssequenzen mit geringer Kopienzahl können großräumige pathogene Deletionen und Duplikationen begünstigen

Merkmal/Syndrom	Gen(e)	chromosomale Position	Art der Umstrukturierung	Größe (kb)	Duplikongöße (kb)
Unfruchtbarkeit bei Männern (AZFa)	*DBY, USP9Y*	Yq11.2	Deletion	800	10
Unfruchtbarkeit bei Männern (AZFc)	*RBMY, DAZ?*	Yq11.2	Deletion	3 500	229
Williams-Beuren-Syndrom	*ELN, GTF2I?*	7q11.23	Deletion	1600	320
Prader-Labhart-Willi-Syndrom	?	15q12pat	Deletion	3 500	500
Angelman-Syndrom	*UBE3A*	15q12mat	Deletion	3 500	500
Smith-Magenis-Syndrom	?	17p11.2	Deletion	3700	200
DiGeorge-/VCF-Syndrom	*TBX1,?*	22q11.2	Deletion	3 000/1500	255–400
periphere Neuritis (CMT1A)	*PMP22*	17p12	Duplikation	1400	24
periphere Neuritis (HNPP)	*PMP22*	17p12	Deletion	1400	24

Aus: Stankiewicz und Lupski (2002) *Curr Opin Genet Dev* 12: 312–319

kationen im menschlichen Genom könnte ihr Beitrag zur Pathogenese erheblich sein (Stankiewicz und Lupski 2002).

11.5.5 Durch eine Rekombination zwischen Chromatiden, die durch umgekehrte Wiederholungssequenzen ausgelöst wird, können pathogene Inversionen entstehen

Vereinzelt liegen Cluster von umgekehrten Wiederholungen, deren Sequenzen eine starke Übereinstimmung zeigen, innerhalb eines Gens oder in dessen unmittelbarer Nähe. Die hohe Übereinstimmung zwischen umgekehrten Wiederholungen begünstigt, dass die Wiederholungssequenzen Basenpaarungen ausbilden, die das Chromatid auf sich selbst zurückfalten. Ein anschließender Bruch des Chromatids an den fehlgepaarten Wiederholungen kann dann zu einer Inversion führen. Dabei handelt es sich um einen ähnlichen Mechanismus wie bei der Entstehung der leichten Immunglobulin-κ-Ketten.

Ein klassisches Beispiel für pathogene Inversionen ist eine Mutation, die für über 40% aller schweren Fälle der Hämophilie A verantwortlich ist. Das Intron 22 des Gens für den Faktor VIII (*F8*) enthält eine CpG-Insel, von der aus zwei interne Gene (*F8A* und *F8B*) transkribiert werden. Dabei wird das *F8A*-Gen relativ zum Faktor-VIII-Gen in entgegengesetzter Richtung transkribiert, das *F8B*-Gen jedoch in derselben Richtung wie das Faktor-VIII-Gen (Abb. 11.20). Das *F8A*-Gen gehört zusammen mit zwei weiteren nahverwandten Genen, die vom Faktor-VIII-Gen aus einige hundert Kilobasen stromaufwärts liegen, zu einer Genfamilie. Diese Gene werden jedoch relativ zum *F8A*-Gen in entgegengesetzter Richtung transkribiert. Das führt dazu, dass es im Bereich zwischen dem *F8A*-Gen und den beiden anderen Genen zu einer Inversion kommen kann. Dabei lagert sich das *F8A*-Gen mit einem dieser Gene auf demselben Chromatid zusammen, und der anschließende Bruch und die darauffolgende erneute Verknüpfung im Bereich der gepaarten Wiederholungssequenzen führt schließlich zu einer Inversion, die das Faktor-VIII-Gen auseinander reißt (Lakich et al. 1993; Abb. 11.20).

Es gibt mehrere Beispiele für Duplikons, die durch Segmentduplikation (Abschnitt 12.2.5) entstehen können, sowie andere Wiederholungssequenzen mit geringer oder mittlerer Kopienzahl, die ebenfalls das Entstehen von Inversionen begünstigen. Diese sind jedoch nicht direkt pathogen, da die Bruchstellen (anders als beim Faktor-VIII-Gen) zu keiner fehlerhaften Genexpression führen. Stattdessen können jedoch großräumige **Inversionspolymorphismen** entstehen, etwa bei den Duplikons am Williams-Beuren-Locus (Osborne et al. 2001) und bei Wiederholungssequenzen in Genclustern für stark homologe Geruchsrezeptoren (Giglio et al. 2001).

11.5.6 Die Transposition von DNA-Sequenzen ist ein durchaus häufiges Phänomen, das Krankheiten hervorrufen kann

Bestimmte verstreute, mäßig und stark repetitive Sequenzen können über eine RNA-Zwischenstufe eine Transposition durchführen (Abschnitt 9.5). Defekte der Genexpression aufgrund einer DNA-

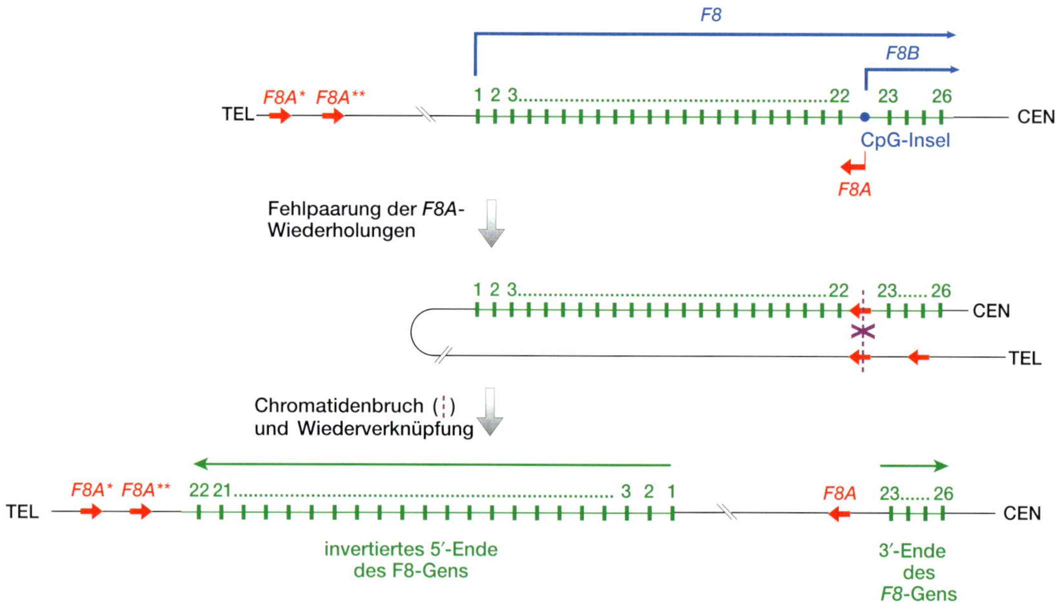

11.20 Inversionen, die das Faktor-VIII-Gen unterbrechen, entstehen durch Rekombination umgekehrter Wiederholungssequenzen innerhalb des Chromatids. Das Intron 22 des Faktor-VIII-Gens enthält eine CpG-Insel, von der aus zwei interne Gene transkribiert werden: das *F8B*-Gen in derselben Richtung wie das Faktor-VIII-Gen (wobei an die Exons 23 bis 26 des *F8*-Gens ein neues Exon gespleißt wird) und das *F8A*-Gen in entgegengesetzter Richtung. *F8A** und *F8A*** sind Sequenzen, die mit dem *F8A*-Gen sehr eng verwandt sind, aber 500 kb stromaufwärts liegen und in entgegengesetzter Richtung transkribiert werden. Die ausgeprägte Sequenzübereinstimmung zwischen den drei Mitgliedern der *F8A*-Genfamilie ermöglicht die Paarung zwischen dem *F8A*-Gen und einem der beiden anderen Gene auf demselben Chromatid. Dabei kommt es zu einer Rückfaltung des Chromatids. Der anschließende Bruch des Chromatids und die erneute Verknüpfung verursachen eine Inversion des Bereichs zwischen dem *F8A*-Gen und dem anderen (gepaarten) Gen derselben Sequenzfamilie. Dadurch wird das Faktor-VIII-Gen zerstört (Lakich et al. 1993).

Transposition sind relativ selten und bilden unter den pathologischen molekularbiologischen Erscheinungen nur eine kleine Gruppe. Dennoch gibt es verschiedene Beispiele für genetische Defekte, die auf der Insertion eines Retrotransposons und der daraus folgenden Inaktivierung eines Gens beruhen. Bei einer Untersuchung von 140 nichtverwandten Patienten entdeckte man beispielsweise, dass bei zwei von ihnen die Hämophilie A durch eine *de novo*-Insertion einer LINE-1-(*Kpn*-)Wiederholung in einem Exon des Faktor-VIII-Gens entstanden war. Andere insertionsbedingte Inaktivierungen sind wahrscheinlich auf die aktive Transposition eines *Alu*-Elements zurückzuführen. Außerdem gibt es zahlreiche weitere Beispiele für pathogene Effekte, die aufgrund der Insertion „undefinierter" DNA-Sequenzen in Gene entstehen (Literaturhinweise bei Kazazian 1998).

11.6 DNA-Reparatur

Die DNA in einer Zelle wird auf vielfache Weise beschädigt, teilweise aufgrund endogener Mechanismen wie einer spontanen chemischen Hydrolyse, einer Wechselwirkung mit reaktiven Sauerstoffgruppen in der Zelle und Fehler bei der Replikation und Rekombination.

Extrazelluläre Faktoren, die DNA-Schäden verursachen

- **Ionisierende Strahlung.** Gammastrahlen und Röntgenstrahlen können in der DNA Einzel- und Doppelstrangbrüche erzeugen.
- **Ultraviolettes Licht.** Besonders UV-C-Strahlen (~260 nm), die von DNA stark absorbiert werden, aber auch die UV-B-Strahlen mit größerer Wellenlänge, die die Ozonschicht durchdringen. UV-Licht führt zur *Quervernetzung* von benachbarten Thyminen in einem DNA-Strang, die dann chemisch stabile Dimere bilden (Abb. 11.21c).
- **Chemikalien aus der Umwelt.** Dazu gehören Kohlenwasserstoffe (beispielsweise einige, die auch im Zigarettenrauch vorkommen), einige Produkte von Pflanzen und Mikroorganismen (zum Beispiel Aflatoxine in verschimmelten Erdnüssen) sowie Chemikalien, wie sie etwa in der Chemotherapie gegen Krebs verwendet werden. **Alkylierende Agenzien** können eine Alkylgruppe (einen alipha-

tischen Kohlenwasserstoffrest wie etwa eine Methylgruppe) mit den Basen verknüpfen und so eine Quervernetzung zwischen den Basen in verschiedenen DNA-Strängen oder im selben Strang herbeiführen.

Endogene Mechanismen, die DNA-Schäden verursachen

- **Depurinierung** (Abb. 11.21a). Durch spontane Spaltung der Verbindung zwischen Base und Zucker gehen in einer kernhaltigen Zelle jeden Tag annähernd 5000 Adenine oder Guanine verloren.
- **Desaminierung** (Abb. 11.21a). Pro Tag werden in jeder kernhaltigen Zelle eines Menschen etwa 100 Cytosine spontan zu Uracil desaminiert (das bevorzugt mit Adenin ein Basenpaar bildet, sodass bei der DNA-Replikation für ein U auf dem Matrizenstrang ein A in den neuen DNA-Strang eingebaut wird). Weniger häufig kommt es zu einer Desaminierung von Adeninen, bei der Hypoxanthin entsteht.
- **Reaktive Sauerstoffderivate.** Dazu gehört das Superoxidanion O_2^-, das sowohl ein Ion als auch ein **freies Radikal** ist (eine Gruppe von Atomen, von denen eines in seiner äußersten Elektronenschale ein ungepaartes Elektron besitzt, ist eine höchst instabile Konfiguration; deshalb reagieren Radikale schnell mit anderen Molekülen, um in ihrer äußersten Schale eine stabile Konfiguration von vier Elektronenpaaren zu erreichen). Reaktive Sauerstoffderivate können durch die Einwirkung von ionisierender Strahlung auf bestimmte Moleküle in der Zelle oder als unvermeidliches Nebenprodukt der zellulären Atmung entstehen (einige Elektronen, die in der Atmungskette „abwärts" wandern, werden vom Hauptreaktionsweg abgelenkt und reduzieren Sauerstoffmoleküle direkt zum Superoxidanion). In der Zelle greifen reaktive Sauerstoffderivate Purin- und Pyrimidinringe an.
- **Fehler bei der DNA-Replikation.** Durch fehlerhaftes Korrekturlesen werden falsche Basen in die DNA eingebaut (häufig Uracil statt Thymin).

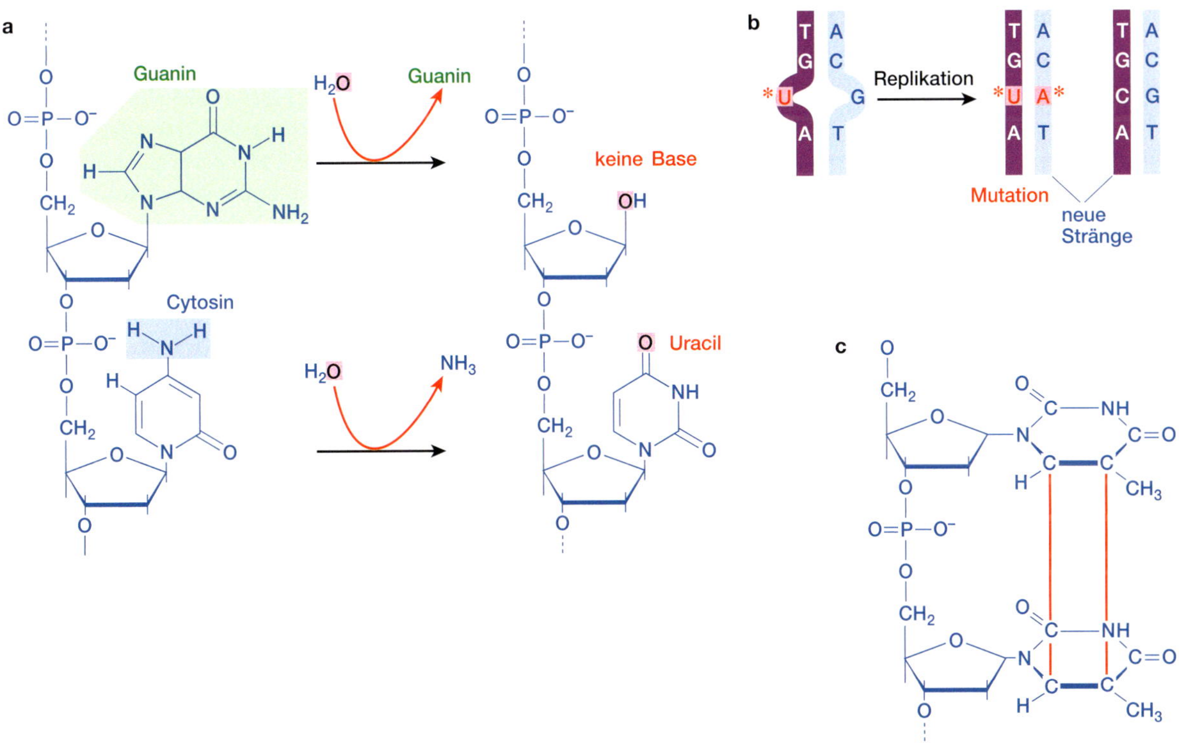

11.21 DNA-Schäden durch die chemische Modifizierung von Nucleotiden. a) Beispiele für eine Depurinierung (oben) und eine Desaminierung (unten). b) Wie eine chemische Modifizierung eine Mutation verursacht. Hier ist durch die Desaminierung eines Cytosinrestes ein Uracil entstanden. Ohne eine Reparatur wird bei der Replikation ein Adenin in den komplementären Strang eingebaut, sodass es hier zu einer C→T-Transition kommen würde. Die Reparatur ist aber durch Basenexcision möglich (Abb. 11.22a). Das Ergebnis einer Depurinierung ist die Deletion eines einzelnen Nucleotids, dessen Base entfernt wurde. c) Thymidindimer. Die kovalenten Bindungen (rot) verknüpfen die Kohlenstoffatome zweier benachbarter Thyminbasen. Thymidindimere können durch Nucleotidexcision repariert werden (Abb. 11.22b).

- **Fehler bei der Replikation oder Rekombination** führen dazu, das in der DNA Strangbrüche zurückbleiben.

Alle diese Schäden müssen repariert werden, wenn die Zelle überleben soll. Bei der DNA-Reparatur handelt es sich selten um ein einfaches Umkehren der schädigenden Reaktion (**direkte Reparatur**). Fast immer wird ein DNA-Bereich, der das beschädigte Nucleotid (oder mehrere beschädigte Nucleotide) enthält, herausgeschnitten und die Lücke durch DNA-Neusynthese aufgefüllt (**Excisionsreparatur**). Die Bedeutung von effektiven DNA-Reparatursystemen zeigt sich besonders daran, dass es annähernd 130 Gene gibt, die bei der DNA-Reparatur mitwirken (Wood et al. 2001; ergänzende Informationen unter http://www.cgal.icnet.uk/DNA_Repair_Genes.html#DR), und dass es bei Menschen mit einem geschädigten Reparatursystem zu schweren Erkrankungen kommen kann (siehe unten).

11.6.1 Bei der DNA-Reparatur wird normalerweise ein ganzer DNA-Bereich um die beschädigte Stelle herum herausgeschnitten und neu synthetisiert

Um alle diese Schäden zu beheben, verfügen menschliche Zellen über mindestens fünf DNA-Reparatursysteme (Übersichtsartikel in der Ausgabe der *Trends in Biochemical Sciences* vom Oktober 1995; außerdem Lindahl und Wood 1999).

Direkte Reparatur – Umkehrung der schädigenden Reaktion

Bei diesem selten benutzten Mechanismus sind drei Gene beteiligt. Am besten kennt man das Gen der O^6-Methylguanin-DNA-Methyltransferase. Das Enzym kann Methylgruppen von Guaninresten entfernen, die fehlerhaft methyliert wurden. (Bei Bakterien können Thymindimere durch eine Photoreaktivierungsreaktion beseitigt werden, die auf sichtbarem Licht und dem Enzym Photolyase basiert, aber auch bei Säugern gibt es Enzyme, die der Photolyase entsprechen. Allerdings dienen diese Enzyme dazu, die innere Uhr zu regulieren; Van der Horst et al. 1999.)

Die Basenexcisionsreparatur (BER) erfolgt durch Glykosidasen, die anomale Basen entfernen (Abb. 11.22a)

Durch die Basenexcisionsreparatur werden die häufigsten DNA-Schäden beseitigt (im menschlichen Körper treten in jeder kernhaltigen Zelle etwa 20 000 veränderte Basen pro Tag auf). Es gibt mindestens acht Gene, die unterschiedliche **DNA-Glykosidasen** codieren, die wiederum jeweils für eine bestimmte Art von beschädigter Base spezifisch sind (Tab. 11.8). Nach dem Entfernen der Base schneiden die **AP-Endonuclease** und eine Phosphodiesterase das Zucker-Phosphat-Rückgrat an der Position der fehlenden Base und entfernen den Zuckerphosphatrest. Eine DNA-Polymerase füllt die Lücke durch DNA-Neusynthese auf; den verbleibende Einzelstrangbruch verschließt die DNA-Ligase III. Genauso werden auch spontane Depurinierungen repariert.

Die Nucleotidexcisionsreparatur (NER) entfernt Thymindimere und angehängte große chemische Gruppen (Abb. 11.22b)

Die Nucleotidexcisionsreparatur unterscheidet sich von der Basenexcisionsreparatur zum einen durch die unterschiedlichen Enzyme, zum anderen dadurch, dass selbst bei der Korrektur einer einzigen anomalen Base das Nucleotid zusammen mit einer Reihe weiterer benachbarter Nucleotide entfernt wird. Somit ersetzt die Nucleotidexcisionsreparatur ein Stück DNA wie einen großen „Flicken“ um die geschädigte Stelle herum. In Abbildung 11.22 ist die Reaktion dargestellt. Defekte bei der Nucleotidexcisionsreparatur verursachen die autosomal-rezessive Krankheit Xeroderma pigmentosum (XP; Lambert et al. 1998). Durch Zellfusionsexperimente hat man sieben Komplementationsgruppen (XPA bis XPG) identifiziert. XP-Patienten sind gegenüber UV-Licht extrem empfindlich. Wenn die Haut dem Sonnenlicht ausgesetzt wird, bilden sich Tausende von Sommersprossen, von denen sich viele zu Hautkrebs weiterentwickeln.

Die postreplikative DNA-Reparatur (homologe Rekombination) dient dazu, Doppelstrangbrüche zu korrigieren

Der normale Mechanismus erfolgt ähnlich einer Genkonversion (*Reparatur durch Rekombination*). Dabei dringt ein Einzelstrang des homologen Chromosoms in die beschädigte DNA ein. Alternativ können auch die Enden der Bruchstücke unabhängig von der Sequenz neu verknüpft werden. Bei dieser „Notlösung“ kommt es mit großer Wahrscheinlichkeit zu Mutationen. Das eukaryotische System für die Reparatur von Rekombinationen ist weniger klar umrissen als die Excisionsreparatursysteme. Beim Menschen gehören zu diesem System die Gene *NBS* (das beim Nijmegen-Chromosomenbruch-Syndrom mutiert ist; Abschnitt 13.5.2), *BLM* (das beim Bloom-Syndrom mutiert ist; MIM 210900) sowie *BRCA2* und *BRCA1* (*breast cancer susceptibility*; Abschnitt 17.5.1).

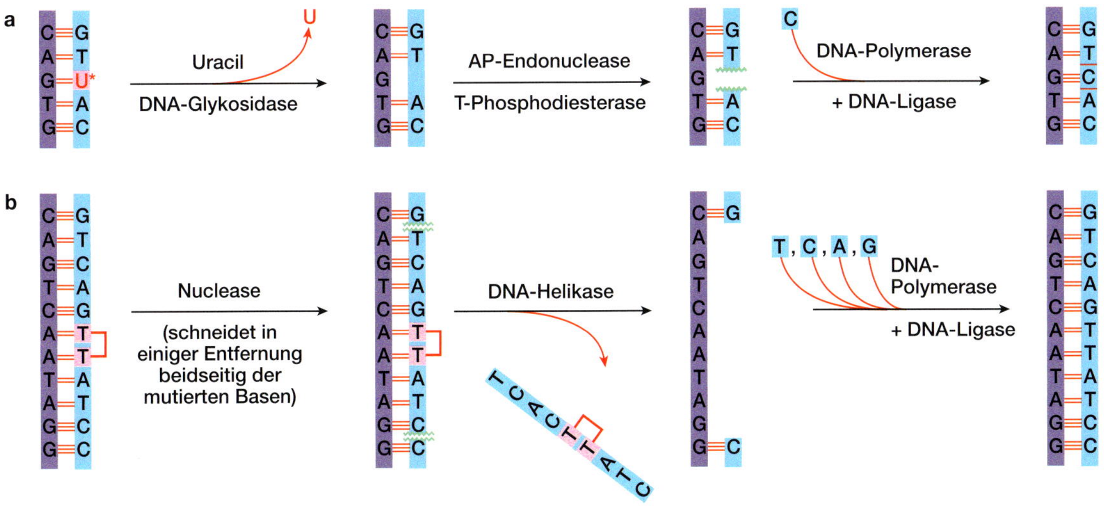

11.22 Basen- und Nucleotidexcisionsreparatur. Das Zucker-Phosphat-Rückgrat ist jeweils als senkrechter, farbig unterlegter Balken dargestellt, Wasserstoffbrücken als rote Striche. a) Basenexcisionsreparatur. Hier entfernt eine spezifische DNA-Glykosidase ein Uracil, das durch die Desaminierung eines Cytosinrestes entstanden ist (Abb. 11.21a). Durch die anschließende Reaktion der AP-Endonuclease und einer Phosphodiesterase wird auch die verbliebene Zuckerphosphatgruppe entfernt. Die DNA-Polymerase fügt an dieser Stelle ein Desoxycytidin (dCMP) ein, und die DNA-Ligase verbindet noch die Lücke im Zucker-Phosphat-Rückgrat. b) Nucleotidexcisionsreparatur. Hier wird ein Thymidindimer als Ausbeulung erkannt. Eine Nuclease innerhalb eines Multienzymkomplexes schneidet den DNA-Strang in einiger Entfernung beiderseits der Stelle, die die Mutation enthält, und eine Helikase entfernt die dazwischen liegende Sequenz, sodass eine größere Lücke entsteht (die in der Realität 20 Nucleotide oder mehr umfasst, also größer ist als hier dargestellt). Die Lücke wird geschlossen, indem eine DNA-Polymerase nacheinander dNMP-Reste einbaut. Danach stellt die DNA-Ligase noch die Zuckerphosphatbindung wieder her.

Durch die Reparatur von Fehlpaarungen werden Replikationsfehler korrigiert

Zellen, die Fehlpaarungen nicht reparieren können, zeigen 100- bis 1 000-mal höhere Mutationsraten als normale Zellen. Dabei neigen vor allem die homopolymeren Abschnitte zu Verschiebungen bei der Replikation (Abb. 11.5). Beim Menschen sind an diesem Mechanismus mindestens fünf Proteine beteiligt, wobei Defekte eine nichtpolypoide Form von Darmkrebs verursachen (Abschnitt 17.5.3; Abb. 17.12).

Mit Ausnahme der direkten Reparatur erfordern alle diese Systeme die Aktivität von Exo- und Endonucleasen, Helikasen, Polymerasen und Ligasen, die normalerweise in Form von Multiproteinkomplexen mit teilweise gemeinsamen Komponenten auftreten. Die Aufschlüsselung der einzelnen Reaktionswege wurde durch die starke Konservierung der Reparaturmechanismen bei allen Spezies erleichtert. Nicht nur die Reaktionsmechanismen, sondern auch die Proteinstrukturen und Gensequenzen sind von *E. coli* bis zum Menschen vielfach konserviert. Der starken

Tabelle 11.8 Menschliche DNA-Glykosidasen (Wood et al. 2001)

Gen	Enzym	wichtigste veränderte Base, die entfernt wird
UNG	Uracil-N-Glykosidase	U
SMUG1	einzelstrangselektive monofunktionelle Uracil-DNA-Glykosidase	U
MBD4	*methyl-CpG-binding domain*-Protein 4	U oder T gegenüber von G an CpG-Sequenzen
TDG	Thymin-DNA-Glykosidase	U, T oder ethenoC gegenüber von G
OGG1	8-Oxoguanin-DNA-Glykosidase 1	8-oxoG gegenüber von C
MYH	MutY-homologes Protein	A gegenüber von 8-oxoG
NTHL1 (NTH1)	n^{th}-Endonuclease-III-ähnliches Protein 1	Pyrimidine mit gesättigtem oder fragmentiertem Ring
MPG	*N*-Methylpurin-DNA-Glykosidase	3-meA, ethenoA, Hypoxanthin

Konservierung steht eine verwirrende Nomenklatur der Gene gegenüber, die teilweise nach menschlichen Krankheiten (*XPA* und andere), teilweise nach Hefemutanten (die *RAD*-Gene) und manchmal nach Zellkomplementationssystemen der Säuger (ERCC – *excision repair cross-complementation*) benannt wurden: So bezeichnen beispielsweise *XPD*, *ERCC2* und *RAD3* beim Menschen, bei der Maus und bei der Hefe jeweils das gleiche Gen. Die Eukaryoten verfügen generell über multiple Systeme, die jeweils einem einzelnen System von *E. coli* entsprechen. So benötigt etwa *E. coli* für die Nucleotidexcisionsreparatur sechs Proteine, während bei den Säugern mindestens 30 Proteine beteiligt sind.

11.6.2 Die DNA-Reparatursysteme besitzen mit den Systemen für Transkription und Rekombination gemeinsame Komponenten

Viele Reparatursysteme haben nicht nur untereinander Komponenten gemeinsam, sondern auch mit den Systemen für DNA-Replikation, Transkription und Rekombination. Sowohl für die DNA-Replikation als auch für die Neusynthese nach dem Herausschneiden eines Defekts sind DNA-Polymerasen und -Ligasen erforderlich. Das Rekombinationssystem wirkt bei der Reparatur von Doppelstrangbrüchen mit. Der Zusammenhang mit der Transkription ist besonders interessant (Lehmann. 1995). Der allgemeine Transkriptionsfaktor TFIIH ist ein Multiproteinkomplex, zu dem auch die Proteine XPB und XPD gehören. TFIIH kommt in zwei Formen vor. Die eine Form spielt bei der Transkription eine Rolle, die andere bei der DNA-Reparatur, wahrscheinlich bei der spezifischen Reparatur von DNA, die gerade transkribiert wird. Bei zwei seltenen Krankheiten liegt ein Defekt dieses Systems vor: beim Cockayne-Syndrom (CS; MIM 216400) und bei der Trichothiodystrophie (TTD; MIM 601675). Die klinischen Symptome und die zellbiologischen Merkmale des Cockayne-Syndrom und der Trichothiodystrophie stimmen teilweise mit den Symptomen der Xeroderma pigmentosum überein, teilweise sind auch dieselben Gene daran beteiligt. CS- und TTD-Patienten zeigen jedoch auch Entwicklungsstörungen, die möglicherweise auf eine Beeinträchtigung der Transkription zurückzuführen sind, und unterliegen außerdem nicht der Krebsanfälligkeit der XP-Patienten.

11.6.3 Eine Überempfindlichkeit gegenüber DNA-schädigenden Faktoren ist häufig die Folge einer gestörten Zellantwort auf DNA-Schäden und nicht eines Defekts der DNA-Reparatur

Viele Krankheiten des Menschen, bei denen eine Überempfindlichkeit gegenüber DNA-schädigenden Faktoren vorliegt oder die zelluläre DNA stark geschädigt ist, werden nicht direkt durch Defekte der DNA-Reparatursysteme verursacht, sondern durch eine gestörte zelluläre Reaktion auf DNA-Schäden. Normale Zellen reagieren auf DNA-Schäden, indem sie den Zellzyklus an einem Kontrollpunkt anhalten, bis der Schaden repariert ist, oder die Apoptose auslösen, wenn sich der Schaden nicht reparieren lässt. Dafür ist als eine Komponente das ATM-Protein erforderlich (die Funktion des Proteins wird in Abschnitt 17.5.1 beschrieben). ATM spürt DNA-Schäden auf und gibt das Signal an das p53-Protein weiter, das man auch als „Wächter des Genoms“ bezeichnet. Menschen ohne funktionsfähiges ATM-Protein leiden an einer Ataxia telangiectasia (MIM 208900; Lambert et al. 1998). Ihre Zellen reagieren überempfindlich auf Strahlung, ihre Chromosomen sind instabil und die Betroffenen unterliegen einem hohen Risiko, an bösartigen Tumoren zu erkranken, wobei aber die DNA-Reparatursysteme intakt sind. Die Fanconi-Anämie (MIM 227650) ist eine weitere heterogene Gruppe von Krankheiten (mindestens fünf Komplementationsgruppen), die aufgrund einer gestörten Reaktion auf DNA-Schäden entstehen, ohne dass die DNA-Reparatur betroffen ist.

Weiterführende Literatur

Bamshad M, Wooding SP (2003) Signatures of natural selection in the human genome. *Nature Rev Genet* 4: 99–111.

Cooper DN, Krawczak M (1993) *Human Gene Mutation*. BIOS Scientific Publishers, Oxford.

Graur D, Li W-H (2000) *Fundamentals of Molecular Evolution*, 2. Auflage. Sinauer Associates, Sunderland, Massachusetts.

Li W-H (1997) *Molecular Evolution*. Sinauer Associates, Sunderland, Massachusetts.

Marnett W, Plastras JP (2001) Endogenous DNA damage and mutation. *Trends Genet* 17: 214–221.

Nickoloff JA, Hoekstra MF (Hrsg.) (1998) *DNA Damage and Repair*. Band 2: *DNA Repair in Higher Eukaryotes*. Humana Press, Totowa, New Jersey.

TIBS-Ausgabe Oktober 1995 über DNA-Reparatur (1995) *Trends Biochem Sci* 20: 381–440.

Informationsquellen und Datenbanken zu Mutationen im Internet

Codon Usage Database unter http://www.kazusa.or.jp/codon

Human Gene Mutation Database unter http://archive.uwcm.ac.uk/uwcm/mg/hgmd0.html

Human DNA Repair Gene List unter http://www.cgal.icnet.uk/DNA_Repair_Genes.html

HGV Base (Human Genome Variation Database) unter http://hgvbase.cgb.ki.se

Locusspezifische Datenbanken für Mutationen – siehe Zusammenstellungen bei verschiedenen Zentren, etwa bei der Human Gene Mutation Database unter http://archive.uwcm.ac.uk/uwcm/mg/docs/oth_mut.html

Nomenklatur für die Beschreibung von Sequenzvariationen unter http://www.dmd.nl/mutnomen.html

SNP-Datenbanken – siehe Zusammenstellungen bei verschiedenen Zentren, etwa beim UK HGMP Resource Centre unter http://www.hgmp.mrc.ac.uk/GenomeWeb/human-gen-db-mutation.html

Zitierte Literatur

Ayala FJ (1999) Molecular clock mirages. *Bioessays* 21: 71–75.

Blencowe BJ (2000) Exonic splicing enhancers: mechanism of action, diversity and role in human genetic diseases. *Trends Biochem Sci* 25: 106–110.

Bodmer W, Cavalli-Sforza LL (1976) *Genetics, Evolution and Man*. Freeman, San Francisco.

Brown WM, George M Jr, Wilson AC (1979) Rapid evolution of animal mitochondrial DNA. *Proc Natl Acad Sci USA* 76: 1967–1971.

Cairns J (1975) Mutation selection and the natural history of cancer. *Nature* 255: 197–200.

Chinnery PF, Thorburn DR, Samuels DC et al. (2000) The inheritance of mitochondrial DNA heteroplasmy: random drift, selection or both? *Trends Genet* 16: 500–505.

Chung MY, Ranum LPW, Duvick IA, Servadio A, Zoghbi Hy, Orr HT (1993) Evidence for a mechanism predisposing to intergenerational CAG repeat instability in spinocerelbellar ataxia type 1. *Nature Genet* 5: 254–258.

Collier S, Sinnott PJ, Dyer PA, Price DA, Harris R, Strachan T (1989) Pulsed field gel electrophoresis identifies a high degree of variability in the number of tandem 21-hydroxylase and complement C4 gene repeats in 21-hydroxylase deficiency haplotypes. *EMBO J* 8: 1393–1402.

Collier PS, Tassabehji M, Sinnott PJ, Strachan T (11993) A de novo pathological point mutation at the 21-hydroxylase locus: implications for gene conversion in the human genome. *Nature Genet* 3: 260–265 und *Nature Genet* 4: 101.

Collins DW, Jukes TH (1994) Rates of transition and transversion in coding sequences since the human-rodent divergence. *Genomics* 20: 386–396.

Cooper DN, Krawczak M, Antonorakis SE (2000) The nature and mechanisms of human gene mutation. In: The *Metabolic and Molecular Bases of Inherited Disease*, Band 1: 8. Auflage (Hrsg. CR Scriver, AL Beaudet, WS Sly, D Valle). McGraw-Hill, NewYork.

Crow JF (2000) The origins, patterns and implications of human spontaneous mutation. *Nature* Rev *Genet* 1: 40–47

Djian P (1998) Evolution of simple repeats in DNA and their relation to human disease. *Cell* 94: 155–160.

Dover GA (1995) Slippery DNA runs on and on and on. *Nature Genet* 10: 254–256.

Dubrova YE, Nesterov VN, Krouchinsky NG, Ostapenko VN, Neumann R, Neil DL, Jeffreys AJ (1996) Human minisatellite mutation rate after the Chernobyl accident. *Nature* 380: 683–686.

Dubrova YE, Bersimbaev RI, Djansugurova LB et al. (2002) Nuclear weapons tests and human germline mutation rates. *Science* 295: 1037.

Eichler EE (1998) Masquerading repeats: paralogous pitfalls of the human genome. *Genome Res* 8: 758–762.

Ellegren H (2000) Microsatellite mutations in the germline. *Trends Genet* 16: 551–558.

Eyre-Walker A, Keightley PD (1999) High genomic deleterious mutation rates in hominids. *Nature* 397: 344–347.

FairbrotherWG, Chasin LA (2000) Human genomic sequences that inhibit splicing. *Mol Cell Biol* 20: 6816–6825.

FairbrotherWG, Yeh RF, Sharp PA, Burge CB (2002) Predictive identification of exonic splicing enhancers in human genes. *Science 297*: 1007–1013.

Giglio S, Broman KW, Matsumoto N et al. (2001) Olfactory receptor-gene clusters, genomic-inversion polymorphisms and common chromosome rearrangements. *Am J Hum Genet* 68: 874–883.

Grantham R (1974) Amino acid difference formula to help explain protein evolution. *Science* 185: 862–864.

Grimm T, Meng G, Liechti-Gallati S, Bettecken T, Muller CR, Muller B (1994) On the origin of deletions and point mutations in Duchenne muscular dystrophy: most deletions arise in oogenesis and most point mutations result from events in spermatogenesis. *J Med Genet* 31: 183–186.

Haber JA (1999) Gatekeepers of recombination. *Nature* 398: 665–667.

Hobbs HH, Russell DW, Brown MS, Golding JL (1990) The LDL receptor locus in familial hypercholesterolaemia: mutational analysis of a membrane protein. *Annu Rev Genet* 24: 133–170.

Hurst LD, Ellegren H (1998) Sex biases in the mutation rate. *Trends Genet* 14: 446–452.

International SNP Mapping Working Group (2001) A map of human genome sequence variation containing 1.42 million single nucleotide polymorphisms. *Nature* 409: 928–933.

Jeffreys A, Tamaki K, MacLeod A, Monckton DG, Neil DL, Armour JAL (1994) Complex gene conversion events in germline mutation at human microsatellites. *Nature Genet* 6: 136–145.

Jenuth JP, Peterson AC, Fu K, Shoubridge EA (1996) Random genetic drift in the female germline explains the rapid segregation of mammalian mitochondrial DNA. *Nature Genet* 14: 146–150.

Kazazian HH Jr (1998) Mobile elements and disease. *Curr Opin Genet Dev* 8: 343–350.

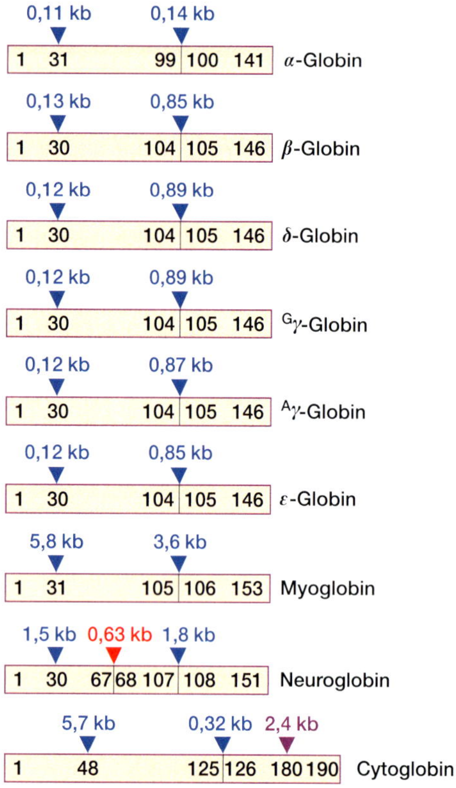

12.1 Die Konservierung einer Intronposition bei der Globinsuperfamilie deutet auf die frühe Insertion eines Introns hin. Die Balken entsprechen den reifen Polypeptiden, die Zahlen in den Balken geben die Aminosäurepositionen an. Die allgemein starke Konservierung der Intronpositionen lässt vermuten, dass ein Vorfahrenglobingen vor vielleicht über 800 Millionen Jahren zwei Introns enthalten haben muss (blau) (Abb. 12.4). Die zusätzlichen Introns in dem vor kurzem identifizierten Neuroglobingen (rot) und im Cytoglobingen (violett) wurden wohl ebenfalls vor längerer Zeit eingefügt. Bei der Verlängerung des Cytoglobinproteins wurden am N-Terminus etwa 17 und am C-Terminus etwa 23 Aminosäuren angefügt (Pesce et al. 2002).

So bestehen beispielsweise viele proteincodierende Gene aus Sequenzen, die sich vollständig oder zu einem großen Teil aus langen Wiederholungssequenzen zusammensetzen. Dabei sind die Homologien zwischen diesen Sequenzen in einigen Fällen sehr hoch (Tab. 9.7). Durch Wiederholung einer bereits entwickelten Domäne lassen sich größere Proteine aufbauen, die in der Evolution eine Reihe von Vorteilen mit sich bringen. Die menschlichen Gene *UBB* und *UBC* für Ubiquitin codieren lange multimere Proteine, die aus mehreren tandemartigen Wiederholungen einer ganzen Ubiquitinproteineinheit bestehen. Diese werden dann zur Freisetzung der einzelnen Ubiquitinkopien zerschnitten (drei beim *UBB*-Gen, neun beim *UBC*-Gen).

Abgesehen von dem ungewöhnlichen Beispiel der Ubiquitingene erfolgen interne Duplikationen bei Genen auch häufig durch eine **Exonduplikation**, sodass eine bestimmte Proteindomäne verdoppelt wird (Abb. 12.2). Etwa zehn Prozent der Gene beim Menschen, bei *Drosophila melanogaster* und *Caenorhabditits elegans* enthalten duplizierte Exons (Letunic et al. 2002). Das bringt möglicherweise mehrere Vorteile mit sich:

- **Strukturelle Erweiterung.** Die Wiederholung von Domänen kann bei Proteinen von Vorteil sein, die vor allem eine strukturelle Funktion besitzen. Ein typisches Beispiel dafür sind die 41 Exons des *COL1A1*-Gens, die den Teil des α1(I)-Kollagens codieren, der eine Dreifachhelix bildet. Dabei codiert jedes Exon grundsätzlich eine ganze Zahl von Kopien (eine bis drei) eines Motivs aus 18 Aminosäuren, das wiederum aus sechs tandemartigen Wiederholungen der Struktur Gly-X-Y zusammengesetzt ist, wobei X und Y für verschiedene Aminosäuren stehen.
- **Diversität durch Auseinanderentwicklung der Domänen.** In den meisten Fällen schlossen sich an eine interne Duplikation in einem Gen umfangreiche Veränderungen der Nucleotidsequenzen an, sodass sich die beiden Wiederholungseinheiten schließlich deutlich unterscheiden. Eine solche Divergenz ermöglicht es vermutlich, dass neue, wenn auch verwandte Funktionen entwickelt werden. In bestimmten Fällen sind die Sequenzunterschiede so stark, dass auf der Sequenzebene eine Wiederholungsstruktur nicht mehr erkennbar ist, wie etwa bei den Immunglobulindomänen (Abb. 9.10).
- **Diversität durch alternatives Spleißen** (zum Beispiel Letunic et al. 2002). Durch eine Art des alternativen Spleißens entstehen unterschiedliche Isoformen, indem aus einer Gruppe duplizierter Exons eines ausgewählt und in das gespleißte Produkt eingebaut wird. Da sich die Sequenzen der duplizierten Exons möglicherweise nur geringfügig unterscheiden, bringt diese Art des alternativen Spleißens eine Anzahl verwandter Isoformen hervor. Diesen Mechanismus findet man bei vielen menschlichen Genen, wobei allerdings das *Dscam*-Gen von *Drosophila* das am besten untersuchte Beispiel ist (Abb. 10.16).

Die Exonduplikation innerhalb eines Gens lässt sich durch eine Reihe verschiedener Mechanismen erklären, wie etwa ungleiches Crossing-over oder einen ungleichen Austausch von Schwesterchromatiden (Long 2001). Zur Vermeidung von Rasterverschiebungen im Leserahmen für die Translation muss die Duplikation auf **symmetrische Exons** oder *symmetrische Exongruppen* beschränkt sein (Exkurs 12.2).

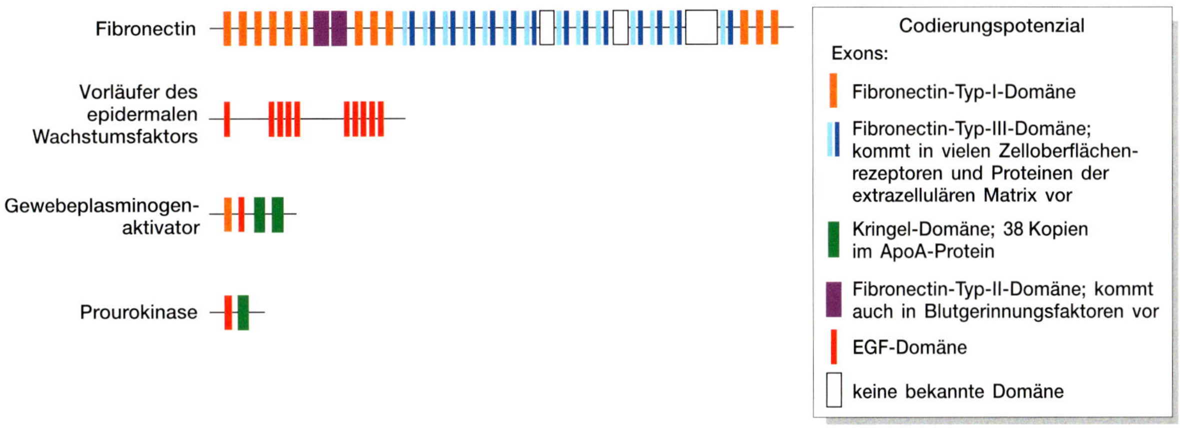

12.2 Duplikation und Verschiebung von Exons. Im Fibronectingen (*FN1*) und im menschlichen *EGF*-Gen für den epidermalen Wachstumsfaktor ist eine auffällige Exonduplikation zu erkennen. Das *FN1*-Gen enthält zwölf Kopien eines Exons, das die Fibronectin-Typ-I-Domäne codiert, sowie 15 Kopien eines Exonpaares, die zusammen die Fibronectin-Typ-III-Domäne codieren. Das *EGF*-Gen enthält neun Kopien eines Exons, die die EGF-Domäne codieren. Aufgrund einer Exonverschiebung (*exon shuffling*) kommen Exons, die diese Domänen codieren, in vielen anderen Genen vor, etwa in den Genen für den gewebespezifischen Plasminogenaktivator und die Prourokinase. Ein möglicher Mechanismus für die Exonverschiebung ist in Abbildung 12.7 dargestellt.

Exkurs 12.2: Symmetrische Exons und die Intronphasen

Nicht alle Exons enthalten codierende DNA. Da Introns manchmal in untranslatierten Sequenzen wie der 5'- und 3'-UTR in proteincodierenden Genen liegen, gibt es **nichtcodierende Exons**. Introns, die codierende DNA in codierende Exons unterteilen, ermöglichen eine Diversifizierung, da *Duplikationen* und *Verschiebungen von Exons* möglich sind. Abhängig von der Insertionsstelle in der codierenden DNA (siehe Abbildung) lassen sich drei **Intronphasen** unterscheiden: **Phase 0** (zwischen der dritten Base des einen Codons und der ersten Base des nächsten), **Phase 1** (zwischen der ersten und zweiten Base eines Codons), **Phase 2** (zwischen der zweiten und dritten Base eines Codons). Codierende Exons kann man entsprechend ihrer flankierenden Introns unterscheiden. **Symmetrische Exons** (bei denen die Gesamtzahl der Nucleotide genau durch drei teilbar ist) werden von Introns mit derselben Phase flankiert: 0-0, 1-1 und 2-2 (entsprechend der jeweiligen Phase der Introns). **Asymmetrische Exons** (bei denen die Anzahl der Nucleotide nicht genau durch drei teilbar ist) bezeichnet man dementsprechend als 0-1, 0-2, 1-0 und so weiter. Die Erzeugung einer Exonkopie durch Duplikation oder Verschiebung beschränkt sich häufig auf symmetrische Exons oder eine Gruppe benachbarter asymmetrischer Exons, die insgesamt keine Rasterverschiebung verursachen, wenn sie dupliziert oder in ein anderes Gen kopiert werden, beispielsweise benachbarte 0-1- und 1-0-Exons.

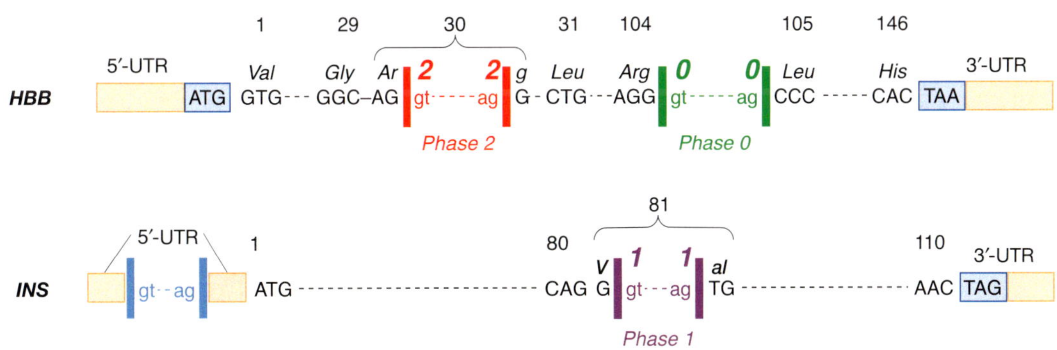

Beispiele für Intronphasen im β-Globin- und im Insulingen. Die Zahlen über den Genen geben die Positionen der Codons/Aminosäuren an. *HBB*, menschliches β-Globingen; *INS*, menschliches Insulingen. Exon 2 des β-Globingens ist ein *asymmetrisches* 2-0-Exon, da es von zwei Introns mit unterschiedlicher Phase flankiert wird, hier von einem Phase-2-Intron stromaufwärts und einem Phase-0-Intron stromabwärts.

Globingene, zwei ε-ähnliche Globingene, aber nur ein γ-Globingen (Abb.12.5). In der Linie, die zu den heutigen Ziegen führt, folgte auf den frühen Verlust eines γ-Globingens eine großräumige Verdreifachung (Triplikation), möglicherweise aufgrund von zwei aufeinander folgenden ungleichen Rekombinationen, wobei die erste eine Duplikation war. *Genkonversionen* kamen offenbar häufiger vor. So ist beispielsweise die Konversion des δ-Globingens durch das β-Globingen sowohl in der Linie des Menschen als auch bei der Ziege erkennbar (Abb. 12.6).

Alle oben beschriebenen Rekombinationsereignisse lassen sich durch einfache Sequenzaustauschreaktionen erklären, die innerhalb dieses Clusters stattgefunden haben.

Da bei Beuteltieren wie dem Opossum in diesem Cluster nur zwei Gene vorhanden sind (ein β- und ein ε-Globingen), ging der heutige β-Globingencluster wahrscheinlich aus einem einzigen Globingen hervor. Dieses wurde zuerst dupliziert, wodurch ein β- und ein ε-ähnliches Protoglobingen entstanden, die dann weiter dupliziert wurden. Daraus entstanden schließlich die fünf verschiedenen Gentypen in diesem Cluster (Abb. 12.6). Die ursprünglich vollkommene Sequenzübereinstimmung der tandemartig duplizierten Sequenzen machte sie anfällig für weitere Sequenzaustauschereignisse durch ungleiche Crossing-over (die zu weiteren Genduplikationen, Genverlusten und Genfusionen führen können). Letztendlich entwickeln sich duplizierte Sequenzen aber auseinander, wenn nicht ein konservativer Selektionsdruck dagegen wirkt. Zwischen den einzelnen Gensequenzen von 1,6 kb bestehen deutliche Homologien, viel geringere jedoch zwischen den längeren flankierenden Bereichen.

Evolution der differenziellen Expression der Globingene

Eine tandemartige Genduplikation bedeutet normalerweise, dass sowohl die regulatorischen als auch die codierenden Sequenzen verdoppelt werden. Die anschließende Auseinanderentwicklung der *cis*-aktiven regulatorischen Sequenzen kann eine unterschiedliche Expression zur Folge haben – zum einen räumlich (in verschiedenen Geweben), zum anderen zeitlich (zu verschiedenen Entwicklungsphasen). Das ist möglicherweise ein besonders wirkungsvoller Vorteil der Genduplikation. Da die regulatorischen Sequenzen häufig auf sehr kurze Sequenzelemente begrenzt sind, kann eine Mutation sehr schnell zu Expressionsunterschieden führen. Da dann Kopien von eigentlich demselben Gen in verschiedenen räumlichen oder zeitlichen Kompartimenten exprimiert werden, können die Genkopien unterschiedliche Funktionen übernehmen: Die verschiedenen Umgebungen bedingen jeweils einen anderen Selektionsdruck, sodass sich die codierenden Sequenzen auseinander entwickeln, um sich optimal an ihre Umgebungen anzupassen.

In der Globinsuperfamilie finden sich dazu einige Beispiele. Durch die frühen Genduplikationen eines ursprünglichen Globingens entstanden Kopien, deren regulatorische Sequenzen sich unterschiedlich weiter-

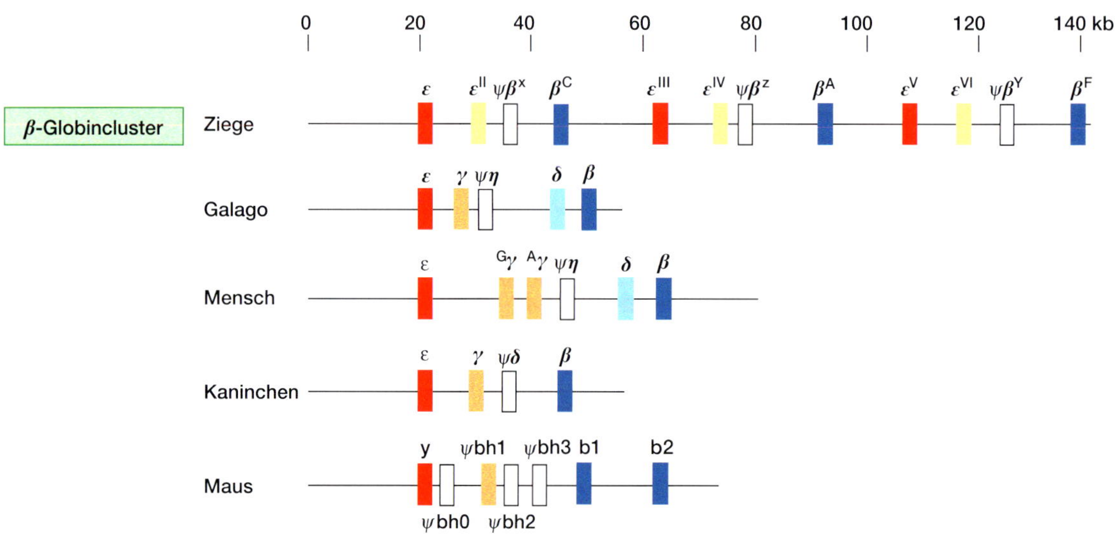

12.5 Der β-Globingencluster veranschaulicht, dass sich orthologe Genfamilien bei den Säugern erheblich unterscheiden können. Die große Anzahl von Genen im β-Globingencluster der Ziege ist auf eine tandemförmige Triplikation zurückzuführen. Die leeren Rechtecke stehen für Pseudogene. Nach: Hardison, Miller (1993) *Mol Biol Evol* 10: 73 – 102. © 1993, Oxford University Press.

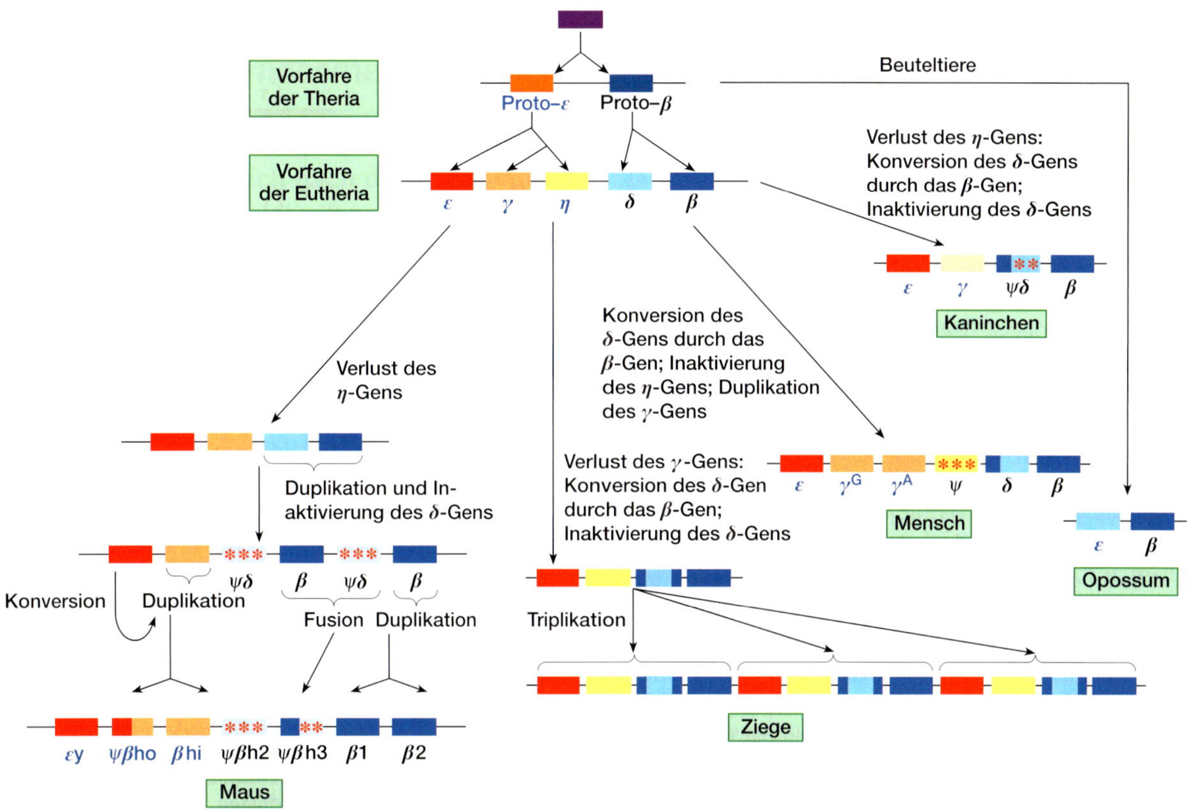

12.6 Während der Evolution des β-Globingenclusters bei den Säugern kam es vielfach zu Duplikationen und Konversionen sowie zum Verlust oder zur Inaktivierung von Genen. Neben der Verdoppelung und dem Verlust von Genen gibt es auch zahlreiche Beispiele für Gensequenzen, die offensichtlich von anderen (fremden) Genen stammen. Dieser Vorgang ist in der Abbildung etwas ungenau als Konversion bezeichnet. Es ist jedoch anzunehmen, dass hier auch noch andere Mechanismen als die Genkonversion eine Rolle spielten. So kann zum Beispiel die Konversion vom δ- zum β-Gen auf der Kaninchenlinie die Folge eines ungleichen Crossing-over sein, ähnlich dem Mechanismus, der zum ψh3-Gen bei der Maus geführt hat. Nach: Tagle et al. (1992) *Genomics* 13: 741 – 760.

entwickelten, sodass sie nun in verschiedenen Geweben exprimiert werden (beispielsweise im Blut, im Muskel, im Nervensystem). Die Genkopien passten sich an ihre Umgebungen an, was zu erheblichen Unterschieden bei den Genprodukten Hämoglobin, Myoglobin beziehungsweise Neuroglobin führte. Alle diese Proteine besitzen weiterhin die Grundfunktion der Sauerstoffbindung. Weitere Feinabstimmungen der Globine, aus denen schließlich die Hämoglobine hervorgingen, führten auch zur Entstehung der unterschiedlichen Globinvarianten, die nun zu verschiedenen Entwicklungsstadien exprimiert werden und sich möglicherweise stärker spezialisiert haben. Vielleicht können etwa ε-, ζ- und γ-Globinketten unter den verhältnismäßig sauerstoffarmen Bedingungen der frühen Entwicklung Sauerstoff besonders gut binden, während α- und β-Globinketten in den adulten Geweben dafür besser geeignet sind.

12.1.6 Retrotranspositionen können Exonverschiebungen bewirken und tragen in besonderer Weise zur Evolution der Gene bei

Bei der Retrotransposition wird vom RNA-Transkript eine natürliche cDNA-Kopie erzeugt und dann an einer anderen chromosomalen Stelle eingefügt. Dieser Vorgang war und ist ein wichtiger Faktor für die Ausformung des menschlichen Genoms. Über 40% davon bestehen aus Wiederholungssequenzen, die sich aus Retrotransposons ableiten, wobei nur ein geringer Anteil dieser Sequenzen noch aktiv Transpositionen durchführt (Abschnitt 9.5.1). Das Retrotranspositionssystem hat einen wichtigen Beitrag zur Evolution der Gene geleistet, indem es von Exons Kopien erzeugt hat, die dann von einer Stelle im Genom an eine andere verschoben wurden. Außerdem wurden auf diese Weise auch einige Gene dupliziert.

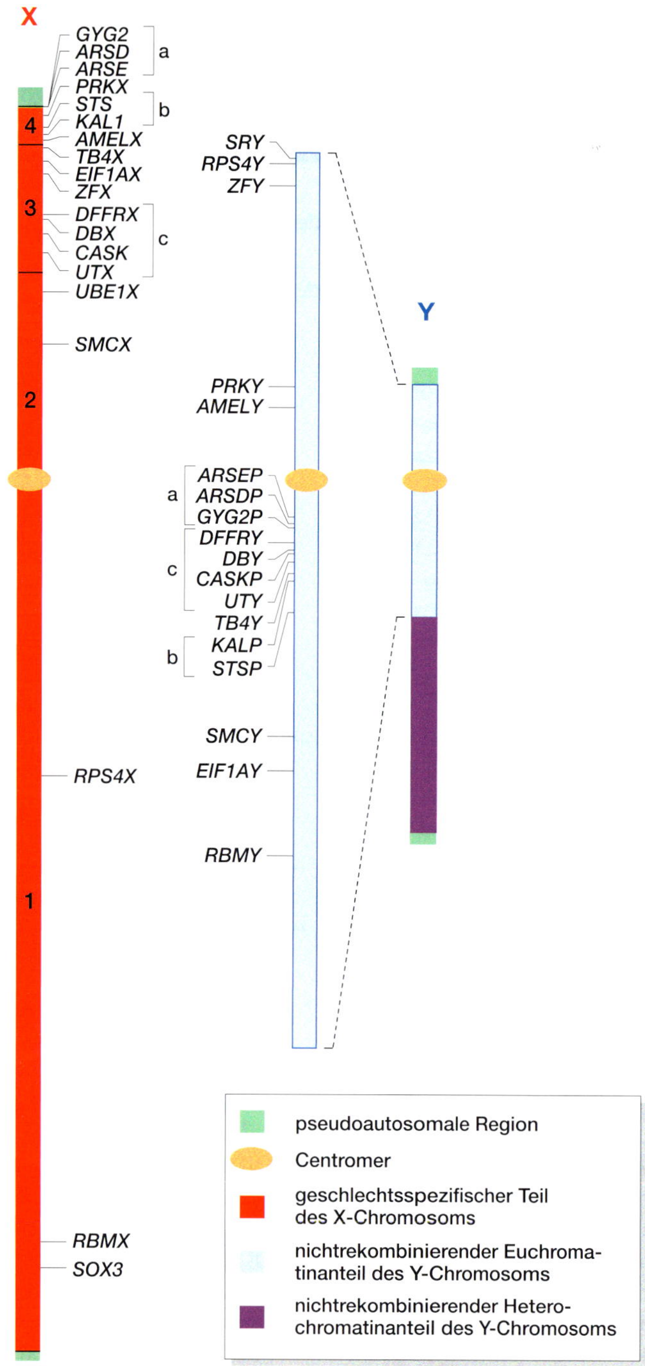

12.14 Das X- und das Y-Chromosom des Menschen zeigen mehrere homologe Regionen, die auf einen gemeinsamen Ursprung in der Evolution hindeuten. Die pseudoautosomalen Bereiche an den Enden von Xp und Yp sind identisch (Abb. 12.15), genauso wie die Enden von Xq und Yq. Die übrigen nichtrekombinierenden Regionen enthalten mehrere X-Y-Genpaare, die eindeutig homolog sind, sowie das Paar aus *SOX3*- und *SRY*-Gen, die beide eine HMG-Domäne gemeinsam haben. Die Zahlen 1 bis 4 auf dem X-Chromosom entsprechen den verschiedenen „Evolutionsschichten" (siehe Text). Einige der homologen Gene auf dem Y-Chromosom sind zu Pseudogenen degeneriert (die Bezeichnung endet mit einem P, etwa bei *ARSEP*, *ARSDP* und anderen). Nach Lahn und Page (1999) *Science* 286: 964–967, mit Genehmigung der American Association for the Advancement of Science.

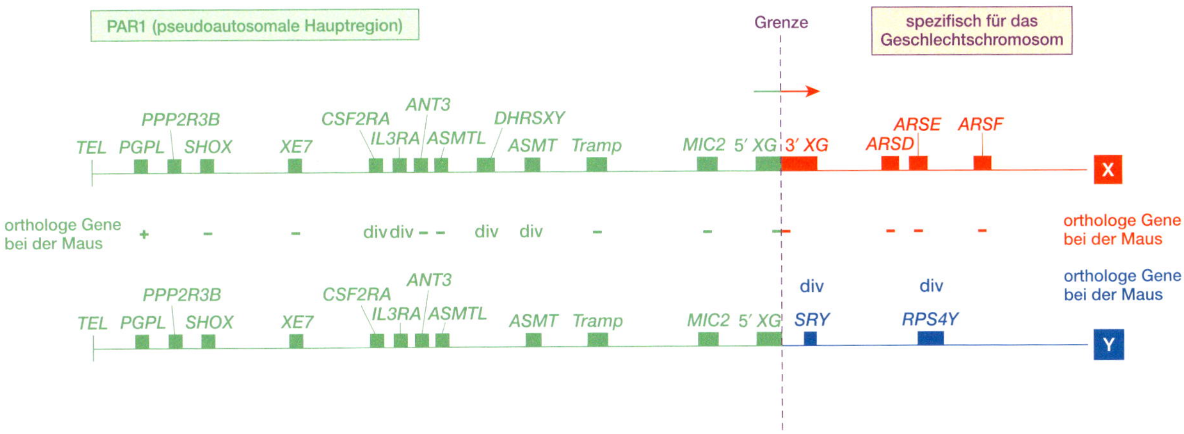

12.15 Organisation und evolutionäre Instabilität der pseudoautosomalen Hauptregion (PAR1) beim Menschen. Die Enden von Xp (oben links) und Yp (unten links) haben die 2,6 Mb große PAR1-Region gemeinsam (TEL, Telomer), die mindestens 13 Gene enthält. Neben der PAR1-Region liegen die langen geschlechtsspezifischen Abschnitte des X- und des Y-Chromosoms. Die unmittelbar an die PAR1-Region anschließenden Gene sind rechts von der Grenzlinie eingezeichnet. Die PAR1-Grenze liegt innerhalb des *XG*-Blutgruppengens auf dem X-Chromosom. Auf dem Y-Chromosom gibt es ein verkürztes Gen, das zum *XG*-Gen homolog ist: Der Promotor und die ersten wenigen Exons liegen in der pseudoautosomalen Region, daran schließen sich jedoch nichtverwandte Y-spezifische Sequenzen an, beispielsweise *SRY*, *RPS4Y*. Gene in der PAR1-Region und der benachbarten geschlechtsspezifischen Region (die früher zur pseudoautosomalen Region gehört haben), wurden in der Evolution nur wenig konserviert. Bei der Maus sind orthologe Gene häufig nicht nachweisbar (–) oder stark divergent (div).

Armes des X- und des Y-Chromosoms über 330 kb und enthält nur vier Gene (Ciccodicola et al. 2000, Charchar et al. 2003). Hier treten Crossing-over nicht so häufig auf wie in der PAR1-Region, und sie sind für eine korrekte männliche Meiose weder notwendig noch ausreichend.

12.2.7 Die menschlichen Geschlechtschromosomen gingen aus Autosomen hervor und entwickelten sich aufgrund einer periodisch auftretenden Unterdrückung der Rekombination auseinander

Unterscheidbare Geschlechtschromosomen haben sich bei den Tieren in vielen getrennten Evolutionslinien entwickelt, nicht nur bei Säugern, sondern beispielsweise auch bei Vögeln und bestimmten Spezies der Fische, Reptilien und Insekten. (Bei den Vögeln bilden die Weibchen mit ZW das *heterogametische* Geschlecht, während die Männchen mit ZZ das *homogametische* Geschlecht sind.) Wahrscheinlich gingen die unterschiedlichen Geschlechtschromosomen jedes Mal aus praktisch identischen Autosomen hervor, wobei zufällig eines der beiden einen geschlechtsbestimmenden Hauptlocus entwickelt hat (beim Menschen der *SRY*-Locus, der 5 kb von der PAR1-Grenze entfernt auf dem Y-Chromosom liegt). Die spätere Evolution führte dazu, dass sich beide Chromosomen zunehmend voneinander unterschieden, bis schließlich eines der Geschlechtschromosomen (Y bei den Säugern, W bei den Vögeln) deutlich kleiner geworden war und einen hohen Anteil an Wiederholungssequenzen sowie nur sehr wenige funktionsfähige Gene enthielt. Offensichtlich gibt es einen Evolutionsdruck in Richtung auf zwei strukturell und funktionell unterschiedliche Geschlechtschromosomen.

Die autosomalen Ursprünge und die Plastizität der pseudoautosomalen Regionen

Die pseudoautosomalen Bereiche wurden in der Evolution nicht sehr stark konserviert. Bei der Maus und sogar bei einigen Primaten gibt es kein Äquivalent zur PAR2-Region. Die bekannten PAR2-orthologen Sequenzen der Maus liegen entweder auf Autosomen oder in der Nähe des Centromers auf dem X-Chromosom. Auch in der PAR1-Region gibt es sehr deutliche Unterschiede zwischen den Spezies. Beim Menschen liegt die PAR1-Grenze innerhalb des *XG*-Gens, für das es bei der Maus offenbar kein orthologes Gen gibt (Abb. 12.15). Die entsprechende pseudoautosomale Region (PAR) der Maus ist nur 0,7 Mb lang und liegt auf dem X-Chromosom am

Ende des *langen Armes*. Sie zeigt nur geringe Sequenzhomologien mit der menschlichen PAR1-Region (Perry et al. 2001). Die PAR-Grenze liegt bei der Maus innerhalb des *Mid1*-Gens (das man früher als *Fxy* bezeichnet hat). Das zugehörige orthologe *MID1*-Gen des Menschen liegt mehr in proximaler Richtung innerhalb der für das X-Chromosom spezifischen Region. Das Steroidsulfatasegen *Sts* ist das einzige weitere bekannte Gen in der PAR-Region der Maus, wobei das orthologe Gen beim Menschen auf dem X-Chromosom etwa 3,5 Mb in proximaler Richtung von der PAR1-Region entfernt liegt. Für drei der menschlichen PAR1-Gene gibt es bei der Maus orthologe Gene auf den Autosomen, und für weitere menschliche PAR1-Gene findet man bei einigen anderen Säugern orthologe Gegenstücke. Man vermutet daher, dass sich die PAR1-Region durch wiederholtes Anhängen von autosomalen Segmenten an die pseudoautosomale Region eines der beiden Geschlechtschromosomen entwickelt hat, bevor diese dann durch eine Rekombination auf das andere übertragen wurde (Graves et al. 1998).

PAR1 und die benachbarten Regionen sind wahrscheinlich verhältnismäßig instabil. Durch häufigen DNA-Austausch kann es verstärkt zu Genfusionen, Exonduplikationen und *Exonverschiebungen* kommen (Ried et al. 1998). Für viele PAR1-Gene und Gene in den nahe gelegenen geschlechtsspezifischen Regionen (die ursprünglich zu den pseudoautosomalen Bereichen gehörten; siehe unten) gibt es offensichtlich keine orthologen Gegenstücke bei der Maus (die durch Analyse der verfügbaren Mausgenomsequenz oder durch einen Hybridisierungstest nachweisbar wären). Gene, für die es orthologe Gegenstücke gibt, unterliegen häufig sehr schnellen Sequenzveränderungen, wie etwa das männliche Determinanzgen *SRY*, das nur 5 kb von der PAR1-Grenze entfernt liegt, und das Steroidsulfatasegen *STS*.

Autosomale Ursprünge der menschlichen Xp-Region und die Schichten der Evolution auf dem X-Chromosom

Wenn man Gene von entfernt verwandten Säugern miteinander vergleicht, stellt sich heraus, dass beim menschlichen X-Chromosom ein großer Teil des kurzen Armes erst vor kurzem durch eine X-autosomale Translokation entstanden ist. Man hat die Säuger in die zwei Unterklassen **Prototheria** (eierlegende Säuger) und **Theria** eingeteilt, wobei Letztere noch einmal unterschieden werden in **Metatheria** (Beuteltiere) und **Eutheria** (Placentatiere). Viele X-gekoppelte Gene der Eutheria sind auch bei den Metatheria X-gekoppelt. Für eine Reihe von Genen in einem großen Teil der menschlichen Xp-Region (distal zu Xp11.3) gibt es bei Beuteltieren und Monotremata orthologe Gene auf den Autosomen. Da die Abtrennung der Prototheria vor der Auseinanderentwicklung von Metatheria und Eutheria erfolgte (Abb. 12.24), besteht die einfachste Erklärung darin, dass in der frühen Entwicklungslinie der Eutheria mindestens eine große autosomale Region auf das X-Chromosom übertragen wurde.

Tabelle 12.3 Homologe X- und Y-gekoppelte Gene lassen sich entsprechend der Auseinanderentwicklung der Sequenzen in vier Gruppen einteilen, die der Position des X-gekoppelten Gens auf dem X-Chromosom zuzuordnen sind (Abb. 12.14)

X-Y-Genpaar (*Pseudogen)	K_S	DNA-Divergenz (%)	X-Y-Genpaar (*Pseudogen)	K_S	DNA-Divergenz (%)
Gruppe 1			**Gruppe 2**		
RPS4X/Y	0,97	18	*UBE1X/Y*	0,58	16
RBMX/Y	0,94	29	*SMCX/Y*	0,52	17
SOX3/SRY	1,25	28			
Gruppe 3			**Gruppe 4**		
TB4X/Y	0,29	7	*GYG2/GYG2P**	0,11	7
EIF1AX/Y	0,32	9	*ARSD/ARSDP**	0,09	7
ZFX/Y	0,23	7	*ARSE/ARSEP*	0,05	4
DFFRX/Y	0,33	11	*PRKX/Y*	0,07	5
DBX/Y	0,36	12	*STS/STSP**	0,12	11
*CASK/CASKP**	0,24	15	*KALI/KALP*	0,07	6
UTX/Y	0,26	12	*AMELX/Y*	0,07	7

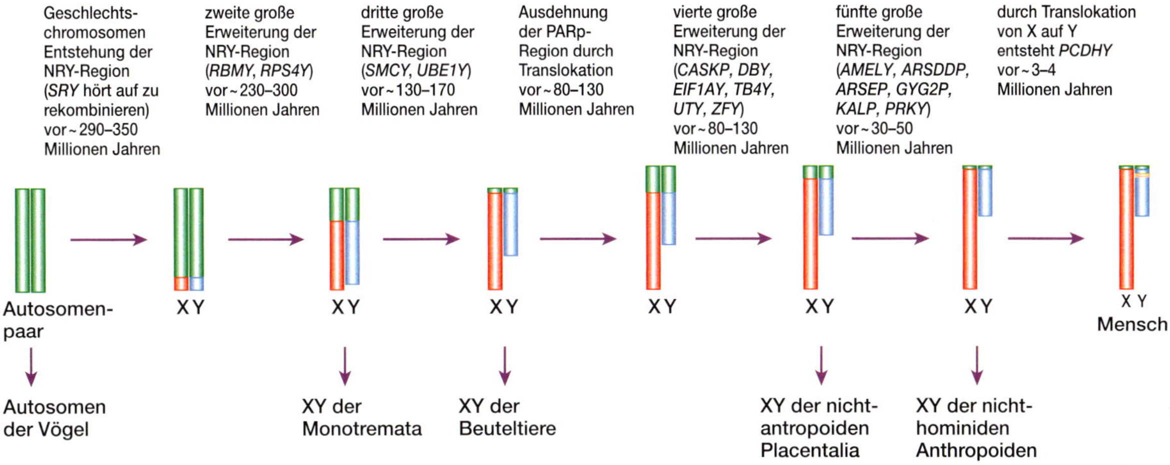

12.16 Die Evolution der menschlichen Geschlechtschromosomen. Die Abbildung zeigt die Verkürzung des Y-Chromosoms und die stückweise Ausdehnung seiner nichtrekombinierenden Region (NRY). Letzteres ist wahrscheinlich das Ergebnis von aufeinander folgenden großräumigen Inversionen. Im Verlauf der Evolution neu hinzu gekommene NRY-Gene stehen in Klammern, die Pfeile geben phylogenetische Verzweigungen an. Grüne Bereiche können frei rekombinieren, rote Bereiche sind für das X-Chromosom spezifisch, blaue für das Y-Chromosom (NRY). Der gelbe Bereich markiert die *PCDHX/Y* (Protocadherin X/Y)-enthaltende Sequenz, die vom X-Chromosom in die NRY-Region transloziert wurde (weitere mögliche Translokationen wurden hier aus Gründen der Vereinfachung weggelassen). Die Abbildung ist nicht maßstabsgetreu, und auf die Darstellung der Centromere wurde verzichtet, da ihre Position in vielen Phasen der Evolution unklar ist. Abkürzungen: PAR1, pseudoautosomale Hauptregion. Nach: Lahn et al. (2001) *Nature Rev Genet* 2: 207–216, mit Genehmigung der Nature Publishing Group.

Außerhalb der gemeinsamen PAR1- und PAR2-Region gibt es noch etwa 20 X-Y-Genpaare, die als Überreste aus der Zeit anzusehen sind, in der zwischen den beiden Vorläufern von X und Y noch umfassende Sequenzübereinstimmungen bestanden. Die entsprechenden Gene auf dem X-Chromosom befinden sich in der Xp-Region, während die Sequenzen auf dem Y-Chromosom offenbar im gesamten Euchromatin verstreut liegen (Abb. 12.14). Die Gene der X-Y-Paare zeigen im Grad der Auseinanderentwicklung regionale Unterschiede. Bei Betrachten des K_S-Wertes (der durchschnittlichen Anzahl synonymer Substitutionen pro synonymer Position; Abschnitt 11.2.5) als Maßzahl für die Divergenz von Sequenzen lassen sich die X-Y-Paare in vier (Alters-)Gruppen einteilen, die durchgängigen Bereichen auf dem X-Chromosom entsprechen (Lahn und Page 1999; Tab. 12.3)

Die Daten in Tabelle 12.3 zeigen, dass das Alter der X-Y-Genpaare schrittweise zunimmt, wenn man sich vom Ende des langen Arms (im distalen Teil von Xq) den nichtrekombinierenden Teil des X-Chromosoms zum Ende des kurzen Armes (distaler Teil von Xp) entlang bewegt. Es sind mindestens vier *Schichten der Evolution* zu erkennen, die den vier Gengruppen in Abbildung 12.14 entsprechen. Wahrscheinlich wurde die Rekombination zwischen X und Y regional blockiert, beginnend in Schicht 1 vor etwa 240–320 Millionen Jahren (kurz nach Trennung der Linien, die zu Säugern und Vögeln führten; die zugehörige Phylogenetik ist in Abbildung 12.24 dargestellt). Danach dehnte sich die Rekombinationsblockade in einzelnen Schritten auf Schicht 2 aus, dann auf Schicht 3 und schließlich Schicht 4. Höchstwahrscheinlich wurden die Rekombinationen durch Inversionen blockiert, die anscheinend auf dem Y-Chromosom aufgetreten sind (Inversionen können bei Säugern Rekombinationen über große Bereiche hinweg verhindern, und so ließe sich beispielsweise durch eine Y-spezifische Inversion erklären, warum die PAR1-Grenze ein Gen durchschneidet, das auf dem X-Chromosom intakt ist, auf dem Y-Chromosom jedoch abbricht; Abb. 12.15). In Abbildung 12.16 ist die Abfolge der Ereignisse dargestellt, durch die wahrscheinlich die heutigen Geschlechtschromosomen in der Evolution entstanden sind.

12.2.8 Die Differenzierung der Geschlechtschromosomen führt zu einer fortschreitenden Degenerierung des Y-Chromosoms und zur Inaktivierung des X-Chromosoms

Das menschliche Y-Chromosom könnte kurz vor der Auslöschung stehen, trotzdem haben Männer noch eine Zukunft!

Die Evolution der Geschlechtsbestimmungssysteme war für die Entwicklung komplexer vielzelliger Lebewesen schon immer von grundlegender Bedeutung, da für die Entwicklung neuer genetischer Eigenschaften Rekombinationen erforderlich sind. Nachdem sich der geschlechtsbestimmende Hauptlocus im Lauf der Evolution etabliert hatte, musste nun die Rekombination im Bereich des Locus unterdrückt werden (damit die Geschlechtsunterschiede erhalten blieben). Im Gegensatz zum X-Chromosom, das bei der weiblichen Meiose *in seiner gesamten Länge* mit dem Partner-X-Chromosom rekombinieren kann, ist das Y-Chromosom eher als asexuelles (nichtrekombinierendes) Chromosom anzusehen.

Die Populationsgenetik sagt voraus, dass ein nichtrekombinierendes Chromosom bei einem Prozess, den man als **Müllersche Tilgung** (*Muller's ratchet*) bezeichnet, degenerieren sollte. Wenn die Mutationsrate bei fehlender Rekombination hoch genug ist, können sich in den Genen auf solch einem Chromosom in den langen Zeiträumen der Evolution allmählich schädliche Mutationen anhäufen (da keine Möglichkeit besteht, durch ein Crossing-over die Allelsequenz auszuwählen, die die Mutation nicht enthält). Mutierte Allele neigen möglicherweise dazu, fixiert zu werden, da Y-Chromosomen mit weniger Mutationen zufällig verloren gehen können. Oder mutierte Allele können sich auch als „Trittbrettfahrer" neben einem „günstigen" Allel in einem Bereich befinden, der vor Rekombinationen geschützt ist.

Sobald sich in einem nichtrekombinierenden Y-Chromosom Mutationen anhäufen und zu einem Verlust der Genfunktion führen, besteht kein Selektionsdruck mehr, den entsprechenden DNA-Abschnitt zu erhalten. Durch Mechanismen des DNA-Umsatzes wird das Chromosom schrittweise, aber unabwendbar durch eine Folge von Deletionen verkürzt. Deshalb besteht durchaus die Möglichkeit, dass das menschliche Y-Chromosom letztendlich verschwinden wird. Dennoch wird es weiterhin ein männliches Geschlecht geben, die Festlegung muss dann nur über ein anderes System erfolgen. Höchstwahrscheinlich wird es einfach durch die Gendosisrelation von X-Chromosomen zu Autosomen bestimmt, sodass Individuen mit der Kombination X0 männlich sind (etwa wie bei *Drosophila*).

Es ist notwendig, dass sich die Inaktivierung des X-Chromosoms entwickelt hat

Die Evolution des Geschlechtsbestimmungssystems ist bei den Säugern auch untrennbar mit der Evolution des X-Inaktivierungsmechanismus verbunden, durch den die Gendosis kompensiert wird (Abschnitt 10.5.6; Ellis 1998). Als Reaktion auf den großräumigen Abbau von Sequenzen des Y-Chromosoms sollte eigentlich ein Selektionsdruck dahingehend bestehen, die Genexpression des X-Chromosoms zu erhöhen. Das würde jedoch bei weiblichen Individuen zu einer übermäßigen Expression der Gene auf dem X-Chromosom führen, was deren *fitness* verringern würde. Daher entwickelte sich in der Evolution ein Mechanismus zur Kompensation der Gendosis, der in weiblichen Zellen eines der X-Chromosomen inaktiviert (**X-Inaktivierung**).

Grundlegende Ursache der X-Inaktivierung ist eine Dosiskompensation für diejenigen Gene auf dem X-Chromosom, für die es auf dem Y-Chromosom keine homologen Gegenstücke gibt. Für einen geringen Teil der menschlichen X-gekoppelten Gene gibt es jedoch auf dem Y-Chromosom *funktionelle* homologe Gegenstücke. Da diese Gene bei der Gendosis keine geschlechtsspezifischen Unterscheide zeigen, sind sie wahrscheinlich von der X-Inaktivierung nicht betroffen. Das gilt für alle getesteten PAR1-Gene, aber nicht für die PAR2-Gene. Die beiden Gene, die am nächsten an den Telomeren liegen, sind *IL9R* und *CXYorf1*. Sie werden nicht inaktiviert, die beiden proximalen Gene *SYLB1* und *HSPRY3* aber schon. Der offensichtliche Widerspruch ist die Folge einer kompensatorischen **Y-Inaktivierung** für diese Gene: Auf dem Y-Chromosom werden *SYLB1* und *HSPRY3* methyliert und nicht exprimiert.

Zusätzlich zu den Genen der pseudoautosomalen Regionen wird etwa ein Fünftel aller Gene auf dem X-Chromosom nicht inaktiviert (Carrel et al. 1999). Dieser Effekt ist anscheinend vor allem auf Cluster in der Xp-Region beschränkt, wobei eine Anzahl dieser Cluster offenbar zu autosomalen Sequenzen gehört, die in jüngerer Zeit zu den Geschlechtschromosomen hinzugefügt wurden. Bei Genen, für die es kein funktionelles homologes Gegenstück auf dem Y-Chromosom gibt, die aber dennoch nicht inaktiviert werden, stellt wahrscheinlich ein Gendosisverhältnis von 2:1 kein Problem dar. Bei den nichtpseudoautosomalen Expressionsmustern kann es auch Unterschiede zwischen den Spezies geben. So werden beispielsweise die menschlichen nichtpseudoautosomalen Gene *ZFX*, *RPS4X* und *UBE1* nicht inaktiviert, die orthologen Gene *Zfx*, *Rps4x* und *Ube1* bei Maus und Ratte jedoch schon. (Für das *Ube1X*-Gen gibt es im Gegensatz zum *UBE1*-Gen ein homologes Gegenstück auf dem Y-Chromosom.) Anscheinend hat sich die X-Inaktivierung für diejenigen X-gekoppelten Gene entwickelt, bei denen die Gendosis genau kontrolliert werden muss – als Anpassung an den Verlust der homologen Y-gekoppelten Gene (Jegalian und Page 1998).

12.3 Molekulare Phylogenetik und vergleichende Genomik

In der **molekularen Phylogenetik** kann man mithilfe von Nucleinsäure- und Proteinvergleichen Beziehungen zwischen Lebewesen oder Populationen in der Evolution bestimmen. Dies ergänzt die klassischen phylogenetischen Verfahren, die auf anatomischen und morphologischen Merkmalen von lebenden Organismen und von Fossilien beruhen.

Wenn Biologen bei der molekularen Evolutionsforschung bis vor kurzem DNA-Sequenzen miteinander verglichen haben, mussten sie sich meistens auf einige wenige genomische Loci beschränken. Phylogenetische Stammbäume, die auf sehr wenigen Sequenzdaten basieren, können jedoch irreführend sein und widersprüchliche Ergebnisse liefern. So ergeben beispielsweise Sequenzvergleiche zwischen Proteinen, die bei der Transkription, Translation, DNA-Replikation und -Reparatur beteiligt sind, große Ähnlichkeiten zwischen Archaea und Eukaryoten, während Vergleiche zwischen Proteinen des zellulären Stoffwechsels die Archaea den Bakterien zuordnen. Wenn man sich um eine breiter angelegte Sichtweise bemühte, nutzte man vergleichende genetische Karten (O'Brien et al. 1999) oder vergleichende Zellkernanalysen (Karyotypisierungen). Die Genomprojekte brachten hier jedoch eine deutliche Veränderung. Nun ist es möglich, ganze Genomsequenzen zu betrachten und auf diese Weise eine umfassende Perspektive zu gewinnen. So entstand mit der **vergleichenden Genomik** eine neue Wissenschaft.

Die Sequenzinformationen, die durch die Genomprojekte zahlreich zur Verfügung stehen, ermöglichen die Erstellung von genaueren und repräsentativeren DNA-Profilen, aus denen sich dann phylogenetische Stammbäume ableiten lassen. Durch die Bestimmung der Sequenzen einer ganzen Reihe von Genomen (Kapitel 8) gewinnen wir viel grundlegendere Erkenntnisse darüber, wie Genome im Lauf der Evolution geformt wurden. Mithilfe der Daten lässt sich selbstverständlich auch ermitteln, wie die heute existierenden Genome miteinander verwandt sind. Außerdem kann man wichtige konservierte Sequenzen identifizieren.

12.3.1 Die molekulare Phylogenetik verwendet Sequenzvergleiche zur Erstellung von Evolutionsstammbäumen

Um einen Evolutionsstammbaum zu erstellen, ist es erforderlich, Nucleinsäuresequenzen und gelegentlich auch die abgeleiteten Aminosäuresequenzen miteinander zu vergleichen. (Nucleinsäuresequenzen liefern zwar mehr Informationen, aber bei einem Vergleich von sehr entfernt verwandten Genen verwendet man häufig die Proteinsequenzen.) Wenn zwei oder mehrere Sequenzen genügend Übereinstimmung (**Sequenzhomologie**) zeigen, kann man davon ausgehen, dass sie aus einer gemeinsamen ursprünglichen Sequenz hervorgegangen sind. Sequenzvergleiche dienen auch dazu, quantitative Indizes zu bestimmen, um den Verwandtschaftsgrad zwischen Sequenzen zu beschreiben.

Der Vergleich von Sequenzen mit derselben Länge ist normalerweise direkt möglich, wenn eine ausreichende Sequenzhomologie vorhanden ist. Häufig jedoch haben bei den Nucleinsäuresequenzen, die man miteinander vergleicht, Deletionen oder Insertionen stattgefunden, und es sind genaue mathematische Verfahren notwendig, um die Sequenzen gegeneinander abzugleichen. Man hat dafür Algorithmen entwickelt, die sich gegenseitig ergänzen. Mit der **Ähnlichkeitsbestimmung** (*similarity approach*) (Needleman und Wunsch 1970) versucht man, die Anzahl der übereinstimmenden Nucleotide zu maximieren, während die **Abstandsbestimmung** (*distance approach*) (Waterman et al. 1976) darauf abzielt, die Anzahl der Nichtübereinstimmungen zu minimieren. Computerprogramme wie **Clustal** führen multiple Sequenzvergleiche durch (Jeanmougin et al. 1998).

Nach Abgleich der Sequenzen ist es möglich, **Evolutionsstammbäume** zu erstellen. Sie werden im Allgemeinen als Diagramme von Linien (**Ästen**) und Knoten dargestellt. Die verschiedenen Organismen (Sequenzen), die miteinander verglichen werden, platziert man an den äußeren Knoten und verbindet sie über die Äste mit inneren Knoten (Querverbindungen zwischen den Ästen). Diese stehen für Vorfahren von zwei oder mehr Organismen. Ein **bewurzelter Baum** (oder ein **Kladogramm**) lässt auf einen gemeinsamen Vorfahren schließen (der durch den Stamm oder die Wurzel des Baumes dargestellt wird), außerdem gibt er die *Richtung* des Evolutionsprozesses an (Abb. 12.17). Die Wurzel des Baumes lässt sich durch Vergleich mit einer Sequenz außerhalb der Gruppe (*outgroup sequence*) bestimmen (diese Sequenz ist in der Evolution eindeutig mit den untersuchten Sequenzen verwandt, aber über eine große Distanz). Aus einem **unbewurzelten Baum** lässt sich

neue Computerprogramme erforderlich, mit denen sich große Sequenzen und ganze Genome vergleichen lassen. Die neuen Programme leisteten bei der Identifizierung von stark konservierten Sequenzen und bei der Ermittlung von evolutionären Zusammenhängen unschätzbare Dienste.

Großräumige vergleichende Sequenzanalysen für die Identifizierung von konservierten Sequenzen

Eine wichtige Herausforderung für Genomprojekte ist die Identifizierung von RNA-Genen, regulatorischen Sequenzen und anderen wichtigen funktionellen Sequenzen, die keine Proteine codieren. Die Analyse einer komplexen Genomsequenz (mit einem geringen Anteil an codierender DNA) ist nicht so einfach, da Computerprogramme RNA-Gene und regulatorische Sequenzen nur schwer voraussagen können. (Proteincodierende Gene sind einfacher zu handhaben: Sie besitzen lange offene Leseraster, und es gibt große Mengen an Sequenzdaten von Genen und ihren Expressionsprodukten, die man zum Vergleich heranziehen kann.) Eine andere Möglichkeit ist die Suche nach stark konservierten Sequenzen, indem man verschiedene Genomsequenzen in großen Abschnitten miteinander vergleicht. Verschiedene Computerprogramme, wie beispielsweise **VISTA** (http://www-gsd.lbl.gov/vista) und **Pipmaker** (http://bio.cse.psu.edu/pipmaker), ermöglichen großräumige Sequenzvergleiche und geben die Ergebnisse in Form grafischer Darstellungen aus (ein Beispiel findet sich in Abbildung 12.19).

Aufgrund der Ergebnisse von Vergleichsanalysen bei Säugern (vor allem Mensch und Maus) schätzt man nun den Anteil der stark konservierten Sequenzen im menschlichen Genom auf etwa fünf Prozent, von denen etwa 30% (also 1,5% des gesamten Genoms) wahrscheinlich Proteine codieren. Bei vielen dieser Analysen hat man Sequenzen des Menschen und der Maus miteinander verglichen, aber für einige regulatorische Sequenzen, die für die primatenspezifische Genexpression von Bedeutung sind, sollte noch eine Auswahl von Primatensequenzen zum Vergleich herangezogen werden.

Die Genome von Modellorganismen werden auch mit Genomsequenzen von entfernt verwandten Spezies derselben Gattung verglichen. So gingen beispielsweise die Nematoden *C. elegans* und *C. briggsae* vor 100 Millionen Jahren aus einem gemeinsamen Vorfahren hervor. Es ist jetzt möglich, über ENSEMBL unter http://www.ensemble.org beide Sequenzen zu untersuchen. Auch das *Drosophila pseudoobscura*-Genomprojekt wird den Vergleich mit der Genomsequenz von *Drosophila melanogaster* ermöglichen (http://www.hgsc.bcm.tmc.edu/projects/drosophila).

Sequenzvergleiche zwischen ganzen Genomen der Säuger

Komplexe Genome enthalten einen hohen Anteil von Sequenzen, die sich in der Evolution neutral entwickeln. Aufgrund des fehlenden Selektionsdruckes entwickeln sich solche Sequenzen sehr schnell auseinander. Um genauere Erkenntnisse über die Evolution von Genomen zu gewinnen, müssen Computerprogramme in der Lage sein, neutral veränderliche Sequenzen zumindest über einen großen Teil der untersuchten Genome abgleichen zu können. Das ließ sich für die Genome von Mensch und Maus durch eine Modifizierung des **BLASTZ**-Programms erreichen (Schwartz et al. 2003). Solche Sequenzvergleiche zwischen Mensch und Maus sind zusammen mit einer Erläuterung ihrer jeweiligen Bedeutung abrufbar unter http://bio.cse.psu.edu/genome/hummus.

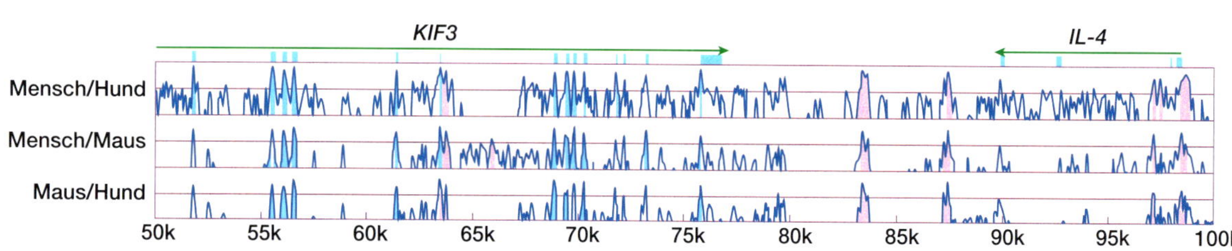

12.19 VISTA-Sequenzvergleich einer genomischen Sequenz, die die menschlichen Gene *KIF3* und *IL-4* enthält, mit den orthologen Sequenzen beim Hund (H) und bei der Maus (M). Konservierte Sequenzen sind entsprechend ihren Positionen im menschlichen Genom auf den waagerechten Achsen dargestellt, die Übereinstimmungen der Sequenzen im Bereich von 50 bis 100% auf den senkrechten Achsen. In der oberen Reihe sind die Positionen der codierenden Exons (blaue Rechtecke) und die 3'-UTR des *KIF3*-Gens (türkisfarbenes Rechteck) eingezeichnet. Die waagerechten Pfeile geben die Transkriptionsrichtungen der Gene an. Die konservierten Bereiche (Maxima der Profilkurve) umfassen neben den codierenden Sequenzen (blau) auch nichtcodierende Regionen (rot), deren Funktion aber nicht bekannt ist. Nach: Dubchak et al. (2000) *Genome Res* 10: 1304–1306, mit Genehmigung durch Cold Spring Harbor Laboratory Press.

Der Abgleich der gesamten Genome hat ergeben, dass sich etwa 40% der menschlichen Genomsequenz der Sequenz der Maus zuordnen lassen. Außerdem kann man die hoch repetitive DNA in zwei Gruppen einteilen. **Linienspezifische Wiederholungssequenzen** entstanden erst nach der Trennung der Linien von Mensch und Maus, ausgehend von einem gemeinsamen Vorfahren (etwa innerhalb der letzten 80 bis 100 Millionen Jahre). **Konservierte repetitive Ursequenzen** des Vorfahren blieben erhalten und können als orthologe Sequenzen bei Mensch und Maus nachgewiesen und einander zugeordnet werden, obwohl sie schon über 80 bis 100 Millionen Jahre alt sind. Die Daten zeigten auch, dass die beiden Gruppen von Wiederholungssequenzen unterschiedlich häufig vorkommen. Beim Menschen bestehen 24,4% des Genoms (oder etwa 53% der verstreuten Wiederholungssequenzen) aus linienspezifischen repetitiven Sequenzen, die bei der Maus 32,4% des Gesamtgenoms und 85% der verstreuten Wiederholungen ausmachen (die wiederum 39% des Mausgenoms umfassen). Die repetitiven Ursequenzen wurden im Mausgenom zu einem großen Teil ausgetauscht und betragen nur etwa fünf Prozent des gesamten Genoms, während sie beim Menschen 22% ausmachen. Die Differenz entspricht den unterschiedlichen Nucleotidsubstitutionsraten in den beiden Genomen (Abschnitt 11.2.6).

12.3.3 Die Anzahl der Gene ist im Allgemeinen proportional zur biologischen Komplexität

Die Sequenzierung von Genomen hat einige Überraschungen hervorgebracht, und auf den ersten Blick scheint die Anzahl der Gene nicht der biologischen Komplexität zu entsprechen, wie man es eigentlich erwartet hatte. Wer hätte voraussehen können, dass der Mensch nur 1,5-mal so viele Gene besitzt wie ein Wurm von 1 mm Länge, der aus etwa 1000 Zellen besteht, und dass dieser kleine Wurm einige tausend Gene mehr besitzt als die viel komplexere Taufliege? Wenn wir jedoch die sequenzierten Genome betrachten, ist eine Tendenz klar erkennbar: Die Genome der Wirbeltiere enthalten etwa doppelt so viele Gene wie die Genome der Wirbellosen, die wiederum viel mehr Gene besitzen als die Einzeller (Tab. 12.4).

Bei den Metazoen erhöht sich generell die Anzahl der Gene entsprechend der Spezialisierung. Die Genduplikation hat der Entwicklung von komplexen Metazoen einen wichtigen Schub gegeben, wobei einige Spezies wie etwa *D. melanogaster* eine überraschend geringe Zahl duplizierter Gene aufweisen. Dabei ist zu berücksichtigen, dass Gene bei der Evolution aus Entwicklungslinien auch verloren gehen können.

Wie in Tabelle 12.4 zu erkennen ist, nimmt die Gendichte ab, wenn man von den einfachen Genomen der Einzeller zu den komplexen Genomen der Vielzeller geht. Das entspricht dem frühen Auftreten der Introns bei den Eukaryoten und der Tendenz, dass sich in den Introns und in den Sequenzen zwischen den Genen DNA-Wiederholungen anhäufen, wenn die Genome komplexer werden. So besteht beispielsweise das menschliche Genom zu etwa 45% aus Wiederholungssequenzen, die sich aus Transposons ableiten. Bei der Maus sind es 37%, während die entsprechende Werte bei *D. melanogaster* und *C. elegans* noch erheblich niedriger liegen.

12.3.4 Das Ausmaß der fortschreitenden Proteinspezialisierung lässt sich durch Proteomvergleiche aufzeigen

Als man die Genomsequenzen der ausführlich untersuchten Modellorganismen wie *E. coli* und der Hefe *S. cerevisiae* bestimmt hatte, stellte man überrascht fest, dass von einem bedeutenden Anteil der identifizierten Gene die Funktionen unbekannt waren. Bei der Rohsequenz des menschlichen Genoms betrifft das knapp die Hälfte der Gene. Das verdeutlicht nur einmal mehr, dass wir noch einen langen Weg zu gehen haben, bis wir das menschliche Genom tatsächlich zu verstehen beginnen. Von den übrigen Genen hängt wiederum die Hälfte mit der Übertragung von Signalen und der Bindung von Nucleinsäuren zusammen (Abb. 12.20).

Durch den Vergleich der Proteine, die anhand der menschlichen Genomsequenz vorhergesagt wurden, mit den vorhergesagten Proteinen aus den Genomsequenzen der verschiedenen Modellorganismen ließen sich einige Erkenntnisse über die Ausbreitung und Entwicklung der Gene im Lauf der Evolution gewinnen (Abb. 12.21; Tab. 12.5). Etwa 20% der menschlichen Proteine zeigen Sequenzhomologien mit weit verbreiteten Proteinen, die sowohl bei Eukaryoten als auch bei Prokaryoten vorkommen. Für etwa ein Prozent der Proteine fand sich bei den übrigen untersuchten Genomen von Tieren kein orthologes Gegenstück. Zu diesem Zeitpunkt standen jedoch nur sehr wenige Einträge für nichtmenschliche Primaten in den Datenbanken zur Verfügung, sodass es sich bei dem fehlenden einen Prozent auch um Proteine handeln kann, die mehr für Primaten insgesamt und weniger für den Menschen allein spezifisch sind (vermutlich ist höchstens ein ganz geringer Teil der menschlichen Gene auch wirklich für den Menschen spezifisch).

Tabelle 12.5 Vorkommen ausgewählter Proteinfamilien, Domänen und Wiederholungssequenzen bei den Metazoen im Vergleich

Proteinfamilie, Domäne oder Wiederholungssequenz	*H. sapiens* (28 525 Proteine) zugehörige Proteine	Rang	*M. musculus* (20 804 Proteine) zugehörige Proteine	Rang	*D. melanogaster* (13 446 Proteine) zugehörige Proteine	Rang	*C. elegans* (20 377 Proteine) zugehörige Proteine	Rang	*A. thaliana* (25 936 Proteine) zugehörige Proteine	Rang	*S. cerevisiae* (6 202 Proteine) zugehörige Proteine	Rang
Zn-Finger, C2H2-Typ	946	1	482	6	360	1	246	11	191	20	54	10
Immunglobulin/Haupthistokompatibilitätskomplex	883	2	674	3	160	8	120	26	51	110	keine	–
Superfamilie der rhodopsinähnlichen GPCR	826	3	1 375	1	86	26	403	4	6	836	keine	–
immunglobulinähnlich	804	4	655	4	144	10	100	35	1	1 920	keine	–
Proteinkinase	687	5	486	5	263	2	507	2	1 047	1	118	1
Geruchsrezeptor	477	6	980	2	keine	–	keine	–	keine	–	keine	–
Serin/Threonin-Proteinkinase	472	7	319	7	205	4	286	7	816	2	113	2
G-Protein-β-WD-40-Wiederholung	386	8	243	10	188	5	166	17	267	12	101	3
Zn-Finger, RING-Typ	367	9	222	13	121	15	173	18	466	5	39	16
EGF-ähnliche Domäne	357	10	286	8	101	21	202	13	34	175	keine	–
RNA-bindende Region RNP-1 (RNA-Erkennungsmotiv)	342	11	234	12	166	7	160	18	299	10	58	8
pleckstrinähnlich	331	12	188	18	79	35	90	46	31	197	29	25
Immunglobulinsubtyp	327	13	191	16	79	35	28	161	keine	–	keine	–
prolinreiches Extensin	324	14	185	19	147	9	150	19	186	21		–
Tyrosin-Proteinkinase	314	15	216	15	132	12	192	14	360	7	26	28
KRAB-Element	314	15	119	32	keine	–	keine	–	keine	–	keine	–
calciumbindende EF-Hand	298	17	220	14	128	13	134	23	220	16	17	46
Zn-Finger, C2H2-Subtyp	286	18	91	48	2	1 116	2	1 161	keine	–	keine	–
SH3-Domäne	280	19	189	17	80	33	70	64	4	1 075	25	29
Ankyrin	259	20	162	20	94	23	110	27	114	38	19	42
Immunglobulin-C-2-ähnlich	259	20	145	26	111	17	67	67	keine	–	keine	–
Homöobox	254	22	238	11	107	19	106	30	95	53	8	125
Fibronectin Typ III	232	23	157	22	71	42	54	78	4	1 075	2	584
Immunglobulin-V-ähnlich	223	24	249	9	4	713		–	keine	–	keine	–
leucinreiche Wiederholung	212	25	146	25	108	18	69	65	509	4	6	183

Die Anzahl der verschiedenen Proteine, die unter der Artbezeichnung angegeben ist, basiert auf den nichtredundanten Datensätzen von SWISS-PROT-, TrEMBL- und Ensemble-Einträgen. In der linken Spalte sind die 25 häufigsten Einträge in der InterPro-Datenbank des menschlichen Genoms aufgeführt (entsprechend der Anzahl der zugehörigen Proteine). Angegeben sind die Anzahl der verschiedenen zugehörigen Proteine und die Rangordnung. Die Daten wurden im März 2003 beim European Bioinformatics Institute unter http://www.ebi.ac.uk/proteome abgerufen.

12.4 Was macht uns zu Menschen?

Wo kommen wir her? Was macht uns zu Menschen? Grundlegende Fragen wie diese lassen sich am ehesten beantworten, sobald vollständige Genomsequenzen und Listen von Genen und Genprodukten der Lebewesen vorliegen. Genomprojekte haben 1995 damit begonnen, Genomsequenzen zu bestimmen, und es sollte in den ersten zehn bis zwanzig Jahren des neuen Jahrtausends zu einer gewaltigen Zunahme an vollständig sequenzierten Genomen kommen, verbunden mit ausführlichen Kommentaren zu den einzelnen Genen sowie umfassenden Informationen über Proteome und RNA-Produkte. Bereits heute erhalten wir durch vergleichende Analysen an den vorhandenen Daten umfangreiche molekulare Einzelinformationen darüber, welche Nucleinsäuren und abgeleiteten Proteine wir mit anderen Spezies gemeinsam haben und wie wir uns von diesen unterscheiden.

Vergleiche können auf verschiedenen Ebenen durchgeführt werden, und der Mensch lässt sich in eine Reihe phylogenetischer Gruppen einordnen. In einer Folge von zunehmend spezialisierten Gruppen sind wir Eukaryoten, Metazoen, Bilateria, Coelomata, Deuterostomia, Chordata, Craniota, Vertebraten, Gnatostomata, Amnioten, Eutheria, Catarrhini, Hominoiden, Hominiden und so weiter (Abb. 12.22–12.24; Glossar in Exkurs 12.5).

Die Universalität des genetischen Codes sowie die enorme Konservierung biochemischer Schlüsselreaktionen und grundlegender Prozesse in den Zellen, außerdem die starke Konservierung wichtiger Entwicklungsvorgänge in den Zellen der Metazoen bele-

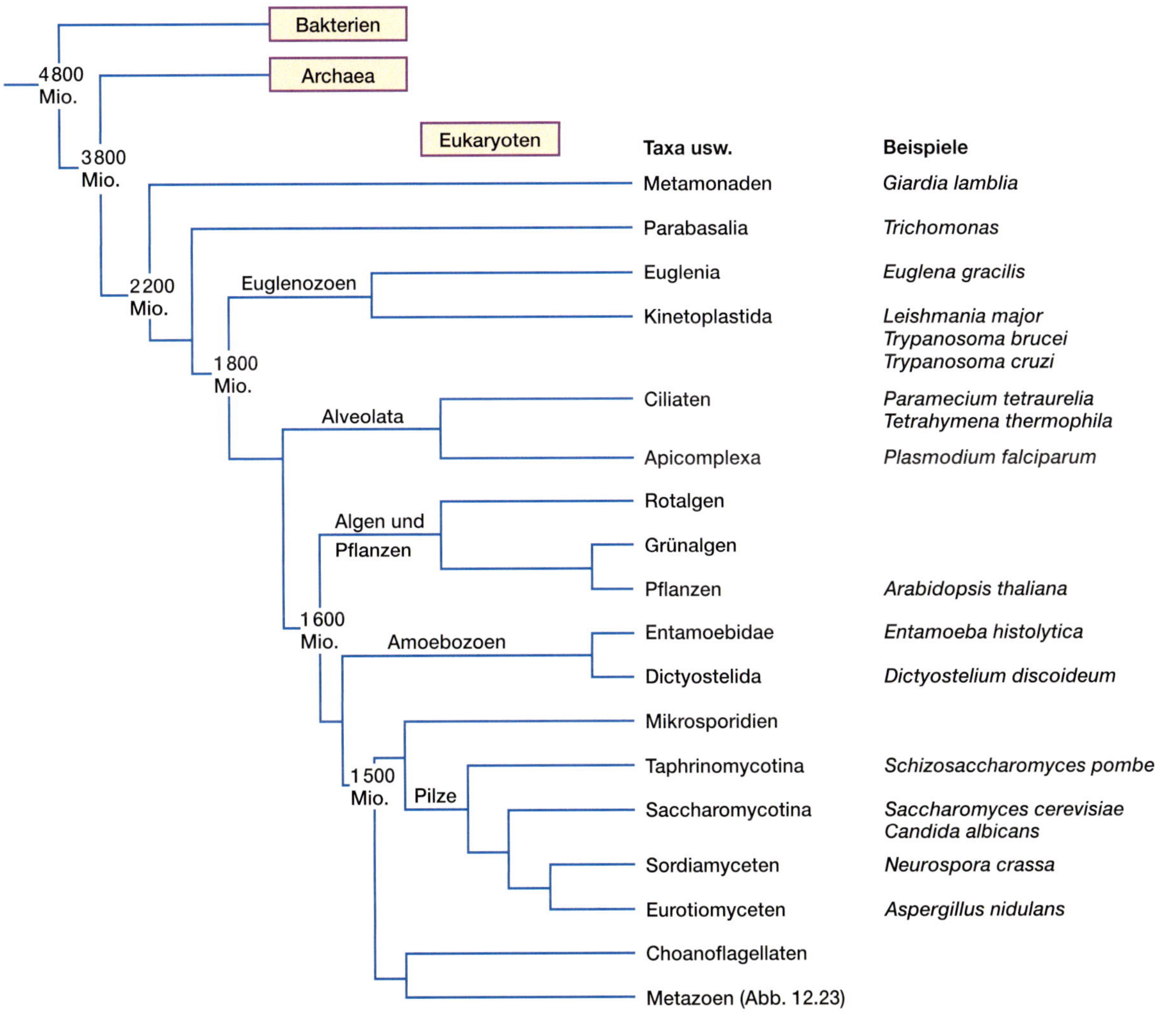

12.22 Vereinfachter Stammbaum der Eukaryoten. Die Choanoflagellaten sind strukturell und funktionell fast identisch mit den Choanocyten (Kragengeißelzellen) der Schwämme.

gen eine enge Beziehung des Menschen zu anderen Spezies, die sich morphologisch deutlich von uns unterscheiden und aufgrund der Evolution nur entfernt mit uns verwandt sind. Natürlich gibt es auch Unterschiede. Die kompliziert aufgebauten Metazoen haben tendenziell komplexere Genome mit einer größeren Zahl von Genen und codierten Proteindomänen sowie einem größeren Anteil an repetitiver DNA. Es bestehen auch bei verschiedenen Merkmalen der Genexpression deutliche Unterschiede zwischen den verschiedenen Spezies:

- **Operons.** Die Transkription eukaryotischer Gene wird, im Gegensatz zur koordinierten Kontrolle bei bakteriellen Operons, eher unabhängig reguliert. Andererseits ist ein großer Teil der Gene von *C. elegans* in Operons organisiert, die bakteriellen Operons ähneln (sich aber in der Funktionsweise von diesen unterscheiden).
- **DNA-Methylierung** (die bei Metazoen keinesfalls universell vorkommt; Exkurs 9.3).
- **Genomische Prägung** (ein wichtiges Merkmal der Genexpression bei Säugern, die jedoch anscheinend bei anderen Spezies nicht auftritt, etwa bei *Drosophila*, *C. elegans* und anderen).
- **Anpassungsmechanismen bei Vertebraten**, etwa bei Immunsystemen, Hormonen und so weiter.
- **Anpassungsmechanismen bei Säugern**, etwa bei Genen, die mit der XY-Geschlechtsbestimmung, der Inaktivierung des X-Chromosoms, der Placentabildung und Ähnlichem zusammenhängen.

Zweifellos unterscheiden wir uns von anderen Säugern und auch von unseren Vettern in der Evolution, den Menschenaffen. Die vor kurzem erfolgte Sequenzierung der Genome von Maus und Ratte und die derzeit noch laufende Sequenzierung der Genome des Schimpansen (Olson und Varki 2003) und anderer Primaten wird wichtige Informationen über deren Beschaffenheit liefern und auch darüber, wie sie sich von uns unterscheiden.

12.4.1 Was unterscheidet uns von Mäusen?

Ein vor kurzem erschienener Kommentar über die Sequenzierung des Mausgenoms stellte fest, dass der beste Freund des Menschen doch eigentlich nicht mehr der Hund, sondern die Maus sei. Die Maus ist

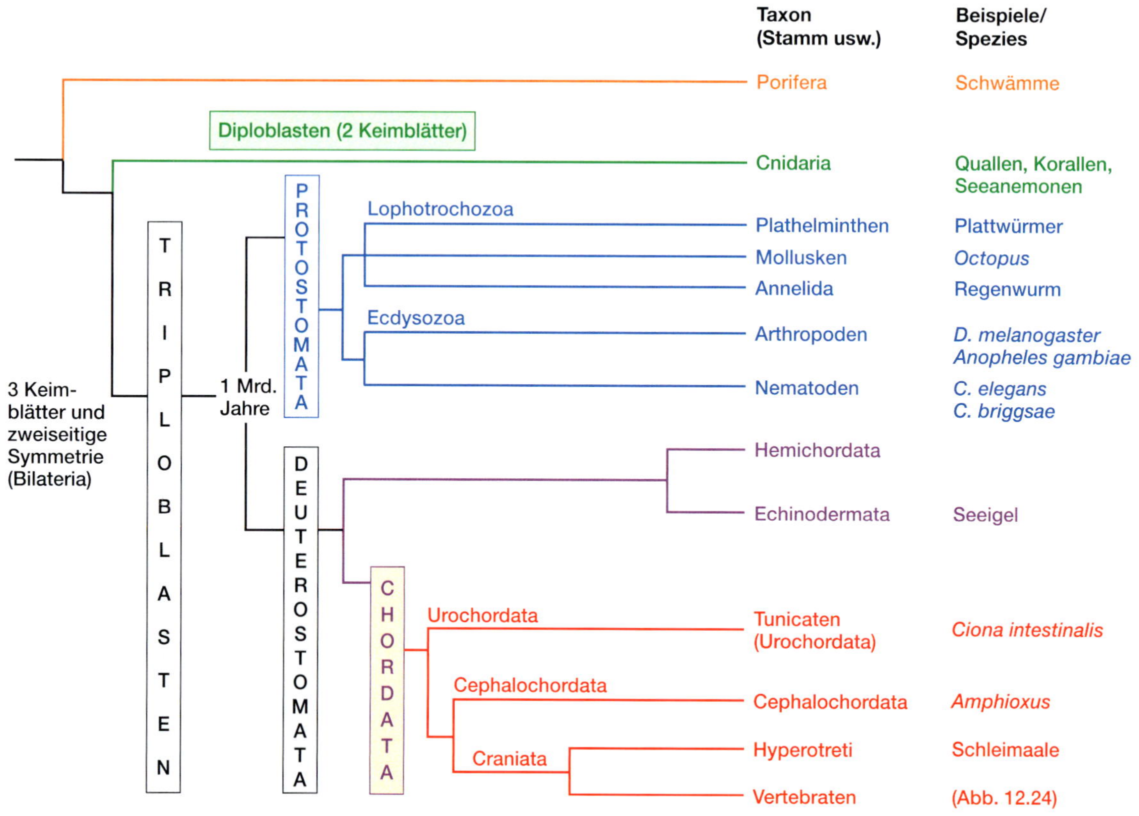

12.23 Vereinfachter Stammbaum der Metazoen. Die grundlegende Trennung von Protostomata und Deuterostomata vor etwa einer Milliarde Jahren bedeutet, dass *C. elegans* und *D. melanogaster* mit dem Menschen entfernter verwandt sind als einige andere Wirbellose wie der Seeigel *Strongylocentrotus purpuratus*, die Tunicaten-Spezies *Ciona intestinalis* und *Amphioxus* von den Cephalochordata.

Exkurs 12.5: Glossar der allgemeinen phylogenetischen Gruppen bei den Metazoen

Weitere Informationen finden sich auf der Tree of Life-Internetseite (http://tolweb.org/tree/phylogeny.html) und an anderer Stelle (siehe Weiterführende Literatur). Die vereinfachten phylogenetischen Stammbäume der Eukaryoten, Metazoen und Wirbeltiere sind in den Abbildungen 12.22 bis 12.24 dargestellt.

Altweltaffen (Schmalnasenaffen, Catarrhini) – Affen, die in sehr verschiedenen Umgebungen in Süd- und Ostasien, dem Mittleren Osten und Afrika vorkommen.

Amnioten – Wirbeltiere, die eine Amnionhülle entwickeln. Hierzu zählen Reptilien, Vögel und Säuger, nicht jedoch Fische und Amphibien.

Anthropoiden – **Hominoiden** und Affen.

Ascidien – Seescheiden (etwa *Ciona intestinalis*), eine Spezies der **Tunicaten** (Manteltiere).

Bilateria – Metazoen mit einer zweiseitigen (bilateralen) Symmetrie. Dazu gehören auch die Echinodermen (Stachelhäuter), die bilateral symmetrische Larven hervorbringen. Sie entwickeln drei Keimblätter und werden deshalb auch als **Triploblasten** bezeichnet.

Catarrhini – **Schmalnasen- oder Altweltaffen**.

Cephalochordata (**Branchiostomata** oder **Lanzettfischchen**) – *Chordata* ohne Schädel und Wirbelsäule (etwa *Amphioxus*).

Chordata – Tiere, die eine Embryonalphase durchlaufen, in der sie eine Chorda dorsalis (einen dorsalen rohrförmigen Nervenstrang) und Rachenkiementaschen besitzen; dazu zählen die **Urocordata**, **Cephalochordata** und **Craniota**.

Cnidaria (**Coelenterata**) – Quallen, Korallen, Seeanemonen (alle sind radiärsymmetrisch und entwickeln nur zwei Keimblätter).

Coelomata – Lebewesen mit einem Coelom (einer flüssigkeitsgefüllten inneren Körperhöhle), die vollständig mit Mesoderm ausgekleidet ist. Im Gegensatz dazu stehen die Acoelomata (beispielsweise die Plattwürmer) und die Pseudocoelomata (zum Beispiel Nematoden mit einer flüssigkeitsgefüllten Körperhöhle, die aber nicht vollständig mit Mesoderm ausgekleidet ist). Man unterscheidet die beiden Gruppen **Protostomata** und **Deuterostomata**.

Craniota – Tiere mit einem Schädel, also Wirbeltiere und Schleimaale (Inger).

Deuterostomata – abgeleitet aus der griechischen Bedeutung des Begriffs „zweiter Mund". Dazu gehören **Chordata** und **Echinodermata**. Tiere, bei denen der *Blastoporus* (beim Embryo die Öffnung des Urdarms nach außen) an der posterioren Seite des Embryos liegt und schließlich den After bildet. Später öffnet sich der Mund gegenüber dem After; vergleiche mit **Protostomata**.

Diploblasten – Metazoen mit nur zwei Keimblättern: Ektoderm und Endoderm. Dazu gehören **Cnidaria** und *Ctenophora* (Rippenquallen). Sie sind radiärsymmetrsich, und man bezeichnet sie häufig auch als **Radiata**.

Echinodermata (etwa Seeigel, Seesterne und andere) sind *radiärsymmetrische* Meerestiere. Da sie aber drei Keimblätter entwickeln, gehören sie zu den **Triploblasten**; außerdem werden sie den **Bilateria** zugeordnet.

Eutheria – Placentatiere, zu unterscheiden von **Monotremata** und **Metatheria**.

Gnathostomata – kiefertragende Wirbeltiere, die größte Gruppe der Vertebraten; Neunaugen sind jedoch kieferlose Wirbeltiere.

Hominiden – Menschen und menschenähnliche Vorfahren.

Hominoiden – Menschen und *Menschenaffen* (Gemeiner Schimpanse, Bonobo, Gorilla, Orang-Utan) und die *niederen Affen* (Gibbons). Vergleiche mit **Anthropoiden**.

Klade – eine Gruppe von Organismen, zu der alle Nachkommen des letzten gemeinsamen Vorfahren (der ein *monophyletisches Taxon* darstellt) gehören.

Metatheria – Beutelsäuger.

Monotremata – Kloakentiere.

Neuweltaffen (Breitnasenaffen, Platyrrhini) – Affen, die nur im tropischen Urwald von Südmexiko, Zentral- und Südamerika vorkommen.

Platyrrhini – **Neuweltaffen**.

Protheria – in diese Unterklasse gehört die Ordnung **Monotremata**.

Protostomata – abgeleitet aus der griechischen Version des Begriffs *„erster Mund"*. Lebewesen, bei denen aus dem *Blastoporus* (beim Embryo die Öffnung des Urdarms nach außen) der Mund hervorgeht. Später öffnet sich der After gegenüber dem Mund. Zu dieser Gruppe gehören die Mollusken, Annelida und Arthropoden; vergleiche mit **Deuterostomata**.

Radiata – Radiärsymmetrische Tiere mit nur zwei Keimblättern (**Diploblasten**).

▶

Schleimaale (Inger) sind mit Wirbeltieren eng verwandt, gehören aber zu den Wirbellosen, da die Chorda dorsalis nicht in eine Wirbelsäule umgewandelt wird.

Stamm (**Phylum**) – Gruppe von Spezies mit übereinstimmender Körperstruktur.

Taxon – eine Gruppe von Lebewesen auf einer beliebigen Ebene der Systematisierung.

Teleostei – eine wichtige Gruppe der **Knochenfische** (im Unterschied zu Fischen mit einem Knorpelskelett, wie etwa Haie und Rochen).

Triploblasten – Metazoen mit drei Keimblättern; sie besitzen eine bilaterale Symmetrie und werden deshalb auch als **Bilateria** bezeichnet.

Tunicaten – Seescheiden und Salpen (zum Beispiel *Ciona intestinalis*, die Seescheide).

Urochordata – **Chordata**, deren Chorda dorsalis auf die Schwanzregion begrenzt ist (**Tunicaten**).

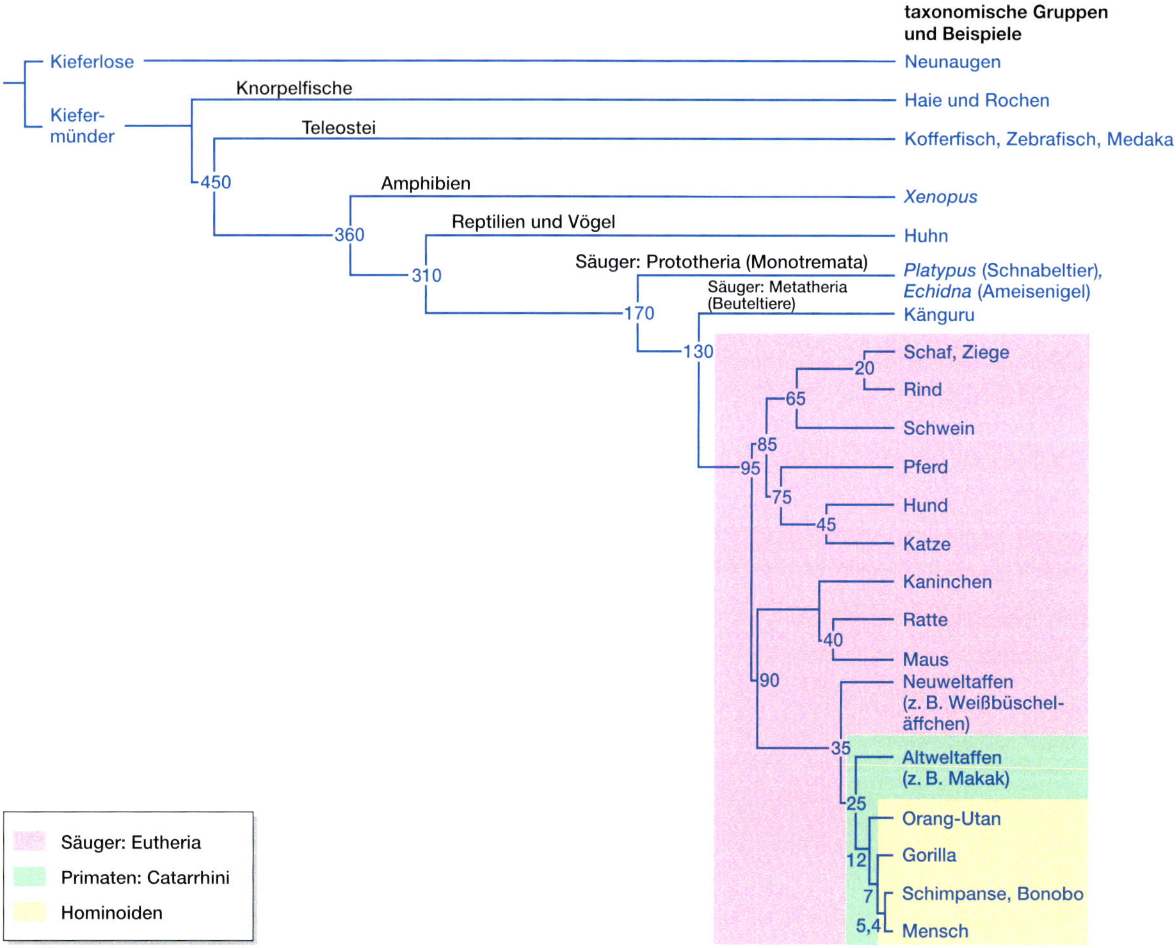

12.24 Vereinfachter Stammbaum der Wirbeltiere. Die Zahlen an den Knoten geben den geschätzten Zeitpunkt der Auftrennung in Millionen von Jahren an.

ohne Frage der wichtigste Modellorganismus der Säuger (in Exkurs 8.8 werden ihre Vorzüge beschrieben), und auf bestimmten Gebieten sind wir sehr darauf angewiesen, aus Untersuchungen an der Maus für den Menschen Rückschlüsse zu ziehen (etwa bei der Untersuchung der Genexpression während der Entwicklung). Dennoch ist die Maus nur ein *Modell*, und wir stellen zunehmend Unterschiede zwischen Menschen und Mäusen fest. Die meisten der nun folgenden Befunde stammen aus der Publikation des Mouse Genome Sequencing Consortium (2002) (bei den weiteren Literaturhinweisen als MGSC abgekürzt).

Allgemeine Aspekte des Genomaufbaus

Das Euchromatin im Genom der Maus umfasst etwa 2 500 Mb (also etwas weniger als das Euchromatin des Menschen mit 2 900 Mb). Der Unterschied kommt vor allem durch den höheren Anteil an repetitiver DNA zustande (siehe unten). Dadurch sind die Introns der Mausgene durchschnittlich um etwa 16 % kürzer als beim Menschen. Die Abstände zwischen den Genen sind allgemein kürzer, aber es bestehen starke regionale Unterschiede. Die Länge der Exons und der codierenden DNA-Abschnitte (durchschnittlich 500 bis 550 Codons) sind bei Mensch und Maus sehr ähnlich, genauso wie die Anzahl der Exons in orthologen Genen. Der GC-Gehalt ist mit 42 % etwas höher als beim menschlichen Genom mit 41 %. Das menschliche Genom enthält jedoch einen deutlich größeren Anteil mit einem sehr hohen GC-Gehalt (MGSC 2002, Abb. 7), und es gibt viel mehr CpG-Inseln (~27 000 in DNA ohne Wiederholungssequenzen) als bei der Maus mit 15 000. Bereiche mit konservierter Syntänie sind im Durchschnitt etwa 10 Mb lang (Abb. 12.11).

Verstreute Wiederholungen

Der Unterschied zwischen den Genomgrößen bei Mensch und Maus ist zu einem großen Teil auf den höheren Anteil von repetitiver DNA im menschlichen Genom zurückzuführen: Aus Transposons abgeleitete Wiederholungssequenzen machen etwa 45 % des menschlichen Genoms aus, während es im Mausgenom nur 37 % sind. Die Anzahl der LINE-Sequenzen ist beim Menschen etwas höher als bei der Maus. Es gibt zwar noch LINE-Sequenzen, die von dem gemeinsamen Vorfahren von Mensch und Maus stammen, aber bei der Maus weisen die LINE-Sequenzen eine höhere Umsatzrate auf. In beiden Genomen zeigt nur noch das LINE-1-Element eine aktive Transposition. Allerdings führte eindeutig der größere Teil der LINE-Sequenzen im Mausgenom – nach der Trennung der Linien von Mensch und Maus – Transpositionen durch, während die LINE-1-Sequenzen des gemeinsamen Vorfahren im menschlichen Genom erhalten blieben. LINE-1-Wiederholungen sind beim Menschen und bei der Maus (und überall bei den Säugern) stark konserviert, da ein konservierender Selektionsdruck auf die lange *ORF2*-Sequenz besteht, die die Reverse Transkriptase codiert.

Der Anteil an verstreuten Wiederholungssequenzen unterscheidet sich vor allem deswegen bei Mensch und Maus, weil im menschlichen Genom mehr SINE-DNA vorhanden ist. Keines der SINE-Elemente stammt von einem gemeinsamen Vorfahren (im Gegensatz zu den LINE- und LTR-Elementen sowie den DNA-Transposons; MGSC 2002, Tabellen 5 und 6). Es gibt mit der *Alu*-Wiederholung nur eine einzige SINE-Sequenz, die im menschlichen Genom aktiv war. Bei der Maus haben sich jedoch vier SINE-Familien entwickelt, die jeweils vom LINE-1-Transpositionssystem abhängen. Die Wiederholungen B2, ID und B4 leiten sich als cDNA-Kopien aus tRNA-Genen ab, während die B1-Wiederholung wie die *Alu*-Wiederholung von der 7SL-RNA abstammt (Abb. 12.25). Die B1- und die *Alu*-Wiederholungen haben sich jedoch deutlich auseinander entwickelt.

Auseinanderentwicklung der Gen- und Proteinsequenzen

Zu etwa 80 % der Proteine der Maus gibt es beim Menschen genau (1 : 1) orthologe Gegenstücke, wobei die Sequenzübereinstimmung häufig 70 bis 100 % beträgt. Etwa zehn Prozent der orthologen Proteine bei Mensch und Maus zeigen jedoch stärkere Sequenzunterschiede (Abb. 12.26). Viele der Proteine, die sich am schnellsten weiterentwickeln, besitzen eine Funktion bei der Immunabwehr (etwa die MHC-Gene) oder bei der Fortpflanzung. Zu Letzteren gehören das Transitionsprotein 2 (die Aminosäuresequenzen sind bei Mensch und Maus zu 68 % unterschiedlich), die Glykoproteine 2 und 3 der Zona pellucida (zu 43 beziehungsweise 33 % unterschiedlich), Acrosin (38 %) sowie die spermienspezifischen Protamine P15 und P2 (41 beziehungsweise 36 % Unterschied). Für verschiedene Proteine dieser Art hat man eine *positive* (*Darwinsche*) Selektion festgestellt (also eine Selektion für den Austausch von Aminosäuren, sodass sich die Proteine auseinander entwickeln) (Swanson et al. 2001).

Auseinanderentwicklung der Anzahl der Gene

Die Gesamtzahl der Gene von Mensch und Maus muss erst noch genau bestimmt werden, aber man geht davon aus, dass sie in etwa gleich sind. Viele Proteine des Menschen und der Maus gehören jedoch zu Genfamilien, die nun – aufgrund der Entwicklung zumindest in einem der beiden Genome – eine unter-

neten fünf Prozent sind auf Deletionen oder Insertionen zurückzuführen (Literaturhinweise finden sich bei Olson und Varki 2003). Trotz der sehr hohen Sequenzübereinstimmung (der nichtcodierenden und der codierenden DNA) ist bei einigen *Alu*-Unterfamilien (Sb1, Sb2) und LTR-Retrotransposons zu erkennen, dass sie allein für den Menschen spezifisch sind.

Genunterschiede

Bei einem Vergleich von orthologen Sequenzen von Mensch und Schimpanse zeigt die codierende DNA eine Sequenzübereinstimmung von 99% oder mehr. Einige spezifische Allele von bestimmten menschlichen Genen sind mit den orthologen Gegenstücken des Schimpansen näher verwandt als mit den übrigen menschlichen Allelen. So stimmen die Sequenzen der

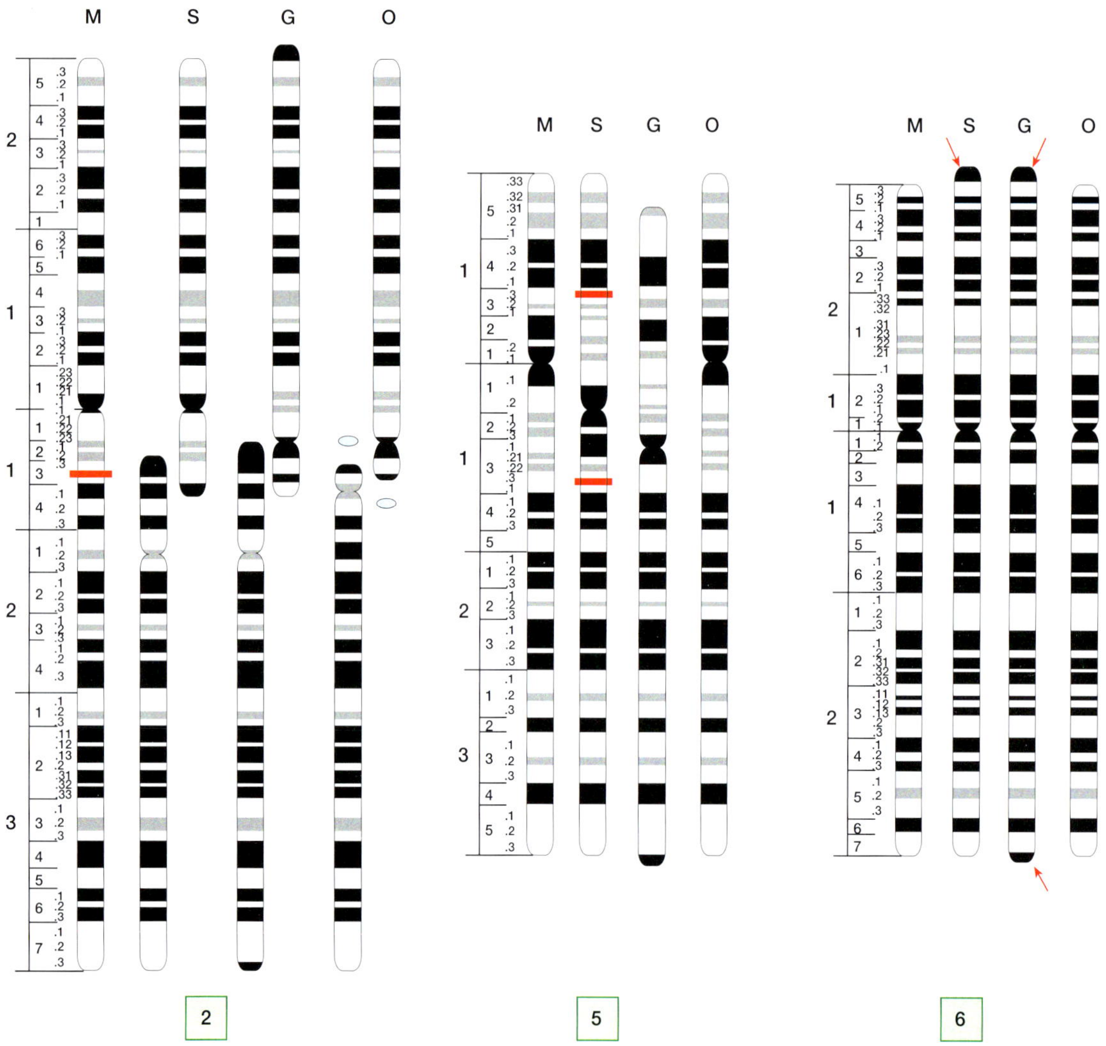

12.27 Menschliche Chromosomenbandenmuster ähneln stark den Mustern der Menschenaffen. Die Ideogramme wurden aus 1000-Banden-Präparationen der späten Prophase ermittelt – für Mensch (M), Schimpanse (S), Gorilla (G) und Orang-Utan (O). Das menschliche Chromosom 2 entstand durch die Fusion von zwei Primatenchromosomen. Das menschliche Chromosom 6 zeigt sehr große Übereinstimmungen mit seinen orthologen Gegenstücken. Die einzigen sofort sichtbaren Unterschiede sind das zusätzliche Heterochromatin im Bereich des Telomers am kurzen Arm des entsprechenden Schimpansenchromosoms und an beiden Armen des Gorillachromosoms. Die orthologen Gegenstücke des menschlichen Chromosoms 5 zeigen deutliche Unterschiede. Beim Schimpansen kam es hier zu einer perizentrischen Inversion (die Bruchstellen entsprechen den Positionen 5p13 und 5q13 beim Menschen). Beim Gorilla kam es in dem orthologen Chromosom zu einer reziproken Translokation mit einem Chromosom, das dem menschlichen Chromosom 17 entspricht. Genehmigter Nachdruck aus: Yunis und Prakash (1982) *Science* 215: 1525–1530, © 1982, American Association for the Advancement of Science.

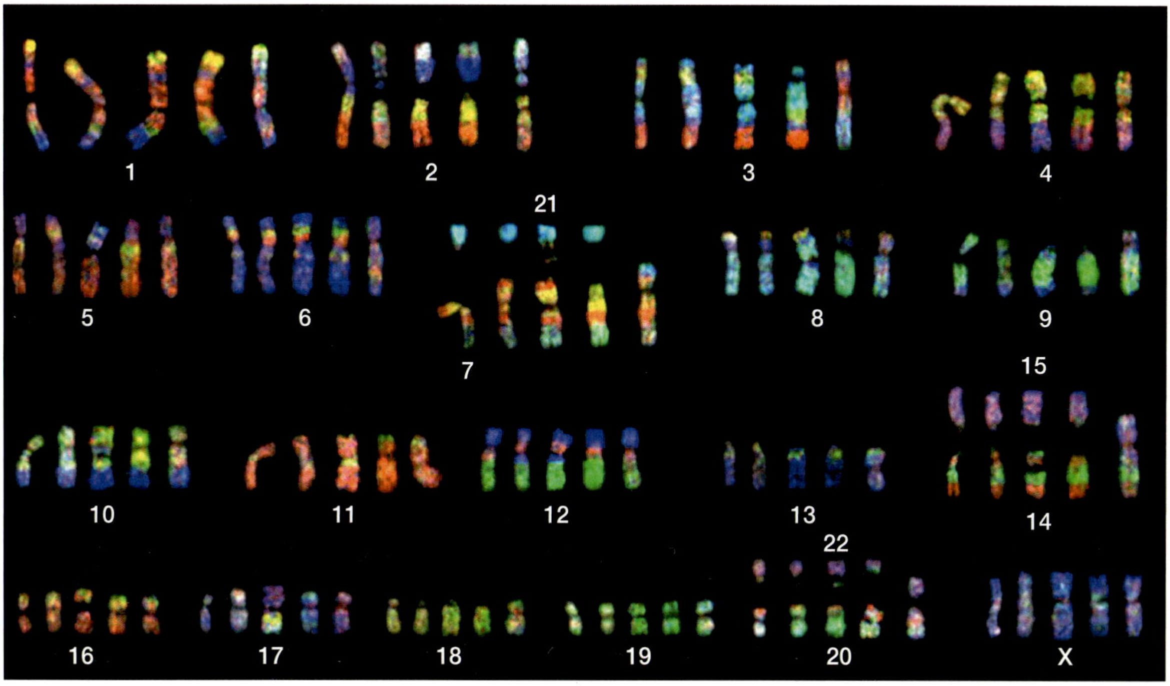

12.28 Die Erzeugung eines „Strichcodes" der Primatenchromosomen bietet eine Möglichkeit, Strukturunterschiede sichtbar zu machen. Dargestellt ist eine farbige Chromosomenbänderung bei den Primatenspezies (*Rx-FISH*) und die Ausrichtung der orthologen Primatenchromosomen an den menschlichen Chromosomen 1 bis 22 und X. Von links nach rechts: Mensch, Schimpanse, Gorilla, Orang-Utan und Makak. Zur Verbesserung des Vergleichs sind die Chromosomen 2p/2q, 7/21, 14/15 und 20/22, die jeweils nur beim Menschen oder Makak vorkommen, zusammen mit den orthologen Chromosomen der Menschenaffen abgebildet. Durch diese Art der Analyse ließ sich ein vorläufiger ursprünglicher Karyotyp des Menschen und der Menschenaffen formulieren. Nach: Muller und Wienberg (2002) *Hum Genet* 109: 85–94, mit Genehmigung des Springer-Verlags.

Allele *HLA-DRB1*0302* und *HLA-DRB1*0701* am menschlichen HLA-DRβ-Locus mit bestimmten Allelen des orthologen Gens *Patr-DRB* beim Schimpansen stärker überein als untereinander (Abb. 12.29). Diese Befunde stehen in Einklang mit der Vorstellung, dass es für solche divergenten Allele einen vergleichsweise frühen Ursprung geben muss, der vor der Trennung von Mensch und Schimpanse liegt.

Man kennt bestimmte primatenspezifische Gene, beispielsweise einige, deren Ursprung nur kurze

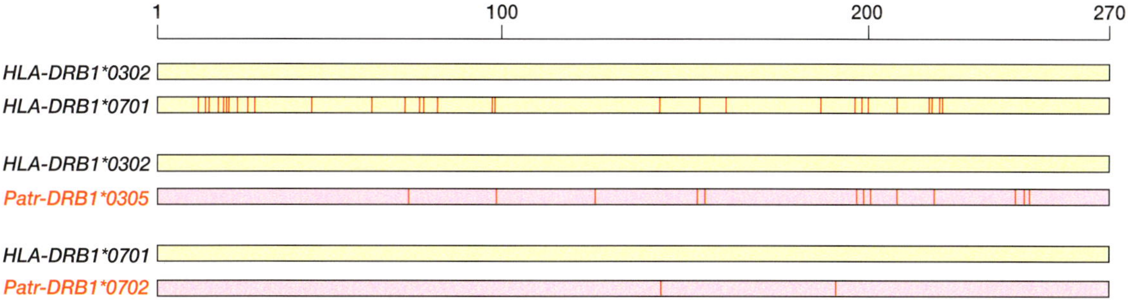

12.29 Einige menschliche Allele zeigen untereinander größere Differenzen als bei einem Vergleich mit den orthologen Genen des Schimpansen. Bei insgesamt 270 Aminosäurepositionen weisen die Allele *HLA-DRB1*0302* und *HLA-DRB1*0701* insgesamt 31 Unterschiede auf (13 %). Vergleicht man jedes Allel mit Allelen des orthologen Locus beim Schimpansen (*Patr-DRB1*), findet man näher verwandte Allelpaare, beispielsweise *HLA-DRB1*0701* und *Patr-DRB1*0702* (mit nur zwei Unterschieden bei 270 Aminosäuren). Das deutet darauf hin, dass einige der heute existierenden *HLA*-Allele aus einer Zeit vor der Trennung der Linien von Mensch und Schimpanse stammen müssen. Nach: Klein et al. (1993) *Scientific American* 269: 675–680, mit Genehmigung durch Scientific American Inc.

Zeit zurückliegt, aber auch andere, die möglicherweise für den Austausch von Aminosäuren einer positiven Selektion unterliegen (Courseaux und Nahon 2001, Johnson et al. 2001). Es gibt wahrscheinlich nur sehr wenige für den Menschen spezifische Gene, wobei sich allerdings aufgrund von Genduplikationen und Genverlusten – vor allem bei Genfamilien in Clustern – die Anzahl der Gene beim Menschen und bei den Menschenaffen unterscheiden kann. Zurzeit gibt es jedoch nur geringe Hinweise auf funktionelle Unterschiede zwischen den Genen von Mensch und Schimpanse: Der einzige bekannte biochemische Unterschied ist das vollständige Fehlen einer spezifischen Sialinsäure (*N*-Glykolylneuraminsäure), die bei Schimpansen, Bonobos und den anderen Menschenaffen (abhängig von der Entwicklungsphase und gewebespezifisch) synthetisiert wird. Dieser Unterschied ist auf eine Deletion zurückzuführen, die zu einer Rasterverschiebung im CMP-*N*-Acetylneuraminsäure-Gen führte und in der menschlichen Linie vor etwa zwei Millionen Jahren auftrat, unmittelbar bevor eine schnelle Vergrößerung des Gehirns einsetzte (Chou et al. 2002).

Das *forkhead domain*-Gen *FOXP2* ist das erste bekannte Gen, das offensichtlich mit der menschlichen Fähigkeit zum Sprechen und zur Entwicklung von Sprache zusammenhängt. Es wurde während der Evolution stark konserviert und zeigt beim Vergleich zwischen Mensch und Maus nur drei Aminosäuresubstitutionen. Dabei kommen zwei der Substitutionen jedoch ausschließlich beim Menschen vor (bei den Menschenaffen liegen an diesen Stellen dieselben Aminosäuren vor wie bei der Maus). Das Gen unterliegt vermutlich einer positiven Selektion während der jüngeren Entwicklung des Menschen (Enard et al. 2002a). Möglicherweise beeinflusst das Gen die Fähigkeit eines Menschen, die Bewegungen von Mund und Gesicht zu kontrollieren, die für das Sprechen erforderlich sind.

Um die molekularen Grundlagen dieser einmaligen Fähigkeit zu bestimmen, kommen zwei *systematische* Ansätze in Frage (die vor kurzem veröffentlicht wurden): Beim ersten Ansatz vergleicht man die Genexpression beim Menschen und bei den Primaten für das gesamte Genom durch eine Mikroarray-RNA-Profilanalyse und die Erstellung eines Proteinprofils auf Grundlage einer zweidimensionalen Elektrophorese. Die ersten Ergebnisse zeigen, dass im Gehirn artspezifische Expressionsmuster besonders ausgeprägt sind (Enard et al. 2002b). Beim zweiten Ansatz durchsucht man die menschliche Genomsequenz nach bestimmten Regionen, die in der menschlichen Linie einem starken Selektionsdruck ausgesetzt waren. Die starke Selektion für ein vorteilhaftes neues Allel kann einen **Selektionsschub** auslösen (mit zunehmender Häufigkeit der neuen Mutante werden auch benachbarte chromosomale Regionen fixiert). So entstehen Bereiche mit sehr geringen Nucleotidunterschieden. In solchen Regionen hat man eine Reihe menschlicher Gene identifiziert, anhand derer man nun genetische Differenzen zwischen dem modernen Menschen und dem Schimpansen feststellen will (Diller et al. 2002).

12.5 Die Evolution der menschlichen Populationen

Die Fragestellung, wie sich menschliche Populationen entwickelt haben, weist über die einfache Neugier auf unsere Vergangenheit hinaus. Dadurch lassen sich auch Hinweise auf Anpassungsvorgänge auf molekularer Ebene entdecken sowie *Kopplungsungleichgewichte* interpretieren und vorhersagen, die wiederum Schlussfolgerungen für Untersuchungen an assoziierten Krankheiten zulassen.

Bevor DNA-Analysen diese Bedeutung erlangten, beruhte die Evolutionsforschung an menschlichen Populationen auf archaeologischen und paläontologischen Untersuchungen. Die ältesten aufgefundenen Fossilien von Hominiden in Afrika sind etwa 4 Millionen Jahre alt und dem frühen Pliozän zuzurechnen (der geologischen Epoche 5,3 bis 1,8 Millionen Jahre vor unserer Zeit). Die Fossilien stammen von der Gattung *Australopithecus* und wurden in Äthiopien und Tansania entdeckt. *Homo erectus* entwickelte sich vor über einer Million Jahre im Pleistozän (vor 1,8 bis 0,8 Millionen Jahren), und aus ihm ging schließlich unsere eigene Gattung hervor. Andere sind der Ansicht, dass von *Homo erectus* die andere Spezies *Homo heidelbergensis* ausging, aus der sich dann *Homo sapiens* und *Homo neanderthalensis* entwickelten (Stringer 2002). Vor 120 000 bis 100 000 Jahren traten schließlich anatomisch moderne Menschen (*Homo sapiens sapiens*) in Erscheinung, die mit den Neanderthalern in Coexistenz lebten, bis Letztere dann vor etwa 30 000 Jahren ausstarben.

Die DNA-Variabilität ermöglicht es, auf andere Weise an die Rekonstruktion der jüngeren Geschichte der menschlichen Populationen heranzugehen. Dafür verwendet man verschiedene DNA-Marker. Besonders beliebt sind die mitochondriale DNA und nichtrekombinierende Sequenzen des Y-Chromosoms, da sie im Gegensatz zu anderen Markern eben keiner Rekombination ausgesetzt sind und sich in den Abstammungslinien direkt in Form einer mütterlichen und einer väterlichen Linie (bei der mtDNA beziehungsweise beim Y-Chromosom) verfolgen lassen. Sie sind aber für das Genom zweifellos kaum repräsentativ, sodass man auch autosomale und X-gekoppelte Sequenzen zur Untersuchung heranzieht.

Zusätzlich zu den DNA-Proben, die man in den verschiedenen Populationen der heutigen Menschen sammelt, ist es auch möglich, aus Knochen und archäologischen Proben DNA zu gewinnen. Die isolierten DNA-Sequenzen sind zwar recht kurz, aber sie lassen sich mithilfe der PCR amplifizieren, und man kann sie durch Sequenzierung oder Genotypisierung analysieren. Der Abbauprozess setzt hier zeitliche Grenzen, aber mit großer Sorgfalt ist es möglich, **Vorfahren-DNA** aus Proben zu extrahieren, die etwa 50 000 Jahre oder sogar älter sind. Man hat so mtDNA aus einer 30 000 bis 100 000 Jahre alten Probe von einem Neanderthaler isoliert. Sie zeigte eindeutige Sequenzunterschiede zur mtDNA heutiger Menschen: etwa dreimal so viele, wie sich bei einem Vergleich zwischen einzelnen Menschen im Durchschnitt ergeben, und etwa halb so viele wie zwischen heutigen Menschen und Schimpansen (Krings et al. 1997). Obwohl die Daten zwangsläufig begrenzt sind, deuten sie doch darauf hin, dass der Neanderthaler ausstarb, ohne dass von ihm mtDNA auf den heutigen Menschen übertragen wurde, und dass sich die Linien des Neanderthalers und des heutigen Menschen vor etwa 500 000 Jahren trennten.

12.5.1 Genetische Befunde deuten darauf hin, dass der heutige Mensch in jüngerer Zeit aus afrikanischen Populationen hervorgegangen ist

Wenn man Untersuchungen zur DNA-Variabilität auf heutige Populationen anwendet, lassen sie eindeutig vermuten, dass der Ursprung des heutigen Menschen in afrikanischen Populationen zu suchen ist und noch nicht lange zurückliegt (Excoffier 2002, Templeton 2002). Dieser mutmaßliche Ursprung steht auch in Einklang mit der größeren genetischen Diversität in den afrikanischen Populationen (nächster Abschnitt). Eine früh geäußerte Vermutung, als **RAO-Modell** (*recent African origin*) oder auch **uniregionale Hypothese** bezeichnet, geht davon aus, dass unsere Spezies aus einer kleinen afrikanischen Population hervorging, die vor 100 000 bis 150 000 Jahren in der Folge die ganze Welt besiedelte und die früheren Hominiden verdrängte. Das war etwa die Zeit, als der anatomisch moderne Mensch zum ersten Mal auftrat (Abb. 12.30).

Das RAO-Modell beruhte ursprünglich auf Abschätzungen der Haplotypvariabilität der menschlichen mtDNA. Die maternale Übertragung der mtDNA und die fehlende Rekombination bedeuten, dass sich **Koaleszenzanalysen** (Exkurs 12.6) leicht

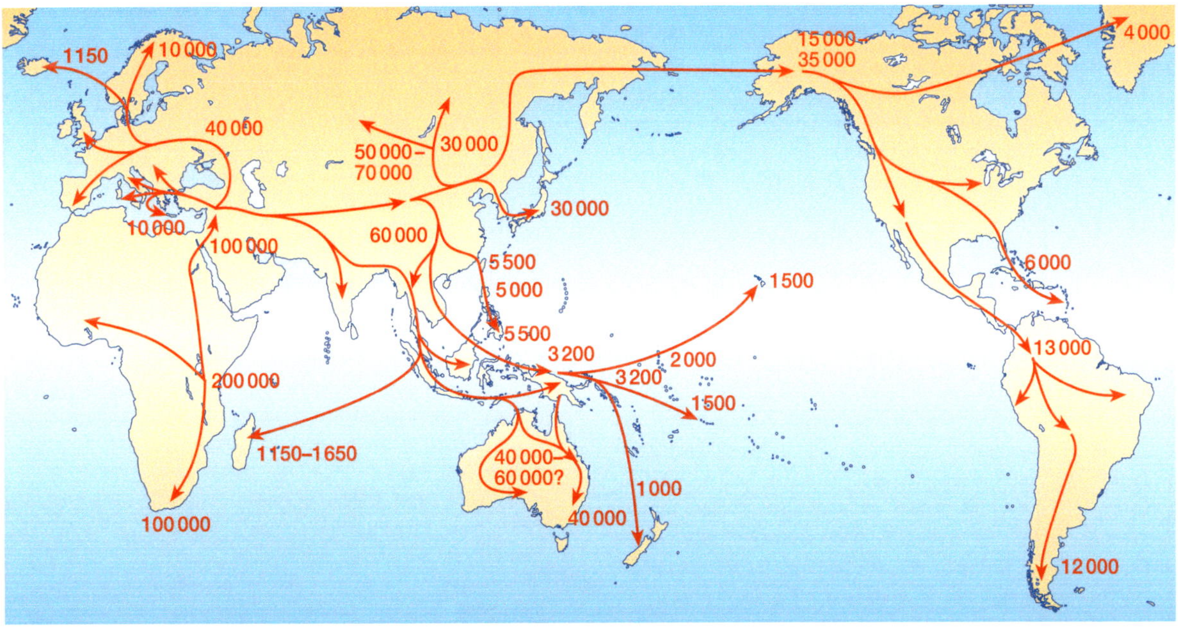

12.30 Die Ausbreitung des *Homo sapiens* aus Ostafrika, wie sie im RAO-Modell (*Recent African Origin*) postuliert wird (uniregionale Hypothese). Die Zahlen geben an, vor wie vielen Jahren der heutige Mensch in die jeweiligen Regionen gelangte (gestützt auf paläontologische und archäologische Daten). Die Zeiten für Wanderungsbewegungen aus Afrika, die aufgrund genetischer Untersuchungen postuliert wurden, unterstützen das RAO-Modell und variieren in einem Bereich zwischen 50 000 und 200 000 Jahren. Darstellung nach: Klein und Takahata (2002) *Where do we come from? The molecular evidence for human descent*, mit Genehmigung des Springer-Verlags.

Exkurs 12.6: Koaleszenzanalysen

In der Evolutionsgenetik ist die **Koaleszenz** das Gegenteil von Divergenz (Auseinanderentwicklung). Im Verlauf der Evolutionsrichtung von der Vergangenheit zur Gegenwart entwickeln sich Gene und DNA-Sequenzen auseinander, ausgehend von einer gemeinsamen Vorfahrensequenz. Das Prinzip der Koaleszenzanalyse besteht darin, mit einer gegenwärtig bestehenden Diversität an einem bestimmten Locus zu beginnen und dann zu versuchen, in der Evolution zurückzugehen. Es ist dafür zweifellos einfacher, wenn man nur der mütterlichen oder nur der väterlichen Linie folgt. Deshalb lassen sich Koaleszenzanalysen mit mtDNA (mütterliche Linie) und nichtrekombinierenden Sequenzen des Y-Chromosoms (väterliche Linie) direkt durchführen, da keine Rekombinationen auftreten, die verwirrende Ergebnisse liefern würden.

Nachdem man aus verschiedenen Populationen Proben gesammelt hat, lässt sich mithilfe der Koaleszenz-Analyse der Punkt bestimmen, an dem alle unterschiedlichen Varianten der heutigen Sequenz in einer einzigen Vorfahrensequenz zusammenlaufen (**Koaleszenz**). Diese bezeichnet man als den **jüngsten gemeinsamen Vorfahren** (*most recent common ancestor*, MRCA). Wichtiger Bestandteil des Prinzips der Koaleszenz ist die Ungleichheit der Nachfahren: Alle heutigen Menschen und ihre Gene stammen von individuellen Vorfahren ab, die die ursprünglichen Gene trugen, aber nicht alle Menschen in der Vergangenheit haben Nachfahren. Deshalb kann man unterschiedliche jüngste gemeinsame Vorfahren mit verschiedenen Abstammungslinien verbinden (Abbildung). Letztendlich kann die genetische Variabilität, die an einem Locus des heutigen Menschen besteht, bis zu einem einzigen Menschen zurückverfolgt werden, wie etwa der „mitochondrialen Eva" der mtDNA.

Dabei ist zu bedenken, dass verschiedene Loci bei einer Koaleszenzanalyse zu unterschiedlichen gemeinsamen Vorfahren führen. Die etwa drei Milliarden Y-Chromosomen, die heute auf der Erde vorhanden sind, lassen sich auf ein einziges Y-Chromosom eines einzelnen Menschen zurückführen, der in der Vergangenheit lebte (der „Adam des Y-Chromosoms"). Er muss nicht in derselben Zeit gelebt haben wie die „mitochondriale Eva", da *sich der Evolutionsweg des Y-Chromosoms von dem der mtDNA unterscheidet*. Rekombinationen führen zu Problemen bei einer Koaleszenzanalyse autosomaler Sequenzen, sofern man nicht bestimmte Loci betrachtet. Rekombinationen treten tendenziell jedoch nur in bestimmten Bereichen des Genoms auf und in anderen eher nicht. Unser autosomales Genom ist anscheinend ein Mosaik aus so genannten **Haplotypblöcken** (normalerweise Abschnitte von fünf bist 200 kb Länge, wobei drei bis sieben Varianten den größten Teil der genetischen Variabilität der heutigen Menschen ausmachen; Paabo 2003). Die Haplotypblöcke sind bei afrikanischen Populationen tendenziell kürzer, sodass der Durchschnittswert für die gesamte Spezies etwa bei 10 kb liegt. Jeder der autosomalen Haplotypblöcke hat seine eigene Evolutionsgeschichte. Deshalb haben, zusätzlich zur „mitochondrialen Eva" und zum „Adam des Y-Chromosoms", Tausende von anderen *jüngsten gemeinsamen Vorfahren* zur gesamten DNA der heutigen Menschen beigetragen.

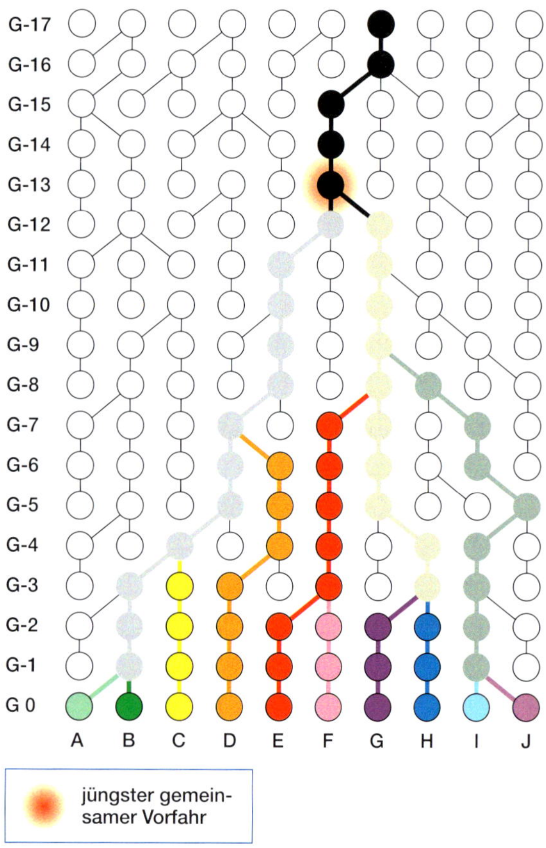

Mit Koaleszenzanalysen versucht man, ein Gen oder Evolutionslinien von DNA-Sequenzen zurückzuverfolgen, bis man zu einem einzigen Individuum gelangt. Verschiedene Evolutionslinien spezifischer Gene oder DNA-Sequenzen in heutigen Populationen (Generation G0) können unmittelbar zu verschiedenen jüngsten gemeinsamen Vorfahren in verschiedenen Generationen (G-1 bis G-17) zurückverfolgt werden. Die am frühesten abzweigende Linie ist E, die sich vor acht Generationen (G-8) von den Linien G und H abtrennte. Alle Linien laufen bei einem jüngsten gemeinsamen Vorfahren zusammen, der 13 Generationen (G-13) zurückliegt. Alle leeren Kreise stehen für Fälle, bei denen die untersuchte Gen/DNA-Sequenz nicht auf die heutige Generation übertragen wurde.

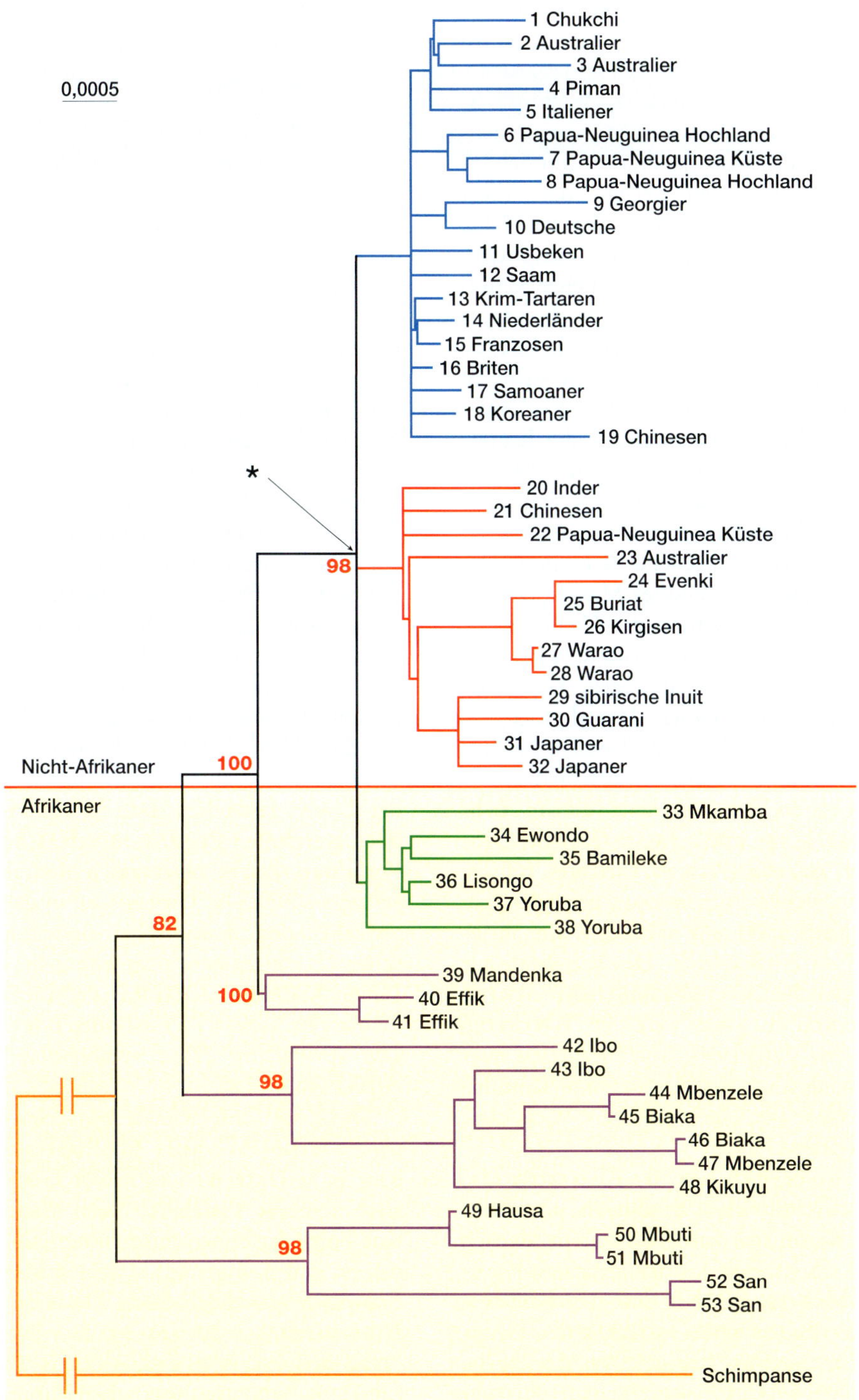

12.31 Phylogenetische mtDNA-Stammbäume deuten auf einen afrikanischen Ursprung des heutigen Menschen hin, der erst kurze Zeit zurückliegt. Der Stammbaum wurde mithilfe der Nachbarverknüpfungsmethode erstellt und basiert auf im Prinzip vollständigen mtDNA-Sequenzen (ohne den D-Loop) von 53 Einzelpersonen (die zugehörigen Populationen sind rechts aufgeführt), wobei der Schimpanse als Fremdgruppe hinzugezogen wurde. Die Daten wurden einer Bootstrap-Analyse mit 1000 Wiederholungen unterzogen (die roten Zahlen an den Knoten geben die Bootstrap-Werte an). Die Versuchspersonen mit afrikanischer Herkunft liegen unterhalb der mittleren Trennungslinie, die Nichtafrikaner darüber. Der mit einem Stern markierte Knoten steht für den jüngsten gemeinsamen Vorfahren des jüngsten Astes, der sowohl die afrikanischen als auch die nichtafrikanischen Versuchspersonen umfasst. Die Analyse deutet darauf hin, dass der moderne Mensch möglicherweise vor etwa 50 000 Jahren aus einer afrikanischen Population hervorging, etwas später, als zahlreiche ähnliche Analysen vermuten ließen. Abbildung aus: Ingman et al. (2000) *Nature* 408: 708–713, mit Genehmigung der Nature Publishing Group.

Holder M, Lewis PO (2003) Phylogeny estimation: traditional and Bayesian approaches. *Nature Rev Genet* 4: 275–284.

Klein J, Takahata N (2002) *Where do we Come From? The* molecular *evidence for human descent*. Springer-Verlag, Berlin/Heidelberg.

Graur D, Li WH (2000) *Fundamentals of* Molecular *Evolution*. 2. Auflage. Sinauer, Sunderland, Massachusetts.

Meyer A, Van de Peer Y (2003) Genome *Evolution: gene and genome duplications and the origin of novel gene functions*. Kluwer, Dordrecht.

Nei M, Kumar S (2000) Molecular *Evolution and Phylogenetics*. Oxford University Press, Oxford.

Olson S (2002) *Mapping Human History: discovering the past through our genes*. Houghton Mifflin Co., Boston.

Relethford JH (2001) *Genetics and the Search for Modern Human Origins*. Wiley, NewYork.

Smith JM (1999) *Evolutionary Genetics*. 2. Auflage. Oxford University Press, Oxford.

Literaturinformationen im Internet

Cluster von orthologen Gruppen (phylogenetische Systematisierung von codierten Proteinen innerhalb ganzer Genome) unter http://www.ncbi.nlm.nih.gov/COG

Konservierung der Syntänie bei Mensch und Maus unter http://www.ensembl.org/Homo sapiens/syntenyview und http://www.ensembl.org/Mus musculus/syntenyview

Zentralcomputer für Proteomanalysen, European Bioinformatic Institute unter http://www.ebi. ac.uk/proteome

Tree of Life Web Project unter http://tolweb.org/tree/phylogeny.html

Zitierte Literatur

Abi-Rached L, Gilles A, Shiina T, Pontarotti, P Inoko H (2002) Evidence of en bloc duplication in vertebrate genomes. *Nature Genet* 31: 100–105.

Bailey JA, Gu Z, Clark RA et al (2002) Recent segmental duplications in the human genome. *Science* 297: 1003–1007.

Baxendale S, Abdulla S, Elgar G et al (1995) Comparative sequence analysis of the human and pufferfish Huntingtons disease genes. *Nature Genet* 10: 67–75.

Bonen L, Vogel J (2001) The ins and outs of group 11 introns. *Trends Genet*. 17: 322–331.

Brown JR (2003) Ancient horizontal gene transfer. *Nature Rev Genet* 4: 121–132.

Burmester T, Welch B, Reinhardt S, Hankeln T (2000) A vertebrate globin expressed in the brain. *Nature* 407: 520–523.

Carrel L, Cottle AA, Goglin KC, Willard HF (1999) A first-generation X-inactivation profile of the human X chromosome. *Proc Natl Acad Sci USA* 96: 14440–14444.

Charchar FJ, Svartman M, El-Mogharbel N (2003) Complex events in the evolution of the human pseudoautosomal region 2 (PAR2). *Genome Res* 13: 281–286.

Chou H-H, Hayakawa T, Diaz S et al (2002) Inactivation of CMP-N-acetylneuraminic acid hydroxylase occurred prior to brain expansion during human evolution, *Proc Natl Acad Sci USA* 99: 11736–11741.

Ciccodicola A, D'Esposito M, Esposito T (2000) Differentially regulated and evolved genes in the fully sequenced Xq/Yq pseudoautosomal region. *Hum Mol Genet* 9: 395–401.

Courseaux A, Nahon J-L (2001) Birth of two chimeric genes in the *Hominidae* lineage. *Science* 291: 1293–1297

Diller KC, Gilbert WA, Kocher TD (2002) Selective sweeps in the human genome: a starting point for identifying genetic differences between modern humans and chimpanzees. *Mol Biol Evol* 19: 2342–2345.

Doolittle WF (1998) You are what you eat: a gene transfer rachet could account for bacterial genes in eukaryotic nuclear genomes. *Trends Genet* 14: 307–311.

Dubchak I, Brudno M, Loots GG et al (2000) Active conservation of noncoding sequences revealed by 3-way species comparisons. *Genome Res* 10: 1304–1306.

Ellis N. (1998) The war of the sex chromosomes. *Nature Genet* 20: 9–10.

Enard W, Przeworski M, Fisher SE et al (2002a) Molecular evolution of FOXP2, a gene involved in speech and language. *Nature* 418: 869–872.

Enard W, Khaitovich P, Klose J et al (2002b) Intra- and interspecific variation in primate gene expression patterns. *Science* 296: 340–343.

Excoffier L (2002) Human demographic history: refining the African model. *Curr Opin Genet Dev* 12: 675–682.

Fougerousse F, Bullen P, Herasse M et al (2000) Human-mouse differences in the embryonic expression patterns of developmental control genes and disease genes. *Hum Mol Genet* 9: 165–173.

Gagneux P, Varki A (2001) Genetic differences between human and great apes. *Mol Phylogenet Evol* 18: 2–13.

Gianfrancesco F, Sanges R, Esposito T (2001) Differential divergence of three human pseudoautosomal genes and their mouse homologs: implications for sex chromosome evolution. *Genome Res* 11: 2095–2100.

Graves JA, Wakefield MJ, Toder R (1998) The origin and evolution of the pseudoautosomal regions of human sex chromosomes. *Hum Mol Genet* 7: 1991–1996.

Ingman M, Kaessmann H, Paabo S, Gyllensten U. (2000) Mitochondrial genome variation and the origin of modern humans. *Nature* 408: 708–713.

International Human Genome Sequencing Consortium (2001) Initial sequencing and analysis of the human genome. *Nature* 409: 860–921.

Jeanmougin F, Thompson JD, Gouy M, Higgins DG, Gibson TJ (1998) Multiple sequence alignment with Clustal X. Trends *Biochem Sci* 23: 403–405.

Jegalian K, Page DC (1998) A proposed pathway by which genes common to mammalian X and Y chromosomes evolve to become X inactivated. *Nature* 394: 776–780.

Johnson ME, Viggiano L, Bailey JA et al (2001) Positive selection of a gene family during the emergence of humans and African apes. *Nature* 413: 514–519.

Joyce GF (2002) The antiquity of RNA-based evolution. *Nature* 418: 214–221.

Kaessmann H, Zollner S, Nekrutenko A, Li W-H (2002) Signatures of domain shuffling in the human genome. *Genome Res* 12: 1642–1650.
Knight RD, Landweber LF (2000) The early evolution of the genetic code. *Cell* 101: 569–572.
Koop BF, Hood L (1994) Striking sequence similarity over almost 100 kilobases of human and mouse T cell receptor DNA. *Nature Genet* 7: 48–53.
Krings M, Stone A, Schmitz W, Krainitzki H, Stoneking M, Paabo S (1997) Neanderthal DNA sequences and the origins of modern humans. *Cell* 90: 19–30.
Lahn BT, Page DC (1999) Four evolutionary strata on the human X-chromosome. *Science* 286: 964–967.
Lahn BT, Pearson NM, Jegalian K (2001) The human Y chromosome in the light of evolution. *Nature Rev Genet* 2: 207–216.
Letunic I, Copley RR, Bork P (2002) Common exon duplication in animals and its role in alternative splicing. *Hum Mol Genet*. 11: 1561–1567.
Li W-H, Gu Z, Wang H, Nekrutenko A (2001) Evolutionary analyses of the human genome. *Nature* 409: 847–849.
Logsdon Jr JM (1998) The recent origins of spliceosomal introns revisited. *Curr Opin Genet Dev* 8: 637–648.
Long M (2001) Evolution of novel genes. *Curr Opin Genet Dev* 11: 673–680.
Lynch M, Conery JS (2000) The evolutionary fate and consequences of duplicate genes. *Science* 290: 1151–1155.
Lynch M, Richardson AO (2002) The evolution 9f spliceosomal introns. *Curr Opin Genet Dev* 12: 701–710.
Makalowski W, Boguski MS (11998) Evolutionary parameters of the transcribed mammalian genome: an analysis of 2,820 orthologous rodent and human sequences. *Proc Natl Acad Sci USA* 95: 9407–9412.
McLysaght A, Hokamp K, Wolfe KH (2002) Extensive genome duplication during early chordate evolution. *Nature Genet* 31: 200–204.
Moran JV, DeBerardinis RJ, Kazazian HH Jr (1999) Exon shuffling by L1 retrotransposition. *Science* 283: 1530–1504.
Mouse Genome Sequencing Consortium (2002) Initial sequencing and comparative analysis of the mouse genome. *Nature* 420: 520–562.
Muller S, Wienberg J (2001) Bar-coding primate chromosomes: molecular cytogenetic screening for the ancestral hominoid karyotype. *Hum Genet* 109: 85–94.
Needleman SB, Wunsch CD (1970) A general method applicable to the search of similarities in the amino acid sequences of two proteins. *J Mol Biol* 48: 443–453.
O'Brien SJ, Menotti-Raymond M, Murphy WJ et al. (1999) The promise of comparative genomics in mammals. *Science* 286: 479–481.
Olson MV, Varki A (2003) Sequencing the chimpanzee genome: insights into human evolution and disease. *Nature Rev Genet* 4: 20–28.
Otto SP, Whitton J (2000) Polyploid incidence and evolution. *Annu Rev Genet* 34: 401–437.
Paabo S (2003) The mosaic that is our genome. *Nature* 421: 409–412.
Patthy L (1999) Genome evolution and the evolution of exon-shuffling – a review. *Gene* 8: 103–114.
Perry J, Palmer S, Gabriel A, Ashworth A (2001) A short pseudoautosomal region in laboratory mice. *Genome Res* 11: 1826–1832.
Pesce A, Bolognesi M, Bocedi A (2002) Neuroglobin and cytoglobin. *EMBO Reports* 3: 1146–1151.
Ried K, Rao E, Schiebel K, Rappold GA (1998) Gene duplications as a recurrent theme in the evolution of the human pseudoautosomal region 1: isolation of the gene *ASMTL*. *Hum Mol Genet* 7: 1771–1778.
Rosenberg NA, Pritchard JK, Weber JL (2002) Genetic structure of human populations. *Science* 298: 2381–2385.
Samonte RV, Eichler E (2001) Segmental duplications and the evolution of the primate genome. *Nature Rev Genet* 3: 65–72.
Satta Y, Klein J, Takahata N (2000) DNA archives and our nearest relative: the trichotomy problem revisited. *Mol Phylogen Evol* 14: 259–275.
Schwartz S, Kent WJ, Smit A (2003) Human-mouse alignments with BLASTZ. *Genome Res* 13: 103–107
Stead JDH, Jeffreys AJ (2002) Structural analysis of insulin minisatellite alleles reveals unusually large differences in diversity between Africans and non-Africans. *Am J Hum Genet* 71: 1273–1284.
Stringer C (2002) Modern human origins: progress and prospects. *Proc Royal Soc Lond B* 357: 563–579.
Swanson WJ, Yang Z, Wolfner MF, Aquadro CF (2001) Positive Darwinian selection drives the evolution of several female reproductive proteins in mammals. *Proc Natl Acad Sci USA* 98: 2509–2514.
Tagle DA, Stanhope MJ, Siemieniak DR, Benson P Goodman M, Slightom JL (1992) The P globin gene cluster of the prosimian primate *Galago crassicaudatus*: nucleoticle sequence determination of the 41 kb cluster and comparative sequence analyses. *Genomics* 13: 741–760.
Templeton AR (2002) Out of Africa again and again. *Nature* 416: 45–51.
Thomas JW, Schueler MG, Summers TJ et al (2003) Pericentromeric duplications in the laboratory mouse. *Genome Res* 13: 55–63.
Ureta-Vidal A, Ettwiller L, Birney E. (2003) Comparative genomics: genome-wide analysis in metazoan eukaryotes. *Nature Rev Genet* 4: 251–262.
Venter JC, Adams MD, Myers EW et al (2001) The sequence of the human genome. *Science* 291: 1304–1351.
Wang PJ, McCarrey JR, Yang F, Page DC (2001) An abundance of X-linked genes expressed in spermatogonia. *Nature Genet* 27: 422–426.
Waterman MS, Smith TF, Beyer WA (1976) Some biological sequence metrics. *Adv Math* 20: 367–387.
Wolfe KH (2001) Yesterday's. polyploids and the mystery of diploidization. *Nature Rev Genet* 2: 333–341.
Young JM, Friedman C, Williams EM, Ross JA, Tonnes-Priddy L, Trask BJ (2002) Different evolutionary processes shaped the mouse and human olfactory receptor gene families. *Hum Mol Genet* 11: 535–546.
Yunis JJ, Prakash O (1982) The origin of man: a chromosomal pictorial legacy. *Science* 215: 1525–1530.

Teil III

Kartierung und Identifizierung von Krankheitsgenen

13.1 Rekombinanten und Nichtrekombinanten

Im Prinzip ist die genetische Kartierung des Menschen genau dasselbe wie die genetische Kartierung eines jeden anderen diploiden Lebewesens, das sich sexuell fortpflanzt. Das Ziel besteht darin herauszufinden, wie oft zwei Loci durch die meiotische Rekombination getrennt werden. Stellen wir uns einen Menschen vor, der an zwei Loci heterozygot ist (Genotyp $A_1A_2B_1B_2$), wobei die Allele A_1 und B_1 von dem einen Elternteil, die Allele A_2 und B_2 von dem anderen Elternteil stammen. Jede Keimzelle dieses Menschen mit einer elterlichen Kombination (A_1B_1 oder A_2B_2) ist nichtrekombinant für beide Loci, während Keimzellen mit A_1B_2 oder A_2B_1 als rekombinant bezeichnet werden (Abb. 13.1). Der Anteil der rekombinanten Gameten ist gleich der Rekombinationshäufigkeit zwischen den beiden Loci A und B.

13.1.1 Die Rekombinationshäufigkeit ist ein Maß für den genetischen Abstand

Wenn zwei Loci auf verschiedenen Chromosomen liegen, segregieren sie unabhängig voneinander. Bei der Spermatogenese von Person II_1 in Abbildung 13.1 besteht für jede Spermienzelle eine Wahrscheinlichkeit von 50%, dass sie das Allel B_1 erhält, genauso wie für das Allel B_2. Demnach sind durchschnittlich 50% der Gameten rekombinant und 50% nichtrekombinant. Die Rekombinationshäufigkeit beträgt 0,5. Wenn die Loci **syntänisch** sind, das heißt, auf demselben Chromosom liegen, könnte man erwarten, dass sie immer zusammen segregieren, sodass es keine Rekombinanten gibt. Diese zu einfache Vorstellung lässt jedoch das meiotische Crossing-over außer Acht. Während der Prophase von Meiose I lagern sich die Paare von homologen Chromosomen zusammen (Synapsis) und tauschen DNA-Abschnitte aus (Abb. 2.11). An einem einzigen Crossing-over sind nur zwei der vier Chromatiden beteiligt. Ein Crossing-over, das zwischen den Positionen der beiden Loci erfolgt, bringt zwei rekombinante Chromatiden mit A_1B_2 beziehungsweise A_2B_1 hervor; die beiden unbeteiligten Chromatiden bleiben nichtrekombinant. Ein Crossing-over erzeugt also zwischen den beiden flankierenden Loci 50% Rekombinanten.

Eine Rekombination wird nur selten zwei Loci trennen, die auf einem Chromosom sehr dicht nebeneinander liegen, da nur ein Crossing-over Rekombinanten erzeugt, das genau in dem kurzen Bereich zwischen den beiden Loci liegt. Deshalb werden Gruppen von Allelen, die auf demselben kurzen Chromosomenabschnitt liegen, in einem Stammbaum eher zusammen als Block übertragen. Einen solchen Block von Allelen bezeichnet man als **Haplotyp**. Haplotypen markieren erkennbare chromosomale Abschnitte, die man in Stammbäumen und Populationen verfolgen kann, sofern sie nicht durch Rekombinationen getrennt werden. In Abbildung 13.9 finden sich einige Beispiele.

Je weiter die beiden Loci auf einem Chromosom voneinander entfernt sind, umso größer ist die Wahrscheinlichkeit, dass sie durch ein Crossing-over getrennt werden. Die Rekombinationshäufigkeit ist also ein Maß für die Entfernung zwischen zwei Loci. Durch Rekombinationshäufigkeiten lassen sich **gene-**

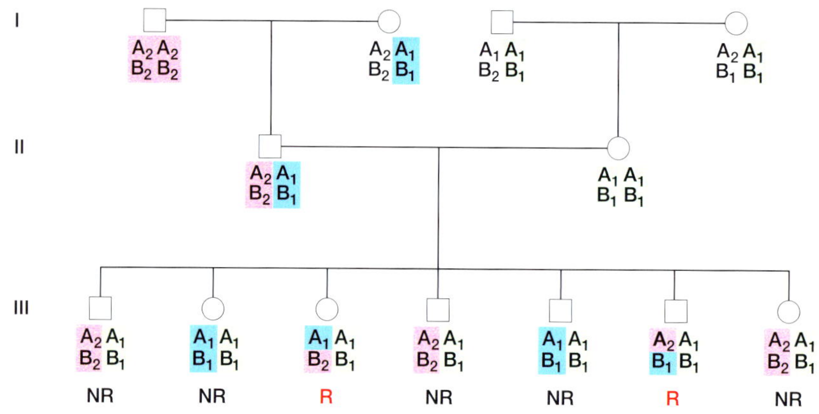

13.1 Rekombinanten und Nichtrekombinanten. In der dargestellten Familie segregieren verschiedene Allele an zwei Loci (Locus A, Allele A_1 und A_2; Locus B, Allele B_1 und B_2). Die Allelkombinationen, die sich im Stammbaum verfolgen lassen, sind farbig unterlegt. In Generation III kann man zwischen den Nachkommen unterscheiden, bei denen das Spermium des Vaters entweder nichtrekombinant (A_1B_1 oder A_2B_2) oder rekombinant (A_1B_2 oder A_2B_1) war. Da II_2 an diesen beiden Loci homozygot ist, lässt sich nicht feststellen, welche Angehörigen der Generation III aus nichtrekombinanten oder rekombinanten Oocyten hervorgegangen sind.

tische Abstände definieren, die aber nicht dasselbe sind wie **physikalische Abstände**. Zwei Loci, die ein Prozent Rekombination zeigen, sind nach der Definition auf einer genetischen Karte ein **Centimorgan** (**cM**) voneinander entfernt.

13.1.2 Die Rekombinationshäufigkeit ist nie größer als 50%, unabhängig von der Länge des physikalischen Abstands

Bei einem einzigen Rekombinationsereignis entstehen zwei rekombinante und zwei nichtrekombinante Chromatiden. Wenn die Entfernung zwischen den Loci groß genug ist, kann es zwischen ihnen zu mehr als einem Crossing-over kommen. An einem doppelten Crossing-over können zwei, drei oder vier Chromatiden beteiligt sein. Abbildung 13.2 zeigt, dass im Endeffekt, wenn man über alle doppelten Crossing-over mittelt, 50% Rekombinanten entstehen. Zwischen zwei Loci, die auf demselben Chromosom liegen und sehr weit voneinander entfernt sind, können sich sogar drei oder noch mehr Crossing-over ausbilden. Auch dadurch entstehen letztendlich maximal 50% Rekombinanten.

13.1.3 Kartierungsfunktionen definieren die Beziehung zwischen der Rekombinationshäufigkeit und dem genetischen Abstand

Da die Rekombinationshäufigkeiten niemals den Wert 0,5 übersteigen, kann man sie entlang einer genetischen Karte nicht einfach addieren. Wenn auf einer Karte eine Folge von Loci A, B, C, … in Abständen von 5 cM liegt, dann ist zwar Locus A 60 cM von Locus M entfernt, aber die Rekombinationshäufigkeit zwischen A und M beträgt nicht 60%. Die mathematische Beziehung zwischen Rekombinationsanteil und Abstand auf der genetischen Karte wird durch eine **Kartierungsfunktion** beschrieben. Wenn es entlang von gepaarten Chromosomen zu zufälligen Crossing-over kommt, die sich gegenseitig nicht beeinflussen, kann man die *Haldane-Funktion* anwenden:

$$w = -\tfrac{1}{2} \ln(1 - 2\theta)$$

oder

$$\theta = \tfrac{1}{2} [1 - e^{-2w}]$$

w bezeichnet den Abstand auf der Genkarte und θ die Rekombinationshäufigkeit.

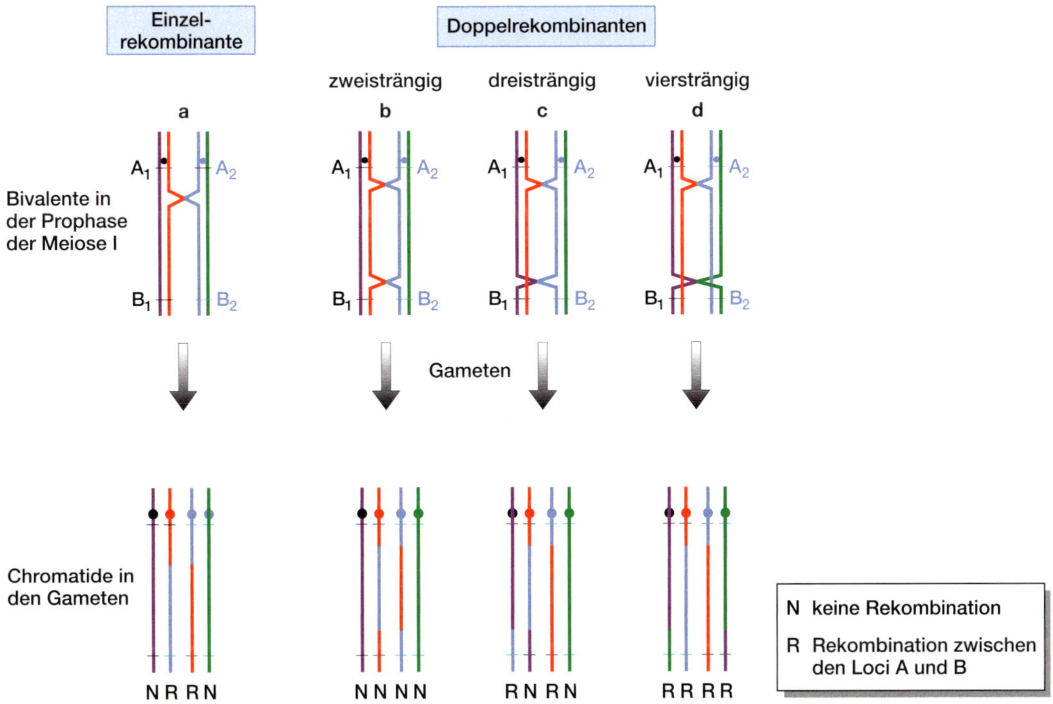

13.2 Einzel und Doppelrekombinanten. Jedes Crossing-over betrifft zwei oder vier Chromatiden der beiden gepaarten homologen Chromosomen. Ein Chromosom trägt die Allele A_1 und B_1 an zwei verschiedenen Loci, ein anderes die Allele A_2 und B_2. a) Ein einzelnes Crossing-over führt zu zwei rekombinanten und zwei nichtrekombinanten Chromatiden (50% Rekombinanten). B) Die drei Arten eines doppelten Crossing-over treten in einer zufälligen Verteilung auf, sodass doppelte Crossing-over durchschnittlich 50% Rekombinanten verursachen.

Wir wissen jedoch, dass die Bildung eines Chiasmas die Bildung eines zweiten in der Nähe hemmt. Dieses Phänomen bezeichnet man als **Interferenz**. Für eine Kartierung stehen mehrere verschiedene Funktionen zur Verfügung, die die Interferenz in unterschiedlichem Ausmaß berücksichtigen. Häufig verwendet man auch die Kartierungsfunktion von Kosambi:

$$w = \tfrac{1}{4} \ln[(1 + 2\theta) / (1 - 2\theta)]$$
oder
$$\theta = \tfrac{1}{2} (e^{4w} - 1) / (e^{4w} + 1).$$

Für die Multimarkerkartierung (Abschnitt 13.4) ist eine Kartierungsfunktion erforderlich, um die Rohdaten der Rekombinationshäufigkeiten in eine genetische Karte zu übertragen. In der Publikation von Broman und Weber (2000) wurde eine sehr große Menge von Kopplungsdaten verwendet, um die beste Kartierungsfunktion für den Menschen zu ermitteln. Sie geben die Wahrscheinlichkeit für ein echtes doppeltes Crossing-over zwischen zwei Markern mit einem Abstand von d cM mit etwa $(0{,}0114d - 0{,}0154)^4$ an. Für $d = 10$ cM beträgt diese nur 0,01 %. Dem interessierten Leser sei das Buch von Ott (1999) empfohlen (Weiterführende Literatur), das die Kartierungsfunktionen ausführlicher behandelt.

13.1.4 Die Anzahl der Chiasmata und die Gesamtlänge einer Karte

Jedes Crossing-over während der Meiose erzeugt zwei rekombinante und zwei nichtrekombinante Chromatiden, sodass flankierende Marker mit einer Häufigkeit von 50 % rekombinieren. Deshalb trägt ein Crossing-over insgesamt 50 cM zu einer genetischen Karte bei. Wenn man die **Chiasmata** unter dem Mikroskop zählt und diese Zahl pro Zelle mit 50 multipliziert, lässt sich die Gesamtlänge der Karte in cM bestimmen. Die männliche Meiose kann man in Proben von Hodengewebe untersuchen; durchschnittlich treten hier 50,6 Chiasmata pro Zelle auf (Hultén und Lindsten 1973; Abb. 13.3a), was einer Kartenlänge von 2 350 cM entspricht. Beim Menschen findet die weibliche Meiose I im Fetus während der 16. bis 24. Schwangerschaftswoche statt. Sie ist schwer zu beobachten, jedoch ist es mithilfe eines neuen Verfahrens nun möglich, die Anzahl der Chiasmata zu bestimmen (Tease et al. 2002). Man stellt fluoreszierende Antikörper her, mit denen sich die Lokalisierung des Proteins MLH1 sichtbar machen lässt, das eine Komponente des Rekombinationssystem ist (Abb. 13.3b). Bei der weiblichen Meiose treten Chiasmata häufiger auf (das bestätigt die Regel von Haldane, die besagt, dass beim heterogametischen Geschlecht weniger Chiasmata vorkommen). Bei der Fehlgeburt eines

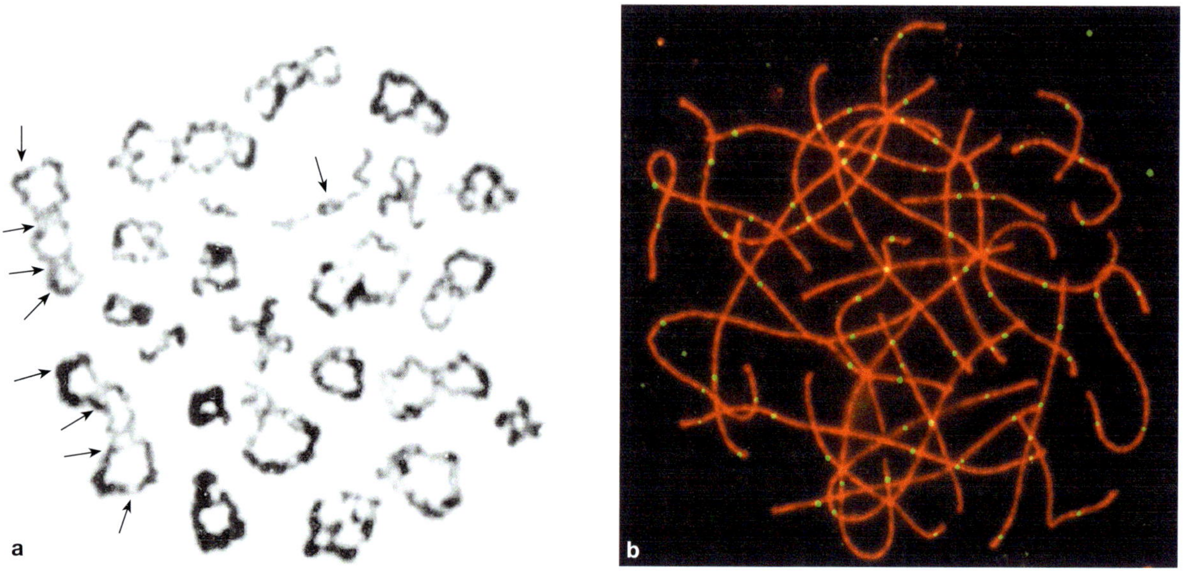

13.3 Crossing-over in der männlichen und in der weiblichen Meiose. a) Männliche Meiose: Ein Spermatocyt in der Metaphase I. Zu beachten ist hier die Zusammenlagerung des X- und des Y-Chromosoms an den jeweiligen Enden. Die Positionen der Crossing-over sind durch die Chiasmata in jedem Bivalent gekennzeichnet (Pfeile). b) Die weibliche Meiose im Pachytän. Die hellen Punkte, die durch den fluoreszierenden MLH1-Antikörper verursacht werden, markieren die Positionen der Crossing-over. Die Fotos wurden freundlicherweise zur Verfügung gestellt von Professor Maj Hultén, Birmingham. Aus: Hultén und Tease (2003) mit Genehmigung der Nature Publishing Group.

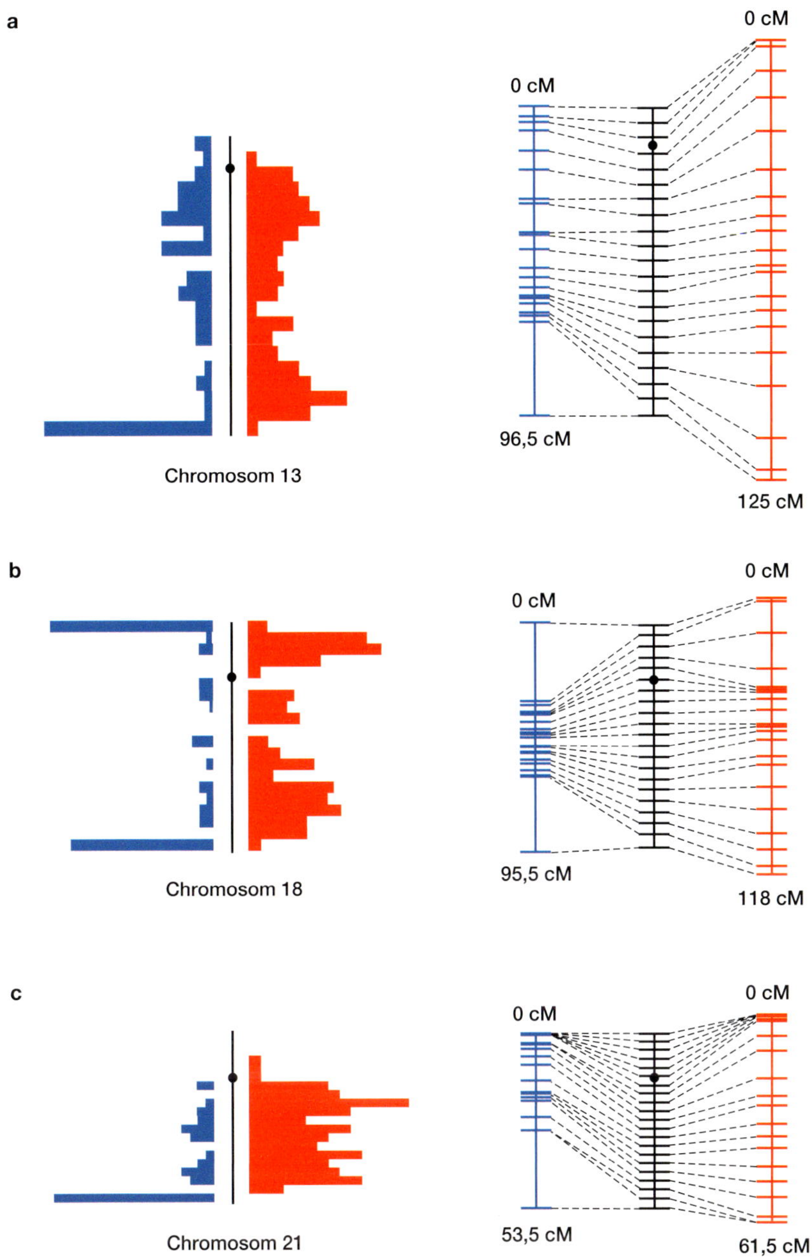

13.4 Die Verteilung von Rekombinanten ist geschlechtsspezifisch und nicht zufällig. Die Histogramme veranschaulichen die Verteilung der Chiasmata in Spermatocyten (blau) und MLH1-Zentren in Oocyten (rot) für die Chromosomen 13, 18 und 21. Jedes Chromosomenpaar ist in Längenintervalle von fünf Prozent unterteilt. Diese Verteilungsmuster der Crossing-over sind für jedes Chromosom auch in Form einer Rekombinationskarte dargestellt. Die Karten verdeutlichen die unterschiedlichen Muster der Anzahl und Verteilung der Crossing-over in männlichen und weiblichen Keimzellen und deren Auswirkung auf die Rekombinationskarte. Aus: Hultén und Tease (2003) mit Genehmigung der Nature Publishing Group.

weiblichen Fetus zählte man pro Zelle durchschnittlich 70,3 Chiasmata, was einer Kartenlänge von 3515 cM entspricht. Diese cytologisch bestimmten Kartenlängen sind vergleichbar mit den besten Schätzwerten aus genetischen Kartierungen (männlich 2590, weiblich 4281) (Kong et al. 2002). Nur für Bereiche des Y-Chromosoms, die außerhalb der pseudoautosomalen Region liegen (Abschnitt 2.3.3), gibt es keine genetische Karte, da es hier bei der normalen Meiosis zu keiner Synapsis und zu keinem Crossing-over kommt.

13.1.5 Physikalische und genetische Karten: die Verteilung der Rekombinanten

Physikalische Karten zeigen die Reihenfolge der einzelnen Merkmale und ihre Abstände in Kilobasen entlang eines Chromosoms. Genetische Karten geben die Reihenfolge und die Wahrscheinlichkeit an, mit der die Marker durch eine Rekombination getrennt werden. Die Reihenfolge der Marker sollte auf beiden Karten übereinstimmen, während aber die Abstände einander nur dann entsprechen, wenn die Wahrscheinlichkeit von Rekombinationen pro Megabase DNA für alle Stellen auf dem Chromosom gleich ist. Tatsächlich unterscheiden sich jedoch die Rekombinationswahrscheinlichkeiten in Abhängigkeit vom Geschlecht und vom chromosomalen Locus. Auch bei den einzelnen Menschen kann die durchschnittliche Anzahl von Crossing-over pro Meiose variieren, sodass ihre genetischen Karten unterschiedlich lang sind.

Da uns jetzt die Sequenz des menschlichen Genoms bekannt ist, lassen sich Mikrosatelliten- oder SNP-Marker physikalisch in den gespeicherten Sequenzen lokalisieren, indem man in der Datenbank nach den Primersequenzen sucht, die für die PCR verwendet wurden. So kann man die Verteilung der Rekombinationen entlang eines Chromosoms entweder direkt unter dem Mikroskop ermitteln (Abb. 13.3) oder indem man die Abstände der genetischen Karte zu den physikalischen Abständen zwischen den Markern in Beziehung setzt. Beide Verfahren zeigen, dass die *Rekombinationen nicht zufällig erfolgen*. Bei männlichen Zellen nehmen die Rekombinationen entlang der Chromosomen in Richtung auf die Telomere zu, während sie in weiblichen Zellen auch in den Bereichen der Centromere auftreten, was bei den männlichen Zellen nicht der Fall ist (Abb. 13.4; Kong et al. 2002). Wie bereits erwähnt, beeinflusst die Interferenz die Abstände zwischen doppelten Rekombinationen. Nach einer Faustregel gilt ungefähr 1 cM = 1 Mb, aber es gibt „Wüsten“ mit einer Ausdehnung von bis zu 5 Mb, in denen Rekombinationen mit einer Rate von unter 0,3 cM pro Mb stattfinden, und so genannte „Dschungel“ mit über 3 cM pro Mb. Die extremste Abweichung gibt es in der pseudoautosomalen Region am Ende der kurzen Arme des X- und des Y-Chromosoms (Abschnitt 12.2.7). Bei der männlichen Meiose kommt es innerhalb dieser 2,6 Mb zu einem obligaten Crossing-over. Das entspricht 50 cM oder umgerechnet 1 Mb = 19 cM, während für die weibliche Meiose 1 Mb = 2,7 cM gilt.

Neuere Arbeiten deuten auch darauf hin, dass die *Rekombination in Bezug auf die DNA-Sequenz nicht zufällig erfolgt*. Wie in Abschnitt 15.4.3 beschrieben wird, bestehen die menschlichen Chromosomen aus konservierten Blöcken mit einer Länge von normalerweise 20–50 kb, die durch rekombinatorische „Hot-Spots“ getrennt sind. Etwa 95 % aller Rekombinationen finden an diesen Stellen statt, die 1–2 kb umfassen (Abb. 13.5; Jeffreys et al. 2001). Darüber hinaus lässt eine genaue Untersuchungen von wenigen Hot-Spots durch A. J. Jeffreys vermuten, dass die Rekombination an solch einer Stelle immer innerhalb derselben 10 bp erfolgt. Das Problem besteht nur darin, dass diese Stellen keine offensichtlichen besonderen Eigenschaften besitzen, die diesen Effekt erklären könnten.

13.2 Genetische Marker

13.2.1 Die Kartierung von menschlichen Krankheitsgenen erfordert die Verwendung genetischer Marker

Da die meisten Humangenetiker an Krankheiten interessiert sind, müsste es eine Karte geben, die alle Krankheitsgene enthält und deren Reihenfolge und Abstände wiedergibt. Wenn man die Rekombinationshäufigkeiten zwischen Paaren von Krankheitsgenen ermittelt, sollte man eine solche Karte erstellen können. Die Konstruktion einer *Karte von Krankheitsgenen* ist jedoch für den Menschen nicht möglich. Wie wir bereits festgestellt haben, erfordert eine genetische Kartierung die Untersuchung von doppelten Heterozygoten (Abb. 13.1). Menschen, die für zwei verschiedene genetische Krankheiten heterozygot sind, kommen äußerst selten vor. Und selbst wenn man welche findet, haben sie wahrscheinlich keine Kinder oder sind auf andere Weise für eine genetische Analyse nicht geeignet. Darum basiert eine moderne genetische Karte auf **Markern**. *Ein Marker ist ein beliebiges mendelndes Merkmal, mit dessen Hilfe man einen Chromosomenabschnitt in einem Stammbaum verfolgen kann.* Hilfreich ist dabei, wenn sich der Marker leicht und mit geringen Kosten in einfach ver-

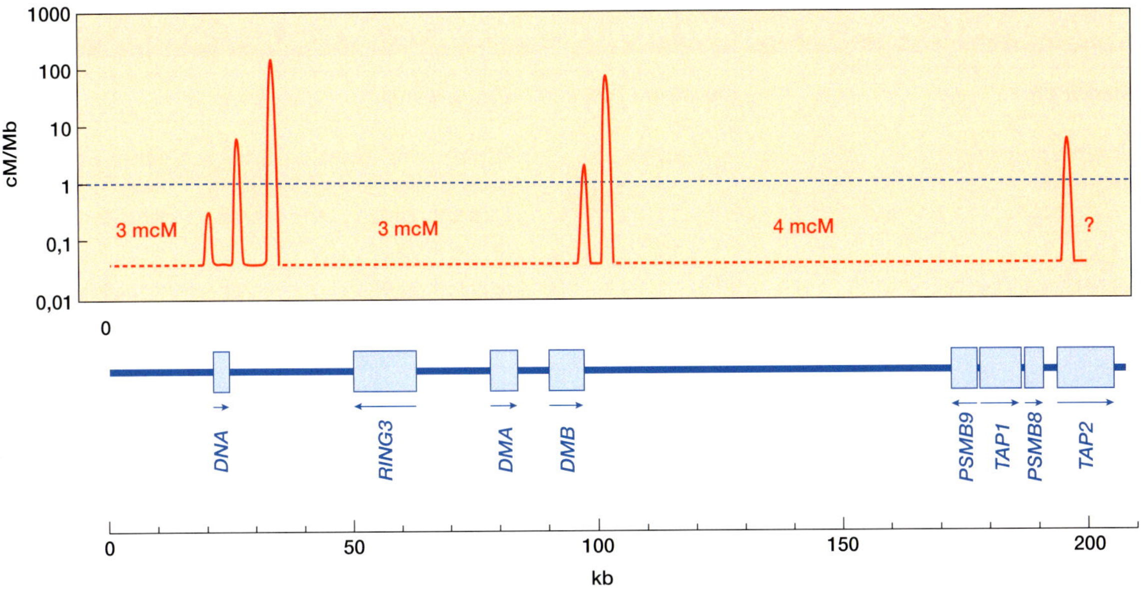

13.5 Die Rekombinationen beschränken sich auf kleine „Hot-Spots". Verteilung der Rekombinationen in einem Bereich des Haupthistokompatibilitätskomplexes bei Männern (dargestellt auf Ebene der DNA). 95% aller Rekombinationen erfolgen in lokal sehr begrenzten Hot-Spots. Wiedergabe nach: Jeffreys et al. (2001) *Nat Genet* 29: 217–222, mit Genehmigung der Nature Publishing Group.

fügbarem Material nachweisen lässt (etwa in Blutzellen und nicht in einer Gewebeprobe aus dem Gehirn). Entscheidend ist jedoch, dass der Marker ausreichend polymorph und eine zufällig ausgewählte Person mit hoher Wahrscheinlichkeit für diesen Marker heterozygot ist. In Exkurs 13.1 ist die Entwicklung der genetischen Marker des Menschen zusammengefasst: von den Blutgruppen über die zurzeit verwendeten DNA-Mikrosatelliten bis hin zu Einzelnucleotidpolymorphismen.

Damit die Krankheitsmarkerkartierung nicht zu einer sinnlosen Übung wird, benötigt man *Markerrahmenkarten*. Diese lassen sich mithilfe einer Marker-Marker-Kartierung erstellen. Es ist zwar theoretisch möglich, zwischen Loci eine Kopplung nachzuweisen, wenn sie 40 cM voneinander entfernt sind, aber die dafür erforderlichen Daten stellen das eigentliche Hindernis dar. Zehn Meiosen reichen aus, um eine Kopplung zu erkennen, wenn keine Rekombinanten auftreten. Wenn jedoch die Rekombinationshäufigkeit 0,3 beträgt, sind 85 Meiosen erforderlich, um eine Kopplung ebenso zweifelsfrei nachzuweisen (in Exkurs 13.3 werden diese Berechnungen erklärt). Es kann ausgesprochen schwierig sein, bei einer seltenen Krankheit von einer Familie genügend Probenmaterial für mehr als 20 bis 30 Meiosen zu erhalten. Für die Kartierung benötigt man also Marker, die im gesamten Genom nicht mehr als 10–20 cM voneinander entfernt sind. Wenn man die berechneten Genomlängen (siehe oben) zugrundelegt und Marker mit unvollkommenem Informationsgehalt zulässt (siehe unten), sind mindestens mehrere Hundert Marker erforderlich. Ein wichtiges Ergebnis in der Frühphase des Human Genome Project war die Erzeugung von über 10 000 hochpolymorphen Mikrosatellitenmarkern, die auf Rahmenkarten angeordnet wurden (Broman et al. 1998). Diese Karten ermöglichten die spektakulären Fortschritte bei der Kartierung von mendelnden Krankheiten in den 1990er Jahren. Die neueren *Assoziationsstudien für Krankheiten* (Abschnitt 15.4) erfordern noch dichtere Markerkarten, sodass man schließlich mehrere Millionen SNP-Marker ermittelte.

13.2.2 Die Heterozygotie oder der Informationsgehalt von Polymorphismen geben an, wie informativ ein Marker ist

Für Kopplungsanalysen werden **informative Meiosen** benötigt (Exkurs 13.2). Die Beispiele in diesem Exkurs zeigen, dass Meiosen für einen bestimmten Marker nicht informativ sind, wenn der entsprechende Elternteil für diesen Marker homozygot ist. Und wenn beide Eltern denselben heterozygoten Genotyp aufweisen, ist die Hälfte der Meiosen nicht

Exkurs 13.1: Die Entwicklung der genetischen Marker beim Menschen

Markertyp	Anzahl der Loci	Eigenschaften
Blutgruppen 1910–1960	~20	erfordern möglicherweise frisches Blut, seltene Antiseren; Genotyp aufgrund der Dominanz nicht immer aus Phänotyp ableitbar; keine einfache physikalische Lokalisierung
Mobilitätsvarianten von Serumproteinen in der Elektrophorese 1960–1975	~30	erfordern möglicherweise frisches Serum, spezielle Tests; keine einfache physikalische Lokalisierung; Polymorphismus häufig eingeschränkt
HLA-Gewebetypen 1970–	1 (Haplotyp)	eine gekoppelte Gruppe; hochinformativ; Test nur auf Kopplung mit 6p21.3 möglich
DNA-RFLP (Abb. 7.5a, 7.6) 1975–	$> 10^5$ (potenziell)	zwei Markerallele; maximale Heterozygotie 0,5; erforderte zuerst Southern-Blot, jetzt PCR; einfache physikalische Lokalisierung
DNA-VNTR (Minisatelliten) (Abb. 7.5b) 1985–	$> 10^4$ (potenziell)	viele Allele, hochinformativ; Bestimmung durch Southern-Blot; einfache physikalische Lokalisierung; neigen zur Clusterbildung am Chromosomenende
DNA-VNTR (Mikrosatelliten) (Abb. 7.7) (Di-, Tri- und Tetra-Nucleotid-wiederholungen) 1989–	$> 10^5$ (potenziell)	viele Allele; hochinformativ; Bestimmung durch automatisierte Multiplex-PCR möglich; einfache physikalische Lokalisierung; im gesamten Genom verteilt
DNA-SNP (Einzelnucleotidpolymorphismen)	$> 4 \times 10^6$	weniger informativ als Mikrosatelliten; Bestimmung durch automatisierte Verfahren im großen Maßstab möglich; keine Gelelektrophorese notwendig

VNTR, *variable number of tandem repeats*

informativ. In den meisten Fällen verwendet man die durchschnittliche Heterozygotie eines Markers (also die Wahrscheinlichkeit, dass eine zufällig ausgewählte Person heterozygot ist) als Maß für den Informationsgehalt. Wenn man von den Markerallelen A_1, A_2, A_3 … mit den Genhäufigkeiten p_1, p_2, p_3 … ausgeht, gilt für den Anteil der heterozygoten Personen: $1-(p_1^2 + p_2^2 + p_3^2 + \ldots)$ (Abschnitt 4.5.1). Eine ausgefeiltere, aber selten verwendete Messgröße ist der **Polymorphismusinformationsgehalt** *(polymorphism information content*, **PIC**), der sich auch für heterozygote, aber nicht informative Genotypen eignet, etwa bei Stammbaum B in Exkurs 13.2.

13.2.3 DNA-Polymorphismen sind die Grundlage aller heute verwendeten Marker

In den frühen 1980er Jahren stand mit den **DNA-Polymorphismen** zum ersten Mal eine Klasse von Markern zur Verfügung, die sich in ausreichender Anzahl und mit geeigneten Abständen im gesamten Genom verteilen und so für das gesamte Genom Kopplungsanalysen ermöglichen. DNA-Marker besitzen den zusätzlichen Vorteil, dass sich alle mit demselben Verfahren bestimmen lassen. Darüber hinaus kann man feststellen, wo sie sich auf einem Chromosom befinden. Das ist mithilfe einer Bestrahlungshybridkartierung möglich (Exkurs 8.4) oder indem man die menschliche Genomsequenz nach dem Primer durchsucht, den man für die Erzeugung des Markers verwendet hat. So kann man genetische Karten auf DNA-Grundlage mit physikalischen Karten abgleichen und vermeidet dadurch womöglich eine ähnlich enttäuschende Situation wie bei der ersten Kartierung des Gens für die Cystische Fibrose (*CFRT*). Man hatte die Kopplung mit einem Proteinpolymorphismus des Enzyms Paraoxonase festgestellt, aber die Position des Paraoxonasegens auf den Chromosomen war nicht bekannt. Erst die Entwicklung von DNA-Markern ermöglichte eine maßgebliche Kartierung menschlicher Gene.

Exkurs 13.2: Informative und nichtinformative Meiosen

Eine Meiose ist für eine Kopplung informativ, wenn sich erkennen lässt, ob die Keimzelle rekombinant ist oder nicht. Betrachten wir die männliche Meiose und ihren väterlichen Beitrag für das Kind in den vier dargestellten Stammbäumen. Der Vater trägt ein dominantes Krankheitsgen, das er zusammen mit dem Marker A_1 vererbt. Er überträgt das Gen auf die Tochter. Aber lässt sich feststellen, ob das Spermium in Bezug auf das Gen und den Markerlocus rekombinant war?

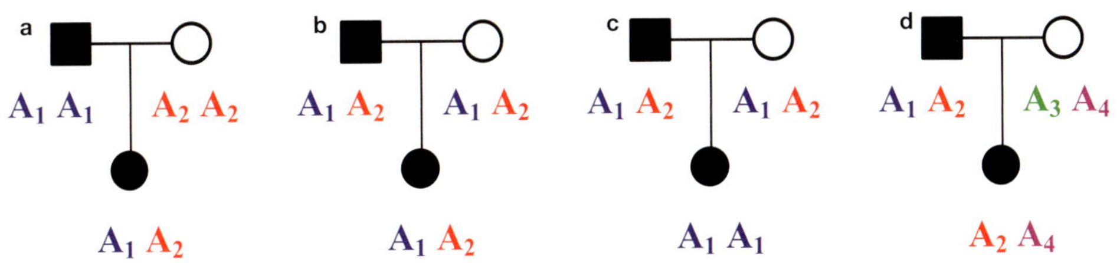

a) Diese Meiose ist nichtinformativ: Die Markerallele des homozygoten Vaters lassen sich nicht unterscheiden. b) Diese Meiose ist nichtinformativ: Das Kind könnte A_1 vom Vater und A_2 von der Mutter geerbt haben oder umgekehrt. c) Diese Meiose ist informativ und nichtrekombinant: Das Kind hat A_1 vom Vater geerbt. d) Diese Meiose ist informativ und rekombinant: Das Kind hat A_2 vom Vater geerbt.

Restriktionsfragment-Längenpolymorphismus

Die erste Generation von DNA-Markern waren **Restriktionsfragment-Längenpolymorphismen** (**RFLP**). Die ersten RFLPs wurden charakterisiert, indem man Southern-Blots von restriktionsbehandelter Test-DNA mit radioaktiven Sonden hybridisierte (Abb. 7.5). Dieses Verfahren erforderte sehr viel Zeit, Geld und DNA und machte die Analyse eines ganzen Genoms zu einem gewagten Unternehmen. Heute gibt es weniger Probleme, da man sich der PCR-Methode bedienen kann. Eine Sequenz, die die variable Restriktionsschnittstelle enthält, wird amplifiziert, das Produkt mit dem passenden Restriktionsenzym behandelt, und dann stellt man mithilfe einer Gelelektrophorese fest, ob es geschnitten wurde (Abb. 7.6). Ein weit bedeutenderer Nachteil besteht in dem *geringen Informationsgehalt*. RFLPs bestehen nur aus zwei Allelen: Die Stelle ist vorhanden oder fehlt. Die maximale Heterozygotie beträgt 0,5. Eine Kartierung von Krankheiten kann nur Enttäuschungen mit sich bringen, da sich bei untersuchten Familien die entscheidende Meiose zu häufig als nicht informativ erweis.

Minisatelliten

Die **Minisatelliten-VNTR** (*variable number of tandem repeats*) brachten als Marker eine deutliche Verbesserung. Die VNTRs (Abschnitt 7.1.3) bestehen aus zahlreichen Allelen und zeigen eine starke Heterozygotie. Die meisten Meiosen sind informativ. Jedoch verhindern technische Probleme mit dem Southern-Blot und den radioaktiven Sonden weiterhin eine einfache Anwendung für die Kartierung; außerdem sind VNTRs im Genom nicht gleichmäßig verteilt.

Mikrosatelliten

Das Aufkommen der PCR machte Kartierungen relativ schnell und einfach. Minisatelliten sind zu lang, um sie gut amplifizieren zu können, sodass die **Mikrosatelliten** bei PCR-Kopplungsanalysen standardmäßig verwendet werden. Meistens handelt es sich um $(CA)_n$-Wiederholungen. Schrittweise werden jedoch Tri- und Tetranucleotidfolgen gegenüber den Dinucleotidfolgen als Marker bevorzugt, weil sie deutlichere Ergebnisse liefern. Wiederholungssequenzen aus Dinucleotiden neigen besonders zu Replikationsverschiebungen während der PCR-Amplifizierung (Abschnitt 11.3.1), dadurch zeigt jedes Allel im Gel eine kleine Leiter von „Stotterbanden", sodass es sich nur schwer interpretieren lässt (Abb. 7.8). Man hat einigen Aufwand betrieben, um miteinander kompatible Gruppen von Mikrosatellitenmarkern zu erzeugen, die sich gemeinsam in einer Vielfach-PCR amplifizieren lassen, ohne dass überlappende Allelgrößen vorkommen. So kann man sie in einer einzigen Gelspur analysieren. Mit Fluoreszmarkierungen in verschiedenen Farben ist es möglich, etwa zehn Marker in einer einzigen Spur eines automatisierten Gels auszuwerten.

Einzelnucleotidpolymorphismen

Nach zehn Jahren der Entwicklung von immer polymorpheren Markern erscheint es vielleicht schon etwas verrückt, dass die neueste Generation von Markern aus **Einzelnucleotidpolymorphismen** (*single nucleotide polymorphisms*, SNP) besteht. Dazu gehören die „klassischen" RFLPs, aber auch Polymorphismen, die nicht zufällig eine Restriktionsschnittstelle erzeugen oder zerstören. Der Vorteil der SNPs besteht darin, dass damit Genotypisierungen möglich sind, die sich durch einen außerordentlich hohen Durchsatz und eine sehr hohe Markerdichte auszeichnen (Wang et al. 1998). Die Suche nach Krankheitsanfälligkeitsgenen (Kapitel 15) macht es notwendig, eine sehr große Zahl von Genotypen mithilfe von sehr eng gesetzten Markern zu analysieren. Es gibt im Genom gar nicht genügend Mikrosatelliten, um die erforderliche Dichte von einem Marker pro maximal 10 kb zu erreichen. Darüber hinaus werden Mikrosatelliten durch eine Gelelektrophorese ausgewertet, was den Durchsatz verringert. Ein internationaler Zusammenschluss verschiedener Partner aus dem universitären und industriellen Bereich hat eine öffentliche Datenbank erstellt, die über vier Millionen SNP-Marker enthält (dbSNP, erreichbar über die NCBI-Internetseite). Außerdem wurden Methoden entwickelt, SNPs in einem außerordentlich großen Maßstab ohne die Verwendung von Gelelektrophoresen zu analysieren (Abschnitt 18.4.2).

13.3 Die Zweimarkerkartierung

13.3.1 Die Analyse von Rekombinanten in menschlichen Stammbäumen ist nicht immer einfach

Wenn man geeignete Familien gefunden hat, in denen eine mendelnde Krankheit vererbt wird, und sie mit einem informativen Marker typisieren konnte, wie lässt sich dann erkennen, ob eine Kopplung vorliegt? Diese Frage enthält zwei Aspekte:

1. Wie lässt sich die Rekombinationshäufigkeit bestimmen?
2. Welches statistische Verfahren sollte angewandt werden, um festzustellen, ob sich die Rekombinationshäufigkeit deutlich von 0,5 unterscheidet, da bei diesem Wert eine Kopplung auszuschließen ist?

Bei einigen Familien lässt sich die erste Frage sehr einfach beantworten, indem man die Rekombinanten und die Nichtrekombinanten zählt. Die in Abbildung 13.1 dargestellte Familie ist ein solches Beispiel. Es gibt zwei Rekombinanten in sieben Meiosen, die Rekombinationshäufigkeit beträgt also 0,28. Abbildung 13.6a zeigt ein anderes Beispiel. Die Person II_1 in den Abbildungen 13.1 und 13.6a ist doppelt heterozygot und für eine Kopplung informativ. Person II_1 ist zudem **phasendefiniert**, das heißt, man weiß, welche Allele von welchem Elternteil vererbt wurden. So lässt sich bei jeder Meiose zweifelsfrei feststellen, ob sie rekombinant oder nichtrekombinant ist. Auch in Abbildung 13.6b ist die Person II_1 doppelt heterozygot, allerdings **nicht phasendefiniert**. Von ihren Kindern sind entweder fünf nichtrekombinant und eines ist rekombinant, oder es sind fünf rekombinant und eines ist nichtrekombinant. Rekombinante lassen sich also nicht mehr zweifelsfrei feststellen, wobei allerdings die erste Deutung viel wahrscheinlicher ist als die zweite. Abbildung 13.6c ist noch komplizierter. Wenn es sich hier um eine seltene Krankheit handelt, würde aber kein Forscher auf diese Familie verzichten wollen. Es ist also eine Methode erforderlich, um die Informationen über eine Kopplung aus mehreren solcher unvollkommenen Familien herauszufiltern.

13.3.2 Computergestützte Lod-Wert-Analysen bieten die beste Möglichkeit, komplexe Stammbäume auf eine Kopplung von mendelnden Merkmalen zu analysieren

Beim Stammbaum in Abbildung 13.6b ist es nicht möglich, Rekombinanten eindeutig zu identifizieren und ihre Zahl zu bestimmen. Man kann jedoch für den Stammbaum insgesamt die Wahrscheinlichkeit berechnen, ob die Loci gekoppelt (Rekombinationshäufigkeit θ) oder nicht gekoppelt sind (Rekombinationshäufigkeit von 0,5). Das Verhältnis dieser beiden Wahrscheinlichkeiten ergibt die Chancen für eine Kopplung, und den Logarithmus der Chancen bezeichnet man als Lod-Wert. Morton zeigte 1955, dass die Bestimmung der Lod-Werte die effizienteste statistische Methode ist, um Stammbäume auf eine Kopplung hin zu untersuchen. Er entwickelte Gleichungen, mit denen sich der Lod-Wert (als Funktion von θ) für verschiedene Standardstrukturen von Stammbäumen berechnen lässt. Exkurs 13.3 zeigt an einfachen Beispielen, wie eine solche Berechnung erfolgt. Da Lod-Werte eine Funktion der Rekombinationshäufigkeit sind, werden sie für einen Bereich von θ-Werten bestimmt. Bei der wahrscheinlichsten Rekombinationshäufigkeit erreicht der Lod-Wert sein Maximum. Bei einer Auswahl von Familien ist die Gesamtwahrscheinlichkeit der Kopplung das Produkt der Wahrscheinlichkeiten von allen Familien. Darum kann man die logarithmischen Lod-Werte der Familien einfach addieren.

Exkurs 13.3: Berechnung der Lod-Werte für die Familien in Abbildung 13.6

- Unter der Voraussetzung, dass die beiden Loci tatsächlich gekoppelt sind und eine Rekombinationshäufigkeit von θ aufweisen, ist die Wahrscheinlichkeit für eine rekombinante Meiose gleich θ, für eine nichtrekombinante Meiose gleich $1 - \theta$.
- Wenn die Loci tatsächlich ungekoppelt sind, ist eine Meiose mit einer Wahrscheinlichkeit von ½ rekombinant oder nichtrekombinant

Familie A:

Es gibt fünf nichtrekombinante Meiosen und eine rekombinante.

Wenn eine Kopplung vorliegt, beträgt die Wahrscheinlichkeit für eine Rekombinante insgesamt $(1 - \theta)^5 \times \theta$.

Wenn keine Kopplung vorliegt, ist die Wahrscheinlichkeit für eine Rekombinante gleich $(1/2)^6$.

Das Verhältnis der Wahrscheinlichkeiten beträgt $(1 - \theta)^5 \times \theta/(1/2)^6$.

Der Lod-Wert Z ist der Logarithmus des Verhältnises der Wahrscheinlichkeiten.

θ	0	0,1	0,2	0,3	0,4	0,5
Z	–unendlich	0,577	0,623	0,509	0,299	0

Familie B:

Die Phase von II_1 ist unbekannt.

Wenn sie das Allel A_1 mit der Krankheit geerbt hat, gibt es fünf nichtrekombinante Meiosen und eine rekombinante Meiose.

Wenn sie das Allel A_2 mit der Krankheit geerbt hat, treten fünf rekombinante Meiosen und eine nichtrekombinante Meiose auf.

Die Wahrscheinlichkeit für eine Rekombinante beträgt insgesamt $\frac{1}{2}\,[(1 - \theta)^5 \times \theta/(1/2)^6] + \frac{1}{2}\,[(1 - \theta) \times \theta^5/(1/2)^6]$. Das gilt für jede mögliche Phase, bei gleicher *a priori*-Wahrscheinlichkeit.

Der Lod-Wert Z ist der Logarithmus des Verhältnisses der Wahrscheinlichkeiten.

θ	0	0,1	0,2	0,3	0,4	0,5
Z	–unendlich	0,276	0,323	0,222	0,076	0

Familie C:

Hier schalten alle normalen Wissenschaftler den Computer ein.

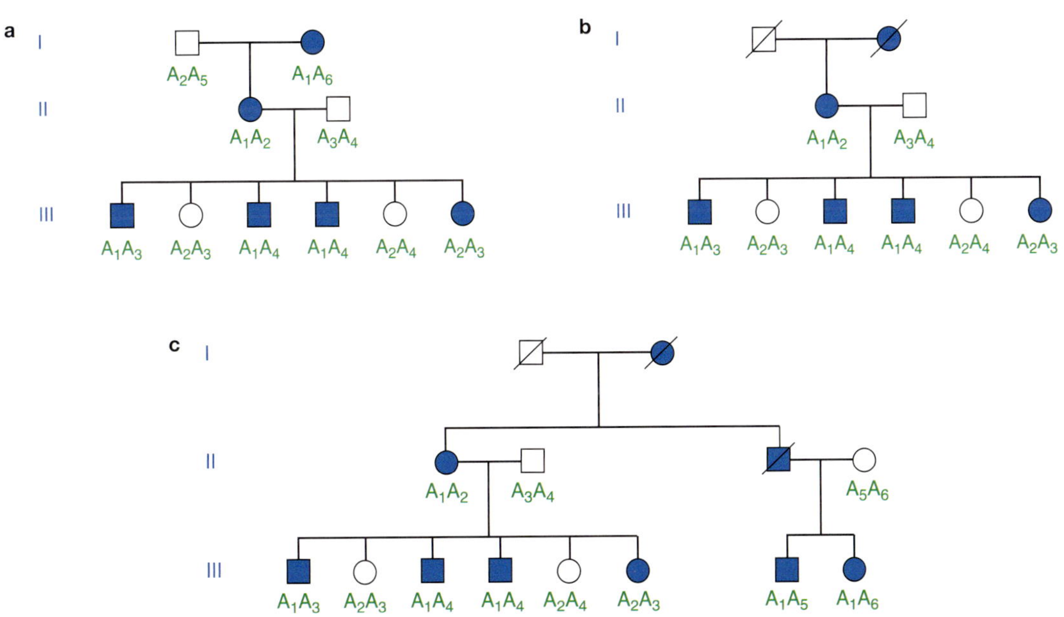

13.6 Die Erkennung von Rekombinanten. Drei Versionen einer Familie mit einer autosomal-dominanten Krankheit, die mit dem Marker A assoziiert ist. a) Alle Meiosen sind phasendefiniert. Wir können III_1 bis III_5 zweifelsfrei als nichtrekombinant und III_6 als rekombinant identifizieren. b) Dieselbe Familie, aber mit undefinierter Phase. Die Mutter II_1 hat entweder das Markerallel A_1 oder A_2 zusammen mit der Krankheit geerbt, ihre Phase ist also nicht definiert. *Entweder* sind III_1 bis III_5 nichtrekombinant und III_6 rekombinant, *oder* III_1 bis III_5 rekombinant und III_6 nichtrekombinant. c) Dieselbe Familie nach der Untersuchung weiterer Verwandter. III_7 und III_8 haben auch zusammen mit der Krankheit das Markerallel A_1 von ihrem Vater geerbt. Es ist jedoch nicht sicher erkennbar, ob das Allel A_1 des Vaters aufgrund der gemeinsamen Herkunft mit dem Allel A_1 seiner Schwester II_1 identisch ist. Möglicherweise gibt es unter den vier großelterlichen Markerallelen zwei Kopien des Allels A_1. Die Wahrscheinlichkeit hängt von der Genhäufigkeit des Allels A_1 ab. Der Stammbaum enthält zwar Kopplungsinformationen, ihre Auswertung ist allerdings schwierig.

Bei der Familie in Abbildung 13.6c ist die Berechnung des vollständigen Lod-Wertes schwierig. Um die Wahrscheinlichkeit zu berechnen, ob III_7 und III_8 rekombinant oder nichtrekombinant sind, müssen wir die berechneten Wahrscheinlichkeiten für jeden einzelnen Genotyp I_1, I_2 und II_3 verwenden, jeweils nach der *a priori*-Wahrscheinlichkeit gewichtet. Für I_1 und I_2 hängt die Wahrscheinlichkeit des Genotyps von den Genhäufigkeiten und den ermittelten Genotypen von II_1, III_7 und III_8 ab. Die Genotypwahrscheinlichkeiten von II_3 erhält man dann nach einfachen mendelschen Regeln. Menschliche Kopplungsanalysen beruhen, bis auf die ganz einfachen Fälle, vollständig auf Computerprogrammen. Mit den Algorithmen lassen sich diese verzweigten Stammbäume von Genotypwahrscheinlichkeiten handhaben, wenn man die Stammbaumdaten und eine Tabelle mit Genhäufigkeiten zugrunde legt.

13.3.3 Die Lod-Werte +3 und −2 sind die Kriterien für eine Kopplung oder deren Ausschluss

Das Ergebnis einer Kopplungsanalyse ist eine Tabelle mit Lod-Werten für verschiedene Rekombinationshäufigkeiten, ähnlich wie die Tabellen in Exkurs 13.3. Positive Lod-Werte sprechen für eine Kopplung, negative Werte sprechen dagegen. Zu beachten ist dabei, dass nur Rekombinationshäufigkeiten zwischen 0 und 0,5 von Bedeutung sind und bei $\theta = 0{,}5$ alle Lod-Werte gleich null werden (da sie dann das Verhältnis von zwei identischen Wahrscheinlichkeiten angeben und $\log_{10}(1) = 0$. Die Ergebnisse können in Form von Kurven wie in Abbildung 13.7 dargestellt werden.

Kehren wir zu den beiden Fragen vom Anfang dieses Abschnitts zurück, so erkennen wir jetzt, dass *die wahrscheinlichste Rekombinationshäufigkeit den höchsten Lod-Wert erhält.* Wenn keine Rekombinanten auftreten, erreicht der Lod-Wert bei $\theta = 0$ sein Maximum. Wenn es Rekombinanten gibt, erreicht Z bei der wahrscheinlichsten Rekombinationshäufigkeit seinen höchsten Wert (0,167 = 1/6 für die Familie in Abbildung 13.6a, wobei für Abbildung 13.6b eine Vorhersage schwieriger ist).

Die zweite Frage betrifft die Signifikanzschwelle. Die Antwort erscheint auf den ersten Blick überraschend. $Z = 3{,}0$ ist der *Grenzwert für eine Kopplung*, mit einer fünfprozentigen Fehlerwahrscheinlichkeit. Bei $Z < -2$ ist eine Kopplung auszuschließen. Werte zwischen −2 und +3 lassen keine Aussagen zu. Bei den meisten Statistiken verwendet man $p < 0{,}05$ als Schwellenwert für Signifikanz, aber $Z = 3$ entspricht 1000:1 Chancen ($\log_{10}(1000) = 3{,}0$).

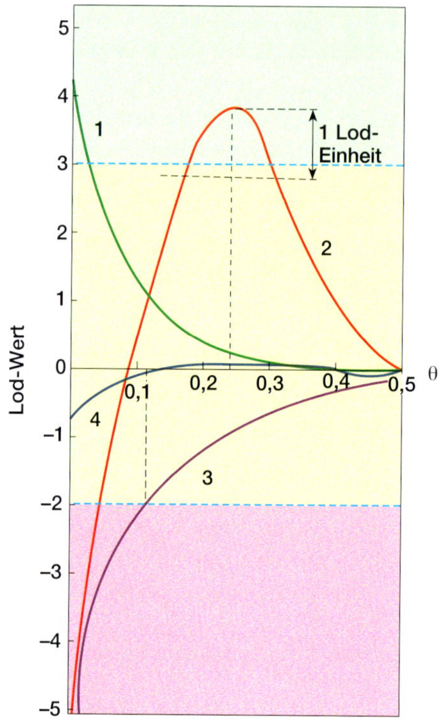

13.7 Kurven von Lod-Werten. Aufgetragen sind die Lod-Werte gegen die Rekombinationshäufigkeiten in hypothetischen Kopplungsexperimenten. Kurve 1: Nachweis einer Kopplung (Z > 3) ohne Rekombinanten. 2: Hinweis auf eine Kopplung (Z > 3), wobei die wahrscheinlichste Rekombinationshäufigkeit einen Wert von 0,23 erreicht. Kurve 3: Ausschluss einer Kopplung (Z < −2) für Rekombinationshäufigkeiten von unter 0,12; über größere Rekombinationshäufigkeiten sind keine Aussagen möglich. Kurve 4: Für keine der auftretenden Rekombinationshäufigkeiten lassen sich Aussagen treffen.

Der Grund, warum eine so hohe Schwelle verwendet wird, ist die hier gegebene Unwahrscheinlichkeit, dass zwei zufällig ausgewählte Loci gekoppelt sein können. Bei 22 Paaren von Autosomen ist es nicht sehr wahrscheinlich, dass die Loci (syntänisch) auf demselben Chromosom liegen und dann auch noch nahe genug nebeneinander, sodass tatsächlich eine Kopplung besteht. Der „gesunde Menschenverstand" sagt uns, dass deutliche Beweise notwendig sind, um uns zu überzeugen, dass ein Sachverhalt, der von sich aus sehr unwahrscheinlich ist, tatsächlich eintritt. Dies lässt sich mithilfe der **Bayes-Gleichung** in Zahlen ausdrücken (Exkurs 13.4). Sie zeigt, dass ein Wert von 1000:1 Chancen tatsächlich genau dem herkömmlichen Schwellenwert von $p = 0{,}05$ für Signifikanz entspricht. Dieselbe Logik legt nahe, dass ein Lod-Schwellenwert von 2,3 ausreicht, um zwischen einem X-gekoppelten Merkmal und einem anderen Merkmal auf dem X-Chromosom eine Kopplung

Exkurs 13.4: Berechnung von Kopplungsgrenzwerten nach Bayes

Hypothese: Die Loci sind	gekoppelt (Rekombinationshäufigkeit = θ)	nicht gekoppelt (Rekombinationshäufigkeit = 0,5)
a priori-Wahrscheinlichkeit	1/50	49/50
bedingte Wahrscheinlichkeit:		
eine Chance von 1000:1 für eine Kopplung		
(Lod-Wert $Z(\theta) = 3{,}0$)	1000	1
kombinierte Wahrscheinlichkeit (*a priori* × bedingt)	20	~1

Da zwei zufällig ausgewählte Loci nur mit einer niedrigen *a priori*-Wahrscheinlichkeit gekoppelt sind, ist eine Wahrscheinlichkeit von 1000:1 für eine Kopplung erforderlich, damit sich eine Gesamtwahrscheinlichkeit von 20:1 für eine Kopplung ergibt. Das entspricht dem herkömmlichen Grenzwert von $p = 0{,}05$ für eine statistische Signifikanz. Die Berechnung ist ein Beispiel für die Anwendung der Formel von Bayes zur Kombination von Wahrscheinlichkeiten (Exkurs 18.4 und Abbildung 18.15); Beschreibung der Lod-Werte siehe Text.

anzunehmen (bei einer *a priori*-Wahrscheinlichkeit von ungefähr 1/10).

Verlässlichkeitsintervalle sind analytisch nur schwer herzuleiten, aber ein weitgehend anerkanntes unterstützendes Intervall erstreckt sich noch auf Rekombinationshäufigkeiten, deren Lod-Wert eine Einheit unter dem Maximalwert liegt (die „*Lod-1-Regel*"). Kurve 2 in Abbildung 13.7 liefert demnach ausreichend Belege für eine Kopplung ($Z > 3$) mit der wahrscheinlichsten Rekombinationshäufigkeit von 0,23 und einem unterstützenden Intervall von 0,17 bis 0,32. Die Kurve hätte ein schärferes Maximum, wenn die Datenmenge größer wäre, aber solche Maxima sind im Allgemeinen relativ breit. Dabei gilt es auch zu bedenken, dass Abstände auf genetischen Karten des Menschen häufig nur sehr ungenaue Schätzungen sind.

Negative Lod-Werte schließen für den Bereich mit $Z < -2$ eine Kopplung aus. So zeigt Kurve 3, dass sich das Krankheitsgen nicht innerhalb von 12 cM beiderseits des Markers befinden kann. Bei einer Genkartierung hofft man zwar auf einen positiven Lod-Wert, aber negative Lod-Werte sind nicht wertlos. Sie teilen uns mit, wo sich das Krankheitsgen nicht befindet (**Ausschlusskartierung**). So lässt sich ein mögliches Kandidatengen ausschließen, und wenn das für genügend andere Teile des Genoms ebenfalls möglich ist, kommen vielleicht nur noch wenige Loci in Frage.

13.3.4 Bei der Untersuchung eines ganzen Genoms muss man eine Signifikanzschwelle verwenden, die für das ganze Genom gilt

Bei Krankheitsstudien untersucht man die Familien so lange auf verschiedene Marker, bis schließlich positive Lod-Werte vorliegen. Der geeignete Schwellenwert für Signifikanz ist ein Lod-Wert, für den nur eine Chance von 0,05 besteht, dass es sich um ein falsch positives Ergebnis handelt. Bei der Untersuchung eines ganzen Genoms muss das *an jeder beliebigen Stelle* gelten. Wie im Exkurs 13.4 dargestellt ist, entspricht ein Lod-Wert von 3,0 einer Signifikanz von 0,05 an einer einzigen Stelle. Wenn man jedoch 50 Marker verwendet, ist die Gefahr eines falsch positiven Ergebnisses größer als bei nur einem Marker. Bei einem stringenten Verfahren (Bonferroni-Korrektur) multipliziert man den p-Wert mit 50, bevor man seine Signifikanz testet. Der Lod-Schwellenwert für eine Untersuchung mit n Markern würde $3 + \log(n)$ betragen, also ein Lod-Wert von 4 für 10 Marker, 5 für 100 Marker (und so weiter); aber das wäre vielleicht zu stringent. Kopplungsdaten sind nicht unabhängig voneinander: Wenn sich ein Gen einem bestimmten Genombereich nicht zuordnen lässt, dann steigt die *a priori*-Wahrscheinlichkeit, dass es zu einer anderen Region gehört. Der Schwellenwert von 0,05 für eine *im gesamten Genom gültige Signifikanz* ist sehr umstritten, aber ein weitgehend anerkanntes Ergebnis für mendelnde Merkmale ist ein Lod-Wert von 3,3 (Lander und Schork 1994). Mit nichtmendelnden Merkmalen befasst sich Abschnitt 15.3.4. In der Praxis sind Lod-Werte unter 5 als vorläufige Werte zu betrachten, unabhängig davon, ob sie mit einem oder mit mehreren Markern ermittelt wurden.

13.4 Die Multimarkerkartierung ist effizienter als die Zweimarkerkartierung

13.4.1 Die Multimarkerkartierung ermöglicht es, die Position eines Krankheitslocus innerhalb eines äußeren Rahmens von Markern zu bestimmen

Kopplungsanalysen lassen sich besser durchführen, wenn man gleichzeitig die Daten von mehr als zwei Loci analysiert. Eine *Multilocusanalyse* ist besonders dann von Nutzen, wenn man für eine gekoppelte Gruppe mehrerer Loci die chromosomale Anordnung ermitteln will. In der experimentellen Genetik wurden deshalb lange Zeit so genannte Dreimarkerkreuzungsanalysen verwendet. Rekombinanten, die zwei Rekombinationsereignisse erfordern, sind am seltensten. In Tabelle 13.1 ist die Genanordnung A–C–B sofort offensichtlich. Die Multimarkerkartierung ist ein effizienteres Verfahren als die getrennte Bestimmung der Intervalle A–B, A–C und B–C durch mehrere Doppelmarkerkreuzungen nacheinander. Im Idealfall sollte bei jeder Kopplungsanalyse das gesamte Genom untersucht werden, und mit den insgesamt erhobenen Daten berechnet man dann die Wahrscheinlichkeit für jede Position im Genom.

Tabelle 13.1 Anordnung der Gene bei einer Dreimarkerkreuzungsanalyse

Genotypen der Nachkommen	Position der Rekombination (x)	Anzahl
ABC/abc abc/abc	nichtrekombinant	853
ABc/abc abC/abc	(A, B)–x–C	5
Abc/abc aBC/abc	A–x–(B, C)	47
AbC/abc aBc/abc	B–x–(A, C)	95

Dargestellt ist die Kreuzung zwischen Mäusen, die für drei gekoppelte Loci heterozygot sind (ABC/abc), und Mäusen, die eine dreifache Homozygotie aufweisen (abc/abc). Nachkommen, bei denen für die Entstehung des Genotyps zwei Crossing-over erforderlich waren, sind am seltensten. Bei 142 (95 + 47) der 1000 Tiere kommt es zu einer Rekombination zwischen den Loci A und B, bei 52 (47 + 5) zwischen A und C sowie bei 100 (95+5) zwischen B und C. Nur fünf Tiere zeigen eine Rekombination zwischen A und C, aber nicht zwischen A und B. Hier muss es also zu einem doppelten Crossing-over (A–x–B–x–C) gekommen sein. Die Reihenfolge auf der Karte lautet demnach A–C–B. Die genetischen Abstände betragen etwa A–(5 cM)–C–(10 cM)–B.

Der zweite Vorteil einer Multilocuskartierung beim Menschen besteht darin, dass sich Probleme vermeiden lassen, die durch den begrenzten Informationsgehalt von Markern entstehen. Innerhalb einer Familie können beispielsweise einige Meiosen Informationen über den Marker A liefern, andere sind jedoch für A nicht informativ, aber stattdessen für den benachbarten Marker B. Nur eine gleichzeitige Kopplungsanalyse des Krankheitslocus mit beiden Markern A und B liefert alle Informationen. Das ist bei Kartierungen mit hochinformativen Mikrosatellitenmarkern weniger von Bedeutung als bei RFLP-Markern mit nur zwei Allelen, spielt aber wieder eine Rolle bei den SNP-Markern.

13.4.2 Markerrahmenkarten: die CEPH-Familien

Die Leistungsfähigkeit von Multimarkerkartierungen, um die Anordnung von Loci zu bestimmen, ist für die Erstellung von *Markerrahmenkarten* besonders nützlich. Jedoch ist die Anordnung der Loci in solchen Karten keine triviale Angelegenheit. Bei n Markern gibt es $n!/2$ mögliche Reihenfolgen, aber heutige Karten enthalten Hunderte von Markern pro Chromosom. Vor der vollständigen Bestimmung der menschlichen Genomsequenz war die Kartierung von Markern eine sehr schwierige Aufgabe. Um die richtige Reihenfolge zu ermitteln, waren intelligentere Methoden erforderlich als stures Rechnen mit Computern. Dabei erwiesen sich physikalische Kartierungsdaten selbst ohne umfassende Sequenzinformationen als ausgesprochen hilfreich. Marker, die für PCR-Analysen geeignet sind, lassen sich als sequenzmarkierte Stellen verwenden (STS; Exkurs 15.4) und physikalisch lokalisieren – entweder durch die Suche in Datenbanken oder experimentell mithilfe von Bestrahlungshybridzellen (Exkurs 8.4).

Bei der Kartierung von Krankheitsloci durch Marker besteht ein großes Problem darin, dass man alle nur verfügbaren Familien in die Untersuchung einbeziehen muss, bei denen die Krankheit segregiert. Die Familien zeigen selten eine „ideale Struktur". Häufig stehen viel weniger Meiosen zur Verfügung als erforderlich wären, und wenn über bestimmte Personen gar keine Informationen zu erhalten sind, gibt es Meiosen mit unbekannter Phase. Durch Marker-Marker-Kartierungen lassen sich diese Probleme jedoch vermeiden. Marker kann man in jeder Familie untersuchen, sodass man Familien mit vielen Kindern und idealen Strukturen für Kopplungsanalysen auswählen

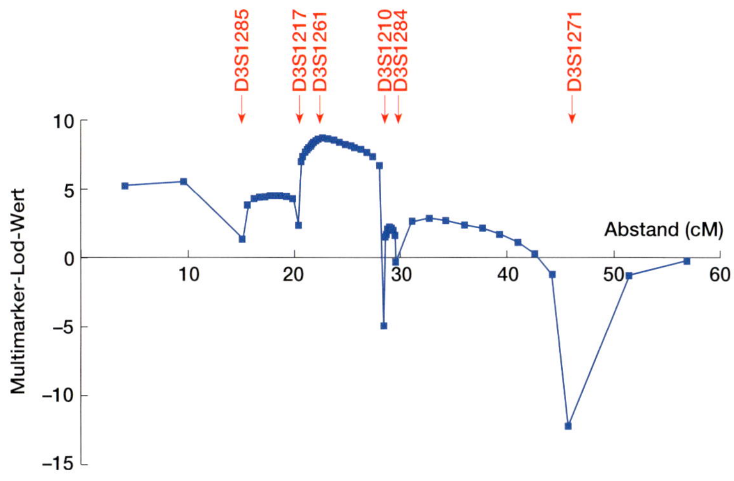

13.8 Multimarkerkartierung beim Menschen. Die waagerechte Achse ist eine Rahmenkarte von Markern, an der senkrechten Achse sind die Lod-Werte einer Familie mit dem Waardenburg-Syndrom aufgetragen. Für jeden möglichen Locus des Krankheitsgens wird der Lod-Wert berechnet. In der Nähe von Markern, die mit dem Krankheitslocus rekombinieren, werden die Werte stark negativ. Der höchste Wert der Kurve zeigt die wahrscheinlichste Position für den Krankheitslocus an. Die Chancen für diese Position werden aufgrund der Höhe bestimmt, um die der höchste Wert den nächstniedrigeren überragt. Nach: Hughes et al. (1994) mit Genehmigung der Nature Publishing Group.

kann, etwa die Familie in Abbildung 13.1. Die Erstellung von Markerrahmenkarten wurde dabei durch eine Gruppe von Familien (die **CEPH-Familien**) stark erleichtert. Diese wurden von dem Centre pour l'Étude des Polymorphismes Humaines (jetzt die Fondation Jean Dausset) in Paris speziell für diesen Zweck zusammengestellt. Immortalisierte Zelllinien von jeder Person gewährleisten, dass immer genügend DNA für Forschungszwecke vorhanden ist. Ungeklärte Vaterschaften und sonstige Unzuverlässigkeiten bei der Probenerstellung sind aufgrund der Verwendung vieler Marker inzwischen ausgeschlossen worden. So basiert beispielsweise die Markerkarte des CLHC (Cooperative Human Linkage Center) von 1998 auf Ergebnissen, die durch Untersuchungen an acht CEPH-Familien mit 8325 Mikrosatelliten gewonnen wurden und zur Bestimmung von über einer Million Genotypen führten (Broman et al. 1998).

13.4.3 Multimarkerkartierung zur Bestimmung von Krankheitsloci

Bei der Kartierung von Krankheitsloci durch Marker ist der Ausgangspunkt eine Rahmenkarte für Marker. Diese gilt als Voraussetzung, und das Ziel besteht darin, das Krankheitsgen einem der Abschnitte in der Rahmenkarte zuzuordnen. Computerprogramme wie *Linkmap* (Teil des *Linkage*-Pakets) oder *Genehunter* (Abschnitt 13.6.2) können den Krankheitslocus in der Markerrahmenkarte positionieren, indem sie die Wahrscheinlichkeit der Stammbaumdaten insgesamt an jeder Position bestimmen. Das Ergebnis ist eine Kurve von Lod-Werten (Abb. 13.8), aufgetragen gegen die Kartenpositionen. Diese Methode eignet sich auch für eine Ausschlusskartierung: Wenn die Kurve in einer bestimmten Region unter einem Lod-Wert von −2 bleibt, kann der Krankheitslocus dort nicht liegen.

Die scheinbar quantitative Aussage von Abbildung 13.8 täuscht größtenteils. Die Höhen der Maxima hängen entscheidend von der Genauigkeit der genetischen Abstände zwischen den Markern ab, die aber meist nur sehr ungenau bekannt sind. Darüber hinaus kann keine der Kartierungsfunktionen in Programmen für Kopplungsanalysen die tatsächlichen komplexen Verhältnisse bei der Verteilung der Chiasmata auch nur annäherungsweise simulieren (Abb. 13.4). Wenn jedoch die Markerkarte nicht grundlegend falsch ist, trifft trotzdem weiterhin zu, dass das höchste Maximum die Position markiert, an der sich das Gen mit größter Wahrscheinlichkeit befindet. Wenn die Markerrahmenkarte physikalisch verankert ist (siehe oben), kann man die DNA nach dem mutmaßlichen Segment absuchen und das Krankheitsgen identifizieren.

13.5 Feinkartierung mithilfe von weitläufigen Stammbäumen und ursprünglichen Haplotypen

Die *Auflösung* einer Kartierung hängt von der Anzahl der Meiosen ab – je mehr Meiosen analysiert werden, umso größer ist die Wahrscheinlichkeit, dass ein Rekombinationsereignis die gekoppelte Region einengt. Die geringe Größe der meisten menschlichen Familien schränkt die Auflösung stark ein, die man mit Familienstudien erzielen kann. Manchmal kann man jedoch erweiterte Familienstrukturen nutzen, um eine Kartierung mit hoher Auflösung durchzuführen. In manchen Gesellschaften sind sich die Menschen ihrer Zugehörigkeit zu Familienklans sehr bewusst, und sie betrachten sich als Mitglieder von sehr weitläufigen Familien. Selbst in Gesellschaften, wo die Menschen ihre emotionale Bindung an die Familie auf die nächsten Angehörigen beschränken, ist letztendlich jeder mit jedem verwandt. So kann man manchmal bei „nichtverwandten" Personen *gemeinsame ursprüngliche Chromosomenabschnitte* identifizieren. Autosomal rezessive Krankheiten eignen sich für solche Analysen besonders gut, da ein mutiertes Allel über viele Generationen weiter gegeben werden kann. Bei den meisten dominanten oder X-gekoppelten Krankheiten erfolgt der Umsatz von mutierten Allelen zu schnell, als dass sie in weitläufigen Familien als gemeinsames Merkmal in Erscheinung treten (Abschnitt 4.5.2). Angenommen, es ist nicht möglich, bei einer Kartierung Träger eines rezessiven Krankheitsgens zu identifizieren, um sie anschließend kartieren zu können, dann wird die Kartierung durch die Anzahl der entfernt verwandten, erkrankten Personen limitiert, die die Krankheit von einem gemeinsamen Vorfahren geerbt haben.

13.5.1 Mithilfe der Autozygotiekartierung lassen sich rezessive Erkrankungen in weitläufigen Inzuchtfamilien effektiv kartieren

Wenn homozygote Marker *in ihrer Abstammung übereinstimmen*, bezeichnet man das als **Autozygotie**. Blutsverwandte Personen, die an einer rezessiven Erbkrankheit leiden, sind wahrscheinlich für die mit dem Krankheitslocus gekoppelten Marker autozygot. Nehmen wir an, die Eltern seien wie Kusine und Vetter zweiten Grades miteinander verwandt. Dann ist zu erwarten, dass ihre Gene aufgrund der gemeinsamen Vorfahren zu 1/32 übereinstimmen. Ihre Kinder wären nur noch zu 1/64 autozygot. Wenn ein Kind für ein bestimmtes Markerallel homozygot ist, dann möglicherweise aufgrund der Autozygotie oder weil die zweite Kopie desselben Allels davon unabhängig in die Familie gelangt ist. Je seltener ein Allel in der Population ist, umso größer ist die Wahrscheinlichkeit, dass einer Homozygotie eine Autozygotie zugrunde liegt. Wenn Vetter und Kusine zweiten Grades ein einziges erkranktes Kind zur Welt bringen, das für ein äußerst seltenes Krankheitsgen homozygot ist, so führt das zu einem Lod-Wert von 1,8. Wenn es zwei weitere erkrankte Geschwister gibt, die beide für dasselbe seltene Allel homozygot sind, beträgt der Lod-Wert 3,0 ($\log_{10}(64 \times 4 \times 4)$); die Wahrscheinlichkeit, dass ein Geschwisterteil dasselbe Paar von elterlichen Haplotypen geerbt haben könnte, selbst wenn diese mit der Krankheit nichts zu tun haben, liegt bei 1 zu 4.

So können relativ kleine Inzuchtfamilien signifikante Lod-Werte hervorbringen. Die Autozygotiekartierung ist ein besonders effektives Verfahren, wenn man Familien findet, bei denen mehrere aus Inzuchtbeziehungen stammende Geschwisterschaften von derselben rezessiven Krankheit betroffen sind. Geeignete Familien findet man vor allem in Ländern, wo Inzucht häufig vorkommt. Die Methode wurde mit großem Erfolg angewandt, um die Gene des autosomal-rezessiven Gehörverlustes zu lokalisieren (Guilford et al. 1994; Abb. 13.9). Die ausgeprägte Heterogenität der Loci (Abb. 4.3) macht es unmöglich, den rezessiven Gehörverlust in einer Reihe von kleinen Kernfamilien zu analysieren.

Eine spektakuläre Anwendung von Autozygotieanalysen war die Kartierung der benignen rekurrierenden intrahepatischen Cholestase, einer seltenen rezessiven Krankheit (Houwen et al. 1994). Dabei untersuchte man nur vier erkrankte Personen (zwei Geschwister und zwei mutmaßlich nichtverwandte Personen) in einem isolierten Dorf in den Niederlanden. Ähnlich gelungene Anwendungen von Autozygotieanalysen hat man in Finnland durchgeführt. Je weiter der gemeinsame Vorfahr entfernt ist, umso geringer ist der Anteil des Genoms, das die Nachkommen mit ihm gemeinsam haben. Daher ist auch die Signifikanz umso größer, wenn sich zeigen lässt, dass Patienten aufgrund ihrer Herkunft einen übereinstimmenden Genomabschnitt besitzen. Andererseits ist bei einem besonders weit entfernten Vorfahren auch die Wahrscheinlichkeit größer, dass ein zweites unabhängiges Allel von außen in die Familie gelangt ist. Dadurch verringert sich wiederum die Wahrscheinlichkeit, dass einer Homozygotie eine Autozygotie zugrunde liegt – entweder für die Krankheit oder für die Marker. Bei weit entfernten Vorfahren (wie in der Untersuchung von Houwen et al. (1994)) hängt alles davon ab, dass man Personen mit einer sehr seltenen rezessiven Erkrankung findet,

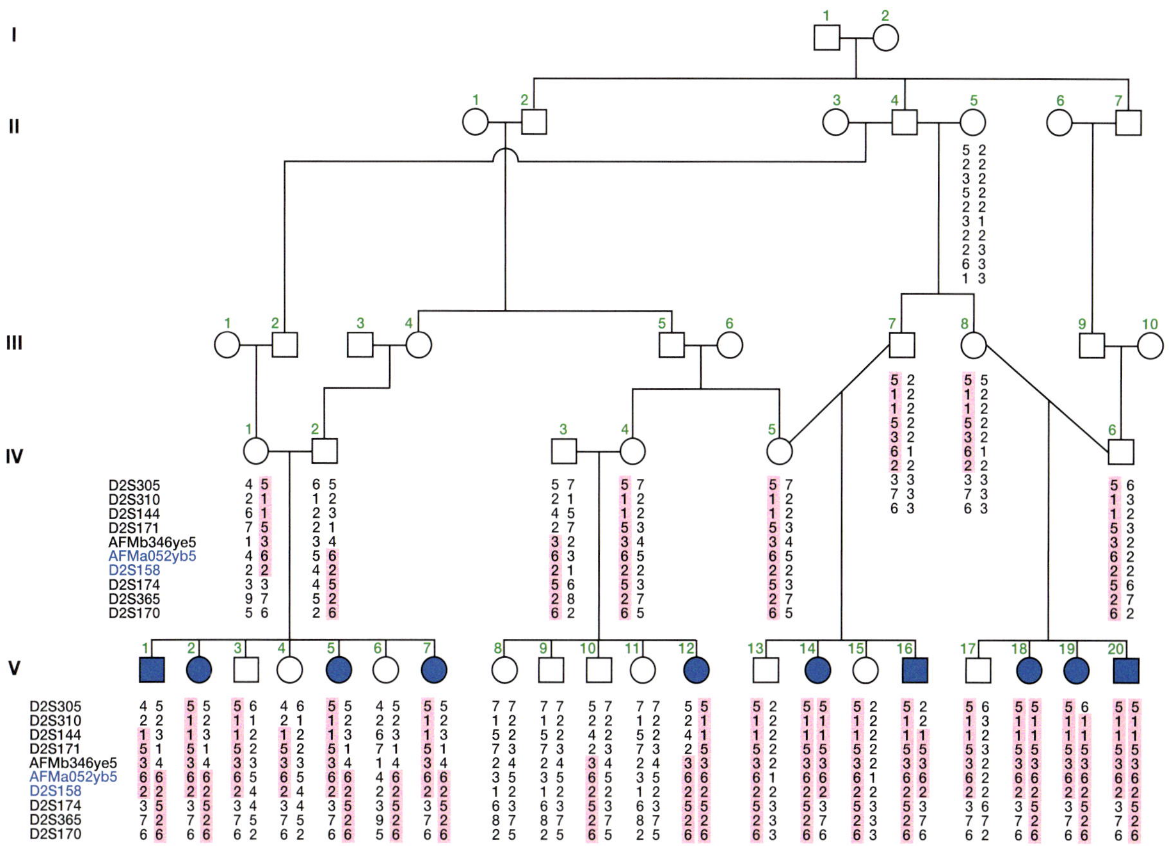

13.9 Autozygotiekartierung. Eine große Familie mit mehrfacher Inzucht, bei der mehrere Mitglieder an einer angeborenen autosomal-rezessiven vollständigen Taubheit leiden (volle Symbole). Ein Haplotyp von Markern auf Chromosom 2, der mit der Taubheit segregiert, ist farblich hervorgehoben. Die Marker AFMa052yb5 und *D2S158* sind bei allen Erkrankten homozygot, nicht aber bei Nichterkrankten. Das Taubheitsgen sollte also irgendwo zwischen den beiden Markern liegen, die diese flankieren (AFMb346ye5 und *D2S174*). Nach Chaib et al. (1996) *Hum Molec Genet* 5: 155–158, mit Genehmigung durch Oxford University Press.

die für ein seltenes Markerallel oder (mit größerer Wahrscheinlichkeit) für einen seltenen Haplotyp homozygot sind. Die Effektivität von Houwens Untersuchung erscheint fast übernatürlich, aber es gilt zu bedenken, dass dieses Verfahren nur auf Krankheiten und Populationen anwendbar ist, wenn die meisten Betroffenen Nachkommen eines gemeinsamen Vorfahren sind, der ein Träger war.

13.5.2 Die Identifizierung gemeinsamer ursprünglicher Segmente ermöglichte die Kartierung der Loci der Cystischen Fibrose und des Nijmegen-Chromosomenbruch-Syndroms mit hoher Auflösung

Die Cystische Fibrose (CF) tritt sehr selten in nichteuropäischen Ländern auf, in denen die Familienstrukturen eine Autozygotiekartierung eher ermöglichen würden. Daher beruhte die Kartierung der Cystischen Fibrose auf seltenen, unglücklich betroffenen Kernfamilien mit mehr als einem erkrankten Kind. Mit deren Hilfe konnte man die Krankheit bei 7q31.2 kartieren, aber nachdem man alle verfügbaren Rekombinanten ausgewertet hatte, war die Kandidatenregion immer noch viel zu groß. (Das geschah in den späten 1980er Jahren, als eine Positionsklonierung noch ein sehr schwieriges Unterfangen war.) Mit der Argumentation, dass CF-Mutationen sehr alt sein müssen (da es nicht nur keine Selektion gegen heterozygote Individuen gibt, sondern wahrscheinlich sogar eine positive Selektion zu ihren Gunsten; Abschnitt 4.5.2), begannen die Forscher, gemeinsame ursprüngliche Abschnitte auf den CF-Chromosomen von „nicht miteinander verwandten" Patienten zu suchen. Die Gemeinsamkeit sollte durch ein wiederholtes Auftreten desselben Haplotyps von Markerallelen deutlich werden. Dieses Phänomen bezeichnet man als **Kopplungsungleichgewicht** (eine genauere Beschreibung findet sich in Abschnitt 15.4). Tabelle 13.2

Tabelle 13.2 Allelverknüpfung bei der Cystischen Fibrose

Markerallele	CF-Chromosomen	normale Chromosomen
X_1, K_1	3	49
X_1, K_2	147	19
X_2, K_1	8	70
X_2, K_2	8	25

Die Daten stammen von einer Analyse mit den RFLP-Markern XV2.c (Allele X_1 und X_2) und KM19 (Allele K_1 und K_2) bei 114 Familien in Großbritannien, die ein Kind mit Cystischer Fibrose (CF) haben. Chromosomen, die die Mutation für die Erbkrankheit tragen, enthalten in der Regel das Allel X_1 von XV2.c und das Allel K_2 von KM19. Daten aus Ivinson et al. (1989).

zeigt die charakteristischen Daten von zwei Markern innerhalb der mutmaßlichen CF-Region. Nicht-CF-Chromosomen zeigen eine zufällige Selektion der Haplotypen, während CF-Chromosomen tendenziell X_1, K_2 tragen. Die Signifikanz besteht darin, dass ein Kopplungsungleichgewicht ein Phänomen mit geringer Reichweite ist (gemeinsame ursprüngliche Segmente sind aufgrund wiederholter Rekombinationen kurz). So entdeckte man schließlich die genaue Position des schwer fassbaren CF-Gens.

In jüngerer Zeit wurde das Gen des Nijmegen-Chromosomenbruch-Syndroms (NBS, MIM 251260) kloniert. Hier wurde dasselbe Prinzip noch umfassender angewandt. NBS ist eine sehr seltene autosomal-rezessive Krankheit, die gekennzeichnet ist durch Chromosomenbrüche, verringertes Wachstum, Kleinköpfigkeit, Immunschwäche und Krebsanfälligkeit. Die Ursache ist wahrscheinlich ein Defekt in der DNA-Reparatur. Mit herkömmlichen Kopplungsanalysen bei kleinen Kernfamilien konnte man den *NBS*-Locus bei 8p21 lokalisieren. Doch nach Auswertung aller Rekombinanten umfasste die Zielregion immer noch 8 Mb zwischen den Markern *D8S271* und *D8S270*. Dann untersuchte man 51 offenbar nicht verwandte Patienten und ihre Eltern nach einer Reihe von Mikrosatellitenmarkern, die verteilt in der Kandidatenregion liegen. Dadurch erhielt man 102 NBS-Haplotypen. 74 davon glichen Abkömmlingen eines gemeinsamen ursprünglichen Haplotypen, der möglicherweise eine slawische Herkunft hatte (Abb. 13.10). Die am stärksten konservierte Region umfasste die Marker 11 und 12 in Abbildung 13.10, die daher die wahrscheinlichste Position des *NBS*-Gens markierten. Kurz danach gelang es, ein Gen aus diesem Bereich zu klonieren, das ein bis dahin unbekanntes Protein codiert. Man konnte zeigen, dass das Gen bei NBS-Patienten mutiert ist. Wie vorhergesagt, tragen alle Patienten mit dem gemeinsamen Haplotyp dieselbe Mutation, während Patienten mit einem davon unabhängigen Haplotyp jeweils eine andere Mutation aufweisen (Varon et al. 1998).

Die Analyse von Kopplungsungleichgewichten ist ein zentraler Ansatz, um Gene zu identifizieren, die einer Anfälligkeit für komplexe Krankheiten zugrunde liegen (Abschnitt 15.4).

13.6 Probleme bei der Standardanalyse von Lod-Werten

Die Standardanalyse von Lod-Werten ist eine sehr wirksame Methode zur Einteilung des Genoms in Abschnitte von 20 Mb, um auf diese Weise die Position eines Krankheitsgens zu bestimmen. Allerdings treten auch hier einige Probleme auf:

- Fehleranfälligkeit,
- computertechnische Einschränkungen, welche Stammbäume überhaupt analysiert werden können,
- Probleme mit der Heterogenität der Loci,
- Einschränkung der größtmöglichen Auflösung,
- die Notwendigkeit, ein genaues genetisches Modell festlegen zu müssen, das den Vererbungsmodus, die Genhäufigkeiten und die Penetranz jedes Genotyps beinhaltet.

13.6.1 Fehler bei der Genotypisierung und Fehldiagnosen können zu falsch ermittelten Rekombinanten führen

Bei hochpolymorphen Markern können häufige Fehler, wie falsch interpretierte Gele, verwechselte Proben oder eine nicht gegebene Vaterschaft, dazu führen, dass einem Kind ein Genotyp zugeordnet wird, der nicht zu den Genotypen der Eltern passt. Ein Programm für Kopplungsanalysen wird so lange die Berechnung vorzeitig beenden, bis die Fehler korrigiert wurden. Fehler, die zu möglichen, aber falschen Genotypen führen, sind mehr als nur ein Problem, besonders wenn es sich um eine Fehldiagnose über den Gesundheitszustand eines Menschen handelt. Solche Fehler blähen genetische Karten auf, indem sie falsche Rekombinanten einführen: Wenn einem Kind ein falsches elterliches Allel zugeordnet wurde, erscheint es als Rekombinante. Eine Multilocusanalyse kann hier Abhilfe schaffen, da *falsche Rekombinanten dann als enge Doppelrekombinanten erscheinen* (Abb. 13.11). Wie wir in Abschnitt 13.1.3 festgestellt haben, macht das Phänomen der Interferenz enge Doppelrekombinanten sehr unwahrscheinlich. Bei der Erstellung von Markerrahmenkarten prüfen Fehlerkontrollroutinen, wie weit sich die

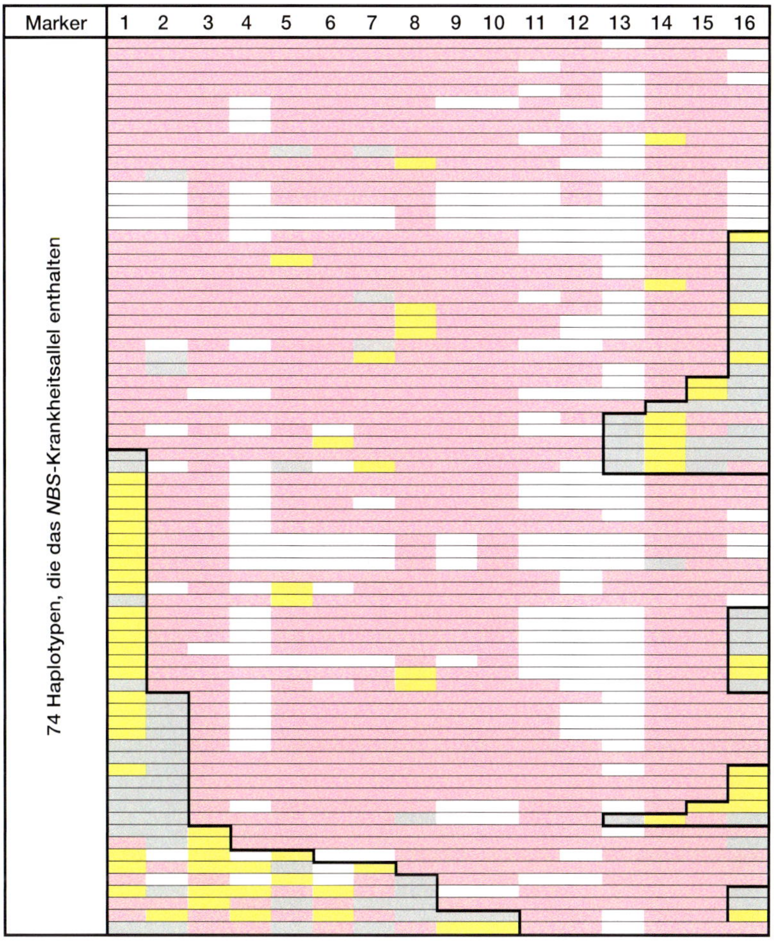

13.10 Ein ursprünglicher Haplotyp bei europäischen Patienten mit dem Nijmegen-Chromosomenbruch-Syndrom (NBS). Anscheinend nichtverwandte NBS-Patienten haben offenbar häufig einen Chromosomenabschnitt bei 8p21 von einem gemeinsamen Vorfahr geerbt. Die Haplotypen werden durch 16 Marker definiert, die oben in der Tabelle in ihrer chromosomalen Reihenfolge angegeben sind. Loci mit Allelen, die mit denen des abgeleiteten ursprünglichen Haplotyps übereinstimmen, sind rosa gefärbt. Allele, die nicht mit dem Vorfahr identisch sind, sind gelb gefärbt, wenn sie sich vom ursprünglichen Allel nur durch ein oder zwei Basenpaare unterscheiden und möglicherweise durch Mutationen aus dem ursprünglichen Allel hervorgegangen sind. Grau dargestellte Allele unterscheiden sich grundlegend von dem Vorfahrenallel und sind wahrscheinlich durch Rekombination entstanden. Die offenen Flächen stehen für Allele, über die keine Daten vorliegen. Nur bei den Loci 11 und 12 gibt es keine rekombinanten Allele (grau), was darauf hindeutet, dass sich dort das *NBS*-Gen befindet. Daten aus: Varon et al. (1998).

Karte verkürzen lässt, indem ein einziges Testergebnis weggelassen wird (Broman et al. 1998). Zweifelhaft sind Ergebnisse, die die Karte signifikant verlängern (also Rekombinanten hinzufügen).

Fehler in der Reihenfolge der Marker haben bei Markerrahmenkarten regelmäßig Probleme bereitet (Einzelrekombinanten können dann als Doppelrekombinanten erscheinen), wobei diese Schwierigkeiten überwunden waren, als man genetische Karten mit der physikalischen Sequenz abgleichen konnte.

13.6.2 Computertechnische Probleme schränken die Auswahl der Stammbäume ein, die analysiert werden können

Wie wir in Abschnitt 13.3.2 festgestellt haben, basieren Kopplungsanalysen im menschlichen Genom auf Computerprogrammen, mit deren Algorithmen sich verzweigte Stammbäume von Genotypwahrscheinlichkeiten handhaben lassen, wenn man von den Stammbaumdaten und Genhäufigkeiten ausgeht. *Liped* war das erste allgemein anwendbare Programm.

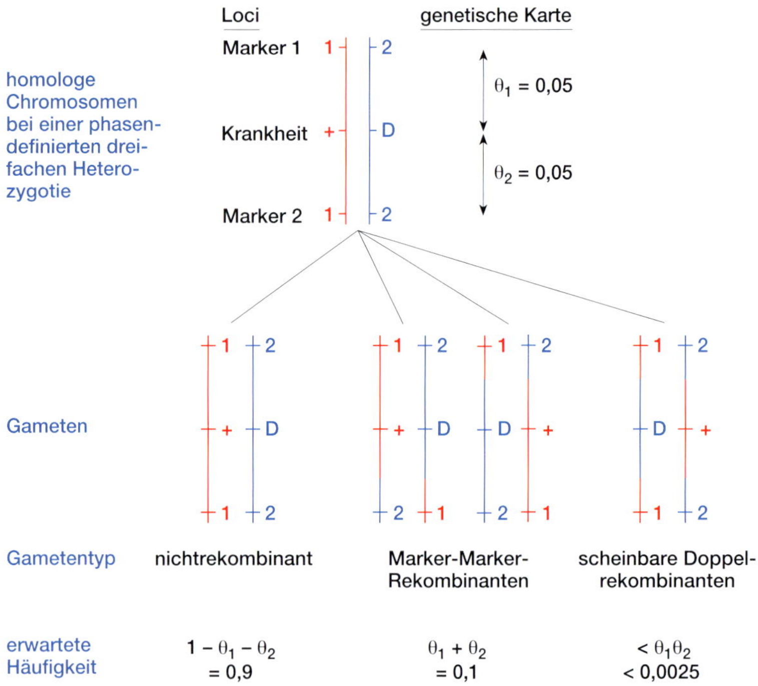

13.11 Scheinbare Doppelrekombinanten weisen auf fehlerhafte Daten hin. Aufgrund der Interferenz (Abschnitt 13.1.3) ist die Wahrscheinlichkeit gering, dass echte Doppelrekombinanten mit Markern entstehen, die nur 5 cM voneinander entfernt sind. Die Wahrscheinlichkeit liegt eindeutig unter $0{,}05 \times 0{,}05 = 0{,}0025$. Scheinbare Doppelrekombinanten zeigen normalerweise einen Fehler bei der Charakterisierung der Marker, eine klinische Fehldiagnose oder eine Locusheterogenität an. Im letzten Fall liegt das Krankheitsgen nicht an Locus D, sondern an einer anderen Stelle im Genom. Eine Mutation in einem der Gene oder eine Mosaikbildung in den Keimzellen kommen als Ursachen seltener in Frage.

Mlink (als Komponente des Linkage-Pakets) verwendete dieselben grundlegenden Logarithmen, erweiterte sie aber auch auf Multimarkerdaten. Der Elston-Stewart-Algorithmus kann beliebig große Stammbäume verarbeiten, aber die Rechenzeit steigt exponentiell mit einer zunehmenden Zahl von möglichen Haplotypen (mehr Allele und/oder mehr Loci). Das begrenzt die Fähigkeit von Mlink, Multimarkerdaten zu analysieren. Eine Alternative stellt der *Lander-Green-Algorithmus* dar, mit dem sich eine beliebige Anzahl von Loci verarbeiten lässt (die Rechenzeit nimmt mit der Anzahl der Loci linear zu) – dafür treten bei großen Stammbäumen Speicherplatzprobleme auf. Dieser Algorithmus ist in den Programmen *Genehunter* (Kruglyak et al. 1996) und *Merlin* implementiert (Abecasis et al. 2002). Beide Programme eignen sich für die Analyse ganzer Genome in Stammbäumen mittlerer Größe.

Das Buch von Ott behandelt in ausgezeichneter Weise die allgemeine Theorie der Genkopplung, und das Buch von Terwilliger und Ott (1994) gibt zahlreiche praktische Hinweise, die für Kopplungsanalysen des menschlichen Genoms unverzichtbar sind (Weiterführende Literatur).

13.6.3 Die Locusheterogenität stellt bei der Kartierung menschlicher Gene immer ein Problem dar

Wie in Abschnitt 4.1.4 erläutert wurde, treten in ungekoppelten Genen häufig Mutationen auf, die dasselbe klinische Erscheinungsbild verursachen. Selbst eine dominante Krankheit, die in großen Familien vorkommt, kann nur schwer zu kartieren sein, wenn in den untersuchten Familien eine **Locusheterogenität** vorliegt. Es erforderte Jahre der Arbeit von verschiedenen Forschungsgruppen, bis sich zeigen ließ, dass die tuberöse Sklerose durch Mutationen in einem von zwei Loci hervorgerufen wird: *TSC1* (MIM 191100) bei 9q34 und *TSC2* (MIM 191092) bei 16p13. Bei rezessiven Krankheiten vervielfachen sich die Probleme noch, da man nun viele kleine Familien kombinieren muss. In solchen Fällen ist eine *Autozygotiekartierung* (Abschnitt 13.5.1) die beste Methode.

Mit *Genehunter* oder *Homog* und verwandten Programmen (Terwilliger und Ott, Weiterführende Literatur) lässt sich feststellen, für welche Daten der beiden alternativen Annahmen eine größere Wahrscheinlichkeit gilt – entweder für die Locushomogenität (alle Familien passen zum untersuchten Locus) oder die Locus-Heterogenität (es gibt einen Anteil α von ungekoppelten Familien) –, und die maximale Wahrscheinlichkeit von α berechnen.

13.6.4 Meiotische Kartierungen besitzen eine begrenzte Auflösung

Die *Auflösung einer Kartierung* hängt von der Anzahl der analysierten Meiosen ab. Menschliche Familien zeigen hier starke Einschränkungen. So liefert beispielsweise die Gruppe der CEPH-Familien (Abschnitt 13.4.2) eine durchschnittliche Auflösung von nur etwa 3 Mb. Ein Ausweg aus dem Dilemma ist die Verwendung von *Spermien*. Die Menschen haben vielleicht zu wenige Kinder für eine Kartierung mit hoher Auflösung, aber Männer erzeugen eine praktisch unbegrenzte Anzahl von Spermien. Die einzelnen Spermien können dahingehend untersucht werden, ob sie für Paare von PCR-amplifizierbaren Markern rekombinant oder nichtrekombinant sind. Dieses Verfahren eignet sich nicht für die Kartierung von Krankheiten, aber es ermöglicht einem Forscher mit dem notwendigen technischen Geschick, Markerkartierungen in jeder gewünschten Auflösung herzustellen. Bei Lien et al. (2000) wird eine typische Anwendung beschrieben. Durch die Messung von Rekombinationshäufigkeiten in der Größenordnung von 0,00001 (Jeffreys et al. 2001) ließ sich zeigen, dass es so genannte **Rekombinations-Hot-Spots** gibt (Abb. 13.5). Auf diese Weise erhält man natürlich nur Informationen über männliche Rekombinationen.

13.6.5 Merkmale, die keiner mendelnden Vererbung folgen, sind nicht für eine Kartierung durch die in diesem Kapitel beschriebenen Verfahren zugänglich

Die in diesem Kapitel beschriebenen Methoden der Lod-Wert-Analyse erfordern ein genaues genetisches Modell. Dafür muss man den Vererbungsmodus, die Genhäufigkeiten und die Penetranz jedes Genotyps bestimmen. Für mendelnde Merkmale ist es normalerweise kein Problem, plausible Zahlen zu erhalten. Für die Penetranz sind allerdings gewisse Überlegungen notwendig. Wenn ausgeschlossen sein soll, dass nichterkrankte Personen möglicherweise nichtpenetrante Genträger oder erkrankte Personen Phänokopien sind, dann werden solche Personen als rekombinant bewertet. Wenn man andererseits die Penetranz zu niedrig ansetzt, lassen sich Kopplungen weniger gut nachweisen, da man eine zu ungenaue Hypothese testet. Bei verbreiteten komplexen Krankheiten wie Diabetes oder Schizophrenie sind die Probleme allerdings noch viel schwieriger zu handhaben. Jedes genetische Modell ist nicht mehr als eine Hypothese – wir haben keine wirkliche Vorstellung von Genhäufigkeiten oder der Penetranz von Anfälligkeitsallelen oder auch vom Vererbungsmodus. Deshalb wäre es ein großer Fehler, die in diesem Kapitel beschriebenen Methoden auf solche Krankheiten anwenden zu wollen. *Dennoch besteht ein wichtiger Teil der heutigen humangenetischen Forschung darin, die genetischen Komponenten der Anfälligkeit für komplexe Krankheiten zu identifizieren.* Kapitel 15 befasst sich mit möglichen Herangehensweisen an dieses komplexe Thema.

Weiterführende Literatur

Ott J (1999) *Analysis of Human Genetic Linkage*, 3. Auflage. Johns Hopkins University Press, Baltimore, Maryland.

Terwilliger J, Ott J (1994) *Handbook for Human Genetic Linkage*. Johns Hopkins University Press, Baltimore, Maryland.

Zitierte Literatur

Abecasis GR, Cherny SS, Cookson WO, Cardon LR (2002) Merlin – rapid analysis of dense genetic maps using sparse gene flow trees. *Nature Genet* 30: 97–101.

Broman KW, Murray JC, Sheffield VC, White RL, Weber JL (1998) Comprehensive human genetic maps: individual and sex-specific variation in recombination. *Am J Hum Genet* 63: 861–869.

Broman KW, Weber JL (2000) Characterization of human crossover interference. *Am J Hum Genet* 66: 1911–1926.

Chaib H, Place C, Salem N et al. (1996) A gene responsible for a sensorineural nonsyndromic recessive deafness maps to chromosome 2p22-23. *Hum Mol Genet* 5: 155-158.

Guilford P, Ben Arab S, Blanchard S, Levilliers J, Weissenbach J, Belkahia A, Petit C (1994) A non-syndrome form of neurosensory, recessive deafness maps to the pericentromeric region of chromosome 13q. *Nature Genet* 6: 24–28.

Houwen RHJ, Baharloo S, Blankenship K, Raeymaekers R, Juyn J, Sandkuijl LA, Freimer NB (1994). Genome screening by searching for shared segments: mapping a gene for benign recurrent intrahepatic cholestasis. *Nature Genet* 8: 380–386.

Hughes A, Newton VE, Liu XZ, Read AP (1994) A gene for Waardenburg syndrome Type 2 maps close to the human homologue of the microphthalmia gene at chromosome 3p12-p14.1. *Nature Genet* 7: 509–512.

Hultén MA, Lindsten J (1973) Cytogenetic aspects of human male meiosis. *Adv Hum Genet* 4: 327–387.
Hultén MA, Tease C (2003) Genetic maps: direct meiotic analysis. In: Cooper DN (Hrsg.) *Encyclopedia of the Human Genome*. Nature Publishing Group, London.
Ivinson AJ, Read AP, Harris R, Super M, Schwarz M, Clayton Smith J, Elles R (1989) Testing for cystic fibrosis using allelic association. *J Med Genet* 26: 426–430.
Jeffreys AJ, Kauppi L, Neumann R (2001) Intensely punctate meiotic recombination in the class 11 region of the major histocompatibility complex. *Nature Genet* 29: 217–222.
Kong A, Gudbjartsson DF, Sainz J et al (2002) A high-resolution recombination map of the human genome. *Nature Genet* 31: 241–247.
Kruglyak L, Daly MJ, Reeve-Daly MP, Lander ES (1996) Parametric and non-parametric linkage analysis: a unified multipoint approach. *Am J Hum Genet* 58: 1347–1363.
Lander ES, Schork NJ (1994) Genetic dissection of complex traits. *Science* 265, 2037–2048.
Lien S, Szyda J, Schechinger B, Rappold G, Arnheim N (2000) Evidence for heterogeneity in recombination in the human pseudoautosomal region: high resolution analysis by sperm typing and radiation-hybrid mapping. *Am J Hum Genet* 66: 557–566.
Morton NE (1955) Sequential tests for the detection of linkage. *Am J Hum Genet* 7: 277–318.
Tease C, Hartshorne GM, Hultén, MA (2002) Patterns of meiotic recombination in human fetal oocytes. *Am J Hum Genet* 70: 1469–1479.
Varon R, Vissinga C, Platzer M et al. (1998) Nibrin, a novel DNA double-stranded break repair protein, is mutated in Nijmegen Breakage Syndrome. *Cell* 193: 467–476.
Wang DG, Fan JB, Siao CJ et al. (1998) Large-scale identification, mapping and genotyping of single nucleotide polymorphisms in the human genome. *Science* 280: 1077–1082.

14. Identifizierung menschlicher Krankheitsgene

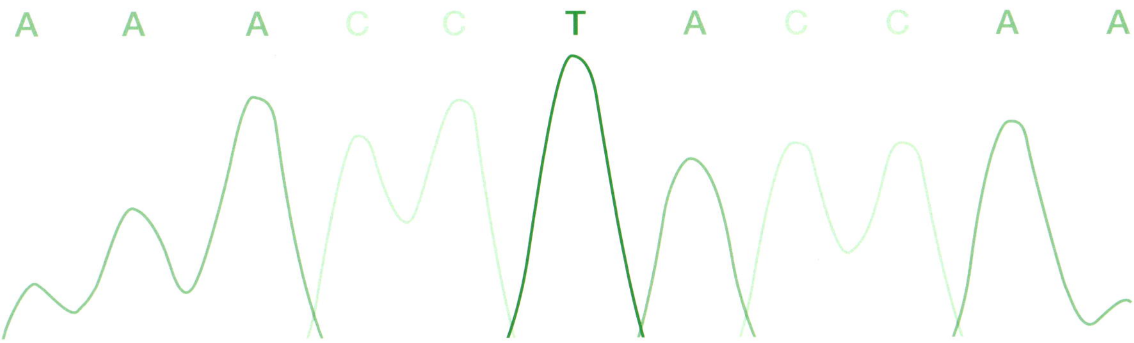

Ein zutreffenderer, aber weniger eingängiger Titel für dieses Kapitel könnte lauten „Identifizierung der genetischen Determinanten von Phänotypen des Menschen". Die hier beschriebenen Verfahren lassen sich auch dazu verwenden, Determinanten für Krankheiten oder normale Varianten wie rote Haare oder Rot-Grün-Blindheit zu bestimmen. Auch werden nicht alle identifizierten Determinanten notwendigerweise Gene im Sinn von proteincodierenden Sequenzen sein. Nach der Definition müssen sie sich auf den Phänotyp auswirken, aber das kann auch indirekt geschehen, etwa auf Ebene der Expressionsrate eines proteincodierenden Gens oder der Prozessierung oder Stabilität der zugehörigen mRNA. Die Aufgabe der molekularen Pathologie besteht darin herauszufinden, warum eine bestimmte Variante einer DNA-Sequenz einen bestimmten Phänotyp hervorbringt (Kapitel 16); hier wollen wir uns damit beschäftigen, wie man die richtige Variante findet.

Formulierungen wie „das Gen der Cystischen Fibrose", „das Gen für Diabetes" und so weiter sollen keinen falschen Eindruck hervorrufen. Viele menschliche Gene wurden erst durch die Erforschung der Krankheiten entdeckt, die durch Mutationen dieser Gene entstehen, und es werden wahrscheinlich noch Jahre vergehen, bis man ihre tatsächliche Funktion kennt – daher sollten sie auch weiterhin so genannt werden. Andererseits würde man den Gefrierschrank zuhause auch nicht als „Maschine zur Vernichtung gefrorener Nahrungsmittel" bezeichnen. Gene erfüllen in den Zellen eine Aufgabe. Wenn sie das nicht oder auf die falsche Weise tun, kann das Ergebnis eine Krankheit sein.

Wenige Gebiete haben sich so schnell weiter entwickelt wie die Identifizierung menschlicher Krankheitsgene. Vor 1980 waren nur sehr wenige menschliche Gene als Krankheitsloci bekannt. Die ersten Erfolge erzielte man bei einer geringen Zahl von Genen, deren biochemische Basis bekannt war und bei denen man das Genprodukt isolieren konnte. In den 1980er Jahren ermöglichten Fortschritte in der DNA-Rekombinationstechnik eine neue Vorgehensweise, die man wenig sinnvoll mit „reverser Genetik" bezeichnete. Die Zahl der identifizierten Krankheitsgene begann zuzunehmen, aber diese ersten Erfolge wurden schwer erkämpft. Mit der Anwendung der PCR für Kopplungsanalysen und die Suche nach Mutationen wurde es insgesamt einfacher. Und da nun das Human Genome Project und andere Genomprojekte eine große Zahl von Ressourcen zur Verfügung stellen, hängt die Fähigkeit, ein mendelndes Krankheitsgen identifizieren zu können, fast vollständig davon ab, dass man geeignete Familien findet. Die Identifizierung von Faktoren, die eine Anfälligkeit gegenüber verbreiteten komplexen Krankheiten verursachen, bleibt jedoch weiterhin außerordentlich schwierig.

14.1 Prinzipien und Strategien für die Identifizierung von Krankheitsgenen

Es gibt viele verschiedene Wege, auf denen man schließlich zu einer endgültigen Identifizierung gelangt, aber alle zielen auf ein *Kandidatengen* ab (Abb. 14.1). Wie auch immer ein Kandidatengen identifiziert wurde, prüft man anschließend die Hypothese, dass es sich um ein Krankheitsgen handelt, indem man bei Patienten mit dieser Krankheit nach Mutationen in diesem Gen sucht.

Kandidatengene können ohne Beziehung zu ihrem chromosomalen Locus identifiziert werden (Abschnitt 14.2), aber häufiger bestimmt man zuerst eine chromosomale Kandidatenregion und ermittelt dann darin die Kandidatengene (Abschnitt 14.3). Da wir nun über eine gute (aber unvollständige) Zusammenstellung aller menschlichen Gene verfügen, ist die Aufgabe, Kandidatengene zu bestimmen, wesentlich einfacher geworden, wobei das Durcharbeiten einer langen Liste solcher Gene bei der Suche nach Mutationen weiterhin sehr aufwendig sein kann.

Wenn man über Positionsinformationen verfügt, verringert sich die Liste möglicher Kandidatengene von den insgesamt etwa 30 000 menschlichen Genen auf 10 bis 30 in einer *Kandidatenregion*. Das ist wichtig, da unsere Möglichkeiten, wahrscheinliche Kandidatengene auszumachen, trotz aller Anstrengungen zurzeit noch stark eingeschränkt sind. Sobald nun ein Krankeitsgen bestimmt wurde, fehlt es immer wieder vollständig an Erklärungen, warum Mutationen gerade diese Krankheit auslösen. Warum führt ein Funktionsverlust des FMR1-Proteins, das beim Transport von RNA aus dem Zellkern in das Cytoplasma eine Rolle spielt, zu geistiger Behinderung und einer übermäßigen Größenentwicklung der Hoden (Fragiles-X-Syndrom; MIM 309550), während bestimmte Mutationen im TATA-bindenden Protein (Abschnitt 1.3.4) eine spinocerebellare Ataxie SCA17 (Tab. 16.6) hervorrufen?

14.2 Positionsunabhängige Vorgehensweisen für die Identifizierung von Krankheitsgenen

Historisch betrachtet wurden die ersten Krankheitsgene durch positionsunabhängige Methoden bestimmt, einfach weil keine brauchbaren Kartierungs-

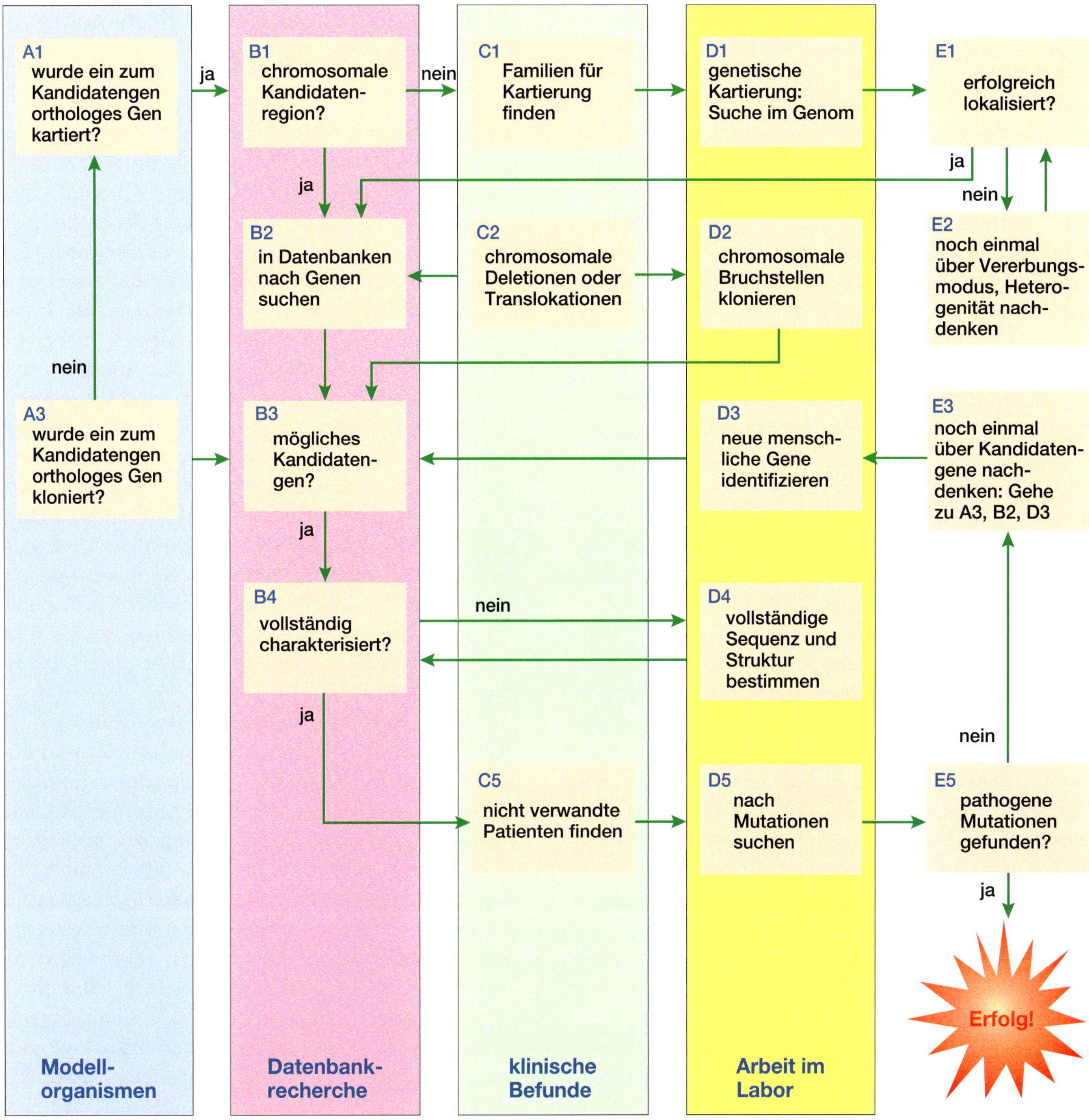

14.1 Wie man ein menschliches Gen identifiziert. Es gibt zwar nicht den einen richtigen Weg zum Erfolg, aber der entscheidende Schritt besteht darin, ein geeignetes Kandidatengen zu finden, das man dann bei betroffenen Personen auf Mutationen testen kann. Dabei besteht ein Wechselspiel zwischen der Arbeit in Klinik und Labor und Computeranalysen. Die Datenbankrecherche erlangt eine zunehmend entscheidende Bedeutung, je mehr Informationen aus den Genomprojekten zur Verfügung stehen.

informationen vorhanden waren und es auch keine technischen Möglichleiten gab, sie sich zu beschaffen. Unter diesen Umständen kann das Kandidatengen nur über ein bekanntes Genprodukt postuliert werden: das β-Globin bei der Sichelzellenanämie, die Phenylhydroxylase bei der Phenylketonurie und andere. Auch heute werden durch biochemische oder zellbiologische Untersuchungen Proteinprodukte von unbekannten Genen identifiziert. Man braucht ein Verfahren, um vom Protein zur DNA zu gelangen.

14.2.1 Die Identifizierung eines Krankheitsgens über das bekannte Proteinprodukt

Moderne proteomische Verfahren ermöglichen es, ein Protein zu bestimmen und durch Massenspektroskopie (Mann et al. 2001; Abschnitt 19.4.2) und ein chemisches Mikroverfahren (Barlett 2001) zu identifizieren beziehungsweise partiell zu sequenzieren, selbst wenn es nur in sehr geringen Mengen vorhanden ist. Wenn man die cDNA-Sequenz bestimmt hat, die diese Aminosäuren codiert, kann man eine Oligonucleotidsonde herstellen und damit cDNA-Bibliotheken durchsuchen, um die zugehörige DNA-Sequenz zu finden. Das Problem ist dabei die Degeneration des genetischen Codes – die meisten Aminosäuren können von einem aus mehreren verschiedenen Codons codiert werden. Die Sonde muss also ein **degeneriertes Oligonucleotid** sein, das heißt eine Mischung aus allen möglichen Sequenzen, die so ausgewählt sein sollten, dass die Anzahl der Varianten nicht zu groß ist. Da nur eines der Oligonucleotide in der Mischung der tatsächlichen Sequenz entspricht, muss man die Anzahl der verschiedenen Oligonucleotide gering halten, um die Wahrscheinlichkeit zu erhöhen, die richtige Ziel-DNA aufzufinden. Tryptophan und Methionin sind hier sehr hilfreich, da es dafür nur jeweils ein einziges Codon gibt. Arginin, Leucin und Serin mit je sechs Codons sind so weit wie möglich zu vermeiden.

Das Durchsuchen einer DNA-Bibliothek kann langwierig sein, wenn man eine degenerierte Sonde verwendet, da die Ergebnisse stark von den Hybridisierungsbedingungen abhängen. Ein alternatives, schnelleres Verfahren verwendet partiell degenerierte Oligonucleotide als PCR-Primer. Die Zahl der möglichen Varianten lässt sich verringern, indem man die Ziel-cDNA mit einem Vektor verknüpft und für die PCR einen vektorspezifischen Primer und einen degenerierten proteinspezifischen Primer verwendet. Dennoch ist viel Glück erforderlich, um das gewünschte PCR-Produkt und nicht entweder überhaupt kein Produkt oder ein Durcheinander von unspezifischen Produkten zu erhalten.

Alternativ kann man auch Antikörper gegen das Protein herstellen, selbst wenn es nur in geringen Mengen zur Verfügung steht, und damit versuchen, das Gen zu finden. 1982 isolierte man aus einem zellfreien System die mRNA, die die Phenylalaninhydroxylase codiert, durch eine Immunpräziptation von Polysomen, die das Protein gerade synthetisierten (Robson et al. 1982). Heute würde man eine **cDNA-Expressionsbibliothek** herstellen, indem man gesammelte cDNAs in einen Expressionsvektor kloniert (Abschnitt 5.6.1). Wirtszellen, die Klone mit dem gewünschten Gen enthalten, sollten das Protein oder zumindest einen Teil davon produzieren. Sie lassen sich identifizieren, indem man Filter, auf denen sich Kolonien der Bibliothek befinden, mit einem geeigneten Antikörper testet. Dabei hängt alles von der Spezifität des Antikörpers ab; außerdem bleibt immer nur zu hoffen, dass das Protein für die Wirtszelle nicht toxisch ist. Eine **Phagen-Display-Bibliothek** (Abschnitt 5.6.2) ermöglicht hier einen alternativen Ansatz.

14.2.2 Identifizierung eines Krankheitsgens über ein Tiermodell

Viele menschliche Gene wurden mithilfe von Tiermodellen identifiziert, wobei das allerdings fast immer erst dann möglich war, wenn man sich positionelle Informationen verschafft hatte. So können beispielsweise eine Mausmutante und eine phänotypisch ähnliche Krankheit des Menschen den einander entsprechenden chromosomalen Loci zugeordnet werden (unter Anwendung des **Oxford-Gitters**; Abb. 14.7). Dann kloniert man das Gen der Maus, und das orthologe Gen des Menschen wird ein natürlicher Kandidat. Alternativ kann man auch erst ein Krankheitsgen der Maus identifizieren und dann das menschliche orthologe Gen isolieren. Eine Kartierung ist durch eine Fluoreszenz-*in situ*-Hybridisierung möglich (Abschnitt 2.4.2). Das menschliche Gen wird so zu einem Kandidatengen für jede Krankheit, die man dem entsprechenden Locus zugeordnet hat. Auf diese Weise hat man das *MITF*-Gen als Ursache des Waardenburg-Syndroms Typ 2 identifiziert (MIM 193510; Hughes et al. 1994).

Es ist zwar ungewöhnlich, dass man menschliche Patienten direkt mit einem Gen testet, das vorher in einem Tiermodell ermittelt wurde, ohne durch eine Positionsbestätigung zu prüfen, ob die Patienten überhaupt dafür in Frage kommen. Im Fall des *SOX10*-Gens wurde es aber so durchgeführt. Das Gen wurde durch eine arbeitsintensive Positionsklonierung der Mutation für das *Dominante Megacolon-Syndrom* (*Dom*) der Maus isoliert. *Dom*-Mäuse dienen schon lange als Modell für die menschliche Hirschsprung-Krankheit (Abschnitt 15.6.2), wobei besonders die Pigmentanomalien und der Gehörverlust (Waardenburg-Syndrom Typ 4 oder WS4; MIM 277580) den Symptomen bei der Maus ähnlich sind. WS4 ist sehr selten und kommt normalerweise in Familien vor, die für eine Kartierung zu klein sind. Also testete man eine Gruppe von WS4-Patienten auf *SOX10*-Mutationen, ohne dass man vorher wusste, wo das Krankheitsgen eigentlich liegt. Der Versuch war erfolgreich, da man tatsächlich *SOX10*-Mutationen finden konnte, allerdings nicht bei allen Patienten (Pingault et al. 1998).

14.2.3 Identifizierung eines Krankheitsgens mithilfe von positionsunabhängigen DNA-Sequenzinformationen

Das geschieht meistens dann, wenn man von der Frage ausgeht, welche Krankheiten möglicherweise durch Mutationen in einem bestimmten bekannten

Gen verursacht werden. Positionsunabhängige Kandidatengene erhält man auch durch Experimente mit Expressionsreihen, bei denen man mRNA-Proben von Patienten und normale Kontrollproben miteinander vergleicht, um schließlich eine Liste von Genen aufstellen zu können, deren Expression sich bei der Krankheit ändert.

Eine interessante Anwendung positionsunabhängiger DNA-Sequenzinformationen ist der Versuch, Gene zu klonieren, die neue verlängerte Trinucleotidwiederholungen enthalten. Wie in Abschnitt 16.6.4 gezeigt wird, verursachen solche verlängerten Trinucleotidwiederholungen verschiedene vererbbare neurologische Störungen, die häufig im Lauf der Generationen in einer immer früheren Lebensphase auftreten und immer gravierendere Symptome (**Antizipation**) zeigen. Wenn eine untersuchte Krankheit eine dieser Eigenschaften besitzt, kann es sinnvoll sein, die DNA von betroffenen Patienten auf die Verlängerung von Triplettwiederholungen zu testen. Durch den *Nachweis verlängerter repetitiver Triplettsequenzen* (Schalling et al. 1993) lassen sich diese verlängerten Wiederholungssequenzen in genomischer Gesamt-DNA von Patienten nachweisen. Außerdem hat man Methoden entwickelt, um diese Sequenzen zu klonieren (Koob et al. 1998). Mithilfe dieses Verfahrens ist es gelungen, vollständig positionsunabhängig eine neue Wiederholungsverlängerung zu identifizieren, die bei einer Form der Spinocerebellaren Ataxie (SCA8) eine Rolle spielt (Koob et al. 1999).

14.3 Positionsklonierung

Bei der Positionsklonierung wird ein Krankheitsgen bestimmt, von dem nichts außer der Zuordnung zu einer chromosomalen Teilregion bekannt ist. Die erste erfolgreiche Anwendung war die Identifizierung des Gens für die X-gekoppelte septische Granulomatose (Royer-Pokora et al. 1985). Ein wichtiger Testfall für die Methoden der Positionsklonierung war die Duchenne-Muskeldystrophie (DMD; MIM 310200). Die jahrelange genaue Untersuchung der pathologischen Veränderungen in der Muskulatur von Erkrankten führte nicht dazu, dass man die biochemischen Grundlagen der DMD entdecken konnte. In den frühen 1980er Jahren versuchten verschiedene konkurrierende Arbeitsgruppen auf verschiedene Weise, das DMD-Gen zu klonieren. Mit der Überwindung der beachtlichen technischen Schwierigkeiten bei der Klonierung eines Gens, für das es bis dahin noch keine entsprechenden Beispiele gab, leisteten diese Gruppen wirklich Pionierarbeit. Wahrscheinlich waren es vor allem diese Arbeiten, die in der Folgezeit Anregungen zu weiteren Positionsklonierungen gaben. Eine Übersicht findet sich bei Worton und Thompson (1988).

Der erfolgreiche Abschluss dieser Arbeiten im Jahr 1986 markierte den Beginn einer neuen triumphalen Ära in der molekularen Genetik des Menschen. Der Reihe nach isolierte man die Gene für wichtige genetisch bedingte Krankheiten – Duchenne-Muskeldystrophie (DMD), Cystische Fibrose (CF), Huntington-Chorea (*Huntington disease*, HD), adulte Form der polycystischen Nierenerkrankung, familiärer Darmkrebs und andere. Die Logik der Positionsklonierung folgt dem Schema in Abbildung 14.2. Bevor jedoch die heutigen Markerkarten, Klone und Sequenzinformationen zur Verfügung standen, konnte die Positionsklonierung ausgesprochen arbeitsaufwendig sein. Bis 1995 waren auf diese Weise nur die Gene von etwa 50 Erbkrankheiten identifiziert worden. Das Frustrierende an der Positionsklonierung hat ein Forscher in Abbildung 14.3 zusammengefasst.

14.3.1 Der erste Schritt besteht darin, die Kandidatenregion so eng wie möglich zu fassen

Die Schwierigkeiten bei der Postionsklonierung beruhen zu einem sehr großen Teil auf der Größe der Kandidatenregion. Das erste Ziel ist also, diese so weit wie möglich einzugrenzen. Bei mendelnden Krankheiten hängt das vor allem davon ab, wie viele Meiosen für eine Untersuchung zur Verfügung stehen. Die **Grenze der Auflösbarkeit** ist erreicht, wenn die letzte Rekombinante zwischen eng positionierten Markern

14.2 Die Logik der Positionsklonierung. Die Abbildung veranschaulicht den logischen Fortgang einer Positionsklonierung. Bevor jedoch die heute vorhandenen Sequenzdaten und hoch aufgelösten Markerkarten zur Verfügung standen, versuchten Forscher auf verschiedene Weise, die schwere Arbeit der reinen Positionsklonierung abzukürzen.

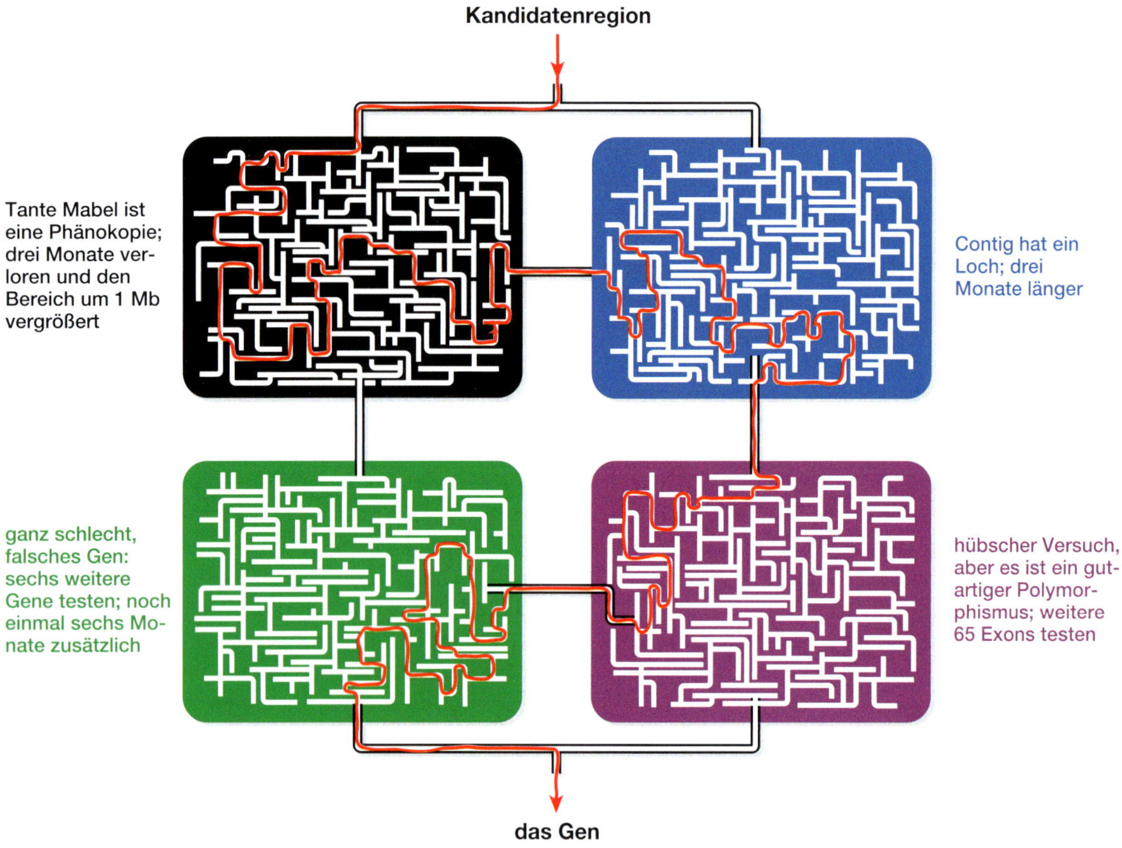

14.3 Der schwere Weg von der Kandidatenregion zum Gen. Blick eines Forschers auf die Enttäuschungen der Positionsklonierung. Mit freundlicher Genehmigung von Dr. Richard Smith, University of Iowa.

kartiert wurde. Das lässt sich besser durch Betrachten von Haplotypen und weniger durch Computeranalysen entscheiden (Abb. 14.4). Wenn man die Faustregel anwendet, dass 1 cM = 1 Mb ist (Abschnitt 13.1.5), sollte es mithilfe von 100 informativen Meiosen aus einer Gruppe von Familien möglich sein, eine mendelnde Krankheit auf einen Bereich von etwa 1 Mb einzugrenzen.

Wenn die Kandidatenregion nur durch einzelne Rekombinanten festgelegt wird, ist es wichtig, mögliche Fehlerquellen zu beachten (Abschnitt 13.6.1). Sorgfältige klinische Diagnosen sind unabdingbar. Schlüsselrekombinanten sind signifikanter, wenn sie bei eindeutig erkrankten Personen auftreten – ein Gesunder könnte vielleicht ein nichtpenetranter Träger des Gens sein. **Scheinbare Doppelrekombinanten** sind mit großer Vorsicht zu behandeln. Manchmal treten trotz guter Lod-Werte (Kapitel 13) mit jedem Marker Rekombinanten auf. Das weist im Allgemeinen darauf hin, dass eine der untersuchten Familien dieser Region nicht zuzuordnen ist. Möglicherweise sind aber auch die Marker auf der genetischen Karte falsch angeordnet.

Für nichtmendelnde Phänotypen sind Kopplungsanalysen wesentlich ungenauer, und Kandidatenregionen umfassen 20 cM oder mehr (Kapitel 15). Das ist ohne zusätzliche Informationen für eine Suche zu groß, daher sei hier besonders auf die Ausnutzung von **Kopplungsungleichgewichten** verwiesen, um den Bereich einzugrenzen (Abschnitt 15.4). Auch mendelnde Krankheiten lassen sich damit sehr gut noch genauer kartieren, wie am Beispiel der Cystischen Fibrose oder des Nijmegen-Chromosomenbruch-Syndroms zu sehen ist (Abschnitt 13.5.2).

14.3.2 Erforderlich ist die Herstellung eines Klon-Contigs, das die gesamte Kandidatenregion abdeckt

Die Methoden für die Konstruktion eines Klon-Contigs sind in Exkurs 8.5 nachzulesen. In früheren Zeiten war die Herstellung eines Klon-Contigs eine anstrengende Aufgabe. Die Publikation, in der die Identifizierung des Gens für die Cystische Fibrose

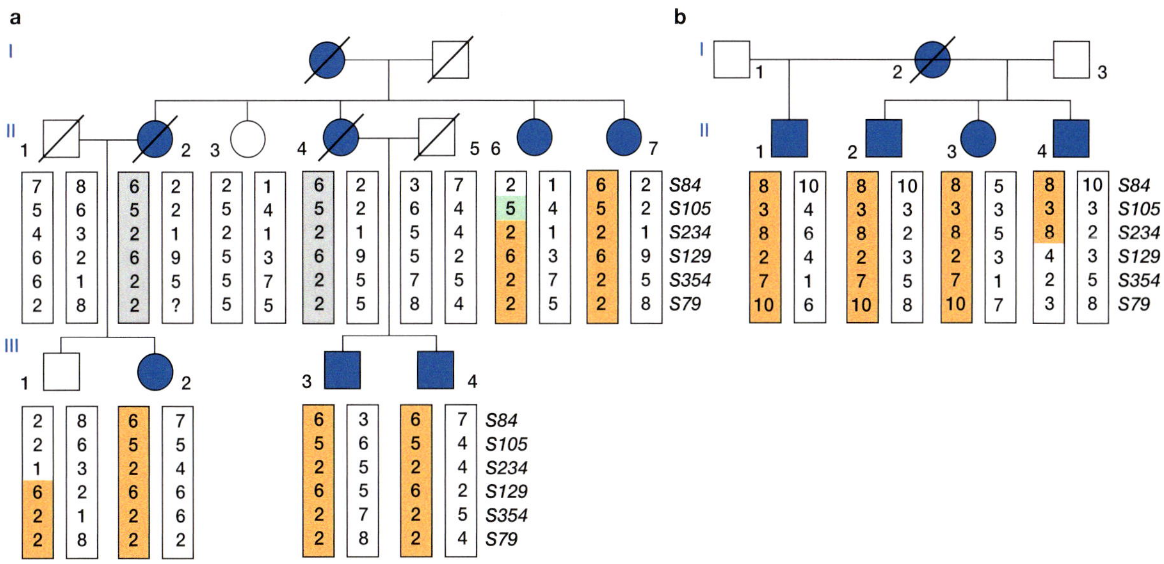

14.4 Festlegung der kürzesten Kandidatenregion durch die Analyse von Haplotypen. Die beiden Stammbäume zeigen die Vererbung der Darier-Krankheit (einer dominanten Hauterkrankung; MIM 124200), die bereits der 12q-Region zugeordnet worden war. Der Haplotyp von 12q-Markern, die zusammen mit der Krankheit segregieren, ist farblich hervorgehoben. Graue Flächen markieren abgeleitete Haplotypen von verstorbenen Personen. Im Stammbaum A lässt sich das Gen durch die Rekombination bei II-6 distal von *D12S84* kartieren. *D12S105* ist nicht informativ, da I-1 für Allel 5 offensichtlich homozygot war – vergleiche die Genotypen von II-3 und II-7. Die Rekombination bei III-1 lässt vermuten, dass das Krankheitsgen proximal von *D12S129* liegt. Dafür ist jedoch noch eine Bestätigung erforderlich, da diese Deutung davon abhängt, ob die Genotypen II-1 und II-2 korrekt hergeleitet wurden, und ob III-1 kein nichtpenetranter Genträger ist. Die Rekombination bei II-4 in Stammbaum B liefert diese Bestätigung. Durch die Kombination der Daten ist es möglich, das Darier-Gen dem Abschnitt zwischen *D12S84* und *D12S129* zuzuordnen. Nach Carter et al. (1994) *Genomics* 24: 378–382.

beschrieben wird (Rommens et al. 1989), stellt wahrscheinlich das beeindruckendste Beispiel aus dieser frühen Phase vor. Das Durchsuchen von DNA-Bibliotheken mithilfe von Hybridisierungen, um aufeinander folgende überlappende Klone zu finden („**Chromosomenwanderung**“, *chromosome walking*), war mit den Phagen und Cosmiden, die nur kleine DNA-Fragmente aufnehmen konnten, sehr anstrengend und langwierig. Das Verfahren wurde durch die inzwischen überflüssig gewordene Methode des „Chromosomenspringens“ (Poutska et al. 1987) ergänzt. Heute kann man bereits fertige Contigs einfach aus der Datenbank der menschlichen Genomsequenz herunterladen, wobei es aber immer notwendig ist, diese Zusammenstellungen noch einmal zu prüfen, bevor man darauf aufbaut.

14.3.3 Eine Transkriptkarte definiert alle Gene innerhalb der Kandidatenregion

Nachdem man ein Contig erstellt hat, besteht der nächste Schritt darin, die darin enthaltenen Gene zu erfassen. So wie sich unsere Kenntnisse vom menschlichen Genom erweitern, wird es zunehmend wahrscheinlicher, dass jede Krankheit, die zurzeit untersucht wird, auf Mutationen in einem schon bekannten Gen zurückzuführen ist. Um die bereits bestimmten und die mutmaßlichen Gene in der Kandidatenregion darzustellen und zu analysieren, verwendet man einen **Genom-Browser** wie beispielsweise Ensembl (http://www.ensemble.org) oder den Santa Cruz-Browser (http://genome.cse.ucsc.edu) (Abb. 14.5; siehe auch Abschnitt 8.3.6 sowie Wolfsberg et al. 2002). So sehr beeindruckend diese Darstellungen auch sein mögen, man sollte sich nicht zu stark auf sie verlassen. Diese besonders ausgefeilten Hilfsmittel sind als Ergänzung des selbstständigen Denkens zu begreifen, nicht als dessen Ersatz. Sie müssen durch gründliche eigene Untersuchung der Region gestützt werden, die in einer Kombination aus Arbeiten am Computer und im Labor bestehen. Die Publikation von Reymond et al. (2002) erläutert, welche zusätzlichen Analysen notwendig sind.

Bei computergestützten Recherchen versucht man, aus den Datenbanken mehr Informationen herauszuziehen, als die Genom-Browser dies vermögen. Programme zum Auffinden von Genen haben Schwierigkeiten, kurze Exons, Exons mit ungewöhnlichen Spleißstellen und Codonverschiebungen oder Gene

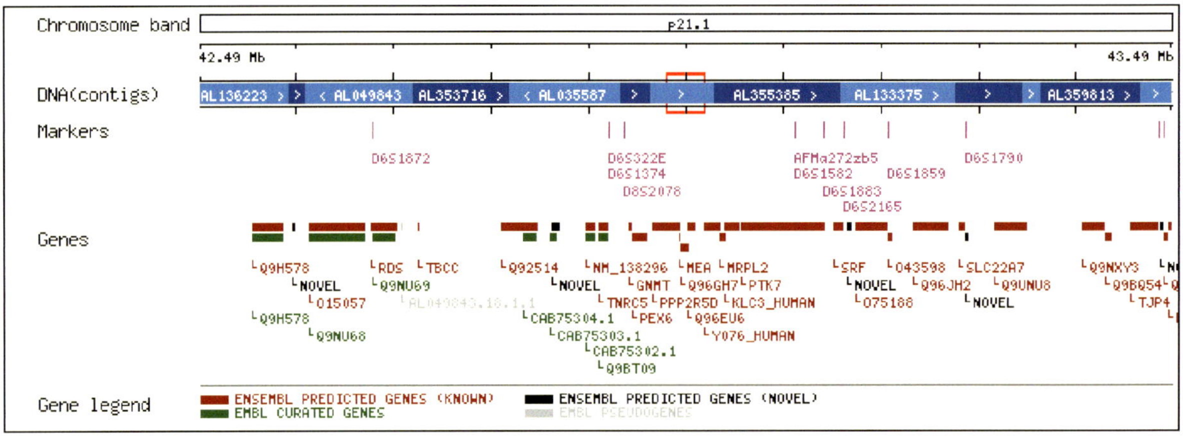

14.5 Auflistung der Gene in einer Kandidatenregion mithilfe eines Genom-Browsers. Der Ausschnitt aus der Bildschirmdarstellung des Genom-Browsers von Ensembl (http://www.ensembl.org) zeigt bestätigte und vorhergesagte Gene in einer Region von 1 Mb bei 6p21.1 an. Durch Klicken auf das Gen erhält man Informationen über Gensequenz, Struktur und Homologien. Weitere Einzelheiten über dieses System finden sich in Abschnitt 8.3.6.

mit ungewöhnlich langen 5'- oder 3'-untranslatierten Regionen zu entdecken. Exprimierte Sequenzmarker (*expressed sequence tags*, EST), die aus gespleißten kurzen Exons bestehen, lassen sich möglicherweise ihrer genomischen Sequenz nicht zuordnen. Weitere Computeranalysen können darauf abzielen, Homologien zu finden. Der Vergleich von Sequenzen des Menschen und der Maus kann zusätzliche konservierte Sequenzen aufzeigen, die vielleicht Hinweise auf die Funktion geben. Geringe Homologien zu mutmaßlichen orthologen oder paralogen Genen können bei automatischen Suchen in den Genomen übersehen werden. Eine gezieltere, stärker von Vorüberlegungen geleitete Suche liefert wahrscheinlich eher Hinweise auf die Genfunktion.

Ein Schwerpunkt der experimentellen Arbeit ist die doppelte Fehlerkontrolle beim Erstellen der Sequenzen, um beispielsweise falsch eingeordnete Subklone auszuschließen, und beim Zusammenfügen der Gene, etwa um fehlende oder falsche Exons, geteilte oder falsch verknüpfte Gene und Ähnliches zu vermeiden. Mit Primern, die zu verschiedenen Teilen der genomischen Sequenzen passen, stellt man fest, ob die erzeugten PCR-Produkte die zu erwartende Größe besitzen. Wenn man keine Amplifizierungsprodukte erhält, wurde die genomische Sequenz wahrscheinlich falsch zusammengestellt. Durch eine RT-PCR mit Primern aus verschiedenen mutmaßlichen Exons kann man testen, ob sich das vorhergesagte Produkt überhaupt amplifzieren lässt und ob es dann auch die erwarteten dazwischen liegenden Exons enthält. Auf diese Weise lassen sich auch unerwartete alternative Spleißstellen oder zusätzliche Exons aufspüren. Mithilfe der 5'-RACE-Methode (Abschnitt 7.2.3) kann man versuchen, die bekannten Gensequenzen zu erweitern – vor allem dann, wenn in dem äußersten stromaufwärts liegenden Exon kein optimales Startcodon vorhanden ist (ein ATG in einer Kozak-Consensussequenz; Abschnitt 1.5.1). Ist über das Expressionsmuster eines vorhergesagten Gens nichts bekannt, kann eine fehlgeschlagene Amplifizierung auch einfach nur bedeuten, dass man das falsche Gewebe oder die falsche cDNA-Bibliothek untersucht hat. Wenn jedoch in der mutmaßlichen Gensequenz EST-Marker liegen, sind auch Informationen über die cDNA-Bibliothek verfügbar, aus der der EST-Marker isoliert wurde. Werden benachbarte Gene in derselben Richtung transkribiert, lässt sich durch einen RT-PCR-Test feststellen, ob es sich nicht um Teile desselben Gens handelt.

Zusätzlich zu dieser experimentellen Kontrolle der Informationen aus der Datenbank kann man auch **direkt nach Transkripten suchen**. Die allgemeinen Verfahren für die Identifizierung von unbekannten transkribierten Sequenzen in einem Contig sind in Abschnitt 7.2 im Einzelnen aufgeführt und werden in Exkurs 14.1 kurz zusammengefasst. Bis vor kurzem gab es noch gar keine Datenbanken, die man hätte testen können, sodass wir es hier mit der ersten Form einer Transkriptkartierung zu tun haben.

Sobald man cDNA-Bibliotheken durchsuchen muss, stellt sich immer die Frage, welche man auswählt. Häufig kann bereits die Pathologie der untersuchten Krankheit besondere Hinweise geben. Wenn man also eine neuromuskuläre Erkrankung untersucht, ist es sinnvoll, mit Muskel-cDNA-Bibliotheken zu beginnen. Allerdings ist das Gewebe, das die pathologischen Auswirkungen zeigt, nicht zwangs-

Exkurs 14.1: Transkriptkartierung: Labormethoden, die eine Datenbankanalyse für die Identifizierung exprimierter Sequenzen in genomischen DNA-Klonen ergänzen können

Die Methoden für die Transkriptkartierung werden in Abschnitt 7.2 beschrieben. Hier eine Zusammenfassung:

- Durchsuchen einer cDNA-Bibliothek, Verwendung von genomischen DNA-Klonen aus der Kandidatenregion als Sonden.
- cDNA-Selektion durch eine besonders empfindliche Nachweismethode für cDNAs, die aus der Kandidatenregion abgeleitet wurden (Abb. 7.11).
- Gezielte Exonisolierung (*exon trapping*) zum Auffinden von Genomsequenzen, die von funktionellen Spleißsignalen flankiert werden (Abb. 7.10).
- Zoo-Blots, um in der Evolution konservierte Sequenzen zu suchen (Abb. 7.9).
- Identifizierung von CpG-Inseln, um Bereiche mit wenig methylierter DNA zu suchen, die häufig in der Nähe von Genen liegen (Exkurs 9.3).

läufig das mit der stärksten Expression. Daher sollte man nach einer fehlgeschlagenen Suche in der einen cDNA-Bibliothek noch andere testen. Häufig verwendet man cDNAs aus fetalem Gehirn, weil hier besonders viele verschiedene Sequenzen exprimiert werden.

14.3.4 Gene aus einer Kandidatenregion kommen für Mutationstests bevorzugt in Frage

Unter den Genen, die sich einer Kandidatenregion zuordnen lassen, sucht man nach einem Gen, dass die **passende Expression** und/oder **Funktion** zeigt. Auch kann man nach **Homologien** mit einem anderen menschlichen oder nichtmenschlichen Gen suchen, das die passende Expression oder Funktion aufweist oder in dem Mutationen mit einem verwandten Erscheinungsbild bekannt sind.

Passendes Expressionsmuster

Ein gutes Kandidatengen sollte ein Expressionsmuster zeigen, das zum Erscheinungsbild der Krankheit passt. Die Expression muss nicht auf das betroffene Gewebe beschränkt sein; es gibt viele Beispiele für Gene mit einem breiten Expressionsspektrum, die aber gewebespezifische Krankheiten verursachen (Abschnitt 16.7.1). Das Kandidatengen sollte jedoch zumindest zu dem Zeitpunkt und an dem Ort exprimiert werden, die dem pathologischen Effekt entsprechen. So spielen beispielsweise bei Defekten des Neuralrohres wahrscheinlich Gene eine Rolle, die während der dritten und vierten Woche der menschlichen Embryonalentwicklung exprimiert werden, also kurz vor oder während der Neurulation. Die Expression von Kandidatengenen lässt sich durch RT-PCR, Northern-Blots oder eine serielle Analyse der Genexpression (SAGE; Abschnitt 19.3.2) testen. Ein großer Teil der Vorarbeiten erfolgt weniger im Labor, sondern eher mithilfe von Datenbanken (dbEST oder SAGE, die beide über die NCBI-Internetseite (www.ncbi.nlm.nih.gov) zu erreichen sind). *In situ*-Hybridisierungen mit mRNA in Gewebeschnitten (Abschnitt 6.3.4) oder Immunhistochemie mit markierten Antikörpern machen Expressionsmuster in ihren Einzelheiten am besten sichtbar. Die Untersuchungen werden in der Regel an Mausgewebe durchgeführt, besonders wenn Embryonalstadien betroffen sind. Die generelle Annahme, dass Menschen und Mäuse ähnliche Expressionmuster zeigen, lässt sich jedoch nicht immer bestätigen. Inzwischen wurden zentrale Bezugsstellen für phasenspezifische Gewebeschnitte menschlicher Embryonen eingerichtet, sodass man die entsprechenden Analysen, sofern erforderlich, auch damit durchführen kann.

Passende Funktion

Wenn die Funktion eines Gens in der Kandidatenregion bekannt ist, sollte auch erkennbar sein, ob das Gen tatsächlich für die Krankheit in Frage kommt – gute Beispiele sind hier die Gene für Rhodopsin und Fibrillin (Abschnitt 14.6.4). Bei neuen Genen liefern Sequenzanalysen häufig Hinweise auf die Funktion: Transmembrandomänen, Tyrosinkinasemotive und andere Strukturen lassen sich auf diese Weise erkennen. Da die Pathologie der Krankheit bekannt ist, sollte das bereits genügen, um ein Gen als Kandidatengen auszuzeichnen. So ist beispielsweise der Ionentransport für die Funktion des Innenohres von entscheidender Bedeutung, sodass das Gen für einen Ionenkanal ein naturgemäßer Kandidat für die Positionsklonierung eines Gens für Gehörlosigkeit sein kann.

Kandidatengene können auch dadurch in Betracht kommen, dass sie in enger funktioneller Beziehung zu einem Gen stehen, das bei einer ähnlichen Krankheit eine Rolle spielt. Die Beziehung der Gene kann darin bestehen, dass das eine Gen einen Rezeptor und das andere Gen den zugehörigen Liganden oder andere Komponenten desselben Stoffwechsel- oder Entwicklungsweges codiert. Mit solchen Überlegungen wurden beispielsweise einige der Gene identifiziert, die bei der Hirschsprung-Krankheit beteiligt sind (Abschnitt 15.6.2).

Homologien mit einem entsprechenden paralogen (menschlichen) Gen

Manchmal stellt sich heraus, dass ein Gen in der Kandidatenregion mit einem bekannten Gen starke Homologien aufweist (das beim Menschen ein paraloges Gen, bei anderen Spezies ein orthologes Gen ist). Wenn Mutationen des homologen Gens ein ähnliches Erscheinungsbild hervorrufen, wird das neue Gen zu einem wichtigen Kandidaten. So hat man beispielsweise nach Identifizierung des Fibrillingens, das bei einer Mutation das Marfan-Syndrom verursacht (Abschnitt 14.6.4), das paraloge *FBN2*-Gen bei 5q entdeckt. Eine verwandte Erkrankung, die angeborene kontrakturelle Arachnodaktylie (CCA; MIM 121050), ließ sich ebenfalls bei 5q kartieren. Und bei CCA-Patienten konnte man bald darauf *FBN2*-Mutationen nachweisen (Putnam et al. 1995).

Im Verlauf des letzten Jahrzehnts wurde zunehmend klar, wie weit sich strukturelle und funktionelle Homologien bis hin zu sehr entfernten Spezies erstrecken. Es gibt praktisch zu jedem Gen der Maus ein entsprechendes Gegenstück beim Menschen, und etwas Ähnliches gilt wahrscheinlich für andere, bis jetzt weniger gut erforschte Säugerspezies. Überraschender ist dabei noch, dass es auch zwischen Genen des Menschen, des Zebrafisches, von *Drosophila*, des Nematoden *Caenorhabditis elegans* und sogar der Hefe umfangreiche Homologien gibt. Ein sehr wichtiges Hilfsmittel für die Auswahl von Kandidatengenen aus einem Satz von menschlichen Genen besteht deshalb darin, die recht gut untersuchten Modellorganismen heranzuziehen und dort nach bekannten orthologen Genen zu suchen (Abschnitt 19.2), Solche Informationen können sich auf Expressionsmuster und Phänotypen von Mutanten beziehen. Bei Steinmetz et al. (2002) wird die systematische Untersuchung von Hefemutanten auf potenzielle Gene für menschliche Krankheiten beschrieben. Besonders Mäuse erweisen sich bei solchen Untersuchungen als nützlich (Einzelheiten siehe unten).

Reaktionswege sind häufig noch stärker konserviert als Gensequenzen, sodass man Erkenntnisse über einen Entwicklungs- oder Kontrollweg von *Drosophila* verwenden kann, um die mögliche Funktionsweise beim Menschen vorherzusagen; allerdings gibt es bei den Säugern häufig mehrere parallel verlaufende Reaktionswege, wenn es bei niederen Organismen nur einen einzigen gibt. Im Gegensatz dazu ähneln sich mutierte Phänotypen wahrscheinlich eher weniger. Ein besonderes Beispiel dafür ist die flügellose *apterous*-Mutante von *Drosophila*. Das menschliche *LHX2*-Gen kann die gestörte Funktion bei der Mutante komplementieren, sodass die Fliege normale Flügel entwickelt (Abb. 14.6). In der menschlichen Entwicklung gibt es offenbar einen praktisch identischen Reaktionsweg, der aber einen anderen Zweck erfüllt. Ein anderes Beispiel ist das Branchio-oto-renale Syndrom (Abschnitt 14.6.3).

14.3.5 Die besondere Bedeutung von Mausmutanten

Phänotypische Übereinstimmungen zwischen Mensch und Maus liefern besonders wertvolle Hinweise für die Identifizierung menschlicher Krankheitsgene. Das hat mehrere Gründe:

- Durch eine systematische Mutagenese lassen sich mutierte Mäuse in großer Zahl erzeugen (Justice 2000, Brown und Balling 2001).
- Die Mutation orthologer Gene erzeugt bei Mäusen mit größerer Wahrscheinlichkeit ähnliche Phänotypen wie beim Menschen, als es beispielsweise bei Fliegen oder Würmern der Fall ist. Die Übereinstimmungen sind aber möglicherweise geringer als man sich das vielleicht vorstellt (Abschnitt 20.4.6).
- Der Phänotyp von Mäusen lässt sich häufig bestimmten Kandidatenregionen einfach zuordnen. Die Analyse von Rückkreuzungen (Exkurs

14.6 Der Mensch besitzt ein Gen, mit dem er Fliegen Flügel wachsen lassen kann. Der Defekt bei Fliegen mit der *apterous*-Mutation (a) lässt sich entweder durch das Wildtypgen der Fliege (b) oder das menschliche *LHX2*-Gen aufheben (c). Aus: Rincón-Limas et al. (1999) *Proc Natl Acad Sci USA* 96: 2165–2170, mit Genehmigung. © 1999 National Academy of Sciences, USA.

14.2) ermöglicht bei der Maus eine schnelle und genaue Kartierung. Deshalb hat man die meisten Mutationen der Maus bereits kartiert, oder eine Kartierung lässt sich einfach durchführen. Sobald der chromosomale Locus eines gesuchten Gens bei der Maus oder beim Menschen bekannt ist, kann man im Allgemeinen (aber nicht immer) die Position des Gens in der anderen Spezies vorhersagen. Abbildung 14.7 zeigt, wie die chromosomalen Loci beim Menschen und bei der Maus einander entsprechen. Grundlage dafür sind orthologe Gene, die bereits bei beiden Spezies kartiert wurden. Der gegenseitige Vergleich von Genomsequenzen bei Mensch und Maus liefert ein genaues Bild der Verwandtschaft zwischen den Chromosomen beider Spezies (Gregory et al. 2002; Abb. 14.8).

- Exonsequenzen und Exon-Intron-Strukturen sind bei orthologen Genen von Mensch und Maus normalerweise stark konserviert. Das heißt, sobald ein Gen des Menschen oder der Maus isoliert wurde, kann man Sonden oder Primer herstellen, um DNA-Bibliotheken der anderen Spezies zu durch-

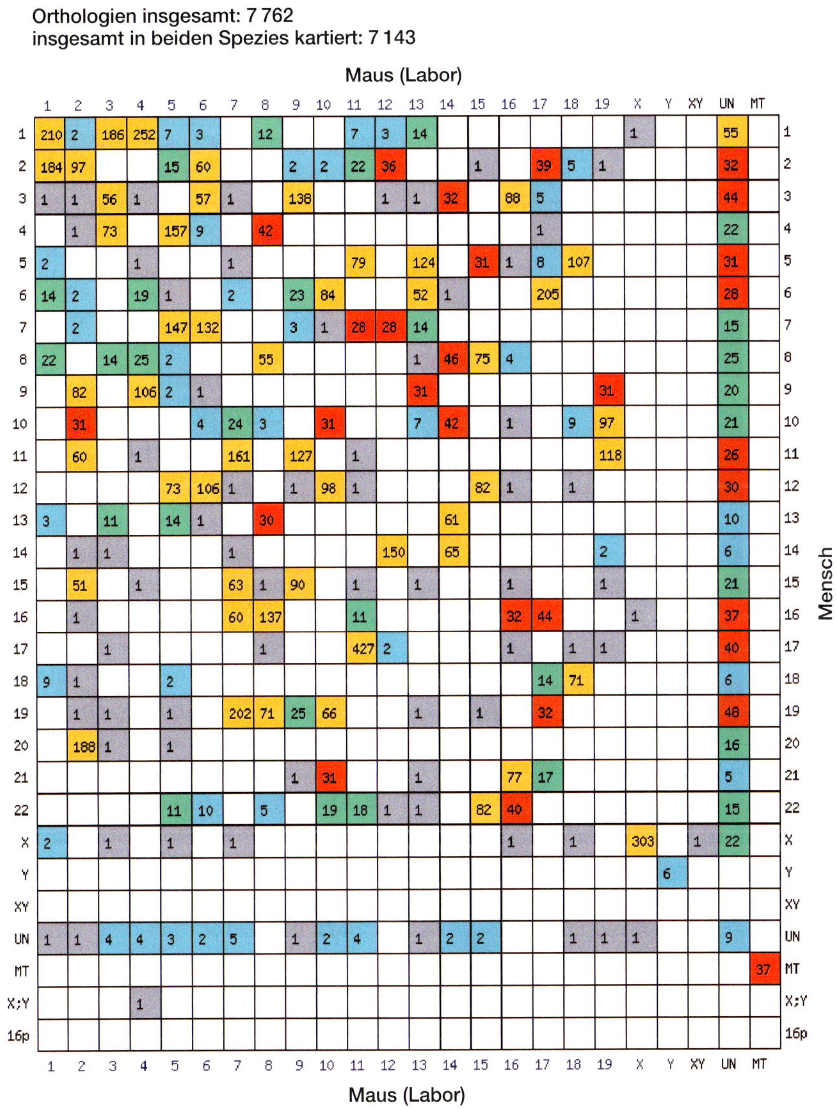

14.7 Konservierung der Syntänie bei genetischen Karten von Mensch und Maus. Das Oxford-Gitter fasst die Verwandtschaft der Chromosomen von Mensch und Maus zusammen. Die Felder sind entsprechend der Anzahl der kartierten orthologen Gene unterschiedlich gefärbt. Die Verteilung ist offensichtlich nicht zufällig. Oft lässt sich der Locus eines menschlichen Gens vorhersagen, wenn der Locus bei der Maus bekannt ist (und umgekehrt). Diese Darstellung ist nur eine Übersicht, genauere Informationen finden sich in der Datenbank unter http://www.ncbi.nlm.nih.gov/Omim/Homology (DeBry und Seldin 1996). Nachdruck der Grafik mit Genehmigung der Mouse Genome Database, Mouse Genome Informatics, The Jackson Laboratory, Bar Harbor, Maine (http://www.informatics.jax.org).

Exkurs 14.3: Merkmale, die auf Chromosomenanomalien hindeuten

Ärzte können für die Identifizierung von Krankheitsgenen einen wichtigen Beitrag leisten, indem sie Patienten finden, bei denen die Krankheitsursache auf Chromosomenanomalien zurückzuführen ist.

Eine cytogenetische Anomalie bei einem Patienten mit einem bekannten klinischen Erscheinungsbild

Wenn eine Krankheit bereits einem bestimmten Locus zugeordnet worden ist und ein Patient mit dieser Krankheit eine Chromosomenanomalie aufweist, die denselben Bereich betrifft, ist diese Anomalie höchstwahrscheinlich die Ursache für die Krankheit.

- Bei Patienten mit balancierten Translokationen oder Inversionen liegen die Bruchstellen häufig innerhalb des Krankheitsgens oder sehr in der Nähe. Die Klonierung der Bruchstellen kann am schnellsten zur Identifizierung des Krankheitsgens führen.
- Bei internen Deletionen können die Bruchstellen in einiger Entfernung zum Krankheitsgen liegen. Wenn aber der deletierte Abschnitt kleiner ist als die aktuelle Kandidatenregion, kann eine Bestimmung der Bruchstellen für das Auffinden des Gens hilfreich sein.

Die meisten Patienten weisen *de novo*-Mutationen auf. Gelegentlich wird die Ansicht vertreten, dass eine Durchführung von Chromosomenanalysen bei allen Patienten mit *de novo*-Mutationen eine lohnende Forschungsanstrengung sei.

Zusätzliche geistige Behinderung

Ein Patient mit einer mendelnden Krankheit kann zusätzlich noch an einer schweren geistigen Behinderung leiden. Das ist möglicherweise Zufall, aber solche Fälle können auch durch Deletionen verursacht werden, die das Krankheitsgen und zusätzlich benachbarte Gene entfernen. Umfangreiche chromosomale Deletionen führen immer zu einer schweren geistigen Behinderung, da offensichtlich ein großer Teil unserer Gene an der fetalen Entwicklung des Gehirns beteiligt ist. Wenn der Patient eine *de novo*-Mutation aufweist, sind cytogenetische und molekulare Analysen erforderlich.

Übergreifende Gensyndrome

In ganz wenigen Fällen scheint ein Patient auch an mehreren verschiedenen genetisch bedingten Krankheiten auf einmal zu leiden. Das kann an dem unglücklichen, aber seltenen Umstand liegen, dass zwei voneinander unabhängige pathogene Mutationen vorliegen. Es ist jedoch auch möglich, dass der ungewöhnliche Phänotyp auf die Deletion mehrerer benachbarter Gene zurückzuführen ist. Übergreifende Gensyndrome sind besonders bei X-chromosomal gekoppelten Krankheiten bekannt (Abschnitt 16.8.1).

einer X;21-Translokation war es sogar möglich, das DMD-Gen zu klonieren (siehe unten).

Eine Umstrukturierung, die das gesuchte Gen in die Nähe einer bekannten Sequenz transloziert, eröffnet den direkten Weg zu diesem Gen. Bei Modellorganismen hat man viele Gene aufgrund von Mutationen kloniert, die durch die Insertion eines übertragenen Gens oder eines mobilen Elements entstanden sind. Beim Menschen nutzte man diese Methode für einen der Zugriffe auf das DMD-Gen. Bei einer dieser seltenen DMD-Frauen (siehe oben) beobachtete man eine Xp;21p-Translokation. Da die 21p-Region Abfolgen aus wiederholten rRNA-Genen enthält (Abschnitt 9.2.1), stellte die Arbeitsgruppe von Worton eine genomische Bibliothek her und suchte dann nach Klonen, die sowohl rRNA- als auch X-chromosomale Sequenzen enthielten. So gelang die Isolierung von XJ-Klonen (*X-junction*), die

Exkurs 14.4: Positionseffekte – eine Klippe bei der Identifizierung von Krankheitsgenen

Allgemein scheinen Gene mehr oder weniger zufällig auf die Chromosomen verteilt zu sein, und die genaue Reihenfolge spielt keine Rolle. Bei *Drosophila* jedoch ist bekannt, dass die lokale Organisation des Chromatins im Megabasenbereich die Genexpression beeinflussen kann. Im Besonderen werden Gene abgeschaltet, wenn sie in das Heterochromatin oder in dessen Nähe integriert werden. Denselben Effekt gibt es offenbar auch beim Menschen und bei der Maus.

Untersuchungen der transgenen Expression (Abschnitt 20.2.3) zeigen, dass die korrekte gewebespezifische Expression von Sequenzen abhängen kann, die Hunderte von Kilobasen von der codierenden Sequenz eines Gens entfernt liegen. Beim Menschen sind mehrere Beispiele dafür bekannt, dass Bruchstellen von Translokationen die Expression eines Gens beeinflussen, das bis zu einer Megabase entfernt sein kann. Die Beispiele der Aniridie (MIM 106210) im Zusammenhang mit dem *PAX6*-Gen und des Kampomelie-Syndroms (MIM 211970) im Zusammenhang mit dem *SOX9*-Gen wurden bereits in Abschnitt 10.5.1 erwähnt.

Balancierte Translokationsbruchstellen liegen also nicht zwangsläufig innerhalb oder in der unmittelbaren Nähe des Gens, das sie inaktivieren. Das verringert ihre Aussagekraft für die Klonierung von Krankheitsgenen.

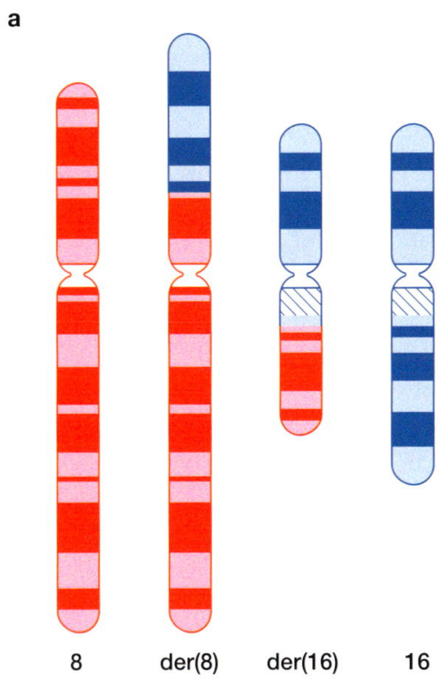

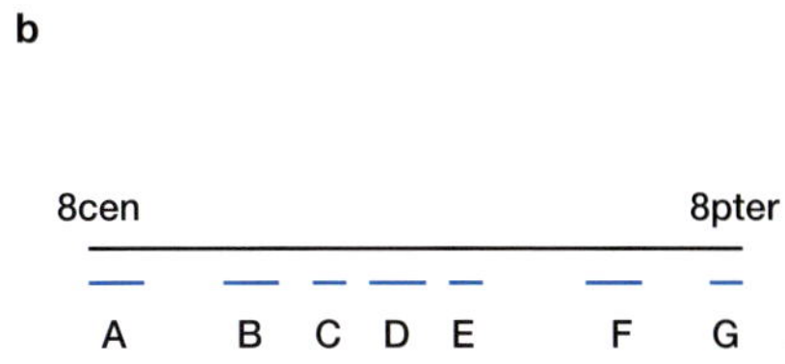

c

Sonde	positive Chromosomen
A	8, der(8)
G	8, der(16)
B	8, der(8)
F	8, der(16)
E	8, der(16)
D	8, der(8), der(16)

14.9 Bestimmung einer Translokationsbruchstelle mithilfe der Fluoreszenz-*in situ*-Hybridisierung. a) Cytogenetisch bestimmte Translokation t(8;16)(p22;q21). b) Physikalische Karte eines Teils der Region um die Bruchstelle im normalen Chromosom 8, dargestellt sind die ungefähren Positionen von sieben Klonen. c) Ergebnisse der aufeinander folgenden FISH-Experimente. Die Bruchstelle liegt innerhalb der Sequenz, die Klon D entspricht. Dieses Ergebnis müsste normalerweise noch durch geeignete Klone von Chromosom 16 bestätigt werden.

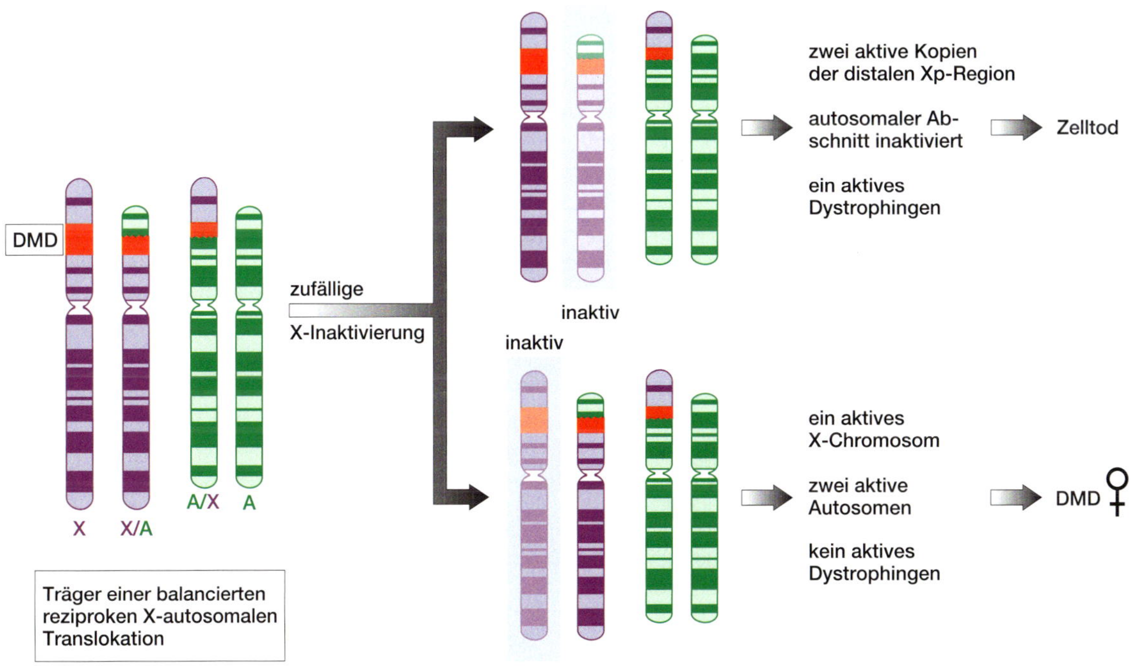

14.10 Bei DMP-Patientinnen mit einer Xp21-autosomalen Translokation kommt es zu einer nichtzufälligen Inaktivierung des X-Chromosoms. Die Translokation ist zwar balanciert, aber die Bruchstelle auf dem X-Chromosom unterbricht das Dystrophingen (rotes Rechteck). Obwohl die X-Inaktivierung zufällig erfolgt, sterben Zellen ab, die das X-Chromosom mit der Translokation inaktivieren, da es zu einem letalen genetischen Ungleichgewicht kommt. Der Embryo entwickelt sich ausschließlich aus Zellen, in denen das normale X-Chromosom inaktiviert wurde. Dadurch verfügt die Frau über ein funktionsloses Dystrophingen. Aufgrund der fehlenden Dystrophinproduktion kommt es zu einer Duchenne-Muskeldystrophie.

innerhalb des Dystrophingens in Intron 7 lagen (Worton und Thompson 1988).

Die zweite mögliche Erklärung für das oben Beschriebene soll aber nicht außer Acht gelassen werden. So ergaben Untersuchungen an Patienten, die *de novo* offenbar balancierte Anomalien erworben hatten und einen anomalen Phänotyp zeigten, dass die Mehrzahl der Patienten eine komplexere chromosomale Umstrukturierung aufwiesen, häufig mit einer submikroskopischen Deletion. Selbst der Verlust von 1 Mb DNA ist in cytogenetischen Standardpräparaten nicht zu erkennen. Deletionen von mehr als einigen wenigen Kilobasen lassen sich aber durch eine FISH-Analyse bestimmen (Abb. 14.12). Für den Nachweis noch kürzerer Deletionen eignet sich am besten eine PCR, wobei man vorher das mutierte Chromosom mithilfe einer somatischen Hybridzelle isoliert (Exkurs 8.4).

14.4.2 Bei Patienten mit zwei mendelnden Krankheiten oder mit einer mendelnden Krankheit und einer geistigen Behinderung liegt möglicherweise eine chromosomale Deletion vor

Chromosomale Deletionen sind für die Identifizierung eines Gens weniger aussagekräftig als balancierte Anomalien, weil dann die gesamte deletierte Region und nicht eine spezifische Bruchstelle untersucht werden muss. Dennoch haben sich Deletionen bei der Entdeckung mehrerer wichtiger Krankheitsgene als hilfreich erwiesen. Dazu zählt auch der erste große Erfolg, die Identifizierung des Dystrophingens.

Ausgangspunkt war der Junge „BB", der an der Duchenne-Muskeldystrophie litt und eine sichtbare Xp21-Deletion aufwies. Mit einer technisch sehr schwierigen **Subtraktionsklonierung** isolierte man Klone mit normaler DNA, die den deletierten Sequenzen entsprach (Kunkel et al. 1985). Dann verwendete man einzelne Klone aus dieser Subtraktionsbibliothek als Sonden für Southern-Blot-Hybridisierungen mit DNA-Proben von gesunden Menschen und DMD-Patienten. Mithilfe des Klons pERT87-8 gelang es, in der DNA von etwa sieben Prozent der cytogenetisch normalen DMD-Patienten Deletionen nachzuweisen. Man konnte damit auch Polymorphismen ermitteln, für die sich bei Familienstudien herausgestellt hatte, dass sie mit der Duchenne-Muskeldystrophie eng gekoppelt sind. Diese Ergebnisse zeigten, dass pERT87-8 viel näher am DMD-Gen lag als alle anderen bis dahin isolierten Klone (tatsächlich lag der Klon sogar innerhalb des Gens, das heißt in Intron 13). Andere genomische Sonden, die DNA aus der Region enthielten, hatte man durch eine Chromosomenwanderung isoliert, dann die konservierten Sequenzen mithilfe von Zoo-Blots gesucht und mit diesen anschließend cDNA-Bibliotheken aus Muskelgewebe getestet. Aufgrund der geringen Menge der Dystrophin-mRNA und – wie man heute weiß – der geringen Größe der Exons, die zudem weit verstreut liegen, war das Auffinden von cDNA-Klonen alles andere als einfach. Letztendlich konnte man aber Klone identifizieren und anschließend das gesamte, recht ungewöhnliche Dystrophingen (Abb. 10.14).

Ein neueres Beispiel für die Verwendung von Deletionen betrifft das *PHEX*-Gen, das bei der X-gekoppelten Vitamin-D-resistenten Rachitis mutiert ist (MIM 307800). Das Gen hatte man bereits in einem kurzen Abschnitt bei Xp kartiert, aber erst durch den Nachweis submikroskopischer Deletionen bei vier von 150 betroffenen Männern konnte man sich auf einen kleinen Teil der Kandidatenregion konzentrieren (HYP-Consortium 1995). Deletionen sind besonders bei X-gekoppelten Krankheiten hilfreich, da es bei betroffenen Männern keine Überlagerungseffekte des normalen Chromosoms gibt.

Mikrodeletionen sind nach allgemeiner Vermutung die Ursache für eine große Zahl von bisher ungeklärten genetisch bedingten Syndromen. Da die deletierte Region klein ist, eignen sie sich wahrscheinlich besonders gut dafür, mit ihrer Hilfe die Gene zu identifizieren, die für die Pathologie verantwortlich sind. Bis vor kurzem gab es jedoch keine Möglichkeit, systematisch danach zu suchen. Es bleibt zu hoffen, dass die Entwicklung von vergleichenden Genomhybridisierungsmethoden (Exkurs 14.5) mit hoher Empfindlichkeit und Auflösung diesen Missstand beseitigen kann. Dabei ist es wichtig, mutmaßliche Deletionen durch eine FISH-Analyse (Abb. 14.12) oder eine Pulsfeldgelelektrophorese mit anschließendem Southern-Blot zu bestätigen. Wenn es nicht gelingt, ein PCR-Produkt zu erzeugen, ist das wahrscheinlich eher auf eine Sequenzveränderung an der Primer-Bindungsstelle und weniger auf eine Deletion zurückzuführen.

14.5 Bestätigung eines Kandidatengens

Kandidatengene müssen einzeln getestet werden, damit man genau feststellen kann, ob die Mutationen die gesuchte Krankheit tatsächlich verursachen. Um zu zeigen, dass ein Kandidatengen wahrscheinlich der Krankheitslocus ist, gibt es verschiedene Möglichkeiten.

- **Mutationstests.** Die Suche nach patientenspezifischen Mutationen im Kandidatengen ist die bei Weitem am häufigsten angewandte Methode, da sie

Exkurs 14.5: Vergleichende Genomhybridisierung zum Nachweis eines submikroskopischen chromosomalen Ungleichgewichts

Mit der **vergleichenden Genomhybridisierung** (*comparative genomic hybridization*, CGH) lassen sich partielle Monosomien oder Trisomien sowie chromosomale Deletionen oder Amplifikationen nachweisen. Wie in Abschnitt 17.3.3 ausgeführt wird, basieren vergleichende Genomhybridisierungen auf einer Test-DNA und einer Kontroll-DNA, die bei der Hybridisierung um eine Ziel-DNA konkurrieren. Die Ziel-DNA kann entweder eine Präparation normaler Chromosomen auf einem Objektträger sein, wobei man Standardmethoden der Fluoreszenz-*in situ*-Hybridisierung (Abschnitt 6.3.4) verwendet, oder es handelt sich um eine Gruppe definierter BAC-Klone, die auf einem Träger angeordnet sind (Array-CGH). Chromosomale Regionen oder BAC-Klone, bei denen sich die Kopienzahl in der Test- und in der Kontroll-DNA unterscheidet, erscheinen als Bereiche mit unterschiedlich gefärbten Fluoreszenzsignalen (Abb. 17.3). Mithilfe der Array-CGH ist es möglich, bei Patienten mit angeborenen Anomalien das ganze Genom nach Mikrodeletionen und Mikroduplikationen abzusuchen.

sich allgemein anwenden und verhältnismäßig schnell durchführen lässt. Die Gründe, warum bei bestimmten Krankheiten bestimmte Mutationen auftreten, werden in Kapitel 16 behandelt, die Methoden der Mutationstests in Kapitel 18. Die Identifizierung von Mutationen bei mehreren nicht verwandten betroffenen Personen deutet stark darauf hin, dass das richtige Kandidatengen ausgewählt wurde, aber ein formaler Beweis erfordert weitere Belege.

- **Die Wiederherstellung des gesunden Phänotyps *in vitro*.** Wenn ein mutierter Phänotyp in den Zellen von Patienten nachweisbar ist, lässt sich feststellen, ob die Transfektion eines normalen Allels des Kandidatengens, das in einen Expressionsvektor kloniert wurde (Abschnitt 5.6.1) die Mutation aufheben kann und den gesunden Phänotyp wieder herstellt. Nicht alle Phänotypen sind reversibel, sodass ein negatives Ergebnis das Kandidatengen nicht zwangsläufig ausschließt.
- **Die Herstellung eines Mausmodells für die Krankheit** (Abschnitt 20.4.3). Sobald man ein mutmaßliches Krankheitsgen identifiziert hat, lässt sich ein Mausmodell herstellen, wenn nicht bereits eine geeignete Mutante existiert. Phänotypen für einen Funktionsverlust kann man durch genspezifische Knock-out-Mutationen in der Keimbahn der Maus erzeugen (Abschnitt 20.4.4). Bei Funktionsgewinnphänotypen muss man das Krankheitsallel in die Keimbahn der Maus einführen. Die mutierten Mäuse sollten in gewisser Weise ähnliche Symptome wie erkrankte Menschen aufweisen. Allerdings trifft diese Erwartung nicht immer zu, selbst wenn das richtige Gen bestimmt wurde.

14.5.1 Mutationstests für die Bestätigung eines Kandidatengens

Mutationstests führen bei Krankheiten, bei denen ein größerer Anteil der Patienten unabhängige Mutationen trägt, häufig unmittelbar zum Ziel. Im Allgemeinen handelt es sich dabei um früh einsetzende, schwere Störungen mit autosomal-dominanter oder X-gekoppelter Vererbung, wobei das Erscheinungsbild der Krankheit durch den Funktionsverlust des Gens verursacht wird. Wie Abschnitt 16.3.2 erläutert, zeigt eine Kohorte von Proben aus nicht verwandten Patienten normalerweise immer eine Reihe unterschiedlicher Mutationen, wenn man das richtige Gen mit einer oder mehreren Mutationstestmethoden (Abschnitt 18.3) untersucht. Dabei ist immer darauf zu hoffen, dass eine der Mutationen die Genexpression stört (etwa eine Nonsense-Mutation, Leserasterverschiebung und so weiter). Ein Beispiel findet sich in Abbildung 16.1. Erforderlich sind auch Proben von gesunden Personen, um zu prüfen, ob die Veränderungen nicht allgemeine Populationsvarianten sind.

Unter anderen Bedingungen kann die Identifizierung von Mutationen und die Interpretation der Mutationstests schwieriger sein.

- **Unerwartete Heterogenität der Loci.** Häufig führen Mutationen in mehreren verschiedenen Genen zu fast identischen Erscheinungsbildern, sodass eine Kohorte von zufällig ausgewählten Patienten die Mutation möglicherweise in verschiedenen Genen trägt. Wenn das getestete Kandidatengen nur für einen kleinen Teil der Krankheitsfälle verantwortlich ist, tragen die meisten Patienten in diesem Gen keine Mutation. Im Idealfall sollte man Proben nur von Familien nehmen, bei denen die Kopplung mit der Kandidatenregion bereits nachgewiesen wurde. Das könnte sich aber als nicht praktikabel erweisen, da die Familien bei rezessiven und einigen schweren dominanten Störungen häufig zu klein sind, um unabhängige Kopplungsanalysen durchzuführen. Außerdem erweisen sich bei einigen schweren dominanten Störungen die meisten Patienten als Einzelfälle ohne eine familiäre Geschichte.
- **Homogenität der Mutationen.** Wenn die meisten mutmaßlich nicht verwandten Patienten dieselbe

Veränderung der Sequenz aufweisen, kann es sich um die pathogene Mutation oder um eine seltene Variante handeln, die in einem starken Kopplungsungleichgewicht mit der eigentlichen Mutation steht. Es sind also funktionelle Belege dafür erforderlich, dass die Veränderung wirklich pathogen ist.

- **Die Mutationen sind nicht eindeutig pathogen.** Es kann schwierig sein, Missense-Mutationen als pathogen zu erkennen und von seltenen neutralen Varianten zu unterscheiden, die sich nicht auf die Genexpression auswirken. Exkurs 16.4 enthält einige Richtlinien, die bei der Entscheidung helfen können, ob eine Sequenzveränderung pathogen ist oder nicht.
- **Mutationen können schwer zu finden sein.** Abgesehen von den praktischen Schwierigkeiten, die bei der Untersuchung eines großen Gens mit vielen Exons auftreten, gibt es auch einige Mutationen, die sich bei einem PCR-Test mit genomischer DNA nicht feststellen lassen. So erfordert beispielsweise der Nachweis der großen Inversionen, die das Faktor-VIII-Gen unterbrechen (Abschnitt 11.5.5; Abb. 11.20), oder der Mutation *CFTR* 3849 + 10 kb C>T, die eine kryptische Spleißstelle mitten in einem Intron aktiviert, einen Southern-Blot beziehungsweise eine RT-PCR.

14.5.2 Sobald ein Kandidatengen bestätigt wurde, gilt es im nächsten Schritt, seine Funktion zu bestimmen

Die Identifizierung eines Gens, das bei der Entstehung einer genetisch bedingten Krankheit beteiligt ist, eröffnet mehrere Forschungsgebiete. Wenn man Mutationen bestimmen kann, sollte man Diagnose und Beratung unmittelbar verbessern können (Kapitel 18). Erkenntnisse über die molekulare Pathologie (warum das mutierte Gen die Krankheit verursacht; Kapitel 16) können auch bei verwandten Krankheiten zu neuen Einblicken und hoffentlich zu einer wirksameren Behandlung führen.

Eine zweite Fragestellung betrifft die **normale Funktion des Genprodukts**. Vor der Identifizierung des DMD-Gens wusste man nichts darüber, wie der Kontraktionsapparat der Muskelzelle am Sarcolemm befestigt ist. Eine Analyse der funktionellen Domänen und Motive sowie die Suche nach orthologen Genen bei Maus, Taufliege, *C. elegans* und Hefe, die man im Experiment verändern kann, sind bei diesem Teil der Arbeit wichtige Hilfsmittel. Mit diesen umfangreichen Themen befassen sich die Kapitel 19 beziehungsweise 20. Einen kleinen Einblick, welche Art von Informationen bei einer Datenbankrecherche zu bekommen sind, erhält man durch eine Notiz auf der Hereditary Hearing Loss Homepage (http://www.uia. ac.be/dnalab/hhh). Hier wird das Gen beschrieben, das durch eine Positionsklonierung eines Locus für einen autosomal-dominanten Gehörverlust (*DFNA1*) bei einer großen Familie in Costa Rica identifiziert wurde (OMIM-Eintrag 124900):

> Das menschliche *DFNA1*-Genprodukt DIAPH1, p140mDia der Maus und das *diaphanous*-Genprodukt von *Drosophila* sind zum Bni1p-Protein von *Saccharomyces cerevisiae* ortholog. Die Proteine sind insgesamt stark konserviert. Die Gene, die diese Proteine codieren, gehören zur Formin-Genfamilie, zu der auch das *limb deformity*-Gen der Maus, das *cappucino*-Gen von *Drosophila*, das *sepA*-Gen von *Aspergillus nidulans* und die Gene *fus1* und *cdc12* von *Schizosaccharomyces pombe* gehören. Diese Gene spielen bei der Cytokinese und der Errichtung der Zellpolarität eine Rolle. Alle Formine besitzen übereinstimmend in ihren N-terminalen Regionen Rho-Bindungsdomänen, Polyprolinsequenzen im Zentralbereich und forminhomologe Domänen in den C-terminalen Regionen.

14.6 Acht Beispiele, um die verschiedenen Verfahren zu veranschaulichen, mit denen sich Krankheitsgene identifizieren lassen

14.6.1 Direkte Identifizierung eines Gens über eine Chromosomenanomalie: das Sotos-Syndrom

Das Sotos-Syndrom (MIM 117550) ist gekennzeichnet durch übermäßiges Wachstum, Dysmorphie und geistige Behinderung. Die meisten Fälle sind sporadischer Natur; Betroffene pflanzen sich nur selten fort, sodass es für Kopplungsanalysen keine geeigneten Stammbäume gibt. Einer der Sotos-Patienten trug die balancierte Translokation 46,XX,t(5;8)(q35;q24.1). Mithilfe einer FISH-Analyse gelang die Identifizierung von PAC/BAC- und Cosmidklonen, die die Bruchstelle enthielten (wie in Abbildung 14.9). Die Sequenzierung der Region um die Bruchstelle ergab eine genomische Teilsequenz, die zum *Nsd1*-Gen der Maus homolog ist. Das menschliche *NSD1*-Gen wurde kloniert und charakterisiert, und man konnte zeigen, dass es durch die Translokation unterbrochen worden war (Abb. 14.11). Dabei konnte es sich aber

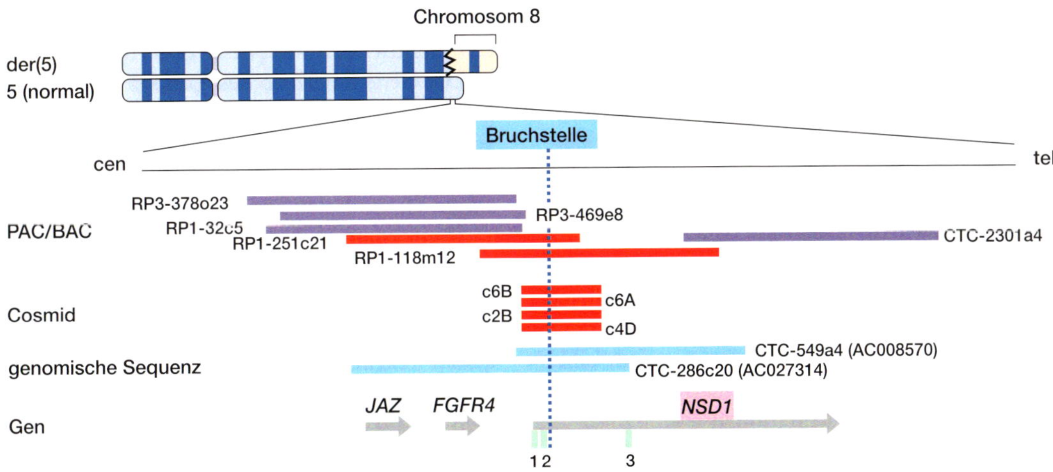

14.11 Bei einem Patienten mit Sotos-Syndrom unterbricht eine balancierte 5;8-Translokation das *NSD1*-Gen. Nach: Kurotaki et al. (2002) *Nat Genet* 30, 365–366, mit Genehmigung der Nature Publishing Group.

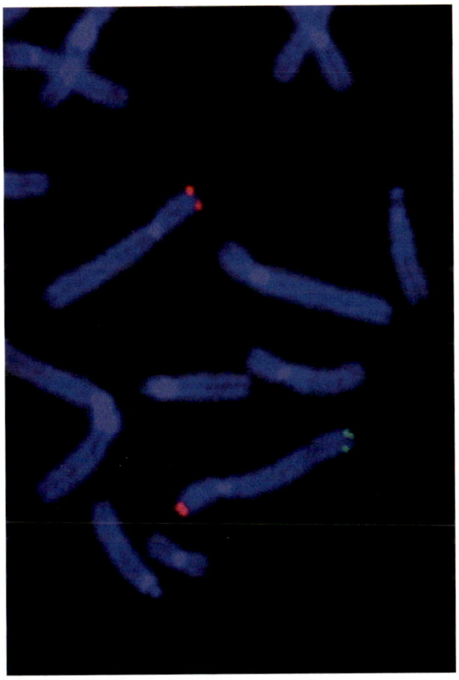

14.12 Nachweis einer *NSD1*-Mikrodeletion durch Fluoreszenz-*in situ*-Hybridisierung bei einem Patienten mit Sotos-Syndrom. Die beiden homologen Exemplare von Chromosom 5 sind durch die rot gefärbte FISH-Sonde zu erkennen, die eine Sequenz bei 5pter erkennt. Die grün gefärbte FISH-Sonde ist ein BAC-Klon aus der 5qter-Region, der das *NSD1*-Gen erkennt. Diese Sequenz fehlt bei einer Kopie von Chromosom 5. Nach: Kurotaki et al. (2002) *Nat Genet* 30, 365–366, mit Genehmigung der Nature Publishing Group.

auch um einen Zufall handeln. Den Beweis, dass das *NSD1*-Gen beim Sotos-Syndrom tatsächlich mutiert ist, lieferten Punktmutationen bei vier von 38 unabhängigen Sotos-Patienten und Mikrodeletionen (Abb. 14.12) bei 20 von 30 Patienten (Kurotaki et al. 2002). Hier ist noch anzumerken, dass Gene von einer chromosomalen Umstrukturierung betroffen sein können, ohne dass sie physikalisch unterbrochen sind (Exkurs 14.4). Es ist also nicht immer möglich, direkt festzustellen, warum eine Translokation eine Krankheit verursacht.

14.6.2 Echte Transkriptkartierung: das Treacher-Collins-Syndrom

Das Treacher-Collins-Syndrom (TCS; MIM 154500) ist eine autosomal-dominante Störung der Entwicklung des Gesichtsschädels mit einem variablen Erscheinungsbild, beispielsweise Anomalien des Außen- und Mittelohres, einer Unterentwicklung des Unterkiefer-Jochbein-Komplexes und einer Gaumenspalte. 1991 hatte man zuerst eine Kopplung mit 5q32-34 ermittelt. Da die Marker, die damals in dieser Region bekannt waren, sich als wenig informativ erwiesen, isolierte man neue Mikrosatelliten und grenzte die Kandidatenregion auf 5q32.1-33.1 ein. Für diesen Abschnitt wurde eine kombinierte genetische und Bestrahlungshybridkarte angefertigt, und bis 1994 hatte die Arbeitsgruppe ein YAC-Contig hergestellt. Dieses wurde in ein Cosmid-Contig umgewandelt; dann durchsuchte man cDNA-Bibliotheken und führte gezielte Exonklonierungen durch. So entstand schließlich eine Transkriptkarte. In der fraglichen

14.6.7 Schlussfolgerungen aufgrund der Funktion *in vivo*: Myosin 15 und die *DFNB3*-Gehörlosigkeit

Gelegentlich gelingt es, ein Krankheitsgen der Maus zu bestimmen, indem man den mutierten Phänotyp durch die Übertragung eines Gens aus der Kandidatenregion von Wildtyp-DNA aufhebt. Dieses Verfahren wurde das erste Mal angewandt, um ein Gen der biologischen Uhr zu identifizieren (Antoch et al. 1997). Bei einem späteren Experiment war dies der entscheidende Schritt für die Identifizierung des menschlichen Gehörlosigkeitsgen *DFNB3* (Probst et al. 1998; Abb. 14.13). Durch eine vergleichende Kartierung ließ sich *DFNB3* einer Position im menschlichen Genom zuordnen, die dem *shaker-2*-Gehörlosigkeitsgen der Maus entspricht. Mithilfe von BAC-Klonen, die Wildtyp-DNA aus der *shaker-2*-Kandidatenregion enthielten, erzeugte man transgene *shaker-2*-Mäuse. Man fand einen BAC-Klon, der den Phänotyp korrigierte und das ungewöhnliche Myosingen *myo15* enthielt. Das menschliche *MYO15*-Gen wurde anschließend aufgrund der starken Homologie mit dem Gen der Maus isoliert; seine Position in der *DFNB3*-Kandidatenregion ließ sich bestätigen. Außerdem konnte man bei erkrankten Personen Mutationen im *DFNB3*-Gen nachweisen.

14.6.8 Schlussfolgerungen aufgrund des Expressionsmusters: Otoferlin

cDNA-Bibliotheken von Genen, die spezifisch im Innenohr der Maus exprimiert werden, haben sich als wichtiges Hilfsmittel für die Identifizierung von Kandidatengenen für Gehörlosigkeit entwickelt. Die Bibliotheken werden durch eine *subtraktive Hybridisierung* einer cDNA-Bibliothek des Innenohrs mit einer oder mehreren unspezifischen cDNA-Bibliotheken hergestellt. Durch dieses gut durchdachte Verfahren versucht man, Gene zu entfernen, die in verschiedenen Geweben exprimiert werden (Swaroop et

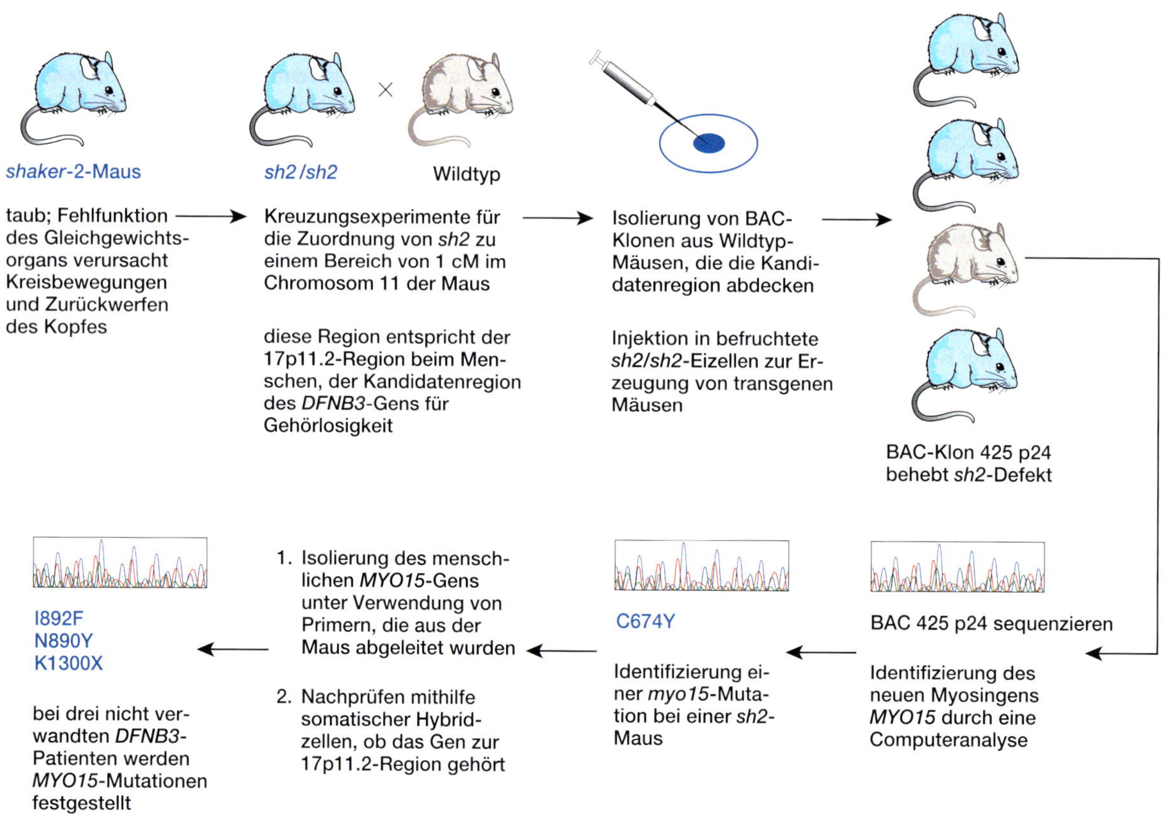

14.13 Funktionelle Komplementation bei transgenen Mäusen als Hilfsmittel zur identifikation eines menschlichen Krankheitsgens. Die *shaker-2*-Mutation bei der Maus wurde durch Isolierung eines Wildtypklons identifiziert, der den Defekt beheben konnte. Bei menschlichen Familien mit einem ähnlichen Phänotyp, der dem entsprechenden chromosomalen Bereich zugeordnet worden war, fanden sich Mutationen im orthologen Gen.

al. 1991). Wir kennen bereits die Kopplungsanalyse bei der Kartierung des *DFNB9*-Gens für rezessive Gehörlosigkeit. Bei der anschließenden Positionsklonierung (Yasunaga et al. 1999) zeigte eine partielle Gensequenz aus der fraglichen Region eine 90-prozentige Identität der Aminosäuresequenz und 97% Ähnlichkeit mit einem Klon aus der cDNA-Bibliothek des Innenohres der Maus. Das Gen, dessen Produkt man als Otoferlin bezeichnete, wurde vollständig charakterisiert, und man konnte bei der betroffenen Familie eine Nonsense-Mutation nachweisen.

Eine alternative Vorgehensweise hätte darin bestanden, die zu den Mausgenen homologen menschlichen Gene zu identifizieren und durch eine FISH-Analyse zu kartieren (Abschnitt 2.4.2). Sie wären dann Positionskandidatengene für jedes Gehörlosigkeitsgen, das man einer entsprechenden Position zuordnet.

Weiterführende Literatur

Silver LM (1995) *Mouse Genetics: Concepts and Applications*. Oxford University Press, Oxford.

Wolfsberg T, Wetterstrand K, Guyer M, Collins F, Baxevanis A (2002) A user's guide to the human genome. *Nature Genet* 32(suppl).

Zitierte Literatur

Abdelhak S, Kalatzis V, Heilig R et al. (1997). A human homologue of the *Drosophila eyes absentgene underlies* Branchio-oto-renal (BOR) syndrome and identifies a novel gene family. *Nature Genet* 15: 157–164.

Antoch MP Song E-J, Chang A-M et al. (1997) Functional identification of the mouse circadian Clock gene by transgenic BAC rescue. *Cell* 89: 655–667.

Bartlett SE (2001) Identifying novel proteins in nervous tissue using microsequencing techniques. *Methods Mol Biol* 169: 43–50.

Brown SD, Balling R (2001) Systematic approaches to mouse mutagenesis. *Curr Opin Genet Dev* 11: 268–273.

Carter SA, Bryce SD, Munro CS et al. (1994) Linkage analyses in British pedigrees suggest a single locus for Darier disease and narrow the location to the interval between *D12S105* and *D12S129*. *Genomics* 24: 378–382.

Copeland N, Jenkins NA (1991) Development and applications of a molecular genetic map of the mouse genome. *Trends Genet* 7: 113–118.

DeBry RW, Seldin MF (1996) Human/mouse homology relationships. *Genomics* 33: 337–351.

Gregory SG, Sekhon M, Schein J et al. (2002) A physical map of the mouse genome. *Nature* 418: 743–750.

Hughes A, Newton VE, Liu XZ, Read AP (1994) A gene for Waardenburg syndrome Type 2 maps close to the human homologue of the microphthalmia gene at chromosome 3p12-p14.1. *Nature Genet* 7: 509–512.

Hyp Consortium (1995) A gene (PEX) with homologies to endopeptidases is mutated in patients with X-linked hypophosphatemic rickets. *Nature Genet* 11: 130–136.

Justice MJ (2000) Capitalizing on large-scale mouse mutagenesis screens. *Nature Rev Genet* 1: 109–115.

Koob MD, Benzow KA, Bird TD, Day JW, Moseley ML, Ranum LP (1998) Rapid cloning of expanded trinucleotide repeat sequences from genomic DNA. *Nature Genet* 18: 72–75.

Koob MD, Moseley ML, Schut LJ et al. (1999) Untranslated CTG expansion causes a novel form of spinocerebellar ataxia (SCA8). *Nature Genet* 21: 379–384.

Kunkel LM, Monaco AP, Middlesworth W, Ochs HD, Latt SA (1985) Specific cloning of DNA fragments absent from the DNA of a male patient with an X chromosome deletion. *Proc Natl Acad Sci USA* 82: 4778–4782.

Kurotaki N, Imaizumi K, Harada N et al. (2002) Haploinsufficiency of *NSD1* causes Sotos syndrome. *Nature Genet* 30: 365–366.

Mann M, Hendrickson RC, Pandey A (2001) Analysis of proteins and proteomes by mass spectrometry. *Annu Rev Biochem* 70: 437–473.

McKusick VA (1991) The defect in Marfan syndrome. *Nature* 352: 279–281.

Pingault V, Bondurand N, Kuhlbrodt K et al. (1998) *SOX10* mutations in patients with Waardenburg-Hirschsprung disease. *Nature Genet* 18: 171–173.

Poustka A, Pohl TM, Barlow DP, Frischauf AM, Lehrach H (1987) Construction and use of human chromosome jumping libraries from *Not*I-digested DNA. *Nature* 325: 353–355.

Probst FJ, Fridell RA, Raphael Y et al. (1998) Correction of deafness in *shaker-2* mice by an unconventional myosin in a BAC transgene. *Science* 280: 1444–1447. Siehe auch anschließende Publikation: Wang A, Liang Y, Fridell RA et al. (1998) Association of unconventional myosin *MYO15* mutations with human nonsyndromic deafness *DFNB3*. *Science* 280: 1447–1451.

Putnam EA, Zhang H, Ramirez IF Milewicz DM (1995) Fibrillin-2 (*FBN2*) mutations result in the Marfan-like disorder, congenital contractural arachnodactyly. *Nature Genet* 11: 456–458.

Reymond A, Camargo AA, Deutsch S et al. (2002) Nineteen additional unpredicted transcripts from human chromosome 21. *Genomics* 79: 824–832.

Rincón-Limas DE, Lu C-H, Canal I et al. (1999) Conservation of the expression and function of *apterous* orthologs in *Drosophila* and mammals. *Proc Natl Acad Sci USA* 96: 2165–2170.

Robson KJH, Chandra T, MacGillivray RTA, Woo SLC (1982) Polysome immunoprecipitation of phenylalanine hydroxylase mRNA from rat liver and cloning of its cDNA. *Proc Natl Acad Sci USA* 79: 4701–4705.

Rommens JM, Januzzi MC, Kerem B-S et al. (1989) Identification of the cystic fibrosis gene: chromosome walking and jumping. *Science* 245: 1059–1065.

Royer-Pokora B, Kunkel LM, Monaco AP et al. (1985) Cloning the gene for an inherited human disorder – chronic granulomatous disease – on the basis of its chromosomal location. *Nature* 322: 32–38.

Schalling M, Hudson TJ, Buetow KH, Housman DE (1993) Direct detection of novel expanded trinuclecticle repeats in the human genome. *Nature Genet* 4: 135–139.

Steinmetz LM, Scharfe C, Deutschbauer AM et al. (2002) Systematic screen for human disease genes in yeast. *Nature Genet* 31: 400–404.

Strachan T, Read AP (1994) PAX-genes. *Curr Opin Genet Dev* 4: 427–438.

Strathdee CA, Gavish H, Sharman WR, Buchwald M (1992) Cloning of cDNAs for Fanconi's anemia by functional complementation. *Nature* 356, 763–767.

Swaroop A, Xu J, Agarwal N, Weissman SM (1991). A simple and efficient cDNA library subtraction procedure: isolation of human retina-specific cDNA clones. *Nucl Acids Res* 19: 1954.

Treacher Collins Syndrome Collaborative Group (1996) Positional cloning of a gene involved in the pathogenesis of Treacher Collins syndrome. *Nature Genet* 12: 130–136.

Worton RG, Thompson MW (1988) Genetics of Duchenne muscular dystrophy. *Annu Rev Genet* 22, 601–629.

Yasunaga S, Grati M, Cohen-Salmon M et al. (1999). A mutation in *OTOF*, encoding otoferlin, a FER-1-like protein, causes *DFNB9*, a nonsyndromic form of deafness. *Nature Genet* 21: 363–369.

15. Kartierung und Bestimmung von Genen, die eine Anfälligkeit für komplexe Krankheiten verursachen

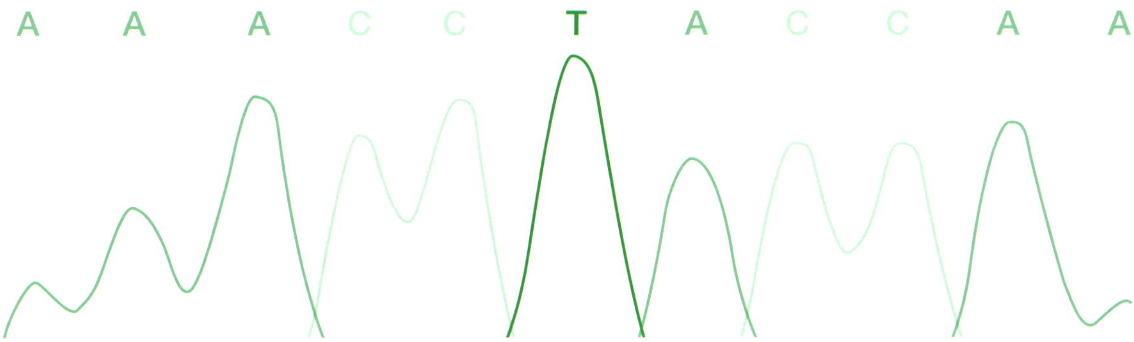

Genetische Faktoren tragen durch die genetisch bedingten Anteile von verbreiteten Krankheiten weltweit zu Krankheitshäufigkeit und Sterblichkeit bei. Deshalb ist die Identifizierung der beteiligten Gene eine zentrale Aufgabe der medizinischen Forschung. Eine logische Reihenfolge für die Erforschung einer komplexen Krankheit könnte folgendermaßen aussehen:

- Durchführung von **Familien-, Zwillings- und Adoptionsstudien**, um festzustellen, ob die Anfälligkeit zumindest teilweise genetisch bedingt ist.
- **Segregationsanalysen**, um Art und Häufigkeit der Anfälligkeitsallele abzuschätzen.
- Kartierung von Anfälligkeitsloci durch **Kopplungsanalysen**, im Allgemeinen bei erkrankten Zwillingspaaren.
- Eingrenzung der Kandidatenregion durch **Assoziationsstudien in der Bevölkerung**.
- Bestimmung der Sequenzvarianten, die die Anfälligkeit hervorrufen, und ihrer biochemischen Aktivität.

Im Folgenden werden wir uns mit diesen Schritten beschäftigen und dabei anhand acht spezifischer Krankheiten veranschaulichen, wie sich das Ganze in der Praxis darstellt. Am Ende werden wir uns der immer noch offenen Frage zuwenden, ob der Grundgedanke insgesamt zutrifft, die Identifizierung von Anfälligkeitsfaktoren sei der Schlüssel für die künftige medizinische Genetik, oder ob es – wie ebenfalls behauptet wird – eher unwahrscheinlich ist, dass auf diesem Gebiet Erfolge erzielt werden.

15.1 Wie entscheidet man, ob ein nichtmendelndes Merkmal genetisch ist: die Bedeutung von Familien-, Zwillings- und Adoptionsstudien

15.1.1 Der λ-Wert ist ein Maß für die Häufung in Familien

Niemand bezweifelt die Beteiligung von Genen an einem Merkmal, das durchweg nach den Mendelschen Regeln vererbt wird oder das mit einer chromosomalen Anomalie einhergeht. Bei nichtmendelnden Merkmalen jedoch, seien sie nun **kontinuierlich** (**quantitativ**) oder **diskontinuierlich** (**dichotom**), muss die genetische Determinierung erst bewiesen werden. Dazu muss man erst einmal zeigen, dass das Merkmal in Familien gehäuft auftritt. Das Ausmaß der familiären Häufung einer Krankheit lässt sich durch den λ_R-Wert ausdrücken, das heißt *das Risiko des Verwandten R eines erkrankten Probanden im Verhältnis zum Risiko in der Bevölkerung*. Dabei kann man für jeden Verwandtschaftsgrad einen eigenen Wert berechnen, beispielsweise für Geschwister (λ_s). Die mathematischen Grundlagen von λ_R wurden von Risch (1990a) hergeleitet. Tabelle 15.1 zeigt die zusammengefassten Ergebnisse aus einer Reihe von Studien über Schizophrenie. Die Häufung bei bestimmten Familien ergibt sich eindeutig aus den ermittelten λ-Werten, außerdem verringert sich der λ-Wert erwartungsgemäß bei weiter entfernten Verwandtschaftsgraden auf eins.

15.1.2 Die Bedeutung einer gemeinsamen familiären Umgebung

Genetiker dürfen nicht vergessen, dass Eltern ihren Kindern nicht nur ihre Gene vermachen, sondern auch ihre Umgebung bestimmen. Viele Merkmale treten aufgrund der *gemeinsamen familiären Umgebung* in Familien gehäuft auf – beispielsweise ob die Muttersprache Englisch oder Chinesisch ist. Man muss sich daher immer fragen, ob für ein bestimmtes familiäres Merkmal die gemeinsame Umgebung verantwortlich sein könnte. Das gilt besonders für geistige Eigenschaften, wie etwa den Intelligenzquotienten oder auch psychische Defekte, wie zum Beispiel eine Schizophrenie, die zumindest teilweise von der Erziehung abhängen. Aber selbst bei physischen Merkmalen und Geburtsfehlern darf man nicht außer Acht lassen, dass eine Familie etwa durch eine ungewöhnliche Ernährungsweise oder die Anwendung einer traditionellen Medizin auch Entwicklungsstörungen hervorrufen kann. Es ist also mehr erforderlich als nur eine familiäre Tendenz, um zu beweisen, dass ein nichtmendelndes Merkmal genetisch bedingt ist. Diese Einschränkungen werden in der medizinischen Literatur nicht immer in einer solch klaren Form geäußert, wie es vielleicht der Fall sein sollte. Tabelle 15.5 zeigt, was passieren kann, wenn die gemeinsame familiäre Umgebung zu wenig berücksichtigt wird.

15.1.3 Zwillingsstudien unterliegen zahlreichen Einschränkungen

Francis Galton, der einen großen Teil der Grundlagen der quantitativen Genetik entwickelt hat, wies auf die Bedeutung von Zwillingsstudien für die Humangenetik hin. *Monozygote (MZ) Zwillinge sind genetisch identische Klone* und stimmen demzufolge in jedem

Tabelle 15.1 Das Schizophrenierisiko bei Verwandten von Personen, die an Schizophrenie erkrankt sind: die gesammelten Ergebnisse aus mehreren Studien

Verwandtschaftsgrad	Risikozahl[a]	Risiko in %	λ^b
Eltern	8020	5,6	7
Geschwister	9920,7	10,1	12,6
Geschwister, ein Elternteil erkrankt	623,5	16,7	20,8
Kinder	1577,3	12,8	16
Kinder, beide Eltern erkrankt	134	46,3	58
Halbgeschwister	499,5	4,2	5,2
Onkel, Tanten, Neffen, Nichten	6386,5	2,8	3,5
Enkel	739,5	3,7	4,6
Vetter/Kusinen	1600,5	2,4	3

[a] Die Risikozahlen wurden korrigiert, um zu berücksichtigen, dass einige Verwandte, die unter einem Risiko stehen, zu jung waren oder gerade das Risikoalter (von etwa 15 bis 35 Jahren) für Schizophrenie erreicht hatten

[b] Die λ-Werte wurden unter der Annahme berechnet, dass die Inzidenz in der Bevölkerung 0,8 % beträgt

Daten aus McGuffin (1984)

genetisch bedingten Merkmal überein (**Konkordanz**). Das gilt unabhängig vom Vererbungsmodus oder der Anzahl der beteiligten Gene. Die einzige Ausnahme sind Merkmale, die auf somatisch-genetischen Veränderungen nach dem Zygotenstadium beruhen (das Muster der X-Inaktivierung bei Frauen, das Repertoire der funktionellen Immunglobulin- und T-Zell-Rezeptorgene und so weiter). *Dizygote (DZ) Zwillinge haben durchschnittlich die Hälfte der Gene gemeinsam*, genauso viele wie jedes andere Geschwisterpaar. Genetische Merkmale sollten daher bei MZ-Zwillingen eine bessere Übereinstimmung zeigen als bei DZ-Zwillingen, und bei vielen Eigenschaften ist das auch der Fall (Tab. 15.2).

Tabelle 15.2 Zwillingsstudien zur Schizophrenie

Studie	konkordante MZ-Paare	konkordante DZ-Paare
Kringlen 1968	14/55 (21/55)	4–10 %
Fischer 1969	5/21 (10/21)	10–19 %
Tienari 1975	3/20 (5/16)	3/42
Farmer 1987	6/16 (10/20)	1/21 (4/31)
Onstad 1991	8/24	1/28

Die Zahlen geben die paarweise Übereinstimmung an, das heißt die jeweilige Anzahl der konkordanten (+/+) und diskonkordanten (+/−) Paare, die jeweils über einen erkrankten Probanden erhoben wurden. Die Zahlen in Klammern wurden bei einer weiter gefassten Definition des erkrankten Phänotyps, unter Einbeziehung des Borderline-Syndroms, bestimmt. Konkordanzen lassen sich auch für jeden Probanden bestimmen, wobei man ein Paar zweimal zählt, wenn beide Probanden waren. Dadurch ergeben sich für die MZ-Konkordanz höhere Werte. Die Konkordanzen der einzelnen Probanden sind vermutlich mit anderen Maßzahlen für familiäre Häufungen eher vergleichbar. Nur die Studien von Onstad und Farmer basieren auf den aktuellen diagnostischen Standardkriterien aus DSM-III. Literaturhinweise finden sich bei Onstad et al. (1991) und Fischer et al. (1969).

Eine höhere Konkordanz bei MZ-Zwillingen im Vergleich zu DZ-Zwillingen ist noch kein Beleg für einen genetisch bedingten Effekt. Zunächst einmal ist die Hälfte aller DZ-Zwillinge unterschiedlichen Geschlechts, während alle MZ-Zwillinge gleichgeschlechtlich sind. Auch wenn man den Vergleich auf eingeschlechtliche DZ-Zwillinge beschränkt (wie in den Studien in Tabelle 15.2), lässt sich zumindest für Verhaltensmerkmale anführen, dass sich MZ-Zwillinge mit größerer Wahrscheinlichkeit sehr ähnlich sind, gleich angezogen und behandelt werden, und so in stärkerem Umfang eine gemeinsame Umgebung haben als DZ-Zwillinge.

MZ-Zwillinge, die bei der Geburt getrennt wurden und in völlig verschiedenen Umgebungen aufwuchsen, wären die idealen Untersuchungsobjekte (Francis Crick machte einmal den nicht ernst gemeinten Vorschlag, dass von jedem Zwillingspaar, das geboren wird, zu diesem Zweck ein Zwilling der Wissenschaft übergeben werden sollte). Solche Trennungen erfolgten in der Vergangenheit öfter als man erwarten würde, denn die Geburt von Zwillingen konnte eine überlastete Mutter endgültig in die Verzweiflung treiben. Mit nach 40 Jahren wieder vereinten Zwillingen, die entdecken, dass sie ähnliche Berufe haben, ähnliche Kleider tragen und dieselbe Musik mögen, lassen sich spannende Fernsehsendungen produzieren. Als Forschungsgrundlage haben getrennte Zwillinge jedoch viele Nachteile:

Exkurs 15.1: Korrektur des Segregationsverhältnisses

gestutzte vollständige Erhebung: $p = (R - S)/(T - S)$

Einzelauswahl $p = (R - N)/(T - N)$

p = tatsächliches Segregationsverhältnis (ohne systematischen Fehler)

R = Anzahl der erkrankten Kinder

S = Zahl der erkrankten Einzelgänger (in der Familie als Einzige betroffene Kinder)

T = Gesamtzahl der Kinder

N = Anzahl der Geschwisterschaften

Wenn es keine unabhängige Möglichkeit gibt, Träger zu ermitteln, werden die Familien dadurch erkannt, dass sie ein erkranktes Kind haben. Das heißt, die in Abbildung 15.1 nicht schattiert dargestellten Familien werden nicht erfasst. Das beobachtete Segregationsverhältnis beträgt bei den Familien mit zwei Kindern, deren Daten gesammelt wurden, nicht 1:4, sondern 8:14. Familien mit drei Kindern, die auf dieselbe Weise erfasst wurden, zeigen ein Segregationsverhältnis von 48:111. Das Verhältnis kann für jede Familiengröße nach der **abgeschnittenen Binomialverteilung** ermittelt werden. Dabei handelt es sich um eine binomische Reihe mit $(\frac{1}{4} + \frac{3}{4})^{-n}$, bei der man den letzten Term (keine betroffenen Kinder) weglässt. Bei experimentell ermittelten Daten lässt sich dieser Fehler am einfachsten mit der Methode von Li und Mantel korrigieren (Exkurs 15.1).

Das oben geschilderte Beispiel geht von einer **abgeschnittenen vollständigen Datenerhebung** (*complete truncate ascertainment*) aus: Man sammelt alle Familien aus einer definierten Bevölkerungsgruppe, die mindestens ein erkranktes Kind haben. Aber dies ist nicht die einzige Möglichkeit, Familien zusammenzustellen. Man könnte auch erkrankte Kinder erfassen, indem man die ersten 100 aufnimmt, die in einer gut besuchten Klinik auftauchen (sodass aus derselben Population weitere Kinder erfasst werden können, wenn man nur länger wartet). Unter diesen Bedingungen wird eine Familie mit zwei erkrankten Kindern mit der doppelten Wahrscheinlichkeit erfasst wie eine Familie mit nur einem einzigen solchen Kind, und für eine Familie mit vier erkrankten Kindern gilt die vierfache Wahrscheinlichkeit. Die **Einzelselektion**, bei der die Wahrscheinlichkeit, erfasst zu werden, zur Anzahl der betroffenen Kinder in der Familie proportional ist, führt einen anderen systematischen Fehler in die Datenerhebung ein und erfordert eine andere statistische Korrektur (Exkurs 15.1). Wir stellen fest, dass die *Bestimmung eines Segregationsverhältnisses Daten erfordert, deren Erhebung einem genau definierten Schema folgt*, sodass die geeigneten Korrekturen durchgeführt werden können.

15.2.2 Die komplexe Segregationsanalyse ist eine allgemeine Methode, die wahrscheinlichste Kombination von genetischen Faktoren für gesammelte Daten aus mehreren Familien zu ermitteln

Die Analyse von Daten aus einer großen Gruppe von Personen, die von einer familiären, aber nichtmendelnden Krankheit betroffen sind, ist keine einfache Aufgabe. Es können sowohl genetische als auch umgebungsbedingte Faktoren beteiligt sein. Die genetischen Faktoren können polygen oder oligogen sein oder mendeln, wobei jeder beliebige Vererbungsmodus und auch jede Kombination dieser Eigenschaften möglich ist. Zu den umgebungsbedingten Faktoren gehören sowohl familiäre als auch nichtfamiliäre Variablen. Bei komplexen Segregationsanalysen wird ein ganzes Spektrum von möglichen Mechanismen, Genhäufigkeiten, unterschiedlicher Penetranz und so weiter zugelassen. Der Computer führt eine Analyse der maximalen Wahrscheinlichkeit durch, um diejenige Mischung an Parameterwerten zu finden, für die sich aufgrund der ermittelten Daten die größtmögliche Wahrscheinlichkeit ergibt. In Tabelle 15.4 findet sich ein Beispiel. Wie bei der Lod-Wert-Analyse (Kapitel 13) lautet die Frage, um wie viel wahrscheinlicher die Beobachtungen nach der einen oder der anderen Hypothese sind.

Im Beispiel von Tabelle 15.4 wurde die Fähigkeit bestimmter Modelle (sporadisch, polygen, dominant, rezessiv) die Daten zu erklären, mit der Wahrscheinlichkeit verglichen, die sich aus einem allgemeinen („gemischten") Modell errechnete, bei dem der Computer eine Mischung aus Einzelgen-, polygenen und zufälligen umgebungsbedingten Ursachen frei optimieren konnte. Alle Modelle waren durch die Gesamtzahl der Fälle, Verhältnisse der Geschlechter und Wahrscheinlichkeiten bei der Ermittlung beschränkt, die sich aus den gesammelten Daten ergab. Das Modell eines dominanten Einzellocus ist für die

Tabelle 15.4 Komplexe Segregationsanalyse

Modell	*d*	*t*	*q*	*H*	*z*	*x*	χ^2	*p*
gemischt	1,00	7,51	$9{,}6 \times 10^{-6}$		0,01	0,15		
sporadisch							334	$<1 \times 10^{-5}$
polygen				1,00	1,00		78	$<1 \times 10^{-5}$
rezessiver Hauptlocus	0,00	8,22	$3{,}8 \times 10^{-3}$				35	$<1 \times 10^{-5}$
dominanter Hauptlocus	1,00	7,56	$1{,}2 \times 10^{-5}$			0,19	2,8	0,42

Die Daten gelten für Familien, die über einen Probanden mit Hirschsprung-Krankheit mit langem Segment ermittelt wurden. Die variablen Parameter sind *t* (Unterschied in der Anfälligkeit zwischen Menschen, die für die Allele für geringe Anfälligkeit und die Allele für hohe Anfälligkeit eines Hauptanfälligkeitsgens homozygot sind, gemessen in Einheiten der Standardabweichung der Anfälligkeit), *d* (das Ausmaß der Dominanz jedes Hauptkrankheitsallels), *q* (die Genhäufigkeit jedes Hauptkrankheitsallels), *H* (der Anteil der Gesamtvarianz der Anfälligkeit bei Erwachsen, die auf polygener Vererbung beruht), *z* (das Verhältnis von der Erblichkeit bei Kindern zur Erblichkeit bei Erwachsenen) und *x* (der Anteil der Fälle, die auf Neumutationen beruhen). Die Daten ließen sich mit einem einzelnen Hauptlocus, der eine dominante Anfälligkeit codiert, genauso gut erklären wie mit einem allgemeinen Modell, das eine Mischung aus allen Mechanismen zulässt. Daten aus: Badner et al. (1990).

Erklärung der Daten nicht signifikant schlechter geeignet als ein gemischtes Modell ($\chi^2 = 2{,}8$; $p = 0{,}42$). Modelle, die keine genetischen Faktoren, eine rein polygene Vererbung oder eine rein rezessive Vererbung voraussetzten, schnitten dagegen schlecht ab. Mit dem Argument, dass einfache Erklärungen einem komplizierten Modell vorzuziehen sind, lässt die Analyse also die Existenz einer dominanten Hauptanfälligkeit für die Hirschsprung-Krankheit vermuten. Inzwischen wurden bereits mehrere dieser Faktoren identifiziert (Abschnitt 15.6.2).

Wie gut auch ein Programm zur Segregationsanalyse sein mag, es kann nur die größte Wahrscheinlichkeit anhand der verfügbaren Parameter darstellen. Wenn ein wichtiger Faktor fehlt, kann das Ergebnis irreführend sein. Das haben die Ergebnisse von McGuffin und Huckle gut veranschaulicht (Tab. 15.5). Sie fragten ihre Medizinstudenten nach Verwandten, die ebenfalls Medizin studiert haben. Als sie die Ergebnisse der Umfrage in ein Programm für Segregationsanalyse eingaben, erhielten sie Ergebnisse, die für die Existenz eines rezessiven Gens für das Medizinstudium sprachen. Das klingt zwar komisch, war aber nicht als Scherz gedacht und sollte auch nicht die Segregationsanalyse in einem schlechten Licht erscheinen lassen. Die Autoren erlaubten es dem Computerprogramm einfach nicht, den wahrscheinlich zutreffenden Mechanismus, die gemeinsame familiäre Umgebung, zu berücksichtigen. Die nächstbeste Alternative für das Programm war zwar mathematisch richtig, aber biologisch unrealistisch. McGuffin und Huckle wollten damit nur zeigen, dass in Segregationsanalysen menschlicher Verhaltensmerkmale viele Fehlerquellen lauern und dass aufgrund nicht sorgfältig durchgeführter Analysen genetische Effekte falsch ermittelt werden.

Tabelle 15.5 Ein rezessives Gen für das Medizinstudium?

Modell	*d*	*t*	*q*	*H*	χ^2	*p*
gemischt	0,087	4,04	0,089	0,008		
sporadisch					163	$<1 \times 10^{-5}$
polygen				0,845	14,4	<0,005
rezessiver Hauptlocus	0,00	7,62	0,088		0,11	N. S.

Daten aus: McGuffin und Huckle (1990) von einer Erhebung unter Medizinstudenten und ihren Familien. Die Symbole haben die gleiche Bedeutung wie in Tabelle 15.4. „Betroffen" heißt hier, Medizinstudent zu sein. Die Analyse spricht scheinbar für einen rezessiven Erbgang, da dies den Daten ebenso entspricht wie das uneingeschränkte Modell. Der Zweck dieser Arbeit bestand darin zu zeigen, wie die Analyse von Familiendaten zu falschen Ergebnissen führen kann, wenn man die gemeinsame familiäre Umgebung außer Acht lässt (siehe Text).

15.3 Kopplungsanalysen komplexer Merkmale

15.3.1 Standard-Lod-Wert-Analysen sind für nichtmendelnde Merkmale normalerweise ungeeignet

Standard-Lod-Wert-Analysen bezeichnet man als parametrisch, da ein genaues genetisches Modell erforderlich ist, das für jeden Genotyp den Vererbungsmodus, die Genhäufigkeiten und die Penetranz festlegt. Solange ein gültiges Modell zur Verfügung steht, bietet die parametrische Kopplung eine ausgezeichnete Methode, um ein Genom in Abschnitten von 20 Mb zu analysieren. Bei mendelnden Krankheiten sollte die Festlegung eines geeigneten Modells keine Schwierigkeiten bereiten. Nichtmendelnde Merkmale sind hingegen viel weniger leicht zu handhaben.

Das grundlegende Problem der Diagnosekriterien

Ein Hauptproblem ist die Formulierung von Diagnosekriterien, die für eine genetische Analyse von Bedeutung sind. Bei mendelnden Syndromen lässt sich im Allgemeinen ziemlich gut erkennen, welche Merkmale bei einem Patienten zum Syndrom gehören und welche zufällig auftreten. Verschiedene Merkmale können eine unterschiedliche Penetranz zeigen, aber grundsätzlich zählen diejenigen Merkmale zu einem Syndrom, die nach einem mendelnden Muster zusammen segregieren. Für nichtmendelnde Krankheiten ist ein solcher Abgleich mit der Wirklichkeit nicht möglich. Man unternimmt vor allem bei psychischen Erkrankungen große Anstrengungen, um *gültige* Diagnosekriterien aufzustellen. Damit ist gemeint, dass zwei unabhängige Beobachter darin übereinstimmen, ob eine bestimmte Bezeichnung auf einen Patienten zutrifft oder nicht. Aber die Bezeichnung einer Diagnose kann korrekt sein, ohne dass sie eine biologische Bedeutung besitzt. Vor allem bei psychiatrischen und verhaltensmäßigen Erscheinungsbildern sind die Diagnosekriterien häufig biologisch willkürlich. Wenn man an ihnen festhält, lassen sich zwar verschiedene Untersuchungen miteinander vergleichen, aber es ist keinesfalls sicher, ob auch die richtige genetische Frage gestellt wird.

Kopplungsanalysen bei „nahezumendelnden“ Familien

Sobald man sich auf Diagnosekriterien geeinigt hat, besteht ein Verfahren für eine genetische Analyse darin, nach einer Untergruppe von Familien zu suchen, bei denen die Krankheit nach einem „nahezumendelnden“ Muster segregiert. Mithilfe einer Segregationsanalyse bestimmt man die Parameter eines genetischen Modells für diejenigen Familien, die dann in einer (parametrischen) Standardkopplungsanalyse getestet werden. Solche Familien können auf dreierlei Weise entstehen.

- Jede komplexe Krankheit ist wahrscheinlich heterogen, sodass die Gruppe der Familien einige Mitglieder mit mendelnden Merkmalen enthalten sollte, die sich phänotypisch nicht von der nichtmendelnden Mehrheit unterscheidet.
- Die nahezumendelnden Familien repräsentieren vielleicht bestimmte Fälle, in denen bei den meisten Menschen viele Determinanten zufällig bereits vorhanden sind, sodass das Gleichgewicht durch die mendelnde Segregation von nur einem der zahlreichen Anfälligkeitsfaktoren gekippt wird.
- Das „nahezumendelnde“ Muster kann auch unecht sein – nur ein zufälliges Zusammentreffen von betroffenen Personen innerhalb einer Familie.

Im ersten Fall ist die Identifizierung der mendelnden Untergruppe an sich schon von Bedeutung, aber dadurch kommt man hinsichtlich der Ursachen der nichtmendelnden Krankheit nicht notwendigerweise einer Aufklärung näher. Das zeigte sich beim Brustkrebs (Abschnitt 15.6.1) und bei der Alzheimer-Krankheit (Abschnitt 15.6.3). Im zweiten Fall sind die kartierten Loci ebenso Anfälligkeitsfaktoren für die verbreitete nichtmendelnde Hirschsprung-Krankheit (Beispiele in Abschnitt 15.6.2). Frühe Arbeiten über Schizophrenie, dem dritten der obigen Beispiele, zeigten einen Lod-Wert von 6, der inzwischen allgemein als falsch angesehen wird (Byerley 1989). Dieser Fehlschlag brachte die meisten Forscher dazu, sich der nichtparametrischen Analyse zuzuwenden.

15.3.2 Eine nichtparametrische Kopplungsanalyse erfordert kein genetisches Modell

Modellfreie oder **nichtparametrische** Methoden für eine Kopplungsanalyse suchen nach Allelen oder chromosomalen Segmenten, die betroffene Personen gemeinsam haben. Einige der Grundgedanken für diese Verfahren wurden in den Publikationen von Neil Risch (1990a, b, c) vorgestellt. **Methoden zum Auffinden gemeinsamer Segmente** lassen sich auf Familien (Abschnitt 15.3.3) oder in ganzen Bevölkerungsgruppen (Abschnitt 15.4) anwenden.

Dabei ist es wichtig, zwischen Segmenten zu unterscheiden, die entweder **abstammungsidentisch** (*ident-*

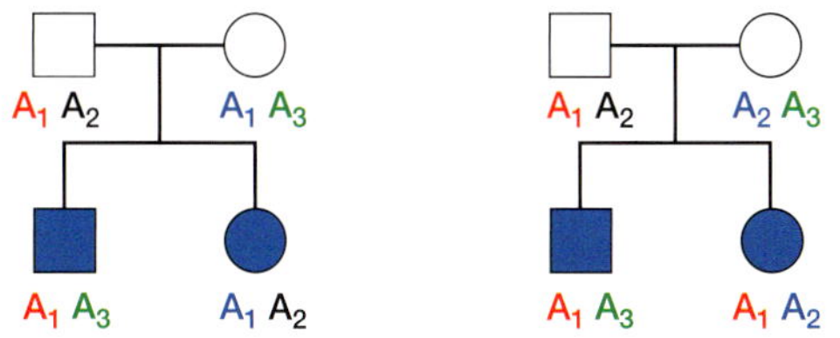

15.2 Identität durch Eigenschaften und Identität durch Abstammung. Beide Geschwisterpaare haben das Allel A_1 gemeinsam. Das erste Geschwisterpaar besitzt zwei unabhängige Kopien von A_1 (Identität durch Eigenschaften); das zweite Geschwisterpaar besitzt Kopien desselben elterlichen A_1-Allels (Identität durch Abstammung).

ical by descent, **IBD**) oder **eigenschaftenidentisch** (*identical by state*, **IBS**) sind. IBD-Allele sind *nachweisbar* Kopien desselben ursprünglichen (normalerweise elterlichen) Allels. IBS-Allele hingegen sehen identisch aus und sind es wohl auch tatsächlich, aber ihre gemeinsame Herkunft ist nicht nachweisbar, sodass sie mathematisch im Zusammenhang mit ihrer Häufigkeit in der Population zu behandeln sind und keiner Wahrscheinlichkeitsrechnung unterliegen, nach der sie entsprechend einem mendelnden Muster von einem definierten Vorfahren vererbt wurden. Der Unterschied ist in Abbildung 15.2 dargestellt. Bei sehr seltenen Allelen sind zwei verschiedene Ursprünge unwahrscheinlich, sodass hier ein eigenschaftenidentisches Allel im Allgemeinen ein abstammungsidentisches Allel ist; das trifft jedoch auf häufige Allele nicht zu. Mikrosatellitenmarker mit mehreren Allelen sind viel effizienter als Marker mit nur zwei Allelen, um eine Identität nach Abstammung festzustellen. Haplotypen mit mehreren Loci und mehreren Allelen sind dafür noch besser geeignet, da jeder einzelne Haplotyp wahrscheinlich selten ist. Methoden zum Auffinden gemeinsamer Segmente kann man entweder mit IBS- oder mit IBD-Daten durchführen, sofern man eine geeignete Analysemethode verwendet. Das IBD-System ist effektiver, aber es erfordert Proben von mehr Verwandten. Bei einem komplexen Stammbaum mit mehreren betroffenen Personen kann man die Markerinformationen dazu verwenden, die Wahrscheinlichkeit zu berechnen, dass zwei betroffene Verwandte abstammungsidentische Haplotypen gemeinsam haben (Arnos et al. 1990).

15.3.3 Analyse gemeinsamer Segmente in Familien: Analyse von betroffenen Geschwistern und Stammbaumangehörigen

Für ein zufällig gewähltes Chromosomensegment ist zu erwarten, dass Geschwisterpaare keinen, einen oder zwei elterliche Haplotypen gemeinsam haben, und das mit der Häufigkeit ¼, ½ beziehungsweise ¼. Wenn jedoch beide Geschwister von einer genetisch bedingten Krankheit betroffen sind, dann ist es wahrscheinlich, dass sie irgendein Chromosomensegment gemeinsam haben, das den Krankheitslocus enthält. Wenn jeder Mensch mit dieser Krankheit ein mutiertes Allel an diesem Locus trägt, dann besitzen sie – wenn die Krankheit dominant ist – mindestens einen übereinstimmenden elterlichen Haplotyp. Wenn die Krankheit rezessiv ist, trifft das auf zwei Haplotypen zu (Abb. 15.3). Das ermöglicht eine einfache Form der Kopplungsanalyse. **Erkrankte Geschwisterpaare** (*affected sib pairs*, **ASP**) werden nach Markern charakterisiert, außerdem sucht man nach chromosomalen Regionen, in denen die Übereinstimmungen höher liegen als das zufällige Verhältnis 1:2:1 für gemeinsame 2, 1 oder 0 abstammungsidentische Haplotypen.

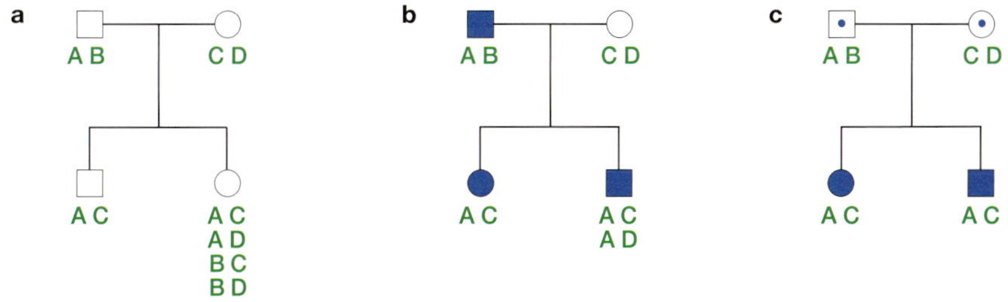

15.3 Geschwisterpaaranalyse. a) Durch zufällige Segregation haben die Geschwisterpaare keinen, einen oder zwei elterliche Haplotypen gemeinsam, und das mit der Häufigkeit 1/4, 1/2 beziehungsweise 1/4. b) Bei Paaren von Geschwistern, die beide von einer rezessiven Krankheit betroffen sind, stimmen zwangsläufig beide elterlichen Haplotypen des zugehörigen chromosomalen Abschnitts überein. Wenn die Übereinstimmung von Haplotypen die Zufälligkeitsmarke überschreitet, deutet dies auf chromosomale Abschnitte hin, die Anfälligkeitsgene enthalten.

Wenn man die Geschwisterpaare nur in Bezug auf eigenschaftenidentische Marker testet, muss die erwartete Gemeinsamkeit aufgrund der Nullhypothese als Funktion der Genhäufigkeiten berechnet werden. Eine ASP-Analyse lässt sich ohne vorherige Annahmen über die Genetik der Krankheit durchführen. Es ist normalerweise viel einfacher, die Daten von erkrankten Geschwisterpaaren zu sammeln als von ausgedehnten Familien. Eine **Multimarkeranalyse** ist einer Einzelmarkeranalyse vorzuziehen, da sich damit Informationen über gemeinsame abstammungsidentische Marker in einer chromosomalen Region effizienter herausziehen lassen. Das *Mapmaker/Sibs*-Programm von Kruglyak und Lander (1995) wird für die Analyse von Multimarker-ASP-Daten häufig verwendet; es erzeugt **nichtparametrische Lod-(NPL-) Werte**.

Ein Nachteil der ASP-Analysen besteht darin, dass die ermittelten Kandidatenregionen im Allgemeinen für eine Positionsklonierung viel zu groß sind. Geschwisterpaare unterscheiden sich nur durch wenige Rekombinationen, sodass große Chromosomenabschnitte übereinstimmen – entweder zufällig oder aufgrund einer gemeinsamen Anfälligkeit. Entscheidend ist dabei, dass die Analyse einer komplexen Krankheit kein Vorgang ist wie die Endphase bei einer mendelschen Kartierung, bei der man die Marker in immer engeren Abständen wählt, bis schließlich keine Rekombinanten mehr auftreten. Wenn ein Anfälligkeitsfaktor für das Entstehen einer Krankheit weder notwendig noch ausreichend ist, haben nicht alle Geschwisterpaare diesen Chromosomenabschnitt gemeinsam. Darüber hinaus stimmen bei Geschwisterpaaren viele Segmente zufällig überein. Dennoch ist die ASP-Analyse aufgrund ihrer Einfachheit und Robustheit eines der wichtigen Werkzeuge für die Suche nach Genen, die eine Anfälligkeit für verbreitete nichtmendelnde Krankheiten hervorrufen (Abschnitt 15.6). Die mathematischen Grundlagen der ASP-Analyse werden von Sham und Zhao (1998) erläutert.

Programme wie **Genehunter** (Abschnitt 13.6.2) erweitern die Analyse von gemeinsamen Segmenten auch auf andere Verwandtschaftsgrade. Die Programme berechnen, wie viele IBD-Allele erkrankte Verwandte gemeinsam haben und vergleichen das Ergebnis bei allen erkrankten Angehörigen des Stammbaums mit der Nullhypothese einer einfachen mendelnden Vererbung (die Marker sollten nach den Mendelschen Regeln segregieren, sofern die Segregation nicht durch Kopplung oder Assoziation gestört ist). Der Vergleich eignet sich dazu, einen nichtparametrischen Lod-Wert zu berechnen.

15.3.4 Schwellenwerte für Signifikanz sind ein wichtiger Aspekt bei der Analyse komplexer Krankheiten

Während die meisten mendelnden Gene durch signifikante Lod-Werte lokalisiert werden konnten und anschließend erfolgreich kloniert wurden, ist die Geschichte der Analyse komplexer Krankheiten gekennzeichnet durch eine Abfolge von nicht reproduzierbaren Ergebnissen. Kandidatenregionen, die in unabhängigen Untersuchungen über dieselbe Krankheit ermittelt wurden, stimmten viel zu selten überein. Bei Risch und Botstein (1996) wird eine solche Geschichte beschrieben (die der manisch-depressiven Psychose). Und bei Altmüller et al. (2001) findet sich ein Rundumschlag in Form einer Meta-Analyse von 101 Kopplungsstudien bei 31 komplexen Krankheiten. Wie sich auch die Probleme in den einzelnen Fällen darstellen mögen, die Gemeinsamkeit besteht in der Schwierigkeit zu entscheiden, wann ein Ergebnis signifikant ist.

Die Probleme, geeignete Schwellenwerte für eine Signifikanz festzulegen, sind teilweise technischer und teilweise philosophischer Art. Wir haben bereits die Unterscheidung zwischen einer **punktuellen** (oder **nominellen**) und der **Gesamtgenomsignifikanz** erwähnt (Abschnitt 13.3.4).

- Der **punktuelle *p*-Wert** einer Kopplungsstatistik bezeichnet die Wahrscheinlichkeit, den ermittelten Wert an einer bestimmten Position im Genom noch zu überschreiten, wenn man von der Nullhypothese ausgeht, dass es keinerlei Kopplung gibt.
- Der ***p*-Wert für das Gesamtgenom** bezeichnet die Wahrscheinlichkeit, den ermittelten Wert an einer beliebigen anderen Stelle im Genom zu überschreiten, wenn man von der Nullhypothese ausgeht, dass es keinerlei Kopplung gibt.

Für eine Untersuchung des Gesamtgenoms ist die geeignete Signifikanzschwelle ein Wert, bei dem die Wahrscheinlichkeit, *für eine beliebige Stelle im Genom* ein falsch positives Ergebnis zu erhalten, 0,05 beträgt. Theoretische Überlegungen (Lander und Kruglyak 1995) postulieren Schwellen für einen Gesamtgenom-Lod-Wert von 3,6, wenn bei erkrankten Geschwisterpaaren abstammungsidentische Marker getestet werden, und von 4,0 für eigenschaftenidentische Marker. Bei Untersuchungen an komplexen Krankheiten ermittelt man die Signifikanzschwellen häufig durch eine Simulation. Dabei werden im Allgemeinen im Computer 1 000 Kopien der Sammlung von Familien mit zufälligen Markergenotypen erzeugt, wobei aber die korrekten Allelhäufigkeiten, die Rekombinationshäufigkeiten (und so weiter) verwendet werden. Für jeden der simulierten Datensätze

Tabelle 15.6 Mögliche Kriterien, um eine Kopplung zu bestimmen (Lander und Krugylak, 1995). Die Zahlen für die *p*- und Lod-Werte stammen aus Altmüller et al. (2001)

Kriterium für eine Kopplung	zu erwartende Anzahl für zufälliges Vorkommen bei Analyse eines ganzen Genoms	ungefährer Bereich der *p*-Werte	ungefährer Bereich der Lod-Werte
suggestiv	1	$7 \times 10^{-4} - 3 \times 10^{-5}$	2,2–3,5
signifikant	0,05	$2 \times 10^{-5} - 4 \times 10^{-7}$	3,6–5,3
stark signifikant	0,001	$\leq 3 \times 10^{-7}$	≥5,4
bestätigt	0,01 bei einer Suche nach einer Kandidatenregion, die in vorherigen unabhängigen Studien eine signifikante Kopplung ergeben hat		

wird eine Gesamtgenomanalyse durchgeführt und der maximale Lod-Wert festgehalten. Als Signifikanzschwelle für das Gesamtgenom nimmt man dann den Lod-Wert, der von weniger als fünf Prozent der simulierten Datensätze erreicht wird.

Als Reaktion auf das häufige Fehlschlagen von Versuchen, mutmaßliche Loci von Krankheitsanfälligkeitsgenen zu bestätigen, formulierten Lander und Kruglyak (1995) eine Reihe von Schwellenwerten (Tab. 15.6). Dabei gilt: Ein punktueller *p*-Wert von 1×10^{-5} ist nicht zu einem Lod-Wert von 5,0 äquivalent – die beiden Größen bedeuten nicht dasselbe.

- Ein Lod-Wert von 5 bedeutet, dass die Daten für die gewählte Hypothese 10^5-mal wahrscheinlicher sind als für die Nullhypothese.
- Ein *p*-Wert von 10^{-5} bedeutet, dass der ermittelte Lod-Wert nur einmal von 10^5-mal übertroffen wird, wenn man die Nullhypothese annimmt.

Kommentare zu den Kriterien von Lander und Kruglyak finden sich in der Korrespondenzrubrik in der Ausgabe von *Nature Genetics* vom April 1996.

15.4 Assoziationsstudien und das Kopplungsungleichgewicht

Assoziation ist kein spezifisch genetisches Phänomen, sondern nur eine statistische Feststellung über das gemeinsame Auftreten von Allelen oder Phänotypen. Allel A ist mit der Krankheit K assoziiert, wenn diejenigen Menschen, die an K erkranken, auch das Allel A signifikant öfter (oder weniger oft) besitzen als aufgrund der Häufigkeiten von K und A in der Bevölkerung zu erwarten wäre. So kommt beispielsweise das HLA-DR4-Allel allgemein bei 36% der Bevölkerung in Großbritannien vor, während es 78% der Menschen mit einer rheumatoiden Arthritis tragen.

15.4.1 Warum Assoziation auftritt

Eine Populationsassoziation kann verschiedene Ursachen haben, von denen nicht alle genetischer Natur sind:

- **Direkter Zusammenhang:** Das Allel A verursacht eine Anfälligkeit gegenüber der Krankheit K. Das Vorhandensein von A muss weder notwendig noch ausreichend sein, damit ein Mensch die Krankheit K entwickelt, es erhöht jedoch die Wahrscheinlichkeit.
- **Natürliche Selektion:** Menschen, die an K erkranken, überleben vielleicht mit größerer Wahrscheinlichkeit und haben Kinder, wenn sie das Allel A besitzen.
- **Populationsschichtung:** Die Population enthält genetisch unterschiedliche Untergruppen, und sowohl die Krankheit als auch das Allel kommen zufällig in einer Untergruppe besonders häufig vor. Bei Lander und Schork (1994) findet sich das Beispiel für die Assoziation zwischen HLA-A1 und dem Essen mit Stäbchen in der Umgebung der Bucht von San Francisco. HLA-A1 ist bei der chinesischen Bevölkerung viel häufiger als bei der europäischstämmigen.
- **Typ-I-Fehler:** Bei Assoziationsstudien testet man normalerweise eine große Anzahl von Markern auf Assoziation mit einer Krankheit. Selbst ohne dass ein tatsächlicher Zusammenhang besteht, sind fünf Prozent der Ergebnisse bei $p = 0{,}05$ signifikant und ein Prozent bei $p = 0{,}01$. Die *p*-Rohwerte müssen entsprechend der Anzahl der gestellten Fragen korrigiert werden (Abschnitt 15.4.4). Früher hat man oftmals ungeeignete Korrekturen eingeführt, sodass die dargestellten Assoziationen bei Wiederholungsstudien nicht reproduziert werden konnten.
- **Kopplungsungleichgewicht:** Das Ziel von Assoziationsstudien bei komplexen Krankheiten besteht darin, Assoziationen festzustellen, die das Kopp-

Exkurs 15.2: Maßzahlen für das Kopplungsungleichgewicht

Wenn es für zwei Loci die Allele A, a und B, b gibt, die mit den Häufigkeiten p_A, p_a, p_B und p_b vorkommen, dann sind vier Haplotypen möglich: AB, Ab, aB und ab. Die Häufigkeiten der vier Haplotypen seien p_{AB}, p_{Ab}, p_{aB} und p_{ab}. Wenn kein Kopplungsungleichgewicht besteht, dann ist $p_{AB} = p_A p_B$ und so weiter. Der Abweichungsgrad von dieser zufälligen Assoziation lässt sich durch $D = p_{AB}p_{ab} - p_{Ab}p_{aB}$ bestimmen.

Das Problem bei D als Maßzahl für das Kopplungsungleichgewicht besteht darin, dass sein absolutes Maximum von den Genhäufigkeiten an den beiden Loci und vom Ausmaß des Ungleichgewichts abhängt. Zu den bevorzugt verwendeten Maßzahlen gehören:

- $D' = p_{AB} - p_A p_B / D_{max}$, wobei D_{max} der größte Wert ist, den $p_{AB} - p_A p_B$ bei den vorgegebenen Allelhäufigkeiten annehmen kann;
- $\Delta^2 = (p_{AB} - p_A p_B)^2 / p_A p_a p_B p_b)$.

D' wird am häufigsten benutzt. Der Wert variiert zwischen 0 (kein Kopplungsungleichgewicht) und ±1 (vollständige Assoziation) und hängt weniger als D von den Allelhäufigkeiten ab. Als Faustregel verwendet man häufig $D' > 0{,}33$ als Schwellenwert des Kopplungsungleichgewichts. Ein höherer Wert zeigt bei einer normalen Größe der Datensätze ein Kopplungsungleichgewicht an. Die Vermehrung der alternativen Maßzahlen deutet an, dass keine vollkommen geeignet ist (Devlin und Risch 1995). Diese Maßzahlen wurden besonders für spezifische Paare von Loci entwickelt, während die meisten vollständigen Genomuntersuchungen auf Multimarkeranalysen beruhen. Solche Daten sollten nach konservierten Haplotypen und nicht einfach nach paarweisen Kopplungsungleichgewichten analysiert werden.

lungsungleichgewicht hervorruft, das zwischen Marker und Krankheit besteht. Das Phänomen des Kopplungsungleichgewichts wird weiter unten besprochen; Exkurs 15.2 beschreibt, wie es gemessen wird.

15.4.2 Im Prinzip ist Assoziation etwas ganz anderes als Kopplung, aber wenn sich Familie und Bevölkerung überschneiden, gilt die Überschneidung auch für Kopplung und Assoziation

Kopplung und Assoziation sind im Prinzip vollkommen verschiedene Phänomene. Die Kopplung ist eine Beziehung zwischen verschiedenen *Loci*, während die Assoziation eine Beziehung zwischen *Allelen* oder *Phänotypen* darstellt. Kopplung ist eine spezifisch genetische Beziehung, während Assoziation (wie bereits erwähnt) einfach eine statistische Beobachtung ist, die verschiedene Ursachen haben kann.

Kopplung führt nicht von sich aus zu irgendeiner Assoziation in der allgemeinen Bevölkerung. So ist beispielsweise der Locus des *STR45*-Markers mit dem Dystrophinlocus gekoppelt. Dennoch stimmt die Verteilung von *STR45*-Allelen bei nicht verwandten Patienten mit Duchenne-Muskeldystrophie genau mit der Verteilung in der allgemeinen Bevölkerung überein. Bei einer Familie, in der eine Dystrophinmutation segregiert, sollte man jedoch erwarten, dass Betroffene dasselbe Allel von *STR45* besitzen, da beide Loci eng gekoppelt sind. Die *Kopplung führt also zur Assoziation innerhalb von Familien, aber nicht zwischen nicht verwandten Menschen*. Wenn jedoch zwei mutmaßlich nichtverwandte Personen mit der Krankheit K diese tatsächlich von einem weit zurückliegenden gemeinsamen Vorfahren geerbt haben, dann sollten sie tendenziell auch spezifische Allele dieses Vorfahren gemeinsam haben, die mit K eng gekoppelt sind. In Abschnitt 13.5.2 finden sich einige Beispiele für dieses Phänomen.

Da wir alle gemeinsame Vorfahren haben, spielen sie eine wichtige Rolle. Alle Menschen sind miteinander verwandt, wenn wir in der Zeit nur weit genug zurückgehen. Betrachtet man also eine Population als eine weitläufige Familie, sollte es auf Populationsebene Assoziationen aufgrund eines Kopplungsungleichgewichts zwischen ursprünglichen Krankheitsanfälligkeitsgenen und eng gekoppelten Markern geben. Eine grobe Berechnung deutet darauf hin, dass in Großbritannien zwei „nichtverwandte" Personen gemeinsame Vorfahren besitzen, die nicht mehr als 22 Generationen zurückliegen. Unter der Voraussetzung, dass keinerlei Inzucht stattgefunden hat, ergeben sich für jeden Menschen 2^{22} = 4 Millionen Vorfahren, die in der damaligen Zeit lebten. 22 Generationen entsprechen etwa 500 Jahren, und um 1500 betrug die Bevölkerung in Britannien etwa vier Millionen Menschen (Abb. 15.4).

Angenommen, die beiden „nichtverwandten" Personen erben jeweils ein Krankheitsanfälligkeitsallel von ihrem gemeinsamen Vorfahr. Während der vielen Generationen und Meiosen, die sie von ihrem gemeinsamen Vorfahr trennen, haben wiederholte Rekombinationen das gemeinsame Chromosomensegment sehr stark verkürzt. Nur Allele an eng mit dem Krankheitsanfälligkeitslocus gekoppelten Loci stim-

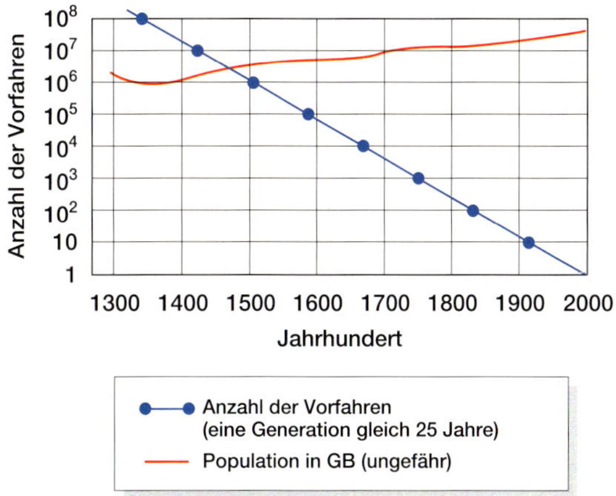

15.4 Eintauchen in den Genpool. Ein Mensch, in dessen Vorfahrenreihe es keinerlei Inzucht gegeben hat, hat vor n Generationen 2^n Vorfahren. Wenn man diese Überlegung auf die Bevölkerung in Großbritannien anwendet, haben zwei heute lebende, „nichtverwandte" Menschen dieselben Vorfahren aus dem Jahr 1500. In Wirklichkeit trifft dies so jedoch nicht zu: die Vorfahrenpools zweier heutiger Menschen im Jahr 1500 überlappen sich zwar ziemlich stark, sind aber nicht identisch.

men noch überein. Bei einem Locus, der mit dem Anfälligkeitslocus eine Rekombinationshäufigkeit θ aufweist, geht in jeder Generation für einen Anteil θ der Vorfahrenchromosomen die Assoziation verloren, während für einen Anteil $(1 - \theta)$ die Assoziation erhalten bleibt. Nach n Meiosen besteht die Assoziation noch für einen Anteil von $(1 - \theta)^n$ der Chromosomen. Die Halbwertszeit eines Kopplungsungleichgewichts zwischen verschiedenen Loci mit einem Abstand von 1–2 cM beträgt 69 bis 34 Meiosen, da $(0{,}99)^{69} \cong (0{,}98)^{34} \cong 0{,}5$. Nach obiger Berechnung überschneiden sich die Vorfahren zweier „nichtverwandter" Briten vollkommen, wenn man 22 Generationen zurückgeht. Die Berechnung ist stark vereinfacht, da sie voraussetzt, dass die gesamte britische Bevölkerung die letzten 500 Jahre eine Einheit mit völlig freier Partnerwahl bildete. Zumindest erhält man auf diese Weise für die britische Bevölkerung eine erste grobe Abschätzung, dass Allelassoziationen, die gemeinsamen ursprünglichen Segmenten entsprechen, für Loci innerhalb von 1 cM zum Tragen kommen. Ausgefeiltere Berechnungen basieren auf einer Poisson-Verteilung der Rekombinationsereignisse und beziehen Annahmen über die Bevölkerungsstruktur und geschichtliche Faktoren mit ein (Kruglyak 1999). Eine wichtige Determinante ist die **Koaleszenzzeit** – die Anzahl der Generationen, die zurück zu einem gemeinsamen Vorfahr reicht (Exkurs 12.6). Die weit reichende stochastische Varianz und die Abhängigkeit von unbekannten Einzelheiten der Bevölkerungsgeschichte machen selbst die ausgefeiltesten Berechnungen unzuverlässig. Letztendlich sind Daten erforderlich, und seit kurzem stehen ständig zunehmende Mengen wirklicher Daten zur Verfügung.

15.4.3 Viele Untersuchungen lassen Inseln mit Kopplungsungleichgewicht erkennen, die durch Hot-Spots für Rekombinationen getrennt sind

Das Gen der Cystischen Fibrose wurde identifiziert, indem man einen Kopplungsungleichgewichtsgradienten nach oben verfolgte, bis ein Maximum erreicht war (Abschnitt 13.5.2). Allerdings zeigte die Erforschung anderer Krankheiten, dass ein sanft ansteigender Gradient eher die Ausnahme und nicht die Norm ist. Bei der Huntington-Chorea (Abb. 15.5) gibt es Fälle einer starken Assoziation mit weiter entfernten Markern und einer schwachen Assoziation mit einem näher gelegenen Marker. Noch merkwürdiger verhält es sich mit dem Marker *D4S95*, der mit dem *HD*-Locus eng gekoppelt ist und RFLPs mit den drei Enzymen *Taq*I, *Mbo*I und *Acc*I zeigt. Ergebnisse, die in mehreren unabhängigen Studien bestätigt wurden, zeigten eine starke Assoziation mit einem spezifischen *Acc*I-Allel und einem spezifischen *Mbo*I-Allel, aber keine Assoziation mit irgendeinem der *Taq*I-Allele. Solchen verblüffenden Mustern kann nur eine komplexe Historie zugrunde liegen, bei der zufällige Rekombinationsereignisse in kleinen Gründerpopulationen eine Rolle spielen und der Ursprung einiger Markerpolymorphismen möglicherweise in jüngerer Zeit liegt als einige der krankheitsauslösenden Mutationen.

Vor kurzem wurden mehrere systematische Untersuchungen von Kopplungsungleichgewichten zwischen Markern veröffentlicht, die sich über größere chromosomale Abschnitte erstrecken (Gabriel et al. 2002b, sowie Literaturhinweise ebenda). Allgemeinen Befunden zufolge nimmt ein Kopplungsungleichgewicht nicht mit zunehmendem Abstand allmählich ab. Stattdessen enthalten Chromosomen eine Reihe von Inseln mit einem relativ großräumigen Kopplungsungleichgewicht, die deutlich voneinander getrennt sind (Abb. 15.6). Innerhalb der Inseln kann sich ein auswertbares Kopplungsungleichgewicht über 50 kb erstrecken (bei Europäern, weniger bei Afrikanern). Dagegen zeigen selbst Marker, die einen sehr kurzen Abstand aufweisen, aber in verschiedenen Inseln liegen, untereinander kein Kopplungsungleichgewicht. Eine genaue Untersuchung einiger weniger Regionen hat bestätigt, dass die Grenzen der Inseln tatsächlich für Rekombinationen besonders prädestiniert sind. Vermutlich lässt sich daran das Mosaik der ursprünglichen Chromosomensegmente erken-

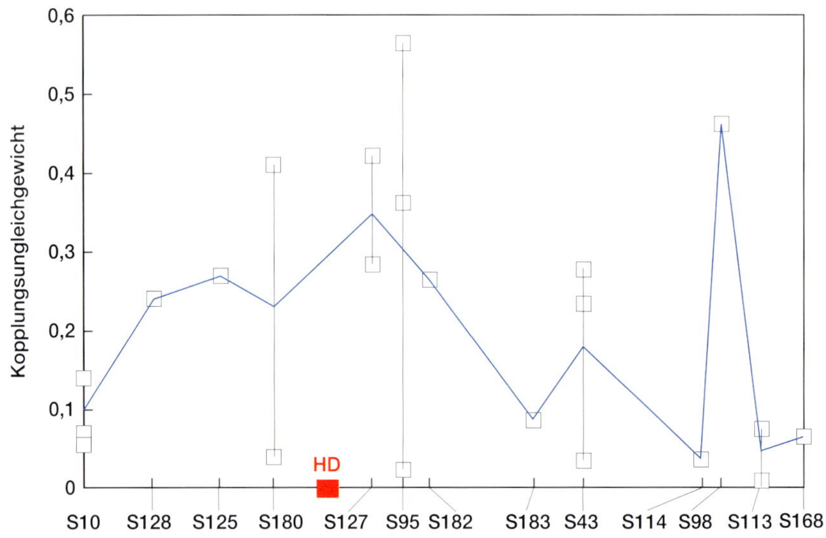

15.5 Kopplungsungleichgewicht um den Locus der Huntington-Chorea. S10, S125 sind Abkürzungen für die DNA-Marker *D4S10*, *D4S125* (und so weiter), die hier entsprechend ihrer Position in der Karte relativ zum HD-Locus dargestellt sind. Der Abschnitt besitzt eine Länge von insgesamt 2 500 kb. Bei einigen Loci gibt es mehrere verschiedene RFLPs, die manchmal mit sehr unterschiedlichen Allelen Assoziationen zeigen, beispielsweise der Marker S95 (siehe Text). Aus: Krawczak und Schmidtke (1998) *DNA Fingerprinting*, 2. Auflage. BIOS Scientific Publishers, Oxford.

nen, die unser gemeinsames Erbe ausmachen. Wenn man die Struktur der Kopplungsungleichgewichtsinseln in einer Population für das gesamte Genom bestimmen könnte, sollte es möglich sein, einen Satz von Markern („hap-SNPs") zu definieren, um für jede Insel Haplotypen festzulegen. Dann könnte man jede Krankheit auf Assoziation mit diesen Markern testen. Es ist zu vermuten, dass in jeder Population die meisten Inseln nur vier bis sechs verschiedene allgemeine Haplotypen aufweisen (Gabriel et al.

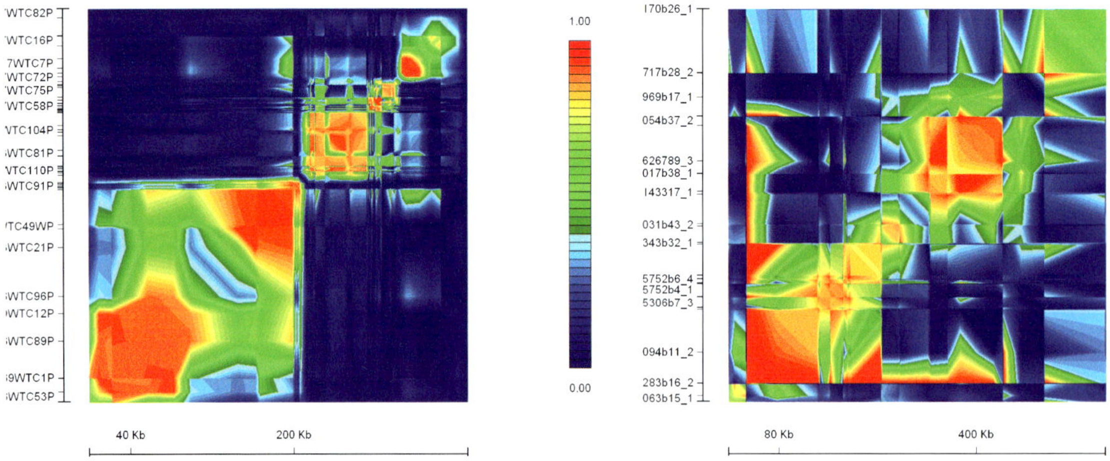

15.6 Muster eines Kopplungsungleichgewichts in zwei chromosomalen Regionen. An der X- und Y-Achse jedes Quadrats ist, entsprechend der Reihenfolge auf dem Chromosom, dieselbe Gruppe von Markern angegeben. Die Farbe am Koordinatenpunkt zweier Marker gibt die Stärke des Kopplungsungleichgewichts an (siehe Darstellung in der Mitte). Das GOLD-Programm füllt den Raum zwischen den Punkten durch Interpolation. Wenn das Ungleichgewicht einfach eine Funktion des Abstands wäre, würden die beiden Quadrate im Bereich der Diagonale einheitlich rot erscheinen und zu den Rändern hin einen allmählichen Übergang zu blau zeigen, abhängig davon, wie weit die Punkte von der Diagonale entfernt sind. Man beachte das zugrunde liegende Muster von isolierten Kopplungsungleichgewichtsinseln, die ihrerseits wiederum eine komplexe Struktur zeigen. Links: Teil von Chromosom 2; rechts: Teil von Chromosom 13. Mit freundlicher Genehmigung durch William Cookson, Oxford.

2002b). Zurzeit werden große Anstrengungen unternommen, um diese Strukturen mit umfassenden Markerkartierungen zu bestimmen (www.genome.gov/10005336).

15.4.4 Aufbau von Assoziationsstudien

Die Suche nach Assoziationen in Bevölkerungsgruppen ist eine vielversprechende Option für die Identifizierung von Krankheitsanfälligkeitsgenen. Assoziationsstudien sind einfacher durchzuführen als Kopplungsanalysen, da keine mehrfach betroffenen Familien oder speziellen Familienstrukturen erforderlich sind. Unter bestimmten Bedingungen kann eine Assoziationsstudie für das Auffinden schwacher Anfälligkeitsallele sogar besser geeignet sein als Kopplungsanalysen (siehe unten). Es ist jedoch wichtig, über den Aufbau der Experimente genau nachzudenken.

Auswahl der Methode, mit der die Assoziation ermittelt werden soll

Bei jeder Assoziationsstudie ist die Auswahl der Kontrollgruppe von entscheidender Bedeutung. So sehr man sich auch bemüht, die Kontrollen den zu untersuchenden Fällen anzupassen, kann man doch unmöglich sicher sein, dass man nichts übersehen hat. Nachdem man eine Assoziation entdeckt hat, stellt sich deshalb sofort die Frage, ob diese möglicherweise nur durch ungeeignete Kontrollen und nicht durch ein Kopplungsungleichgewicht mit einem Anfälligkeitslocus zustande kommt. Die Kombination aus dieser Unsicherheit und den zahlreichen nichtreproduzierbaren Ergebnissen (etwa bei den Assoziationen der HLA-Loci mit verschiedenen Krankheiten) führte dazu, dass Humangenetiker in den 1980er Jahren Fallkontrollstudien nur noch ungern durchführten.

Vor kurzem wurden einige Methoden entwickelt, die diese Probleme zu einem großen Teil lösen. Diese Methoden kann man zusammengefasst als **Assoziationsstudien mit internen Kontrollen** bezeichnen. Die am häufigsten angewandte Methode ist der **Transmission-Disequilibrium-Test** (TDT; Schaid 1989). Beim TDT beginnt man mit Paaren, die ein oder zwei erkrankte Kinder haben. Dabei ist unbedeutend, ob ein Elternteil erkrankt ist oder nicht. Um herauszufinden, ob das Markerallel M_1 mit der Krankheit assoziiert ist, wählt man diejenigen Eltern aus, die für M_1 heterozygot sind. Der Test vergleicht einfach die Anzahl der Fälle, in denen ein Elternteil das Allel M_1 an die erkrankten Nachkommen weitergibt, mit der Anzahl der Fälle, in denen es sich um das andere Allel handelt (Exkurs 15.3). Das Ergebnis ist unabhängig von der Populationsschichtung. Um Daten von multiallelen Markern (beispielsweise Mikrosatelliten) zu verarbeiten, hat man noch den erweiterten TDT (ETDT; Sham und Curtis 1995) entwickelt. Der TDT lässt sich selbst dann anwenden, wenn nur ein Elternteil zur Verfügung steht, was aber das Ergebnis verfälschen kann (Schaid 1998). Wenn überhaupt keine Eltern verfügbar sind (ein häufiges Problem bei spät einsetzenden Krankheiten), kann man mithilfe des Geschwister-TDT die unterschiedlichen Häufigkeiten von Markerallelen bei erkrankten und bei gesunden Geschwistern bestimmen (Spielman und Ewens 1998).

Es gab einige Diskussionen darüber, ob der TDT ein Kopplungs- oder Assoziationstest ist. Da nach Allelen und nicht nach Loci gestestet wird, handelt es sich grundsätzlich um einen Test auf Assoziation. Das assoziierte Allel kann selbst ein Anfälligkeitsfaktor sein, oder es steht mit einem Anfälligkeitsallel an einem nahe gelegenen Locus in einem Kopplungsungleichgewicht. Der TDT kann keine Kopplung anzeigen, wenn kein Ungleichgewicht besteht – daran sollte man bei der Anwendung eines TDT für die Untersuchung ganzer Genome immer denken.

Als Alternative für den TDT setzt man nun wieder verstärkt auf konventionelle Fallkontrollstudien. Diese erfordern weniger Proben als ein TDT, und sie sind bei spät einsetzenden Krankheiten, bei denen Eltern selten zur Verfügung stehen, leichter durchführbar. Man ist zu der Ansicht gelangt, dass das Risiko falscher Assoziationen, das aufgrund der Populationsschichtung besteht, übertrieben bewertet wurde. Die Daten lassen sich auf mögliche Schichtungseffekte überprüfen, indem man bei den Krankheitsfällen und den Kontrollen für eine Anzahl unge-

Exkurs 15.3: Der Transmission-Disequilibrium-Test (TDT), mit dem sich bestimmen lässt, ob ein Markerallel M_1 mit einer Krankheit assoziiert ist

1. Erkrankte Probanden werden ermittelt.
2. Die Probanden und ihre Eltern werden auf den Marker getestet
3. Die Eltern, die für das Markerallel M_1 heterozygot sind, werden ausgewählt. Sie sind erkrankt oder nicht.

Ein heterozygoter Elternteil überträgt das Markerallel ***a*** mal an seine Nachkommen, das andere Allel ***b*** mal.

Die statistische Berechnung eines TDT-Ergebnisses: $(\boldsymbol{a}-\boldsymbol{b})^2/(\boldsymbol{a}+\boldsymbol{b})$. Daraus ergibt sich eine χ^2-Verteilung mit einem Freiheitsgrad, sofern die Zahlen ***a*** und ***b*** ausreichend groß sind.

koppelter Loci die Allelhäufigkeiten bestimmt (Pritchard und Rosenberg 1999). Nach Risch und Teng (1998) basiert eine optimale Studie auf erkrankten Geschwisterpaaren und zwei nicht verwandten Kontrollen.

Unabhängig von der für eine Assoziationsstudie verwendeten Methode muss das Problem der Mehrfachtests berücksichtigt werden. Eine vollständige Boniferroni-Korrektur (Division des p-Schwellenwertes durch die Gesamtzahl der abgefragten Parameter N wäre für große Werte von N überkonservativ. Die bevorzugt zu verwendende Signifikanzschwelle liegt bei $p' = 1 - (1 - p)^N$ (Emahazion et al. 2001). Einige allgemeine Fragestellungen zum Aufbau von Assoziationsstudien werden bei Cardon und Bell (2001) auf nichtmathematische Weise erläutert (Weiterführende Literatur).

Auswahl der Marker

Einzelnucleotidpolymorphismen (SNP, Exkurs 13.1) sind am besten für Assoziationsstudien geeignet. Dafür gibt es zwei Gründe:

- Im Gegensatz zu Mikrosatelliten kommen sie oft genug vor (durchschnittlich ≥1 pro kb), um Inseln mit einem Kopplungsungleichgewicht zu ermitteln. Außerdem kann man sie mit Methoden bestimmen, die einen sehr hohen Durchsatz erlauben (Abschnitt 18.4.2).
- SNP-Marker mutieren weniger häufig als Mikrosatelliten. Wenn es zutrifft, wie häufig vermutet wird, dass die Anfälligkeit für verbreitete Krankheiten vor allem von DNA-Varianten gemeinsamer Vorfahren verursacht wird, sollten zur Identifizierung ursprünglicher Haplotypen auch Marker verwendet werden, die über längere Zeiträume stabil sind.

Für chromosomale Regionen und Populationen, bei denen das Muster des Kopplungsungleichgewichts bekannt ist (etwa bei dem Beispiel in Abbildung 15.6), sollte man die Marker so auswählen, dass für jede Ungleichgewichtsinsel Haplotypen festgelegt werden. Wenn solche Kenntnisse nicht verfügbar sind, handelt es sich um ein reines Ratespiel. Je älter ein Krankheitsallel in der menschlichen Geschichte ist, um so größer muss die Dichte der SNP-Marker sein, um das Allel zu bestimmen (Kruglyak 1999, Wright et al. 1999). Einige Forscher bevorzugen SNP-Marker innerhalb von Genen und besonders in codierenden Sequenzen (cSNPs) mit dem Argument, für solche Varianten bestehe eine größere Wahrscheinlichkeit, dass sie die tatsächlichen Anfälligkeitsdeterminanten sind. Tatsächlich weiß zurzeit niemand, wie man Marker optimal auswählen soll. Verschiedene Krankheiten haben in verschiedenen Populationen eine unterschiedliche Geschichte, und möglicherweise erfordert jede einzelne Studie eine genau zugeschnittene Strategie.

Die Auswahl der Population, die untersucht werden soll

Eine umstrittene Frage besteht darin, ob Assoziationsstudien in isolierten Populationen bessere Ergebnisse liefern. Populationen, die auf eine geringe Zahl von Gründern zurückgehen, sollten erwartungsgemäß eine geringere Diversität der Haplotypen und stärker ausgeprägte Kopplungsungleichgewichte aufweisen. Die Vorstellung, dass krankheitsverursachende Allele an Anfälligkeitsloci in isolierten Populationen leichter zu bestimmen sind, bildet die Grundlage für das DeCode-Projekt in Island (Gulcher et al. 2001) und ähnliche Projekte andernorts. Solche Populationen können an den Loci für seltene mendelnde Krankheiten durchaus ein starkes und weit reichendes Kopplungsungleichgewicht aufweisen. Diese Krankheiten sind dann für eine solche Population charakteristisch (etwa die „finnischen“ Krankheiten in Finnland), aber das Ungleichwicht betrifft nur Chromosomen, die das Krankheitsallel tragen und die auf einen einzigen gemeinsamen Vorfahr zurückgehen. Bei häufigeren Varianten zeigen die empirischen Daten kein deutlich erhöhtes Ungleichgewicht (Varilo et al. 2000, Pritchard und Przeworski 2001). Die Verfügbarkeit einer großen Zahl von potenziellen Probanden mit gut geführten Krankenblättern ist möglicherweise wichtiger als die Bevölkerungsstruktur. Das ist ohne Zweifel der Grundgedanke des BioBank-Projekts in Großbritannien, das darauf abzielt, medizinische Daten, Informationen über Lebensweisen und DNA-Proben von 500 000 britischen Staatsbürgern im Alter zwischen 45 und 69 Jahren zu sammeln und deren gesundheitliche Entwicklung vorausschauend zu verfolgen.

Populationen in Subsahara-Afrika zeigen eine höhere genetische Diversität als europäische Populationen, was mit der Hypothese in Einklang steht, dass die menschlichen Ursprünge in Afrika liegen. Die nur eingeschränkt vorhandenen Daten deuten darauf hin, dass ein Kopplungsungleichgewicht bei Afrikanern kürzere Abschnitte umfasst (Reich et al. 2001). Andererseits können Populationen, die aus Vermischungen in jüngerer Zeit hervorgegangen sind, ein sehr ausgeprägtes Kopplungsungleichgewicht zeigen (beispielsweise die Lemba, eine Bantusemitische Hybridpopulation; Wilson und Goldstein 2001). Wenn bei beiden Populationen eine verbreitete Krankheit mit sehr unterschiedlicher Häufigkeit auftritt, könnte man theoretisch die Determinanten anhand der gemischten Population effizient kartieren, was aber noch nicht in der Praxis versucht wurde. Zusammengefasst lässt sich feststellen, dass bis jetzt unklar ist, ob irgendeine Population für Assoziationsstudien bei komplexen Krankheiten besondere Vorteile besitzt. Eine ausgezeichnete Erörterung dieser Fragestellungen findet sich bei Wright et al. (1999) und Peltonen et al. (2000).

Genotypen oder Haplotypen?

Wenn man Einzelpersonen und keine Familien untersucht, bestehen die Rohdaten aus Genotypen, aber für eine Assoziationsanalyse sind Haplotypen erforderlich. Diese lassen sich aus Genotypen durch eine Erwartungsmaximierungsanalyse am Computer ableiten (Long et al. 1995), aber es ist im Prinzip unmöglich, hier eine 100-prozentige Verlässlichkeit zu erreichen. Die einzige wirklich sichere Methode ist die Typisierung somatischer Hybridzellen, die haploide Chromosomen enthalten (Douglas et al. 2001). Es heißt gelegentlich, dass darin ein grundlegender Fehler im Aufbau heutiger groß angelegter Assoziationsstudien liege. Optimisten sind davon überzeugt, dass ihre Untersuchungen funktionieren werden, da die meisten Kopplungsungleichgewichtsinseln (Abschnitt 15.4.3) nur eine geringe Zahl gemeinsamer Haplotypen aufweisen, die sich mit genügender Zuverlässigkeit aus genotypischen Daten ableiten lassen. Es wird interessant sein zu sehen, wer Recht behalten wird.

Kopplungsanalyse oder Assoziationsstudie: ein Zahlenspiel

Eine wichtige Publikation von Risch und Merikangas (1996) wies darauf hin, dass Assoziationsstudien für die Identifizierung schwacher Anfälligkeitsallele besser geeignet sein können als Kopplungsanalysen. Die Autoren vergleichen die Effizienz von Kopplungsanalysen (mit erkrankten Geschwisterpaaren) und TDT-Assoziationsstudien bei der Identifizierung eines Markers, der mit einem Krankheitsanfälligkeitslocus eng gekoppelt ist. Sie berechnen die erforderliche Anzahl der erkrankten Geschwisterpaare und TDT-Trios (erkranktes Kind und beide Eltern), um bei entsprechenden Vorgaben für Umfang und Signifikanz der Studie einen genetischen Effekt von der Nullhypothese unterscheiden zu können. Ihre Methode wird in Exkurs 15.4 erläutert (weitere Einzelheiten finden sich in der Originalpublikation), und Tabelle 15.7 enthält einige typische Ergebnisse, die man bei Anwendung ihrer Gleichungen erhält. Die Schlussfolgerung ist eindeutig. Die Analyse von erkrankten Geschwisterpaaren würde unrealistisch große Proben verlangen, um Anfälligkeitsloci zu bestimmen, die ein relatives Risiko von weniger als drei verursachen, während man mit einer TDT-Analyse und handhabbaren Probengrößen sogar noch Allele aufspüren kann, die ein relatives Risiko von unter zwei hervorrufen. Anfälligkeitsallele mit einem

Exkurs 15.4: Erforderliche Probengrößen für das Auffinden eines Anfälligkeitslocus, wenn man eine vollständige Genomanalyse mithilfe von erkrankten Geschwisterpaaren oder einen Transmission-Disequilibrium-Test durchführt

Bei Risch und Merikangas (1996) findet sich eine Berechnung der Probengrößen, die erforderlich sind, um einen genetischen Effekt von der Nullhypothese (mit der Aussagekraft $[1 - \beta]$ und der Signifikanz α) unterscheiden zu können. Dieser Exkurs fasst nur die Formeln und Gleichungen zusammen, aber die Originalpublikation sei hier zur Lektüre empfohlen, wenn es um die Abweichungen und Einzelheiten geht.

Eine Standardformel der Statistik definiert die erforderliche Probengröße $M = (Z_\alpha - \sigma Z_{1-\beta})^2/\mu^2$, wobei Z die Standardnormalabweichung bezeichnet. Der Mittelwert μ und die Varianz σ^2 werden als Funktionen der Häufigkeit des Anfälligkeitsallels (p) und des relativen Risikos γ, das eine Kopie des Anfälligkeitsallels verursacht, angegeben. Das Modell geht davon aus, dass das relative Risiko für eine Person, zwei Anfälligkeitsallele zu tragen, γ^2 beträgt, dass der verwendete Marker immer informativ ist und dass es zu keinen Rekombinationen mit dem Anfälligkeitslocus kommt.

Für eine **Analyse von erkrankten Geschwisterpaaren** (**ASP**) beträgt die Wahrscheinlichkeit für ein gemeinsames Allel am Anfälligkeitslocus $Y = (1 + w)/(2 + w)$, wobei $w = [pq(\gamma - 1)^2]/(p\gamma + q)$, $\mu = 2Y - 1$ und $\sigma^2 = 4Y(1 - Y)$. Die für das ganze Genom gültige Signifikanzschwelle (die Wahrscheinlichkeit für falsch positive Ergebnisse an einer beliebigen Stelle im Genom beträgt 0,05; Test für gemeinsame Abstammungsidentität) erfordert einen Lod-Wert von 3,6, der $\alpha = 3 \times 10^{-5}$ und $Z_\alpha = 4{,}014$ entspricht. Bei 80 % Aussagekraft für die Entdeckung eines Effekts gilt $1 - \beta = 0{,}2$ und $Z_{1-\beta} = -0{,}84$.

Beim **Transmission-Disequilibrium-Test** (**TDT**) beträgt die Wahrscheinlichkeit, dass ein Elternteil für das fragliche Allel heterozygot ist, $h = pq(\gamma + 1)/(p\gamma + q)$. Die Wahrscheinlichkeit, dass ein solcher heterozygoter Elternteil das Hochrisiko-Allel an das erkrankte Kind weitergeben wird, beträgt $P(trA) = \gamma/(1 + \gamma)$. $\mu = \sqrt{h(\gamma - 1)/(\gamma + 1)}$ und $\sigma^2 = 1 - [h(\gamma - 1)^2/(\gamma + 1)^2]$. Wie oben besprochen, gilt für eine ultimative Genomuntersuchung mit 1 000 000 Tests $\alpha = 5 \times 10^{-8}$, $Z_\alpha = 5{,}33$ und wie vorher $Z_{1-\beta} = -0{,}84$.

In Tabelle 15.7 werden die Werte für Z_α, $Z_{1-\beta}$, μ und σ^2 verwendet, um Probengrößen zu berechnen, indem in der Formel $M = (Z_\alpha - \sigma Z_{1-\beta})^2/\mu^2$ substituiert wird. Beim TDT halbiert sich der Wert, da jedes Eltern-Kind-Trio zwei Tests ermöglicht, das heißt für jeden Elternteil einen.

Tabelle 15.7 Probengrößen für 80% Aussagekraft, wenn bei einer Suche im gesamten Genom eine signifikante Kopplung oder Assoziation nachgewiesen werden soll

		ASP-Analyse		TDT-Analyse	
γ	*p*	*Y*	*N*-ASP	P(trA)	*N*-TDT
5	0,01	0,534	2 530	0,830	747
	0,1	0,634	161	0,830	108
	0,5	0,591	355	0,830	83
3	0,01	0,509	33 797	0,750	1 960
	0,1	0,556	953	0,750	251
	0,5	0,556	953	0,750	150
2	0,1	0,518	9 167	0,667	696
	0,5	0,526	4 254	0,667	340
1,5	0,1	0,505	115 537	0,600	2 219
	0,5	0,510	30 660	0,600	950
1,2	0,1	0,501	3 951 997	0,545	11 868
	0,5	0,502	696 099	0,545	4 606

γ ist das relative Risiko für Menschen mit dem Genotyp Aa im Verhältnis zu Menschen mit aa. *p* ist die Häufigkeit des Anfälligkeitsallels A. Bei der Analyse erkrankter Geschwisterpaare (ASP) ist *Y* die zu erwartende Häufigkeit von gemeinsamen Allelen; *N*-ASP gibt die Anzahl der Paare an, die auf Grundlage einer Analyse von abstammungsidentischen Markern für das Erreichen der Signifikanz erforderlich ist. ($\alpha = 3 \times 10^{-5}$). Beim Transmission-Disequilibrium-Test (TDT) ist P(trA) die Wahrscheinlichkeit, dass ein Aa-Elternteil das Allel A an ein erkranktes Kind weitergibt; *N*-TDT gibt die Anzahl der Eltern-Kind-Trios an, die zum Erreichen der Signifikanz erforderlich sind. Nach: Risch und Merikangas (1996).

Risiko von unter 1,5 sind mit beiden Methoden kaum aufzufinden. Dabei ist jedoch zu beachten, dass die Autoren für ihr Ergebnis bestimmte Annahmen machen, beispielsweise setzen sie voraus, dass es am Krankheitslocus nur ein einziges ursprüngliches Anfälligkeitsallel gibt. Jede Heterogenität der Allele würde die Qualität eines Assoziationstests schnell verringern, während die Effizienz einer Kopplungsanalyse nicht beeinflusst wird. Es gibt jetzt auch einige Daten, die das alles veranschaulichen (Abschnitt 15.6.6).

15.4.5 Kopplungsanalyse und Assoziationsstudien: zwei Methoden, die sich ergänzen

In vielen Fällen ergänzen sich die Daten, die man mit den beiden Verfahren erhält. Die Kopplung wirkt über einen großen chromosomalen Bereich, und man kann mit einigen Hundert Tests ein ganzes Genom untersuchen. Eine übliche Studie mit 250 erkrankten Geschwisterpaaren und 300 Markern würde die Erstellung von $1{,}5-3 \times 10^5$ Genotypen erfordern (abhängig davon, ob die Eltern typisiert wurden oder nicht). Für ein entsprechend automatisiertes und finanziertes Labor sollte das eine Arbeit von wenigen Wochen sein. Andererseits haben wir festgestellt, dass ein Kopplungsungleichgewicht ein kleinräumiges Phänomen darstellt, das heißt die Ungleichgewichtsinseln sind im Allgemeinen nur 20–50 kb groß. Eine TDT-Analyse für das gesamte Genom mit 300 Trios (erkranktes Kind und beide Eltern) würde selbst dann 10^8 Genotypen erfordern, wenn man nur einen SNP-Marker pro Insel testet, ausgehend von einer durchschnittlichen Inselgröße von 25 kb. Neu entwickelte Verfahren dürften bald einen solchen Durchsatz ermöglichen, aber allein die Kosten wirken eher abschreckend. Deshalb müssen sich Assoziationsstudien auf bereits bestimmte Kandidatenregionen beschränken. Diese ließen sich aus Tiermodellen oder bekannten Genen ableiten, aber man kann sie alternativ auch mit Kopplungsanalysen bestimmen. Wie bereits erwähnt, sind Kandidatenregionen, die mithilfe von erkrankten Geschwisterpaaren ermittelt wurden, zu groß für eine Positionsklonierung von Anfälligkeitsgenen. Bei einem vernünftigen Aufbau einer Studie würde man deshalb mit einer Kopplungsanalyse am gesamten Genom beginnen, um dann nach einer ersten Lokalisierung die Kandidatenregion durch eine Kopplungsungleichgewichtskartierung weiter einzuengen.

15.5 Die Identifizierung von Anfälligkeitsallelen

Bei mendelnden Krankheiten kann das Auffinden des richtigen Gens schwierig sein, aber ein Erfolg ist normalerweise zu erkennen: Patienten tragen in einem Gen, dessen Position im Allgemeinen durch Kopplungsanalysen genau bestimmt wurde, eindeutige Mutationen, die bei den Kontrollen nicht vorkommen. Bei komplexen Krankheiten ist es insgesamt viel schwieriger, wirkliche Anfälligkeitsfaktoren von unbedeutenden DNA-Polymorphismen zu unterscheiden. Dafür gibt es drei Gründe:

- Um die Krankheit auszulösen, ist die Mutation eines einzigen Gens weder notwendig noch ausreichend, sodass sogar ein wirkliches Anfälligkeitsallel möglicherweise bei einigen Kontrollen auftritt und bei einigen Patienten fehlt.
- Das Kopplungsungleichgewicht ist ungleichmäßig verteilt. Es gibt einige großräumige Korrelationen und andererseits kurze Distanzen, in denen jegliche Korrelation fehlt. Deshalb kann man trotz der theoretisch möglichen hohen Auflösung von Assoziationsstudien in Wirklichkeit selten sicher sein, ob man genau an der richtigen Stelle nach einer Anfälligkeitsdeterminante sucht. Darüber hinaus gibt es keine genetische Methode, um in einem Satz von Allelen, die alle zueinander in einem starken Kopplungsungleichgewicht stehen, die tatsächliche Determinante zu ermitteln.
- Die genetischen Varianten, die eine Anfälligkeit gegenüber verbreiteten Krankheiten verursachen, müssen keine offensichtlichen Mutationen sein. Abgesehen von einigen Ausnahmen werden mendelnde Krankheiten im Allgemeinen von Mutationen ausgelöst, die ein Gen vollständig inaktivieren oder zumindest die Expression stark beeinflussen (Kapitel 16), und es ist normalerweise nicht zu schwierig herauszufinden, warum das bei einer bestimmten Sequenzvariante der Fall ist. Die Anfälligkeit gegenüber verbreiteten Krankheiten hängt wahrscheinlich mehr von einer Kombination relativ kleiner Veränderungen bei der Expression mehrerer Gene ab. Von diesen würde keine allein pathogen wirken, und jede für sich kommt in der gesunden Bevölkerung ziemlich häufig vor. Eine Anfälligkeit muss man sich eher als Locus eines quantitativen Merkmals vorstellen (*quantitative trait locus*, QTL; Abschnitt 15.6.8) und nicht als binären Faktor (vorhanden/nicht vorhanden). Anfälligkeitsfaktoren können Polymorphismen in nichtcodierender DNA sein, die einen gewissen kleineren Effekt auf die Aktivität von Promotoren oder das Spleißen oder die Stabilität der mRNA haben. So liegt beispielsweise das UCSNP-43 G-Allel, das mit einer Anfälligkeit für Diabetes Typ 2 in Zusammenhang gebracht wurde, mitten in einem Intron des Kandidatengens und kommt mit einer Häufigkeit von 0,75 bei nicht erkrankten Personen in der Kontrollgruppe vor.

Eine ausführliche Erörterung des Problems (im Zusammenhang mit Diabetes Typ 2) findet sich bei Altshuler, Daly und Kruglyak (2000).

15.6 Acht Beispiele veranschaulichen den unterschiedlichen Erfolg der genetischen Untersuchung komplexer Krankheiten

Es gibt keine einheitliche Geschichte der genetischen Analyse der komplexen Krankheiten. Wir versuchen nicht, den aktuellen Stand quer durch alle Gebiete zusammenzufassen – jede Krankheit ist anders. Leser, die speziell an einer bestimmten Krankheit interessiert sind, sollten sich mithilfe von PubMed einen guten, aktuellen Übersichtsartikel über dieses Thema suchen. Die acht, im Folgenden zusammengefassten Krankheiten wurden ausgewählt, um einige ständig wiederkehrende Themen bei der Erforschung komplexer Krankheiten zu erläutern. Wir beschränken uns nicht darauf, nur Erfolgsgeschichten zu präsentieren. In einigen Fällen gibt es sogar nur geringe Fortschritte zu berichten. Aufgrund der großen Anstrengungen, die hier geleistet werden, ist ein Misserfolg genauso interessant wie ein Erfolg.

15.6.1 Brustkrebs: Die Identifizierung einer mendelnden Untergruppe erbrachte wichtige medizinische Fortschritten, kann aber die Ursachen der verbreitet sporadisch auftretenden Krankheitsform nicht erklären

Die häufigen Krebsarten treten zwar normalerweise als Einzelfälle auf, aber man kennt schon seit vielen Jahren so genannte „Krebsfamilien“. Wenn mehrere Verwandte an derselben seltenen Krebsart leiden, etwa an einem vestibulären Neurinom (NF2; MIM 101000), liegt die Vermutung eines mendelnden Syndroms nahe. Die Untersuchung solcher Familien führte zur Identifizierung der Tumorsuppressorgene, die in Abschnitt 17.4 beschrieben werden. Brustkrebs tritt häufig auf – eine Frau in Großbritannien trägt ein

Untersuchungen der Gefäßtonuskontrolle durch Endothelin bei der Maus das Gen des Endothelinrezeptors B (*ednrb*) inaktiviert. Das unerwartete Ergebnis bestand darin, dass die mutierten Mäuse den Phänotyp eines bereits bekannten HSCR-Mausmodells entwickelten (*piebald-lethal*; s^l). Beim Menschen liegt das *EDNRB*-Gen in der HSCR-Kandidatenregion bei 13q, und bei der Mennoniten-Verwandtschaftsgruppe ließ sich dort bald darauf eine Mutation nachweisen. Bemerkenswert ist dabei, dass sich nach Bestimmung der familiären Mutation (W276C) herausstellte, dass sie weder notwendig noch ausreichend ist. Die Penetranz erwies sich als geschlechtsspezifisch und unterschied sich bei jedem Genotyp: 0,13 (M), 0,09 (F) für W/W; 0,33 (M), 0,08 (F) für W/C und 0,85 (M), 0,60 (F) für C/C. Das verdeutlicht den oligogenen Charakter der Hirschsprung-Krankheit. Es empfiehlt sich, die Publikationen zu diesen Arbeiten zu lesen (Puffenberger et al. 1994a, b), um mehr über die komplexen Zusammenhänge zu erfahren, auf die man bei der Identifizierung von Genen für eine relativ verbreitete oligogene Krankheit trifft.

- **Direkte Tests mit Kandidatengenen:** Da *RET* und *EDNRB* Rezeptoren codieren, erwiesen sich die Gene, die ihre Liganden codieren, als potenzielle Kandidatengene für diese Anfälligkeit (*GDNF*, *NTN* und *EDN3*). Bei einer geringen Zahl von Familien konnte man Mutationen in jedem dieser Gene nachweisen. Bei einer anderen Familie trat im *ECE1*-Gen eine Mutation auf; das Gen codiert ein Enzym, das für die proteolytische Reifung von Endothelin 3 benötigt wird. Ein weiteres Kandidatengen, *SOX10*, wurde identifiziert, als man das Gen klonieren wollte, das einem anderen HSCR-Mausmodell (*dominant megacolon*) zugrunde liegt. Es stellte sich jedoch heraus, dass Menschen mit einer *SOX10*-Mutation komplexe Syndrome zeigen und weniger die charakteristische Hirschsprung-Krankheit. Mutationen im *SMAD1P1*-Gen bei 2q22 kommen häufig bei Patienten mit HSCR und einer geistigen Behinderung vor
- **Kartierung der übrigen Anfälligkeitsloci:** *RET* ist ein wichtiges Gen, aber die Penetranz ist unvollständig und geschlechtsabhängig (65% bei Männern und 45% bei Frauen). Die anderen identifizierten Gene sind zwar auch gelegentlich in Familien von Bedeutung, tragen aber nicht signifikant zur Gesamtanfälligkeit bei. Gabriel und Mitarbeiter (2002a) haben eine systematische Kopplungsanalyse durchgeführt, aus der sie die Schlussfolgerung zogen, dass sich mit den Varianten am *RET*-Locus, die mit Varianten von unbekannten Loci bei 3p21 und 19q12 interagieren, zusammen mit einem *RET*-abhängigen modifizierenden Faktor bei 9q31 die gesamte genetisch bedingte Anfälligkeit gegenüber der Hirschsprung-Krankheit erklären lässt. Bei der oben erwähnten mennonitischen Verwandtschaftsgruppe wird die Anfälligkeit jedoch offenbar durch eine Wechselwirkung zwischen Allelen am *RET*- und *EDNRB*-Locus zusammen mit einem unbekannten Locus bei 16q23 verursacht (Carrasquillo et al. 2002). Merkwürdig ist dabei, dass es nicht einmal eine andeutungsweise Assoziation mit dem 3p21-Locus oder dem 19q12-Locus gibt, genauso wenig wie mit 21q22.3, obwohl bereits darüber berichtet worden war, dass sie innerhalb dieser Verwandtschaftsgruppe assoziiert sind.

Die isolierte Form der Hirschsprung-Krankheit erweist sich als oligogen (Amiel und Lyonnet 2001). Wenn Positionsklonierungen und Funktionsanalysen dieses Ergebnis bestätigen, ist HSCR wohl die erste dieser Krankheiten, die vollständig aufgeklärt ist. Ein wichtiger Beitrag zu diesem Erfolg ist dem sehr hohen λ_s-Wert von 187 zu verdanken (Gabriel et al. 2002a).

15.6.3 Alzheimer Krankheit: Genetische Faktoren sind sowohl bei der verbreiteten spät einsetzenden Form als auch bei den seltenen mendelnden Formen von Bedeutung, aber es handelt sich um verschiedene Gene, die sich auf unterschiedliche Weise auswirken

An der Alzheimer-Krankheit (MIM 104310) leiden etwa fünf Prozent aller Menschen über 65 Jahren und etwa 20% der Menschen über 80 Jahre. Es kommt zu einem fortschreitenden Gedächtnisverlust, gefolgt von Störungen des emotionalen Verhaltens und einem allgemeinen Abbau der kognitiven Fähigkeiten. Autopsien des Gehirns zeigen einen Verlust von Nervenzellen mit zahlreichen amyloidhaltigen Plaques. Die degenerierenden Nervenzellen enthalten charakteristische Neurofibrillenbündel. In seltenen Fällen bricht die Krankheit auch in einem viel früheren Lebensalter aus. Die klinischen und pathologischen Merkmale sind bei beiden Formen identisch, wobei aber die früh einsetzende Form manchmal mendelt und autosomal-dominant vererbt wird, während die späte Form nicht mendelt und nur eine mäßige familiäre Häufung zeigt. Bei Familien mit der früh einsetzenden mendelnden Form ermöglichte eine Standard-Lod-Wert-Analyse die Kartierung und anschließende Klonierung von drei Genen: *APP* bei 21q21, *Presenilin-1* bei 14q24 und *Presenilin-2* bei 1q42 (MIM 104300, 104311 beziehungsweise 600579). Obwohl

Mutationen an diesen drei Loci nur für etwa zehn Prozent der Alzheimer-Fälle verantwortlich sind, die vor dem 65. Lebensjahr einsetzen, kommen sie doch besonders bei den seltenen Familien häufig vor, die durch eine stark penetrante, dominante und auffällig früh einsetzende Form der Krankheit gekennzeichnet sind. Wer sich dafür interessiert, was diese Krankheit für eine Familie bedeutet, sollte *Hannah's Heirs* von Daniel Pollen (1996) lesen (Weiterführende Literatur).

Familien mit mehreren spät einsetzenden Fällen zeigten keine Hinweise auf eine Kopplung mit den Loci der früh einsetzenden Form, aber mit Chromosom 19. Schließlich identifizierte man das *APOE*-Gen (Apolipoprotein E; MIM 107741) bei 19q13.2 als Anfälligkeitslocus. Es gibt drei Allele mit den Häufigkeiten 0,08 (E2), 0,77 (E3) und 0,15 (E4) (bei Menschen mit europäischer Herkunft). Sowohl die familiäre als auch die sporadische spät einsetzende Form sind stark mit dem E4-Allel assoziiert, während das E2-Allel mit einer Resistenz gegen die Alzheimer-Krankheit verknüpft ist. Bei Querschnittstudien mit Personen über 65 Jahren tragen Personen mit den Allelen E3/E4 ein etwa dreimal so hohes Risiko, Personen mit E4/E4 ein 14-mal so hohes Risiko wie E3-Homozygote. ApoE ist offenbar für etwa 50% der Anfälligkeit gegenüber der spät einsetzenden Form verantwortlich. So liegt also – im Gegensatz zum Brustkrebs – nicht nur den seltenen mendelnden Formen, sondern auch der verbreiteten sporadischen Form ein wesentlicher Anteil an genetischer Determinierung zugrunde. Eine Längsschnittanalyse (Meyer et al. 1998) deutet darauf hin, dass E4 möglicherweise bestimmt, in welchem Alter die Krankheit einsetzt, aber nicht für die Anfälligkeit verantwortlich ist. Sobald die Alzheimer-Krankheit ausgebrochen ist, unterscheidet sich ihr Fortschreiten nicht bei Personen mit oder ohne E4. Die Assoziation von E4 mit der spät einsetzenden Form steht zwar außer Frage, aber der Mechanismus ist unklar. Die E2/E3/E4-Determinanten sind die Aminosäuresubstitutionen R112C und R158C. Selbst durch umfangreiche Untersuchungen ist es bis jetzt nicht gelungen, eine „echte" Anfälligkeitsdeterminante zu bestimmen, die im Kopplungsungleichgewicht mit E4 steht.

Weitere Kopplungs- und Assoziationsstudien haben eine große Zahl weiterer Kandidatenregionen für die Anfälligkeit hervorgebracht. Diese sind bei Emahazion et al. (2001) aufgeführt, außerdem wird dort von einer groß angelegten Assoziationsstudie auf der Basis von SNP-Markern aus 60 Kandidatenregionen oder -genen berichtet. Die Ergebnisse wiesen nach der Korrektur des p-Rohwertes für Mehrfachtests knapp auf das *APOE*-Gen hin, waren aber negativ für alle übrigen Kandidaten. Die Autoren verwenden diese Daten um aufzuzeigen, wie schwer es sein dürfte, für komplexe Krankheiten ermittelte Assoziationen zu bestätigen oder zu widerlegen. Bei Nachfolgestudien gelingt es im Allgemeinen nicht, die ursprüngliche Lokalisierung zu reproduzieren – wie oft liegt das daran, dass die erste Studie einen Typ-1-Fehler enthielt, und wie oft liegt das daran, dass die Nachfolgestudie nicht umfangreich genug ist? Wenn man von der statistisch erkennbaren Tendenz ausgeht, dass bei Untersuchungen die Bedeutung jedes tatsächlichen Locus überschätzt wird (Göring et al. 2001), fällt die Entscheidung nicht leicht, wie umfangreich die Nachfolgestudie sein muss, um die vorhergesagte Kopplung zu widerlegen.

Die Geschichte von ApoE ist auch für die Betrachtung möglicher sozialer und ethischer Schlussfolgerungen bei der Identifizierung eines Anfälligkeitsallels für eine verbreitete Krankheit von großer Bedeutung (Ethik-Exkurs 1).

15.6.4 Diabetes mellitus Typ 1: immer noch der Alptraum der Genetiker?

Der erste Schritt zum Verständnis der Genetik von Diabetes war die Unterscheidung der verschiedenen Typen (Tab. 15.8). Typ 1 und Typ 2 sind unterschiedliche Krankheiten mit verschiedenen Ursachen, verschiedenen natürlichen Verläufen und einer unterschiedlichen Genetik. Der insulinabhängige Diabetes Typ 1 (T1D; MIM 222100) wird durch eine autoimmune Zerstörung der β-Zellen des Pankreas ausgelöst. Die Krankheit betrifft im Allgemeinen jüngere Menschen und erfordert eine lebenslange Behandlung mit Insulin. Es besteht eine ziemlich starke familiäre Häufung ($\lambda_s = 15$; monozygote Zwillinge zeigen eine Konkordanz von etwa 30%). In den 1970er Jahren hat man bereits eine Assoziation mit HLA-Allelen festgestellt.

In Großbritannien besitzen etwa 95% der T1D-Patienten HLA-DR3- und/oder HLA-DR4-Antigene, bei der allgemeinen Bevölkerung sind es 40 bis 45%. HLA ist für etwa 40% der genetischen Prädisposition verantwortlich, aber es sind mehrere verschiedene Haplotypen mit Anfälligkeit oder Resistenz assoziiert. Das starke Kopplungsungleichgewicht innerhalb des Haupthistokompatibilitätskomplexes erschwert eine Identifizierung der primären Determinanten für eine Anfälligkeit. Haplotypen, die mit einem niedrigen Risiko für Diabetes assoziiert sind, tragen alle ein Allel am *DQB1*-Locus, bei dem die Aminosäure 57 Aspartat ist, während Haplotypen mit einem hohen Risiko *DBQ1*-Allele tragen, die an dieser Stelle eine andere Aminosäure aufweisen (Todd et al. 1987). In einer Studie waren 96% der Diabetiker und nur 20% der Kontrollen für nicht-Asp an der *DBQ1*-Position 57 homozygot. Möglicherweise handelt es sich bei einem Antigenepitop mit Asp-57, das

Ethik-Exkurs: Alzheimer-Krankheit, ApoE-Test und Diskriminierung

Bei der Identifizierung von Genotypen, die für eine weit verbreitete Krankheit anfällig machen, stellen sich ethische und soziale Fragen. Deutlich wird dies beim Stichwort „ApoE-Test". Werden Arbeitgeber und Versicherungsunternehmen auf eine allgemeine Anwendung der Tests hinwirken, und würde das dann zu Diskrminierungen auf dem Arbeitsmarkt, bei der Gesundheitsversorgung und bei Versicherungen führen?

Arbeitsmarkt. Arbeitgeber haben ein berechtigtes Interesse daran, dass jemand seine gegenwärtigen Aufgaben erledigt, aber nicht daran, was vielleicht in zehn Jahren sein wird. Nur Tätigkeiten, für die der Arbeitgeber besonders stark in eine spezielle Ausbildung investieren muss, bilden hier teilweise eine Ausnahme. In Großbritannien wäre es illegal, wenn ein Arbeitgeber gesunde Menschen diskriminieren würde, die unter dem Risiko stehen, später einmal eine Krankheit zu entwickeln.

Gesundheitsversorgung. In Ländern mit einem gesetzlich geregelten Gesundheitssystem stellt sich die Frage nach einer Diskriminierung bei der Gesundheitsversorgung nicht. Wenn ein Zugang jedoch von privaten Versicherungen abhängt, stellt sich erneut die Frage in Bezug auf eine Diskriminierung durch diese Versicherungen.

Versicherungen. Eine kommerzielle Versicherung beruht auf dem Prinzip der *Gegenseitigkeit.* Ein Versicherer ordnet den Bewerber einer Risikogruppe zu, und die Prämie entspricht dem Risiko, das der Bewerber mitbringt. Zwischen der versicherungsmathematischen und der moralischen Gerechtigkeit wird bei individuell ausgehandelten Versicherungsverträgen immer ein Konflikt bestehen. Ist es gerecht, wenn ein Bewerber aufgrund einer genetischen Konstitution bestraft wird, die sich seinem Einfluss entzieht? Die meisten Menschen haben keine Probleme damit, dass die Versicherungen von Männern und Frauen unterschiedliche Beiträge verlangen. Die offensichtliche Lösung besteht darin, dass dieses auf Gegenseitigkeit beruhende Versicherungswesen nicht für jeglichen Bedarf des normalen Lebens zuständig sein darf, etwa für eine medizinische Grundversorgung, sondern sich auf Produkte beschränkt, aus denen die Menschen auswählen können (ob sie kaufen oder nicht), wie es in Konsumgesellschaften ohnehin der Fall ist.

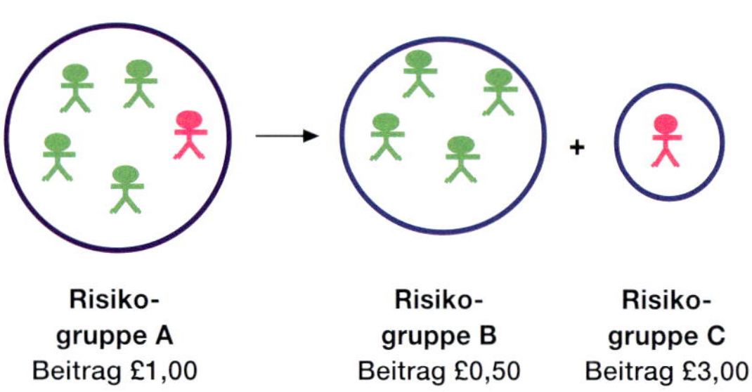

Im Gegensatz zu der öffentlichen Meinung haben Versicherer wenig Interesse daran, dass sich ihre Kunden genetischen Tests unterziehen. Im dargestellten Beispiel hat das Versicherungsunternehmen keinen Nutzen davon, wenn es mit genetischen Tests die Risikogruppe A in die Gruppen B und C aufteilt. Das Interesse von Versicherungen liegt darin, Antiselektionen zu vermeiden, beispielsweise wenn Antragsteller geheimes Wissen ausnutzen, um sich einen ungerechten Vorteil zu verschaffen. Jemand, der insgeheim weiß, dass er/sie unter einem hohen Risiko steht, wird zu Standardbedingungen eine besonders umfangreiche Versicherungspolice abschließen. Dagegen wird jemand, der weiß, dass er keinem besonderen Risiko ausgesetzt ist, sich überhaupt nicht mit einer Versicherung auseinander setzen. Versicherer wollen also über bereits durchgeführte wichtige Tests genauso viel wissen, wie der Bewerber selbst weiß. Die einzige legitime Begründung, zusätzliche Tests zu verlangen, besteht darin, dass man dem Bewerber unterstellt, er habe das heimlich bereits getan.

Das Kriterium „wichtig" hat bei klinischen Tests und bei Tests für eine Versicherung unterschiedliche Bedeutungen. Bei einem sinnvollen klinischen Test muss das Ergebnis für den Einzelnen eine Prognose ermöglichen. Für Versicherungen ist eigentlich nur erforderlich, dass ein Test zwischen Gruppen unterscheiden kann, die unter verschiedenen durchschnittlichen Risiken stehen – diese Aufgabe ist viel weniger anspruchsvoll. Es handelt sich hier um den Unterschied zwischen der Standardabweichung und der Standardabweichung des Mittelwertes. *APOE4* ist weder ein notwendiges noch ein hinreichendes Kriterium für die Alzheimer-Krankheit. Etwa die Hälfte aller Menschen mit *APOE4* werden niemals daran erkranken, gleichgültig wie lange sie leben, während viele Alzheimer-Patienten gar kein *AOPE4* besitzen. Durch diese Unsicherheit ist weder die Bestätigung einer klinischen Diagnose noch eine sinnvolle Untersuchung von gesunden Personen möglich. Das American College of Medical Genetics und die American Society of Human Genetics haben empfohlen, dass ApoE-Tests nicht für die routinemäßige klinische Diagnose oder die Vorhersage einer Alzheimer-Krankheit angewandt werden sollen (ACMG/ASHG Working Group 1995). Die einzige klinische Indikation für eine ApoE-Genotypisierung der Alzheimer-Krankheit kann dann gegeben sein, wenn Patienten mit teuren Medikamenten behandelt werden sollen, die nur bei bestimmten ApoE-Genotypen wirksam und bei anderen Genotypen sogar schädlich sind. Für eine Versicherung besteht die entscheidende Frage darin, ob sich mit ApoE-Genotypen ausreichend unterschiedliche Risikogruppen definieren lassen, damit ein Test überhaupt von Bedeutung ist. Nach der Publikation der beiden Versicherungsmathematiker Macdonald und Pritchard (2001) lautet die grundlegende Antwort (mit wenigen Einschränkungen) „nein".

ApoE-Tests werfen zwar nun keine wichtigen Fragestellungen für Politik und Öffentlichkeit auf, aber es können andere Tests entwickelt werden, die einer gesellschaftlichen Kontrolle unterliegen müssen. Es gibt drei Merkmale von Tests, bei denen die Alarmglocken schrillen sollten:

- Wenn ein Test ein Risiko vorhersagen kann, das nicht bereits in der Lebensweise oder der Familiengeschichte begründet liegt (das würde beispielsweise einen Test auf Huntington-Chorea ausschließen).

- Wenn die Krankheit ausreichend häufig vorkommt und die Prognose durch den Test mit genügender Sicherheit möglich ist, sodass Versicherer es sich nicht leisten können, das Risiko zu ignorieren, und der Test nicht Teil der klinischen Routineuntersuchungen ist.
- Wenn vertrauliche private Tests möglich sind und häufig genutzt werden.

in mehreren verschiedenen HLA-Molekülen vorkommt, um einen Resistenzfaktor. Die Vorstellung von einem gemeinsamen Epitop hat man auch auf andere HLA-assoziierte Autoimmunkrankheiten angewandt, allerdings mit wechselndem Erfolg.

Bei frühen Arbeiten zu Diabetes Typ I gelang die Identifizierung des zweiten Anfälligkeitslocus *IDDM2*, der nah bei dem Strukturgen *INS* für Insulin liegt. Durch Kopplungsungleichgewichtskartierungen ließ sich zeigen, dass die tatsächliche Determinante eine Minisatellitenwiederholung von 14 bp ist, die stromaufwärts des Gens liegt. Die Anfälligkeit ist mit kurzen Wiederholungssequenzen (26 bis 63 Einheiten) assoziiert. Längere Wiederholungen (140 bis 210 Einheiten) führen dazu, dass das Insulingen bei der Entwicklung des Thymus mit höherer Rate transkribiert wird. Man vermutet, dass auf diese Weise die Insulin-reaktiven Zellklone während der Entwicklung des Immunsystems effektiver entfernt werden und sich so das Risiko eines Autoimmunangriffs verringert. Sowohl die Arbeiten zu *HLA-DBQ* als auch die Befunde beim *INS*-Gen zeigen, dass einer Anfälligkeit für verbreitete Krankheiten wahrscheinlich eher geringfügige genetische Veränderungen zugrunde liegen, im Gegensatz zu den großräumigen Veränderungen bei mendelnden Krankheiten.

Verschiedene Forschungsgruppen haben mit großer Energie die Strategie verfolgt, Kopplungsanalysen ganzer Genome mit anschließenden Kopplungsungleichgewichtskartierungen in Kandidatenregionen durchzuführen. Die Publikation des European Consortium (2001) gibt Literaturhinweise auf die wichtigsten Kopplungsstudien, und in Tabelle 15.9 sind die wichtigsten mutmaßlichen Regionen aufgeführt. Um zu verhindern, dass der starke HLA-Effekt schwächere Signale überdeckt, werden die Daten normalerweise um den HLA-Genotyp bereinigt, bevor man nach der Kopplung mit anderen Loci sucht. Die Regionen, die durch Studien mit erkrankten Geschwisterpaaren ermittelt wurden, sind sehr groß. Darüber hinaus kann der „echte" Locus vom Lod-Wert-Maximum entfernt liegen, sodass sich sehr schwierig entscheiden lässt, wie viele verschiedene Anfälligkeitsloci beispielsweise bei 2q und 6q liegen. Theoretisch lässt sich der Gesamtbeitrag jedes einzelnen Locus dadurch bestimmen, dass man seinen λ_s-Wert als Anteil des gesamten λ_s-Wertes für Diabetes Typ 1 ausdrückt (Risch 1990a). So weiß man zumindest, wie viel hier noch ungeklärt ist. Die übliche Praxis, denselben Datensatz für die Festlegung einer Kandidatenregion und dann für die Abschätzung von λ_s zu ermitteln, führt zu sehr unzuverlässigen Schätzungen (Göring et al. 2001). Mit HLA und *INS* lassen sich wahrscheinlich 50% der Anfälligkeit erklären, aber der gesamte Beitrag der übrigen Loci in Tabelle 15.9 ist unbekannt.

Verschiedene Eigenschaften von Diabetes Typ I sollten sich eigentlich durch genetische Studien gut

Tabelle 15.8 Klinische Einordnung von Diabetes

Diabetes Typ 1	Diabetes Typ 2	MODY
Beginn in der Kindheit	Beginn im Erwachsenenalter (>40 Jahre)	Beginn in der Kindheit
0,4% der Bevölkerung in Großbritannien	6% der Bevölkerung der USA	selten
benötigt Insulin	normalerweise mit blutzuckersenkenden Mitteln zu kontrollieren	wie Diabetes Typ 2
keine Fettleibigkeit	starke Assoziation mit Fettleibigkeit	keine Fettleibigkeit
familiär:	familiär:	familiär:
Übereinstimmung bei MZ-Zwillingen 30%	Übereinstimmung bei MZ-Zwillingen 40 – 100%	Autosomal
Geschwisterrisiko 6 – 10%	Geschwisterrisiko 30% (evtl. subklinisch)	dominant?
assoziiert mit HLA-DR3 und -DR4	keine HLA-Assoziation	keine HLA-Assoziation

MODY (*maturity onset diabetes of the young*) ist eine ungewöhnliche mendelnde Form, für die bereits verschiedene Gene identifiziert wurden (MIM 600496). Darüber hinaus kann Diabetes auch bei einer Reihe von ungewöhnlichen Syndromen als Teilsyndrom auftreten.

Tabelle 15.9 Die Hauptanfälligkeitsloci für Diabetes Typ 1, die durch Analyse von erkranken Geschwisterpaaren (ASP) oder Transmission-Disequilibrium-Test (TDT) ermittelt wurden

Locus	MIM-Nr.	Position	Status
IDDM1	222100	6p21	$\lambda_s = 3{,}1$; Determinante: *HLA-DQB*
IDDM2	125852	11p15	$\lambda_s = 1{,}3$; Determinante: VNTR stromaufwärts des *INS*-Gens
IDDM4	600319	11q13	$\lambda_s = 1{,}6$; signifikante Kopplung aufgrund der kombinierten Daten aus drei Studien (596 Familien)
IDDM5	600320	6q24-q27	$\lambda_s = 1{,}2$; bei vier Studien festgestellt
IDDM6	601941	18q21	belegt durch ASP und TDT in einer Studie
IDDM7	600321	2q31-q33	$\lambda_s = 1{,}3$; festgestellt in drei ASP-Studien, Kopplungsungleichgewicht mit Kandidatengen *CTLA4*
IDDM12	600388	2q33	$p = 5 \times 10^{-5}$, aber nur in einigen Populationen
IDDM8	600883	6q25-q27	$\lambda_s = 1{,}8$; nicht klar unterscheidbar von *IDDM5*
IDDM10	601942	10p11-q11	ASP- und TDT-Daten aus drei Studien
IDDM13	601318	2q34	identisch mit *IDDM7* und/oder *IDDM12*?
IDDM15	601666	6p21	bestätigt (trotz schwieriger Unterscheidung vom HLA-Effekt)

Die Daten stammen aus den OMIM-Einträgen und dort zitierten Publikationen, λ_s-Werte aus Luo et al. (1995).

untersuchen lassen. Die Krankheit ist ziemlich verbreitet (etwa drei Fälle pro Tausend Personen), sodass man große Gruppen von Patienten für eine Studie zusammenfassen kann. Die Patienten sind jung, und ihre Eltern stehen im Allgemeinen für eine TDT-Analyse zur Verfügung. Die Diagnose ist eindeutig zu treffen, und es gibt mit der *NOD*-Maus (*nonobese diabetic*), bei der die Krankheit auch polygen ist, ein gutes Tiermodell. Aus allen diesen Gründen und weil es hohe Kosten verursacht und die Patienten stark beeinträchtigt, hat man nun Diabetes seit Jahrzehnten mit Kopplungsanalysen, der Identifizierung von Kandidatengenen und Untersuchungen an Modellorganismen intensiv erforscht. Wenn man aber die relativ mäßigen Fortschritte betrachtet, sollte man sich wieder an die alte Bezeichnung von Diabetes als Alptraum des Genetikers erinnern.

15.6.5 Diabetes Typ 2: Zwei Anfälligkeitsfaktoren, von denen einer so häufig ist, dass man ihn durch Kopplung nicht nachweisen kann, während der andere sehr komplex ist und nur in bestimmten Populationen vorkommt

Diabetes Typ 2 (T2D; nicht insulinabhängiger Diabetes mellitus) ist die häufigste Form dieser heterogenen Krankheit, von der weltweit 135 Millionen Menschen betroffen sind. T2D entsteht durch eine Kombination aus einer gestörten Insulinsekretion und einer verringerten Insulinreaktivität der inneren Organe. Zu den bekannten Risikofaktoren gehören Alter, Fettleibigkeit und mangelnde körperliche Bewegung. In vielen Industrieländern sind zehn bis 20% der Menschen über 45 Jahren erkrankt, und bestimmte Populationen zeigen eine besonders hohe Inzidenz.

Man hat Assoziationen zwischen Diabetes Typ 2 und mindestens 16 verschiedenen genetischen Varianten festgestellt (eine Zusammenfassung findet sich bei Altshuler et al. 2000a). Eine sehr groß angelegte Studie von Altshuler und Mitarbeitern konnte aber nur eine Assoziation bestätigen. Ein häufiges Allel (p = 0,15) des *PPARG*-Gens war in mehreren Kohorten mit einem *verringerten Risiko* für Diabetes Typ 2 assoziiert (Chancenverhältnis 0,8). Da das Allel für das *erhöhte Risiko* so weit verbreitet ist (p = 0,85), kann man es durch Kopplungsanalysen nicht nachweisen. *PPARG* ist als Kandidatengen keine Überraschung: Es codiert einen Hormonrezeptor, der die Fettsynthese reguliert und das Zielmolekül für die Thiazolidindionmedikamente ist, die bei der Behandlung verabreicht werden.

Bei Altmüller et al. (2001) werden zehn Untersuchungen an ganzen Genomen, die eine signifikante Kopplung mit 25 Loci auf 15 verschiedenen Chromosomen erkennen lassen, im Einzelnen beschrieben. Wie üblich erweisen sich die Befunde der Studien als nur wenig reproduzierbar. Bei Nordamerikanern mexikanischer Herkunft wurde der Locus *NIDDM1* bei 2q37 identifiziert, der mit einem Locus auf Chromosom 15 interagiert und offenbar so die Anfälligkeit in dieser Gruppe erhöht (Literaturhinweise bei Horikawa et al. 2000). Die Publikation selbst beschreibt, dass eine spezifische Kombination von SNP-Markern innerhalb des Calpain-10-Gens (*CAPN10*) bei 2q37 als Anfälligkeitsdeterminante dieser Gruppe ermittelt wurde. Eine Bemerkung der Herausgeber soll hier nicht unerwähnt bleiben: „Die Studie bietet einen bisher nicht möglichen Einblick auf die vorderste Front der Positionsklonierung bei komplexen Krankheiten und vermittelt ein wichtiges und nachhaltiges Bild von den Schwierigkeiten, die bei der Entdeckung von Genen verbreiteter Krankheiten auftreten können" (Altshuler et al. 2000b).

Die Arbeit begann damit, dass man die Kadidatenregion auf 7 cM bei 2q37 verkleinerte. Physikalisch entsprach das einem Contig von 1,7 Mb (Rekombinationsraten sind in der Nähe der Telomere tendenziell höher; Abschnitt 13.1.5). In dieser Region wurden verschiedene Polymorphismen getestet, nicht nur auf Assoziation mit Diabetes Typ 2, sondern auch auf Hinweise auf eine Kopplung. Der Grundgedanke bestand darin, dass nur eine Teilmenge der Fälle mit 2q37 gekoppelt war, diese aber die Anfälligkeitsdeterminante beinhalten sollten. Erste Analysen deuteten auf eine Zielregion von 66 kb hin, die aufgrund einer Analyse die drei Gene *CAPN10*, *RNPEPL1* und *GPR35* enthalten sollte. Außerdem fand man 179 Sequenzvarianten (in einer Gruppe von mexikanischen Diabetikern). Dabei konnte man die Variante UCSNP-43 identifizieren, bei der der homozygote G/G-Genotyp eine Assoziation mit Hinweis auf Kopplung zeigte und möglicherweise auch mit Diabetes assoziiert war (Chancenverhältnis 1,54; Vertrauensbereich 0,88 bis 2,41). Dann begann man mit der Suche nach Haplotypen, die zum einen bei den Patientengruppen häufiger vorkamen und die stärksten Hinweise auf Kopplung mit 2q37 aufwiesen, zum anderen bei erkrankten Geschwisterpaaren häufiger vorkamen, als den Erwartungen entsprach, und zum Dritten mit einem erhöhten Diabetesrisiko assoziiert waren. Eine heterozygote Kombination von zwei Haplotypen (bestehend aus drei SNP-Markern innerhalb von Introns des *CAPN10*-Gens) erfüllte alle diese Kriterien. Keiner der Haplotypen bildete in homozygoter Form einen Risikofaktor. Die Anfälligkeitsdeterminante am *NIDDM1*-Locus ist offenbar eine spezifische heterozygote Kombination von nichtcodierenden SNP-Markern, die mit einem unbekannten Faktor auf Chromosom 15 interagieren. In Abbildung 15.8 wird der Versuch unternommen, optisch zu vermitteln, was mit „Assoziation mit Hinweis auf Kopplung" gemeint ist.

Wie sicher können wir nun sein, dass bei diesem Großprojekt tatsächlich der *NIDDM1*-Anfälligkeitsfaktor identifiziert wurde? Nachfolgende Studien haben widersprüchliche Ergebnisse geliefert (eine Zusammenfassung findet sich bei Fullerton et al. 2002). Es gibt mit Sicherheit keine allgemeingültige Assoziation zwischen dem mutmaßlichen Anfällig-

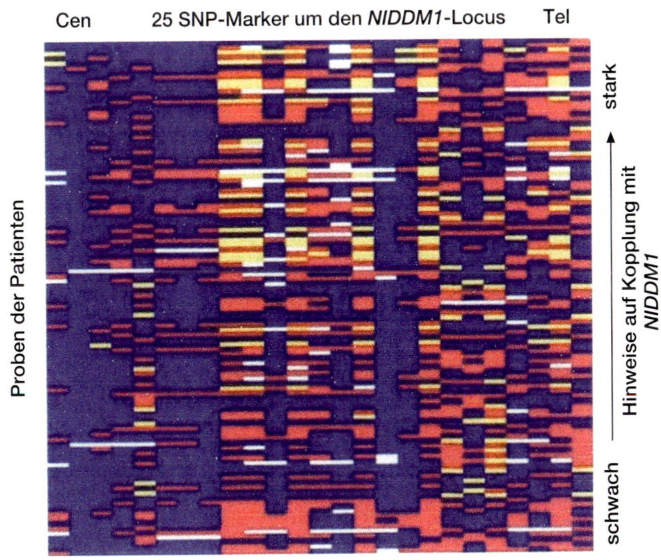

15.8 Genotypen von Patienten mit Diabetes Typ 2 am Calpain-10-Locus. Jede Reihe zeigt die Ergebnisse mit 25 SNP-Markern (Spalten) für jeweils einen Patienten. Blau: homozygot für ein häufiges Allel; rot: heterozygot; gelb: homozygot für ein seltenes Allel; weiß: keine Daten vorhanden. Die Patienten sind entsprechend der Hinweise auf eine Kopplung mit *NIDDM1* angeordnet, wobei diese von oben nach unten abnehmen. Im mittleren Teil der Darstellung, an der Stelle des *CAPN10*-Gens, verändern sich die Farben von oben nach unten, während das in den anderen Abschnitten nicht der Fall ist. Daran ist zu erkennen, wie bestimmte Genotypen am *CAPN10*-Locus mit Hinweisen auf eine Kopplung zusammenhängen. Nach: Cox NJ (2001) *Hum Mol Genet* 10, 2301 – 2305, mit Genehmigung durch Oxford University Press.

keitsgenotyp und dem weltweiten Auftreten von Diabetes Typ 2. Calpain-10 war ein unerwarteter Kandidat. Jedoch hat man einen Effekt von UCSNP-43 auf die Transkription des Gens festgestellt und vermutet außerdem einen möglichen stromabwärts weisenden Effekt auf den insulinstimulierten Glucoseumsatz. Insgesamt mahnt diese Studie zu großer Vorsicht bei der Identifizierung von Anfälligkeitsfaktoren bei komplexen Krankheiten. Positiv betrachtet wurde ein neues Kandidatengen identifiziert, aber im negativen Sinn ist bei Weitem nicht klar, ob tatsächlich die Variante identifiziert wurde, die die Anfälligkeit verursacht, außerdem weiß man nicht, wie sich diese Ungewissheit überwinden ließe. Werden sich andere Risikofaktoren für verbreitete Krankheiten als ebenso verwirrend und komplex erweisen? Werden sie sich als spezifisch für einzelne Bevölkerungsgruppen erweisen? Die gewaltigen Anstrengungen von Horikawa und Mitarbeitern geben uns zumindest genügend Stoff zum Nachdenken.

15.6.6 Entzündliche Erkrankungen des Darmes: Identifizierung eines eindeutigen Anfälligkeitsgens

Colitis ulcerosa (UC) und die Crohn-Krankheit (CD, Morbus Crohn) sind entzündliche Erkrankungen des Darmes (*inflammatory bowel disease*, IBD), an denen insgesamt in der westlichen Welt drei von tausend Personen erkranken. Studien an Familien und Zwillingen ergaben bei beiden Krankheiten eine genetisch bedingte Anfälligkeit mit gemeinsamen Komponenten. λ_s liegt für die Crohn-Krankheit bei 20 bis 30 und für die Colitis ulcerosa bei acht bis 15. Durch Kopplungsanalysen bei Geschwisterpaaren und Familien, die zahlreiche Forschungsgruppen durchgeführt haben, wurden mehrere Regionen identifiziert, bei denen sich die Kopplung bestätigen oder reproduzieren ließ (*IBD1*, 16p12-q13; *IBD2*, 12p13; *IBD3*, 6p; *IBD4*, 14q11-q12; *IBD5*, 5q31). Außerdem entdeckte man zahlreiche andere Regionen mit mutmaßlichen Kopplungen (OMIM-Eintrag 266600). Besonders die Kopplung der Crohn-Krankheit (nicht der Colitis ulcerosa) mit *IBD1* wurde bei einer sehr großen Sammelstudie mit einem maximalen Lod-Wert von 5,79 bestätigt. Dabei waren 613 Familien mit 1 298 erkrankten Geschwisterpaaren beteiligt, die entweder an einer oder an beiden Krankheiten litten (IBD International Genetics Consortium 2001).

Drei Forschungsgruppen konnten vor kurzem das Gen am *IBD1*-Locus identifizieren, (Hugot et al. 2001; Ogura et al. 2001; Hampe et al. 2001). Ogura und Mitarbeiter haben *CARD15* (*NOD2*) als Regulator der NF-κB-Entzündungsreaktion kloniert. Sie testeten die beiden Krankheiten auf das Gen, da es sich dem *IBD1*-Locus zuordnen ließ und biologisch ein geeigneter Kandidat war. Im Gegensatz dazu beschränkten sich Hugot und Mitarbeiter ausschließlich auf Kopplungs- und Assoziationsstudien. Die Kandidatenregion konnte durch Kopplungsanalysen eingegrenzt werden, dann führte man Assoziationsstudien durch. Bemerkenswerterweise war das TDT-Ergebnis, das schließlich zum *CARD15*-Gen führte, kaum signifikant (p = 0,05). Es ließ sich bei einer unabhängigen Probe mit p < 0,01 bestätigen, wobei dieses Mal die Assoziation mit einem anderen Allel des Markers festgestellt wurde. Wenn man diese Daten sorgfältig analysiert, kann man zu dem Schluss kommen, dass eine auf zufälligen Minisatelliten basierende Suche nach Assoziation in einer großen Kohorte keine positiven Ergebnisse gebracht hat. Am Ende fand man eine stärkere, wenn auch nicht spektakuläre Assoziation mit einer genomischen Region, aus der man dann das noch unbekannte *CARD15*-Gen klonierte.

Der primäre Faktor am *IBD1*-Locus, der die Anfälligkeit bewirkt, ist eine einzige eingefügte Base (3020insC) im C-terminalen Teil des *CARD15*-Gens. Hampe und Mitarbeiter zeigten in einer TDT-Analyse eine sehr starke Assoziation zwischen Colitis ulcerosa und dieser Mutation, die bei Crohn-Patienten mit einer Häufigkeit von 0,08 und bei den Kontrollen sowie bei UC-Patienten mit einer Häufigkeit von 0,02 auftreten. Dies zeigt, dass es sich hier um einen Anfälligkeitsfaktor für die Crohn-Krankheit und nicht für die Colitis ulcerosa handelt. Das relative Risiko für die Crohn-Krankheit liegt für Heterozygote bei drei und für Homozygote bei 23. Die Insertion führt zu einem Protein, das um 33 Aminosäuren verkürzt ist. Dies beeinflusst eine Region, die für die Aktivierung von NF-κB von Bedeutung ist, wie bereits dargelegt werden konnte.

Diese Arbeit hebt drei Punkte besonders hervor: zum einen, dass ein solches Unternehmen möglich ist; Anfälligkeitsgene lassen sich zumindest manchmal durch eine genetische Herangehensweise identifizieren. Zum anderen bestätigt das Projekt die besondere Notwendigkeit sehr groß angelegter Familienstudien. Und wenn man zum Dritten die schwachen TDT-Ergebnisse für gekoppelte Marker in der Publikation von Hugot und Mitarbeitern mit den sehr deutlichen Ergebnissen bei Hampe und Mitarbeitern (die auf die Insertionsmutation direkt testeten) vergleicht, so sagt das einiges über Assoziationsstudien aus. Es überrascht nicht, dass auch andere Mutationen im *CARD15*-Gen zur Anfälligkeit für die Crohn-Krankheit beitragen. Zwei weitere cSNP-Marker, G908R und R702W (anders nummeriert als bei Hugot et al. (2001) sind mit der Crohn-Krankheit stark assoziiert, außerdem gibt es eine ganze Reihe Missense-Mutationen im *CARD15*-Gen, die bei Crohn-Patienten häufiger vorkommen als in den Kontrollproben. Selbst wenn ein Kopplungsungleichgewicht vorliegt, lässt sich jede einzelne Mutation mit ihrem spezifischen Haplotyp assoziieren. Eine solche Heterogenität der Allele entspricht vollständig den Erwartungen – schränkt aber die Möglichkeiten stark ein, ein Anfälligkeitsgen in einer Kandidatenregion aufgrund von Assoziationen zu lokalisieren.

15.6.7 Schizophrenie: die besonderen Probleme bei Verhaltensstörungen und psychischen Erkrankungen

Genetiker, die psychische Erkrankungen untersuchen, sehen sich mit zwei zusätzlichen Problemen konfrontiert, wobei die Schwierigkeiten, eine komplexe Krankheit zu erforschen, ganz oben stehen.

1. *Die Frage nach natürlichen oder erziehungsbedingten Ursachen.* Da die gemeinsame Familienumgebung eine sehr gut nachvollziehbare Erklärung dafür ist, dass psychische oder verhaltensbedingte Probleme familiär auftreten, stellen sich an einen Beweis für genetische Ursachen sehr hohe Ansprüche. In den Tabellen 15.1 bis 15.3 sind die Befunde für die Schizophrenie aus Familien-, Zwillings- und Adoptionsstudien aufgeführt. Viel zu oft ist die Frage nach natürlichen oder erziehungsbedingten Ursachen eher politisch bedingt, und sie wird mit allen Begleiterscheinungen und vor allem mit der Objektivität von Stammtischpolitikern gestellt. Beide Seiten sind von der falschen Annahme geleitet, dass sich eine Erkrankung durch keinerlei soziale Maßnahmen lindern lässt, wenn sie genetisch bedingt ist. Bei der politischen Linken werden deshalb bevorzugt umgebungsbedingte Ursachen ins Feld geführt, während die politische Rechte den genetischen Ursachen den Vorzug gibt. Inzwischen hat sich die Diskussion über die Psychiatrie etwas abgekühlt, aber Genetiker, die unsoziales Verhalten untersuchen, ziehen weiterhin starke Kritik auf sich und erhalten Beifall von der falschen Seite.
2. *Diagnosekriterien.* Wie bereits in Abschnitt 15.3.1 besprochen, sind Diagnosekriterien ein weiteres schwieriges Gebiet in der psychiatrischen Genetik. „Schizophrenie sollte nicht als Krankheit angesehen werden, sondern wie beispielsweise Epilepsie, als Syndrom, das erkennbar ist aufgrund einer Kombination von Anzeichen und Symptomen, die alle eine sehr unterschiedliche Pathogenese besitzen" (Trimble 1996). Anerkannte Kriterien, wie etwa DSM-IV, basieren auf den bestmöglichen Einschätzungen von erfahrenen Psychiatern über das, was den entscheidenden Kern einer Erkrankung ausmacht – dennoch sind diese letztendlich willkürlich. Vielleicht ist eine „schizoide Persönlichkeit" eine Manifestation von Genen, die Menschen für eine Schizophrenie nach DSM-IV anfällig macht? Oder gibt es eine allgemeine genetisch bedingte Anfälligkeit für psychische Erkrankungen, und man sollte auch bipolare und depressive Erkrankungen mit einbeziehen? Genetische Analysen beruhen häufig auf zwei oder mehr verschiedenen Kriteriensätzen, einmal enger und einmal weiter gefasst, um festzustellen, mit welchen Kriterien man den besten Lod-Wert erhält. Alternativ kann man auch nach Kopplungen mit einem intermediären Phänotyp suchen, der also keine Schizophrenie darstellt, aber einen Teil der Anfälligkeit repräsentieren könnte und möglicherweise auf einfacheren genetischen Ursachen beruht – vielleicht eine physiologische oder neuropsychologische Variante.

Schizophrenie ist eine relativ weit verbreitete und quälende familiär auftretende Krankheit, die in der Genetik bei Forschern lange oben auf der Prioritätenliste stand. Bei Altmüller et al. (2001) werden 10 vollständige Genomanalysen vorgestellt, die seit 1994 durchgeführt wurden, und es gibt zahlreiche weitere Untersuchungen an einzelnen Kandidatengenen oder -regionen. Üblicherweise handelt es sich dabei um Gene, die mit der Nervenleitung zu tun haben oder von Drogen beeinflusst werden, die bei der Behandlung einer Schizophrenie zur Anwendung kommen. Große mehrfach betroffene Verwandtschaftsgruppen sind nicht selten, und man hat sie häufig für Kopplungsanalysen verwendet. Die Auswahl solcher Familien hat Auswirkungen auf die Analyse: Das Programm Genehunter, das für Kopplungsanalysen komplexer Krankheiten am häufigsten benutzt wird, kann große Stammbäume nicht handhaben (Abschnitt 13.6.2), was dazu führt, dass man mithilfe vieler Mitarbeiter parametrische Lod-Wert-Analysen mit einer Reihe verschiedener genetischer Modelle durchführt (Abschnitt 13.3.1). Das ist zwar zulässig, trotzdem werden zusätzliche Freiheitsgrade eingeführt, sodass sich die Aussagekraft der Studie verringert. In Kombination mit der Verwendung von mehreren Diagnosekriterien (siehe oben) wird die Bestimmung der Signifikanz der Ergebnisse außerordentlich schwierig. Dennoch sind multiple Modelle wahrscheinlich biologisch realistisch – es lässt sich leicht nachvollziehen, dass ein Risikoallel an einem bestimmten Locus eine dominante Anfälligkeit für eine recht weit gefasste Krankheit ergibt, während ein bestimmtes Allel an einem anderen Locus eine rezessive Anfälligkeit für eine nur eng gefasste Schizophrenie zeigt.

Zurzeit geben einige Studien Hinweise auf eine Kopplung mit einem Dutzend chromosomaler Regio-

Fodor FH, Weston A, Bleiweiss IJ et al. (1998) Frequency and carrier risk associated with common *BRCA1* and *BRCA2* mutations in Ashkenazi Jewish breast cancer patients. *Am J Hum Genet* 63: 45–51.

Ford D, Easton DF, Stratton M et al. (1998). Genetic heterogeneity and penetrance analysis of the *BRCA1* and *BRCA2* genes in breast cancer families. *Am J Hum Genet* 62: 676–689.

Fullerton SM, Bartoszewicz A, Ybazeta G et al. (2002). Geographic and haplotype structure of candidate Type 2 diabetes-susceptibility variants at the Calpain-10 locus. *Am J Hum Genet* 70: 1096–1106.

Gabriel SB, Salomon R, Pellet A et al. (2002a). Segregation at three loci explains familial and population risk in Hirschsprung disease. *Nature Genet* 31: 89–93.

Gabriel SB, Schaffner SF, Nguyen H et al. (2002b) The structure of haplotype blocks in the human genome. *Science* 296: 2225–2229.

Göring HHH, Terwilliger JD, Blangero J (2001) Large upward bias in estimation of locus-specific effects from genomewide scans. *Am J Hum Genet* 69: 1357–1369.

Gulcher JR, Kong A, Stefansson K (2001) The role of linkage studies for common diseases. *Curr Opin Genet Dev* 11: 264–267.

Gurling HMD, Kalsi G, Brynjolfson J et al. (2001) Genomewide genetic linkage analysis confirms the presence of susceptibility loci for schizophrenia, on chromosomes 1q32.2, 5q33.2, and 8p21-22 and provides support for linkage to schizophrenia on chromosomes 11q23.3-24 and 20q12.1-11.23. *Am J Hum Genet* 68: 661–673.

Hampe J, Cuthbert A, Croucher PJP et al. (2001) Association between insertion mutation in *NOD2 gene* and Crohn's disease in German and British populations. *Lancet* 357: 1925–1928.

Horikawa Y, Oda N, Cox NJ et al. (2000) Genetic variation in the gene encoding calpain-10 is associated with type 2 diabetes mellitus. *Nature Genet* 26: 163–175.

Hugot J-P, Chamaillard M, Zouall H et al. (2001) Association of *NOD2* leucine-rich repeat variants with susceptibility to Crohn's disease. *Nature* 411: 599–603.

IBD International Genetics Consortium (2001) Internationai collaboration provides convincing linkage replication in complex disease through analysis of a large pooled data set: Crohn disease and chromosome 16. *Am J Hum Genet* 68: 1165–1171.

Kendler KS, Gruenberg AM, Kinney DK (1994) Independent diagnoses of adoptees and relatives as defined by DSM–111 in the provincial and national samples of the Danish Adoption Study of Schizophrenia. *Arch Gen Psychiatr* 51: 456–468.

Kety SS, Wender PH, Jacobsen B et al. (1994) Mental illness in the biological and adoptive relatives of schizophrenic adoptees. Replication of the Copenhagen Study in the rest of Denmark. *Arch Gen Psychiatr* 51: 442–455.

Krawczak M, Schmidtke J (1994) *DNA Fingerprinting*. BIOS Scientific Publishers, Oxford, S. 650.

Kruglyak L, Lander ES (1995) Complete multipoint sib-pair analysis of qualitative and quantitative traits. *Am J Hum Genet* 57: 439–454.

Kruglyak L (1999) Prospects for whole-genome linkage disequilibrium mapping of common disease genes. *Nature Genet* 22: 139–144.

Lander ES, Kruglyak L (1995) Genetic dissection of complex traits: guidelines for interpreting and reporting linkage results. *Nature Genet* 11: 241–247.

Lander ES, Schork N (1994). Genetic dissection of complex traits. *Science* 265: 2037–2048.

Lewis CM, Levinson DF, Wise LH et al. (2003) Genome scan meta-analysis of schizophrenia and bipolar disorder, Part 11: schizophrenia. *Am J Hum Genet* 73: 34–48.

Long JC, Williams RC, Urbanek M (1995) An E-M algorithm and testing strategy for multiple-locus haplotypes. *Am J Hum Genet* 56: 799–810.

Luo D-F, Bui MM, Muir A, Maclaren NK, Thomson G, She J-X. (1995) Affected sib-pair mapping of a novel susceptibility gene to insulin-dependent diabetes mellitus *(IDDMB)* on chromosome 6q25-q27. *Am J Hum Genet* 57: 911–919.

Macdonald AS, Pritchard DJ (2001) Genetics, Alzheimer's disease and long-term care insurance. *North American Actuarial J* 5: 54–78.

McGuffin P (1984) In: *The Scientific Principles of Psychopathology* (Hrsg. P McGuffin, MF Shanks, RJ Hodgson). Grune and Stratton, London.

McGuffin P, Huckle P (1990) Simulation of Mendelism revisited: the recessive gene for attending medical school. *Am J Hum Genet* 46: 994–999.

Meyer MR, Tschanz JT, Norton MC et al. (1998) ApoE genotype predicts when – not whether – one is predisposed to develop Alzheimer disease. *Nature Genet* 19: 331–332.

Nathanson KL, Weber BL (2001) 'Other' breast cancer susceptibility genes: searching for more holy grail. *Hum Mol Genet* 10: 715–720.

Newman B, Austin MA, Lee M, King MC (1988) Inheritance of human breast cancer: evidence for autosomal dominant transmission in high-risk families. *Proc Natl Acad Sci USA* 85: 3044–3048.

Ogura Y, Bonen DK, lnohara N et al. (2001) A frameshift mutation in *NOD2* associated with susceptibility to Crohn's disease. *Nature* 411: 603–606.

Onstad S, Skre I, Torgersen S, Kringlen E (1991) Twin concordance for DSM-III-R schizophrenia. *Acta Psychiatr Scand* 83: 395–401,

Peltonen L, Palotie A, Lange K (2000) Use of population isolates for mapping complex traits. *Nature Rev Genet* 1: 182–190.

Pharoah PD, Antoniou A, Bobrow M, Zimmern RL, Easton DF, Ponder BA (2002) Polygenic susceptibility to breast cancer and implications for prevention. *Nature Genet* 31: 33–36.

Pritchard JK (2001) Are rare variants responsible for susceptibility to complex diseases? *Am J Hum Genet* 69: 124–137.

Pritchard JK, Przeworski M (2001) Linkage disequilibrium in humans: models and data. *Am J Hum Genet* 69: 1–14.

Pritchard JK, Rosenberg NA (1999) Use of unlinked genetic markers to detect population stratification in association studies. *Am J Hum Genet* 65: 220–228.

Puffenberger E, Kauffman E, Bolk S et al. (1994a) Identity-by-descent and association mapping of a recessive gene for Hirschsprung disease on human chromosome 13q22. *Hum Mol Genet* 3: 1217–1225.

Puffenberger EG, Hosoda K, Washington SS et al. (1994b) A missense mutation of the endothelin-B receptor gene in multigenic Hirschsprung's disease. *Cell* 79: 1257–1266.

Reich DE, Cargill M, Bolk S et al. (2001) Linkage disequilibrium in the human genome. *Nature* 411: 199–204.

Reich DE, Lander ES (2001) On the allelic spectrum of human disease. *Trends Genet* 17: 502–510.

Risch N (1990a) Linkage strategies for genetically complex traits. 1. Multilocus models. *Am J Hum Genet* 46: 222–228.

Risch N (1990b) Linkage strategies for genetically complex traits. 2. The power of affected relative pairs. *Am J Hum Genet* 46: 229–241.

Risch N (1990c) Linkage strategies for genetically complex traits. 3. The effect of marker polymorphism on analysis of affected relative pairs. *Am J Hum Genet* 46: 242–253.

Risch N, Botstein D (1996) A manic depressive history. *Nature Genet* 12: 351–353.

Risch N, Merikangas K (1996) The future of genetic studies of complex human diseases. *Science* 273: 1516–1517 [siehe auch Erörterungen in *Science* 275: 1327–1330 (1997)].

Risch N, Teng J (1998) The relative power of family–based and case–control designs for linkage disequilibrium studies of complex human diseases. 1. DNA pooling. *Genome Res* 8: 1273–1288.

Schaid DJ (1998) Transmission disequilibrium, family controls and great expectations. *Am J Hum Genet* 63: 935–941.

Sham PC, Curtis D (1995) An extended transmission disequilibrium test (TDT) for multi-allele marker loci. *Ann Hum Genet* 59: 323–336.

Spielman RS, Ewens WJ (1998) A sibship test for linkage in the presence of association: the sib transmission disequilibrium test. *Am J Hum Genet* 62: 450–458.

Todd JA, Bell JI, McDevitt HO (1987) HLA-DQβ gene contributes to susceptibility and resistance to insulin-dependent diabetes mellitus. *Nature* 329: 599–604.

Trimble MR (1996) *Biological Psychiatry*, 2. Auflage. John Wiley, Chichester, S. 183.

VariloT, Laan M, Hovatta I, Wiebe V, Terwilliger JD, Peltonen L (2000) Linkage disequilibrium in isolated populations: Finland and a young sub-population of Kuusamo. *Eur J Hum Genet* 8: 604–612.

Weinberger DR, Egan MF Bertolino A et al. (2001) Prefrontal neurons and the genetics of schizophrenia. *Biol Psychiatry* 50: 825–844.

Weiss KM, Terwilliger JD (2000) How many diseases does it take to map a gene with SNPs? *Nature Genet* 26: 151–157.

Wilson JF, Goldstein DB (2001) Consistent long-range linkage disequilibrium generated by admixture in a Bantu-Semitic hybrid population. *Am J Hum Genet* 67: 926–935.

Wright AF, Carothers AD, Pirastu M (1999) Population choice in mapping genes for complex diseases. *Nature Genet* 23: 397–404.

Wright A, Charlesworth B, Rudan I, Carothers A, Campbell H (2003) A polygenic basis for late-onset disease. *Trends Genet* 19: 97–106.

Yamazaki K, Takazoe M, Tanaka T, Kazumori T, Nakamura Y (2002) Absence of mutation in the *NOD2/CARD15* gene among 483 Japanese patients with Crohn's disease. *J Hum Genet* 47: 469–472.

16.1 Einführung

Die molekulare Pathologie versucht zu erklären, warum eine bestimmte genetische Veränderung zu einem bestimmten klinischen Erscheinungsbild führt. Kapitel 11 enthält bereits einen Überblick über die Arten und die Mechanismen von Mutationen (Exkurs 16.1 gibt eine kurze Zusammenfassung). Dieses Kapitel befasst sich mit ihren Auswirkungen auf den Phänotyp. In der molekularen Pathologie sollen die Effekte einer Mutation auf die Menge und die Funktion eines Genprodukts bestimmt werden. Außerdem will man erklären, warum die Veränderung für eine Zelle, ein Gewebe oder während eines bestimmten Entwicklungsstadiums pathogen ist oder nicht.

Aufgrund der Komplexität der genetischen Wechselwirkungen überrascht es nicht, dass die molekulare Pathologie als reichlich unvollkommene Wissenschaft erscheint. Die größten Erfolge gab es bis heute in der Krebsforschung, wobei ein relativ einfacher Phänotyp vorliegt – unkontrollierte Zellproliferation – und bei den Hämoglobinopathien – bei denen das Krankheitsbild ein direktes Ergebnis einer Globinanomalie ist. Bei den meisten genetisch bedingten Krankheiten sind die klinischen Symptome oft das Ende einer langen Kausalkette. Der „heilige Gral" der molekularen Pathologie – die **Korrelation zwischen Genotyp und Phänotyp** – lässt sich niemals erreichen, da in Wirklichkeit nicht einmal „einfache" mendelnde Krankheiten tatsächlich einfach sind (Scriver und Waters 1999, Dipple und McCabe 2000, Weatherall 2001). Diese Übersichtsartikel seien hier besonders empfohlen, vor allem der von Scriver und Waters (Weiterführende Literatur).

Trotz aller Schwierigkeiten besitzen Menschen für Studierende der molekularen Pathologie einen großen Vorteil: Wir wissen über die Phänotypen des Menschen weit mehr als bei jedem anderen Organismus. Nicht nur, dass wir selbst geringe Veränderungen bei einem Menschen mit einer größeren Wahrscheinlichkeit wahrnehmen können als etwa bei einer Fliege oder einem Wurm, auch die weltweiten Gesundheitssysteme wirken als ein riesiges und kontinuierliches Suchsystem für Mutationen. Jeder Phänotyp, der häufiger als einmal unter 10^9 Menschen auftritt, wurde wahrscheinlich schon irgendwo in der Literatur beschrieben. Darüber hinaus kennt man für die meisten identifizierten Krankheitsgene viele verschiedene Mutationen. Wir können an Menschen keine Experimente durchführen oder sie gezielt züchten, sie bieten jedoch einzigartige Möglichkeiten, die phänotypischen Auswirkungen zahlreicher verschiedener Mutationen in einem bestimmten Gen zu beobachten. Da sich jedoch der Schwerpunkt des Human Genome Project nun von der reinen Katalogisierung der Gene zu einer Erforschung ihrer Funktion verlagert, ist die Analyse durch die molekulare Pathologie in den Mittelpunkt getreten. Durch Untersuchungen am Menschen gelangt man zu Hypothesen, die dann an Tieren getestet werden müssen. So ergänzen Untersuchungen über spezifische natürliche oder künstliche Mutationen bei Tieren die Untersuchungen an natürlich vorkommenden Mutationen beim Menschen (Kapitel 20).

16.2 Hinter der einfachen Nomenklatur von *A*- und *a*-Allelen verbirgt sich eine große Vielfalt von DNA-Sequenzen

Den Genotyp eines Trägers der Cystischen Fibrose bezeichnen wir mit *Aa*, wobei das *a* für eine beliebige

Exkurs 16.1: Die wichtigsten Arten von Mutationen

Deletionen reichen von 1 bp bis hin zu mehreren Megabasen DNA.

Insertionen einschließlich Duplikationen.

Substitution einzelner Basen:

- **Missense-Mutationen** verursachen im Genprodukt den Austausch einer Aminosäure gegen eine andere.
- **Nonsense-Mutationen** führen zum Austausch eines Aminosäurecodons gegen ein Stoppcodon.
- **Mutationen von Spleißstellen** erzeugen oder zerstören Signalsequenzen für das Spleißen von Exons und Introns.

Verschiebungen des Leserasters können durch Deletionen, Insertionen oder Fehler beim Spleißen entstehen.

Dynamische Mutationen sind tandemförmige Wiederholungen, deren Größe sich häufig bei der Weitergabe an die Kinder verändert.

In Tabelle 16.1 finden sich einige Beispiele, in Kapitel 11 weitere Einzelheiten und eine Besprechung der Mechanismen.

Exkurs 16.2: Nomenklatur für die Bezeichnung von Mutationen

Alle Einzelheiten finden sich unter www.dmd.nl/mutnomen.html und bei Den Dunnen und Antoraxis (2001).

Aminosäuresubstitutionen

Vorne steht (falls erforderlich) „p.", um anzuzeigen, dass es sich um ein Protein handelt. Verwendung des Ein-Buchstaben-Codes: A, Alanin; C, Cystein; D, Aspartat; E, Glutamat; F, Phenylalanin; G, Glycin; H, Histidin; I, Isoleucin; K, Lysin; L, Leucin; M, Methionin; N, Asparagin; P, Prolin; Q, Glutamin; R, Arginin; S, Serin; T, Threonin; V, Valin; W, Tryptophan; Y, Tyrosin; X, Stoppcodon. Die Verwendung des Drei-Buchstaben-Codes ist ebenfalls möglich.

p.R117H oder **Arg117His** – Austausch von Arginin zu Histidin an Aminosäureposition 117 (das Startcodon für Methionin hat die Position 1).

p.G542X oder **Gly542Stopp** – Umwandlung des Glycincodons an Position 542 in ein Stopcodon.

Nucleotidsubstitutionen

Vorne steht „g." (für genomische DNA) oder „c." (für cDNA), falls erforderlich. Das A im ATG-Startcodon ist die Position +1, die Base unmittelbar davor die Position –1 (0 gibt es nicht). Zuerst steht die Nucleotidposition, dann folgt die Veränderung. Bei Veränderungen in Introns wird – wenn nur die cDNA-Sequenz vollständig bekannt ist – die Nummer des Introns als IVS*n* oder die Position des nächsten Exons angegeben.

g.1162G→A – Austausch eines Guanins an Position 1162 durch ein Adenin.

g.621+1G→T oder **IVS4+1G→T** – Austausch von G durch T an der ersten Basenposition von Intron 4; Exon 4 beginnt bei Nucleotid 621.

Deletionen und Insertionen

Dabei steht „del" für Deletionen und „ins" für Insertionen. Wie oben wird bei DNA-Veränderungen die Nucleotidposition oder der DNA-Abschnitt angegeben; bei Aminosäureveränderungen steht zuerst das Symbol für die Aminosäure.

p.F508del – Deletion von Phenylalanin 508

c.6232_6236del oder **c.6232_6236delATAAG** – die Deletion von fünf bekannten Nucleotiden beginnt an Position 6232 der cDNA.

g.409_410insC – Insertion eines C zwischen Nucleotid 409 und 410 in der genomischen DNA.

mutierte Sequenz des *CFTR*-Gens steht, die bewirkt, dass kein funktionsfähiger Chloridkanal gebildet wird. Inzwischen kennt man über 750 verschiedene solcher Allele. Dementsprechend bedeutet *A* jede beliebige funktionsfähige Sequenz. Die tatsächlichen DNA-Sequenzen von *A*-Genen sind bei nicht verwandten Menschen nicht unbedingt zu 100% identisch. Für die genetische Beratung und die Analyse von Stammbäumen ist dies die sinnvollste Art der Beschreibung, in der molekularen Pathologie müssen wir jedoch genauer hinsehen. Exkurs 16.1 enthält eine kurze Zusammenfassung der wichtigsten Arten von Veränderungen der DNA-Sequenz, die man bei pathogenen Mutationen findet, und Exkurs 16.2 fasst die Regeln zusammen, die zu ihrer Benennung empfohlen werden.

Ein Problem der molekularen Pathologie besteht darin, dass es bis jetzt noch keine umfassende Datenbank gibt, die alle bekannten menschlichen Mutationen enthält. Die Human Mutations Database (www.hgmd.org) enthält für eine Reihe von Genen brauchbare Listen, ist aber nicht vollständig. Bei der OMIM-Datenbank unternimmt man dagegen nur einen halbherzigen und unausgewogenen Versuch, mutierte Allele aufzuführen. Diese Informationen sind über PubMed nicht zugänglich, da die Zeitschriften aus der Forschung normalerweise keine Artikel über neu entdeckte Mutationen in bereits ausreichend untersuchten Genen veröffentlichen. Mit der HUGO Mutation Database Initiative unternimmt man nun einen Versuch, diesem Missstand abzuhelfen (Einzelheiten und zahlreiche nützliche Links finden sich bei www.genomic.unimelb.edu.au/mdi).

16.3 Eine erste Einteilung der Mutationen unterscheidet zwischen Funktionsverlust und Funktionsgewinn

16.3.1 Für die molekulare Pathologie ist nicht die Sequenz eines mutierten Allels wichtig, sondern seine Auswirkungen

Für genetische Tests ist es wichtig, dass die Sequenz des mutierten Allels bekannt ist (Kapitel 18). In der molekularen Pathologie müssen wir jedoch wissen, was das Allel tut. Ein mutiertes Gen kann jede Art geringfügiger Veränderungen auf den Organismus haben, eine wichtige erste Frage besteht jedoch darin, ob es sich um den Verlust oder den Gewinn einer Funktion handelt.

- Bei **Funktionsverlustmutationen** hat das Produkt eine verringerte oder keine Funktion.
- Bei **Funktionsgewinnmutationen** zeigt das Produkt eine anomale (positive) Funktion.

Exkurs 16.3 zeigt eine Möglichkeit auf, diese Effekte zu beschreiben.

Funktionsverlustmutationen erzeugen häufig rezessive Phänotypen. Bei den meisten Genprodukten ist die genaue Quantität nicht so entscheidend, und wir können durchaus auch mit der Hälfte der normalen Menge auskommen. Deshalb sind die meisten angeborenen Stoffwechselfehler rezessiv. Bei einigen Genprodukten reichen jedoch 50% für eine normale Funktion nicht aus. Eine **Haploinsuffizienz** führt zu einem anomalen Phänotyp, der demnach nach einem dominanten Muster vererbt wird (Abschnitt 16.4.2). Manchmal stört ein nicht funktionsfähiges mutiertes Polypeptid bei einem heterozygoten Menschen die Funktion des normalen Allels, sodass es zu einem **dominant-negativen** Effekt kommt (nach der Terminologie von Exkurs 16.3 bezeichnet man das als antimorphes Allel; Abschnitt 16.4.3).

Funktionsgewinnmutationen verursachen gewöhnlich dominante Phänotypen, da das normale Allel nicht verhindern kann, dass sich das mutierte Allel anomal verhält. Davon sind häufig Kontroll- oder Signalsysteme betroffen, die dann fehlerhafte Reaktionen zeigen – also zur falschen Zeit ein Signal aussenden oder nicht in der Lage sind, einen Prozess abzuschalten, wenn es notwendig ist. Manchmal führt die Funktionsgewinnmutation dazu, dass das Produkt eine neue Aktivität zeigt – so kann beispielsweise ein Protein mit einer verlängerten Polyglutaminwiederholung anomale Aggregate bilden.

Zwangsläufig lassen sich einige Mutationen nicht so einfach in das Schema Funktionsverlust oder Funktionsgewinn einordnen. Hat ein dauernd geöffneter Ionenkanal die Funktion verloren, sich zu schließen, oder die Funktion erworben, dass er sich auf ungeeignete Weise öffnet? Ein dominant negatives mutiertes Allel hat seine Funktion verloren, bringt aber auch etwas positiv Anomales hervor. Eine Mutation kann das Gleichgewicht zwischen mehreren Funktionen eines Genprodukts verändern. Die Unterscheidung zwischen Funktionsverlust und Funktionsgewinn ist jedoch trotz allem ein grundlegender erster Ansatz, um sich über die molekulare Pathologie Gedanken zu machen.

16.3.2 Wenn Punktmutationen in einem Genprodukt denselben pathologischen Effekt haben wie Deletionen, handelt es sich wahrscheinlich um einen Funktionsverlust

Rein genetische Befunde können oft – ohne weitere biochemische Untersuchungen – Hinweise liefern, ob ein bestimmter Phänotyp durch den Verlust oder den Gewinn einer Funktion verursacht wird. Wenn ein Phänotyp mit klinischen Symptomen die Folge des Funktionsverlusts eines Gens ist, kann man davon ausgehen, dass *jede* Veränderung, die das Genprodukt inaktiviert, dasselbe klinische Erscheinungsbild hervorruft. Es sollte demnach möglich sein, Punktmutationen zu finden, die dieselbe Wirkung haben wie Mutationen, die eine Deletion des Gens verursachen oder das Gen unterbrechen. Ein Beispiel ist das Waardenburg-Syndrom Typ I (MIM 193500), das mit Gehörverlust und Pigmentanomalien einhergeht. Wie Abbildung 16.1 zeigt, gehören zu den Mutationen des *PAX3*-Gens, die die Krankheit verursachen, Aminosäuresubstitutionen, Leserasterverschiebungen, Spleißmutationen und bei einigen Patienten eine vollständige Deletion des Gens. Da alle diese Mutationen zu demselben klinischen Erscheinungsbild führen, muss die Ursache ein Verlust der *PAX3*-Funktion sein. Entsprechend können Krankheiten, die durch instabile Wiederholungen von Trinucleotidwiederholungen hervorgerufen werden (Abschnitt 16.6.4), beispielsweise das Fragile-X-Syndrom oder die Friedreich-

Exkurs 16.3: Eine Nomenklatur für die Bezeichnung der Effekte eines Allels

Nullallel oder **amorph**: ein Allel, das kein Produkt erzeugt.

Hypomorph: ein Allel, das das Produkt in einer geringeren Menge oder mit einer geringeren Aktivität erzeugt.

Hypermorph: ein Allel, das das Produkt in einer größeren Menge oder mit einer stärkeren Aktivität erzeugt.

Neomorph: ein Allel, dessen Produkt eine neue Aktivität aufweist.

Antimorph: ein Allel, dessen Aktivität oder dessen Produkt gegen das Produkt des normalen Allels gerichtet ist.

Ataxie, gelegentlich auch durch andere Arten von Mutationen in den zugehörigen Genen entstehen, was auf einen Funktionsverlust hindeutet. Im Gegensatz dazu tritt die Huntington-Chorea (Abschnitt 16.6.4) nie im Zusammenhang mit einer anderen Mutation auf, was einen Funktionsgewinn vermuten lässt.

16.3.3 Wenn nur eine spezifische Mutation in einem Gen ein bestimmtes Krankheitsbild hervorruft, handelt es sich wahrscheinlich um einen Funktionsgewinn

Ein Funktionsgewinn erfordert wahrscheinlich eine viel spezifischere Veränderung als der Verlust einer Funktion. Dementsprechend sollte auch die Bandbreite der Mutationen bei Krankheiten, die auf einen Funktionsgewinn zurückgehen, geringer sein, und dieselbe Krankheit sollte nicht durch eine Deletion oder Unterbrechung des Gens verursacht werden. Beispiele dafür sind anscheinend die Huntington-Chorea (Abschnitt 16.6.4) und die Achondroplasie (MIM 100800; Minderwuchs mit verkürzten Gliedmaßen). Praktisch alle Achondroplasiepatienten zeigen denselben Aminosäureaustausch G380R im Rezeptor des Fibroblastenwachstumsfaktors FGR3. Andere Substitutionen in demselben Gen führen zu anderen Syndromen (Abschnitt 16.7.3). Aus unbekannten Gründen ist die Mutationsrate für G380R außerordentlich hoch, sodass die Achondroplasie zu den häufigeren genetischen Anomalien gehört, obwohl eine sehr spezifische DNA-Veränderung erforderlich ist.

Die **Homogenität der Mutationen** ist ein Anzeichen für eine Funktionsgewinnmutation, aber es gibt auch andere Gründe, warum eine einzige Mutation für die meisten oder alle Krankheitsfälle verantwortlich ist:

- Krankheiten, bei denen das beobachtete Geschehen mit dem Genprodukt sehr direkt zu tun hat und nicht die Folge einer genetischen Veränderung ist, die in einer größeren Entfernung liegt, kann man anhand des einzelnen veränderten Produktes definieren. Dies ist etwa bei der Sichelzellenanämie der Fall (Exkurs 16.4).
- Einige spezifische molekulare Mechanismen führen dazu, dass es in einem Gen mit einer viel größeren Wahrscheinlichkeit zu einer bestimmten Sequenzveränderung kommen kann und nicht zu irgendeiner anderen – beispielsweise die CGG-

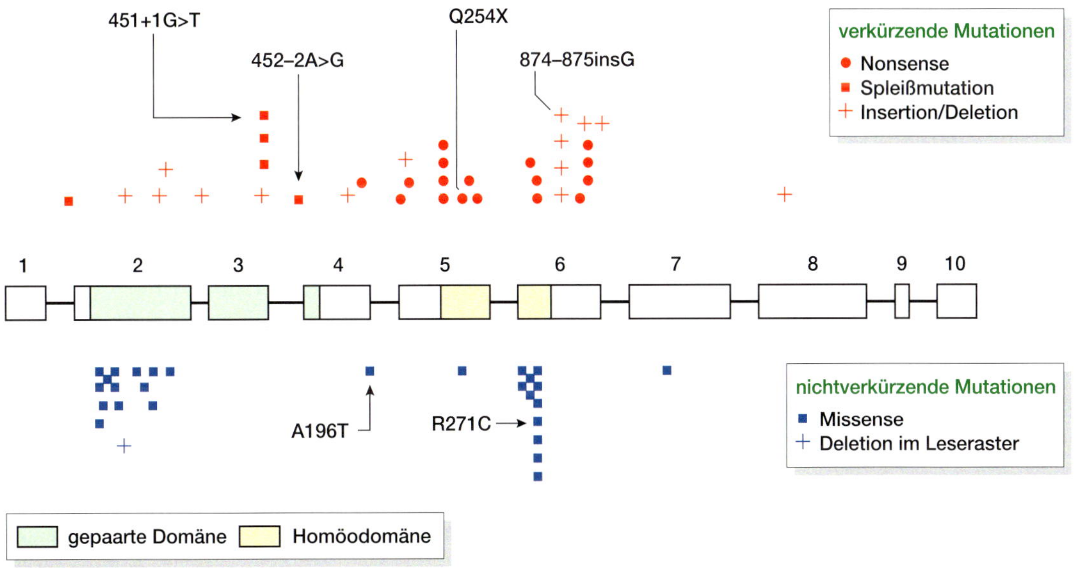

16.1 Funktionsverlustmutationen des *PAX3*-Gens. Die zehn Exons des Gens sind als Rechtecke, die Introns dazwischen nicht maßstabsgerecht dargestellt. Die Sequenzen, die die beiden DNA-Bindungsdomänen des PAX3-Proteins codieren, sind farblich hervorgehoben. Mutationen, die die Struktur des PAX3-Proteins vollkommen zerstören (oberhalb des Gens eingezeichnet), verteilen sich mindestens über die ersten sechs Exons des Gens. Die Missense-Mutationen (unter dem Gen eingezeichnet) konzentrieren sich hingegen auf zwei Bereiche – den 5'-Abschnitt der gepaarten Domäne und die dritte Helix der Homöodomäne. A196T beeinflusst vermutlich den Spleißvorgang. Die übrigen markierten Mutationen sind in Tabelle 16.1 aufgeführt. Die 874–875insG-Mutation fügt einer Sequenz von 6 Guaninen ein weiteres hinzu. Diese Struktur hat sich unabhängig mehrere Male herausgebildet; sie veranschaulicht die relativ große Häufigkeit von Fehlpaarungen durch verschobene DNA-Stränge (Abschnitt 11.3.1).

Exkurs 16.4: Hämoglobinopathien

Die Hämoglobinopathien nehmen in der klinischen Genetik aus mehreren Gründen einen besonderen Platz ein. Sie sind weltweit die häufigsten schweren mendelnden Erbkrankheiten. Die Globine geben wichtige Hinweise auf die Evolution des Genoms (Abb. 12.4 bis 12.6) und auf die Entwicklung von Krankheiten in Populationen. Die entwicklungsspezifische Steuerung der Globingene kennt man inzwischen wahrscheinlich besser als bei allen anderen menschlichen Genen (Abb. 10.22, 10.23). Für Hämoglobine wurden bis jetzt mehr Mutationen und Krankheiten beschrieben als für jede andere Genfamilie. Die klinischen Symptome sind eine direkte Folge der Fehlfunktion des Proteins. Es ist bei einer Konzentration 15 g pro 100 ml Blut einfach zu untersuchen, und der Zusammenhang zwischen molekularen Ereignissen und klinischen Symptomen wird bei den Hämoglobinopathien deutlicher als bei den meisten anderen Krankheiten.

Hämoglobinopathien werden in drei Hauptgruppen eingeteilt.

- Die **Thalassämien** werden durch ungenügende Mengen der α- oder der β-Kette hervorgerufen. Man unterscheidet zwischen Allelen, die kein Produkt erzeugen (α^0, β^0), und Allelen, die verringerte Mengen produzieren (α', β'). Die zugrunde liegenden Effekte werden in Abschnitt 16.4 besprochen (siehe auch Tabelle 18.5).
- **Anomale Hämoglobine**, die veränderte Aminosäuren enthalten, verursachen eine Reihe von Problemen, wobei die Sichelzellenanämie am bekanntesten ist. Durch die E6V-Mutation wird an der äußeren Oberfläche des β-Globinmoleküls eine polare gegen eine neutrale Aminosäure ausgetauscht. Dadurch kommt es zu einer verstärkten Adhäsion zwischen den Molekülen und zur Bildung von Agreggaten aus Desoxyhämoglobin, wobei sich die roten Blutkörperchen verformen. Die Sichelzellen haben eine verkürzte Lebensdauer, was zu einer Anämie führt. Außerdem neigen sie dazu, Kapillaren zu verstopfen, wodurch es zu Blutleere und Infarktbildung in den jenseits der Blockade liegenden Organen kommt. Andere Aminosäuresubstitutionen können Anämie, Cyanose, Polycythämie (übermäßige Mengen an roten Blutkörperchen), Methämoglobinämie (Umwandlung der Oxidationsstufe des Eisenions von 2 zu 3) und anderes auslösen.
- Die **erbliche Persistenz des fetalen Hämoglobins** wird durch einen Defekt beim normalen Umschalten vom fetalen zum adulten Hämoglobin verursacht und kann als wichtiger Modifikator für die klinischen Effekte der anderen beiden Mutationen wirken.

Ein umfassender Übersichtsartikel stammt von Weatherall et al. (2001) (Weiterführende Literatur).

Ausdehnung beim Fragile-X-Syndrom (Abschnitt 16.6.4).

- Möglicherweise besteht ein **Gründereffekt**. So kommen beispielsweise unter den Ashkenazi-Juden bestimmte Krankheitsmutationen häufig vor, die wahrscheinlich auf Mutationen zurückzuführen sind, die bei einer relativ geringen Zahl von Begründern der gegenwärtigen Ashkenazi-Population auftraten (Motulsky 1995).
- Die Bevorzugung von Heterozygoten durch die Selektion (Abschnitt 4.5.3) verstärkt Gründereffekte und führt häufig dazu, dass eine oder einige wenige Mutationen in einer Population weit verbreitet sind.

16.3.4 Nicht jede Sequenzvariante, die man bei einem erkrankten Menschen findet, ist zwangsläufig pathogen

Wie lässt sich also entscheiden, ob eine ermittelte Sequenzveränderung die gesuchte pathogene Mutation ist oder eine harmlose Variante? Folgende Kriterien kommen in Frage (die Verlässlichkeit nimmt von oben nach unten ab):

1. Funktionsanalysen zeigen, dass die Veränderung pathogen ist.
2. Präzedenzfälle: Diese Veränderung wurde bereits bei Patienten mit dieser Krankheit festgestellt (aber nicht bei Kontrollpersonen mit passender ethnischer Herkunft).
3. Eine *de novo*-Mutation, die bei einem Menschen mit einer *neu* auftretenden Krankheit vorkommt, aber nicht bei seinen Eltern.
4. Eine neu entdeckte Sequenzveränderung, die bei einer Kohorte von vielleicht 100 gesunden Kontrollpersonen fehlt.
5. Die Art der Sequenzveränderung (Exkurs 16.5).

Funktionsanalysen sind am besten geeignet. Keines der übrigen Kriterien erweist sich als genügend verlässlich. Bei Funktionsgewinnphänotypen ist die Ursache wahrscheinlich sehr spezifisch (siehe oben). Jede Sequenzveränderung, die sich von der Standardmutation unterscheidet, ist wahrscheinlich zumindest für die fragliche Krankheit nicht pathogen. Erkrankungen, die auf einen Funktionsverlust zurückzuführen sind, werfen für eine Interpretation wesentlich mehr Fragen auf.

Exkurs 16.5: Richtlinien für die Bestimmung der Signifikanz einer Veränderung der DNA-Sequenz

- Eine Deletion des ganzen Gens, Nonsense-Mutationen und Verschiebungen des Leserasters zerstören mit fast vollständiger Sicherheit die Genfunktion.
- Mutationen, die die konservierten GT…AG-Nucleotide verändern, welche die meisten Introns flankieren, beeinflussen den Spleißvorgang und zerstören im Allgemeinen die Genfunktion. Viele andere Sequenzveränderungen können den Spleißvorgang ebenfalls beeinflussen, allerdings sind die Auswirkungen schwieriger vorherzusagen (siehe unten).
- Eine Missense-Miutation ist mit größerer Wahrscheinlichkeit pathogen, wenn sie den Teil eines Proteins betrifft, der für die Funktion wichtig ist. Eine Computersimulation der Proteinstruktur kann dazu beitragen, die möglicherweise entscheidenden Aminosäurereste zu ermitteln. So liegen beispielsweise in Abbildung 16.1 die Missense-Mutationen, die alle zu einem Funktionsverlust führen, in der essenziellen DNA-Bindungsdomäne des PAX3-Proteins.
- Die Veränderung einer Aminosäure beeinflusst mit einer größeren Wahrscheinlichkeit die Funktion, wenn die Aminosäure in verwandten (orthologen oder paralogen) Genen konserviert ist.
- Aminosäuresubstitutionen wirken sich mit größerer Wahrscheinlichkeit auf die Funktion aus, wenn sie nichtkonservativ sind (Austausch einer polaren durch eine unpolare oder einer basischen durch eine saure Aminosäure; Exkurs 11.3).

16.4 Funktionsverlustmutationen

16.4.1 Ein Gen kann auf viele verschiedene Weisen durch eine Veränderung seine Funktion verlieren

Es überrascht eigentlich nicht, dass es viele verschiedene Möglichkeiten gibt, wie die Funktion eines Genprodukts verringert oder zerstört werden kann (Tab. 16.1). Einige dieser Mechanismen wurden in Abschnitt 11.4 behandelt. Bei den Hämoglobinopathien finden sich dafür viele Beispiele. Überhaupt lassen sich anhand der Globine praktisch alle Prozesse veranschaulichen, die in diesem Buch beschrieben werden. Den Lesern sei hier ein Übersichtsartikel empfohlen, etwa von Weatherall et al. (2001).

Exkurs 16.5 enthält einige Richtlinien, anhand derer sich das wahrscheinliche Ergebnis einer Mutation auf das Genprodukt ableiten lässt.

Kurze Deletionen und Insertionen haben viel gravierendere Auswirkungen auf das Genprodukt, wenn sie eine **Rasterverschiebung** verursachen (das heißt, wenn eine Anzahl von Nucleotiden hinzukommt oder entfernt wird, die nicht genau durch drei teilbar ist). Unter den Deletionen im Dystrophingen finden sich einige interessante Beispiele (Abb. 16.2). Leserastermutationen führen generell zur schweren Duchenne-Muskeldystrophie, bei der kein Dystrophin erzeugt wird. Mutationen, die das Leseraster nicht verschieben, führen hingegen zur leichteren Becker-Variante, bei der Dystrophin zwar vorhanden ist, aber in einer anomalen Form.

Nonsense-Mutationen (die **vorzeitige Stoppcodons** erzeugen) wirken normalerweise als Nullallele, da sie zu einem **Nonsense-vermittelten mRNA-Abbau** führen (Hentze und Kulozik 1999). Es ist ungewöhnlich, dass diese mRNA translatiert wird und ein verkürztes Produkt bildet. Ein solcher mRNA-Abbau tritt normalerweise immer dann auf, wenn ein vorzeitiges Stoppcodon mindestens 50 Nucleotide stromaufwärts der letzten Spleißstelle liegt. Einzelheiten des Mechanismus finden sich bei Lykke-Anderson et al. (2001).

Man geht häufig davon aus, dass *Spleißmutationen* nur die konservierten GT…AG-Sequenzen an den Enden der Introns betreffen. Tatsächlich gibt es jedoch ein viel größeres Spektrum von Sequenzveränderungen, die den Spleißvorgang beeinflussen, aber diese Effekte sind schwer vorherzusagen. So werden viele Mutationen, die das Spleißmuster verändern, gar nicht erkannt, wenn man keine RT-PCR-Analysen durchführt. Diese Art von Mutationen wird mit Sicherheit zu selten diagnostiziert. Unter den β-Globinmutationen finden sich mehrere Beispiele, die in Tabelle 18.5 aufgeführt sind. Es gibt drei Arten von Sequenzveränderungen, die zu einem anomalen Spleißmuster führen:

- **Veränderungen der normalen Spleißstellen:** Die Spleißreaktion (Abschnitt 11.4.3) erfordert nicht nur die obligatorische GT…AG-Sequenz, sondern auch einen weniger genau definierten Sequenzzusammenhang in der Umgebung der Stelle. Veränderungen, die dort erfolgen, können das Mengenverhältnis verschiedener Spleißisoformen verändern, aber nicht das Spleißen insgesamt verhindern – so verändert beispielsweise der 5T/7T/9T-Polymorphismus im Intron 8 des *CFTR*-Gens (MIM 602421) den Anteil von Transkripten, die Exon 9 nicht enthalten. Solche Effekte tragen wahrscheinlich oftmals zu genetisch bedingten Krankheiten bei, vielleicht sogar besonders zu den Anfälligkeiten für verbreitete Krankheiten (Nissim-Rafinia und Kerem 2002).
- **Veränderungen von Spleiß-Enhancern und -Silencern:** Diese wichtigen, aber wenig bekannten Sequenzen können in Exons oder Introns liegen

Tabelle 16.1 Elf mögliche Mechanismen, die die Funktion eines Genprodukts einschränken oder zerstören können

Veränderung	Beispiele
Deletion:	
1. des gesamten Gens	die meisten Mutationen bei den α-Thalassämien (Abb. 16.3)
2. eines Genabschnitts	60 % der Mutationen bei der Duchenne-Muskeldystrophie (Abb. 16.2)
Einfügen einer Sequenz in ein Gen	Einfügen einer LINE-1-Wiederholungssequenz (Abschnitt 11.5.6) in das *F8*-Gen bei der Hämophilie A
Unterbrechung der Genstruktur:	
1. durch Translokation	X-autosomale Translokationen bei Frauen mit einer Duchenne-Muskeldystrophie (Abb. 14.10)
2. durch Inversion	Inversion des *F8*-Gens (Abb. 11.20)
Inaktivierung des Promotors:	
1. durch Mutation	β-Globin g.–29A→G-Mutation (Tab. 18.5)
2. durch Methylierung	*CDKN2A*-Gen bei vielen Tumoren (Abschnitt 17.6.1)
Destabilisierung der mRNA:	
1. Mutation der Polyadenylierungsstelle	α-Globin g.AATAAA→AATAGA-Mutation (Tab. 18.5)
2. Nonsense-vermittelter mRNA-Abbau	β-Globin p.Q39X
Störung des korrekten Spleißens (Abschnitt 11.4.3)	
1. Inaktivierung der Spleißdonorstelle	*PAX3* g.451+1G→T-Mutation (Abb. 16.1)
2. Inaktivierung der Spleißakzeptorstelle	*PAX3* g.452–2A→G-Mutation (Abb. 16.1)
3. Veränderung eines Spleiß-Enhancers in einem Exon	*SMN2*-Exon 7 g.C6T (Cartegni und Krainer 2002)
4. Aktivierung einer kryptischen Spleißstelle (auch weit in einem Intron)	*LGMD2A* G642G (Abb. 11.12) β-Globin IVS1 – 110G→A-Mutation (Tab. 18.5) *CFTR* 3849+10kb C→T (Tabelle 18.6)
Verschiebung des Leserasters bei der Translation	*PAX3* g.874_875insG-Mutation (Abb. 16.1)
Umwandlung eines Codons in ein Stoppcodon	*PAX3* p.Q254X-Mutation (Abb. 16.1)
Austausch einer essenziellen Aminosäure	*PAX3* p.R271C-Mutation (Abb. 16.1)
Unterdrückung der posttranskriptionalen Prozessierung	spaltungsresistentes N-terminales Propeptid des Kollagens beim Ehlers-Danlos-Syndrom VII (Abschnitt 16.6.1)
falsche zelluläre Lokalisierung des Produkts	p.F508del-Mutation bei der Cystischen Fibrose

(Nissim-Rafinia und Kerem 2002). Bei Cartegni und Krainer (2002) findet sich ein besonders eindeutiges Beispiel für eine Mutation, die einen Spleiß-Enhancer in einem Exon zerstört.

- **Aktivierung kryptischer Spleißstellen:** Scheinbar harmlose Basensubstitutionen können eine vorher inaktive Sequenz so verändern, dass sie als Spleißstelle verwendet wird. Diese kryptische Stelle kann in einem Exon oder in einem Intron liegen. In Abbildung 11.12 ist ein Beispiel dargestellt. Wenn die Stelle weit innerhalb eines Introns liegt, kann sie ohne RT-PCR-Analysen übersehen werden – etwa die *CFTR*-Mutation 3 849 + 10 kbC→T, die eine kryptische Spleißstelle an einer Position 10 kb innerhalb des Introns 19 aktiviert.

16.4.2 Bei Haploinsuffizienzen führt die Verringerung der Genfunktion um 50 % zu einem anomalen Phänotyp

Funktionsverlustmutationen sind tendenziell rezessiv, da heterozygote Menschen häufig eine ganz normale Funktion aufweisen. Manchmal liegt das daran, dass auf Ebene der Transkription oder der Proteinaktivität Rückkopplungsmechanismen auftreten, die einen Ausgleich der verringerten Dosis bewirken. In vielen Fällen können auch die Zelle und der Organismus mit nur 50 % der Genaktivität normal existieren. Nur wenige Gene zeigen eine **Haploinsuffizienz**; in Tabelle 16.2 sind einige Beispiele aufgeführt. Einige wenige weitere Gene zeigen andere Formen der **Dosisempfindlichkeit** (Abb. 16.3 und 16.8).

Man könnte die vernünftige Frage stellen, warum es *überhaupt* bei einem Genprodukt zu Dosiseffekten

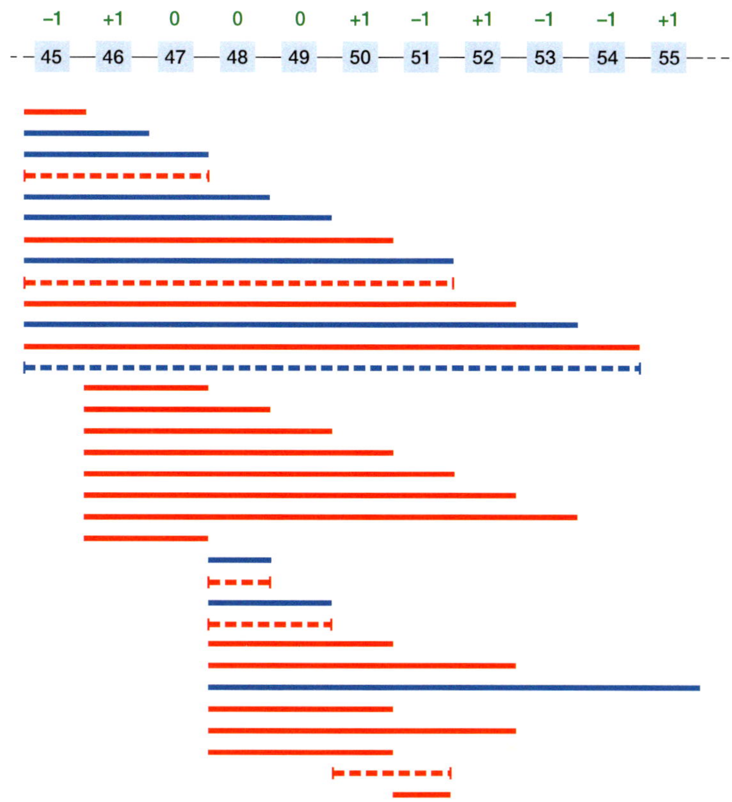

16.2 Deletionen im mittleren Abschnitt des Dystrophingens bei Patienten mit einer Becker- oder einer Duchenne-Muskeldystrophie. Die Exons 45 bis 55 sind durch nummerierte Rechtecke dargestellt. Die Zahlen über den Rechtecken geben an, welche Auswirkung eine Deletion des jeweiligen Exons auf das Leseraster hat (0, kein Effekt; – 1, Verschiebung um ein Nucleotid zurück; +1, ein Nucleotid vorwärts). Die roten Balken zeigen die Deletionen an, die man bei Patienten mit einer letalen Duchenne-Muskeldystrophie gefunden hat, die blauen Balken markieren Deletionen bei der leichteren Becker-Muskeldystrophie. Deletionen, die das Leseraster verschieben, verursachen generell eine DMD. Für das Leseraster neutrale Deletionen führen zur BMD. Ausnahmen sind durch gestrichelte Linien dargestellt. Diese Ausnahmen kommen möglicherweise dadurch zustande, dass eine Deletion mit einem Exon endet oder dass die Aktivität von Modifikatorgenen oder äußere Faktoren eine Rolle spielen; denkbar sind auch Fehler bei der klinischen Diagnose oder im Labor. Die Daten stammen von der Leiden Muscular Dystrophy-Internetseite www.dmd.nl, wo weitere Daten und Hintergrundinformationen abgerufen werden können. Wie diese Deletionen im Labor charakterisiert wurden, zeigt Abbildung 18.6.

kommen kann. Warum hat die natürliche Selektion hier die Dinge nicht besser eingerichtet? Wenn ein Gen so exprimiert wird, dass zwei Kopien eine gerade ausreichende Menge des Produkts erzeugen, sollte eine Selektion auf Varianten mit einer höheren Expressionsrate zur Entwicklung einer widerstandsfähigeren Spezies führen, ohne dass unbedingt „ein Preis zu zahlen" wäre. Die Antwort lautet, dass so etwas in den meisten Fällen bereits eingetreten ist – deshalb sind nur relativ wenige Gene dosisabhängig. Bestimmte Genfunktionen zeigen jedoch eine inhärente Dosisabhängigkeit, beispielsweise:

- Genprodukte, die Bestandteil eines quantitativen Signalsystems sind und deren Funktion davon abhängt, dass ein Rezeptor, eine DNA-Bindungsstelle oder Ähnliches teilweise oder variabel besetzt werden;
- Genprodukte, die mit anderen darum konkurrieren, während der Entwicklung oder im Stoffwechsel einen molekularen Schalter zu betätigen;
- Genprodukte, die bei Wechselwirkungen in einer festgelegten Stöchiometrie kooperieren (etwa die α- und β-Globine und viele Strukturproteine).

In allen Fällen wird das Genprodukt gegen etwas anderes in der Zelle „titriert". Dabei ist nicht die korrekte absolute Menge des Genprodukts von Bedeutung, sondern die relativen Mengen der interagierenden Produkte. Die Effekte reagieren empfindlich auf Veränderungen bei jedem der Reaktionspartner, deshalb zeigen diese dominanten Krankheiten häufig eine sehr unterschiedliche Expression (Abschnitt 16.6.3). Gene, deren Produkte im Wesentlichen allein aktiv sind, wie es bei zahl-

Tabelle 16.2 Phänotypen, die wahrscheinlich durch eine Haploinsuffizienz verursacht werden (Einzelheiten im Text)

Krankheit	MIM-Nr.	Gen	Anmerkungen
Alagille-Syndrom	118450	*JAG1*	Abschnitt 16.8.1
multiple Exostosen	133700	*EXT1*	Tab. 16.8
tomakulöse Neuropathie	162500	*PMP22*	Abschnitt 16.6.2
supravalvuläre Aortenstenose	185500	*ELN*	dieser Abschnitt
Tricho-rhino-phalangeales Syndrom	190350	*TRPS1*	Tab. 16.8
Waardenburg-Syndrom Typ I	193500	*PAX3*	Abschnitt 16.3.2

reichen löslichen Enzymen des Metabolismus der Fall ist, zeigen selten Dosiseffekte.

Darüber hinaus kommt es vor, dass eine Zelle mit nur einer einzigen aktiven Kopie eines Gens den Bedarf für das Genprodukt nicht befriedigen kann, das in großen Mengen benötigt wird. Ein mögliches Beispiel ist Elastin. Bei Menschen, die für eine Deletion oder Funktionsverlustmutation des Elastingens heterozygot sind, sieht man keine Auswirkungen in Geweben, die nur mittlere Mengen von Elastin benötigen (Haut, Lunge). Jedoch zeigt die Aorta, in der viel mehr Elastin erforderlich ist, dann häufig Anomalien (supravalvuläre Aortenstenose), die möglicherweise sogar chirurgische Eingriffe notwendig machen (Abschnitt 16.8.1).

16.4.3 Mutationen in Proteinen, die als Dimere oder Multimere aktiv sind, verursachen manchmal dominant-negative Effekte

Wenn ein mutiertes Polypeptid nicht nur seine eigene Funktion verliert, sondern auch noch in einer heterozygoten Zelle das Produkt des normalen Allels beeinträchtigt, kommt es zu einem **dominant-negativen Effekt.** Hier ließe sich einwenden, dass es sich um eine Funktionsgewinn- und nicht um eine Funktionsverlustmutation handelt, aber das wäre nur ein Streit um Begriffe. Dominant-negative Mutationen haben gravierendere Auswirkungen als einfache Nullallele des-

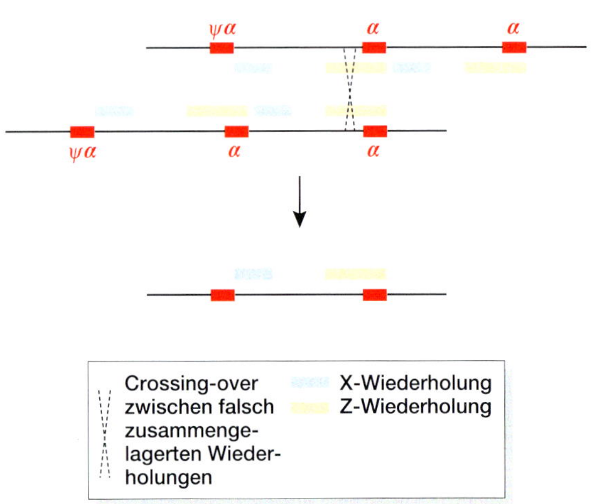

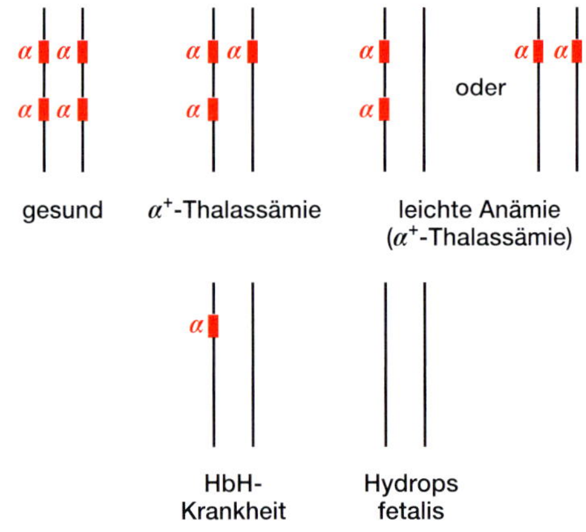

16.3 Deletionen der α-Globingene bei den α-Thalassämien. Normale Kopien von Chromosom 16 tragen zwei aktive α-Globingene und ein inaktives Pseudogen, die tandemförmig angeordnet sind. Abschnitte mit Wiederholungssequenzen (X und Z) können sich falsch zusammenlagern, sodass es zu einem ungleichen Crossing-over kommt. Die Abbildung zeigt ungleiche Crossing-over zwischen fehlgepaarten Z-Wiederholungen – das Ergebnis ist ein Chromosom, das nur noch ein aktives α-Gen enthält. Ungleiche Crossing-over zwischen X-Wiederholungen haben den gleichen Effekt. Ungleiche Crossing-over zwischen anderen Wiederholungen (nicht dargestellt) können Chromosomen hervorbringen, die gar kein funktionsfähiges α-Gen mehr enthalten. Menschen können deshalb zwischen Null und vier oder sogar noch mehr α-Globingene besitzen. Die Folgen sind umso gravierender, je weniger α-Gene vorhanden sind. Einzelheiten finden sich bei Weatherall et al. (Weiterführende Literatur).

selben Gens. Strukturproteine, die multimere Strukturen bilden, sind gegenüber dominant-negativen Effekten besonders empfindlich. Ein klassisches Beispiel ist das Kollagen.

Fibrilläre Kollagene sind die wichtigsten Strukturproteine des Bindegewebes. Sie bestehen aus dreifachen Helices von Polypeptidketten – manchmal als Homotrimere, manchmal als Heterotrimere. Diese sind zu dicht gepackten, quervernetzen Kettenfolgen zusammengesetzt, die feste Fibrillen bilden. Bei neu synthetisierten Polypeptidketten (Präprokollagen) flankieren ein N- und ein C-terminales Propeptid eine sich regelmäßig wiederholende Sequenz (Gly-X-Y)$_n$, wobei entweder X oder Y normalerweise ein Prolin und das andere eine beliebige Aminosäure ist. Drei Präprokollagenketten assoziieren und winden sich unter der Kontrolle des C-terminalen Propeptids zu einer Dreifachhelix. Danach werden die N- und C-terminalen Propeptide abgespalten. Ein Polypeptid, das zusammen mit normalen Ketten einen Komplex bildet, dann aber die Dreifachhelix stört, kann die Bildung von funktionsfähigem Kollagen auf deutlich unter 50% verringern (Abb. 16.4). Die molekulare Pathologie von Kollagenmutationen ist sehr umfangreich und wird weiter unten besprochen (Abschnitt 16.6.1 und Tabelle 16.7).

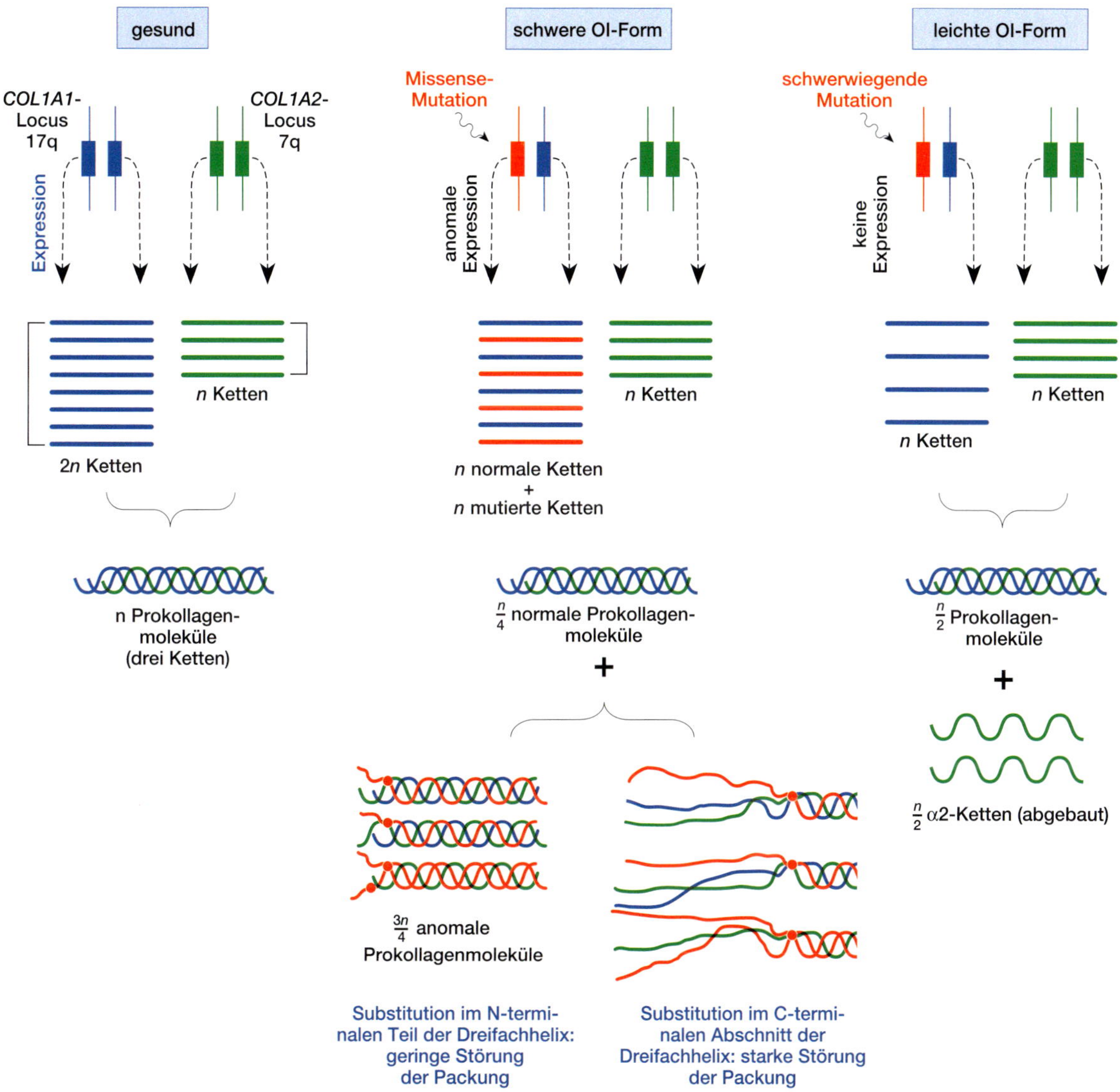

16.4 Dominant-negative Effekte von Mutationen in den Genen der Kollagene. Kollagenfibrillen bestehen aus Abfolgen von dreifachhelicalen Prokollagen-Elementen. Das Prokollagen Typ I enthält zwei Ketten, die vom *COL1A1*-Gen codiert werden, und eine Kette, die vom *COL1A2*-Gen codiert wird. Eine Nullmutation in einem der Gene wirkt sich weniger gravierend aus als Mutationen in den Polylpeptiden, die dann in die Dreifachhelix eingebaut werden und deren Struktur zerstören.

Nichtstrukturproteine, die dimerisieren oder oligomerisieren, zeigen ebenfalls dominant-negative Effekte. So binden beispielsweise die Transkriptionsfaktoren der b-HLH-Zip-Familie (Abb. 10.9) als Dimere an die DNA. Mutierte Faktoren, die nicht dimerisieren können, verursachen häufig rezessive Phänotypen, während mutierte Faktoren, die funktionsfähige Moleküle in inaktiven Dimeren festhalten können, zu dominanten Phänotypen führen (Hemesath et al. 1994). Die Ionenkanäle in Zellmembranen sind ein anderes Beispiel für multimere Strukturen, die gegenüber dominant-negativen Effekten empfindlich sind (Abschnitt 16.6.1).

16.4.4 Epigenetische Modifikationen können sogar ohne die Veränderung von Sequenzen eine Genfunktion zerstören

Veränderungen, die (von einer Zelle zur Tochterzelle oder von Eltern auf das Kind) vererbbar sind, aber nicht auf Veränderungen der DNA-Sequenz beruhen, bezeichnet man als **epigenetisch** (Abschnitt 10.1). Eine Reihe kurzer Übersichtsartikel in *Cell* in der Ausgabe vom 1. Mai 1998 (Ausgabe 93, 301–337) befasst sich mit den verschiedenen Facetten der Epigenetik. Epigenetische Effekte werden besonders deutlich bei Krebserkrankungen (Jones und Baykin 2002). Hier interessiert uns am meisten der wichtigste epigenetische Mechanismus, die **DNA-Methylierung**. Weitere Einzelheiten zu diesem Thema finden sich im Übersichtsartikel von Bird (2002).

Wie bereits erwähnt (Abschnitt 10.4.2) werden in menschlicher DNA Cytosinbasen, die neben einem Guanin liegen (in einem **CpG-Dinucleotid**), häufig am Kohlenstoffatom 5 methyliert, und das Methylierungsmuster wird bei der DNA-Replikation stabil weitergegeben. (Abb. 16.5). Diese Methylierungsmuster sind wichtige Signale für die Transkriptionskontrolle von Genen (Abschnitt 10.4.3). Die Inaktivierung des X-Chromosoms beruht zumindest teilweise auf einer DNA-Methylierung, und die epigenetische Übertragung des Methylierungsmusters bewirkt, dass in der ursprünglichen und in der Tochterzelle dasselbe X-Chromosom inaktiviert wird. Eine fehlerhafte Methylierung kann zu einem erblichen pathogenen Funktionsverlust führen. So ist beispielsweise bei vielen Tumoren die Funktion des p16-Tumorsuppressorgens (*CDKN2A*) durch Methylierung des Promotors und nicht durch eine Mutation der DNA-Sequenz aufgehoben (Abschnitt 17.4.3). Andererseits schaltet vermutlich eine unpassende Demethylierung in Tumoren die Expression von Onkogenen an.

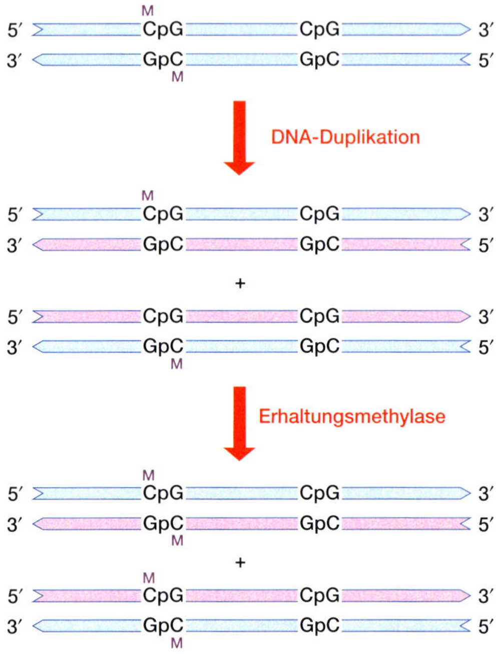

16.5 Vererbung des CpG-Methylierungsmusters. Die Erhaltungsmethylase, die für die Fortschreibung der Methylierung sorgt, erkennt halbmethylierte CpG-Dinucleotide in neu replizierter DNA und ermöglicht so, dass das CpG-Methylierungsmuster vererbt wird (Abschnitt 10.4.2; Bird 2002).

Geprägte Gene (Abschnitte 4.3.4, 10.5.4) sind ein besonders interessantes Beispiel für eine epigenetische Modifikation. Ihre Expression wird durch Methylierungsmuster kontrolliert, die sich entsprechend dem elterlichen Ursprung des jeweiligen Gens unterscheiden. Wenn entweder der Prägungsmechanismus fehlerhaft ist oder der elterliche Ursprung nicht den Anforderungen entspricht, kann es bei intakten Genen zu einem Funktionsverlust oder einer unpassenden Expression kommen. Geprägte Gene liegen in Clustern vor, die sowohl väterlich als auch mütterlich geprägte Gene enthalten, von denen auch einige nur in bestimmten Geweben geprägt vorliegen. Häufig können beide DNA-Stränge transkribiert werden. Dabei ist ein Transkript die mRNA und das andere eine große (> 100 kb) nichttranslatierbare **Antisense-RNA**, aber die Transkription des einen Stranges verhindert die des anderen Stranges. Die molekulare Pathologie der menschlichen Prägung ist zwar faszinierend, aber außerordentlich komplex. Exkurs 16.6 beschreibt die prägungsbedingten Krankheiten des Menschen, über die man bis jetzt am meisten weiß: das Prader-Labhart-Willi-Syndrom und das Angelman-Syndrom. Informationen über weitere Krankheiten des Menschen, die durch Prägung entstehen, finden sich bei OMIM 130650 (Wiedemann-Beckwith-Syndrom), OMIM 139320 (*GNAS*) sowie in den Übersichtsarti-

Exkurs 16.6: Molekulare Pathologie des Prader-Labhart-Willi- und des Angelman-Syndroms

Das Prader-Labhart-Willi-Syndrom (PWS) und das Angelman-Syndrom (AS) werden jeweils durch Probleme mit unterschiedlich geprägten Genen bei 15q11-q13 verursacht. Sie sind ein Beispiel für die komplexe molekulare Pathologie, die mit den Clustern von geprägten Genen zusammenhängt (Nicholls und Knepper 2001).

- Das **Prader-Labhart-Willi-Syndrom** (MIM 176260; geistige Behinderung, Hypotonie, starke Fettleibigkeit, Unterentwicklung der männlichen Geschlechtsorgane) wird dadurch verursacht, dass Gene, die nur auf dem väterlichen Chromosom exprimiert werden, ihre Funktionsfähigkeit eingebüßt haben.
- Das **Angelman-Syndrom** (MIM 105830; geistige Behinderung, fehlendes Sprechvermögen, Wachstumsschwäche, Hyperaktivität, Lachanfälle) ist auf einen Funktionsverlust eines eng gekoppelten Gens zurückzuführen, dass nur auf dem mütterlichen Chromosom exprimiert wird. Einige Kinder mit AS besitzen zwei funktionsfähige Kopien der PWS-Gene und umgekehrt, aber diese Überexpression hat offenbar keine phänotypischen Auswirkungen.

Wie in der Tabelle dargestellt ist, können verschiedene Ereignisse dazu führen, dass eine väterliche (PWS-) oder eine mütterliche (AS-)Kopie der verantwortlichen Sequenzen auf Chromosom 15 verloren geht.

- Die häufigste Ursache sind *de novo*-Deletionen von 4–4,5 Mb zwischen flankierenden Wiederholungssequenzen in der 15q11-q13-Region. Deletionen auf dem väterlichen Chromosom verursachen PWS, die Deletion derselben Region auf dem mütterlichen Chromosom führt zu AS.
- Eine **uniparentale Disomie** liegt vor, wenn DNA-Marker-Analysen zeigen, dass ein Mensch mit einem scheinbar normalen Chromosomensatz beide homologen Chromosomen eines bestimmten Paares (hier Nummer 15) von einem Elternteil geerbt hat. Die Ursache ist im Allgemeinen die **Korrektur einer Trisomie**. Wenn ein Embryo mit einer Trisomie 15 in das mehrzellige Stadium eintritt, würde er normalerweise absterben. Wenn aber bei der Mitose die Trennung der Chromatiden zufällig unterbleibt (Abschnitt 2.5.2) und zu einem ausreichend frühen Entwicklungszeitpunkt eine Zelle mit nur zwei Kopien von Chromosom 15 entsteht, kann aus dieser Zelle ein lebensfähiger Säugling hervorgehen. Die meisten Embryonen mit einer Trisomie 15 zeigen die Verteilung $15^M15^M15^P$. In einem von drei Fällen führt der zufällige Verlust eines Chromosoms 15 zu einem Fetus mit einer uniparentalen Disomie (15^M15^M). Wenn kein väterliches Chromosom 15 vorhanden ist, entwickelt der Fetus das Prader-Labhart-Willi-Syndrom.
- Manchmal verläuft auch die Prägung fehlerhaft. Die beiden homologen Chromosomen 15 tragen dasselbe elternspezifische Methylierungsmuster, obwohl sich durch Markeranalysen zeigen lässt, dass sie von verschiedenen Elternteilen stammen. Diese aufschlussreichen Fälle werden durch kurze Deletionen verursacht, die nichtüberlappende **Prägungskontrollelemente** für PWS und AS enthalten.
- Das Angelman-Syndrom kann allein auf die fehlende Expression des *UBE3A*-Gens zurückzuführen sein, da bei einigen vererbten Formen die Struktur des Chromosoms und die Prägung normal sind, aber in dem Gen Punktmutationen auftreten. Das Prader-Labhart-Willi-Syndrom ist komplexer. Das väterliche Chromosom codiert ein sehr großes Transkript (mit bis zu 460 kb und 148 Exons), von dem es mehrere Spleißformen gibt. Die ersten zehn Exons codieren die zwei Proteine SNURF und SNRPN, stromabwärts liegende Exons besitzen jedoch keine offenen Leseraster, und einige Introns codieren kleine Nucleolus-RNAs (sno-RNAs), die Teil des Spleißapparats sind. Das Fehlen der snoRNAs führt möglicherweise zu den PWS-Symptomen. Der Teil des Transkripts, der sich stromabwärts anschließt, überlappt mit dem *UBE3A*-Gen auf dem Gegenstrang und wirkt wahrscheinlich als Antisense-RNA, die die Transkription des *UBE3A*-Gens auf dem väterlichen Chromosom verhindert (Runte et al. 2001).

Ursachen für das Prader-Labhart-Willi- und das Angelman-Syndrom

Ereignis	Anteil bei PWS	Anteil bei AS
Deletionen	~75 %	~75 %
uniparentale Disomie	~20 %	~3 %
Fehler bei der Prägung	~2 %	~5 %
Punktmutationen	nicht beobachtet	~15 % (im *UBE3A*-Gen)

keln von Reik und Walter (2001) und von Rougeulle und Heard (2002).

16.5 Funktionsgewinnmutationen

Tabelle 16.3 führt eine Reihe von Mechanismen auf, die einen Funktionsgewinnphänotyp hervorrufen können.

16.5.1 Das Auftreten einer neuen Funktion ist bei Erbkrankheiten selten und bei Krebs häufig der Fall

Zufällige Veränderungen in einem Gen führen mit ziemlicher Wahrscheinlichkeit zu einer Inaktivierung und mit sehr geringer Wahrscheinlichkeit zu einer neuen Funktion. Bei dem einzigen Mechanismus, der

Tabelle 16.3 Mechanismen bei Funktionsgewinnmutationen

Fehlfunktion	Gen	Krankheit	MIM-Nr.
Überexpression	*PMP22*	Charcot-Marie-Tooth-Hoffmann-Krankheit	118200
Rezeptor immer aktiv	*GNAS*	McCune-Albright-Syndrom	174800
Erkennung eines anderen Substrats (Pittsburgh-Allel)	*PI*	α_1-Antitrypsinmangel	107400
fehlerhaftes Öffnen des Ionenkanals	*SCN4A*	Paramyotonia congenita	168300
anomale Struktur der Multimere	*COL2A1*	Osteogenesis imperfecta	verschiedene
Bildung von Proteinaggregaten	*HD*	Huntington-Chorea	143100
chimäres Gen	*BCR-ABL*	chronische myeloische Leukämie	151410

häufig neue funktionsfähige Gene erzeugt, werden durch eine chromosomale Umstrukturierung funktionelle Exons von zwei verschiedenen Genen zusammengeführt (Abb. 17.4.A). Eine solche Exonverschiebung ist in der Evolution zweifellos wichtig; in der molekularen Pathologie stellt man jedoch häufig fest, dass dadurch Krebs entsteht. Viele erworbene tumorspezifische Umstrukturierungen von Chromosomen führen zu chimären Genen mit neuen Aktivitäten, die zu einer unkontrollierten Zellproliferation führen (Tab. 17.3). Der seltene Fall einer Punktmutation, die einem Protein eine neue Funktion verleiht, ist das Pittsburgh-Allel am *P1*-Locus (MIM 107400; Abb. 16.6).

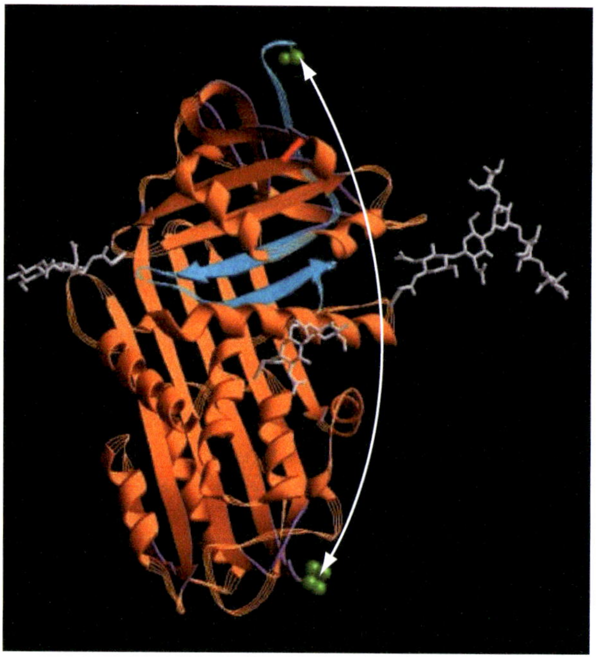

16.6 Eine vererbte Mutation führt dazu, dass ein Protein eine neue Funktion erhält. Methionin-358 im reaktiven Zentrum von α_1-Antitrypsin wirkt als eine Art „Köder" für die Elastase. Dieses Enzym spaltet die Peptidbindung zwischen Met-358 und Ser-359, sodass die beiden Reste um 65 Å auseinander springen (in der Abbildung als grüne Kugeln dargestellt). Die Elastase wird auf diese Weise festgehalten und inaktiviert. Die Pittsburgh-Variante enthält eine Missense-Mutation (M358R). Dadurch befindet sich an Stelle des Methionin-„Köders" ein Arginin. Die Affinität der Elastase für das Antitrypsinmolekül geht verloren; stattdessen entsteht eine Affinität für Thrombin. Aufgrund dieses nun konstitutiv aktiven Antithrombins führt die Pittsburgh-Variante zu einer letalen Bluterkrankheit. Das Bild stammt vom ExPASy-Molekularbiologie-World-Wide-Web-Server der Universität Genf.

16.5.2 Überexpression kann pathogen sein

Bei Krebszellen kommt es häufig zu einer starken Überexpression bestimmter Gene. Zu den Mechanismen, durch die somatische Genveränderungen eine Überexpression verursachen, gehört die massive Duplikation von Genen oder die Transposition eines Gens, das normalerweise nur wenig exprimiert wird, in eine hoch aktive Chromatinumgebung. Diese werden in Abschnitt 17.3.3 ausführlicher behandelt.

Erbkrankheiten werden eher selten durch eine konstitutive Überexpression eines einzelnen Gens verursacht. Die Duplikation des *DSS*-Gens auf Xp21.3 führt zu einer Geschlechtsumwandlung von männlich zu weiblich, wahrscheinlich als direkte Folge der doppelten Gendosis (Bardoni et al. 1994). Beim *PMP22*-Gen für das periphere Myelinprotein verursacht bereits eine Erhöhung der Gendosis von zwei auf drei Kopien die Charcot-Marie-Tooth-Hoffmann-Krankheit (siehe unten und Abbildung 16.8). Solche mäßigen Erhöhungen der Genexpression sind wahrscheinlich selten pathogen, wobei allerdings ein ähnliches Ausmaß an Dosisempfindlichkeit bei noch unbekannten Genen viele Symptome von Chromosomentrisomien erklären könnte (Abschnitt 16.8.2). Bei normaler Transkription und Translation eines Gens kann auch die Überaktivität eines anomalen Genprodukts ähnliche Effekte hervorrufen.

16.5.3 Qualitative Veränderungen eines Genprodukts können zu einem Funktionsgewinn führen

Bei Erbkrankheiten kommt es nur sehr selten zur Entwicklung wirklich neuer Genfunktionen, aber durch aktivierende Mutationen, die Reaktionen auf zelluläre Signale verändern, können häufig dominante Phänotypen entstehen. Gute Beispiele dafür sind die mit G-Proteinen gekoppelten Hormonrezeptoren. Viele Hormone vermitteln ihre Effekte auf die Zielzellen, indem sie an extrazelluläre Domänen von Transmembranrezeptoren binden. Die Bindung eines Liganden führt dazu, dass der cytoplasmatische Teil des Rezeptors die Umwandlung eines inaktiven G-Proteins, das GDP gebunden hat, zu einer aktiven Form (mit gebundenem GTP) katalysiert. Das G-Protein leitet das Signal weiter, wodurch schließlich die Adenylatcyclase stimuliert wird. Einige Mutationen führen dazu, dass Rezeptoren die Adenylatcyclase auch ohne gebundenen Liganden aktivieren.

- Die familiäre vorzeitige Pubertät bei Männern (MIM 176410; die Pubertät setzt bei erkrankten Jungen bereits im Alter von vier Jahren ein) geht mit einem konstitutiv aktiven Lutropinrezeptor einher.
- Die autosomal-dominante Schilddrüsenhyperplasie kann durch eine aktivierende Mutation im Rezeptor für das schilddrüsenaktivierende Hormon ausgelöst werden (MIM 275200).
- Die Jansen-Metaphysenchondrodystrophie (MIM 156400; eine Störung des Knochenwachstums) kann durch einen konstitutiv aktiven Parathyrinrezeptor entstehen.
- Ein konstitutiv aktives $G_s\alpha$-Protein (Bestandteil des rezeptorgekoppelten G-Proteins) verursacht das McCune-Albright-Syndrom (polyostotische fibröse Dysplasie, PFD; MIM 174800). Das Syndrom ist bis jetzt nur als somatische Störung in Form von Mosaiken bekannt – konstitutionelle Mutationen wären wahrscheinlich letal. Abhängig davon, welche Gewebe die mutierte Zelllinie enthalten, wirkt sich die Krankheit als polyostotische Fibrodysplasie, Café-au-lait-Flecken, vorzeitiges Einsetzen der Pubertät und andere durch Überfunktionen ausgelöste Endokrinopathien aus. Funktionsverlustmutationen desselben Gens führen häufig zur erblichen Albright-Osteodystrophie, einer anderen Krankheit (Tab. 16.5).

16.6 Molekulare Pathologie: vom Gen zur Krankheit

Der Ausgangspunkt für Überlegungen zur molekularen Pathologie ist entweder ein Gen oder eine Krankheit. Diese beiden Herangehensweisen werden in diesem und dem nächsten Abschnitt getrennt betrachtet, wobei man aber für ein vollständiges Verstehen der molekularen Pathologie beide benötigt.

16.6.1 Bei Funktionsverlustmutationen hängen die phänotypischen Auswirkungen davon ab, wie viel von der Genfunktion noch übrig ist

Die in Tabelle 16.1 beschriebenen Veränderungen der DNA-Sequenz können zu Funktionsverlusten mit unterschiedlicher Ausprägung führen. Viele Aminosäuresubstitutionen haben einen geringen oder gar keinen Effekt, während einige andere Mutationen die Funktion vollständig zerstören. Eine Mutation kann eine oder beide Kopien eines Gens betreffen. Menschen mit einer autosomal-rezessiven Erkrankung sind häufig **zusammengesetzt heterozygot**, da sie

ren multiplen endokrinen Neoplasie Typ 2. Dabei handelt es sich um Funktionsgewinnmutationen, die dazu führen, dass der Rezeptor mit dem Liganden viel stärker reagiert oder konstitutiv aktiv ist und sogar ohne den Liganden dimerisiert. Eigenartig ist, dass einige Menschen mit Missense-Mutationen, die die Cysteinreste 618 und 620 betreffen, sowohl an Schilddrüsenkrebs als auch an der Hirschsprung-Krankheit leiden – es liegt also gleichzeitig ein Funktionsgewinn und ein Funktionsverlust vor. Das weist uns noch einmal darauf hin, dass Funktionsverlust und Funktionsgewinn nicht immer nur einfache skalare Werte darstellen; Mutationen können in verschiedenen Zelltypen, in denen ein Gen exprimiert wird, unterschiedliche Auswirkungen haben.

In Tabelle 16.5 ist eine Reihe von Fällen aufgeführt, bei denen Mutationen in einem einzigen Gen mehr als eine Krankheit verursachen. Die Funktionsgewinnmutation erzeugt im Allgemeinen ein qualitativ anomales Protein. Manchmal kann auch ein einfacher Dosiseffekt pathogen wirken, etwa beim *PMP22*-Gen für das periphere Myelinprotein. Ungleiche Crossing-over zwischen Wiederholungssequenzen bei 17q11 führen zur Duplikation oder Deletion einer Region von 1,5 Mb, die das *PMP22*-Gen enthält (Abb. 16.8). Heterozygote Träger der Deletion oder Duplikation besitzen eine beziehungsweise drei Kopien dieses Gens. Menschen mit nur einer Kopie leiden unter einer erblichen Neuropathie mit Drucklähmungen oder einer tomaculösen Neuropathie (MIM 162500). Menschen mit drei Kopien entwickeln hingegen die Charcot-Marie-Tooth-Hoffmann-Krankheit 1A, eine andere Neuropathie (CMT1A; MIM 118220).

16.6.3 Eine Variabilität innerhalb von Familien ist ein Anzeichen für Modifikatorgene oder Zufallseffekte

Viele mendelnde Krankheiten zeigen selbst bei betroffenen Mitgliedern derselben Familie, die genau dieselbe Mutation tragen, klinische Unterschiede. Die Variabilität innerhalb von Familien entsteht wahrscheinlich durch eine bestimmte Kombination aus den Effekten anderer, ungekoppelter Gene (Modifikatorgene) und Effekten der Umgebung (auch durch zufällige Ereignisse). Phänotypen, die auf einer Haploinsuffizienz beruhen, sind für die Wirkung von Modifikatorgenen besonders empfindlich (Abschnitt 16.4.2). Das Waardenburg-Syndrom ist dafür ein charakteristisches Beispiel. Abbildung 16.1 zeigt, dass diese dominante Krankheit durch

Tabelle 16.5 Beispiele für Gene, die für mehr als eine Krankheit verantwortlich sind

Gen	Position	Krankheiten	Symbol	MIM-Nr.
PAX3	2q35	Waardenburg-Syndrom Typ I	WS1	193500
		Alveoläres Rhabdomyosarkom	RMS2	268220
CFTR	7p31.2	Cystische Fibrose	CF	219700
		beidseitiges Fehlen des Samenleiters		
RET	10q11.2	multiple endokrine Neoplasie Typ 2A	MEN2A	171400
		multiple endokrine Neoplasie Typ 2B	MEN2B	162300
		medulläres Schilddrüsencarcinom	FMTC	155420
		Hirschsprung-Krankheit	HSCR	142623
PMP22	17p11.2	Charcot-Marie-Tooth-Hoffmann-Krankheit	CMT1A	118220
		tomaculöse Neuropathie	HNPP	162500
SCN4A	17q23.1-q25.3	Paramyotonia congenita	PMC	168300
		hyperkalämische periodische Paralyse	HYPP	170500
		Acetazolamid-responsive Myotonia congenita		
PRNP	20p12-pter	Creutzfeld-Jacob-Krankheit	CJD	123400
		tödliche familiäre Insomnie	FFI	176640
GNAS	20q13.2	erbliche Albright-Osteodystrophie	AHO	103580
		McCune-Albright-Syndrom	PFD	174800
AR	Xcen-q22	testikuläres Feminierungssyndrom	TFM	313700
		spinobulbäre Muskelatrophie	SBMA	313200

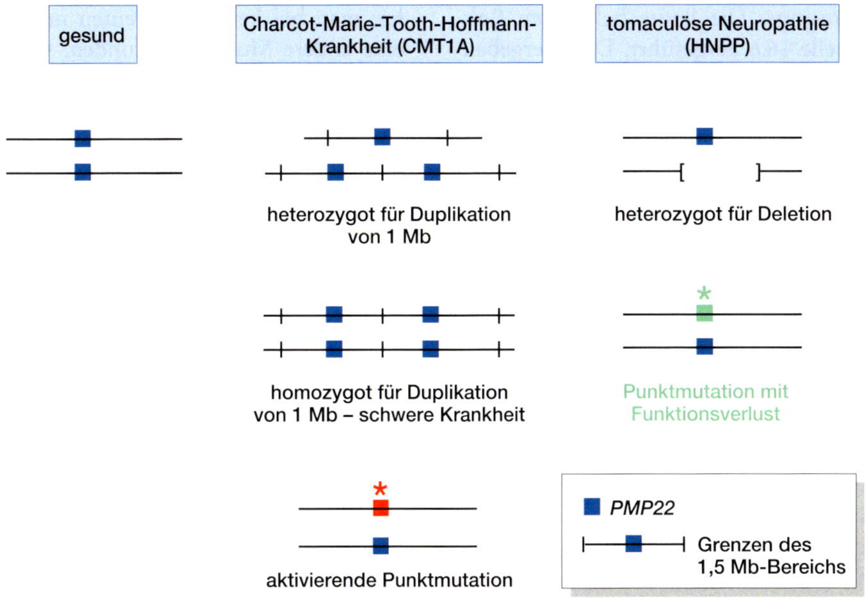

16.8 Gendosiseffekte des *PMP22*-Gens. Die meisten Patienten mit einer Charcot-Marie-Tooth-Hoffmann-Krankheit sind heterozygot für eine Duplikation von 1,5 Mb in der 17p11.2- Region, die das *PMP22*-Gen (farbige Quadrate) für das periphere Myelinprotein einschließt. Ein Patient mit einer homozygoten Duplikation zeigte sehr schwere Krankheitssymptome. Einige Patienten besitzen zwar nur zwei Kopien des *PMP22*-Gens, aber eine der Kopien enthält eine Mutation, die die Genaktivität steigert. Eine Deletion des *PMP22*-Gens oder eine Mutation, die zu einem Funktionsverlust führt, findet man bei Patienten mit einer tomaculösen Neuropathie (Patel und Lupski 1994).

eine Haploinsuffizienz hervorgerufen wird; in Abbildung 4.5c sind typische familieninterne Variationen dargestellt.

Die familieninterne Variabilität stellt für die genetische Beratung ein großes Problem dar, da Familien, die beabsichtigen, Kinder zur Welt zu bringen, genau wissen möchten, wie schwer ein Kind erkranken könnte. Deshalb besteht sowohl auf der klinischen Seite als auch im Forschungsbereich ein Interesse, Modifikatorgene zu identifizieren. Kandidatengene lassen sich ermitteln, wenn die biochemischen Wechselwirkungen des primären Genprodukts bekannt sind, oder indem man Untersuchungen an Mäusen durchführt, bei denen die notwendigen genetischen Analysen möglich sind (Nadeau 2001). Die Publikation von Easton et al. (1993) über die Neurofibromatose Typ 1 (MIM 162200) zeigt, wie statistische Analysen von klinischen Phänotypen in großen Familien Hinweise auf Modifikatorgene geben können. Die Bedeutung des reinen Zufalls sollte aber auch nicht außer Acht gelassen werden, besonders bei Krankheiten mit einem unregelmäßigen Phänotyp. Beispiele sind die fleckenförmige Depigmentierung beim Waardenburg-Syndrom sowie die unterschiedliche Anzahl von Neurofibromen bei der Neurofibromatose Typ 1 oder die unterschiedliche Anzahl von Polypen bei der adenomatösen Polyposis coli (MIM 175100).

Ein Beispiel für die Wirkung eines Modifikatorgens findet sich bei einer interessanten Familie mit einem erblichen Albinismus der Augen, der auf zwei Genen beruht (Morell et al. 1997). Die Tyrosinase ist ein wichtiges Enzym der Melanocyten; ein Mangel führt zu einem Augen-Haut-Albinismus (MIM 203100). Eine häufige Variante des Tyrosinasegens (R402Q) codiert ein Enzym mit einer geringeren Aktivität, wobei die Restaktivität ausreicht, dass sogar homozygote Menschen eine normale Pigmentierung aufweisen. In der bei Morell et al. geschilderten Familie zeigen Mitglieder mit zwei R402Q-Kopien einen Albinismus der Augen (eine milde Form des Augen-Haut-Albinismus), wenn sie zudem eine Mutation im *MITF*-Gen tragen, das bei der Differenzierung von Melanocyten eine Rolle spielt. Mutationen im *MITF*-Gen allein führen nicht zu Albinismus.

16.6.4 Instabile Verlängerung von Wiederholungssequenzen – eine neu entdeckte Ursache für eine Krankheit

Sich instabil verlängernde Nucleotidwiederholungen (**dynamische Mutationen**) waren 1991, als sie entdeckt wurden, ein bis dahin vollkommen unbekannter

(einer testikulären Feminisierung) bei Männern (MIM 300068), also zu einem Versagen der männlichen Geschlechtsdifferenzierung. Die Polyglutaminverlängerung verursacht eine davon deutlich zu unterscheidende neurodegenerative Erkrankung, wobei die Patienten häufig eine geringe Feminisierung zeigen. Beim übereinstimmenden pathogenen Mechanismus kommt es zur Bildung von Proteinaggregaten (siehe unten).

Neben diesen herkömmlichen, instabilen verlängerten Wiederholungssequenzen können auch deutlich stabilere Trinucleotidwiederholungen bestimmte Krankheiten auslösen. Dazu gehören unter anderem die oropharyngeale Muskeldystrophie (*PABP2*-Gen; MIM 602279), das Pseudoachondroplasie-Syndrom (*COMP*-Gen; MIM 600310) und die Synpolydaktylie (*HOXD13*-Gen; MIM 186000). Dabei handelt es sich nicht um dynamische Mutationen, die auch nicht zu den instabilen verlängerten Wiederholungen im herkömmlichen Sinn gehören.

Labordiagnose verlängerter Wiederholungssequenzen

Für die Diagnose der Polyglutamin-Krankheiten genügt eine einzige PCR. Die sehr starken Verlängerungen bei der myotonischen Dystrophie erfordern die Durchführung eines Southern-Blots. Das Fragile-X-Syndrom lässt sich durch eine Southern-Blot-Methode diagnostizieren, die sowohl auf der Länge als auch auf dem Methylierungsgrad des *FRAXA*-Gens beruht. Weitere Einzelheiten sowie Darstellungen von Gelen finden sich in Abschnitt 18.4.3 und in Abbildung 18.12.

16.6.5 Die Bildung von Proteinaggregaten ist ein häufiger pathogener Mechanismus bei Erkrankungen, die auf Funktionsgewinnmutationen zurückzuführen sind

Vor kurzem ließ sich zeigen, dass die Bildung von Proteinaggregaten ein gemeinsames Merkmal mehrerer neurologischer Erkrankungen ist, die im Erwachsenenalter einsetzen, etwa bei den oben beschriebenen Polyglutamin-Krankheiten, bei der Alzheimer-, Parkinson- und Creutzfeld-Jakob-Krankheit sowie bei der heterogenen Gruppe der Amyloidosen. Der Mechanismus ist insgesamt noch nicht geklärt, aber es finden sich einige Gemeinsamkeiten. Globuläre Proteine ähneln Öltropfen, wobei die hydrophoben Reste innen liegen und die polaren Gruppen außen. Die korrekte Faltung ist ein entscheidender und hochspezifischer Prozess, und natürlich vorkommende Proteine werden unter allen möglichen Proteinsequenzen teilweise dadurch selektiert, dass sie sich richtig falten. Mutierte Proteine neigen möglicherweise stärker dazu, sich fehlerhaft zu falten. Falsch gefaltete Proteine, bei denen hydrophobe Gruppen nach außen zeigen, können untereinander oder mit anderen Proteinen Aggregate bilden. Diese können für Nerven- oder auch andere Zellen toxisch sein. Manchmal scheint sich eine Konformationsänderung durch eine Population von Proteinmolekülen fortzupflanzen, die dadurch von der stabilen nativen Konformation in eine neue Form mit anderen Eigenschaften umgewandelt werden. Der Vorgang ist vielleicht mit einer Kristallisierung vergleichbar. Das Verhalten der Prionproteine (Prusiner et al. 1998) ist dabei das bemerkenswerteste Beispiel. Die fehlerhafte Faltung beginnt bei einem neu synthetisierten Molekül mit normaler Struktur vielleicht nur mit einem zufälligen Fehler (sporadische Fälle), oder es steht am Anfang eine mutierte Sequenz, die leichter zu einer fehlerhaften Faltung führt (bei einer genetisch bedingten Krankheit). Eine dritte Möglichkeit besteht darin, dass ein falsch gefaltetes Molekül von außen aufgenommen wurde (infektiöse Fälle). Dieser zuletzt genannte, weit verbreitete Reaktionsweg trifft auf eine Reihe von Krankheiten mit sehr unterschiedlichen Ursprüngen zu (Perutz und Windle 2001, Bucciantini et al. 2002).

16.6.6 Bei den mitochondrialen Mutationen wird die Beziehung zwischen Genotyp und Phänotyp durch Heteroplasmie und Instabilitäten komplizierter

Punktmutationen, Deletionen oder Duplikationen, die die Funktion von Genen in der dicht gepackten mitochondrialen DNA zerstören (Abb. 9.2), sind mit einem breiten Spektrum von degenerativen Krankheiten assoziiert, die das Zentralnervensystem, das Herz, die Muskulatur, das endokrine System, die Nieren und die Leber betreffen. Die Zellen enthalten zahlreiche mtDNA-Moleküle. Sie können homoplasmisch sein (alle DNA-Moleküle sind identisch) oder heteroplasmisch (eine gemischte Population aus normaler und mutierter mitochondrialer DNA). Im Gegensatz zu einem Mosaik kann eine Heteroplasmie von der Mutter über eine heteroplasmische Eizelle auf das Kind übertragen werden. Häufig scheinen sich bei einem Menschen sowohl die Mutationen als auch die Heteroplasmie im Lauf der Zeit erst zu entwickeln. Derselbe Mensch kann Deletionen und Duplikationen tragen, und auch deren Verhältnis kann sich mit der Zeit verändern (Poulton et al. 1993).

Häufig kommt bei Menschen mit verschiedenen Syndromen dieselbe Sequenzveränderung vor, und Korrelationen zwischen Phänotyp und Genotyp sind besonders schwer zu ermitteln. So besitzen beispielsweise 50% der Erkrankten mit einer Leberschen hereditären Optikusneuropathie (MIM 535000; plötzlicher irreversibler Verlust des Sehvermögens) eine G→A-Substitution bei Nucleotid 11 778 des mitochondrialen Genoms. Die meisten Patienten zeigen eine Homoplasmie, aber etwa 14%, die nicht weniger stark betroffen sind, zeigen eine Heteroplasmie. Selbst bei homoplasmischen Familien tritt die Krankheit in sehr unterschiedlichen Formen auf. Die Penetranz beträgt insgesamt 33 bis 60%, und 82% der Betroffenen sind männlich (Wallace et al. 2001). Für die schlechte Korrelation gibt es unter anderem folgende mögliche Gründe:

- Die Heteroplasmie kann gewebespezifisch sein, und das untersuchte Gewebe (normalerweise Blut oder Muskel) ist vielleicht nicht für die Pathogenese entscheidend.
- mtDNA zeigt eine viel größere Variabilität als die DNA im Zellkern, und einige Syndrome beruhen möglicherweise auf einer Kombination der festgestellten Mutation und anderen, nicht identifizierten Varianten.
- Einige mitochondriale Krankheiten sind offensichtlich quantitativer Natur: Geringfügige Mutationen häufen sich an und verringern die Kapazität der Mitochondrien für den Energiestoffwechsel, bis schließlich bei Unterschreiten eines bestimmten Schwellenwertes klinische Symptome auftreten
- Viele mitochondriale Funktionen werden im Zellkern codiert (Exkurs 9.2), sodass Varianten der Zellkern-DNA wichtige Ursachen oder Modifikatoren des mitochondrialen Phänotyps sein können.

Die MITOMAP-Datenbank für mitochondriale Mutationen (www.mitomap.org) bietet gute allgemeine Erörterungen und umfangreiche Tabellen, die zeigen, wie schwer es ist, Phänotypen vorherzusagen.

16.7 Molekulare Pathologie: von der Krankheit zum Gen

Sehr häufig ist in der molekularen Pathologie eine Krankheit und nicht ein Gen der Ausgangspunkt. Durch diese Herangehensweise erhält man eine andere Sichtweise auf die Korrelation zwischen Genotyp und Phänotyp. Insgesamt bedeutet das, dass man nicht zu unbedarft sein soll, wenn man über den Gendefekt spekuliert, der einer mendelnden Krankheit zugrunde liegt.

16.7.1 Das Gen, das einer Krankheit zugrunde liegt, muss nicht das offensichtlich richtige sein

Die Mutationen, die zum Mangel an einem bestimmten Protein führen, liegen nicht notwendigerweise in dem Strukturgen, das das Protein codiert

Eine Agammaglobulinämie (das Fehlen der Immunglobuline, das zu einer klinischen Immunschwäche führt) ist häufig mendelsch. Es erscheint natürlich, die Ursache in Mutationen der Immunglobulingene zu suchen. Allerdings liegen die Immunglobulingene auf den Chromosomen 2, 14 und 22, während die Agammaglobulinämien diesen Bereichen nicht zugeordnet werden können. Viele Formen sind X-gekoppelt. Wenn man sich die vielen Schritte vergegenwärtigt, die für die Umwandlung eines neu synthetisierten Polypeptids in ein korrekt funktionsfähiges Protein erforderlich sind (Abschnitt 1.5), ist eine fehlende direkte Korrelation zwischen der Mutation und dem Proteinstrukturgen nicht weiter überraschend. Fehler bei der Prozessierung der Immunglobulingene, bei der Reifung der B-Zellen oder bei der Entwicklung des Immunsystems insgesamt können zu einer Immunschwäche führen.

Ein einziger Gendefekt kann manchmal mehrere Enzymdefekte hervorrufen

Die I-Zell-Krankheit (Mukolipidose Typ II; MIM 252500) ist durch einen Mangel an mehreren lysosomalen Enzymen gekennzeichnet. Der primäre Defekt liegt nicht in den Strukturgenen dieser Enzyme, sondern betrifft ein einziges Enzym, die *N*-Acetylglucosamin-1-Phosphotransferase, die auf den glykosylierten Enzymmolekülen Mannosereste phosphoryliert. Die Phosphomannose ist ein Signal, das die Enzyme zu den Lysosomen leitet; ohne dieses Signal fehlt den Lysosomen eine ganze Reihe von Enzymen.

Mutationen betreffen häufig nur eine bestimmte Untergruppe der Gewebe, in denen das Gen exprimiert wird

Das gewebespezifische Expressionsmuster eines Gens ist nur unzureichend dazu geeignet, die klinischen Effekte von Mutationen vorherzusagen. Gewebe, in denen das Gen nicht exprimiert wird, zeigen mit großer Wahrscheinlichkeit keine primären pathologischen Symptome – die Umkehrung des Satzes gilt jedoch nicht. Im Allgemeinen ist nur der Teil der Gewebe betroffen, in denen eine Expression stattfindet. Das *HD*-Gen wird zwar in vielen Geweben

zugrunde liegende Genetik Fortschritte macht – Krankheiten werden zu Gruppen zusammengefasst (Duchenne- und Becker-Muskeldystrophie) oder getrennt betrachtet (der *BRCA1*-Brustkrebs und der sporadische Brustkrebs). Eine molekulare Systematisierung ist Grundvoraussetzung für die molekulare Diagnose und kann eine genauere Beratung ermöglichen. So lässt sich beispielsweise nur durch eine molekulare Analyse feststellen, ob nichterkrankte Eltern, die mehr als ein Kind haben, das an Osteogenesis imperfecta erkrankt ist, Keimbahnmosaike oder Träger einer rezessiven Form der Krankheit sind. Eine vollständig ausgeklügelte molekulare Systematisierung ist im klinischen Bereich aber nicht immer zweckmäßig. So führt beispielsweise OMIM 11 Loci für das Usher-Syndrom auf (rezessive Taubblindheit). Klinisch ist es jedoch sinnvoll, nur zwischen drei Formen zu unterscheiden, die verschiedene Schweregrade aufweisen. Eine molekulare Systematisierung kann die klinische zwar ergänzen, aber nicht ersetzen.

Tabelle 16.7a Klinische Systematisierung der Erkrankungen des Bindegewebes, die im Text und in Tabelle 16.7b erwähnt werden

Krankheit	MIM-Nr.	Merkmale
OI Typ I (nach Zahnbefunden unterteilt in IA, IB, IC)	166200 (166240)	leichte bis mäßige Bruchempfindlichkeit der Knochen, normale Körpergröße, Gehörverlust (50%)
OI Typ II	166210	sehr starke Bruchempfindlichkeit der Knochen, letal bei der Geburt
OI Typ III	(166230)	mäßig bis starke Bruchempfindlichkeit der Knochen, fortschreitende Deformationen, sehr geringe Körpergröße, häufig Gehörverlust
OI Typ IV (nach Zahnbefunden unterteilt in IVA, IVB)	166220	leichte bis mäßige Bruchempfindlichkeit der Knochen, normales Skelett, unterschiedliche Körpergröße
SED	183900	geringe Körpergröße, kurzer Hals, spondylo-epiphyseale Dysplasie
Stickler-Syndrom	108300	leichte SED-Form, Gaumenspalte, starke Kurzsichtigkeit, Gehörverlust
Kniest-Dysplasie	156550	Unproportioniert, geringe Körpergröße, kurzer Hals, SED usw.
EDS Typ VII	130060	Laxheit der Gelenke und der Haut

OI, Osteogenesis imperfecta (Glasknochenkrankheit); SED, spondylo-epiphyseale Dysplasie; EDS, Ehlers-Danlos-Syndrom.

Tabelle 16.7b Molekulare Systematisierung der Erkrankungen des Bindegewebes, die im Text und in Tabelle 16.7a erwähnt werden

Gen	Position	Mutationen	Syndrom
COL1A1	17q22	Nullallele	OI Typ I
		partielle Deletionen, C-terminale Substitutionen	OI Typ II
		N-terminale Substitutionen	OI Typ I, III oder IV
		Deletion von Exon 6	EDS Typ VII
COL1A2	7q22.1	Spleißmutationen, Deletionen von Exons	OI Typ I
		C-terminale Mutationen	OI Typ II, IV
		N-terminale Substitutionen	OI Typ III
		Deletion von Exon 6	EDS Typ VII
COL2A1	12q13	Punktmutationen	SED
		Nonsense-Mutation	Stickler-Syndrom
		Defekt bei der Konversion	Kniest-Dysplasie
		Missense	Achondrogenesie II, spondylo-meta-epiphyseale Dysplasie
COL11A2	6p21.3	Spleißmutation	Stickler-Syndrom

16.8 Die molekulare Pathologie von chromosomalen Störungen

16.8.1 Syndrome aufgrund von Mikrodeletionen liegen zwischen den Syndromen, die entweder durch die Mutation einzelner Gene oder durch Chromosomenanomalien entstehen

Wenn unser Genom mit 3 000 Mb etwa 30 000 Gene enthält, kann eine Deletion von beispielsweise einer Megabase, die zu klein ist, um sie im Mikroskop zu sehen, bereits ein Dutzend oder mehr Gene betreffen. Mithilfe von FISH- oder Array-CGH-Analysen (Abschnitte 2.4.2, 17.3.3) entdeckt man immer mehr solcher submikroskopischer Chromosomenanomalien (Tab. 16.8). Aus Sicht der molekularen Pathologie kann man sie in drei Gruppen einteilen:

- **Einzelgensyndrome.** Alle phänotypischen Auswirkungen sind auf die Deletion oder manchmal die Duplikation eines einzigen Gens zurückzuführen. So tritt beispielsweise das Alagille-Syndrom (MIM 118450) bei Patienten auf, die eine Mikrodeletion bei 20p11 aufweisen. Andererseits tragen aber 93% der Alagille-Patienten keine Deletion, sondern Punktmutationen im *JAG1*-Gen, das bei 20p11 liegt. Die Ursache des Syndroms ist in allen Fällen eine *JAG1*-Haploinsuffizienz.
- **Genübergreifende Syndrome.** Sie treten vor allem bei männlichen Personen mit einer Deletion im X-Chromosom auf. Ein „klassischer" Fall war der Junge „BB", der an einer Duchenne-Muskeldystrophie (MIM 310220), an einer septischen Granulomatose (MIM 306400) und an einer Retinopathia pigmentosa (312600) litt; darüber hinaus lag eine geistige Behinderung vor (Francke et al. 1985). Der Junge wies in der Xp21-Region eine Deletion auf, durch die mehrere aneinandergrenzende Gene verlorengegangen waren (so war es möglich, das Dystrophingen und das Cytochrom b_{245}-Gen zu klonieren, deren Fehlen die Krankheiten verursachte; Abschnitt 14.4.2). Bei einer anderen Gruppe genübergreifender Syndrome sind Deletionen an der Spitze der Xp-Region zu beobachten. Je umfangreicher die Deletion ist, umso mehr Gene gehen verloren und umso mehr Symptome tragen zu dem Syndrom bei (Ballabio und Andria 1992). Mikrodeletionen treten in einigen Bereichen des X-Chromosoms verhältnismäßig häufig auf (zum Beispiel in der Xp21-Region oder im proximalen Abschnitt der Xq-Region), sind jedoch in anderen Bereichen selten oder nicht bekannt (zum Beispiel in Xp22.1-22.2 oder Xq28). Deletionen bestimmter einzelner Gene oder sichtbare Deletionen in Bereichen mit zahlreichen Genen sind zweifellos letal.
- **Syndrome aufgrund abschnittsweiser Aneuploidie.** Autosomale Mikrodeletionen verursachen selten wirkliche genübergreifende Syndrome. Der Phänotyp heterozygoter Menschen beruht normalerweise nur auf der Untergruppe der deletierten, dosisempfindlichen Gene (Abb. 16.10). Immer wieder auftretende *de novo*-Mikrodeletionen verursachen mehrere klar umrissene Syndrome (Budarf und Emanuel 1997). Die für Deletionen anfälligen Bereiche werden von langen Wiederholungssequenzen flankiert, sodass fehlerhafte Rekombinationen möglich sind (Abb. 11.7). Die Wiederholungen enthalten häufig transkribierte Sequenzen, die zu einer offeneren, rekombinationsanfälligen Chromatinstruktur beitragen. Bei einigen dieser Regionen mit einer Größe von 1 Mb treten als häufige nichtpathogene Polymorphismen Inversionen auf, die vielleicht durch eine Fehlpaarung der flankierenden Wiederholungssequenzen eine Deletion begünstigen (Giglio et al. 2001).

Welche Gene in der deletierten Region für welche Anteile des Phänotyps dieser Mikrodeletionssyndrome verantwortlich sind, ist schwierig zu ermitteln. Es gibt drei mögliche Vorgehensweisen:

- Auffinden von Personen, die einen Teil des Syndroms als mendelnde Krankheit geerbt haben, die wiederum auf die Mutation eines einzigen Gens in der Kandidatenregion zurückzuführen ist.
- Auffinden von Personen, bei denen die Deletionen kürzer sind als die sonstigen Mikrodeletionen und die nur einige Merkmale des Syndroms zeigen.
- Deletion der entsprechenden Region bei der Maus; Kreuzung der Deletionsmäuse mit transgenen Mäusen, die jeweils ein Gen aus der Region tragen; Abgleich des Phänotyps mit der übrig gebliebenen Haploinsuffizienz.

Am Williams-Syndrom (WLS; MIM 194050) lässt sich dieses Problem gut veranschaulichen. Menschen mit diesem Syndrom haben eine charakteristische Gesichtsform, zeigen Wachstumsstörungen, können als Kinder eine lebensbedrohliche Hypercalcämie entwickeln und weisen häufig eine supravalvulare Aortenstenose (SVAS) auf. Darüber hinaus zeigen sie im Allgemeinen eine mäßige geistige Behinderung, etwa in demselben Ausmaß wie Menschen mit Down-Syndrom. Williams-Betroffene zeigen ein eigenes Profil kognitiver Fähigkeiten und anderer Persönlichkeitsmerkmale. Sie sind sehr gemeinschaftsorientiert, häufig musikalisch und können bemerkenswert gut sprechen, zeigen jedoch eine spezifische Unfähigkeit, Formen zu gestalten (räumlich zu sehen und zu kon-

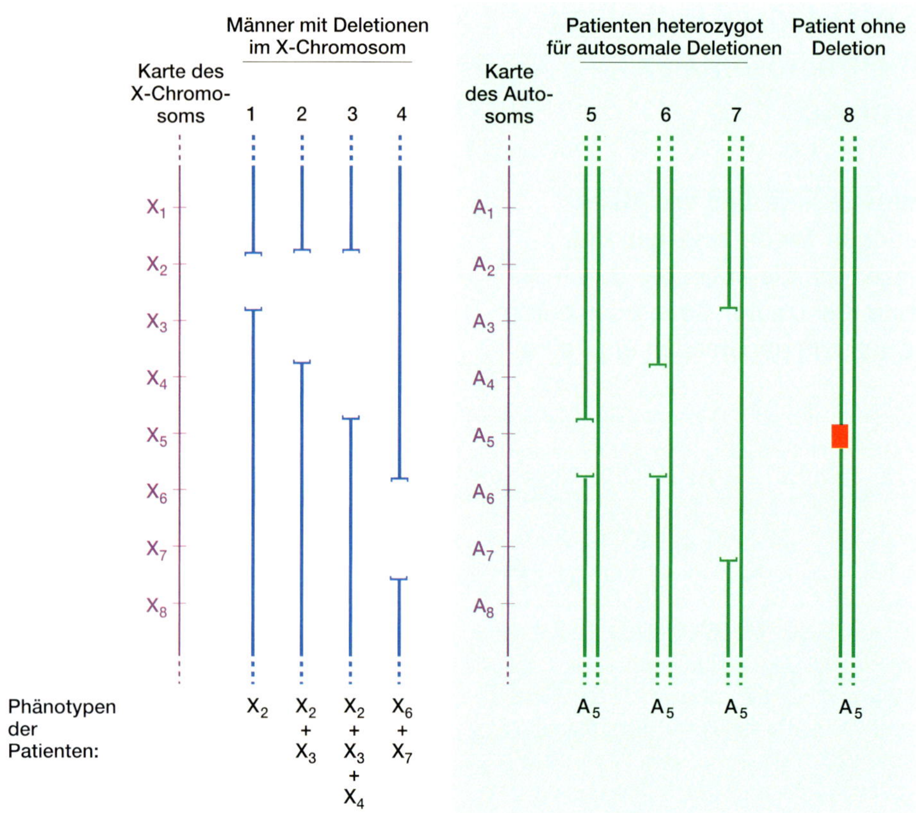

16.10 Syndrome, die auf Mikrodeletionen des X-Chromosoms oder der Autosomen zurückzuführen sind. Deletionen der Gene X_1 oder X_5 sind bei männlichen Embryonen letal. Patienten mit den Genotypen 1 bis 3 zeigen eine verschachtelte Reihe übergreifender Gensyndrome. Patient 4 leidet an einem anderen übergreifenden Gensyndrom. Auf dem Autosom ist nur das Gen A_5 dosisempfindlich. Die Genotypen der Patienten 5 bis 7 sind durch verschieden große Deletionen gekennzeichnet. Die Patienten zeigen alle denselben Phänotyp wie Patient 8, der eine heterozygote Punktmutation im Gen A_5 aufweist, die zu einem Funktionsverlust führt.

Tabelle 16.8 Syndrome, die mit chromosomalen Mikrodeletionen assoziiert sind

Syndrom	MIM-Nr.	Position	Art der Anomalie
Wolf-Hirschhorn	194190	4p16.3	abschnittsweise Aneuploidie
Cri-du-chat	123450	5p15.2-p15.3	abschnittsweise Aneuploidie
Williams-Syndrom	194050	7q11.23	abschnittsweise Aneuploidie
Langer-Giedon	150230	8q24	übergreifende Gene (*TRPS1*, *EXT1*)
WAGR	194072	11p13	übergreifende Gene (*PAX6*, *WT1*)
Prader-Labhart-Willi	176270	15q11-q13	abschnittsweise Aneuploidie (väterliche Kopie fehlt)
Angelman	105830	15q11-q13	mütterliches *UBE3A* fehlt
Rubinstein-Taybi	180849	16p13.3	Haploinsuffizienz von *CBP*
Miller-Dieker	247200	17p13.3	übergreifende Gene (*LIS1*, *YWHAE*, usw.)
Smith-Magenis	182290	17p11.2	abschnittsweise Aneuploidie
Alagille	118450	20p12.1	Haploinsuffizienz von *JAG1*
DiGeorge/VCFS	192430	22q11.21	abschnittsweise Aneuploidie

WAGR, Wilms-Tumor, Aniridie, Anomalien der Genitalien, geistige Behinderung; VCSF, velocardiofaciales Syndrom

struieren). Das Williams-Syndrom wird durch eine Deletion von 1,6 Mb als Folge einer Rekombination zwischen flankierenden Wiederholungssequenzen verursacht, die vor allem bei Menschen auftritt, die für die häufig vorkommende Inversion des ganzen Bereichs heterozygot sind (Osborne et al. 2001). In der deletierten Region wurden etwa 20 Gene identifiziert (Tassabehji et al. 1999). Die Identifizierung der relevanten Gene könnte einen Zugang eröffnen, die genetischen Determinanten der normalen menschlichen Erkennungsfähigkeiten und des Verhaltens zu bestimmen.

Wie bereits erwähnt (Abschnitt 16.4.2) kann eine supravalvuläre Aortenstenose durch eine Deletion oder Zerstörung des Elastingens entstehen. Das Gen liegt innerhalb der für das Williams-Syndrom kritischen Region, und eine Haploinsuffizienz für Elastin ist zweifelsfrei die Ursache der SVAS, wie sie beim Williams-Syndrom auftritt. Auch die Gesichtsmerkmale könnten durch den Mangel an diesem Bindegewebeprotein verursacht werden. Das ist jedoch eindeutig nicht der Fall, da Menschen mit einer einfachen Elastinmutation häufig an einer SVAS leiden, aber nicht die charakteristischen Gesichtszüge von Williams-Betroffenen aufweisen. Bis jetzt ist es nicht gelungen, weitere Merkmale des Syndroms einem der übrigen Gene in der Region zuzuordnen. Menschen mit einer teilweisen Deletion der Region leiden anscheinend entweder nur an einer SVAS oder am gesamten Syndrom. Eine interessante Frage ist auch, ob der Williams-Phänotyp bei Mäusen zu erkennen ist. Andere Mikrodeletionssyndrome sind ebenfalls mit spezifischen Verhaltensweisen assoziiert, sodass die Bestimmung der beteiligten Gene gegenwärtig von hohem wissenschaftlichem Interesse ist.

16.8.2 Die wichtigsten Auswirkungen der chromosomalen Aneuploidien sind wahrscheinlich auf Dosisungleichgewichte weniger Gene zurückzuführen, deren Bestimmung möglich sein sollte

Der charakteristsiche Phänotyp von Monosomien und Trisomien ist wahrscheinlich eine Folge einiger weniger Geneffekte, die durch viele kleine Störungen bei der Entwicklung zum Ausdruck kommen. Gene, bei denen eine 50-prozentige Zunahme der Dosis einen bedeutsamen Effekt verursacht, sind sehr ungewöhnlich. So sollte es möglich sein, die wenigen Gene zu identifizieren, die beispielsweise die Haupteffekte beim Down-Syndrom (DS) verursachen. Untersuchungen bei Patienten mit einer Translokation zeigen, dass die für das Down-Syndrom entscheidende Region bei 21q22.2 liegt. Trisomien anderer Stellen des Chromosoms 21 führen nicht zum Down-Syndrom. In der Kandidatenregion wurden mindestens zwei Gene identifiziert: *DYRK* ist ein Gen, dessen orthologe Gegenstücke bei *Drosophila* und Maus (*minibrain*) dosisabhängige Lerndefekte verursachen (Altafaj et al. 2001). *DSCAM* codiert ein Zelladhäsionsmolekül, das während der Entwicklung des Nervensystems und des Herzens in diesen Geweben exprimiert wird (Barlow et al. 2001).

Eine Monosomie oder eine Trisomie des X-Chromosoms ist besonders interessant, da sie wegen der Inaktivierung des X-Chromosoms in somatischen Geweben keine Symptome hervorrufen sollten. Allerdings werden nicht alle X-gekoppelten Gene inaktiviert. Die Skelettanomalien beim Turner-Syndrom sind auf eine Haploinsuffizienz des *SHOX*-Gens zurückzuführen. Es gehört zu den Homöobox-Genen und liegt in der pseudoautosomalen Xp/Yp-Region (Abschnitt 2.3.3; Abb. 12.15) (Clement-Jones et al. 2000). Andere somatische Besonderheiten sind wahrscheinlich die Folge einer Haploinsuffizienz in anderen Genen, die der X-Inaktivierung nicht unterliegen und für die es ein funktionelles Gegenstück auf dem Y-Chromosom gibt (Abb. 12.14). Es sind nur 18 solcher Gene bekannt (Lahn und Page 1997), sodass die Liste der Kandidatengene zu bewältigen sein sollte.

Weiterführende Literatur

Dipple KM, McCabe ERB (2000) Phenotypes of patients with 'simple' Mendelian disorders are complex traits: thresholds, modifiers and system dynamics. *Am J Hum Genet* 66: 1729–1735.

Scriver CR, Waters PJ (1999) Monogenic traits are not simple: lessons from phenylketonuria. *Trends Genet* 15: 67–272.

Weatherall DJ (2001) Phenotype-genotype relationships in monogenic disease: lessons from the thalassaemias. *Nature Rev Genet* 2: 45–255.

Weatherall DJ, Clegg JB, Higgs DR, Wood WG (2001) The hemoglobinopathies. In: *The Metabolic and Molecular Basis of Inherited Disease*, 8. Auflage (Hrsg. CR Scriver, AL Beaudet, WS Sly, D Valle). McGraw Hill, NewYork, S. 4571–4636.

Zitierte Literatur

Altafaj X, Dierssen M, Baamonde C et al. (2001) Neurodevelopmental delay, motor abnormalities and cognitive deficits in transgenic mice overexpressing *Dyrk1A* (*minibrain*), a murine model of Down's syndrome. *Hum Molec Genet* 10: 1915–1923.

Ballabio A, Andria G (1992) Deletions and translocations involving the distal short arm of the human X chromosome: review and hypotheses. *Hum Molec Genet* 1: 221–722.

Bardoni B, Zanaria E, Guioli S et al. (1994) A dosage sensitive locus at chromosome Xp2l is involved in male to female sex reversal. *Nat Genet* 7: 497–501.
Barlow GM, Chen X-N, Shi ZY et al. (2001) Down syndrome congenital heart disease: a narrowed region and a candidate gene. *Genet Med* 3: 91–101.
Bird AC (2002) DNA methylation patterns and epigenetic memory. *Genes Dev* 16: 6–21.
Bucciantini M, Giannoni E, Chiti F et al. (2002) Inherent cytotoxicity of polypeptide aggregates suggests a common origin of protein misfolding diseases. *Nature* 416: 507–511.
Budarf ML, Emanuel BS (1997) Progress in the autosomal segmental aneusomy syndromes (SASs): single or multilocus disorders? *Hum Molec Genet* 10: 1657–1665.
Cartegni L, Krainer AR (2002) Disruption of an SF2/ASF dependent exonic splicing enhancer in *SMN2* causes SMA in the absence of *SMN1*. *Nature Genet* 30: 377–384.
Clement-Jones M, Schiller S, Rao E et al. (2000) The short stature homeobox gene SHOX is involved in skeletal abnormalities in Turner syndrome. *Hum Molec Genet* 9: 695–702.
Den Dunnen JT, Antonarakis SE (2001) Nomenclature for the description of human sequence variations. *Hum Genet* 109: 121–124.
Easton DF, Ponder MA, Huson SM, Ponder BAJ (1993) An analysis of variation in expression of neurofibromatosis (NF) type 1 (NFI): evidence for modifying genes. *Am J Hum Genet* 53: 305–313.
Francke U, Ochs HD, de Martinville B et al. (1985) Minor Xp2l chromosome deletion in a male associated with expression of Duchenne muscular dystrophy, chronic granulomatous disease, retinitis pigmentosa and McLeod syndrome. *Am J Hum Genet* 37: 50–267
Giglio S, Broman KW, Matsumoto N et al. (2001) Olfactory receptor-gene clusters, genomic-inversion polymorphisms and common chromosome rearrangements. *Am J Hum Genet* 68: 874–883.
Hemesath TJ, Steingrimsson E, McGill G et al (1994) Microphthalmia, a critical factor in melanocyte development, defines a discrete transcription factor family. *Genes Dev* 8: 770–2780.
Hentze MW, Kulozik AE (1999) A perfect message: RNA surveillance and nonsense-mediated decay. *Cell* 96: 307–310.
Jones PA, Baylin SB (2002) The fundamental role of epigenetic events in cancer. *Nature Rev Genet* 3: 415–428.
Karniski LP (2001) Mutations in the diastrophic dysplasia sulfate transporter (DTDST) gene: correlation between sulfate transport activity and chondrodysplasia phenotype. *Hum Molec Genet* 10: 1485–1490.
Koob MD, Moseley ML, Schut LJ et al. (1999) An untranslated CTG expansion causes a novel form of spinocerebellar ataxia (SCA8). *Nature Genet* 21: 379–384.
Lahn BT, Page DC (1997) Functional coherence of the human Y chromosome. *Science* 278: 675–680.
Lykke-Andersen J, Shu M-D, Steitz JA (2001) Communication of the position of exon-exon junctions to the mRNA surveillance machinery by the protein RNPS1. *Science* 293: 1836–1839 (siehe auch vorherstehenden Artikel in derselben Ausgabe).
Mani S, Santoro M, Fusco A, Billaud M (2001) The RET receptor: function in development and dysfunction in congenital malformation. *Trends Genet* 17: 580–589.
Morell R, Spritz RA, Ho L et al. (1997) Apparent digenic inheritance of Waardenburg syndrome type 2 (WS2) and autosomal recessive ocular albinism (AROA). *Hum Mol Genet* 6: 659–664.
Motulsky AG (11995) Jewish diseases and origins. *Nature Genet* 9: 99–101.
Nadeau JH (2001) Modifier genes in mice and men. *Nature Rev Genet* 2: 165–174.
Naski MC, Wang Q, Xu J, Ornitz DM (1996) Graded activation of fibroblast growth factor receptor 3 by mutations causing achondroplasia and thanatophoric dysplasia. *Nature Genet* 13: 233–237.
Nicholls RD, Knepper JL (2001) Genome organization, function and imprinting in Prader-Willi and Angelman syndromes. *Annu Rev Genomics Hum Genet* 2: 153–175.
Nissim-Rafinia M, Kerem B (2002) Splicing regulation as a potential genetic modifier. *Trends Genet.* 18: 123–127.
Osborne LR, Li M, Pober B et al. (2001) A 1.5 million-base pair inversion polymorphism in families with Williams-Beuren syndrome. *Nature Genet* 29: 321–325.
Patel PI, Lupski JR (1994) Charcot-Marie-Tooth disease: a new paradigm for the mechanism of inherited disease. *Trends Genet* 101: 128–133.
Perutz MF, Windle AH (2001) Cause of neural death in neuro-degenerative diseases attributable to expansion of glutamine repeats. *Nature* 412: 143–144.
Poulton J, Deadman ME, Bindoff L, Morten K, Land J, Brown G (1993) Families of mtDNA re-arrangements can be detected in patients with mtDNA deletions: duplications may be a transient intermediate form. *Hum Mol Genet* 2: 23–30.
Prusiner SB, Scott MR, DeArmond SJ, Cohen FE (1998) Prion protein biology. *Cell* 93: 337–348.
Reik W, Walter J (2001) Genomic imprinting: parental influence on the genome. *Nature Rev Genet* 2: 1–32.
Rougeulle C, Heard E (2002) Antisense RNA in imprinting: spreading silence through Air. *Trends Genet* 18: 434–437.
Runte M, Huttenhofer A, Gross S, Kiefmann M, Horsthernke B, Buiting K (2001) The IC-SNURF-SNRPN transcript serves as a host for multiple small nucleolar RNA species and as an antisense transcript for *UBE3A*. *Hum Mol Genet* 10: 2687–2700.
Tapscott SJ, Thornton CA (2001) Reconstructing myotonic dystrophy. *Science* 293: 816–817.
Tassabehji M, Metcalfe K, Karmiloff-Smith A et al. (1999) Williams syndrome: using chromosomal microdeletions as a tool to dissect cognitive and physical phenotypes. *Am. J. Hum. Genet.* 64: 118–125.
Wallace DC, Lott MT, Brown MD, Kerstann K (2001) Mitochondria and neuro-ophthalmologic diseases. In: *The Metabolic and Molecular Bases of Inherited Disease*, 8. Auflage (Hrsg. CR Scriver, AL Beaudet, WS Sly, D Valle) McGraw Hill, NewYork, S. 2425–2509.
Wilkie AO (1997). Craniosynostosis: genes and mechanisms. *Hum Mol Genet* 6: 1647–1666.
Wollnik B, Schroeder BC, Kubisch C, Esperer HD, Wieacker H, Jentsch T (1997) Pathophysiological mechanisms of dominant and recessive *KVLQTI* K+ channel mutations found in inherited cardiac arrhythmias. *Hum Mol Genet* 6: 1943–1949.

17. Tumorgenetik

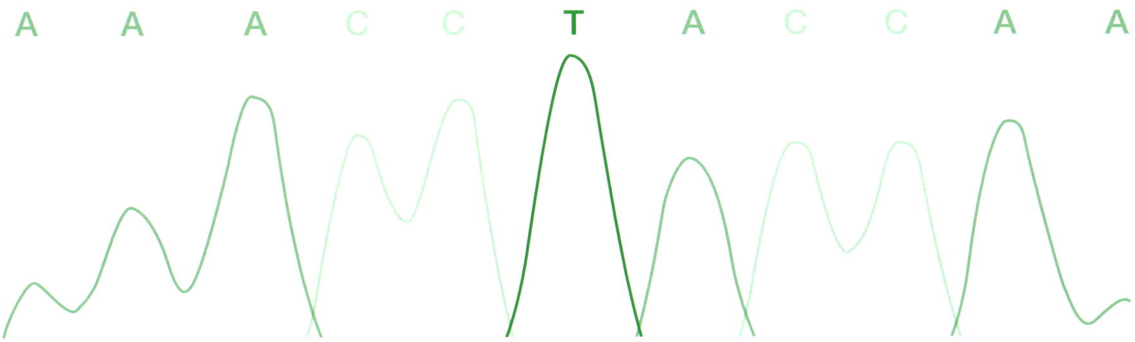

17.1 Einführung

Krebs ist weniger eine Krankheit als vielmehr das natürliche Endstadium eines jeden vielzelligen Organismus. Wir kennen alle die grundlegende Vorstellung von Darwin, dass sich eine Population von Lebewesen, die bei der Fortpflanzung eine vererbbare Variabilität zeigt, durch natürliche Selektion weiterentwickelt. Genotypen, die sich schneller oder umfassender fortpflanzen, können spätere Generationen dominieren, nur um wiederum von Lebewesen, die sich noch effektiver fortpflanzen, verdrängt zu werden. Dabei kann eine erhöhte Geburtenrate oder eine verringerte Sterberate ausschlaggebend sein. Genau dasselbe trifft auf eine Population von Zellen zu, die einen vielzelligen Organismus wie den Menschen aufbauen. Das Entstehen und der Tod von Zellen unterliegen einer genetischen Kontrolle. Wenn eine *somatische Mutation* eine Variante hervorbringt, die schneller proliferiert, könnte der mutierte Klon den Organismus „übernehmen". Krebs lässt sich also als natürlicher evolutionärer Prozess begreifen.

Krebs ist das Ergebnis einer Abfolge von somatischen Mutationen, teilweise unter Beteiligung einer vererbten Prädisposition. Krebserkrankungen kann man nach dem Gewebe unterscheiden, aus dem sie hervorgehen (Karzinome leiten sich aus Epithelzellen ab, Leukämien und Lymphome aus Vorläufern von Blutzellen und so weiter). Außerdem unterscheiden sie sich aufgrund der Histologie unter dem Mikroskop (Abb. 17.1). Seit kurzem verwendet man auch Expressionsarrays, um die Muster der Genexpression insgesamt sichtbar zu machen (Abb. 17.18), sodass sich die Tumoren noch genauer untergliedern lassen. Diese Systematisierung ist wichtig, damit sich die Qualität der Prognose und die Behandlungsmöglichkeiten verbessern, aber damit lässt sich nicht erklären, wie Krebs entsteht. Das Ziel der Tumorgenetik besteht darin, den Weg nachzuvollziehen, der in mehreren Schritten eine normale somatische Zelle dazu veranlasst, eine Population von proliferierenden und invasiven Krebszellen zu begründen. Sobald die entscheidenden Ereignisse auf molekularer Ebene bekannt sind, ergeben sich für die Pathologie neue prognostische Indikatoren.

Die Tumorgenetik kann sehr verwirrend sein. Jeder Tumor ist anders. Es gibt so viele Gene, die jeweils in den verschiedenen Tumoren Mutationen aufweisen, und sie interagieren auf so komplexe Weise, dass man sich leicht in den vielen Einzelheiten verliert. In diesem Kapitel versuchen wir, Verwirrungen zu vermeiden, indem wir uns vor allem mit den Grundlagen der Tumorgenese beschäftigen, wie man sie zurzeit versteht, und nicht einfach nur Gene und Mutationen auflisten.

17.2 Die Evolution von Krebs

Wie oben beschrieben, stehen die Zellen unter einem so starken Selektionsdruck, dass sie sich zu Tumorzellen entwickeln. Tumoren sind zwar sehr erfolgreich, wenn man die Zellen allein betrachtet, aber als Organismen vollkommene Versager. Sie bringen keine Nachkommenschaft hervor, die über die Existenz ihres Wirtes hinausgeht. Auf der Ebene des ganzen Organismus gibt es deshalb eine starke Selektion für Mechanismen, die verhindern, dass ein Mensch an einem

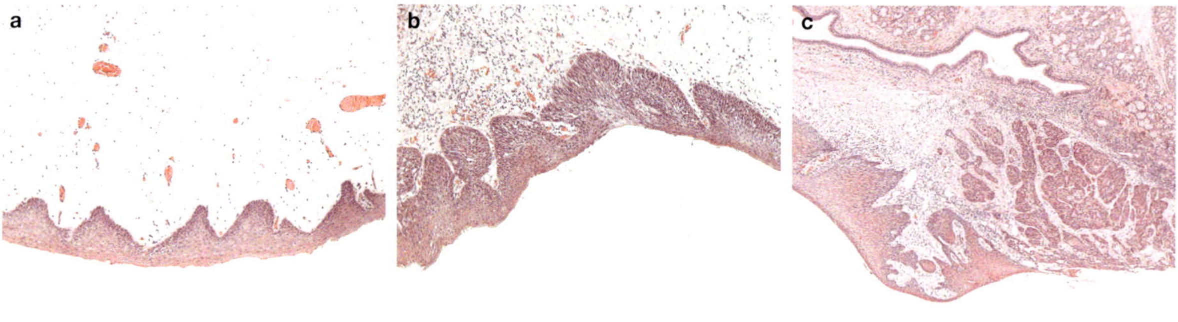

17.1 Histologie von Tumoren. Entwicklungsstadien eines Karzinoms. Drei histologische Schnitte aus der Mundschleimhaut, die mit Hämatoxylin-Eosin gefärbt wurden, zeigen verschiedene Stadien eines Oralkarzinoms. a) Normales Epithel. b) Dysplastisches Epithel, mit einer potenziell prämalignen Veränderung. Das Epithel zeigt ungeordnetes Wachstum und fehlerhafte Ausdifferenzierung, anomale Zellen und eine erhöhte Zahl von Mitosen. c) Karzinom, das sich aus der Epitheloberfläche entwickelt und in das darunter liegende Bindegewebe eindringt. Die Tumorinseln zeigen eine fehlerhafte Differenzierung, anomale Zellen sowie vermehrte und anomale Mitosen. In der Pathologie nutzt man solche Veränderungen im Gewebeaufbau, um Tumoren zu identifizieren und ihren Schweregrad zu bestimmen. Mit freundlicher Genehmigung von Dr. Nalin Thakker.

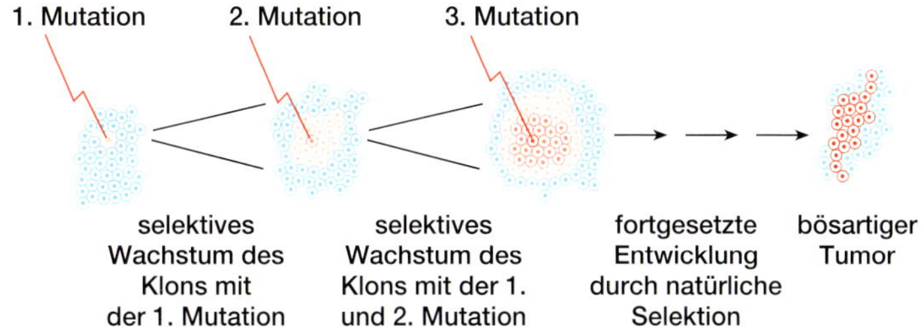

17.2 Mehrstufige Entwicklung von Krebs. Jede der aufeinander folgenden Mutationen verschafft der Zelle einen Wachstumsvorteil; so entsteht ein großer Klon, der für die nächste Mutation ein besseres Ziel darstellt.

Tumor stirbt, zumindest solange bis sie/er Kinder zur Welt gebracht und aufgezogen hat. Demnach sind wir zwei entgegengesetzten Selektionskräften ausgesetzt, wobei die Selektion für eine Tumorgenese kurzfristig ist, während die Selektion für eine Resistenz langfristig funktioniert. Die Evolution einer normalen somatischen Zelle zu einem bösartigen Tumor erfolgt innerhalb der Lebensspanne eines Organismus und muss bei jedem Individuum von vorne beginnen. Aber ein Lebewesen, das über einen wirksamen Mechanismus gegen Tumoren verfügt, überträgt diesen auf die Nachkommen, in denen sich der Mechanismus weiterentwickelt. Eine Milliarde Jahre der Evolution haben uns mit ausgefeilten ineinander verschränkten und einander überlappenden Mechanismen ausgestattet, die uns zumindest in der reproduktiven Phase des Lebens gegen Tumoren schützen. Potenzielle Tumorzellen werden entweder repariert und wieder auf den richtigen Kurs gebracht oder dazu veranlasst, sich selbst zu töten (Apoptose). Diese Abwehrmechanismen kann eine einzige Mutation allein nicht überwinden und eine normale Zelle in eine bösartige umwandeln. Bereits vor langer Zeit deuteten Studien zur Abhängigkeit der Krebsentstehung vom Lebensalter darauf hin, dass im Durchschnitt sechs oder sieben aufeinander folgende Mutationen erforderlich sind, um eine normale Epithelzelle in ein invasives Karzinom umzuwandeln. Anders ausgedrückt kann eine normale Zelle nur zu einem bösartigen Tumor werden, wenn ein halbes Dutzend unabhängiger Abwehrmechanismen durch Mutationen inaktiviert wird (Abb. 17.2).

Die Wahrscheinlichkeit, dass eine einzelne Zelle sechs unabhängige Mutationen erfährt, ist vernachlässigbar gering. Das ließe vermuten, dass Krebs nur äußerst selten vorkommt. Es gibt jedoch zwei allgemeine Mechanismen, die eine solche Entwicklung ermöglichen (Exkurs 17.1). Das Anhäufen all dieser Mutationen erfordert jedenfalls Zeit, sodass Krebs vor allem eine Krankheit ist, die nach dem fortpflanzungsfähigen Alter einsetzt. Dann besteht nur ein geringer Selektionsdruck, die Abwehrmechanismen noch weiter zu verbessern.

Wenn man die Gene betrachtet, die von diesen Mutationen betroffen sind, lassen sich zwei große Gruppen unterscheiden. Dabei handelt es sich jedoch wie immer in der Biologie mehr um Denkhilfen zum Thema Krebs und weniger um eine eindeutige Systematisierung.

Exkurs 17.1: Zwei Faktoren, die eine Abfolge von Mutationen wahrscheinlicher machen

Die Umwandlung einer normalen Epithelzelle in eine bösartige Krebszelle erfordert vielleicht sechs spezifische Mutationen in dieser einen Zelle. Bei einer normalen Mutationsrate von 10^{-7} pro Gen und Zellgeneration ist die Wahrscheinlichkeit verschwindend gering, dass eine beliebige Zelle so viele Mutationen erfahren kann (aus diesem Grund sind die meisten von uns am Leben). Die Wahrscheinlichkeit, dass so etwas mit irgendeiner der 10^{13} Zellen eines Menschen geschieht, beträgt $10^{13} \times 10^{-42}$ oder $1:10^{29}$. Dennoch entsteht Krebs aufgrund einer Kombination aus zwei Mechanismen:

- Einige Mutationen verstärken die Zellproliferation und erzeugen so eine vergrößerte Zielpopulation von Zellen für die nächste Mutation (Abb. 17.2).
- Einige Mutationen beeinträchtigen die Stabilität des gesamten Genoms, entweder auf Ebene der DNA-Sequenz oder der Chromosomenstruktur, und erhöhen so die Mutationsrate insgesamt.

Da das Entstehen von Krebs auf diesen beiden Mechanismen basiert, entwickeln sich Tumoren in Form von Stadien, beginnend mit einer Hyperplasie oder einem gutartigen Wachstum von Geweben, während sich die genomische Instabilität von bösartigen Tumorzellen normalerweise an ihren grotesken Karyotypen erkennen lässt (Abb. 17.10).

- **Onkogene** (Abschnitt 17.3). Die normale Aktivität dieser Gene stimuliert die Zellproliferation. Funktionsgewinnmutationen in Tumorzellen führen zu Formen dieser Gene, die eine übermäßige oder nicht adäquate Expression aufweisen. Ein einziges mutiertes Allel kann bereits den Phänotyp der Zelle beeinträchtigen. Die nichtmutierten Versionen dieser Gene bezeichnet man entsprechend als *Proto-Onkogene*.
- **Tumorsuppressorgene (TS-Gene)** (Abschnitt 17.4). TS-Genprodukte verhindern Ereignisse, die zur Entstehung von Krebs führen. Mutierte Allele haben ihre Funktion verloren. Einige dieser Genprodukte hemmen ein unangebrachtes Fortschreiten des Zellzyklus, einige führen entartete Zellen in die Apoptose, wiederum andere stabilisieren das Genom und halten die Mutationsraten niedrig, indem sie für eine genaue Replikation, Reparatur und Segregation der zellulären DNA sorgen. Damit sich das Verhalten einer Zelle ändert, müssen beide Allele eines TS-Gens inaktiviert werden.

In Analogie zu einem Bus kann man die Onkogene als Gaspedal und die Tumorsuppressorgene als Bremse auffassen. Das Durchdrücken des Gaspedals (ein dominanter Funktionsgewinn bei einem Onkogen) oder das Versagen *aller* Bremsen (ein rezessiver Funktionsverlust eines TS-Gens) führen dazu, das der Bus sich selbstständig macht.

17.3 Onkogene

17.3.1 Die Geschichte der Onkogene

Onkogene wurden in den 1960er Jahren entdeckt, als man herausfand, dass einige Krebsarten bei Tieren (vor allem Leukämien und Lymphome) durch Viren verursacht werden. Einige dieser Viren besitzen relativ komplexe DNA-Genome (SV40; Papillomviren), während andere *akut transformierende Retroviren* sind, die über sehr einfache RNA-Genome verfügen. Das Genom eines normalen Retrovirus besteht aus nur drei Transkriptionseinheiten: *gag* codiert interne Proteine, *pol* codiert die Polymerase und *env* codiert Hüllproteine (jedes Transkript codiert mehrere Proteine und wird entsprechend geschnitten). Als man entdeckte, dass die transformierenden Eigenschaften der akut transformierenden Retroviren darauf zurückzuführen sind, dass sie ein einziges zusätzliches Gen – das *Onkogen* – besitzen, war die Erregung groß. Für eine kurze Zeit hofften einige Enthusiasten, dass das Phänomen Krebs durch eine Infektion mit Viren, die Onkogene tragen, vollständig zu erklären sei und dass man sie blockieren könne, sobald sie nur identifiziert seien.

Man fand bald heraus, dass die viralen Onkogene Kopien normaler zellulärer Gene sind. Diese so genannten *Proto-Onkogene* wurden nur zufällig in das Genom der Retroviren eingebaut. Die viralen Formen dieser Gene werden irgendwie *aktiviert*, sodass sie infizierte Zellen *transformieren* können. Die meisten menschlichen Krebsarten basieren nicht auf Viren, sondern ihre in den Zellen vorhandenen Proto-Onkogene wurden aktiviert. In den 1970er Jahren hat man einen Test entwickelt, mit dem sich aktivierte zelluläre Onkogene nachweisen lassen. NIH-3T3-Fibroblastenzellen der Maus wurden mit zufälligen DNA-Fragmenten aus menschlichen Tumoren transfiziert. Einige Zellen wurden dabei transformiert, und die dafür verantwortliche menschliche DNA ließ sich aus den Transformanten isolieren. Zu diesem Zweck stellte man eine genomische Phagenbibliothek her, die auf humanspezifische *Alu*-Wiederholungssequenzen durchmustert wurde. Unter den Onkogenen, die man in den transformierenden Fragmenten identifizieren konnte, befanden sich viele, die bereits aus den Untersuchungen der Viren bekannt waren. Beschreibungen dieser frühen Arbeiten über Retroviren finden sich bei Bishop (1983) (Weiterführende Literatur).

17.3.2 Die Funktionen der Onkogene

Mit der Entdeckung von 1983, dass das virale Onkogen *v-sis* (das „*v*" steht für „viral") von dem normalen zellulären *PDGFB*-Gen (*platelet-derived growth factor B*) abstammt, begann man, die Funktionen der Onkogene verstehen zu lernen. Die unkontrollierte Überexpression eines Wachstumsfaktors kann vielleicht schon die Ursache für eine übermäßige Proliferation der Zellen sein. Inzwischen kennt man die Funktionen zahlreicher zellulärer Onkogene (eigentlich Proto-Onkogene) (Tab. 17.1). Erfreulicherweise stellte sich heraus, dass diese Gene genau diejenigen zellulären Funktionen kontrollieren, die bei einem Tumor gestört sein müssen. Dabei lassen sich fünf große Gruppen unterscheiden (Beispiele stehen in Klammern):

- sezernierte Wachstumsfaktoren (*SIS*);
- Rezeptoren an der Zelloberfläche (*ERBB*, *FMS*);
- Komponenten der intrazellulären Signalübertragungssysteme (*RAS*-Familie, *ABL*);
- DNA-bindende Proteine im Zellkern wie etwa Transkriptionsfaktoren (*MYC*, *JUN*);
- Komponenten im Netzwerk der Cycline, cyclinabhängigen Kinasen und Kinaseinhibitoren, die das Voranschreiten des Zellzyklus bestimmen (*MDM2*).

Tabelle 17.1 Virale und zelluläre Onkogene

Viruskrankheit	*v-onc*	*c-onc*	Position	Funktion
Sarkom bei Affen	*v-sis*	*PDGFB*	22q13.1	B-Untereinheit des Blutplättchenwachstumsfaktors
Erythroleukämie bei Hühnern	*v-erbb*	*EGFR*	7p12	Rezeptor des epidermalen Wachstumsfaktors
McDonough-Sarkom bei Katzen	*v-fms*	*CSF1R*	5q33	Rezeptor des makrophagenkoloniestimulierenden Faktors
Harvey-Sarkom bei Ratten	*v-ras*	*HRAS*	11p15	Komponente der G-Protein-Signalübertragung
Abelson-Leukämie bei Mäusen	*v-abl*	*ABL*	9q34.1	Proteintyrosinkinase
Sarkom 17 bei Vögeln	*v-jun*	*JUN*	1p32-p31	Transkriptionsfaktor AP-1
Myelocytomatose bei Vögeln	*v-myc*	*MYC*	8q24.1	DNA-bindender Transkriptionsfaktor
Osteosarkom bei Mäusen	*v-fos*	*FOS*	14q24.3-q31	DNA-bindender Transkriptionsfaktor

Die viralen Gene werden manchmal als *v-src*, *v-myc* (und so weiter) bezeichnet, die zellulären Gegenstücke als *c-src*, *c-myc* (und so weiter). Die Formen der *c-onc*-Gene in normalen Zellen bezeichnet man korrekt als **Proto-Onkogene**. Heute ist es jedoch üblich, diese Unterscheidungen nicht mehr zu machen und einfach den Begriff **Onkogene** auch für die normalen Gene zu verwenden. Die anomalen Versionen kann man als aktivierte Onkogene bezeichnen.

Wenn man Onkogene als Gene definiert, die bei Tumoren durch Mutationen dominant aktiviert werden, dann sind zurzeit etwa 100 bekannt.

17.3.3 Aktivierung von Proto-Onkogenen

Die verschiedenen Mechanismen, die Proto-Onkogene aktivieren können (Tab. 17.2), gehören zu den Beispielen, mit denen sich die Wirkungsweise der molekularen Pathologie am besten veranschaulichen lässt. Die Aktivierung erfolgt durch einen Funktionsgewinn. Dieser kann quantitativ sein (das Produkt bleibt unverändert, aber die Produktionsrate nimmt zu) oder qualitativ (Erzeugung eines Produkts, das durch eine Mutation geringfügig verändert wurde, oder eines neuartigen Produkts von einem chimären Gen, das durch eine chromosomale Umstrukturierung entstanden ist). Diese Veränderungen sind dominant und betreffen im Allgemeinen nur ein einziges Allel des Gens. Weitere Beispiele für die im Folgenden beschriebenen Beispiele finden sich bei Blume-Jensen und Hunter (2001).

Aktivierung durch Amplifizierung

Viele Krebszellen enthalten mehrfache Kopien von Onkogenen mit normaler Struktur. Bei Brustkrebs ist häufig das *ERBB2*-Gen und manchmal auch das *MYC*-Gen amplifiziert; das verwandte *NMYC*-Gen ist meistens bei Neuroblastomen und Rhabdomyosarkomen im späten Stadium vervielfältigt. In einem solchen Fall sind möglicherweise Hunderte von zusätzlichen Kopien vorhanden. Diese können als kleine separate Chromosomen auftreten (*double minutes*) oder als Insertionen innerhalb der normalen Chromosomen (homogen gefärbte Regionen; *homogenously staining regions*, HSR). Die genetischen Ereignisse, die homogen gefärbte Regionen erzeugen, können ziemlich komplex sein, da diese Regionen im Allgemeinen aus mehreren verschiedenen Chromosomen stammende Sequenzen enthalten (Übersichtsartikel

Tabelle 17.2 Vier Mechanismen zur Aktivierung von (Proto-)Onkogenen

Aktivierungsmechanismus	Onkogen	Tumor
Amplifizierung	*ERBB2* *NMYC*	Brust-, Eierstock-, (nichtkleinzelliger) Lungen-, Dickdarmkrebs Neuroblastom
Punktmutation	*HRAS* *KIT*	Blasen-, Lungen-, Dickdarmkrebs; Melanom Tumoren im Bindegewebe des Verdauungstraktes; Mastocytose
chromosomale Umstrukturierungen, die zu einem neuen chimären Gen führen	(viele)	Tabelle 17.3
Translokation in einen Bereich des Chromatins mit aktiver Transkription	*MYC*	Translokation auf den Locus der schweren Immunglobulinkette t(8;14) beim Burkitt-Lymphom

von Pinkel 1994). Ähnliche Genvervielfältigungen lassen sich auch bei Zellen beobachten, die man künstlich stark selektiven Bedingungen ausgesetzt hat – beispielsweise amplifizierte Gene für die Dihydrofolatreduktase in Zellen, die auf eine Resistenz gegen Methotrexat selektiert wurden. In allen Fällen besteht das Ergebnis darin, dass die Genexpression stark erhöht wird.

Die Amplifizierung von Onkogenen in Tumoren lässt sich durch eine *vergleichende Hybridisierung von Genomen* (*comparative genomic hybridization*, CGH) untersuchen (Forozan et al. 1997). Durch die Analyse kann man auch jede Region erkennen, in der ein Allelverlust oder eine Aneuploidie vorliegt, die jeweils auf die Beteiligung von Tumorsuppressorgenen hinweisen (siehe unten). Beim CGH-Test verwendet man eine Mischung aus einander entsprechenden normalen Zellen und Tumorzellen bei einer kompetitiven Hybridisierung. Die beiden Proben werden mit einem roten beziehungsweise einem grünen Fluoreszenzfarbstoff markiert, gemischt und als Hybridisierungssonde verwendet; dann bestimmt man das Verhältnis der roten und grünen Fluoreszenzsignale. Eine CGH-Analyse lässt sich auf zwei Weisen durchführen:

- Bei der Standard-CGH (Abb. 17.3a) hybridisiert man die gemischten Proben mit normalen Chromosomen, die auf einem Objektträger gespreitet wurden (Fluoreszenz-*in situ*-Hybridisierung; Abschnitt 2.4.3). Das Verhältnis der roten zu den grünen FISH-Signalen wird für jedes Chromosom über die gesamte Länge aufgetragen, und man sucht die Bereiche heraus, in denen das Verhältnis von 1:1 abweicht (gemessen in einem Vertrauensintervall). Abhängig von der Orientierung der Abweichung handelt es sich dabei um Regionen, die in einem Tumor eine Amplifizierung oder einen Verlust von Allelen aufweisen. Der kürzeste veränderte Bereich, den man mit diesem Verfahren sichtbar machen kann, umfasst 3 Mb.
- Bei der Array-CGH (Abb. 17.3b) verwendet man für die Hybridisierung keine Chromosomen, sondern DNA-Mikroarrays. Die DNA für jedes einzelne Feld auf dem Array wird von einem BAC-Klon aus einem definierten chromosomalen Bereich mithilfe einer DOP-PCR hergestellt (Abschnitt 5.2.4). Auf diese Weise kann man eine viel höhere Auflösung erzielen, die nur davon abhängt, wie viele BAC-Klone sich auf dem Array befinden. Beim gegenwärtigen Stand der Technik sind bis zu 3 000 BAC-Klone pro Array möglich, was einer Auflösung von 1 Mb entspricht. Ein weiterer Vorteil gegenüber der herkömmlichen CGH besteht darin, dass für jede amplifizierte oder deletierte Region sofort die DNA-Sequenz bestimmt werden kann und nicht nur der Bereich einer chromosomalen Bande.

Aktivierung durch Punktmutation

Die drei Gene der *RAS*-Familie (*HRAS*, *KRAS* und *NRAS*), die Signale von G-Protein-gekoppelten Rezeptoren übertragen (Lowy und Willumsen 1993), werden in einer großen Anzahl verschiedener Tumoren aktiviert. Die Bindung eines Liganden an den Rezeptor führt dazu, dass ein RAS-Protein GTP bindet, dass als GTP-RAS das Signal in der Zelle weitergibt (Abb. 3.5). RAS-Proteine besitzen eine GTPase-Aktivität, und GTP-RAS wird schnell in das inaktive GDP-RAS umgewandelt. Bei einer Reihe von Tumoren (etwa bei Darm-, Lungen-, Brust- und Blasenkrebs) treten spezifische aktivierende Punktmutationen auf. Die mutierten RAS-Proteine zeigen eine geringere GTPase-Aktivität, sodass GTP-RAS langsamer inaktiviert wird. Das führt zu einer übermäßigen zellulären Reaktion auf das Rezeptorsignal.

Aktivierung durch eine Translokation, die ein neues chimäres Gen erzeugt

Der Mechanismus kommt bei Karzinomen (Epitheltumoren) selten vor, ist aber bei hämatologischen Tumoren und Sarkomen weit verbreitet. Das bekannteste Beispiel ist das Philadelphia(Ph)-Chromosom, ein kleines akrozentrisches Chromosom, das man bei 90% der Patienten mit chronisch myeloischer Leukämie findet. Es entsteht durch eine balancierte reziproke 9;22-Translokation. Die Bruchstelle auf Chromosom 9 liegt innerhalb eines Introns des *ABL*-Onkogens. Die Translokation verbindet den größten Teil der genomischen *ABL*-Sequenz mit dem 5'-Bereich des *BCR*-Gens (*breakpoint cluster region*) auf Chromosom 22, wodurch eine neues Fusionsgen entsteht (Chissoe et al. 1995). Bei der Expression dieses chimären Gens wird eine Tyrosinkinase gebildet, die zwar mit dem *ABL*-Produkt verwandt ist, aber anomale transformierende Eigenschaften besitzt (Abb. 17.4a).

Man kennt inzwischen noch viele andere tumorspezifische Bruchstellen und konnte auch durch Klonierung zahlreiche Onkogene identifizieren (Tab. 17.3). Auf der Internetseite des Cancer Genome Anatomy Project besteht der Zugang zu einer Datenbank mit etwa 40 000 Chromosomenanomalien (Mitelman et al. 2002).

Aktivierung durch Translokation in eine Chromatinregion mit aktiver Transkription

Das Burkitt-Lymphom ist ein Tumor, der in der Kindheit auftritt und in den Malariagebieten von Zentralafrika und Papua-Neuguinea verbreitet ist. Moskitos und das Epstein-Barr-Virus spielen vermutlich bei der Ätiologie eine gewisse Rolle, aber ein

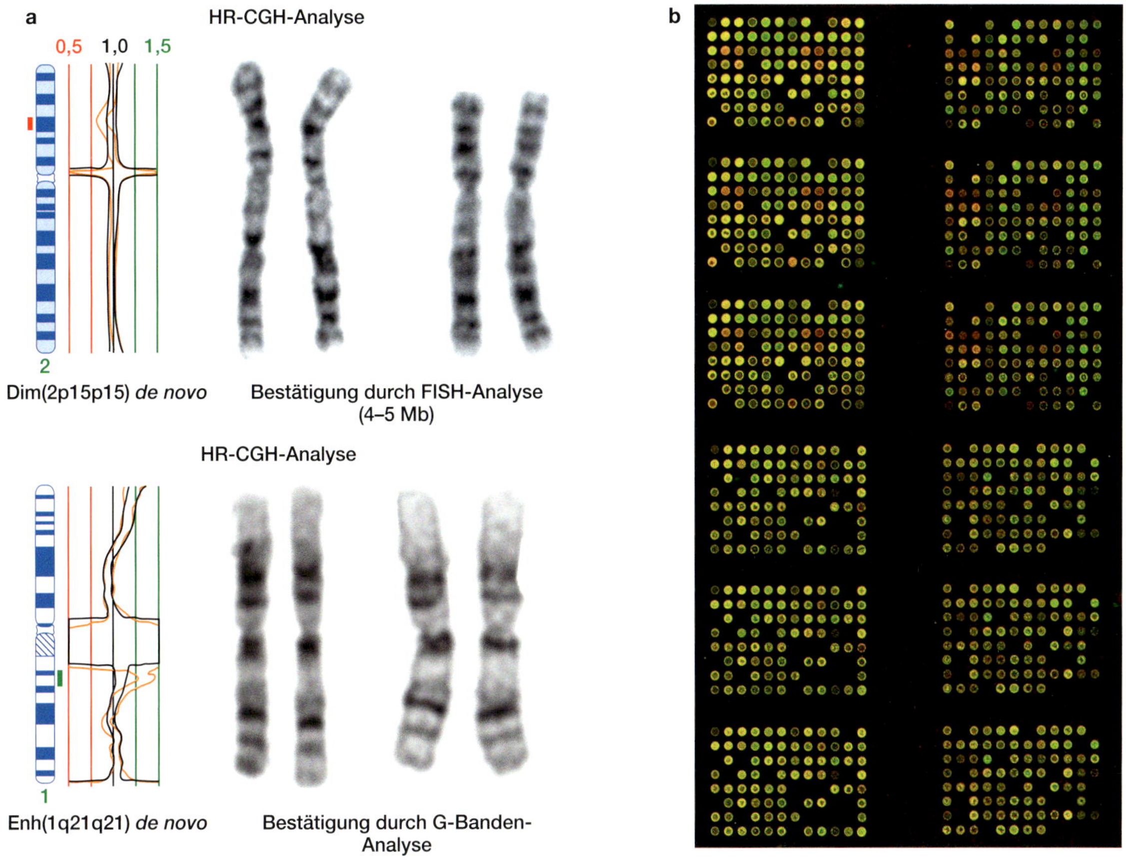

17.3 Vergleichende Genomhybridisierung. a) Chromosomen-CGH. Hochaufgelöste CGH-Analyse an Proben von zwei Jungen mit körperlichen Fehlbildungen und geistiger Behinderung, deren chromosomale G-Bänderung normal erschien. Die gelbe Kurve zeigt das CGH-Profil, die schwarze Kurve das 99-Prozent-Vertauensintervall für ein Verhältnis von 1:1. Bei dem ersten Jungen ist eine kleine *de novo*-Deletion erkennbar, die sich durch eine FISH-Analyse bestätigen ließ. Der zweite Junge trägt eine *de novo*-Duplikation, die im Nachhinein auch im chromosomalen G-Bandenmuster entdeckt wurde. Die Bilder wurden freundlicherweise zur Verfügung gestellt von Dr. Claes Lundsteen, Kopenhagen. b) Array-CGH. DOP-PCR-Fragmente von 321-BAC-Klonen wurden auf den Objektträger in kleinen Tropfen aufgetragen. Der Objektträger wurde dann mit einem DNA-Gemisch aus einer Brustkrebszelllinie (grün markiert) und einer normalen Kontroll-DNA (rot markiert) hybridisiert. BAC-Klone mit DNA, die im Tumor amplifiziert wurde, erscheinen grün, während unveränderte DNA-Abschnitte gelb erscheinen. Jede Klongruppe wurde dreimal aufgetropft, um unterschiedliche Hybridisierungsbedingungen wählen zu können. Mit freundlicher Genehmigung von Dr. J. Veltman, Nijmegen.

zentrales Ereignis ist die Aktivierung des *MYC*-Onkogens. Bei 75 bis 85% der Patienten tritt eine charakteristische chromosomale Translokation auf, t(8;14)(q24;q32) (Abb. 17.4b), bei den übrigen handelt es sich um t(2;8)(p12;q24) oder t(8;22)(q24;q11). Jede dieser Translokationen versetzt das *MYC*-Onkogen in die Nähe eines Immunglobulin-Locus (*IGH* bei 14q32, *IGK* bei 2p12 oder *IGL* bei 22q11). Im Gegensatz zu den tumorspezifischen Translokationen in Tabelle 17.3 erzeugen die Translokationen des Burkitt-Lymphoms keine neuen chimären Gene, sondern versetzen das Onkogen in eine Chromatinumgebung, die bei antikörperproduzierenden B-Zellen aktiv transkribiert wird. Normalerweise ist das nichtcodierende Exon 1 des *MYC*-Gens nicht im translozierten Material enthalten. Ohne die normalen, sonst stromaufwärts liegenden Kontrollelemente wird das *MYC*-Gen mit einer unangebracht hohen Rate exprimiert. Das ist jedoch möglicherweise nicht die vollständige Erklärung. Diese Translokationen werden durch eine fehlerhafte Aktivität der speziellen Rekombinasen hervorgerufen, die bei der V-D-J-Umstrukturierung der Immunglobulingene mitwirken (Abschnitt 10.6). Außerdem enthält das *MYC*-Gen häufig *de novo*-Punktmutationen, wie sie bei den Mechanismen für die Erzeugung der Antikörperdiversität eine Rolle spielen.

Viele andere chromosomale Umstrukturierungen, die durch denselben Mechanismus entstehen, bringen das eine oder andere Onkogen in die Nachbarschaft

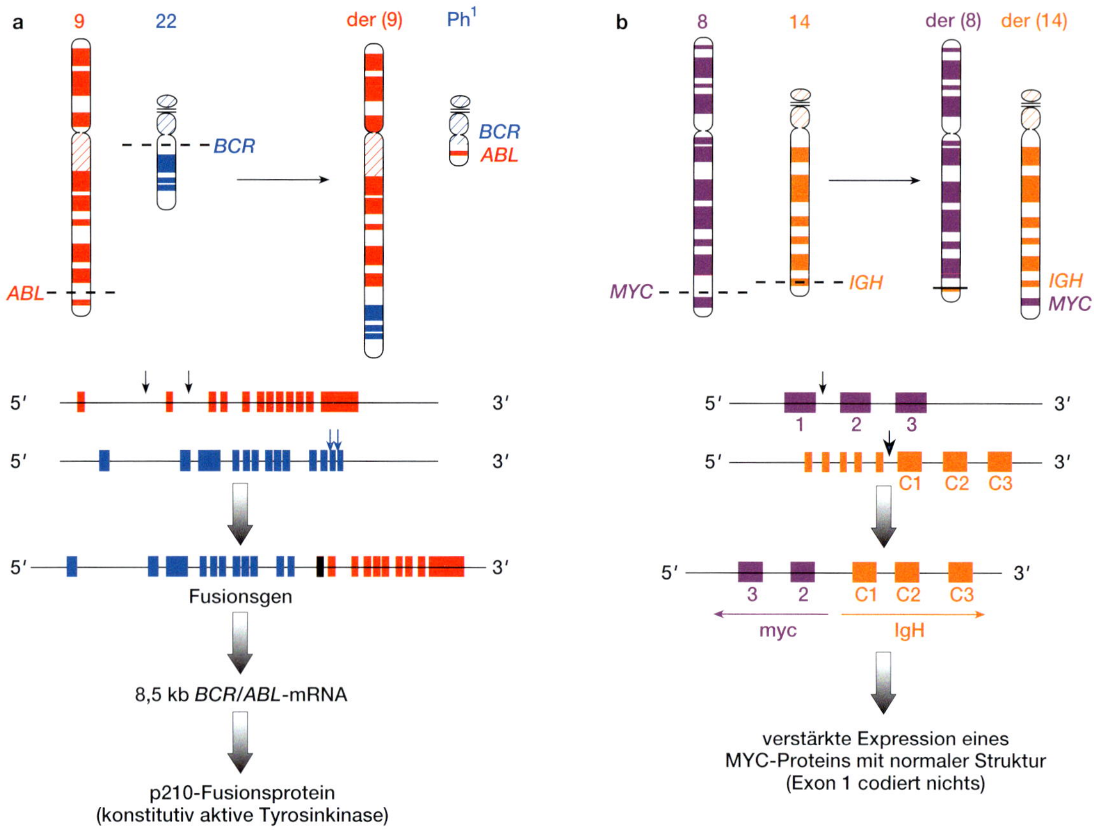

17.4 Chromosomale Umstrukturierungen, die Onkogene aktivieren. a) Aktivierung durch eine qualitative Veränderung in der t(9;22)-Translokation bei der chronisch myeloischen Leukämie. Das chimäre *BCR-ABL*-Fusionsgen auf dem Philadelphia-Chromosom codiert eine Tyrosinkinase, die auf die normalen Kontrollmechanismen nicht anspricht. Weitere Einzelheiten finden sich bei Chissoe et al. (1995). b) Aktivierung durch eine quantitative Veränderung in der t(8;14)-Translokation beim Burkitt-Lymphom. Das *MYC*-Gen auf Chromosom 8 wird in das Gen für die schwere Immunglobulinkette transloziert. In B-Zellen wird diese Region aktiv transkribiert, was zu einer Überexpression des *MYC*-Gens führt.

eines Gens für ein Immunglobulin (*IGG*) oder für einen T-Zell-Rezeptor (*TCR*) (Sanchez-García 1997). Wie sich denken lässt, sind diese Umstrukturierungen charakteristisch für Leukämien und Lymphome, aber nicht für solide Tumoren.

17.4 Tumorsuppressorgene

17.4.1 Das besondere Paradigma des Retinoblastoms

Bei Stanbridge (1990) werden die Grundlagen beschrieben, auf denen unsere Vorstellungen von TS-Genen beruhen (Weiterführende Literatur). Ein früher Meilenstein waren die Arbeiten von Knudson am Retinoblastom im Jahr 1971 (Übersichtsartikel von Knudson 2001). Das Retinoblastom ist ein aggressiver Tumor, der im Kindesalter auftritt und sich aus Retinoblasten entwickelt. Dabei handelt es sich um eine temporäre Population wenig differenzierter Zellen, die sich schnell teilen. Greift man auf die Analogie mit dem Bus zurück, fahren diese Zellen ohnehin schon sehr gefährlich und transformieren daher relativ leicht. Etwa 40% der Fälle sind familiär, die Vererbung erfolgt als unvollständig penetrantes dominantes Merkmal (MIM 180200). Die familiären Tumoren sind häufig beidseitig, während die sporadische Form immer nur einseitig auftritt. Knudson stellte fest, dass das Lebensalter, in dem die beidseitigen Tumoren auftreten, auf eine einzige Mutation hindeutet, während die sporadischen Tumoren einer Zwei-Treffer-Kinetik folgen. Er schloss daraus, dass alle Retinoblastome zwei „Treffer" erfordern, dass aber bei der familiären Form ein Treffer bereits vererbt wird (Abb. 17.5). Cavenee und Mitarbeiter bewiesen 1983 in einer grundlegenden Arbeit Knudsons Hypothese und formulierten das Paradigma für alle Laboruntersuchungen an TS-Genen.

Tabelle 17.3 Chimäre Gene, die durch tumorspezifische chromosomale Umstrukturierungen entstanden sind

Tumor	Umstrukturierung	chimäres Gen	Art des chimären Produkts
CML	t(9;22)(q34;q11)	*BCR-ABL*	Tyrosinkinase
Ewing-Sarkom	t(11;22)(q24;q12)	*EWS-FLI1*	Transkriptionsfaktor
Ewing-Sarkom (Variante)	t(21;22)(q22;q12)	*EWS-ERG*	Transkriptionsfaktor
bösartiges Melanom der Weichteile	t(12;22)(q13;q12)	*EWS-ATF1*	Transkriptionsfaktor
desmoplasmischer klein- und rundzelliger Tumor	t(11;22)(p13;q12)	*EWS-WT1*	Transkriptionsfaktor
Liposarkom	t(12;16)(q13;p11)	*FUS-CHOP*	Transkriptionsfaktor
AML	t(16;21)(p11;q21)	*FUS-ERG*	Transkriptionsfaktor
papilläres Thyroidkarzinom	inv(1)(q21,q31)	*NTRK1-TPM3 (TRK*-Onkogen)	Tyrosinkinase
Prä-B-Zell-ALL	t(1;19)(q23;p13.3)	*E2A-PBX1*	Transkriptionsfaktor
ALL	t(X;11)(q13;q23)	*MLL-AFX1*	Transkriptionsfaktor
ALL	t(4;11)(q21;q23)	*MLL-AF4*	Transkriptionsfaktor
ALL	t(9;11)(q21;q23)	*MLL-AF9*	Transkriptionsfaktor
ALL	t(11;19)(q23;p13)	*MLL-ENL*	Transkriptionsfaktor
akute promyeloische Leukämie	t(15;17)(q22;q12)	*PML-RARA*	Transkriptionsfaktor + Retinsäurerezeptor
alveolares Rhabdomyosarkom	t(2;13)(q35;q14)	*PAX3-FKHR*	Transkriptionsfaktor

CML, chronisch myeloische Leukämie; ALL, akute lymphoblastoide Leukämie; AML, akute myelogene Leukämie.
Man beachte, dass dasselbe Gen an mehreren unterschiedlichen Umstrukturierungen beteiligt sein kann. Weitere Einzelheiten finden sich bei Rabbitts (1994).

Cavenee und Kollegen typisierten chirurgisch entnommenes Tumormaterial von Patienten mit sporadischem Retinoblastom mithilfe einer Reihe von Markern für Chromosom 13 (man wusste, dass ein Retinoblastom manchmal mit chromosomalen Veränderungen bei 13q14 assoziiert ist). Als sie die Ergebnisse von Blut- und Tumorproben derselben Patienten miteinander verglichen, stellten sie fest, dass die konstitutionelle DNA (aus dem Blut) für einen oder mehrere Marker heterozygot war, während die Tumorzellen offenbar homozygot waren. Sie folgerten daraus, dass es sich dabei um einen von Knudsons „Treffern" handelte: der Verlust einer funktionsfähigen Kopie eines Tumorsuppressorgens. Spätere Untersuchungen bestätigten diese Interpretation, indem sie zeigen konnten, dass in den vererbten Fällen auf diese Weise immer das Wildtypallel verloren geht. Indem Cavenee und Mitarbeiter eine cytogenetische Analyse mit Untersuchungen von Markern in verschiedenen Bereichen der 13q-Region kombinierten, konnten sie eine Reihe von Mechanismen postulieren, durch die der Verlust erfolgen sollte (Abb. 17.6).

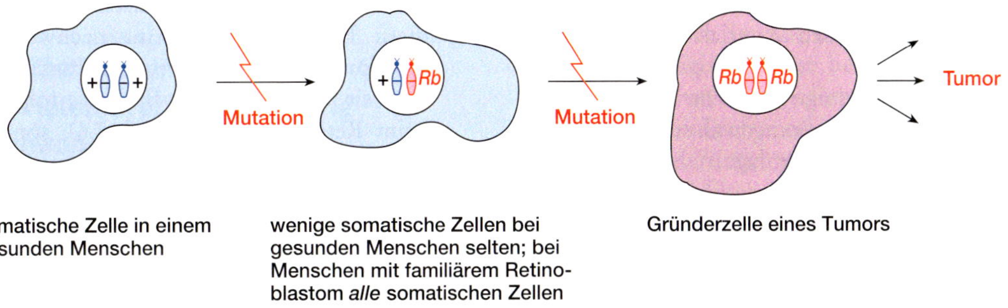

17.5 Knudsons Zwei-Treffer-Hypothese. Angenommen, es gibt eine Million Zielzellen, und die Wahrscheinlichkeit für eine Mutation beträgt 10^{-5} pro Zelle. Für ein sporadisches Retinoblastom sind zwei Treffer erforderlich; davon ist ein Mensch unter 10 000 betroffen ($10^6 \times 10^{-5} \times 10^{-5} = 10^{-4}$). Die familiäre Form, für die nur ein Treffer notwendig ist, zeigt eine hohe Penetranz ($10^6 \times 10^{-5} > 1$). Bei Knudson (2001) findet sich eine ausführlichere Beschreibung.

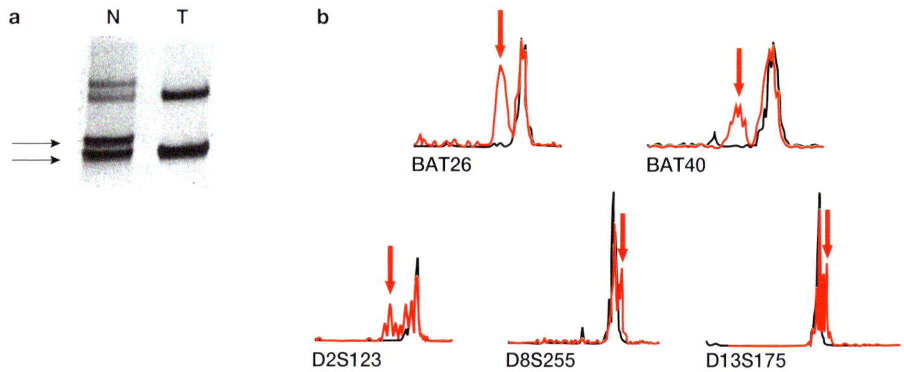

17.7 Genetische Veränderungen bei Tumoren. a) Verlust der Heterozygotie. Die Probe aus normalem Gewebe (N) ist für den Marker *D8S522* heterozygot (Pfeile), bei der Tumorprobe fehlt hingegen das obere Allel. Die Banden, die im Gel weiter oben liegen, sind „Konformationsbanden", die als Nebenbanden durch alternativ gefaltete Sequenzen von jedem Allel entstehen. Das Foto wurde freundlicherweise zur Verfügung gestellt von Dr. Nalin Thakker, St. Mary's Hospital, Manchester, Großbritannien. b) Mikrosatelliteninstabilität beim erblichen Nichtpolyposisdickdarmkrebs (*hereditary non-polyposis colon cancer*, HNPCC). Fluoreszenzsequenzanalysen von fünf Mikrosatelliten in HNPCC-Tumoren. Die schwarzen Kurven wurden mit konstitutioneller DNA, die roten Kurven mit Tumor-DNA desselben Patienten erzeugt. Pfeile markieren neue Allele in den Tumoren. *BAT26* und *BAT40* sind $(A)_n$-Folgen, *D2S123, D8S255* und *D13S175* sind $(CA)_n$-Dinucleotidwiederholungen. Mit freundlicher Genehmigung von Yvonne Wallis, West Midlands Regional Genetics Laboratory, Mirmingham, Großbritannien.

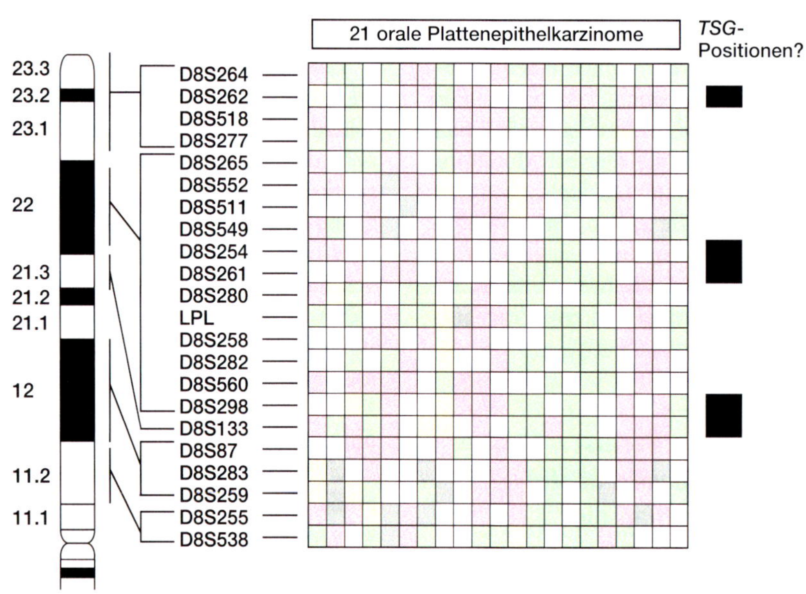

17.8 Mögliche Tumorsuppressorgene in der chromosomalen 8p-Region. Das Gitter zeigt die Ergebnisse einer Typisierung von konstitutioneller und Tumor-DNA aus einer Kohorte von Patienten mit oralen Tumoren. Dabei wurden verschiedene Marker (*D8S264* und so weiter) verwendet, wie sie entlang des Chromosoms angegeben sind (Wu et al. 1997). Ein Verlust der Heterozygotie (LoH) ist rosa markiert, ein Beibehalten der Heterozygotie grün, nicht eindeutige Ergebnisse gelb und eine Instabilität von Mikrosatelliten grau. Leere Felder stehen für Marker, die aufgrund einer konstitutionellen Homozygotie nicht informativ waren. Man beachte das komplexe LoH-Muster bei diesen Tumoren, das für solche Untersuchungen charakteristisch ist. Die Ergebnisse deuten darauf hin, dass es auf 8p drei verschiedene Tumorsuppressorgene geben muss.

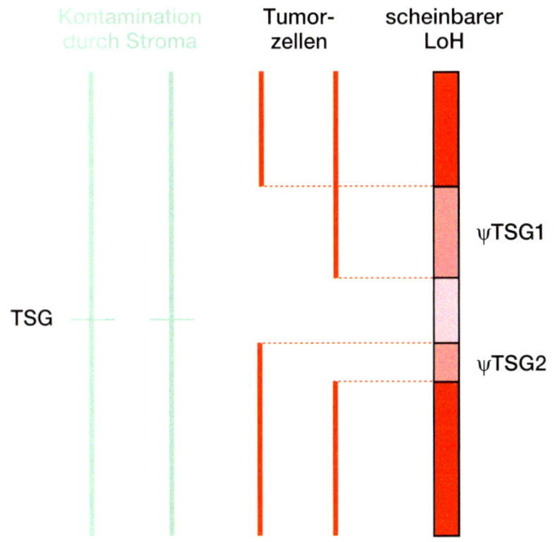

17.9 Eine Schwierigkeit bei der Interpretation von LoH-Daten. Das tatsächliche Ereignis bei diesem Tumor ist die homozygote Deletion von *TSG*. Aufgrund der Amplifizierung von kontaminierendem Material aus dem Stroma (helle Linien) zeigen die LoH-Daten am *TSG*-Locus eine Beibehaltung der Heterozygotie und einen Verlust der Heterozygotie in den flankierenden Regionen an (rosa). Das Muster täuscht die Existenz zweier Tumorsuppressorloci vor (*ΨTSG1* und *ΨTSG2*). Die tatsächliche Situation lässt sich mit einer Fluoreszenz-*in situ*-Hybridisierung oder einem immunhistochemischen Test für das *TSG*-Genprodukt darstellen.

rationen aufweisen (Abb. 17.10). Es sind fast nie Informationen über die Karyotypen der Tumoren erhältlich, die in einer LoH-Analyse verwendet wurden. Wenn man aber die Ergebnisse so darstellt wie in Abbildung 17.8, entsteht ungewollt der Eindruck, dass ein im Übrigen normales Chromosom nur durch spezifische interne Deletionen betroffen ist. Tatsächlich ist der Verlust der Heterozygotie das Ergebnis der chromosomalen Instabilität und der fehlenden Reparatur von DNA-Doppelstrangbrüchen, die für Tumorzellen sehr charakteristisch sind. Vielleicht sind einige der Heterozygotieverluste nur Nebeneffekte von spezifischen chromosomalen Instabilitätsmustern und keine Selektion auf den Verlust eines TS-Gens.

17.4.3 Tumorsuppressorgene werden häufig durch eine Methylierung epigenetisch abgeschaltet

TS-Gene können durch eine Deletion (die durch einen Verlust der Heterozygotie angezeigt wird) oder durch Punktmutationen inaktiviert werden, aber ein wichtiger dritter Mechanismus ist die Methylierung des Promotors (Abschnitt 10.4). Insgesamt ist Tumor-DNA im Vergleich zur DNA normaler Zellen untermethyliert, aber in praktisch allen Neoplasmen des Menschen kommt es in den Promotoren bestimmter Gene zur Methylierung spezifischer CpG-Dinucleotide, was dazu führt, dass die Transkription des Gens unangebracht abgeschaltet wird. Bei John und Baylin (2002) sind viele Beispiel aufgeführt. Bei einigen TS-Genen tritt die Methylierung häufig alternativ zu Punktmutationen auf, während bei anderen (etwa *RASSF1A* bei 3p21, *HIC1* bei 17p13.3) die Methylierung der einzige bekannte Mechanismus für einen tumorspezifischen Funktionsverlust ist. Mit Standardverfahren für die Suche nach Mutationen lassen sich solche Veränderungen nicht feststellen, sodass ihre Bedeutung wahrscheinlich immer noch unterschätzt wird.

17.5 Stabilität des Genoms

Die genomische Instabilität ist ein fast allgemeingültiges Merkmal von Krebszellen. Es gibt zwei Arten von Instabilität:

- Die **chromosomale Instabilität** (**CIN**) ist am häufigsten. Tumorzellen zeigen in der Regel höchst anomale Karyotypen (Abb. 17.10) mit mehreren zusätzlichen oder fehlenden Chromosomen, zahlreichen Umstrukturierungen und so weiter.
- Die **Mikrosatelliteninstabilität** (**MIN**) betrifft die DNA-Ebene und kommt nur bei wenigen Tumoren vor, vor allem bei einigen Darmkarzinomen (Abb. 17.7b).

Die Instabilität ist wahrscheinlich eine Voraussetzung dafür, dass eine Zelle genügend Mutationen ansammeln kann (Exkurs 17.1). Teilweise besteht auch die Vorstellung, dass die Instabilität nur ein Nebeneffekt bei der Entwicklung eines Tumors ist und dass die Anzahl der Teilungen in epithelialen Zellpopulationen ausreicht, um die erforderliche Menge an Mutationen zu akkumulieren, selbst wenn man nur von den Standardraten ausgeht. Tumoren zeigen jedoch entweder nur chromosomale Instabilität oder Mikrosatelliteninstabilität, aber nie beides. Das deutet darauf hin, dass die Instabilität keine zufällige Eigenschaft ist, sondern das Ergebnis einer Selektion.

17.5.1 Chromosomale Instabilität

Die zahlreichen chromosomalen Anomalitäten, die man bei Tumorzellen beobachten kann, entstehen größtenteils zufällig, wobei allerdings dadurch die Grundlage für die Selektion schneller wachsender

durch UV-Licht verursacht werden, nicht reparieren. Sie sind gegenüber Sonnenlicht außerordentlich empfindlich, wobei in der exponierten Haut viele Tumoren entstehen.

- Defekte der Basenexcisionsreparatur. Diese Defekte treten bei menschlichen Krebsarten selten auf, aber eine Form von Darmkrebs wird durch Defekte im MYH-Reparaturenzym verursacht (Al-Tassan et al. 2002).
- Defekte bei der Reparatur von DNA-Doppelstrangbrüchen. Doppelstrangbrüche werden durch homologe Rekombination oder die Verknüpfung nichthomologer Enden repariert (Hoeijmakers 2001). Für beide ist der ATM-NBS-BRCA1-BRCA2-Komplex erforderlich (siehe oben).
- Defekte bei der Reparatur von Replikationsfehlern. Diese Defekte wurden bei Untersuchungen an Darmkrebs entdeckt (siehe unten).

17.5.3 Der erbliche nichtpolypoide Darmkrebs und die Instabilität von Mikrosatelliten-DNA

Die meisten Formen von Darmkrebs sind sporadisch. Familiäre Formen lassen sich in zwei Gruppen einteilen:

- Die **familiäre adenomatöse Polyposis coli** (Adenomatosis coli; **FAP** oder **APC**; MIM 175100) ist eine autosomal-dominante Krankheit, bei der der Darm innen mit Hunderten oder Tausenden von Polypen dedeckt ist. Die Polypen (Adenome) sind nicht bösartig; wenn man sie jedoch nicht entfernt, entwickelt mit ziemlicher Sicherheit mindestens einer von ihnen ein invasives Karzinom. Die Ursache ist eine vererbte Mutation im *APC*-Tumorsuppressorgen (Tab. 17.4).
- **Erblicher Nichtpolyposisdickdarmkrebs** (*hereditary nonpolyposis colon cancer*, **HNPCC**; MIM 120435, 120436) wird ebenfalls autosomal-dominant vererbt und ist hochpenetrant. Im Gegensatz zu FAP gibt es jedoch keine vorrausgehende Phase einer Polyposis. HNPCC-Gene wurden in den beiden Bereichen 2p15-p22 und 3p21.3 kartiert.

Untersuchungen zum Verlust der Heterozygotie bei HNPCC-Tumoren brachten neue und unerwartete Ergebnisse. Im Vergleich zur konstitutionellen DNA fehlen keine Allele. Vielmehr enthielten die Tumorproben offenbar zusätzliche neue Allele von den verwendeten Mikrosatellitenmarkern. Ein Beispiel findet sich in Abbildung 17.7b. Der Verlust der Heterogenität betrifft nur bestimmte chromosomale Regionen, aber die Instabilität der Mikrosatelliten (MIN) tritt bei HNPCC überall auf. Viele Tumoren zeigen eine gelegentliche Instabilität bei einem oder bei wenigen Mikrosatelliten (Beispiel in Abb. 17.8), aber eine sehr häufig auftretende Instabilität (wenn definitionsgemäß über 29% aller getesteten Marker betroffen sind; Tomlinson et al. 2002) ist nur bei der Gruppe der MIN$^+$-Tumoren zu beobachten, die besondere klinisch-pathologische Eigenschaften aufweisen.

Fishel und Mitarbeiter stellten 1993 in einem schönen Beispiel für vernetztes Denken zwischen dem MIN$^+$-Phänomen und den so genannten Mutatorgenen von *E. coli* und Hefe eine Beziehung her. Diese Gene codieren ein Fehlerkorrektursystem, das neu synthetisierte DNA auf fehlgepaarte Basen und kleine Insertions-Deletions-Schleifen überprüft. Mutationen in den *MutHLS*-Genen, die das *E. coli*-System codieren, führen zu einer hundert- bis tausendfachen Erhöhung der allgemeinen Mutationsrate. Fishel und Kollgen klonierten mit *MUTS* ein menschliches Gegenstück zu einem dieser Gene. Sie konnten es dem 2p-Locus eines der HNPCC-Gene zuordnen und zeigten, dass es in einigen HNPCC-Familien konstitutionell mutiert ist. Insgesamt hat man beim Menschen sechs Gene gefunden, die zu den *E. coli*-Genen homolog sind (Jiricny und Nystrom-Lahti 2000; Tab. 17.5; Abb. 17.11).

HNPCC-Patienten sind für eine Funktionsverlustmutation konstitutionell heterozygot, die sich fast immer in *MLH1* oder *MSH2* befindet. Ihre normalen Zellen verfügen weiterhin über ein funktionsfähiges Reparatursystem für Basenfehlpaarungen und zeigen keinen MIN$^+$-Phänotyp. Bei einem Tumor ist die zweite Kopie durch einen der Mechanismen verloren gegangen, die in Abbildung 17.6 dargestellt sind. Eine Mikrosatelliteninstabilität tritt bei zehn bis 15% der Karzinome im Dickdarm, in der Gebärmutterschleimhaut und in den Ovarien auf, in anderen Tumoren jedoch nur vereinzelt.

Tabelle 17.5 Gene, die bei der Reparatur von DNA-Replikationsfehlern eine Rolle spielen

E. coli	Mensch	Position (Mensch)	% HNPCC
MutS	*MSH2*	2p16	35
	MSH3	5q11-q12	0?
	MSH6	2p16	5[a]
MutL	*MLH1*	3p21.3	60
	MLH3	14q24.3	0?
	PMS2	7q22	sehr gering

[a] atypische späteinsetzende Form von HNPCC und Endometriumkarzinom; Einzelheiten bei Jiricny und Nystrom-Lahti (2000)

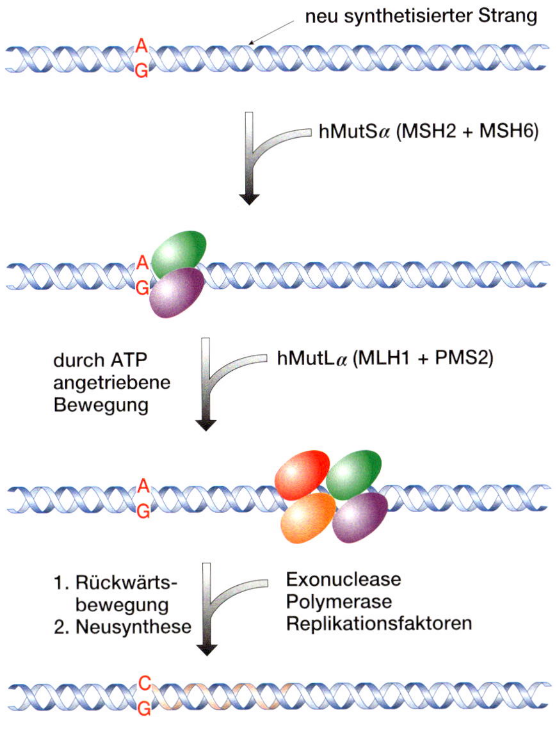

17.11 Mechanismen für die Reparatur von Fehlpaarungen. Replikationsfehler können zu Basenfehlpaarungen oder kleinen Insertions-/Deletions-Schleifen führen. Diese werden durch hMutSα (ein Dimer des MSH2/MSH6-Proteins) oder manchmal auch durch hMutSβ (MSH2/MSH3-Dimer) erkannt. Die Proteine bewegen sich die DNA entlang, binden an das MLH1/PMS2-Dimer (hMutLα) und bilden schließlich das vollständige „Reparasom", das sich zurückbewegt und den neuen DNA-Strang noch einmal synthetisiert (Jiricny und Nystrom-Lahti 2000).

17.5.4 p53 und der programmierte Zelltod

Ein wichtiger Faktor für die genomische Instabilität ist der Verlust oder eine Mutation des *TP53*-Gens, das den p53-Transkriptionsfaktor codiert. Ein Verlust des Gens ist wahrscheinlich die häufigste Veränderung eines einzelnen Gens bei Tumoren. Das zeigt die zentrale Bedeutung von p53. Das Protein wird wegen seiner Bedeutung auch als „Wächter des Genoms" bezeichnet (Vousden 2000). Wie oben erwähnt, hält der Zellzyklus bei einer Beschädigung der DNA an. Wenn sich der Schaden nicht reparieren lässt, wird der programmierte Zelltod (Apoptose) ausgelöst. Bei diesen Vorgängen besitzt p53 eine entscheidende Funktion. Die p53-Konzentration ist in der Zelle normalerweise niedrig, da das Protein schnell abgebaut wird. Die Signale einer ganzen Reihe von zellulären Stresssensoren (zu denen auch die Schadenssensoren gehören) führen zur Phosphorylierung und Stabilisierung von p53. Dadurch erhöht sich die p53-abhängige Transkription bestimmter Gene, beispielsweise des $p21^{WAF1/CIP1}$-Gens, das den Zellzyklus hemmt, sowie der Gene *PUMA* und *PIG3*, die die Apoptose kontrollieren. Tumorzellen, denen p53 fehlt, können die Replikation trotz DNA-Schäden fortsetzen und treten nicht in die Apoptose ein. Dabei ist jedoch zu bedenken, dass p53 bei der Tumorentwicklung erst relativ spät verloren geht (ein Beispiel findet sich in Abbildung 17.17). Und die frühen Phasen der Tumorentwicklung werden offensichtlich nicht durch p53 blockiert.

Die p53-Funktion kann auf verschiedene Weise verloren gehen: durch eine Deletion, durch Mutationen oder durch die Aktivität eines Inhibitors, wie etwa des *MDM2*-Genprodukts (das p53 bindet und für den Abbau markiert; außerdem bindet MDM2 an Rb, siehe unten) oder des E6-Proteins des Papillomvirus. Das *TP53*-Gen ließ sich der 17p12-Region zuordnen. In dieser Region geht bei einem breiten Spektrum von Tumoren die Heterozygotie am häufigsten verloren. Tumoren, die das *TP53*-Gen noch besitzen, enthalten häufig mutierte Versionen des Gens. In Familien, in denen das Li-Fraumeni-Syndrom (MIM 151623) dominant vererbt wird, kommen im *TP53*-Gen konstitutionelle Mutationen vor, was das Bild von *TM53* als TS-Gen vervollständigt. Erkrankte Familienmitglieder leiden an mehrfachen Primärtumoren, vor allem an Weichteilsarkomen, Knochensarkomen, Tumoren in Brust, Gehirn und Nebennierenrinde sowie an Leukämie (Abb. 17.12).

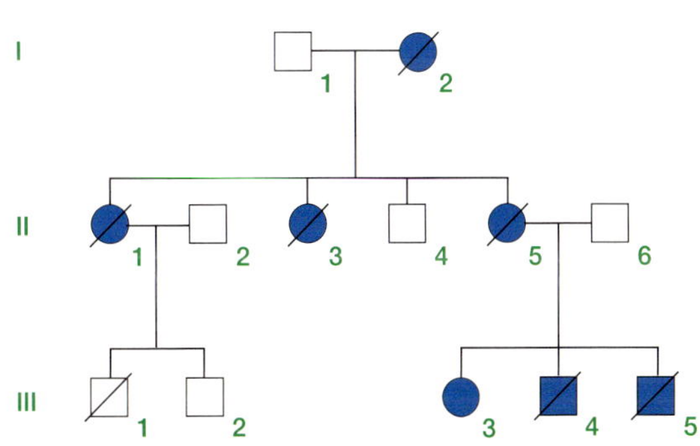

17.12 Ein charakteristischer Stammbaum für das Li-Fraumeni-Syndrom. Die malignen Ausprägungen dieses Syndroms zeigen sich wie folgt: ein beidseitiger Brustkrebs, der im Alter von 40 Jahren diagnostiziert wurde (I-2); ein Gehirntumor im Alter von 35 Jahren (II-1); Weichteilsarkom mit 19 Jahren und Brustkrebs mit 33 Jahren (II-3); Brustkrebs mit 32 Jahren (II-5); Osteosarkom mit acht Jahren (III-3); Leukämie mit zwei Jahren (III-4); Weichteilsarkom mit drei Jahren (III-5). I-1 litt an Dickdarmkrebs, der im Alter von 59 Jahren diagnostiziert wurde – dieser steht wahrscheinlich nicht mit dem Li-Fraumeni-Syndrom in Zusammenhang. Stammbaum aus: Malkin (1994).

sich aber das Leseraster verschiebt. Dadurch wird ein völlig anderes Protein codiert: p14 oder ARF (*alternative reading frame*). Das orthologe Protein bei der Maus ist p19.

Beide Genprodukte sind an der Regulation des Zellzyklus beteiligt (Abb. 17.15). Die p16-Aktivität ist bei der Regulation des G1-S-Kontrollpunktes „stromaufwärts" des Rb-Proteins angesiedelt. Cyclinabhängige Kinasen inaktivieren pRb durch Phosphorylierung, aber p16 hemmt die CDK4/6-Kinase. Deshalb führt der Verlust der p16-Funktion zu einem Verlust der RB-Funktion und damit zu einem unpassenden Durchlaufen des Zellzyklus. Als das andere Produkt des *CDKN2A*-Gens bewirkt p14, dass die G1-Phase angehalten wird, indem es das MDM2-Protein destabilisiert. Das zugehörige *MDM2*-Onkogen ist bei vielen Sarkomen amplifiziert (Pomeranz et al. 1998). MDM2 bindet an p53 und induziert dessen Abbau. p14 bewirkt also die Aufrechterhaltung der p53-Konzentration. Ein Verlust der p14-Funktion führt zu extremen Konzentrationen von MDM2, zu einem starken Abbau von p53 und damit zu einem Verlust der Zellzykluskontrolle.

Erbliche *CDKN2A*-Mutationen, die im Allgemeinen p16 betreffen, treten bei einigen Familien mit multiplen Melanomen auf, aber somatische Mutationen sind wesentlich häufiger. Die homozygote Deletion des Gens, die bei der Tumorgenese sehr häufig auftritt, inaktiviert sowohl den RB- als auch den p53-Zweig der Zellzykluskontrolle. Einige Tumoren weisen Mutationen auf, die nur p16 betreffen, nicht aber p14 (beispielsweise über die Inaktivierung des 1α-Promotors durch eine Methylierung). Solche Tumoren enthalten auch p53-Mutationen. Das zeigt, wie wichtig es ist, dass beide Zweige des Kontrollsystems ausgeschaltet werden (Abb. 17.15).

17.7 Integration der Daten: Reaktionswege und zelluläre Eigenschaften

Wie wir am Anfang des Kapitels festgestellt haben, kann die Tumorgenetik ausgesprochen verwirrend sein: So viele Gene, so viele Mutationen, eine unbegrenzte Vielfalt an Kombinationen ... jeder Tumor ist einzigartig. Die einzige Gemeinsamkeit besteht darin, dass alle Tumoren das Ergebnis einer Selektion auf eine spezifische Kombination von definierten Eigenschaften sind. Wenn man dies unter dem Gesichtspunkt von Reaktionswegen und nicht in Bezug auf einzelne Gene betrachtet, gibt es nur eine begrenzte Zahl von Möglichkeiten, diese Eigenschaften zu erwerben. In der Publikation von Hahn und Weinberg (2002) wird der Versuch unternommen, alle diese Reaktionswege zusammenzufassen und eine „Straßenkarte" der Krebsentstehung zu zeichnen.

17.7.1 Reaktionswege beim colorektalen Krebs

Unser Wissen über die Entwicklung von Tumoren ist bei den colorektalen Krebsarten am umfangreichsten, da sich hier an entnommenen Dickarmabschnitten von Patienten mit familiärer adenomatöser Polyposis alle Phasen der Tumorentwicklung untersuchen lassen. In Abbildung 17.17 sind die einzelnen Schritte dargestellt. Ähnliche, aber unvollständigere Schemata lassen sich auch für andere Tumoren aufstellen, bei denen nicht so viele Daten zur Verfügung stehen. Ein solches Schema basiert auf einer Reihe von Beobachtungen:

- Bösartige Karzinome entwickeln sich aus dem normalen Dickdarmepithel über mikroskopisch erkennbare atypische Krypten (*aberrant crypt foci*) zu gutartigen epithelialen Auswüchsen, die man als *Adenome* bezeichnet. Diese entwickeln sich über das frühe (<1 cm Durchmesser), mittlere (>1 cm, aber ohne Karzinomherde) zum späten Stadium (>1 cm und mit Karzinomherden), bis sie dann zu *Karzinomen* werden, die letztendlich auch *Metastasen bilden* können.
- Bei der familiären adenomatösen Polyposis ist eine Kopie des *APC*-Gens konstitutionell mutiert. Interessant ist dabei, dass erbliche Mutationen selten das APC-Protein einfach inaktivieren, sondern dass im Allgemeinen ein verkürztes Protein entsteht, das einen dominant-negativen Effekt verursacht (Abschnitt 16.4.3). Die einfache Inaktivierung eines *APC*-Allels würde den Zellen offensichtlich nicht den erforderlichen Wachstumsvorteil verschaffen. Die frühesten nachweisbaren Läsionen sind atypische Krypten, in denen die *APC*-Expression vollständig fehlt. Etwa eine von 10^6 Epithelzellen entwickelt sich zu einem Polyp; diese Rate entspricht dem Verlust des zweiten *APC*-Allels, der das zweite determinierende Ereignis ist.
- Bei etwa 50% der mittleren und späten, aber nur bei etwa zehn Prozent der frühen Adenome treten im *KRAS*-Onkogen (das mit dem *HRAS*-Gen verwandt ist; Tab. 17.1) Mutationen auf. Also sind möglicherweise häufig *KRAS*-Mutationen für eine Progression von den frühen zu den mittleren Adenomen erforderlich.
- Etwa 50% der späten Adenome und der Karzinome zeigen einen langsamen Verlust der Heterozygotie bei 18q. Das ist bei frühen und mittleren

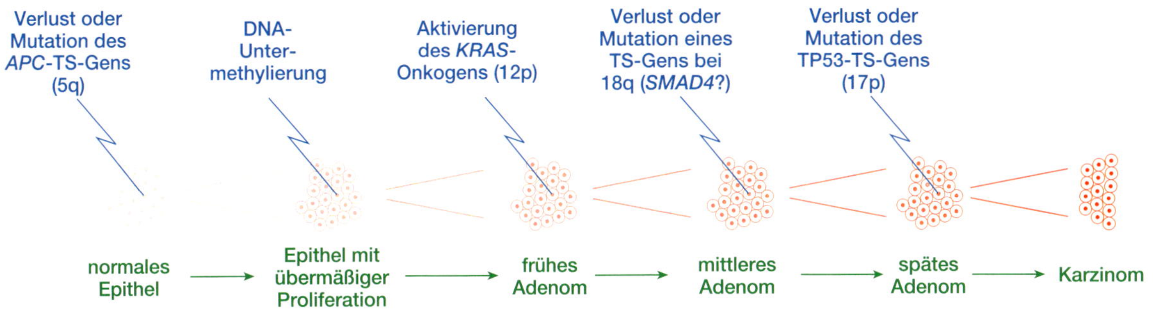

17.17 Ein Modell für die Entwicklung von Darmkrebs in mehreren Schritten. Weitere Einzelheiten hierzu im Text. Das Modell dient vor allem dazu, Überlegungen anzustellen, wie sich Tumoren entwickeln können, und soll keine definitive Beschreibung sein. Jeder colorektale Krebs hat wahrscheinlich dieselben histologischen Entwicklungsstufen durchlaufen, aber die zugrunde liegenden genetischen Veränderungen sind unterschiedlich. Nach Fearon und Vogelstein (1990) veranschaulicht die Abbildung eine besonders häufige Abfolge von Ereignissen. Bei Smith et al. (2002) wird die Frage nach der Gültigkeit dieses Modells gestellt, da hier in einer Reihe von 106 Tumoren nur sieben in allen drei Genen (*APC, KRAS* und *TP53*) Mutationen aufweisen.

Adenomen nur relativ selten der Fall. Das zugehörige Gen ist wahrscheinlich *SMAD4* (das man auch als *MADH4* bezeichnet) und nicht der ursprüngliche Kandidat *DCC* (White 1998).

- Colorektale Karzinome weisen sehr häufig einen Verlust oder eine Mutation des *TP53*-Gens auf, nicht aber die Adenome.

Das Schema in Abbildung 17.17 soll die wichtigsten Abfolgen von Mutationen aufzeigen, aber nicht alle Formen von Dickdarmkrebs folgen diesem Weg. Nur bei etwa 60% aller Darmkarzinome kommen *APC*-Mutationen vor. Bei Tumoren ohne *APC*-Mutationen findet man häufig aktivierende Mutationen im β-Catenin, das das wichtigste nachgeschaltete Ziel der APC-Aktivität ist (Fodde et al. 2001). Bei der weiteren Progression neigen FAP-Tumoren dazu, die 18q-Region zu verlieren, aber die HNPCC-Tumoren sind chromosomal stabil, und die Region bleibt erhalten. Der Selektionsdruck besteht in beiden Fällen wahrscheinlich darin, dass die β-Signale des wachstumshemmenden transformierenden Wachstumsfaktors (TGF) abgeschaltet werden. Bei FAP-Tumoren geschieht das durch Verlust des nachgeschalteten Effektorgens *SMAD4*, der sich bei 18q befindet. Bei HNPCC enthalten 90% der MIN^+-Tumoren Leserasterverschiebungen in einer $(A)_8$-Folge im TGF-β-Rezeptor-II-Gen. HNPCC-Tumoren zeigen auch häufig Rasterverschiebungen im *AXIN2*-Gen, das eine andere Komponente des APC-β-Catenin-Weges codiert. Hinter der Heterogenität der molekularen Ereignisse zeichnet sich ein viel geordneteres Bild von Reaktionswegen ab, die inaktiviert werden müssen, damit sich ein Tumor entwickeln kann.

17.7.2 Ein erfolgreicher Tumor muss sechs spezifische Eigenschaften erwerben

In einem wichtigen und sehr zu empfehlenden Übersichtsartikel von Hanahan und Weinberg (2000) (Weiterführende Literatur) wird der Vorschlag gemacht, die Entwicklung eines Tumors auf andere Weise zu betrachten. Die entscheidenden Faktoren für den Übergang von einer normalen Zelle zu einer bösartigen Krebszelle sind demnach sechs spezifische Eigenschaften. Die Zelle muss

- von äußeren Wachstumssignalen unabhängig werden,
- gegenüber äußeren wachstumshemmenden Signalen unempfindlich werden,
- der Apoptose entgehen können,
- in der Lage sein, sich unbegrenzt zu teilen,
- in der Lage sein, kontinuierlich Gefäße zu bilden
- in der Lage sein, in Gewebe einzudringen und Metastasen zu bilden.

Die Bildung von Metastasen ist nicht unbedingt eine spezifisch selektierte Eigenschaft, da sie für eine einzelne Zelle keinen eindeutigen Vorteil bringt. Wahrscheinlich handelt es sich um einen zufälligen Effekt aufgrund der allgemeinen Unordnung im Genom fortgeschrittener Tumorzellen. Die übrigen fünf Eigenschaften sind das Ergebnis einer spezifischen Selektion. Über die Angiogenese ist zwar noch relativ wenig bekannt, aber wir haben bereits die Bedeutung von aktivierten Onkogenen, einer gestörten Regulation des Zellzyklus, von Mutationen in p53 und der Reaktivierung der Telomeraseaktivität kennen gelernt, die für die ersten vier Eigenschaften verantwortlich sind. Jede Eigenschaft kann aufgrund einer

Reihe verschiedener genetischer Veränderungen erworben werden, wofür aber immer bestimmte Reaktionswege aktiviert oder inaktiviert sein müssen. Die Eigenschaften müssen bei verschiedenen Tumoren nicht in derselben Reihenfolge erworben werden. Die Notwendigkeit der genomischen Instabilität und die aufeinander folgende klonale Expansion in mittleren Stadien (Exkurs 17.1) machen es jedoch erforderlich, dass der Vorgang mit einer gewissen Ordnung abläuft.

Bei der Entwicklung eines Tumors in mehreren Schritten ist die erste Mutation von entscheidender Bedeutung, da sie einer sonst normalen Zelle, bei der alle Abwehrmechanismen intakt sind, einen gewissen Wachstumsvorteil vermitteln muss. Entsprechend der *Torwächterhypothese* (Kinzler und Vogelstein 1996) ist in einer sich selbst erneuernden Zellpopulation ein bestimmtes Gen für die Aufrechterhaltung einer konstanten Zellzahl verantwortlich. Die Mutation eines solchen Torwächtergens führt zu einem dauerhaften Ungleichgewicht zwischen Zellteilung und Zelltod, während Mutationen in anderen Genen keine langfristigen Auswirkungen haben, wenn das Torwächtergen richtig funktioniert. Nach dieser Theorie sind die Tumorsuppressorgene, die durch die Untersuchung an mendelnden Krebsarten identifiziert wurden, für das betroffene Gewebe definitionsgemäß die Torwächtergene – *NF2* bei den Schwann-Zellen, *VHL* bei Nierenzellen und so weiter. Bei der familiären adenomatösen Polyposis ist vielleicht von Bedeutung, dass das APC-Protein nicht nur die Konzentration von β-Catenin reguliert, das ein entscheidender Regulator des Zellwachstums ist, sondern auch beim Spindelkontrollpunkt eine entscheidende Rolle spielt (Abschnitt 17.5.1). Wir haben oben festgestellt, dass bereits sehr frühe Adenome eine chromosomale Instabilität zeigen. Wahrscheinlich verschafft bereits eine einzige Mutation im *APC*-Gen (der „richtigen" Art) dem Dickdarmepithel einen Wachstumsvorteil, während die Mutation eines einzigen *BRCA1/2*-Gens dem Brustdrüsengangepithel keine Vorteile bringt. Das erklärt vielleicht, warum *APC*-Mutationen beim sporadischen Dickdarmkrebs sehr häufig vorkommen, aber *BRCA1/2*-Mutationen beim sporadischen Brustkrebs selten sind (Lamlum et al. 1999). Wie nun häufige Krebsarten, etwa in der Lunge und der Prostata, bei denen es keine mendelnden Formen gibt, zur Hypothese vom Torwächtergen passen, ist unklar.

17.8 Was nutzt all dieses Wissen?

Wenn man sich die Überlegungen vergegenwärtigt, die in diesem Kapitel geschildert wurden, so ist die Vorstellung, es könne eine „Heilung von Krebs" geben, ein ziemlicher Unsinn. Die neuen Erkenntnisse führen jedoch schon jetzt zu erkennbaren Fortschritten auf drei Gebieten: Erkennung, Diagnose und Behandlung.

- Die Erkennung von Krebs vor dem Auftreten von Symptomen beruht traditionell auf physischen Untersuchungen, elektronischen Abtastverfahren (Mammographie und anderen), biochemischen Tests (prostataspezifisches Antigen) oder invasiven Methoden (Colonoskopie und anderen). Aus bisher noch nicht ganz geklärten Gründen geben Tumoren DNA ab. Mit empfindlichen PCR-Methoden lässt sich Tumor-DNA im Urin (bei Blasenkrebs), Kot (bei Darmkrebs), Speichel oder Auswurf (bei Krebs im Mundbereich oder in der Lunge) oder im Blut (bei einer Reihe von Krebsarten) nachweisen (Sidransky 2002). Es besteht die Hoffnung, dass durch Testen dieser DNA auf Mutationen in *TP53*, *APC* (und so weiter) oder auf spezifische Methylierungen von Promotoren oder Mikrosatelliteninstabilität effektivere und nichtinvasive Untersuchungsmethoden zur Verfügung stehen.

17.18 Beispiele für die Anwendung von Expressionsarrays, um Tumoren zu charakterisieren. a) Identifizierung des ursprünglichen Gewebes. Die Expressionsmuster von 148 Genen (Reihen) dienen dazu, 100 Tumoren (Spalten) einzuordnen. Pr, Prostata; Bl, Blase/Harnleiter; Br, Brust; Co, colorektal; Ga, Magen/Speiseröhre; Ki, Niere; Li, Leber; Ov, Ovarien; Pa, Pankreas; LA, Lungenadenokarzinom; LS, Plattenepithelkarzinom der Lunge; rot, erhöhte Genexpression; blau, verringerte Expression. Aus: Su et al. (2001) *Cancer Research* 61: 7388–7393, mit Genehmigung durch The American Association for Cancer Research. b) Unterscheidung zwischen zwei Arten von diffusen Lymphomen großer B-Zellen. Durch das Nebeneinanderstellen der Genexpression lassen sich keimzentrenähnliche Tumoren von aktivierten B-Zell-Tumoren unterscheiden (orangefarbener und blauer Balken). In den beiden Gruppen besteht eine Lebenserwartung von fünf Jahren bei 76 beziehungsweise 16 % der Erkrankten. Nach: Alizadeh et al. (2000), mit Genehmigung der Nature Publishing Group. c) Empfindlichkeit gegenüber Chemotherapeutika. Die Auswirkungen von 232 Medikamenten auf die Expressionsmuster von 6 817 Genen in 60 Tumorzelllinien wurden miteinander verglichen. Dargestellt sind die Expressionsmuster der Gene (Reihen) in 30 Zelllinien (Spalten), die Sensitivität oder Resistenz gegenüber Cytochalasin D anzeigen. Nach: Staunton et al. (2001), mit Genehmigung der National Academy of Sciences, USA. d) Vorhersage der klinischen Entwicklung bei Brustkrebs. Bei 98 primären Brusttumoren wurden die Expressionsmuster von 25 000 Genen ausgewertet. Die Abbildung zeigt die Profile von 70 prognostisch relevanten Markergenen (Spalten) in 78 Tumoren (Reihen). Alle Patienten haben bereits chirurgische Eingriffe und eine Strahlentherapie hinter sich. Die gelben Linien trennen die Patienten, die laut Prognose (bei Anwendung von zwei alternativen Kriterienkatalogen) zusätzlich eine Chemotherapie benötigen (oberhalb der Linie), von den anderen, die solch eine unangenehme Behandlung nicht benötigen. Daten aus: van't Veer et al. (2002) mit Genehmigung der Nature Publishing Group.

▶

- Wie am Anfang dieses Kapitels erwähnt, werden die traditionellen histologischen Methoden der Identifizierung und Altersbestimmung von Tumoren immer mehr durch molekulare Methoden ergänzt (aber nicht ersetzt) (Lakhani und Ashworth 2001). Das trifft auf Leukämien am meisten zu, da hier die Bestimmung der chromosomalen Umstrukturierungen wichtige Hinweise für die Diagnose und die Behandlung geben kann (zum Beispiel Armstrong et al. 2002). Bis vor kurzem entzog sich die Komplexität der Veränderungen bei soliden Tumoren einer einfachen Analyse, aber die Erstellung von **Expressionsprofilen** ermöglicht nun eine sinnvolle Systematisierung von Subtypen,

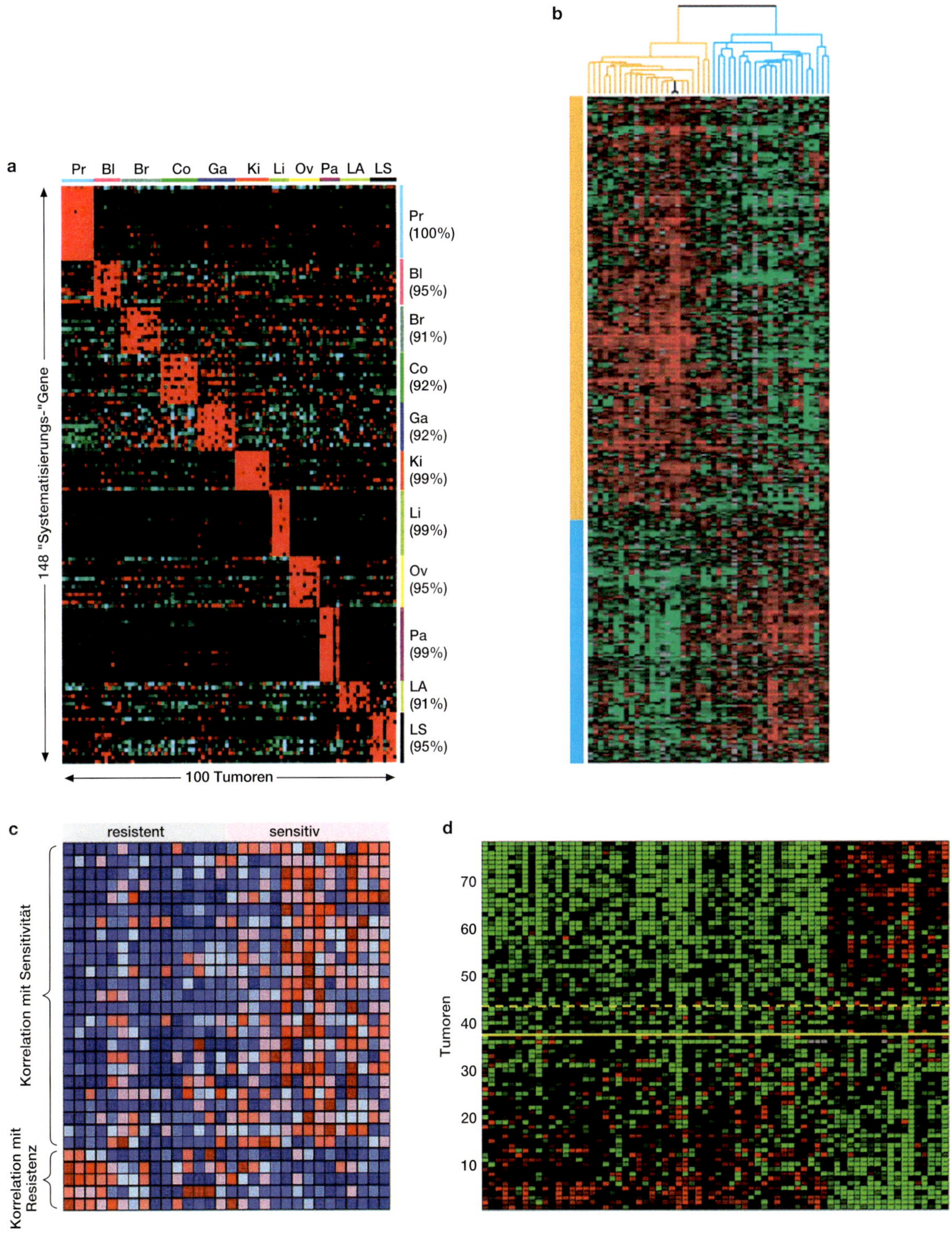

wobei sich auch hier Schlussfolgerungen für Prognose und Behandlung ergeben können. In Abbildung 17.18 sind Beispiele für aktuelle Anwendungen von Expressionsarrays bei der Krebsdiagnose dargestellt.

- Zurzeit werden die ersten Behandlungsmethoden eingeführt, die auf spezifischen molekularen Veränderungen beruhen. Herceptin ist ein monoklonaler Antikörper gegen die ErbB2-Rezeptortyrosinkinase und ein effektives Therapeutikum bei Formen von Brustkrebs, bei denen eine Amplifizierung des ERBB2-Gens vorliegt, nicht jedoch bei anderen Formen, bei denen dieses Merkmal fehlt (de Bono und Rowinsky 2002). Gleevec (Imatinib, ST-1571) ist ein spezifischer Inhibitor des BRC-ABL-Fusionsproteins (Abb. 17.4a). Man hat damit bei chronisch myeloischen Leukämien bemerkenswerte Erfolge erzielt (Savage und Antman 2002). Es bleibt zu hoffen, dass es sich hier um die ersten Vertreter einer neuen Reihe von Mitteln gegen Krebserkrankungen handelt, die aufgrund von Erkenntnissen der molekularen Ereignisse bei Tumoren entwickelt wurden.

Weiterführende Literatur

Bishop JM (1983) Cellular oncogenes and retroviruses. *Annu Rev Biochem* 52: 301–354.

Hanahan D, Weinberg R (2000) The hallmarks of cancer. *Cell* 100: 57–70.

Stanbridge EM (1990) Human tumor suppressor genes. *Annu Rev Genet* 24: 615–657.

Zitierte Literatur

Alizadeh AA, Eisen MB, Davis RE et al. (2000) Distinct types of diffuse large B-cell lymphoma identified by gene expression profiling. *Nature* 403: 503–511.

Al-Tassan N, Chmiel NH, Maynard J et al. (2002) Inherited variants of *MYH* associated with somatic G:C→TA mutations in colorectal cancer. *Nature Genet* 30: 227–232.

Armstrong SA, Staunton JE, Silverman LB et al. (2002) MLL translocations specify a distinct gene expression profile that distinguishes a unique leukemia. *Nature Genet* 30: 41–47.

Blume-Jensen P, Hunter T (2001) Oncogenic kinase signalling. *Nature* 411: 355–365.

Cavenee WK, Dryja TP, Phillips RA et al. (1983) Expression of recessive alleles by chromosomal mechanisms in retinoblastoma. *Nature* 305: 779–784.

Chissoe SL, Bodenteich A, Wang Y-F et al. (1995) Sequence and analysis of the human *ABL* gene, the *BCR gene*, and regions involved in the Philadelphia chromosomal translocation. *Genomics* 27: 67–82.

De Bono JS, Rowinsky EK (2002) The ErbB receptor family: a therapeutic target for cancer. *Trends Mol Med* 8(4 Suppl), S18–S26.

Fearon ER, Vogelstein B (1990) A genetic model for colorectal tumorigenesis. *Cell* 61: 759–767.

Fishel R, Lescoe MK, Rao MRS et al. (1993) The human mutator gene homolog *MSH2* and its association with hereditary nonpolyposis colon cancer. *Cell* 78: 539–542.

Fodde R, Smits R, Clevers H (2001) *APC*, signal transduction and genetic instability in colorectal cancer. *Nature Rev Cancer* 1: 55–67.

Forozan F, Karhu R, Kononen J et al. (1997) Genome screening by comparative genome hybridization. *Trends Genet* 13: 405–466.

Futreal PA, Kasprzyk A, Birney E et al. (2001) Cancer and genomics. *Nature* 409: 850–852.

Hahn WC, Weinberg RA (2002) Modelling the molecular circuitry of cancer. *Nature Rev Cancer* 2: 331–340.

Harbour JW, Dean DC (2000) The Rb/E2F pathway: expanding roles and emerging paradigms. *Genes Dev* 14: 2393–2409.

Hoeijmakers J (2001) Genome maintenance mechanisms for preventing cancer, *Nature* 411: 366–374.

Jallepalli PV, Lengauer C (2001) Chromosome segregation and cancer: cutting through the mystery. *Nature Rev Cancer* 1: 109–117.

Jiricny J, Nystrom-Lahti M (2000) Mismatch repair defects in cancer. *Curr Opin Genet Dev* 10: 157–161.

Jones PA, Baylin SB (2002) The fundamental role of epigenetic events in cancer. *Nature Rev Genet* 3: 415–428.

Kinzier KW, Vogelstein B (1996) Lessons from hereditary colorectal cancer. *Cell* 87: 159–170.

Knudson AG (2001) Two genetic hits (more or less) to cancer. *Nature Rev Cancer* 1: 157–162.

Lakhani SR, Ashworth A (2001) Microarray and histopathological analysis of tumours: the future and the past? *Nature Rev Cancer* 1: 151–157.

Lamium H, Ilyas M, Rowan A et al. (1999) The type of somatic mutation at APC in familial adenomatous polyposis is determined by the 'site of the germline mutation: a new facet to Knudson's 'two-hit' hypothesis. *Nature Med* 5: 1071–1075.

Lowy DR, Willumsen BM (1993) Function and regulation of BAS. *Annu Rev Biochem* 62: 851–891.

Malkin D (1994) Germline p53 mutations and heritable cancer. *Annu Rev Genet* 28: 4443–4465.

Maser RS, DePinho RA (2002) Connecting chromosomes, crisis and cancer. *Science* 297: 565–569.

Mitelman F, Johansson B, Mertens F (ads) Mitelman Database of Chromosome Aberrations in Cancer (2002). http://cgap.nci.nih.gov/Chromosomes/Mitelman

Pinkel D (1994) Visualizing tumor amplification. *Nature Genet* 8: 107–108.

Pomeranz J, Schreiber-Agus N, Liegois NJ et al. (1998) The Ink4a tumor suppressor gene product, p19Arf, interacts with MDM2 and neutralizes MDM2's inhibition of p53. *Cell* 92: 713–723.

Rabbitts TH (1994) Chromosome translocations in human cancer. *Nature* 372: 143–149.

Sanchez-Garcia I (1997) Consequences of chromosomal abnormalities in tumor development. *Ann Rev Genet* 31: 429–453.

Savage DG, Antman KH (2002) Imatinib mesylate – a new oral targeted therapy. *New Engl J Med* 346: 683–693.

Scully R, Livingston DM (2000) In search of the tumour-suppressor functions of *BRCA1* and *BRCA2*. *Nature* 408: 429–432.

Sidransky D (2002) Emerging molecular markers of cancer. *Nature Rev Cancer* 2: 210–219.

Smith G, Carey FA, Beattie J et al. (2002) Mutations in APC, Kirsten-ras, and p53-alternative genetic pathways to colorectal cancer. *Proc Natl Acad Sci USA* 99: 9433–9438.

Staunton JE, Slonim DK, Collar HA et al. (2001) Chemosensitivity prediction by transcriptional profiling. *Proc Natl Acad Sci USA* 98: 10787–10792.

Su AI, Welsh JB, Sapinoso LM et al. (2001) Molecular classification of human carcinomas by use of gene expression signatures. *Cancer Res* 61: 7388–7393.

Thiagalingam S, Laken S, Willson JKV et al. (2001) Mechanisms underlying losses of heterozygosity in human colorectal cancers. *Proc Natl Acad Sci USA* 98: 2698–2702,

Tomlinson I, Halford S, Aaltonen L et al. (2002) Does MSI–Iow exist? *J Pathol* 197: 6–13.

Tosi S, Giudici G, Rambaldi A et al. (1999) Characterization of the. human myeloid leukemia-dreived cell line GF-DB by multiplex fluorescence in situ hybridization, subtelomeric probes and comparative genomic hybridization. *Genes Chrom Cancer* 24: 231–241.

van't Veer LJ, Dai H, van de Vijver MJ et al. (2002) Gene expression profiling predicts clinical outcome of breast cancer. *Nature* 415: 530–536.

Vousden KH (2000) p53: death star. *Cell* 103: 691–694.

White RL (1998) Tumor suppressing pathways. *Cell* 92: 591–592.

Wu CL, Roz L, Sloan P Read AP et al. (1997) Deletion mapping defines three discrete areas of allelic imbalance on chromosome arm 8p in oral and oropharyngeal squamous cell carcinomas. *Genes Chrom Cancer* 20: 347–353.

Zhou B-BS, Elledge S (2000) The DNA damage response: putting checkpoints in perspective. *Nature* 408: 433–439.

18. Genetische Tests bei Einzelpersonen und bei Populationen

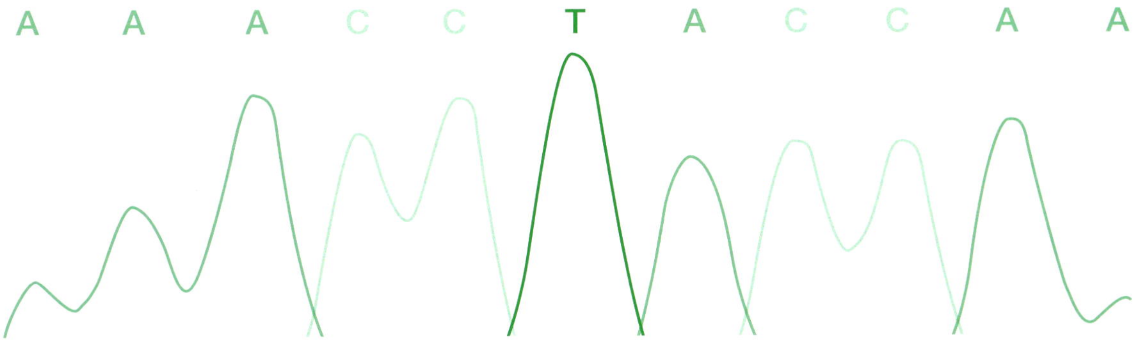

18.1 Einführung

Genetiker sind nicht die Einzigen, die die Möglichkeiten der DNA-Diagnose nutzen. In der Mikrobiologie und in der Virologie sind beispielsweise PCR-Verfahren ein wichtiges Hilfsmittel, um Krankheitserreger zu identifizieren. Alle Hämatologen, Onkologen und andere Pathologen verwenden DNA-Tests als Grundlage für die Diagnose. In diesem Kapitel wollen wir jedoch genetische Tests als Untersuchungen auf mendelnde Faktoren behandeln. Die Faktoren können zeigen, wie groß das persönliche Risiko eines Menschen ist, eine Krankheit (mendelnd oder nicht) zu entwickeln oder weiterzugeben. Man kann die Faktoren auch dazu verwenden, eine Person zu identifizieren oder Verwandtschaftsverhältnisse zu klären.

Wir wollen die verschiedenen Testmethoden soweit möglich anhand der beiden häufigsten mendelnden Krankheiten – der Cystischen Fibrose (CF) und der Duchenne-Muskeldystrophie (DMD) – veranschaulichen. Bei beiden Krankheiten sind große Gene beteiligt, die eine außerordentliche Heterogenität der Allele aufweisen. Aber davon abgesehen eröffnen CF und DMD recht unterschiedliche Problemkreise bei der DNA-Diagnose (Tab. 18.1). Dabei werden viele der Fragestellungen deutlich, die beim Testen auf mendelnde Krankheiten relevant sind. Wie immer in diesem Buch konzentrieren wir uns auf die Grundlagen und nicht auf die Einzelheiten der Praxis. Leser, die an spezifischen Methoden interessiert sind, können unter http://www.cmgs.org eine Reihe erprobter Anleitungen für die Labordiagnose der häufigeren mendelnden Krankheiten finden. Diese wurden bei „Consensus-Workshops" der britischen Clinical Molecular Genetics Society formuliert. Das Buch von Elles und Mountford (2003) (Weiterführende Literatur) beschreibt Testmethoden für ein noch breiteres Spektrum von Krankheiten.

Wenn ein Kliniker die DNA-Probe eines Patienten in ein Diagnoselabor bringt, gibt es drei mögliche Fragen, die man vielleicht im Labor zu beantworten versucht:

- Hat der Patient *irgendeine* Mutation in *irgendeinem* Gen, die die Krankheit erklären würde? Diese Frage ist nicht zu beantworten, weder jetzt noch in Zukunft. Gentests müssen gezielt erfolgen. Selbst wenn es in einem diagnostischen Verfahren möglich sein sollte, das gesamte Genom eines Menschen zu sequenzieren, gäbe es keine Möglichkeit zu entscheiden, welche der vielen Millionen Unterschiede zwischen den DNA-Sequenzen zweier Menschen für eine Krankheit verantwortlich sein können, ohne dass eine spezifische Liste von Kandidaten zur Verfügung steht.
- Hat der Patient *irgendeine* Mutation in *diesem einen Gen*, das die Krankheit verursachen könnte? In Abschnitt 18.3 werden Standardmethoden beschrieben, um diese Frage zu beantworten. Ein alternativer Ansatz, die Bestimmung von Vererbungslinien, wird in Abschnitt 18.5 behandelt.
- Hat der Patient eine 3 bp lange Deletion des Codons für Phenylalanin-508 in seinem *CFTR*-Gen? Die Umstände, unter denen diese Art von Frage gestellt werden kann, sind Thema in Abschnitt 18.4.

18.2 Die Auswahl des Testmaterials: DNA, RNA oder Proteine

Genetische Tests werden fast immer mit einer PCR durchgeführt, wobei man die in Abschnitt 5.2 beschriebenen Methoden anwendet. Die wenigen Anwendungen von Southern-Blots betreffen Tests für große Genumstrukturierungen oder -unterbrechungen sowie die umfassenden Mutationen beim Fragile-X-Syndrom und bei der Myotonischen Dystrophie (Abschnitt 16.6.4). Die Empfindlichkeit der PCR ermöglicht die Verwendung eines breiten Spektrums von Gewebeproben, die im Folgenden aufgeführt sind:

- **Blutproben** – die am häufigsten benutzte DNA-Quelle bei Erwachsenen.
- **Mundausspülungen oder Wangenabstriche** – da sie nicht invasiv sind, werden sie bei Reihenuntersuchungen von Populationen bevorzugt angewandt. Bei Mundausspülungen erhält man genügend DNA für einige Dutzend Tests, und durch eine Gesamtgenomamplifizierung (Abschnitt 5.2.4) lässt sich eine einzige Probe noch umfassender testen.
- **Biopsieproben von Chorionzotten** – die beste Quelle für fetale DNA (besser als Proben aus Fruchtwasserpunktionen).
- **Eine oder zwei Zellen, die aus einem Embryo im Acht-Zellen-Stadium entfernt werden** – für die Präimplantationsdiagnose nach einer künstlichen Befruchtung.
- **Haare, Samenflüssigkeit** und so weiter für kriminaltechnische Untersuchungen.
- **Eingelagerte pathologische Proben** – für die Typisierung verstorbener Personen, wenn keine DNA aufbewahrt wurde, oder um Tumoren auf genetische Veränderungen zu testen. Dabei können aus fixierten Gewebeproben nur kurze Sequenzen bis 250 bp (oder sogar kürzer) zuverlässig amplifiziert werden.

Tabelle 18.1 Die unterschiedliche Genetik der Cystischen Fibrose und der Duchenne-Muskeldystrophie

Cystische Fibrose	Duchenne-Muskeldystrophie
autosomal-rezessiv	X-gekoppelt rezessiv
Funktionsverlustmutationen	Funktionsverlustmutationen
ziemlich großes Gen: 250 kb genomische DNA 27 Exons 6,5 kb mRNA	riesiges Gen: 2 400 kb genomische DNA 79 Exons 14 kb mRNA
fast alle Mutationen sind Substitutionen einzelner Basen	65 % der Mutationen sind Deletionen, die ein oder mehrere Exons umfassen
	5 % Duplikationen
	30 % Nonsense-, Spleißstellen- und ähnliche Mutationen
	Missense-Mutationen sind sehr ungewöhnlich
neue Mutationen sind außerordentlich selten	neue Mutation sind sehr häufig
Mosaike sind problemlos	Mosaike sind häufig
geringe Rekombination innerhalb des Gens	Hot-Spot für Rekombinationen (12 % zwischen Markern an den beiden Enden des Gens

Genetische Tests erfordern für DMD und CF unterschiedliche Herangehensweisen

- **Guthrie-Karten** – mit diesen Karten werden in vielen Ländern getrocknete Bluttropfen an Labors gesandt. So werden Neugeborene in Reihenuntersuchungen auf Phenylketonurie getestet. Dabei wird nicht der gesamte Blutfleck für den Test verbraucht, sodass später bei einem etwaigen Tod des Kindes – falls die Karte aufbewahrt wurde – noch eine mögliche DNA-Quelle zur Verfügung steht.

RNA hat gegenüber DNA einige Vorteile, aber sie ist schwieriger zu isolieren und zu handhaben

Wenn ein Gen auf unbekannte Mutationen untersucht werden soll, bietet ein PCR-Test mehrere Vorteile (Abschnitt 5.2.1). Bei DNA-Tests wird im Allgemeinen jedes Exon einzeln amplifiziert und analysiert, was bei einem Gen mit zahlreichen Exons eine mühsame Aufgabe sein kann. Die meisten Methoden zur Mutationssuche (Tab. 18.2) eignen sich für Fragmente, die größer sind als ein durchschnittliches Exon, sodass man ein RT-PCR-Produkt mit einer geringeren Zahl von Reaktionen untersuchen kann. Außerdem lässt sich nur mithilfe der RT-PCR ein fehlerhaftes Spleißen der RNA zuverlässig feststellen, was anhand von Veränderungen der DNA-Sequenz oder bei Aktivierung einer kryptischen Spleißstelle, die sich mitten in einem Intron befindet (Abschnitt 16.4.1), meist nur schwer vorhersagbar ist. RNA ist jedoch viel weniger einfach zu isolieren und zu handhaben. Die Proben müssen mit außerordentlicher Sorgfalt behandelt und schnell verarbeitet werden, um einen Abbau der mRNA zu vermeiden. Außerdem wird ein gesuchtes Gen möglicherweise gar nicht in den leicht zugänglichen Geweben isoliert. Darüber hinaus verursachen viele Mutationen eine Instabilität der mRNA (Abschnitte 11.4.4, 16.4.1), sodass das RT-PCR-Produkt von einer heterozygoten Person vielleicht nur das normale Allel zeigt.

Proteinfunktionstests sind bei einer genetischen Untersuchung von Bedeutung

Mithilfe eines Funktionstests auf Proteinbasis lassen sich möglicherweise die Produkte einer sehr heterogenen Reihe von Allelen in zwei einfache Gruppen einteilen: funktionsfähig oder funktionslos. Das ist letztendlich die entscheidende Frage bei den meisten Diagnosen. Das Problem bei Funktionstests besteht darin, dass sie nur für ein einzelnes Protein spezifisch sind. Im Gegensatz dazu ist die DNA-Technik allgemeiner anwendbar. Das hat für das Diagnoselabor offensichtliche Vorteile und fördert darüber hinaus technische Entwicklungen, da sich jede neue Technik auf viele Probleme anwenden lässt.

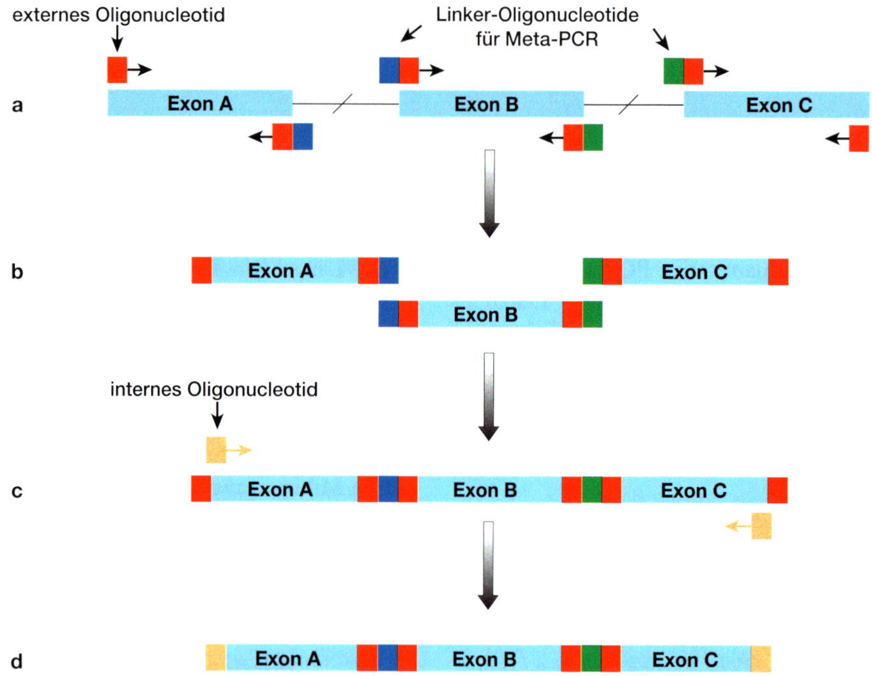

18.2 Prinzip der Exonverknüpfungs-PCR (Meta-PCR). Mit diesem Verfahren lässt sich die Diskrepanz zwischen der durchschnittlichen Größe von menschlichen Exons (145 bp) und der optimalen Produktgröße bei einer Sequenzierung (500–800 bp) beseitigen, während die Vorteile der Untersuchung von genomischer DNA erhalten bleibt. a) Zwei bis fünf Exons (mit jeweils etwa 20 bp des flankierenden Introns; zur besseren Übersichtlichkeit nicht dargestellt) werden in einer PCR amplifiziert, wobei man Primer verwendet, die an ihren 5'-Enden spezifische übereinstimmende Linker enthalten. b) Wenn die Primer verbraucht sind, bilden sich unter Einfluss der Linker Concatamere. c) Das gewünschte Concatamer wird in einem zweiten PCR-Durchgang amplifiziert, wobei man wiederum spezifisch hergestellte Primer verwendet. d) Für den Aufbau des Produkts kann jede beliebige Kombination von Exons in jeder beliebigen Reihenfolge gewählt werden (Wallace, Wu und Elles 1999).

Beide Methoden sind somit gleichermaßen gut geeignet, ein gesuchtes Fragment in zahlreichen Proben routinemäßig zu analysieren. Die dHPLC ermöglicht einen hohen Durchsatz, was bei dieser Anwendung von Vorteil ist. Für die DGGE sind besondere Primer mit einer 5'-Poly(G;C)-Verlängerung (GC-Klammer) erforderlich (Sheffield et al. 1992). Bei entsprechender Optimierung zeigen diese Methoden eine hohe Empfindlichkeit.

- Fehlgepaarte Basen in Heteroduplices sind gegenüber einer Spaltung durch chemische Verbindungen oder Enzyme besonders empfindlich. Die Methode der **chemischen Spaltung von Fehlpaarungen** (*chemical cleavage of mismatch*, **CCM**) (Abb. 18.4b) ist ein empfindliches Verfahren für den Nachweis von Mutationen. Der Vorteil besteht darin, dass relativ große Fragmente (bis 1 kb) analysiert werden können. Die Fehlpaarungsstelle ergibt sich aus den Größen der entstandenen Fragmente. Dabei werden jedoch sehr toxische Substanzen verwendet, insbesondere Osmiumtetroxid (Kaliumpermanganat eignet sich ebenfalls), außerdem ist die experimentelle Durchführung schwierig. Eine Alternative ist die **enzymatische Spaltung von Fehlpaarungen**. Dabei verwendet man Enzyme wie T4-Resolvase oder Endonuclease VII, mit denen sich ohne Einsatz von chemischen Verbindungen dasselbe Ergebnis erzielen lässt. Unglücklicherweise gelingt es den Wenigsten, Gele von befriedigender Qualität zu erzeugen.

Von allen Methoden wird die dHPLC in großen diagnostischen Laboratorien am häufigsten verwendet.

18.3.3 Verfahren auf der Grundlage von Einzelstrangkonformationsanalysen

Einzelsträngige DNA neigt dazu, sich zusammenzufalten und komplexe Strukturen zu bilden, die durch schwache intramolekulare Bindungen, vor allem durch Wasserstoffbrücken bei Basenpaaren, stabilisiert werden. Die elektrophoretische Mobilität solcher Strukturen in nichtdenaturierenden Gelen hängt nicht nur von ihrer Kettenlänge ab, sondern auch von der Konformation, die durch die DNA-Sequenz

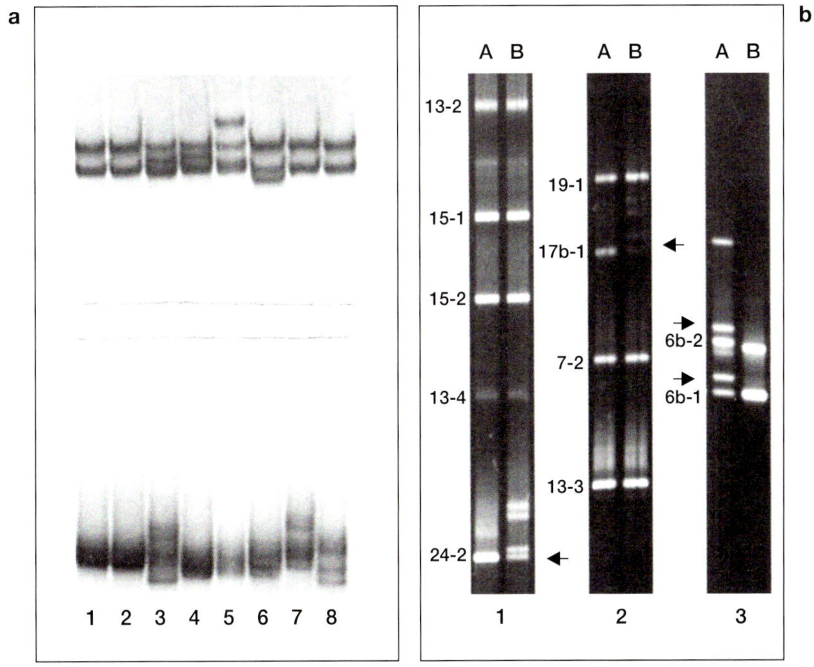

18.3 Suche nach Mutationen im *CFTR*-Gen. a) Heteroduplex- und SSCP-Analyse. Exon 3 wurde in genomischer DNA amplifiziert. Nach der Denaturierung werden die Proben auf ein nichtdenaturierendes Polyacrylamidgel geladen. Von jedem Produkt haben sich einige Moleküle zu doppelsträngiger DNA reassoziiert. Diese läuft im Gel schneller und liefert die Heteroduplexbanden, die im unteren Teil der Abbildung zu sehen sind. Die einzelsträngige DNA läuft in demselben Gel langsamer (oben). Die Spuren 1 und 2 zeigen ein Muster, dass für die Wildtypsequenz charakteristisch ist. In den Spuren 3 bis 8 sind unterschiedliche Muster zu erkennen. Eine Sequenzierung ergab die Mutationen G85E, L88S, R75X, P67L, E60X beziehungsweise R75Q. Mit freundlicher Genehmigung von Dr. Andrew Wallace, St. Mary's Hospital, Manchester. b) Denaturierende Gradientengelelektrophorese. Exons des *CFTR*-Gens werden in einem oder in mehreren Abschnitten durch eine PCR amplifiziert und in Gelen mit neun Prozent Polyacrylamid und einem denaturierenden Gradienten aus Harnstoff und Formamid aufgetrennt. Die Bande von jedem Amplikon, das eine heterozygote Variante enthält, teilt sich normalerweise in vier Unterbanden auf (Pfeile). In den dargestellten Gelspuren ist erkennbar, dass Person A (jeweils links) in Amplikon 6 eine Variante aufweist und Person B in den Amplikons 17 und 24. Eine Charakterisierung der Varianten ergab, dass Person B für R1070Q (Exon 17) heterozygot war. Andere Varianten waren nicht pathogen. Mit freundlicher Genehmigung von Dr. Hans Scheffer, Universität von Groningen, Niederlande.

bestimmt wird. Einzelstrangkonformationspolymorphismen lassen sich nachweisen, indem man DNA-Proben amplifiziert (beispielsweise in Form von RT-PCR-Produkten), denaturiert, zur Rückfaltung abkühlt und dann in einem nichtdenaturierenden Polyacrylamidgel analysiert (Abb. 18.3a). Dabei können die Primer radioaktiv markiert sein, oder man weist unmarkierte Produkte durch Silberfärbung nach. Das genaue Bandenmuster hängt stark von den einzelnen Bedingungen ab. Mithilfe von Kontrollproben im Gellauf ist es möglich, das unterschiedliche Laufverhalten im Vergleich zur Wildtyp-DNA zu bestimmen. SSCP-Analysen sind sehr preisgünstig und bei Fragmenten bis 200 bp ausreichend empfindlich (etwa 80 %) (Sheffield et al. 1993), sodass sie häufig angewandt werden. SSCP- und Heteroduplex-Analysen können auf einem einzigen Gel kombiniert werden (Abb. 18.3a). Eine Weiterentwicklung der SSCP-Analyse ist das **Didesoxy-Fingerabdruck-Verfahren** (*didesoxy fingerprinting*). Dabei wird jede Bande in einer Sequenzierungsleiter durch SSCP analysiert. Das Verfahren soll eine Empfindlichkeit von 100 % besitzen (Sarkar et al. 1992).

18.3.4 Verfahren, die auf der Translation basieren: der Proteinverkürzungstest

Mit dem PTT (*protein truncation test*; Abb. 18.5) lassen sich Rasterverschiebungen, Spleißstellen- oder Nonsense-Mutationen, die einen vorzeitigen Kettenabbruch bewirken, spezifisch nachweisen (van der Luijt et al. 1994). Das Ausgangsmaterial ist ein RT-PCR-Produkt, manchmal auch ein einziges großes Exon in der genomischen DNA, wie etwa das Exon 15 des *APC*-Gens mit 6,5 kb oder das Exon 10 des *BRCA1*-Gens mit 3,4 kb. Hier kommt es nicht zu einem Nonsense-vermittelten mRNA-Abbau (Abschnitt 16.4.1), der normalerweise die Erzeugung eines verkürzten Proteins verhindert, da bei diesem

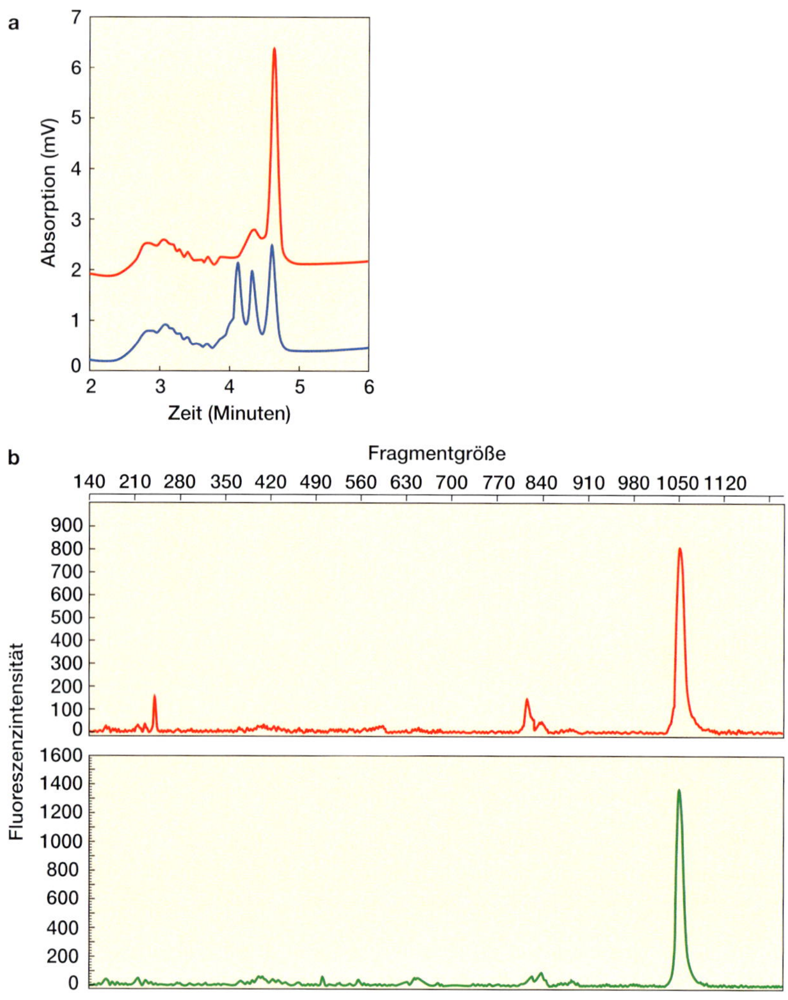

18.4 Suche nach Mutationen. a) Mutationssuche mithilfe einer denaturierenden Hochdruckflüssigkeitschromatographie (dHPLC). Exon 6 von eines erkrankten Mannes (blaue Kurve) zeigt ein anderes Muster als die Kontrolle (rote Kurve). Die Sequenzierung ergab die Spleißstellenmutation 738+1G→T. Da es sich um eine X-gekoppelte Krankheit handelt, muss man die Test-DNA von männlichen Patienten mit derselben Menge normaler DNA mischen, um die Bildung von Heteroduplices zu ermöglichen. Mit freundlicher Genehmigung durch Dr. Richard Bennett, Children's Hospital, Boston, Massachusetts, USA. b) Mutationssuche durch chemische Spaltung von Fehlpaarungen. Ein fluoreszenzmarkiertes Produkt einer Meta-PCR, das die Exons 6 bis 10 des *NF2*-Gens enthält. Obere Kurve: Probe von einem Patienten. Die Hydroxylaminspaltung des 1032 bp langen Meta-PCR-Produkts zu zwei Fragmenten von 813 und 239 bp zeigt eine heterozygote Spleißmutation 600−3C→G in Intron 6 an. Untere Kurve: Kontrollprobe. Mit freundlicher Genehmigung durch Dr. Andrew Wallace, St. Mary's Hospital, Manchester, Großbritannien.

Test keine Exons zusammengespleißt werden. Die Stärke und gleichzeitig die Schwäche dieses Tests besteht zweifellos darin, dass nur bestimmte Arten von Mutationen nachgewiesen werden können. Bei der Cystischen Fibrose wäre ein PTT wenig hilfreich, da hier die meisten Mutationen das Protein gar nicht verkürzen. Aber bei der Duchenne-Muskeldystrophie, der adenomatösen Polyposis coli oder dem *BRCA1*-Brustkrebs sind Missense-Mutationen selten, und jede Veränderung dieser Art kann durchaus zufällig zusammen mit der Krankheit auftreten und muss nicht pathogen sein. Bei solchen Krankheiten hat ein PTT mehrere Vorteile. Stille oder Missense-Basensubstitutionen treten nicht in Erscheinung, und man erfährt die ungefähre Position der Mutation (wie bei der Spaltung von Fehlpaarungen, aber anders als bei der SSCP-Analyse). Es wurden mehrere Varianten entwickelt, um eindeutigere Ergebnisse zu erhalten; im Allgemeinen wird zusätzlich eine Immunpräzipitation durchgeführt. Dennoch bleibt der PTT ein anspruchsvolles Verfahren, das nicht so einfach gute Ergebnisse liefert.

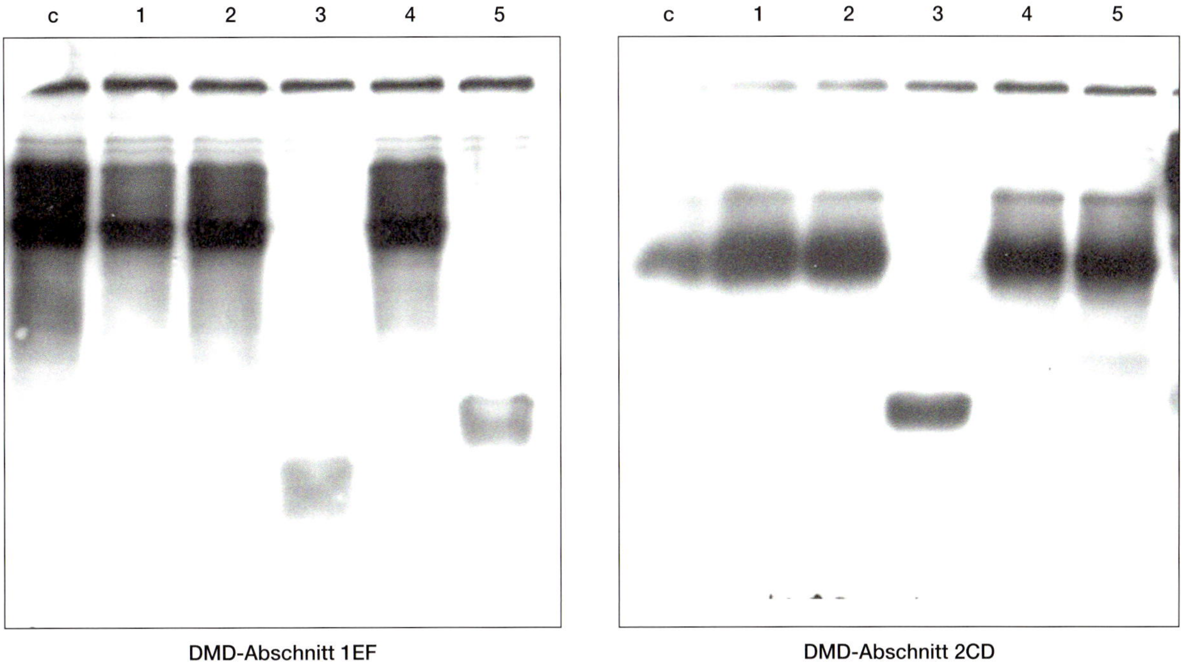

18.5 Mutationssuche mithilfe des Proteinverkürzungstests. Durch eine gekoppelte Transkriptions-Translations-Reaktion erzeugt man markierte Polypeptidprodukte, die von einem Abschnitt der mRNA codiert werden. Abschnitte, die ein vorzeitiges Terminationscodon enthalten, führen zu verkürzten Polypeptiden. Hier hat man mithilfe einer RT-PCR bei einer Reihe von DMD-Patienten das gesamte Dystrophingen in zehn überlappenden Abschnitten abgesucht. Die schneller laufenden Polypeptide zeigen Genabschnitte an, die Stoppcodons enthalten, und die Größe des anomalen Produkts lässt erkennen, wo sich das Stoppcodon in dem jeweiligen Abschnitt befindet. Das Foto wurde freundlicherweise zur Verfügung gestellt von Dr. J. T. den Dunnen und D. Verbove (Leiden, Niederlande); weitere Einzelheiten finden sich bei http://www.dmd.nl

18.3.5 Methoden für den Nachweis von Deletionen

Homozygote oder hemizygote Deletionen sind einfach nachzuweisen. Die deletierte Sequenz lässt sich durch eine PCR nicht amplifizieren. Dabei ist wichtig, auch andere Möglichkeiten in Betracht zu ziehen, warum keine Amplifizierung erfolgt; vielleicht handelt es sich nur um einen technischen Fehler bei der PCR oder um eine Basensubstitution in einer der Primer-Bindungsstellen. Deletionen lassen sich durch Verwendung anderer Primer oder mithilfe Southern-Blots bestätigen. Etwa 60% der DMD-Mutationen sind Deletionen von einem oder mehreren Exons (Abb. 16.3). Bei erkrankten Männern kann man mithilfe von zwei Multiplex-PCR-Reaktionen 98% aller Deletionen nachweisen (eine der Reaktionen wird durchgeführt wie in Abbildung 18.6 beschrieben, und die andere als Test auf Exons im 5'-Teil des Gens). Die meisten Deletionen betreffen mehr als ein Exon. Deletionen, die anscheinend nichtaufeinanderfolgende Exons betreffen, und die Deletion eines einzigen Exons erfordern eine Bestätigung.

Es ist insgesamt schwieriger, bei Frauen einen Test durchzuführen, der eine Deletion im Dystrophingen nachweisen soll. Hier kommen die besonderen Probleme zum Tragen, die durch eine heterozygote Deletion von einem oder mehreren ganzen Exons entstehen. Solche Deletionen lassen sich nicht nachweisen, wenn man in der genomischen DNA ein Exon nach dem anderen amplifiziert und dann durch Sequenzierung, Heteroduplex- oder SSCP-Analyse testet, da das mutierte Allel kein Produkt liefert. Deletionen im Megabasenbereich kann man mit einer FISH-Analyse oder einem CGH-Array-Test (Abb. 17.3) diagnostizieren. Für Deletionen in der Größe einzelner Exons sind alternative Verfahren erforderlich. Mit einer Sequenzierung oder PTT-Analyse von RT-PCR-Produkten kann man alles nachweisen außer der Deletion des ganzen Gens, aber durch einen Nonsense-vermittelten mRNA-Abbau verschwindet möglicherweise das Transkript, und Methoden auf RNA-Basis lassen sich nicht immer einfach in ein Diagnosesystem einführen.

Es gibt mehrere Verfahren für eine quantitative PCR, mit denen man heterozygote Deletionen in genomischer DNA nachweisen kann. Die Reaktion

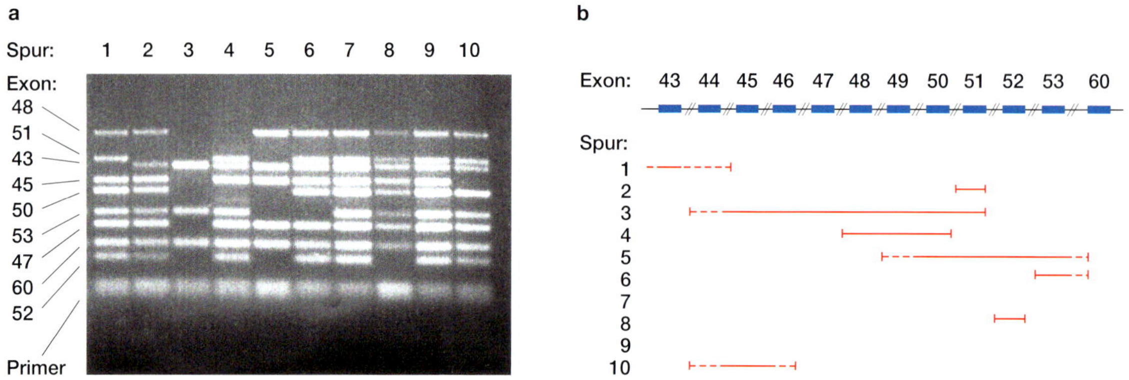

18.6 Multiplexsuche nach Dystrophingendeletionen bei männlichen Patienten. a) Produkte der Multiplex-PCR-Amplifizierung von neun Exons mit Proben von zehn nichtverwandten Jungen mit einer Duchenne/Becker-Muskeldystrophie. Die PCR-Primer wurden so hergestellt, dass jedes Exon zusammen mit einem Teil der flankierenden Intronsequenz ein PCR-Produkt ergibt, das eine andere Größe besitzt. Mit freundlicher Genehmigung durch Dr. R. Mountford, Liverpool Women's Hospital, Großbritannien. b) Interpretation: Die durchgezogenen Linien markieren zweifelsfrei deletierte Exons, die gestrichelten Linien zeigen eine mögliche Fortsetzung der Deletion in nicht getestete Exons. Bei den Proben 7 und 9 ist keine Deletion zu erkennen – diese Patienten tragen möglicherweise Punktmutationen oder Deletionen von Exons, die bei diesem Test nicht untersucht wurden. Die Größen der Exons und der Abstände sind nicht maßstabsgerecht. Zum Vergleich siehe Abbildung 16.3.

beschränkt sich auf die frühe exponentielle Phase (Abb. 5.2), wenn die Produktmenge der Matrizenmenge entspricht. Die Anhäufung des Produkts wird durch einen Vergleich der Fluoreszenz zu einem internen oder parallelen Standard in Echtzeit gemessen. Das Fluoreszenzsignal stammt dabei entweder von einem Farbstoff, der spezifisch an DNA-Doppelstränge bindet (etwa SYBR®-Green), oder von einem sequenzspezifischen Oligonucleotid, das mit einem Farbstoff und einer Quencher-Gruppe versehen ist (TaqMan®-Test). Eine Alternative zur Echtzeit-PCR ist die Hybridisierung mit vielen amplifizierbaren Sonden (*multiplex amplifiable probe hybridization*, MAPH) von Armour (2000) (Exkurs 18.1). Das MAPH-Verfahren ermöglicht es, in einem einzigen Experiment die Dosis sehr vieler verschiedener Sequenzen (mindestens 50) zu vergleichen. Außerdem sind keine besonders markierten Proben oder teure Apparaturen erforderlich, und die Methode eignet sich für die Entwicklung in einem Labor mittlerer Größe.

Wenn in einer Familie eine Deletion segregiert, zeigt die Typisierung von Frauen mit Mikrosatellitenmarkern in dem deletierten Bereich möglicherweise eine „Nichtmutterschaft" an, da die Mutter aufgrund der Deletion kein Markerallel auf die Tochter übertragen hat (Abb. 18.7). In solchen Familien bedeutet eine „Nichtmutterschaft", dass eine Frau ein Träger ist, während eine Heterozygotie (bei der Tochter oder Schwester des Trägers einer Deletion) beweist, dass

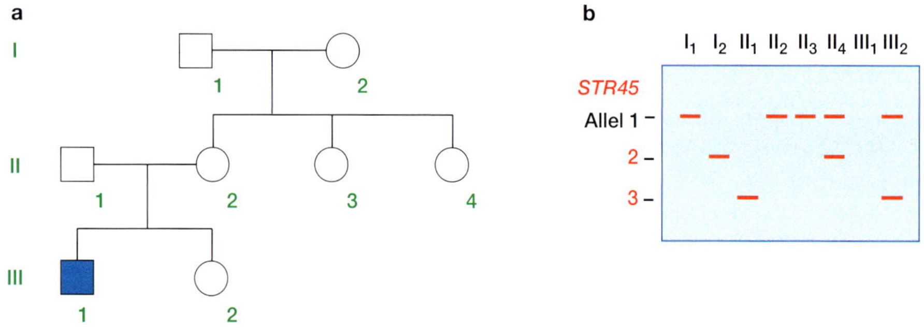

18.7 Träger von Deletionen in einer DMD-Familie, die durch eine scheinbare Nichtmutterschaft identifiziert wurden. a) Stammbaum. b) Ergebnisse einer Typisierung mit dem *STR45*-Marker, der innerhalb des Gens liegt. Der erkrankte Junge III-1 trägt eine Deletion, die *STR45* einschließt (Spur 7 des Gels enthält keine Banden). Seine Mutter II-2 und seine Tante II-3 haben von ihrer Mutter I-2 kein *STR45*-Allel geerbt. Demnach wird die Deletion in der Familie vererbt. I-2 ist für diesen hochpolymorphen Marker scheinbar homozygot (Spur 2), tatsächlich jedoch hemizygot. Die andere Tante II-4 und die Schwester III-2 sind für den Marker heterozygot und tragen also hier keine Deletion.

Exkurs 18.1: Hybridisierung mit mehreren amplifizierbaren Sonden (MAPH)

Bei der MAPH-Analyse (*multiplex amplifiable probe hybridization*) handelt es sich um eine sehr vielseitige Methode, mit der sich die Gendosis einer Anzahl von Sequenzen vergleichen lässt. Die genomische DNA des Patienten wird auf einen kleinen Nylonfilter (2 × 3 mm) getropft und mit einem Gemisch aus 40 Sonden hybridisiert, von denen jede für ein Exon des Dystrophingens spezifisch ist. Nach sorgfältigem Waschen wird der Filter in einen PCR-Ansatz gegeben, in dem sich zwei Primer befinden, die an eine Sequenz am Ende einer jeden Sonde binden. Dabei kann einer der Primer mit einer Fluoreszenzgruppe markiert sein, sodass man die Produkte in einem Gensequenzierautomaten analysieren kann. Die Sonden wurden so konstruiert, dass sich die einzelnen Exons aufgrund der Länge des PCR-Produkts unterscheiden lassen. Die quantitative Bestimmung erfolgt anhand der Höhe der Maxima in einem Fluoreszenzsequenzierautomaten oder in einem manuell gefahrenen Gel aufgrund der Intensität der Banden. Da alle Sonden mit demselben Paar Primer amplifiziert werden, lassen sich Probleme mit einer ungleichen Amplifizierung vermeiden, die eine Multiplex-PCR beeinträchtigen kann.

Weitere Einzelheiten der MAPH-Methode sind bei Armour et al. (2000) und auf der MAPH-Internetseite www.nott.ac.uk/~pdzjala/maph/maph.html zu finden.

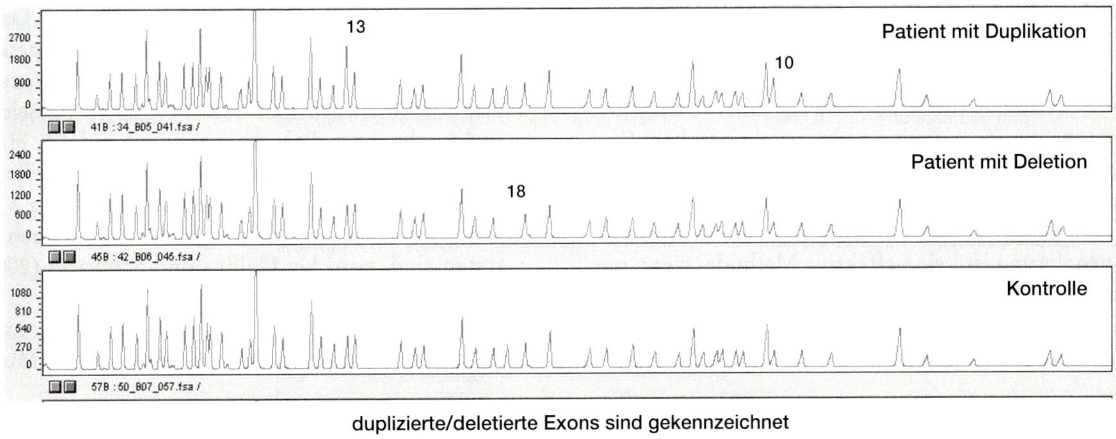

Anwendung der MAPH-Methode zum Nachweis von Deletionen und Duplikationen von Exons des Dystrophingens. Vergleicht man die Höhe der Maxima mit dem Verlauf bei der Kontrolle, so ist in der oberen Spur die Duplikation der Exons 10 und 13 leicht zu erkennen, außerdem die Deletion von Exon 18 in der mittleren Spur (vermutlich sind auch die Exons 11 und 12 dupliziert, die bei diesem Versuch aber nicht getestet wurden). Die Darstellung wurde freundlicherweise zur Verfügung gestellt von Dr. J. T. den Dunnen und S. White, Leiden, Niederlande; weitere Einzelheiten siehe unter http://www.dmd.nl

eine Frau kein Träger ist. Man konnte in Bereichen, die für Deletionen besonders empfindlich sind, in den Introns mehrere Marker identifizieren, die sich für diese Verwendung eignen. Die Methode funktioniert am besten bei Familien, zu denen ein erkrankter Mann gehört, bei dem sich die Deletion zuerst zeigen lässt.

18.3.6 Methoden für die Bestimmung des DNA-Methylierungsmusters

Die Bedeutung der DNA-Methylierung bei der Kontrolle der Genexpression wurde in Abschnitt 10.4.2 beschrieben. Die übermäßige oder zu geringe Methylierung von CpG-Dinucleotiden ist ein wichtiger pathogener Mechanismus bei Krebs (Abschnitt 17.4.3) und der geprägten Expression von Genen (Abschnitt 16.4.4). PCR-Produkte sind immer unmethyliert, sodass keine der bis hier beschriebenen Methoden Informationen über den Methylierungsgrad in einer DNA-Probe liefern kann. Für die Bestimmung der Methylierung gibt es zwei Methoden:

- Behandlung der DNA mit Restriktionsenzymen. *Hpa*I schneidet nur unmethylierte CCGG-Sequenzen, während *Msp*I jede CCGG-Stelle schneidet, unabhängig von der Methylierung. Methylierte CpG-Stellen führen also dazu, dass man mit den beiden Enzymen unterschiedliche Restriktionsfragmente erhält. Alternativ kann man auch eine PCR-Matrize, die eine CCGG-Stelle enthält, vor der Amplifizierung mit *Hpa*I behandeln. Wenn die Stelle nicht methyliert ist, wird die Matrize geschnitten, und die PCR liefert kein Produkt.

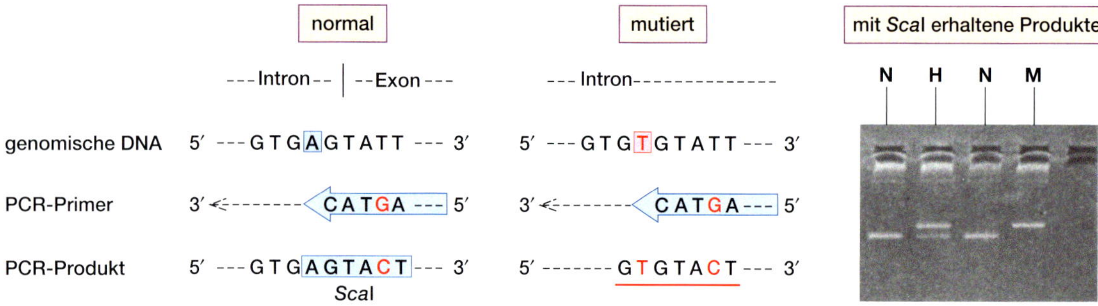

18.8 Einführen einer künstlichen diagnostischen Restriktionsschnittstelle. Eine A→T-Mutation in der Spleißstelle von Intron 4 des *FACC*-Gens erzeugt oder zerstört keine Restriktionsschnittstelle. Der PCR-Primer endet kurz vor dieser veränderten Base, enthält aber eine einzelne fehlgepaarte Base (rotes G) an einer unproblematischen Position, sodass die Hybridisierung mit der normalen und der mutierten Sequenz und deren Amplifizierung nicht behindert wird. Die Fehlpaarungsstelle im Primer führt eine *ScaI* -Schnittstelle in das PCR-Produkt der normalen Sequenz ein. Dargestellt sind die mit *ScaI* geschnittene PCR-Produkte von einem homozygoten normalen (N), heterozygoten (H) und homozygoten mutierten Genotyp (M). Mit freundlicher Genehmigung von Rachel Gibson, Guy's Hospital, London, Großbritannien.

branfilter getropft und dann mit markierter PCR-amplifizierter Test-DNA hybridisiert.

Dasselbe Prinzip eines umgekehrten Dot-Blots wird in großem Maßstab als Parallelreaktion bei DNA-*Chips* angewandt. Hunderte oder Tausende von 20- bis 25er Oligonucleotidsonden werden auf einem festen Träger an festgelegten Positionen befestigt (Abschnitt 6.4.3). Die Test-DNA wird in einer PCR amplifiziert, fluoreszenzmarkiert und mit dem Array hybridisiert – entweder allein oder (bevorzugt) in einer Konkurrenzreaktion mit einer Wildtyp-DNA-Sequenz, die mit einem anderen Farbstoff markiert ist. Jede einzelne Sonde auf dem Chip entspricht einem ASO-Test für eine spezifische Sequenz in der Test-DNA, aber insgesamt kann man mit den Chips eine vollständige Gensequenz untersuchen, wobei jede Basensubstitution angezeigt wird (Abb. 18.9a). Bei homozygoten Test-DNAs ist der Nachweis außerordentlich effizient, bei heterozygoten DNAs jedoch weniger verlässlich. Eine Insertion lässt sich nur aufdecken, wenn sie bei der spezifischen Synthese der Oligonucleotide von vornherein berücksichtigt wurde.

Chipsysteme sind schnell und einfach zu handhaben, sobald sie entsprechend eingestellt wurden, allerdings alles andere als kostengünstig. Es ist jedoch notwendig, von vornherein den Umfang der Mutationen festzulegen, auf die getestet werden soll, und diese beim Aufbau des Chips entsprechend zu berücksichtigen. Die wichtigste Funktion der Chips bei der Suche nach Mutationen besteht vielleicht darin, Proben zuerst auf die häufigen Mutationen zu testen und auszufiltern, um dann die schwierigen Fälle mit anderen Methoden zu untersuchen.

Allelspezifische PCR-Amplifizierung (ARMS-Test)

Das Prinzip der ARMS-Methode (System für amplifizierungsresistente Mutationen, *amplification refractory mutation system*) wird in Abbildung 5.4 dargestellt. Dabei führt man paarweise PCR-Reaktionen durch. Ein Primer (der gemeinsame Primer) ist bei beiden Reaktionen gleich, während der andere in zwei leicht unterschiedlichen Versionen vorliegt: die eine ist spezifisch für die normale Sequenz, die andere entspricht einer mutierten Sequenz. Im Allgemeinen gibt man noch bestimmte Primer als Kontrolle dazu, um durch die Amplifizierung von nichtverwandten Sequenzen in jeder Probe zu prüfen, ob die PCR-Reaktion überhaupt funktioniert hat. Die Position des gemeinsamen Primers kann man so auswählen, dass für die verschiedenen Mutationen Produkte mit unterschiedlicher Größe entstehen. Dadurch bilden die PCR-Produkte von Vielfachreaktionen im Gel eine Leiter. Durch eine wohlüberlegte Konstruktion der mutationsspezifischen Primer lassen sich ebenfalls unterscheidbare Produkte erzeugen. Beispielsweise kann man die Primer mit unterschiedlichen Fluoreszenz- oder anderen Markierungen versehen, oder man verwendet Primer mit unterschiedlichen Verlängerungen am 5'-Ende. Eine für viele Mutationen spezifische PCR ist für die Untersuchung größerer Probenmengen mit einer vorgegebenen Auswahl von Mutationen gut geeignet (Abb. 18.10).

Oligonucleotidligationstest (OLA)

Beim OLA-Test für Basenaustauschmutationen stellt man zwei Oligonucleotide her, die mit zwei aneinander grenzenden Bereichen auf der Ziel-DNA hybridisieren, wobei die Verknüpfungsstelle an der Position

a

Wildtyp	AGGTCGTATCCATGCCTTACAGTCCAGG
A>C-Mutation	AGGTCGTATCCCTGCCTTACAGTCCAGG

Zelle	Oligonucleotid	Wildtyp Fehlpaarung	Wildtyp Hyb	Mutation Fehlpaarung	Mutation Hyb
10A	AGGTCGTATaCaTGCCTTAC	1	+	2	–
10G	AGGTCGTATgCaTGCCTTAC	1	+	2	–
10C	AGGTCGTATCCaTGCCTTAC	0	++	1	+
10T	AGGTCGTATtCaTGCCTTAC	1	+	2	–
11A	GGTCGTATCaaTGCCTTACA	1	+	2	–
11G	GGTCGTATCgaTGCCTTACA	1	+	2	–
11C	GGTCGTATCCaTGCCTTACA	0	++	1	+
11T	GGTCGTATCtaTGCCTTACA	1	+	2	–
12A	GTCGTATCCaTGCCTTACAG	0	++	1	+
12G	GTCGTATCCgTGCCTTACAG	1	+	1	+
12C	GTCGTATCCCTGCCTTACAG	1	+	0	++
12T	GTCGTATCCtTGCCTTACAG	1	+	1	+
13A	TCGTATCCaaGCCTTACAGT	1	+	2	–
13G	TCGTATCCagGCCTTACAGT	1	+	2	–
13C	TCGTATCCacGCCTTACAGT	1	+	2	–
13T	TCGTATCCaTGCCTTACAGT	0	++	1	+

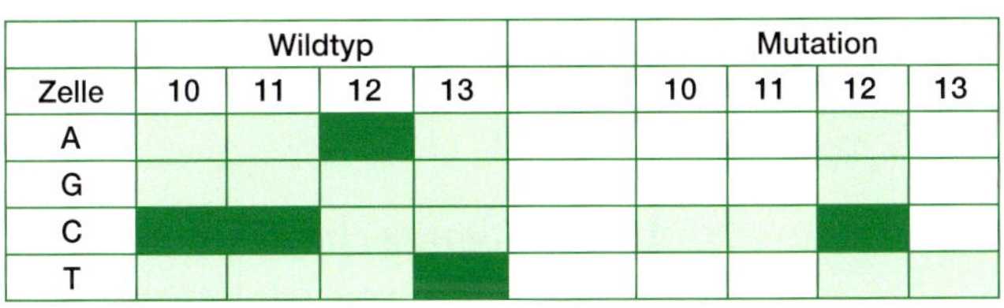

b

Wildtyp	CTAGTTCGACGAGGTCGTATCCATGCCTTACAGTCCAGG
Ziel-DNA	CTAGTTCGACGAGGTCGTATCCCTGCCTTACAGTCCAGG

		angehängtes Nucleotid
Primer 1	5′ CTAGTTCGACGAGGTCGTA 3′	ddT-rot
Primer 2	5′ TAGTTCGACGAGGTCGTAT 3′	ddC-blau
Primer 3	5′ AGTTCGACGAGGTCGTATC 3′	ddC-blau
Primer 4	5′ GTTCGACGAGGTCGTATCC 3′	ddC-blau
Primer 5	5′ TTCGACGAGGTCGTATCCA 3′	ohne Markierung
Primer 6	5′ TCGACGAGGTCGTATCCAT 3′	ddG-gelb (s. schwach)
Primer 7	5′ CGACGAGGTCGTATCCATG 3′	ddC-blau (schwach)
Primer 8	5′ GACGAGGTCGTATCCATGC 3′	ddC-blau
Primer 9	5′ ACGAGGTCGTATCCATGCC 3′	ddT-rot
Primer 10	5′ CGAGGTCGTATCCATGCCT 3′	ddT-rot
Primer 11	5′ GAGGTCGTATCCATGCCTT 3′	ddA-grün

18.9 Oligonucleotidarrays für den Nachweis von Mutationen. a) Prinzip des Nachweises von Mutationen durch Hybridisierung. Die Oligonucleotide sind in Gruppen zu je vier angeordnet, wobei jede Gruppe den vier möglichen Basen an einer bestimmten Position entspricht (grau unterlegt). Nichtübereinstimmungen mit der Wildtypsequenz sind in roten Kleinbuchstaben dargestellt, Übereinstimmungen in blauen Großbuchstaben. Die mutierte Sequenz enthält an Position 12 eine A→C-Substitution (rot). Rechts sind die Anzahl der Fehlpaarungen und die Stärke der Hybridisierung der Wildtyp- und der mutierten Sequenz mit den Oligonucleotiden auf dem Array angegeben. Die Tabelle veranschaulicht das Erscheinungsbild. Abbildung 7.4 zeigt ein Beispiel aus der Praxis. b) Prinzip eines Minisequenzierungsarrays. Jede Zelle des Arrays enthält ein Oligonucleotid, dass mit einem Teil der Zielsequenz übereinstimmt. Die Oligonucleotide sind mit ihrem 5'-Ende befestigt. Nach Hybridisierung mit der Zielsequenz dienen sie als Primer für eine Verlängerung um eine Base mithilfe farbstoffmarkierter ddNTPs. Eine Fehlpaarung am 3'-Ende verhindert diese Verlängerung, Fehlpaarungen, die eine oder zwei Basen vom 3'-Ende entfernt liegen, führen zu einer schwachen Reaktion.

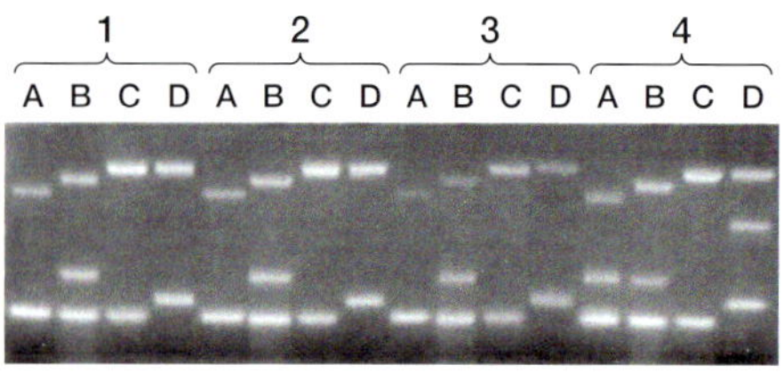

18.10 Multiplex-ARMS-Test zum Nachweis von 29 Mutationen bei der Cystischen Fibrose. Jede Probe wird mit vier PCR-Reaktionen gestestet, die jeweils für eine Reihe von Mutationen spezifisch sind (A bis D). In einem Multiplexansatz hat jedes Produkt eine andere Größe. Wenn eine der 29 Mutationen vorhanden ist, gibt es eine zusätzliche Bande. Die Art der Mutation ist aufgrund der Position der Bande im Gel und der zugehörigen Gelspur zu erkennen. In jedem Ansatz werden auch zwei Kontrollsequenzen amplifiziert (oberste und unterste Bande in jeder Gelspur). Sie unterscheiden sich bei den einzelnen Spuren, sodass jeder Multiplexansatz ein eigenes Muster als Signatur erhält. Der Test hier erfolgte nur auf die Mutation F508del (Bande jeweils in Spur B). Bei den Proben 1, 2 und 3 treten keine mutationsspezifischen Banden auf. Bei Probe 4 zeigen die zusätzlichen Banden in den Spuren B und D die Mutationen F508del beziehungsweise 1898+1G→A an. Das bedeutet, dass diese DNA von einem zusammengesetzt heterozygoten Genotyp stammt. Mit freundlicher Genehmigung durch Dr. Michelle Coleman, St. Mary's Hospital, Manchester, Großbritannien. Die Ergebnisse wurden unter Verwendung des Elucigene®-Kits von Orchid Biosciences erzielt.

der Mutation liegt. Die DNA-Ligase kann die beiden Oligonucleotide nicht miteinander verknüpfen, wenn sie nicht mit der Ziel-DNA vollständig hybridisieren (Nickerson et al. 1990). Der Test lässt sich auf verschiedene Weise durchführen, beispielsweise in Form eines ELISA oder wie in Abbildung 18.11 bei einer Sequenzierung auf Fluoreszenzbasis als Analysemethode.

Minisequenzierung durch Primer-Verlängerung

Die Minisequenzierung basiert auf dem Verfahren nach Sanger (Abb. 7.2), fügt jedoch nur ein einziges Nucleotid an die DNA an. Das 3'-Ende des Sequenzier-Primers liegt unmittelbar stromaufwärts des Nucleotids, das getestet werden soll. Der Reaktionsansatz enthält die DNA-Polymerase und vier unterschiedlich markierte Didesoxynucleosidtriphosphate (ddNTP). Die Test-DNA fungiert als Matrize für das Anhängen eines einzigen Didesoxynucleotids an den Primer. Das angehängte Nucleotid lässt sich einfach identifizieren (etwa indem man den verlängerten Primer durch eine Fluoreszenzsequenzierapparatur laufen lässt).

Die Minisequenzierung lässt sich einfach auf ein Arraysystem erweitern (APEX, *arrayed primer extension*; Tõnisson et al. 2002), sodass man in einem einzigen Durchgang die gesamte Sequenz eines Gens nach Basensubstitutionen absuchen kann (Abb. 18.9b).

18.4.2 Verfahren für Genotypisierungen mit hohem Durchsatz

Biotechnische Unternehmen entwickeln zahlreiche Systeme, mit denen man bei Krankheitsassoziationsstudien große Zahlen von SNP-Markern genotypisieren kann (Abschnitt 15.4.5). Bei Weaver (2000) sind viele solcher Systeme aufgeführt. Sie basieren im Allgemeinen auf Primer-Verlängerung (Minisequenzierung), allelspezifischer Oligonucleotidhybridisierung oder Oligonucleotidligation (siehe oben) und sind so eingerichtet, dass sie automatisiert mit hohem Durchsatz durchgeführt werden können. Bei vielen Systemen wird versucht, das gentechnische Verfahren mit Entwicklungen der Mikrofluidik zu kombinieren („*lab on a chip*"). Weitere Verfahren sind beispielsweise die Pyrosequenzierung oder die Massenspektroskopie (Exkurs 18.2).

18.4.3 Genetische Tests für Krankheiten, die durch Triplettwiederholungen ausgelöst werden

Für die verlängerten Wiederholungen, die zahlreiche neurologische Krankheiten hervorrufen (Tab. 16.6), gibt es eine besondere Art von mutationsspezifischen Tests (Abb. 18.12). Bei den Polyglutaminkrankheiten wie etwa der Huntington-Chorea (HD), lässt sich die Diagnose mithilfe einer einfachen PCR durchführen. Bei einigen anderen Krankheiten, die auf verlängerten Wiederholungssequenzen basieren, ist dies aus zwei Gründen etwas schwieriger. Vollständige Mutationen umfassen Hunderte oder Tausende von Wiederholungen, die sich in einer PCR nicht leicht amplifizieren lassen, vor allem, da die meisten dieser Sequenzen einen hohen GC-Gehalt aufweisen. Normale Allele und Mutationsvorstufen liefern eindeutige PCR-Produkte; bei vollständigen Mutationen sind möglicherweise Southern-Blots erforderlich. Darüber hinaus verursachen Mutationen die Krankheit durch einen Funktionsverlust (im Unterschied zur Huntington-Chorea). Vereinzelt tragen Patienten auch Deletionen oder Punktmutationen, die nicht zu erkennen sind, wenn man nur die Wiederholungssequenzen untersucht. Die Myotonische Dystrophie ist unter den Krankheiten, bei denen es zu einer „großen Verlängerung" kommt, anscheinend die einzige, die ein homogenes Mutationsbild aufweist.

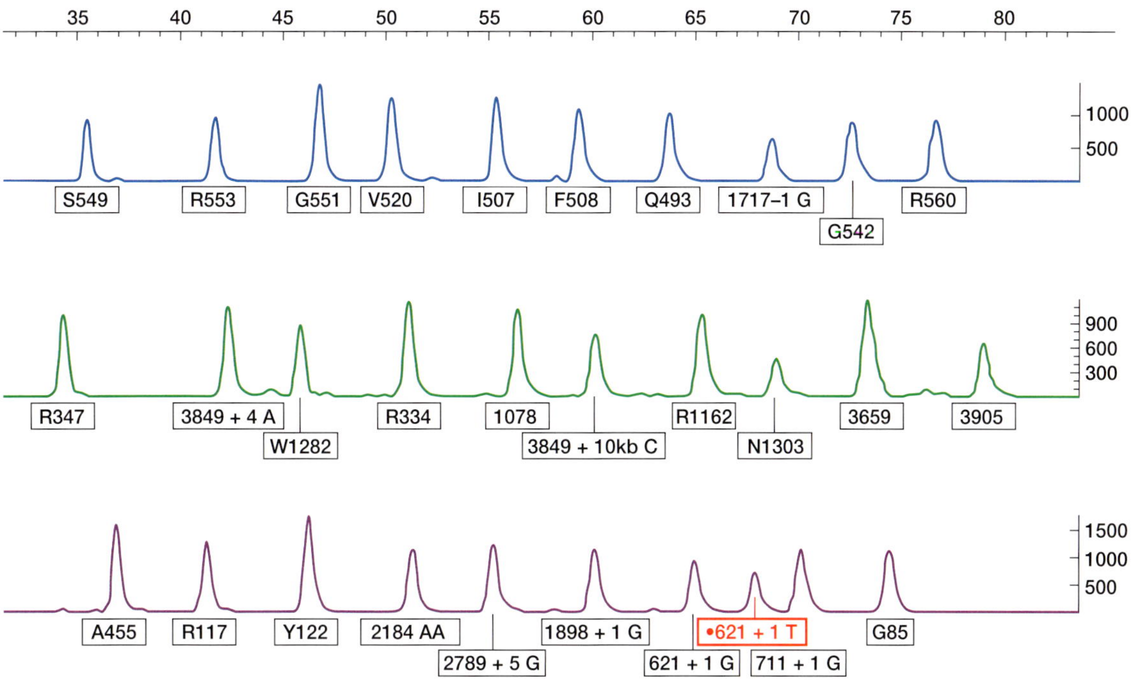

18.11 Anwendung des Oligonucleotidligationstests für die Identifizierung von 31 bekannten Mutationen bei der Cystischen Fibrose. Nach der Multiplex-PCR führt man einen mehrfachen OLA-Test durch. Die Oligonucleotide für die Ligation werden so hergestellt, dass die Produkte, die mit jeder Mutation und mit der zugehörigen normalen Sequenz entstehen, anhand der Größe und der Farbstoffmarkierung zu unterscheiden sind. Erkennbar ist ein Ligationsprodukt der Spleißstellenmutation 621+1G→T. Die Person kann ein Träger oder zusammengesetzt heterozygot sein, wobei die zweite Mutation nicht zu den 31 gehört, die hier getestet wurden. Mit freundlicher Genehmigung durch Dr. Andrew Wallace, St. Mary's Hospital, Manchester, Großbritannien. Die Ergebnisse wurden unter Verwendung des Kits von ABI Biosystems erzielt.

18.4.4 Der geographische Ursprung ist für einige Tests von großer Bedeutung

Die Populationsgenetik rezessiver Krankheiten wird häufig von Gründereffekten oder von Effekten einer vorteilhaften Heterozygotie beherrscht. Die daraus resultierende begrenzte Diversität der Mutationen in einer Population kann genetische Tests sehr vereinfachen. Die β-Thalassämie und die Cystische Fibrose sind dafür gute Beispiele. Für beide Krankheiten wurden zahlreiche Mutationen des verantwortlichen Gens beschrieben, aber innerhalb einer bestimmten Population sind immer nur wenige Mutationen für den größten Teil der Fälle ausschlaggebend. Bei der β-Thalassämie ist es nicht notwendig, die DNA von Trägern oder erkrankten Personen zu untersuchen, da für eine Diagnose auch ein herkömmliches hämatologisches Verfahren genügt. In der Pränataldiagnostik sind DNA-Tests jedoch von großer Bedeutung. In den verschiedenen Bevölkerungsgruppen sind jeweils andere Mutationen vorherrschend (Tab. 18.5). Wenn von den Eltern DNA-Proben zur Verfügung stehen und ihre ethnische Zugehörigkeit bekannt ist, braucht man zum Nachweis der elterlichen Mutationen häufig nur eine kleine Auswahl verschiedener Tests, mit denen man den Fetus einfach untersuchen kann.

Bei der Cystischen Fibrose kommt die F508del-Mutation in allen europäischen Populationen am häufigsten vor, und man nimmt an, dass ihr Ursprung weit zurückreicht. Der Anteil von F508del-Varianten unter den Mutationen ist im Norden und Westen Europas allgemein hoch und im Süden niedriger. Auf CF-Mutationen wird in zwei Phasen getestet. Zuerst sucht man mithilfe der in Abschnitt 18.4 aufgeführten Methoden nach einer begrenzten Zahl spezifischer Mutationen, wobei die F508del-Mutation immer dabei ist. Wie Tabelle 18.6 zeigt, ist es offenbar nicht möglich, das Verfahren abzukürzen, indem man nur nach einer begrenzten Anzahl spezifischer Mutationen testet. Wenn in dieser Phase keine Mutationen gefunden werden, muss man – sofern genügend Material vorhanden ist – mit Hilfe der Methoden in Abschnitt 18.3 nach unbekannten Mutationen suchen oder Vererbungslinien bestimmen (Abb. 18.13). Die Auswirkungen dieser Diversität auf die Entwicklung

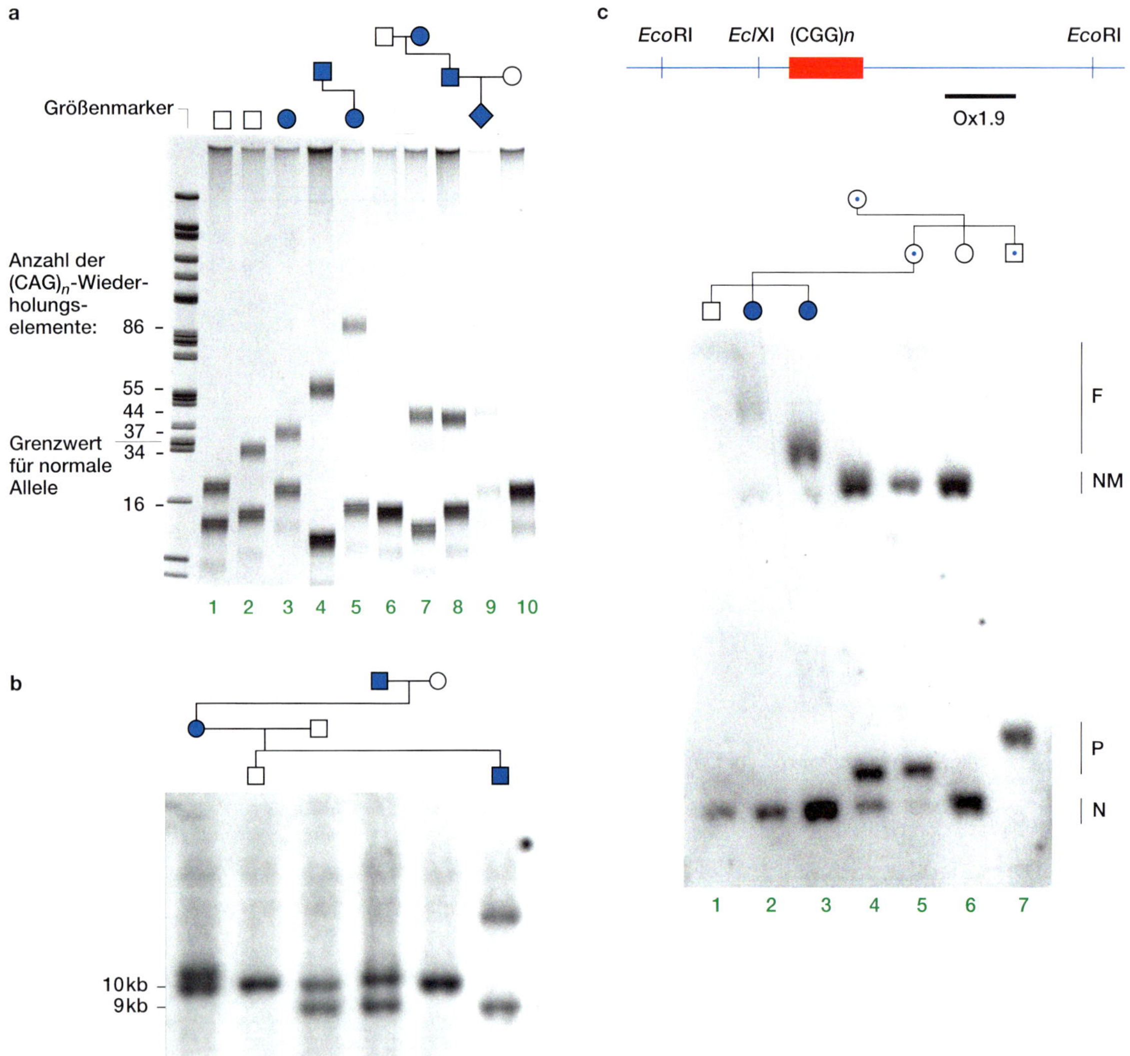

18.12 Labordiagnose von Krankheiten, die durch Trinucleotidwiederholungen ausgelöst werden. a) Huntington-Chorea. Ein Fragment des Gens, das die $(CAG)_n$-Wiederholung enthält, wurde durch eine PCR amplifiziert. Die Produkte wurden in einem Polyacrylamidgel aufgetrennt und die Banden durch Silberfärbung sichtbar gemacht. Auf der Größenskala ist die Anzahl der Wiederholungen angegeben. Die Proben 1, 2, 6 und 10 stammen von gesunden Personen, die Proben 3, 4, 5, 7 und 8 von Erkrankten. Probe 5 stammt von einer Patientin, bei der die Krankheit in der Jugend ausbrach; die DNA des Vaters (Spur 4) enthält 45 Wiederholungen, während es bei der Tochter 86 sind. Probe 9 stammt von einem betroffenen Fetus, die Diagnose erfolgte pränatal. Mit freundlicher Genehmigung durch Dr. Alan Dodge, St. Mary's Hospital, Manchester, Großbritannien. b) Myotonische Dystrophie. Southern-Blot von DNA, die mit *Eco*RI geschnitten wurde. Die Banden mit 9 oder 10 kb entsprechen normalen Varianten. Der Großvater leidet an Grauem Star, zeigt aber sonst keine Anzeichen einer Myotonischen Dystrophie. Seine 10-kb-Bande erscheint geringfügig größer, was aber allein aufgrund dieses Gels nicht zweifelsfrei festzustellen ist. Bei der Tochter besitzt ein Fragment die normale Größe von 10 kb, während das andere erkennbar verlängert ist. Sie leidet an einer „klassischen" Myotonischen Dystrophie, die im Erwachsenenalter ausbricht. Ihr Sohn zeigt eine sehr umfangreiche Verlängerung an dieser Stelle und leidet an der schweren angeborenen Form der Krankheit. Mit freundlicher Genehmigung durch Simon Ramsden, St. Mary's Hospital, Manchester, Großbritannien. c) Fragile-X-Syndrom. Die DNA des inaktivierten X-Chromosoms bei einer Frau und die DNA jedes X-Chromosoms mit der vollständigen Mutation sind methyliert. Die DNA wird mit einer Kombination aus *Eco*RI und dem methylierungsempfindlichen Enzym *Ecl*XI geschnitten und als Southern-Blot mit Ox1.9 oder einer entsprechenden Sonde hybridisiert. Das X-Chromosom eines gesunden Mannes (Spur 1) und das aktive normale X-Chromosom bei einer Frau (Spuren 2, 3, 4 und 6) liefern ein kurzes Fragment (N). Unmethylierte Allele (Prämutationsphase, P) ergeben in den Spuren 4 und 5 (weibliche Träger einer Prämutation) und Spur 7 (gesunde männliche Trägerperson) ein etwas größeres Fragment. Methylierte (inaktive) X-Sequenzen werden mit *Ecl*XI nicht geschnitten und liefern viel größere Fragmente (NM), während die vollständig verlängerten und methylierten Sequenzen aufgrund des somatischen Mosaiks eine sehr große, verschmierte Bande (F) ergeben. Mit freundlicher Genehmigung durch Simon Ramsden, St. Mary's Hospital, Manchester, Großbritannien.

Exkurs 18.2: Zwei Methoden für groß angelegte Genotypisierungen

Pyrosequenzierung®. Mit dieser Methode lassen sich sehr kurze Sequenzabschnitte untersuchen, die an einen definierten Startpunkt angrenzen. Hauptsächlich verwendet man das Verfahren bei der SNP-Typisierung, da hier nur eine oder zwei Basen sequenziert werden. Bei der Pyrosequenzierung verwendet man eine ausgefeilte Mischung von Enzymen, um die Freisetzung des Pyrophosphats, die beim Anhängen eines dNTP an eine wachsende DNA-Kette stattfindet, über eine Lichtemission durch die Luciferase sichtbar zu machen (Fakhrai-Rad et al. 2002). Die Methode wurde für eine Apparatur entwickelt, die automatisch pro Tag 10 000 Proben verarbeiten kann. Die Ausgabe der Ergebnisse erfolgt quantitativ, sodass die Allelhäufigkeiten eines SNP-Markers durch eine einzige Analyse einer großen Sammelprobe bestimmt werden kann.

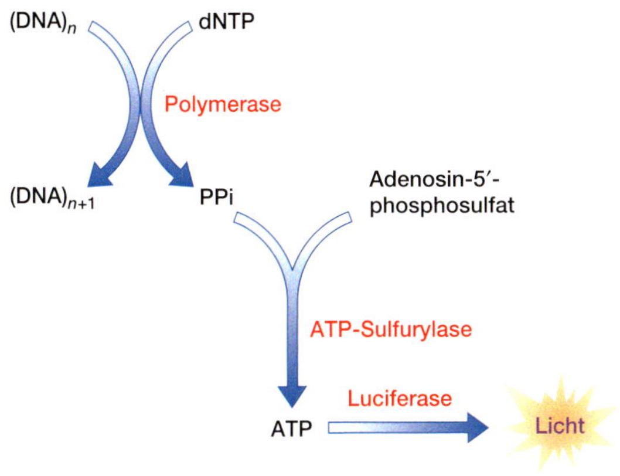

MALDI-TOF-MS (*matrix-assisted laser desorption/ionization time-of-flight mass spectrometry*). Mithilfe der Massenspektroskopie misst man das Verhältnis zwischen Masse und Ladung bei Ionen, indem man sie in einem Vakuum in Richtung auf einen Zielpunkt beschleunigt und entweder die Flugzeit oder die Ablenkung in einem Magnetfeld bestimmt (weitere Einzelheiten in Exkurs 19.7). Das Problem bei der Anwendung der Massenspektroskopie für die Analyse von großen Molekülen wie DNA oder Proteine besteht darin, frei fliegende Ionen zu erzeugen. Die MALDI-Technik löst dieses Problem. Dabei wird das Makromolekül in einen kleinen Partikel einer lichtabsorbierenden Substanz eingebettet, der dann durch einen kurzen Laserimpuls verdampft wird (Monforte und Becker 1997). Die Flugzeit bis zum Zielpunkt ist proportional zur Quadratwurzel des Verhältnisses von Masse zu Ladung.

Bei der Anwendung auf DNA lässt sich mit diesem Verfahren eine Masse bis zu 20 kDa mit einer Genauigkeit von ±0,3 % bestimmen. Mithilfe der Massenspektroskopie lässt sich die Größe von Oligonucleotiden mit bis zu 100 Nucleotiden Länge viel schneller als mit einer Gelelektrophorese bestimmen. Zu den charakteristischen Anwendungen gehört die Analyse von Produkten aus Sanger-Sequenzierreaktionen oder die Größenbestimmung von Mikrosatelliten. Bei kurzen Oligonucleotiden reicht die Genauigkeit aus, um die Basenzusammensetzung direkt anhand der Masse zu bestimmen. Alternativ kann man SNP-Marker auch durch eine Primer-Verlängerung analysieren, indem man massemarkierte ddNTPs verwendet. Die Tropfen mit der DNA, die analysiert werden soll, kann man auf einer Grundfläche anordnen. Anschließend ionisiert die Apparatur jeden Fleck. Moderne Systeme können Zehntausende von SNP-Markern pro Tag analysieren, und es lassen sich wie bei der Pyrosequenzierung Proben zusammenfassen, um die Allelhäufigkeit direkt zu bestimmen.

von Reihenuntersuchungen für die Bevölkerung werden weiter unten behandelt (Abb. 18.18).

Wenn eine rezessive Krankheit in einer bestimmten Population besonders verbreitet ist, kommt es unerwartet häufig vor, dass dafür mehr als eine Mutation verantwortlich ist. Ein Beispiel ist die Tay-Sachs-Krankheit unter den Ashkenazi-Juden, bei denen zwei bestimmte *HEXA*-Mutationen häufig vorkommen (Tab. 18.4). Diese Situation ist nicht einfach zu erklären, außer man nimmt an, dass es in der Zeit, als die Gründerpopulation klein war, einen deutlichen Vorteil der Heterozygotie gegeben haben muss.

18.5 Bestimmung von Vererbungslinien

Die Bestimmung von Vererbungslinien war in der Geschichte die erste Methode für die DNA-Diagnostik, die häufig angewandt wurde. Dabei verwendet man Informationen über die Kartierungsposition des Krankheitslocus, aber keine Erkenntnisse über das Krankheitsgen selbst. Deshalb ist dies die einzige Methode für Gene, die zwar kartiert, aber noch nicht kloniert wurden. Die meisten mendelnden Krankheiten, die die Hauptarbeit der diagnostischen Labors ausmachen, wurden eine Zeit lang über Vererbungslinien bestimmt, bis direkte Tests zur Verfügung standen und schließlich die Gene kloniert wurden. Bekannte Beispiele sind die Huntington-Chorea, die Cystische Fibrose und die Myotonische Dystrophie. Die Bestimmung von Vererbungslinien kann trotzdem immer noch von Bedeutung sein, selbst wenn das Gen kloniert wurde. Für ein Diagnoselabor ist es nicht immer kosteneffektiv, ein großes Gen mit vielen Exons zu durchsuchen und jede Mutation zu finden. Darüber hinaus ist keine der Methoden für die Suche nach Mutationen zu 100 % empfindlich, sodass es immer noch vorkommt, dass man eine Mutation nicht entdecken kann. In solchen Fällen bestimmt man am besten die Vererbungslinie mithilfe gekoppelter Mar-

Exkurs 18.3: Die Logik der Bestimmung von Vererbungslinien

Drei Phasen bei der Untersuchung einer spät einsetzenden autosomal-dominanten Krankheit, bei der die Mutation aus verschiedenen Gründen nicht direkt getestet werden kann.

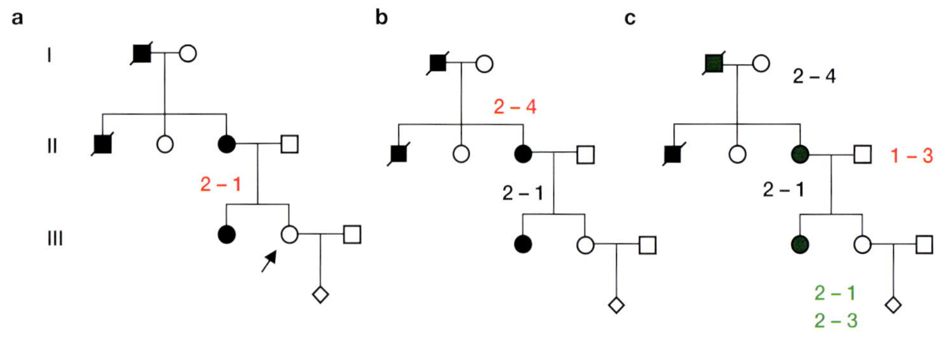

a. III-2 (Pfeil) ist schwanger und möchte einen präsymptomatischen Test durchführen lassen, um herauszufinden, ob sie das Krankheitsallel geerbt hat. Der erste Schritt besteht darin, die beiden Chromosomen ihrer Mutter zu unterscheiden. Man findet einen Marker, der mit dem Krankheitslocus eng gekoppelt ist und für den II-3 heterozygot ist.
b. Als Nächstes muss man die Phase bestimmen. Dafür gilt es herauszufinden, welches Markerallel von II-3 mit dem Krankheitsallel segregiert. I-2 wird für den Marker typisiert. II-3 muss das Markerallel 2 von ihrer Mutter geerbt haben, das demnach auf dem nicht betroffenen Chromosom liegt. Ihr mutiertes Chromosom, das sie von ihrem verstorbenen Vater geerbt hat, muss also das Markerallel 1 tragen.
c. Durch Typisierung von III-2 und ihrem Vater lässt sich feststellen, welches Markerallel sie von ihrer Mutter geerbt hat. Wenn ihr Genotyp 2-1 oder 2-3 ist, so ist das eine gute Nachricht, da sie dann das Markerallel 2 von ihrer Mutter geerbt hat, das von ihrer Großmutter stammt. Ist ihr Genotyp jedoch 1-1 oder 1-3, so ist das eine schlechte Nachricht: Sie hat das großväterliche Chromosom geerbt, das das Krankheitsallel trägt.

Wichtig ist dabei das Segregationsmuster in der Familie und nicht der tatsächliche Markergenotyp. Wenn III-2 denselben Markergenotyp 2-1 wie ihre erkrankte Mutter hat, handelt es sich für sie um eine gute Nachricht, nicht um eine schlechte.

Mikrosatellitensequenzen, die im gesamten menschlichen Genom kartiert wurden, sollte es immer möglich sein, informative Marker zu finden, die nahe genug an dem Krankheitslocus liegen.

18.5.2 Die Rekombination setzt der zuverlässigen Bestimmung von Vererbungslinien entscheidende Grenzen

Da der DNA-Marker, den man für die Bestimmung einer Vererbungslinie verwendet hat, die Krankheit nicht verursacht, besteht immer die Möglichkeit, eine falsche Vorhersage zu treffen, wenn eine Rekombination den Krankheitslocus und den Marker trennt. Anhand von Familienstudien lässt sich mithilfe einer Standardkopplungsanalyse die Rekombinationshäufigkeit und damit die Fehlerrate abschätzen (Kapitel 13). Für fast jede Krankheit sollte es möglich sein, Marker auszuwählen, die mit dem Krankheitslocus weniger als ein Prozent Rekombination zeigen. Das folgt aus den Beobachtungen, dass eines von 300 Nucleotiden polymorph ist, und dass Loci, die 1 Mb voneinander entfernt liegen, etwa ein Prozent Rekombination zeigen (Abschnitt 13.1.5). Am besten verwendet man einen Marker innerhalb des Gens, beispielsweise eine Mikrosatellitensequenz in einem Intron. Auf das besondere Problem des Rekombinations-Hot-Spots bei der Duchenne-Muckeldystrophie wird weiter unten kurz eingegangen.

Eine Rekombination zwischen Marker und Krankheitslocus lässt sich selbst bei sehr eng gekoppelten Markern nie ganz ausschließen. Allerdings kann man die Fehlerrate deutlich reduzieren, indem man zwei Marker verwendet, die jeweils an einem Ende des Krankheitslocus liegen. Mit solchen **flankierenden** oder **Brückenmarkern** erzeugt eine Rekombination zwischen einem der Marker und dem Krankheitslocus auch eine Rekombination zwischen den beiden Markern, die sich dann nachweisen lässt (etwa bei III-1 in Abbildung 18.14). Wenn bei einem Ratsuchenden eine Rekombination zwischen den beiden Markern festgestellt wird, dann ist über die Vererbung der Krankheit keine Aussage möglich, aber zumindest wird eine falsche Vorhersage vermieden. Wenn keine Rekombination zwischen den Markern zu erkennen ist, besteht

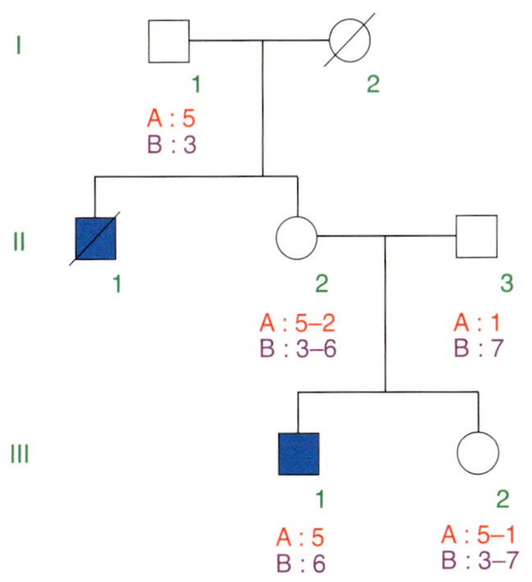

18.14 Bestimmung der Vererbungslinien bei der Duchenne-Muskeldystrophie mithilfe flankierender Marker. Die Familie wurde für zwei Polymorphismen A und B typisiert, die den Dystrophinlocus flankieren. III-2 kann den DMD-Locus nur geerbt haben, wenn sie eine Rekombination zwischen Marker A und dem DMD-Locus und eine weitere zwischen dem DMD-Locus und Marker B trägt. Wenn die Rekombinationshäufigkeiten θ_A beziehungsweise θ_B sind, so beträgt die Wahrscheinlichkeit für eine doppelte Rekombination $\theta_A\theta_B$, die normalerweise deutlich unter 1 % liegt. III-1 trägt eine Rekombination zwischen Marker A und dem DMD-Locus.

nur noch die Gefahr, dass es sich um eine doppelte Rekombination handelt. Die tatsächliche Wahrscheinlichkeit für eine doppelte Rekombination ist aufgrund der Interferenz sehr gering (Abschnitt 13.1.3). Die Gefahr eines Irrtums aufgrund einer unbemerkten Rekombination ist also wesentlich geringer als die Gefahr einer falschen Vorhersage aufgrund eines menschlichen Fehlers bei der Erhebung und Verarbeitung der DNA-Proben. Ein größeres Risiko stellt vielleicht die Heterogenität der Loci dar, das heißt, dass der tatsächliche Krankheitslocus bei der Familie an einer anderen Stelle liegt als der Locus, dessen Vererbungslinie bestimmt werden soll.

18.5.3 Berechnung von Risiken bei der Bestimmung von Vererbungslinien

Im Gegensatz zu direkten Mutationstests sind bei der Bestimmung von Vererbungslinien immer Berechnungen erforderlich. Folgende Faktoren sind für die abschließende Bestimmung des Risikos von Bedeutung:

- die Wahrscheinlichkeit für Rekombinationen zwischen der Krankheit und einem der Marker oder nur zwischen den Markern
- die Unsicherheit aufgrund einer unzulänglichen Stammbaumstruktur oder nichtinformativer Marker darüber, wer nun welches Markerallel auf wen übertragen hat (ein Beispiel findet sich Abbildung 13.5c);
- die Unsicherheit, ob im Stammbaum jemand ein neu mutiertes Krankheitsallel trägt (Abbildung 4.8 enthält ein Beispiel für dieses Problem bei der DMD).

Für die Berechnung stehen zwei alternative Methoden zur Verfügung.

Berechungen nach Bayes (Exkurs 18.4)

Das Theorem von Bayes bietet eine allgemein anwendbare Methode, mit der sich Einzelwahrscheinlichkeiten zu einer Gesamtwahrscheinlichkeit kombinieren lassen. Exkurs 18.4 behandelt die Theorie und das Verfahren; ein Rechenbeispiel findet sich in Abbildung 18.15. Dem interessierten Leser sei an dieser Stelle das Buch von Bridge (1994) empfohlen, das

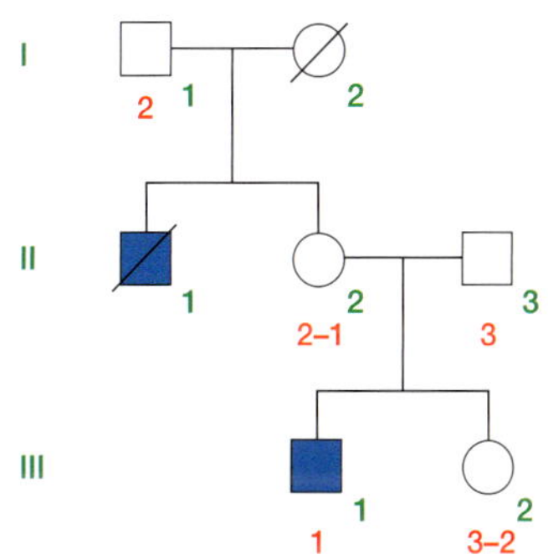

Hypothese: III-2 ist	ein Träger	kein Träger
a priori-Wahrscheinlichkeit	1/2	1/2
bedingt (1): DNA-Ergebnis	0,05	0,95
bedingt (2): CK-Daten	0,7	1
kombinierte Wahrscheinlichkeit	0,0175	0,475
endgültige Wahrscheinlichkeit	0,0175/0,4925	0,475/0,4925
	= 0,036	= 0,964

18.15 Eine Berechnung des genetischen Risikos nach Bayes. III-2 möchte erfahren, mit welcher Wahrscheinlichkeit sie eine Trägerin der Duchenne-Muskeldystrophie ist, da ihr Bruder III-1 und ihr Onkel II-1 erkrankt sind. Bei einem Test auf die serumspezifische Kreatinkinase (das Enzym ist ein Indikator für subklinische Muskelschäden, die bei DMD-Trägern weit verbreitet sind) ergab sich ein Chancenverhältnis für Träger : Nicht-Träger von 0,7 : 1. Alle Werte wurden mit Hilfe eines DNA-Markers ermittelt, der mit der DMD-Mutation eine Rekombination von fünf Prozent zeigt. Die Berechnung nach den Regeln von Exkurs 18.4 ergibt schließlich ein Risiko von 3,6 %. CK, Kreatinkinase.

Exkurs 18.4: Die Anwendung des Bayes-Theorems für die Kombination von Wahrscheinlichkeiten

Eine formale Aussage des Bayes-Theorems lautet:

$$P(H_i | E) = P(H_i)\, P(E | H_i) / \Sigma\, [P(H_i)\, P(E | H_i)]$$

$P(H_i)$ ist die Wahrscheinlichkeit der i-ten Hypothese, der senkrechte Strich bedeutet „unter der Voraussetzung, dass". $P(E | H_i)$ ist demnach die Wahrscheinlichkeit für einen Befund (*evidence*, E) unter der Voraussetzung H_i. Ein Beispiel macht das wahrscheinlich deutlicher. Eine Berechnung nach Bayes erfolgt in mehreren Schritten:

1. Erstellen einer Tabelle, in der jede der alternativ geltenden Hypothesen eine Spalte erhält. Erfassen aller Hypothesen.
2. Festlegung einer ***a priori*-Wahrscheinlichkeit** für jede Alternative. Die *a priori*-Wahrscheinlichkeiten aller Hypothesen müssen als Summe 1 ergeben. In diesem Stadium ist es nicht von Bedeutung, welche Informationen zur Festlegung der einzelnen *a priori*-Wahrscheinlichkeiten führen. Wichtig ist nur, dass die Art der Informationen bei allen Spalten übereinstimmt. Die verwendeten Informationen sind niemals vollständig (denn sonst gäbe es keinen Grund, die Berechnung durchzuführen, da die Antwort bereits bekannt ist). Die Informationen, die für die Festlegung der *a priori*-Wahrscheinlichkeit nicht eingesetzt wurden, lassen sich auch später noch verwenden.
3. Aus Teilinformationen, die in die Berechnung der *a priori*-Wahrscheinlichkeit keinen Eingang gefunden haben, lässt sich für jede Hypothese eine **bedingte Wahrscheinlichkeit** berechnen. Die bedingte Wahrscheinlichkeit ist die Wahrscheinlichkeit für die Teilinformationen, wenn man die Hypothese voraussetzt ($P(E | H_i)$ (*nicht* die Wahrscheinlichkeit der Hypothese, wenn man die Teilinformation als Voraussetzung nimmt ($P(H_i | E)$). Die bedingten Wahrscheinlichkeiten der verschiedenen Hypothesen addieren sich nicht notwendigerweise zu 1.
4. Wenn es weitere Teilinformationen gibt, die noch nicht verwendet wurden, dann ist der 3. Schritt solange zu wiederholen, bis jede Teilinformation einmal (und nur einmal) verwendet wurde. Das Endergebnis besteht aus einer Anzahl von Linien bedingter Wahrscheinlichkeiten für jede Spalte.
5. Innerhalb einer jeden Spalte multipliziert man nun die *a priori*- und alle bedingten Wahrscheinlichkeiten miteinander. Dadurch erhält man für jede Spalte eine kombinierte Wahrscheinlichkeit. Auch die Summe dieser Wahrscheinlichkeitswerte über alle Spalten ergibt nicht notwendigerweise 1.
6. Wenn nur zwei Spalten vorhanden sind, kann man die kombinierten Wahrscheinlichkeiten direkt als Chancen übernehmen. Es ist jedoch auch möglich, die kombinierten Wahrscheinlichkeiten zu skalieren, sodass die berechneten Endwahrscheinlichkeiten schließlich als Summe 1 ergeben. Das erreicht man durch Division jeder einzelnen kombinierten Wahrscheinlichkeit durch die Summe aller kombinierten Wahrscheinlichkeiten $\Sigma\, [P(H_i)\, P(E | H_i)$.

eine sehr ausführliche Zusammenstellung verschiedener Berechnungsarten enthält und fast jede denkbare Situation in der DNA-Diagnostik berücksichtigt.

Bei einfachen Stammbäumen lassen sich mit Berechnungen nach Bayes schnell Ergebnisse erzielen. Bei komplizierten Stammbäumen sind aber auch sehr sorgfältige Berechnungen möglich. Nur wenige Wissenschaftler sehen sich in der Lage, einen komplizierten Stammbaum korrekt durchzuarbeiten. Allerdings ist eine wichtige geistige Übung allein schon der Versuch, alle Faktoren zu ermitteln, die schließlich das Risiko bestimmen. Eine andere Möglichkeit ist die Verwendung eines Computerprogramms für Kopplungsanalysen.

Der Einsatz von Computerprogrammen für die Berechnung genetisch bedingter Risiken

Auf den ersten Blick erscheint es überraschend, dass man mit einem Programm für die Ermittlung von Lod-Werten auch genetisch bedingte Risiken berechnen kann – tatsächlich sind jedoch beide Verfahren einander recht ähnlich (Abbildung 18.16). Computerprogramme für Kopplungsanalysen eignen sich allgemein für die Berechnung von Wahrscheinlichkeiten innerhalb von Stammbäumen, wobei man von bestimmten Daten und Annahmen ausgeht. Für die Berechnung einer Kopplungswahrscheinlichkeit bilden wir den folgenden Quotienten:

$$\frac{(\text{Wahrscheinlichkeit der Daten} \,|\, \text{Kopplung, Rekombinationshäufigkeit } \theta)}{(\text{Wahrscheinlichkeit der Daten} \,|\, \text{keine Kopplung } (\theta = 0{,}5))}$$

Für die Berechnung des Risikos, ob ein bestimmter Proband das Krankheitsgen trägt, bilden wir diesen Quotienten:

$$\frac{(\text{Wahrscheinlichkeit der Daten} \,|\, \text{Proband ist ein Träger, Rekombinationshäufigkeit } \theta)}{(\text{Wahrscheinlichkeit der Daten} \,|\, \text{Proband ist kein Träger, Rekombinationshäufigkeit } \theta)}$$

Der senkrechte Strich bedeutet wie in Exkurs 18.4 „unter der Voraussetzung, dass".

18.5.4 Die besonderen Probleme bei der Duchenne-Muskeldystrophie

Die Duchenne-Muskeldystrophie wirft für das Diagnoselabor ein bemerkenswertes Spektrum von Schwierigkeiten auf. Glücklicherweise bestehen die

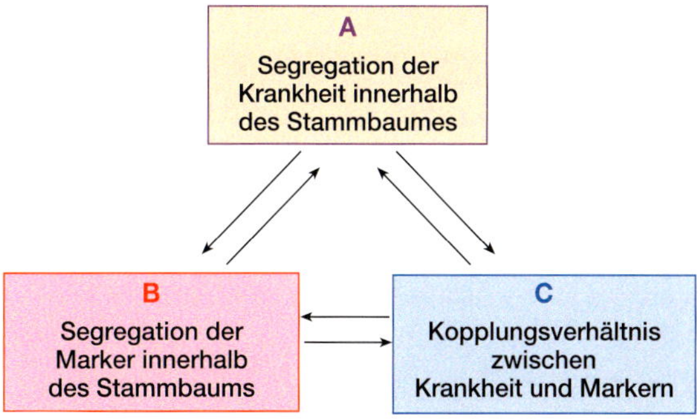

18.16 Anwendung eines Computerprogramms für Kopplungsanalysen, um genetische Risiken zu berechnen. Wenn zwei der aufgeführten Faktoren bekannt sind, kann das Programm den dritten berechnen. Bei Kopplungsanalysen gibt man die Informationen A und B vor, und das Programm errechnet C. Für die Berechnung genetischer Risiken gibt man B und C vor, und das Programm berechnet A.

Mutationen zu zwei Dritteln aus Deletionen, die sich bei Männern leicht identifizieren lassen (Abb. 18.7), bei Frauen allerdings ein großes Problem darstellen. Duplikationen sind bei jedem Geschlecht schwer zu ermitteln und werden zweifellos zu wenig diagnostiziert. Die 30 bis 35% Punktmutationen verursachen jedoch die meisten Schwierigkeiten. Ein Gen dieser Größe (2,4 Mb, 79 Exons) nach Punktmutationen abzusuchen, ist eine äußerst unangenehme Vorstellung, sodass man häufig eine Bestimmung von Vererbungslinien durchführt. Allerdings ergeben sich bei der Duchenne-Muskelystrophie auch bei dieser Methode einige besondere Probleme, da im gesamten Gen die Rekombinationshäufigkeit außerordentlich hoch ist. Sogar Marker innerhalb des Gens zeigen mit der Krankheit eine Rekombinationsrate von fünf Prozent. Daher ist es geschickter, flankierende Marker zu verwenden (Abb. 18.14).

Es gibt jedoch noch weitere Schwierigkeiten. Neue Mutationen sind sehr häufig. Berechnungen des Selektionsgleichgewichts von Mutationen (Exkurs 4.7) zeigen, dass bei jeder letalen X-gekoppelten rezessiven Krankheit ($f = 0$) ein Drittel der Fälle auf Neumutationen zurückgehen. Deshalb liegt die Wahrscheinlichkeit, dass die Mutter eines einzigen Jungen mit DMD ein Träger ist, bei 2:3. Das hat zwei negative Folgen:

- Die Risikoberechnungen, die notwendig sind, um die Ergebnisse aus der Bestimmung der Vererbungslinien zu interpretieren, erweisen sich als wesentlich komplizierter. Berechnungsbeispiele finden die interessierten Leser im Buch von Bridge (1997) (Weiterführende Literatur).
- Wie in Abbildung 4.8 dargestellt ist, erweist sich in einem DMD-Stammbaum der erste Träger einer Mutation häufig als Mosaik (Mann oder Frau). Das führt zu weiteren Problemen sowohl für die Risikoabschätzung als auch für die Interpretation der Ergebnisse bei den direkten Tests.

Diese Faktoren sowie der teilweise qualvolle klinische Verlauf der Krankheit, das hohe Risiko eines erneuten Auftretens innerhalb von Familien und die weite Verbreitung von DMD in der Bevölkerung bewirken, dass DMD für die Anbieter von genetischen Diensten vielleicht die am schwierigsten zu handhabende Krankheit ist.

18.6 Reihenuntersuchungen von Bevölkerungsgruppen

Wenn es möglich ist, das Vorhandensein einer Mutation direkt zu testen, sind Reihenuntersuchungen von Populationen eine natürliche Konsequenz. Traditionell wird zwischen Reihenuntersuchung und Diagnose unterschieden. Mit einer Reihenuntersuchung lässt sich eine Bevölkerungsgruppe bestimmen, die ein hohes Risiko trägt. Und für die Mitglieder dieser Gruppe werden dann Einzeldiagnosen erstellt. DNA-Tests sind in dieser Hinsicht jedoch anders, da es keine unterschiedlichen Tests für Reihenuntersuchungen und Diagnose gibt. Jedoch müssen alle Vorschläge für die Einführung einer Reihenuntersuchung unabhängig von der angewandten Methode auch weiterhin dieselben Kriterien erfüllen (Tab. 18.7).

18.6.1 Geeignete Programme für Reihenuntersuchungen müssen bestimmte Kriterien erfüllen

Was will man durch die Reihenuntersuchung erreichen?

Die wichtigste Aufgabe eines Untersuchungsprogramms ist das Erzielen eines sinnvollen Ergebnisses. Es erscheint ziemlich unangebracht, Personen aus heiterem Himmel zu erklären, sie stünden unter dem Risiko, dass ihnen etwas Unangenehmes widerfahren könnte, wenn dieses Wissen ihnen nicht ermöglicht, etwas dagegen zu tun. Vorschläge für Reihenuntersuchungen zum Auffinden von Genen, die für Brustkrebs oder Herzanfälle anfällig machen, müssen anhand dieses Kriteriums noch einmal genau überprüft werden. Tests für die Vorhersage einer möglichen Huntington-Chorea scheinen der Regel zu widersprechen. Die Durchführung eines solchen Tests wird allerdings nur Personen angeboten, die unter

Tabelle 18.7 Anforderungen an ein Programm für eine Reihenuntersuchung in der Bevölkerung

Anforderung	Beispiele und Anmerkungen
ein positives Ergebnis muss zu sinnvollen Maßnahmen führen	■ vorbeugende Behandlung, z. B. besondere Diät bei PKU ■ Besprechung und Auswahl der Möglichkeiten für CF-Träger, Nachwuchs zu bekommen
das ganze Programm muss gesellschaftlich und ethisch akzeptabel sein	■ Probanden müssen informiert sein und der Teilnahme zustimmen ■ eine Reihenuntersuchung ohne Beratung ist nicht akzeptabel ■ es darf kein Druck ausgeübt werden, eine Schwangerschaft bei einer Erkrankung zu beenden ■ Die Untersuchung darf nicht diskriminierend wirken
der Test muss sehr empfindlich und hochspezifisch sein	■ Tests mit vielen falsch-negativen Ergebnissen schmälern das Vertrauen in das Programm ■ Tests mit vielen falsch-positiven Ergebnissen führen zu einer nicht akzeptablen Beunruhigung vieler gesunder Menschen, selbst wenn es gelingt, die Ergebnisse durch anschließende diagnostische Tests zu korrigieren
der Nutzen des Programms muss die Kosten übersteigen	■ Die Verschwendung finanzieller Mittel in der Gesundheitsversorgung ist aus ethischen Gründen abzulehnen

einem hohen Erkrankungsrisiko stehen und denen die Ungewissheit so sehr zu schaffen macht, dass sie von sich aus den Test fordern und auch nach einer Beratung über die möglichen Nachteile darauf bestehen.

Im Idealfall steht am Ende einer Untersuchung die Behandlung, wie es zum Beispiel bei der Reihenuntersuchung von Neugeborenen auf Phenylketonurie der Fall ist. Eine verstärkte medizinische Überwachung ist nur dann sinnvoll, wenn sich dadurch die Prognose verbessern lässt. Eines der großen Risiken bei übertriebenen Reihenuntersuchungen besteht darin, dass gesunde Menschen dadurch zu kranken Menschen werden können. Ein Sonderfall ist die Untersuchung eines eventuellen Trägerstatus, da man auf diese Weise vielleicht die Geburt eines erkrankten Kindes vermeiden kann. Menschen, die die pränatale Diagnose und einen möglichen Schwangerschaftsabbruch im Falle einer Erkrankung des Ungeborenen ablehnen, würden darin jedoch keinen Nutzen sehen, und sollten daher auch generell nicht untersucht werden. Andererseits könnte es auch Paare geben, denen das einfache Wissen genügt.

Ethische Grundlagen für Reihenuntersuchungen

Ein Komitee aus Experten auf den Gebieten Genetik, Medizin, Rechtswissenschaften und Theologie hat in den USA die ethischen Fragen diskutiert, die sich bei genetischen Reihenuntersuchungen der Bevölkerung stellen. Darum sei an dieser Stelle auf den ausführlichen Bericht verwiesen von Andrews et al. (1994). Es liegt in der Natur ethischer Problemstellungen, dass es zwar keine eindeutigen Lösungen gibt, aber immerhin bestimmte Prinzipien deutlich werden:

- Die Beteiligung muss bei jedem Untersuchungsprogramm freiwillig sein, das heißt, die Probanden entscheiden sich selbstständig für eine Teilnahme.
- Die Programme müssen die Entscheidungsfreiheit und die Privatsphäre der Probanden respektieren.
- Personen, die bei einem Test positiv sind, dürfen nicht zu einer bestimmten Maßnahme gedrängt werden. In Ländern mit einem Gesundheitssystem, das auf einer Krankenversicherung basiert, wäre es inakzeptabel, wenn Versicherungsgesellschaften angehende Eltern zwingen würden, ihr Ungeborenes untersuchen zu lassen und einen Schwangerschaftsabbruch vorzunehmen, wenn eine Erkrankung des Fetus festgestellt wird.
- Informationen müssen vertraulich behandelt werden. Das klingt vielleicht selbstverständlich, kann jedoch manchmal zu Problemen führen. Wir hätten vielleicht gern, dass Fahrer von Schwerlastwagen oder Flugzeugpiloten auf alle denkbaren Risiken untersucht werden. In Gemeinschaften mit einer Gesundheitsversorgung, die auf einem Versicherungssystem beruht, ergeben sich bei der Vertraulichkeit genetischer Daten besondere Probleme. Versicherungsgesellschaften könnten etwaige Informationsansprüche damit begründen, dass sie ja Personen mit niedrigem Risiko benachteiligen würden, wenn sie nicht die Prämien für Personen mit hohem Risiko heraufsetzten.

18.6.2 Die Spezifität und die Empfindlichkeit eines Tests bestimmen seine Leistungsfähigkeit

Verglichen mit den ethischen Problemen sind die technischen Fragen, die bei Reihenuntersuchungen der Bevölkerung auftreten, recht einfach zu lösen. Die Empfindlichkeit, die Spezifität und der positive Vorhersagewert entscheiden über die Qualität einer Testmethode (Abbildung 18.17).

Vorhersagewert eines Tests

Es ist vielleicht nicht unbedingt zu erwarten, aber falsch-positive Ergebnisse können bei einem Test ein schwerwiegenderes Problem darstellen als falsch-negative. Selbst wenn es gelingt, die falsch-positiven Resultate durch einen anschließenden diagnostischen Test herauszufiltern, so hat man dennoch viele Menschen unnötig beunruhigt. Tabelle 18.8 zeigt, dass ein Testverfahren mit einem signifikant hohen Anteil falsch-positiver Ergebnisse einen viel zu geringen Vorhersagewert besitzt, wenn man nicht nach sehr häufig vorkommenden Erkrankungen sucht. DNA-Tests sind bei Reihenuntersuchungen in der Bevölkerung im Prinzip gut geeignet, da genetische Tests im Vergleich zu biochemischen Methoden, bei denen Schwellenwerte willkürlich gesetzt werden, nur sehr wenige falsch-positive Ergebnisse hervorbringen sollten.

Empfindlichkeit eines Tests

Ein Test muss den Gegenstand der Untersuchung wirksam erfassen können, das heißt, die Empfindlichkeit muss hoch sein. Während der Vorhersagewert von DNA-Tests durchaus Vertrauen erweckend ist, hängt die Empfindlichkeit von der Heterogenität der

	betroffen	nicht betroffen
positiv aufgrund des Tests	a	b
negativ aufgrund des Tests	c	d

Empfindlichkeit des Tests = a/(a + c)
Spezifität des Tests = d/(b + d)
positiver Vorhersagewert = a/(a + b)

18.17 Empfindlichkeit und Spezifität einer Reihenuntersuchung.

Allele ab. Wenn eine Krankheit nicht außergewöhnlich homogen ist (Tabelle 18.4), kann man bei einer Untersuchung unmöglich alle Mutationen erfassen. Das gilt vor allem bei groß angelegten Reihenuntersuchungen in der Bevölkerung. Normalerweise ist ein Test nur auf einen Teil der möglichen Mutationen ausgerichtet. Abbildung 18.18 zeigt, wie die Vorauswahl der Mutationen das Ergebnis eines Untersuchungsprogramms beeinflussen kann, das Träger der Cystischen Fibrose identifizieren soll.

Zweifellos würde der einfache Test allein auf die häufigste Mutation (F508del) für ein brauchbares Programm nicht ausreichen. In diesem Fall würden mehr erkrankte Kinder von Eltern mit einem negativen Untersuchungsbefund zur Welt gebracht als in der Untersuchung nachweisbar wären. Unabhängig davon, ob solch ein Programm kosteneffektiv arbeiten würde oder nicht, wäre es auf jeden Fall gesellschaftlich nicht akzeptabel. Die Definition, wie nun ein akzeptables Programm auszusehen hat, fällt nicht leicht. Bei einem der vorgeschlagenen Verfahren liegt der Schwerpunkt auf der Erfassung so genannter „+/–“-Paare (also Paare, bei denen ein Partner Träger

Tabelle 18.8 Ein Test, der im Labor gut funktioniert, kann für eine Reihenuntersuchung der Bevölkerung ungeeignet sein

Prävalenz der Krankheit	tatsächlich positive Personen in der untersuchten Bevölkerung	echte Positivbefunde in der Reihenuntersuchung	tatsächlich negative Personen in der untersuchten Bevölkerung	falsche Positivbefunde in der Reihenuntersuchung	Vorhersagewert des Tests
1/1000	1000	990	999000	9990	0,09
1/10000	100	99	999900	9999	0,0098
1/100000	10	10	999990	10000	0,001

Dargestellt ist ein fiktives Testverfahren, das bei einem Laborversuch mit 100 erkrankten Personen und 100 Kontrollpersonen eine Genauigkeit von 99% liefert: 99% der tatsächlich positiven Personen wurden erfasst, genauso wie 99% der tatsächlich negativen. Die Tabelle zeigt die Ergebnisse einer Reihenuntersuchung bei einer Million Menschen. Die meisten positiven Befunde des Tests sind falsch-positiv. Solch ein Test würde wahrscheinlich in der Gesellschaft nicht akzeptiert und wäre auch für mendelnde Krankheiten finanziell nicht durchführbar (da von diesen Krankheit normalerweise weniger als eine Person unter 1000 Menschen betroffen ist).

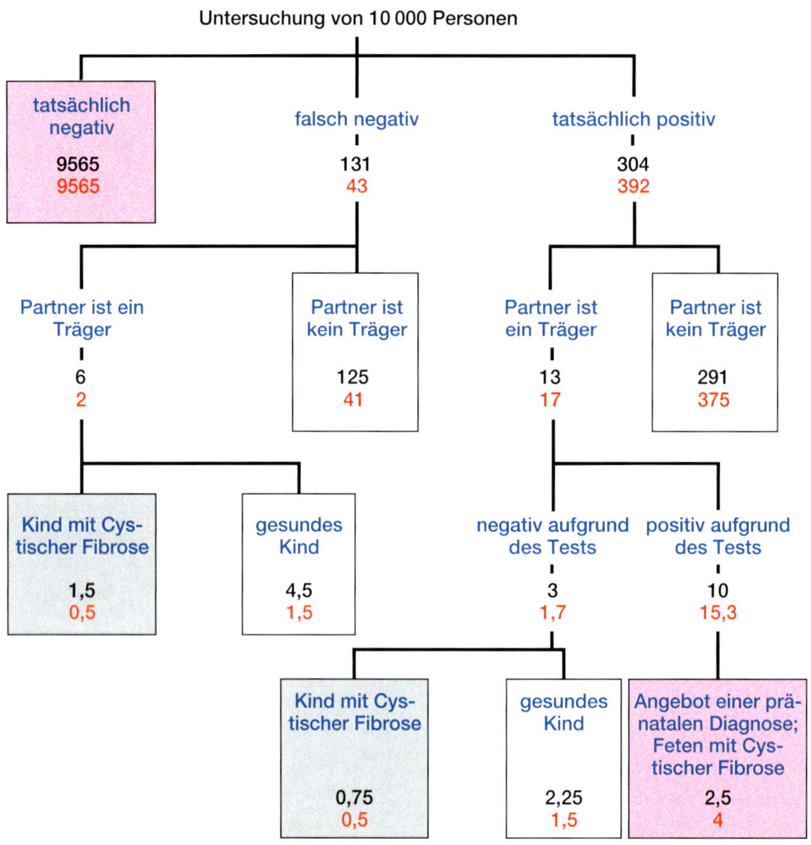

18.18 Flussdiagramm für eine Untersuchung der Bevölkerung auf Cystische Fibrose. Dargestellt sind die Ergebnisse einer Reihenuntersuchung von 10 000 Personen mit einem Anteil von 1:23 Trägern. Fällt bei einer Person der Test positiv aus, testet man auch den Sexualpartner dieser Person. Die schwarzen Zahlen zeigen das Ergebnis für ein Testverfahren, das 70 % aller CF-Mutationen erfasst (das heißt, es wird nur auf die F508del-Mutationen getestet). Die roten Zahlen stammen von einem Test mit 90 % Empfindlichkeit. Die Fälle, die für das Untersuchungsprogramms als Erfolg zu werten sind (unabhängig von den Maßnahmen, die diese Personen dann tatsächlich getroffen haben), sind durch rosa Rechtecke gekennzeichnet, Fehlschläge durch graue Rechtecke. PND, pränatale Diagnose.

ist und der andere bei allen Tests keinen Befund zeigt). Der Partner könnte aber noch Träger einer seltenen Mutation sein. Nach Ansicht von Ten Kate soll bei einem akzeptablen Test das Risiko für „+/–"-Paare nicht größer sein als das allgemeine Risiko in der Bevölkerung, bevor man den Test durchführt. Wenn man unter Nordeuropäern eine Reihenuntersuchung auf Cystische Fibrose durchführt, würde das eine Empfindlichkeit von etwa 95 % erfordern.

18.6.3 Die Organisation eines Programms für genetische Reihenuntersuchungen

Nehmen wir nun an, dass das Programm ethisch akzeptabel und kosteneffektiv arbeiten kann – wer soll untersucht werden? Die folgenden drei Beispiele zeigen einige der Möglichkeiten auf.

Untersuchung von Neugeborenen: Phenylketonurie

In Großbritannien werden alle Säuglinge wenige Tage nach der Geburt auf Phenylketonurie getestet. Dabei wird an der Ferse eine geringe Blutmenge entnommen und auf eine so genannte Guthrie-Karte gegeben, die an ein zentrales Labor gesandt wird. Die Phenylalaninkonzentration im Blut bestimmt man mithilfe einer Chromatographie oder eines bakteriellen Wachstumstests. Kinder, bei denen ein bestimmter Schwellenwert überschritten wird, unterzieht man einem genauen diagnostischen Test. Nur ein kleiner Teil der Kinder hat tatsächlich eine Phenylketonurie. Das Fehlen einer bewussten Zustimmung des Kindes wird durch den Vorteil ausgeglichen, dass nun eine dietätische Behandlung möglich ist (Smith 1993).

Untersuchung von Ungeborenen: β-Thalassämie

Träger der β-Thalassämie lassen sich durch herkömmliche hämatologische Tests entweder bereits vor der Heirat oder während der Schwangerschaft identifizieren. Paaren, bei denen beide Partner Träger sind, kann man eine DNA-Analyse des Ungeborenen anbieten. In Großbritannien gibt es zwei ethnische Gruppen, die ein erhöhtes Auftreten der β-Thalassämie zeigen: Zyprioten und Pakistanis. Die Zyprioten nahmen das Angebot einer Reihenuntersuchung schnell an, die Pakistanis dagegen langsamer. Bei diesem Vergleich wird deutlich, wie kompliziert sich die gesellschaftlichen Fragen im Zusammenhang mit genetischen Reihenuntersuchungen manchmal darstellen, und welche Bedeutung der kulturelle Hintergrund besitzt (Gill und Modell 1998). Wichtig ist hier auch, dass Langzeitstudien in der zypriotischen Bevölkerungsgruppe tatsächlich einen Erfolg der Reihenuntersuchungen erkennen ließen – nicht anhand einer erhöhten Zahl von Abtreibungen, sondern anhand der Zahl von gesunden Familien. Vor Einführung der Reihenuntersuchung entschieden sich viele der betroffenen Paare dafür, keine Kinder zu haben; inzwischen nutzen viele Paare die Reihenuntersuchung und bekommen so gesunde Kinder (Modell et al. 1984). Eines Tages bieten vielleicht die Präimplantationsdiagnostik oder die Übertragung von gesunden Stammzellen auf den Fetus zumindest für die Reichen in den reichen Ländern eine Alternative für einen Schwangerschaftsabbruch, wenn der Fetus erkrankt ist.

Reihenuntersuchungen zur Identifizierung von Trägerpersonen: Vorschläge für die Cystische Fibrose

Inzwischen ist es technisch und finanziell kein Problem mehr, die Bevölkerung von Nordeuropa systematisch auf Träger der Cystischen Fibrose zu untersuchen. Aufgrund von Befragungen in Großbritannien ist zu erwarten, dass sich die meisten Paare, bei denen beide Partner Träger sind, zu einer pränatalen Diagnose entschließen würden und zu schätzen wüssten, wenn sie sicher gehen könnten, dass sie kein krankes Kind bekommen. Diese Ansicht könnte sich ändern, wenn die Behandlungsmethoden verbessert werden, zum Beispiel durch eine Gentherapie.

Bei der Einführung eines Untersuchungsprogramms müssen zwei Fragestellungen berücksichtigt werden. Wie viele verschiedene Mutationen soll der Test erfassen, und wem soll man den Test anbieten? Die Probleme, die durch die Heterogenität der Allele entstehen, wurden bereits beschrieben (Abbildung 18.18). Tabelle 18.9 führt mögliche Zielgruppen auf, die aufgrund von Überlegungen für eine Reihenuntersuchung in Großbritannien in Frage kommen. Eine solche Liste wird je nach Art des Gesundheitssystems in jedem Land anders aussehen. Erste Ergebnisse von kontrollierten Pilotstudien deuten darauf hin, dass

Tabelle 18.9 Mögliche Organisationsformen einer Reihenuntersuchung, die Träger der Cystischen Fibrose ermitteln soll

untersuchte Gruppe	Vorteile	Nachteile
Neugeborene	- einfach zu organisieren	- keine Folgemaßnahmen innerhalb der nächsten 20 Jahre - viele Familien würden das Ergebnis wieder vergessen - Tests an Kindern sind unethisch
Schulabgänger	- einfach zu organisieren - Information für Betroffene vor dem Eingehen einer Partnerschaft	- ethisch einwandfreie Durchführung ist problematisch - Gefahr einer Stigmatisierung der Träger
Paare aus Patientenlisten	- Paar ist eine Risikoeinheit - Betonung der besonderen Rolle der Ärzte in der Präventivmedizin - lässt Zeit für Entscheidung	- Qualitätskontrolle der Beratung problematisch
Frauen in der Geburtsvorsorge	- einfach zu organisieren - schnelle Ergebnisse	- „böses Erwachen“ für Trägerinnen - Partner steht möglicherweise nicht zur Verfügung - Labor unter Zeitdruck
erwachsene Freiwillige („*drop in CF-center*“)	- geringe ethische Probleme	- schlechte Rahmenbedingungen für eine Beratung - Personen mit wirklichem Bedarf werden nicht gezielt angesprochen - schlechtes Verhältnis zwischen Aufwand und Nutzen?

keines der Verfahren zu den manchmal befürchteten negativen Auswirkungen geführt hat (zum Beispiel Ängste ausgelöst hat).

18.7 DNA-Profile eignen sich für die Identifizierung von Personen und die Bestimmung von Verwandtschaftsbeziehungen

Die Erstellung von DNA-Profilen bedeutet für uns die allgemeine Verwendung von DNA-Tests, um Identitäten und Verwandtschaftsbeziehungen von Personen festzustellen. Die Bezeichnung *DNA-fingerprinting* (genetischer Fingerabdruck) ist der Methode vorbehalten, die Jeffreys und Mitarbeiter 1985 für die Verwendung von Mehrfachlocussonden entwickelt haben. Eine genaue Abhandlung des Themas findet sich in dem Buch von Ewett und Weir (1998) (Weiterführende Literatur).

18.7.1 Für die Erstellung von DNA-Profilen gibt es eine Reihe verschiedener DNA-Polymorphismen

Der genetische Fingerabdruck mithilfe von Minisatellitensonden

Die Sonden enthalten die gemeinsame Kernsequenz, die Teil eines hypervariablen verstreuten Wiederholungselements (GGGCAGGAXG) ist, das Jeffreys und Mitarbeiter 1985 im Myoglobingen entdeckten. Die Sequenz kommt in vielen Minisatelliten vor, die im gesamten Genom verstreut sind. Dabei ist die Anzahl der Tandemwiederholungen bei jedem Menschen unterschiedlich. Die Sonden ergeben bei einer Hybridisierung mit Southern-Blots personenspezifische Fingerabdrücke von Bandenmustern (Abbildung 18.19). Der genetische Fingerabdruck hat die Praxis der Gerichtsmedizin vollkommen verändert, ist aber aufgrund von zwei Problemen inzwischen schon wieder überholt:

- Für den Southern-Blot sind mehrere Mikrogramm DNA erforderlich, was dem Gehalt von etwa einer Million Zellen entspricht.
- Es lässt sich nicht feststellen, welche Bandenpaare tatsächlich Allelen entsprechen. Beim Vergleich von zwei genetischen Fingerabdrücken muss der Ermittler jede Bande einzeln nach Position und Intensität zuordnen. Die durchgehend variable Entfernung im Gel muss in eine Anzahl von „Kästchen“ (*bins*) eingeteilt werden. Banden, die in demselben Kästchen liegen, betrachtet man als zusammengehörig. Wenn also beispielsweise 10 von 10 Banden zusammenpassen, betragen die Chancen, dass die Probe von einem Verdächtigen stammt – und nicht von einer beliebigen anderen Person aus der Bevölkerung – 1 : p^{10}, wobei p die Chance ist, dass eine Bande von einer zufällig ausgewählten Person zu einer bestimmten Bande passt (wir haben hier vereinfacht, indem wir voraussetz-

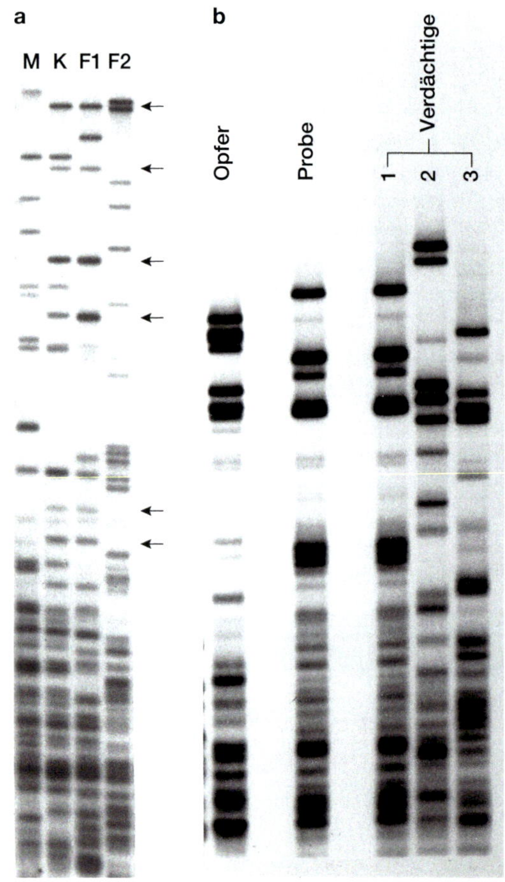

18.19 Juristische und gerichtsmedizinische Verwendung von DNA-Fingerabdrücken. a) Vaterschaftstest. Dargestellt sind die DNA-Fingerabdrücke der Mutter (M), des Kindes (K) und zweier möglicher Väter (F1, F2). Das DNA-Muster von F1 enthält alle väterlichen Banden, die sich auch bei dem Kind feststellen lassen, wohingegen das Muster von F2 nur eine solche Bande zeigt. b) Vergewaltigung. Der DNA-Fingerabdruck des Verdächtigen A passt genau zu der Samenprobe S, die von einem Vaginalabstrich des Opfers stammt. Aufgrund dieses Beweises wurde der Verdächtige 1 wegen Vergewaltigung angeklagt und schuldig gesprochen. Das Foto wurde freundlicherweise zur Verfügung gestellt von Cellmark Diagnostics, Abingdon, Oxfordshire, Großbritannien.

ten, dass p für jedes Kästchen gleich ist und ignorierten, dass sowohl die Intensität als auch die Position übereinstimmen müssen. Selbst bei $p = 0{,}2$ gilt nur $p^{10} = 10^{-7}$. Dabei ist unabdingbar, dass bei der Suche nach Übereinstimmungen zwischen zwei Profilen und für die Berechnung von p dieselbe Kästcheneinteilung verwendet wird. Diese Einteilungen können innerhalb bestimmter Grenzen beliebig gewählt werden, müssen aber einheitlich sein.

Die Erstellung von DNA-Profilen mithilfe von Mikrosatellitenmarkern

Die Erstellung eines Profils für einen einzigen Locus basiert auf Mikrosatellitenpolymorphismen (Abschnitt 9.4.3), bei denen es sich im Allgemeinen um Wiederholungen von Tri- und Tetranucleotiden handelt, die sich durch eine PCR bestimmen lassen. Theoretisch lässt sich eine einzige Zelle typisieren, die am Tatort zurückgelassen wurde. Allele sind zweifelsfrei aufgrund der Anzahl der Wiederholungen zu identifizieren, sodass man das Problem der Einteilung in Kästchen vermeidet. Wenn die Genhäufigkeit von jedem Allel in der Bevölkerung bekannt ist, kann man genau berechnen, wie hoch die Wahrscheinlichkeit einer Vaterschaft ist, ob bei einer Vergewaltigung der Verdächtige auch der Täter ist und so weiter. Die kombinierten Genotypen von zehn bis 15 ungekoppelten hochpolymorphen Loci reichen normalerweise für eine definitive Entscheidung aus, wie auch immer sie ausfällt. Kleinere Variationen innerhalb der wiederholten Einheiten von einigen Mikrosatellitensequenzen ermöglichen es im Prinzip, zwischen einer fast unbegrenzten Vielfalt von Allelen zu unterscheiden. Daher kann der Genotyp an einem einzigen Locus ausreichen, eine bestimmte Person zu identifizieren (Jeffreys et al. 1991), aber diese „MVA-Typisierung" ist ausschließlich Forschungszwecken vorbehalten.

Die Verwendung von Polymorphismen des Y-Chromosoms und der mitochondrialen DNA

Für die Ermittlung von Verwandtschaftsbeziehungen mit Toten sind Polymorphismen des Y-Chromosoms und der mitochondrialen DNA besonders gut geeignet, da jeder Mensch den vollständigen Genotyp von einem einzigen definierten Vorfahren erbt. Ein interessantes Beispiel war die Identifizierung der Überreste des russischen Zaren und seiner Familie, die von den Bolschewiken 1917 getötet wurden, indem man die DNA-Profile der exhumierten Leichen mit den Profilen von lebenden entfernten Verwandten verglich (Gills et al. 1994).

18.7.2 Durch Erstellung von DNA-Profilen lässt sich der Zygotiestatus von Zwillingen bestimmen

Bei der Untersuchung von nichtmendelnden Merkmalen (Kapitel 15) und manchmal auch bei genetischen Beratungen ist es von Bedeutung, ob ein Zwillingspaar monozygot (MZ, identisch) oder dizygot (DZ, geschwisterlich) ist. Bisher erfolgte eine solche Identifizierung aufgrund phänotypischer Ähnlichkeiten oder anhand einer Membrananalyse bei der Geburt. Zwillinge, die innerhalb eines einzigen Chorions liegen, sind immer monozygot, umgekehrt gilt diese Schlussfolgerung jedoch nicht. Durch Fehler bei der Bestimmung des Zygotiestatus wird die Bedeutung von genetischen Faktoren bei nichtmendelnden Merkmalen systematisch zu hoch bewertet, da fälschlicherweise sehr ähnliche dizygote Zwillinge als monozygot und sehr unterschiedliche monozygote Zwillinge als dizygot eingestuft werden.

Die Bestimmung der Zygotie mithilfe genetischer Marker ist deutlich zuverlässiger. Eine Zusammenfassung der zahlreichen, aber inzwischen nicht mehr benötigten Veröffentlichungen über die Verwendung von Blutgruppen findet sich bei Race und Sanger (1975) (Weiterführende Literatur). Heutzutage ist jedoch die Erstellung von DNA-Profilen die Methode der Wahl. Die Fingerabdruckmethode von Jeffreys ermöglicht einen sofortigen Eindruck: Proben von einem monozygoten Zwillingspaar sehen aus, als hätte man dieselbe Probe zweimal aufgetragen, während Proben von einem dizygoten Zwillingspaar Unterschiede aufweisen. Bei Verwendung von Einzellocusmarkern lässt sich die Wahrscheinlichkeit berechnen, mit der ein Zwillingspaar mit übereinstimmenden Mustern eineiig ist. Dabei bestimmt man die Wahrscheinlichkeit, dass DZ-Zwillinge übereinstimmen, für jeden Locus einzeln. Wenn die Eltern typisiert wurden, lässt sich dies aus den Mendelschen Regeln ableiten. Andernfalls muss man für jede mögliche Zeugung der Eltern die Wahrscheinlichkeit ermitteln, mit der dizygote Zwillinge dasselbe Muster zeigen. Grundlage bilden dabei die Genhäufigkeiten in der Bevölkerungsgruppe. Die resultierenden Wahrscheinlichkeiten für jeden (ungekoppelten) Locus werden miteinander multipliziert. Das Ergebnis ist die Gesamtwahrscheinlichkeit P_I, mit der dizygote Zwillinge bei allen verwendeten Markern dasselbe Muster zeigen. Die Wahrscheinlichkeit für eine Monozygotie der Zwillinge beträgt dann:

$$P_m = m / [m + (1-m)P_I],$$

wobei m der Anteil der monozygoten Zwillinge in der Bevölkerungsgruppe ist (etwa 0,4 bei Paaren mit gleichem Geschlecht). Rechenbeispiele finden sich im Anhang 4 von Vogel und Motulsky (1996) (Weiterführende Literatur).

18.7.3 Mit DNA-Profilen lässt sich eine mögliche Vaterschaft widerlegen oder bestätigen

Der Ausschluss einer Vaterschaft ist sehr einfach. Wenn das Kind ein Markerallel besitzt, das weder bei der Mutter noch bei dem angeblichen Vater auftritt, dann ist eine Vaterschaft auszuschließen – außer es handelt sich um eine neu aufgetretene Mutation. Eine Vaterschaft zu beweisen, ist im Prinzip unmöglich, da sich genaugenommen niemals beweisen lässt, dass es tatsächlich keinen anderen Mann auf der Welt gibt, von dem ein bestimmtes Markerallelmuster des Kindes nicht ebenfalls stammen könnte. Als einzige Möglichkeit bleibt nur, die Wahrscheinlichkeit einer Nichtvaterschaft festzustellen. Diese muss so niedrig sein, dass ein Gericht und, wenn möglich, auch der mutmaßliche Vater damit zufrieden sind.

Fingerabdruck-DNA-Sonden sind für solche Zwecke sehr häufig eingesetzt worden (Abb. 18.19). Die Banden müssen in ein zwar willkürlich gewähltes, aber einheitliches Raster eingeordnet werden (siehe oben). So kann man feststellen, ob jede Bande, die nicht von der Mutter stammt, zu einer Bande im Muster des mutmaßlichen Vaters passt. Einzellocussonden ermöglichen eine genauere Berechnung der Wahrscheinlichkeiten (Abb. 18.20). Mit zehn ungekoppelten Einzellocusmarkern erhält man eine sehr hohe Wahrscheinlichkeit für eine Vaterschaft, wenn alle Banden übereinstimmen.

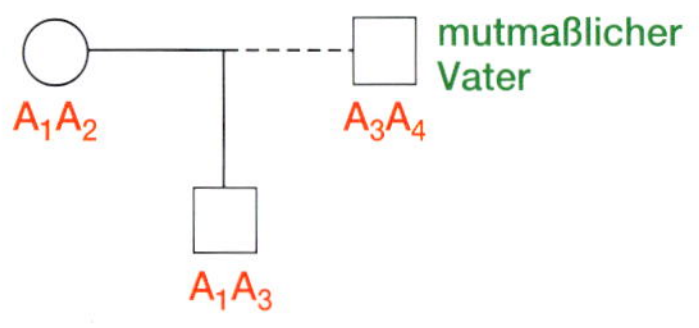

18.20 Verwendung eines Einzellocusmarkers für einen Vaterschaftstest. Die Chancen, dass der mutmaßliche Vater im Vergleich zu einer beliebigen Person in der Bevölkerungsgruppe tatsächlich der Vater ist, betragen $1/2 : q_3$. Dabei ist q_3 die Genhäufigkeit von A_3. Wenn man eine Reihe von n Markern verwendet und eine Vaterschaft nicht auszuschließen ist, betragen die Chancen $(1/2)^n : q_A\, q_B\, q_C \ldots q_N$.

18.7.3 DNA-Profile sind ein wichtiges Hilfsmittel bei gerichtsmedizinischen Untersuchungen

Die Erstellung von DNA-Profilen in der Gerichtsmedizin erfolgt nach demselben Prinzip wie ein Vaterschaftstest. Probenmaterial vom Tatort (Blutspuren, Haare, vaginale Abstriche von einem Vergewaltigungsopfer) werden analysiert und mit einer DNA-Probe des Verdächtigen verglichen. Eine der wichtigsten Anwendungen von DNA-Profilen besteht darin, Justizirrtümer zu verhindern, wenn sich beweisen lässt, dass ein Verdächtiger nicht der Täter ist. Wenn die Banden nicht übereinstimmen, ist der Verdächtige auszuschließen, unabhängig von allen anderen Umständen, die für das Gegenteil sprechen.

Wenn alle Genotypen übereinstimmen, muss das Gericht wissen, welche Chancen bestehen, dass der Verdächtige tatsächlich der Täter ist und nicht eine beliebige andere Person aus derselben Bevölkerungsgruppe. Zweifellos sähen die Chancen ganz anders aus, wenn der Bruder des Verdächtigen oder sein identischer Zwilling als Alternative in Frage kämen. Das Schicksal des DNA-Beweises bei Gericht vermittelt einen interessanten Einblick in die unterschiedlichen Gepflogenheiten in der Wissenschaft und der Rechtsprechung. Angenommen, das DNA-Profil eines Verdächtigen stimmt mit dem der Probe vom Tatort überein, dann stehen einer sinnvollen Verwendung der DNA-Daten noch mindestens drei Hindernisse entgegen:

- Das Gericht braucht nur von den DNA-Daten nicht überzeugt zu sein oder zu entscheiden, diese nicht zu werten, wie es beispielsweise bei dem Verfahren gegen O. J. Simson der Fall war (bei Weit (1995) findet sich eine interessante Darstellung des Falles). Möglicherweise entscheidet das Gericht, dass die belastende DNA-Probe untergeschoben wurde.
- Ein skrupelloser Rechtsanwalt könnte versuchen, dem Gericht eine falsche Wahrscheinlichkeitsargumentation vorzutragen, sodass es von einem Trugschluss des Staatsanwalts (*prosecutor's fallacy*) ausgeht. Dabei wird die Wahrscheinlichkeit, dass der Verdächtige bei gegebener Übereinstimmung unschuldig ist, mit der Wahrscheinlichkeit einer Übereinstimmung bei gegebener Unschuld des Verdächtigen verwechselt. Das Gericht muss die erste Wahrscheinlichkeit betrachten, nicht die zweite. Wie Exkurs 18.5 zeigt, unterscheiden sich die beiden.
- Gegen einige der Prinzipien, nach denen Wahrscheinlichkeiten auf DNA-Basis berechnet werden, lassen sich Einwände erheben:

Exkurs 18.5: Der Trugschluss des Staatsanwalts

Das DNA-Profil des Verdächtigen stimmt mit der Probe vom Tatort überein. Wird er dadurch schuldig? Betrachten wir zwei verschiedene Wahrscheinlichkeiten:

- die Wahrscheinlichkeit, dass der Verdächtige bei gegebener Übereinstimmung unschuldig ist;
- die Wahrscheinlichkeit für eine Übereinstimmung bei gegebener Unschuld des Verdächtigen.

Nach der Formel von Bayes (Exkurs 18.4; mit M = Übereinstimmung, G = Verdächtiger ist schuldig, I = Verdächtiger ist unschuldig) ist die erste Wahrscheinlichkeit $P_I|M$ und die zweite $P_M|I$. Der Trugschluss des Staatsanwalts besteht in der Argumentation, dass die entscheidende Wahrscheinlichkeit $P_M|I$ ist und nicht, wie es eigentlich der Fall ist, $P_I|M$. Die folgende Berechnung zeigt, wie unterschiedlich diese beiden Wahrscheinlichkeiten sind.

Wenn der Verdächtige schuldig ist, stimmen die Proben zwangsläufig überein: $P_M|G = 1$. Nehmen wir an, es besteht laut Populationsgenetik eine Wahrscheinlichkeit von 1 zu 10^6, dass eine zufällig ausgewählte Person dasselbe Profil aufweist wie die Probe vom Tatort: $P_M|I = 10^{-6}$. Nehmen wir auch an, der Schuldige könnte einer von 10^7 Männern in der Bevölkerung sein. Wenn es also keinen weiteren Hinweis gibt, der ihn belastet, ist er einfach nur ein zufällig ausgewähltes Mitglied der Population, und die *a priori*-Wahrscheinlichkeit für seine Schuld beträgt (vor Einbeziehung des DNA-Beweises) $P_G = 10^{-7}$. Die *a priori*-Wahrscheinlichkeit für seine Unschuld beträgt also $P_I = 1 - 10^{-7} \approx 1$.

Das Theorem von Bayes besagt:

$$\begin{aligned} P_I|M &= (P_I P_M|I)/[(P_I P_M|I) + (P_G P_M|G)] \\ &= 10^{-6}/10^{-6} - 10^{-7}) \\ &= 1{,}0/1{,}1 \\ &= 0{,}9 \end{aligned}$$

Wir haben bereits festgestellt, dass

$P_M|I \; = 10^{-6}$ (was einen ziemlichen Unterschied bedeutet!)

Es wäre lächerlich, wenn ein Gericht zwingende DNA-Beweise nicht beachten würde. Aber diese Berechnung zeigt auch, dass DNA-Beweise allein jemanden nicht eindeutig überführen können, wenn es nicht noch andere Beweise gibt oder wenn $P_M|I$ nicht deutlich unter 10^{-6} liegt. Wenn man vorhat, in einer großen Stadt alle Männer zu testen, um einen Vergewaltiger zu finden, muss man dies berücksichtigen.

1. Die Ermittlung von Gesamtwahrscheinlichkeiten durch Multiplikation der Einzelwahrscheinlichkeiten für jedes Allel oder jeden Locus beruht auf der Annahme, dass Genotypen voneinander unabhängig sind. Wenn die Bevölkerung eigentlich aus einzelnen Gruppen besteht, die sich voneinander isoliert fortpflanzen, sind die Genotypen innerhalb jeder Gruppe ziemlich konstant, unterscheiden sich aber zwischen den Gruppen, sodass die Berechnung zu falschen Ergebnissen führen würde. Das ist besonders schwerwiegend, da es eben nur mithilfe der Multiplikation möglich ist, solche außerordentlich definitiven Wahrscheinlichkeiten zu bestimmen.
2. Bei Einzellocusmarkern hängt die Wahrscheinlichkeit für übereinstimmende Muster von den Genhäufigkeiten ab. Labors, die auf die Erstellung von DNA-Profilen spezialisiert sind, verfügen über Datenbanken für Genhäufigkeiten. Dabei stellt sich immer die Frage, ob die Daten innerhalb der ethnischen Gruppe erhoben wurden, die für einen bestimmten Fall von Bedeutung ist.

Auf die Spitze getrieben bedeutet das Argument über die Unabhängigkeit der Genotypen, dass sich mithilfe eines DNA-Beweises nur feststellen lässt, dass der Täter zu einer bestimmten ethnischen Gruppe gehört, nicht aber, wer von dieser Gruppe die Tat begangen hat. Diese Fragen waren vor allem an Gerichten in den USA Gegenstand ausführlicher Diskussionen. Das Argument ist im Prinzip gerechtfertigt, es stellt sich aber die Frage, ob dieser Unterschied groß genug ist, um in der Praxis überhaupt von Bedeutung zu sein. Inzwischen hat sich herausgestellt, dass dies im Allgemeinen nicht der Fall ist. Es wäre lächerlich, wenn ein Gericht angesichts zweier sich widersprechender Gutachten, die sich bei der Wahrscheinlichkeitsberechnung um einen Faktor von einer Million unterscheiden (10^5:1 gegen 10^{11}:1), entscheiden würde, dass DNA-Beweismittel vollkommen unzuverlässig seien – und statt dessen einen Augenzeugen heranziehen würde (die Chancen für eine richtige Identifizierung lägen dann bei 50:50).

Weiterführende Literatur

Bridge PJ (1997) *The Calculation of Genetic Risks – Worked Examples in DNA Diagnostics*, 2. Auflage. Johns Hopkins University Press, Baltimore, Maryland.

Clinical Molecular Genetics Society: *Best Practice Guidelines for Molecular Genetics Services*. http://www.cmgs.org

Cotton RGH, Edkins E, Forrest S (Hrsg.) (1998) *Mutation Detection: a Practical Approach*. IRL Press, Oxford.

Elles RG, Mountford R (Hrsg.) (2003) *Molecular Diagnosis of Genetic Diseases*, 2. Auflage. Humana Press, Totowa, New Jersey.

Evett IW, Weir BS (1998) *Interpreting DNA Evidence: Statistical Genetics for Forensic Scientists*. Sinauer.

Race RR, Sanger R (1975) *Blood Groups in Man*, 6. Auflage. Blackwell, Oxford.

Vogel F, Motulsky AG (1996) *Human Genetics*, 3. Auflage. Springer, Berlin.

Zitierte Literatur

Andrews LB, Fullarton JE, Holtzman NA, Motulsky AG (1994) *Assessing Genetic Risks – Implications for Health and Social Policy*. National Academy Press, Washington, DC.

Armour JAL, Sismani C, Patsalis PC, Cross G (2000) Measurement of locus copy number by hybridisation with amplifiable probes. *Nucl Acids Res* 28: 605–609.

Collins JS, Schwartz CE (2002) Detecting polymorphisms and mutations in candidate genes. *Am J Hum Genet* 71: 1251–1252.

Fakhrai-Rad H, Pourmand N, Ronaghi M (2002) Pyrosequencing: an accurate detection platform for single nucleotice polymorphisms. *Hum Mutat* 19: 479–485.

Gill P, Ivanov PL, Kimpton C et al. (1994) Identification of the remains of the Romanov family by DNA analysis. *Nature Genet* 6: 130–135.

Gill PS, Modell B (1998) Thalassaemia in Britain: a tale of two communities. Births are rising among British Asians but falling in Cypriots. *Br Med J* 317: 761–762.

Jeffreys AJ, Wilson V, Thein LS (1985) Individual-specific fingerprints of human DNA. *Nature* 314: 67–73.

Jeffreys AJ, MacLeod A, Tamaki K, Neil DL, Monckton DG (1991) Minisatellite repeat coding as a digital approach to DNA typing. *Nature* 354: 204–209.

Keen J, Lester D, Inglehearn C, Curtis A, Bhattacharya S (1991) Rapid detection of single base mismatches as heteroduplexes on Hydrolink gels. *Trends Genet* 7: 5.

Modell B, Petrou M, Ward RH et al. (1984) Effect of fetal diagnostic testing on birth-rate of thalassaemia major in Britain. *Lancet* ii: 1383–1386.

Monforte JA, Becker CH (1997) High-throughput DNA analysis by time-of-flight mass spectrometry. *Nature Med* 3: 360–362.

Nickerson DA, Kaiser R, Lappin S, Stewart J, Hood L (1990) Automated DNA diagnostics using an ELISA-based oligonucleoticle ligation assay. *Proc Natl Acad Sci USA* 87: 8923–8927.

Sarkar G, Yoon HS, Sommer SS (1992) Dideoxy fingerprinting (ddF): a rapid and efficient screen for the presence of mutations. *Genomics* 13: 441–443.

Sheffield VC, Beck JS, Nichols B, Cousineau A, Lidral A, Stone EM (1992) Detection of multiallele polymorphisms within gene sequences by GC-clamped denaturing gradient gel electrophoresis. *Am J Hum Genet* 50: 567–575.

Sheffield VC, Beck JS, Kwitek AE, Sandstrom DW, Stone EM (1993) The sensitivity of single strand conformational polymorphism analysis for the detection of single base substitutions. *Genomics* 16: 325–332.

Smith I, MRC Working Party on Phenylketonuria (1993) Phenylketonuria due to phenylalanine hydroxylase deficiency: an unfolding story. *Br Med J* 306: 115–119.

Thomassin H, Oakeley EJ, Grange T (1999) Identification of 5-methylcytosine in complex genomes. *Methods* 19: 465–475.

Tõnisson N, Zernant J, Kurg A et al. (2002) Evaluating the arrayed primer extension resequencing assay of TP53 tumor suppressor gene. *Proc Natl Acad Sci USA* 99: 5503–5508.

van der Luijt R, Khan PM, Vasen H et al. (1994) Rapid detection of translation-terminating mutations at the adenomatous polyposis coli (*APC*) gene by direct protein truncation test. *Genomics* 20: 1–4.

Wallace AJ, Wu CL, Elias RG (1999) Meta-PCR: a novel method for creating chimeric DNA molecules and increasing the productivity of mutation scanning techniques. *Genet Test* 3: 173–183.

Weaver TA (2000) High-throughput SNP discovery and typing for genome-wide genetic analysis. *New Technologies for the Life Sciences: a Trends Guide* (Ergänzungsband für *Trends*-Zeitschriften): 36–42.

Weir BS (1995) DNA statistics in the Simpson matter. *Nature Genet* 11: 365–368.

White S, Kalf M, Liu Q et al. (2002) Comprehensive detection of genomic duplications and deletions in the DMD gene, by use of multiplex amplifiable probe hybridization. *Am J Hum Genet* 71: 365–374.

Teil IV

Auf zu neuen Horizonten: das 21. Jahrhundert

19. Jenseits der Genomprojekte: funktionelle Genomik, Proteomik und Bioinformatik

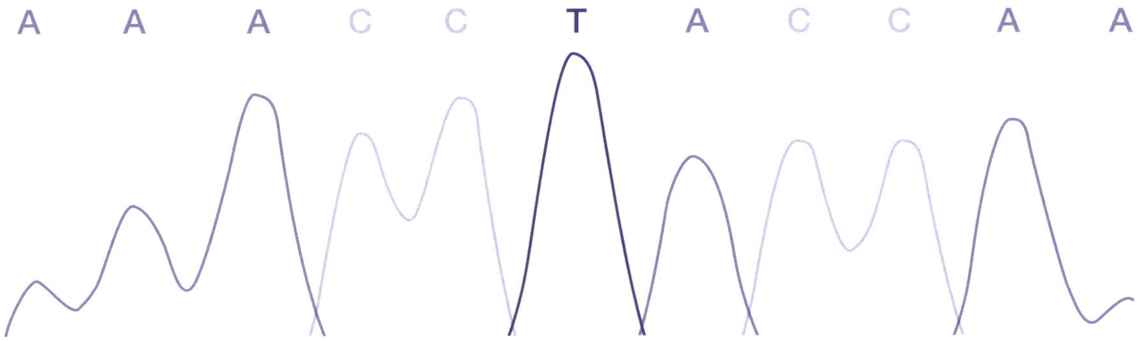

19.1 Ein Überblick der funktionellen Genomik

19.1.1 Die Informationen, die mit dem Human Genome Project gewonnen wurden, sind ohne Zuordnung einer Funktion nur von begrenztem Wert

Das letztendliche Ziel der „strukturellen“ Phase des Human Genome Project war die Bestimmung der gesamten Genomsequenz mit den insgesamt drei Milliarden Basenpaaren. Wie bereits in Kapitel 8 besprochen, wurden im Februar 2001 zwei Rohsequenzen publiziert (International Human Genome Project Sequencing Consortium 2001; Venter et al. 2001), und bis Mitte 2003 lagen die vollständigen Sequenzen vor. Das stellte zweifellos in der Biologie eine bis dahin unerreichte Leistung dar, aber die Sequenzen allein sind nicht besonders informativ, da es sich nur um lange Zeichenfolgen aus den vier Buchstaben A, C, G und T handelt. Um herauszufinden, wie diese Genomsequenz dazu dient, ein lebensfähiges menschliches Wesen hervorzubringen, müssen die Sequenzdaten durchforstet und dafür notwendigen Informationen extrahiert werden.

Bei jedem Genomprojekt besteht eine der ersten Aufgaben nach der Sequenzierung darin, alle Gene zu identifizieren, da diese die wichtigsten funktionellen Einheiten eines Genoms bilden. Im Fall des Human Genome Project waren viele Gene bereits aus früheren Untersuchungen bekannt. Andere ließen sich aufgrund ihrer Struktur, ihrer Konservierung in anderen Genomen oder aufgrund der Tatsache, dass sie Übereinstimmungen mit EST-Sequenzen (Abschnitt 8.3.5) zeigten, vorhersagen. Die genaue Anzahl der menschlichen Gene ist noch unbekannt, aber nach aktuellen Schätzungen geht man von etwa 30 000 aus. Wir sind also noch weit davon entfernt, einen vollständigen und korrekten **Genkatalog** des menschlichen Genoms aufstellen zu können. Selbst wenn ein solcher zur Verfügung stände, wäre er dennoch nichts anderes als eine Liste von Einzelteilen. Bevor wir aber anfangen können zu verstehen, wie diese Komponenten ein menschliches Wesen aufbauen, müssen wir erst verstehen, was sie tun. Die nächste Aufgabe besteht deshalb darin, die genauen Funktionen aller Gene im menschlichen Genom zu bestimmen; diesen Vorgang bezeichnet man als **funktionelle Zuordnung**.

19.1.2 Die Funktionen der einzelnen Gene lassen sich auf biochemischer oder zellulärer Ebene oder für den gesamten Organismus beschreiben

Die Funktion eines Gens ist eigentlich die Funktion seines Produkts oder seiner Produkte. Die meisten Gene codieren Proteine, aber ein bedeutender Anteil (Abb. 9.4) erzeugt nichtcodierende RNA-Moleküle. Die Funktionen der Genprodukte des Menschen kann man auf drei Ebenen systematisieren.

- Die biochemische Ebene: Ein Protein wird beispielsweise als Kinase oder calciumbindendes Protein beschrieben, was allerdings über seine weiter gefasste Funktion im Organismus wenig aussagt.
- Die zelluläre Ebene: Hierzu gehören Informationen über die Lokalisierung in der Zelle und in biologischen Reaktionswegen. So lässt sich beispielsweise feststellen, dass ein Protein im Zellkern vorkommt und für die DNA-Reparatur benötigt wird, selbst wenn seine genaue biochemische Funktion unbekannt ist.
- Die Ebene des Organismus: Hierher gehören Informationen darüber, wo und wann ein Gen exprimiert wird, und welche Rolle es bei Krankheiten spielt. So erzeugt beispielsweise das *HD*-Gen zwei Haupttranskripte. Davon kommt eines vermehrt im Gehirn vor und codiert ein Protein, das man als Huntingtin bezeichnet. Mutationen, die die Anzahl der Glutaminreste in diesem Protein über einen bestimmten Schwellenwert hinaus erhöhen, verursachen die Huntington-Chorea (Abschnitt 16.6.4). Die genauen biochemischen und zellulären Funktionen des Genprodukts bei gesunden Menschen müssen noch ermittelt werden.

Um ein vollständiges Bild der menschlichen Genfunktion zu erhalten, sind Informationen auf allen drei Ebenen erforderlich. Die funktionelle Klassifizierung des menschlichen Gens für die Glucokinase ist in Exkurs 19.1 dargestellt. Eine wichtige Entwicklung in der funktionellen Genomik aus jüngerer Zeit ist die Formulierung einer definierten Nomenklatur, mit der sich Genfunktionen in allen Genomen beschreiben lassen. Ein Beispiel dafür ist das System des Gene Ontology Consortium (2000, 2001; http://www.geneontology.org). Andere hilfreiche Systeme sind unter anderem das der Kyoto Encyclopedia of Genes and Genomes (KEGG; http://www.genome.ad.jp/kegg) sowie das älteste und am häufigsten angewandte System der Enzyme Commission für die Systematisierung von Enzymen.

Exkurs 19.1: Die Funktion der Glucokinase

Genbezeichnung: *GCK*

Position im Genom: 7p15

Proteinbezeichnung: Glucokinase

Biochemische Funktion: Kinase; Substrat Glucose

Zelluläre Funktion: Glucosemetabolismus, Glykolyseweg

Funktion im Organismus: wird spezifisch in den β-Zellen des Pankreas und in Hepatocyten exprimiert; primärer Regulator der glucosekontrollierten Insulinfreisetzung; Funktionsverlustmutationen verursachen Diabetes; Funktionsgewinnmutationen können zu einer Insulinüberproduktion führen.

Wie bei vielen Proteinen zeigen die biochemischen und zellulären Funktionen der Glucokinase nicht, welche wichtige regulatorische Funktion das Enzym für den ganzen Organismus hat. Tatsächlich gibt es mehrere andere Enzyme mit identischen biochemischen und zellulären Aktivitäten, die im menschlichen Genom codiert werden. Aber alle besitzen eigene Expressionsmuster und unterschiedliche Funktionen auf höherer Ebene. Umgekehrt zeigen Expressionsmuster und Krankheitsbefunde, welche Bedeutung die Glucokinase bei der Regulation der Insulinproduktion und des Blutzuckerspiegels besitzt, sagen aber nichts Genaues über die biochemische Aktivität aus.

19.1.3 Funktionelle Beziehungen zwischen den Genen müssen auf der Ebene des Transkriptoms und des Proteoms untersucht werden

Selbst wenn jedes Gen im Genom identifiziert und einer Funktion zugeordnet werden könnte, wäre immer noch nicht geklärt, wie Genprodukte biologische Aktivitäten koordinieren, die ein lebendes menschliches Wesen ausmachen. Eine ähnliche Situation findet sich in der detaillierten Beschreibung der Einzelteile eines Autos. Dieser Bolzen hält den Motor am Fahrgestell, das ist ein Teil der Lenksäule und dort ist der elektrische Schalter für den Blinker – aber wie funktioniert das Auto nun wirklich? Damit man einschätzen kann, wie die Funktionen von Tausenden von Genen zusammenwirken, um ein menschliches Wesen hervorzubringen, muss man die Genprodukte direkt untersuchen. Zweifellos bestand der Hauptzweck der Molekularbiologie in den vergangenen 30 Jahren darin, die Genfunktionen zu bestimmen und Gene in Reaktionswegen und Netzwerken miteinander zu verknüpfen, um die Funktionsweise von Lebewesen zu erklären. In jüngster Zeit hat sich hier jedoch der Schwerpunkt vom **reduktionistischen Ansatz**, bei dem man Gene und ihre Produkte nacheinander untersucht, zu einem **holoistischen Ansatz**, bei dem man viele oder tatsächlich alle Genprodukte gleichzeitig untersucht, verschoben. Die *globale* Analyse der Genfunktion ist die Grundlage der **funktionellen Genomik**.

Eine zentrale Konzeption der funktionellen Genomik ist die Expression des Genoms, wodurch das Transkriptom und das Proteom entstehen. Das **Transkriptom** ist die Gesamtheit aller mRNAs in einer bestimmten Zelle und repräsentiert alle Endprodukte der Transkription, der RNA-Prozessierung und des RNA-Umsatzes (Velculescu et al. 1997). Diese wiederum bilden die Grundlage für das **Proteom**, die Gesamtheit der Proteine in einer bestimmten Zelle (Wasinger et al. 1995). Dabei ist es wichtig zu erkennen, dass das Transkriptom und das Proteom viel komplexer sind als das Genom. Ein einziges Gen kann durch alternatives Spleißen, die Verwendung verschiedener Promotoren oder Polyadenylierungsstellen und spezielle Prozessierungsmechanismen wie RNA-Editing (Abschnitt 10.3.3) viele verschiedene mRNAs hervorbringen. Proteine, die von diesen mRNAs synthetisiert werden, können auf viele verschiedene Weise modifiziert werden, etwa durch proteolytische Spaltung, Phosphorylierung oder Glykosylierung. Im Gegensatz zum Genom, das bei den meisten Zellen identisch ist, sind das Transkriptom und das Proteom hoch variabel. Transkription, RNA-Prozessierung, Proteinsynthese und Proteinmodifizierung können jeweils reguliert werden, sodass sich Transkriptom und Proteom bei den verschiedenen Zelltypen und bei der Reaktion auf Veränderungen der zellulären Umgebung deutlich voneinander unterscheiden. Eine Analyse auf Ebene des Transkriptoms oder des Proteoms liefert eine Momentaufnahme der aktiven Zelle und zeigt die RNAs und Proteine, wie sie unter bestimmten Bedingungen vorhanden sind. Wenn man die wichtigsten Merkmale des Transkriptoms und des Proteoms in verschiedenen Zelltypen versteht und die Veränderungen bei Gesundheit und Krankheit untersucht, ist es möglich, die einzelnen Funktionen der Gene zu einem größeren Bild zusammenzusetzen.

19.1.4 Analyseverfahren mit hohem Durchsatz und die Bioinformatik sind Techniken, die die funktionelle Genomik ermöglichen

Die funktionelle Genomik hat davon profitiert, dass eine ganze Reihe neuer experimenteller Verfahren entwickelt wurde, mit denen man die Genfunktion in einem umfassenden Maßstab untersuchen kann. In einigen Fällen wurden auch bereits bestehende Verfahren für Analysen mit hohem Durchsatz eingerichtet. So hat man beispielweise einfache Hybridisierungsmethoden, die nur für einzelne Gene geeignet waren (Abschnitt 7.3.2), durch DNA-Array-Verfahren und Methoden zur Stichprobenanalyse von DNA-Sequenzen ersetzt, die sich für die Erstellung umfassender Expressionsprofile eignen. Andererseits wurden vollkommen neue Techniken erfunden, etwa die Analyse von Wechselwirkungen mithilfe des Hefe-Doppelhybrid-Systems (siehe unten). Da diese Experimente große Datenmengen hervorbringen, sind computergestützte Systeme der Bioinformatik von entscheidender Bedeutung. Die Entwicklung neuer Algorithmen und die Einrichtung neuer Datenbanken haben die Revolution der funktionellen Genomik genauso vorangebracht wie die experimentellen Fortschritte. Die Bioinformatik ist für den Vergleich von Sequenzen und Strukturen, für die modellhafte Nachbildung von Strukturen und Wechselwirkungen sowie für die Analyse umfassender Expressionsdaten erforderlich. Auch dient sie der gemeinsamen Nutzung von Informationen über allgemein zugängliche und benutzerfreundliche Datenbanken. Bereits bestehende Techniken in der Informatik wurden den neuen Anforderungen angepasst (so wurden beispielsweise Algorithmen zur Gruppenbildung, wie sie bei phylogenetischen Analysen notwendig sind, für die Auswertung von Genexpressionsdaten entsprechend verändert). Außerdem hat man für spezifische Anwendungen neue Techniken entwickelt (etwa Algorithmen, die unter Verwendung massenspektroskopischer Daten Proteindatenbanken durchsuchen). Wir werden diese neuen Verfahren und ihre Anwendungen in diesem Kapitel besprechen.

19.2 Zuordnung der Genfunktion durch Sequenzvergleich

19.2.1 Durch Sequenzvergleiche ist eine erste Zuordnung möglich

Wenn die Funktion durch die Suche nach Homologien ermittelt wird, so ist dies eine Erweiterung der Genidentifizierung

Es gibt eine Vielzahl experimenteller Methoden, mit denen sich Gene in der genomischen DNA entdecken lassen (Abschnitt 7.2). Da jedoch durch die Genomprojekte eine große Menge Sequenzdaten vorhanden ist, führt man die erste Zuordnung mithilfe von Computeralgorithmen durch, die Sequenzen sehr schnell verarbeiten können. Wie in Abschnitt 8.3.5 besprochen, sagen solche Algorithmen entweder anhand grundlegender Prinzipien die Existenz von Genen voraus oder sie identifizieren Sequenzen, die Homologien zu bekannten Genen aufweisen, indem sie Datenbanken durchsuchen. Die Methoden dafür beschreibt Exkurs 8.7 im Einzelnen.

Homologe Gene haben ähnliche Sequenzen, da sie von einem gemeinsamen Vorfahr in der Evolution abstammen. Eine evolutionäre Beziehung bedeutet im Allgemeinen, dass die beiden Sequenzen nicht nur eine verwandte Struktur, sondern auch eine verwandte Funktion besitzen. Der einfachste Weg, einem neuen Gen eine Funktion zuzuordnen, besteht also darin, nach *verwandten Sequenzen zu suchen, deren Funktion bereits bekannt ist*. Vergleiche werden generell auf Proteinebene durchgeführt, da Aminosäuresequenzen in Maßstäben der Evolution größeren Zwängen unterliegen als Nucleotidsequenzen; das heißt, ein Vergleich von Proteinsequenzen ist empfindlicher.

Die Sicherheit, mit der sich eine Funktion aufgrund einer Homologiesuche zuordnen lässt, hängt von vielen Faktoren ab. Dazu gehören der Übereinstimmungsgrad zwischen der Abfragesequenz und allen aufgefundenen Sequenzen in einer Datenbank, die Verlässlichkeit der Informationen in der Datenbank selbst sowie das Ausmaß, in dem eine konservierte Sequenz und Struktur einer konservierten Funktion entsprechen. Zu einer bestimmten Abfragesequenz kann man eine Anzahl von „passenden" Sequenzen finden, die dann unterschiedliche Übereinstimmungsgrade aufweisen. In einigen Fällen ist es vielleicht möglich, passende Sequenzen auf der gesamten Länge miteinander zu vergleichen, was darauf hindeutet, dass sich die Sequenzen allein durch Anhäufung von Punktmutationen auseinander entwickelt haben (Abb. 19.1). Wenn sich die Sequenzen sehr ähnlich sind, entsprechen sie möglicherweise homologen Genen, die in verschiedenen Spezies dieselbe Funktion erfüllen und aufgrund der Artbildung Mutationen angehäuft haben. Wie in Exkurs 12.3 ausgeführt, bezeichnet man solche Gene als **ortholog** (ein Beispiel sind vielleicht die β-Globingene von Mensch und Schaf). Funktionelle Zuordnungen auf der Grundlage orthologer Gene können sehr zuverlässig sein. Ein geringerer Übereinstimmungsgrad zeigt möglicherweise an, dass zwei Gene homolog sind, sich aber in der Evolution auseinander entwickelt haben. Solche Gene bezeichnet man als **paralog**. Sie entstehen durch Genduplikation innerhalb eines Genoms (Exkurs 12.3). Die menschlichen Gene für Myoglobin und β-Globin sind Beispiele dafür. In solchen Fällen können sich Vorhersagen über die Funktion auf biochemischer Ebene als zutreffend erweisen (beide Proteine sind Sauerstoffträger), aber ihre spezifischen Funktionen in der Zelle und im Organismus können sich sehr unterscheiden. Es gilt allgemein, dass eine größere strukturelle Gleichartigkeit eine größere Übereinstimmung in der Funktion bedingt, und dass die biochemische Funktion stärker konserviert wird als die Funktion in der Zelle und im Organismus.

In vielen Fällen erhält man in einer Datenbank keine Treffer, bei denen die Abfragesequenz mit der Sequenz in der Datenbank auf der gesamten Länge zusammenpasst. Stattdessen werden bei einer Anzahl von Proteinen partielle Übereinstimmungen angezeigt, die ansonsten als nicht verwandt erscheinen (Abb. 19.2). Dies ist auf die modulare Struktur von Proteinen zurückzuführen und auf die Tatsache, dass unterschiedliche Funktionen von verschiedenen Proteindomänen ausgeführt werden können (Abschnitt 12.1.3). Die zugeordneten Gene haben sich nicht einfach durch die Anhäufung von Punktmutationen auseinander entwickelt, sondern auch durch komplexere Ereignisse wie die Rekombination zwischen Genen und Gensegmenten, die zu einem Verschieben von Exons führen (Abschnitt 12.1.3). Ein gutes Beispiel für diesen Vorgang sind menschliche Proteine, die bei der Blutgerinnung eine Rolle spielen (Kolkman und Stemmer 2001; Abb. 12.3).

Bei der funktionellen Zuordnung aufgrund von Homologien treten mehrere Probleme auf

Das Prinzip der funktionellen Zuordnung aufgrund einer Homologiesuche besagt, dass eine konservierte

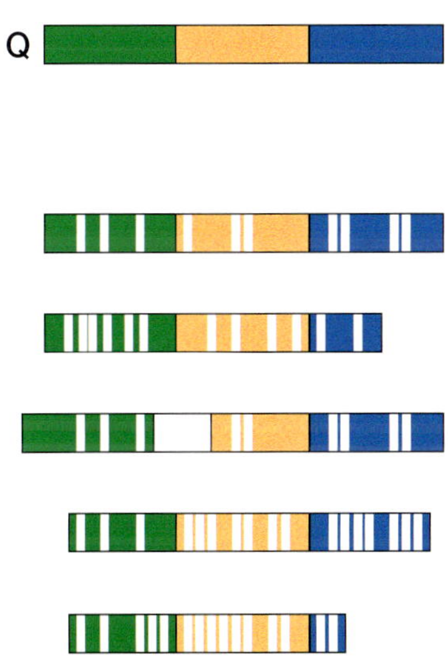

19.1 Die Suche nach Übereinstimmungen mit einer bestimmten Proteinsequenz kann zur Identifizierung von Proteinen führen, deren Sequenzen mit der Testsequenz (Q) auf der gesamten Länge homolog sind. Diese Sequenzen haben sich allein durch die Anhäufung von Punktmutationen, die Aminosäuresubstitutionen sein können (weiße Linien), oder durch kurze Insertionen und Deletionen auseinander entwickelt. Allgemein gilt: Je unterschiedlicher die Testsequenz und die gefundenen Sequenzen sind, umso weniger sind wahrscheinlich die Funktionen konserviert.

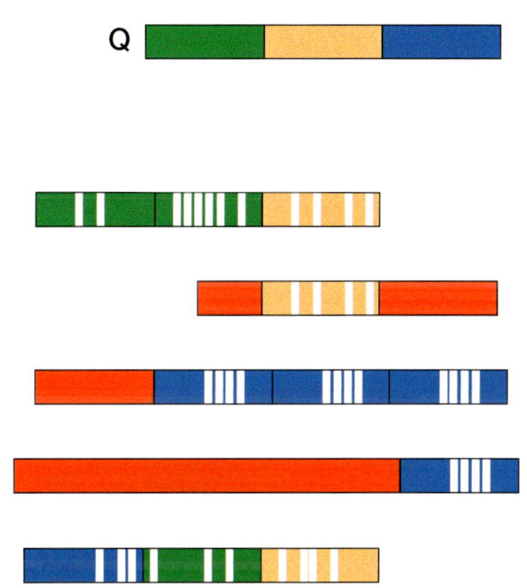

19.2 Die Suche nach Übereinstimmungen mit einer bestimmten Proteinsequenz kann auch zur Identifizierung von Proteinen führen, die mit der Testsequenz nur in Teilbereichen Homologien aufweisen. In diesem Beispiel besteht das Testprotein aus drei verschiedenen Domänen. Die gefundenen Sequenzen weisen eine, zwei oder alle drei Domänen auf, aber es können auch zusätzliche Domänen vorhanden sein, die in der Testsequenz nicht enthalten sind (rote Balken). Auch eine Duplikation von Domänen ist möglich (erste und dritte Sequenz). Die unterste Sequenz zeigt eine typische Permutation, das heißt, die Reihenfolge der Domänen hat sich geändert. Das deutet im Allgemeinen darauf hin, dass es erst zu einer Genduplikation, dann zu einer Fusion dieser Gene und schließlich zu einem Verlust von Genabschnitten gekommen ist. Die im Vergleich zur Testsequenz angesammelten Punktmutationen sind durch weiße Linien markiert.

Struktur immer einer konservierten Funktion entspricht. Es gibt jedoch mehrere Fälle, in denen diese Annahme nicht unbedingt zutreffen muss (Orengo et al. 1999):

- Das Vorhandensein von **Sequenzen mit niedriger Komplexität**. Dabei handelt es sich um Sequenzen, die in vielen Proteinen mit stark unterschiedlichen Funktionen vorkommen, etwa Transmembrandomänen oder Dimerisierungsdomänen.
- **Multifunktionelle Sequenzen**, die in verschiedenen Proteinen verschiedene Funktionen erfüllen. So kommen etwa Sequenzen, die eine α/β-Hydrolasefaltung bilden, im katalytischen Zentrum von sechs verschiedenen Enzymklassen sowie im Zelladhäsionsmolekül Neurotactin vor.
- **Genrekrutierung** (*gene recruitment*) – ein existierendes Genprodukt erwirbt eine neue Funktion. So wurden beispielweise viele Enzyme, die an normalen metabolischen Prozessen beteiligt sind, zu **Crystallinen** umfunktioniert, die im Auge als lichtbrechende Proteine fungieren. Das wurde einfach dadurch erreicht, dass ihre Expressionsrate verändert wurde. Bei anderen Rekrutierungsmechanismen verändert sich die Art der Komplexbildung und die intrazelluläre Lokalisierung von Proteinen.

Eine weitere Schwierigkeit bei der Homologiesuche besteht darin, dass Zuordnungen zwangsläufig auf Experimenten und Interpretationen anderer Forscher beruhen. Alle Datenbanken enthalten einen signifikanten Anteil von Fehlern, so sorgfältig sie auch gepflegt werden. Wenn man die Funktion eines neuen Gens nur aus solchen Daten ableitet, ist möglicherweise nicht nur das Ergebnis falsch, sondern der Fehler pflanzt sich auch noch fort (Brenner 1999).

19.2.2 Consensussuchmethoden können die Anzahl der erkannten homologen Beziehungen vergrößern

Standardmethoden der Homologiesuche, die Algorithmen der BLAST-Familie verwenden (Tab. 8.2; Exkurs 8.7), eignen sich zum Auffinden von Proteinsequenzen, die eng miteinander verwandt sind – entweder über ihre gesamte Länge oder in einer oder mehreren Domänen. Wenn jedoch die Sequenzübereinstimmung auf unter 30 bis 40% fällt, erweisen sich diese Algorithmen als weniger sicher, und es können viele evolutionäre Beziehungen übersehen werden.

Eine Möglichkeit, die Qualität der Homologiesuche zu verbessern, besteht darin, ein Consensussuchverfahren wie **PSI-BLAST** (*position-specific iterative* BLAST) zu anzuwenden. Es umfasst eine wiederholte Suche auf der Grundlage von *Sequenzprofilen* (Altschul et al. 1997). Das Prinzip ist in Abbildung 19.3 dargestellt. Der Vorgang beginnt wie eine normale BLAST-Suche, aber die ersten Treffer werden zu einem repräsentativen Profil kombiniert, das dann für einen zweiten Suchdurchgang verwendet wird. Alle weiteren Treffer werden mit dem Profil kombiniert, und der Vorgang wird solange fortgesetzt, bis entweder eine vorher festgelegte Anzahl von

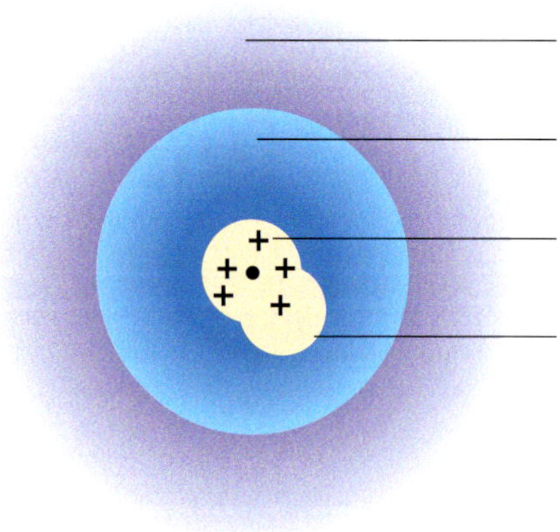

19.3 Das Prinzip von PSI-BLAST. Der gesamte Inhalt der Sequenzdatenbanken wird durch den äußeren Kreis symbolisiert. Eine Untergruppe dieser Sequenzen ist homolog zur Testsequenz (Punkt), wobei der Grad der evolutionären Verwandtschaft abnimmt, je weiter die jeweilige Sequenz vom Mittelpunkt entfernt ist. Durch die BLAST-Standardversion erhält man eine kleine Menge von Sequenzen, die mit der Testsequenz verwandt sind (kleiner innerer Kreis). PSI-BLAST erstellt aus allen Treffern der ersten Suche ein Profil, mit dem dann eine zweite Suche durchgeführt wird, um die Anzahl der identifizierten homologen Sequenzen zu vergrößern. Dieses Schema wird entweder in einer bestimmten Anzahl von Durchgängen wiederholt oder solange, bis keine weiteren Treffer mehr auftreten.

Tabelle 19.1 Sekundäre Datenbanken für Proteinsequenzen, die für die Identifizierung von konservierten Elementen und Proteindomänen genutzt werden können. InterPro ist ein wichtiges quervernetztes System, mit dem sich jede der Datenbanken anhand einer einzelnen Testsequenz durchsuchen lässt

Datenbank	Inhalt	Internet-Adresse (URL)
PROSITE	**Sequenzmuster** von Proteinfamilien und längere **Sequenzprofile**, die vollständigen Proteindomänen entsprechen	http://ca.expasy.org/prosite
PRINTS, BLOCKS	hoch konservierte Regionen (**Motive** bei PRINTS, **Blöcke** bei BLOCKS) mit vielfachen Vergleichen der Proteinfamilien	http://bioinf.man.ac.uk/dbbrowser/PRINTS http://www.blocks.fhcrc.org
Pfam, SMART, ProDom	Sammlungen von Proteindomänen	http://www.sanger.ac.uk/Software/Pfam http://smart.embl-heidelberg.de
Interpro	ein Hilfsmittel zum Suchen, das Informationen aus anderen sekundären Datenbanken integriert	http://www.ebi.ac.uk/interpro

Iterationsschritten erreicht ist oder keine neuen Treffer mehr auftreten. Mit dieser Methode lassen sich dreimal mehr evolutionäre Beziehungen finden als mit dem Standardverfahren. Die Empfindlichkeit lässt sich noch dadurch steigern, dass man Muster und Profile, die durch einen Vergleich entfernt verwandter Proteine gewonnen wurden, gegeneinander abgleicht, und kurze konservierte Motive oder längere Profile, die funktionellen Domänen entsprechen, daraus ableitet (Eddy 1998). Es gibt jetzt eine Reihe von sekundären Sequenzdatenbanken, die Domänenmotive und Profile enthalten, die aus den Primärsequenzdatenbanken abgeleitet wurden (Tab. 19.1). Diese Datenbanken können mit einer Abfragesequenz durchsucht werden, sodass sich konservierte Proteindomänen in sehr entfernt verwandten Sequenzen identifizieren lassen.

19.2.3 Übereinstimmungen und Unterschiede zwischen Genomen zeigen konservierte und funktionell wichtige Sequenzen an

Aufgrund des oben Gesagten steht zweifelsfrei fest, dass eng verwandte (orthologe) Gene von verschiedenen Spezies dafür geeignet sind, die Funktionen noch nicht charakterisierter Gene zu ermitteln. Orthologe Gene sind normalerweise nicht identisch, da sich nach einer Artbildung in jeder Evolutionslinie unterschiedliche Mutationen anhäufen. Deshalb liefert der Übereinstimmungsgrad zwischen orthologen Genen ein hilfreiches Maß für die Evolutionszeit, und man kann damit phylogenetische Stammbäume erstellen (Kapitel 12). Die **vergleichende Genomik** nutzt die Übereinstimmungen und Unterschiede zwischen den Genomen, um daraus strukturelle, funktionelle und evolutionsrelevante Informationen abzuleiten (Abschnitt 12.3.2). Die vergleichende Genomik beruht auf dem Prinzip, dass genetische Übereinstimmungen zwischen den Spezies weit über die Gensequenz hinaus reichen. Es ist zu erwarten, dass eng verwandte Spezies ähnliche Gene und *ähnliche Genome* besitzen, wobei der Übereinstimmungsgrad von der Auseinanderentwicklung der Spezies in der Evolution abhängt (Nadeau und Sankoff 1998). Übereinstimmungen sind auf der Sequenzebene leicht zu erkennen, aber auch im großen Rahmen der Genomorganisation; beispielsweise zeigen verwandte Spezies häufig eine **Konservierung der Syntänie** (eine konservierte Reihenfolge der Gene).

Die Syntänie ist bei Genkartierung und Klonierung potenziell von Nutzen, da die Karteninformationen der einen Spezies für die Lokalisierung und Klonierung von Genen bei der anderen Spezies verwendet werden können. Beim menschlichen Genom zahlt sich der große Aufwand, der für die Erstellung genetischer Karten mit hoher Auflösung getrieben wurde (Kapitel 8), nun auf mehr als eine Weise aus. Hinweise auf eine konservierte Syntänie beim Menschen und anderen Vertebraten werden dazu genutzt, äquivalente Gene anderer Säuger zu kartieren und zu klonieren. Es ist sehr wichtig, bei Tieren orthologe Gene für menschliche Krankheitsgene zu identifizieren, da man auf diese Weise vielleicht herausfinden kann, warum der Mensch für bestimmte Krankheiten anfällig ist. So lassen sich für die Vorbeugung gegen diese Krankheiten und für die Entwicklung neuer Medikamente Erkenntnisse gewinnen. Beispielsweise sind die meisten Säuger nicht anfällig für HIV. Die Identifizierung von Genen, die zu den die Anfälligkeit hervorrufenden menschlichen Genen ortholog sind, könnten neue Therapiemöglichkeiten eröffnen (eines dieser

19.3 Erstellung umfassender mRNA-Profile (Transkriptomik)

19.3.1 Eine Transkriptomanalyse zeigt, wie die biochemischen Aktivitäten der Zelle bei Gesundheit und Krankheit durch Veränderungen des Genexpressionsmusters koordiniert werden

Expressionsmuster geben nützliche Zusatzinformationen über die Funktionen einzelner Gene und können auch Kopplungen zwischen den Genen deutlich machen

Die Funktionszuordnung aufgrund von Sequenz- und Strukturvergleichen kann informativ sein, aber in vielen Fällen erhält man dadurch nur die grobe Einreihung in eine biochemische Kategorie, etwa „Kinase" oder „DNA-bindendes Protein". Um die Genfunktion in der Zelle und im ganzen Organismus zu bestimmen, sind weitere Experimente erforderlich, auch um herauszufinden, wie die Aktivitäten der einzelnen Genprodukte abgestimmt werden. Das Expressionsprofil eines Gens kann viel über seine Funktion im Körper aussagen und auch dazu beitragen, funktionelle Kopplungen mit anderen Genen zu bestimmen. Die Expression vieler Gene ist auf spezifische Zellen oder auf die Entwicklung bestimmter Strukturen beschränkt. Das zeigt, dass die Gene in diesen Bereichen bestimmte Funktionen erfüllen. Andere Gene werden als Reaktion auf äußere Reize exprimiert. So können sie beispielsweise in Zellen an- oder abgeschaltet werden, die körpereigene Signale wie etwa Wachstumsfaktoren erhalten oder auch aus der Umwelt Moleküle aufnehmen, also beispielsweise chemische Verbindungen, die DNA-Schäden verursachen. Es ist nicht unvernünftig anzunehmen, dass in solchen Fällen die Funktion der Gene an der Rezeption der Signale in der Zelle oder an der Reaktion der Zelle auf die Signale beteiligt sind. Gene mit ähnlichen Expressionsprofilen wirken wahrscheinlich bei ähnlichen Vorgängen mit. Wenn sich auf diese Weise zeigen lässt, dass ein Waisengen ein ähnliches Expressionsprofil wie ein bereits charakterisiertes Gen besitzt, so kann man eine Funktion auch auf Grundlage dieser Assoziation zuweisen. Darüber hinaus kann die Mutation eines Gens die Expressionsprofile anderer Gene verändern, sodass man diese Gene zu funktionellen Reaktionswegen und Netzwerken verknüpfen kann. Das ist beispielsweise der Fall, wenn das mutierte Gen einen Transkriptionsfaktor codiert, da die anomale Funktion dieses Transkriptionsfaktors alle Gene betreffen würde, die er reguliert.

Eine Transkriptomanalyse erweitert den Rahmen, Gene und ihre Produkte zu funktionellen Reaktionswegen und Netzwerken zu verknüpfen, und eröffnet neue Möglichkeiten für die Entwicklung von Medikamenten

Traditionell wird die Expressionsanalyse für jedes Gen einzeln durchgeführt, und die angewandten Methoden (etwa Northern-Blots, RT-PCR, *in situ*-Hybridisierung und so weiter) wurden dafür optimiert (Abschnitt 7.3). Einige Verfahren lassen sich bis zu einem gewissen Maß als Vielfachtests einrichten, es ist also ziemlich einfach, zehn bis 20 PCR-Tests anzusetzen, aber umfangreiche Parallelanalysen mit Hunderten oder sogar Tausenden von Genen sind aufgrund der erforderlichen Zeit zum Ansetzen der einzelnen Reaktionen und auch zweifellos aufgrund der Kosten unmöglich durchzuführen. Sogar hier liegen die Vorteile einer Transkriptomgesamtanalyse auf der Hand. Es könnte beispielsweise der Wunsch bestehen, bei Asthma, Multipler Sklerose oder entzündlichen Darmerkrankungen nach Genen mit einem veränderten Expressionsmuster zu suchen. Anstatt einige wenige Kandidatengene für eine Analyse auszuwählen, weil ihre Expression *möglicherweise* durch die Krankheit beeinflusst wird, können wir alle Gene gleichzeitig betrachten und so jedes einzelne Gen identifizieren, dessen Expressionsprofil verändert ist. Einige dieser Gene können bereits charakterisiert worden sein, aber bei anderen kann es sich um Waisengene handeln, sodass man ihnen sogar vorläufig eine Funktion zuordnen könnte. Eine solche Analyse hat auch einen unmittelbaren praktischen Nutzen. So können beispielsweise Gene, die bei der Krankheit spezifisch hochreguliert werden, als Angriffspunkte für Medikamente in Frage kommen. Herunterregulierte Gene codieren möglicherweise Proteine, die sich für eine therapeutische Verwendung eignen. Der Wunsch nach einer umfassenden Analyse der Genexpression hat auch zur Entwicklung neuer Techniken beigetragen, mit denen man Tausende von Transkripten gleichzeitig messen und ihre Mengen in verschiedenen Proben vergleichen kann. Dafür stehen zwei verschiedene Verfahrensplattformen zur Verfügung. Die eine basiert auf der Sequenzierung von DNA aus repräsentativen cDNA-Populationen. Diese Plattform kann man als **offenes System** auffassen, da das ganze Transkriptom für eine Analyse zur Verfügung steht (also „offen" ist). Die andere Plattform basiert auf Hybridisierungen mit DNA-Mikroarrays, und man kann sie als **geschlossenes System** verstehen, da nur diejenigen Sequenzen analysiert werden, die auf dem Array vorhanden sind. Bevor wir uns genauer mit diesen Methoden beschäftigen, gilt es noch, mit einem verbreiteten Mythos aufzuräumen. Bei der Transkriptomanalyse spricht man zwar von der Erstellung eines Transkriptionsprofils, aber es wird hier nicht die Transkriptionsrate gemessen, sondern ein Gleichgewichts-mRNA-Spiegel, bei dem auch die Abbaurate mit einbezogen ist.

19.3.2 Die direkte Stichprobenanalyse von Sequenzen ist eine statistische Methode für die Bestimmung der relativen Mengen verschiedener Transkripte

Umfassende Genexpressionsprofile lassen sich durch eine Stichprobenanalyse von cDNA-Bibliotheken erstellen

Der wahrscheinlich direkteste Weg zur Untersuchung von Transkriptomen ist die Sequenzierung zufällig ausgewählter Klone aus cDNA-Bibliotheken, um dann die Häufigkeit zu bestimmen, mit der jede Sequenz vorkommt. Das Vorkommen jedes Klons entspricht der Menge des zugehörigen Transkripts in der ursprünglichen Probe. Wenn genügend Klone sequenziert werden, erhält man durch eine statistische Analyse einen groben Überblick über die relativen Niveaus der Genexpression (Audic und Claverie 1997). Dieses Verfahren wurde bereits dazu verwendet, differenziell exprimierte Gene zu identifizieren, aber es ist aufgrund der Sequenzierungen, die in großem Maßstab durchgeführt werden müssen, sehr arbeitsaufwendig. Eine mögliche Vereinfachung besteht darin, nur sehr kurze Sequenzen zu verwenden, die man als **Sequenzsignaturen** bezeichnet, und davon viele gleichzeitig auszuwerten. Dafür wurden bereits einige Verfahren entwickelt (Exkurs 19.2), aber die Methode, die bis jetzt am besten anschlägt, ist die serielle Analyse der Genexpression (SAGE), die im Einzelnen weiter unten behandelt wird.

Bei einer seriellen Analyse der Genexpression (SAGE) werden kurze Sequenzen als Stichproben genommen und zu einem großen Concatamer verknüpft

Das erste Verfahren für die Analyse von Stichprobensequenzen, das entwickelt wurde, ist die **serielle Analyse der Genexpression** (SAGE; Velculescu et al. 1995). Es beruht auf zwei Prinzipien:

- Mithilfe einer kurzen Nucleotidsequenz, die aus einem definierten Bereich eines Transkripts stammt, lässt sich das zugehörige Gen eindeutig identifizieren. So kann man beispielsweise mit einem kurzen Sequenzmarker von 9 bp bei einer Gesamtzahl der menschlichen Gene von annähernd 30 000 im Prinzip 4^9 (262 144) verschiedene Transkripte unterscheiden. In der Praxis werden Sequenzmarker von 12 bis 15 bp benutzt, die eine noch bessere Unterscheidung ermöglichen.
- Die Bildung von Concatameren aus den kurzen Sequenzmarkern ermöglicht eine effiziente Analyse vieler Transkripte in einer Folge hintereinander. Die Marker für die einzelnen Transkripte werden kovalent in einem einzigen Klon verknüpft, der anschließend sequenziert wird, um die verschiedenen Marker zu identifizieren. Auf diese Weise lassen sich bis zu 100 verschiedene Transkripte in einer einzigen Sequenzierreaktion testen.

Um eine SAGE-Analyse durchzuführen, extrahiert man zuerst Poly(A)-RNA aus dem Material, das untersucht werden soll und erzeugt daraus cDNA mithilfe eines biotinylierten Oligo(dT)-Primers. Die weitere Vorgehensweise ist in Abbildung 19.5 dargestellt. Die cDNA wird zuerst mit einem Restriktionsenzym behandelt, das häufig schneidet (etwa *Nla*III, das eine Erkennungsstelle von 4 bp hat). Dieses Enzym bezeichnet man als **Ankerenzym**. Die freigesetzten Fragmente der 3'-Enden, die mit Biotin verknüpft sind, werden an Streptavidinkügelchen gebunden. Die cDNA, die an Streptavidin gebunden hat, wird in zwei Fraktionen aufgeteilt, und die beiden Fraktionen werden getrennt mit zwei doppelsträngigen Oligonucleotidadaptern (A und B) in großer Zahl ligiert. Jeder Adapter enthält einen Überhang, der dem Überhang entspricht, den das Ankerenzym erzeugt hat. Unmittelbar anschließend befindet sich eine Erkennungsstelle für ein **Typ-IIs-Restriktionsenzym** (etwa *Fok*I). Diese Enzyme besitzen die ungewöhnliche Eigenschaft, dass sie die DNA in einer bestimmten Entfernung stromabwärts der Erkennungssequenz schneiden. Durch den Schnitt dieses so genannten **Markerenzyms** entsteht eine kurze Signatursequenz, die man als **SAGE-Marker** bezeichnet und die mit dem Adapter verknüpft ist. Jeder der beiden Adapter enthält auch eine *annealing*-Stelle für einen anderen PCR-Primer. Im nächsten Schritt werden die beiden Gemische von Adaptermarkern vereinigt und zu **Doppelmarkern** (*ditags*, zwei verknüpften SAGE-Markern) ligiert, die an jeder Seite einen der Adapter tragen. Diese werden nun mithilfe einer PCR amplifiziert. Die Doppelmarker werden durch Behandlung mit dem ursprünglichen Ankerenzym von den Amplifizierungsprodukten abgetrennt, und die gereinigten Doppelmarker werden miteinander ligiert und kloniert. Daran schließt sich eine Sequenzierung der Insertionsfragmente in den Klonierungsvektoren an, sodass man die Marker nacheinander ablesen kann.

Exkurs 19.2: Verfahren für die Stichprobenauswahl von Sequenzen bei einer umfassenden Analyse der Genexpression

Zufällige Stichproben aus cDNA-Bibliotheken

Zufällig entnommene Klone werden sequenziert, und mit diesen Sequenzen werden Datenbanken durchsucht, um dazu passende Gene zu identifizieren. Die Häufigkeit, mit der jede Sequenz in der Bibliothek vorkommt, gibt eine grobe Richtschnur für die relativen Mengen der verschiedenen mRNAs in der ursprünglichen Probe (Audic und Claverie 1997). Das Verfahren erfordert sehr intensive Laborarbeit, besonders dann, wenn mehrere cDNA-Bibliotheken verglichen werden sollen.

Analyse von EST-Datenbanken

EST-Marker sind Signaturen, die durch Einfachsequenzierung zufällig ausgewählter cDNA-Klone ermittelt wurden. Wenn von einer vorhanden Bibliothek EST-Marker verfügbar sind, lassen sich die relativen Mengen der verschiedenen Transkripte abschätzen, indem man bestimmt, wie häufig jede Sequenz in der Datenbank vorkommt (beispielsweise Vasmatzis et al. 1998). Dieses schnelle Verfahren besitzt besondere Vorteile, weil es vollständig *in silico* durchgeführt werden kann; es hängt aber davon ab, ob für die fraglichen Proben EST-Daten vorhanden sind.

Differenzielle PCR

Diese Methode ist dafür gedacht, cDNA-Sequenzen, die in zwei oder mehreren Proben unterschiedlich stark exprimiert werden, schnell zu identifizieren (Liang und Pardee 1992). Das Verfahren besitzt nicht genügend Auflösung, um in einer einzigen Reaktion ein ganzes Transkriptom untersuchen zu können. Deshalb erzeugt man einzelne Populationen aus markierten cDNA-Fragmenten mit einer RT-PCR. Dabei verwendet man einen Oligo(dT)-Primer, der einen Überhang von zwei Basen enthält, und einen Primer mit einer willkürlich gewählten Sequenz. Durch verschiedene Primer-Kombinationen erhält man verschiedene Zusammenstellungen von cDNA-Fragmenten, die Subfraktionen des Transkriptoms bilden. Die äquivalenten Amplifizierungsprodukte aus zwei Proben (das heißt, Produkte, die mit derselben Primer-Kombination erzeugt wurden) lässt man dann nebeneinander durch ein Sequenzierungsgel laufen. Unterschiedlich exprimierte cDNAs kann man so quantitativ anhand der Intensitäten der Banden erkennen. Dieses Verfahren zielt auf unterschiedlich exprimierte Gene ab, aber falsch-positive Ergebnisse sind häufig, und man muss auf diese Weise ermittelte Expressionsprofile noch mit anderen Methoden überprüfen.

Serielle Analyse der Genexpression (SAGE)

Bei diesem Verfahren werden von vielen cDNAs sehr kurze Sequenzsignaturen (**Sequenzmarker**) gesammelt. Dabei nutzt man die besonderen Eigenschaften von Typ-IIs-Restriktionsenzymen aus (siehe Haupttext und Abbildung 19.5). Die Marker werden zu langen Concatameren verknüpft, die dann sequenziert werden. Das Vorkommen der einzelnen Transkripte wird bestimmt, indem man die Anzahl der jeweils zugehörigen Marker in den Concatameren bestimmt. Das SAGE-Verfahren ist zwar technisch aufwendig, aber effizienter als die Standardanalyse von cDNA-Stichproben, da bei einer einzigen Sequenzierreaktion 50 bis 100 Marker ausgewertet werden können (Velculescu et al. 1995).

Mehrfach parallel ausgeführte Signatursequenzierung (MPSS)

Wie die SAGE-Methode nutzt auch das MPSS-Verfahren Typ-IIs-Restriktionsenzyme, um kurze Sequenzmarker aus zahlreichen cDNAs zu ermitteln. Im Gegensatz dazu werden jedoch beim MPSS-Verfahren Tausende von cDNAs, die an Mikropartikeln in einer Strömungszelle befestigt sind, parallel analysiert (Brenner et al. 2000). Die Methode basiert darauf, dass ein Typ-IIs-Restriktionsenzym verwendet wird, um bei jeder cDNA Überhänge von vier Basen Länge zu erzeugen. Es gibt 16 mögliche Sequenzen mit vier Nucleotiden, die durch Hybridisierung mit 16 verschiedenen Adaptermolekülen nachgewiesen werden können. Jedes Adaptermolekül hybridisiert mit einem anderen Decoder-Oligonucleotid, das durch eine spezifische Fluoreszenzmarkierung zu erkennen ist. Der Adapter enthält eine Schnittstelle für ein Typ-IIs-Restriktionsenzym, sodass ein weiterer Überhang mit vier Basen entsteht. Wenn man nach jedem Durchgang aus Restriktionsspaltung und Hybridisierung die Fluoreszenz der Mikropartikel bestimmt, lassen sich Tausende von cDNA-Sequenzen in Schritten von vier Nucleotiden ablesen. Wie bei der SAGE-Methode wird die Häufigkeit jeder Sequenz bestimmt, um so die relative Genexpression feststellen zu können.

Die relativen Mengen der Transkripte ergeben sich aus den Häufigkeiten, mit denen die einzelnen Marker auftreten.

Velculescu und Mitarbeiter haben 1995 beschrieben, wie in dem ursprünglichen Experiment aus Pankreas-cDNA 840 Sequenzmarker isoliert wurden. 498 davon entsprachen 77 verschiedenen Transkripten, und die am häufigsten vertretenen Marker stammten alle von Genen, die im Pankreas eine Funktion besitzen (so waren beispielsweise 64-mal die Procarboxypeptidase A1 und 46-mal das pankreatische Trypsinogen 2 vertreten). Der besondere Vorteil einer SAGE-Analyse besteht darin, dass die Daten digitalisiert vorliegen und man deshalb die Markerhäufigkeiten von verschiedenen Experimenten einfach miteinander vergleichen kann (selbst wenn sie in verschiedenen Labors zu unterschiedlichen Zeiten durchgeführt wurden). Zum Niederlegen und Vergleichen der SAGE-Daten bestehen inzwischen mehrere Datenbanken. Das Verfahren wurde noch dahingehend modifiziert, dass auch sehr geringe Mengen an Ausgangsmaterial ausreichen (Velculescu und Vogelstein 2000).

19.3.3 DNA-Mikroarrays lassen sich in Multiplexhybridisierungstests dazu verwenden, die Mengen von Tausenden von Transkripten gleichzeitig zu bestimmen

Die beiden Haupttypen von DNA-Mikroarrays werden auf verschiedene Weise hergestellt, aber das Prinzip der Expressionsanalyse ist bei beiden gleich

DNA-Mikroarrays sind miniaturisierte Vorrichtungen, auf denen viele verschiedene DNA-Sequenzen in Form eines Gitters befestigt sind. Es gibt zwei Haupttypen, wobei der eine durch mechanisches Auftropfen der DNA-Moleküle auf einen beschichteten Glasobjektträger und der andere durch eine *in situ*-Oligonucleotidsynthese hergestellt wird (Schena et al. 1995, Lockhardt et al. 1996; Abschnitt 6.4.3). Beide Formen kann man als Mikroarrays bezeichnen, aber im zweiten Fall trifft der Begriff **Oligonucleotidchip mit hoher Dichte** den Sachverhalt besser. Es gibt zahlreiche Möglichkeiten, getropfte Arrays im Fachhandel zu erwerben, außerdem verfügen viele Laboratorien über hauseigene Einrichtungen zu ihrer Herstellung. Im Gegensatz dazu werden Oligonucleotid-Chips mit hoher Dichte ausschließlich von dem biotechnischen Unternehmen Affymetrix Inc. in den USA hergestellt und als **GeneChips** vertrieben.

Die beiden Arrays werden zwar auf vollkommen verschiedene Weise hergestellt, aber das Prinzip der Expressionsanalyse stimmt für beide ziemlich stark überein (Harrington et al. 2000). Dabei wird eine **Multiplexhybridisierung** mit komplexen Populationen von markierten DNA- oder RNA-Molekülen durchgeführt (Abb. 19.6). Für beide Arrays wird eine Population von mRNA-Molekülen aus einer bestimmten Quelle in großer Menge revers transkribiert, sodass man eine repräsentative, komplexe cDNA-Population erhält. Bei den getropften Mikroarrays wird ein Nucleotid mit einem angehängten Fluoreszenzfarbstoff in den Reaktionsansatz gegeben, sodass die DNA-Population durchgehend markiert ist. Im Fall der GeneChips wird die unmarkierte cDNA durch Einbau von Biotin in eine markierte cRNA- (komplementäre RNA-)Population umgewandelt (das Biotin weist man später mithilfe von Avidin nach, das mit einem Fluoreszenzfarbstoff versehen ist). Die komplexe Population markierter Nucleinsäuren wird mit dem Array hybridisiert. Jeder einzelne Fleck auf dem Array enthält 10^6 bis 10^9 Kopien derselben DNA-Sequenz. Dadurch ist es unwahrscheinlich, dass bei der Hybridisierungsreaktion eine vollständige Sättigung stattfindet. Unter diesen Bedingungen ist das Hybridisierungssignal auf jedem Feld des Arrays proportional zur relativen Menge der spezifischen cDNA oder cRNA in der Mischung und entspricht daher der Menge der zugehörigen mRNA in der Ausgangspopulation. So lassen sich die relativen Expressionsniveaus von Tausenden verschiedener Transkripte in einem einzigen Experiment bestimmen.

Die Expressionsanalyse stimmt für jeden Arraytyp im Prinzip überein, aber es gibt einige wichtige praktische Unterschiede aufgrund der Beschaffenheit der Arrays (cDNA oder Oligonucleotide) und in Bezug auf die Spezifität der Hybridisierungsreaktion. Bei getropften Mikroarrays liegt jede Nucleinsäure als einzelne Spezies einer doppelsträngigen cDNA vor, die mehrere Hundert Basenpaare lang ist und durch eine PCR aus einer Klonbibliothek oder einer ähnlichen Quelle hergestellt werden muss (Abb. 19.6a). Bei den Oligonucleotidchips handelt es sich jeweils um ein kurzes einzelsträngiges Oligonucleotid mit einer Länge von 20 bis 25 Nucleotiden, das bei der Herstellung auf dem Chip synthetisiert wird. Es besteht nicht die Notwendigkeit, eine Klonbibliothek aufzubewahren, da die Oligonucleotide anhand der gewünschten Kombination von Sequenzen synthetisiert werden können. Dazu gehören alle Sequenzen, die in öffentlichen oder eigenen Datenbanken gespeichert sind (Abb. 19.6b). Ein Vorteil ist, dass die Oligonucleotidsequenzen so ausgewählt werden können, dass sich eng verwandte Transkripte unterscheiden lassen. Bei cDNA-Arrays besteht immer die deutliche Gefahr einer Kreuzhybridisierung zwischen homologen Genen oder alternativen Spleißvarianten. Ein Nachteil besteht wiederum darin, dass bei dem Oligonucleotidchip die ausgewählten Sequenzen bekannt sein müssen. Im Gegensatz dazu ist es möglich, cDNA-Mikroarrays von anonymen Klonen in cDNA-Bibliotheken herzustellen. Die Spezifität ist bei der Hybridisierung von cDNA-Mikroarrays aufgrund der Sequenzlängen der cDNA hoch (Abb. 19.6c). Bei Oligonucleotidchips ist die Spezifität der Hybridisierung jedoch geringer. Deshalb wird jedes Gen durch 20 verschiedene Olinucleotide repräsentiert, die die Sequenz „entlangwandern“ (Abb. 19.6d). Dabei gibt es 20 Oligonucleotide, die vollkommen mit der Zielsequenz übereinstimmen (**PM-Oligonuc-**

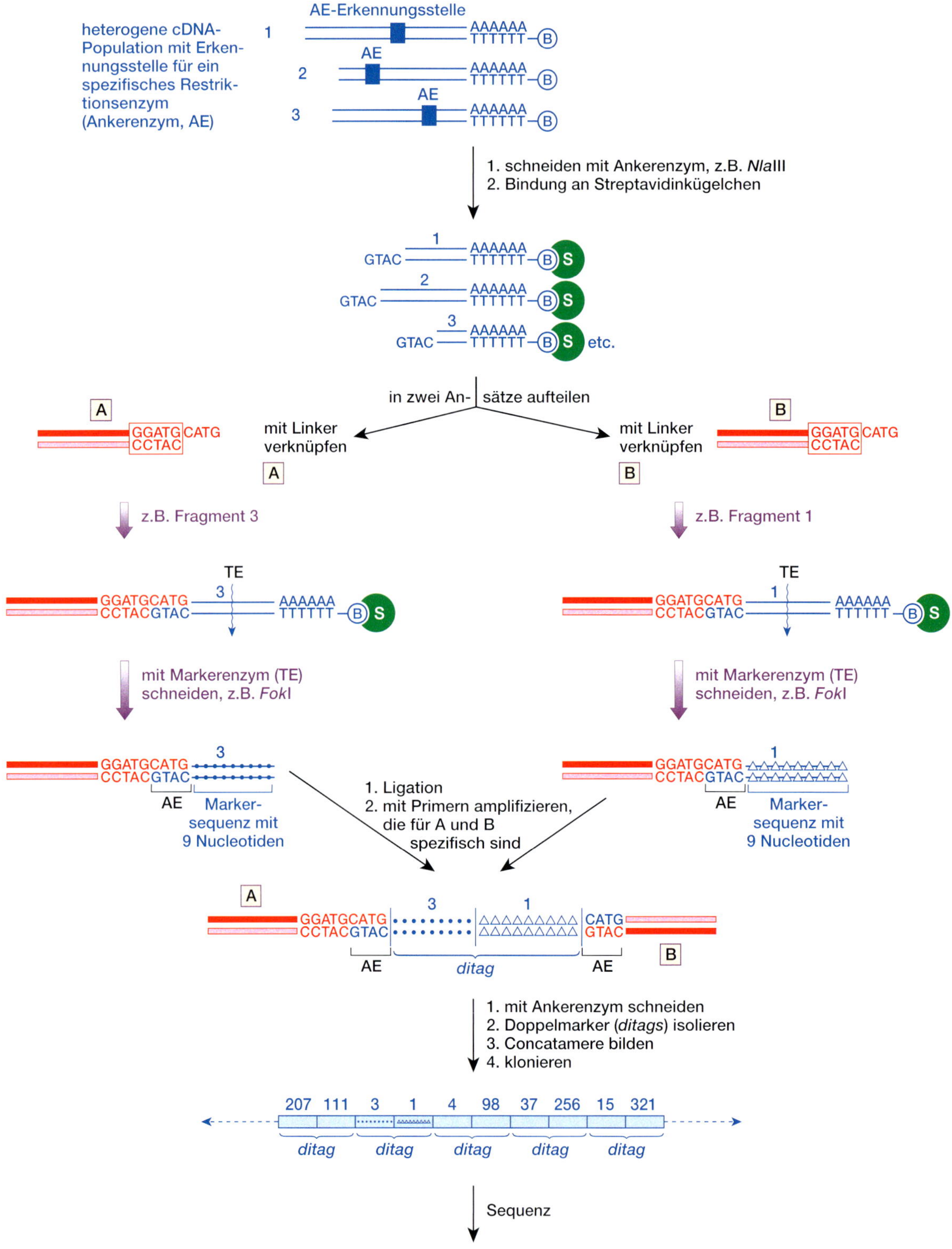
heterogene cDNA-Population mit Erkennungsstelle für ein spezifisches Restriktionsenzym (Ankerenzym, AE)
AE-Erkennungsstelle
AE
AAAAAA
TTTTTT
B
1. schneiden mit Ankerenzym, z.B. NlaIII
2. Bindung an Streptavidinkügelchen
GTAC
S
etc.
in zwei Ansätze aufteilen
mit Linker verknüpfen
A
B
GGATG CATG
CCTAC
z.B. Fragment 3
z.B. Fragment 1
TE
GGATGCATG
CCTACGTAC
mit Markerenzym (TE) schneiden, z.B. FokI
Markersequenz mit 9 Nucleotiden
1. Ligation
2. mit Primern amplifizieren, die für A und B spezifisch sind
ditag
1. mit Ankerenzym schneiden
2. Doppelmarker (ditags) isolieren
3. Concatamere bilden
4. klonieren
207 111 3 1 4 98 37 256 15 321
Sequenz

leotide, *perfect match oligos*), außerdem 20 Oligonucleotide, die eine einzige Basenfehlpaarungsstelle enthalten (**MM-Oligonucleotide**, *mismatch oligos*), mit denen die unspezifische Hybridisierung kontrolliert wird. Um das Signal eines bestimmten Gens zu bestimmen, werden die Signale von allen PM-Oligonucleotiden addiert und die Signale der 20 MM-Oligonucleotide von der Summe subtrahiert. Auf cDNA-Mikroarrays werden ebenfalls negative Kontrollen aufgebracht, damit man den Hintergrund der unspezifischen Hybridisierung abziehen kann. Beide Arraytypen enthalten außerdem positive Kontrollen, die im Allgemeinen von konstitutiv exprimierten Genen stammen, wie beispielsweise dem Actingen. Alternativ kann man auch bakterielle Gene als Kontrollen hinzufügen und die Proben mit geeigneten Mengen bakterieller DNA „beladen".

Unterschiede in der Genexpression zweier Proben lassen sich bestimmen, indem man die Arrays miteinander vergleicht oder indem man einen einzigen Array mit verschiedenen cDNA-Populationen hybridisiert, die unterschiedliche Fluoreszenzmarker tragen

Eines der wichtigsten technischen Probleme bei jeder Expressionsanalyse auf der Grundlage von Arrays ist die Reproduzierbarkeit der Daten bei verschiedenen Arrays. Das fällt besonders dann ins Gewicht, wenn eine vergleichende Analyse durchgeführt werden soll (um zum Beispiel Gene zu identifizieren, die bei einer Krankheit hochreguliert werden). Denn dabei ist nicht klar, ob Unterschiede auf eine experimentell bedingte Variabilität oder auf tatsächliche Veränderungen bei der Genexpression zurückzuführen sind. Dieses Problem wird noch komplizierter, wenn Experimente in verschiedenen Labors mit Arrays durchgeführt werden, die an verschiedenen Stellen hergestellt wurden. Zur Normierung von Expressionsdaten auf die Variabilität zwischen verschiedenen Experimenten sind stringente Kontrollen notwendig.

Eine Möglichkeit, die geschilderten Probleme zu vermeiden, besteht darin, cDNA-Populationen zu verwenden, die mit unterschiedlichen Fluoreszenzfarbstoffen markiert sind, und damit gleichzeitig denselben Array zu hybridisieren. Wie oben ausgeführt, zeigt das Signal jedes Feldes unter ungesättigten Bedingungen die relative Menge jedes Transkripts in der Probe an. Wenn man zwei Proben verwendet, ermöglicht das Verhältnis zwischen den beiden Fluoreszenzsignalen einen direkten Vergleich der Expressionsniveaus zwischen den Proben, die auf das Signal-zu-Rauschen-Verhältnis auf dem Array selbst normiert werden. Der Array wird mit Emssionslicht von zwei Wellenlängen abgetastet, und ein Computer kombiniert die Bilder und gibt sie in Falschfarben wieder. Im Allgemeinen wird ein Farbstoff grün und der andere rot dargestellt. Felder, die differenziell exprimierte Gene repräsentieren, erscheinen entweder grün oder rot, während Felder für unverändert exprimierte Gene gelb erscheinen (Abb. 19.6c).

19.3.4 Für die Analyse von DNA-Array-Daten erzeugt man eine Abstandsmatrix, fasst verwandte Datenpunkte zu Gruppen zusammen und verwendet iterative Wiederholungsalgorithmen

Die Analyse von Genexpressionsdaten für viele verschiedene Bedingungen kann eine funktionelle Kopplungen zwischen verschiedenen Genen anzeigen

Rohdaten aus Experimenten mit Mikroarrays sind Signalintensitäten, die normiert werden müssen (um

19.5 Multiplexgenexpressionstest mithilfe der SAGE-Methode. Die Grundlage der Methode besteht darin, jedes einzelne cDNA-Molekül auf einen kurzen spezifische Sequenzmarker (aus etwa neun Nucleotiden) zu reduzieren. Die einzelnen Marker werden zu einem einzigen langen DNA-Klon verknüpft (*Concatamerisierung*, in der Abbildung ganz unten dargestellt). Die Zahlen über den Sequenzmarkern stehen für die spezifische cDNA, von der die Marker jeweils stammen. Durch die Sequenzierung des DNA-Klons lassen sich die einzelnen Sequenzmarker identifizieren und damit das Vorhandensein der zugehörigen mRNA-Sequenzen feststellen. Die mRNA wird mithilfe eines Oligo(dT)-Primers, an dem eine Biotingruppe befestigt ist, in cDNA umgewandelt. Die biotinylierte DNA wird anschließend mit einer häufig schneidenden Restriktionsendonuclease behandelt. Dieses so genannte Ankerenzym (AE) ist hier *Nla*III, das unmittelbar nach dem G in der Sequenz CATG schneidet. Die entstandenen 3'-Endfragmente, die eine Biotingruppe enthalten, lassen sich dann selektiv über streptavidinbeschichtete Kügelchen isolieren. Sie werden in zwei Pools aufgetrennt und jeweils einzeln mit einem von zwei doppelsträngigen Linkern verknüpft (A und B). Die beiden Linker haben unterschiedliche Sequenzen und stimmen nur in den 3'-CATG-Überhängen überein, außerdem enthalten sie daran unmittelbar anschließend eine gemeinsame Erkennungsstelle für ein Typ-IIs-Restriktionsenzym, das als Markerenzym (*tagging enzyme*, TE) fungiert. In diesem Fall handelt es sich um *Fok*I, das die Sequenz GGATC (umrahmt) erkennt und die DNA stromabwärts in einer Entfernung von 9/13 Nucleotiden schneidet. Dadurch erhält man von jeder mRNA einen Sequenzmarker mit 9 bp. Fragmente aus den beiden Pools können zu „Doppelmarkern" („*ditags*") und diese anschließend zu Concatameren verknüpft werden.

19.8 Analyse von Mikroarraydaten anhand hypothetischer Expressionsprofile von vier Genen (A bis D). Methoden für die hierarische Bildung von Gruppen erzeugen verzweigte Diagramme (*Dendrgramme*), bei denen Gene mit den ähnlichsten Expressionsprofilen zu einer Gruppe zusammengefasst werden. Andere Gruppierungsmethoden erzeugen Dendrogramme mit unterschiedlichen Topologien. Das Muster links ist charakteristisch für eine Gruppierung nach der Einzelkopplungsmethode („nächster Nachbar"), während das Muster rechts bei Anwendung der Gesamtkopplungsmethode („entferntester Nachbar") entsteht.

thoden beginnen damit, dass jedes Gen, das auf dem Array vertreten ist, zuerst als *Einzelelementgruppe* aufgefasst wird (also als Gruppe, die ein einziges Gen enthält). Anhand der Abstandsmatrix stellt man fest, bei welchen beiden Genen die Expressionsniveaus am ähnlichsten sind (die Abstandsfunktion den geringsten Wert besitzt). Diese werden als *Nachbarn* definiert und in einer einzigen Gruppe vereint. Der Vorgang wird wiederholt, bis nur noch eine Gruppe existiert. Es gibt unterschiedliche Verfahren, den Expressionswert einer solchen Gruppe zu berechnen, um die weiteren Vergleiche durchzuführen.

Bei der **Einzelkopplungsmethode** („nächster Nachbar", *nearest neighbor*) wird der Abstand minimiert. Wenn also die beiden Gene i und j zu einer Gruppe ij vereinigt wurden, definiert man das am nächsten liegende Gen k über den niedrigeren der beiden Werte $d(i, k)$ und $d(j, k)$. Bei der **Durchschnittskopplungsmethode** verwendet man den Durchschnittswert aus $d(i, k)$ und $d(j, k)$, und bei der **Gesamtkopplungsmethode** („entferntester Nachbar"; *farthest neighbor*) wird der Abstand maximiert. Durch diese Verfahren erhält man Dendrogramme mit unterschiedlichen Strukturen (Abb. 19.8). Seltener verwendet man einen *Gruppenteilungsalgorithmus*, bei dem man von einer einzigen Gruppe ausgeht, die alle Gene des Arrays enthält und dann schrittweise in einzelne Gruppen aufgeteilt wird.

Nichthierarische Gruppenbildung

Ein Nachteil der hierarischen Gruppenbildung besteht in dem großen Aufwand an Zeit und Ressourcen. Alternativ kann man mithilfe nichthierarischer Methoden die Expressionsdaten in eine vorher festgelegte Zahl von Gruppen einteilen, um auf diese Weise die Analyse zu beschleunigen (besonders dann, wenn die Datenmengen sehr groß sind). Bei der ***k*-Mittelwert-Gruppenbildung** wird zu Beginn der Analyse eine Anzahl von Punkten (**Gruppenzentren**) definiert und jedes Gen dem am besten passenden Gruppenzentrum zugeordnet. Aufgrund der Zugehörigkeit zu jeder Gruppe werden die Durchschnittswerte neu berechnet, das heißt, die Gruppenzentren werden neu positioniert. Dann wird die Analyse wiederholt, sodass alle Gene nun den neuen Gruppenzentren zugeordnet sind. Der ganze Vorgang wird solange wiederholt, bis sich die Zugehörigkeit der Gene zu den verschiedenen Gruppen nicht mehr ändert. **Selbstorganisierende Karten** beruhen auf einem ähnlichen Prinzip, aber der Algorithmus wird durch die Verwendung eines neuronalen Netzwerkes noch verbessert.

19.3.5 DNA-Arrays wurden dazu verwendet, bei menschlichen Zelllinien, Gewebeproben und Tiermodellen für Krankheiten umfassende Genexpressionsanalysen durchzuführen

Der Vergleich von Proben aus gesunden und erkrankten Geweben kann dazu dienen, Krankheitsmarker und potenzielle Angriffspunkte für Medikamente zu ermitteln

DNA-Arrays kamen bei der Charakterisierung des menschlichen Transkriptoms schon vielfach zur Anwendung. Die vielleicht wichtigste Anwendung dieser Technik ist die Untersuchung von Krankheiten. Der Vergleich von gesundem und erkranktem Gewebe, entweder in Form von Zelllinien, Gewebeproben oder Tiermodellen, ermöglicht die Identifizierung von Genen, die im Zustand der Krankheit oder Nichtkrankheit spezifisch exprimiert werden. Einzelne krankheitsspezifische Gene können als nützliche diagnostische Marker dienen. Sie können Proteine codieren, deren Vorhandensein oder Aktivität zu den Krankheitssymptomen beiträgt. Sie bilden potenzielle Angriffspunkte für therapeutische Maßnahmen. Entsprechend gilt, dass diese Proteine als Therapeutika eingesetzt werden können, wenn die Produkte eines oder mehrerer Gene bei der Krankheit fehlen.

Die Untersuchung von McCaffrey und Mitarbeitern (2000) ist ein interessantes Beispiel für die oben beschriebene Herangehensweise. Die Forschungsgruppe verwendete Affymetrix-GeneChips, um die Expressionsprofile von normalen Arterien und von Arterien mit arteriosklerotischen Läsionen, die Patienten entnommen worden waren, zu vergleichen. Es ließ sich zeigen, dass das *EGR1*-Gen bei der Erkrankung die fünffache Expression zeigte. Das Gen codiert einen Transkriptionsfaktor, der verschiedene

Gene kontrolliert – für Wachstumsfaktoren und andere Signalmoleküle, für Zelladhäsionsmoleküle und für Proteine, die die Blutgerinnung regulieren. Diese nachgeschalteten Proteine besitzen Funktionen, die offensichtlich mit der Ablagerung von cholesterinreichen Zellen an der Innenseite von Arterien zu tun haben, sodass EGR1 ein wichtiger Angriffspunkt für Medikamente sein kann.

Multiplexanalysen können Transkriptionsprofile liefern, mit denen sich sehr ähnliche Krankheiten unterscheiden lassen und die dazu dienen, genauere Unterteilungen von Krankheiten vorzunehmen

Einzelmarker sind nicht bei allen Krankheiten für eine Diagnose geeignet, insbesondere, wenn es sich um eng verwandte Krankheiten handelt (etwa die verschiedenen Krebsarten). In solchen Fällen können die Arrays dazu dienen, Transkriptionsprofile von 50 oder 100 Genen zu erstellen, die eine genauere Unterscheidung ermöglichen. Wenn die Kategorie der Krankheit bereits bekannt ist, bezeichnet man dieses Verfahren als *Klassenvorhersage*. Man erwartet dann, dass die Ergebnisse des Experiments genau zu einer gewissen Anzahl vorher festgelegter Kriterien passen. Aus diesem Grund bezeichnet man die Datenanalyse als „beaufsichtigt“.

Ein Beispiel für diese Vorgehensweise ist die Unterscheidung zwischen der akuten myeloischen Leukämie (AML) und der akuten lymphoblastischen Leukämie (ALL). Die Krankheiten ähneln sich zwar, aber sie sprechen auf verschiedene Therapien an, sodass eine richtige Diagnose für eine erfolgreiche Behandlung essenziell ist. Traditionell verwendet man eine Kombination aus verschiedenen Verfahren. Dazu gehören der Nachweis von Proteinmarkern, differenzielle Färbemethoden, cytogenetische Analysen und die visuelle Untersuchung von Zellen in Blutausstrichen. Keiner der Tests ist zu 100% zuverlässig, und die verschiedenen Tests können in einigen Fällen zu widersprüchlichen Ergebnissen führen. Golub und Mitarbeiter (1999) verwendeten getropfte Arrays, die etwa 7000 menschliche Gene repräsentierten, um damit 38 Proben aus Knochenmark zu analysieren. Mithilfe des Algorithmus der selbstorganisierenden Karten (siehe oben), konnten sie auf der Grundlage von etwa 50 Genen jede Probe entweder der akuten myeloischen oder der akuten lymphoblastischen Leukämie zuordnen.

In einigen Fällen ist es gelungen, durch Expressionsprofile von krankheitsspezifischen Proben vorher unbekannte Subtypen von Krankheiten zu bestimmen (*Klassendefinition*). Da die Kategorien nicht am Anfang des Experiments definiert werden, bezeichnet man diese Art von Experiment als „unbeaufsichtigt“. So haben beispielsweise Alizadeh und Mitarbeiter (2000) mithilfe von cDNA-Mikroarrays zwei verschiedene Subtypen des Non-Hodgkin-Lymphoms identifiziert (Abb. 17.18). Nur 40% der Patienten mit dieser Krankheit können mit Medikamenten behandelt werden, und bis vor kurzem war es nicht möglich vorherzusagen, wie Patienten auf die Therapie ansprechen werden. Die beiden neu entdeckten Subtypen entsprechen jedoch offenbar der sensitiven und der resistenten Form der Krankheit. Auf ähnliche Weise konnten Bittner und Mitarbeiter (2000) zwei verschiedene Subtypen des Hautmelanoms unterscheiden.

Zelllinien und Tiermodelle können dazu dienen, Genexpressionsprofile unter verschiedenen Bedingungen oder zu verschiedenen Zeitpunkten zu analysieren

Mithilfe von Biopsieproben ist es möglich, Genexpressionsprofile bei Gesundheit und Krankheit direkt miteinander zu vergleichen. Mit Zelllinien und Tiermodellen lassen sich die Tests jedoch unter verschiedenen Bedingungen oder zu verschiedenen Zeitpunkten vielseitiger durchführen. So infizierten beispielsweise Zhu und Mitarbeiter (1998) menschliche Vorhautfibroblasten mit dem Cytomegalovirus und analysierten die Genexpressionsprofile zu verschiedenen Zeitpunkten nach der Infektion. Dabei verwendeten sie einen cDNA-Mikroarray mit 6000 Genen. Über 250 Gene erwiesen sich während der Infektion als hochreguliert, darunter auch mehrere, die an der Steuerung der Immunreaktion beteiligt sind. Zelllinien wurden auch dazu verwendet, die Effekte von Wachstumsfaktoren und Cytokinen zu untersuchen (zum Beispiel Der et al. 1998), außerdem für die Transfektion mit Onkogenen (etwa Khan et al. 1999). Das Verfahren lässt sich durch die Verwendung von menschlichen Zelllinien noch erweitern, mit denen man Reaktionen auf Medikamente, Chemikalien und Giftstoffe untersuchen kann. Gelegentlich ergeben sich durch solche Experimente unerwartete Hinweise auf funktionelle Kopplungen zwischen Genen. So untersuchten beispielsweise Iyer und Mitarbeiter (1999) das Transkriptom von Zellen in verarmtem Serum nach der Zugabe von frischem Serum und zeigten, dass dadurch zu verschiedenen Zeitpunkten nach der Zugabe verschiedene Klassen von Genen induziert wurden. Als Erste wurden Proliferationsgene wie *JUN* und *FOS* exprimiert, später folgten Gene, die bei der Wundheilung mitwirken, etwa *FGF7* und *VEGF*.

19.4 Proteomik

19.4.1 Die Proteomik beinhaltet die Analyse der Proteinexpression, der Proteinstruktur und der Proteinwechselwirkungen

Eine Proteomanalyse zeigt, wie Veränderungen der Mengen einzelner Proteine die biochemischen Aktivitäten der Zelle steuern

Obwohl die Transkriptomanalyse für die Charakterisierung der Genfunktion zweifellos sehr nützlich ist, sollte man nicht außer Acht lassen, dass die Endprodukte der meisten Gene Proteine sind. Die Proteomik ermöglicht eine direkte Untersuchung dieser Produkte. Das ist von einer gewissen Bedeutung, da hier zwei Einschränkungen der Transkriptomanalyse deutlich werden.

Zum einen werden aufgrund der posttranskriptionalen Regulation nicht alle mRNAs in der Zelle translatiert, sodass im Transkriptom möglicherweise Genprodukte enthalten sind, die im Proteom nicht vorkommen. In ähnlicher Weise unterscheiden sich bei den Transkripten auch die Proteinsynthese- und Proteinumsatzraten. Das bedeutet, dass die Menge eines Transkripts nicht notwendigerweise der Menge des codierten Proteins entspricht (Gygi et al. 1999b). Deshalb muss das Transkriptom auch nicht genau das Proteom repräsentieren, weder qualitativ noch quantitativ.

Zum anderen hängt die Proteinaktivität häufig von posttranslationalen Modifizierungen ab, die aus dem zugehörigen Transkript nicht abzulesen sind. Viele Proteine liegen in der Zelle als inaktive Moleküle vor, die erst durch bestimmte Prozesse aktiviert werden müssen, etwa durch proteolytische Spaltung oder eine Phosphorylierung. Wenn Unterschiede in der Menge einer spezifischen posttranslationalen Variante signifikant sind, kann nur die Proteomik die Informationen liefern, die notwendig sind, um die Kopplung zwischen Genexpression und Funktion zu bestimmen. So kommt beispielsweise das Signalprotein **Stathmin** bei verschiedenen Krebsarten in großer Menge vor (unter anderem bei Kinderleukämien), aber das Protein ist nur in der *phosphorylierten* Form ein Marker für die Krankheit. Deshalb ist es notwendig, das Proteom direkt zu untersuchen, um die funktionellen Moleküle in der Zelle vollständig zu erfassen.

Die Analyse der Proteinstruktur und der Proteinwechselwirkungen kann wichtige Informationen über die Funktion liefern

Wie in der Transkriptomik ist es auch in der Proteomik möglich, die Mengen verschiedener Genprodukte zu messen. Bei Proben aus einem gemeinsamen Kontext lässt sich die Expression aller Proteine in einer Zelle vergleichen, und man kann Proteine mit ähnlichen Expressionsmustern bestimmen sowie wichtige Veränderungen erkennen, die im Proteom während einer Krankheit oder als Reaktion auf äußere Reize stattfinden. Dies bezeichnet man manchmal auch als **Expressionsproteomik**. Ein anderer wichtiger Aspekt der Proteomik besteht jedoch darin, dass Funktionen häufig durch die Untersuchung der **Proteinwechselwirkungen** bestimmt werden können. Die Aktivität von Proteinen äußert sich darin, dass sie mit anderen Molekülen interagieren. Die Bestimmung spezifischer Wechselwirkungen zwischen Proteinen kann deshalb dazu beitragen, einzelne Funktionen zuzuweisen und Proteine zu Reaktionswegen und Netzwerken zu verknüpfen. Zusätzliche Informationen lassen sich aus den Wechselwirkungen zwischen Proteinen und kleinen Molekülen (die als Liganden, Cofaktoren, Substrate, allosterische Regulatoren und anderes auftreten) und Nucleinsäuren gewinnen. Die Analyse der Proteinwechselwirkungen überschneidet sich mit der Analyse der Proteinstruktur. Kenntnisse der dreidimensionalen Struktur können dazu dienen, Wechselwirkungen mit anderen Proteinen und kleineren Molekülen vorherzusagen. Das kann bei der Entwicklung wirksamer Medikamente sehr nützlich sein. Der Vergleich der Proteinstrukturen eröffnet auch eine weitere Möglichkeit, evolutionäre Zusammenhänge zwischen verschiedenen Genen zu bestimmen und ihre Funktionen zu untersuchen.

19.4.2 Die Expressionsproteomik hat durch die Kombination zweier wichtiger Technologien einen wichtigen Aufschwung genommen: zweidimensionale Gelelektrophorese (2DGE) und die Massenspektroskopie

Das Proteom umfasst Zehntausende von Proteinen, deren Mengen sich in vier oder mehr Zehnerpotenzen unterscheiden. Wie die Nucleinsäuren lassen sich auch Proteine durch spezifische molekulare Wechselwirkungen nachweisen und identifizieren. In den meisten Fällen verwendet man dafür Antikörper oder Liganden als Sonden. Anders als bei den Nucleinsäuren gibt es aber kein Verfahren, seltene Proteine zu klonieren

Exkurs 19.3: Proteinchips

DNA-Mikroarrays eignen sich für die Analyse ganzer Genome, da alle DNA-Moleküle chemisch gleich sind und in einem einzigen Test hybridisiert werden können. Im Gegensatz dazu sind Proteine chemisch sehr unterschiedlich. Einige sind sauer, einige basisch, einige geladen oder polar, während wiederum andere hydrophob sind. Bei vielen kommt es zu posttranslationalen Modifikationen, sodass sich ihre chemischen und physikalischen Eigenschaften noch mehr unterscheiden. Aus diesem Grund sind wirklich „universelle" Proteinchips nur schwierig herzustellen. In den letzten Jahren gab es jedoch zahlreiche technische Fortschritte in der Proteinchiptechnik, die schließlich zu einem Proteinchip führten, der das gesamte Proteom der Hefe *Saccharomyces cerevisiae* enthält (Zhu et al. 2001). Es gibt verschiedene Arten von Proteinchips (Zhu und Snyder 2003):

- **Antikörperchips** enthalten einen Array aus Antikörpern und dienen dazu, in einem komplexen Gemisch spezifische Proteine nachzuweisen und zu quantifizieren. Man kann sie als miniaturisierte Vorrichtung für Immuntests mit hohem Durchsatz auffassen.
- **Antigenchips** sind das Gegenteil von Antikörperchips. Sie enthalten einen Array von Proteinantigenen und dienen dazu, Antikörper in einem komplexen Gemisch nachzuweisen und zu quantifizieren.
- **Universelle Proteinchips** (**funktionelle Arrays**) können an der Oberfläche jede Art von Protein enthalten. Sie dienen dazu, spezifische Wechselwirkungen zwischen Proteinen oder Liganden und Proteinen nachzuweisen und zu charakterisieren. Dafür gibt es verschiedene Nachweismethoden, beispielsweise indem man die Proteine in einer Lösung markiert oder Veränderungen der Oberflächeneigenschaften des Chips bestimmt (etwa durch Oberflächenplasmonresonanz). Zu dieser Gruppe zählen auch die **Lectinarrays**, mit denen sich Glykoproteine nachweisen und charakterisieren lassen.
- **Proteinbindungschips** enthalten keine Proteine in Form eines Arrays, aber andere Moleküle, die mit Proteinen mit geringerer oder größerer Spezifität interagieren. Das sind beispielsweise Oligonucleotidaptamere oder spezifische molekular dotierte Polymere; oder man verwendet die patentierten Chips von Herstellern wie BIAcore Inc. und Ciphergen Biosystems Inc., die relativ unspezifische Attraktoren verwenden, mit denen sich aufgrund unterschiedlicher chemischer Oberflächenmerkmale komplexe Proteingemische vereinfachen lassen.
- **Lösungsarrays** sind die neueste Generation von Proteinchips. Sie verlassen das zweidimensionale Arrayformat und zeigen eine stärkere Flexibilität und Kapazität in der Handhabung. Solche Chips basieren beispielsweise auf codierten Mikrosphären oder Gold-Nanopartikeln mit „Barcodes".

oder zu amplifizieren. Darüber hinaus sind die physikalischen und chemischen Eigenschaften von Proteinen so unterschiedlich, dass es keine einzelne, universell einsetzbare Methode gibt, die sich analog zu einer Hybridisierung anwenden ließe, um das gesamte Proteom in einem einzigen Experiment untersuchen zu können. Es gab zwar schon ein deutliches Interesse an der Entwicklung von Proteinchips als direktes Äquivalent zu den DNA-Mikroarrays (Exkurs 19.3), aber man sucht zurzeit nach anderen Techniken, um ganze Proteome analysieren zu können.

Die Grundlage der Expressionsproteomik ist gegenwärtig eine „Auftrennen-und-sichtbar-machen"-Technik, bei der komplexe Proteingemische in ihre Bestandteile aufgetrennt werden, sodass wichtige Eigenschaften (dass beispielsweise bestimmte Proteine in einer Probe vorhanden sind, die von einem Erkrankten stammt, nicht aber in der entsprechenden „gesunden" Probe) für eine weitere Charakterisierung aufgegriffen werden können. Die Auftrennung erfolgt im Allgemeinen durch eine **zweidimensionale Gelelektrophorese** (**2DGE**). Das Verfahren wurde vor über 25 Jahren entwickelt, und man kann damit bis zu 10 000 Proteine in einem einzigen Gel auftrennen (Gorg et al. 2000, Herbert et al. 2001). Noch bis vor wenigen Jahren war das Hauptproblem der Proteomik die Charakterisierung aufgetrennter Proteine, die als anonyme „Flecke" auftraten. Wie oben besprochen, besteht die Möglichkeit, Proteine mit Antikörpern und anderen spezifischen Sonden zu identifizieren und zu quantifizieren. Ein solches Verfahren lässt sich jedoch in einem einzelnen Experiment immer nur auf eine kleine Zahl von Proteinen anwenden und hängt zweifellos davon ab, dass solche Sonden verfügbar sind. Der Durchbruch kam mit der Entwicklung von Analysemethoden auf Grundlage der Massenspektroskopie, die auf jedes Protein anwendbar ist und sich auch in großem Maßstab durchführen lässt (Griffin et al. 2001, Mann et al. 2001). Dafür waren Entwicklungen im Gerätebau erforderlich, außerdem musste man in der Bioinformatik Methoden entwickeln, mit denen man Datenbanken anhand von Daten aus Peptidmassenbestimmungen durchsuchen kann (Aebersold und Mann 2003).

Die zweidimensionale Gelelektrophorese ist in der Proteomik die wichtigste Technik für die Auftrennung von Proteinen, bringt aber gewisse Einschränkungen mit sich

Es gibt viele verschiedene Verfahren für die Auftrennung von Proteinen, die alle auf besonderen chemischen oder physikalischen Eigenschaften beruhen, in denen sich die einzelnen Proteine unterscheiden, also beispielsweise Masse, Größe, Ladung, Löslichkeit und Affinität zu verschiedenen Liganden. Erwartungsgemäß ist die Auflösung um so größer, je mehr dieser Eigenschaften für eine Auftrennung genutzt werden. Das Prinzip der zweidimensionalen Gelelektrophorese besteht darin, Proteine aufgrund ihrer Ladung und ihrer Masse aufzutrennen, wobei jede Auftrennung in einer anderen Dimension stattfindet (Gorg et al. 2000, Herbert et al. 2001). Eine komplexe Proteinprobe wird auf ein denaturierendes Polyacrylamidgel geladen und in der ersten Dimension durch eine **isoelektrische Fokussierung** aufgetrennt. Bei dieser Methode wandern die Proteine einen pH-Gradienten entlang, bis sie ihren **isoelektrischen Punkt** erreichen (die Position im Gel, an der ihre Ladung aufgrund des lokalen pH-Wertes neutral ist). Beim Standardverfahren stellt man ein **Gel mit einem immobilisierten pH-Gradienten** (**IPG**) her. Dabei sind die puffernden Gruppen mit der Polyacrylamidmatrix verknüpft, damit sie nicht wandern können und bei langen Gelläufen instabil werden. Das Gel wird anschließend mit dem Detergens Natriumdodecylsulfat (SDS) equilibriert, das stöchiometrisch an das Rückgrat der denaturierten Proteine bindet und den Molekülen eine starke negative Ladung verleiht, die effektiv alle Ladungsunterschiede zwischen den einzelnen Proteinen nivelliert. Die Auftrennung in der zweiten Dimension hängt deshalb von der Masse der Proteine ab, wobei kleinere Proteine leichter durch die Poren des Gels gelangen. Das Gel wird anschließend gefärbt, und die Proteine erscheinen als Fleckenmuster (Abb. 19.9).

Die zweidimensionale Gelelektrophorese ermöglicht zwar eine hohe Auflösung und wird auch in der Proteomik am häufigsten für die Auftrennung von Proteinen benutzt, aber es bestehen mehrere Einschränkungen bei ihrer Anwendung. Das betrifft die Repräsentativität, die Empfindlichkeit, die Reproduzierbarkeit und die Einsetzbarkeit (besonders in Bezug auf die Eignung für eine Automatisierung). Mehrere Proteinklassen sind bei Standardgelen unterrepräsentiert: sehr basische Proteine, Proteine mit einer geringen Löslichkeit in wässrigen Pufferlösungen und Membranproteine. Es kann notwendig sein, die Proteinprobe vorzufraktionieren und mithilfe verschiedener Detergenzien und Puffer verschiedene Proteinklassen zu extrahieren, um sie effektiv auftrennen zu können. Die Empfindlichkeit der zweidimensionalen Gelelektrophorese hängt von der Nachweisgrenze für sehr seltene Proteine ab. Aus die-

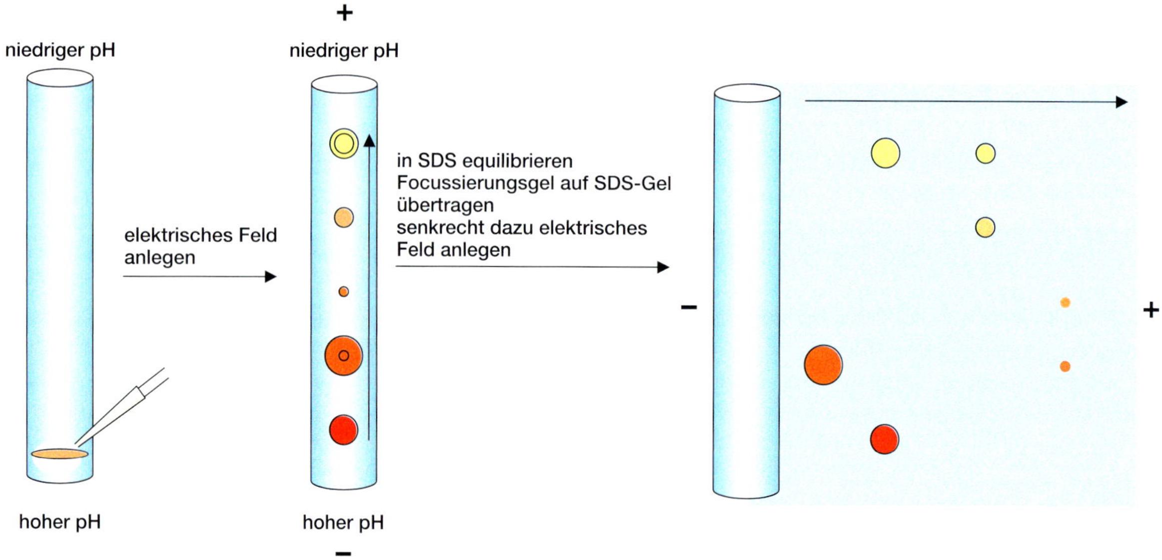

19.9 Prinzip der zweidimensionalen Gelelektrophorese. Für die isoelektrische Fokussierung wird ein komplexes Proteingemisch an der basischen Seite des Gels aufgetragen (dabei handelt es sich häufig um ein Gel in Röhrchenform oder um einen vorgeformten schmalen Streifen, jeweils bestehend aus einer Polyacrylamidmatrix mit einem immobilisierten pH-Gradienten). Durch das Gel wird ein elektrisches Feld angelegt, und die Proteine wandern zu ihren isoelektrischen Punkten, an denen der pI-Wert dem umgebenden pH-Wert entspricht und die Nettoladung null ist. So werden die Proteine aufgrund ihrer Ladung getrennt (saure Proteine sind rot dargestellt, basische gelb, Proteine mit intermediären pI-Werten in Form von orangefarbenen Abstufungen). Das Gel lässt zwar die Proteine entsprechend ihrer Größe passieren, aber durch lange Elektrophoreseläufe ist sichergestellt, dass alle Proteine ihre isoelektrischen Punkte erreichen und sich im System ein Gleichgewicht einstellt. Das Focussierungsgel wird anschließend mit dem Detergens Natriumdodecylsulfat (SDS) equilibriert, das in einem konstanten Massenverhältnis an alle denaturierten Proteine bindet, und auf ein normales SDS-Polyacrylamidgel gelegt. Die Proteine werden nach ihrer Größe aufgetrennt (angedeutet durch die unterschiedlichen Kreisdurchmesser), wobei kleinere Proteine im Gel weiter wandern als große.

sem Grund gibt es die sehr empfindlichen **SYPRO-Farbstoffe**, mit denen sich noch Proteinflecke im Nanogrammbereich nachweisen lassen. Die Empfindlichkeit wird auch von der Auflösung des Gels beeinflusst, da es sehr schwierig ist, Flecke von sehr seltenen Proteinen zu erkennen, wenn sie durch Flecke von sehr stark vertretenen Proteinen überdeckt werden. Diese Probleme lassen sich durch eine Vorfraktionierung angehen, sodass in großer Menge vorkommende Proteine entfernt werden und die Ausgangsprobe vereinfacht wird, die auf das Gel aufgetragen wird. Außerdem kann man die Qualität der Auftrennung verbessern. Das lässt sich durch eine Verlängerung der Trennstrecke erreichen, indem man sehr großformatige Gele verwendet. Eine sinnvollere Alternative ist jedoch die Verwendung von **Zoomgelen** bei der isoelektrischen Fokussierung. Diese Gele haben einen sehr engen pH-Bereich (Abb. 19.10). Für die Analyse ganzer Proteome kann man die Bilder, die man mit Zoomgelen erhält, am Computer zusammenführen.

Eine der größten Einschränkungen der zweidimensionalen Gelelektrophorese besteht darin, dass sie sich kaum für eine Automatisierung eignet, die für Analysen von zahlreichen Proben mit hohem Durchsatz erforderlich ist. Notwendig ist die Entwicklung von Programmen für die Erkennung und Quantifizierung der Flecke, außerdem werden Algorithmen benötigt, die Proteinflecke in verschiedenen Gelen miteinander vergleichen können. Mithilfe von Automaten muss es möglich sein, gewünschte Flecke auszuwählen und für die Massenspektroskopie aufzubereiten. Viele der Probleme lassen sich auch mit der Entwicklung anderer Auftrennungsverfahren lösen, die auf einer mehrdimensionalen Hochdruckflüssigkeitschromatographie (*high pressure liquid chromatography*, HPLC) beruhen. Solche Methoden sind schneller, empfindlicher und eine Proteinfärbung ist nicht erforderlich, die Quantifizierung ist genauer, es lassen sich Proteine auflösen, die in der zweidimensionalen Gelelektrophorese unterrepräsentiert sind, und die Methoden sind leichter zu automatisieren und mit nachfolgenden Analysen zu integrieren. Obwohl der visuelle Eindruck der gefleckten Gele fehlt, ist es durchaus denkbar, dass die Flüssigkeitschromatographiemethoden am Ende die zweidimensionale Gelelektrophorese als wichtigste Technik bei der Proteinauftrennung in der Proteomik ersetzen (Lesney 2001, Wang und Hanash 2003).

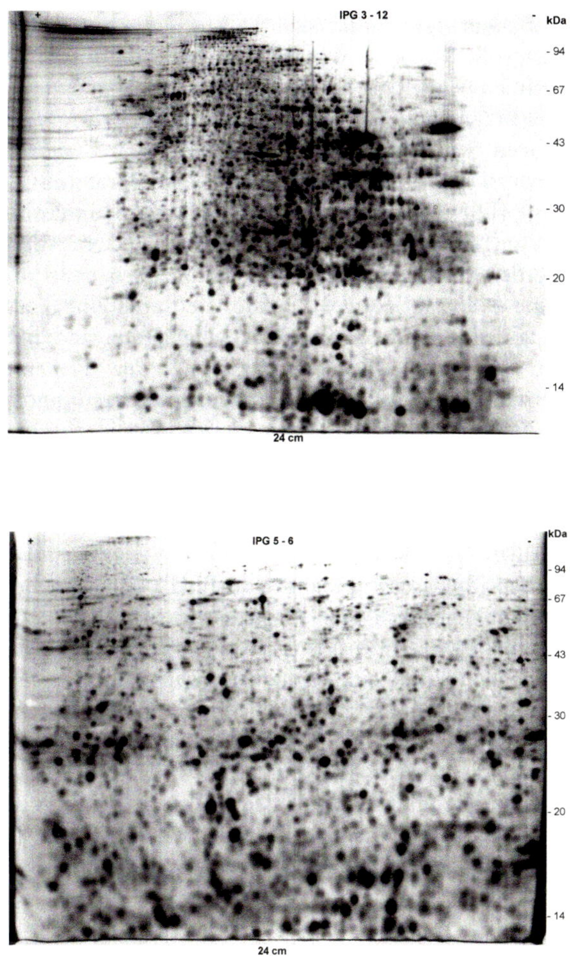

19.10 Die Auflösungsqualität von Gelen mit engem pH-Bereich. Beide Bilder zeigen Proteine aus der Leber der Maus, die durch eine zweidimensionale Gelelektrophorese aufgetrennt und mit Silber gefärbt wurden, um die einzelnen Proteinflecke sichtbar zu machen. Für das obere Bild wurde ein Gel mit einem breiten pH-Bereich (pH 3 bis 12) verwendet, für das untere Bild ein Gel mit einem engen pH-Bereich (pH 5 bis 6). Bei dem Gel mit dem breiten pH-Bereich sind die meisten Proteine in der Mitte angeordnet, da ihre pI-Werte vor allem im Bereich zwischen 4 und 7 liegen. Nach: Orengo et al. (2000) *Bioinformatics*. Veröffentlicht durch BIOS Scientific Publishers.

Die Massenspektroskopie ist die einzige universell einsetzbare Methode für die schnelle Klassifizierung unbekannter Proteine

Mithilfe der **Massenspektroskopie** (**MS**) kann man die Massen der Moleküle in einer bestimmten Probe ermitteln. Proteine lassen sich durch Massenspektroskopie klassifizieren, indem man das genaue Molekulargewicht als Suchgröße in Datenbanken verwendet (Mann et al. 2001, Aebersold und Mann 2003). Das geht schneller als mit der Alternativmethode, bei der Proteine direkt mit dem Edman-Abbau sequenziert werden. Außerdem kann man die Methode für einen hohen Durchsatz leicht automatisieren. Das ist von großer Bedeutung, da es notwendig sein kann, Tausende von Flecken auf einem zweidimensionalen Gel oder Hunderte von HPLC-Fraktionen zu analysieren.

Exkurs 19.4: Massenspektroskopie in der Proteomik

Das Massenspektrometer

Ein **Massenspektrometer** besteht aus drei Komponenten. Der **Ionisierer** wandelt die Probe in **gasförmige Ionen** um und beschleunigt sie in Richtung auf den **Massenanalysator**, der die Ionen entsprechend ihres **Masse-Ladungs-Verhältnisses** auf dem Weg zum Ionendetektor auftrennt. Der Detektor misst den Aufschlag der einzelnen Ionen und gibt ein **Massenspektrum** der Probe aus.

Methoden für eine „weiche" Ionisierung

Die Ionisierung großer Moleküle, ohne dass es zu einer Fragmentierung oder einem Abbau kommt, bezeichnet man als **„weiche" Ionisierung**. In der Proteomik verwendet man dafür vor allem zwei Methoden. Beim **MALDI-Verfahren** (*matrix-assisted desorption/ionization*) wird die Probe (tryptische Peptide von einem bestimmten Protein) mit einer lichtabsorbierenden Matrixsubstanz in einem organischen Lösungsmittel gemischt. Durch Verdampfen des Lösungsmittels erhält man Kristalle aus Proben- und Matrixmolekülen, die dann durch einen kurzen Laserimpuls erhitzt werden. Die Desorption der Laserenergie in Form von Hitze führt dazu, dass Matrix und Probe in die Gasphase übergehen. Die Probe wird ionisiert und in Richtung auf den Detektor beschleunigt. Bei der **Elektrosprayionisierung** wird die Probe aufgelöst und die Lösung durch eine enge Kapillare gepresst. Eine Potenzialdifferenz quer zur Öffnung führt dazu, dass die Probe als feiner Sprühnebel ausgestoßen wird. Die Tröpfchen verdampfen, sobald sie in den Massenanalysator gelangen.

Massenanalysatoren

Die beiden einfachsten Typen von Massenanalysatoren in der Proteomik sind **Quadrupol**- und **Time-of-Flight-(TOF-)**Analysatoren. Ein Quadrupolanalysator besteht aus vier Metallstäben, die jeweils paarweise elektrisch verbunden sind und entgegengesetzte Potenziale aufbauen, die durch den Bediener reguliert werden können. Die Massenspektren erhält man durch Variation der Potenzialdifferenz, die quer zum Ionenstrom besteht, wobei die Ionen mit unterschiedlichen Masse-Ladungs-Verhältnissen auf den Detektor gelenkt werden. Ein Time-of-Flight-Analysator misst die Zeit, die die Ionen brauchen, um durch das Rohr zum Detektor zu gelangen. Diese ist abhängig vom Masse-Ladungs-Verhältnis.

Tandemmassenspektrometer (MS/MS)

Dabei werden mehrere Massenanalysatoren hintereinander geschaltet. Es wurden bereits verschiedene solcher Anordnungen entwickelt, beispielsweise ein dreifacher Quadrupol- oder ein Quadrupol/Time-of-Flight-Analysator. Die Massenanalysatoren sind durch eine **Kollisionszelle** getrennt, die ein inertes Gas enthält und die Ionen in Fragmente zerlegt. Der erste Analysator selektiert ein bestimmtes Peptidion und lenkt es in die Kollionszelle, wo es fragmentiert wird. Ein Massenspektrum der Fragmente erhält man dann im zweiten Analysator. Diese beiden Funktionen lassen sich bei noch ausgefeilteren Systemen auch kombinieren, etwa beim **Ionenfallen**analysator oder beim **Fourier-Transformations-Ionen-Cyclotron**-Analysator.

die eine quantitative Variabilität zeigen. Es gibt mehrere Softwarepakete, die bei solchen Vergleichsanalysen hilfreich sind. Eine Alternative besteht darin, die Proteine von zwei verschiedenen Proben durch Anhängen von Cy3 beziehungsweise Cy5 zu markieren und diese auf demselben Gel aufzutrennen (Patten und Beecham 2001, Rabilloud 2002; Abb. 19.13). Das Verfahren, das man als **differenzielle Gelelektrophorese** (**DIGE**) bezeichnet, basiert auf demselben Prinzip wie die differenzielle Genexpression mit DNA-Mikroarrays (Abschnitt 19.3.3). Eine weitere Möglichkeit, das Problem zu lösen, ist die Markierung von Proteinen aus verschiedenen Quellen mit **isotopencodierten Affinitätsmarkern** (**ICATs**: Gygi et al. 1999a, Sechi, Oda 2003). Mit einem Massenspektrometer kann man zwei chemisch identische Formen desselben Moleküls unterscheiden und quantifizieren, wenn sie jeweils eine andere Isotopenmarkierung tragen, sodass eine gemeinsame Aufreinigung möglich ist. Deshalb wurde eine ICAT-Methode entwickelt, bei der für die Markierung der Proteine ein biotinyliertes Iodacetamidderivat verwendet wird, um Proteingemische selektiv an Cysteinresten zu markieren. Der Biotinmarker ermöglicht nach der Proteolyse mit Trypsin eine Affinitätsreinigung der markierten cysteinhaltigen Peptide. Das ICAT-Reagenz ist als „schwere" (d8) und „leichte" (d0) isotopenmarkierte Form erhältlich, mit der man Zellenpools unter verschiedenen Bedingungen (etwa „krank" und „gesund") unterschiedlich markieren kann. Nach der Markierung werden die Zellen vereinigt, lysiert und die Proteine isoliert. So sind beide Proben durch Verluste bei der Reinigung gleichermaßen betroffen. Bei den Peptiden werden die Intensitäten der Isotope verglichen, sobald sie in das Massenspektrometer gelangen. Wenn sie übereinstimmen, hat keine Hoch- oder Herunterregulierung stattgefunden, und das Protein ist nicht unmittelbar von Interesse. Wenn sich die Intensitäten unterscheiden, hat eine Veränderung der Proteinexpression stattgefunden, und das Protein ist interessant. Die Mengen der beiden Formen werden gemessen, und die d0-Peptidform wird fragmentiert und durch die Suche in einer Datenbank identifiziert.

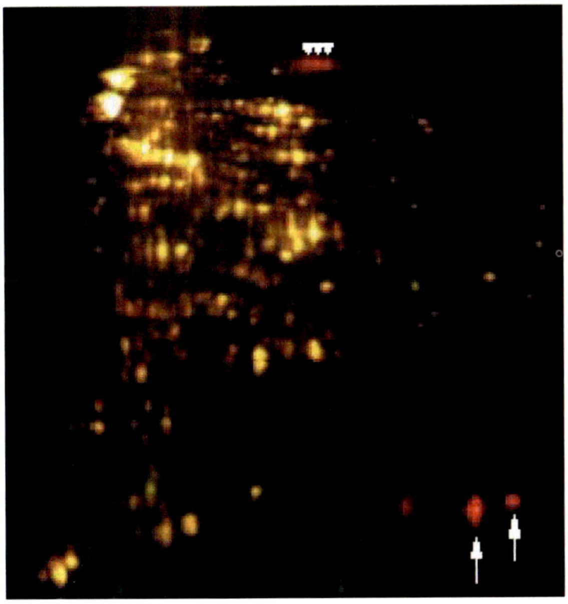

19.13 Das Prinzip der differenziellen Gelelektrophorese, verdeutlicht an einem Beispiel. Identische Proteinproben aus dem Bakterium *Erwinia carotovora* wurden mit Cy3 und Cy5 markiert, aber die Cy5-Probe wurde mit den beiden Testproteinen Myoglobin und Conalbumin auf das Achtfache der normalen Konzentration angereichert. Proteine, die in den Proben in gleicher Menge vorhanden sind, erscheinen gelb, da die Signale von Cy3 und Cy5 im Überlagerungsbild die gleiche Intensität aufweisen. Die drei Isoformen von Conalbumin und die zwei Isoformen von Myoglobin, die in der Cy5-markierten Population in größerer Menge vorkommen, erscheinen als rote Flecke. Nach: Lilley et al. (2001).

19.4.3 Mithilfe der Expressionsproteomik ist es möglich, die Veränderungen im Proteom zu untersuchen, die mit einer Krankheit oder Vergiftung zusammenhängen

Durch die Proteomik lassen sich Krankheitsmarker und potenzielle Angriffspunkte für Medikamente erkennen, die in einer Transkriptomanalyse nicht entdeckt wurden

Aufgrund der unterschiedlichen Mengen von spezifischen Proteinen, die in den Proben bei Krankheit oder Gesundheit vorliegen oder auch den Fortschritt einer Krankheit anzeigen, lassen sich nützliche Marker und Angriffspunkte für neue Medikamente ermitteln. So hat man beispielsweise mehrere Proteine identifiziert, die bei Brustkrebs in anomalen Mengen exprimiert werden. Dazu gehören PCNA (*proliferating cell nuclear antigen*; eine Komponente der DNA-Polymerase) und verschiedene Hitzeschockproteine (Franzen et al. 1996). Hitzeschockproteine sind auch bei colorektalem Krebs hochreguliert, während das Enzym Cyclooxygenase 2 und ein fettsäurebindendes Protein deutlich herunterreguliert sind (Stulik et al. 1999). Bei Blasenkrebs werden mit zunehmendem Fortschreiten (von der frühen Phase des Übergangsepithels bis hin zur vollständig ausgebildeten Form des Plattenepithelkarzinoms) verschiedene Marker exprimiert (darunter auch verschiedene Keratine). Diese eignen sich als Marker, die den Grad der Differenzierung anzeigen, sodass man den Fortschritt der Krankheit verfolgen kann. Dabei ist zu beachten, dass die Proben mit besonderer Sorgfalt behandelt werden müssen, denn es geschieht leicht, dass die minimalen Proteinmengen, die man aus den Flecken von 2D-Gelen isolieren kann, mit Haut- oder Haarresten kontaminiert werden, die ebenfalls viel Keratin enthalten.

Expressionsproteomik und der Transkriptomik sind in der Anwendung zwar ähnlich, aber die Proteomik hat den Vorteil, dass die tatsächlich funktionellen Moleküle der Zelle getestet und auch posttranslationale Modifikationen berücksichtigt werden. Wir haben bereits Stathmin als Beispiel genannt – das Signalprotein, das bei einer Kinderleukämie hochreguliert ist, wobei aber nur die phosphorylierte Form bei der Krankheit eine Rolle spielt. Die Proteomik besitzt auch Vorteile bei der Analyse von Körperflüssigkeiten, die keine mRNA enthalten. So haben beispielsweise Celis und Mitarbeiter (2000) gezeigt, dass ein Protein mit der Bezeichnung Psoriasin im Urin von Blasenkrebspatienten angereichert ist und sich als früher diagnostischer Marker für die Krankheit eignet.

Mithilfe der toxikologischen Proteomik lassen sich die Ursachen für nachteilige Reaktionen auf Medikamente herausfinden

Wie in Kapitel 21 ausgeführt, reagieren Menschen aufgrund der polymorphen Variabilität der Rezeptoren, Enzyme und Transportproteine, die bestimmen, wie Substanzen absorbiert, metabolisiert und ausgeschieden werden, individuell unterschiedlich auf Medikamente. Der Proteomik kommt bei der Vorhersage und Erforschung von nachteiligen Reaktionen auf Medikamente eine wichtige Aufgabe zu, da sich Veränderungen des Proteoms nach der Einnahme von Medikamenten feststellen lassen. Da Medikamente Moleküle sind, die direkt mit Proteinen in Wechselwirkung treten und ihr Verhalten beeinflussen, wirken sich viele Medikamentenreaktionen nicht auf die mRNA-Verteilung und damit nicht auf das Transkriptom aus.

Betrachten wir als Beispiel das Immunsuppressivum **Cyclosporin A**. Es wird vielfach nach Organtransplantationen vor allem an Kinder verabreicht. Eine der wichtigsten Nebenwirkungen von Cyclosporin A ist die Nierentoxizität, die bei fast 40% der Patienten auftritt. Die Toxizität ist verbunden mit Calciumverlust über den Urin und Calciumablagerungen in den Nierentubuli. Die proteomische Analyse von Ratten und anschließend auch vom Menschen ergab, dass Nieren von Patienten, die nicht mit Cyclosporin behandelt wurden, im Vergleich zu den behandelten Patienten deutlich höhere Mengen des calciumbindenden Proteins **Calbindin** aufweisen (Aicher et al. 1998). Das deutet unmittelbar auf den Mechanismus der nephrotoxischen Wirkung von Cyclosporin A hin. Bei Affen, die mit Cyclosporin behandelt werden, wird Calbindin nicht abgebaut, sodass bei Affen auch nicht dieselben nachteiligen Effekte auftreten wie bei Menschen. Wenn man den Mechanismus untersucht, durch den Cyclosporin bei Affen metabolisiert wird, ließe sich vielleicht ein Weg finden, die toxische Wirkung beim Menschen zu vermeiden.

19.4.4 Proteinstrukturen geben wichtige Informationen über die Funktion

Die Proteinstruktur kann konserviert sein, selbst wenn sich die Sequenzen so weit auseinander entwickelt haben, dass eine homologe Beziehung nicht länger zu erkennen ist

Am Anfang dieses Kapitels haben wir gezeigt, dass ähnliche Proteinsequenzen allgemein ähnliche Strukturen bilden und daher auch ähnliche Funktionen besitzen. Die Funktion eines Proteins (oder einer Proteindomäne) hängt von der *Tertiärstruktur* ab, die man auch als **Proteinfaltung** bezeichnet. Diese formt die Bindungsstellen, Wechselwirkungsdomänen und katalytischen Taschen, die die eigentliche biochemische Funktion des Proteins ausführen. In diesen Strukturen ist möglicherweise nur eine geringe Anzahl von Aminosäuren für eine spezifische chemische Reaktion absolut entscheidend, beispielsweise die Aminosäuren im aktiven Zentrum eines Enzyms, die mit dem Substrat reagieren. Die meisten Aminosäuren eines Proteins besitzen jedoch eine strukturelle Funktion. Sie tragen dazu bei, dass sich die essenziellen Reste an den richtigen relativen Positionen befinden. Deshalb wirkt die Evolution vor allem auf die Struktur eines Proteins und nicht auf die Sequenz, und so lange die Struktur erhalten bleibt, werden viele Veränderungen auf Ebene der Sequenz toleriert. Insgesamt führt das dazu, dass die Proteinstruktur im Lauf der Evolution viel stärker konserviert worden ist als die Sequenz.

Die praktische Konsequenz der Strukturkonservierung besteht darin, dass ein Vergleich von Proteinstrukturen entfernte evolutionäre Beziehungen aufzeigen kann und auf diese Weise dazu beiträgt, noch nicht charakterisierten Proteinen Funktionen zuzuordnen, selbst wenn jegliche Sequenzübereinstimmung abhanden gekommen ist. Ein Beispiel dafür ist AdipoQ. Dieses Protein, dessen Funktion anfangs unbekannt war, wird von Adipocyten sezerniert. Eine Strukturanalyse des Proteins zeigt eine eindeutige Verwandtschaft mit der Tumornekrosefaktor(TNF)-Familie der Chemokine. Das weist darauf hin, dass AdipoQ auch ein Signalprotein ist. Die strukturelle Verwandtschaft zwischen AdipoQ und TNFα zeigt Abbildung 19.14, zusammen mit einem Sequenzvergleich von fünf Mitgliedern der Superfamilie auf Grundlage der konservierten Strukturen (Shapiro und Scherer 1998).

Es gibt Algorithmen für den paarweisen Vergleich von Proteinstrukturen

Das oben besprochene Beispiel lässt vermuten, dass die Ermittlung der Struktur eines *hypothetischen Proteins* (Exkurs 19.5), das von einem Waisengen codiert wird, und der Vergleich mit den Strukturen von bekannten Proteinen relativ direkt zum Ziel führen müssten, ähnlich wie bei einem Sequenzvergleich. Der größte Speicher für Proteinstrukturen ist die **Protein-Databank (PDB)**, die vom Research Collaboratory of Structural Biology an der Rutgers University geführt wird (http://www.rcsb.org). Die Daten sind in einfachen Dateien niedergelegt, die in Tabellenform die Positionskoordinaten jedes Atoms enthalten (**PDB-Dateiformat**).

Es gibt mehrere Computerprogramme, die PDB-Dateien in dreidimensionale Modelle umwandeln können (Rasmol, MolScript, Cime) und über das Internet frei erhältlich sind. Darüber hinaus wurde eine große Zahl von Algorithmen geschrieben, die Proteinstrukturen miteinander vergleichen können (Silitoe, Orengo 2002). Diese beruhen im Allgemeinen auf einem von zwei bestimmten Prinzipien, wobei einige neuere Programme Elemente aus beiden enthalten:

- **Vergleich zwischen verschiedenen Molekülen.** Die Strukturen der beiden Moleküle werden übereinander gelegt, und der Algorithmus versucht, den Abstand zwischen übereinander liegenden Atomen zu minimieren (Abb. 19.15A). Die Funktion, mit der die Übereinstimmung zwischen den Strukturen bestimmt werden soll, ist im Allgemeinen die **mittlere quadratische Abweichung** (*root mean square deviation*, **RMSD**). Dabei handelt es sich um die Quadratwurzel des durchschnittlichen Abstands zwischen äquivalenten Atomen (Abb. 19.5A). Die mittlere quadratische Abweichung nimmt ab, wenn sich die Proteine ähnlicher sind, und nimmt

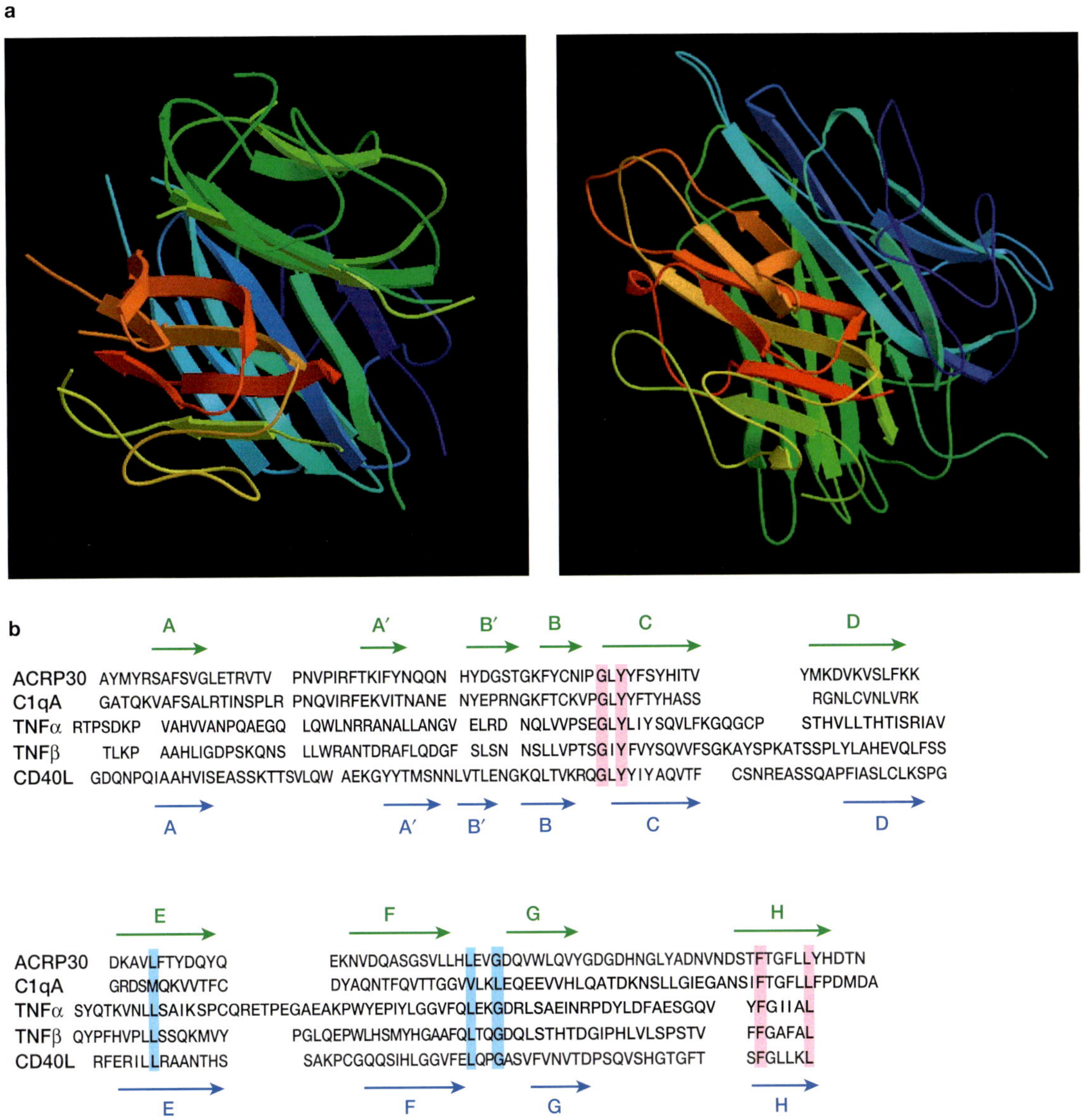

19.14 Funktionelle Zuordnung auf der Grundlage übereinstimmender Strukturen, wenn keine Sequenzhomologie erkennbar ist. a) Ein Vergleich von AdipoQ und TNFα in Bänderdarstellung. Die Übereinstimmung der Strukturen entspricht der Übereinstimmung innerhalb der TNF-Familie. b) Sequenzvergleich zwischen mehreren Vertretern der TNF-Familie (CD40L, TNFα und TNFβ) und zwei Vertretern der C1q-Familie (C1qA und AdipoQ) anhand der Struktur. Stark konservierte Reste (die in mindestens vier der Proteine vorkommen) sind farbig unterlegt; Pfeile markieren in den Proteinen die β-Strangregionen. Zwischen AdipoQ und den TNF-Proteinen gibt es nur geringe Sequenzübereinstimmungen (beispielsweise neun Prozent Übereinstimmung zwischen AdipoQ und TNFα), sodass eine Analyse mit BLAST keine Verwandtschaft anzeigen würde. Der Vergleich anhand der Struktur zeigt jedoch ein Muster von konservierten Resten, mit dem sich unter Waisengenen neue Vertreter der Proteinfamilie identifizieren lassen sollten (Abschnitt 19.2.2). Nach: Shapiro und Scherer (1998).

den Wert Null an, wenn zwei identische Strukturen übereinander gelegt werden. Beispiele für diese Art von Algorithmus sind Comp-3D und ProSup.

- **Intramolekularer Vergleich.** Die Strukturen von zwei Proteinen werden „Seite-an-Seite“ verglichen. Der Algorithmus bestimmt die *internen* Abstände zwischen äquivalenten Atomen innerhalb jeder Struktur und ermittelt so Bereiche, in denen diese internen Abstände am besten zusammenpassen (Abb. 19.15b). Ein Beispiel für diese Art von Algorithmus ist DALI. Alogrithmen, die beide Verfahren implementieren, sind beispielsweise COMPARER und VAST.

Exkurs 19.5: Bestimmung von Proteinstrukturen

Die Aufklärung von Proteinstrukturen durch die Röntgenstrukturanalyse

Bei der **Röntgenstrukturanalyse** nutzt man aus, dass Röntgenstrahlen durch Proteinkristalle gestreut oder *gebeugt* werden und die Art der Streuung von der Anordnung der Atome im Kristall abhängt. Die gestreuten Röntgenstrahlen können miteinander positiv oder negativ interferieren; sie erzeugen auf einem Detektor Muster, die man als **Reflektionen** bezeichnet.

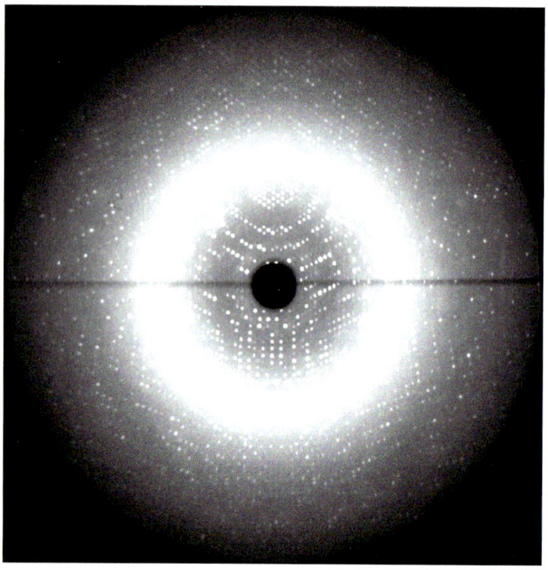

Röntgenbeugungsmuster einer Proteinphosphatase. Mit freundlicher Genehmigung durch Daniela Stock, MRC-Laboratoy of Molecular Biology, Cambridge, Großbritannien.

Aus diesen Daten lassen sich mithilfe mathematischer Funktionen, die man als **Fourier-Transformationen** bezeichnet, Elektronendichtekarten erstellen. Je mehr Daten in einer Fourier-Transformation verwendet werden, um so genauer und sicherer wird das daraus resultierende Strukturmodell. Eine genaue Strukturbestimmung erfordert einen hochgeordneten Kristall, der die Röntgenstrahlen stark beugt. Das kann ein bedeutsames Hindernis darstellen, da es außerordentlich schwierig sein kann, Proteinkristalle zum Wachsen zu bringen, selbst mit automatisierten Kristallisationseinrichtungen, mit denen man Tausende von Reaktionen unter leicht unterschiedlichen Bedingungen parallel durchführen kann. Für eine Strukturanalyse kann man eine konventionelle Röntgenquelle verwenden; allerdings werden **Synchrotronstrahlenquellen** bevorzugt eingesetzt, da sich damit Röntgenstrahlen mit größerer Intensität erzeugen lassen.

Die Erstellung von Elektronendichtekarten aus Beugungsdaten hängt von drei Teilinformationen ab: der *Wellenlänge* der eingestrahlten Röntgenstrahlen (die bereits bekannt ist), der *Amplitude* und der *Phase* der abgestrahlten Röntgenstrahlen. Ungünstig ist dabei, dass nur die Amplitude der Streustrahlung aus den Reflektionsmustern bestimmt werden kann. Die Phase muss berechnet werden, indem man weitere Beugungsexperimente mit **isomorphen Kristallen** durchführt (das sind Kristalle mit derselben Struktur, aber mit eingebauten schwereren Atomen, die andere Beugungsmuster erzeugen). Um diese zu erzeugen, werden die Kristalle normalerweise in Lösungen mit Schwermetallsalzen inkubiert. Schwermetallionen diffundieren in die Zwischenräume, die ursprünglich vom Lösungsmittel besetzt waren. Metallatome beugen Röntgenstrahlen viel stärker als die leichten Atome, die normalerweise in Proteinen vorkommen. Durch einen Vergleich der Reflektionen mehrerer verschiedener isomorpher Kristalle (diesen Vorgang bezeichnet man als **multiplen isomorphen Austausch**) lassen sich die Positionen der schweren Atome ermitteln, und man kann die Beugungsphase des unsubstituierten Kristalls ableiten.

Andere Verfahren nutzen das Phänomen der **anomalen Streuung**. Dabei werden unterschiedliche Beugungsmuster erzeugt, wenn Metallionen in einem Proteinkristall von Röntgenstrahlen getroffen werden, deren Wellenlänge in der Nähe der Absorptionsschwelle liegt. Die Stärke der anomalen Streuung variiert mit der Wellenlänge der eingestrahlten Röntgenstrahlen. So kann man einen einzigen Typ von metallhaltigen Kristallen mit mehreren verschiedenen Wellenlängen bestrahlen und erhält so unterschiedliche Beugungsmuster, aus denen die Phase der Streustrahlung berechnet wird. Auf dieser Technik basieren Verfahren wie **SIRAS** (*single isomorphous replacement with anomalous scattering*) und **MAD** (*multiple wavelength anomalous scattering*). Beim zweiten Verfahren wird das Protein in Bakterien exprimiert, wobei die metallsubstituierte Aminosäure *Selenomethionin* eingebaut wird. Die Intensitätsunterschiede der Reflektionen, die durch die anomale Streuung erzeugt werden, sind in jedem Fall sehr gering, sodass die Verwendung von Synchrotronstrahlenquellen und eine genaue Messung der Reflektionsdaten unabdingbar sind. Am Ende wird aus der Elektronendichtekarte das Strukturmodell konstruiert. Dafür ist eine weitere essenzielle Information erforderlich – die Aminosäuresequenz – da es sehr schwierig ist, Aminosäureseitenketten nur anhand der Beugungsdaten zu unterscheiden.

Die Aufklärung von Proteinstrukturen mithilfe der Kernspinresonanzspektroskopie

Einige Proteine lassen sich nicht kristallisieren, aber es ist möglich, ihre Struktur mithilfe der **Kernspinresonanzspektroskopie** (**NMR**, *nuclear magnetic resonance*) zu bestimmen, wenn sie relativ klein sind. Bis vor kurzem war dieses Verfahren auf Proteine bis maximal 15 kDa beschränkt, aber durch Fortschritte bei der Datenanalyse können nun auch Proteine bis 100 kDa analysiert werden. Das Verfahren beruht darauf, dass einige Atomkerne zwischen magnetischen Spin-Zuständen hin- und herspringen können, wenn sie in einem magnetischen Feld mit elektromagnetischen Wellen von bestimmter Frequenz bestrahlt werden. Wenn die Atomkerne zu ihrem Ausgangszustand zurückkehren, senden sie elektromagnetische Strahlen aus, die gemessen werden können. Die Frequenz dieser Strahlung hängt von der Art des Atoms und von seinem chemischen Kontext ab. So erzeugen beispielsweise Wasserstoffatome in einer Methylgruppe ein anderes Signal als in einem aromatischen Ring. Indem man die Art der applizierten elektromagnetischen Strahlung variiert, ist es zudem möglich, den räumlichen Abstand zwischen zwei Atomen zu bestimmen, selbst wenn sie nicht durch kovalente chemische Bindungen verknüpft sind. Das bezeichnet man als **nuclearen Overhauser-Effekt** (**NOE**).

Es ist möglich, anhand eines zweidimensionalen NMR-Spektrums, das auch NOE-Informationen enthält, zu bestimmen, welche Atome untereinander kovalent verbunden sind, und welche Atome räumlich eng zusammenliegen. In Kombination mit der Aminosäuresequenz lässt sich mit diesen Informationen eine Liste von *Abstandsbeschränkungen* erstellen, die in einem ersten Schritt Sekundärstrukturelemente des Proteins beschreiben (diese zeigen sehr spezifische Abstandsbeziehungen; Abschnitt 1.5.5). Daraus kann man dann Modelle der Tertiärstruktur entwickeln. Es gibt im Allgemeinen mehrere Varianten der Tertiärstruktur, die gleich gut zu den Abstandsdaten passen. Es handelt sich also mehr um eine Zusammenschau von Modellen und nicht um eine genaue Struktur wie bei der Röntgenstrukturanalyse.

Vorhersage der Proteinstruktur

Obwohl die Technik für die Aufklärung von Proteinstrukturen deutliche Fortschritte gemacht hat, handelt es sich weiterhin um einen arbeits- und kostenaufwendigen Vorgang. Eine alternative, aber etwas weniger genaue Methode ist die Vorhersage von Proteinstrukturen mit Methoden der Bioinformatik (Jones 2000). Zurzeit ist es möglich, Sekundärstrukturen von hypothetischen Proteinen recht genau anzugeben, aber Tertiärstrukturen erfordern eine Matrizenstruktur, auf der das Modell dann basiert.

Die Sekundärstruktur von Proteinen lässt sich aufgrund der Tendenz vorhersagen, dass bestimmte Aminosäuren in bestimmten Sekundärstrukturen häufiger vorkommen. Einige Aminosäuren, wie beispielsweise Glutamat, zeigen eine Neigung zur Helixbildung (das heißt, sie kommen in α-Helices am häufigsten vor). Andere, wie etwa Valin, treten bevorzugt in Strängen auf (sind also in β-Strängen und β-Faltblättern besonders häufig). Glycin und Prolin sind ungewöhnliche Aminosäuren, da sie in Sekundärstrukturen grundsätzlich seltener vorkommen. Man findet sie häufig an den Enden von Helices und Strängen und sie wirken dort offenbar als „Strukturterminatoren". Das Vorhandensein einer Folge von Resten, die tendenziell eine Helix oder einen Strang bilden, lässt stark vermuten, dass eine solche Struktur im Protein vorhanden sein muss. Vorhersagen von Sekundärstrukturen bei einzelnen Proteinen sind jedoch unzuverlässig, da es Beispiele gibt, bei denen alle Aminosäuren in allen Arten von Sekundärstrukturen vorkommen. Durch Mehrfachvergleiche lässt sich diese Unsicherheit beheben, indem man konservierte Blöcke von Resten identifiziert, die die Bildung von Helices oder Strängen begünstigen. Die am höchsten entwickelten Algorithmen, wie etwa PSI-RED (Jones 2000), beruhen auf Mehrfachvergleichen und nutzen Strukturinformationen aus Datenbanken, um so die Genauigkeit der Vorhersagen zu verbessern.

Tertiärstrukturen lassen sich viel schwerer als Sekundärstrukturen vorhersagen, da es viele Millionen verschiedener Wege gibt, wie sich eine bestimmte lineare Kette von Aminosäuren falten könnte. Wenn ausreichend Moleküle des Lösungsmittels in das Modell einbezogen werden, um es wirklich realistisch zu gestalten, wird das System zu komplex, um es ohne Kenntnisse über das Verhalten bekannter Proteine untersuchen zu können. Deshalb sind *ad initio*-Vorhersagemethoden ohne praktischen Nutzen. Wenn jedoch die Struktur eines eng verwandten Proteins bekannt ist, kann man diese als Matrize verwenden, um ein Strukturmodell der fraglichen Sequenz zu entwickeln. Diese Methode bezeichnet man als **vergleichende Modellbildung** oder **Homologiemodellbildung**, und sie führt im Allgemeinen dann zum Erfolg, wenn die beiden Sequenzen über 25% Identität zeigen. Wenn die Beziehungen weniger eng sind, kann man die *threading*-Methode anwenden. Dabei wird die Sequenz eines hypothetischen Proteins mit den Sequenzen in einer Proteindatenbank verglichen, um kompatible Strukturen zu finden. Häufig findet man auf diese Weise passende Proteinkerne, die hoch konserviert sind, während die äußeren Schleifen eine außerordentliche Variabilität zeigen. Möglicherweise findet man bei anderen Proteinen ähnliche Schleifen, indem man einen so genannten ***spare parts*-Algorithmus** verwendet. Das Strukturmodell wird demnach aus einer Folge von kompatiblen Sequenzen mit bekannten Strukturen zusammengesetzt. Der letzte Schritt ist sowohl beim *threading*-Verfahren als auch bei der vergleichenden Modellbildung die Feinabstimmung des Modells. Dabei werden Seitenketten bewegt, um Widersprüche zu beseitigen und die freie Energie insgesamt zu minimieren.

Die strukturelle Genomik (strukturelle Proteomik) hat zum Ziel, die Strukturen einer repräsentativen Auswahl von Proteinen zu bestimmen, die einen bestimmten Faltungsraum ausfüllen

Im menschlichen Genom gibt es etwa 30 000 Gene, von denen sich viele als Familien mit ähnlichen (paralogen) Sequenzen zusammenfassen lassen. Wie bereits besprochen, führen ähnliche Sequenzen zu ähnlichen Strukturen, sodass verschiedene Mitglieder einer jeden Genfamilie wahrscheinlich Proteine codieren, die dieselbe Faltung aufweisen. Sogar Genfamilien, die keine signifikante Sequenzhomologie zeigen, können Proteine mit ähnlicher Struktur codieren, wie sich bei der AdipoQ- und der TNF-Familie zeigt (siehe oben). Wenn man bei den Überlegungen noch berücksichtigt, dass Proteine aus mehreren Domänen bestehen können, lässt sich abschätzen, dass es weniger als 1 000 verschiedene Proteinfaltungsstruk-

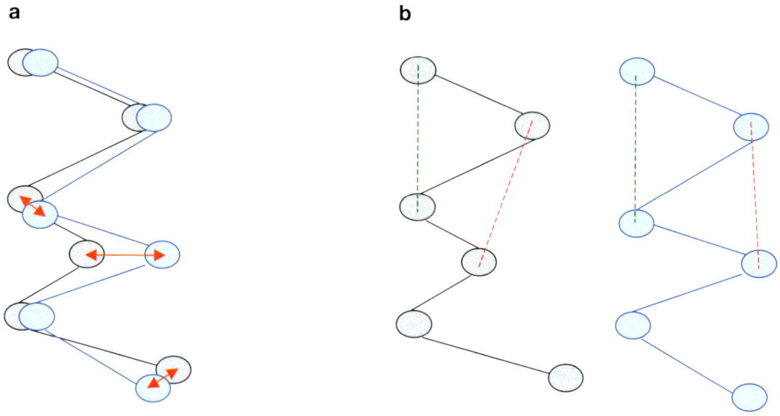

$$R = \sqrt{\frac{1}{N}\sum_i d_i^2}$$

19.15 Vergleich von Proteinstrukturen, wobei die Ellipsen den C_α-Atomen der einzelnen Aminosäurereste entsprechen und die Linien den Verlauf des Polypeptidrückgrates im Raum anzeigen. a) Bei einem Vergleich zwischen verschiedenen Molekülen werden die beiden Proteinstrukturen übereinander gelegt (angedeutet durch die Doppelpfeile). Diese Abstände dienen dazu, mit der dargestellten Formel die mittlere quadratische Abweichung (*root mean square deviation*, RMSD) zu berechnen (*R* steht für RMSD, *d* ist der Abstand zwischen dem i-ten Paar der überlagerten C_α-Atome, und *N* ist die Gesamtzahl der verglichenen Atome. Eine niedrige mittlere quadratische Abweichung, die unter Beteiligung vieler Reste berechnet wurde, zeigt eine signifikante Konservierung der Tertiärstruktur an. b) Bei einem intramolekularen Vergleich werden die Strukturen zweier Proteine „Seite-an-Seite" analysiert. Dabei werden die Abstände zwischen einander entsprechenden Atomen in den beiden Strukturen verglichen (angedeutet durch farbig gestrichelte Linien).

turen gibt. Das bedeutet, wenn man in jeder Familie von Proteinfaltungen die Struktur eines repräsentativen Proteins aufklären könnte, sollte es möglich sein, alle Waisengene mithilfe von Strukturdaten zuzuordnen.

Weltweit wurden mehrere Pilotprogramme gestartet, um die Proteinstrukturen in umfassendem Maßstab aufzuklären. Dabei versucht man, den „Faltungsraum" und damit die Strukturen einer repräsentativen Auswahl von Proteinen zu bestimmen (Brenner 2001, Norin und Sundstorm 2002, Zhang und Kim 2003). Bei den meisten Projekten werden in großer Zahl Röntgenstrukturanalysen durchgeführt, die auf der *MAD-Technik* (*multi-wavelength anomalous dispersion*) beruhen (Exkurs 19.5; Heinemann et al. 2001). Ein übergreifendes Thema dieser Programme ist ein so genannter „Trichtereffekt", das heißt, in jeder Phase der Analyse geht ein Teil der Proteine verloren. Unter jeweils 25 exprimierten Proteinen lassen sich nur fünf kristallisieren, und davon liefert nur eines brauchbare Brechungsdaten. Bei einigen Programmen liegt der Schwerpunkt auf krankheitsrelevanten Proteinen des Menschen oder auf Krankheitserregern. Die meisten Projekte befassen sich mit Proteinen von Bakterien, die kleine Genome besitzen (etwa *Haemophilus influenzae*), oder von thermophilen Bakterien (etwa *Methanococcus jannaschii*, *Methanobacterium thermoautotrophicum*). Das liegt darin begründet, dass Bakterien mit kleinen Genomen auch über kleine Proteome verfügen, aber trotzdem repräsentative Proteine von allen Proteinfamilien besitzen sollten. Außerdem sind die Proteine von thermophilen Spezies mutmaßlich stabiler, wenn sie in *E. coli* exprimiert werden. Die Ergebnisse dieser Pilotprojekte deuten darauf hin, dass etwa 70% der hypothetischen Proteine bekannte Faltungsstrukturen enthalten und theoretisch aufgrund der Strukturdaten zugeordnet werden können, während 30% vollkommen neuartige Strukturen enthalten, deren Funktonen unbekannt sind. Schwierigkeiten bereitet noch die Entwicklung genauer Definitionen für Proteinstrukturen und der so genannte *Russian-Doll*-Effekt: Zwischen eindeutig unterscheidbaren Strukturen findet man eine Reihe von ineinander übergehenden Zwischenformen (Exkurs 19.6).

19.4.5 Es gibt viele verschiedene Möglichkeiten, einzelne Proteinwechselwirkungen zu untersuchen

Die Funktion eines Proteins ist möglicherweise selbst nach einer umfassenden Analyse seiner Sequenz, seiner Struktur und des Expressionsprofils nicht zu ermitteln. In solchen Fällen kann es sinnvoll sein, die

Proteine zu identifizieren, mit denen es spezifisch in Wechselwirkung tritt, vor allem, wenn sich herausstellt, dass es sich dabei um bereits charakterisierte Proteine handelt, deren Funktionen bekannt sind. Wenn beispielsweise ein neues und unbekanntes Protein mit Proteinen in Wechselwirkung tritt, die für das RNA-Spleißen erforderlich sind, dann ist das neue Protein wahrscheinlich auch an dieser Reaktion beteiligt. Auf diese Weise kann man Proteine zu funktionellen Netzwerken innerhalb der Zelle verknüpfen.

Für die Untersuchung einzelner Proteinwechselwirkungen steht eine große Zahl von Methoden zur Verfügung, darunter genetische, biochemische und physikalische Verfahren (Phizicky und Fields 1995).

Exkurs 19.6: Strukturelle Systematisierung der Proteine

Die Funktionszuordnung auf Grundlage der Proteinstruktur erfordert ein stringentes und standardisiertes System für die Systematisierung der verschiedenen Strukturen. Es gibt mehrere verschiedene hierarische Verfahren, um Proteine erst einmal aufgrund des Anteils der verschiedenen Sekundärstrukturen, die sie enthalten, in allgemeine Gruppen einzuteilen, um sie dann anhand der Anordnung dieser Strukturen weiter zu untergliedern (Pearl und Orengo 2002). Diese Verfahren sind in Datenbanken wie beispielsweise SCOP (Structural Classification of Proteins), CATH (Class, Architecture, Topology, Homologuous Superfamiliy) und FSSP (Fold classification based on Structure-Structure alignment of Proteins) implementiert.

Diese Datenbanken unterscheiden sich in der Art, wie die Einteilung erfolgt. So ist beispielsweise das FSSP-System über vollständig automatisierte Strukturvergleiche durch das DALI-Programm implementiert. CATH ist halbautomatisch und führt automatische Vergleiche durch, die manuell ausgewertet werden. SCOP beinhaltet ein manuelles Zuordnungsverfahren und basiert auf evolutionären Beziehungen und geometrischen Kriterien. Daher überrascht es nicht, wenn dasselbe Protein auf verschiedene Weise zugerordnet wird, wenn man verschiedene Methoden anwendet (Hadley und Jones 1999). In den höheren Ebenen der Hierarchie gibt es noch eine recht gute Übereinstimmung, aber je mehr Einzelheiten für die Zuordnung berücksichtigt werden, um so größer werden die Probleme, da bei den verschiedenen Systematisierungsprinzipien unterschiedliche Schwellenwerte gelten, nach denen bestimmte Faltungsstrukturen zugeordnet werden.

Es gibt weitere Schwierigkeiten, die bei der strukturellen Systematisierung von Proteinen zu Unklarheiten führen:

- Bei vielen Proteinen mit unterschiedlichen Tertiärstrukturen kommen so genannte **Suprastrukturen** vor. Es ist notwendig, zwischen *homologen Strukturen* (die von einem gemeinsamen Vorfahren in der Evolution abstammen) und *analogen Strukturen* (die sich unabhängig, aber konvergent entwickelt haben) zu unterscheiden.
- Varianten der Faltungsstruktur bei verschiedenen Mitgliedern einer Proteinfamilie führen dazu, dass Homologiebeziehungen nicht zu erkennen sind.
- Der **Russian-Doll-Effekt** steht für ein Kontinuum von Strukturen, die zwischen zwei Strukturgruppen liegen. Die Zuordnung einer Struktur zu einer bestimmten Gruppe wird dann zu einer sehr subjektiven Angelegenheit.

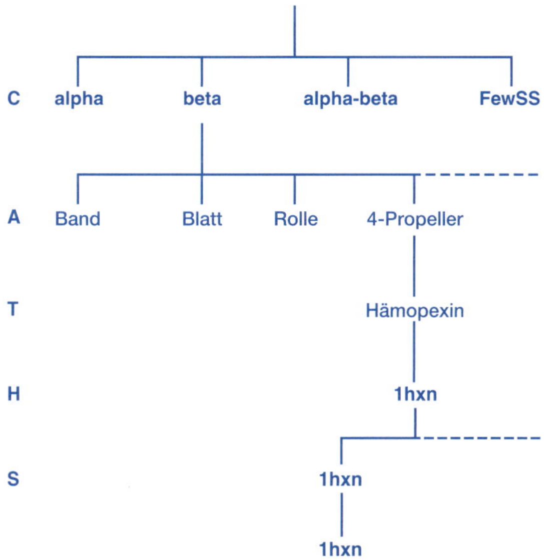

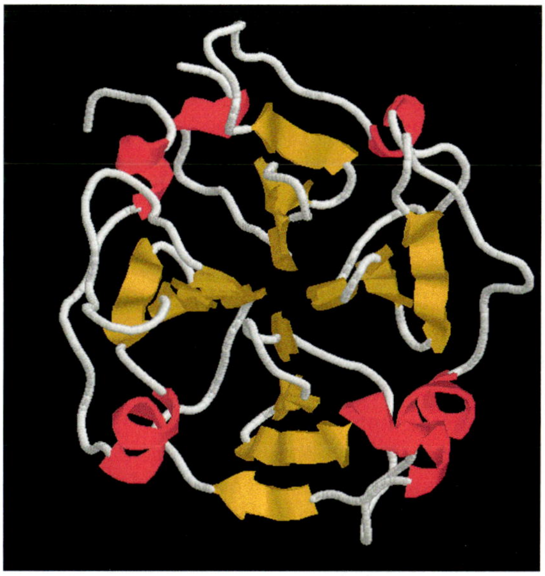

Ein Beispiel für die hierarchische Klassifizierungsstruktur für CATH-Datenbank.

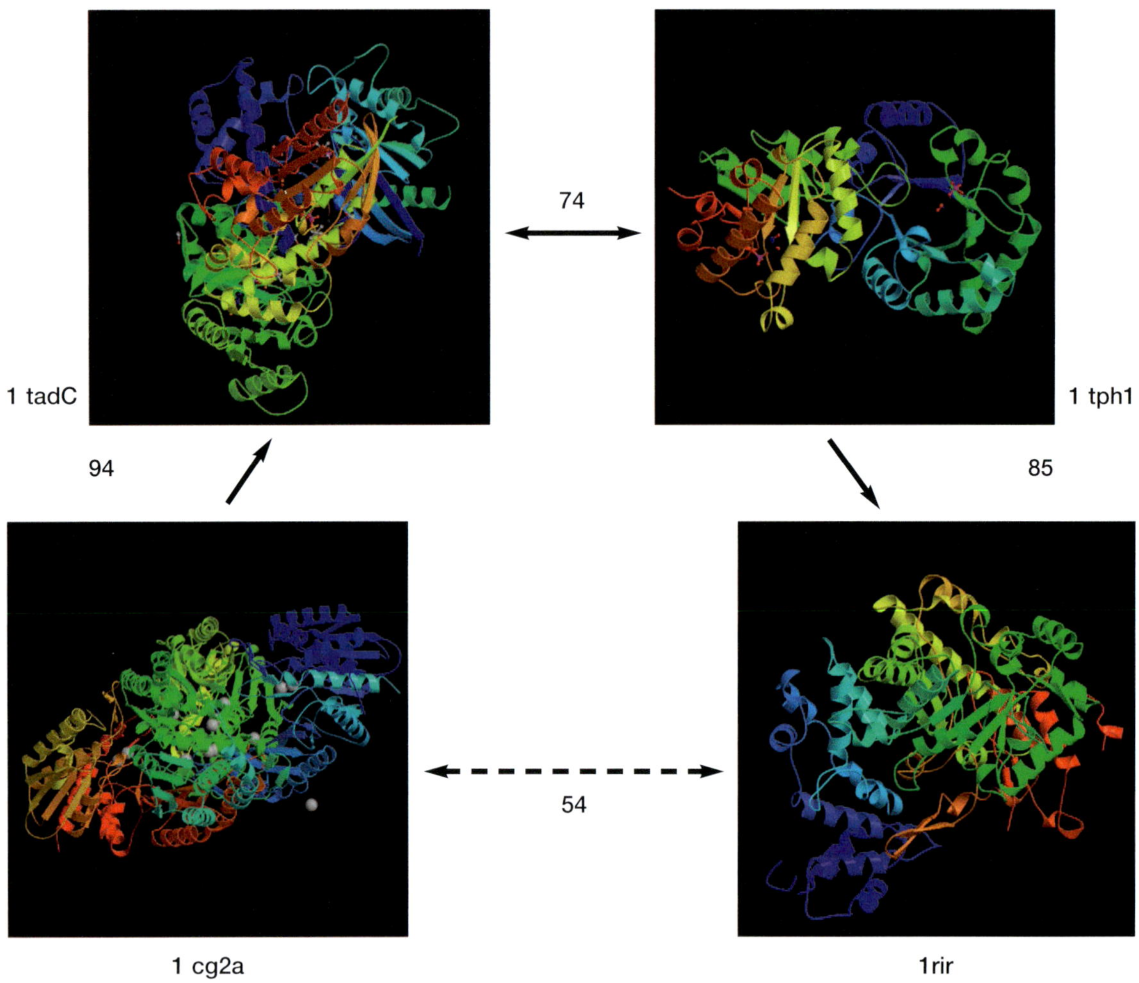

Der Russian-Doll-Effekt. Die vier dargestellten Proteine zeigen eine kontinuierliche Variation der Struktur innerhalb des „Faltungsraumes". Jedes Protein hat mit seinem nächsten Nachbarn mindestens 74 strukturell äquivalente Reste gemeinsam, bei den beiden Proteinen an den Endpunkten der Reihe sind es bei einem direkten Vergleich jedoch nur 54. 1cg2A, Carboxypeptidase G2; 1tadC, Transducin-K; 1tph1, Triosphosphatisomerase; 1rlr, Ribonucleotidreductase-Protein R1. Nach: Domingues et al. (2000) *FEBS Lett* 476: 98–102, Abbildung 2.

Genetische Methoden eignen sich nur für Modellorganismen (beispielsweise *Drosophila* und Hefe), biochemische und physikalische Methoden lassen sich hingegen direkt auf menschliche Zellen anwenden. Eine klassische biochemische Methode ist die **Affinitätschromatographie**. Dabei wird ein spezifisches „Köder"-Protein auf dem Trägermaterial einer Chromatographiesäule immobilisiert und ein Zelllysat dazugegeben. Proteine, die mit dem „Köder" in Wechselwirkung treten, werden auf der Säule zurückgehalten, während die anderen Proteine ausgewaschen werden. Die interagierenden Proteine werden eluiert, indem man die Salzkonzentration in der Pufferlösung erhöht. Ein anderes biochemisches Verfahren ist die **Immun-Copräzipitation**. Bei dieser Methode werden Antikörper, die für ein bestimmtes „Köder"-Protein spezifisch sind, direkt in das Zelllysat gegeben. Als Folge präzipitieren die Antikörper-„Köder"-Komplexe. Alle Proteine, die mit dem „Köder" interagieren, werden mit ausgefällt. Sowohl die Affinitätssäule als auch die Immun-Copräzipitation eignen sich für die Isolierung ganzer **Proteinkomplexe**. Die einzelnen Komponenten lassen sich dann durch Massenspektroskopie analysieren (Abschnitt 19.4.2). Dies ist eine der wichtigsten technischen Plattformen in dem Bereich der Proteomik, der sich mit Wechselwirkungen beschäftigt. Diese Verfahren wurden schon häufig für die Charakterisierung von Proteinkomplexen

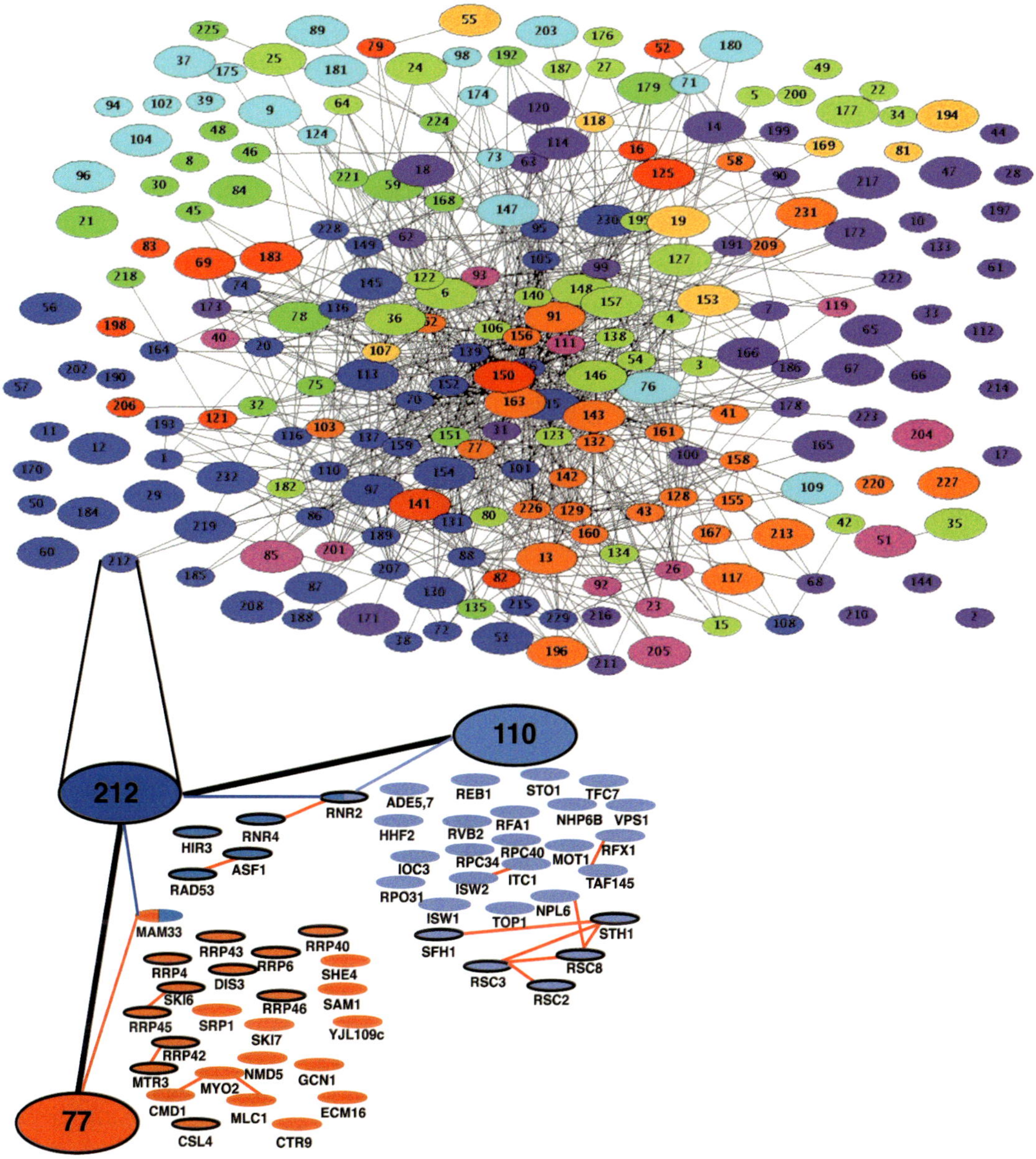

19.16 Das Netzwerk von Proteinwechselwirkungen bei der Hefe, ermittelt durch eine systematische Analyse von Proteinkomplexen mithilfe der Massenspektroskopie. Die grafische Darstellung zeigt das Netzwerk der Proteinkomplexe bei der Hefe. Dabei wurden Komplexe, die mindestens ein Protein gemeinsam haben, miteinander verbunden (Komplexe mit mehr als neun gemeinsamen Proteinen wurden aus Gründen der Übersichtlichkeit weggelassen). Im oberen Teil der Abbildung sind die zellulären Funktionen der einzelnen Komplexe durch eine Farbcodierung dargestellt: rot, Zellzyklus; dunkelgrün, Signalübertragung; dunkelblau, Transkription, DNA-Stabilisierung und Chromatinstruktur; rosa, Protein- und RNA-Transport; hellgrün, Proteinsynthese und -umsatz; braun, Polarität und Struktur der Zelle; violett, Intermediär- und Energiestoffwechsel; hellblau, Biogenese von Membranen und Membranfluss. Der untere Teil der Abbildung zeigt als Beispiel einen Komplex (TAP-C212), der durch gemeinsame Komponenten mit zwei anderen Komplexen zusammenhängt (TAP-C77 und TAP-C110) (rote Linien zeigen physikalische Wechselwirkungen an). Nach: Gavin et al. (2002) *Nature* 415: 141 – 147, mit Genehmigung durch die Nature Publishing Group und Cellzome AG.

eingesetzt, etwa für Ribosomen, den anaphasestimulierenden Komplex, den Kernporenkomplex und für Signalkomplexe. Vor kurzem gelangen auch Anwendungen innerhalb ganzer Genome (Gavin et al. 2002, Ho et al. 2002; Abb. 19.16). Spezifische Wechselwirkungen innerhalb eines Komplexes können mithilfe einer *chemischen Quervernetzung* untersucht werden.

19.4.6 Die Untersuchung von Wechselwirkungen anhand von Genbibliotheken mit Methoden, die einen hohen Durchsatz ermöglichen

Es erschien sinnvoll, durch Wechselwirkungsstudien mit hohem Durchsatz eine direkte Verknüpfung zwischen den Proteinen und den zugehörigen Genen herstellen zu können. Darum wurden Methoden entwickelt, mit denen man auf der Basis von Genbibliotheken Wechselwirkungen in Reihentests untersuchen kann. Im Prinzip könnte man jede normale cDNA-Expressionsbibliothek mit einem „Köder"-Protein anstelle einer DNA-Sonde durchsuchen. In der Praxis ist das jedoch sehr arbeitsaufwendig, da dieselbe Bibliothek viele Male durchsucht werden muss, um die Wechselwirkungen mit verschiedenen „Ködern" zu charakterisieren. Um Proteinwechselwirkungen auf diese Weise untersuchen zu können, wurden zwei neue Verfahren entwickelt, die im Folgenden besprochen werden.

Bei der Suche nach Wechselwirkungen mithilfe der Phagen-Display-Technik werden „Köder"-Proteine in den Vertiefungen von Mikrotiterplatten immobilisiert und ihre Wechselwirkungen mit Partnerproteinen an der Oberfläche von rekombinierten Bakteriophagen getestet

Die Phagen-Display-Technik ist eine Form der Expressionsklonierung, bei der fremde DNA-Fragmente in ein Gen für ein Bakteriophagenhüllprotein eingefügt werden (Abschnitt 5.6.2; Burton 1995). Das rekombinierte Gen exprimiert dann ein Fusionsprotein, das in das Virion eingebaut wird und an der Oberfläche des Phagen erscheint (Abb. 19.17). Der Fusionsphage bindet an jedes Protein, das mit der fremden Komponente in Wechselwirkung tritt. Zuerst erzeugt man also eine Phagen-Display-Bibliothek, bei der jedes Protein des Proteoms an der Oberfläche eines Phagen präsentiert wird. Die Vertiefungen von Mikrotiterplatten werden mit ausgewählten „Köder"-Proteinen beschichtet und dann mit der Phagen-Display-Bibliothek versetzt. Phagen, die auf der Außenseite interagierende Proteine tragen, bleiben an der Oberfläche der Vertiefung gebunden, während die übrigen danach ausgewaschen werden. Ein besonderer Vorteil dieser Methode besteht darin, dass die gebundenen Phagen, die ein Partnerprotein enthalten, nach Elution aus der Vertiefung und durch anschließende Infektion von *E.* coli-Zellen in großen Mengen amplifiziert werden können. Mit den zugehörigen cDNA-Sequenzen kann man dann das Partnerprotein in Datenbanken suchen. Von Nachteil ist bei dieser Methode, dass der Test nur *in vitro* stattfindet, und dass nur kurze Peptidsequenzen an den Oberflächen der Phagen präsentiert werden können, da sein Replikationszyklus nicht gestört werden darf. Diese beiden Eigenschaften der Methode können verhindern, dass überhaupt spezifische Wecheselwirkungen stattfinden.

Außer für Wechselwirkungsstudien eignet sich die Phagen-Display-Methode auch für mehrere andere Anwendungen; zwei Beispiele seien im hier genannt:

- Entwicklung von künstlichen Antikörpern. Die Phagen-Display-Methode bietet hier eine leistungsfähige Alternative, beispielsweise bei der Erzeugung humanisierter Antikörper. Dabei kann man auf die Immunisierung von Versuchstieren und sogar auf die Hybridomtechnik verzichten (Winter et al. 1994; Abschnitt 21.3.4).
- Allgemeines Proteindesign. Die Phagen-Display-Methode ist eine gute Ergänzung für Versuchsprogramme, die auf einer Zufallsmutagenese basieren, um gewünschte Varianten in der Mutantenbibliothek auffinden zu können.

Das Hefe-Doppelhybrid-System ermöglicht von allen Wechselwirkungstests den höchsten Durchsatz, außerdem wird dabei ein funktioneller Transkriptionsfaktor aus den einzelnen Komponenten zusammengesetzt

Das Hefe-Doppelhybrid-System (*two-hybrid system*), das man auch als *interaction trap system* bezeichnet (Fields und Sternglanz 1994), wird bei der Suche nach Wechselwirkungen am häufigsten angewandt. Mit diesem System ist es zum einen möglich, Proteine zu identifizieren, die an Testproteine binden, zum anderen kann man damit auch Domänen oder Aminosäurereste bestimmen, die für die Wechselwirkung wichtig sind. Proteine, die miteinander physikalisch in Wechselwirkung treten, werden dadurch ermittelt, dass sie einen aktiven Transkriptionsfaktor bilden können und dadurch ein Reportergen und/oder einen selektierbaren Marker aktivieren. Dabei ist für die Doppelhybridmethode entscheidend, dass Transkriptionsfaktoren aus zwei Komponenten bestehen – einer DNA-Bindungsdomäne und einer Transaktivierungsdomäne. Bei den meisten natürlich vorkommenden Transkriptionsfaktoren bilden beide Domänen ein einziges Polypeptid (Abschnitt 10.2.4). Ein aktiver Transkriptionsfaktor kann sich jedoch auch aus zwei interagierenden Proteinen zusammensetzen, die jeweils eine der Domänen enthalten. Das Besondere bei der Doppelhybridtechnik und bei verwandten Methoden besteht darin, dass ein Zielprotein als „Köder" für die spezifische Wechselwirkung mit einem Partnerprotein verwendet wird, das mit einer

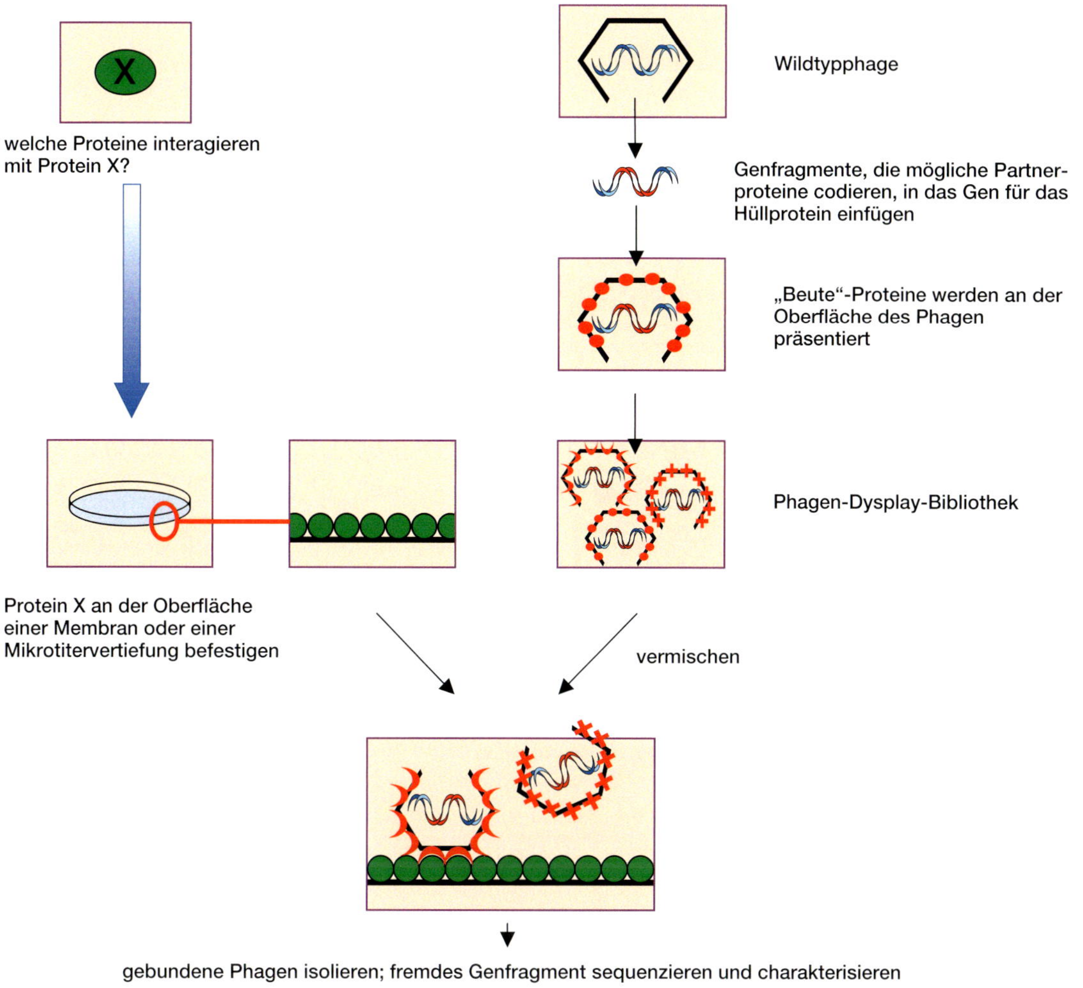

19.17 Das Prinzip der Phagen-Display-Methode, angewandt auf Wechselwirkungstests mit hohem Durchsatz (eine allgemeine Darstellung findet sich in Abbildung 5.22). „Köder"-Proteine, für die man Partnerproteine sucht, können in den Vertiefungen von Mikrotiterplatten oder an der Oberfläche von Membranen immobilisiert werden. Alle anderen Proteine des Proteoms werden an der Oberfläche von Bakteriophagen exprimiert. Dafür kloniert man ihre Gene einzeln in das Gen für ein Hüllprotein des Bakteriophagen und erhält so eine Phagen-Display-Bibliothek. Die Vertiefungen oder die Membranen werden mit der Phagenbibliothek inkubiert. Phagen, die Partnerproteine für ein beliebiges „Köder"-Protein (X) präsentieren, werden gebunden, alle anderen ausgewaschen. Die gebundenen Phagen können durch eine Pufferlösung mit hoher Salzkonzentration eluiert werden. Anschließend infiziert man damit *E. coli*-Zellen, die dann große Mengen der Phagenpartikel erzeugen. Diese wiederum enthalten die DNA-Sequenz, die dem Partnerprotein entspricht.

der Komponenten des Transkriptionsfaktors fusioniert ist.

Beim Doppelhybridsystem erzeugt man zuerst mithilfe der üblichen Methoden der DNA-Rekombination ein Fusionsgen, das das zu untersuchende **„Köder"-Protein** und daran gekoppelt die DNA-Bindungsdomäne des Transkriptionsfaktors codiert (Abb. 19.18). Zellen, die mit diesem Gen transformiert wurden, werden mit Zellen gekreuzt, die mit einer Bibliothek von Fusionsgenen transformiert wurden. Bei diesen Fusionsgenen wurden cDNA-Sequenzen mit der codierenden DNA für die Transaktivierungsdomäne des Transkriptionsfaktors gekoppelt (**„Beute"-Konstrukte**). Die Zielzellen sind ebenfalls genetisch verändert, sie tragen ein Reportergen und/oder ein selektierbares Markergen. Dieses wird durch den zusammengesetzten Transkriptionsfaktor aktiviert. Wechselwirkungen werden dadurch getestet, dass diploide Hefezellen entstehen. Wenn „Köder" und „Beute" nicht interagieren, bleiben die beiden Domänen des Transkritionsfaktors getrennt, und die Markergene werden nicht aktiviert. Wenn es jedoch zwischen „Köder" und „Beute" zu einer Wechselwirkung kommt, bildet sich der Transkriptionsfaktor, und die Markergene werden aktiviert. Das lässt sich dann visuell und/oder durch selektives

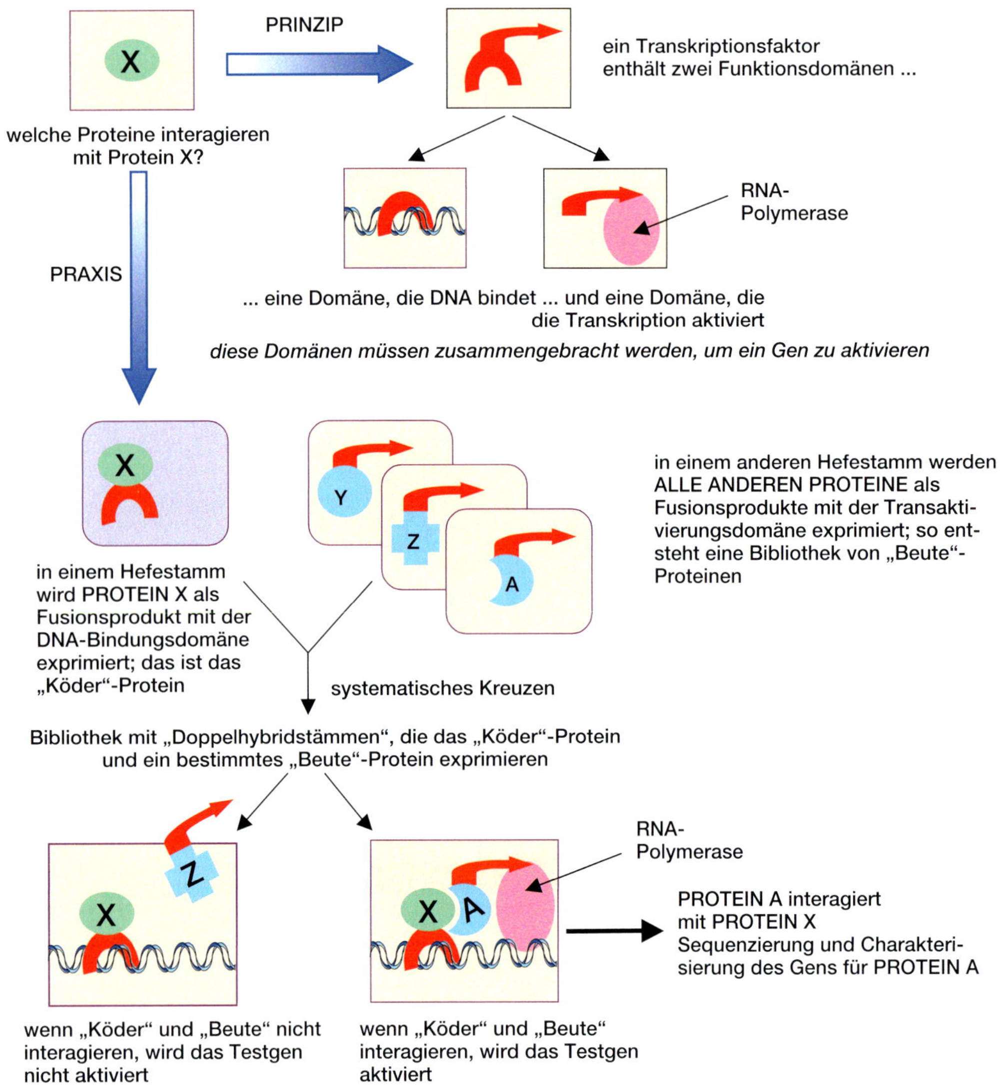

19.18 Prinzip und Anwendung des Doppelhybridsystems in Hefe. Transkriptionsfaktoren bestehen im Allgemeinen aus zwei funktionell unabhängigen Domänen, eine für die Bindung an die DNA, die andere für die Aktivierung der Transkription. Die Domänen müssen nicht kovalent verknüpft sein, sondern können auch zu einem dimeren Protein zusammengesetzt werden. Dieses Prinzip nutzt man aus, um Proteinwechselwirkungen zu bestimmen. In dem einen Hefestamm sind die „Köder"-Proteine mit der DNA-Bindungsdomäne verknüpft, in dem anderen Hefestamm werden sie in einem Fusionsprodukt mit der Transaktivierungsdomäne exprimiert. Wenn die beiden Stämme gekreuzt werden, kommt es nur bei einer Wechselwirkung zwischen dem „Köder"- und dem „Beute"-Protein zu einer funktionellen Transkription. Das lässt sich mithilfe eines in die Zellen eingeführten Reportergens feststellen, das durch den zusammengesetzten Transkriptionsfaktor aktiviert wird. Das Prinzip ist zwar einfach, das Verfahren jedoch in Bezug auf Zuverlässigkeit und Reproduzierbarkeit problematisch. Eine spontane Autoaktivierung des Reportergens (möglicherweise durch das „Köder"- oder „Beute"-Protein allein), „klebrige" „Köder"- oder „Beute"-Proteine (die mit vielen anderen Proteinen unspezifisch interagieren) und unzulässige Wechselwirkungen (wenn Proteine interagieren, die unter normalen Bedingungen niemals zusammenkommen würden, weil sie sich beispielsweise in verschiedenen Kompartimenten befinden) können zu falsch-positiven Ergebnissen führen. Falsch-negative Ergebnisse entstehen durch Fehler bei der PCR des Konstrukts und aufgrund unphysiologischer Bedingungen (der Test findet im Zellkern statt, sodass sich Proteine aus anderen Kompartimenten möglicherweise nicht richtig falten oder zusammenlagern).

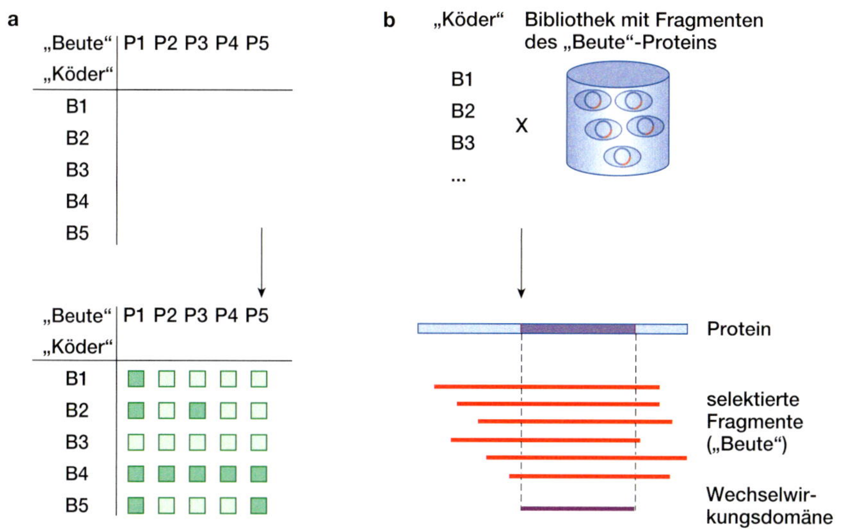

19.19 Die Matrixmethode und die Bibliotheksanalysemethode für die Erzeugung großer Proteinwechselwirkungskarten. a) Matrixmethode. Dafür verwendet man als „Köder“- und „Beute“-Proteine jeweils dieselbe Sammlung von Proteinen (1 bis 5, also B1 bis B5 beziehungsweise P1 bis P5). Die Ergebnisse lassen sich in Form einer Matrix darstellen. Autoaktivatoren (etwa B4) und „klebrige“ „Beute“-Proteine (so interagiert beispielsweise P1 mit vielen „Köder“-Proteinen) werden so identifiziert und entfernt. Das Endergebnis wird als Liste von Wechselwirkungen ausgegeben, die Heterodimere (B2-P3) oder Homodimere umfassen (B5-P5). b) Die Bibliotheksanalysemethode. Damit lassen sich für jedes „Beute“-Protein, das mit einem bestimmten „Köder“ interagiert, die Wechselwirkungen zwischen den Domänen bestimmen. Klebrige „Beute“-Proteine werden in Form von Proteinfragmenten identifiziert, die häufig unabhängig vom „Köder“-Protein selektiert werden. Nach: Legrain et al. (2001).

Wachstum der Hefezellen feststellen, die interagierende Proteine enthalten.

Die Hefe-Doppelhybrid-Methode wurde mit dem Ziel entwickelt, einzelne Proteine analysieren zu können („Einzelköder“). In den letzten Jahren wurde die Methode aber in immer größerem Maßstab angewandt, bis hin zu umfassenden Studien mit allen 40 000 000 möglichen Proteinwechselwirkungen bei der Hefe (Uetz et al. 2000, Iro et al. 2000, 2001). Man verwendet das Verfahren in zwei Varianten. Bei der einen werden definierte Kohorten von „Köder“- und „Beute“-Proteinen erzeugt und systematisch miteinander gekreuzt (**Matrixmethode**), bei der anderen werden entweder die „Beute“-Proteine oder sowohl „Köder“- als auch „Beute“-Proteine durch zufällige cDNA-Fragmente codiert (**Zufallsbibliothek**) (Abb. 19.19). Die Matrixmethode ist erschöpfend und systematisch, aber weniger zuverlässig als die Zufallsbibliothek, da jedes Protein im Proteom nur durch ein einziges Konstrukt vertreten ist, das jeweils mit einer PCR erzeugt werden muss. Die Zufallsbibliothek ist weniger arbeitsaufwendig und birgt den Vorteil, dass jedes „Beute“-Protein durch mehrere überlappende Klone vertreten ist. Das verringert die Wahrscheinlichkeit falsch-negativer Ergebnisse, da es von jedem „Beute“-Konstrukt mehrere Varianten gibt. Außerdem verringert sich die Zahl der falsch-positiven Proben, da unabhängige Treffer mit verschiedenen Konstrukten, die dasselbe „Beute“-Protein betreffen, das Vertrauensniveau erhöhen, das für jede nachgewiesene Wechselwirkung gilt. Insgesamt müssen jedoch die Ergebnisse von solchen groß angelegten Untersuchungen mit Vorsicht bewertet werden, da falsch-positive und falsch-negative Ergebnisse aufgrund verschiedener Faktoren zustande kommen können (Übersichtsartikel von Legrain et al. 2001). Die meisten umfassenden Doppelhybridstudien haben zwar Mikroorganismen zum Ziel, aber ein Pilotprojekt aus jüngerer Zeit hat ergeben, dass sich das Verfahren gleichermaßen auf Proteome von Säugern anwenden lässt (Suzuki et al. 2001).

Neben der Grundmethode gibt es für das Doppelhybridsystem inzwischen auch abgeleitete Verfahren, die sich für speziellere Anwendungen eignen. Im Folgenden einige Beispiele:

- Das **Einfachhybridsystem** wird dazu verwendet, Wechselwirkungen zwischen Proteinen und spezifischen DNA oder RNA-Sequenzen zu bestimmen.
- **Dreifachhybridsysteme** dienen dazu, komplexere Proteinwechselwirkungen zu untersuchen, etwa Wechselwirkungen, bei denen sowohl RNAs als auch Proteine beteiligt sind („Beute“ und „Haken“).
- Mit dem **reversen Doppelhybridsystem** lassen sich Störungen von Proteinwechselwirkungen er-

kennen, indem man die Hefezellen mit einem „Selbstmord"-Gen" transformiert, das durch den richtig zusammengesetzten Transkriptionsfaktor aktiviert wird.

- Beim **Split-Ubiquitin-System** bringen die Proteinwechselwirkungen die beiden Hälften des Proteins Ubiquitin zusammen. Die Wechselwirkung lässt sich dadurch feststellen, dass man den durch Ubiquitin vermittelten Abbau des „Köder"-Proteins oder die Freisetzung eines funktionellen Proteins (beispielsweise eines Transkriptionsfaktors) bestimmt.
- Beim **SOS-Rekrutierungssystem** werden die interagierenden Proteine zur Membran geleitet und vervollständigen dort einen essenziellen Signalweg. Das „Köder"-Protein wird an der Plasmamembran der Hefezelle befestigt, der die CDC25-Aktivität fehlt. *cdc25*-Hefemutanten sind nicht lebensfähig, aber der Defekt kann durch das menschliche orthologe SOS-Protein behoben werden, wenn das Protein in der Membran lokalisiert ist. Das lässt sich testen, indem man eine Bibliothek von „Beute"-Proteinen als SOS-Hybride exprimiert. Dieses System eignet sich für die Untersuchung von Wechselwirkungen von Transkriptionsfaktoren, die das Reportergen im konventionellen Doppelhybridsystem von sich aus aktivieren würden.
- Mit Säuger-Doppelhybridsystemen lassen sich Wechselwirkungen zwischen Proteinen mit authentischen posttranslationalen Modifikationen testen.

19.4.7 Das Ziel der Wechselwirkungsproteomik besteht darin, eine Karte der funktionellen Wechselwirkungen in der Zelle zu erstellen

Die Ergebnisse von Proteinwechselwirkungen liefern nützliche Informationen über Funktionen und ermöglichen – bezogen auf das gesamte Proteom –, dass im Prinzip alle Proteine der Zelle zu funktionellen Reaktionswegen und Netzwerken verknüpft werden können. Wichtig ist dabei, wie die Daten angeglichen und dargestellt werden. Zu diesem Zweck wurde eine Anzahl von Datenbanken eingerichtet (Tab. 19.2). Die Daten stammen größtenteils aus groß angelegten Untersuchungen auf der Basis von Massenspektroskopie- und Doppelhybridanalysen. Aber es gibt auch eine möglicherweise sehr große Menge an Daten über die Wechselwirkungen einzelner Proteine, die in der wissenschaftlichen Literatur vieler Jahre „versteckt" ist (blaue Linien in Abbildung 19.16). Es wäre eine große Aufgabe, diese Informationen zu extrahieren und in die Ergebnisse zu integrieren, die durch die jüngsten Experimente mit den hohen Durchsatzzahlen gewonnen wurden. Interessant ist dabei, dass in der Bioinformatik mehrere Hilfsprogramme entwickelt wurden, mit denen sich die Literatur nach Schlüsselwörtern auswerten lässt, die Proteinwechselwirkungen anzeigen. Dann müssen die menschlichen Betreiber der Wechselwirkungsdatenbanken diese Literaturstellen genau prüfen (Xenarios und Eisenberg 2001).

Ein zweites Problem besteht darin, dass es nicht einfach ist, die Netzwerke der Proteinwechselwirkungen darzustellen. Eine wichtige Bedingung ist daher die klare Präsentation der Daten (Abb. 19.16). Erwartungsgemäß interagieren jedoch Proteine, deren allgemeine Funktionen ähnlich sind (etwa Membrantransport, DNA-Reparatur, Aminosäurestoffwechsel), tendenziell miteinander und nicht mit Proteinen, die keine verwandte Funktion haben. Komplexe Karten lassen sich demnach vereinfachen, wie es in Abbildung 19.20 dargestellt ist. Funktionell verwandte Proteine werden zu Gruppen zusammengestellt, die grundlegende zelluläre Prozesse repräsentieren. Diese Prozesse sind wiederum auf verschiedene Weise untereinander verknüpft; so haben beispielsweise Proteine, die die Chromatinstruktur kontrollieren, mehr Wechselwirkungen mit Proteinen, die bei der DNA-Reparatur und bei Rekombinationen mitwirken, als mit Enzymen des Aminosäurestoffwechsels und des Proteinabbaus. Diese Art der Darstellung ermöglicht es, Proteinwechselwirkungen in einer hierarchischen Form abzubilden, sodass man auch beurteilen kann, ob neu entdeckte Wechselwirkungen schlüssig sind. Drei Viertel aller Proteinwechselwirkungen erfolgen innerhalb derselben funktionellen Gruppe, die meisten der übrigen mit verwandten Gruppen. Eine unerwartete Wechselwirkung zwischen Proteinen, die bei nicht verwandten Prozessen beteiligt sind, sollte man mit großer Skepsis betrachten und mit genetischen, biochemischen und physikalischen Tests genau untersuchen.

19.4.8 Informationen über Wechselwirkungen zwischen Proteinen und kleinen Liganden können unsere Kenntnisse über biomolekulare Prozesse verbessern und schaffen eine vernünftige Basis für die Entwicklung von Medikamenten

Proteine treten nicht nur mit anderen Proteinen (siehe oben) oder Nucleinsäuren in Wechselwirkung, sondern auch mit einer großen Zahl von kleinen Molekülen, die entweder als Liganden, Substrate, Fracht (bei

Tabelle 19.2 Auswahl von Datenbanken, die Informationen über Proteinwechselwirkungen enthalten

Datenbank und Anmerkungen	Internet-Adresse (URL)
Biomolecular Interaction Network Database (BIND) umfasst Wechselwirkungen zwischen einzelnen Proteinen sowie Reaktionswege und Komplexe, außerdem Proteinwechselwirkungen mit anderen Molekülen	http://www.bind.ca
Database of Interacting Proteins (DIP) umfasst mehrere Tausend Wechselwirkungen zwischen Proteinen	http://dip.doe-mbi.ucla.edu
Kyoto Encyclopedia of Genes and Genomes (KEGG) eine umfangreiche Quelle für Stoffwechsel- und Signalübertragungswege; enthält auch eine Abteilung für die Strukturen von Proteinkomplexen	http://www.genome.ad.jp/kegg

Transportproteinen), Cofaktoren oder allosterische Regulatoren auftreten. In allen Fällen entstehen diese Wechselwirkungen dadurch, dass die Oberflächen des Proteins und des wechselwirkenden Moleküls in Bezug auf die Struktur und die chemischen Eigenschaften komplementär sind. Die Bindung führt zu einer Verringerung der freien Energie. Die Identifizierung von Molekülen, die spezifisch mit Zielproteinen in Wechselwirkung treten und deren Aktivität in der Zelle verändern, bildet die Grundlage für die Entwicklung von Medikamenten. Die meisten Medikamente wirken auf Proteinebene, indem sie mit einem

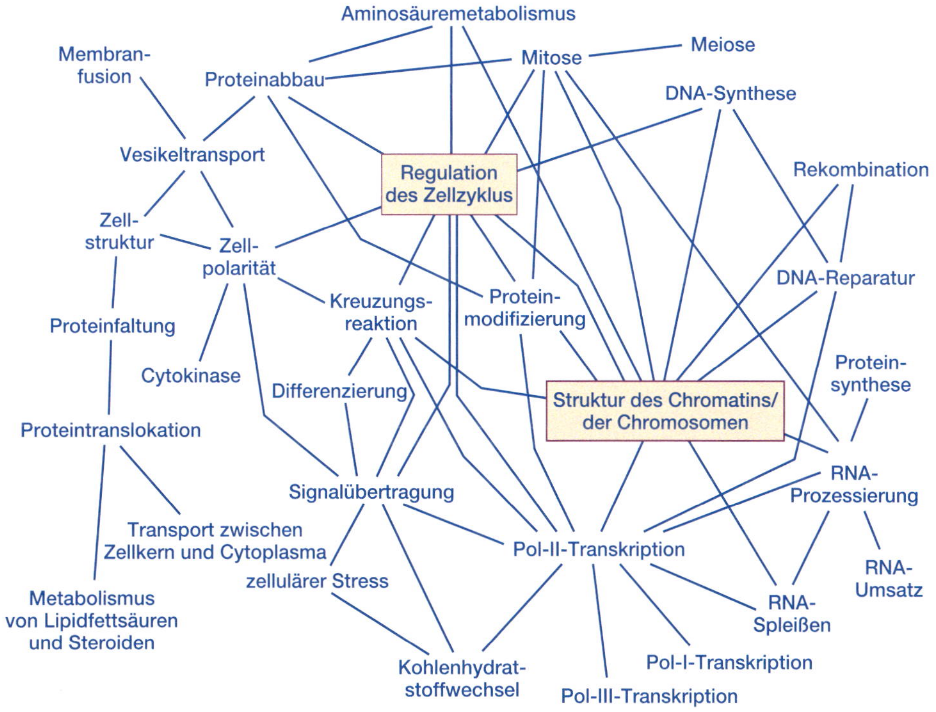

19.20 Vereinfachte Wechselwirkungskarte für funktionelle Gruppen im Hefeproteom. Die Daten wurden aus einer komplexeren Karte von Einzelwechselwirkungen extrahiert, wie man sie meistens bei Doppelhybridanalysen erhält. Jede Linie steht für mindestens 15 Wechselwirkungen zwischen Proteinen der verknüpften Gruppen. Verknüpfungen mit weniger als 15 Wechselwirkungen sind nicht dargestellt, da zwischen praktisch allen Gruppen eine geringe Zahl von Wechselwirkungen auftreten kann, die sich aber häufig als falsch erweisen, weil sie auf falsch-positiven Ergebnissen beruhen. Ausgewählt wurden nur vollständig zugeordnete Hefeproteine sowie viele Proteine, die zu verschiedenen Funktionsklassen gehören. Nach: Tucker et al. (2001).

Protein interagieren und seine Aktivität in einer Weise verändern, die physiologisch vorteilhaft ist. Nebenwirkungen von Medikamenten sind häufig Ausdruck unspezifischer Wechselwirkungen mit anderen Proteinen, die zu schädlichen Effekten führen. Je mehr wir von Proteinstrukturen und Wechselwirkungen von Proteinen mit kleinen Liganden wissen, um so mehr Informationen stehen für die Entwicklung von wirksameren und spezifischeren Medikamenten zur Verfügung.

Wechselwirkungen zwischen Proteinen und Liganden können durch Versuchsreihen mit einer großen Zahl von Verbindungen und mit hohem Durchsatz getestet werden. Der Arbeitsaufwand lässt sich jedoch verringern, wenn man versucht, solche Wechselwirkungen in einem Modell darzustellen, um geeignete **Leitverbindungen** zu definieren. Wenn die Struktur des Zielproteins bekannt ist (siehe oben), kann man mithilfe von Computerprogrammen (***docking*-Algorithmen**) Datenbanken für chemische Strukturen durchsuchen und aufgrund der Komplementarität potenzielle Partnerliganden identifizieren. Diese Algorithmen (beispielsweise AUTODOCK, LIGIN oder GRAMM) versuchen, kleine Moleküle in die Bindungsstellen einzupassen, indem sie Informationen über sterische Beschränkungen und Bindungsenergie nutzen. Chemische Datenbanken können nicht nur anhand einer Bindungsstelle durchsucht werden (Suche nach komplementären molekularen Wechselwirkungen), sondern auch anhand eines anderen Liganden (Suche nach übereinstimmenden molekularen Wechselwirkungen). Dieses Verfahren der rationalen Medikamentenentwicklung ermöglichte die Herstellung mehrerer bekannter Medikamente, beispielsweise Relenza und Captopril.

19.5 Zusammenfassung

Die Genomprojekte erzeugen große Mengen an Sequenzdaten, die mithilfe von Computern durchgearbeitet werden müssen, um Gene und regulatorische Elemente zu identifizieren. Sobald die Gene bekannt sind, muss man ihre Funktionen und die Wechselwirkung der verschiedenen Genprodukte bestimmen. In diesem Kapitel haben wir uns damit beschäftigt, wie sich die Analyse von Sequenzen und Strukturen dazu nutzen lässt, Informationen über die Funktion von Proteinen zu erhalten. Ein weiteres Thema war die Entwicklung von Verfahren mit hohem Durchsatz, um diese Funktionen durch die Analyse von Transkriptom und Proteom miteinander verknüpfen zu können. Einen Bestandteil der funktionellen Genomik haben wir nicht angesprochen: die Verwendung von Mutanten zur Untersuchung von Genfunktionen. Da es dabei um die genetische Veränderung von Zellen und Tieren geht, haben wir das Thema zurückgestellt und sprechen es im folgenden Kapitel an, das sich damit befasst, wie man genetische Manipulationen dazu nutzen kann, Funktion und Regulation von Genen zu untersuchen und Modelle für menschliche Krankheiten zu entwickeln.

Weiterführende Literatur

Eisenberg D, Marcotte EM, Xenarios I, Yeates TO (2000) Protein function in the post-genomic era. *Nature* 405: 823–827.

Hanash S (2003) Disease proteomics. *Nature* 422: 226–232.

Lee KH (2001) Proteomics: a technology-driven and technology-limited discovery science. *Trends Biotechnol* 19: 217–222.

Lockhart DJ, Winzeler (2000) Genomics, gene expression and DNA arrays. *Nature* 405: 827–836.

Pandley A, Mann M (2000) Proteomics to study genes and genomes. *Nature* 405: 837–846.

Primrose SB, Twyman RM (2002) *Principles of Genome Analysis and Genomics*. Blackwell Science, Oxford.

Various authors (1999) The Chipping Forecast. *Nature Genet* 21 (Suppl.) 1–60.

Various authors (2002) The Chipping Forecast 11. *Nature Genet* 32 (Suppl.) 465–551.

Vorm O, King A, Bennett KL, Leber T, Mann M (2000) Protein-interaction mapping for functional proteomics. In *Proteomics: A Trends Guide* 43–47.

Zitierte Literatur

Aebersold R, Mann M (2003) Mass spectrometry-based proteomics. *Nature* 422: 198–207.

Aicher L, Wahl D, Arce A, Grenet O, Steiner S (1998) New insights into cyclosporine A nephrotoxicity by proteome analysis. *Electrophoresis* 19: 1998–2003.

Alizadeh AA, Eisen MB, Davis RE, Ma C, Lossos IS, Rosenwald A, Boldrick JC, Sabet H, Tran T, Yu X et al. (2000) Distinct types of diffuse large B-cell lymphoma identified by gene expression profiling. *Nature* 403: 503–511.

Altman RB, Raychaudhuri S (2001) Whole-genome expression analysis: challenges beyond clustering. *Curr Opin Struct Biol* 11: 340–347.

Altschul SF, Madden TL, Schaeffer AA, Zhang J, Zhang Z, Miller, Lipman DJ (1997) Gapped BLAST and PSI-BLAST a new generation of protein database search programs. *Nucl Acids Res* 25: 3389–3402.

Aparicio S, Chapman J, Stupka E et al. (2002) Whole-genome shotgun assembly and analysis of the genome of Fugu rubripes. *Science* 297: 1301–1310.

Audic S, Claverie J (1997) The significance of digital gene expression profiles. *Genome Res* 7: 986–995.

Bittner M, Meltzer P, Chen Y, Jiang Y, Seftor E, Hendrix M, Radmacher M, Simon R, Yakhini Z, Ben-Dor A et al. (2000) Molecular classification of cutaneous malignant

melanoma by gene expression profiling. *Nature* 406: 536–540.
Brenner S, Johnson M, Bridgham J, Golda G, Lloyd DH, Johnson D, Luo S, McCurdy S, Foy M, Ewan M et al. (2000) Gene expression analysis by massively parallel signature sequencing (MPSS) on microbead arrays. *Nat Biotechnol* 18: 630–634.
Brenner SE (1999) Errors in genome annotation. *Trends Genet* 15: 132–133.
Brenner SE (2001) A tour of structural genomics. *Nature Rev Genet* 2: 801–809.
Burton D (1995) Phage display. *Immunotechnology* 1: 87–94.
Celis JE, Kruhoffer M, Gromova I, Frederiksen C et al. (2000) Gene expression profiling: monitoring transcription and translation products using DNA microarrays and proteomics. *FEBS Lett* 480: 2–16.
Der SD, Zhou A, Williams BR, Silverman RH (1998) Identification of genes differentially regulated by interferon alpha, beta, or gamma using oligonucleotide arrays. *Proc Natl Acad Sci USA* 95: 15623–15628.
Dujon B (1996) The yeast genome project: what did we learn? *Trends Genet* 12: 263–270.
Eddy SR (1998) Multiple alignment and sequence searches. *Bioinformatics, A Trends Guide* 5: 15–18.
Elgar G, Sandford R, Aparicio S, Macrae A, Vekatesh B, Brenner S (1996) Small is beautiful: comparative genomics with the pufferfish (*Fugu rubripes*). *Trends Genet* 12: 145–150.
Fields S, Sternglanz R (1994) The two hybrid system: an assay for protein-protein interactions. *Trends Genet* 10: 286–292.
Franzen B, Auer G, Alaiya AA, Eriksson E et al. (1996) Assessment of homogeneity in polypeptide expression in breast carcinomas shows widely variable expression in highly malignant tumors. *Int J Cancer* 69: 408–414.
Gavin AC et al. (2002) Functional organization of the yeast proteome by systematic analysis of protein complexes. *Nature* 415: 141–147.
Gene Ontology Consortium (2000) Gene ontology: tool for the unification of biology. *Nature Genet* 25: 25–29.
Gene Ontology Consortium (2001) Creating the gene ontology resource: design and implementation. *Genome Research* 11: 1425–1433.
Golub TR, Slonim DK, Tamayo P, Huard C, Gaasenbeek M, Mesirov JP, Coller H, Loh ML, Downing JR, Caligiuri MA et al. (1999) Molecular classification of cancer: class discovery and class prediction by gene expression monitoring. *Science* 286: 531–537.
Gorg A, Obermaier C, Boguth G, Harder A et al. (2000) The current state of two-dimensional electrophoresis with immobilized pH gradients. *Electrophoresis* 21: 1037–1053.
Griffen TJ, Goodlet DR, Aebersold R (2001) Advances in proteome analysis by mass spectrometry. *Curr Opin Biotechnol* 12: 607–612.
Gygi SP, Rist B, Gerber SA, Turecek F, Gelb MH, Aebersold R (1999a) Quantitative analysis of complex protein mixtures using isotope coded affinity tags. *Nature Biotechnol* 17: 994–999.
Gygi SP, Rochon Y, Franza BR, Aebersold R (1999b) Correlation between protein and mRNA abundance in yeast. *Mol Cell Biol* 19: 1720–1730.
Hadley C, Jones D (1999) A systematic comparison of protein structure classifications: SCOP, CATH and FSSP. *Struct Fold Des* 7: 1099–1112.
Hardison RC (2000) Conserved non-coding sequences are reliable guides to regulatory elements. *Trends Genet* 16: 369-372.
Harrington CA, Rosenow C, Retief J (2000) Monitoring gene expression using DNA microarrays. *Curr Opin Microbiol* 3: 285–291.
Heinemann U, Illing G, Oschkinat H (2001) High-throughput three-dimensional protein structure determination. *Curr Opin Biotechnol* 12: 348–354.
Herbert BR, Harry JL, Packer NH et al. (2001) What place for polyacrylamide in proteomics? *Trends Biotechnol* 19: S3–S9.
Ho Y et al. (2002) Systematic identification of protein complexes in *Saccharomyces cerevisiae* by mass spectrometry. *Nature* 415: 180–183.
International Human Genome Sequencing Consortium (2001) Initial sequencing and analysis of the human genome. *Nature* 409: 860–921.
Ito T, Tashiro K, Muta S, Ozawa R, Chiba T, Nishizawa M, Yamamoto K, Kuhara S, Sakaki Y (2000) Toward a protein-protein interaction map of the budding yeast: a comprehensive system to examine two-hybrid interactions in all possible combinations between the yeast proteins. *Proc Natl Acad Sci USA* 97: 1143–1147.
Ito T, Chiba T, Ozawa R, Yoshida M, Hattori M, Sakaki Y (2001) A comprehensive two-hybrid analysis to explore the yeast protein interactome. *Proc Natl Acad Sci USA* 98: 4569–4574.
Iyer VR, Eisen MB, Ross DT et al. (1999) The transcriptional program in the response of human fibroblasts to serum. *Science* 283: 83–87.
Jones DT (2000) Protein structure prediction in the post-genomic era. *Curr Opin Struct Biol* 10: 371–379.
Khan J, Bittner ML, Saal LH, Teichmann U, Azorsa DO, Gooden GC, Pavan WJ, Trent JM, Meltzer PS (1999) cDNA microarrays detect activation of a myogenic transcription program by the PAX3-FKHR fusion oncogene. *Proc Natl Acad Sci USA* 96: 13264–13269.
Kolkman JA, Stemmer WPC (2001) Directed evolution of proteins by exon shuffling. *Nature Biotechnol* 19: 423–428.
Legrain P, Wojcik J, Gauthier JM (2001) Protein-protein interaction maps: a lead towards cellular functions. *Trends Genet* 17: 346–352.
Lesney MS (2001) Pathways to the proteome: from 2DE to HPLC. *Modern Drug Discovery*, Oktober-Ausgabe, 33–39.
Liang P, Pardee AB (1992) Differential display analysis of eukaryotic messenger RNA by means of the polymerase chain reaction. *Science* 257: 967–971.
Lilley KS, Razzaq A, Dupree P (2001) Two-dimensional gel electrophoresis: recent advances in sample preparation, detection and quantitation. *Curr Opin Chem Biol* 6: 46–50.
Lockhardt DJ, Dong H, Byrne MC et al. (1996) Expression monitoring by hybridization to high-density oligonucleotide arrays. *Nature Biotechnol* 14: 1675–1680.
Mann M, Hendrickson RC, Pandey A (2001) Analysis of proteins and proteomes by mass spectrometry. *Annu Rev Biochem* 70: 437–473.

McCaffrey TA, Fu C, Du B, Eksinar S, Kent KC, Bush H Jr, Kreiger K, Rosengart T, Cybulsky MI, Silverman ES, Collins T (2000) Array-based screening identifies differential expression of heat shock proteins in human atherosclerotic lesions. *J Clin Invest* 105: 653–662.

Nadeau JH, Sankoff D (1998) Counting on comparative maps. *Trends Genet* 14: 495–501.

Norin M, Sundstrom M (2002) Structural proteomics: developments in structure-to-function predictions. *Trends Biotechnol* 20: 79–84.

Orengo CA, Jones DT, Thornton JM (2003) *Bioinformatics: Genes, proteins and computers.* BIOS Scientific Publishers, Oxford.

Orengo CA, Todd AE, Thornton JM (1999) From protein structure to function. *Curr Opin Struct Biol* 9: 374–382.

Patton WF, Beecham JM (2001) Rainbow's end: the quest for multiplexed fluorescence quantitative analysis in proteomics. *Curr Opin Chem Biol* 6: 63–69.

Pearl F, Orengo C (2002) Protein structure classifications. In: Orengo CA, Jones DT, Thornton JM (Hrsg.) *Bioinformatics: Genes Proteins and Computers.* BIOS Scientific Publishers, Oxford.

Phizicky EM, Fields S (1995) Protein-protein interactions: methods for detection and analysis. *Microbiol Rev* 59: 94–123.

Quackenbush J (2001) Computational analysis of microarray data. *Nature Rev Genet* 2: 418–427.

Rabilloud T (2002) Two-dimensional gel electrophoresis in proteomics: old, old fashioned, but still it climbs up the mountains. *Proteomics* 2: 3–10.

Schena M, Shalon D, Davis RW, Brown OP (1995) Quantitative monitoring of gene expression patterns with a complementary DNA microarray. *Science* 270: 467–470.

Sechi S, Oda Y (2003) Quantitative proteomics using mass spectrometry. *Curr Opin Chem Biol* 7: 70–77.

Shapiro L, Scherer PE (1998) The crystal structure of a complement-1q family protein suggests an evolutionary link to tumor necrosis factor. *Curr Biol* 8: 335–338.

Sillitoe I, Orengo C (2002) Protein structure comparison. In: Orengo CA, Jones DT, Thornton JIM (Hrsg.) *Bioinformatics: Genes Proteins and Computers.* BIOS Scientific Publishers, Oxford.

Stulik J, Osterreicher J, Koupilova K, Knizek J et al. (1999) Protein abundance alterations in matched sets of macroscopically normal colon mucosa and colorectal carcinoma. *Electrophoresis* 20: 1047–1054.

Suzuki H, Fukunishi Y, Kagawa I, Saito R et al. (2001) Protein-protein interaction panel using mouse full length cDNAs. *Genome Res* 11: 1758–1765.

Tucker CL, Gera JF, Uetz P (2001) Towards an understanding of complex protein networks. *Trends Cell Biol* 11: 102–106.

Uetz P, Giot L, Cagney G, Mansfield TA et al. (2000) A comprehensive analysis of protein-protein interactions in Saccharomyces cerevisiae. *Nature* 403: 623–627.

Vasmatzis G, Essand M, Brinkmann U et al. (1998) Discovery of three genes specifically expressed in human prostate by expressed sequence tag database analysis. *Proc Natl Acad Sci USA* 95: 300–304.

Velculescu VE, Vogelstein J (2000) Analysing uncharted transcriptomes with SAGE. *Trends Genet* 16: 423–425.

Velculescu VE, Zhang L, Vogelstein B, Kinzler KW (1995) Serial analysis of gene expression. *Science* 270: 484–487.

Velculescu VE, Zhang L, Zhou W, Vogelstein J et al. (1997) Characterization of the yeast transcriptome. *Cell* 88: 243–251.

Venter JC, Adams MD, Myers EW et al. (2001) The sequence of the human genome. *Science* 291: 1304–1351.

Wang H, Hanash S (2003) Multi-dimensional liquid phase based separations in proteomics. *J Chromatography B* 787: 11–18.

Wasinger VC, Cordwell SJ, Cerpa-Poljak A et al. (1995) Progress with gene product mapping of the Mollicutes: *Mycoplasma genitalium. Electrophoresis* 16: 1090–1094.

Werner T (2003) Promoters can contribute to the elucidation of protein function. *Trends Biotechnol* 21: 9–13.

Winter G, Griffiths AD, Hawkins RE, Hoogenboom HR (1994) Making antibodies by phage display technology. *Annu Rev Immunol* 12: 433–455.

Xenarios I, Eisenberg D (2001) Protein interaction databases. *Curr Opin Biotechnol* 12: 334–339.

Yang YH, Dudoit S, Luu P, Lin DM, Pang V, Ngai J, Speed TP (2002) Normalization for cDNA microarray data: a robust composite method addressing single and multiple slide systematic variation. *Nucleic Acids Res* 30: 15.

Zhang C, Kim SH (2003) Overview of structural genomics: from structure to function. *Curr Opin Chem Biol* 7: 28–32.

Zhu H, Snyder M (2003) Protein chip technology. *Curr Opin Chem Biol* 7: 55–63.

Zhu H, Cong JP, Mamtora G, Gingeras T, Shenk T (1998) Cellular gene expression altered by human cytomegalovirus: global monitoring with oligonucleotide arrays. *Proc Natl Acad Sci USA* 95: 14470–14475.

Zhu H, Bilgin M, Bangham R, Hall D et al. (2001) Global analysis of protein activities using proteome chips. *Science* 293: 2101–2105.

20. Genetische Veränderung von Zellen und Tieren

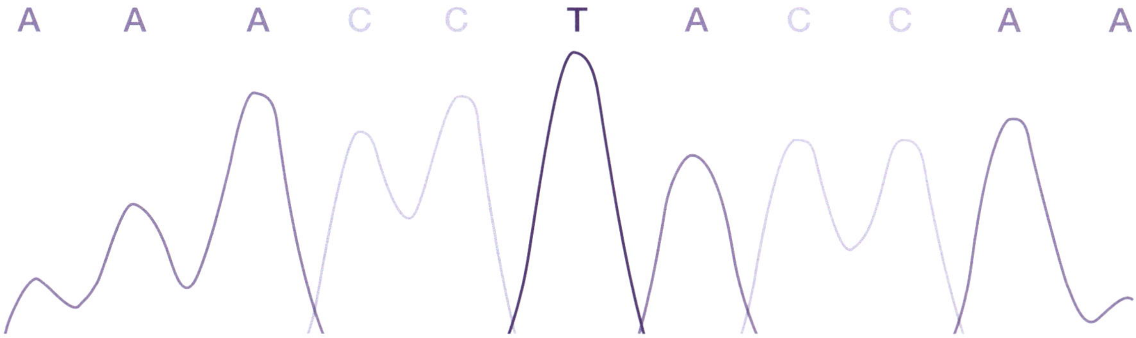

20.1 Ein Überblick der Genübertragungstechnik

Zellkulturen und Versuchstiere werden vielfach als Modellsysteme verwendet, um Einzelheiten der menschlichen Biochemie, Physiologie und Entwicklung zu untersuchen. In jüngerer Zeit haben diese Untersuchungen mithilfe von **Genübertragungstechniken** große Fortschritte gemacht, da es so möglich ist, spezifische DNA-Sequenzen in das Genom tierischer Zellen zu übertragen (**Transgenese**). Bevor Methoden für eine Genübertragung zur Verfügung standen, konnte man Zellen und Tiere nur durch *Mutagenese* genetisch verändern. Das geschieht durch Bestrahlung oder stark wirksame Chemikalien, um in bestehende Genome zufällige Veränderungen einzuführen.

Einer der Vorteile der Genübertragungstechnik besteht darin, dass man *neue* DNA-Sequenzen, die *in vitro* erzeugt wurden, in das Genom einfügen kann. Diese zusätzlichen Sequenzen können Gene sein, die neue Funktionen vermitteln (*Funktionsgewinn*), oder es handelt sich um Konstrukte, die die Expression endogener Gene hemmen (*Funktionsverlust*). Auf einer anderen Ebene ermöglicht es die Genübertragungstechnik, das bestehende Genom *genau und nach Plan* zu verändern, sodass Mutationen gezielt entwickelt und *in vivo* in ein bestimmtes Gen eingeführt werden können (**gezielte Genveränderung**, *gene targeting*). Im Zusammenspiel mit ausgefeilten Methoden für die Genregulation erweitert die Genübertragungstechnik stark unsere Möglichkeiten, die Genfunktion zu untersuchen und zu kontrollieren und Mausmodelle für Krankheiten zu entwickeln.

Die Übertragung von Genen auf Säugerzellkulturen wurde zuerst in den 1960er Jahren bekannt, als man feststellte, dass menschliche Zellen fragmentierte genomische DNA aus dem Kulturmedium aufnehmen können (Szybalska und Szybalski 1962). Es dauerte einige Zeit, bis man die Faktoren ermittelt hatte, die die DNA-Übertragung beeinflussen, aber in den frühen 1970er Jahren war die Übertragung von DNA bei zahlreichen Zelltypen zur Routine geworden. Etwa zur selben Zeit gab es die ersten **transgenen Tiere**. Transgene Tieren enthalten in allen Zellen zusätzliche DNA. Sie werden erzeugt, indem man Gene auf Zellen der Keimbahn des Tieres überträgt. Die ersten Tiere dieser Art waren Mäuse, die Teile der DNA-Sequenz des SV40-Virus (*simian virus 40*) trugen. Dafür hatte man einfach die DNA in das Blastocoel von Embryonen injitiert, die vor der Nidation standen (Jaenisch und Mintz 1974). Seit damals wurden zuverlässige Methoden für die genetische Veränderung von Mäusen und vielen anderen Spezies entwickelt, unter anderem auch für Modellorganismen bei den Invertebraten (Taufliege und Nematoden), außerdem bei Fischen, Fröschen, Vögeln, Ratten und verschiedenen Haus- und Nutztieren. Vor kurzem hat noch ein anderes experimentelles Verfahren, bei dem die genetische Veränderung von Tieren eine Rolle spielt, großes Aufsehen erregt. 1997 wurde eine neue Ära der Genetik ausgerufen, als es erstmals gelang, einen **Säuger** zu **klonen** (Wilmut et al. 1997). Dabei wurde der Zellkern von einer adulten Zelle in eine entkernte Oocyte übertragen (**Zellkernübertragung bei somatischen Zellen**). Diese Technik kam in der Folge als alternative Methode für die Erzeugung genetisch veränderter Tiere zur Anwendung.

Im ersten Teil dieses Kapitels beschreiben wir die Grundlagen und Methoden der Genübertragung sowie Vorgehensweisen für die genetische Veränderung von Tieren. Im übrigen Kapitel und auch in Kapitel 21 befassen wir uns damit, wie diese Methoden angewandt werden, wobei der Schwerpunkt auf den folgenden Gebieten der biomedizinischen Forschung liegt:

- **Untersuchung der Expression und Funktion von Genen** (dieses Kapitel). Tierische Zellen in Kultur werden vielfach für die Untersuchung der Genfunktion und Regulation der Genexpression verwendet. Dafür gibt es einen einfachen Grund: Tierische Zellen bilden den passenden Hintergrund und einen authentischen biochemischen Kontext für die Untersuchung tierischer Gene. Es ist nicht möglich, diesen Kontext mit einem experimentellen *in vitro*-System genau nachzuahmen. Die Möglichkeit, bei Tieren Gene hinzuzufügen oder selektiv zu deletieren oder zu verändern, bietet eine solide Basis für die Funktionsanalyse im Kontext des gesamten Organismus.
- **Anwendung der funktionellen Genomik** (dieses Kapitel). Genfunktionen können in umfassendem Maßstab getestet werden: durch die Herstellung von Insertionsmutantenbibliotheken, Gene-Trap-Bibliotheken und Verfahren mit hohem Durchsatz für das gezielte Ausschalten von Genen (Abschnitt 20.2.6). Diese Methoden wurden bereits bei einer Reihe von Tiermodellen (vom Nematoden *Caenorhabditis elegens* bis zur Maus) angewandt, genauso wie auf menschliche Zellkulturen. Die Methoden ergänzen die verschiedenen Vorgehensweisen der funktionellen Genomik, die in Kapitel 19 besprochen wurden.
- **Erzeugung von Krankheitsmodellen** (dieses Kapitel). Es gibt einige natürliche Tiermodelle für Krankheiten, und einige wurden auch durch Zufallsmutagenese erzeugt, aber das geschah *nicht gezielt*. Die Genübertragungstechnik ermöglicht es, bei Tieren spezifische mutierte Genotypen zu erzeugen. Dadurch erhöht sich die Wahrscheinlich-

keit, dass sie der menschlichen Krankheit auf genotypischer und phänotypischer Ebene ähnlich sind. In begrenzterem Ausmaß lässt sich eine Pathogenese auch in Zellkulturen nachbilden.

- **Herstellung von rekombinierten Proteinen** (Kapitel 21). Zellkulturen und transgene Tiere dienen als „Bioreaktoren" für die Produktion von rekombinierten Proteinen. Für die Herstellung therapeutischer Proteine für den Menschen sind Säugersysteme von besonderem Vorteil, da die rekombinierten Proteine auf authentische Weise posttranslational modifiziert werden.
- **Entwicklung der Möglichkeiten für eine Gentherapie** (Kapitel 21). Die Genübertragung auf menschliche Zellen kann es ermöglichen, genetische Defekte zu korrigieren oder abmildern.

20.2 Grundlagen der Genübertragung

20.2.1 Mithilfe eines Gentransfers lassen sich neue funktionelle DNA-Sequenzen auf tierische Zellen in Kultur entweder stabil oder temporär übertragen

Die Übertragung von Genen dient häufig dazu, tierische Zellen mit neuen funktionellen Genen auszustatten, was generell bedeutet, dass die Zellen die Fähigkeit erhalten, ein oder mehrere neue Proteine zu exprimieren, was man dann als **Funktionsgewinn** bezeichnet. Die zusätzliche DNA-Sequenz bezeichnet man als **Transgen**, selbst wenn es sich um mehr als ein Gen handelt. Manchmal spricht man auch von „Fremd-DNA", was jedoch irreführend ist, da es ebenso möglich ist, zusätzliche Kopien eines endogenen Gens einzuführen, was für die Untersuchung der Genfunktion sogar sehr sinnvoll sein kann. Die andere Bezeichnung „exogene DNA" lässt sich allgemeiner verwenden und ist deshalb zu bevorzugen. Die Übertragung von Transgenen auf Zellkulturen ist mit verschiedenen viralen und nichtviralen Methoden möglich, die in Exkurs 20.1 zusammengefasst sind.

Wichtig ist das Schicksal des Transgens. In einigen Fällen bleibt es temporär in den Wirtszellen erhalten, während es in anderen Fällen dauerhaft zu einem Bestandteil des Genoms wird. Bei einer virusvermittelten Genübertragung hängt das Schicksal des Transgens von den Eigenschaften des Virus ab. Einige Viren sind nur für eine temporäre Expression geeignet, während andere eine latente Infektion bewirken können, sodass die langfristige Expression des Transgens möglich ist. Das Ungewöhnliche bei Retroviren besteht darin, dass kurz nach der Infektion eine DNA-Kopie des Virusgenoms in das Genom der Wirtszelle integriert wird. Rekombinierte Retroviren eignen sich deshalb für die Erzeugung stabil transformierter Zelllinien.

Wenn DNA durch eine Transfektion auf tierische Zellkulturen übertragen wird, verwendet man im Allgemeinen bakterielle Plasmide, die in tierischen Zellen nicht repliziert werden können. Möglicherweise nimmt zuerst ein großer Teil der Zellen die DNA auf. Sie wird aber schnell wieder abgebaut, sodass die Expression des Transgens nur temporär erfolgt. Die Lebensdauer des Plasmids ist abhängig von der Qualität der DNA und der Wirtszelllinie. In den meisten Zellen bleibt Plasmid-DNA von hoher Qualität ein bis zwei Tage erhalten, in einigen Fällen aber auch viel länger (beispielsweise bis zu 80 Stunden in der HEK293-Linie). Bei einem sehr geringen Anteil der transfizierten Zellen wird ein Teil der Plasmid-DNA in das Genom integriert; das Ergebnis ist eine **stabile Transformation**. Das ist ein so seltenes Ereignis, dass sehr wirkungsvolle Selektionsverfahren angewandt werden müssen, um die stabilen Transformanten zu identifizieren. Das allgemeine Verfahren besteht darin, ein **selektierbares Markergen** in das Plasmid zu integrieren, oder man führt eine Cotransfektion der Zellen mit zwei Plasmiden durch. Ein Plasmid enthält das primäre Transgen und das andere den selektierbaren Marker. Dieser vermittelt den Zellen die Eigenschaft, dass sie in Gegenwart eines *selektiven Faktors* (etwa eines Antibiotikums, das nichttransformierte Zellen abtötet) überleben können (Exkurs 20.2). Auf diese Weise lassen sich stabil transformierte Zelllinien erzeugen.

Alternativ kann man die Zellen auch mit einem Plasmidvektor transfizieren, der einen viralen Replikationsursprung enthält. In diesem Fall bleibt das Plasmid erhalten und wird als Episom repliziert. Bei einigen Vektoren verursacht der Ursprung eine schnelle unkontrollierte Plasmidreplikation, die zu einer temporär hohen Expression des Transgens führt, dann aber die Zellen abtötet. Das ist bei den COS-Zellen der Fall, die mit Plasmiden transfiziert wurden, die den SV40-Replikationsursprung enthalten. Umgekehrt bleiben Vektoren mit dem latenten Replikationsursprung des Epstein-Barr-Virus (EBV) in einer mittleren Kopienzahl erhalten. Wenn zusätzlich geeignete selektierbare Marker vorhanden sind, lassen sich stabil transformierte Zelllinien herstellen.

Es können also sowohl virale als auch nichtvirale Methoden angewandt werden, um neue Gene entweder temporär oder stabil auf tierische Zellen zu übertragen. Eine stabile Tranformation lässt sich durch eine retrovirale Integration, die langfristige Aufrechterhaltung eines replizierbaren Vektors als Episom

Exkurs 20.1: Methoden für die Übertragung von Genen auf tierische Zellen in Kultur

Es gibt vier allgemeine Verfahrensklassen für die Übertragung von Genen auf tierische Zellen in Kultur, aber am häufigsten werden Transduktion und Transfektion angewandt. Abwandlungen dieser Verfahren eignen sich auch für das Einschleusen von DNA in menschliche Zellen *in vivo* (Abschnitt 21.5).

- **Transduktion.** Dabei handelt es sich um eine *Genübertragung mithilfe von Viren*, das heißt, die Fremd-DNA wird in einen Viruspartikel verpackt. Tierische Viren haben in der Evolution verschiedene Mechanismen entwickelt, wie sie ihre eigene DNA oder RNA auf Zellen übertragen können. So können viele Viren als Genübertragungsvektoren genutzt werden. Diese umfassen:
  a. Viren, die eine *temporäre Expression des Transgens auf hohem Niveau* ermöglichen, etwa Adenovirus, Sindbis-Virus, Semliki-Forest-Virus, Vacciniavirus, Baculovirus (für Insektenzellen, die die Replikation des Baculovirus unterstützen),
  b. Viren, die in einem latenten episomalen Stadium verbleiben und eine *langfristige Expression des Transgens* ermöglichen, etwa Epstein-Barr-Virus, Herpes-simplex-Virus, Baculovirus (in Säugerzellen, die die Replikation des Baculovirus unterstützen),
  c. Viren, die in das Genom integriert werden und sich für eine dauerhafte *stabile Transformation* eignen, etwa Retroviren, adenoassoziiertes Virus.
- **Transfektion.** Es sind besondere chemische oder physikalische Methoden erforderlich, damit Zellen DNA aus dem Kulturmedium aufnehmen und die DNA schließlich den Weg in den Zellkern findet. Bei bakteriellen Systemen bezeichnet man die Aufnahme „nackter" viraler (Phagen-)DNA als Transfektion, während man für die Aufnahme nackter Plasmid- oder genomischer DNA den Begriff der Transformation verwendet. Bei tierischen Zellen bedeutet Transfektion die Aufnahme nackter DNA, während der Begriff der Transformation im Zusammenhang mit der Übertragung von Genen allgemein bedeutet, dass sich der Phänotyp stabil und dauerhaft ändert. Für eine Transfektion gibt es zahlreiche verschiedene Methoden, beispielsweise:
  a. **Chemische Transfektion.** Wenn DNA in Gegenwart einer Phosphatpufferlösung mit Calciumchlorid vermischt wird, bildet sich ein feines **DNA-Calcium-Phosphat-Präzipitat** das sich auf der Plasmamembran der Zellen in Kultur absetzt und durch Endocytose aufgenommen wird. DNA kann auch mit verschiedenen anderen chemischen Verbindungen *lösliche Komplexe* bilden, etwa mit DEAE-Dextran (Diethylaminoethyl-Dextran) oder mit dem Detergens Polybren. Zellen, die auf eine Beschichtung mit Calciumphosphat negativ reagieren, sprechen vielleicht besser auf diese Reagenzien an.
  b. **Durch Liposomen vermittelte Transfektion (Abb. 21.8).** DNA kann in künstliche Lipidvesikel (**Liposomen**) eingeschlossen werden, die mit der Plasmamembran verschmelzen und ihren Inhalt in das Cytosol abgeben. Die Effizienz der Transfektion lässt sich erhöhen, wenn man die Liposomen aus Virushüllen entwickelt. Diese enthalten häufig Proteine, die die Fusion von Membranen erleichtern. Solche Gebilde bezeichnet man als *Virosomen*. Alternativ kann man auch wirkliche Zellmembranen für die Übertragung verwenden. Sie sind die Grundlage der *Protoplastenfusion*. Dabei werden bakterielle Protoplasten mit DNA beladen, auf Säugerzellkulturen zentrifugiert und mithilfe von Polyethylenglykol (PEG) dazu gebracht, mit den Zellen zu fusionieren. Ein ähnliches Verfahren basiert auf hämoglobinfreien Erythrocytenschatten.
  c. **Lipofektion.** Im Gegensatz zur liposomenvermittelten Transfektion, bei der die DNA in ein Lipidvesikel eingeschlossen wird, kommt es bei der *Lipofektion* zur Bildung eines DNA-Lipid-Komplexes (*Lipoplex*), der durch Endocytose effizient aufgenommen wird. Die Lipofektion hat mehr gemein mit der chemischen Transfektion als mit der liposomenvermittelten Transfektion. In jüngerer Zeit finden kationische Genübertragungskomplexe auf Polymerbasis (*Polyplexe*) immer mehr Anwendung. Sie sind so effizient wie Lipoplexe, besitzen aber den Vorteil, das spezifische Copolymere verwendet werden können, um die physikalischen Eigenschaften des Transportkomplexes zu verändern. Unter bestimmten Bedingungen erhält man Komplexe, die bei verschiedenen Temperaturen unterschiedliche Eigenschaften besitzen, sodass eine kontrollierte Freisetzung der DNA möglich ist (Yokayama 2002). Das kann bei einer Genübertragung *in vivo* besonders hilfreich sein, um bestimmte Körperregionen erreichen zu können.
  d. **Elektroporation.** Dabei werden die Zellen einem kurzen elektrischen Impuls ausgesetzt, der in der Plasmamembran temporäre Poren im Nanometerbereich erzeugt. Wenn DNA in ausreichender Konzentration in einer Pufferlösung und vorhanden ist, wird sie durch diese Poren aufgenommen.
  e. **Rezeptorvermittelte Endocytose (Abb. 21.9).** Bei dieser Methode wird die DNA an dem Liganden eines Zelloberflächenrezeptors befestigt, der durch Endocytose in die Zelle aufgenommen wird. Die DNA wird während der Verarbeitung des Rezeptors freigesetzt. Unter normalen Bedingungen fusioniert das Endosom, das den Rezeptor-Ligand-DNA-Komplex enthält, mit einem Lysosom, und die DNA wird abgebaut. Das lässt sich jedoch verhindern, wenn man dem Komplex Adenovirus-Peptide zusetzt, um die Endosomen aufzubrechen. Diese Methode ist dafür geeignet, spezifische Zelltypen aufgrund ihrer Rezeptorspezifität anzusteuern.
- **Direkte Übertragung.** Dabei muss die DNA direkt in die Zelle eingeschleust werden. Das naheliegende Beispiel ist die **Mikroinjektion**, die man gelegentlich bei Zellen in Kultur anwendet, die für andere Genübertragungsmethoden nicht zugänglich sind. Normalerweise aber kommt es bei tierischen Eizellen, Zygoten oder frühen Embryonen zum Einsatz. Eine andere direkte Übertragungsmethode ist der **Beschuss mit Partikeln**. Hier werden DNA-beschichtete

Mikroprojektile auf hohe Geschwindigkeiten beschleunigt und so in die Zellen gebracht. Die Methode eignet sich für Zellkulturen, man verwendet sie aber in erster Linie für die Transfektion von Zellen in Gewebeschnitten. Aber auch *in vivo* kann man damit Genübertragungen durchführen (Abschnitt 21.5.4).

- **Genübertragung durch Bakterien.** Dafür verwendet man lebende invasive Bakterien, die in der Zelle lysieren und ihre DNA-Fracht freisetzen (Higgins und Portnoy 1998). Bei *Salmonella*-Spezies erfolgt die Lyse in den phagocytischen Vesikeln, bei anderen Spezies (etwa bei *Listeria monocytogenes* oder *Shigella flexeri*) nachdem das Bakterium aus dem Vesikel freigesetzt wurde. Bakterien können sich auch an die Zelloberfläche anheften und die DNA durch einen Pilus übertragen. Diesen Mechanismus nutzt *Agrobacterium tumefaciens*, um seine DNA auf Pflanzen zu übertragen. Es kann aber auch tierische Zellen in Kultur infizieren (Kunik et al. 2001).

Exkurs 20.2: Selektierbare Marker für tierische Zellen

Einteilung der selektierbaren Markergene

Ein **selektierbares Markergen** vermittelt eine Eigenschaft, die es stabil transformierten Zellen ermöglicht, in Gegenwart eines bestimmten Faktors zu überleben und zu wachsen, der nichttransformierte Zellen tötet oder am Wachstum hindert. Das bezeichnet man als **positive Selektion**, da die Zellen danach selektiert werden, dass sie das Markergen tragen (sie sind für das Markergen *positiv*). Eine positive Selektion ist essenziell, wenn nur einige wenige Zellen in einer Kulturschale isoliert werden sollen, die durch Transfektion mit nichtreplizierender DNA transformiert wurden. Es gibt zwei Hauptgruppen von selektierbaren Markergenen: endogene selektierbare Marker und dominante selektierbare Marker.

- **Endogene selektierbare Marker** sind Gene, die im Genom der Wirtszelle vorhanden sind. Die Selektion kann deshalb nur bei Zellen wirken, die *keine funktionsfähige Kopie dieses Gens besitzen*. Ein Beispiel ist das *TK*-Gen, das die **Thymidinkinase** codiert. Das Enzym wandelt im **Nucleosid-Wiederverwertungsweg** freies Thymidin in Thymidinmonophosphat um. Unter normalen Bedingungen ist dieser Reaktionsweg nicht essenziell, da Thymidinnucleotide auch *de novo* aus Uridinmonophosphat synthetisiert werden können. Wenn dieser Weg jedoch durch **Aminopterin** blockiert wird, ist die Zelle von der TK-Aktivität abhängig. Wenn man also TK^--Zellen (die kein funktionsfähiges *TK*-Gen besitzen) im HAT-Medium (das Aminopterin und Thymidin enthält) wachsen lässt, können nur Zellen überleben, die mit einem *TK*-Markergen stabil transformiert wurden.
- **Dominante selektierbare Marker** kommen nicht im Genom der Wirtszelle vor und vermitteln eine völlig neue Eigenschaft, beispielsweise die Resistenz gegen ein Antibiotikum. Der Vorteil solcher Markergene besteht darin, dass sie sich mit jedem Zelltyp verwenden lassen, das heißt, es sind keine Mutanten erforderlich. So codiert beispielsweise das *neo*-Gen von *E. coli* die Neomycin-Phosphotransferase. Dieses Enzym inaktiviert Aminoglykosid-antibiotika wie etwa G418, sodass stabil transformierte Zellen einfach durch Zugabe von G418 in das Kulturmedium selektiert werden.

Amplifizierbare Markergene

Wenn der verwendete selektive Faktor ein *kompetitiver Inhibitor* des Markergenprodukts ist, kann man möglicherweise mit einer **schrittweisen Selektion** das Markergen amplifizieren und erreichen, dass es stark exprimiert wird. Das System funktioniert, da der Transgenlocus in stabil transformierten Zellen generell mehrere Tandemkopien des selektierbaren Markers und des primären Transgens enthält. Wenn man die Konzentration des selektiven Faktors erhöht, selektiert man Zellen mit einer höheren Kopienzahl, da sie die größten Mengen des Markers produzieren. In diesen Zellen kann es durch Rekombinationsereignisse zu einer weiteren Zunahme der Kopienzahl kommen, und die Zunahme des Selektionsdruckes selektiert immer stärker auf Zellen, die erheblich amplifizierte Transgen-Arrays enthalten. Die Amplifizierung ist ein zufälliger Prozess, und das primäre Transgen wird zusammen mit dem Markergen amplifiziert. Ein Beispiel für einen Marker dieser Art ist das *dhfr*-Gen der Maus, das die **Dihydrofolatreduktase** codiert. Das Gen kann durch den kompetitiven Inhibitor **Methotrexat** amplifiziert werden.

Gegenselektierbare Markergene

Ein **gegenselektierbarer Marker** vermittelt eine Eigenschaft, die stabil transformierte Zellen tötet, während nichttransformierte Zellen überleben. Das Prinzip bezeichnet man als **negative Selektion**, da die Zellen darauf selektiert werden, dass ihnen das Markergen fehlt (sie sind für das Markergen negativ). Wenn solche Marker unter einem abhängigen Promotor exprimiert werden, eignen sie sich zur *Zellablation*. Sie können auch dazu dienen, bestimmte Arten genetischern Veränderungen festzustellen, beispielsweise lässt sich damit bei ES-Zellen zwischen einer gezielten Genveränderung und einer zufälligen Integration unterscheiden (Abschnitt 20.2.4). Einige gegenselektierbare Marker töten Zellen direkt (zum Beispiel Ricin oder das Diphtherietoxin), während andere das Vorhandensein eines selektiven Faktors erfordern (so kann beispielsweise die Thymidinkinase für eine negative Selektion dienen, indem man toxische Thymidinanaloga wie Gancyclovir dem Medium zusetzt).

oder die Integration nichtreplizierender DNA in eines der Chromosomen der Wirtszelle erreichen.

20.2.2 Die Erzeugung transgener Tiere erfordert einen stabilen Gentransfer in die Keimbahn

Die oben behandelten Methoden eignen sich für die Transformation von Zellen in einer Kulturschale, aber die Erweiterung dieser Technik auf ganze Tiere ist schwieriger. Es ist unmöglich, DNA einheitlich auf alle Zellen eines ausgewachsenen Tieres zu übertragen. Deshalb muss ein vollständig transgenes Tier aus einer *transgenen Zygote* hervorgehen, damit in allen Zellen dasselbe Transgen in demselben Kontext vorhanden ist (Abb. 20.1). Das lässt sich durch eine stabile Übertragung des Transgens in die *Keimbahn* erreichen, die auf zwei Weisen erfolgen kann:

- Direkt durch *selektives* Einschleusen in die Keimbahnzellen, in die daraus hervorgehenden Gameten oder in die Eizelle kurz nach der Befruchtung. Wenn die DNA vor der ersten Teilung der Zygote integriert wird, enthält jede Zelle des entstehenden Tieres dasselbe Transgen.
- Indirekt durch *nichtselektives* Einschleusen der DNA in den Embryo vor Bildung der Keimbahn. In dieser Phase sind embryonale Zellen totipotent oder zumindest pluripotent, das heißt, sie können im Embryo, der sich gerade entwickelt, alle Zelltypen bilden. Da die DNA erst nach der ersten Teilung der Zygote integriert wird, enthalten nur einige Zellen des Embryos das Transgen. Wenn jedoch diese Zellen an der Bildung der Keimbahn beteiligt sind, werden später transgene Gameten erzeugt, und die folgende Generation der Tiere ist transgen.

Die Methoden der Genübertragung auf Tiere sind in Tabelle 20.1 zusammengefasst und werden im Einzelnen weiter unten besprochen.

Das Standardverfahren für die Erzeugung transgener Taufliegen ist die direkte Übertragung von Genen auf Keimbahnvorläuferzellen

Die Einführung von DNA in Keimbahnzellen ist potenziell eine sehr sinnvolle Methode, mit der sich direkt in die Keimbahn eingreifen lässt, da auf diese Weise transgene Gameten erzeugt werden. Die Methode wird bei Säugern nicht angewandt, da es

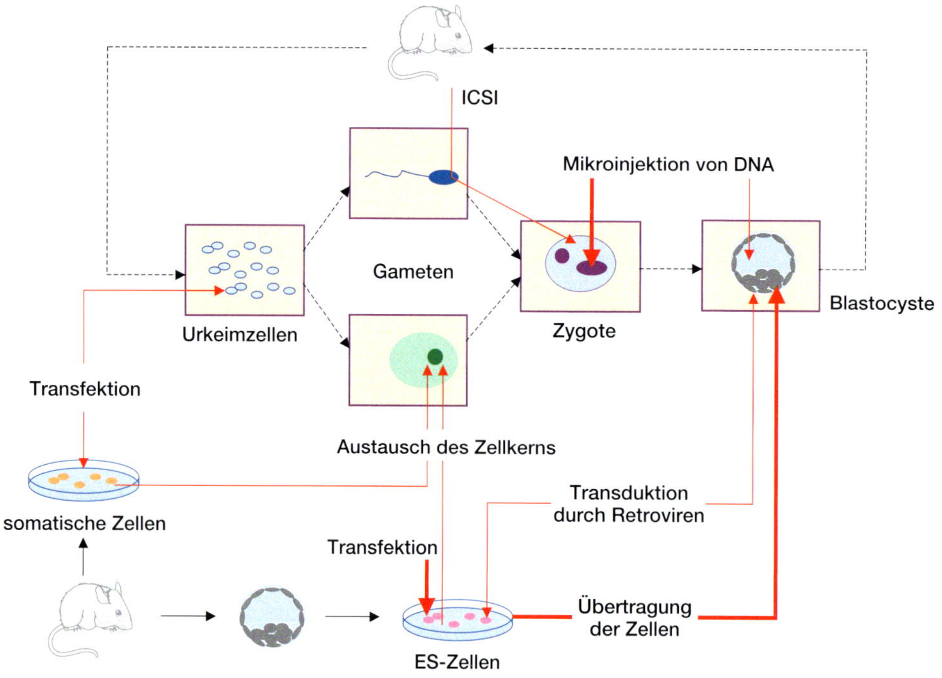

20.1 Die zahlreichen Verfahren zur Erzeugung genetisch veränderter Mäuse. Die Kästen, die durch gestrichelte Linien verbunden sind, zeigen den Lebenszyklus der Maus und geben die Phasen an, in denen genetische Veränderungen möglich sind: Keimbahnzellen, Gameten, Zygote, Blastocyste und ausgewachsenes Tier. Der untere Teil der Abbildung zeigt eine andere Maus als Quelle für Donorzellen zur Übertragung von Zellkernen und ganzen Zellen. Die roten Pfeile markieren die Einschleusung von exogener DNA. Die breiten Pfeile stehen für die am häufigsten angewandten Genübertragungsmethoden bei Mäusen.

Tabelle 20.1 Genübertragung auf Tiere: Zusammenfassung der Zielzellen und Methoden für die Transformation der Keimbahn

Zielzellen	Methode
Keimzellen	Transfektion von Urkeimzellen in Kultur (Säuger) Injektion in den Embryo an der Stelle der Keimzellenentwicklung (*Drosophila*)
Spermien	Anheften der DNA an Spermienköpfe (Säuger) Einschleusen der DNA in dekondensierte Zellkerne von Spermien (*Xenopus*)
Eizelle/Zygote	Mikroinjektion in das Cytoplasma der Eizelle (Vögel, Amphibien, Fische, *C. elegans*) Mikroinjektion in Pronuclei (Säuger) Übertragung durch Retroviren (Säuger, Primaten) *Übertragung von Zellkernen*
Blastocyste	Mikroinjektion in Blastocoel (Säuger) *Übertragung von ES-Zellen* (Mäuse) Übertragung durch Retroviren (Säuger, Vögel)
ES-Zellen (*danach Übertragung der Zellen*)	Transfektion – Hinzufügen von Transgenen Transfektion – gezielte Genveränderung Übertragung durch Retroviren
somatische Zellen (*danach Übertragung der Zellkerne*)	Transfektion – Hinzufügen von Transgenen Transfektion – gezielte Genveränderung Übertragung durch Retroviren

zwar relativ einfach möglich ist, *Urkeimzellen* zu isolieren, in Kultur zu setzen und zu transfizieren, aber sehr schwierig, die veränderten Zellen dazu zu bringen, in die Keimbahn einzugehen, wenn sie zurück in das Tier übertragen werden. Die direkte Veränderung von Keimbahnzellen ist jedoch bei der Erzeugung von transgenen Taufliegen ein Routineverfahren. Bei *Drosophila melanogaster* wird eine effiziente Integration in die Chromosomen dadurch erreicht, dass man Sequenzen aus einem transponierbaren Element verwendet, dem so genannten *P-Element*. Das Transgen wird zwischen die beiden endständigen Sequenzen des P-Elements eingefügt und das Konstrukt dann in das *Polplasma* eines jungen Embryos injiziert (dort befinden sich die Zellkerne der *Polzellen* (Keimbahnvorläuferzellen)). Die Transposase, die für die Transposition des P-Elements notwendig ist, wird von einem gleichzeitig injizierten Plasmid exprimiert. Das ermöglicht eine zufällige Integration des Transgens in das Genom eines oder mehrerer Polzellkerne. Normalerweise wird nur eine einzige Kopie des Transgens eingebaut.

Es ist möglich, DNA mit Spermien oder mit Zellkernen von Spermien zu vermischen und dann in unbefruchtete Eizellen einzuschleusen

Die direkte Veränderung von Gameten ist eine andere Herangehensweise zur Erzeugung transgener Tiere. Dafür wurden zwei verschiedene Methoden entwickelt: durch spermienvermittelte DNA-Übertragung und die Integration durch Restriktionsenzyme.

Die **DNA-Übertragung durch Spermien** nutzt die Tatsache, dass Spermienköpfe *in vitro* spontan DNA binden. Deshalb verwendet man Spermien als Transportmittel, wobei allerdings das *Genom der Gameten nicht verändert wird*. Die **Spermieninjektion in das Cytoplasma** (*intracytoplasmatic sperm injection*, **ICSI**) ist eine Behandlungsmethode gegen Unfruchtbarkeit, bei der man Spermienköpfe in das Cytoplasma der Eizelle injiziert. Man hat die ICSI-Methode dazu verwendet, mit Plasmid-DNA beschichtete Spermienköpfe in Eizellen von Säugern einzuschleusen. Bei den ersten Experimenten wurden Plasmide, die das Gen für das grün fluoreszierende Protein (GFP) enthalten, an Mausspermien befestigt und in isolierte Oocyten injiziert. Fast alle Eizellen zeigten anschließend GFP-Aktivität, aber nur aus 20% gingen transgene Mäuse hervor. Das zeigt, dass das Transgen in den meisten Fällen nicht in das zelluläre Genom integriert wurde (Perry et al. 1999). Dasselbe Verfahren wurde auch bei Rhesusaffen angewandt, aber obwohl mehrere Embryonen eine temporäre GFP-Aktivität zeigten, erwies sich keiner als transgen.

Die **Integration durch Restriktionsenzyme** (*restriction enzyme-mediated integration*, **REMI**) ist das bewährte Verfahren für die Erzeugung transgener Frösche. Anders als bei der DNA-Übertragung durch Spermien wird hier das Genom der Gameten verändert. Aus Spermien werden Zellkerne isoliert, dekondensiert und mit Plasmid-DNA vermischt. Dann werden die Zellkerne mit begrenzten Mengen eines Restriktionsenzyms behandelt, das Einzelstrangbrüche in die DNA einführt. Die dekondensierten Nuclei werden dann auf unbefruchtete Eier übertragen, in denen die Einzelstrangbrüche repariert werden. Das führt zu einer Integration der Plasmid-DNA in das Genom. Die Zellkerne sind sehr instabil und die Übertragung muss sehr schnell erfolgen (Kroll und Amaya 1996).

Die Mikroinjektion von DNA in befruchtete Eizellen ist eine bewährte Methode, transgene Mäuse zu erzeugen und bei Fischen und Amphibien eine temporäre Expression zu testen

Transgene Mäuse wurden bis vor kurzem dadurch erzeugt, dass man DNA in das Cytoplasma einer befruchteten Eizelle injizierte. Inzwischen hat sich aber eine effizientere Technik etabliert: die direkte Einführung der DNA in den männlichen Pronucleus unmittelbar nach der Befruchtung. Die Methode ist in Abbildung 20.2 dargestellt. Das durch Mikroinjektion übertragene Transgen wird normalerweise an einer einzigen zufälligen Stelle und in mehreren Kopien in die chromosomale DNA integriert (es ist nicht ungewöhnlich, wenn 50 oder mehr Kopien als Kopf-Schwanz-Concatamer vorhanden sind). Die Integration des Transgens kann unmittelbar erfolgen, sodass die entstehende Maus transgen ist. Häufiger wird jedoch die DNA erst nach einer oder zwei Zellteilungen integriert, sodass die Maus ein **Mosaik** darstellt, das sowohl transformierte als auch nichttransformierte Zellen enthält. Wenn transformierte Zellen an der Bildung der Keimbahn beteiligt sind, wird das Transgen auf die nächste Generation von Mäusen übertragen. Das lässt sich dann mithilfe einer PCR durch einen Southern-Blot oder durch einen Test auf die Expression des Transgens nachweisen. Es ist möglich, dass bei bis zu 40 % der behandelten Eizellen von Mäusen eine Übertragung in die Keimbahn erfolgt. Ungünstig ist dabei, dass sich das Verfahren zwar auch auf andere Säuger anwenden lässt, die Übertragungsrate aber wesentlich geringer ist (unter einem Prozent), was teilweise an den Schwierigkeiten bei der Handhabung der Eizellen und teilweise an den geringeren Überlebensraten liegt.

Mithilfe der Mikroinjektion lässt sich DNA auch in Eier von Fischen und Amphibien übertragen, wobei die DNA hier, im Gegensatz zur Situation bei den Säugern, dazu neigt, im Zustand eines Episoms zu verbleiben und dabei stark repliziert wird. Die Menge der injizierten Plasmid-DNA kann in den frühen Entwicklungsstadien auf das 50 bis 100fache zunehmen. Das liegt vermutlich daran, dass bei der Entwicklung von Fischen und Amphibien keine Transkription stattfindet, sodass es einen großen Vorrat an Enzymen und Proteinen für die DNA-Replikation gibt. Deshalb sind die Eier von Fischen und Fröschen als temporäre Expressionssysteme geeignet. Ein Teil der DNA wird dennoch integriert, und wenn man sie auf die Keimbahn überträgt, lassen sich transgene Vererbungslinien etablieren. Dieses Verfahren wird aufgrund der langen Generationsintervalle bei Fröschen nicht angewandt, ist jedoch die Standardmethode für die Erzeugung transgener Fische.

Die Genübertragung mithilfe von Retroviren wurde bereits für die Erzeugung transgener Säuger und Vögel angewandt, aber hauptsächlich dient diese Methode zur Erzeugung von Entwicklungsmosaiken

Gene können auf nichtselektierte Zellen von sehr frühen Embryonen übertragen werden, wenn man retrovirale Vektoren benutzt, da nach der Infektion eine DNA-Kopie des Vektors stabil in das Wirtsgenom integriert wird. Die Infektion von Mausembryonen vor der Implantation mit einem rekombinanten Retrovirus für Mäuse und Ratten oder die Injektion des Retrovirus in frühe Embryonen nach der Implantation führt bei einigen Zellen zu einer stabilen Transformation. Dabei entstehen Mosaike, aus denen transgene Nachkommen hervorgehen können. Ähnliche Ergebnisse lassen sich bei Hühnern mit Vogelretroviren erzielen. Aufgrund mehrerer Einschränkungen bei der Genübertragung durch Retroviren (die Größe der Fremd-DNA, die eingebaut werden kann, ist begrenzt, und retrovirale Transgene werden tendenziell abgeschaltet) wird diese Methode nicht häufig angewandt, um transgene Mäuse oder Vögel zu erzeugen. Stattdessen dient diese Methode mehr dazu, Mosaike zu erzeugen, die sich für die Untersuchung der Expression und Funktion von Genen bei der Entwicklung der Wirbeltiere eignen. In noch jüngerer Zeit ist durch Injektion rekombinanter Retroviren in den Perivitellinspalt isolierter Oocyten die Erzeugung von transgenen Rindern gelungen (Chan et al. 1998). Und der erste transgene Primat ist ein Rhesusaffe mit dem Namen ANDi (Chan et al. 2002).

Transgene Mäuse können durch Transfektion embryonaler Stammzellen erzeugt werden

Embryonale Stammzellen (ES-Zellen) der Maus werden 3,5 bis 4,5 Tage nach der Befruchtung aus Embryonen entnommen; sie gehen aus der inneren Zellmasse der Blastocyste hervor (Exkurs 20.3). ES-Zellen können *in vitro* in Kultur gezogen werden und lassen sich mit den in Exkurs 20.1 beschriebenen Methoden einfach transfizieren. Sie bleiben jedoch pluripotent. Wenn sie wieder in eine Blastocyste injiziert werden, die in ein scheinträchtiges Nährmuttertier eingesetzt wird, sind sie bei der Bildung aller Gewebe der Maus stark beteiligt und gehen auch in die Keimbahn ein.

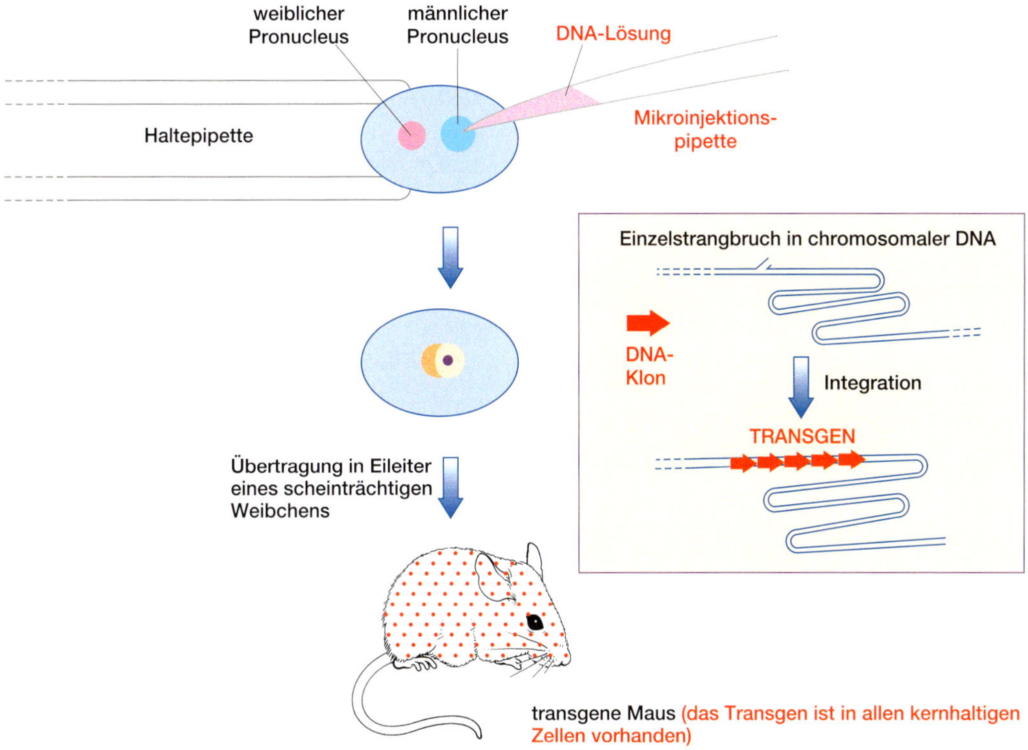

20.2 Erzeugung von transgenen Mäusen durch Mikroinjektion in den Pronucleus. Mithilfe einer speziellen Apparatur werden sehr dünne Glaspipetten hergestellt: Die Haltepipette hat eine Öffnung, die einen Teil einer befruchteten Eizelle aufnehmen kann und sie so festhält. Die Mikroinjektionspipette hat eine sehr dünne Spitze, mit deren Hilfe die Eizelle und dann der *männliche* (größere!) Pronucleus angestochen wird. Dann pipettiert man eine wässrige Lösung der gewünschten DNA direkt in den Pronucleus. Die eingeschleusten DNA-Klone können sich bei Einzelstrangbrüchen in die DNA integrieren und bilden so Transgene, die normalerweise aus mehreren kraniokaudalen Kopien bestehen. Nach Herausziehen der Mikropipette werden überlebende Eizellen in die Eileiter eines *scheinträchtigen* Nährmuttertieres eingesetzt (das vorher mit einem Männchen, dem die Samenleiter entfernt wurden, gepaart wird; der Paarungsakt kann bei dem Weibchen physiologische Veränderungen hervorrufen, die die Entwicklung der eingesetzten Embryonen stimulieren). Neugeborene Mäuse die aus den eingesetzten Embryonen hervorgehen, werden durch eine PCR auf die gesuchte DNA-Sequenz getestet (Gordon 1992).

Der sich entwickelnde Embryo enthält zwei Zellpopulationen aus verschiedenen Zygoten, also der Blastocyste und den ES-Zellen, und ist deshalb eine **Chimäre**. Das ist der Unterschied zu einem Mosaik, bei dem die Zellen genetisch unterschiedlich sind, aber von derselben Zygote stammen (Abb. 4.10). Wenn die Blastocyste und die ES-Zellen von Mäusen mit unterschiedlicher Fellfarbe stammen, lassen sich die chimären Nachkommen an ihrem unregelmäßig gefärbten Fell leicht erkennen. Eine Übertragung des Transgens auf die Keimbahn lässt sich ebenfalls bestätigen, indem man (normalerweise) männliche Chimären mit Weibchen kreuzt, deren Fellfarbe gegenüber der Fellfarbe des Stammes, aus dem die ES-Zellen entnommen wurden, rezessiv ist, und dann die Nachkommen untersucht (Abb. 20.3).

Einer der Vorteile von ES-Zellen besteht darin, dass sie sich unbegrenzt in Kultur halten lassen und die damit verknüpften positiven Eigenschaften besitzen. Millionen von Zellen können durch einfache Transfektionstechniken transformiert werden, und die gewünschte genetische Veränderung lässt sich noch im Stadium der Zellkultur nachprüfen, indem man selektierbare Marker wie *neo* verwendet (Exkurs 20.2). Im Gegensatz dazu erfordern die übrigen bereits besprochenen Verfahren die manuelle Behandlung einzelner Eizellen oder Embryonen, sodass die Integration des Transgens erst bei den resultierenden Mäusen festgestellt werden kann. Der größte Vorteil von ES-Zellen besteht jedoch darin, dass sie zu homologen Rekombinationen neigen. Dadurch ist eine genetische Veränderung durch *gene targeting* möglich (Abschnitt 20.2.5). Vor kurzem hat man auch ES-Zellen vom Huhn und vom Menschen entwickelt (Exkurs 20.3; Diskurs in Abschnitt 21.3.3), aber es war bis jetzt unmöglich, vitale verlässliche ES-Zelllinien von Haustieren zu isolieren.

Genetisch veränderte Haustiere erzeugt man am besten mithilfe einer Zellkernübertragung, wobei die Erfolgsrate sehr gering ist

Die grundlegenden Verfahren, die für die Erzeugung transgener Mäuse angewandt werden (Mikroinjektion in den Pronucleus oder Transfektion von ES-Zellen) sind bei den meisten Säugern entweder ineffizient oder nicht praktikabel. Deshalb wurden andere Methoden entwickelt, die auf der **Übertragung von Zellkernen** beruhen. Dabei wird der Zellkern in einer Oocyte durch den Kern einer somatischen Zelle ersetzt. Dieser wird durch die Oocyte umprogrammiert und kann nun den gesamten Entwicklungsvor-

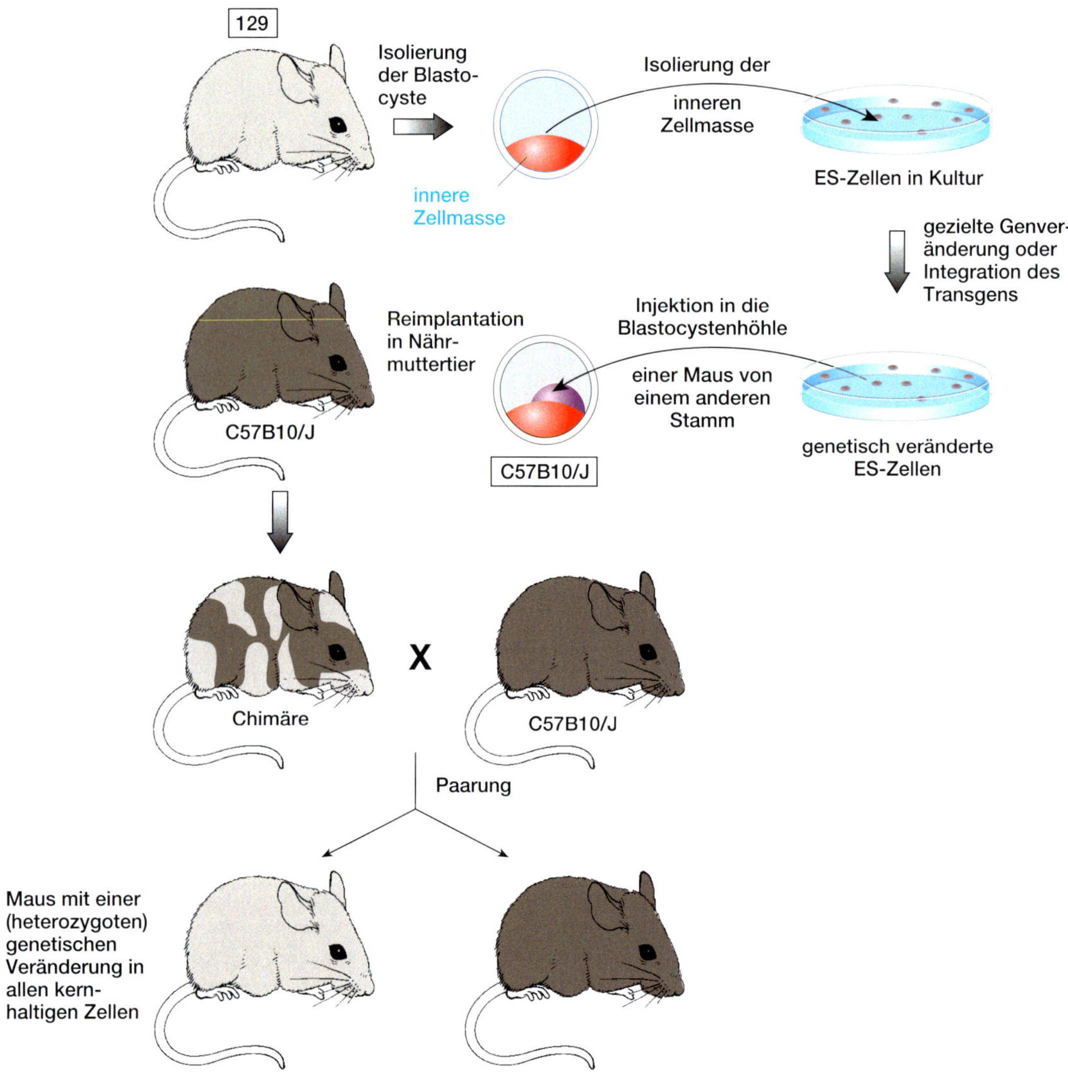

20.3 Mithilfe genetisch veränderter ES-Zellen werden Fremd-DNA oder spezifische Mutationen in die Keimbahn der Maus übertragen. Die Eileiter von Mäusen aus einem geeigneten Stamm (129) werden herauspräpariert, die Blastocysten isoliert und Zellen der inneren Zellmasse in Kultur gesetzt. Diese embryonalen Stammzellen (ES-Zellen) behalten die Fähigkeit, sich letztendlich in die verschiedenen Gewebetypen der adulten Maus zu differenzieren. ES-Zellen können in der Kultur durch Einschleusen von Fremd-DNA oder durch Einführen bestimmter Mutationen genetisch verändert werden. Die veränderten ES-Zellen können dann in isolierte Blastocysten eines anderen Mausstammes (etwa C57B10/J) injiziert werden. Die Mäuse dieses Stammes besitzen eine schwarze Fellfarbe, die gegenüber der Agouti-Färbung des Stammes 129 rezessiv ist. Die anschließende Entwicklung der eingeführten Blastocyste führt zu einer **Chimäre**, die (auch in den Keimbahnzellen) zwei Zellpopulationen enthält, die letztendlich von zwei verschiedenen Zygoten stammen (das zeigt sich im Allgemeinen daran, dass das Fell verschieden gefärbte Flecken aufweist). Die Rückkreuzung der Chimären kann zu Mäusen führen, die für die genetische Veränderung heterozygot sind. Durch die anschließende Inzucht heterozygoter Mutanten entstehen schließlich homozygote Mutanten.

gang erneut durchlaufen, obwohl sich die Donorzelle in einem anderen Zustand befunden hat.

Die Technik selbst ist nicht neu. Sie wird schon seit über 50 Jahren dazu benutzt, klonierte Amphibien zu erzeugen. Seit den späten 1980er Jahren kann man damit auch Säuger aus Zellkernen klonen, die aus Zellkulturen stammen (Campbell et al. 1996). 1997 wurde dann der erste Säuger aus einer adulten Zelle geklont (Wilmut et al. 1997). Das Verfahren, das Wilmut und Kollegen angewandt haben, ist in Abbildung 20.4 dargestellt. Bei dem ursprünglichen Experiment entwickelten sich aus 434 Oocyten nur 29 so weit, dass sie übertragen werden konnten, und von diesen entwickelte sich nur eine bis zur Geburt – das Ergebnis war das berühmte Lamm mit dem Namen Dolly (Abb. 20.4b). Das erfolgreiche Klonen ausgewachsener Tiere zwingt uns zu akzeptieren, dass die Modifikation des Genoms, die früher als irrversibel galt, aufgehoben werden kann, und dass die Genome adulter Zellen durch Faktoren in der Oocyte umprogrammiert werden und ihre Totipotenz wieder erlangen können. Von der Klonierung von Tieren, besonders von Mäusen (Wakayama et al. 1998), könnten verschiedene Bereiche profitieren: die Erforschung der Kontrolle der Genexpression während der Entwicklung und grundlegender Prozesse der somatischen Differenzierung, die Untersuchung von somatischen Mutationen sowie von Alterungs- und Reparaturvorgängen. Wir behandeln den praktischen medizinischen Nutzen und die ethischen Fragestellungen bei der Klonierung von Tieren und Menschen in Kapitel 21. In diesem Kapitel betrachten wir das Verfahren lediglich als weitere Möglichkeit, transgene Tiere zu erzeugen. Entscheidend ist dabei, dass der Donorzellkern aus einer Zelle entnommen wird, die vorher transfiziert wurde und ein zusätzliches Transgen enthält, sodass das Tier, dass aus der manipulierten Oocyte entsteht, transgen ist. Dies wurde zuerst von Schnieke und Mitarbeitern (1997) durchgeführt, die Schaffibroblasten in Kultur mit dem menschlichen Gen für den Blutgerinnungsfaktor IX transfizierten und so ein transgenes Mutterschaf (Polly) erzeugten, dessen Milch das rekombinante Protein enthielt. Auf ähnliche Weise hat man Schafe auch aus somatischen Zellen in Kultur geklont, deren Genom durch *gene targeting* verändert wurde (siehe unten und McCreath et al. 2000).

Exkurs 20.3: Isolierung und Veränderung von embryonalen Stammzellen der Säuger

Bei Säugern entwickelt sich der Embryo genau aus der inneren Zellmasse (ICM) einer Blastocyste (Abschnitt 3.7.3). Embryonale Stammzellen (ES-Zellen) aus Blastocysten der Maus wurden erstmals von Evans und Kaufman (1981) und Martin (1981) isoliert. Dafür platziert man einen 4,5 Tage alten Embryo (der noch vor der Einnistung steht) auf eine Einzelschicht von Nährzellen. Diese bilden eine Matrix für die Anheftung des Embryos und sezernieren auch Proteinfaktoren, die neu gebildete ES-Zellen daran hindern, sich zu differenzieren. Nach Anheftung der Blastocyste entfernt man die innere Zellmasse physikalisch mithilfe einer Mikropipette und verteilt sie in Form kleiner Zellaggregate auf neuen Nährzellen. Man untersucht die Kolonien unter dem Mikroskop nach ihrer charakteristischen Morphologie. Dann werden sie entnommen, in einzelne Zellen zerlegt und auf neuen Nährzellschichten verteilt. Schließlich kann man Zellen mit einheitlicher Morphologie isolieren und zu Zelllinien ausbauen. Die Bezeichnung ES-Zellen wurde eingeführt, um diese Stammzellen, die von einem Embryo stammen, von embryonalen Karzinomzellen (EC-Zellen) zu unterscheiden, die sich aus Teratocarcinomen ableiten. ES-Zellen besitzen generell ein weniger beschränktes Entwicklungspotenzial als EC-Zellen. Beide Zelltypen sind pluripotent, und aus ES-Zellen können alle adulten Zelltypen hervorgehen, einschließlich der Keimbahnzellen. Sie sind jedoch nicht totipotent, das heißt im Sinn einer befruchteten Eizelle. Wenn sie in den Uterus eingesetzt werden, kann aus ihnen kein Embryo hervorgehen. In einigen Fällen wurde berichtet, dass auch EC-Zellen bei Chimären in die Keimbahn eingegangen sind. Wenn jedoch ES-Zellen der Maus in eine isolierte Blastocyste bei einem anderen Stamm injiziert werden, die dann in ein scheinträchtiges Nährmuttertier eingesetzt wird, so gehen diese Zellen auf konsistentere Weise in die Chimäre ein, was besonders für die Keimbahn von Bedeutung ist. Gerade durch diese Eigenschaft sind ES-Zellen für die Forschung von besonderem Wert. Hier ist noch anzumerken, dass die ES-Zellen, die bereits erfolgreich für die Erzeugung von Keimbahnchimären verwendet wurden, von einem einzigen Mäusestamm (129) abstammen und nur in Kombination mit einem einzigen weiteren Stamm (C57BL/6) verwendet werden, der den Wirtsembryo bildet. In dieser Kombination sind ES-Zellen besonders vital und gehen leicht in die Keimbahn ein.

Die Suche nach ES-Zellen bei anderen Säugern beschäftigt Forscher schon seit Jahren. Es ist zwar gelungen, aus mehreren anderen Spezies ES-Zellen zu isolieren, aber der große Erfolg bei der Bildung von Keimbahnchimären der Maus ließ sich nicht wiederholen. Vor kurzem hat man embryonale Stammzellen des Menschen aus einer Blastocyste isoliert (Thompson et al. 1998) und aus Urkeimzellen abgeleitet (Shamblott et al. 1998). Die denkbaren Anwendungsmöglichkeiten menschlicher ES-Zellen in der Medizin und die ethischen Fragestellungen in bezug auf ihre Anwendung werden in Kapitel 21 besprochen.

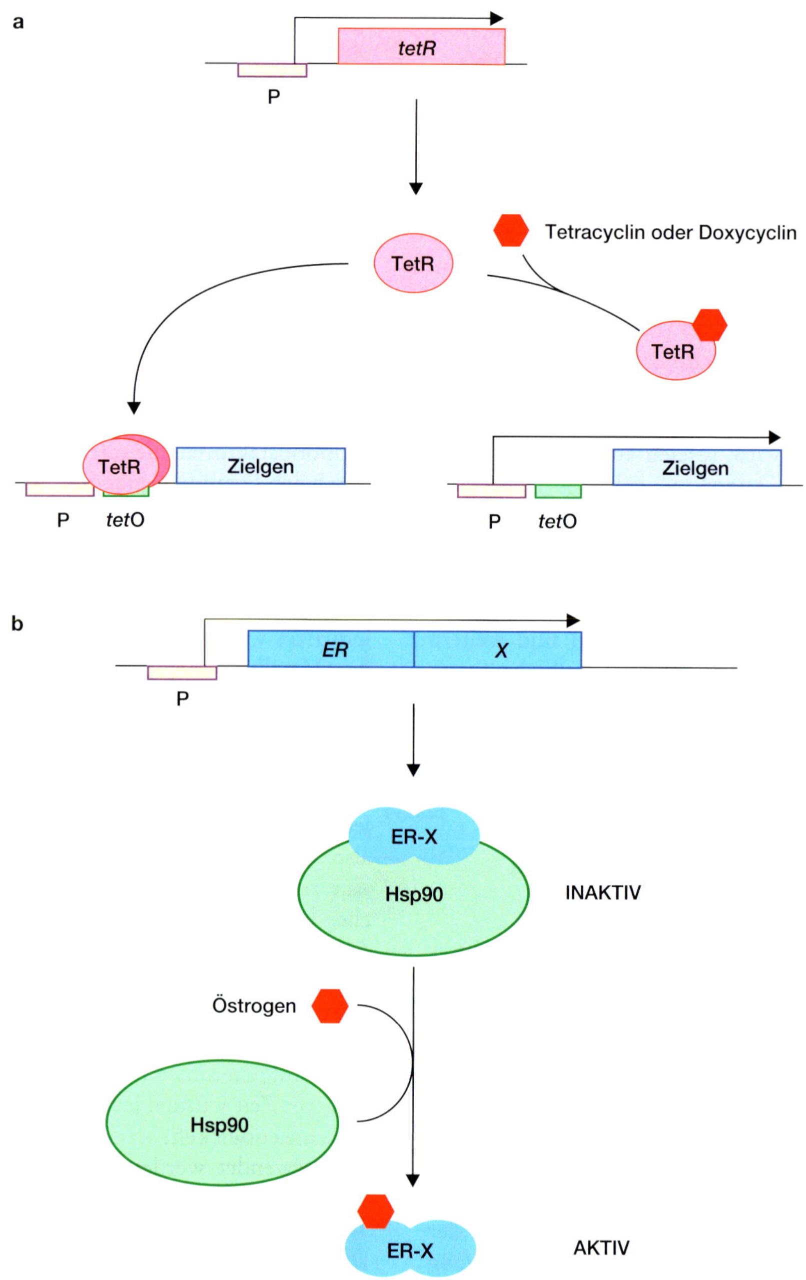

20.5 Induzierbare Expressionssysteme. a) Das tetracyclininduzierbare Basissystem für die Genexpression. Die konstitutive Expression des Tet-Repressors (TetR) von *E. coli* inaktiviert jedes Zieltransgen, das die *tet*O-Operatorsequenz enthält, an die der Repressor bindet. In Gegenwart von Tetracyclin oder seinem Analogon Doxycyclin ändert sich die Konformation des Repressors, und er kann nicht mehr an den Operator binden; die Blockierung des Gens wird also aufgehoben. Toxizitätseffekte aufgrund der hohen konstitutiven Expression des Repressors schränken jedoch die Anwendbarkeit dieses Systems auf bestimmte Zellen ein. Um das zu umgehen, hat man ausgefeiltere Systeme entwickelt, bei denen der Tet-Repressor zu einem Aktivator umfunktioniert wurde (tTA-System) oder die Bindung von Tetracyclin abhängt und nicht dadurch aufgehoben wird (reverses tTA-System). Ein Übersichtsartikel zu diesen Systemen findet sich bei Saez et al. (1997). b) Das östrogeninduzierbare Expressionssystem. Ein Protein X, das als Fusionsprodukt mit dem Östrogenrezeptor (ER) exprimiert wird, ist generell inaktiv, da es dadurch mit dem Hitzeschockprotein Hsp90 einen Komplex bildet. In Gegenwart von Östrogen wird das Fusionsprotein jedoch aus dem Komplex freigesetzt und Protein X reaktiviert. Der besondere Vorteil des Systems besteht darin, dass die Induktion sehr schnell erfolgt, da nur ein Proteinkomplex dissoziieren muss und keine Transkription mit anschließender Proteinsynthese erforderlich ist.

erreicht ist. Für Fälle, in denen eine schnelle Induktion und ein schneller Abbau essenziell sind, stehen induzierbare Systeme auf Proteinebene zur Verfügung. Bei einem dieser Systeme wird das gewünschte Transgen als Fusionsprodukt mit dem Östrogenrezeptor exprimiert, der normalerweise mit Hsp90 einen inaktiven Komplex bildet (Abb. 20.5B). In Gegenwart von Östrogen oder des Analogons Tamoxifen wird der Östrogenrezeptor freigesetzt, und das Protein, mit dem er fusioniert ist, kann aktiv werden (Littlewood et al. 1995).

Die Expression integrierter Transgene wird durch Positionseffekte und die Struktur des Locus beeinflusst

Häufig ist zu beobachten, dass unabhängig voneinander erzeugte transgene Tiere, die dasselbe Transgenkonstrukt tragen, nicht immer dieselbe Höhe oder dasselbe Muster der Expression zeigen. Das liegt daran, dass die Integration des Transgens zufällig erfolgt, sodass sowohl die Position als auch die Struktur des Transgenlocus unterschiedlich sind. Durch den Einfluss lokaler regulatorischer Elemente und die lokale Chromatinstruktur kommt es zu Positionseffekten. So kann beispielsweise das Transgen in der Nähe eines Enhancers integriert werden, der das Expressionsmuster verändert. Oder das Gen wird in einer Heterochromatindomäne integriert, was die Expression des Gens überhaupt verhindert. Die Struktur des Transgenlocus kann ebenfalls die Expression beeinflussen. Wenn beispielsweise zwei Kopien des Transgens zufällig als umgekehrte Wiederholung vorliegen, kann es in der RNA zur Bildung einer Haarnadelschleife kommen, die zu einer RNA-Interferenz führt (Abschnitt 20.2.6). Verschiedene andere Eigenschaften des Locus können eine zelluläre Abwehr gegen die eingedrungene DNA auslösen. Dabei wird das Transgen durch eine *de novo*-Methylierung der DNA abgeschaltet. Diese Phänomene treten in transformierten Zelllinien weniger auf, da sie nach der Fähigkeit selektiert werden, ein Markergen stark zu exprimieren.

Positionseffekte lassen sich durch Verwendung dominant aktiver regulatorischen Elemente und durch große Transgenkonstrukte ausschalten

Die meisten Transgene sind cDNA-Sequenzen, die von kurzen regulatorischen Elementen kontrolliert werden. Zunehmend stellt sich jedoch heraus, dass diese Elemente zwar die Minimalanforderungen für Genexpression und Genfunktion erfüllen, aber nicht die vollständigen Sequenzen umfassen, die für eine stabile Expression in einem Genomkontext erforderlich sind. Es gibt Hinweise, dass bestimmte regulatorische Elemente als Hauptschalter fungieren, die offene Chromatindomänen erzeugen und Gene vor dem Einfluss regulatorischer Elemente und der Chromatinstruktur in Nachbardomänen schützen. Diese Elemente liegen häufig in Introns und an entfernten Positionen. Deshalb lassen sich Positionseffekte entweder dadurch vermeiden, dass man diese Elemente in die Transgene einfügt oder indem man große genomische Konstrukte als Transgene verwendet und keine minimalisierte cDNA.

Es ist schwierig, genau die Elemente zu definieren, die die Chromatinstruktur bestimmen. Aber man hat bei Transgenen bereits einige davon mit einem gewissen Erfolg verwendet, etwa Grenzelemente, matrixassoziierte Regionen und Locuskontrollregionen (Abschnitt 10.5). Um diese großräumigen Effekte genauer zu untersuchen und um die Expression und Regulation menschlicher Gene im Zusammenhang mit ihren *cis*-aktiven regulatorischen Elementen zu erforschen, war es notwendig, Bedingungen zu finden, die die Übertragung großer DNA-Moleküle ermöglichen. Dabei gab es unter anderem die beiden folgenden wichtigen Ergebnisse:

- Die Entwicklung von **YAC-transgenen Mäusen** (Lamb und Gearhart 1995). Die erste Publikation zu diesem Thema beschreibt, wie Mäuse mit einem 670 kb großen YAC-Klon transformiert wurden, der das menschliche Gen für die Hypoxanthin-Guanin-Phosphoribosyltransferase (*HPRT*) enthielt (Jakobovits et al. 1993). Das Verfahren eignet sich für die Erzeugung von Modellen für menschliche Krankheiten, die durch ein weitreichendes Dosisungleichgewicht verursacht werden (Abschnitt 20.4.5). Auch andere Anwendungen sind möglich, beispielsweise die Produktion von authentischen menschlichen Antikörpern in Mäusen (Mendez et al. 1997; Beschreibung der allgemeinen Methode in Abbildung 20.6). YAC-transgene Tiere können durch Zellfusion, Mikroinjektion oder Transfektion mit Liposomen erzeugt werden.
- Die Entwicklung **transchromosomaler Mäuse** (Tomizuka et al. 1997). Sie enthalten menschliche Chromosomen oder Chromosomenfragmente und werden durch eine Genübertragung mithilfe von Mikrozellen erzeugt (Exkurs 8.4).

20.2.4 Die Genübertragung kann auch dazu dienen, definierte Mutationen zu erzeugen und die Expression endogener Gene auszuschalten

Bis hier haben wir uns mit der Genübertragung ausschließlich unter dem Blickwinkel befasst, dass tierische Zellen *zusätzliche* Funktionen erhalten sollen. Eine andere Art, diese Technik zu nutzen, ist das

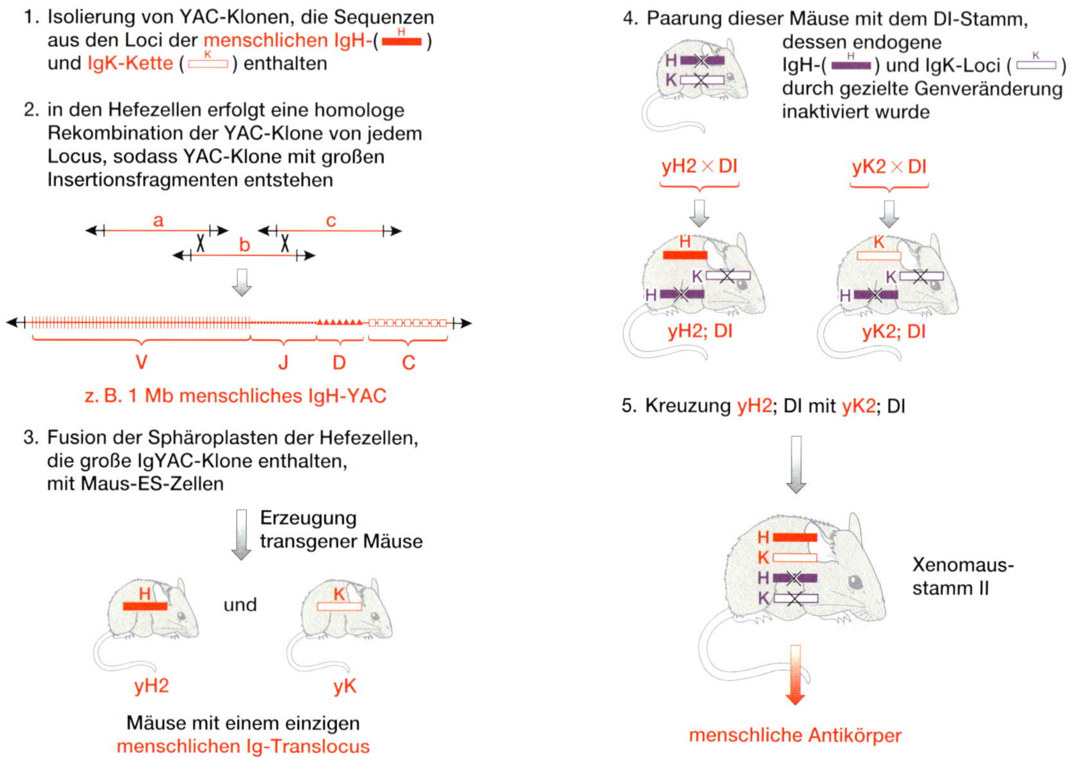

20.6 Anwendung der YAC-Transgenese für die Erzeugung einer Maus mit einem Repertoire menschlicher Antikörper. YAC-Klone, die Ig-Sequenzen beinhalten, erhielt man, indem man mit geeigneten Ig-Sonden YAC-Bibliotheken durchsuchte. Ziel war dabei die Isolierung von YAC-Klonen mit relativ kurzen Insertionsfragmenten, da man mithilfe einer homologen Rekombination in Hefezellen größere YAC-Klone erzeugen wollte. Durch Ablösen der äußeren Zellwand der Hefezellen wurden Sphäroplasten hergestellt, damit die Zellen leichter fusionieren. Weitere Einzelheiten zu den Methoden, mit denen diese Mäuse erzeugt wurden, finden sich bei Mendez et al. (1997).

selektive Ausschalten oder Verändern von endogenen Genfunktionen – dies ist vielleicht auch der wichtigste Beitrag zur biomedizinischen Forschung. Dabei handelt es sich nicht nur um ein leistungsfähiges Verfahren zur Untersuchung der Genfunktion (Abschnitt 20.3.2), sondern es ist damit auch möglich, Krankheitsmodelle zu erzeugen, die die entsprechenden menschlichen Krankheiten genau nachbilden (Abschnitt 20.4.4). Es gibt drei Verfahren, bei denen mithilfe einer Genübertragung die Funktion von endogenen Genen verändert wird:

- **Gezielte Genveränderung** (*gene targeting*). Bei diesem Verfahren wird mithilfe einer homologen Rekombination eine endogene Gensequenz durch eine verwandte Sequenz ersetzt. Auf diese Weise lässt sich in das Genom an einer vorbestimmten Stelle eine definierte Mutation einführen. Das Verfahren wird häufig dafür verwendet, ein Gen einfach mit einer langen Insertionssequenz zu unterbrechen. Die so entstehende Nullmutation bezeichnet man als **Gen-Knock-out**. Mit Varianten dieses Verfahrens sind auch ausgefeiltere Formen einer genetischen Veränderung möglich, etwa die Einführung genauer Mutationen und auch das Ersetzen eines Gens durch ein anderes.
- **Hemmung der Genexpression**. Bei diesem Verfahren verwendet man die Standardmethoden der Genübertragung, um in die Zelle eine neue DNA-Sequenz einzuführen. Diese codiert jedoch kein Protein, das in der Zelle eine neue Funktion erfüllt, sondern das Produkt des Transgens dient nur dazu, die Expression eines endogenen Gens zu hemmen. Diese Genprodukte, zu denen Antisense-RNAs, doppelsträngige RNAs, kurze Interferenz-RNAs, Ribozyme, Antikörper und vor allem inhibitorisch wirkende Proteine gehören, können auch ohne Expression eines Transgens direkt in die Zellen eingeführt werden, wobei die Effekte dann nur temporär und nicht dauerhaft sind.
- **Mutagenese durch Insertion**. Dabei wird das Transgen zufällig in ein vorhandenes Gen integriert und zerstört so dessen Funktion. Wie bei der gezielten Genveränderung wird auch dadurch die Genfunktion durch das Einführen einer Mutation verändert. In diesem Fall ist die Mutation aber weder definiert, noch erfolgt sie gezielt an einer

bestimmten Stelle. Die Mutationen in spezifischen Genen lassen sich durch umfangreiche Untersuchungen identifizieren (Abschnitt 20.3.3).

20.2.5 Die gezielte Genveränderung ermöglicht die Erzeugung von Tieren, die in jeder Zelle eine definierte Mutation tragen

Bei der gezielten Genveränderung kommt es *in vivo* zu einer homologen Rekombination zwischen einem endogenen Gen und einer exogenen DNA-Sequenz, die sich in einem zielspezifischen Vektor befindet

Wechselwirkungen zwischen der DNA, die in eine tierische Zelle eingeführt wird, und dem Genom dieser Zelle führen im Allgemeinen zu einer zufälligen Integration der „fremden" DNA an Stellen, an denen die Chromosomen bereits Einzel- oder Doppelstrangbrüche aufweisen. Wenn jedoch die exogene DNA einem endogenen Gen stark ähnelt, kann es zu einer anderen Art der Wechselwirkung kommen. Dabei lagern sich die exogene und die endogene Sequenz zusammen und durchlaufen eine **homologe Rekombination**. Dieser Vorgang, den man als **gezielte Genveränderung** bezeichnet, ermöglicht die Erzeugung definierter Mutationen an ausgewählten Stellen im Genom der Zelle. Das Ganze lässt sich daher als künstliche, positionsspezifische *in vivo*-Mutagenese betrachten (im Gegensatz zu den verschiedenen Methoden der positionsspezifischen *in vitro*-Mutagenese, wie sie in den Abschnitten 5.5.2 und 5.5.3 beschrieben werden).

Eine homologe Rekombination ist in Säugerzellen ein sehr seltenes Ereignis, das etwa 10^4- bis 10^5-mal seltener auftritt als eine zufällige Integration. Die Häufigkeit der homologen Rekombination hängt sowohl von der Länge der *homologen Region* ab (von dem Teil des zielspezifischen Vektors, der sich an das endogene Gen anlagert) als auch von dem Übereinstimmungsgrad mit dem Zielgen. Deshalb umfasst der eingeführte DNA-Klon, der die gewünschte Veränderung enthält, im Allgemeinen eine lange Sequenz, die zur genomischen DNA der Zelle **isogen** ist. Selbst dann tritt eine echte homologe Rekombination nur mit sehr geringer Häufigkeit auf und ist vom relativ starken Hintergrund der zufälligen Integration nur schwer zu unterscheiden. Das Verfahren, mit dem man Zellen identifizieren kann, bei denen wirklich

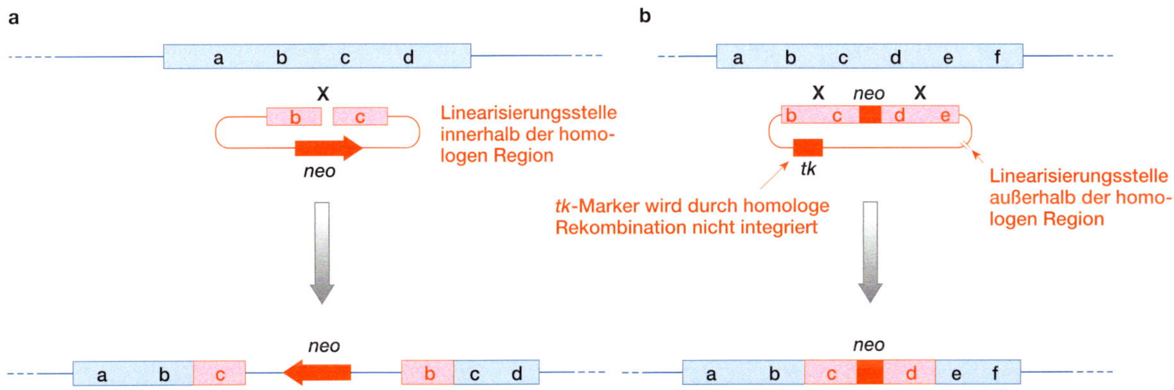

20.7 Mithilfe einer gezielten Genveränderung (*gene targeting*) durch homologe Rekombination lassen sich in einer intakten Zelle Gene an einem definierten Locus inaktivieren. a) Insertionsvektormethode. Die eingeschleuste Vektor-DNA (rot) wird an einer einzigen Stelle innerhalb der Sequenz geschnitten, die mit einem Teil des endogenen Gens (blau) identisch oder nahe verwandt ist. So kann eine homologe Rekombination (X) erfolgen, die zur Integration der vollständigen Vektorsequenz in den Ziellocus führt (einschließlich des *neo*-Markergens, das eine Resistenz gegen das Antibiotikum G418 vermittelt). Eine wirklich homologe Rekombination erfolgt jedoch nur selten, und bei den meisten G418-resistenten Zellen wird der Vektor an einer zufälligen Position integriert. Damit man zwischen einer gezielten Genveränderung und einem zufälligen Ereignis unterscheiden kann, ist ein PCR-Test erforderlich, wobei die Primer so konstruiert sein müssen, dass sie zum Vektor und zum Zielgen passen. b) Austauschvektormethode. Hier ist das *neo*-Gen in einer Sequenz enthalten, die zum endogenen Gen homolog ist, und der Vektor wird an einer einzigen Stelle geschnitten, die außerhalb des homologen Bereichs liegt. Eine doppelte Rekombination oder eine Genkonversion können zu einem Austausch von Sequnezen innerhalb des Zielgens gegen homologe Sequenzen des Vektors führen (einschließlich des *neo*-Gens). Auch kommt es häufiger zu einer zufälligen Integration, aber die Austauschvektormethode ermöglicht ein ausgefeilteres duales Selektionsverfahren. Dabei wird außerhalb des homologen Bereichs ein zweiter, gegenselektierbarer Marker wie etwa das *tk*-Gen (das eine **Gancyclovir**sensitivität hervorruft) eingefügt. Der zweite Marker wird nur bei einer zufälligen Integration in das Genom eingefügt, nicht aber bei einer homologen Rekombination. Deshalb enthalten Zellen, die sowohl gegen G418 als auch gegen Gancyclovir resistent sind, wahrscheinlich die eingeschleuste DNA an der richtigen Position.

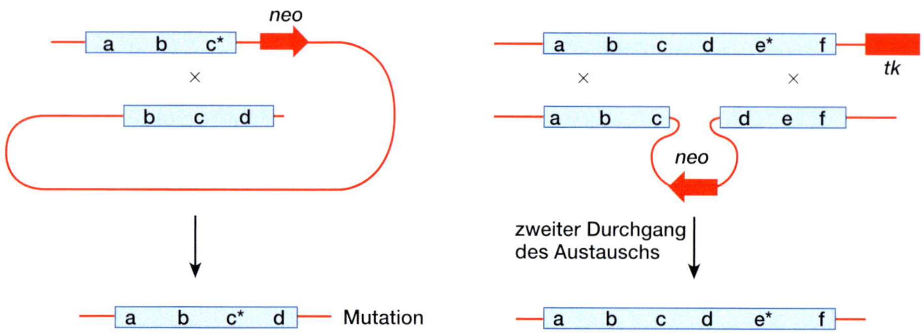

20.8 Das Einführen genauer Mutationen durch gezielte Genveränderung. a) Bei der „Hit-and-run"-Methode, die mit *Insertionsvektoren* durchgeführt wird, liegt die punktgenaue Mutation auf dem ersten Vektorkonstrukt. Durch eine Rekombination innerhalb des Chromosoms werden das Markergen und der Vektor entfernt b) Bei der „Tag-and-exchange"-Methode, die mit *Austauschvektoren* durchgeführt wird, verwendet man ein zweites Vektorkonstrukt dazu, die Mutation zu ersetzen, die im ersten Schritt eingeführt wurde. Das zweite Konstrukt enthält einen gegenselektierbaren Marker außerhalb des homologen Bereichs, um eine zufällige Integration auszuschließen.

eine gezielte Veränderung des Gens stattgefunden hat, hängt von der Art des Konstrukts ab (Abb. 20.7). Es gibt zwei Arten:

- **Insertionsvektoren** gelangen durch ein einziges reziprokes Rekombinationsereignis an den gewünschten Locus, sodass der gesamte Vektor in die DNA eingefügt wird (Abb. 20.7A)
- **Austauschvektoren** sind so konstruiert, dass ein Teil der chromosomalen Gensequenz durch eine homologe Sequenz der eingeführten DNA (Abb. 20.7B) ersetzt wird als Ergebnis einer doppelten reziproken Rekombination oder einer Genkonversion.

Bei beiden Verfahren wird ein großer Abschnitt der Vektor-DNA, der das *neo*-Markergen enthält, in den angesteuerten Locus eingefügt. Dadurch wird der Locus unterbrochen und es entsteht ein Nullallel (**Gen-Knock-out**). Das muss jedoch nicht immer erwünscht sein. Wenn eine genauere Mutation erforderlich ist, bietet sich eines der verschiedenen Zwei-Schritt-Rekombinationsverfahren an. In Abbildung 20.8 sind die **„Hit-and-run"-Methode** für Insertionsvektoren und die **„Tag-and-exchange"-Methode** für Austauschvektoren dargestellt.

Durch die gezielte Genveränderung bei ES- oder somatischen Zellen, die als Donoren für eine Zellkernübertragung dienen, kann man genetisch modifizierte Tiere erzeugen

Die gezielte Genveränderung durch homologe Rekombination wurde zuerst bei somatischen Mensch-Maus-Hybridzellkulturen durchgeführt (Smithies et al. 1985) und konnte inzwischen mit somatischen Zellen bei einer Anzahl von Säugerspezies wiederholt werden. Die wichtigste Anwendung für die gezielte Genveränderung erfolgt mit ES-Zellen der Maus, die für diese Technik besonders geeignet sind, da homologe Rekombinationen verhältnismäßig häufig vorkommen (trotzdem aber noch viel seltener sind als die zufällige Integration). Die ungewöhnliche und ausgesprochen vorteilhafte Kombination von drei Merkmalen – einfache Zellkultur und Transfektion, die Tendenz zu homologer Rekombination und die Pluripotenz – bedeuten, dass die Verwendung von ES-Zellen für die Erzeugung von Mäusen, die in jeder Zelle dieselben genetischen Veränderungen tragen, ziemlich sicher zum Ziel führt (Capecchi 1989, Melton 1994). Sobald die ES-Zellen genetisch verändert wurden, kann man die Mäuse nach der Methode von Abbildung 20.3 erzeugen. Solche Mäuse bezeichnet man als „genetisch verändert" und nicht als transgen, da sie nicht unbedingt exogene DNA enthalten. Es ist tatsächlich möglich, genetisch veränderte Mäuse zu erzeugen, die an einer vorher festgelegten Position eine einzige Punktmutation enthalten.

Das Verfahren der gezielten Genveränderung bei somatischen Zellen ist wenig effizient, aber man konnte vor kurzem fetale Fibroblasten, die gezielte Veränderungen trugen, als Donoren für einen Zellkerntransfer verwenden (Abschnitt 20.2.2). So ließ sich eine Anzahl genetisch veränderter Säuger erzeugen. Die erste Publikation beschrieb Schafe, bei denen man am *COLA1*-Locus ein neues Gen eingefügt hatte (McCreath et al. 2000). In jüngerer Zeit beschrieben zwei Forschungsgruppen die Erzeugung von Schafen mit einer gezielt eingeführten Unterbrechung des Gens für die α-1,3-Galactosyltransferase (Dai et al. 2002, Lai et al. 2002). Das Enzym heftet Kohlenhydratgruppen an Proteine, die bei Primaten nicht vorkommen und eine der Hauptursachen bilden, warum Organe bei der Transplantation vom Schwein auf den Menschen abgestoßen werden.

20.2.6 Eine positionsspezifische Rekombination ermöglicht eine konditionelle Inaktivierung von Genen und die künstliche Veränderung von Chromosomen

Bei Bakteriophagen sowie bei Bakterien und Hefe gibt es Systeme für die **positionsspezifische Rekombination**. Jedes System umfasst mindestens zwei Bestandteile: eine kurze spezifische Erkennungssequenz, an der die Rekombination erfolgt, und eine Rekombinase, die diese Sequenz erkennt und die Rekombinationsreaktion durchführt, wenn zwei Kopien der Sequenz vorhanden sind. Die Stärke der positionsspezifischen Rekombination liegt darin, dass die Erkennungsstellen einfach in Transgene oder zielspezifische Vektoren eingebaut werden können und sich die Rekombinase unter bestimmten Bedingungen aktiviert lässt. Es ist möglich, die Gene, die diese Enzyme codieren, unter der Kontrolle von regulierten oder induzierbaren Promotoren zu exprimieren. Bis jetzt wurde das Cre-*lox*P-Rekombinationssystem des Bakteriophagen P1 am häufigsten und vor allem für die genetische Veränderung von Mäusen verwendet. Die natürliche Funktion der **Rekombinase Cre** (*causes recombination*) besteht darin, die Rekombination zwischen den beiden *lox*P-Sequenzen zu vermitteln. Diese sind 34 bp lang und bestehen aus zwei umgekehrten Wiederholungsseqeunzen von 13 bp, die durch ein zentrales, asymmetrisches Zwischenstück von 8 bp getrennt sind (Abb. 20.9). Wenn die beiden *lox*P-Stellen dieselbe Orientierung besitzen, wird die dazwischen liegende Sequenz herausgeschnitten. Bei entgegengesetzter Orientierung kommt es zu einer Inversion der dazwischen liegenden Sequenz. Das Cre-*lox*P-System wurde deshalb schon auf verschiedene Weise angewandt, etwa bei der positionsspezifischen Integration von Transgenen, der konditionellen Aktivierung und Inaktivierung von Transgenen und die Deletion von unerwünschten Markergenen. Die vielleicht wichtigste Anwendung ist jedoch die konditionelle Inaktivierung von Genen und die künstliche Veränderung von Chromosomen (siehe unten; Lobe und Nagy 1998).

20.9 Struktur der *lox*P-Erkennungssequenz. Die zentrale Sequenz mit acht Basenpaaren, die von einer umgekehrten Wiederholungssequenz mit 13 Basenpaaren flankiert wird, ist asymmetrisch und legt die Orientierung fest.

Die konditionelle Inaktivierung von Genen

Einige Gene sind in der frühen Entwicklungsphase von entscheidender Bedeutung, sodass einfache Knock-out-Experimente hier generell nicht weiterhelfen, da bereits in einem frühen Embryonalstadium der Tod eintritt. Zur Lösung dieses Problems hat man Methoden entwickelt, mit denen sich das Zielgen selektiv nur in ganz bestimmten Zellen des Tieres oder während eines bestimmten Entwicklungsstadiums inaktivieren lässt. Das Tier überlebt also, und man kann den Effekt der **konditionellen Knock-out-Mutation** im gewünschten Gewebe oder Zelltyp untersuchen. Ein frühes Beispiel für dieses Verfahren ist bei Gu et al. (1994) nachzulesen. Hier wurde die DNA-Polymerase β, die für die Embryonalentwicklung essenziell ist, konditionell inaktiviert. Bei der gezielten Mutation wurde ein entscheidendes Exon des endogenen Gens durch einen homologen Genabschnitt ersetzt, der von *lox*P-Sequenzen flankiert wurde. Mäuse mit dieser gezielt herbeigeführten Mutation wurden dann mit einem Mäusestamm gekreuzt, der ein *Cre*-Transgen trägt, das unter der Kontrolle eines T-Lymphocyten-spezifischen Promotors steht. Die Nachkommen aus dieser Kreuzung, die beide Gene trugen, wurden identifiziert und überlebten, bis sie ausgewachsen waren. Das Cre-Produkt wurde nur in T-Zellen exprimiert, was zu einer Deletion des entscheidenden Exons führte und das Gen inaktivierte (die Methode ist in Abb. 20.10 dargestellt). Ein allgemeiner Vorteil dieses Verfahrens besteht darin, dass Cre-transgene Mäuse immer wieder für verschiedene Experimente verwendet werden können. Unabhängig davon, welches endogene Gen von den *lox*P-Stellen flankiert wird, lässt es sich immer bei den oben beschriebenen *lox*P-Mäusen in T-Zellen inaktivieren. Dazu passend hat man auch vielfach einsetzbare Cre-transgene Mäuse erzeugt, bei denen die Cre-Expression durch Tetracyclin induziert werden kann oder das Cre-Protein konstitutiv als Fusionsprodukt mit dem Östrogenrezeptor exprimiert wird und sich auf Proteinebene durch Tamoxifen aktivieren lässt (Abschnitt 20.2.3; Fiel et al. 1996).

Künstliche Veränderung von Chromosomen

Eine andere wichtige Entwicklung aus jüngerer Zeit ist ein Verfahren für die künstliche Veränderung von Chromosomen in ES-Zellen. Die Methode basiert auf nacheinander durchgeführten gezielten Genveränderungen und Cre-*lox*P-Rekombinationen. Mithilfe der gezielten Genveränderung werden *lox*P-Stellen an die gewünschten Stellen im Chromosom gebracht. Anschließend wird durch eine temporäre Expression der Cre-Rekombinase eine selektive Umstrukturierung des Chromosoms durchgeführt (Ramires-Solis et al.

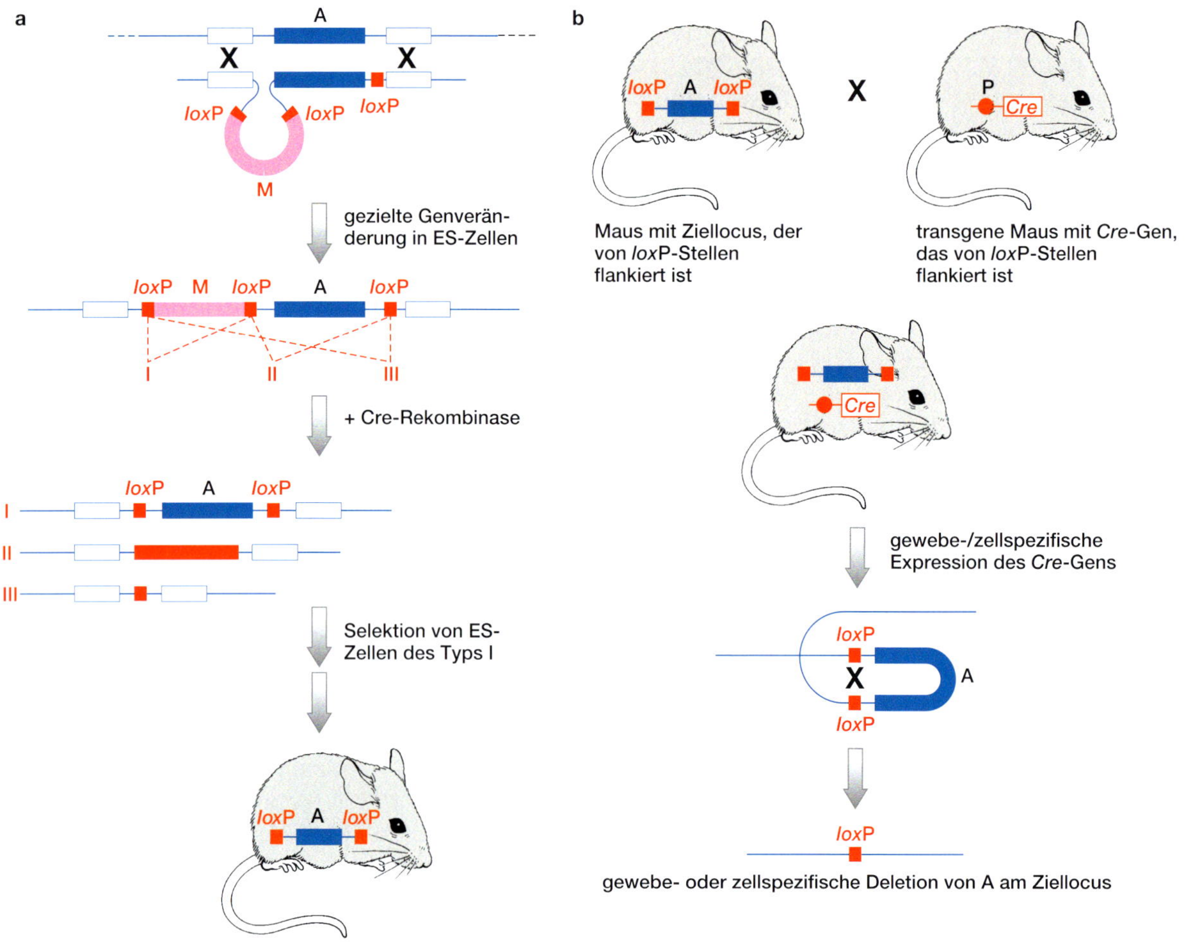

20.10 Durch die gezielte Genveränderung mit dem Cre-*lox*P-Rekombinationssystem lässt sich in einem gewünschten Zelltyp ein Gen inaktivieren. a) Darstellung einer Standardmethode für die homologe Rekombination bei Maus-ES-Zellen, bei denen drei *lox*P-Stellen zusammen mit einem Markergen M am Ziellocus A eingeführt werden. Der Marker M ist im Allgemeinen ein kurzes Gen oder ein internes Exon, dessen Deletion eine Rasterverschiebung verursacht. Die anschließende Transfektion mit einem *Cre*-Rekombinasegen und die temporäre Expression dieses Gens führt zu einer Rekombination zwischen den eingeführten *lox*P-Stellen mit unterschiedlichen Ergebnissen. Die Rekombinanten vom Typ I verwendet man zur Erzeugung von Mäusen, bei denen der Ziellocus von zwei *lox*P-Stellen flankiert wird. Diese Mäuse können mit vorher erzeugten transgenen Mäusen gekreuzt werden (b), die ein integriertes Konstrukt aus dem *Cre*-Rekombinasegen und einem gewebespezifischen Promotor tragen. Die Nachkommen, die sowohl den *lox*P-flankierten Ziellocus als auch das *Cre*-Gen tragen, exprimieren das *Cre*-Gen im gewünschten Zelltyp, und die dadurch verursachte Rekombination zwischen den beiden *lox*P-Stellen führt in diesen Zellen zu einer gewebespezifischen Inaktivierung von Locus A.

1995, Smith et al. 1995; Abb. 20.11). Methoden dieser Art zur künstlichen Veränderung von Chromosomen ermöglichen es, für genetische Untersuchungen neue Mauslinien mit spezifischen chromosomalen Anomalien zu erzeugen. Die mehrfache Durchführung von gezielter Genveränderung und Selektion bei der oben geschilderten Vorgehensweise lässt sich umgehen, wenn man das neue Verfahren von Herault et al. (1998) anwendet. Bei dieser gezielten meiotischen Rekombination nutzt man die natürliche Paarung homologer Chromosomen bei der Meiose während der ersten Zellteilung. Zuerst wird ein Transgen konstruiert, das die Cre-Rekombinase unter der Kontrolle des *Sycp1*-Promotors exprimiert (das *Sycp1*-Gen codiert eine Komponente des synaptonemalen Komplexes, der das Crossing-over ermöglicht). So wird die Cre-Rekombinase vom Zygotän bis zum Pachytän in männlichen Spermatocyten exprimiert, wenn es zur Paarung der Chromosomen kommt.

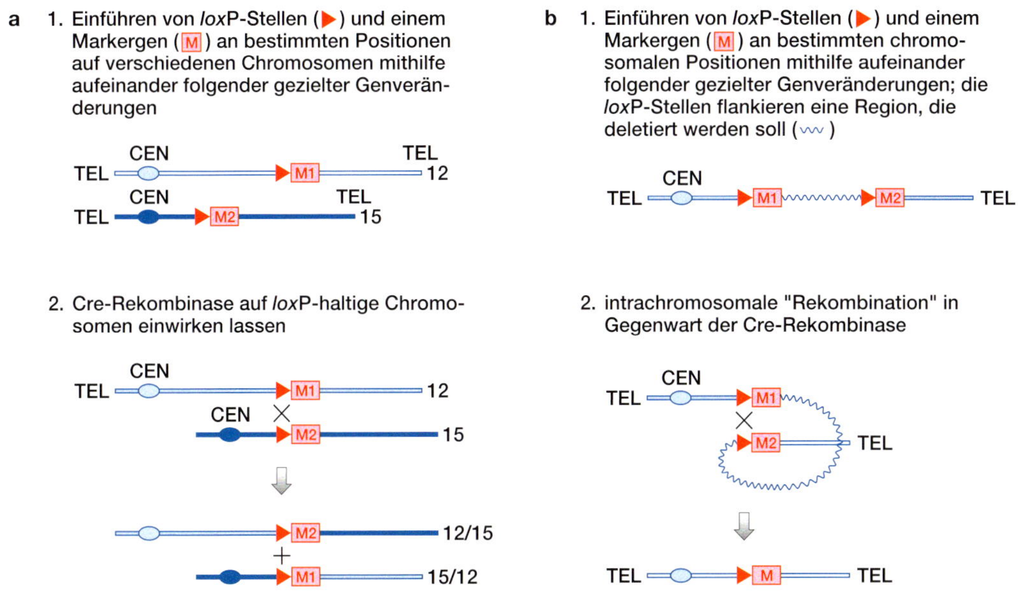

20.11 Künstliche Veränderung von Chromosomen mithilfe des Cre-*lox*P-Systems. a) Gezielte Integration von *lox*P-Stellen, um eine chromosomale Translokation zu ermöglichen. Ein Beispiel aus der Praxis findet sich bei Smith et al. (1995). b) Gezielte Integration von *lox*P-Stellen, um durch chromosomale Rekombination eine Mikrodeletion nachzubilden. Ein Beispiel aus der Praxis und weitere Beispiele für intrachromosomale Rekombinationen finden sich bei Ramirez-Solis et al. (1995).

20.2.7 Mithilfe von Transgenmethoden lässt sich die endogene Genfunktion hemmen

Die gezielte Genveränderung ist zweifellos die direkteste und genaueste Methode, mit der man die Genaktivität in Zellen und bei transgenen Tieren beeinflussen kann. Eine wichtige Einschränkung besteht jedoch darin, dass sich das Verfahren routinemäßig nur bei Mäusen und Taufliegen anwenden lässt. Deshalb wurden weitere Methoden für die Hemmung von Genen entwickelt, die für eine allgemeinere Anwendung geeignet sind (Tab. 20.2). Diese Methoden sind sehr unterschiedlich, werden aber gemeinsam betrachtet, da sie alle die Genexpression oder die Genfunktion beeinflussen, *ohne dass die DNA-Sequenz des Zielgens geändert wird.* Man spricht hier manchmal auch von **Funktions-Knock-out**-Verfahren, da sie **Phänokopien** des entsprechenden mutierten Phänotyps erzeugen.

Die Genexpression lässt sich dadurch hemmen, dass man spezifische mRNAs gezielt zerstört

Die RNA bildet die Brücke zwischen Genen und Proteinen. Deshalb sollte es möglich sein, die Transkripte selektiv zu zerstören oder zu inaktivieren, um so einen funktionellen Knock-out herbeizuführen. Es gibt mehrere Methoden für die gezielte Inaktivierung spezifischer mRNAs. Allen ist gemeinsam, dass offenbar ein zumindest teilweise *doppelsträngiges* RNA-Molekül gebildet wird. Bestimmte Gene werden durch so genannte **kleine temporäre RNAs** (stRNAs, Abschnitt 9.2.3) reguliert. Sie wirken anscheinend, indem sie an das Transkript binden und die Prozessierung der mRNA oder die Proteinbiosynthese blockieren. Deshalb führte man bei einer der ersten Methoden für die Hemmung von Genen **Antisense-RNA** oder **Antisense-Oligonucleotide** in die Zelle ein. Wenn man solche Moleküle direkt in die Zelle appliziert, kommt es zu temporären inhibitorischen Effekten. Eine dauerhafte Hemmung lässt sich

Tabelle 20.2 Zusammenfassung der Methoden, mit der sich die endogene Genexpression beeinflussen lässt, ohne das Zielgen zu mutieren

RNA-Ebene	Proteinebene
Antisense-RNA	dominant negativ
Antisense-Oligonucleotide	Antikörper, Intrakörper
Ribozyme oder Maxizyme	Aptamere, Intramere
Desoxyribozyme	
Sinn-RNA (Cosuppression)	
dsRNA (RNA-Interferenz)	
siRNA (RNA-Interferenz)	

erreichen, wenn die Zellen (oder Tiere) mit einem **Antisense-Transgen** transformiert werden, das die Antisense-RNA konstitutiv synthetisiert. Dies wurde erstmals mit Mäusen durchgeführt (Katsuki et al. 1988). So konnte man durch die Expression einer Antisense-cDNA für das Gen des basischen Myelinproteins den Spiegel des Proteins auf 20% des Normalwertes absenken. Das Ergebnis war eine Phänokopie der *shiverer*-Mutation. Antisense-RNA wurde auch mithilfe eines induzierbaren Promotors exprimiert, um das Wachstum einer Zellkultur zu regulieren (Sklar et al. 1991).

Ursprünglich ist man davon ausgegangen, dass Antisense-RNA stöchiometrisch wirkt (das heißt, es wird für die Translation eines Transkripts ein Antisense-Molekül benötigt, und dann werden beide zerstört). Eine wirksamere Hemmung sollte also dadurch möglich sein, dass das inhibitorische Molekül wiederverwendet wird, sodass viele Transkripte zerstört werden, bevor das inhibitorische Molekül selbst abgebaut wird. Das ist der besondere Vorteil von **Ribozymen**, das heißt von RNA-Enzymen, die RNA-Moleküle katalytisch spalten (Abschnitt 21.6). Man hat Konstrukte entwickelt, bei denen ein katalytisches Zemtrum eines Ribozyms in ein Antisense-Transgen eingefügt wurde, um so spezifische Antisense-Transkripte zerstören zu können. Solche Konstrukte wurden in Zelllinien vielfach verwendet, vor allem um die Hemmung von Onkogenen zu untersuchen und HIV-Infektionen zu bekämpfen (Welch et al. 1998). In transgenen Mäusen wurden sie jedoch nur selten exprimiert. Ein wichtiges Beispiel ist die gezielte Hemmung der Glucokinase-mRNA in den β-Zellen des Pankreas. Dabei wurde ein Antisense-Transgen für die Glucokinase-mRNA mit Ribozymfunktion unter der Kontrolle des Insulinpromotors spezifisch in den Zellen exprimiert. So erhielt man ein Modell für Diabetes (Efrat et al. 1994). Vor kurzem wurden Ribozyme entwickelt, deren Aktivität durch eine allosterische Modulation kontrolliert wird (so genannte **Maxizyme**), um damit die Genexpression konditionell zu hemmen (Kuwabra et al. 2000, Famulok und Verma 2002).

Überraschenderweise ist die Wirksamkeit der Ribozymkonstrukte in den meisten Fällen offenbar nicht größer als bei den entsprechenden Antisense-RNAs ohne das katalytische Zentrum des Ribozyms. Das deutet darauf hin, dass die Antisense-RNA allein stärker wirkt, als nur aufgrund der stöchiometrischen Bindung zu erwarten wäre. Einen Hinweis auf die Ursache dieses Phänomens gibt die Fähigkeit bestimmter *Sinn-RNAs*, die in Säugerzellen exprimiert werden und die Expression eines entsprechenden endogenen Gens hemmen. Diesen Effekt bezeichnet man als **Cosuppression** (Bahramian und Zabl 1999). Cosuppression wurde vielfach in Pflanzen beobachtet, und es kommt dabei offenbar zur Bildung von anomalen RNA-Spezies, die teilweise doppelsträngig sind. Untersuchungen beim Nematoden *C. elegans* über das Potenzial von Antisense- und Sinn-RNA, Gene abzuschalten, führten zur Entdeckung eines neuen Phänomens, der so genannten **RNA-Interferenz**. Wenn man in eine Zelle gleichzeitig sowohl Antisense- als auch Sinn-RNA einführt, die einem bestimmten Gen entsprechen, kommt es zu einem starken, lang andauernden und sehr spezifischen Abschalten des Gens (Fire et al. 1998). Die RNA-Interferenz ist ein stark konservierter zellulärer Schutzmechanismus, der auch bei Säugerzellen (etwa bei menschlichen Zellen) vorkommt. Der Mechanismus wird durch **doppelsträngige RNA (dsRNA)** ausgelöst und führt zum Abbau von einzelsträngigen mRNAs, die dieselbe Sequenz besitzen wie das induzierende Molekül.

Der Mechanismus der RNA-Interferenz ist komplex. Es kommt dabei durch eine dsRNA-spezifische Endonuclease (**Dicer**) zu einem Abbau des dsRNA-Moleküls in kurze Doppelstränge von 21 bis 25 bp Länge (Abb. 20.12). Die kurzen Doppelstränge bezeichnet man als **kleine interferierende RNAs (siRNAs)**. Diese Moleküle binden an die entsprechende mRNA und lagern sich zu einer spezifischen RNA-Endonuclease zusammen, dem so genannten **RNA-induzierten Silencing-Komplex (RISC)**. Dieser ist außerordentlich wirksam und baut die mRNA der meisten Gene bis unter die Nachweisgrenze ab. Interessant ist dabei, dass dasselbe Dicer-Enzym die kleinen temporären RNAs (siehe oben) prozessiert, die die Expression endogener Gene stören. In vielen anderen Spezies und auch beim Menschen hat man nun ähnliche RNA-Moleküle identifiziert, von denen man annimmt, dass sie endogene regulatorische Funktionen besitzen. Sie werden als **MikroRNAs (miRNAs)** bezeichnet (Abschnitt 9.2.3). Vermutlich hängen die unterschiedlichen Aktivitäten der MikroRNAs (Blockierung der Translation) und der kleinen interferierenden RNAs (katalytischer Abbau) mit der Struktur ihrer Vorstufen und mit den Enzymen zusammen, durch die sie vor der Dicer-Aktiviät prozessiert werden. MikroRNAs sind einzelsträngig und entstehen aus unvollkommen Doppelsträngen, die Blasen und Schleifen enthalten, während die siRNAs doppelsträngig sind und aus vollkommenen Doppelsträngen hervorgehen (Pasquinelli 2002, Voinnet 2002). Möglicherweise gibt es zwischen beiden Reaktionswegen gewisse Überschneidungen (Abb. 20.12).

Die RNA-Interferenz lässt sich sowohl bei Zellen als auch bei Embryonen nutzen, da es sich um ein systemisches Phänomen handelt – siRNAs können sich anscheinend zwischen den Zellen bewegen, sodass eine dsRNA, die in einem Teil des Embryos eingeführt wird, das Gen überall abschaltet. Einerseits

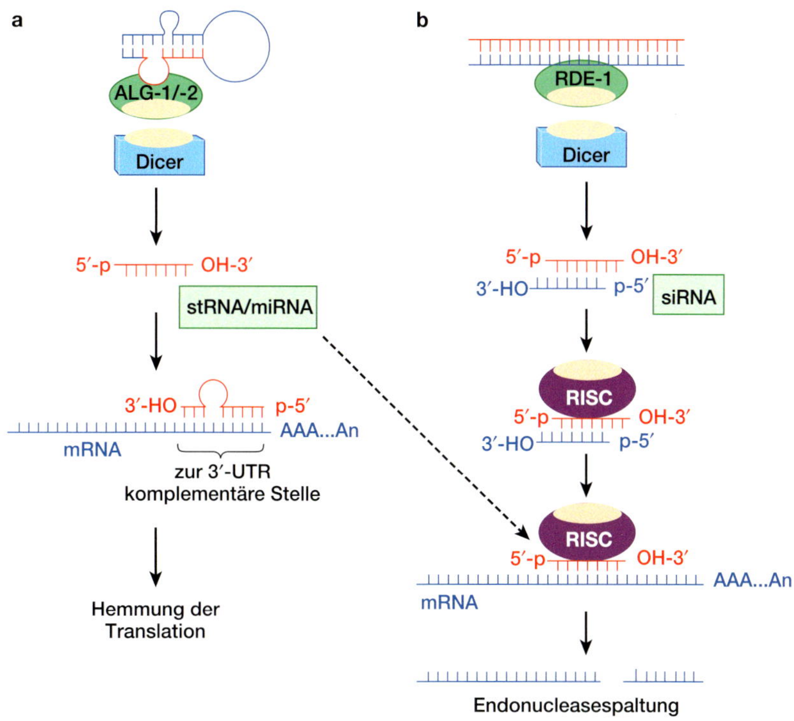

20.12 Vergleich der stRNA(miRNA)- und siRNA-Wege bei *C. elegans*. Miteinander verwandte Proteine wie ALG-1/ALG-2 und RDE-1 beeinflussen wahrscheinlich zumindest teilweise die Prozessierung durch Dicer, indem sie spezifische Vorstufen-RNAs erkennen. a) Die einzelsträngige stRNA (miRNA) bildet wahrscheinlich unvollkommene Basenpaarungen mit der 3'-UTR der Ziel-mRNA aus und unterdrückt so die Initiation der Translation. b) Die doppelsträngige siRNA, die 3'-Überhänge von zwei Nucleotiden enthält, wird in den RNA-induzierten Silencer-Komplex (RISC) eingebaut. Die siRNA dirigiert RISC, und bei einer vollkommenen Basenpaarung wird die Ziel-RNA in der Mitte des mit der siRNA gebildeten Doppelstranges geschnitten. Es kann vorkommen, dass miRNAs, die mit ihren Zielmolekülen zufällig perfekte Basenpaarungen ausbilden, in RISC mit einbezogen werden. Verändert nach: Voinnet (2002).

kann man dsRNA sowohl direkt in die Zellen (durch eine Transfektion) als auch in Embryonen (durch Injektion oder andere Methoden) einführen. Andererseits ist es möglich, duale Transgene für die Sinn- und die Antisense-RNA oder ein Konstrukt mit einer umgekehrten Wiederholungssequenz zu exprimieren. Letzteres erzeugt haarnadelförmige RNAs, die für Dicer als Substrat fungieren.

Durch das Einführen oder die Expression langer dsRNA-Moleküle lassen sich bei den meisten Tieren sowie bei Säugerembryonen und embryonalen Zelllinien Gene abschalten. Die Ergebnisse der RNA-Interferenz werden jedoch bei adulten Säugerzellen durch die **Interferonreaktion** überdeckt. Dabei handelt es sich um eine allgemeine (nicht sequenzspezifische) Reaktion auf dsRNA-Moleküle mit einer Länge von etwa 30 bp. Das Problem ließ sich umgehen, indem man chemisch oder enzymatisch synthetisierte siRNAs direkt applizierte oder Minitransgene exprimierte. Diese basierten auf endogenen Genen, die kleine RNAs produzieren (etwa das Gen der U6-snRNA). In den letzten Jahren entwickelte sich die RNA-Interferenz von einem relativen Randphänomen zum möglicherweise vielversprechendsten verfügbaren Werkzeug, das sich für umfangreiche Funktionsanalysen bei Zellen und Tieren eignet und möglicherweise die Grundlage für eine ganz neue Klasse von therapeutischen Agenzien bildet (Abschnitt 21.6). Ein hilfreicher Übersichtsartikel zur RNA-Interferenz und ihrer Anwendung findet sich bei Tuschel und Borkhardt (2002).

Die Genfunktion kann auch auf Proteinebene blockiert werden

Selbst wenn ein Transkript überlebt und translatiert wird, lässt sich die Genfunktion auch auf Proteinebene blockieren, was zu einer Funktionsverlustphänokopie führt. Wenn das Produkt des endogenen Zielgens als Multimer aktiv ist, lässt sich vielleicht eine **dominant-negativ mutierte** Version des Gens herstellen. Dieses wird dann auf hohem Niveau in den Zellen oder dem transgenen Tier exprimiert. Dann werden die funktionsfähigen Kopien des Proteins in inaktiven Komplexen festgehalten. Dieses Verfahren wurde bereits vielfach angewandt, um Rezeptorfunktionen zu blockieren, da viele Rezeptoren als Dimere aktiv sind (zum Beispiel Amaya et al. 1991).

Andererseits ist es möglich, einen Antikörper zu exprimieren, der das Zielprotein erkennt und neutralisiert. Eine solche funktionelle Inaktivierung lässt sich dadurch erreichen, dass man die Antikörper direkt in die Zellen oder das Tier einführt, oder indem der Antikörper von einem Transgen exprimiert wird. In diesem Fall spricht man auch von einem **Intrakörper** (Richardson und Marasco 1995). DNA- oder RNA-Oligonucleotide können ebenfalls an Proteine binden und sie spezifisch inaktivieren. Man bezeichnet sie als **Aptamere** oder, wenn sie innerhalb der Zelle exprimiert werden, als **Intramere** (Famulok et al. 2001).

20.3 Wie sich die Genübertragung zur Untersuchung der Expression und Funktion von Genen anwenden lässt

20.3.1 Die Expression und Regulation von Genen lässt sich mithilfe von Reportergenen untersuchen

Eine der ersten Anwendungen für transformierte Zelllinien und transgene Organismen ist die Analyse der **Genregulation**, also die Identifizierung von Sequenzen, die für bestimmte Merkmale der Genexpression erforderlich sind. Die Genregulation kann man dadurch untersuchen, indem man testet, wie die Deletion bestimmter DNA-Abschnitte, die stromaufwärts des Gens oder auch im ersten Intron liegen, die Expression des Gens beeinflusst. Menschliche Zellen sind zweifellos das am besten geeignete System für die Untersuchung der Expression menschlicher Gene. Das Einschleusen von Konstrukten, die verschieden lange Abschnitte der flankierenden DNA-Sequenzen enthalten, und die anschließende Analyse der Genexpression ist demzufolge eine geeignete Vorgehensweise. Dabei stellt sich jedoch die Frage, inwieweit man die Expression des eingeschleusten menschlichen Gens überhaupt verfolgen kann, wenn das endogene homologe Gen wahrscheinlich in denselben Zellen ebenfalls exprimiert wird. Zur Lösung dieses Problems werden die mutmaßlichen regulatorischen Sequenzen stromaufwärts von einem **Reportergen** in einen Vektor kloniert. Dieses Gen erzeugt ein Protein, das sich mithilfe eines einfachen Tests nachweisen und quantifizieren lässt (Exkurs 20.4).

Die allgemeine Methode für die Kartierung regulatorischer Elemente in Zelllinien ist in Abbildung 20.13 dargestellt. Durch die Verwendung verschiedener Zelllinien, von denen einige das entsprechende endogene Gen exprimieren und andere nicht, erhält man vielleicht Hinweise auf Promotorelemente, die die Genexpression in permissiven Zelllinien ermöglichen und in nichtpermissiven Zelllinien verhindern. Auf ähnliche Weise kann man Elemente für eine induzierbare Genexpression lokalisieren, indem man verschiedene Promotorkonstrukte in derselben Zelllinie einmal mit und einmal ohne Induktion testet. Eine noch genauere Analyse der zellspezifischen Genexpression lässt sich erreichen, indem man die Expressionsmuster des Reportergens in transgenen Tieren untersucht. So kann man Elemente identifizieren, die die Genexpression in bestimmten Zelltypen oder Entwicklungsphasen kontrollieren. Es ist jedoch notwendig, mit mehreren unabhängig entwickelten transgenen Zelllinien übereinstimmende Ergebnisse zu erzielen, um Expressionsmuster, die durch Positionseffekte verursacht werden (Abschnitt 20.2.3), nicht falsch zu interpretieren.

20.3.2 Die Genexpression lässt sich durch die Erzeugung von Funktionsverlust- und Funktionsgewinnmutationen und Phänokopien untersuchen

Genfunktionen können aufgrund der genetischen Redundanz nicht immer durch die Unterbrechung oder Hemmung eines Gens ermittelt werden

Wenn Untersuchungen auf zellulärer Ebene durchgeführt werden können, sind RNA-Interferenzmethoden am besten geeignet, Funktionsverlusteffekte zu erzeugen (Abschnitt 20.2.6). Durch RNA-Interferenz ist es mit Säugerzellkulturen bereits gelungen, die Funktionen einer Anzahl von Genen zu bestimmen, etwa für das Gen des *vacuolar sorting*-Proteins Tsg10, das für die HIV-Knospung essenziell ist (Garrus et al. 2001). Bei Tuschl und Borkhardt (2002) finden sich Literaturhinweise auf viele andere Beispiele, etwa die Analyse der Gene, die bei der Zellteilung, der DNA-Methylierung, der zellulären Signalübertragung und beim Membranfluss eine Rolle spielen. Die direkteste Methode, die Funktion eines Gens im Zusammenhang mit dem gesamten Organismus zu untersuchen, ist die gezielte Genveränderung (Abschnitt 20.2.4). Durch solche Mutationen erhält man in vielen Fällen zahlreiche wichtige Informationen und erfährt sehr viel über die Funktion des Gens. Inzwischen wurden mit Mäusen so viele Gen-Knock-out-Experimente durchgeführt, sodass im Internet Datenbanken eingerichtet wurden, die alle Ergebnisse – eingeordnet anhand der Phänotypen – zusammenfassen (Tab.

20.3). In überraschend vielen Fällen zeigen jedoch Knock-out-Mutationen offenbar nur sehr geringe Auswirkungen auf den Phänotyp. Das kann an der **genetischen Redundanz** liegen, das heißt, dass es jeweils ein anderes Gen gibt, das die Funktion des inaktivierten Gens übernimmt. Deshalb mussten in einigen Fällen zwei oder sogar drei Gene inaktiviert werden, um die genaue Funktion eines Gens zu bestimmen.

Ein aufschlussreiches Beispiel betrifft das *MyoD*- und das *Myf-5*-Gen, die in einer frühen Entwicklungsphase der Maus exprimiert werden. Klonierte cDNAs, die diesen beiden Genen entsprechen, besitzen die grundsätzliche Eigenschaft, in vielen verschiedenen Zelllinien die Expression muskelspezifischer Proteine zu induzieren. Da beide Gene Transkriptionsfaktoren codieren, sind sie sehr wichtige Kandidaten für myogene Regulatoren. Überraschend ist dabei jedoch, dass alle bisher erzeugten Knock-out-Mutationen zu keinem auffälligen Phänotyp führten. Bei Mäusen mit einem inaktivierten *MyoD*-Gen verläuft die Muskelentwicklung anscheinend normal, bei einer Inaktivierung des *Myf-5*-Gens leicht verzögert (Rudnicki et al. 1992). Später ließ sich zeigen, dass die beiden Gene äquivalente Funktionen besitzen und jedes Gen das andere bei einem Verlust vollständig ersetzen kann. Tatsächlich hemmen die beiden Transkriptionsfaktoren bei normalen Mäusen jeweils das Gen des anderen, sodass eine Inaktivierung des einen eine kompensatorischen Erhöhung der Expression bei dem anderen Gen hervorruft. Der wenig ausgeprägte Phänotyp bei Mäusen mit einem inaktivierten *Myf-5*-Gen weist darauf hin, dass die Expression dieses Gens etwas früher einsetzt. Bei einer Inaktivierung beider Gene kommt es zu einem katastrophalen Fehlen der Muskelentwicklung, und die mutierten Mäuse sterben direkt nach der Geburt an Ersticken.

Exkurs 20.4: Reportergene für tierische Zellen

Reportergene codieren Proteine, die sich mithilfe einfacher und kostengünstiger Tests nachweisen und quantifizieren lassen. Sie können dazu dienen, die Effizienz der Genübertragung und Genexpression sichtbar zu machen und zu messen und die Lokalisierung von Proteinen in der Zelle zu bestimmen. Bei Tieren kommen mehrere Reportergene häufiger zur Anwendung.

Das *cat*-Gen aus dem *E. coli*-Transposon *Tn9* codiert die **Chloramphenicol-Acetyltransferase**. Das Enzym überträgt Acetylgruppen von Acetyl-CoA auf das Antibiotikum Chloramphenicol. Dafür gibt es einen *in vitro*-Standardtest (Gorman et al. 1982). Zelllysate werden mit ^{14}C-markiertem Chloramphenicol gemischt, inkubiert und dann durch eine Dünnschichtchromatographie aufgetrennt. Die CAT-Aktivität wird bestimmt, indem man mithilfe eines Phosphorimagers oder Szintillationszählers die relativen Mengen an acetyliertem und nichtacetyliertem Chloramphenicol misst.

Das *lacZ*-Gen von *E. coli* codiert die ***β*-Galactosidase**. Das Enzym baut Lactose und verwandte Verbindungen ab. Es stehen eine Reihe spezialisierter Substratderivate zur Verfügung, etwa **ONPG**, aus dem ein gelbes lösliches Produkt hervorgeht und das für colorimetrische *in vitro*-Tests verwendet wird. Ein anderes Substrat ist **X-Gal**, das zu einem blauen Präzipitat umgesetzt wird und bei *in situ*-Tests zum Einsatz kommt (Hall et al. 1983). Dieses Gen wird im Zusammenhang mit X-Gal am häufigsten als histologischer Marker verwendet, um in transgenen Tieren Genexpressionsmuster zu bestimmen. Das *gusA*-Gen von *E. coli*, das die ***β*-Glucuronidase** codiert, lässt sich auf ähnliche Weise einsetzen.

Das *luc*-Gen aus dem Pyralis-Glühwürmchen (*Photinus pyralis*) codiert die **Luciferase**. Das Enzym katalysiert in einer Reaktion, die Sauerstoff, ATP und Magnesiumionen erfordert, die Oxidation von Luciferin (de Wet et al. 1987). Die Reaktion setzt Lichtimpulse frei, deren Intensität zur Enzymaktivität proportional ist. Der Nachweis erfolgt mithilfe eines Luminometers oder eines Szintillationszählers, und der Test ist über 1000-mal empfindlicher als herkömmliche Tests mit der Chloramphenicol-Acetyltransferase, *β*-Galactosidase oder *β*-Glucuronidase. Das abgestrahlte Lichtsignal nimmt schnell ab, sodass man mit der Luciferase schnelle Veränderungen der Genexpression feststellen kann. Andererseits sind die drei vorher genannten Enzyme sehr stabile Proteine, mit denen sich sehr effizient zeigen lässt, wann ein Gen angeschaltet wird, sie bleiben aber weiterhin aktiv, nachdem das Gen abgeschaltet wurde. Luciferasegene von anderen Spezies zeigen jeweils etwas unterschiedliche Aktivitäten, und die Reaktionen setzen Licht mit verschiedenen Wellenlängen frei, sodass mehrere Gene gleichzeitig beobachtet werden können.

Das *gfp*-Gen der Qualle *Aequoria victoria* codiert ein **grün fluoreszierendes Protein** (**GFP**). Dieser Biolumineszenzmarker emitiert hellgrünes Licht, wenn er blauem oder ultraviolettem Licht ausgesetzt wird (Ikawa et al. 1999). Die GFP-Aktivität wird durch quantitative Messung der Lichtemission bestimmt. Anders als die Luciferase ist hier jedoch kein Substrat erforderlich, und man kann mit dem Protein zelluläre Prozesse in Echtzeit verfolgen. GFP-Fusionsproteine werden vielfach dazu verwendet, die Lokalisierung und den Transport von Proteinen in der Zelle und den Proteintransport zwischen den Zellen zu bestimmen. Für Doppelmarkierungen stehen eine Reihe von GFP-Varianten zur Verfügung, außerdem gibt es fluoreszierende Proteine mit anderen Farben. Mit einem mutierten fluoreszierenden Protein, das im Lauf der Zeit von roter zu grüner Fluoreszenz wechselt, lässt sich die zeitliche Genexpression charakterisieren (Terskikh et al. 2000).

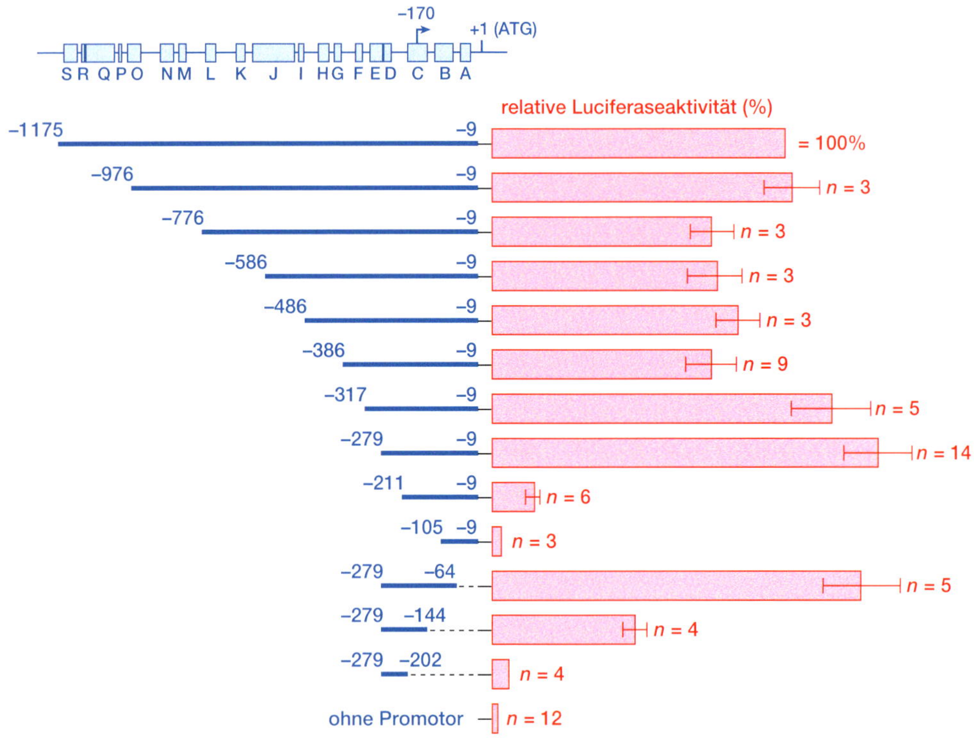

20.13 Deletionsanalyse mit der Promotorregion des Gens für den menschlichen Faktor VIII. Wenn für die Expression des menschlichen Gens alle erforderlichen Elemente vorhanden sind, kommt es nach der Transfektion des Konstrukts auf geeignete menschliche Zelltypen zu einer starken Expression des Reportergens in der Zellkultur. Mithilfe von Restriktionsenzymen oder der Exonuclease III aus *E. coli*, die doppelsträngige DNA vom 3'-Ende her abbaut, wird eine Reihe von Konstrukten mit immer umfangreicheren Deletionen hergestellt. Alternativ kann man auch eine Reihe von PCR-Amplifizierungsprodukten erzeugen, die die gewünschten Bereiche abdecken, und in einen Expressionsvektor klonieren. Die durchgezogenen Linien auf der linken Seite geben die verschieden langen Sequenzen an, die stromaufwärts des menschlichen Faktor-VIII-Gens (*F8*) liegen. Die Kästen in der Darstellung oben geben mutmaßliche Proteinbindungsstellen in den stromaufwärts liegenden Sequenzen an. Die Balken auf der rechten Seite geben die Aktivät der Luciferase im Verhältnis zur vollständigen Sequenz an, ermittelt aus *n* gleichartigen Experimenten. Auf Grundlage der bei den verschiedenen Expressionsklonen beobachteten Luciferaseaktivitäten ergibt sich anhand der Deletionskarte, dass die notwendigen Elemente für die maximale Promotoraktivität im Bereich zwischen −279 und 64 liegen und die Proteinbindungsstellen B, C und D mit einschließen. Nach: Figueiredo und Brownlee (1995) mit Genehmigung durch die American Society for Biochemistry and Molecular Biology.

Genfunktionen lassen sich durch Funktionsgewinnmutationen bestimmen, wenn die Dosis, die Aktivität oder die Verteilung des Genprodukts entscheidend sind

Wenn Funktionsverlustmutationen oder -phänokopien keine Informationen liefern, sind vielleicht transformierte Zellen oder transgene Tiere, die in demselben Gen Funktiongewinnmutationen tragen, aufschlussreicher. Dafür sind die Gene *MyoD* und *Myf-5* ein bezeichnendes Beispiel. Man wusste aufgrund der Effekte dieser Gene in Zellkulturen, dass sie wichtige Regulatoren der Muskelentwicklung codieren. Auf ähnliche Weise wurden auch viele Onkogene, die Zellkulturen zu einer unkontrollierten Proliferation stimulieren, identifiziert und ihre Funktionen bestimmt. Der Funktionsgewinn lässt sich entweder durch die Überexpression des normalen Genprodukts erreichen, oder es wird eine überaktive, mutierte Variante des Proteins exprimiert. Bei transgenen Tieren können Funktionsgewinnexperimente ebenfalls hilfreich sein. Ein klassisches Beispiel ist das *Sry*-Gen, von dem sich schlüssig zeigen ließ, dass es eine Hauptdeterminante der männlichen Entwicklung ist. Dabei wurde das Gen in transgenen Mäusen mit zwei X-Chromosomen exprimiert. Diese Mäuse, die von Natur aus weiblich sein sollten, erwiesen sich als männlich (Koopman et al. 1991). Eine andere Art des Funktionsgewinns ist die **ektopische Expression**. Dabei wird das Transgen außerhalb der normalen räumlichen oder zeitlichen Zusammenhänge des entsprechenden endogenen Gens exprimiert. Für diese Methode gibt es eine Reihe interessanter Beispiele mit Genen der Entwicklungsphase. Wenn beispielsweise

Tabelle 20.3 Informationsquellen im Internet für Transgenese und Mutagenese bei Säugern sowie für umfassende Gene-Trap- und RNAi-Testreihen

Informationsquelle	Internet
transgene Mäuse und gezielte Mutagenese	
Jackson Laboratory, Datenbank für gezielt mutierte Mäuse	http://jaxmice.jax.org/index.shtml
TBASE, Datenbank für transgene und gezielt mutierte Mäuse; betreut durch das Jackson Laboratory	http://tbase.jax.org
Frontiers in Science: Datenbank für Gen-Knock-out	http://www.bioscience.org/knockout/knochome.htm
BioNetMed: Datenbank für Gen-Knock-out bei Mäusen	http://biomednet.com/db/mkmd
ENU-Mutagenese bei der Maus	
German Human Genome Project: ENU-Mutagenese	http://www.gsf.de/ieg/groups/enu-mouse.html
MRC Mutabase: Datenbank für ENU-Mutagenese	http://www.mgu.har.mrc.ac.uk/mutabase
Gene-Trap (Maus und *Drosophila*)	
German Gene Trap Consortium	http://tikus.gsf.de
Lexicon Genetics	http://www.lexgen.com/omnibank/omnibank.htm
Berkeley *Drosophila* Genome Project	http://www.fruitfly.org/p disrupt/index.html
RNA-Interferenz bei *C. elegans*	
allgemeine Informationen	http://www.wormbase.org
RNAi	http://www.rnai.org

die *Hox*-Gene außerhalb der normalen Zusammenhänge exprimiert werden, kommt es zu einer Störung der normalen embryonalen Musterbildung mit Defekten an Skelett und Gliedmaßen (Burke 2000).

Experimente mit ektopischer Expression sind auch dafür geeignet, die genetische Redundanz aufzuzeigen. So enthalten beispielsweise die *engrailed*-Gene der Maus (*En-1* und *En-2*) das Homöoboxelement, und man nimmt deshalb an, dass sie bei der Bildung des Gehirns eine entscheidende Rolle spielen. Mutanten mit einem inaktivierten *En-1*-Gen zeigen erwartungsgemäß gravierende Gehirnanomalien, unerwartet ist jedoch, dass es durch die Inaktivierung des *En-2*-Gens nur zu geringen Defekten kommt. Die Expression des *En-1*-Gens wird acht bis zehn Stunden vor dem *En-2*-Gen aktiviert. Das deutet darauf hin, dass das En-1-Protein bei *En-2*-Knock-out-Mutanten vielleicht das fehlende En-2-Protein ersetzt. Um die mutmaßliche funktionelle Redundanz zu testen, verwendeten Hanks und Mitarbeiter (1995) eine Variante des Knock-out-Verfahrens, das man als **Gen-Knock-in** bezeichnet. Das zielspezifische Konstrukt enthielt das *En-2*-Gen innerhalb eines DNA-Bereichs, der zum *En-1*-Gen homolog ist und die normalen regulatorischen Elemente des *En-1*-Gens enthielt. Das Ziel bestand darin, die codierende endogene *En-1*-Sequenz durch die *En-2*-Sequenz zu ersetzen. So entstanden Mäuse, die zwei *En-2*-Gene enthielten, von denen eines genauso wie das *En-1*-Gen in normalen Embryonen exprimiert wird (Abb. 20.14). Diese *En-1*-Knock-out-Maus zeigte einen normalen Phänotyp. Das bedeutet, dass das eingefügte *En-2*-Gen zum *En-1*-Gen funktionell äquivalent ist (Hanks et al. 1995).

20.3.3 Groß angelegte Analysen der Genfunktion durch Insertionsmutagenese und systematische RNA-Interferenz sind grundlegende Bestandteile der funktionellen Genomik

Die oben beschriebenen Experimente wurden entwickelt, um die Genexpression und die Genfunktion individuell zu testen. Wie in Kapitel 19 besprochen wurde, machen es die außerordentlich umfangreichen Sequenzinformationen und die scheinbar endlose Liste von nichtcharakterisierten Genen, die ein Ergebnis der Genomprojekte sind, jedoch nun notwendig, die Genfunktionen *im Zusammenhang mit dem gesamten Genom* zu testen. Viele Jahre lang hat man sich für funktionelle Analysen der Sättigungsmutagenese bedient. Dabei wurden mit Bestrahlung oder potenten chemischen Mutagenen wie Ethylnitrosoharnstoff (ENU) und Ethylmethansulfonat (EMS) Populationen von Mutanten erzeugt, die jeweils einem Gen im Genom entsprachen. Bis vor kurzem bestand die gängige Praxis darin, sich auf spezifische biochemische, physiologische oder entwicklungsbiologische Merkmale der untersuchten Spezies zu konzentrieren, und die meisten Mutanten wurden verworfen. In den letzen Jahren hat sich jedoch der Schwerpunkt von der Untersuchung einzelner Gene zur funktionellen Genomik verschoben. Der ursprüngliche Grundgedanke wurde also gewissermaßen auf den Kopf gestellt, sodass man nun Mutageneseprogramme für das gesamte Genom durchführt. Dabei ist die Vorgabe, so viele Mutanten wie möglich zu erzeugen, die möglichst viele biologische Prozesse betreffen. Das letztendliche Ziel besteht darin, eine umfassende Mutantenbibliothek als zentrale Anlaufstelle für alle Forschungsgruppen zusammenzustellen. So bestand beispielsweise das erste ENU-Mutageneseprogramm für ein ganzes Genom darin, die beachtliche Zahl von 40 000 Mauslinien auf medizinisch bedeutsame Phänotypen zu testen, wobei auch klinische Biochemie, Allergien, Immunologie, Reaktionen auf physiologische Reize, Entwicklungsdefekte und Verhaltensweisen berücksichtigt wurden (Hrabe de Angelis und Balling 1998, Hrabe de Angelis et al. 2000, Nolan et al. 2000). Diese Programme setzen sich noch fort, und die Ergebnisse werden regelmäßig auf den Internetseiten aktualisiert, die in Tabelle 20.3 aufgeführt sind.

Chemische Mutagene und Bestrahlung erzeugen tendenziell Punktmutationen. Diese mögen zwar „realitätsnah" sein, da sie den Arten von Mutationen entsprechen, die für menschliche Krankheiten verantwortlich sind. Ein Hauptproblem besteht aber darin, dass die Bestimmung der genauen strukturellen Veränderungen in der DNA einer einzelnen Mutante häufig eine aufwendige Positionsklonierung erfordert. Eine andere Möglichkeit besteht darin, die Mutagenese mithilfe von Methoden der Genübertragung durchzuführen. In diesem Fall ist das Mutagen eine eingefügte DNA-Sequenz oder anders ausgedrückt ein Transgen, das vereinzelt in bereits existierende Gene eingefügt wird und diese unterbricht. Das Verfahren besitzt einen großen Vorteil gegenüber der Mutagenese durch Bestrahlung oder mit chemischen Substanzen: An dem mutierten Locus entsteht ein Sequenzmarker. Deshalb ist eine schnelle molekulare Charakterisierung des mutierten Locus möglich (Exkurs 20.5). Bei *Drosophila* verwendet man P-Elemente als Insertionsmutagene und führt sie direkt in die Keimbahn ein (Abschnitt 20.2.2). ES-Zellen bieten die Möglichkeit, solche Mutationen bei Mäusen einzuführen. Durch zufällige DNA-Integration können bei einer beliebigen Anzahl von Genen Insertionen auftreten. Da jedoch nur etwa drei Prozent des Maus-

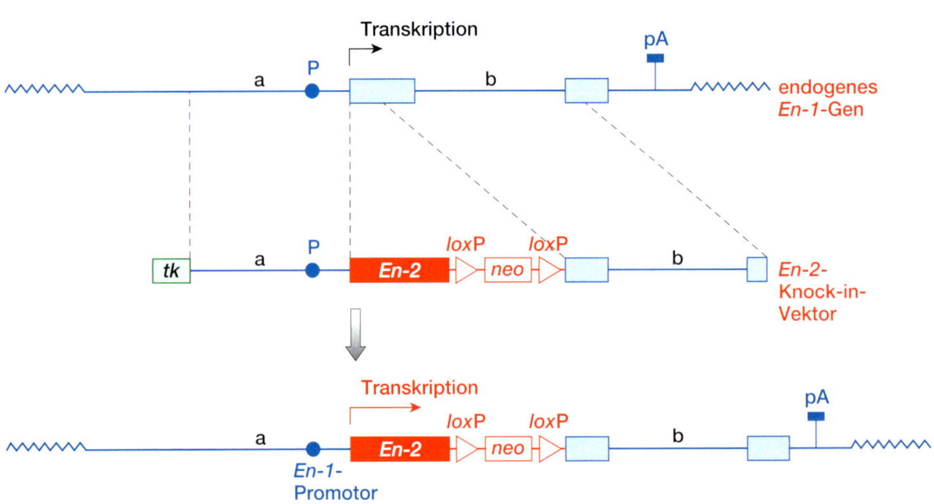

20.14 Mithilfe der Gen-Knock-in-Methode wird die Aktivität des chromosomalen Gens durch die Aktivität des eingeführten Gens ersetzt. Das *En-1*-Gen (oben) enthält zwei Exons; die codierenden Sequenzen sind durch blaue Kästchen dargestellt. Dargestellt sind auch der Promotor (P) und die Polyadenylierungsstelle (pA). Der Vektor für die gezielte Genveränderung („Knock-in-Vektor") enthält klonierte Sequenzen des *En-1*-Gens: die stromaufwärts liegende Sequenz *a* mit dem *En-1*-Promotor sowie einen internen Abschnitt *b*, der sich über das 3'-Ende von Exon 1, ein einzelnes Intron und das 5'-Ende der codierenden Sequenz von Exon 2 erstreckt. Zwischen diesen beiden Sequenzen liegt die codierende Sequenz des *En-2*-Gens. Das *tk*-Gen für die Thymidinkinase und das *neo*-Gen für Neomycinresistenz sind als zwei Markergene in dem Konstrukt enthalten; sie werden durch den Promotor des Phosphoglyceratkinasegens kontrolliert (die Auswahl fiel auf diesen Promotor, weil die Phosphoglyceratkinase in ES-Zellen exprimiert wird). Das *neo*-Gen wird von zwei *lox*P-Sequenzen flankiert. Der Vorgang der gezielten Genveränderung führt zum Austausch der endogenen Sequenzen *a* und *b*, wobei das 5'-Ende der codierenden Sequenz des *En-1*-Gens deletiert wird (Hanks et al. 1995). Der Begriff „Knock-in" wird für jedes Verfahren verwendet, mit dem ein endogenes Gen durch Einfügen eines neuen, exprimierten Gens inaktiviert wird. Das gilt auch dann, wenn es sich nur um ein Reportergen handelt, wie etwa *lacZ*.

genoms aus Genen bestehen, führen die meisten der zufälligen Insertionsereignisse nicht zu einer Unterbrechung von Genen.

Um die Wahrscheinlichkeit zu erhöhen, dass man die Insertionen in den Genen wiederfindet, wurde die **Gene-Trap**-Methode entwickelt (Evans et al. 1997). Dabei enthält das Transgen ein defektes Reportergen oder einen defekten selektierbaren Marker, die jeweils nur exprimiert werden, wenn das Konstrukt in ein Gen eingefügt wurde. So kann das Transgen beispielsweise ein Reportergen mit einer stromaufwärts liegenden Spleißakzeptorstelle enthalten. Wenn dieses Konstrukt in ein Gen integriert wird, verhält es sich wie ein zusätzliches Exon. Wenn nun das unterbrochene Gen transkribiert wird, wird der Transkriptabschnitt des Reportergens an das stromaufwärts liegende Exon gespleißt. Das sollte bei der Translation dazu führen, dass das Reportergen seine Funktion wieder exprimiert. Der Vorteil dieser Methode besteht darin, dass das Reportergen selbst bei Heterozygotie nach demselben Muster exprimiert wird wie das unterbrochene Gen. So ist es möglich, Informationen über das Gen (sein Expressionsprofil) zu erhalten, selbst wenn die Unterbrechung bei Homozygotie letal wäre. Ein Nachteil besteht darin, dass die Expression des Reportergens von der Expression des unterbrochenen Gens abhängt. Das heißt, wenn dieses Gen nicht exprimiert wird, gilt das auch für das Reportergen. Dieses Problem lässt sich umgehen, wenn das Reportergen durch seinen eigenen (konstitutiven) Promotor exprimiert wird, die Polyadenylierung aber vom umgebenden Gen abhängt (Abb. 20.15). Das Verfahren wurde bereits in umfangreichen Experimenten angewandt. Eine vor kurzem erschienene Publikation (Zambrowicz et al. 1998) beschreibt die Unterbrechung und Sequenzbestimmung von 2 000 Genen bei embryonalen Stammzellen der Maus. Zurzeit gibt es zwei wichtige Forschungsprojekte. Das eine wird vom German Gene Trap Consortium organisiert, und sein Ziel ist 20 000 Gene-Trap-Linien zu erzeugen und zu charakterisieren (Wiles et al. 2000). Das andere Projekt wird von dem US-amerika-

Exkurs 20.5: Intelligent konstruierte Vektoren für die Insertionsmutagenese

Als Insertionsvektor ist jede DNA-Sequenz geeignet, und wenn die Sequenz nicht bereits im Genom vorhanden ist, kann sie als Marker dienen, um das unterbrochene Gen durch einen einfachen Hybridisierungs- oder PCR-Test zu identifizieren. Das Einfügen von bestimmten weiteren Merkmalen kann einem Insertionsvektor zusätzliche Funktionalität verleihen und über das unterbrochene Gen und sein Produkt mehr Informationen liefern. Darüber hinaus kann man mithilfe des Vektors die flankierenden Sequenzen des Gens klonieren.

Gene-Trap-Methode. Der Insertionsvektor enthält stromabwärts einer Spleißakzeptorstelle ein Reportergen wie etwa *lacZ*, sodass das Reportergen nur dann exprimiert werden kann, wenn der Vektor in ein Gen integriert wird. Ein anderer Gene-Trap-Vektor, den man manchmal auch als Promotor-Trap bezeichnet, besteht aus einem „naiven" Reportergen ohne Promotor. Das Gen wird nur aktiviert, wenn es stromabwärts eines aktiven Promotors integriert wird (Evans et al. 1997). In beiden Fällen hängt die Expression des Reportergens von dem unterbrochenen Gen ab. Der Vorteil besteht darin, dass das Reportergen (das auf diese Weise funktionelle Informationen liefern kann) das Expressionsmuster des unterbrochenen Gens widerspiegelt. Der Nachteil besteht darin, dass es bei nichtexprimierten Genen auch keine Expression des Reportergens gibt. Diese Einschränkung lässt sich umgehen, wenn das Reportergen von einem konstitutiven Promotor exprimiert wird, die Polyadenylierung aber von dem unterbrochenen Gen abhängt (Zambrowicz et al. 1998).

Enhancer-Trap-Methode. Der Insertionsvektor enthält stromabwärts eines Minimalpromotors (im Allgemeinen eine TATA-Box), der allein nur eine Hintergrundtranskription ermöglicht, ein Reportergen wie etwa *lacZ*. Wenn das Konstrukt an einer Stelle integriert wird, die unter dem Einfluss eines endogenen Enhancers steht, bildet das Reportergen die Expression des Gens nach, das durch den Enhancer kontrolliert wird (O'Kane, Gehring 1987). Aufgrund der großen Entfernungen, über die Enhancer wirken, ist diese Vorgehensweise für die Identifizierung eines Gens nur selten hilfreich, aber zellspezifische Enhancer lassen sich für andere Zwecke nutzen, etwa bei der Kontrolle der Cre-Expression (Abschnitt 20.2.5) oder bei der Aktivierung eines negativ selektiven Markergens zur Zellablation (Exkurs 20.2).

Aktivierungsmarker. Der Insertionsvektor enthält einen starken, nach außen gerichteten Promotor. Wenn das Konstrukt neben einem Gen integriert wird, entsteht möglicherweise durch ektopische Expression oder Überexpression ein Funktionsgewinnphänotyp (Rorth et al. 1998).

Plasmid-Rescue. Der Insertionsvektor enthält einen Replikationsursprung und ein Markergen für Antibiotikumsresistenz aus einem Bakterienplasmid. Wenn nun die genomische DNA einer Zelllinie, die eine transgene Insertion trägt, mit einem Restriktionsenzym geschnitten wird, bildet das Insertionsfragment nach entsprechender Verdünnung und erneuter Ligation der DNA ein ringförmiges und funktionsfähiges Plasmid. Wenn die gesammelten ringförmigen Moleküle der genomischen DNA für die Transformation von Bakterien verwendet werden, überleben nur Zellen, die das Plasmid enthalten. Dies ist eine schnelle Methode, um Gensequenzen zu klonieren und zu identifizieren, die eine Insertionsstelle flankieren (Perucho et al. 1980).

nischen Unternehmen Lexicon Genetics organisiert. Bei beiden Projekten werden Datenbanken betrieben, die Sequenzen enthalten, die Insertionsfragmente flankieren. Diese können von Wissenschaftlern durchsucht werden, die mit ihren Experimenten vielleicht ein interessantes Gen identifiziert haben und nun nach Mauslinien suchen, bei denen das Gen inaktiviert ist. Auch für *Drosophila* gibt es ein Gene-Trap-Programm (Berkeley *Drosophila* Genome Project, Spradling et al. 1995, 1999). Dabei werden durch P-Elemente nicht nur Gene unterbrochen, sondern auch *aktiviert*. Bei diesem Verfahren (Aktivierungs-Tagging; Exkurs 20.5) verwendet man P-Elemente, die einen starken, nach außen gerichteten Promotor umschließen. Wenn solche Konstrukte integriert werden, aktivieren sie jedes angrenzende endogene Gen. So ist eine Insertionsmutagenese möglich, mit der sich sowohl Funktionsgewinn- als auch Funktionsverlustmutationen erzeugen lassen. In Tabelle 20.3 sind alle Internetadressen der oben genannten Programme zusammengefasst.

RNA-Interferenz (Abschnitt 20.2.6) ist ein anderes Verfahren, das sich für Funktionsbestimmungen in großem Umfang eignet. Bis jetzt hat man diese **Gen-Knock-down**-Methode nur beim Nematoden *C. elegans* umfassend angewandt. Aber auch bei Säugerzellen zeigt dieses Verfahren ein großes Potenzial, und es handelt sich vielleicht um die einzige Methode, mit der man die Funktionen menschlicher Gene auf zellulärer Ebene schnell und direkt zuordnen kann. Mit *C. elegans* wurden mehrere umfangreiche Experimente durchgeführt. Dabei hat man mehrere tausend dsRNA-Moleküle synthetisiert und systematisch bei den Würmern appliziert, entweder durch Mikroinjektion, Eintauchen oder Fütterung (Gonczy et al. 2000, Maeda et al. 2001, Fraser et al. 2000). Bei dem aktu-

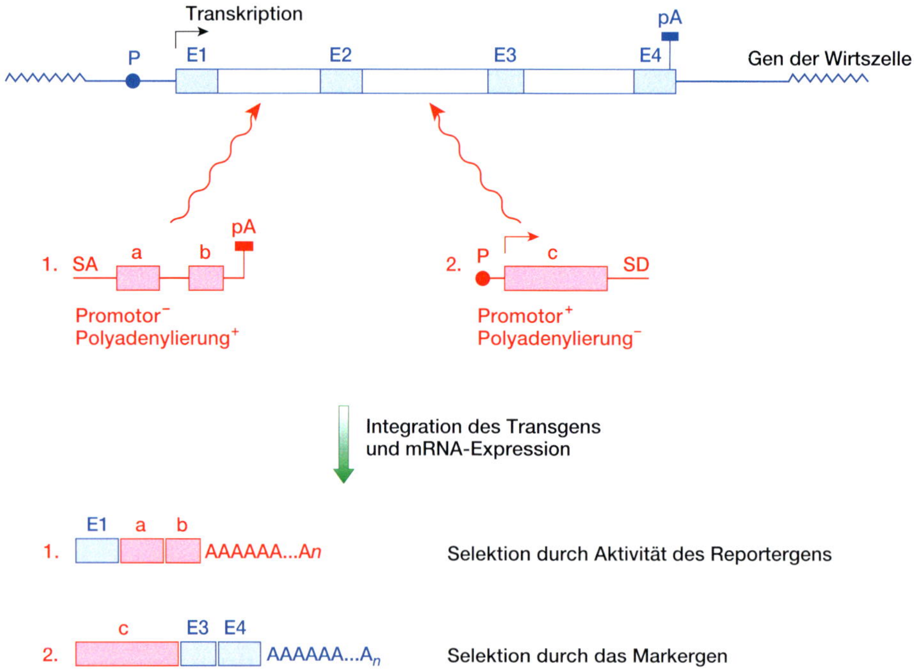

20.15 Bei der Gene-Trap-Methode selektiert man mithilfe eines Transgens, dessen Expression defekt ist, auf chromosomale Integrationsereignisse, die innerhalb oder in der Nähe eines Gens stattfinden. Oben ist ein Gen einer Wirtszelle als Beispiel dargestellt. Es umfasst vier Exons (E1 bis E4), den Promotor (P) und die Polyadenylierungsstelle Poly(A). Abgebildet sind zwei mögliche Gene-Trap-Vektoren. Transgen 1 enthält ein Reportergen, dem der Promotor fehlt und das zwei Exons *a* und *b*, ein Polyadenylierungssignal (pA) sowie eine stromaufwärts liegende Sequenz mit einer **Spleißakzeptorstelle** (**SA**) umfasst. Bei diesem Beispiel wird das Transgen 1 in das Intron 1 des Gens der Wirtszelle integriert. Bei der Transkription, die vom endogenen Promotor aus erfolgt, trägt die Spleißakzeptorsequenz dazu bei, dass die transgenen Exons an die Sequenz des ersten Exons des endogenen Gens gespleißt werden und ein Fusionstranskript entsteht. Die Selektion basiert darauf, ob dieses Transkript die funktionsfähige Reporteraktivität trägt oder nicht (Evans et al. 1997). Transgen 2 enthält ein Markergen (eine Medikamentenresistenz, beispielsweise die Puromycin-*N*-Acetyltransferase). Es ist mit einem Promotor gekoppelt, der in ES-Zellen funktionsfähig ist (im Allgemeinen ein Promotor für das Gen der Phosphoglyceratkinase), und außerdem mit einer stromabwärts liegenden **Spleißdonorstelle**. Ein Polyadenylierungssignal fehlt jedoch. Auch hier soll durch die Integration eine Genexpression ausgelöst werden, in diesem Fall allerdings von einem Promotor des Transgens. Die Spleißdonorstelle dient dazu, das RNA-Transkript an stromabwärts liegende Exons der Wirtszelle zu spleißen.

ellsten Experiment wurden in einer gewaltigen Anstrengung 17 000 Bakterienstämme erzeugt, die jeweils eine andere dsRNA exprimieren und so 86 % der Gene von *C. elegans* abdecken (Kamath et al. 2003). Über zehn Prozent der getesteten Würmer entwickelten reproduzierbare Phänokopien (letal, steril, Störungen bei Wachstum oder Entwicklung).

20.4 Die Erzeugung von Tiermodellen für Krankheiten mithilfe der Genübertragung und der gezielten Genveränderung

Tiermodelle für menschliche Krankheiten sind für die medizinische Forschung von großer Bedeutung, da sie die genaue Erforschung der physiologischen Grundlagen von Krankheiten ermöglichen und ein direktes Testsystem bieten, mit dem sich die Wirksamkeit neuer Behandlungen untersuchen lässt, bevor klinische Tests an Menschen durchgeführt werden. Zellkulturen bilden eine Alternative für die Nachbildung von Krankheiten, wenn auch mit Einschränkungen. Das betrifft vor allem die Erforschung von biochemischen Effekten der Krankheiten und die Wirkung von Medikamenten. Bei allen Hauptklassen menschlicher Krankheiten gibt es Tiermodelle für einige Repräsentanten – bei genetisch bedingten Krankheiten, Infektionserkrankungen, sporadischen Krebsformen und Autoimmunerkrankungen (Leiter et al. 1987, Darling und Abbott 1992, Clarke 1994, Bedell et al. 1997) –, aber nicht für jede einzelne menschliche Krankheit existiert ein gutes Tiermodell. Einige Tiermodelle menschlicher Krankheiten entstanden spontan, andere sind auf verschiedene Weise künstlich hergestellt worden (Tab. 20.4). Bis vor kurzem waren vor allem Tiermodelle verfügbar, die spontan entstanden oder durch zufällige Mutagenese erzeugt worden waren. Inzwischen ist es jedoch durch gezielte Genveränderung und Transgenverfahren möglich, Tier- und Zellkulturmodelle für Krankheiten zu erzeugen; gezielte Mutationen bei der Maus sind hier von besonderer Bedeutung. Interessanterweise wird zunehmend klar, dass Krankheitsphänotypen, die durch vergleichbare Mutationen in orthologen Genen bei Mensch und Maus entstehen, oftmals erhebliche Unterschiede aufweisen (Abschnitt 20.4.6).

20.4.1 Zellkulturmodelle für die Pathogenese und die Behandlung mit Medikamenten

Viele Merkmale einer Krankheitspathogenese haben eine zelluläre Komponente, die sich am besten *ex vivo* untersuchen lässt. Beispiele dafür sind unter anderem die Defekte der DNA-Reparatur bei Xeroderma pig-

Tabelle 20.4 Einteilung der Tiermodelle für Krankheiten

Entstehung	Beispiele	Anmerkungen
spontan	Keimbahnmutation → Erbkrankheit	
	somatische Mutation → Krebs	
künstlicher Eingriff oder künstliche Erzeugung	selektive Züchtung mit dem Ziel Stämme zu erhalten, die für Krankheiten genetisch anfällig sind	
	Infektion von Tieren mit entsprechendem pathogenen Mikroorganismus	
	künstliche Veränderung der Umgebung, um die Krankheit ohne Erzeugung einer Mutation auszulösen	z. B. ließ sich durch Injektion von Pristan, einem synthetischen Öl-Adjuvans, in die Dermis von Ratten ein Modell für Arthritis erzeugen
	in vivo-Mutagenese mit einem starken Mutagen, z. B. Röntgenstrahlen oder sehr wirksamen chemischen Mutagenen wie Ethylnitrosoharnstoff (ENU)	zur Erzeugung von Maus- und Zebrafischmutanten wurden umfangreiche Programme für chemische Mutagenese durchgeführt (Abschnitt 20.4.2)
	genetische Veränderung von befruchteten Eizellen oder Zellen aus frühen Embryonen und anschließende Vermehrung der Tiere (*transgene* Methoden und *gezielte Genveränderung*)	Abschnitte 20.1 – 20.3

mentosum und der Fanconi-Anämie, die vorzeitige Alterung der Zellen beim Werner-Syndrom, die Desorganisation des Cytoskeletts bei der Neurofibromatose und zweifellos die unkontrollierte Proliferation bei Krebs. Wenn solche Phänotypen auftreten, ist es einfacher, Zellmodelle zu entwickeln als Tiermodelle, da sich Funktionsgewinnmutationen einfach durch die Übertragung eines krankheitsverursachenden dominanten Transgens auf den passenden Zelltyp herstellen lassen. Funktionsverlustmutationen können inzwischen durch RNA-Interferenz effektiv erzeugt werden. Weil Zellmodelle auf menschlichen Zelllinien basieren können, ist in vielen Fällen kein künstliches Modell erforderlich, da die Zellen aus Menschen isoliert werden können, die an der entsprechenden Krankheit leiden. Tiermodelle sind zweifellos besser geeignet, da hier der Kontext eines gesamten Organismus zur Verfügung steht, der für die Erforschung von Krankheiten ohne erkennbaren zellulären Phänotyp notwendig ist (etwa bei idiopathischem Muskelzittern). Bei vielen Krankheiten kann man jedoch Zellmodelle als ersten Forschungsansatz dazu nutzen, zahlreiche Leitsubstanzen zu untersuchen und vielversprechende Kandidaten für Medikamente zu identifizieren, die in einer späteren Phase an Tiermodellen getestet werden können.

20.4.2 Es kann schwierig sei, Tiermodelle für Krankheiten zu identifizieren, die spontan entstanden sind oder durch Zufallsmutagenese erzeugt wurden

Spontane Entstehung von Tiermodellen für Krankheiten

Mutierte menschliche Phänotypen, besonders solche, die mit offensichtlichen Krankheitssymptomen assoziiert sind, werden intensiv untersucht: Viele Patienten, die an einer Krankheit leiden, suchen ärztlichen Rat. Wenn sie sich mit einem bisher nicht beschriebenem Phänotyp vorstellen, wird ihr Fall Fachleuten vorgetragen, die diesen Phänotyp in der medizinischen Fachliteratur veröffentlichen. Die Motivation der Patienten, ihrer Familien, der Ärzte und der interessierten Wissenschaftler und die Größe der Population, die untersucht werden kann (die gesamte Weltbevölkerung umfasst zurzeit sechs Milliarden Menschen), führen dazu, dass die Suche nach menschlichen mutierten Phänotypen bemerkenswert erfolgreich ist. Im Gegensatz dazu werden viele Krankheitsphänotypen im Tierreich nicht bemerkt. Nur ein geringer Anteil der Tierpopulation befindet sich in Gefangenschaft, und die Dokumentation mutierter Phänotypen bei Tieren beruht weitgehend auf der Identifizierung der Mutanten innerhalb von Tierkolonien, die für Forschungszwecke gezüchtet werden, und in geringerem Umfang auch bei Nutzvieh und Haustieren. Nur Mutanten mit auffälligen äußerlichen Anomalien werden mit einer gewissen Wahrscheinlichkeit wahrgenommen. Trotz der Schwierigkeit, spontane Tiermutanten zu identifizieren, wurden eine Reihe von Tierphänotypen als mögliche Modelle für menschliche Krankheiten beschrieben (einige Beispiele finden sich in Tabelle 20.5). In einigen Fällen gleicht der mutierte Phänotyp sehr dem entsprechenden klinischen Phänotyp, in anderen dagegen gibt es aufgrund von artbedingten Abweichungen der biochemischen Stoffwechselwege und der Entwicklungsprozesse erhebliche Unterschiede (Erickson 1996, Wynshaw-Boris 1996). Außerdem können sich infolge verschiedener Klassen von Mutationen an orthologen Loci phänotypische Unterschiede ergeben.

Zufallsmutagenese mithilfe von chemischen Verbindungen und Bestrahlung

Klassische Methoden für die Erzeugung von Tiermutanten bestanden darin, die Tiere kontrolliert mutagenen Chemikalien oder Röntgenstrahlen in hohen Dosen auszusetzen. Mit dieser Methode erhielt man eine große Anzahl von *Drosophila*- und Mausmutanten, außerdem hat man in großem Umfang (wie oben besprochen) bei der Maus und beim Zebrafisch (der als Tiermodell einige Vorteile bietet; Exkurs 20.6) erfolgreiche Mutagenesetestreihen durchgeführt. Ein großes Problem bei chemisch und durch Strahlung induzierten Mutationen besteht jedoch darin, dass sie im Wesentlichen zufällig erfolgen. Um einen bestimmten mutierten Phänotyp zu identifizieren, muss man nach einer Mutagenese in mühevoller Arbeit die Phänotypen nach Mutanten durchsuchen. Die mutierten Phänotypen, die in diesen Untersuchungen beschrieben wurden, zeigen wie die spontanen Mutanten eine deutliche Verschiebung zu Phänotypen mit auffälligen äußerlichen Anomalien, einfach weil sie leichter zu identifizieren sind. Dennoch ist es mit diesen Methoden gelungen, mehrere wichtige Mausmodelle für menschliche Krankheiten zu entwickeln.

20.4.3 Mäuse fanden als Tiermodelle für menschliche Krankheiten bereits vielfach Verwendung, da sich an definierten Loci spezifische Mutationen erzeugen lassen

Bei vielen Tierarten wurden spontane und künstlich erzeugte Krankheitsphänotypen beschrieben, die unterschiedliche Möglichkeiten für die Nachbildung

Tabelle 20.5 Beispiele für spontan entstandene Tiermutanten

Mutante	phänotypische Merkmale und molekulare Pathogenese
NOD-Maus	Diabetes ohne Fettleibigkeit; Nachbildung des menschlichen insulinabhängigen Diabetes mellitus
mdx-Maus	X-gekoppelte Muskeldystrophie aufgrund von Mutationen im Dystrophingen der Maus; die ursprüngliche *mdx*-Mutante besitzt eine Nonsense-Mutation, aber das Erscheinungsbild ist leichter als bei der Duchenne-Muskeldystrophie (DMD)
hämophiler Hund	Missense-Mutation im Faktor-IX-Gen des Hundes, die zu einem vollständigen Funktionsverlust führt; die menschliche orthologe Form ist Haemophilie B
Watanabe-Kaninchen (erbliche Hyperlipidämie)	Hyperlipidämie aufgrund einer Deletion von vier Codons im *low-density*-Lipoprotein-Rezeptor-Gen (*LDLR*); die menschliche orthologe Form ist die familiäre Hypercholesterinämie
Arterioskleroseschweine	ausgeprägte Hypercholesterinämie; normale Aktivität der LDL-Rezeptoren, aber verschiedene Apolipoproteine, z. B. Typ B
Splotch-Maus	anomale Pigmentierung; wegen der phänotypischen Überschneidung mit dem Waardenburg-Syndrom als Tiermodell für diese Krankheit geeignet; bestätigt durch Identifizierung von Mutationen in ortholgen *PAX*-Genen bei Mensch und Maus
NF-Damselfisch	die starke Bildung von Neurofibromen lässt vermuten, dass es sich um eine orthologe Form der menschlichen Neurofibromatose Typ 1 handelt

menschlicher Krankheiten bieten. Wirbellose wie *Drosophila* und *C. elegans* und sogar Hefezellen können sich als hilfreiche Krankheitsmodelle erweisen, was darauf zurückzuführen ist, dass bestimmte Proteine und Reaktionswege in der Evolution stark konserviert wurden (Abschnitt 3.9.2). Wirbeltiere, die in der Evolution weit vom Menschen entfernt sind, wie etwa der Zebrafisch, besitzen als Modellorganismen ebenfalls einige Vorteile, sodass sie bereits in einigen Fällen dazu dienten, bestimmte menschliche Krankheiten nachzubilden (Exkurs 20.6). Säuger sollten erwartungsgemäß als Krankheitsmodelle besser geeignet sein, was sich aber bei unseren nächsten Verwandten – den Menschenaffen – aus verschiedenen Gründen als nicht besonders hilfreich erwiesen hat. Stattdessen wurden andere Säuger vielfach als Modelle für menschliche Krankheiten verwendet (Exkurs 20.6). Bei Tiermodellen für Krankheiten, die durch mutagene chemische Verbindungen oder Bestrahlung künstlich induziert werden oder spontan entstehen, gibt es nur eine geringe oder überhaupt keine Kontrolle über den entstehenden Phänotyp,

Tabelle 20.6 Beispiele für Mausmodelle menschlicher Krankheiten, die durch transgene Verfahren oder gezielte Genveränderung erzeugt wurden

Krankheit oder anomaler Phänotyp beim Menschen	Gen	Methode zur Erzeugung des Modells
Cystische Fibrose	*CFTR*	Insertionsinaktivierung durch gezielte Genveränderung
β-Thalassämie	*HBB* (β-Globin)	Insertionsinaktivierung durch gezielte Genveränderung
Hypercholesterinämie und Arteriosklerose	Apoliproteingene, z. B. *APOE*	Insertionsinaktivierung durch gezielte Genveränderung
Gaucher-Krankheit	*GBA*	Insertionsinaktivierung durch gezielte Genveränderung
Fragile-X-Syndrom	*FMR1*	Insertionsinaktivierung durch gezielte Genveränderung
Gerstmann-Sträussler-Scheinker-Syndrom (GSS)	Prionproteingen (*PRNP*)	Integration des mutierten Priongens der Maus
Spinocerebelläre Ataxie Typ 1 (SCA1)	*SCA1* (Ataxin)	Integration des mutierten menschlichen Ataxingens mit verlängerter Triplettwiederholung
Alzheimer-Krankheit	*APP* (β-amyloides Vorstufenprotein)	Integration der mutierten vollständigen *APP*-cDNA unter der Kontrolle eines Blutplättchenwachstumsfaktor-Promotors

Exkurs 20.6: Das Potenzial von Tiermodellen für die Nachbildung menschlicher Krankheiten

Primaten sollten eigentlich am besten als Tiermodelle für menschliche Krankheiten geeignet sein, da sie mit uns so nah verwandt sind (Abschnitt 12.4.2). Menschen und Menschenaffen zeigen in der Entwicklung, in der Anatomie, bei biochemischen Reaktionen und in der Physiologie sehr starke Übereinstimmungen. Die Züchtung von Primaten ist jedoch sehr kostenaufwendig, und die Populationsgrößen sind in Gefangenschaft sehr klein. Auch die öffentliche Aufmerksamkeit und Sensibilität spielen eine gewisse Rolle. Einige sind grundsätzlich gegen Tierversuche, während diejenigen, die Tierversuche im Dienst der medizinischen Forschung für gerechtfertigt halten, sich doch wohler fühlen, wenn die Versuche nur mit kleinen Labortieren wie Mäusen oder Ratten durchgeführt werden. Am wichtigsten ist jedoch, dass Primaten für Laborversuche nicht gut geeignet sind: Sie leben relativ lange und sind weniger fruchtbar als Mäuse, sodass Züchtungsexperimente schwieriger zu organisieren sind. Weil für eine Reihe von menschlichen Krankheiten neue Therapiemethoden schnell entwickelt werden sollen (Kapitel 21), hat die lange Verzögerung, die sich durch Testreihen bei Primaten ergeben würde, dazu geführt, dass alternative Modelle untersucht werden.

Mäuse sind die am häufigsten verwendeten Tiermodelle für menschliche Krankheiten. Sie sind klein und können relativ preisgünstig für die Züchtung gehalten werden. Ihre Lebensspanne ist kurz (etwa zwei bis drei Jahre), ebenso ihre Generationszeit (etwa drei Monate), außerdem sind sie sehr fruchtbar (ein Weibchen produziert im Durchschnitt vier bis acht Würfe mit sechs bis acht Jungen). Da sie einfach zu vermehren sind, lassen sich komplexe Züchtungsprogramme durchführen, bei denen **rekombinante Inzuchtstämme** und **congene Stämme** erzeugt werden (Taylor 1989; Exkurs 14.2). Ihre kurze Lebensdauer und Generationszeit ermöglichen es, eine pathogene Mutation über mehrere Generationen hinweg relativ einfach verfolgen zu können. Deshalb wurde die Genetik der Labormaus in Jahrzehnten intensiv erforscht, und man hat die Phänotypen zahlreicher Mutanten dokumentiert (Lyon und Searle 1989). Die meisten dieser Mutanten sind in Züchtungspopulationen spontan entstanden. Einige wurden künstlich erzeugt, zuerst durch Röntgenstrahlen oder chemische Mutagenese, jetzt jedoch zunehmend durch gezielte Genveränderungen und durch Insertionsmutagenese. Die Kartierung von Mutationen wird bei Mäusen durch **interspezifische Rückkreuzungskartierungen** erleichtert (Avner et al. 1988; Exkurs 14.2), außerdem durch die Verfügbarkeit zahlreicher polymorpher Marker (so wurden ~9 000 Dinucleotidwiederholungsmarker kartiert). Da syntänische Regionen bei der Maus und beim Menschen genau dokumentiert wurden (Abb. 12.11), sind diese Informationen für die Identifizierung homologer Einzelgenkrankheiten beim Menschen und bei der Maus sehr nützlich.

Ratten sind verhältnismäßig groß und für physiologische, pharmakologische und verhaltensbiologische Experimente leichter zugänglich, besonders bei Herz-Gefäß-Untersuchungen und Verhaltensstudien. Sie haben eine längere Generationszeit (11 Wochen), und die Züchtungspopulationen verursachen höhere Kosten. Für einige Klassen menschlicher Krankheiten gibt es keine guten Mausmodelle (etwa für Bluthochdruck und Verhaltensstörungen), sodass man stattdessen auf Rattenmodelle zurückgreift. Für das Rattengenom wurden genetische und physikalische Karten mit hoher Dichte erstellt; seit kurzem ist auch die Genomsequenz bekannt (Abschnitt 8.4.4).

Der **Zebrafisch** ist das ideale Modell für die Entwicklung bei Vertebraten, da sich die Fische extern entwickeln und wie Frösche widerstandsfähige Embryonen hervorbringen. Außerdem dauert ihre Generationszeit etwa so lang wie die von Mäusen, aber sie erzeugen in derselben Zeit 40-mal so viel Nachkommen, und die Embryonen sind durchsichtig wie bei *Drosophila* und *C. elegans*. Die Genetik des Zebrafisches hat große Fortschritte gemacht. Seit Mitte der 1990er Jahre wurden in großem Umfang Testreihen für Mutationen durchgeführt, Genübertragungstechniken gehören zur Routine und neben genetischen und physikalischen Karten mit hoher Dichte stehen EST-Informationen zur Verfügung. Die Genome von Zebrafisch und Mensch zeigen ein mittleres Maß an Syntänie. Viele der mutierten Phänotypen, die bei den genetischen Testreihen bestimmt wurden, ähneln menschlichen Krankheitszuständen. Sie bilden nützliche Krankheitsmodelle, besonders für hämatopoetische Erkrankungen, Herz-Gefäß- und Nierenkrankheiten. So ist beispielsweise das *sauternes*-Gen des Zebrafisches zum menschlichen *ALAS2*-Gen ortholog, das die δ-Aminolävulinat-Synthase (das erste Enzym bei der Häm-Biosynthese) codiert. Die Zebrafischmutante war das erste Tiermodell der angeborenen Sideroblastenanämie, die durch einen Verlust der *ALAS2*-Funktion verursacht wird (Brownlie et al. 1998). Dementsprechend ist das *dracula*-Gen des Zebrafisches ortholog zum menschlichen *FECH*-Gen. Dieses Gen codiert die Ferrochelatase, das letzte Enzym der Häm-Biosynthese. Die Mutante ist ein Modell für die erythropoetische Protoporphyrie (Childs et al. 2000). Andere Modelle wurden vor kurzem in einem Übersichtsartikel zusammengefasst (Dooley und Zon 2000). Die Genome von Zebrafisch und Mensch zeigen gewisse Übereinstimmungen, aber aufgrund des beträchtlichen Abstands in der Evolution geht man davon aus, dass sich die Bedeutung der Zebrafischmutanten für menschliche Krankheiten auf Störungen von Reaktionswegen beschränkt, die stark konserviert sind. Es wurden eine Anzahl von Zebrafischmutanten erzeugt, die gute Modelle für menschliche Krankheit sind; man kann sie dazu verwenden, Prototypen von Medikamenten zu testen. Dazu gehören Modelle für die Alzheimer-Krankheit, Störungen der Häm-Biosynthese, angeborene Herzfehler, polycystische Nierendegeneration und Krebs.

Wirbellose und Hefe sind vom Menschen durch Hunderte von Jahrmillionen der Evolution getrennt, aber es gibt immer noch einen konservierten Kernbestand von Genen und essenziellen Reaktionswegen. Deshalb bilden einfache Organismen wie die Hefe *Saccharomyces cerevisiae* und der Nematode *Caenorhabditis elegans* für einige Krankheiten nützliche Modelle, zumindest als Testsystem für Medikamente, wenn der Phänotyp insgesamt von nicht so großer Bedeu-

▶

tung ist. So ist beispielsweise der Insulinsignalweg bei Menschen und Nematoden vollständig konserviert, sodass sich Nematoden als Modelle für Diabetes eignen. Entsprechend lassen sich auch Krankheiten, die sehr grundlegende Zellfunktionen betreffen (etwa die Defekte der DNA-Helikase beim Bloom-Syndrom), in Hefe nachbilden. Wichtig ist dabei, dass sowohl die Hefe als auch *C. elegans* als Mikroorganismen behandelt werden können und man sie deshalb mit Reihen von Leitverbindungen und Prototypen von Medikamenten in Chargen testen kann.

und die Identifizierung eines Tiermodells für eine menschliche Krankheit ist häufig ein glücklicher Zufall. Der große Vorteil transgener oder mit gezielt veränderten Genen ausgestatteter Mäuse als Krankheitsmodelle besteht darin, dass *spezifische Krankheitsmodelle nach Bedarf hergestellt werden können*. Wenn die entsprechenden Genklone – und in einigen Fällen auch die mutierten Gene – zur Verfügung stehen, kann man Mäuse erzeugen, die in einem ausgewählten Zielgen eine bestimmte Mutation aufweisen. Auf diese Weise lassen sich alle wichtigen Klassen von Krankheiten, also Erbkrankheiten, Tumoren, Infektionskrankheiten und Autoimmunerkrankungen, nachbilden (Tab. 20.6; Smithies 1993, Clarke 1994, Bedell et al. 1997). In den meisten Fällen dienten die Verfahren zur Erzeugung transgener oder mit gezielt veränderten Genen ausgestatteter Tiere dazu, Modelle für Einzelgenkrankheiten herzustellen. Es werden aber zunehmend Versuche unternommen, Mausmodelle für komplexe genetisch bedingte Krankheiten zu etablieren, beispielsweise für die Alzheimer-Krankheit, Arteriosklerose und die Auswirkungen von idiopathischem Bluthochdruck (Petters und Sommer 2000).

20.4.4 Funktionsverlustmutationen lassen sich durch eine gezielte Genveränderung nachbilden, Funktionsgewinnmutationen durch die Expression von dominanten mutierten Genen

Die Herstellung von Modellen für Funktionsverlustmutationen durch die gezielte Genveränderung bei Mäusen

Viele Krankheitsphänotypen, darunter im Wesentlichen alle rezessiv und viele dominant vererbten, entstehen vermutlich durch den Verlust einer Genfunktion. Der einfachste Weg, Einzelgenkrankheiten dieses Typs nachzubilden, besteht darin, eine Knockout-Maus zu erzeugen. Zuerst isoliert man das orthologe Gen der Maus und verwendet einen Abschnitt davon für die gezielte Inaktivierung des endogenen Gens in Maus-ES-Zellen (Abschnitt 20.2.4). Nachdem die genetisch veränderten ES-Zellen in die Blastocyste in einem Nährmuttertier injiziert wurden und sich weiterentwickelt haben, erhält man Gründermäuse, die die gezielte Mutation in größerer Zahl in ihren Keimbahnzellen tragen. Diese Mäuse kann man miteinander kreuzen und die Nachkommen anhand von Zellen aus dem Schwanzblut auf die Anwesenheit der gewünschten Mutation und des Wildtypallels mithilfe einer PCR testen. Mit der gezielten Genveränderung soll ein Nullallel erzeugt werden (also ein Allel ohne jegliche Genexpression). Manchmal ist das Ergebnis jedoch eine **„durchlässige Mutation"**, sodass das mutierte Allel noch etwas exprimiert wird. So kann beispielsweise ein Teil des normalen Genprodukts durch fehlerhaftes Spleißen entstehen, das über das eingefügte DNA-Segment hinweggeht. So lässt sich möglicherweise erklären, warum bei Mausmodellen der Cystischen Fibrose unterschiedliche Schweregrade auftreten (Snouwaert et al. 1992, Dorin et al. 1992). Unterschiedliche Phänotypen können auch aufgrund von *Modifikatorgenen* in verschiedenen Mausstämmen auftreten (Abschnitt 20.4.6).

Die Herstellung von Modellen für Funktionsgewinnmutationen durch die Expression eines dominanten mutierten Gens

Häufig führt man diesen allgemeinen experimentellen Aufbau in Verbindung mit einer Genübertragung durch Mikroinjektion in den Pronucleus durch. Die Krankheit, für die man ein Modell erzeugen will, muss so beschaffen sein, dass die Anwesenheit einer eingeführten DNA allein ausreicht, die Pathogenese zu induzieren. Dazu gehören erbliche Funktionsgewinnmutationen und sporadische Krebsformen, die durch Onkogene verursacht werden. Um solche Krankheiten nachzubilden, muss man ein mutiertes Gen isolieren oder, falls notwendig, durch *in vitro*-Mutagenese herstellen. Das mutierte Gen wird dann einfach als Transgen übertragen, beispielsweise durch Mikroinjektion in befruchtete Eizellen. Da das eingeschleuste mutierte Gen nicht an einer bestimmten Stelle integriert werden muss, reichen menschliche Gene aus, wobei man in manchen Fällen mutierte Mausgene verwendet hat. Die zwei folgenden Beispiele sollen diesen Ansatz verdeutlichen:

- Bei einem frühen Versuch wollte man herausfinden, ob eine Leucinsubstitution bei Codon 102 in einem Prionproteingen, die man bei einem Patienten mit Gerstmann-Sträussler-Scheinker-Syndrom (GSS) gefunden hatte, pathogen ist. In einem klonierten Prionproteingen der Maus erzeugte man eine entsprechende Mutation und injizierte das mutierte Gen in befruchtete Eizellen, um so transgene Mäuse zu erhalten. Die Mäuse zeigten eine spontane Degeneration der Nervenzellen, die der Symptomatik entsprach, wie sie bei dem menschlichen Syndrom zu beobachten ist (Hsiao et al. 1990). Eine Reihe weiterer Experimente mit Priontransgenen erwies sich bei der Untersuchung von Prionen als sehr hilfreich (Gabizon und Taraboulos 1997).

- Ein anderer Typ von Funktionsgewinnmutationen ist die Verlängerung von Triplettwiederholungen, die neurodegenerative Krankheiten verursachen (Abschnitt 16.6.4). Die Spinocerebelläre Ataxie Typ 1 (SCA1) ist eine dominant vererbte Krankheit, die durch die instabile Verlängerung einer CAG-Wiederholungssequenz im Ataxingen entsteht. Die Krankheit ist gekennzeichnet durch die Degeneration der Purkinje-Zellen im Kleinhirn, der Kleinhirnseitenstrangbahnen und einiger Hirnstammneuronen. Durch Einschleusen von einem der beiden Transgene (dem normalen menschlichen Ataxingen und einem mutierten Ataxingen mit einer verlängerten CAG-Wiederholung), die von einem Purkinje-Zellen-spezifischen Promotor exprimiert wurden, erzeugte man transgene Mäuse. Beide Transgene wurden exprimiert, aber nur Mäuse mit dem mutierten Allel entwickelten eine Ataxie und eine Degeneration der Purkinje-Zellen, was die Funktionsgewinnhypothese bestätigte (Burright et al. 1995).

Mausmodelle für menschliche Tumoren

Für die Erzeugung von Mausmodellen für Tumoren werden ebenfalls beträchtliche Anstrengungen unternommen (Ghebranious und Donehower 1998, Macleod und Jacks 1999).

- Funktionsgewinn. Die Krankheit ist auf die unpassende Aktivierung eines Proto-Onkogens zurückzuführen und lässt sich durch Erzeugung einer transgenen Maus nachbilden. Das entsprechende Onkogen wird durch die einfache Integration des Transgens auf das Mausgenom übertragen.
- Funktionsverlust. Die Krankheit ist auf die Inaktivierung eines Tumorsuppressorgens zurückzuführen und lässt sich durch Erzeugung von Knock-out-Mäusen mithilfe einer gezielten Genveränderung nachbilden. So wurden beispielsweise durch Inaktivierung der orthologen Mausgene für das *TP53*- und das *RB1*-Gen mehrere Modelle erzeugt, deren Phänotypen aber nur eine ungefähre Übereinstimmung mit den menschlichen Phänotypen, dem Li-Fraumeni-Syndrom beziehungsweise dem Retinoblastom zeigten (siehe auch Abschnitt 20.4.6).

20.4.5 Die Verwendung transgener Tiere zur Nachbildung komplexer Krankheiten nachzubilden

Modelle für chromosomal bedingte Krankheiten

Mausmodelle für chromosomal bedingte Krankheiten des Menschen gibt es nur sehr wenige. In einigen Fällen liegt das daran, dass die Syntänie bei den beiden Spezies nicht ausreichend konserviert ist. Betrachtet man das Down-Syndrom (Trisomie 21), so zeigt sich, dass es im menschlichen Chromosom 21 und im Chromosom 16 der Maus einen großen Bereich mit übereinstimmender Syntänie gibt (Abb. 12.11). Aber Mäuse mit einer Trisomie 16 sind keine guten Modelle für das Down-Syndrom, da sie bereits im Uterus absterben. Tatsächlich wäre auch gar nicht zu erwarten, dass eine Trisomie 16 bei Mäusen ein gutes Modell für die Trisomie 21 beim Menschen ist, weil die beiden Chromosomen nicht vollständig äquivalent sind. Für die Gene im distalen Bereich des menschlichen Chromosom 21, der 2–3 Mb umfasst, liegen die orthologen Gene bei der Maus auf Chromosom 17 und 10, außerdem gibt es für einige Gene auf Chromosom 16 der Maus orthologe Gegenstücke auf anderen Chromosomen des Menschen, aber nicht auf Chromosom 21. Um also ein besseres Modell für das Down-Syndrom zu erzeugen, konzentriert man sich jetzt auf die für das Down-Syndrom entscheidende Region bei 21q21.3-q22.2. (Der Bereich wurde aus Beobachtungen an seltenen Formen des Down-Syndroms abgeleitet, die bei Patienten mit einer partiellen Trisomie 21 auftreten.) In dieser Region ist möglicherweise das menschliche *minibrain*-Gen bei 21q22.2 ein wichtiger Locus, der zu der assoziierten Lernschwäche beiträgt. Transgene Mäuse mit einem YAC-Klon von 180 kb Länge, der das *minibrain*-Gen mit 100 kb, aber offenbar kein weiteres Gen enthält, entwickeln Lernstörungen (Smith et al. 1997). Die Ts65Dn-Maus, die eine abschnittsweise Trisomie 16 trägt und die mithilfe von Standardmethoden durch Bestrahlung von Mäusen erzeugt wurde, zeigt Lern- und Verhaltensstörungen (Reeves et al. 1995). Andere Modelle, die in noch jüngerer Zeit erzeugt wurden, kommen bei Kola und Hertzog (1998) zur Sprache. Künftige Bemühungen um die Herstellung von Modellen für chromosomal bedingte Krankheiten sollten von der gezielten Genveränderung mithilfe des Cre-*lox*P-Systems profitieren. Wie in Abschnitt 20.2.5 beschrieben wurde, besitzt dieses System ein außerordentlich großes Potenzial für die Veränderung ganzer Genome mithilfe gezielter Translokationen an definierten Positionen ausgewählter Chromosomen. Bei anderen chromosomal bedingten Krankheiten können auch YAC-Transgen-Verfahren Bedeutung erlangen, wenn man überexprimierte Gene untersuchen will. Das gilt auch für Krankheiten, die in großen chromosomalen Bereichen anomale Gendosen aufweisen, etwa für die Charcot-Marie-Tooth-Hoffmann-Krankheit Typ 1A. Die Krankheit ist auf eine Überexpression zurückzuführen, die in der Region des *PMP22*-Gens durch die Duplikation eines Abschnitts von 1,5 Mb verursacht wird (Abb. 16.8).

Modelle für komplexe Krankheiten

In der Humangenetik verlegt sich der Schwerpunkt immer mehr auf die Untersuchung der Pathogenese komplexer genetisch bedingter Krankheiten wie Arteriosklerose, idiopathischer Bluthochdruck und Diabetes. Krankheiten dieser Art zeigen eine komplexe Ätiologie mit multiplen genetisch und durch äußere Einflüsse bedingten Komponenten. Es gibt für einige dieser Krankheiten zwar mehrere aufschlussreiche Tiermodelle, aber es ist zu erwarten, dass in Zukunft einige dringend benötigte Modelle zur Verfügung stehen (Smithies und Maeda 1995). Sobald geeignete Kandidatengene identifiziert werden, die mutmaßlich an der Pathogenese beteiligt sind, kann man mithilfe von Kreuzungsexperimenten die verschiedenen Kombinationen der Krankheitsgene herstellen, um die Auswirkungen der unterschiedlichen genetischen Konstitutionen in jeweils anderen Mausstämmen zu untersuchen. Diese Vorgehensweise ist wahrscheinlich nicht so arbeitsaufwendig wie sie erscheint, da man zunehmend davon ausgehen kann, dass viele Phänotypen komplexer Krankheiten vor allem auf die Kombination einiger weniger Hauptanfälligkeitsgene zurückzuführen sind. So gelang es beispielsweise durch einen glücklichen Zufall, für die Spina bifida occulta ein Zwei-Gen-Modell zu entwickeln. Dabei wurde eine für die *Patch*-Mutation (*pdgfrb*; *platelet derived growth factor receptor*, Blutplättchenwachstumsfaktor-Rezeptor) heterozygote Maus mit einer Maus gekreuzt, die für die *undulated*-Mutation (*Pax-1*) homozygot war (Helwig et al. 1995). In anderen Fällen weisen solche Zwei-Gen-Modelle den Weg zu möglichen Therapien. So führte beispielsweise die Kreuzung zwischen Mäusen mit einer *rds*-Mutation (die eine Degeneration der Retina zeigen) und transgenen Mäusen, die das *Bcl-2*-Gen exprimieren (das Zellen vor der Apoptose schützt), bei den Nachkommen zu einer Verlangsamung der Retinadegeneration (Nir et al. 2000).

20.4.6 Mausmodelle für menschliche Krankheiten sind möglicherweise schwierig herzustellen, da es zwischen Menschen und Mäusen eine Reihe von Unterschieden gibt

Es kommt nicht selten vor, dass spontan oder künstlich erzeugte Mausmodelle für Krankheiten Phänotypen zeigen, die sich von den entsprechenden menschlichen Krankheiten deutlich unterscheiden. So entstanden beispielsweise durch die gezielte Inaktivierung verschiedener Tumorsuppressorgene der Maus häufig unbrauchbare Mausmodelle, etwa bei der Inaktivierung von *Tp53* und *Rb1* (Retinoblastom). Man stößst möglicherweise auf Schwierigkeiten, die gewünschte Mutation überhaupt zu erzeugen; beispielsweise kann es bei Knock-out-Mutanten zu einer *„durchlässigen"* Expression kommen (siehe oben). Oder die Expression eines Transgens wird durch verschiedene Faktoren beeinflusst, wie etwa durch Positionseffekte (Abschnitt 20.2.3), die einen unerwarteten Phänotyp verursachen. Abgesehen davon gibt es verschiedene Bereiche, in denen die Unterschiede zwischen Mensch und Maus zu unterschiedlichen Krankheitsphänotypen führen können, wenn orthologe Gene mutiert sind (Erickson 1989 und 1996, Wyshaw-Boris 1996).

- **Unterschiede bei biochemischen Reaktionswegen.** Obwohl biochemische Reaktionswege bei Säugern allgemein stark konserviert sind, gibt es doch einige Unterschiede zwischen den Reaktionswegen bei Mensch und Maus. Die Funktion der menschlichen Retina hängt offensichtlich stark von der Funktionsfähigkeit des *RB1*-Genprodukts ab, was jedoch bei anderen Vertebraten nicht der Fall ist. Deshalb wurden bis jetzt noch keine Mausmutanten mit spontan auftretenden Retinoblastomen beschrieben, und bei *Rb1*-Knock-out-Mäusen bildet sich kein Retinoblastom. Es ließ sich jedoch vor kurzem zeigen, dass *Rb1* bei der Maus für die normale Entwicklung der Placenta erforderlich ist. Knock-out-Mäuse zeigen eine übermäßige Proliferation der Trophoblastenzellen und schwere Störungen im Aufbau des Placentalabyrinths. Das führt zu einer Abnahme der Versorgung mit Blutgefäßen und zu einem verringerten placentalen Transport (Wu et al. 2003). Ein anderes Beispiel sind die Reaktionswege beim Abbau von Gangliosiden. Mutationen des menschlichen *HEXA*-Gens der Hexosaminidase führen zum Tay-Sachs-Syndrom, bei dem die lysosomale Speicherung stark gestört ist. Die Inaktivierung des orthologen *Hexa*-Gens der Maus verursacht eine anomale Akkumulation von Gangliosiden in den Nervenzellen, ohne dass es zu Störungen der motorischen

Nerven oder zu Lernstörungen kommt, wie sie beim Menschen auftreten (Wynshaw-Boris 1996).

- **Unterschiede in den Entwicklungswegen.** Die Unterschiede bei den Entwicklungsprozessen von Mensch und Maus sind noch größtenteils unbekannt, aber man nimmt an, dass sie bei einigen Organsystemen von Bedeutung sind, beispielsweise beim Gehirn.
- **Zeitfaktor.** Da sich die durchschnittliche Lebenszeiten bei Mensch und Maus deutlich unterscheiden, lassen sich bestimmte Krankheiten, die beim Menschen erst spät ausbrechen, wahrscheinlich bei der Maus nur schwer nachbilden.
- **Unterschiedlicher genetischer Hintergrund.** Hier zeigt sich die Bedeutung von *Modifikatorgenen*. Die menschlichen Populationen sind durchmischt, Laborstämme von Mäusen hingegen Inzuchtstämme. Häufig zeigt ein bestimmter Phänotyp aufgrund der Unterschiede an anderen Loci, die als **Modifikatorgene** mit dem untersuchten Locus in Wechselwirkung treten, zwischen den verschiedenen Mäusestämmen starke Abweichungen. Ein aufschlussreiches Beispiel für die Bedeutung des genetischen Hintergrunds ist die ***Min*-Maus** (*Min* steht für **multiple intestinale Neoplasie**), die durch Mutagenese mit Ethylnitrosoharnstoff erzeugt wurde und eine Mutation im *Apc*-Gen trägt. Mutationen im orthologen *APC*-Gen des Menschen verursachen eine adenomatöse Polyposis coli und verwandte Formen von Dickdarmkrebs, und man hatte erwartet, dass die *Min*-Maus für diese Krankheiten ein gutes Modell sein sollte. Der Phänotyp der *Min*-Maus wird jedoch durch den genetischen Hintergrund stark verändert. So hängt beispielsweise die Anzahl der Dickdarmpolypen bei der Maus mit einer Apc_{Min}-Mutation besonders stark vom Mausstamm ab. In menschlichen Familien findet man eine ähnliche Variabilität, wenn verschiedene Mitglieder einer Familie deutlich unterschiedliche Tumorphänotypen aufweisen, obwohl sie gleiche Mutation im *APC*-Gen tragen. Die Variabilität ist wahrscheinlich teilweise auf äußere Faktoren zurückzuführen, aber die Mitwirkung von Modifikatorgenen ist stark anzunehmen. Die *Min*-Maus ist ein klar umrissenes genetisches System für die Kartierung und Identifizierung von Modifikatorgenen (Dietrich et al. 1993, MacPhee et al. 1995).

Durch die vor kurzem erfolgte vollständige Sequenzierung der Genome von Maus und Ratte konnte man eine Reihe menschlicher Gene identifizieren, für die es bei Nagern offenbar keine Gegenstücke gibt. Beispiele sind das pseudoautosomale *SHOX*-Gen und das *KAL1*-Gen. Defekte des *SHOX*-Gens bilden die Grundlage des Léri-Weill-Synroms und tragen möglicherweise auch signifikant zum Turner-Syndrom bei (Clement-Jones et al. 2000); das *KAL1*-Gen hängt mit dem Kalman-Syndrom zusammen.

Weiterführende Literatur

Kuhn R, Schwenk F (1997) Advances in gene targeting methods. *Curr Opin Immunol* 9: 183–188.

Popko B (Hrsg.) (1998) Mouse Models of Human Genetic Neurological Disease. Plenum Press, NewYork.

Shastry BS (1998) Gene disruption in mice: models of development and disease. *Mol Cell Biochem* 181: 163–179.

Sikorski R, Peters R (1997) Transgenics on the internet. *Nature Biotechnol* 15: 289.

TBASE: a transgenic/targeted mutation database at http://www.gdb.org/Dan/tbase.Html

Muller U (1999) Ten years of gene targeting: targeted mouse mutants, from vector design to phenotype analysis. *Mechanisms of Development* 82: 3–21.

Zitierte Literatur

Amaya E, Musci TJ, Kirschner MW (1991) Expression of a dominant negative mutant of the FGF receptor disrupts mesoderm formation in *Xenopus* embryos. *Cell* 66: 257–270.

Avner P, Amar L, Dandolo L, Guenet JL (1988) Genetic analysis of the mouse using interspecific crosses. *Trends Genet* 4: 18–23.

Bahramian MB, Zabl H (1999) Transcriptional and post-transcriptional silencing of rodent alphal (I) collagen by a homologous transcriptionally self-silenced transgene. *Mol Cell Biol* 19: 274–283.

Bedell MA, Jenkins NA, Copeland NG (1997) Mouse models of human disease. Part II. Recent progress and future directions. *Genes Dev* 11: 11–43.

Belshaw PJ, Ho SN, Crabtree GR, Schreiber SL (1996) Controlling protein association and subcellular localization with a synthetic ligand that induces heterodimerization of proteins. *Proc Natl Acad Sci USA* 93: 4604–4607.

Brownlie A, Donovan A, Pratt SJ et al. (1998) Positional cloning of the zebrafish sauternes gene: a model for congenital sideroblastic anaemia. *Nature Genet* 20: 244–250.

Burke AC (2000) Hox genes and the global patterning of the somite mesoderm. *Curr Top Dev Biol* 47: 155–181.

Burright EN, Clark HB, Servadio A et al. (1995) SCA1 transgenic mice – a model for neurodegeneration caused by CAG trinucleoticle expansion. *Cell* 82: 937–948.

Campbell KHS, McWhir J, Richie WA, Wilmut I (1996) Sheep cloned by nuclear transfer from a cultured cell line. *Nature* 380: 64–67.

Capecchi M (1989) The new mouse genetics: altering the genome by gene targeting. *Trends Genet* 5: 70–76.

Chan AWS, Homan EJ, Ballou LU, Burns JC, Brennell RD (1998) Transgenic cattle produced by reverse transcribed gene transfer in oocytes. *Proc Natl Acad Sci USA* 95: 14028–14033.

Chan AWS, Chong KY, Martinovich C, Simerly C, Shatten G (2001) Transgenic monkeys produced by retroviral gene transfer into mature oocytes. *Science* 291: 309–312.

Childs S, Weinstein BM. Mohideen M-A PK et al. (2000) Zebrafish *dracula* encodes ferrochelatase and its mutation provides a model for erythropoietic protoporphyria. *Current Biol* 10: 1001–1004.

Clarke AR (1994) Murine genetic models of human disease. *Curr Opin Genet Dev* 4: 453–460.

Clement-Jones M, Schiller S, Rao E, Blaschke RJ, Zuniga A, Zeller R et al. (2000) The short stature homeobox gene *SHOX* is involved in skeletal abnormalities in Turner syndrome. *Human Molecular Genetics* 9: 695–702.

Dai Y, Vaught TD, Boone J, Chen S-H et al. (2002) Targeted disruption of the α-1,3-galactosyltransferase gene in cloned pigs. *Nature Biotechnol* 20: 251–255.

Darling SM, Abbott CM (1992) Mouse models of human single gene disorders. 1. Nontransgenic mice. *BioEssays*: 14: 359–366.

De Wet JR, Wood KV, De Luca M, Helsinki DR, Subramani S (1987) Firefly luciferase gene: structure and expression in mammalian cells. *Mol Cell Biol* 7: 725–737.

Dietrich WF, Lander ES, Smith JS et al. (1993) Genetic identification of mom-1, a major modifier locus affecting min-induced intestinal neoplasia in the mouse. *Cell* 75: 631–639.

Dooley K, Zon LI (2000) Zebrafish: a model system for the study of human disease. *Current Opin Genet Dev* 10: 252–256.

Dorin JR, Dickinson P, Alton EW et al. (1992) Cystic fibrosis in the mouse by targeted insertional mutagenesis. *Nature* 359: 211–215.

Efrat S, Lieser M, Wu Y et al. (1994) Ribozyme-mediated attenuation of pancreatic P-cell glucokinase expression in transgenic mice results in impaired glucose-induced insulin secretion. *Proc Natl Acad Sci USA* 91: 2051–2055.

Erickson RP (1989) Why isn't a mouse more like a man? *Trends Genet* 5: 1–3.

Erickson RP (1996) Mouse models of human genetic disease: which mouse is more like a man? *Bioessays* 18: 993–998.

Evans MJ, Kaufman MH (1981) Establishment in culture of pluripotential cells from mouse embryos. *Nature* 292: 154–156.

Evans MJ, Carlton MBL, Russ AP (1997) Gene trapping and functional genomics. *Trends Genet* 13: 370–374.

Famulok M, Verma S (2002) In vivo-applied functional RNAs as tools in proteomics and genomics research. *Trends Biotechnol* 20: 462–466.

Famulok M et al. (2001) Intramers as promising new tools in functional proteomics. *Chem Biol* 8: 931–939.

Fiel R, Brocard J, Mascrez B, LeMur M, Metzger D, Chambon P (1996) Ligand-activated site-specific recombination in mice. *Proc Natl Acad Sci USA* 93: 10887–10890.

Figueiredo MS, Brownlee GG (1995) Cis-acting elements and transcription factors involved in the promoter activity of the human factor VIll gene. *J Biol Chem* 270: 11828–11838.

Fire A, Xu S, Montgomery MK, Kostas SA, Driver SE, Mello CC (1998) Potent and specific genetic interference by double stranded RNA in *Caenorhabditis elegans*. *Nature* 391: 806–811.

Forss-Petter S, Danielsen PE, Catsicas S, Battenberg E, Price J, Nerenberg M, Sutcliffe JG (1990) Transgenic mice expressing P-galactoisidase in mature neurons under neuron-specific enolase promoter control. *Neuron* 5 (2): 187–197.

Fraser AG, Kamath RS, Zipperlen P, Martinez-Campos M, Sohrmann M, Ahringer J (2000) Functional genomic analysis of *C elegans* chromosome I by systematic RNA interference. *Nature* 408: 325–330.

Gabizon R, Taraboulos A(1997) Of mice and (mad) cows – transgenic mice help to understand prions. *Trends Genet* 13: 264–269.

Garrus JE, von Schwedler UK, Pornillos OW et al. (2001) Tsg101 and the vacuolar protein sorting pathway are essential for H IV-1 budding. *Cell* 107: 55–65.

Ghebranious N, Donehower LA (1998) Mouse models in tumor suppression. *Oncogene* 17: 3385–3400.

Gonczy P, Echerverri G, Oegema K, Coulson A et al. (2000) Functional genomic analysis of cell division in *C elegans* using RNAi of genes on chromosome III. *Nature* 408: 331–336.

Gordon JW (1992) Production of transgenic mice. *Methods Enzymol* 225: 747–771.

Gorman CM, Moffat LF, Howard BH (1982) Recombinant genome which expresses chloramphenicol acetyltransferase in mammalian cells. *Mol Cell Biol* 2: 1044–1051.

Gu H, Marth JD, Orban PC, Mossmann H, Rajewsky K (1994) Deletion of a DNA-polymerase–beta gene segment in T-cells using cell-type-specific gene targeting. *Science* 265: 103–107.

Hall CV, Jacob PE, Ringold GM, Lee F (1983) Expression and regulation of *Escherichia coli lacZ* gene fusions in mammalian cells. *J Mol Appl Genet* 2: 101–109.

Hanks M, Wurst W, Anson-Cartwright L, Auerbach AB, Joyner AL (1995) Rescue of the *En-1* mutant phenotype by replacement of *En-1* with *En-2*. *Science* 269: 679–682.

Helwig U, Imai K, Schmahl W, Thomas BE, Varnum DS, Nadeau JH, Balling R (1995) Interaction between undulated and *patch* leads to an extreme form of spina-bifida in double-mutant mice. *Nature Genet* 11: 60–63.

Herault Y, Rassoulzadegan M, Cuzin F, Duboule D (1998) Engineering chromosomes in mice through targeted meiotic recombination (TAMERE). *Nature Genet* 20: 381–384.

Higgins DE, Portnoy DA (1998) Bacterial delivery of DNA evolves. *Nature Biotechnol.* 16: 138–139.

Hrabe de Angelis M, Balling R (1998) Large scale ENU screens in the mouse. Genetics meets genomics. *Mutations Res* 400: 25–32.

Hrabe de Angelis M, Flaswinkel H, Fuchs H, Rathkolb B et al. (2000) Genome-wide, large-scale production of mutant mice by ENU mutagenesis. *Nature Genet* 25: 444–447.

Hsiao KK, Scott M, Foster D, Groth DF, Dearmond SJ, Prusiner SB (1990) Spontaneous neurodegeneration in transgenic mice with mutant prion protein. *Science* 250: 1587–1590.

Ikawa M, Yamada S, Nakanishi T, Okabe M (1999) Green fluorescent protein as a vital marker in mammals. *Curr Top Dev Biol* 44: 1–20.

Jaenisch R, Mintz B (1974) Simian virus 40 DNA in DNA of healthy adult mice derived from preimplantation blastocysts injected with viral DNA. *Proc Natl Acad Sci USA* 71: 1250–1254.

Jakobovits A, Moore AL, Green LL et al. (1.993) Germ-line transmission and expression of a human-derived yeast artificial chromosome. *Nature* 362: 255–258.

Kamath RS, Fraser AG, Dong Y et al. (2003) Systematic functional analysis of the *Caenorhabditis elegans* genome using RNAi. *Nature* 421: 231–237.

Katsuki M, Sato M, Kimura M, Yokoyama M, Kobayashi K, Nomura T (1988) Conversion of normal behaviour to *shiverer* by myelin basic protein antisense cDNA in transgenic mice. *Science* 241: 593–595.

Kola I, Hartzog PJ (1998) Down syndrome and mouse models. *Curr Opin Genet Dev* 8: 316–321.

Koopman P, Gubbay J, Vivian N, Goodfellow P, Lovell-Badge R (1991) Male development of chromosomally female mice transgenic for *Sry*. *Nature* 351: 117–121.

Kroll KL, Amaya E (1996) Transgenic *Xenopus* embryos from sperm nuclear transplantations reveal FGF signaling requirements during gastrulation. *Development* 122: 3173–3183.

Kunik T, Tzfira T, Kapulnik Y, Gafni Y et al. (2001) Genetic transformation of HeLa cells by *Agrobacterium*. *Proc Natl Acad Sci USA* 98: 1871–1876.

Kuwabara T, Warashina M, Taira K (2000) Allosterically controllable maxizymes cleave mRNA with high efficiency and specificity. *Trends Biotechnol* 18: 462–468.

Lai L, Kolber-Simonds D, Park K-W, Cheong H-T et al. (2002) Production of α-1,3-galactosyltransferase knockout pigs by nuclear transfer cloning. *Science* 295: 1089–1092.

Lamb BT, Gearhart JD (1995) YAC transgenics and the study of genetics and human disease. *Curr Opin Genet Dev* 5: 342–348.

Leiter EH, Beamer WG, Shultz LD, Barker JE, Lane PW (1987) Mouse models of genetic diseases. *Birth Defects* 23: 221–257.

Littlewood TD, Hancock DC, Danielian PS, Parker MG, Evan GI (1995) A modified oestrogen receptor ligand-binding domain as an improved switch for the regulation of heterologous proteins. *Nucleic Acids Res* 23: 1686–1690.

Lobe CG, Nagy A (1998) Conditional genome alteration in mice. *Bioessays* 20: 200–208.

Lyon MF, Searle AG (1989) Genetic Variants and Strains of the Laboratory Mouse, 2. Auflage. Oxford University Press, Oxford.

Macleod KF, Jacks T (1999) Insights into cancer from transgenic mouse models. *J Pathol* 187: 43–60.

MacPhee M, Chepenik KP, Liddell RA, Nelson KK, Siracusa LD, Buchberg AM (1995) The secretory phospholipase-a2 gene is a candidate for the mom1 locus, a major modifier of apc(min)-induced intestinal neoplasia. *Cell* 81: 957–966.

Maeda I, Kohara Y, Yamamoto M, Sugimoto A (2001) Large-scale analysis of gene function in *Caenorhabditis elegans* by high-throughput RNAi. *Curr Biol* 11: 171–176.

Martin GR (1981) Isolation of a pluripotent cell line from early mouse embryos cultured in medium conditioned by teratocarcinoma stem cells. *Proc Natl Acad Sci USA* 78: 7634–7638.

McCreath KJ, Howcroft J, Campbell KHS, Colman A, Schnieke AE, Kind AJ (2000) Production of gene targeted sheep by nuclear transfer from cultured somatic cells. *Nature* 405: 1066–1069.

Melton DW (1994) Gene targeting in the mouse. *BioEssays* 16: 633–638.

Mendez MJ, Green LL, Corvalan JRF et al. (1997) Functional transplant of megabase human immunoglobulin loci recapitulates human antibody response in mice. *Nature Genet* 15: 146–156.

Nir I, Kedzierski W, Chen J, Travis GH (2000) Expression of Bcl protects against photoreceptor degeneration in retinal degeneration slow (rds) mice. *J Neurosci* 20: 2150–2154.

Nolan PM, Peters J, Strivens M, Rogers D et al. (2000) A systematic, genome-wide, phenotype-driven mutagenesis programme for gene function studies in the mouse. *Nature Genet* 25: 440–443.

O'Kane CJ, Gehring WJ (1987) Detection in situ of genetic regulatory elements in *Drosophila*. *Proc Natl Acad Sci USA* 84: 9123–9127.

Pasquinelli AE (2002) MicroRNAs: deviants no longer. *Trends Genet* 18: 171–173.

Perry ACF, Wakayama T, Kishikawa H, Kasai T, Okabe M, Toyoda Y, Yanagimachi R (1999) Mammalian transgenesis by intracytoplasmic sperm injection. *Science* 284: 1180–1181.

Perucho M, Hanahan D, Lipsich L, Wigler M (1980) Isolation of the chicken thymidine kinase gene by plasmid rescue. *Nature* 285: 201–210.

Petters RM, Sommer JR (2000) Transgenic animals as models for human disease. *Transgenic Res* 9: 347–351.

Ramirez-Solis R, Liu P, Bradley A (1995) Chromosome engineering in mice. *Nature* 378: 720–724.

Reeves RH, Irving NG, Moran TH et al. (1995) A mouse model for Down syndrome exhibits learning and behaviour deficits. *Nature Genet* 11: 177–183.

Richardson JH, Marasco WA (1995) Intracellular antibodies: development and therapeutic potential. *Trends Biotechnol* 13: 306–310.

Rorth P, Szabo K, Bailey A et al. (1998) Systematic gain-of-function genetics in *Drosophila*. *Development* 125: 1049–1057.

Rudnicki MA, Braun B, Hinuma S, Jaenisch R (1992) Inactivation of *myoD* in mice leads to upregulation of the myogenic HLH gene *myf-5* and results in apparently normal muscle development. *Nucleic Acids Res* 18: 4833–4842.

Saez E, No D, West A, Evans RM (1997) Inducible gene expression in mammalian cells and transgenic mice. *Curr Opin Biotechnol* 8: 608–616.

Sakimura K, Kushiya E, Ogura A, Kudo Y, Katagiri T, Takahashi Y (1995) Upstream and intron regulatory regions for expression of the rat neuron-specific enolase gene. *Mol Brain Res* 28: 19–28.

Schnieke AE, Kind AJ, Ritchie WA, Mycock K, Scott AR, Ritchie M, Wilmut I, Colman A, Campbell KH (1997) Human factor IX transgenic sheep produced by transfer of nuclei from transfected fetal fibroblasts. *Science* 278: 2130–2133.

Shamblott MJ, Axelman J, Wang S et al. (1998) Derivation of pluripotent stem cells from cultured human primordial germ cells. *Proc Natl Acad Sci USA* 95: 13726–13731.

Sklar MD, Thompson E, Welsh MJ et al. (1991) Depletion of *c-myc* with specific antisense sequences reverses the transformed phenotype in ras oncogene-transformed NIH 3T3 cells. *Mol Cell Biol* 11: 3699–3710.

Smith AJH, Dq Sousa MA, Kwabi-Addo B, Heppell-Parton A, Impey H, Rabbitts P (1995) A site-directed chromosomal translocation induced in embryonic stem-cells by Cre-*lox*P recombination. *Nature Genet* 9: 376–385.

Smith DJ, Stevens ME, Suclanagunta SP et al. (1997) Functional screening of 2 Mb of human chromosome 21q22.2 in transgenic mice implicates *minibrain* in learning defects associated with Down syndrome. *Nature Genet* 16: 28–36.

Smithies O, Gregg RG, Boggs SS et al. (1985) Insertion of DNA sequences into the human β-globin locus by homologous recombination. *Nature* 317: 230–234.

Smithies O (1993) Animal models of human genetic diseases. Trends Genet. 9: 112–116.

Smithies O, Maeda N (1995) Gene targeting approaches to complex genetic diseases: Atherosclerosis and essential hypertension. *Proc Natl Acad Sci USA*, 92: 5266–5272.

Snouwaert JN, Brigman KK, Latour AM et al. (1992) An animal-model for cystic-fibrosis made by gene targeting. *Science* 257: 1083–1088.

Solter D, Gearhart J (1999) Putting stem cells to work. *Science* 283: 1468–1470.

Spradling AC, Stern DM, Kiss I, Roote J, Laverty T, Rubin GM (1995) Gene disruptions using P transposable elements: an integral component of the *Drosophila* genome project. *Proc Natl Acad Sci USA* 92: 10824–10830.

Spradling AC, Stern D, Beaton A, Rhem EJ, Laverty T, Mozden N, Misra S, Rubin GM (1999) The BDGP Gene Disruption Project: single P element insertions mutating 25% of vital *Drosophila* genes. *Genetics* 153: 135–177.

Szybalska EH, Szybalski E (1962) Genetics of human cell lines IV. DNA-mediated heritable transformation of a biochemical trait. *Proc Natl Acad Sci USA* 48: 2026–2031.

Taylor BA (1989) In: *Genetic Variants and Strains of the Laboratory Mouse*, 2. Auflage (Hrsg. MF Lyon, AG Searle). Oxford University Press, Oxford, S. 773–796.

Terskikh A, Fradkov A, Ermakova G et al. (2000) 'Fluorescent timer': protein that changes colour with time. *Science* 290: 1585–1588.

Thomson JA, Itskovitz-Elder J, Shapiro SS et al. (1998) Embryonic stem cell lines derived from human blastocysts. *Science* 282: 1145–1147.

Tomizuka K, Yoshida H, Uejima H et al. (1997) Functional expression and germline transmission of a human chromosome fragment in chimaeric mice. *Nature Genet* 16: 133–143.

Tuschl T, Borkhardt A (2002) Small interfering RNAs: A revolutionary tool for the analysis of gene function and gene therapy. *Molecular Interventions* 2: 158–167.

Voinnet O (2002) RNA silencing: small RNAs as ubiquitous regulators of gene expression. *Current Opin Plant Biol* 5: 444–451.

Wakayama T, Perry AC, Zuccotti M, Johnson KR, Yanagimachi R (1998) Full-term development of mice from enucleated oocytes injected with cumulus cell nuclei. *Nature* 394: 369–374.

Welch PJ, Barber JR, Wong-Staal F (1998) Expression of ribozymes in gene transfer systems to modulate target RNA levels. *Curr Opin Biotechnol* 9: 486–496.

Wiles MV, Vauti F, Otte J et al. (2000) Establishment of a gene-trap sequence tag library to generate mutant mice from embryonic stem cells. Nature Genet. 24: 13–14.

Wilmut I, Schnieke AE, McWhir J, Kind AJ, Campbell KHS (1997) Viable offspring derived from fetal and adult mammalian cells. *Nature* 385: 810–813.

Wu LZ, de Bruin A, Saavedra HI, Starovic M, Trimboli A, Yang Y et al. (2003) Extra-embryonic function of Rb is essential for embryonic development and viability. *Nature* 421: 942–947.

Wynshaw-Boris A (1996) Model mice and human disease. *Nature Genet* 13: 259–260.

Yokoyama M (2002) Gene delivery using temperature-responsive polymeric carriers. *Drug Discovery Today* 7: 426–432.

Zambrowicz BP, Friedrich GA, Buxton EC, Lilleberg SL, Person C, Sands AT (1998) Disruption and sequence identification of 2,000 genes in mouse embryonic stem cells. *Nature* 392: 608–611

21. Neue Behandlungsmethoden für Krankheiten

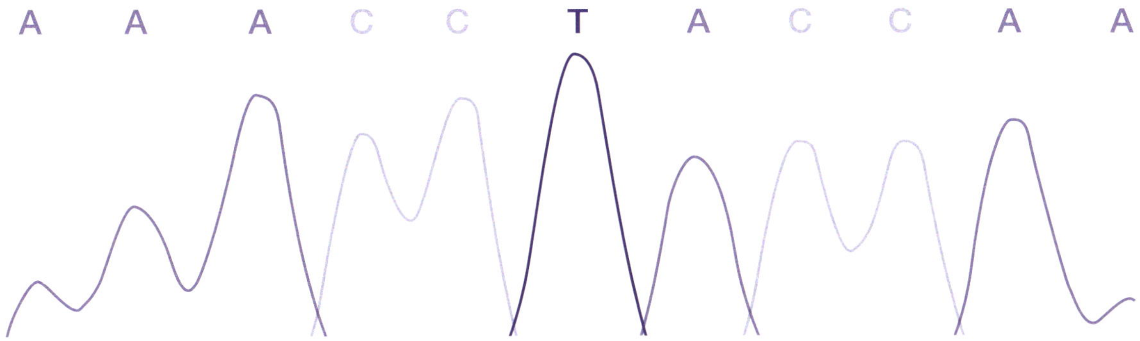

Tabelle 21.1 Beispiele für die genetische Variabilität, die die Reaktion auf Medikamente beeinflusst. Einzelheiten bei Wolf et al. (2000)

Enzym/Protein	Variante	Häufigkeit in der Population	Beispiele für Medikamente
N-Acetyltransferase	langsame Acetylierung	60 % (weiße Europäer) 20 % (Orientalen)	Isoniazid, Procainamid, Sulfonamide
Thiopurinmethyltransferase	geringe Aktivität	(gering)	6-Mercaptopurin, Azathioprin
CYP2D6-P450-Cytochrom	geringe Aktivität (inaktivierende Mutationen)	6 % (weiße Europäer) 1 % (Orientalen)	keine Inaktivierung: Codein
	extrem hohe Aktivität (tandemförmige Genamplifizierung)	2 – 7 % (weiße Europäer)	langsame Inaktivierung: Psychopharmaka, z. B. Nortryptilin, Clozapin, Haloperidol, Imipramin, Mianserin, Herz-Gefäß-Medikamente, z. B. Propanonol
CYP2C9-P450-Cytochrom	geringe Aktivität	0,2 %?	Ibuprofen, Warfarin, Tolbutamid
CYP2C19-P450-Cytochrom	geringe Aktivität	4 % (weiße Europäer) 23 % (Orientalen)	Mephenytoin, Proguanil
β-adrenerger Rezeptor ADRB2	mehrere SNPs, bis jetzt ist unklar, welche wichtig sind.	keine Angaben	unterschiedliche Reaktionen auf Albuterol bei Asthma
ERBB2-Rezeptor	bei einigen Brusttumoren amplifiziert	keine Angaben	Herceptin (wirkt nur bei Amplifizierung von ERBB2)

hilfe der RNA-Interferenz (Abschnitt 20.2.6) lassen sich jedoch Gene identifizieren, bei denen ein inhibitorisches Medikament eine positive Wirkung zeigen könnte. Das ist einfacher, als viel Aufwand in groß angelegte Testreihen zu investieren, die für die Suche nach möglichen Inhibitoren erforderlich wären. Auf lange Sicht werden aus diesen Bemühungen hoffentlich vollständig neue Typen von Medikamenten hervorgehen.

Genom- oder Proteomuntersuchungen an pathogenen Mikroorganismen sind ebenfalls von Bedeutung, um Hinweise auf die Entwicklung neuer Impfstoffe und Therapien zu erhalten. Pathogene Mikroorganismen haben bei der Sequenzierung von Genomen die Prioritätenlisten deutlich beherrscht (Exkurs 8.8), ein bemerkenswerter, nicht lange zurückliegender Erfolg war dabei der Malariaparasit *Plasmodium falciparum* (Gardner et al. 2002). Die Sequenzen werden analysiert, um Enzyme zu identifizieren, die für den Krankheitserreger, aber nicht für den Wirt spezifisch sind, und die dann als Ziele für Inhibitoren in Frage kommen. Oder man sucht nach fehlenden Enzymen, durch die der Parasit gegenüber Störungen bei der Versorgung mit essenziellen Nährstoffen empfindlich wird. Virulenzproteine oder Genprodukte, die in der frühen Infektionsphase exprimiert werden, sind potenzielle Ziele für Medikamente. Man kann sie durch Untersuchungen mit Expressionsarrays und durch den Vergleich des Gengehalts von virulenten und nichtvirulenten Stämmen identifizieren. Proteomische Verfahren (beispielsweise die MALDI-TOF-Massenspektroskopie; Exkurs 19.4) dienen dazu, Proteine an der Zelloberfläche von Krankheitserregern zu bestimmen, die sich als Zielmoleküle für Impfstoffe eignen.

21.3.3 Behandlungsmethoden auf der Grundlage von Zellen können das Potenzial von Transplantationen verändern

Behandlungsmethoden auf der Grundlage von Zellen können als natürliche Erweiterung der heutigen Transplantationsverfahren betrachtet werden, aber Fortschritte bei der Erforschung von Stammzellen eröffnen die Möglichkeit, das Spektrum der aktuellen Optionen noch einmal grundlegend zu erweitern. In der Theorie sind die Möglichkeiten unbegrenzt – jedes verbrauchte Gewebe oder Organ könnte erneuert oder wieder hergestellt werden, indem man die passenden Stammzellen verwendet. Auch könnten diese Stammzellen in Zukunft „beliebig" genetisch verändert werden. Bei Daley (2002) findet sich eine wohl überlegte Einschätzung, inwieweit sich diese Hoffungen vielleicht mittelfristig verwirklichen lassen.

Stammzellen kann man als Zellen definieren, die sich sowohl selbst erneuern als auch zu differenzierten Nachkommen weiterentwickeln können (Abschnitt 3.3). Sie sind wahrscheinlich in allen Entwicklungsphasen und in allen Geweben vorhanden. Es gibt einen Gradienten von den embryonalen Stammzellen (ES-Zellen), aus denen potenziell alle Zellen der Keimbahn und alle somatischen Zellen eines Organismus hervorgehen können, bis hin zu multipotenten, jedoch auf ein Gewebe beschränkten Stammzellen (Abb. 21.1). Maus-ES-Zellen werden schon seit Jahren erforscht, aber die Isolierung menschlicher ES-Zellen durch Thompson und Mitarbeiter (1998) rückte die Stammzellentherapie sowohl in der medizinischen Forschung als auch in der Diskussion über Fragen der Ethik stark in den Vordergrund. Der Ethikdiskurs entzündet sich an der Methode, mit der die Stammzellen erzeugt werden, da dabei zwangsläufig ein menschlicher Embryo in einer frühen Entwicklungsphase zerstört wird. Um eine Vorstellung der Argumente zu erhalten, empfiehlt sich die Lektüre einer Reihe von Briefen im *New England Journal of Medicine* 346, 1619–1622 (2002), die wiederum durch einen Übersichtsartikel von Weissman (2002) angeregt wurden. Gegner einer Verwendung von Stammzellen äußern häufig die Ansicht, dass dies nicht notwendig sei, da gewebespezifische adulte Stammzellen genauso gut geeignet sind. Andere Stimmen äußern wiederum, dass wenige der verfügbaren adulten Stammzelllinien ausreichend charakterisiert sind und dass ihr Wachstums- und Differenzierungspotenzial zu begrenzt ist, um ES-Zellen in geeigneter Weise ersetzen zu können.

Die zurzeit vorhandenen Zelllinien unterscheiden sich stark darin, wie sie in Kultur wachsen und welches Spektrum an differenzierten Zellen sie hervorbringen. Eine offene Frage ist, in welchem Ausmaß gewebespezifische Stammzellen zu einer *Transdifferenzierung* fähig sind, das heißt, ob sie in ein anderes Gewebe wandern und die Eigenschaften der Stammzellen dort annehmen können. Es gibt hier zahlreiche Mutmaßungen, von denen sich aber bisher keine eindeutig bestätigen ließ. Als Werkzeug für die Forschung sind Stammzellen jeglicher Art von großer Bedeutung. Durch sie kann es möglich sein, die Faktoren zu bestimmen, die entscheiden, ob und wie Zellen sich differenzieren. Wenn es auf diese Weise schließlich gelingt, die Differenzierung zu kontrollieren und zu steuern, kann man Stammzellen in fast unbegrenztem Ausmaß dazu verwenden,

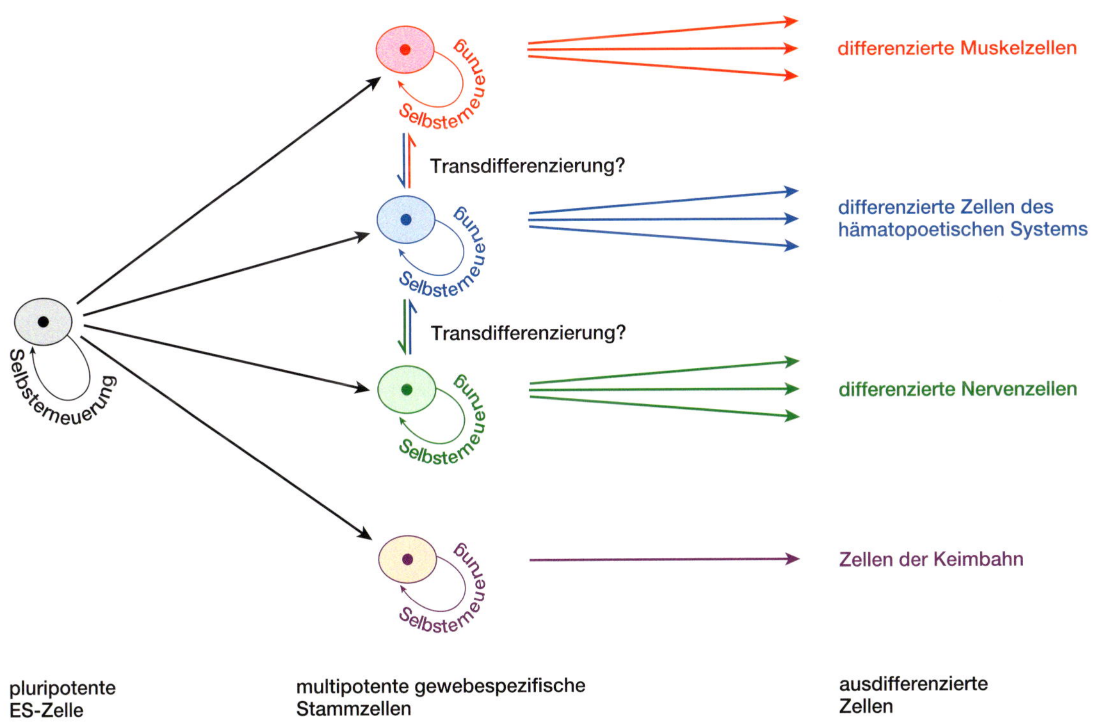

21.1 Stammzellen. Alle Stammzellen können sich sowohl selbst erneuern als auch differenziertere Nachkommen hervorbringen. Aus embryonalen Stammzellen (ES-Zellen) können alle somatischen und Keimbahnzelllinien des Organismus hervorgehen. Gewebespezifische Stammzellen besitzen ein begrenzteres Potenzial. Inwiefern gewebespezifische Stammzellen zu Zellen transdifferenzieren, die für ein anderes Gewebe spezifisch sind, ist zurzeit noch umstritten.

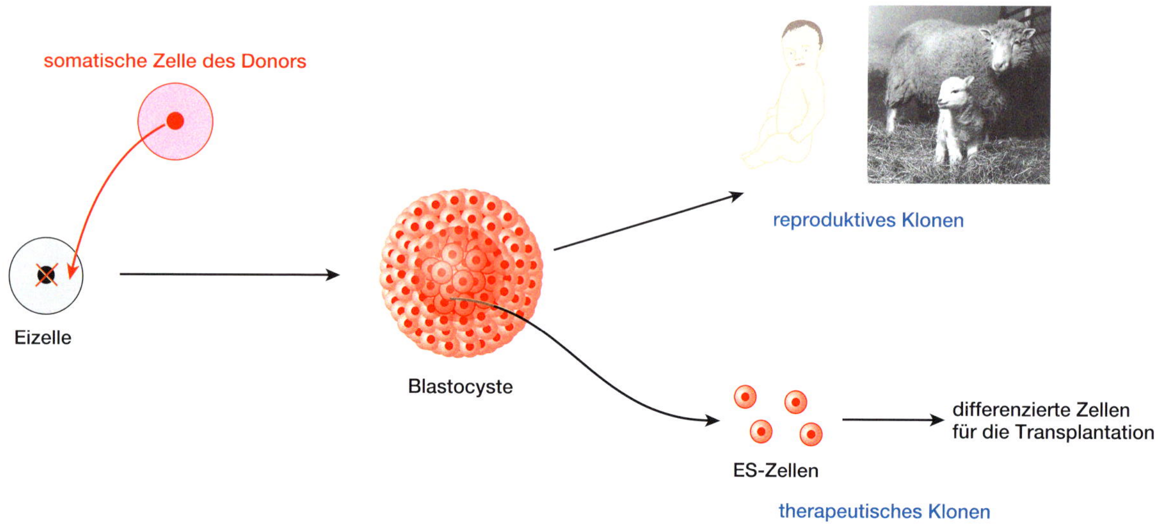

21.2 Reproduktives und therapeutisches Klonen. Bei beiden Verfahren wird ein somatischer Zellkern von einem Donor in eine entkernte Eizelle übertragen, die dann dazu angeregt wird, sich zu einer Blastocyste zu entwickeln. Beim reproduktiven Klonen wird die Blastocyste in einen Uterus implantiert, in der Hoffnung, dass sich daraus ein Neugeborenes entwickelt. Das reproduktive Klonen von Menschen ist in den meisten Ländern verboten. Beim therapeutischen Klonen werden ES-Zellen aus der inneren Zellmasse einer Blastocyste extrahiert, die dann zerstört wird. Die ES-Zellen dienen als Quelle für geklonte Donorzellen oder potenziell für Gewebe oder Organe. Das therapeutische Klonen am Menschen ist umstritten, da dabei ein menschlicher Embryo zerstört wird. Der Embryo kann ein überschüssiger Embryo aus einer Klinik für künstlichen Befruchtung sein, oder er kann auch speziell für diesen Zweck erzeugt werden.

Gewebe künstlich genetisch zu verändern und zu reparieren.

Durch die Verwendung von Stammzellen eines bestimmten Donors stellt sich weiterhin das Problem der Transplantatabstoßung. Das Problem lässt sich vielleicht lösen, indem man sich der Methode der Zellkernübertragung bedient, durch die auch das Schaf Dolly erzeugt wurde. Der Zellkern einer Eizelle wird durch einen Zellkern des letztendlichen Empfängers des Transplantats ersetzt, und aus der entstehenden Blastocyste werden ES-Zellen isoliert (Abb. 21.2). Diese Zellen könnten theoretisch dazu dienen, Stammzellen, Gewebe oder sogar ganze Organe für eine Transplantation zu erzeugen, ohne dass das Risiko einer Abstoßung besteht. Dieses Verfahren bezeichnet man als *therapeutisches Klonen*, und es ist Gegenstand einer intensiv geführten ethischen und politischen Kontroverse (Ethik-Exkurs 1).

21.3.4 Rekombinierte Proteine und Impfstoffe

Rekombinierte Proteine können durch Klonierung und Expression in Mikroorganismen oder mithilfe transgener Nutztiere erzeugt werden

Viele therapeutisch wirksame Proteine, die früher aus tierischen oder menschlichen Resourcen isoliert wurden, können nun durch Expressionsklonierung als rekombinierte Proteine produziert werden (Russell und Clarke 1999). Die Verfahren und Probleme der Expressionsklonierung werden in Abschnitt 5.6 beschrieben. Das rekombinierte menschliche Insulin ist seit 1982 auf dem Markt; Tabelle 21.2 führt eine Reihe von Beispielen auf, die darauf folgten. Durch die Verwendung von rekombinierten Proteinen lassen sich viele der sicherheitstechnischen Probleme vermeiden, die sich bei der Verwendung natürlicher extrahierter Proteine ergeben. Viele Bluter infizierten sich über den menschlichen Faktor VIII, der mit HIV-kontaminiert war, mit AIDS, und einige Kinder erkrankten nach einer Injektion von Wachstumshormonen, die aus den Hypophysen menschlicher Leichen isoliert worden waren, an der Creutzfeld-Jakob-Krankheit.

Bakterien sind die einfachsten Wirtsorganismen für die Expressionsklonierung. Das Volumen der Wachstumskulturen kann sehr groß sein, und die Medien werden genau festgelegt und kontrolliert, um Kontaminationen zu vermeiden. Jedoch sind Polypeptide, die in Bakterien erzeugt wurden, im Allgemeinen nicht mit den natürlichen menschlichen Proteinen identisch. Die meisten therapeutisch relevanten menschlichen Proteine sind glykosyliert, und Bakterien können das menschliche Glykosylierungsmuster nicht nachbilden. Aus diesem Grund wächst das Interesse an menschlichen Expressionssystemen. Dabei kann es sich um Zellkulturen handeln, aber trans-

Ethik-Exkurs 1: Ethische Überlegungen zum Klonen am Menschen

Bei der Diskussion über die ethischen Aspekte des Klonens am Menschen muss man zwischen *reproduktivem* und *therapeutischem* Klonen unterscheiden, selbst wenn die endgültige Entscheidung dahin geht, das beides unethisch ist. Die Legislative hat in vielen Ländern Gesetze entworfen, die entweder jede Art des Klonens verbieten oder zwischen reproduktivem (verbotenem) Klonen und therapeutischem (erlaubtem) Klonen unterscheiden.

Das **reproduktive Klonen** hat die Erzeugung geklonter Babys zum Ziel. Einwände gegen das reproduktive Klonen werden aus drei Gründen erhoben: einem praktischen, einem grundsätzlichen und einem missverstandenen.

- **Das praktische Argument** weist auf die geringe Erfolgsrate bei allen Klonungsexperimenten bei Säugern hin, außerdem auf die Tatsache, dass alle geklonten Tiere, die geboren werden, schwere Anomalien aufweisen. Das liegt wahrscheinlich daran, dass die gegenwärtig angewandten Methoden die epigenetischen Modifiikationen der Donorzelle nur unzuverlässig umprogrammieren (Dean et al. 2001). Das ist einfach eine Tatsache, und jeder Versuch einer reproduktiven Klonung des Menschen wäre beim gegenwärtigen Erkenntnisstand zweifellos unethisch. Mögliche Erkenntnisfortschritte könnten diesen Einwand beheben, unklar bleibt dabei aber, wie wir an diese Erkenntnisse gelangen können, ohne unethische Experimente durchzuführen.
- **Das grundsätzliche Argument** besagt, dass der Mensch an sich einen unveräußerlichen Wert darstellt und nicht ein Instrument sein darf, das einem bestimmten Zweck dienlich ist. Das Argument ist vollkommen zu akzeptieren, die Frage stellt sich nur, warum es dann nicht mit der gleichen Vehemenz auf Eltern angewandt wird, die ihr dreijähriges Kind zu einem Tennisstar oder einem Violinvirtuosen machen wollen.
- **Das missverstandene Argument** betrachtet Klone nicht als vollkommen eigenständig oder möglicherweise als nicht absolut menschlich. Ein großer Teil der Angst – aber auch ein großer Teil der Witze – in Bezug auf das reproduktive Klonen beruht darauf, dass man Klone als eine Art programmierbare Zombies auffasst. Das ist ausgesprochen seltsam, denn wir alle sind mit Klonen bekannt und uns darüber im Klaren, dass sie menschlich und eigenständig sind. Gentechnisch erzeugte Klone wären sogar weniger identisch als eineiige Zwillinge: Da der Donor mit größter Wahrscheinlichkeit ein älterer, selbstbesessener Milliardär wäre, der eine merkwürdige Form von Unsterblichkeit anstrebt; wäre der Klon 60 Jahre jünger und würde in eine völlig andere Umgebung hinein geboren.

Argumente zugunsten des reproduktiven Klonens beziehen sich auf Situationen, in denen das der einzige Weg für ein Paar wäre, Kinder zu bekommen, beispielsweise wenn bei der Frau eine schwere Störung der Mitochondrien vorliegt und sie mithilfe einer gespendeten Eizelle schwanger werden könnte. Dabei würde die Eizelle, in die je ein Zellkern aus ihren eigenen somatischen Zellen und denen ihres Partners eingesetzt wird, nur die Mitochondrien beisteuern.

Beim **therapeutischen Klonen** (Abb. 21.2) werden embryonale Stammzellen erzeugt, bei denen der Zellkern aus einer somatischen Zelle des Donors stammt. Das Ziel besteht hier darin, für den Donor eine Quelle für genau auf ihn abgestimmte übertragbare Zellen, Gewebe oder Organe zu schaffen. Die ethische Debatte ist hier komplexer. Viele Menschen lehnen die Vorstellung ab, dass man speziell zu diesem Zweck einen Embryo erzeugt oder auch überschüssige Embryonen aus Kliniken für künstliche Befruchtung verwendet. Andere Kritiker malen das Bild von einem rutschigen Abhang: Wenn das therapeutische Klonen erlaubt wird, könnte es unmöglich werden, skrupellose Operateure daran zu hindern, geklonte Embryonen in Programme für reproduktives Klonen abzuzweigen. Dagegen wird wiederum argumentiert, dass es unethisch wäre, auf das therapeutische Klonen zu verzichten, falls es die einzige Möglichkeit ist, schlimme Krankheiten zu heilen.

gene Tiere bilden eine wichtige Alternative. So könnte beispielsweise ein kloniertes menschliches Gen mit einem Gen verknüpft werden, das ein Milchprotein vom Schaf, von der Ziege oder vom Schwein codiert, und in die Keimbahn des Tieres integriert werden. Daraus geht die Idee des „*pharming*" hervor. Herden von transgenen Tieren werden gehalten, um in ihrer Milch ein gewünschtes menschliches Protein in großen Mengen zu produzieren (Velander et al. 1997). Als Alternative ist es auch denkbar, transgene Hühner zu erzeugen, in deren Eiern das Protein angereichert vorkommt.

Auch transgene Pflanzen werden zunehmend interessanter. Pflanzen bilden die spezifischen Glykosylierungsmuster des Menschen nicht nach, besitzen aber bei der Expressionsklonierung viele Vorteile in Bezug auf Kosten und Sicherheit. So besteht beispielsweise ein großes Interesse, transgene Reissorten zur Bekämpfung des Vitamin-A-Mangels zu produzieren, der in mindestens 26 Ländern in Afrika, Asien und Lateinamerika ein ernstes Problem der öffentlichen Gesundheit darstellt (Ye et al. 2000).

Gentechnisch hergestellte Antikörper

Durch die komplexen Genumstrukturierungen der B-Lymphocyten (Abschnitt 10.6) wird jeder Mensch mit einem großen Repertoire verschiedener Antikörper als Abwehrsystem gegen unzählige fremde Antigene ausgestattet. Antikörpermoleküle wirken als Adapto-

Tabelle 21.2 Beispiele für pharmazeutische Produkte, die man durch Expressionsklonierung erzeugt

Produkt	für die Behandlung von
Insulin	Diabetes
Wachstumshormon	Wachstumshormonmangel
Blutgerinnungsfaktor VIII	Hämophilie A
Blutgerinnungsfaktor IX	Hämophilie B
α-Interferon	Haarzellleukämie; chronische Hepatitis
β-Interferon	Multiple Sklerose
γ-Interferon	Infektionen bei Patienten mit chronischer Granulomatose
Glucocerebrosidase	Gaucher-Krankheit
gewebespezifischer Plasminogenaktivator	Störungen der Thrombocyten
Granulocyten-Makrophagen-stimulierendes Hormon	Neutropenie nach einer Chemotherapie
Leptin	Fettleibigkeit
Erythropoetin	Anämie

ren: Sie enthalten am variablen Ende (V) Bindungsstellen für fremde Antigene und am konstanten Ende (C) Bindungsstellen für Effektormoleküle. Die Bindung eines Antikörpers allein kann bei einigen Toxinen und Viren schon ausreichen, sie zu neutralisieren, aber häufiger aktiviert der gebundene Antikörper das Komplementsystem und vermittelt das Abtöten durch Zellen.

Künstlich erzeugte therapeutische Antikörper sind so konstruiert, dass sie monospezifisch sind. In herkömmlicher Form handelt es sich dabei um *monoklonale Antikörper* (mAk), die von *Hybridomen*, also von immortalisierten Zellen, freigesetzt werden. Diese werden durch Fusion von antikörperproduzierenden B-Lymphocyten aus einer immunisierten Maus oder Ratte mit Zellen eines B-Lymphocyten-Tumors der Maus erzeugt. Hybridome werden in Form einzelner Klone vermehrt, die jeweils für einen einzigen monoklonalen Antikörper eine fortwährende und stabile Quelle darstellen. Als ungünstig erweist sich dabei, dass das therapeutische Potenzial der so erzeugten Antikörper begrenzt ist. Es ist zwar möglich, in Nagetieren Antikörper gegen menschliche Krankheiterreger und Zellen zu erzeugen, aber sie besitzen im menschlichen Serum nur eine kurze Halbwertszeit und können die Produktion menschlicher Anti-Nagetier-Antikörper auslösen. Darüber hinaus können auch nur einige der verschiedenen Antikörperklassen die menschlichen Effektorfunktionen aktivieren.

Diese Probleme lassen sich durch die **gentechnische Herstellung von Antikörpern** umgehen. Die verschiedenen Exons der Immunglobulingene codieren verschiedene Domänen des Antikörpermoleküls. Daher ist es durch eine Rekombination der Exons auf DNA-Ebene möglich, Antikörper mit neuen Domänen zu erzeugen. Bei frühen Anwendungen der gentechnischen Herstellung von Antikörpern entstanden **humanisierte Antikörper** (Abb. 21.3), bei denen ein kleinerer oder größerer Teil des monoklonalen Nagetierantikörpers durch entsprechende menschliche Anteile ersetzt wurde. Letztendlich wurden Antikörper produziert, die nur noch die komplementaritätsbestimmenden Regionen (*complementary determining regions*, CDRs) des Nagetierantikörpers enthielten. Dabei handelt es sich um die hypervariablen Sequenzen der Antigenbindungsstelle (Abb. 21.3B). Bei neueren Methoden umgeht man die Herstellung von Hybridomen mithilfe der Phagendisplaytechnik (Hoogenboom et al. 1998; Abschnitt 5.6.2). Diese Systeme ermöglichen die Erzeugung innovativer Kombinationen von Antikörperdomänen. Eine sehr vielversprechende Klasse von Antikörperderivaten sind *variable Einzelkettenfragmente* (*single chain variable fragments*, scFV; Abb. 21.3c). Diese besitzen fast die gesamte Bindungsspezfität eines monoklonalen Antikörpers, bestehen aber nur aus einem einzigen, nichtglykosylierten Poylpeptid, das in großem Umfang in Bakterien, Hefe und sogar in Pflanzenzellen produziert werden kann (Stöger et al. 2000). Bei Hudson (1999) findet sich ein Übersichtsartikel zu zahlreichen aussichtsreichen, gentechnisch aus Antikörpern abgeleiteten Molekülen, mit denen jetzt die ersten klinischen Versuche durchgeführt werden.

Ähnliche Entwicklungen zielen darauf ab, die Bindungsspezifität von Antikörpern in verschiedenen Zusammenhängen nachzuahmen. Gentechnisch veränderte Antikörpergene können dazu dienen, Antikörper zu produzieren, die nicht sezerniert wer-

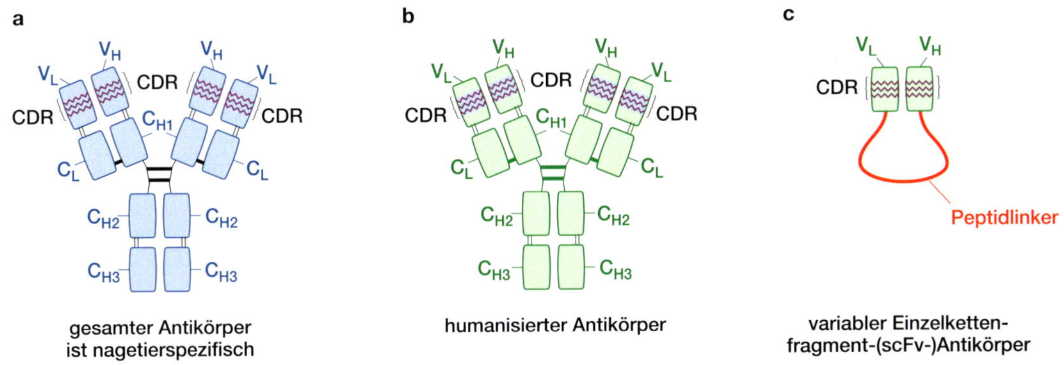

21.3 Gentechnische Herstellung von Antikörpern. a) Herkömmliche monoklonale Antikörper (mAk) sind monospezifische Antikörper aus Nagetieren, die durch Hybridome produziert werden. Hybridome erzeugt man durch die Fusion von B-Zellen aus immunisierten Mäusen oder Ratten mit immortalisierten Zellen eines Maus-B-Lymphocyten-Tumors. Menschen können Anti-Nagetier-Antikörper bilden, die die monoklonalen Antikörper neutralisieren. b) Dieses Problem lässt sich minimieren, indem man monoklonale Antikörper gentechnisch herstellt, sodass das gesamte Molekül mit Ausnahme der komplementaritätsbestimmenden Regionen (CDR), die die Spezifität bestimmen, menschlichen Ursprungs ist. c) Variable Einzelkettenfragmente (scFv) sind gentechnisch hergestellte einzelne Polypeptidketten. Abhängig von der Länge des Linkers binden sie als Monomere, Dimere oder Trimere an das Zielmolekül. Multimere binden dabei stärker als Monomere.

den (**Intrakörper**) und spezifische Moleküle innerhalb einer Zelle binden können (Marasco 1997). Intrakörper können hilfreich sein, wenn es einfach nur darum geht, das Zielmolekül zu binden. Das ist vielleicht sogar eine außerordentlich nützliche Eigenschaft, da Intrakörper im Gegensatz zu kleinen Molekülen nicht darauf beschränkt sind, nur an spezifische Proteinklassen zu binden (Kinasen, Ionenkanäle und so weiter). Darüber hinaus können Intrakörper auch Effektormoleküle tragen, die spezifische Funktionen aktivieren können, wenn das Antigen bindet. Das beste Beispiel dafür ist wahrscheinlich die Fusion der Caspase 3 mit Intrakörpern (Tse und Rabbitts 2000). Hergestellt werden mit Caspase-3 konjugierte Intrakörper, die spezifisch an jeden einzelnen Bereich eines krankheitsassoziierten Fusionsproteins binden können (beispielsweise bcr-abl). Bei Krebszellen binden beide Intrakörper an das Fusionsprotein: So kann die Caspase-3 dimerisieren und die selektive Apoptose von Zellen auslösen, die das Fusionsprotein enthalten.

Eine Alternative zu den rekombinanten Antikörpern ist die Verwendung von kurzen Peptiden als Bindungspartner für spezifische Zielproteine (Hoppe-Seyler und Butz 2000). Jede Protein-Protein-Wechselwirkung lässt sich tatsächlich durch DNA- oder RNA-Moleküle („**Aptamere**") aufheben. Die Möglichkeit, DNA zu amplifizieren und das gewünschte Molekül in großen Mengen herzustellen, ist der entscheidende Vorteil von DNA oder RNA. Wenn man mit einer großen Gruppe von zufälligen Oligonucleotiden beginnt, kann man mithilfe von wiederholten Durchgängen aus Selektion und Amplifizierung schließlich die Moleküle isolieren, die ein Zielprotein mit einer ähnlichen Affinität wie konventionelle Antikörper binden und blockieren.

Gentechnisch hergestellte Impfstoffe

Die DNA-Rekombinationstechnik lässt sich auf Antigene genauso wie auf Antikörper anwenden. Pathogene Mikroorganismen können durch eine genetische Veränderung inaktiviert werden, sodass ein attenuierter Lebendimpfstoff entsteht, der sicher anzuwenden ist. Genetisch veränderte Pflanzen könnten dazu dienen, Impfstoffe herzustellen, die mit der Nahrung aufgenommen werden. Man kann ein Antigen so verändern, dass es vom Immunsystem besser erkannt wird und eine verstärkte Reaktion auslöst. Viele DNA- oder RNA-Impfstoffe befinden sich jetzt in der klinischen Testphase. Dabei handelt es sich im Allgemeinen um Plasmide, die ein Antigen eines Krankheitserregers oder eines Tumors nach intramuskulärer Injektion auf hohem Niveau exprimieren (Reyes-Sandoval und Ertl 2001).

Dieser Abschnitt hat den notwendigen kurzen Überblick darüber gegeben, wie sich genetische Kenntnisse bei zahlreichen Anwendungen und Methoden in der medizinischen und pharmazeutischen Forschung umsetzen lassen. Jetzt wollen wir uns genauer mit den denkbaren Möglichkeiten eines direkten genetischen Eingriffs in Krankheitsprozesse durch die Gentherapie beschäftigen.

21.4 Grundlagen der Gentherapie

Bei der Gentherapie werden Zellen eines Patienten direkt genetisch verändert, um dadurch einen therapeutischen Erfolg zu erzielen. Dabei bestehen grundlegende Unterschiede zwischen den Typen der zu verändernden Zellen und auch zwischen den Arten der Veränderungen selbst.

- Die **Keimbahntherapie** führt zu einer dauerhaften und übertragbaren Veränderung. Diese ließe sich erreichen, indem man eine Gametenzelle, eine Zygote oder einen frühen Embryo verändert. Die Keimbahntherapie ist in vielen Ländern aus ethischen Gründen verboten (Ethik-Exkurs 2).
- Die **Gentherapie somatischer Zellen** zielt darauf ab, bei einem Patienten spezifische Zellen oder Gewebe so zu verändern, dass nur dieser Patient davon betroffen ist. Alle aktuellen Versuche und Durchführungsanweisungen in der Gentherapie betreffen somatische Zellen.

Somatische Zellen können auf viele verschiedene Weisen verändert werden (Abb. 21.4).

- Bei der **Gensupplementation** (ein Verfahren, das man auch als „Genverstärkung" (*gene augmentation*) bezeichnet) soll dem Patienten die funktionsfähige Kopie eines defekten Gens übertragen werden. Die Methode ließe sich bei der Therapie von Funktionsverlustkrankheiten anwenden (Abschnitt 16.4), wenn die Krankheit dadurch entsteht, dass ein Gen in der aktuellen Situation funktionslos ist. Ein typischer Kandidat, bei dem eine Anwendung möglich wäre, könnte die Cystische Fibrose sein. Die Therapie wäre nicht geeignet, wenn durch den Funktionsverlust bereits irrversible Schäden entstanden sind. Dies ist bei bestimmten Krankheiten der Fall, etwa bei Fehlern während der Embryonalentwicklung. In der Gentherapie könnte man die Gensupplementation anwenden, um die Immunreaktion gegen einen Tumor zu verstärken oder ein defektes Tumorsuppressorgen zu ersetzen.
- Der **Genaustausch** geht darüber hinaus: Das Ziel besteht darin, das mutierte Gen durch eine funktionsfähige Kopie zu ersetzen oder die Mutation *in situ* zu korrigieren. Ein Genaustausch wäre bei Funktionsgewinnkrankheiten erforderlich, bei denen das vorhandene mutierte Gen etwas positiv Schlechtes bewirkt.
- Die **gezielte Hemmung der Genexpression** ist besonders bei Infektionskrankheiten von Bedeutung, wenn essenzielle Funktionen des Krankheitserregers angegriffen werden sollen. Mit dieser Methode ließen sich auch bei Krebs aktivierte Onkogene abschalten, bei Autoimmunkrankheiten unerwünschte Reaktionen dämpfen und vielleicht auch bei einer erblichen Krankheit ein Funktionsgewinnallel inaktivieren.
- Das **gezielte Abtöten spezifischer Zellen** lässt sich besonders bei der Krebsbehandlung anwenden.

Die Erwartungen in Bezug auf die Gentherapie zeigten in den vergangenen 15 Jahren einen manisch-depressiven Verlauf, wobei übertriebener Optimismus und Ausbrüche von tiefstem Pessimismus einander zyklisch abwechselten. Ein wichtiger Bericht für die National Institutes of Health der USA versuchte, dem Ganzen wieder mehr Realitätsbezug zu verleihen (Exkurs 21.1). Seit damals nimmt der Optimismus zu, nur erschüttert durch den Tod von Jesse Gelsinger (Abschnitt 21.5.3), aber wieder auflebend durch die erfolgreiche Behandlung von Kindern mit einer schweren kombinierten Immunschwäche, um dann jedoch wieder einen Rückschlag zu erleben, als erst eines und dann ein zweites der Kinder mit ziemlicher Sicherheit aufgrund der Behandlung Leukämie entwickelte (Einzelheiten siehe unten). Möglicherweise ist der natürliche zeitliche Maßstab dieser Arbeiten eine der Ursachen für diese übertriebenen Reaktionen. Da diagnostische Tests häufig schon innerhalb weniger Wochen nach der Klonierung eines Gens möglich sind, hoffen die Menschen häufig, dass die Entwicklung einer Therapie nicht viel später erfolgt. Dabei handelt es sich jedoch um die Entwicklung von Medikamenten, die in Maßstäben von Jahrzehnten abläuft.

Die Entwicklung einer praktikablen Gentherapie ist ein langwieriges Unterfangen. Darüber hinaus lösen Berichte über einen erfolgreichen Fortschritt ethische Bedenken aus, die sich um die Vorstellung von „Designer-Babys" ranken (Ethik-Exkurs 3). Dennoch arbeiten zahlreiche Labors an Universitäten und in der Industrie intensiv auf diesem Gebiet, und es wurden im Zusammenhang mit Gentherapien über 600 Versuchspläne genehmigt. Abbildung 21.5 zeigt eine Statistik aus der Datenbank für solche Versuche, die unter www.wiley.co.uk/genetherapy/clinical aufgerufen werden kann. Das Buch von Templeton und Lasic (2000) (Weiterführende Literatur) vermittelt tiefere Einblicke in viele der Themen, die in diesem Kapitel im Folgenden noch behandelt werden.

21.4 Vorgehensweisen bei der Gentherapie. Einzelheiten siehe Text. siRNA, kleine interferierende RNA (Abschnitt 21.6).

▶

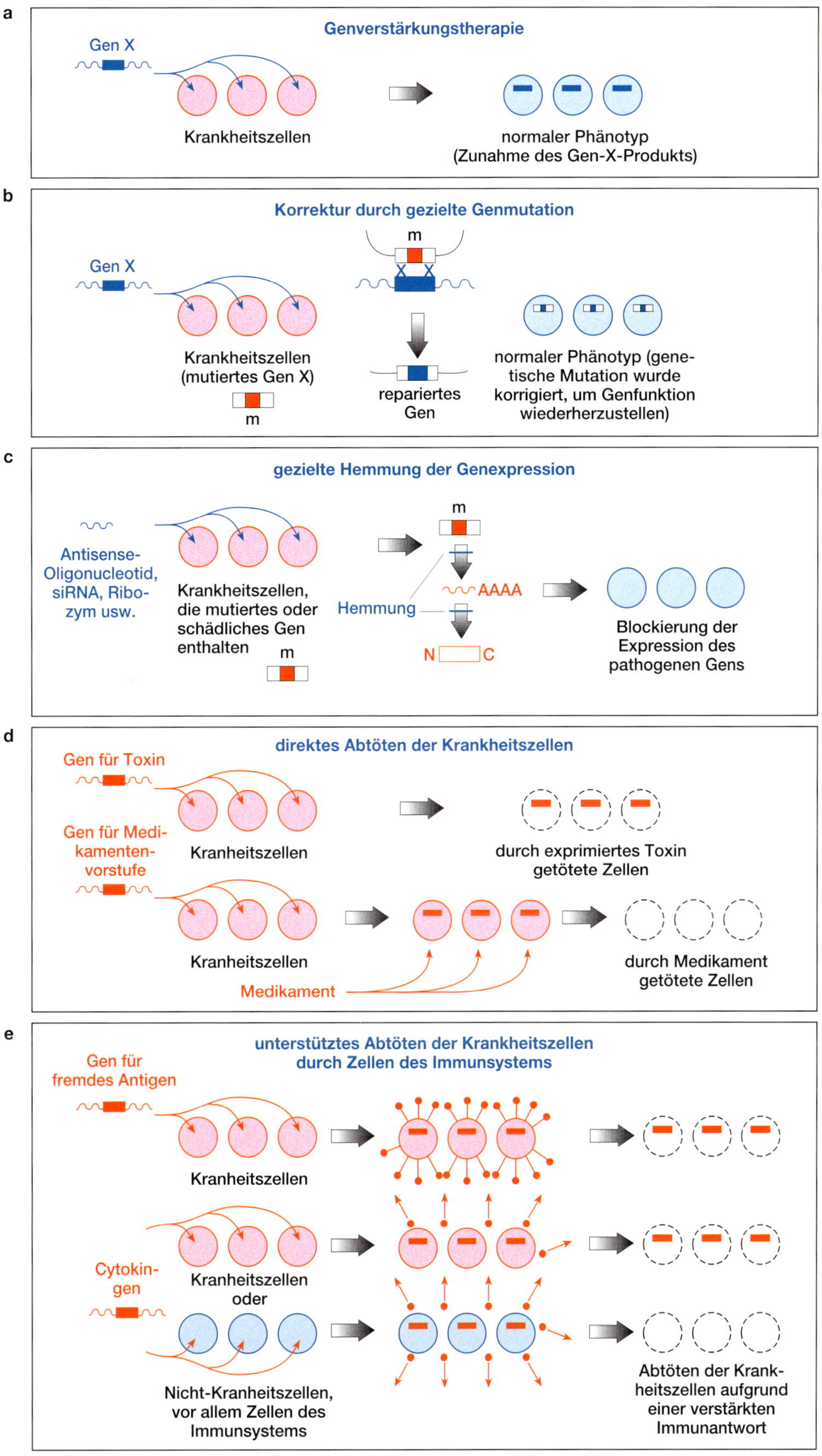
a
Genverstärkungstherapie
Gen X
Krankheitszellen
normaler Phänotyp
(Zunahme des Gen-X-Produkts)
b
Korrektur durch gezielte Genmutation
Gen X
m
Krankheitszellen
(mutiertes Gen X)
m
repariertes
Gen
normaler Phänotyp (gene-
tische Mutation wurde
korrigiert, um Genfunktion
wiederherzustellen)
c
gezielte Hemmung der Genexpression
Antisense-
Oligonucleotid,
siRNA, Ribo-
zym usw.
Krankheitszellen,
die mutiertes oder
schädliches Gen
enthalten
m
m
Hemmung
AAAA
N
C
Blockierung der
Expression des
pathogenen Gens
d
direktes Abtöten der Krankheitszellen
Gen für Toxin
Kranheitszellen
durch exprimiertes Toxin
getötete Zellen
Gen für Medi-
kamenten-
vorstufe
Kranheitszellen
Medikament
durch Medikament
getötete Zellen
e
unterstütztes Abtöten der Krankheitszellen
durch Zellen des Immunsystems
Gen für
fremdes Antigen
Kranheitszellen
Cytokin-
gen
Kranheitszellen
oder
Nicht-Kranheitszellen,
vor allem Zellen des
Immunsystems
Abtöten der Krank-
heitszellen aufgrund
einer verstärkten
Immunantwort

Ethik-Exkurs 2: Gentherapie der Keimbahn oder der somatischen Zellen

Bei einer Gentherapie der Keimbahn führt man eine genetische Veränderung ein, die an die nächsten Generationen weitergegeben wird. Das ließe sich am einfachsten durchführen, indem man den Embryo vor der Implantation genetisch verändert, könnte aber auch als Nebeneffekt bei einer Behandlung auftreten, die auf die somatischen Zellen gerichtet ist und sich zufällig auf die Keimbahnzellen des Patienten auswirkt. Im Normalfall betrifft die Therapie somatischer Zellen bestimmte Körperzellen des Patienten, und wirkt sich nicht auf die Keimbahn aus. Aus rein technischen Gründen ist eine Keimbahntherapie zurzeit keine realistische Option, aber es gibt ethische Fragestellungen, die auch noch gelten, wenn die technischen Probleme gelöst sind. Und die genetische Manipulation der Keimbahn ist in vielen Ländern gesetzlich verboten.

- Das Argument zugunsten der Keimbahntherapie besagt, dass sich damit ein Problem ein für alle Mal lösen lässt. Warum soll man die Nachkommen des Patienten dem Risiko der Krankheit aussetzen, wenn sich das Risiko ebenso beseitigen lässt.
- Das Hauptargument gegen die Keimbahntherapie besteht darin, dass diese Behandlungen zwangsläufig ein Experiment darstellen. Wir können nicht alle Folgen absehen, aber das Risiko wird minimiert, wenn sichergestellt ist, dass sich die Auswirkungen auf den behandelten Patienten beschränken. Das würde bedeuten, dass es ethisch sein müsste, zur Keimbahntherapie überzugehen, sobald wir über genügend Erfahrungen bei der somatischen Therapie verfügen. Allerdings wäre bei der ersten Behandlung wohl gewährleistet, dass sie unter Zustimmung des aufgeklärten Patienten durchgeführt wurde, während aber spätere Generationen diese Möglichkeit nicht haben. Das macht deutlich, dass wir dafür verantwortlich sind, dass unsere Vorstellungen und Taten künftigen Generationen nicht aufgezwungen werden. Entsprechend dieser Argumentation folgt daraus, dass eine Keimbahntherapie immer unethisch ist.

Die Argumentation zugunsten der Keimbahntherapie muss dem genetischen Hintergrund der Population gegenübergestellt werden. Die Gleichungen in Abschnitt 4.5 sind hier von besonderer Bedeutung; darüber hinaus gibt es das wirksame praktische Argument, dass eine Keimbahntherapie unnötig ist.

- Bei rezessiven Krankheiten wird nur ein geringer Anteil der Krankheitsgene von tatsächlich erkrankten Menschen getragen. Die große Mehrheit ist heterozygot und gesund. Die Hardy-Weinberg-Gleichung gibt das Verhältnis zwischen Trägern und Erkrankten innerhalb einer Population mit $2p/q^2$ an, wobei q die Häufigkeit des Krankheitsallels und $p = 1 - q$ ist. Da jeder Träger eine Kopie des Krankheitsallels besitzt, jeder Erkrankte aber zwei, beträgt der Anteil von Krankheitsallelen, die bei Erkrankten vorhanden sind, $2q^2/(2pq + 2q^2)$. Das lässt sich zu q vereinfachen. Wenn unter 10 000 Personen ein Mensch an einer rezessiven Krankheit leidet ($q^2 = 1/10\,000$, $q = 0{,}01$), kommt nur ein Prozent der Krankheitsallele bei Erkrankten vor. Ob man also verhindert, dass sie ihre Krankheitsgene weitergeben oder nicht (mithilfe einer Keimbahntherapie oder durch die brutalere Methode, Erkrankte als Preis für eine Behandlung zu sterilisieren), hat nur einen sehr geringen Einfluss auf die Häufigkeit einer Krankheit in künftigen Generationen
- Bei vollständig penetranten dominanten Krankheiten werden alle Krankheitsallele von Erkrankten getragen, und bei X-gekoppelten rezessiven Krankheiten beträgt das Verhältnis 1:3. Aber die Vorstellung, man könne solche Krankheiten für immer aus einer Population beseitigen, ist unrealistisch. Die Gleichungen in Exkurs 4.7 zeigen, dass die meisten schweren dominanten oder X-gekoppelten Krankheiten zu einem großen Teil aufgrund ständig neu auftretender Mutationen in der Bevölkerung erhalten bleiben.
- Der dritte und zwingendste Einwand besteht darin, dass Keimbahntherapien nicht notwendig sind. Paare, die dafür in Frage kämen, sind höchstwahrscheinlich von dominanten oder rezessiven mendelnden Krankheiten betroffen (das Risiko eines erneuten Auftretens beträgt 50 beziehungsweise 25 %). Stellen wir uns eine Kulturschale mit einem Dutzend künstlich befruchteter Embryonen dieses Paares vor. Es wäre verrückt, die Erkrankten auszuwählen und einer unsicheren Prozedur zu unterziehen und nicht einfach die 50 oder 75 % an Gesunden auszuwählen und zu implantieren.

Die Feststellung, dass eine somatische Therapie weniger risikoreich ist als eine Keimbahntherapie, ist anscheinend nicht zu widerlegen. Im Einzelnen ist festzuhalten, dass die sichereren nichtintegrierenden Vektoren für eine Keimbahntherapie ungeeignet sind. Weniger überzeugend ist das generelle Argument, es sei unethisch, Entscheidungen über künftige Generationen zu treffen. Möglicherweise trifft das auch zu, aber tatsächlich tun wir es ohnehin schon. Es wäre einfacher, diesen Einwand ernst zu nehmen, wenn Regierungen eine ähnliche Besorgnis an den Tag legen würden, wenn es beispielsweise um Klimaveränderungen oder die massive Überbevölkerung bei künftigen Generationen geht.

Exkurs 21.1: Der Bericht zur Gentherapie für den NIH-Ausschuss (der Orkin-Motulsky-Bericht) aus dem Jahr 1995

Von den NIH wurde ein Ausschuss eingesetzt, der den aktuellen Stand und die Möglichkeiten der Gentherapie ermitteln und Empfehlungen für künftige, vom NH geförderte Forschungsvorhaben aussprechen sollte. Der Bericht des Ausschusses erschien im Dezember 1995 (www4.od.nih.gov/oba/rac/panelrep.htm). Unter anderem wurde Folgendes festgestellt.

- Die somatische Gentherapie ist eine logische und natürliche Fortführung der Anwendung biomedizinischer Grundlagen in der Medizin und bietet auf lange Sicht ein außerordentliches Potenzial, menschliche Krankheiten zu behandeln und zu heilen, einschließlich angeborener und erworbener Krankheiten, Krebs, AIDS und so weiter.
- Die Erwartungen an die Versprechungen der Gentherapie sind hoch, die klinische Wirksamkeit aber zurzeit noch bei keinem Therapieverfahren erwiesen – abgesehen von gelegentlichen Erfolgsmeldungen und der Ansetzung von über 100 genehmigten Therapieverfahren.
- In allen grundlegenden Aspekten der Gentherapie hat man weiterhin mit Problemen zu kämpfen. Zu den Hauptschwierigkeiten auf der untersten Ebene gehören die Unzulänglichkeiten aller zurzeit verfügbaren Genübertragungsvektoren sowie die nicht ausreichenden Kenntnisse über die biologische Wechselwirkungen dieser Vektoren mit dem Wirtsorganismus.
- Die Überbewertung der Ergebnisse von Labor- und Klinikuntersuchungen durch die Wissenschaftler und ihre Geldgeber – seien sie von der Universität, vom Staat oder von der Industrie – hat zu der missverstandenen und weit verbreiteten Auffassung geführt, die Gentherapie sei weiter entwickelt und erfolgreicher als sie tatsächlich ist. Solche unzutreffenden Schilderungen gefährden das Vertrauen in die Integrität dieses Gebiets und verhindern vielleicht letztendlich den Fortschritt hin zu einer erfolgreichen Anwendung der Gentherapie für Krankheiten beim Menschen.

Die meisten dieser Feststellungen treffen heute immer noch zu, wenn es auch inzwischen einen definitiven Erfolg gab (Abschnitt 21.7.1).

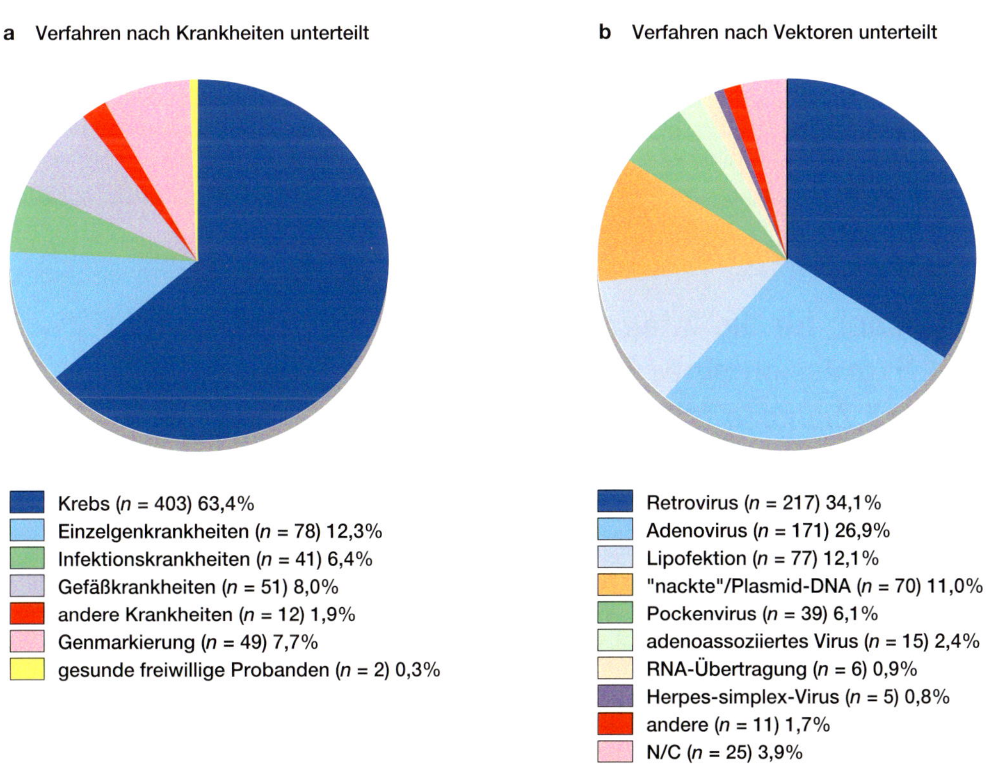

21.5 Gentherapeutische Verfahren im Versuchsstadium. a) Verteilung nach Krankheiten. b) Verteilung nach Vektoren. Dargestellt sind alle genehmigten Verfahren abgeschlossener, laufender oder ausgesetzter Versuchstherapien (Stand Dezember 2002). Nach: www.wiley.co.uk/genetherapy/clinical (mit Genehmigung).

Ethik-Exkurs 3: Designer-Babys

Das Schlagwort vom „Designer-Baby" beinhaltet zwei Arten von Ängsten:

- Menschen könnten die *in vitro*-Fertilisation und die Präimplantationsdiagnostik dazu nutzen, Embryonen mit bestimmten gewünschten Eigenschaften zu selektieren und die übrigen zurückzuweisen, obwohl sie normal sind. Dem steht gegenüber, dass sich dasselbe Verfahren auch dazu anwenden lässt, die Geburt eines Babys mit einer schweren Erkrankung zu verhindern.
- Menschen könnten die in diesem Kapitel beschriebenen therapeutischen Verfahren nicht nur dazu anwenden, eine Krankheit zu behandeln, sondern auch um eine *genetische Verbesserung* zu erzielen, das heißt, genetisch normale Menschen mit besonderen Fähigkeiten auszustatten.

Das erste Szenario existiert bereits in der Form, dass vor der Implantation das Geschlecht bestimmt wird. Außerdem gab es einige wenige aufgebauschte Fälle, bei denen ein Paar sicherstellen wollte, dass ihr nächstes Kind ein hervorragend angepasstes Transplantat liefert, um das Leben eines kranken Kindes zu retten. In aktuellen Fällen handelt es sich bei dem Transplantat um Stammzellen aus dem Nabelschnurblut. Das schadet dem Baby nicht und ist doch etwas anderes, als wenn beispielsweise eine Niere entnommen wird. Häufig wurde bereits die Ansicht geäußert, dass man sich hier am Beginn eines rutschigen Abhangs befände, der unweigerlich dahin führt, dass der Genotyp des Babys bis ins Kleinste festgelegt werden soll – wie es sich in dem Begriff des „Designer-Babys" bereits andeutet. Das ist falsch. Die einfache Selektion nach HLA-Kompatibilität bedeutet nur, das einer von vier Embryonen ausgewählt wird. Bei den meisten Verfahren zur künstlichen Befruchtung entstehen nur einige wenige Embryonen, von denen zwei oder drei implantiert werden, um die Aussicht auf einen Erfolg zu vergrößern. Eine Selektion nach mehreren Kriterien ist schon deshalb nicht möglich, weil gar nicht genügend Embryonen für eine Implantation zur Verfügung stehen. In einem allgemeineren Sinn ist es nun einmal so, dass uns die Natur eine einfache und hochakzeptable Methode zur Verfügung gestellt hat, Babys zu erzeugen, die für die große Mehrheit der Paare sehr wirksam ist, und man kann sich kaum vorstellen, dass Menschen das zugunsten einer langwierigen, unbequemen und hochgradig invasiven Prozedur aufgeben, die ein Vermögen kostet und geringe Erfolgsaussichten bietet.

Die „genetische Verbesserung" ist eine schwierige Frage – oder wird erst eine, sobald wir eine Vorstellung haben, welche Gene es denn zu verbessern gilt. Einerseits erwartet man von Eltern, dass sie tun, was sie können, um ihren Kindern einen guten Start ins Leben zu ermöglichen, andererseits betrachtet man zumindest in Großbritannien Möglichkeiten, die nur den Reichen vorbehalten sind, weitgehend als unrechtmäßigen Erwerb von Vorteilen. Wir sind – vielleicht glücklicherweise – weit davon entfernt, geeignete Gene zu identifizieren, und selbst wenn die Verfahren vorhanden wären, sie zu nutzen. Versuche, genetisch verbesserte Tiere zu erzeugen, waren erfolglos und in einigen Fällen sogar spektakuläre Fehlschläge (Gordon 1999). Auf lange Sicht müssen sich die Möglichkeiten als sehr weitreichend erweisen, und es gibt mit Sicherheit noch sehr schwerwiegende ethische Fragen, mit denen wir konfrontiert werden. Bisher haben die Menschen noch nicht realistisch nachgedacht, da immer die Intelligenz oben auf ihrer Wunschliste steht – haben diese Leute denn noch nie den Lebensstil von Professoren mit dem von Fußballstars verglichen?

21.5 Methoden für die Integration und Expression eines Gens in einer Zielzelle oder einem bestimmten Gewebe

21.5.1 Gene können entweder im Labor (*ex vivo*) oder im Körper des Patienten (*in vivo*) auf die Rezipientenzellen übertragen werden

Bei der *ex vivo*-Genübertragung werden klonierte Gene auf Zellen übertragen, die in Kultur vermehrt wurden. Erfolgreich transformierte Zellen werden selektiert, in einer Zellkultur *in vitro* vermehrt und dann in den Patienten eingeführt. Um eine Abstoßung durch das Immunsystem zu vermeiden, verwendet man, wann immer es möglich ist, die eigenen Zellen des Patienten (*autologe Zellen*) (Abb. 21.6). Dieses Verfahren wird auf Zellen angewandt, die einer Entnahme zugänglich sind, dann zu erneutem Anwachsen induziert werden können und nach der Übertragung lange Zeit überleben. Beispiele sind Zellen des hämatopoetischen Systems, Hautzellen und andere.

Die *in vivo*-Genübertragung ist die einzige Möglichkeit für Gewebe, bei dem die Empfängerzellen sich nicht in ausreichender Menge in einer *in vitro*-Kultur vermehren lassen (etwa Gehirnzellen), oder wenn die Zellen aus der Kultur nicht effizient auf den Patienten zurückübertragen werden können. Das gezielte Ansteuern von Geweben ist dabei ein wichtiger Aspekt. Das Gentransferkonstrukt kann direkt in das Gewebe appliziert werden. Wird es in den Blutkreislauf injiziert, dann ist es in bestimmter Weise so gestaltet, dass es nur von den gewünschten Zellen aufgenommen wird. Da es keine Möglichkeit gibt, Zellen zu selektieren und zu amplifizieren, die das fremde Gen aufgenommen haben und exprimieren, hängt ein

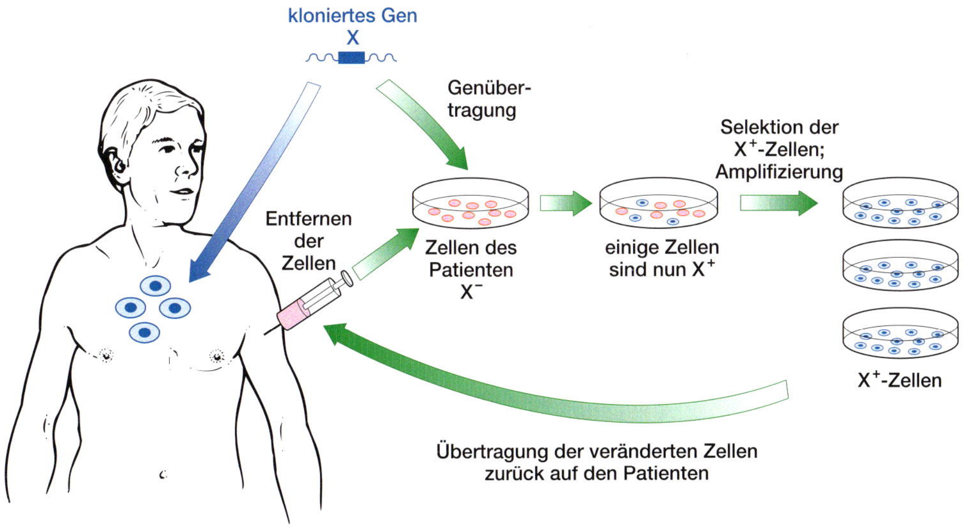

21.6 Gentherapie *in vivo* und *ex vivo*. Immer wenn es möglich ist, werden die Zellen aus dem Patienten entnommen, im Labor verändert und wieder auf den Patienten übertragen (*ex vivo*-Gentherapie, grüne Pfeile). So ist es möglich, genau die richtigen Zellen zu behandeln. Außerdem können die Zellen getestet werden, bevor sie übertragen werden; so kann man sicher sein, dass die gewünschte Veränderung eingetreten ist. Bei vielen Geweben ist das nicht möglich, und die Zellen müssen im Körper des Patienten verändert werden (*in vivo*-Gentherapie, blauer Pfeil).

Erfolg entscheidend von der allgemeinen Effizienz des Gentransfers und der Expression ab.

21.5.2 Gentransferkonstrukte können so gestaltet sein, dass sie in die Chromosomen der Wirtszelle integriert werden oder als Episomen erhalten bleiben

Um eine langfristige Genexpression zu erreichen, erscheint es sinnvoll, das fremde Gen in ein Chromosom der Wirtszelle zu integrieren – bevorzugt handelt es sich um eine Stammzelle. Dann wird das Konstrukt repliziert, sobald sich die Wirtszelle oder die Tochterzellen teilen. Die Integration bringt jedoch einige Probleme und Risiken mit sich. Die Integration der meisten Konstrukte erfolgt an zufälligen Positionen, die bei den verschiedenen Zellen des Patienten jeweils unterschiedlich sind. Die lokale chromosomale Umgebung kann nicht vorhersagbare Auswirkungen auf die Expression des Konstrukts haben – möglicherweise wird es niemals, auf zu niedrigem Niveau oder nur kurze Zeit exprimiert, um dann irreversibel abgeschaltet zu werden. Noch schlechter wäre es, wenn sich durch die Integration die Expression endogener Gene verändern würde. Die Insertionsstelle könnte innerhalb der Sequenz eines endogenen Gens liegen und dieses inaktivieren. Das größte Problem bereitet aber die Gefahr, dass die Integration eines stark exprimierten Gens möglicherweise ein benachbartes Onkogen aktiviert, ähnlich der Aktivierung des *MYC*-Gens beim Burkitt-Lymphom (Abb. 17.4b). Tatsächlich scheint genau dieser Fall bei den beiden Kindern eingetreten zu sein, die erfolgreich gegen die schwere kombinierte Immunschwäche behandelt worden waren (Check 2002, 2003). Bei mindestens einer der 10^6 veränderten T-Zellen dieser beiden Kinder hat die zufällige Integration des Retrovirus das *LMO2*-Onkogen aktiviert. Kurze Zeit nach der Behandlung stellte man in den T-Zellen des Patienten 50 verschiedene Integrationsstellen fest, aber dieser eine Klon überwucherte durch sein Wachstum schließlich alle anderen und verursachte eine neue Form einer T-Zell-Leukämie. Wenn sich nicht herausstellt, dass es sich hier um einen vermeidbaren Teilaspekt des Vektors oder des Verfahrens handelt, führt diese Erfahrung wahrscheinlich dazu, dass künftig zufällig integrierende Vektoren für Gentherapien nicht mehr verwendet werden. Wie Abbildung 21.5b zeigt, wäre das ein eindeutiger Rückschlag für das gesamte Gebiet.

Aus allen diesen Gründen finden wahrscheinlich vor allem Vektoren Verwendung, die als extrachromosomale Episomen fortbestehen. Ihr Nachteil besteht darin, dass die Genexpression zeitlich begrenzt ist. Wenn sich die Zielzellen aktiv teilen, neigen Episomen dazu, mit dem Wachstum der Zellpopulation ausgedünnt zu werden. Eine dauerhafte Heilung ist also nicht möglich, und wiederholte Behandlungen sind erforderlich. Bei einigen Anwendungen, etwa zum Abtöten von Krebszellen oder zur Bekämpfung einer akuten Infektion, ist dies kein Problem, da für eine langfristige Expression kein Bedarf besteht. Und wenn die Behandlung nicht korrekt abläuft, ist ein nicht integriertes Gen mit begrenzter Aktivität darüber hinaus vorteilhafter, als wenn das Gen in das Chromosom eingefügt wurde.

21.5.3 Viren werden bei der Gentherapie am häufigsten als Vektoren verwendet

Kein einziges Genübertragungssystem ist vollkommen, jedes weist Einschränkungen und Vorzüge auf. Viren der Säuger sind jedoch bis jetzt die am häufigsten verwendeten Vektoren für eine Genübertragung, da ihre Transduktion auf menschliche Zellen sehr effektiv ist. Abbildung 21.5b zeigt, dass etwa 70 % der genehmigten Therapiepläne auf viralen Vektoren basieren. Bis jetzt wurde eine Reihe verschiedener Virussysteme entwickelt (Übersichtsartikel Kay et al. 2001).

Onkoretrovirale Vektoren

Retroviren sind RNA-Viren, die über eine Reverse Transkriptase verfügen, mit der sie eine cDNA-Kopie ihres Genoms herstellen können. Retroviren setzen im Cytoplasma infizierter Zellen einen Nucleoproteinkomplex (Präintegrationskomplex) frei. Der Komplex führt eine reverse Transkription des viralen RNA-Genoms durch und integriert die entstandene cDNA an einer einzigen zufälligen Position in ein Chromosom der Wirtszelle. Für die Integration ist erforderlich, dass die cDNA Zugang zum Chromosom erhält, was aber nur möglich ist, wenn sich die Kernmembran bei der Zellteilung auflöst. Deshalb können Retroviren nur Zellen infizieren, die sich teilen. Das begrenzt die Zahl möglicher Zielzellen. Einige wichtige solcher Ziele, etwa ausgereifte Nervenzellen, teilen sich nie. Die Eigenschaft, dass Retroviren nur Zellen infizieren können, die sich teilen, kann jedoch bei der Behandlung von Krebs von Vorteil sein. So können Zellen, die sich aktiv teilen und sich in einem Gewebe wie dem Gehirn befinden, in dem normalerweise keine Zellteilungen stattfinden, ohne Gefahr für normale Zellen selektiv infiziert und abgetötet werden.

Da native Retroviren Zellen transformieren können, ist es zweifellos von entscheidender Bedeutung, Vektoren für die Gentherapie so zu konstruieren, dass diese Gefahr nicht besteht. In die Entwicklung von Systemen, die ausschließlich dauerhaft inaktive Viren hervorbringen können, wurde schon viel Einfallsreichtum investiert. Retroviren enthalten normalerweise die drei Transkriptionseinheiten *gag*, *pol* und *env* sowie das *cis*-aktive RNA-Element Ψ, das von Virusproteinen erkannt wird, die die RNA in die infektiösen Partikel verpacken. Im Vektor werden *gag*, *pol* und *env* durch das therapeutisch wirksame Gen ersetzt, wobei maximal 8 kb aufgenommen werden können. Dieses Konstrukt wird in einer speziellen Zelle verpackt, die die notwendigen *gag*-, *pol*- und *env*-Funktionen beiträgt, aber kein intaktes Retrovirusgenom enthält (Abb. 21.7).

Retroviren übertragen sehr effizient DNA auf Zellen, und die meisten der frühen gentherapeutischen Versuche basierten auf retroviralen Vektoren. Zunehmend rückt jedoch das Risiko ins Blickfeld, das bei der Insertionsmutagenese besteht, sodass künftig verstärkt nichtintegrative Vektoren zum Einsatz kommen werden.

Adenovirusvektoren

Adenoviren sind DNA-Viren, die beim Menschen gutartige Infektionen der oberen Atemwege verursachen. Sie können in großen Mengen erzeugt werden (mit viel höheren Titern als bei Retroviren), und sie transduzieren sowohl Zellen, die sich teilen, als auch Zellen, die sich nicht teilen, mit derselben guten Effizienz. Das lineare und doppelsträngige DNA-Genom wird nicht integriert und bleibt im Zellkern als Episom erhalten. Wie bereits erläutert, ergeben sich daraus Vorteile in Bezug auf die Sicherheit und Nachteile aufgrund der nur kurzzeitigen Expression. Adenoviren werden wie Retroviren inaktiviert und sind von einer „Verpackungszelle" abhängig, die die notwendigen Funktionen beisteuert. Das Adenovirusgenom ist relativ groß, und bei den verschiedenen Konstrukten wurden unterschiedliche Abschnitte des Genoms entfernt (Yeh und Perricaudet 1997). Bei Vektoren „ohne Eingeweide" wurden alle viralen Gene entfernt, sodass bis zu 35 kb therapeutisch wirksame DNA aufgenommen werden können.

Das große Problem bei den Adenoviren ist ihre Immunogenität (Kafri et al. 1998). Zwar hat man eine lebend-replikationsfähige Form des Adenovirus über Jahrzehnte hinweg mehreren Millionen US-amerikanischen Armeerekruten als Impfstoff (gegen natürliche Adenovirusinfektionen) verabreicht, aber bei mehreren Versuchen zur Gentherapie traten unerwünschte Immunreaktionen auf. Jesse Gelsinger starb im September 1999, zwei Tage nachdem er im Rahmen eines Phase-I-Versuchs zur Gentherapie gegen einen Ornithin-Transcarbamylase-Mangel 6×10^{13} rekombinierte Adenoviruspartikel durch eine Injektion in die Leber erhalten hatte. Bei anderen Versuchsthe-

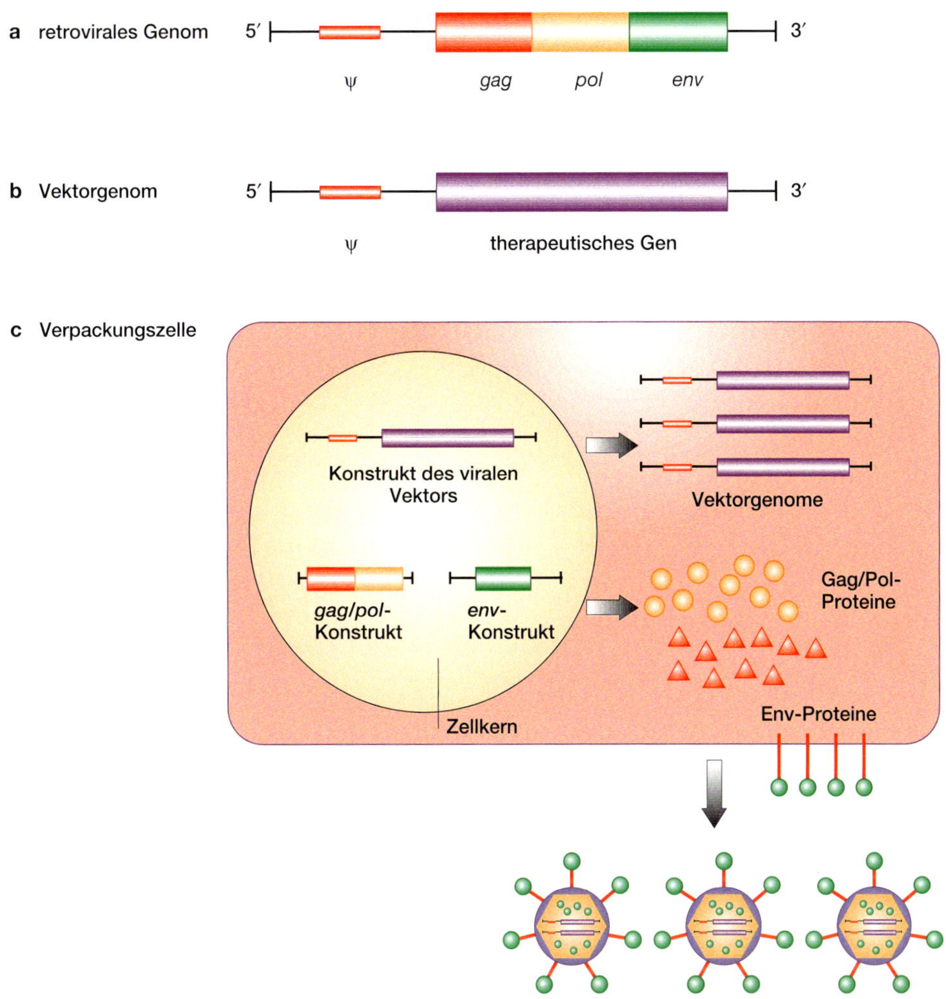

21.7 Herstellung und Verpacken eines retroviralen Vektors für die Gentherapie. Die Gene *gag*, *pol* und *env* werden aus dem retroviralen Genom deletiert und durch das therapeutische Gen ersetzt. Die Ψ-Sequenz bleibt erhalten; sie wird beim Einbau der RNA in den Viruspartikel durch virale Proteine erkannt. Die *gag*-, *pol*- und *env*-Funktionen werden von der „Verpackungszelle" beigesteuert, wobei sich die Gene auf physikalisch getrennten Molekülen befinden und keine Ψ-Sequenz enthalten. Dadurch will man das Risiko minimieren, dass replikationsfähige Viren entstehen. Die rekombinanten retroviralen Genome werden in infektiöse, aber replikationsdefekte Viruspartikel eingebaut, die aus der Zelle austreten und aus dem Überstand isoliert werden. Nachdruck mit Genehmigung aus Somia und Verma (2000) *Nature Rev Genet*, © 2000 Macmillan Magazines Ltd.

rapien haben die Patienten an schwächeren, aber nicht vernachlässigbaren Entzündungsreaktionen gelitten. Da diese Vektoren nicht integrieren, kommt noch hinzu, dass die Expression nur kurze Zeit erfolgt. Bei der ersten Generation der rekombinanten Adenoviren, die bei Gentherapieversuchen für die Cystische Fibrose verwendet wurden, zeigte sich, dass die Expression des Transgens nach etwa zwei Wochen abnimmt und nach etwa vier Wochen vernachlässigbar gering ist. Um eine dauerhafte Expression aufrechtzuerhalten, wären wiederholte Gaben erforderlich, wodurch sich nur die Immunreaktion verschlimmern würde. Möglicherweise finden Adenoviren ihre hauptsächliche Anwendung auf einem Gebiet, auf dem eine starke, aber temporäre Expression benötigt wird, also beispielsweise für das Abtöten von Krebszellen.

Auf adenoassoziierten Viren basierende Vektoren

Adenoassoziierte Viren (AAV) sind nichtpathogene einzelsträngige DNA-Viren, deren Replikation von einer Coinfektion durch ein Adeno- oder Herpes-Helfervirus abhängt. Unveränderte adenoassoziierte Viren integrieren an einer spezifischen Stelle im

Bereich 19q13.3-qter in die chromosomale DNA. Dies ist eine sehr vorteilhafte Eigenschaft, da eine so langfristige Expression ohne das Risiko einer Insertionsmutagenese möglich ist, was bei Retroviren ein ziemliches Problem darstellt. Ungünstig ist hier, dass für die Spezifität das virale *rep*-Protein verantwortlich ist, das bei den Konstrukten fehlt, die für die Genübertragung verwendet werden. Wie bei anderen Systemen liefert auch hier eine „Verpackungszelle" die Funktionen, die für die Produktion von Viruspartikeln (einschließlich *rep*) erforderlich sind. Bei Vektoren auf AAV-Basis wurden 96% des AAV-Genoms deletiert, was ein hohes Maß an Sicherheit gewährleistet, da die rekombinanten Vektoren keine viralen Gene enthalten. Das AAV-Genom ist jedoch sehr klein, und selbst die stark deletierten Viren können nur 4,5 kb aufnehmen.

Lentiviren

Lentiviren sind spezialisierte Retroviren, die die wichtige Eigenschaft besitzen, Zellen zu infizieren, die sich nicht teilen (Vigna und Naldini 2000). Wie andere Retroviren integrieren auch sie an einer zufälligen Position in die Chromosomen der Wirtszelle, sodass eine langfristige Genexpression möglich ist, jedoch mit allen Sicherheitsrisiken, die eine Integration mit sich bringt. Die Grundlage der meisten Lentivirusvektoren ist das menschliche HIV, was verständlicherweise zu starken Bedenken hinsichtlich des Risikos führt, unbeabsichtigt replikationsfähige Viren zu erzeugen. Das HIV-Genom ist komplexer als *gag*, *pol* und *env* der einfachen Retroviren (Abb. 21.13). Man hat viel Arbeit darin investiert, keine notwendigen Gene zu entfernen und trotzdem sichere Verpackungszelllinien zu erzeugen, dabei aber die Fähigkeit zu bewahren, dass Zellen infiziert werden, die sich nicht teilen. Sich selbst inaktivierende Vektoren leisten einen weiteren Beitrag zur Sicherheit (Miyoshi et al. 1998).

Herpes-simplex-Vektoren

HSV-Vektoren sind spezifisch für das Zentralnervensystem (ZNS). Es sind komplexe Viren mit einem doppelsträngigen DNA-Genom von 152 kb, das mindestens 80 Gene enthält. Sie können lebenslange latente Infektionen ausbilden und existieren dabei als nichtintegrierte extrachromosomale Elemente. Der Latenzmechanismus lässt sich möglicherweise für eine langfristige Expression der übertragenen Gene nutzen, die sich vielleicht auch über das Netzwerk der Synapsen ausbreitet. Die wichtigste Anwendung dieser Viren könnte darin bestehen, Gene in Nervenzellen einzuführen, um beispielsweise die Parkinson-Krankheit oder ZNS-Tumoren zu behandeln. Die Größe des Insertionsfragments beträgt maximal 30 kb. Für die praktische Anwendung gedachte Vektoren befinden sich noch in einer frühen Entwicklungsphase (Fink und Glorioso 1997).

21.5.4 Mit nichtviralen Vektorsystemen lassen sich viele der Sicherheitsprobleme rekombinanter Viren vermeiden, aber die Genübertragungsraten sind sehr gering

Im Labor ist es relativ einfach, fremde DNA in Zellen einzuschleusen, wobei einige der Methoden auch für die Gentherapie geeignet sein können, wenn sich die Sicherheitsprobleme der viralen Systeme als nicht lösbar herausstellen. Alle derzeitigen Systeme besitzen den Nachteil, dass die Genübertragungsraten zu gering sind und die Expression nur kurze Zeit anhält.

Liposomen

Liposomen sind synthetische Vesikel, die sich spontan bilden, wenn bestimmte Lipide in einer wässrigen Lösung gemischt werden. So können beispielsweise Phospholipide doppelschichtige Vesikel bilden, die Strukturen biologischer Membranen nachbilden. Dabei befinden sich die Phosphatgruppen an der Außenseite und die hydrophoben Lipidschwänze im Inneren der Membran. Die DNA, die übertragen werden soll, wird *in vitro* in die Liposomen verpackt, und diese werden für die Genübertragung auf ein Zielgewebe *in vivo* direkt verwendet (Abb. 21.8). Kationische Liposomen besitzen eine positive Oberflächenladung und binden die DNA an der Außenseite, anionische Liposomen besitzen eine negative Oberflächenladung und tragen die DNA im Inneren. Die Lipidschicht ermöglicht es der DNA, *in vivo* zu „überleben", an die Zellen zu binden und durch Endocytose in die Zellen aufgenommen zu werden. Kationische Liposomen wurden bis jetzt bei Genübertragungsexperimenten am häufigsten verwendet (Literaturhinweise finden sich bei Huang und Li 1997). Im Gegensatz zu viralen Vektoren sind Liposomen einfach herzustellen, und es besteht für die übertragene DNA keine Größeneinschränkung. Die Effizienz der Genübertragung ist jedoch gering, und die eingeschleuste DNA ist nicht mit dem nötigen Rüstzeug für eine Integration in die chromosomale DNA ausgestattet. Deshalb erfolgt die Expression der eingeschleusten Gene immer nur temporär.

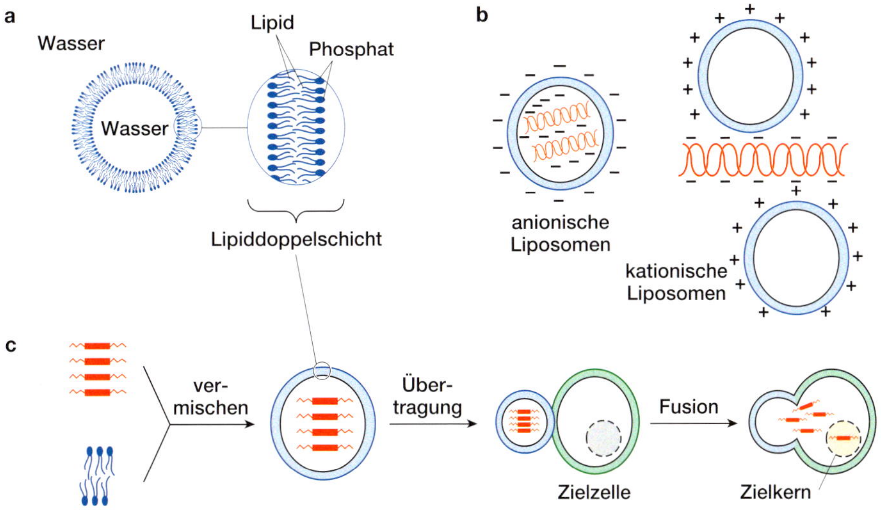

21.8 Verwendung von Liposomen für die Genübertragung *in vivo*. a) Liposomen sind synthetische Vesikel, die sich spontan bilden, wenn bestimmte Lipide in einer wässrigen Lösung gemischt werden. Sie können, abhängig von der chemischen Zusammensetzung der verwendeten Lipide, eine positive (kationische) oder negative (anionische) Oberflächenladung besitzen. b) Die DNA-"Fracht" wird bei anionischen Liposomen im Inneren, bei kationischen Liposomen an der Oberfläche transportiert.c) Die Übertragung der DNA erfolgt, wenn ein Liposom mit der Plasmamembran einer Zelle fusioniert.

Direkte Injektion oder Beschuss mit Partikeln

In einigen Fällen kann die DNA direkt mit einer Spritze oder Nadel in das Zielgewebe injiziert werden, etwa in die Muskulatur. Diese Methode kommt beispielsweise für die Duchenne-Muskeldystrophie in Betracht. Bei ersten Experimenten untersuchte man die intramuskuläre Injektion eines Dystrophingens beim *mdx*-Mausmodell (Ascadi et al. 1991). Da das natürliche Dystrophingen so riesig ist, verwendete man ein Minigen, das aus der Dystrophin-cDNA und regulatorischen Sequenzen für eine starke Expression (etwa einem kräftigen viralen Promotor) bestand. Eine andere Injektionsmethode basiert auf dem Beschuss mit Partikeln (es handelt sich also um ein „biolistisches" oder „*gene gun*"-Verfahren): Metallkügelchen werden mit DNA beschichtet und mit einer speziellen „Kanone" in die Zellen geschossen. Mit dieser einfachen und verhältnismäßig sicheren Methode hat man mehrere Genübertragungen für einer Reihe verschiedener Gewebe erfolgreich durchgeführt. Dennoch ist bei jeder dieser direkten Injektonsverfahren die Effizienz der Genübertragung sehr gering, und die injizierte DNA wird nicht stabil integriert. Das ist vielleicht bei Gewebe, das nicht regelmäßig proliferiert, (etwa bei der Muskulatur) weniger von Bedeutung, sodass hier die injizierte DNA mehrere Monate lang exprimiert wird.

Rezeptorvermittelte Endocytose

Bei diesem Verfahren wird die DNA an ein zielspezifisches Molekül gekoppelt, das an einen bestimmten Zelloberflächenrezeptor bindet, sodass eine Endocytose ausgelöst wird und die DNA in das Zellinnere gelangt. So entfernen beispielsweise Hepatocyten über Rezeptoren an der Zelloberfläche Asialoglykoproteine aus dem Serum. Ein Asialoglykoprotein, das kovalent mit Polylysin verknüpft ist, kann DNA durch elektrostatische Wechselwirkungen zwischen dem positiv geladenen Polylysin und der negativ geladenen DNA reversibel binden. Wenn der Komplex über den Gallengang oder das Gefäßbett in die Leber perfundiert wird, nehmen ihn die Hepatocyten selektiv auf. Ein allgemeineres Verfahren beruht auf dem Transferrinrezeptor, der in zahlreichen Zelltypen exprimiert wird, aber in proliferierenden oder hämatopoetischen Zellen angereichert ist (Abb. 21.9).

Normalerweise werden Substanzen, die auf diese Weise in die Zelle gelangen, in die Lysosomen transferiert. Deshalb ist es notwendig, besondere Schutzmechanismen vorzusehen, wenn die DNA den Zellkern erreichen soll. Eine Möglichkeit besteht darin, Adenoviren oder Adenovirusproteine mit zu übertragen, die die frühen Endosomen aufbrechen und deren Inhalt freisetzen. Die Genübertragung kann sehr effizient erfolgen, aber die Methode ist nicht dazu ausgelegt, die übertragenen Gene zu integrieren.

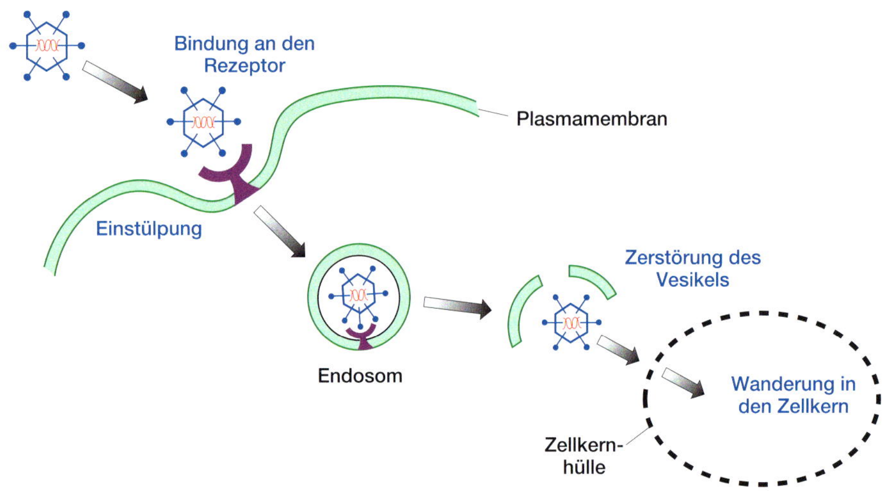

21.9 Genübertragung durch rezeptorvermittelte Endocytose. Nach Bindung des Liganden stülpt sich die Membran nach innen und schnürt sich dann ein, sodass sich der Rezeptor-Ligand-Komplex in einem intrazellulären Vesikel befindet, dem Endosom. Der Ligand kann ein Adenovirus sein, das ein therapeutisches Gen trägt (wie hier dargestellt), oder die therapeutische DNA selbst, die an ein anderes Molekül gebunden ist, für das die Zielzelle einen spezifischen Rezeptor besitzt. Endosomen werden normalerweise zu Lysosomen gelenkt, um abgebaut zu werden. Damit sie letztendlich exprimiert wird, muss die Fremd-DNA vorher das Endosom verlassen und in den Zellkern gelangen. Adenoviren zerstören Endosomen spezifisch, sodass die DNA effizient freigesetzt wird.

21.6 Methoden für die Reparatur oder Inaktivierung eines pathogenen Gens in einer Zelle oder einem Gewebe

Die im vorherigen Abschnitt beschriebenen Verfahren zielen alle darauf ab, ein bestimmtes Gen auf eine Zielzelle oder ein Gewebe zu übertragen, damit es dort in einer Menge und in einem Zeitrahmen exprimiert wird, die jeweils für die klinischen Erfordernisse angemessen sind. Einige Probleme erfordern jedoch eine andere Herangehensweise. Krankheiten, die durch den *Funktionsgewinn* eines Gens (Abschnitt 16.5) oder einen *dominant negativen Effekt* (Abschnitt 16.4.3) ausgelöst werden, verbessern sich nicht durch diese Art der Behandlung. Wenn das Problem darin besteht, dass ein vorhandenes Gen eine positiv schädliche Wirkung entfaltet, kann die Lösung nur sein, dass es entfernt oder inaktiviert wird. Charakteristische Beispiele sind dominante mendelnde Krankheiten (die nicht durch eine Haploinsuffizienz verursacht werden, Abschnitt 16.4.2), aktivierte Onkogene in Krebszellen und unangebrachte Immunreaktionen bei Autoimmunkrankheiten. Infektionskrankheiten können auf diese Weise ebenfalls behandelt werden, indem man ein spezifisches Gen oder Genprodukt des Erregers hemmt.

Um diess zu erreichen, gibt es verschiedene mögliche Vorgehensweisen. Das störende Gen kann physikalisch zerstört werden, oder die Expression wird durch Herunterregulieren der Transkription, durch Zerstörung des Transkripts oder durch Hemmung des Proteinprodukts blockiert. Unabhängig von der Methode muss ein bestimmtes Agens oder ein Konstrukt in die Zielzellen gelangen und dort seine Wirkung entfalten. Insofern sind die Probleme einer effizienten Übertragung und Expression ähnlich denjenigen, die im vorherigen Abschnitt beschrieben wurden. Bei dominanten Krankheiten oder aktivierten Onkogenen kommen weitere Probleme hinzu, etwa die Herstellung eines Agens, das das mutierte Allel selektiv angreift, ohne dass das normale Allel beeinflusst wird. Dieses Gebiet betrachtet man im Allgemeinen als die „zweite Angriffswelle" der Gentherapie. Derzeitige Untersuchungen sollen nur beweisen, dass das Prinzip funktioniert: Behandlungsmethoden für die Praxis werden wahrscheinlich erst dann entwickelt, sobald sich die Genverstärkungstherapien als erfolgreich erweisen.

21.6.1 Die Reparatur eines mutierten Allels durch homologe Rekombination

Viele gentechnische Standardverfahren für niedere Organismen, bei denen eine Sequenz durch eine andere ausgetauscht werden soll, beruhen auf einer homologen Rekombination. So ist es nahe liegend, ein pathogenes mutiertes Gen durch homologe Rekombination zu reparieren. Bei der homologen Rekombination mit kurzen Fragmenten überträgt man mithilfe eines Standardverfahrens doppelsträngige DNA-Fragmente von 400 bis 800 bp, die die Wildtypsequenz enthalten, auf die Zielzelle (Goncz et al. 2001). Dass dies im Prinzip funktioniert, wurde inzwischen gezeigt, aber es ist offensichtlich schwierig, die Effizienz so zu steigern, dass die Methode therapeutisch wirksam wird.

21.6.2 Hemmung der Translation durch Antisense-Oligonucleotide

Antisense-Oligonucleotide, die im Allgemeinen zwölf bis 30 Nucleotide lang sind, können die Translation einer komplementären mRNA hemmen, indem eine dsRNA- oder eine DNA-RNA-Doppelhelix entsteht (Galderisi et al. 1999). Bei einigen Spezies, etwa beim Nematoden *C. elegans*, wird die dsRNA effizient in kleine interferierende RNA-Moleküle (siRNA) geschnitten, die durch den zwar noch wenig bekannten, aber hoch wirksamen RNAi-Mechanismus homologe Transkripte inaktivieren (siehe unten). Beim Menschen gibt es solch einen Mechanismus anscheinend nicht. Menschliche Zellen enthalten nur wenige oder gar keine Moleküle des Dicer-Enzyms, das für die Erzeugung von siRNA notwendig ist. Stattdessen werden die dsRNA oder die DNA-RNA-Doppelstränge durch RNase H abgebaut. Dieses Enzym baut die RNA, aber nicht den DNA-Strang eines DNA-RNA-Doppelstranges ab, sodass Antisense-DNA-Moleküle halbkatalytisch wirken. Die Antisense-Moleküle werden im Allgemeinen chemisch modifiziert, damit sie gegenüber zellulären Nucleasen widerstandsfähiger sind. Die Phosphodiesterbindungen werden durch Phosphothioatbindungen ersetzt, oder man verwendet Peptidnucleinsäuren, bei denen das gesamte Zucker-Phosphat-Rückgrat gegen ein nucleaseresistentes, synthetisches Peptidnetzwerk ausgetauscht wurde. Dies bringt den Nachteil einer unspezifischen Toxizität mit sich, außerdem muss das Antisense-Konstrukt chemisch und exogen hergestellt werden, während unmodifizierte Antisense-Oligonucleotide von einem geeigneten Plasmid innerhalb der Zelle synthetisiert werden. Die Auswirkungen von Antisense-Oligonucleotiden lassen sich nur ziemlich schwierig voraussehen. In einigen Fällen wird das Zielgen effizient und spezifisch abgeschaltet, in anderen Fällen gibt es nur geringe oder unspezifische Effekte. dsRNAs, die über 30 bp lang sind, induzieren häufig die Produktion von Interferon, was zu einem generellen Abschalten der Translation führt. 1998 war Vivatrene, eine durch Phosphothioatbindungen modifizierte DNA, für die Behandlung von Infektionen mit dem Cytomegalovirus bei AIDS-Patienten das erste Antisense-Medikament, das zur Marktreife gelangte.

21.6.3 Selektive Zerstörung oder Reparatur von mRNA durch ein Ribozym

Im Lauf der Jahre hat man eine Reihe von Beispielen dafür gefunden, dass RNA-Moleküle als Enzyme (*Ribozyme*) wirken (Doudna und Cech 2002). So sind beispielsweise katalytische RNAs an der Telomeraseaktivität (die sich auf DNA auswirkt), beim Intron-Exon-Spleißen (das sich auf RNA auswirkt) und an der Peptidyltransferase der Ribosomen (die sich auf Peptide auswirkt) beteiligt. RNA-Moleküle besitzen viele Eigenschaften, die dazu beitragen, dass sie als Enzyme wirken können. Sie bilden vielfältige dreidimensionale Strukturen, sodass sie spezifisch an DNA, RNA oder Proteinmoleküle binden können, und sie enthalten zahlreiche potenziell reaktive Hydroxyl- und Aminogruppen.

Gentherapeuten sind besonders an Ribozymen interessiert, die Ziel-RNAs an spezifischen Sequenzen schneiden. In der Natur erzeugen selbstschneidende RNAs Stränge von der Länge eines Genoms, indem sie Concatamere von RNA-Viren, die sich durch *rolling-circle*-Mechanismen replizieren, sequenzspezifisch schneiden. Zu den natürlichen Beispielen gehören Hammerkopf- (40 Nucleotide), Haarnadel- (70 Nucleotide), HDV-(*human delta virus*-) (90 Nucleotide) und VS-(Vakud-Satellit-)Ribozyme (160 Nucleotide) (Doudna und Cech 2002). Die Hammerkopf-Ribozyme lassen sich durch gentechnische Veränderung zu sehr nützlichen, in *trans*-schneidenden Enzymen umwandeln, deren RNA-Zielsequenz sich einfach dadurch verändern lässt, dass man das Ribozym mithilfe komplementärer Sequenzen anpasst (Abb. 21.10). Wie die Antisense-Oligonucleotide (siehe oben) lassen sich auch Ribozyme durch chemische Modifikation gegenüber den zellulären Nucleasen resistent machen. Sie müssen dann aber exogen zugeführt werden und können nicht durch die natürliche Transkription in einer transfizierten Zelle erzeugt werden. Die ersten klinischen Phase-I-Versuche für Ribozyme begannen 1998. Zurzeit laufen Phase-II-Versuche, bei denen man Ribozyme, die gegen die mRNA des VEGF-Rezeptors gerichtet sind, verwendet, um die Gefäßbildung bei Brust- und colorektalen Tumoren zu hemmen (Sullenger und Gilboa 2002).

Da die Sequenzspezifität der Ribozyme auf Basenpaarung beruht, die leicht nachvollziehbar ist, lassen sie sich auf einfache Weise so gestalten, dass sie etwa bei einer dominanten Krankheit die mutierte mRNA

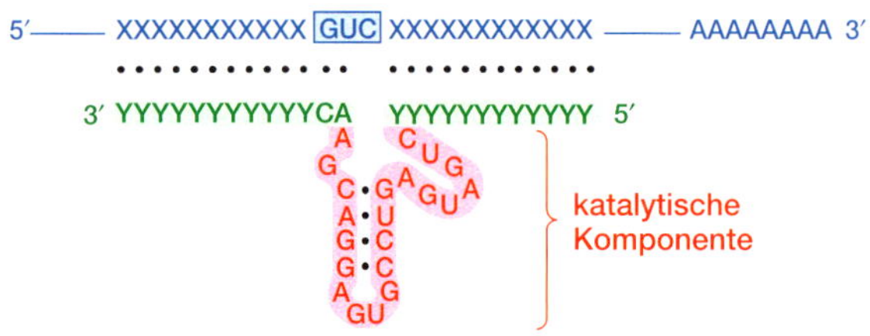

21.10 Verwendung eines in *trans*-schneidenden Hammerkopf-Ribozyms, um eine mutierte mRNA zu zerstören. Natürliche Hammerkopf-Ribozyme sind selbstschneidend. Bei einer Gentherapie muss der Strang, der die Schnittstelle (Zielsequenz) enthält, von dem katalytischen Strang (dem gentechnisch hergestellten Ribozym) getrennt sein. Wenn man das Ribozym mit der Sequenz YYY... ausstattet, die zur Sequenz XXX... komplementär ist, lässt sich jede gewünschte RNA spezifisch ansteuern.

spezifisch abbauen, während das Wildtyptranskript unversehrt bleibt. Ein ambitionierteres Verfahren zielt darauf ab, mit Ribozymen mutierte Transkripte durch *trans*-Spleißreaktionen zu *reparieren*, wobei die definierte mutierte Sequenz aus der mRNA herausgeschnitten und durch die Wildtypsequenz ersetzt wird (Sullenger und Gilboa 2002). Alle diese neuen Methoden funktionieren in experimentellen Systemen; ob sich daraus anwendbare Therapien entwickeln lassen, muss sich erst noch herausstellen.

21.6.4 Selektive Hemmung des mutierten Allels durch RNA-Interferenz (RNAi)

Diesem Verfahren gilt zurzeit die größte Beachtung. Wie in Abschnitt 20.2.6 beschrieben wird, lässt sich bei vielen verschiedenen Spezies durch kleine interferierende RNAs (siRNAs) die Genexpression spezifisch und sehr effizient hemmen. Dabei handelt es sich um doppelsträngige RNAs, die 21 bis 23 Nucleotide lang sind und phosphorylierte 5'-Enden sowie zwei überhängende Nucleotide an den 3'-Enden aufweisen. Bei vielen Spezies werden längere dsRNAs durch das Dicer-Enzym effizient zu siRNAs geschnitten. In menschlichen Zellen funktioniert das nicht, aber hier können siRNAs durch die Transkription geeigneter DNA-Vektoren produziert werden. Die Transkripte sind so aufgebaut, dass sie sich zurückfalten und *stem-loop*-Haarnadelstrukturen ausbilden. Der „Stiel" ist dabei 19 bis 21 bp lang, und seine Sequenz stimmt mit der Zielsequenz überein; die Schleife umfasst sechs bis neun Nucleotide. Im Labor erweist sich die RNAi-Technik als hocheffizientes Verfahren, mit denen sich Funktionsverlustphänotypen erzeugen lassen. Ob sich daraus auch eine anwendbare Therapie entwickeln lässt, ist allerdings noch unklar, obwohl das Potenzial beachtlich ist.

21.7 Einige Beispiele für Versuche zur Gentherapie beim Menschen

Abbildung 21.5a zeigt, dass 63% der bisher etwa 600 genehmigten Gentherapiepläne für die Behandlung von Krebs und nur 12% für die Behandlung von Einzelgenkrankheiten gedacht waren. Weitere sechs Prozent richteten sich gegen Infektionskrankheiten und acht Prozent gegen Gefäßkrankheiten. Im Folgenden geben wir einen kurzen Überblick und einige Literaturhinweise zum Fortschritt der Gentherapie in einigen wichtigen Bereichen. Trotz begrenzter Anzahl der Versuchsansätze standen Einzelgenkrankheiten schon immer ganz oben auf der Prioritätenliste der Gentherapie, und der erste tatsächliche Erfolg wurde auch hier erzielt.

21.7.1 Der erste wirkliche Erfolg: Die Heilung einer X-gekoppelten schweren kombinierten Immunschwäche

Bereits 1990 feierte man den Versuch, die autosomal-rezessive schwere kombinierte Immunschwäche (SCID) zu behandeln, mit breiter Öffentlichkeitswirkung als großen Erfolg. T-Lymphocyten eines Kindes, das an Adenosin-Desaminase-Mangel erkrankt war, wurden *ex vivo* mit einem retroviralen Vektor behandelt, der ein funktionsfähiges ADA-Gen enthielt. Die Zellen wurden in Kultur vermehrt und dem Kind wieder eingesetzt. Später erhielten andere Patienten eine ähnliche Behandlung, die pro Patient etwa zehn- bis zwölf Mal durchgeführt wurde. Mehrere Patienten berichteten von einer beträchtlichen Verbesserung ihrer klinischen Situation. Allerdings erhielten alle Patienten weiterhin Enzympräparate, sodass unklar blieb, ob die Verbesserung wirklich auf die Gentherapie zurückzuführen war.

Der erste zweifelsfreie Erfolg wurde bei einer verwandten Krankheit erzielt, dem X-gekoppelten SCID-Syndrom (Cavazzana-Calvo et al. 2000; Abb. 21.11). Auch hier erfolgte die Behandlung *ex vivo* mit einem retroviralen Vektor, der die γc-Kette des Cytokinrezeptors (*IL2R*) codiert. Knochenmarkzellen, die CD34 (einen Marker hämatopoetischer Stammzellen) exprimieren, wurden drei bis vier Tage mit dem retroviralen Vektor inkubiert. Während dieser Zeit nahm

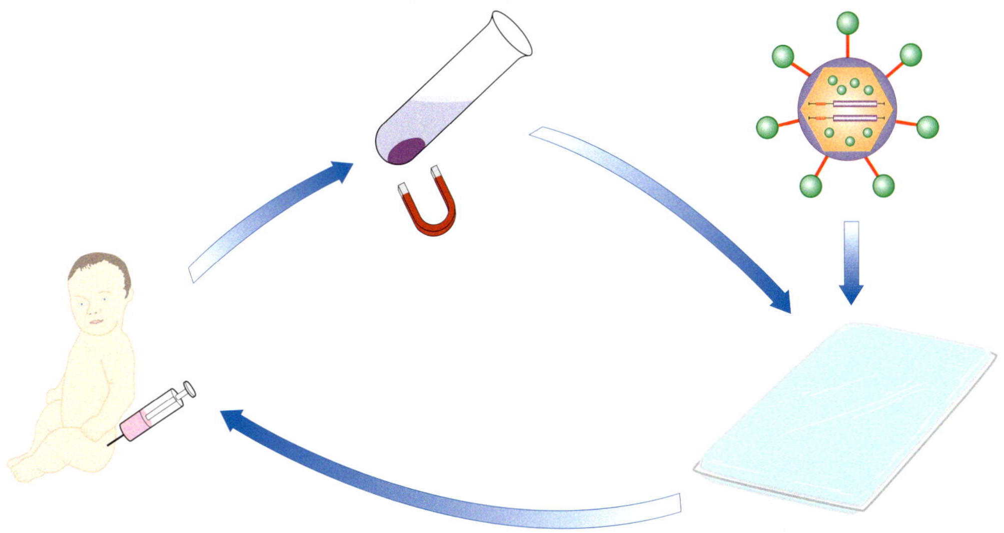

21.11 Gentherapie der X-gekoppelten schweren Immunschwäche (X-SCID). Dies ist der erste eindeutige Erfolg einer Gentherapie. Von den elf Jungen im Alter von einem bis elf Monaten, die im Necker-Enfants Malades Hospital in Paris behandelt wurden, konnten neun geheilt werden (Hacein-Bey-Abina (2002). Zwei der neun Kinder entwickelten später unglücklicherweise eine bestimmte Form der Leukämie mit ziemlicher Sicherheit aufgrund der Aktivierung des *LMO2*-Onkogens, das in der Nähe der Insertionsstelle des retroviralen Vektors liegt.

ihre Zahl auf das Fünf- bis Achtfache zu, und danach wurden sie wieder auf den Patienten übertragen (Abb. 21.11). Neun der elf behandelten Patienten wurden geheilt und konnten ein normales Leben führen (Hacein-Bey-Abina et al. 2002). Wie oben erwähnt, haben zwei der Patienten im Anschluss eine Leukämie entwickelt, die mit ziemlicher Sicherheit das Ergebnis einer Insertionsaktivierung des *LMO2*-Onkogens ist (Check 2002, 2003). Weltweit wurden alle Versuchstherapien, die mit einer retroviralen Transduktion großer Lymphocytenpopulationen einhergehen, sofort eingestellt, bis man die Ursache dieser tragischen Ereignisse herausgefunden hat. Zur Zeit der Niederschrift dieses Buches war noch unklar, wie viele jemals wieder aufgenommen werden.

21.7.2 Versuche zur Gentherapie der Cystischen Fibrose

Unter den mendelnden Krankheiten sollte die Cystische Fibrose einer Gentherapie am besten zugänglich sein. Die Krankheit wird durch das Fehlen eines Chloridkanals verursacht, den das *CFTR*-Gen codiert, was sich vor allem auf die Epithelien der Luftwege auswirkt. Untersuchungen an Patienten mit teilweise aktiven *CFTR*-Allelen deuten darauf hin, dass fünf bis zehn Prozent des normalen Niveaus ausreichen, damit die Therapie anspricht. Dadurch würde zumindest ein Fortschreiten der Krankheit verhindert und einige Sekundäreffekte ließen sich aufheben. Eine gewebespezifische Genübertragung könnte man mithilfe eines Aerosolinhalators durchführen. Bis jetzt wurden mindestens 18 klinische Gentherapieversuche publik (Davies et al. 2001). Erste Versuche erfolgten mit Adenoviren, die auf natürliche Weise Lungenzellen, die sich nicht teilen, infizieren. Bei hohen Dosen wurden dabei manchmal Entzündungsreaktionen ausgelöst. Aber seit Jesse Gelsingers Tod, für den Adenoviren verantwortlich waren (siehe oben), steht man dieser Therapieform eher skeptisch gegenüber. Vier der fünf aktuellsten Therapieversuche basieren auf Liposomen oder adenoassoziierten Viren. Bei mehreren Versuchen kam es zu einer Genübertragung und einer kurz anhaltenden Expression, aber es steht zweifellos fest, dass alle diese Versuche von einer praktischen Anwendbarkeit in der Klinik ziemlich weit entfernt sind.

Eine entscheidende Schwierigkeit ist die physikalische Barriere des Schleims und der Glykokalyx, die

die Lungenepithelzellen bedecken, besonders wenn in den Lungen von CF-Patienten Infektionen auftreten. Gentherapeutische Agenzien können in Luftwege eingebracht werden, aber es sind intelligent konstruierte Transportmittel erforderlich, um eine effiziente Transduktion der Epithelzellen zu erzielen. Ein weiteres Problem besteht darin, die richtigen Zellen zu transfizieren. Adenovieren infizieren eher die Basalzellen des Epithels, während die natürliche CFTR-Expression in den submucosalen Drüsen am stärksten ist. Im Idealfall sollten Stammzellen das Ziel einer Gentherapie sein, da Oberflächenepithelzellen eine Lebensdauer von etwa 120 Tagen aufweisen, sodass wiederholte Gaben notwendig sind – mit allen problematischen Begleiterscheinungen für das Immunsystem.

21.7.3 Versuche zur Gentherapie der Duchenne-Muskeldystrophie

Untersuchungen bei weiblichen DMD-Trägern und Patienten mit der leichteren Becker-Muskeldystrophie zeigen, dass eine Wiederherstellung von etwa 20% der normalen Expression des Dystrophingens in der Muskulatur die Situation der DMD-Patienten verbessert. Eine DMD-Gentherapie hat jedoch zwei Probleme zu lösen: zum einen die enorme Größe des Dystrophingens mit 2,4 Mb, zum anderen die Übertragung des Gens auf die Zellen sowohl der Skelettmuskulatur als auch des Herzmuskels. Ein Übersichtsartikel zu den erzielten Fortschritten findet sich bei Chamberlain (2002). Selbst die cDNA ist mit 14 kb für viele Vektoren zu groß. Ausgehend von der Beobachtung, dass ein Patient mit einer Deletion der Exons 17 bis 48 des Dytrophingens (46% der codierenden Sequenz) nur an der leichten Form der Becker-Muskeldystrophie litt, stellte man ein Minigen von 6,3 kb her, das in adenovirale und retrovirale Vektoren eingebaut werden kann. Wichtig ist dabei, dass keine zellvermittelten Immunreaktionen ausgelöst werden: Durch die Verwendung eines muskelspezifischen Promotors, der die Expression des Transgens kontrolliert, lassen sich solche Effekte jedoch minimieren. Adenoassoziierte Vektoren zeigten in der Muskulatur zumindest bei gesunden Mäusen eine gute Persistenz. Auch Plasmide kommen durchaus als Vektoren in Frage. Für eine erfolgreiche Behandlung ist erforderlich, dass die Konstrukte nicht nur auf die Skelettmuskulatur sondern auch auf das Herz und das Zwerchfell übertragen werden. Und dieses Problem ist bis jetzt ungelöst. Eine geschickte andere Methode ist der Versuch, die Expression von Utrophin (MIM 128240) zu steigern. Dieses dystrophinähnliche Molekül befestigt normalerweise den Actin-Myosin-Komplex an der Membran der Muskelzelle direkt an der neuromuskulären Endplatte. Utrophin wird von einem eigenen autosomalen Locus codiert, der bei Jungen, die an DMD erkrankt sind, intakt bleibt.

Bei der Duchenne-Muskeldystrophie hat man auch schon Versuche einer Zelltherapie unternommen, indem man Myoblasten in die Muskeln erkrankter Jungen transplantierte. Bei einigen Studien zeigte gelegentlich ein Patient einige dystrophinpositive Muskelfasern, aber bei keinem Patienten ließ sich eine klinische Verbesserung feststellen. Es wurde behauptet, dass Stammzellen, die durch eine Knochenmarktransplantation übertragen wurden, in die Muskeln wandern können, um dort als Muskelstammzellen zu fungieren (Ferrari et al. 1998). Wenn sich dies als richtig erweist, besteht eine wirkliche Hoffnung, DMD durch die Methoden zu heilen, mit denen sich auch SCID heilen lässt (siehe oben).

21.7.4 Gentherapie gegen Krebs

Über 60% aller genehmigten Gentherapieversuche zielen auf die Behandlung von Krebs (Abb. 21.5). Tabelle 21.3 zeigt eine Reihe von Beispielen, die die Verschiedenheit der Vorgehensweisen veranschaulichen:

- Gensupplementation, um die Funktion von Tumorsuppressorgenen wiederherzustellen,
- Geninaktivierung, um die Expression eines aktivierten Onkogens zu verhindern,
- genetische Veränderung von Tumorzellen, um eine Apoptose auszulösen;
- Modifizierung von Tumorzellen, um ihre Antigenität zu erhöhen, damit das Immunsystem den Tumor zerstört,
- Modifizierung der dendritischen Zellen, um eine tumorspezifische Immunreaktion zu verstärken,
- Anwendung onkolytischer Viren, die gentechnisch so konstruiert werden, um Tumorzellen selektiv abzutöten;
- genetische Veränderung von Tumorzellen, um eine nichttoxische Medikamentenvorstufe in eine toxische Verbindung umzuwandeln, die sie abtötet (Abb. 21.12).

21.7.5 Gentherapie gegen Infektionskrankheiten: HIV

HIV-1 ist der wichtigste Krankheitserreger bei Menschen und Gegenstand großer Anstrengungen auf jedem relevanten Gebiet der medizinischen Forschung. Künstliche genetische Veränderungen sind in

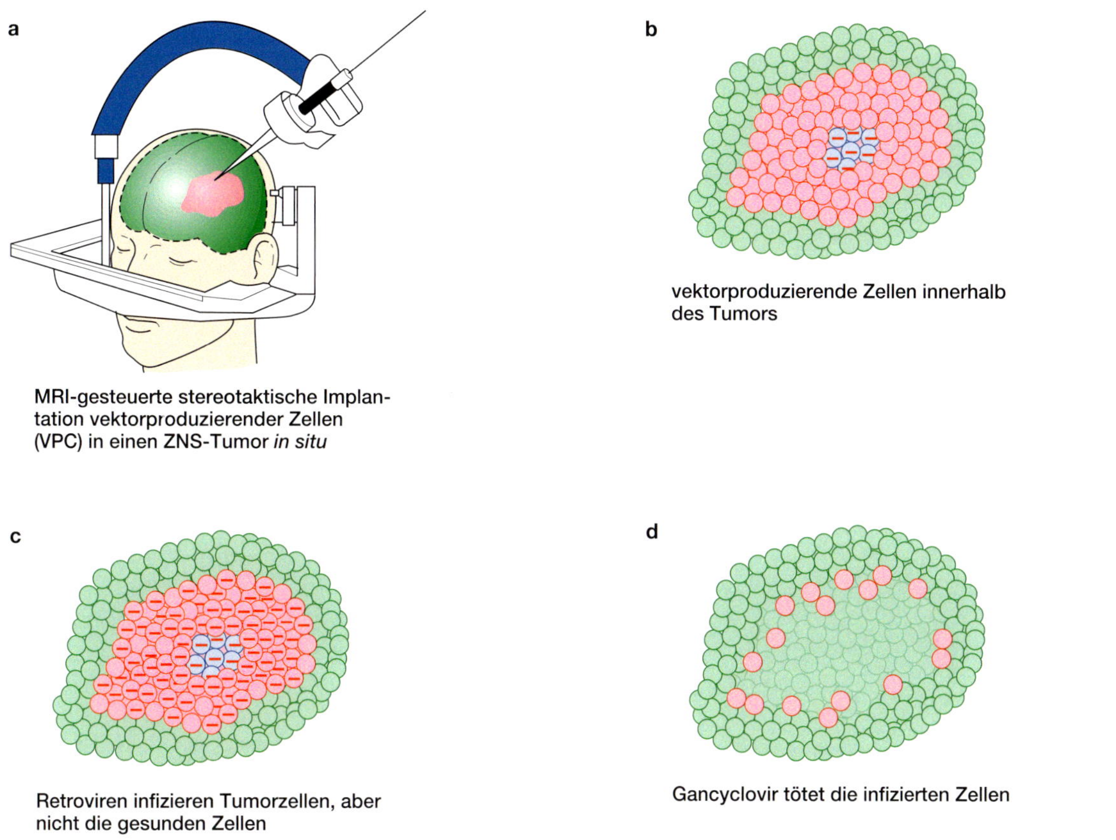

21.12 ***In vivo*****-Gentherapie für Hirntumoren.** Ein Retrovirus wird gentechnisch verändert, sodass es die Thymidinkinase des Herpes-simplex-Virus (HSV-TK) exprimiert. Die vektorproduzierenden Zellen (VPC, blau) werden in den Hirntumor injiziert. Da die Retroviren nur Zellen infizieren, die sich teilen, infizieren sie die Tumorzellen (rosa), aber nicht das umgebende gesunde Hirngewebe (grün). Die nichttoxische Medikamentenvorstufe Gancyclovir (gvc) wird interavenös verabreicht. In den TK^{+}-Zellen wird gvc zum hochtoxischen gvc-Triphosphat umgewandelt, und die Zelle wird getötet.

zwei Bereichen von Bedeutung. In die Versuche, genetisch veränderte Impfstoffe zu entwickeln, wurde viel Arbeit investiert; darüber hinaus hat man auch vielfach überlegt, die Wirtszellen genetisch so zu verändern, dass sie gegen HIV resistent werden. Die NIH-Datenbank für klinische Versuche (www4.od.nih.gov/oba/rac/clinicaltrial.htm) führt unter den von 1992 bis 2001 eingereichten Versuchsplänen fast 40 auf, die auf einer Genübertragung beruhen. Fast alle stimmen im Prinzip mit dem Verfahren überein, mit dem sich das X-SCID-Syndrom heilen ließ (siehe oben). Hämatopoetische Stammzellen werden mit einem Gen transfiziert, dass die HIV-Replikation hemmen soll. Im Allgemeinen verwendet man dafür einen retroviralen Vektor, und die behandelten Zellen werden wieder auf den Patienten übertragen. Da der wichtigste pathologische Effekt von AIDS darin besteht, Lymphocyten zu infizieren und zu zerstören, ist dies eine natürliche Methode zu verhindern, dass eine HIV-Infektion zu AIDS führt.

HIV ist ein Retrovirus. Der reife Viruspartikel enthält zwei identische Kopien des einzelsträngigen RNA-Genoms und einige Core-Proteine, die eine Hülle aus Glykoproteinen und Lipiden umgibt. Diese werden aus der Wirtszellmembran mitgenommen, wenn das Virus die Zelle verlässt (Abb. 21.13). Für die HIV-Replikation sind neben den Genen *gag*, *pol* und *env* auch die regulatorischen Proteine Tat und Rev erforderlich. Diese Proteine sowie die RNA-Sequenzen (TAR und RRE), an die sie binden, dienen als Angriffsziel bei vielen Versuchen, Lymphocyten gegen HIV resistent zu machen. Dabei gibt es folgende Vorgehensweisen:

- **Verwendung von Antisense-RNA.** Man hat Retroviren hergestellt, die Antisense-RNAs zu TAR, zu den überlappenden *tat*- und *rev*-mRNAs sowie zu den *pol*- und *env*-RNAs codieren.
- **Verwendung von „Lockvogel"-RNA.** Wenn ein Retrovirus ein Transkript, das die RRE-Sequenz enthält, stark exprimiert, könnte es sämtliche Rev-

Tabelle 21.3 Beispiele für Gentherapieversuche bei Krebs. Es handelt sich vor allem um Phase-I-Tests (erste Sicherheitsstufe); in dieser Entwicklungsphase zielen die meisten Tests nicht darauf ab, dass Patienten davon in klinischer Hinsicht profitieren können. Ein umfassender Überblick findet sich in der NIH-Datenbank für klinische Versuche (www4.od.nih.gov/oba/rac/clinicaltrial.html).

Krankheit	veränderte Zellen	Gentherapieverfahren
Eierstockkrebs	Tumorzellen	intraperitonale Injektion von Retroviren oder Adenoviren, die eine vollständige p53- oder BRCA1-cDNA enthalten, um die Zellzykluskontrolle wieder herzustellen
Eierstockkrebs	Tumorzellen	Injektion von Adenoviren, die einen scFv-Antikörper gegen ErbB2 codieren, um ein Wachstumssignal zu inaktivieren
malignes Melanom	tumorinfiltrierende Lymphocyten	Extraktion von TIL aus einem operativ entfernten Tumor und Vermehrung in Kultur; *ex vivo*-Infektion der Zellen mit einem retroviralen Vektor, der den Tumornekrosefaktor-α exprimiert; Übertragung auf den Patienten durch Infusion; TIL sollen verbliebene Tumorzellen ansteuern und mit TNFα abtöten; Grundlagen in Abb. 21.4e
verschiedene Tumoren	Tumorzellen	Transfektion von Tumorzellen mit einem Retrovirus, das ein Zelloberflächenantigen exprimiert, z. B. HLA-B7 oder ein Cytokin, z. B. IL-12, IL-4, GM-CSF oder IFN-γ, um die Immunogenität des Tumors zu erhöhen, sodass das Immunsystem ihn zerstört; wird häufig mit letal bestrahlten Tumorzellen *ex vivo* durchgeführt; Grundlagen in Abb. 21.4e
Prostatakrebs	dendritische Zellen	Behandlung autologer dendritischer Zellen mit einem Tumorantigen oder einer cDNA, die das Antigen exprimiert, um sie zu einer verstärkten Immunreaktion gegen die Tumorzellen anzuregen; Grundlagen in Abb. 21.4e
malignes Gliom (Hirntumor)	Tumorzellen	Injektion eines Retrovirus in den Tumor, das die Thymidinkinase (TK) oder die Cytosindesaminase (CDA) exprimiert; infiziert werden nur sich teilende Tumorzellen, nicht die umgebenden Zellen, die sich nicht teilen; dann Behandlung mit Gancyclovir (TK-positive Zellen wandeln das Molekül zum toxischen gcv-Phosphat um) oder 5-Fluorcytosin (CDA-positive Zellen wandeln das Molekül zum toxischen 5-Fluoruracil um); virusinfizierte (sich teilende) Zellen werden selektiv abgetötet; Abb. 21.12
Kopf-Hals-Malignome	Tumorzellen	Injektion eines ONYX-015-Adenovirus in den Tumor; das Virus kann nur in Zellen mit p53-Mangel replizieren, sodass selektiv Tumorzellen lysiert werden; diese Behandlung erwies sich als wirksam in Kombination mit systemischer Chemotherapie

TIL, tumorinfiltrierende Lymphocyten; TNF, Tumornekrosefaktor; IL, Interleukin; GM-CSF, Granulocyten-Makrophagen-stimulierender Faktor; IFN, Interferon.

Proteine binden und so die HIV-Replikation verhindern;

- **Verwendung dominant negativer Mutanten.** Einige retrovirale Konstrukte codieren das mutierte Rev-Protein RevM10. Dieses bindet an RRE, bildet aber keinen Multiproteinkomplex, der für das Ausschleusen der RNA aus dem Zellkern erforderlich ist.
- **Verwendung von Ribozymen.** Mehrere Forschungsgruppen haben Retroviren hergestellt, die Ribozyme codieren. RRz2 ist ein Hammerkopf-Ribozym, das gegen das regulatorische *tat*-Gens gerichtet ist; ein anderer Typ ist das Haarnadelribozym, das auch bereits für die Spaltung des HIV-Genoms verwendet wurde.
- **Verwendung von Intrakörpern.** Mit Retroviren, die intrazelluläre scFv Antikörper codieren (Abschnitt 21.3.4), wurde versucht, die regulatorischen Proteine Tat und Rev oder das gp160-Glykoprotein der Hülle zu inaktivieren.

In den frühen Phasen einer HIV-Infektion findet ein hoher Lymphocytenumsatz statt, da das Immunsystem versucht, infizierte Zellen zu zerstören. Wenn das Immunsystem effektiver wäre, könnte es das Virus in diesem Stadium aufhalten. Neben den Bemühungen, Impfstoffe zu entwickeln, hat man auch daran gearbeitet, T-Zellen so zu verändern, dass sie infizierte Zellen wirksamer abtöten. Man hat Retroviren entwickelt, die $CD8^+$-T-Zellen dazu bringen, einen chimären T-Zell-Rezeptor zu exprimieren, der ihre cytotoxische Reaktion auf HIV-infizierte Zellen lenkt.

Einzelheiten aller dieser Herangehensweisen finden sich in der NIH-Datenbank unter der Rubrik

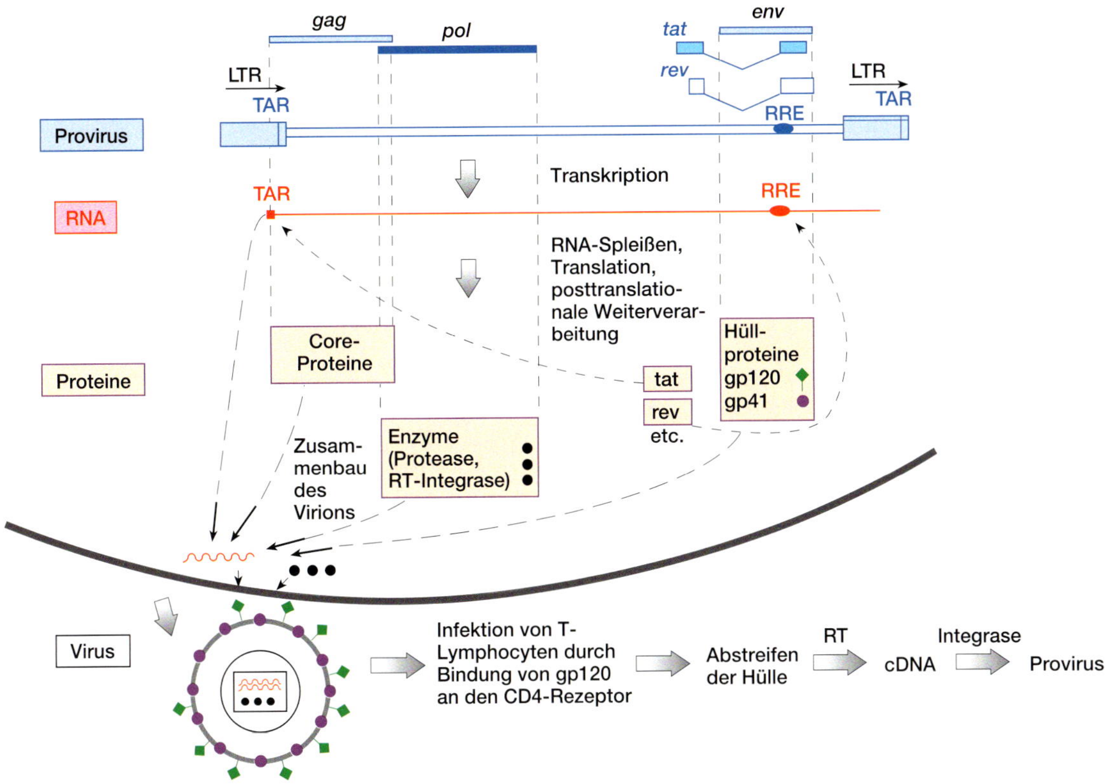

21.13 Der Lebenszyklus von HIV-1. HIV-1 ist ein Retrovirus mit einem RNA-Genom. Wie andere Retroviren enthält auch HIV-1 die Gene *gag*, *pol* und *env*. Eine Reverse Transkriptase stellt eine DNA-Kopie her, die als Provirus in das Chromosom der Wirtszelle integriert wird. Die virale mRNA und die Proteine werden in Viruspartikel verpackt, die aus der Zellmembran austreten. Im Gegensatz zu einfachen Retroviren codiert HIV-1 die beiden regulatorischen Proteine Tat und Rev, die an die Sequenzen TAR beziehungsweise RRE im viralen Genom binden und für die Replikation des Virus essenziell sind. Diese bilden die wichtigsten Ziele bei einer Gentherapie gegen HIV.

„Infectious Diseases" (Die Versuchsanordnungen stehen unter „Scientific Abstract"). Die gentechnisch veränderten Zellen zeigen *in vitro* häufig eine starke Resistenz gegen HIV-Infektionen. *In vivo* waren bei einigen Versuchsanwendungen Knochenmarkübertragungen langfristig stabil (einige Monate bis ein oder zwei Jahre). Weiterhin offen ist die Frage, ob Zellen in ausreichendem Umfang übertragen werden können, damit eine klinisch relevante HIV-resistente Population von Lymphocyten entsteht. Zellübertragungen in großem Umfang lassen sich erzielen, wenn man zuerst das vorhandene Knochenmark des Patienten mit cytoxischen chemischen Verbindungen und Bestrahlung zerstört – bei einem Patienten mit AIDS wäre es jedoch ein hoffnungsloses Unterfangen.

Weiterführende Literatur

NIH database of gene therapy trials: www4.od.nih.gov/oba/rac/clinicaltrial.htm

Wiley database of approved gene therapy protocols: www.wiley.co.uk/genetherapy/clinical

Templeton NS, Lasic DD (Hrsg.) (2000) *Gene Therapy: Therapeutic Mechanisms and Strategies*. Marcel Dekker, NewYork.

Treacy EP, Valle D, Scriver CR (2001) Treatment of genetic Disease. In: *Metabolic and Molecular Basis of Inherited Disease*, 8. Auflage (Hrsg. CR Scriver, AL Beaudet, WS Sly, MD Valle). McGraw-Hill, NewYork

Zitierte Literatur

Acsadi G, Dickson G, Love DR et al. (1991) Human dystrophin expression in mdx mice after intramuscular injection of DNA constructs. *Nature* 352: 815–818.

Cavazzana-Calvo M, Hacein–Bey S, de Saint Basile G et al. (2000) Gene therapy of human severe combined immunodeficiency (SCID)-X1 disease. *Science* 288: 669–672.

Chamberlain JS (2002) Gene therapy of muscular dystrophy. *Hum Mol Genet* 11: 2355–2362.

Check E (2002) A tragic setback (News Feature). *Nature* 420: 116–118.

Check E (2003) Second cancer case halts gene-therapy trials (News Feature). *Nature* 421: 305.

Costa T, Scriver CR, Childs B (1983) The effect of mendelian disease on human health: a measurement. *Am J Med Genet* 21: 231–242.

Daley GQ (2002) Prospects for stem cell therapeutics: myths and medicines. *Curr Opin Genet Dev* 12: 607–613.

Davies JC, Geddes DM, Alton EWFW (2001) Gene therapy for cystic fibrosis. *J Gene Med* 3: 409–417.

Dean W, Santos F, Stojkovic M et al. (2001) Conservation of methylation reprogramming in mammalian development: Aberrant reprogramming in cloned embryos. *Proc Natl Acad Sci USA* 98: 13734–13738.

Doudna JA, Cech TR (2002) The chemical repertoire of natural ribozymes. *Nature* 418: 222–228.

Ferrari G, Gusella-De Angelis G, Coletta M et al. (1998) Muscle regeneration by bone marrow-derived myogenic progenitors. *Science* 279: 1528–1530.

Fink DJ, Glorioso JC (1997) Engineering herpes simplex virus vectors for gene transfer to neurons. *Nature Med* 3: 357–359.

Galderisi U, Cascino A, Giordano A (1999) Antisense oligonucleotides as therapeutic agents. *J Cell Physiol* 181: 251–257.

Gardner MJ, Shallom SJ, Carlton JM et al. (2002) Genome sequence of the human malaria parasite *Plasmodium falciparum*. *Nature* 419: 498–511.

Goncz KK, Colosimo A, Dallapiccola B et al. (2001) Expression of F508 CFTR in normal mouse lung after site-specific modification of CFTR sequences by SFH. *Gene Ther* 8: 961–965.

Gordon JW (1999) Genetic enhancement in humans. Science 283: 2023–2024.

Hacein-Bey-Abina S, Le Deist F, Carlier F et al. (2002) Sustained correction of X-linked severe combined immunodeficiency by ex vivo gene therapy. *New Engl J Med* 346: 1185–1193.

Hoogenboom HR, De Bruine AP, Hufton SE, Hoet RM, Arends J-W, Roovers RC (1998) Antibody phage display technology and its applications. *Immunotechnology* 4: 1–20.

Hoppe-Seyler F, Butz K (2000) Peptide aptamers: powerful new tools for molecular medicine. *J Mol Med* 78: 426–430.

Huang L, Li S (1997) Liposomal gene delivery: a complex package. *Nature Biotechnol* 15: 620–621.

Hudson PJ (1999) Recombinant antibody constructs in cancer therapy. *Curr Opin Immunol* 11: 548–557.

Kafri T, Morgan D, Krahl T et al. (1998) Cellular immune response to adenoviral vector infected cells does not require de novo viral gene expression: implications for gene therapy. *Proc Natl Acad Sci USA* 95: 11377–11382.

Kay MA, Glorioso JC, Naldini L (2001) Viral vectors for gene therapy: the art of turning infectious agents into vehicles of therapeutics. *Nature Med* 7: 33–40.

Lindstedt S, Holme E, Locke EA et al. (1992) Treatment of hereditary tyrosinaernia type 1 by inhibition of 4-hydroxyphenylpyruvate dioxygenase. *Lancet* 340: 813–817.

Marasco WA (1997) Intrabodies: turning the humoral immune system inside out for intracellular immunization. *Gene Ther* 4: 11–15.

Miyoshi H, Blomer U, Takahashi M, Gage FH, Verma IM (1998) Development of a self-inactivating lentivirus vector. *J Virol* 72: 8150–8157.

Reyes-Sandoval A, Ertl HC (2001) DNA vaccines. *Curr Mol Med* 1: 217–243.

Russell CS, Clarke LA (1999) Recombinant proteins for genetic disease. *Clin Genet* 55: 389–394.

Somia N, Verma IM (2000) Gene therapy: trials and tribulations. *Nat Rev Genet* 1: 91–99.

Stöger E, Vaquero C, Torres E et al. (2000) Cereal crops as viable production and storage systems for pharmaceutical scFv antibodies. *Plant Mol Biol* 42: 583–590.

Sullenger BA, Gilboa E (2002) Emerging clinical applications of RNA. *Nature* 418: 252–258.

Thomson JA, Itskovitz-Eldor J, Shapiro SS et al. (1998) Embryonic stem cell lines derived from human blastocysts. *Science* 282: 1145–1147.

Tse E, Rabbitts TH (2000) Intracellular antibody-caspase-mediated cell killing: an approach for application in cancer therapy. *Proc Natl Acad Sci USA* 97: 12266–12271.

Velander WH, Lubon H, Drohan WN (1997) Transgenic livestock as drug factories. *Sci American* 276: 70–74.

Vigna E, Naldini L (2000) Lentiviral vectors: excellent tools for experimental gene transfer and promising candidates for gene therapy. *J Gene Med* 5: 308–316.

Weissman IL (2002) Stem cells – scientific, medical and political issues. *New Engl J Med* 346: 1576–1579.

White RR, Sullenger BA, Rusconi CP (2000) Developing aptamers into therapeutics. *J Clin Invest* 106: 929–934.

Wolf CR, Smith G, Smith RL (2000) Pharmacogenomics. *Br Med J* 320: 987–990.

Ye X, Al-Babili S, Kloti A et al. (2000) Engineering the provitamin A (beta-carotene) biosynthetic pathway into (carotenoid-f ree) rice endosperm. *Science* 287, 303–305.

Yeh P, Perricaudet M (1997) Advances in adenoviral vectors: from genetic engineering to their biology. *FASEB J* 11, 615–623.

Glossar

Anmerkung: Zusätzlich zu diesem allgemeinen Glossar gibt es im Buch noch vier spezielle Glossare:

- Verzeichnis der PCR-Methoden (Exkurs 5.1)
- Methoden der Nucleinsäurehybridisierung (Exkurs 6.3)
- Glossar der Genomik (Exkurs 8.1)
- Glossar der allgemeinen phylogenetischen Gruppen bei den Metazoen (Exkurs 12.5)

Soweit möglich wird auf eine Abbildung, einen Exkurs oder einen Abschnitt verwiesen. Pfeile weisen auf weitere Einträge im Glossar hin.

abgestimmte Partnerwahl (***assortative mating***)**:** Heirat zwischen Personen mit ähnlichem Phänotyp oder Genotyp (so neigen beispielsweise große Menschen dazu, wiederum große Menschen zu heiraten, Gehörlose heiraten häufiger ebenfalls Gehörlose und einige bevorzugen es, Verwandte zu ehelichen). Durch abgestimmte Partnerwahl kann sich in einer Population eine Nicht-Hardy-Weinberg-Verteilung von Genotypen herausbilden.

abschnittsweise Aneuploidie (oder Aneusomie): siehe → *contigous-gene*-Syndrom.

abstammungsidentisch (***identity by descent***)**:** Allele, die bei einem oder bei zwei Menschen vorkommen, und von denen bekannt ist, dass sie von einem ermittelbaren gemeinsamen Vorfahren abstammen.

Abstammungslinie: eine Folge von Zellen, die aus einer Vorläuferzelle hervorgehen.

Allelassoziation: siehe → Kopplungsungleichgewicht.

Allelausschluss: Mechanismus, durch den nur eines von zwei Immunglobulinallelen bei den B-Lymphocyten oder T-Zell-Rezeptor-Allelen bei den T-Lymphocyten exprimiert wird (Exkurs 10.4).

Allele: verschiedene Formen desselben Gens.

Allelheterogenität: Vorhandensein vieler verschiedener krankheitsauslösender Allele an einem Locus. Die normale Situation bei Krankheiten, die durch den Funktionsverlust eines Gens verursacht wird (zum Beispiel Abbildung 16.1).

allelspezifisches Oligonucleotid (ASO): ein synthetisches Oligonucleotid, im Allgemeinen 20 Nucleotide lang, dessen Hybridisierung mit seiner Zielsequenz unter geeigneten Bedingungen durch eine einzige Basenfehlpaarung gestört werden kann. ASOs dienen als allelspezifische Hybridisierungssonden (Abb. 6.11) oder als allelspezifische Primer in einer PCR (→ ARMS).

alternatives Spleißen: natürlich auftretende Verwendung verschiedener Kombinationen aus Spleißverknüpfungsstellen, um von einem einzigen Gen mehr als ein Produkt herzustellen (Abschnitt 10.3.2; Exkurs 10.4).

***Alu*-PCR:** siehe Exkurs 5.1.

***Alu*-Wiederholung:** eine hochrepetitive nichtcodierende DNA-Sequenz in den Genomen von Primaten.

Amnion: eine der vier extraembryonalen Membranen bei Säugern (Exkurs 3.8).

Analyse von erkrankten Geschwisterpaaren (***affected sib pairs*; ASP**)**:** eine Form der → nichtparametrischen Kopplungsanalyse durch Bestimmung des gemeinsamen → Haplotyps von Geschwisterpaaren, die beide an derselben Krankheit leiden (Abb. 15.3).

Aneuploidie: eine chromosomale Konstitution mit einem oder mehreren Chromosomen, die im Vergleich zu einem vollständigen euploiden Chromosomensatz fehlen oder zusätzlich vorhanden sind.

Annealing: siehe Exkurs 6.3.

Anticodon: Sequenz aus drei Basen in einem tRNA-Molekül, die mit dem Codon in der mRNA Basenpaare bildet (Abb. 17b und 1.20).

antimorph: ein Allel mit einem → dominant negativen Effekt.

Antisense-RNA: ein Transkript, das zu einer normalen mRNA komplementär ist und unter Verwendung des Nicht-Matrizenstranges eines Gens synthetisiert wird. Natürlich vorkommende Antisense-RNAs sind wichtige Regulatoren der Genexpression.

Antisense-Strang (Matrizenstrang): DNA-Strang eines Gens, der bei der Transkription der RNA-Polymerase für die Synthese der mRNA als Matrize dient (Abb. 1.12).

Antizipation: Tendenz der zunehmenden Schwere einer Krankheit bei aufeinander folgenden Generationen. Häufig auf einen → systematischen Fehler der Datenerhebung zurückzuführen (Abschnitt

4.3.3), aber bei → dynamischen Mutationen auch tatsächlich zu beobachten (Abschnitt 16.6.4).

Apoptose: programmierter Zelltod.

Archaea: einzellige Prokaryoten, die oberflächlich betrachtet Bakterien ähneln, aber molekulare Merkmale aufweisen, die für das dritte Organismenreich charakteristisch sind (Exkurs 12.4).

ARMS (***amplification refractory mutation system***)**:** allelspezifische PCR (System für amplifizierungsresistente Mutationen; Abb. 15.4, 18.10).

Assoziation: eine Tendenz zweier Merkmale (Krankheiten, Markerallele und so weiter), mit einer nichtzufälligen Häufigkeit gemeinsam aufzutreten. Assoziation ist eine einfache statistische Beobachtung, nicht ein genetisches Phänomen, kann aber manchmal von einem → Kopplungsungleichgewicht verursacht werden (Abschnitt 15.4.1).

Ausschlusskartierung: eine genetische Kartierung mit negativen Ergebnissen, die zeigen, dass ein fraglicher Locus nicht in einem bestimmten Bereich liegt. Vor allem sinnvoll, um ein mögliches → Kandidatengen auszuschließen, ohne aufwendige Reihentests auf Mutationen durchzuführen.

Austausch von Schwesterchromatiden: eine Rekombination zwischen Schwesterchromatiden. Da Schwesterchromatiden untereinander Duplikate sind, sollten solche Austauschereignisse keine Auswirkungen haben, außer sie erfolgen → asymmetrisch. Eine erhöhte Häufigkeit dieser Ereignisse ist jedoch ein Anzeichen für eine Schädigung der DNA.

Autosom: jedes Chromosom, das kein Geschlechtschromosom (X oder Y) ist.

Autozygotie: → Homozygotie abstammungsidentischer Allele bei einem Menschen aufgrund von Inzucht.

Autozygotiekartierung: geeignet für autosomal-rezessive Krankheiten. Inzuchtverwandtschaftsgruppen werden auf Loci getestet, die bei allen Erkrankten für dasselbe Allel autozygot sind (Abb. 13.8).

BAC (***bacterial artificial chromosome***; **künstliches Bakterienchromosom**)**:** ein rekombinantes Plasmid, mit dem Insertionsfragmente von einer Länge bis zu 300 kb in Bakterienzellen vermehrt werden können (Abschnitt 5.4.3).

Basenkomplementarität: siehe Exkurs 6.3.

Bayes-Statistik: ein Gebiet der Statistik, das zu einem großen Teil die Grundlage für die Abschätzung genetischer Risiken bildet (Exkurs 18.4; Abb. 18.15).

Begrenzungselemente (***boundary elements***)**:** Sequenzen, die die Grenzen von koordiniert regulierten Chromatindomänen in den Chromosomen festlegen (Exkurs 10.2).

Bestrahlungshybridzelle: eine Nagetierzelle, die für die physikalischen Kartierung des menschlichen Genoms zahlreiche kurze Fragmente von menschlichen Chromosomen enthält; wird durch die Fusion mit einer letal bestrahlten menschlichen Zelle erzeugt. Bestrahlungshybridzellen ermöglichen eine schnelle Kartierung von STS-Markern (Abb. 10.4).

Biometrie: statistische Untersuchung quantitativer Merkmale.

Bisulfitsequenzierung: ein Verfahren, um DNA-Methylierungsmuster zu bestimmen (Abschnitt 18.3.6).

Bivalent: viersträngige Struktur, die in der Prophase I der Meiose zu beobachten ist; besteht aus zwei homologen Chromosomen, die eine Synapse bilden (Abb. 2.11).

BLAST: Programme, mit denen man Sequenzdatenbanken nach Übereinstimmungen mit einer Abfragesequenz durchsuchen kann (Exkurs 7.3).

Blastocyste: ein sehr frühes Stadium in der Embryonalentwicklung, wenn der Embryo aus einer Hohlkugel von Zellen besteht, in deren Inneren sich das Blastocoel als flüssigkeitsgefülltes Kompartiment befindet.

Bootstrap-Methode: ein statistisches Verfahren, mit dem sich die Richtigkeit von Evolutionsstammbäumen überprüfen lässt, die aufgrund vergleichender Sequenzanalysen erstellt wurden. Bei diesem Verfahren ersetzt man in einer Reihe von Zyklen jedes Mal einige der ursprünglichen Sequenzdaten durch zufällige untergeordnete Stichproben aus den ursprünglichen Daten und berechnet die Wahrscheinlichkeit neu, ob der ursprüngliche Baum korrekt ist (Abb. 12.18).

***branch site*:** eine nur ungenau definierte Sequenz für die Weiterverarbeitung von mRNA (Consensussequenz CTRAY; R, Purin; Y, Pyrimidin), die etwa 10 bis 50 Nucleotide stromaufwärts der Spleißakzeptorstelle liegt; enthält das Adenosin, an dem die Lariatzwischenstufe der Spleißreaktion gebildet wird (Abb. 1.15).

C-Wert-Paradoxon: das Fehlen einer direkten Beziehung zwischen dem DNA-Gehalt in den Zellen eines Lebewesens (dem C-Wert) und der Komplexität des Lebewesens.

Cap: eine spezielle chemische Gruppe, die in den Zellen als Blockierung an das 5'-Ende der mRNA angehängt wird (Abb. 1.17).

cDNA (komplementäre DNA): DNA, die durch die Reverse Transkriptase mit einer mRNA als Matrize synthetisiert wird, entweder im Experiment (Abb. 4.8, 6.5) oder *in vivo* (Abb. 7.13, 14.18).

cDNA-Selektion: ein Verfahren, das auf einer Hybridisierung zur Identifizierung genomischer Klone beruht, für die es in einer cDNA-Bibliothek entsprechende Gegenstücke gibt (Abb. 7.11).

centiMorgan (cM): Einheit des genetischen Abstands. Loci, die 1 cM auseinander liegen, rekombinieren in der Meiose mit einer Wahrscheinlichkeit von einem Prozent. In Abbildung 13.4 ist die Beziehung zwischen genetischen und physikalischen Karten dargestellt.

centiRay (cR): siehe Exkurs 8.1.

Centromer: primäre Einschnürung eines Chromosoms, die den kurzen Arm vom langen Arm trennt, und die Stelle, an der die Spindelfaser befestigt wird, um die Chromatiden bei der Zellteilung auseinander zu ziehen (Abschnitt 2.3.2).

CEPH-Familien: eine Gruppe von Familien, die vom Centre d'Etude du Polymorphisme Humain in Paris zusammengestellt wurde, um die Anfertigung von Markerrahmenkarten zu unterstützen.

chemische Spaltung von Fehlpaarungen (*chemical cleavage of mismatches*, CCM): ein Verfahren, um DNA-Fragmente in der Größenordnung von Kilobasen auf Mutationen zu testen (Tabelle 18.2 ; Abb. 18.4B).

Chiasma (Plural: Chiasmata): physikalische Manifestation der meiotischen Rekombination, wie sie unter dem Mikroskop erkennbar ist (Abb. 13.3).

Chimäre: ein Lebewesen, das aus mehr als einer Zygote hervorgeht (Abb. 4.10).

Chordata: siehe Exkurs 12.5.

Chorion: eine der vier extraembryonalen Membranen bei Säugern (Exkurs 3.8).

Chromatid: Vom Ende der S-Phase des Zellzyklus (Abb. 2.1) bis zur Anaphase der Zellteilung bestehen die Chromosomen aus zwei Schwesterchromatiden. Jedes enthält eine vollständige Doppelhelix und jedes ist eine genaue Kopie des anderen.

Chromatinfaser: superspiralisierte Helix aus DNA und Histonen mit einer Dicke von 30 nm, die vermutlich die Grundstruktur des Chromatins bildet (Abb. 2.3).

Chromosomeneinfärbung (*chromosome painting*): Fluoreszenzmarkierung eines ganzen Chromosoms durch die → FISH-Methode, bei der die Sonde aus einer Mischung verschiedener DNA-Sequenzen eines einzigen Chromosoms besteht.

Chromosomenwanderung (*chromosome walking*): Isolierung von Sequenzen, die sich im Chromosom an einen bereits charakterisierten Klon anschließen, indem man Genombibliotheken nach Klonen durchsucht, die mit dem bekannten Klon teilweise überlappen.

***cis*-Aktivität (eines regulatorischen Faktors):** Aktivitätskontrolle eines Gens, das auf demselben DNA-Molekül oder Chromosom wie der regulatorische Faktor liegt. Zum Vergleich: die → *trans*-aktiven regulatorischen Faktoren, die ihre Zielsequenzen unabhängig von der chromosomalen Position kontrollieren können.

codierende DNA: DNA, die die Aminosäuresequenz eines Polypeptids codiert (oder auch einer funktionellen reifen RNA, die selbst kein Polypeptid spezifiziert).

Codon: ein Nucleotidtriplett (im engeren Sinn nur in mRNA, etwas weiter gefasst auch in codierender DNA), die eine Aminosäure oder ein Stoppsignal für die Translation codiert.

Contig: eine Liste oder eine grafische Darstellung, die die Reihenfolge von klonierten überlappenden Fragmenten angibt, die insgesamt wiederum die Sequenz eines ursprünglich ununterbrochenen DNA-Stranges umfassen.

***contiguous-gene*-Syndrom:** ein Syndrom, das durch die Deletion einer kontinuierlichen Gruppe von Genen (eine abschnittsweise Aneuploidie) verursacht wird, wobei mehrere Gene aufgrund ihres Fehlens zum Phänotyp beitragen (Abschnitt 16.8.1).

CpG-Dinucleotid: Die Sequenz 5'-CG-3' in einem längeren DNA-Molekül. CpG-Dinucleotide sind das Ziel eines spezifischen → DNA-Methylierungssystems bei Säugern, das für die Kontrolle der Genexpression von Bedeutung ist.

CpG-Insel: kurzer DNA-Abschnitt, häufig kürzer als 1 kb, in dem nichtmethylierte CpG-Dinucleotide häufig vorkommen (Exkurs 9.3).

Cre-*lox*P-System: ein Verfahren für die Erzeugung definierter chromosomaler Deletionen. *Cre* (*creates recombination*) ist ein Gen des Bakteriophagen P1, dessen Produkt die Rekombination zwischen *lox*P-Sequenzen katalysiert (Abb. 20.10, 20.11).

Cytoskelett: ein Gerüst aus Proteinfilamenten im Zellinneren, das grundlegende Funktionen für die Regulation der Zellform, die Zellbewegung und den intrazellulären Transport besitzt (Exkurs 3.2).

degenerierte Oligonucleotide: eine Reihe von Oligonucleotiden, die parallel synthetisiert werden, wobei an bestimmten Positionen jeweils unterschiedliche Nucleotide eingebaut werden. Wenn man sie als Hybridisierungssonden verwendet, können sie mit einer Familie von Sequenzen hybridisieren; oder bei Verwendung als PCR-Primer lassen sich so verschiedene Sequenzen amplifizieren.

Denaturierung von Nucleinsäuren: Dissoziation komplementärer Stränge zu einzelsträngiger DNA und/oder RNA.

Deuterostomata: siehe Exkurs 12.5.

DGGE (denaturierende Gradientengelelektrophorese): ein Verfahren, um Mutationen durch die Elektrophorese von PCR-Produkten nachzuweisen, wobei die Gele einen Gradienten einer denaturierenden Substanz enthalten (Abb. 18.3B).

dHPLC (denaturierende Hochdruckflüssigkeitschromatographie): ein Verfahren, um Mutationen aufgrund der Eigenschaften von → Heteroduplices nachzuweisen, gekennzeichnet durch große

Empfindlichkeit und hohen Durchsatz (Abb. 18.4).

dichotomes Merkmal: beispielsweise Polydaktylie, die bei einigen Menschen vorkommt, bei anderen jedoch nicht – im Gegensatz zu einem kontinuierlichen Merkmal, das jeder Mensch besitzt, aber in unterschiedlicher Ausformung.

differenzielle Display-PCR: siehe Exkurs 5.1.

Differenzierung: Prozess, bei dem Zellen sich spezialisieren und dazu veranlasst werden, ausdifferenzierte spezifische Zelltypen zu bilden.

diploid: wenn von jedem Chromosomentyp zwei Kopien vorhanden sind; normale Ausstattung bei den meisten somatischen Zellen des Menschen.

distal (bei Chromosomen): eine Position in größerem Abstand vom Centromer.

DNA-Bibliothek: siehe Exkurs 8.1.

DNA-Chip: siehe → Mikroarray.

DNA-Fingerabdruck (DNA-*fingerprinting*): eine obsolet gewordene Methode zur Identifizierung einer Person für juristische oder gerichtsmedizinische Zwecke, bei der ein Southern-Blot mit einer hypervariablen Minisatellitensonde getestet wird (Abb. 18.19).

DNA-Marker: siehe → Marker (genetisch).

DNA-Methylierung: Bei menschlicher DNA handelt es sich dabei fast immer um die Umwandlung eines Cytosins (normalerweise in einem → CpG-Dinucleotid) zu 5-Methylcytosin.

DNA-Profile dienen dazu, mithilfe von Genotypen aus einer Reihe polymorpher Loci, eine Person zu identifizieren, im Allgemeinen für juristische oder gerichtsmedizinische Zwecke (Abschnitt 18.7).

DNA-Wiederholung: siehe → repetitive DNA.

DNase I-überempfindliche Stellen: Chromatinbereiche, die durch DNase I schnell abgebaut werden. vermutlich handelt es sich um wichtige Kontrollsequenzen mit großer Reichweite (Abschnitt 10.5.2).

dominant: in der Humangenetik jedes Merkmal, das bei Heterozygotie exprimiert wird (siehe auch → semi-dominant).

dominant negativ (antimorph): ein mutiertes Gen, dessen Produkt bei Heterozygotie die Funktion des Wildtypgenprodukts hemmen kann (zum Beispiel Abb. 16.4)

Doppelhybridsystem: siehe → Hefe-Doppelhybrid-System.

Dosisempfindlichkeit: Eigenschaft eines Gens, bei dem eine Veränderung der Kopienzahl einen anomalen Phänotyp verursacht.

Dosiskompensation: Jedes System, das die Menge des Produkts konstant hält, das von den in unterschiedlicher Anzahl vorhandenen Genen produziert wird. Bei Säugern betrifft dies den Mechanismus zur Inaktivierung des X-Chromosoms, durch die die Mengen der X-codierten Genprodukte bei XX- und XY-Zellen auf gleichem Niveau gehalten werden (Abb. 10.26).

duplikative (oder **replikative**) **Transposition:** Transposition der Kopie einer DNA-Sequenz, bei der die ursprüngliche Sequenz an ihrem Platz bleibt.

dynamische Mutation: eine instabile verlängerte Wiederholungssequenz, die bei Eltern und Kind eine unterschiedliche Größe aufweist (Abschnitt 16.6.4).

eigenschaftenidentisch (*identity by state*): Allele, die identisch erscheinen, aber möglicherweise nicht → abstammungsidentisch sind, da es keinen ermittelbaren gemeinsamen Ursprung gibt (Abb. 15.2).

Ein-Gen-ein-Enzym-Hypothese: Die Hypothese, die von Beadle und Tatum 1941 vorgestellt wurde. Sie besagt, dass die primäre Aktivität jedes Gens darin besteht, die Struktur eines Enzyms festzulegen; historisch von großer Bedeutung, ist heute aber nur als Teilaspekt aller Genfunktionen zu betrachten.

Ektoderm: eines der drei Keimblätter des Embryos. Es wird während der → Gastrulation von Zellen des → Epiblast gebildet (Abb. 3.15); das Nervensystem und die äußeren Epithelien gehen daraus hervor (Exkurs 3.5).

Elektroporation: ein Verfahren für die DNA-Übertragung auf Zellen *in vitro* mithilfe eines kurzen Hochspannungsimpulses.

embryonale Stammzellen: siehe → ES-Zellen.

empirische Risiken: Risiken, die aufgrund erhobener Daten berechnet werden und nicht aufgrund der genetischen Theorie. Die genetische Beratung bei den meisten nichtmendelnden Krankheiten beruht auf empirischen Risiken (Abschnitt 4.4.4).

Endoderm: eines der drei Keimblätter des Embryos. Es wird während der → Gastrulation von Zellen gebildet, die aus der → Epiblastschicht auswandern (Abb. 3.15). Die Abkömmlinge des embryonalen Endoderms sind in Exkurs 3.5 aufgeführt.

Enhancer: eine Kombination kurzer Sequenzelemente, die die Transkription eines Gens stimulieren und deren Funktion nicht entscheidend davon abhängt, an welcher Position sie sich befinden oder in welcher Orientierung sie vorliegen (Exkurs 10.2).

Enhancer-Trap-Methode: ein Verfahren für die Identifizierung von Enhancer-Sequenzen in einem Organismus, gelegentlich auch von stark exprimierten Genen.

Epiblast: die Zellschicht im Embryo vor der → Gastrulation, aus der die drei Keimblätter des eigentlichen Embryos hervorgehen sowie das extraembryonale Ektoderm und Mesoderm (zum Vergleich: → Hypoblast).

epigenetisch: vererbbar (von der ursprünglichen Zelle zur Tochterzelle, manchmal auch von den Eltern auf das Kind), aber nicht aufgrund einer Veränderung der DNA-Sequenz. Die → DNA-Methylierung ist der epigenetische Mechanismus, von dem am meisten bekannt ist.

Episom: jede DNA-Sequenz, die in einer Zelle als autonomes extrachromosomales Element existieren kann; wird häufig als Bezeichnung für selbstreplizierende extrachromsomale DNA verwendet.

Epitop: Teil eines Antigens, mit dem ein bestimmter Antikörper reagiert.

Ermittlung von Vererbungslinien (*gene tracking*): die Vorhersage von Genotypen in Stammbäumen mithilfe gekoppelter Marker, um ein chromosomales Segment zu verfolgen; wird manchmal auch als „indirekter Test" bezeichnet (Exkurs 18.3).

ES-Zellen (embryonale Stammzellen): nichtdifferenzierte → pluripotente Zellen, die aus einem Embryo stammen. Ein wichtiges Hilfsmittel für künstliche genetische Veränderungen (Abschnitt 3.4.5; Abb. 21.1, 20.3).

EST (*expressed sequence tag*, exprimierter Sequenzmarker): siehe Exkurs 8.1.

Euchromatin: Teil des Zellkerngenoms, der die DNA enthält, die aktiv transkribiert wird und der im Gegensatz zum → Heterochromatin eine relativ ausgestreckte Konformation annimmt.

Eugenik: die „Verbesserung" einer Population durch selektive Vermehrung der „besten" Typen (positive Eugenik) oder durch Ausschluss der „unerwünschten" Typen von der Vermehrung (negative Eugenik).

Euploidie: Zustand, wenn einer oder mehrere vollständige Chromosomensätze vorhanden sind, ohne dass ein Chromosom zu viel oder zu wenig vorhanden ist; das Gegenteil von Aneuploidie.

Exon: ein Abschnitt eines Gens, der im reifen mRNA-Produkt vorkommt. Einzelne Exons können codierende und/oder nichtcodierende DNA (untranslatierte Regionen) enthalten (Abb. 1.14, 1.19).

Exonisolierung, gezielte (*exon trapping*): ein Verfahren für die Identifizierung von Sequenzen in einer klonierten DNA, die an Exons in einem speziellen Vektor gespleißt werden können (Abb. 7.10).

Expressionsbibliothek: eine Bibliothek von cDNAs, die einem Vektor kloniert wurden, der eine Expression ermöglicht (Abschnitt 5.6).

Expressionsprofil: Darstellung der mRNA-Mengen für das gesamte Genom; wird im Allgemeinen mithilfe einer Mikroarrayanalyse mit zellulärer Gesamt-cDNA bestimmt (Abb. 17.18; 19.8) → SAGE.

extrazelluläre Matrix: eine netzwerkartige Substanz, die im Extrazellularraum und in Assoziation mit der Basalmembran der Zelloberfläche vorkommt. Die Matrix bildet ein Gerüst, an das sich Zellen anheften können, und unterstützt die zelluläre Proliferation.

Faltungselemente: Module dreidimensionaler Proteinstrukturen. Die meisten Proteinstrukturen sind aus einem begrenzten Repertoire von Faltungselement aufgebaut, die in vielen Proteinen vorkommen (Abschnitt 19.4.4).

Fitness: siehe → Leistungsvermögen.

Fluoreszenz-*in situ*-Hybridisierung (FISH): → *in situ*-Hybridisierung mit einer fluoreszenzmarkierten DNA- oder RNA-Sonde. Eine wichtige Methode in der modernen molekularen Genetik (Abb. 2.17, 2.18).

Folgestrang (*lagging strand*): bei der DNA-Replikation der Strang, der über Okazaki-Fragmente synthetisiert wird (Abb. 1.9).

***frameshift*-Mutation:** eine Mutation, die das normale Translationsleseraster einer mRNA verschiebt, indem eine Anzahl von Basen, die nicht durch drei teilbar ist, eingefügt oder deletiert wird.

funktionelle Genomik: Umfassende Analyse der Genfunktion durch parallel durchgeführte Analysen der Genexpression/Genfunktion für eine große Zahl von Genen beziehungsweise sogar alle Gene eines Genoms.

Fusionsgen (Hybridgen): ein Gen, das die codierende Sequenz zweier verschiedener Gene enthält und normalerweise durch ein ungleiches Crossing-over (Abb. 9.17) oder eine chromosomale Translokation entsteht (Abb. 18.7A).

Fusionsprotein: Produkt eines natürlichen oder künstlich erzeugten → Fusionsgens; eine einzige Polypeptidkette, die Aminosäuresequenzen enthält, die aus zwei oder mehreren verschiedenen Polypeptiden stammen (Exkurs 20.2).

Gastrulation: ein hochdynamischer Prozess, bei dem der zweischichtige Prägastrulationsembryo (der aus → Epiblast und → Hypoblast besteht) zu einem Embryo mit drei Keimblättern (→ Ektoderm, → Mesoderm und → Endoderm) umgeformt wird.

Genaustausch: Gentherapie durch den Austausch eines fehlerhaften endogenen Gens durch das funktionsfähige Gen (Abb. 21.4).

***gene tracking*:** siehe → Ermittlung von Vererbungslinien.

Gene-Trap-Methode: ein Verfahren für die Selektion von *Transgen*insertionen, die in einem Gen erfolgt sind.

genetische Verbesserung (*genetic enhancement*): mögliche Anwendung der molekularen Gentechnik, um einen normalen menschlichen Phänotyp auf eine Weise zu verändern, die man als vorteilhaft erachtet (Ethik-Exkurs 3 in Kapitel 21).

genetische Karte: Exkurs 8.1.

genetische Redundanz: parallele Ausführung derselben Funktion durch Gene an mehr als nur einem Locus, sodass Funktionsverlustmutationen an einem Locus nicht zu einem Verlust der gesamten Funktion führen.

genetischer Abstand: Abstand auf einer genetischen Karte, der durch Rekombinationshäufigkeiten und die → Kartierungsfunktion ermittelt wird; Maßeinheit ist CentiMorgan (Abschnitt 13.1).

Genhäufigkeit: der Anteil des fraglichen Allels aller Allele an einem Locus (Abschnitt 4.5). Tatsächlich ist damit eigentlich die Allelhäufigkeit gemeint, aber der Begriff der Genhäufigkeit hat sich schon zu sehr etabliert, um sich jetzt noch an einen anderen Begriff zu gewöhnen.

Genkonversion: ein natürlich auftretender nichtreziproker genetischer Austausch, bei dem die Sequenz eines DNA-Stranges verändert wird, sodass sie mit der Sequenz eines anderen DNA-Stranges identisch ist (Abb. 11.10).

Genom: der gesamte Satz von *verschiedenen* DNA-Molekülen eines Organells, einer Zelle oder eines Organismus. Das menschliche Genom besteht aus 25 verschiedenen DNA-Molekülen, also aus dem mitochondrialen DNA-Molekül und 24 verschiedenen chromosomalen DNA-Molekülen (zum Vergleich: → Transkriptom, → Proteom).

Genom-Browser: ein Programm mit einer grafischen Oberfläche für die Suche in Genomdatenbanken (Abschnitt 8.3.6).

Genotyp: die genetische Ausstattung eines Individuums, entweder insgesamt oder an einem bestimmten Locus.

Gensupplementation (oder **Genverstärkung**): Gentherapie durch Einführen eines funktionsfähigen Gens in die Zellen eines Patienten, ohne eines der endogenen Gene künstlich zu verändern; geeignet zur Korrektur von Funktionsverlustphänotypen (Abb. 21.4).

Genveränderung, gezielte (*gene targeting*): gezielte Veränderung eines Gens in einer Zelle oder im Organismus (Abb. 20.7, 20.8, 20.10).

Gesamtgenomamplifizierung: ein PCR-Verfahren mit stark degenerierten Primern, mit denen sich eine sehr große Zahl von zufälligen Sequenzen amplifizieren lassen, die über das gesamte Genom verteilt sind. So kann man die DNA aus einer einzigen Zelle testen, beispielsweise bei der Typisierung von Spermien (Abschnitt 11.5.4).

Geschwisterpaaranalyse: siehe → Analyse von erkrankten Geschwisterpaaren.

glatte Enden (*blunt ends*): wenn an den Enden eines DNA-Fragments keine einzelsträngigen Überhänge vorhanden sind.

Gründereffekt: wenn ein bestimmtes Allel in einer Population sehr häufig vorkommt, da die Population aus einer kleinen Gruppe von Gründern hervorgegangen ist, von denen einer oder mehrere das Allel tragen.

haploid: Bezeichnung einer Zelle (typisches Beispiel ist eine Gametenzelle), die von jedem Chromosom nur eine einzige Kopie besitzt (beispielsweise die 23 Chromosomen in menschlichen Spermien und Eizellen).

Haploinsuffizienz: Ein Locus zeigt Haploinsuffizienz, wenn für das Entstehen eines normalen Phänotyps eine größere Menge eines Genprodukts erforderlich ist, als eine einzige Kopie herstellen kann (Abschnitt 16.4.2; Tab. 16.2).

Haplotyp: eine Reihe von Allelen an gekoppelten Loci auf einem einzigen Chromosom.

Haplotyp-Block: eine bestimmte Variante eines größeren polymorphen chromosomalen DNA-Abschnitts (normalerweise 10 bis 100 kb), der bei vielen Mitgliedern einer Population vorkommt und vermutlich eine ursprüngliche Variante darstellt (Exkurs 12.6; Abschnitt 15.4.3).

Hardy-Weinberg-Verteilung: die einfache Beziehung zwischen Genhäufigkeiten und Genotyphäufigkeiten, die unter bestimmten Bedingungen in einer Population auftritt (Abschnitt 4.5).

Hefe-Doppelhybrid-System: ein wichtiges System für die Identifizierung und Reinigung von Proteinen, die an ein untersuchtes Protein binden (Abb. 19.18).

hemizygot: wenn von einem Gen oder einer DNA-Sequenz in diploiden Zellen nur eine einzige Kopie vorhanden ist. Männer sind für die meisten Gene auf den Geschlechtschromosomen hemizygot. Deletionen in einem Autosom führen bei Männern und Frauen zur Hemizygotie.

Heterochromatin: eine chromosomale Region, die während des gesamten Zellzyklus stark kondensiert bleibt und nur geringe oder gar keine Anzeichen einer aktiven Genexpression zeigt. Das konstitutive Heterochromatin befindet sich an den Centromeren und in einigen anderen Bereichen (Abb. 2.15).

Heteroduplex: doppelsträngige DNA mit Fehlpaarungen zwischen den beiden Strängen; wichtig für den Nachweis von Mutationen (Abschnitt 18.3.2).

Heteroplasmie: Mosaik von Varianten der mitochondrialen DNA, das normalerweise innerhalb einer Zelle auftritt (Abschnitte 4.2.5, 11.4.2).

heterozygot: Ein Lebewesen ist heterozygot, wenn es an einem bestimmten Locus des Genoms zwei unterschiedliche Allele besitzt.

heterozygoter Vorteil: die Situation, wenn jemand, der für eine Mutation heterozygot ist, dadurch gegenüber beiden homozygoten Formen einen Vorteil bei der Fortpflanzung hat. Das Phänomen wird manchmal auch als Überdominanz bezeichnet. Der heterozygote Vorteil ist die Ursache dafür, dass mehrere schwere rezessive Krankheiten weiterhin häufig vorkommen (Exkurs 4.8).

homologe Chromosomen: die beiden Kopien eines Chromosoms in einer diploiden Zelle. Im Gegensatz zu Schwesterchromatiden sind homologe Chromosomen keine identischen Kopien, eines stammt vom Vater, eines von der Mutter.

homologe Gene: zwei oder mehr Gene, deren Sequenzen eindeutig miteinander verwandt sind, weil sie in der Evolution einander nahe stehen, entweder zwischen den Spezies (→ orthologe Gene) oder innerhalb einer Spezies (→ paraloge Gene).

Homoplasmie: wenn alle Kopien der mitochondrialen DNA identisch sind (zum Vergleich: → Heteroplasmie).

homozygot: Ein Lebewesen ist homozygot, wenn es an einem bestimmten Locus zwei identische Alle besitzt. Im klinischen Zusammenhang wird eine Person häufig als AA-homozygot bezeichnet, wenn sie zwei normal funktionierende Allele besitzt, oder als aa-homozygot, wenn an einem Locus zwei pathogene Allele vorkommen, unabhängig davon, ob die Allele auf der Ebene der DNA-Sequenz tatsächlich vollkommen identisch sind. Die Homozygotie von Allelen, die → abstammungsidentisch sind, bezeichnet man als → Autozygotie.

Hot-Spot: eine Sequenz, die mit anomaler Häufigkeit rekombiniert oder mutiert wird.

***Hox*-Gene:** eine Untergruppe der Homöoboxgene, die in Clustern angeordnet sind und bei der anterior-posterioren Musterbildung eine wichtige Rolle spielen (Abb. 3.10, 3.12).

Hybridzellenkohorte: eine Sammlung → somatischer Hybridzellen oder → Bestrahlungshybridzellen, die für eine physikalische Kartierung verwendet werden.

hypermorph: Bezeichnung für ein Allel, das ein Produkt mit erhöhter Aktivität oder in größerer Menge produziert.

Hypoblast: eine Schicht von Zellen im Embryo vor der Gastrulation, aus der das extraembryonale Endoderm hervorgeht.

hypomorph: Bezeichnung für ein Allel, das ein Produkt mit geringerer Aktivität oder in geringerer Menge produziert.

***identity by descent*:** siehe → abstammungsidentisch.

***identity by state*:** siehe → eigenschaftenidentisch.

***in situ*-Hybridisierung:** eine Form der molekularen Hybridisierung, bei der die Zielnucleinsäure als denaturierte DNA in Chromosomenpräparaten (**Chromosomen-*in situ*-Hybridisierung**) oder als RNA in Zellen in Gewebeschnitten vorliegt (**Gewebe-*in situ*-Hybridisierung**; Abb. 6.15), die auf einem Mikroskopobjektträger befestigt sind; bei ganzen Embryonen ist auch eine ***in situ*-Gesamthybridisierung** möglich (Abb. 7.15).

induzierbarer Promotor: ein Promotor, dessen Aktivität durch einen äußeren Faktor an- oder abgeschaltet werden kann (Abb. 20.5A).

informative Meiose: Bei einer Kopplungsanalyse ist eine Meiose informativ, wenn die Genotypen im Stammbaum eine Entscheidung darüber ermöglichen, ob die Meiose (für ein bestimmtes Paar von Loci) rekombinant ist oder nicht (Exkurs 13.2).

innere Zellmasse: eine Gruppe von Zellen innerhalb der Blastocyste, aus denen der eigentliche Embryo hervorgeht (Abb. 13.3).

Insertionsmutagenese: die Mutation eines Gens (im Allgemeinen die Zerstörung seiner Funktion) durch Einfügen einer nichtverwandten DNA-Sequenz in ein Gen.

Interferenz: die Tendenz, dass bei der Meiose ein Crossing-over ein weiteres in derselben Chromosomenregion verhindert (Abschnitt 13.1.3).

Interphase: die gesamte Zeit während des Zellzyklus, in der sich eine Zelle nicht teilt.

Intron: nichtcodierende DNA, die in einem Gen benachbarte Exons voneinander trennt. Bei der Genexpression werden die Introns mit transkribiert, aber dann durch den Spleißvorgang aus der Prä-mRNA herausgeschnitten (Abb. 1.14). Sie lassen sich anhand des Spleißmechanismus (Exkurs 12.1) oder (wenn sie codierende DNA-Sequenzen trennen) gemäß ihrer genauen Position innerhalb der Codons unterscheiden (→ Intronphase) (Exkurs 12.2).

Intronphase: ein Begriff, um Introns in codierenden Sequenzen entsprechend ihrer Position zu unterscheiden, an der sie den Code unterbrechen (Exkurs 12.2).

Inzucht: Heirat unter Blutsverwandten. Der Begriff ist relativ, da letztendlich alle Menschen miteinander verwandt sind. Der → Inzuchtkoeffizient ist der Anteil der → abstammungsidentischen Gene bei einem Menschen.

Isochromosom: ein anomal symmetrisches Chromosom, das aus zwei identischen Armen besteht, die im Allgemeinen entweder beide dem kurzen oder dem langen Arm eines normalen Chromosoms entsprechen.

Isoformen/Isozyme: alternative Formen eines Proteins beispielsweise Enzyms.

isogen: zwei oder mehr Lebewesen oder Zellen mit identischen Genotypen. So sind beispielsweise verschiedene Mäuse, die zu einem bestimmten Inzuchtstamm gehören (etwa C57B10/J), isogen.

Kandidatengen: ein Gen an der passenden chromosomalen Position, von dem anzunehmen ist, dass es sich um das Krankheitsgen handelt; wichtig bei der Positionsklonierung; die Vermutung kann durch die Suche nach Mutationen bei Patienten überprüft werden.

Kartierungsfunktion: eine mathematische Gleichung, die die Beziehung zwischen der Rekombinationshäufigkeit und dem → genetischen Abstand beschreibt. Die Kartierungsfunktion hängt davon ab, bis zu welchem Ausmaß der Effekt der → Interferenz eng nebeneinander liegende Doppelrekombinationen verhindert (Abschnitt 13.1.3).

Karyotyp: Im engeren Sinn ist das die Bezeichnung für eine Zusammenfassung der chromosomalen Ausstattung einer Zelle oder einer Person, etwa 46,XY. Bei weiterer Auslegung bezeichnet man damit auch die Darstellung der Chromosomen aus einer Zelle, die in einer bestimmten Reihenfolge paarweise angeordnet sind (beispielsweise in Abbildung 2.14).

Keimbahn: Keimzellen und Zellen, aus denen sie hervorgehen. Die übrigen Zellen des Körpers bilden das → Soma.

Keimbahnmosaik (auch **gonadales** oder **gonosomales Mosaik**): ein Mensch, bei dem ein Teil der Keimbahnzellen eine Mutation trägt, die in anderen Keimbahnzellen nicht vorkommt (Abb. 4.9).

Keimzellen (oder **Gameten**): Spermien und Eizellen.

Klon: siehe Exkurs 8.1.

Knock-down: gezielte Hemmung der Expression eines Gens durch eine spezifische → Antisense-RNA oder → siRNA, um RNA-Transkripte zu binden.

Knock-in-Mutation: eine gezielte Mutation, durch die die Aktivität eines Gens gegen die Aktivität eines eingeschleusten Gens (im Allgemeinen ein Allel) ausgetauscht wird (Abb. 20.14).

Knock-out-Mutation: die gezielte Inaktivierung eines Gens in einer intakten Zelle.

Koaleszenzzeit: in der Populationsgenetik die Anzahl der Generationen, die bis zum jüngsten gemeinsamen Vorfahren zurückreichen (Exkurs 12.6).

kohäsive („klebrige") Enden: kurze einzelsträngige Fortsätze eines doppelsträngigen DNA-Moleküls, die normalerweise durch die Fragmentierung mit bestimmten Restriktionsenzymen entstehen. Moleküle mit komplmentären kohäsiven Enden können assoziieren und dann mithilfe einer → DNA-Ligase kovalent zu einem rekombinierten DNA-Molekül verknüpft werden (Abb. 4.3, 4.4).

komplementäre Stränge: Zwei Nucleinsäurestränge bezeichnet man in der Sequenz als komplementär, wenn sie genügend Basenpaare bilden können, damit eine stabile Doppelstrangstruktur entsteht.

Komplementation: Zwei Allele komplementieren sich gegenseitig, wenn sie zusammen den Wildtypphänotyp wieder herstellen (Exkurs 4.2), was normalerweise nur dann funktioniert, wenn sie sich an verschiedenen Loci befinden; es gibt jedoch auch gelegentliche Fälle von interalleler Komplementation an einem Locus.

Komplexität: Die Komplexität eines Genoms ist die Gesamtlänge oder der Anteil an Sequenzen, die nur einmal vorkommen. Sequenzen von geringer Komplexität kommen im Genom oder in einer Probe häufig vor.

komponentenheterozygot: Mensch mit zwei verschiedenen mutierten Allelen an einem Locus.

konditionelle Inaktivierung (konditionelles Knock-out): eine gentechnisch erzeugte Mutation, die unter bestimmten Bedingungen (etwa bei erhöhter Temperatur) oder in bestimmten Zellen (aber in anderen nicht) zu einem Verlust der Genfunktion führt (Abschnitt 20.2.6).

konservative Substitution: eine Mutation, durch die ein Codon gegen ein anderes ausgetauscht wird, das eine andere Aminosäure codiert, wobei die beiden Aminosäuren ähnliche chemische Eigenschaften besitzen.

Konservierung der Syntänie: Wenn die genetischen Karten zweier Spezies verglichen werden, bezeichnet man die Syntänie als konserviert, wenn bei beiden Spezies zwei oder mehr Loci jeweils auf einem einzigen Chromosom liegen.

konstitutionell: ein Genotyp, eine Anomalie oder eine Mutation, die bereits in der befruchteten Eizelle vorhanden war, und daher im Gegensatz zu einer somatischen Mutation in allen Zellen eines Menschen vorkommt.

konstitutive Expression: ein Zustand, in dem ein Gen dauerhaft aktiv ist. Mutationen, die zu einer unpassenden konstitutiven Expression führen, sind häufig pathogen.

kontinuierliches Merkmal: ein Merkmal wie Körpergröße, das jeder Mensch besitzt, aber in unterschiedlicher Ausformung. Davon unterscheidet sich ein → dichotomes Merkmal wie Polydaktylie, das bei einigen Menschen vorkommt, bei anderen nicht.

Kopplung: die Tendenz, dass Merkmale (Phänotypen, Markerallele und so weiter) in einem Stammbaum gemeinsam segregieren, da ihre Determinanten auf einem bestimmten Chromosom eng nebeneinander liegen.

Kopplungsungleichgewicht (***linkage disequilibrium***): statistische Assoziation zwischen bestimmten Allelen an getrennten, aber gekoppelten Loci; kommt im Allgemeinen dadurch zustande, dass in der untersuchten Population ein bestimmter ursprünglicher → Haplotyp häufig vorkommt; ein wichtiges

Hilfsmittel für die Erstellung hoch aufgelöster Karten (Abb. 13.10, 15.6; Exkurs 15.2).

Korrektur einer Trisomie: Ein Embryo mit einer Trisomie kann überleben, wenn eine zufällige Nichttrennung von Chromosomen während der Mitose dazu führt, dass eine disomale Zelle entsteht. Kann zu einer → uniparentalen Disomie führen.

Korrekturlesefunktion (*proofreading*): ein enzymatischer Mechanismus, durch den Fehler bei der DNA-Replikation erkannt und korrigiert werden.

kryptische Spleißstelle: eine Sequenz in einer Prä-mRNA mit einer gewissen Homologie zu einer Spleißstelle. Kryptische Spleißstellen können verwendet werden, wenn die Spleißreaktion gestört wird, oder nach einer Basensubstitution, durch die die kryptische Spleißstelle einer normalen noch ähnlicher wird (Abb. 11.12, 11.13).

Leitstrang (*leading strand*): bei der DNA-Replikation der Strang, der kontinuierlich synthetisiert wird (Abb. 1.9).

Ligation: Bildung einer 3'-5'-Phosphodiesterbindung zwischen den Nucleotiden an den Enden von zwei Molekülen (→ intermolekulare Ligation) oder an den beiden Enden desselben Moleküls (→ intramolekulare Ligation, → Zyklisierung).

LINE (*long interspersed nuclear element*; langes verstreutes Kernelement): eine Klasse von DNA-Wiederholungssequenzen, die etwa 20 % des menschlichen Genoms ausmachen (Tab. 9.15). Einige sind aktive transponierbare Elemente (Abb. 9.17, 9.18).

Leistungsvermögen (Fitness *f*): in der Populationsgenetik ein Maß für den Erfolg, Genotypen an die nächste Generation weiterzugeben. Man spricht dabei auch von biologischem oder reproduktivem Leistungsvermögen. *f* liegt immer zwischen 0 und 1.

Leseraster (*reading frame*): die Abfolge von Triplettcodons in der mRNA, die bei der Translation abgelesen werden. Es gibt bei jeder mRNA drei mögliche Leseraster, und das korrekte Leseraster wird durch die richtige Erkennung des AUG-Startcodons festgelegt.

Linker-(Adapter-)Oligonucleotid: ein doppelsträngiges Oligonucleotid, das mit einem DNA-Molekül verknüpft werden kann und so hergestellt wurde, dass es bestimmte Merkmale aufweist, beispielsweise eine gewünschte Restriktionsschnittstelle.

Liposom: ein synthetisches Lipidvesikel, mit dem ein gewünschtes Molekül in eine Zelle transportiert werden kann (Abb. 21.8).

Locus: eine spezifische chromosomale Position, an der ein einzelnes Gen oder eine bestimmte DNA-Sequenz liegt.

Locusheterogenität: wenn dieselbe Krankheit oder derselbe Phänotyp durch Mutationen an verschiedenen Loci hervorgerufen wird; ein häufiges Problem bei der Kartierung genetisch bedingter Krankheiten (Abschnitt 4.2.4, 16.7.2).

Locuskontrollregion (LCR): ein DNA-Abschnitt, der regulatorische Elemente enthält, die die Expression von Genen in einem Gencluster kontrollieren, und Dutzende von Kilobasen entfernt sein kann (Abb. 10.23).

Lod-Wert (*z*): ein Maß für die Wahrscheinlichkeit, dass bestimmte Loci genetisch gekoppelt sind. Der Logarithmus (zur Basis 10) der Chancen, dass die Loci gekoppelt sind (mit der Rekombinationshäufigkeit θ). Bei mendelnden Merkmalen ist ein Lod-Wert von über +3 ein Beleg für eine Kopplung; ein Lod-Wert unter −2 ist ein Beleg gegen eine Kopplung.

MALDI (*matrix-assisted laser desorption/ionization*; matrixgestützte Laserdesorption/Ionisierung): eine massenspektroskopische Methode, die häufig für die Identifizierung von DNA- oder Proteinmolekülen angewandt wird (Exkurs 19.4).

Manifestierung der Heterozygotie: wenn bei einem weiblichen Träger einer X-gekoppelten rezessiven Krankheit einige klinische Symptome auftreten, die wahrscheinlich auf eine gestörte → X-Inaktivierung zurückzuführen sind (Abschnitt 4.2.2).

MAPH (*multiplex amplifiable probe hybridization*; Hybridisierung mit vielen amplifizierbaren Sonden): eine Methode für den Nachweis einer Deletion oder Duplikation von Exons (Exkurs 18.1).

Marker, genetisch: jedes polymorphe mendelnde Merkmal, das sich dafür eignet, in einem Stammbaum einen chromosomalen Abschnitt zu verfolgen. Genetische Marker sind im Allgemeinen DNA-Polymorphismen (Exkurs 13.1).

Markerchromosom: ein zusätzliches anomales Chromosom unbekannter Herkunft.

matrilineare Vererbung: direkte Übertragung durch die Mutter auf Kinder beiderlei Geschlechts; das Muster der mitochondrialen Vererbung (Abb. 4.4).

Matrizenstrang: bei der Transkription der DNA-Strang, der mit dem neu entstehenden RNA-Transkript Basenpaare bildet (Abb. 1.12).

mendelnd: Eigenschaft eines Stammbaummusters, entspricht den grundlegenden Mustern, die in Abbildung 4.2a dargestellt sind. Ein Merkmal zeigt ein mendelndes Vererbungsmuster, wenn es einer einzigen chromosomalen Position zugeordnet wurde, unabhängig davon, ob es sich bei der Determinante um ein Gen im molekulargenetischen Sinn handelt oder nicht.

Mesoderm: eines der drei Keimblätter des Embryos. Es wird während der → Gastrulation von Zellen

durch ein Restriktionsenzym) abgestoppt wird, bevor alle Zielsequenzen geschnitten wurden. Das Ziel ist die Erzeugung überlappender Sequenzen.

Penetranz: Häufigkeit, mit der sich ein Genotyp in einem bestimmten Phänotyp manifestiert.

perizentrische Inversion: Inversion eines chromosomalen Abschnitts, der das Centromer enthält (Abb. 12.20).

Phagendisplay: ein Verfahren zur Expressionsklonierung. Fremde Gene werden in einen Phagenvektor eingeschleust und als Polypeptide exprimiert, die dann an der Oberfläche (der Proteinhülle) eines Phagen erscheinen.

Phänotyp: wahrnehmbare Merkmale einer Zelle oder eines Organismus. Das schließt die Ergebnisse aller Tests mit ein, die keine direkten Tests des → Genotyps sind.

Pharmakogenetik: Untersuchung des Einflusses von einzelnen Genen oder Allelen auf den Stoffwechsel oder auf die Wirkung von Medikamenten.

Pharmakogenomik: Verwendung genomischer Ressourcen (Genomsequenzen, Expressionsprofilen und so weiter), um neue Angriffspunkte für Medikamente zu finden.

Phase bei gekoppelten Markern: Beziehung zwischen Allelen (Kopplung oder Nichtkopplung) an zwei gekoppelten Loci. Wenn sich Allel A1 auf demselben physikalischen Chromosom wie Allel B1 befindet, sind sie gekoppelt, wenn sie sich auf verschiedenen elterlichen Chromosomen befinden, sind sie nicht gekoppelt (*repulsion*) (Abb. 13.6).

Phylogenetik: Systematisierung der Lebewesen entsprechend der ermittelten Verwandtschaft in der Evolution (Abb. 12.22–12.24; Begriffe siehe Exkurs 12.5).

Plastizität: siehe → Transdifferenzierung.

pluripotent: Im engeren Sinn bezieht sich der Begriff auf das Potenzial einer Zelle, sehr viele verschiedene Zelltypen hervorzubringen – aber eben nicht alle, wie es bei der Zygote der Fall ist. Zygote und Zellen, die unmittelbar aus ihr hervorgehen, bezeichnet man als totipotent, aber die Differenzierung im Stadium der Blastocyste bedeutet, dass die Zellen der inneren Zellmasse pluripotent und nicht mehr totipotent sind.

Polyadenylierung: das Anfügen von normalerweise 200 A-Resten an das 3'-Ende einer mRNA. Der Poly(A)-Schwanz ist wichtig für die Stabilisierung der mRNA (Abb. 1.18).

polygen: ein Merkmal, das durch die kombinierte Aktivität einer größeren Anzahl genetischer Loci bestimmt wird. Die mathematische Theorie der Polygenität (Abschnitt 4.4) geht von einer sehr großen Zahl von Loci aus, die jeweils einen geringen Effekt beisteuern.

polymorphe Marker: siehe Exkurs 8.1.

Polymorphismus: im engeren Sinn das Vorhandensein zweier oder mehrerer Varianten (Allele, Phänotypen, Sequenzvarianten, chromosomale Strukturvarianten), die in einer Population mit signifikanter Häufigkeit auftreten. Im weiteren Sinn meint man damit in der molekularen Genetik zum einen jede Sequenzvariante, die mit einer Häufigkeit von über einem Prozent auftritt, zum anderen jede nichtpathogene Sequenzvariante, unabhängig von der Häufigkeit.

polyploid: wenn mehrere Chromosomensätze vorhanden sind – als Ergebnis eines genetischen Ereignisses, das anomal (etwa konstitutionelle oder mosaikförmige Triploidie, Tetraploidie und so weiter) oder vorprogrammiert ist (etwa bei einigen Pflanzen oder in bestimmten, auf natürliche Weise polyploiden Zellen im menschlichen Körper).

Positionsklonierung: Klonierung eines Gens, von dem nur die chromosomale Position bekannt ist.

Prägung: Festlegung der Expression eines Gens aufgrund seines elterlichen Ursprungs (Abschnitt 10.5.4; Exkurs 16.6).

Primer: ein kurzes Oligonucleotid (häufig mit einer Länge von 15 bis 25 Basen), das mit einer Zielsequenz spezifisch Basenpaare bildet, sodass eine Polymerase die Synthese eines komplementären Stranges an dieser Stelle beginnen kann.

primordiale Keimzellen (Urkeimzellen): Zellen im Embryo und im Fetus, aus denen letztendlich die Keimbahnzellen hervorgehen.

Promotor: eine Kombination kurzer Sequenzelemente, die normalerweise unmittelbar stromaufwärts des Gens liegen und an die die RNA-Polymerase bindet, um mit der Transkription des Gens zu beginnen (Abb. 1.13).

Proteinverkürzungstest (*protein truncation test*, PTT): ein Verfahren für die Suche nach Kettenabbruchmutationen durch die künstliche Expression eines mutierten Allels in einem gekoppelten Transkriptions-Translations-System (Abb. 18.5).

Proteom: Gesamtheit der verschiedenen Proteine in einer Zelle, einem Gewebe oder einem Organismus (zum Vergleich: → Genom, → Transkriptom).

Proto-Onkogen: siehe → Onkogen.

Protostomata: siehe Exkurs 12.5.

proximal (bei Chromosomen): eine Position in verhältnismäßig geringem Abstand zum Centromer.

pseudoautosomale Regionen: Bereiche, die X-Y-homologe Gene enthalten, an jedem Ende des X- und des Y-Chromosoms. Aufgrund der X-Y-Rekombination zeigen die Allele in diesen Bereichen einen offenbar autosomalen Vererbungsmodus (Abb. 12.15).

Pseudogen: eine DNA-Sequenz, die einen hohen Grad an Sequenzhomologie mit einem nichtallelen funktionsfähigen Gen aufweist, selbst aber funktionslos ist.

Punktmutation: eine Mutation, die an einem Locus in der DNA-Sequenz eine kleine Änderung verursacht. Die Bedeutung ist etwas ungenau: Im Vergleich mit chromosomalen Mutationen könnte man den Begriff der Punktmutation auch für relativ große (aber submikroskopische) Veränderungen anwenden, während dann, wenn sich die Punktmutation nur auf einen einzigen Locus bezieht, normalerweise nur die Substitution, Insertion oder Deletion eines einzigen Nucleotids gemeint ist.

punktueller *p*-Wert: bei Kopplungsanalysen die Wahrscheinlichkeit, den ermittelten Wert an einer bestimmten Position im Genom noch zu überschreiten, wenn man von der Nullhypothese ausgeht, dass es keinerlei Kopplung gibt (zum Vergleich: → *p*-Wert für das Gesamtgenom)

Pyrosequenzierung: ein gesetzlich geschütztes Verfahren, um Sequenzen zu überprüfen, die sehr nahe bei einem vorher festgelegten Startpunkt liegen (Exkurs 18.2).

QTL (*quantitative trait locus*, Locus eines quantitativen Merkmals): ein Locus, der den Phänotyp eines kontinuierlichen Merkmals bestimmt. Abschnitt 15.6.8 befasst sich mit den QTLs, die der menschlichen Fettleibigkeit zugrunde liegen.

RACE-PCR: siehe Exkurs 5.1.

Realzeit-PCR: siehe Exkurs 5.1.

rekombinant (Kopplungsanalyse): ein Mensch, der von einem Elternteil eine Kombination von Allelen erbt, die durch ein Crossing-over bei der Meiose entstanden ist (Abb. 13.1).

Rekombinationshäufigkeit: der Anteil von Meiosen, bei denen ein bestimmtes Paar von Loci durch eine Rekombination getrennt wird; wird im Allgemeinen mit θ bezeichnet; θ-Werte schwanken zwischen 0 und 0,5 (Abschnitt 13.1).

rekombinierte DNA: eine künstlich erzeugte Hybrid-DNA, die kovalent verknüpfte Sequenzen aus verschiedenen Ursprüngen enthält, beispielsweise ein Vektor mit einem Insertionsfragment.

Reparatur von Basenfehlpaarungen: ein natürlicher enzymatischer Prozess, bei dem ein fehlgepaartes Nucleotid (meist die Folge eines Fehlers bei der DNA-Replikation) in einem DNA-Doppelstrang ersetzt wird, um wieder eine perfekte Watson-Crick-Basenpaarung zu erreichen.

repetitive DNA (Wiederholungssequenz): eine DNA-Sequenz, die in vielen identischen oder ähnlichen Kopien im Genom vorkommt. Die Kopien können tandemartig oder verstreut angeordnet sein.

Replikationsverschiebung: ein Fehler bei der Replikation einer tandemartig wiederholten DNA-Sequenz, sodass beim neu synthetisierten Strang im Vergleich zur Matrize zusätzliche Wiederholungseinheiten vorhanden sind oder welche fehlen (Abb. 11.5).

Replikon: jede Nucleinsäure, die eigenständig repliziert wird. Viele Klonierungsvektoren basieren auf extrachromosomalen Replikonen (beispielsweise Plasmide). Andere basieren auf chromosomalen Replikonen, entweder direkt (wie bei den → YAC-Vektoren) oder indirekt, indem sie die Integration in die chromosomale DNA ermöglichen.

Reportergen: ein Gen, das dazu dient, das Potenzial einer stromaufwärts liegenden Sequenz zu testen, die Expression des Reportergens in Gang zu setzen. Mutmaßliche *cis*-aktive regulatorische Sequenzen können mit einem Reportergen verknüpft werden und durch Transfektion auf geeignete Zellen übertragen werden, um so ihre Funktion zu untersuchen. Häufig erzeugt man auch transgene Tiere (und andere transgene Lebewesen) mit einem Reportergen ohne Promotor, das an zufälliger Stelle in ein Chromosom integriert wird, sodass die Expression des Reportergens das Vorhandensein eines effizienten Promotors anzeigt (Exkurs 20.4).

Reportermolekül: ein Molekül, dessen Vorhandensein einfach nachzuweisen ist (beispielsweise ein fluoreszierendes Molekül) und das mit einer DNA-Sequenz verknüpft ist, die untersucht werden soll (beispielsweise Abbildung 6.7).

Response-Element: eine Sequenz, die normalerweise in kurzem Abstand stromaufwärts eines Promotors liegt, sodass die Genexpression auf chemische Verbindungen in der zellulären Umgebung reagieren kann (in Tabelle 10.4 sind einige Beispiele aufgeführt).

Restriktionsendonuclease, selten schneidende (*rare cutter*): ein Restriktionsenzym, das DNA sehr selten schneidet, da seine Erkennungssequenz lang ist und/oder mindestens ein CpG-Dinucleotid enthält. Beispiele sind *Not*I, *Sac*II und *Bss*HII (Tab. 6.3).

Restriktionsfragment-Längenpolymorphismus (RFLP): ein genetischer Marker, der abhängig vom Allel unterschiedliche Größen von Restriktionsfragmenten aufweist, was wiederum eine Folge des DNA-Sequenzpolymorphismus ist (Exkurs 7.2). RFLPs wurden ursprünglich mithilfe von → Southern-Blots (Abb. 7.5A), jetzt aber mehr durch PCR getestet (Abb. 7.6).

Retrotransposon (Retroposon): ein transponierbares DNA-Element, das mithilfe einer RNA-Zwischenstufe transponiert. Retroposons codieren eine → Reverse Transkriptase, die aus dem RNA-Transkript eine cDNA-Kopie erzeugt. Diese wird an einer anderen Stelle in die chromosomale DNA integriert (Exkurs 7.4; Abb. 7.17, 7.18).

Retrovirus: ein RNA-Virus mit einer → Reversen Transkriptasefunktion, die es ermöglicht, das RNA-Genom in eine cDNA umzuschreiben, die dann in das Chromosom einer Wirtszelle integriert wird.

Reverse Transkriptase: ein Enzym, das mithilfe einer RNA-Matrize einen DNA-Strang erzeugt; wird zur Herstellung von cDNA-Bibliotheken (Abb. 4.8) und für die RT-PCR (Abschnitt 20.2.4) verwendet. Die reverse Transkription ist ein grundlegender Bestandteil des Lebenszyklus von Retroviren (Abb. 18.2), nicht jedoch, soweit bekannt, des normalen Zellmetabolismus.

rezessiv: Ein Merkmal ist rezessiv, wenn es sich nur im homzygoten Zustand manifestiert.

RFLP: siehe → Restriktionsfragment-Längenpolymorphismus.

Ribozym: ein natürliches oder katalytisches RNA-Molekül (Abb. 21.10).

RNA-Editing: ein natürlicher Prozess, durch den nach der Transkription in die Basensequenz eines RNA-Moleküls spezifische Veränderungen eingeführt werden; bei menschlichen Genen selten (Abb. 8.16).

RNA-Spleißen: siehe (→ Spleißen.

RNAi (RNA-Interferenz): die Verwendung von → siRNAs, um die Expression spezifischer Genen zu blockieren (→ Knock-down), was aber selten vollständig möglich ist; sehr wirkungsvoll, um Genfunktionen zu testen.

Robertson-Translokation: eine chromosomale Umstrukturierung, die zwei akrozentrische Chromosomen in ein metazentrisches und ein submetazentrisches Chromosom umwandelt (Abb. 2.21); wird manchmal auch als → zentrische Fusion bezeichnet, obwohl die Position des Austauschs im Allgemeinen im proximalen Teil des kurzen Armes erfolgt und nicht beim Centromer.

RT-PCR (Reverse Transkriptase-PCR): siehe Exkurs 5.1.

SAGE (serielle Analyse der Genexpression): eine Methode für die Erstellung von → Expressionsprofilen mithilfe der Sequenzierungstechnik (Abb. 19.5).

Satellit (in einem Chromosom): gestielter Fortsatz, der beim Menschen in den kurzen Armen der akrozentrischen Chromosomen (13, 14, 15, 21, 22) vorkommt.

Satelliten-DNA: wurde ursprünglich als DNA-Fraktion beschrieben, die aufgrund ihrer ungewöhnlichen Basenzusammensetzung bei einer Dichtegradientenzentrifugation untergeordnete Banden bildet. Die DNA besteht aus sehr langen Folgen von tandemartig wiederholten DNA-Sequenzen (Abschnitt 9.4.1).

Schichtung (Stratifikation): das Vorhandensein von genetisch unterschiedlichen Gruppen in einer Population, die als homogen angesehen wird.

Schmelztemperatur (T_m): siehe Exkurs 6.3.

Schwesterchromatiden: zwei Chromatiden, die zu einem einzigen Chromosom gehören und durch ein Centromer verknüpft sind. Nicht-Schwesterchromatide gehören zu verschiedenen, aber homologen Chromosomen.

Segmentduplikation: das Vorhandensein von sehr eng miteinander verwandten DNA-Sequenzblöcken auf verschiedenen Chromosomen oder an mehr als einer Stelle innerhalb eines Chromosoms (Abb. 12.12, 12.13).

Segregationsanalyse: statistische Verfahren, um Vererbungsmodi zu ermitteln.

Segregationsverhältnis: Anteil der Nachkommen, die ein bestimmtes Gen oder Merkmal von einem Elternteil erben.

Sekundärstruktur: Bereiche einer einzelsträngigen Nucleinsäure oder eines Proteinmoleküls, in denen sich zwischen Nucleotiden oder Aminosäuren, die in einem gewissen Abstand zueinander liegen, chemische Bindungen ausbilden, sodass komplexe Strukturen entstehen. Die Sekundärstruktur entsteht häufig durch Wasserstoffbrücken innerhalb eines Stranges (Abb. 1.7, 1.24).

Selektionskoeffizient: Wahrscheinlichkeit, dass sich ein bestimmter Genotyp nicht fortpflanzen kann, in Relation zum erfolgreichsten Genotyp (Abschnitt 4.5.2).

semi-dominant: ein Allel, das im heterozygoten Zustand einen intermediären Phänotyp erzeugt, der aber nicht notwendigerweise genau in der Mitte zwischen Wildtyp und homozygotem Zustand liegen muss. Der Begriff wird vielfach in der Mausgenetik verwendet, sollte aber zumindest in der menschlichen Genetik besser vermieden werden, da Dominanz die Eigenschaft eines Merkmals ist und nicht eines Allels.

Sinnstrang: DNA-Strang eines Gens, der zur Sequenz des Matrizenstranges (Gegensinnstranges) komplementär ist und mit der Sequenz der transkribierten RNA übereinstimmt (abgesehen davon, dass DNA ein T enthält, wo sich bei der RNA ein U befindet). Die Darstellung von Gensequenzen erfolgt immer als Sinnstrang in 5'→ 3'-Richtung (Abb. 1.12).

Sequenzhomologie: ein Maß für die Übereinstimmung von Sequenzen zweier Nucleinsäuren oder zweier Polypeptide.

sequenzmarkierte Stelle (*sequence tagged site*, STS): jeder nur einmal vorhandene DNA-Abschnitt, für den ein spezifischer PCR-Test entwickelt wurde, sodass jede DNA-Probe einfach auf sein Vorhandensein oder Fehlen getestet werden kann (Exkurs 8.1).

***shotgun*-Sequenzierung:** Sequenzierung von DNA-Fragmenten, die aus einem großen Klon oder einem ganzen Genom zufällig erzeugt wurden (Abb. 8.3).

Signalsequenz (Leader-Sequenz): eine Sequenz von etwa 20 Aminosäuren am N-Terminus eines Polypeptids, die festlegt, wohin das Protein innerhalb oder außerhalb der Zelle gelangt (Abschnitt 1.5.4).

Silencer: Kombination aus kurzen DNA-Sequenzelementen, die die Transkription eines Gens blockieren (Exkurs 10.2).

SINE (*short interspersed nuclear element*): eine Klasse mittel- bis hochgradig repetitiver DNA-Sequenzfamilien, von denen beim Menschen die → *Alu*-Sequenzfamilie die bekannteste ist (Tab. 9.15; Abb. 9.17, 9.18).

siRNA (kleine interferierende RNA): eine doppelsträngige RNA mit 21 bis 23 Nucleotiden, die die Funktion einer mRNA spezifisch inaktivieren kann, zu der sie homolog ist (Abschnitt 20.2.7; Abb. 20.12).

***slipped strand*-Fehlpaarung**: siehe → Replikationsverschiebung.

SNP (Einzelnucleotidpolymorphismus): jede polymorphe Variabilität eines einzelnen Nucleotids; zu den SNPs gehören die RFLPs, aber auch andere Polymorphismen, die keine Restriktionsschnittsellen verändern. SNP-Marker sind zwar weniger informativ als → Mikrosatelliten, aber sie sind einer automatisierten Auswertung in großem Maßstab leichter zugänglich.

somatische Hybridzelle: eine künstlich erzeugte Zelle, die durch Fusion zweier somatischer Zellen unterschiedlichen Typs erzeugt wurde; vor allem mit Zellen verschiedener Spezies; Mensch-Nagetier-Hybridzellen haben sich als wichtige Hilfsmittel für die Kartierung erwiesen (Exkurs 8.4).

somatische Zelle: jede Zelle im Körper mit Ausnahme der Keimbahnzellen.

Somiten: abgegrenzte Blöcke des segmentierten Mesoderms, die die segmentierte Organisationsstruktur des Körpers aufbauen, indem sie den größten Teil des Achsenskeletts (etwa die Wirbelsäule), die willkürliche Muskulatur und einen Teil der Dermis der Haut hervorbringen.

Sonde: ein bekanntes DNA- oder RNA-Fragment (oder eine Kombination verschiedener bekannter Fragmente), das bei einem Hybridisierungstest dazu dient, in einem komplexen, relativ unbekannten Gemisch von Nucleinsäuren eng verwandte DNA- oder RNA-Sequenzen zu identifizieren. Bei der Standardmethode wird die Sonde markiert, aber bei reversen Hybridisierungstests die Ziel-DNA (Exkurs 6.4).

Southern-Blot: Übertragung von DNA-Fragmenten aus einem Elektrophoresegel auf eine Membran oder einen Filter aus Nylon oder Nitrocellulose, als Vorbereitung für einen Hybridisierungstest (Abb. 5.12).

Spezifität: ein Maß für die Qualität eines Tests; Spezifität = (1 – Anteil der falsch-positiven Ergebnisse) (Abb. 18.17).

Spleiß-Enhancer: eine Sequenz (in einem Exon oder Intron), die die Wahrscheinlichkeit erhöht, dass eine nahe gelegene potenzielle Spleißstelle tatsächlich verwendet wird (Abschnitte 11.4.3, 16.4.1).

Spleißakzeptorstelle: der Übergang vom 3'-Ende eines Introns zum Beginn des nächsten Exons; Consensus-Sequenz y_{11}ny**agR** (y, Pyrimidin; R, Purin; Großbuchstaben, Exon) (Abb. 1.15).

Spleißdonorstelle: der Übergang vom Ende eines Exons zum (5'-)Ende eines Introns; Consensus-Sequenz (C/A)AG**gt**ragt y_{11}ny**agR** (r, Purin; Großbuchstaben, Exon) (Abb. 1.15).

Spleißen: im Allgemeinen das **Spleißen von RNA**. Bei diesem Vorgang werden RNA-Sequenzen, die von Introns transkribiert wurden, aus dem Primärtranskript herausgeschnitten, und die von Exons transkribierten Sequenzen werden in derselben linearen Reihenfolge wie die Exons in der DNA miteinander verknüpft (Abb. 1.14, 1.16). Eine Form des **DNA-Spleißens** ist bei der Bildung produktiver Immunglobulin- und T-Zell-Rezeptorgene bei B- beziehungsweise T-Zellen von Bedeutung (Abb. 10.28, 10.29).

Spleißosom: ein Ribonucleoproteinkomplex, der beim → RNA-Spleißen verwendet wird.

SSCP oder SSCA: Einzelstrangkonformationspolymorphismus oder -Konformationsanalyse (*single stranded conformation polymorphism* oder *analysis*), ein häufig angewandtes Verfahren für die Suche nach Punktmutationen (Abb. 18.3A).

SSRP (Polymorphismus einfacher Wiederholungssequenzen; *simple sequence repeat polymorphism*): siehe Minisatelliten-DNA.

Stammzelle: eine Zelle, die als Vorläufer von differenzierten Zellen fungieren kann, aber ihr Potenzial zur Selbsterneuerung behält (Abschnitt 3.4.3).

STR-Polymorphismus (*short tandem repeat polymorphism*): siehe Mikrosatelliten-DNA.

Subtraktionsklonierung: ein Verfahren für die Klonierung von DNA-Sequenzen, die in einer DNA-Probe vorhanden sind, in einer zweiten, mit der ersten im Wesentlichen übereinstimmenden Probe jedoch fehlen; dient dazu, gewebespezifische cDNAs durch Subtraktion von ubiquitär exprimierten Sequenzen aus einer cDNA-Bibliothek zu erhalten, oder durch die Subtraktion von normaler

DNA ein Gen zu klonieren, das bei einem Patienten mit einer bestimmten Krankheit deletiert ist.

Suppressor-tRNA: ein mutiertes Transfer-RNA-Molekül mit einer Nucleotidsubstitution im Anticodon; zeigt eine veränderte Codonspezifität und kann ein Nonsense-(oder Missense-)Codon translatieren (Exkurs 5.3).

Syncytium: eine Zelle, die mehrere Zellkerne enthält. Ursache ist eine Folge von DNA-Replikationszyklen ohne Zellteilung oder die Fusion von mehreren Zellen (wie bei den Muskelfaserzellen).

synonyme (stille) Substitution: eine Mutation, die ein Codon verändert, aber nicht die codierte Aminosäure (Exkurs 11.3). Solche Mutationen können aber noch Auswirkungen auf das Spleißen oder die Stabilität der mRNA haben.

Syntänie: Loci sind syntänisch, wenn sie auf demselben Chromosom liegen. Syntänische Loci müssen nicht gekoppelt sein: Loci, die auf dem Chromosom weit genug voneinander entfernt liegen, segregieren zufällig gemeinsam (mit 50% Rekombinanten).

systematischer Fehler der Datenerhebung (*bias of ascertainment*): verzerrte Relationen in einem Datensatz, die durch die Art und Weise der Datenerhebung entstehen (Abschnitt 15.2.1).

Telomer: eine spezielle Struktur an den Enden von Chromosomen. Es besteht aus einer Folge von kurzen tandemartigen Wiederholungen, $(TTAGGG)_n$ beim Menschen. Diese bilden eine geschlossene Schleife und schützen das Ende des Chromosoms.

Terminationscodon (Stoppcodon): ein UAG-(*amber-*), UAA-(*ochre-*) oder UGA-(*opal-*)Codon in einer mRNA (und im weiteren Sinn auch in einem Gen), das das Ende eines Polypeptids signalisiert.

therapeutisches Klonen: eine denkbare Methode für die Behandlung von Krankheiten. Dafür sollen Zellen verwendet werden, die durch die Übertragung von Zellkernen aus Zellen des Patienten auf menschliche ES-Zellen erzeugt werden (Abb. 21.2).

***trans*-aktiv:** wenn ein regulatorischer Faktor die Expression aller Kopien des Zielgens beeinflusst, unabhängig von der chromosomalen Position. *Trans*-aktive regulatorische Faktoren sind im Allgemeinen Proteine, die zu ihren Wirkungsorten diffundieren können.

Transdifferenzierung (oder **Plastizität**): das Potenzial von Zellen, die offenbar einen bestimmten Differenzierungsgrad erreicht haben, andere Differenzierungswege einzuschlagen.

Transduktion: Genübertragung durch Viren.

Transfektion: Aufnahme von DNA durch eukaryotische Zellen (das Äquivalent zur → Transformation bei Bakterien, wobei der Begriff bei eukaryotischen Zellen eine andere Bedeutung besitzt); auch: Aufnahme von Plasmid-DNA durch Bakterienzellen.

Transformation (einer Zelle): zum einen die Aufnahme von „nackter" hochmolekularer DNA aus der Umgebung durch → kompetente Bakterienzellen, zum anderen die Veränderung der Wachstumseigenschaften einer normalen eukaryotischen Zelle, wenn sie sich zu einer Tumorzelle entwickelt.

Transgen: ein exogenes Gen, das auf tierische oder pflanzliche Zellen durch Transfektion übertragen wird. Es kann nur in einigen Geweben vorkommen (etwa bei der Gentherapie des Menschen) oder in allen Geweben (wie bei der gentechnischen Veränderung der Keimbahn, etwa bei der Maus). Übertragene Transgene können als Episomen vorliegen und temporär exprimiert werden, oder sie werden in die Chromosomen der Empfängerzelle integriert.

transgenes Tier: ein Tier, bei dem künstlich übertragene fremde DNA (ein **Transgen**) stabil in die Keimbahn integriert wurde (Abb. 20.2, 20.3).

Transition: Nucleotidsubstitution G↔A (Purin gegen Purin) oder C↔T (Pyrimidin gegen Pyrimidin).

Transkriptionseinheit: ein DNA-Abschnitt, der auf natürliche Weise in einer einzigen Reaktion transkribiert wird, wobei ein einziges Primärtranskript entsteht. Im direkten Fall ist eine Transkriptionseinheit dasselbe wie ein Gen.

Transkriptom: Gesamtheit der verschiedenen RNA-Transkripte in einer Zelle oder einem Gewebe (zum Vergleich: → Genom, → Proteom).

Translokation: Übertragung von chromosomalen Bereichen zwischen nichthomologen Chromosomen (Abb. 2.21).

Transmission-Disequilibrium-Test (TDT): ein statistischer Test für die Allelassoziation (Exkurs 15.3).

Transposon: ein mobiles genetisches Element (Abb. 9.17).

Transversion: eine Nucleotidsubstitution eines Purins gegen ein Pyrimidin oder umgekehrt.

triploid: wenn bei einer Zelle drei Kopien des Genoms vorhanden sind oder wenn ein Lebewesen aus triploiden Zellen besteht.

Trisomie: wenn drei Kopien eines bestimmten Chromosoms vorhanden sind, etwa bei der Trisomie 21.

Trophoblast (Trophoderm): äußere Schicht aus polarisierten Zellen in der Blastocyste (Abb. 3.13), aus der später als embryonaler Bestandteil der Placenta das → Chorion hervorgeht.

Tumorsuppressorgen (TSG): ein Gen, dessen normale Funktion darin besteht, die Zellteilung zu hemmen oder zu kontrollieren. In Tumoren sind Tumorsuppressorgene im Allgemeinen inaktiviert (Abschnitt 17.4).

Two-Hybrid-System: siehe → Hefe-Doppelhybrid-system.

überdominant: Phänotypen, die einen → heterozygoten Vorteil aufweisen; ein Begriff aus der Populationsgenetik.

ungleicher Austausch von Schwesterchromatiden (*unequal sister chromatid exchange*, UESCE): Rekombination zwischen nichtallelen Sequenzen auf Schwesterchromatiden eines einzigen Chromosoms (Abb. 11.7).

ungleiches Crossing-over (*unequal crossing-over*, UEC): Rekombination zwischen nichtallelen Sequenzen auf Nicht-Schwesterchromatiden von homologen Chromosomen (Abb. 11.7).

uniparentale Disomie: wenn bei einer Zelle oder einem Organismus beide Kopien eines bestimmten Chromosoms von nur einem Elternteil stammen. Das kann sich abhängig vom betroffenen Chromosom pathogen auswirken (Abschnitt 2.54; Exkurs 16.6).

untranslatierte Regionen (5'-UTR, 3'-UTR): Bereiche am 5'-Ende einer mRNA vor dem AUG-Startcodon der Translation oder am 3'-Ende hinter dem Stoppcodon UAG, UAA oder UGA (Abb. 1.19).

variable Expression: unterschiedliche Erscheinungsform phänotypischer Merkmale (in Bezug auf Ausmaß, Intensität) bei Menschen mit einem bestimmten Genotyp (zum Beispiel Abbildung 4.5C).

Vektor: eine Nucleinsäure, die eigenständig repliziert wird und in einer Wirtszelle erhalten bleibt und so diese Eigenschaft jeder DNA-Sequenz verleiht, mit der diese Nucleinsäure verknüpft ist.

Vererbbarkeit: genetisch bedingter Anteil eines Merkmals (Exkurs 4.4).

vergleichende Genomhybridisierung (*comparative genomic hybridization*, CGH): Anwendung einer kompetitiven Fluoreszenz-*in situ*-Hybridisierung, um chromosomale Bereiche zu bestimmen, die besonders bei Tumoren amplifiziert oder deletiert sind (Abb. 17.3).

Verlust der Heterozygotie (*loss of heterocygosity*, LoH): Homozygotie oder Hemizygotie in einer Tumorzelle oder einer anderen somatischen Zelle, wenn der → konstitutionelle Genotyp heterozygot ist. Beleg für eine somatische genetische Veränderung (Abb. 17.6, 17.7).

VNTR-Polymorphismus (*variable number of tandem repeats*): siehe → Mikrosatelliten-, → Minisatelliten- und → Satelliten-DNAs sind Abfolgen von tandemartig wiederholten Sequenzen, deren Anzahl bei den Menschen häufig individuell variiert (Exkurs 7.2). Die Bezeichnung VNTR wird oft speziell für die Minisatelliten verwendet.

Western-Blot: ein Vorgang, bei dem Proteine zuerst in einem Polyacrylamidgel der Größe nach aufgetrennt und schließlich auf eine Nitrozellulosemembran übertragen werden, wobei der Test dann mit einem Antikörper als Sonde erfolgt (Abb. 20.9).

X-Inaktivierung (Lyonisierung): Inaktivierung von einem der beiden X-Chromosomen bei weiblichen Säugern durch eine spezielle Form der genetischen → Prägung (Abschnitt 10.5.6).

YAC (*yeast artificial chromosome*; künstliches Hefechromosom): ein Vektor, mit dem sich Insertionsfragmente mit einer Länge von 1 Mb oder größer in Hefezellen vermehren lassen (Abb. 5.17).

YAC-transgenes Tier: eine → transgene Maus, bei der das Transgen ein vollständiger *YAC*-Klon ist. So sind Untersuchungen der regulatorischen Effekte von Sequenzen möglich, die in der Umgebung des untersuchten Gens liegen (Abschnitt 20.2.3).

Zellzyklusphase: G1, S, G2, M und G_0-Phase (Abb. 2.1).

zentrische Fusion: siehe → Robertson-Translokation.

Zink-Finger: ein Polypeptidmotiv, das durch die Bindung eines Zinkions stabilisiert wird und dem die Fähigkeit verleiht, spezifisch an DNA-Sequenzen zu binden; kommt häufig bei Transkriptionsfaktoren vor (Abb. 10.8).

Zoo-Blot: ein Southern-Blot mit DNA-Proben von einer Reihe verschiedener Spezies (Abb. 7.9).

Zwei-Treffer-Hypothese: Hypothese von Knudson, dass für erbliche Krebsformen zwei aufeinander folgende Mutationen erforderlich sind, die dieselbe Zelle betreffen (Abb. 17.5).

Zygote: befruchtete Eizelle.

Index der Erkrankungen

Index

Anmerkung: In der Alphabetisierung der Stichwörter bleiben vorangestellte griechische Buchstaben und einbuchstabige chemische Präfixe sowie Ziffern unberücksichtigt (Beispiele: β-Globingen unter Glo…, *N*-Acetyltransferase unter Ace…, 5-Methylcytosin unter Met…). Dagegen sind andere vorangestellte Buchstaben (A-DNA, 7SK-RNA) alphabetisierungsrelevant. Genbezeichnungen sind in diesem Index nicht einsortiert, sondern komplett unter Gene, Auflistung zu finden.

A

B

D

E

I

J

K

L

N

T